수학영역 / 공통과목

수학 I + 수학 II

4점 집중

Mirae N 에듀

Structure & Features

구성과 특징

Part 1

4점 기출로 수능 유형 정복!
1등급을 향해 실력을 탄탄하게 키운다!

1 수능 기출 분석 & 출제 예상

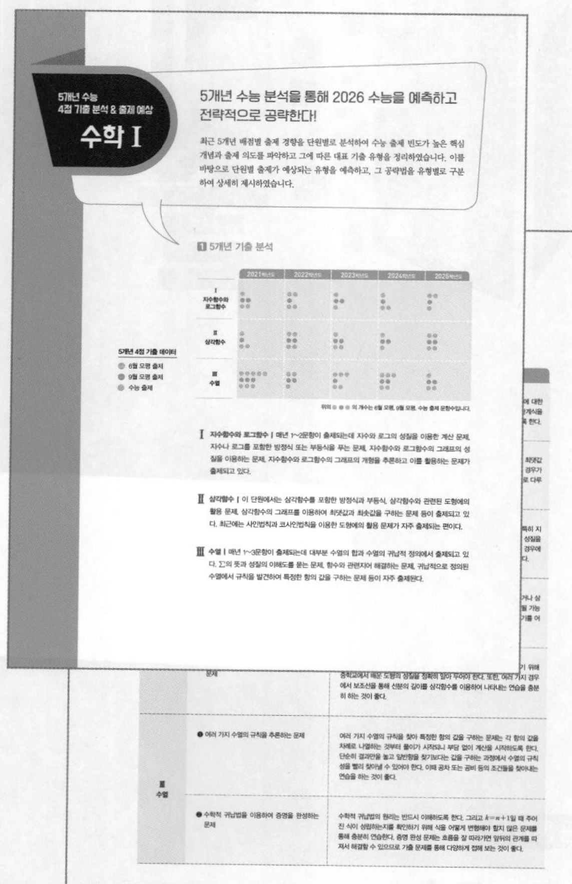

4점 기출을 분석하고 출제 방향을 예상하라

- 최근 5개년 수능 기출 문제를 분석하여 과목별로 4점 기출의 출제 경향을 정리하고, 4점 기출 학습 방법을 꼼꼼히 제시하였습니다.

2 수능잡는 핵심 개념 & 1등급 전략

수능에 자주 출제되었던 핵심 개념을 익히자

- 최근 5개년 동안 수능에 출제되었던 문항을 분석하여 핵심 개념을 대단원별로 일목요연하게 정리하였습니다.
- 4점 기출에서 자주 출제되는 개념과 4점 기출을 해결하기 위한 1등급 선배들의 노하우를 담았습니다.

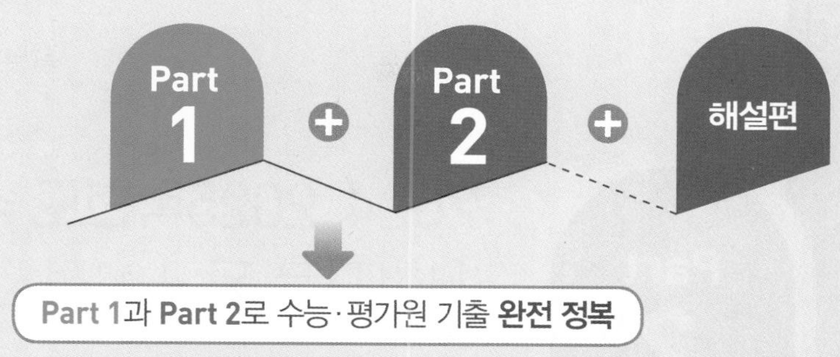

3 4점 기출 집중하기

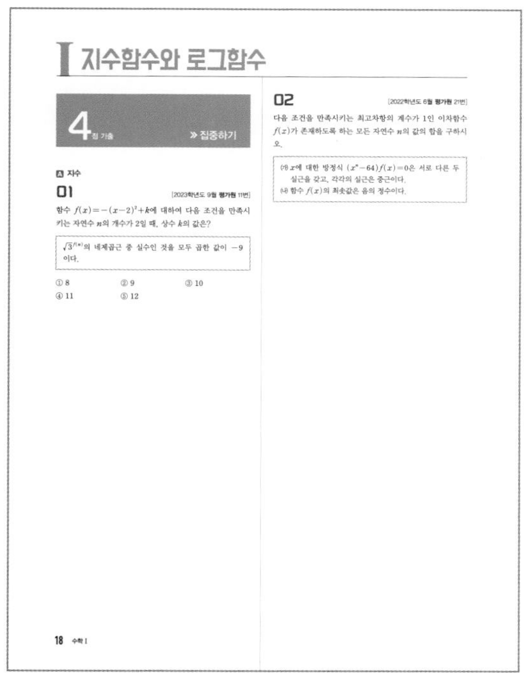

4점 기출을 집중 학습하여 실력을 완성하자

최근 5개년 수능, 평가원 기출 문제를 분석하고 그중에서 4점 기출을 총망라하여 개념별로 정리하였습니다. 4점 기출을 집중적으로 풀어 수학 실력을 완성할 수 있습니다.

4 1등급 완성 4점 기출 도전하기

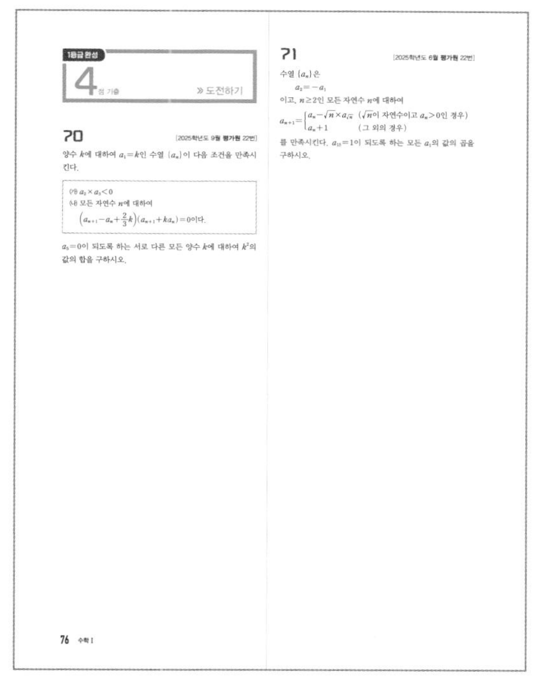

정답률이 낮은 4점 기출까지 놓치지 말자

4점 기출 중에서 정답률이 낮은 4점 기출을 수록하여 고난도 기출을 완벽하게 학습할 수 있습니다.

Structure & Features

구성과 특징

Part 2

2024, 2025학년도 수능, 평가원 기출 문제를 시험지로 풀고 실전 감각을 키운다!

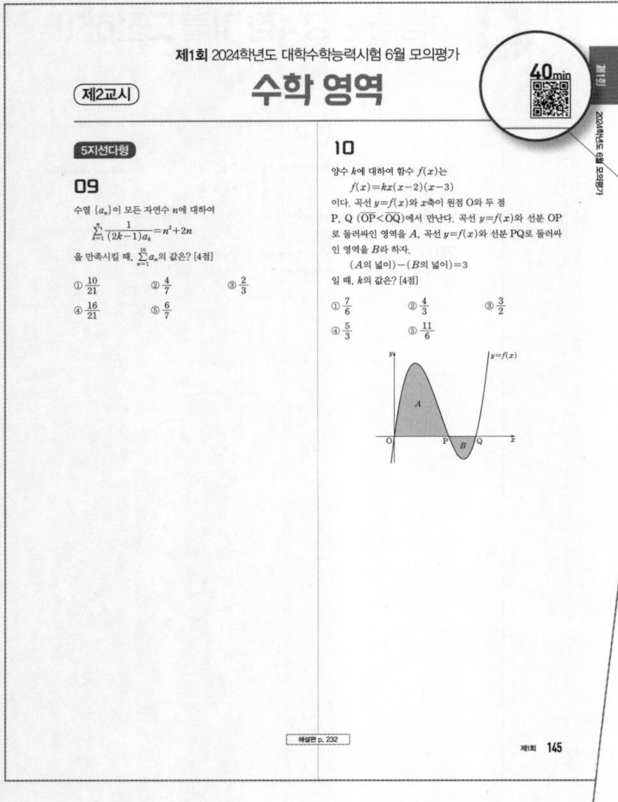

QR코드 타이머 제공

바로 실행되는 40분 타이머에 맞춰 시간 안배 연습을 할 수 있습니다.

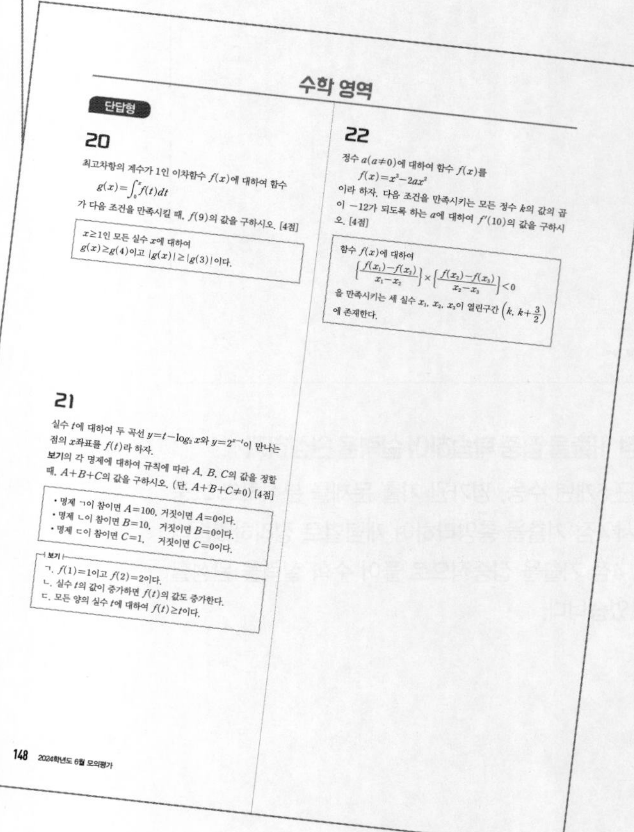

4점에 해당하는 문제를 시험지 형태로 구성

- Part 2에서는 2024, 2025학년도 6월 모평, 9월 모평, 수능 기출 문제를 학습 진도에 맞춰 풀어 볼 수 있습니다.
- 실제 시험지에서 수학 Ⅰ, 수학 Ⅱ 4점에 해당하는 문제 5지선다형 9번~15번, 단답형 20번~22번을 시험지 형태로 구성하였습니다.

해설편

해결의 흐름, 상세한 해설, 1등급 선배들의 비법까지
문제 해결 전략을 집중적으로 익힌다!

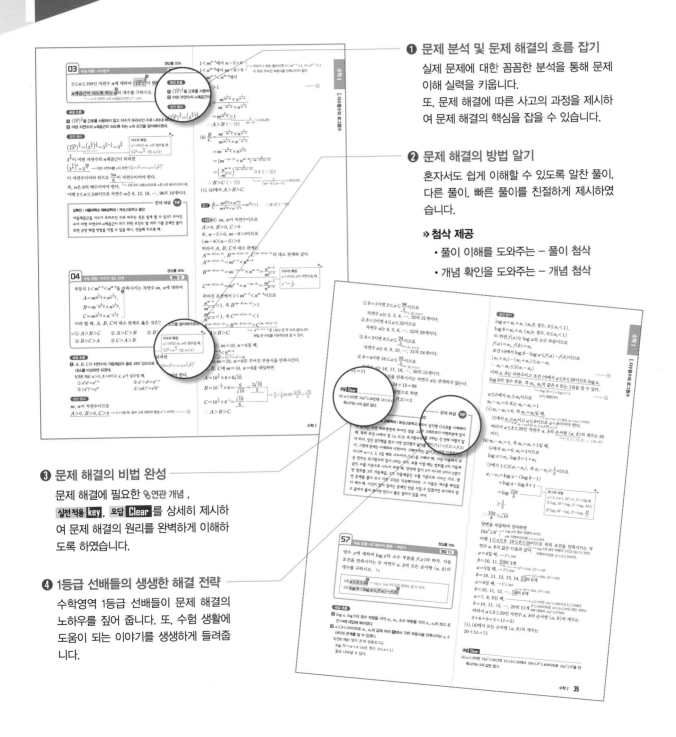

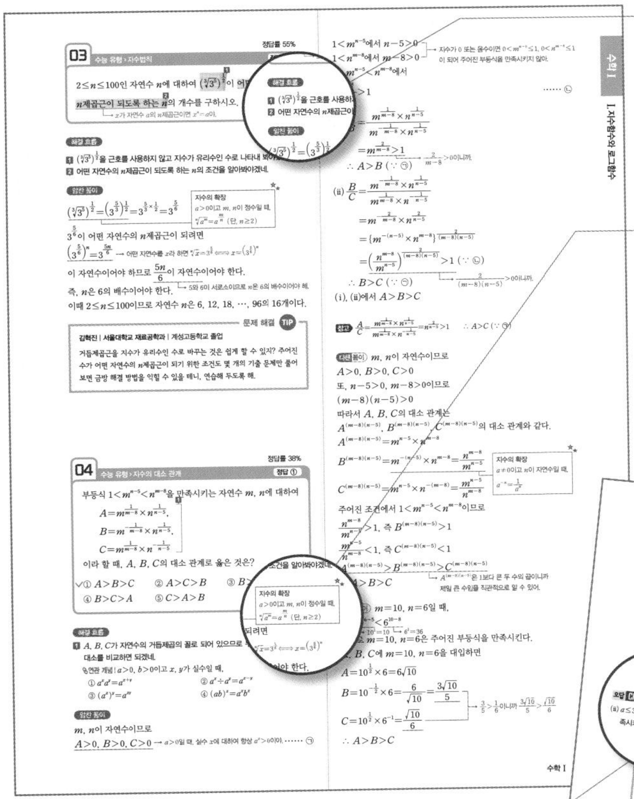

❶ 문제 분석 및 문제 해결의 흐름 잡기

실제 문제에 대한 꼼꼼한 분석을 통해 문제 이해 실력을 키웁니다.
또, 문제 해결에 따른 사고의 과정을 제시하여 문제 해결의 핵심을 잡을 수 있습니다.

❷ 문제 해결의 방법 알기

혼자서도 쉽게 이해할 수 있도록 알찬 풀이, 다른 풀이, 빠른 풀이를 친절하게 제시하였습니다.

» 첨삭 제공

- 풀이 이해를 도와주는 – 풀이 첨삭
- 개념 확인을 도와주는 – 개념 첨삭

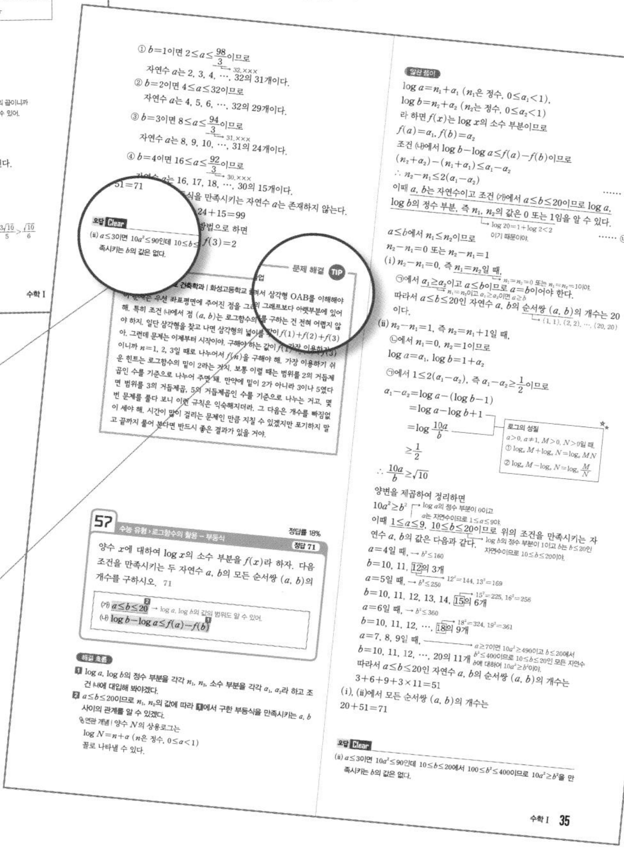

❸ 문제 해결의 비법 완성

문제 해결에 필요한 연관 개념, 실전적용 key, 오답 Clear를 상세히 제시하여 문제 해결의 원리를 완벽하게 이해하도록 하였습니다.

❹ 1등급 선배들의 생생한 해결 전략

수학영역 1등급 선배들이 문제 해결의 노하우를 짚어 줍니다. 또, 수험 생활에 도움이 되는 이야기를 생생하게 들려줍니다.

Contents

이 책의 차례

Part 1

수학 I

수학 II

Part 2

학습 계획표

417문제 20일 완성

학습 계획표를 활용하여 학습 계획을 세워 보세요.
처음 학습한 날짜를 쓰고 2번 복습한 후 복습 체크의 □에 ✓를 표시하세요.

Part 1

수학 I

계획	쪽수	문제수	처음 학습한 날짜	복습한 날짜 & 복습 체크	
1일차	14~24	23	월 일	월 일 □	월 일 □
2일차	25~31	21	월 일	월 일 □	월 일 □
3일차	32~39	21	월 일	월 일 □	월 일 □
4일차	40~45	20	월 일	월 일 □	월 일 □
5일차	46~53	20	월 일	월 일 □	월 일 □
6일차	54~60	25	월 일	월 일 □	월 일 □
7일차	61~68	25	월 일	월 일 □	월 일 □
8일차	69~77	24	월 일	월 일 □	월 일 □

수학 II

계획	쪽수	문제수	처음 학습한 날짜	복습한 날짜 & 복습 체크	
9일차	82~92	21	월 일	월 일 □	월 일 □
10일차	93~100	21	월 일	월 일 □	월 일 □
11일차	101~107	22	월 일	월 일 □	월 일 □
12일차	108~113	20	월 일	월 일 □	월 일 □
13일차	114~119	19	월 일	월 일 □	월 일 □
14일차	120~125	19	월 일	월 일 □	월 일 □
15일차	126~131	18	월 일	월 일 □	월 일 □
16일차	132~138	19	월 일	월 일 □	월 일 □
17일차	139~144	19	월 일	월 일 □	월 일 □

Part 2

계획	쪽수	문제수	처음 학습한 날		복습 체크
			날짜	소요 시간	
18일차	145~152	20	월 일	분 / 80분	□ □
19일차	153~160	20	월 일	분 / 80분	□ □
20일차	161~168	20	월 일	분 / 80분	□ □

N기출이 제안하는

수능 필승 전략

수능 고득점을 위해서는 수능 대비 전략을 세운 후, N기출로 수능 대비를 하면 수능 1등급을 탄탄하게 다질 수 있습니다. 지금부터 차근차근 실천해 보세요!

전략 1 최신 경향을 파악한 후 기본기를 단단히 하자.

- 최신 수능 경향과 출제 예상을 파악한 후, 수능잡는 핵심 개념을 통해 수능에 꼭 필요한 지식을 습득하세요.
- 개념과 원리를 정확하게 이해한 후 이를 적용할 수 있는 다양한 문제를 풀어 개념을 더욱 명확히 정리하세요.

전략 2 고빈출 유형과 부족한 유형을 파악하여 실전에서 실수하지 말자.

- 다년간의 수능, 평가원 기출 문제를 꼼꼼히 분석하여 체계적으로 구성한 Part 1의 유형별 문제를 풀어 부족한 유형을 확인하세요.
- 빈출도가 높은 유형과 실력이 부족한 유형은 반복 학습하여 실전에서 실수하지 않도록 연습하세요.

전략 3 어려운 문제도 스스로 푸는 연습을 통해 문제 해결 능력을 높이자.

- 여러 가지 개념을 복합적으로 사용하거나 종합적인 사고 과정을 요구하는 변별력 있는 문제는 풀이를 보지 않고 끝까지 풀어 보는 연습을 통해 문제 해결 능력을 높이세요.
- 해설편에서 자세한 해설과 첨삭, 해결 흐름, 실전 적용 key, 오답 clear, 1등급 선배들의 문제 해결 TIP을 꼼꼼히 읽어 어떤 문제든 완벽하게 자신의 것으로 만드세요.

전략 4 학습 계획표와 오답 노트를 만들자.

- N기출에서 제공하는 학습 계획표와 오답 노트 PDF를 활용하세요.
- 학습 계획표에 학습 현황을 기록하고 틀린 문제는 다시는 틀리지 않도록 취약한 부분을 철저히 분석하세요.
- 맞힌 문제도 완벽하게 이해하지 못했다면 연관 개념부터 풀이법까지 다시 정리하고 여러 번 확인하세요.

Part 1

문제편

최신 수능, 평가원 기출

수학 I + 수학 II 4점

*Part 1에서는 최신 수능, 평가원 기출 문제를 꼼꼼히 분석하여 단원별, 유형별로 제공합니다.

Part 1

미래를 예측하는 가장 좋은
방법은 미래를 창조하는 것이다.

– 앨런 케이 –

수학
I

5개년 수능
4점 기출 분석 & 출제 예상

수학 I

5개년 수능 분석을 통해 2026 수능을 예측하고 전략적으로 공략한다!

최근 5개년 배점별 출제 경향을 단원별로 분석하여 수능 출제 빈도가 높은 핵심 개념과 출제 의도를 파악하고 그에 따른 대표 기출 유형을 정리하였습니다. 이를 바탕으로 단원별 출제가 예상되는 유형을 예측하고, 그 공략법을 유형별로 구분하여 상세히 제시하였습니다.

1 5개년 기출 분석

5개년 4점 기출 데이터

- 6월 모평 출제
- 9월 모평 출제
- 수능 출제

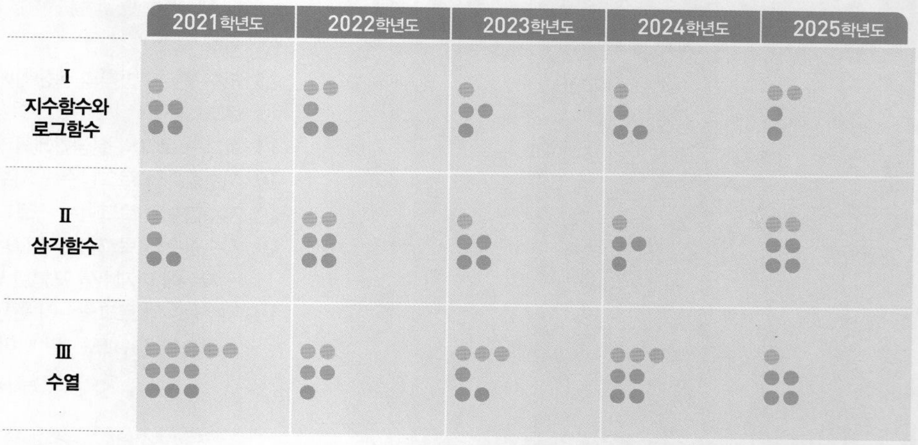

	2021학년도	2022학년도	2023학년도	2024학년도	2025학년도
I 지수함수와 로그함수					
II 삼각함수					
III 수열					

위의 ● ● ● 의 개수는 6월 모평, 9월 모평, 수능 출제 문항수입니다.

I 지수함수와 로그함수 | 매년 1~2문항이 출제되는데 지수와 로그의 성질을 이용한 계산 문제, 지수나 로그를 포함한 방정식 또는 부등식을 푸는 문제, 지수함수와 로그함수의 그래프의 성질을 이용하는 문제, 지수함수와 로그함수의 그래프의 개형을 추론하고 이를 활용하는 문제가 출제되고 있다.

II 삼각함수 | 이 단원에서는 삼각함수를 포함한 방정식과 부등식, 삼각함수와 관련된 도형에의 활용 문제, 삼각함수의 그래프를 이용하여 최댓값과 최솟값을 구하는 문제 등이 출제되고 있다. 최근에는 사인법칙과 코사인법칙을 이용한 도형에의 활용 문제가 자주 출제되는 편이다.

III 수열 | 매년 1~3문항이 출제되는데 대부분 수열의 합과 수열의 귀납적 정의에서 출제되고 있다. $\sum$의 뜻과 성질의 이해도를 묻는 문제, 함수와 관련지어 해결하는 문제, 귀납적으로 정의된 수열에서 규칙을 발견하여 특정한 항의 값을 구하는 문제 등이 자주 출제된다.

2 출제 예상 및 전략

	예상 문제	공략법
Ⅰ 지수함수와 로그함수	❶ 지수와 로그의 성질을 이용하는 문제	지수와 로그를 활용한 실생활 문제로 주로 출제되는데, 지수 또는 로그에 대한 관계식이 주어지면 관계식을 만족시키는 조건들을 찾아내어 새로운 관계식을 만들 수 있어야 한다. 다양한 문제를 통해 문제를 해석하는 연습을 하도록 한다.
	❷ 다른 단원의 개념이 포함된 통합형 문제	이차함수 또는 도형의 방정식 단원과 통합되어 여러 가지 조건을 따져서 최댓값 또는 최솟값을 구하거나 규칙성을 찾아야 하는 고난도 문제가 출제되는 경우가 있다. 지수함수와 로그함수의 성질과 함께 다른 단원의 개념이 복합적으로 다루어지므로 각 단원의 개념을 정확하게 익혀 두는 것이 좋다.
	❸ 지수함수와 로그함수의 그래프의 성질을 이용한 개수 세기 문제	우선 지수함수와 로그함수의 그래프를 그리고 해석할 수 있어야 하고, 특히 지수함수와 로그함수는 서로 역함수 관계에 있으므로 이와 관련된 다양한 성질을 활용할 수 있어야 한다. 다양한 기출 문제를 통해 경우를 나누고 각각의 경우에서 주어진 조건을 만족시키는 순서쌍을 빠짐없이 세는 연습을 충분히 한다.
Ⅱ 삼각함수	❶ 삼각함수의 정의와 성질을 이용하는 문제	삼각함수의 정의와 성질을 이용하여 주어진 도형에서의 식의 값을 구하거나 삼각함수의 그래프를 이용하여 최댓값 또는 최솟값을 구하는 문제가 출제될 가능성이 있다. 문제를 쉽고 빠르게 해결하기 위해 주어진 조건에서 각의 크기를 어떻게 정해야 하는지 다방면으로 생각하는 연습을 하도록 한다.
	❷ 도형에서 변의 길이나 내각의 크기를 구하는 문제	일반적으로 사인법칙과 코사인법칙을 이용하는 문제이나 이를 적용하기 위해 중학교에서 배운 도형의 성질을 정확히 알아 두어야 한다. 또한, 여러 가지 경우에서 보조선을 통해 선분의 길이를 삼각함수를 이용하여 나타내는 연습을 충분히 하는 것이 좋다.
Ⅲ 수열	❶ 여러 가지 수열의 규칙을 추론하는 문제	여러 가지 수열의 규칙을 찾아 특정한 항의 값을 구하는 문제는 각 항의 값을 차례로 나열하는 것부터 풀이가 시작되니 부담 없이 계산을 시작하도록 한다. 단순히 결과만을 놓고 일반항을 찾기보다는 값을 구하는 과정에서 수열의 규칙성을 빨리 찾아낼 수 있어야 한다. 이때 공차 또는 공비 등의 조건들을 찾아내는 연습을 하는 것이 좋다.
	❷ 수학적 귀납법을 이용하여 증명을 완성하는 문제	수학적 귀납법의 원리는 반드시 이해하도록 한다. 그리고 $k=n+1$일 때 주어진 식이 성립하는지를 확인하기 위해 식을 어떻게 변형해야 할지 많은 문제를 통해 충분히 연습한다. 증명 완성 문제는 흐름을 잘 따라가면 앞뒤의 관계를 따져서 해결할 수 있으므로 기출 문제를 통해 다양하게 접해 보는 것이 좋다.

I 지수함수와 로그함수

A 지수

1. 거듭제곱근

2 이상의 자연수 n에 대하여 실수 a의 n제곱근 중 실수인 것은 다음과 같다.

	$a>0$	$a=0$	$a<0$
n이 홀수	$\sqrt[n]{a}$	0	$\sqrt[n]{a}$
n이 짝수	$\sqrt[n]{a},\ -\sqrt[n]{a}$	0	없다.

2. 거듭제곱근의 성질

$a>0$, $b>0$이고 m, n이 2 이상의 자연수일 때,

① $\sqrt[n]{a}\sqrt[n]{b}=\sqrt[n]{ab}$ ② $\dfrac{\sqrt[n]{b}}{\sqrt[n]{a}}=\sqrt[n]{\dfrac{b}{a}}$

③ $(\sqrt[n]{a})^m=\sqrt[n]{a^m}$ ④ $\sqrt[m]{\sqrt[n]{a}}=\sqrt[mn]{a}=\sqrt[n]{\sqrt[m]{a}}$

⑤ $\sqrt[np]{a^{mp}}=\sqrt[n]{a^m}$ (단, p는 자연수)

참고 $a>0$이고 n이 2 이상의 자연수일 때, $(\sqrt[n]{a})^n$과 $\sqrt[n]{a^n}$의 값은 n의 조건에 따라 다음과 같다.

n이 홀수	$(\sqrt[n]{a})^n=a$	$\sqrt[n]{a^n}=a$
n이 짝수	$(\sqrt[n]{a})^n=a$	$\sqrt[n]{a^n}=\lvert a\rvert$

3. 지수의 확장

(1) **지수가 0 또는 음의 정수인 경우**

$$a^0=1,\ a^{-n}=\frac{1}{a^n}\ (\text{단, } a\neq0,\ n\text{은 자연수})$$

(2) **지수가 유리수인 경우**

$$a^{\frac{m}{n}}=\sqrt[n]{a^m},\ a^{\frac{1}{n}}=\sqrt[n]{a}\ (\text{단, } a>0,\ m,\ n\text{은 정수, } n\geq2)$$

(3) **지수법칙**: $a>0$, $b>0$이고 x, y가 실수일 때,

① $a^xa^y=a^{x+y}$ ② $a^x\div a^y=a^{x-y}$

③ $(a^x)^y=a^{xy}$ ④ $(ab)^x=a^xb^x$

주의 (밑)>0의 조건이 없으면 지수법칙이 성립하지 않는다.

예 $\{(-3)^2\}^{\frac{1}{2}}=(-3)^{2\times\frac{1}{2}}=-3$ (×)

$\{(-3)^2\}^{\frac{1}{2}}=9^{\frac{1}{2}}=(3^2)^{\frac{1}{2}}=3^{2\times\frac{1}{2}}=3$ (○)

B 로그

1. 로그의 정의

(1) **로그**: $a>0$, $a\neq1$, $N>0$일 때,

$$a^x=N \Longleftrightarrow x=\log_a N$$

(2) **로그가 정의될 조건**: $\log_a N$이 정의되기 위해서는

① 밑은 1이 아닌 양수이어야 한다.

➡ $a>0$, $a\neq1$

② 진수는 양수이어야 한다.

➡ $N>0$

2. 로그의 성질

(1) **로그의 성질**: $a>0$, $a\neq1$, $M>0$, $N>0$일 때,

① $\log_a 1=0$, $\log_a a=1$

② $\log_a MN=\log_a M+\log_a N$

③ $\log_a \dfrac{M}{N}=\log_a M-\log_a N$

④ $\log_a M^k=k\log_a M$ (단, k는 실수)

(2) **로그의 밑의 변환**: $a>0$, $a\neq1$, $b>0$일 때,

① $\log_a b=\dfrac{\log_c b}{\log_c a}$ (단, $c>0$, $c\neq1$)

② $\log_a b=\dfrac{1}{\log_b a}$ (단, $b\neq1$)

(3) $a>0$, $a\neq1$, $b>0$이고 m, n이 실수일 때,

① $\log_a b\times\log_b a=1$ (단, $b\neq1$)

② $\log_{a^m} b^n=\dfrac{n}{m}\log_a b$ (단, $m\neq0$)

③ $a^{\log_a b}=b$

④ $a^{\log_c b}=b^{\log_c a}$ (단, $c>0$, $c\neq1$)

3. 상용로그

(1) **상용로그**: 10을 밑으로 하는 로그를 **상용로그**라 하고, 양수 N의 상용로그를 $\log N$과 같이 나타낸다.

(2) **상용로그의 표현**: 양수 N의 상용로그는

$$\log N=n+\alpha\ (n\text{은 정수, } 0\leq\alpha<1)$$

꼴로 나타낼 수 있다.

C 지수함수와 로그함수

1. 지수함수와 로그함수의 그래프

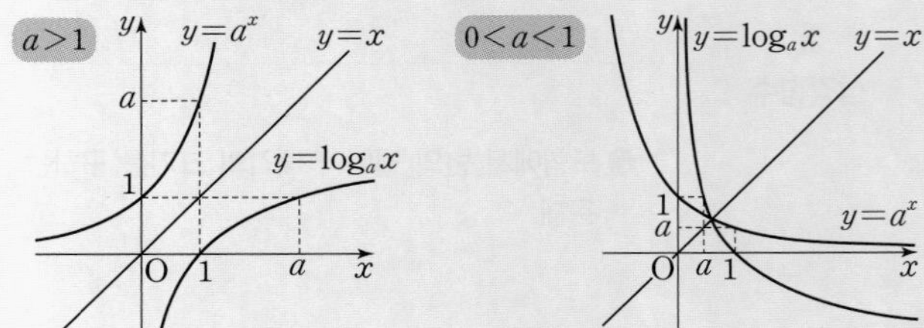

(1) **지수함수 $y=a^x$ ($a>0$, $a\neq1$)의 성질**

① 정의역은 실수 전체의 집합이고, 치역은 양의 실수 전체의 집합이다.

② $a>1$일 때, x의 값이 증가하면 y의 값도 증가한다.
$0<a<1$일 때, x의 값이 증가하면 y의 값은 감소한다.

③ 그래프는 점 (0, 1)을 지나고, x축을 점근선으로 한다.

(2) **로그함수 $y=\log_a x$ ($a>0$, $a\neq1$)의 성질**

① 정의역은 양의 실수 전체의 집합이고, 치역은 실수 전체의 집합이다.

② $a>1$일 때, x의 값이 증가하면 y의 값도 증가한다.
$0<a<1$일 때, x의 값이 증가하면 y의 값은 감소한다.

③ 그래프는 점 (1, 0)을 지나고, y축을 점근선으로 한다.

④ 그래프는 지수함수 $y=a^x$의 그래프와 직선 $y=x$에 대하여 대칭이다.

2. 지수함수와 로그함수의 최대 · 최소

(1) 지수함수의 최대 · 최소

$m \le x \le n$에서 정의된 지수함수 $y=a^x$ $(a>0,\ a\ne1)$은

① $a>1$이면 $x=m$일 때 최솟값 a^m, $x=n$일 때 최댓값 a^n을 갖는다.

② $0<a<1$이면 $x=m$일 때 최댓값 a^m, $x=n$일 때 최솟값 a^n을 갖는다.

(2) 로그함수의 최대 · 최소

$m \le x \le n$에서 정의된 로그함수 $y=\log_a x$ $(a>0,\ a\ne1)$는

① $a>1$이면 $x=m$일 때 최솟값 $\log_a m$, $x=n$일 때 최댓값 $\log_a n$을 갖는다.

② $0<a<1$이면 $x=m$일 때 최댓값 $\log_a m$, $x=n$일 때 최솟값 $\log_a n$을 갖는다.

D 지수함수와 로그함수의 활용

1. 지수에 미지수를 포함한 방정식과 부등식

(1) 지수에 미지수를 포함한 방정식의 풀이

$a>0,\ a\ne1$일 때, $a^{x_1}=a^{x_2} \Longleftrightarrow x_1=x_2$

(2) 지수에 미지수를 포함한 부등식의 풀이

① $a>1$일 때, $a^{x_1}<a^{x_2} \Longleftrightarrow x_1<x_2$

② $0<a<1$일 때, $a^{x_1}<a^{x_2} \Longleftrightarrow x_1>x_2$

2. 로그의 진수 또는 밑에 미지수를 포함한 방정식과 부등식

(1) 로그의 진수 또는 밑에 미지수를 포함한 방정식의 풀이

$a>0,\ a\ne1$이고 $x_1>0,\ x_2>0$일 때,

① $\log_a x_1=p \Longleftrightarrow x_1=a^p$

② $\log_a x_1=\log_a x_2 \Longleftrightarrow x_1=x_2$

(2) 로그의 진수 또는 밑에 미지수를 포함한 부등식의 풀이

$a>0,\ a\ne1$이고 $x_1>0,\ x_2>0$에 대하여

① $a>1$일 때, $\log_a x_1<\log_a x_2 \Longleftrightarrow x_1<x_2$

② $0<a<1$일 때, $\log_a x_1<\log_a x_2 \Longleftrightarrow x_1>x_2$

참고 구한 해가 진수의 조건 또는 밑의 조건을 만족시키는지 반드시 확인해야 한다.

s · t · r · a · t · e · g · y 1등급 전략

수능 만점의 필수 코스, 격자점 세기에 도전하자!

x좌표와 y좌표가 모두 정수인 점을 격자점이라고 해. 수능에서 격자점 세기는 난이도가 높은 문제로 출제되는 유형이라 할 수 있어. 우선은 좌표평면에 그래프를 그리고 격자점이 눈에 보이도록 모눈을 그려 봐. 몇 개의 숫자를 대입해서 격자점을 찾아보면 x의 값의 범위를 어떻게 나누어야 할지 대충 짐작할 수 있을 거야.

예를 들어 주어진 함수가 $y=2^x$이면 $1\le x<2^1$, $2^1\le x<2^2$, …과 같이 밑을 이용해서 범위를 나눌 수 있어. 하지만 모든 문제를 이렇게 풀 수는 없으니 다양한 문제를 통해서 충분히 연습해야 해.

II 삼각함수

E 삼각함수

1. 호도법과 삼각함수

(1) 부채꼴의 호의 길이와 넓이: 반지름의 길이가 r, 중심각의 크기가 θ(라디안)인 부채꼴의 호의 길이를 l, 넓이를 S라 하면

$$l=r\theta,\quad S=\frac{1}{2}r^2\theta=\frac{1}{2}rl$$

참고 1라디안$=\frac{180^\circ}{\pi}$, $1^\circ=\frac{\pi}{180}$라디안

(2) 삼각함수: 원점을 중심으로 하고 반지름의 길이가 r인 원 O 위의 점 $\mathrm{P}(x,\ y)$에 대하여 동경 OP가 나타내는 일반각 중 하나의 크기를 θ라 하면

$$\sin\theta=\frac{y}{r},\quad \cos\theta=\frac{x}{r},\quad \tan\theta=\frac{y}{x}\ (\text{단, } x\ne0)$$

(3) 삼각함수 사이의 관계

① $\tan\theta=\dfrac{\sin\theta}{\cos\theta}$　② $\sin^2\theta+\cos^2\theta=1$

2. 삼각함수의 그래프

(1) 함수 $y=\sin x$, $y=\cos x$의 성질

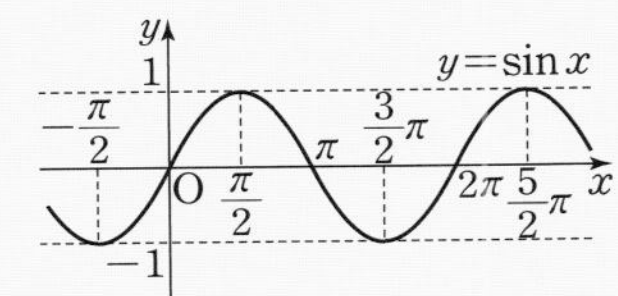

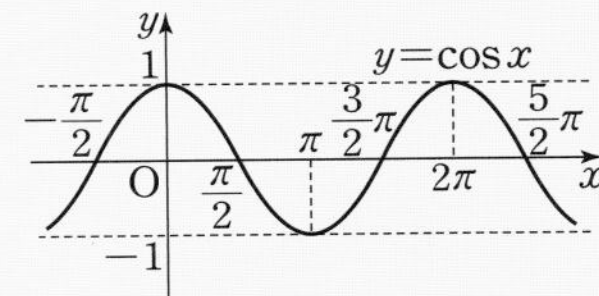

① 정의역은 실수 전체의 집합이고, 치역은 $\{y\mid -1\le y\le1\}$이다.

② 주기가 2π인 주기함수이다.

③ $y=\sin x$의 그래프는 원점에 대하여 대칭이고, $y=\cos x$의 그래프는 y축에 대하여 대칭이다.

(2) 함수 $y=\tan x$의 성질

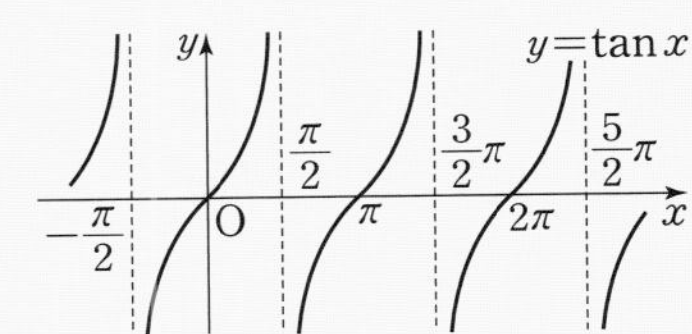

① 정의역은 $x\ne n\pi+\frac{\pi}{2}$ (n은 정수)인 실수 전체의 집합이고, 치역은 실수 전체의 집합이다.

② 주기가 π인 주기함수이다.

③ 그래프는 원점에 대하여 대칭이다.

④ 그래프의 점근선은 직선 $x=n\pi+\frac{\pi}{2}$ (n은 정수)이다.

참고 삼각함수의 최대 · 최소와 주기

(1) $y=a\sin(bx+c)+d$, $y=a\cos(bx+c)+d$

➡ 최댓값: $|a|+d$, 최솟값: $-|a|+d$, 주기: $\frac{2\pi}{|b|}$

(2) $y=a\tan(bx+c)+d$

➡ 최댓값과 최솟값은 없다., 주기: $\frac{\pi}{|b|}$

3. 여러 가지 각에 대한 삼각함수의 성질

(1) $2n\pi+\theta$의 삼각함수 (단, n은 정수)

① $\sin(2n\pi+\theta)=\sin\theta$

② $\cos(2n\pi+\theta)=\cos\theta$

③ $\tan(2n\pi+\theta)=\tan\theta$

(2) $-\theta$의 삼각함수

① $\sin(-\theta)=-\sin\theta$

② $\cos(-\theta)=\cos\theta$

③ $\tan(-\theta)=-\tan\theta$

(3) $\pi\pm\theta$의 삼각함수 (복부호 동순)

① $\sin(\pi\pm\theta)=\mp\sin\theta$

② $\cos(\pi\pm\theta)=-\cos\theta$

③ $\tan(\pi\pm\theta)=\pm\tan\theta$

(4) $\frac{\pi}{2}\pm\theta$의 삼각함수 (복부호 동순)

① $\sin\left(\frac{\pi}{2}\pm\theta\right)=\cos\theta$

② $\cos\left(\frac{\pi}{2}\pm\theta\right)=\mp\sin\theta$

③ $\tan\left(\frac{\pi}{2}\pm\theta\right)=\mp\frac{1}{\tan\theta}$

F 삼각함수의 활용

1. 삼각형의 넓이

삼각형 ABC의 넓이를 S라 하면

$$S=\frac{1}{2}ab\sin C=\frac{1}{2}bc\sin A=\frac{1}{2}ca\sin B$$

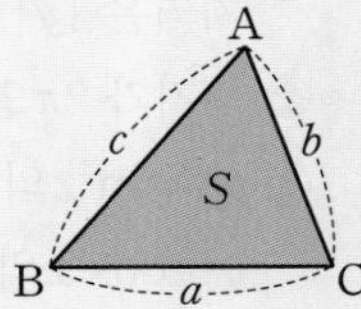

참고 사각형의 넓이

(1) 이웃하는 두 변의 길이가 a, b이고 그 끼인각의 크기가 θ인 평행사변형의 넓이를 S라 하면

$S=ab\sin\theta$

(2) 두 대각선의 길이가 a, b이고 두 대각선이 이루는 각의 크기가 θ인 사각형의 넓이를 S라 하면

$S=\frac{1}{2}ab\sin\theta$

2. 사인법칙

(1) 사인법칙: 삼각형 ABC의 외접원의 반지름의 길이를 R라 하면

$$\frac{a}{\sin A}=\frac{b}{\sin B}=\frac{c}{\sin C}=2R$$

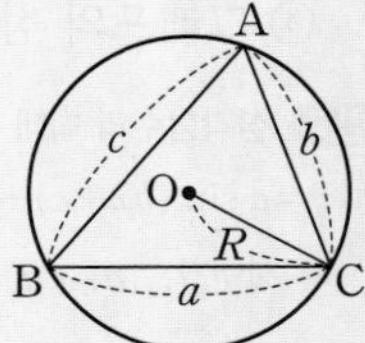

참고 한 변의 길이와 두 각의 크기를 알거나 두 변의 길이와 그 끼인각이 아닌 다른 한 각의 크기를 알 때 사인법칙을 이용한다.

(2) 사인법칙의 변형: 삼각형 ABC의 외접원의 반지름의 길이를 R라 하면

① $\sin A=\frac{a}{2R}$, $\sin B=\frac{b}{2R}$, $\sin C=\frac{c}{2R}$

② $a=2R\sin A$, $b=2R\sin B$, $c=2R\sin C$

③ $a:b:c=\sin A:\sin B:\sin C$

참고 삼각형 ABC의 넓이를 S, 외접원의 반지름의 길이를 R라 하면

$S=\frac{abc}{4R}=2R^2\sin A\sin B\sin C$

3. 코사인법칙

(1) 코사인법칙: 삼각형 ABC에서

$$a^2=b^2+c^2-2bc\cos A$$
$$b^2=c^2+a^2-2ca\cos B$$
$$c^2=a^2+b^2-2ab\cos C$$

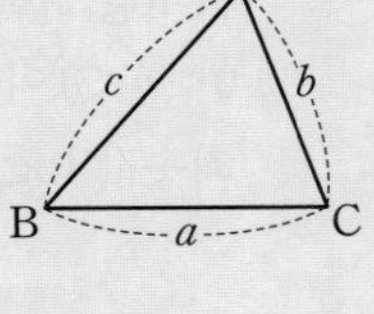

참고 두 변의 길이와 그 끼인각의 크기를 알거나 세 변의 길이를 알 때 코사인법칙을 이용한다.

(2) 코사인법칙의 변형: 삼각형 ABC에서

$$\cos A=\frac{b^2+c^2-a^2}{2bc}$$
$$\cos B=\frac{c^2+a^2-b^2}{2ca}$$
$$\cos C=\frac{a^2+b^2-c^2}{2ab}$$

s · t · r · a · t · e · g · y **1등급 전략**

다양한 도형의 성질을 기억해!

삼각함수 단원을 학습하다 보면 사인법칙과 코사인법칙을 이용하여 삼각형의 각의 크기와 변의 길이 사이의 관계를 이해하고, 삼각형의 넓이를 다양한 방법으로 구할 수 있는지를 묻는 문제를 자주 만날 거야. 이러한 문제들을 해결할 때 중학교에서 배웠던 도형의 성질이 활용되는 경우가 많으니까 확실히 정리해 둘 필요가 있어.

중학교 1학년에서 배운 삼각형의 합동 조건, 다각형의 성질과 중학교 2학년에서 배운 이등변삼각형의 성질, 삼각형의 외심과 내심의 성질, 사각형의 성질, 닮은 도형의 성질, 삼각형의 닮음 조건, 피타고라스 정리 및 중학교 3학년에서 배운 삼각비, 원의 현에 대한 성질과 접선에 대한 성질, 원주각의 성질은 기본적으로 알고 있어야 해.

또, 삼각형의 변의 길이와 각의 크기, 삼각형의 외접원의 반지름의 길이 중 문제의 조건으로 제시된 것이 무엇인지를 찾아 사인법칙과 코사인법칙 중 적절한 것을 이용해야 해.

이렇게 준비해 두면 사인법칙과 코사인법칙을 활용하는 여러 가지 도형 문제가 두렵지 않을 거야.

Ⅲ 수열

G 등차수열

1. 등차수열

(1) 첫째항이 a, 공차가 d인 등차수열의 일반항 a_n은

$a_n=a+(n-1)d$ (단, $n=1, 2, 3, \cdots$)

(2) **등차중항:** 세 수 a, b, c가 이 순서대로 등차수열을 이룰 때, b를 a와 c의 **등차중항**이라 하고, $b=\frac{a+c}{2}$가 성립한다.

2. 등차수열의 합

등차수열의 첫째항부터 제n항까지의 합 S_n은

(1) 첫째항이 a, 제n항이 l일 때, $S_n=\frac{n(a+l)}{2}$

(2) 첫째항이 a, 공차가 d일 때, $S_n=\frac{n\{2a+(n-1)d\}}{2}$

3. 수열의 합과 일반항 사이의 관계

수열 $\{a_n\}$의 첫째항부터 제n항까지의 합을 S_n이라 하면

$a_1=S_1$, $a_n=S_n-S_{n-1}$ (단, $n\geq 2$)

H 등비수열

1. 등비수열

(1) 첫째항이 a, 공비가 r $(r\neq 0)$인 등비수열의 일반항 a_n은

$a_n=ar^{n-1}$ (단, $n=1, 2, 3, \cdots$)

(2) **등비중항:** 0이 아닌 세 수 a, b, c가 이 순서대로 등비수열을 이룰 때, b를 a와 c의 **등비중항**이라 하고, $b^2=ac$가 성립한다.

2. 등비수열의 합

첫째항이 a, 공비가 r $(r\neq 0)$인 등비수열의 첫째항부터 제n항까지의 합 S_n은

(1) $r\neq 1$일 때, $S_n=\frac{a(1-r^n)}{1-r}=\frac{a(r^n-1)}{r-1}$

(2) $r=1$일 때, $S_n=na$

I 수열의 합

1. Σ의 뜻과 성질

(1) **합의 기호 Σ:** 수열 $\{a_n\}$에 대하여

$$a_1+a_2+a_3+\cdots+a_n=\sum_{k=1}^{n} a_k$$

(제n항까지 / 일반항 / 첫째항부터)

(2) **Σ의 성질**

① $\sum_{k=1}^{n}(a_k\pm b_k)=\sum_{k=1}^{n}a_k\pm\sum_{k=1}^{n}b_k$ (복부호 동순)

② $\sum_{k=1}^{n}ca_k=c\sum_{k=1}^{n}a_k$ (단, c는 상수)

③ $\sum_{k=1}^{n}c=cn$ (단, c는 상수)

2. 자연수의 거듭제곱의 합

(1) $\sum_{k=1}^{n}k=1+2+3+\cdots+n=\frac{n(n+1)}{2}$

(2) $\sum_{k=1}^{n}k^2=1^2+2^2+3^2+\cdots+n^2=\frac{n(n+1)(2n+1)}{6}$

(3) $\sum_{k=1}^{n}k^3=1^3+2^3+3^3+\cdots+n^3=\left\{\frac{n(n+1)}{2}\right\}^2$

3. 여러 가지 수열의 합

(1) **분수의 꼴로 주어진 수열의 합:** 일반항을 부분분수로 변형하여 구한다.

$\frac{1}{AB}=\frac{1}{B-A}\left(\frac{1}{A}-\frac{1}{B}\right)$ (단, $A\neq B$)

(2) **분모에 근호가 포함된 수열의 합:** 일반항의 분모를 유리화하여 구한다.

J 수학적 귀납법

1. 수열의 귀납적 정의

(1) $a_{n+1}=a_n+d$ ➡ 수열 $\{a_n\}$은 공차가 d인 등차수열

$2a_{n+1}=a_n+a_{n+2}$ ➡ 수열 $\{a_n\}$은 등차수열

(2) $a_{n+1}=ra_n$ ➡ 수열 $\{a_n\}$은 공비가 r인 등비수열

${a_{n+1}}^2=a_na_{n+2}$ ➡ 수열 $\{a_n\}$은 등비수열

(3) $a_{n+1}=a_n+f(n)$ 꼴

➡ n에 1, 2, 3, …을 차례로 대입하여 변끼리 더한다.

(4) $a_{n+1}=a_n f(n)$ 꼴

➡ n에 1, 2, 3, …을 차례로 대입하여 변끼리 곱한다.

2. 수학적 귀납법

자연수 n에 대한 명제 $p(n)$이 모든 자연수에 대하여 성립함을 증명하려면 다음 두 가지를 보이면 된다.

(i) $n=1$일 때, 명제 $p(n)$이 성립한다.

(ii) $n=k$일 때, 명제 $p(n)$이 성립한다고 가정하면 $n=k+1$일 때도 명제 $p(n)$이 성립한다.

s · t · r · a · t · e · g · y **1등급 전략**

숨어 있는 규칙을 찾자!

수열 단원의 문제를 학습하면 항의 값을 하나씩 차례로 풀어내는 문제를 종종 만나볼 수 있어. 하나씩 차례로 써 내려가는 것을 '나열하기'라고 해. '나열하기'는 나열은 하되, 그 안에 존재하는 규칙을 발견하는 것이 핵심이지.
그렇다면 나열을 해 봤지만, 규칙을 발견하지 못한 이유는 무엇일까? 항의 값을 나열한 후, 계산 결과만으로 규칙을 찾으려고 했기 때문이야. 규칙은 각 항의 값을 구하는 과정을 차례로 나열하는 과정에서 발견될 가능성이 커. 처음부터 값을 계산하기보다는 계산 과정을 나타내는 식으로부터 규칙성을 발견해 보도록 하자.

I 지수함수와 로그함수

4점 기출 » 집중하기

A 지수

01

[2023학년도 9월 **평가원** 11번]

함수 $f(x)=-(x-2)^2+k$에 대하여 다음 조건을 만족시키는 자연수 n의 개수가 2일 때, 상수 k의 값은?

> $\sqrt{3}^{f(n)}$의 네제곱근 중 실수인 것을 모두 곱한 값이 -9이다.

① 8　② 9　③ 10　④ 11　⑤ 12

02

[2022학년도 6월 **평가원** 21번]

다음 조건을 만족시키는 최고차항의 계수가 1인 이차함수 $f(x)$가 존재하도록 하는 모든 자연수 n의 값의 합을 구하시오.

> (가) x에 대한 방정식 $(x^n-64)f(x)=0$은 서로 다른 두 실근을 갖고, 각각의 실근은 중근이다.
> (나) 함수 $f(x)$의 최솟값은 음의 정수이다.

03

[2013학년도 **수능** 나형 26번]

$2 \le n \le 100$인 자연수 n에 대하여 $(\sqrt[3]{3^5})^{\frac{1}{2}}$이 어떤 자연수의 n제곱근이 되도록 하는 n의 개수를 구하시오.

04

[2009학년도 6월 **평가원** 나형 27번]

부등식 $1 < m^{n-5} < n^{m-8}$을 만족시키는 자연수 m, n에 대하여

$$A = m^{\frac{1}{m-8}} \times n^{\frac{1}{n-5}},$$

$$B = m^{-\frac{1}{m-8}} \times n^{\frac{1}{n-5}},$$

$$C = m^{\frac{1}{m-8}} \times n^{-\frac{1}{n-5}}$$

이라 할 때, A, B, C의 대소 관계로 옳은 것은?

① $A > B > C$ ② $A > C > B$ ③ $B > A > C$
④ $B > C > A$ ⑤ $C > A > B$

05

[2020학년도 4월 **교육청** 나형 18번]

1이 아닌 세 양수 a, b, c와 1이 아닌 두 자연수 m, n이 다음 조건을 만족시킨다. 모든 순서쌍 (m, n)의 개수는?

> (가) $\sqrt[3]{a}$는 b의 m제곱근이다.
> (나) $\sqrt{b}$는 c의 n제곱근이다.
> (다) c는 a^{12}의 네제곱근이다.

① 4 ② 7 ③ 10
④ 13 ⑤ 16

06

[2018학년도 4월 **교육청** 나형 27번]

2 이상의 자연수 n에 대하여 $(\sqrt{3^n})^{\frac{1}{2}}$과 $\sqrt[n]{3^{100}}$이 모두 자연수가 되도록 하는 모든 n의 값의 합을 구하시오.

해설편 p. 2

A 지수 – 지수법칙의 실생활에의 활용

07

[2016학년도 **수능** A형 16번, B형 10번]

어느 금융상품에 초기자산 W_0을 투자하고 t년이 지난 시점에서의 기대자산 W가 다음과 같이 주어진다고 한다.

$$W=\frac{W_0}{2}10^{at}(1+10^{at})$$

(단, $W_0>0$, $t\geq 0$이고, a는 상수이다.)

이 금융상품에 초기자산 w_0을 투자하고 15년이 지난 시점에서의 기대자산은 초기자산의 3배이다. 이 금융상품에 초기자산 w_0을 투자하고 30년이 지난 시점에서의 기대자산이 초기자산의 k배일 때, 실수 k의 값은? (단, $w_0>0$)

① 9 ② 10 ③ 11
④ 12 ⑤ 13

08

[2014학년도 6월 **평가원** A형 15번]

지면으로부터 H_1인 높이에서 풍속이 V_1이고 지면으로부터 H_2인 높이에서 풍속이 V_2일 때, 대기 안정도 계수 k는 다음 식을 만족시킨다.

$$V_2=V_1\times\left(\frac{H_2}{H_1}\right)^{\frac{2}{2-k}}$$

(단, $H_1<H_2$이고, 높이의 단위는 m, 풍속의 단위는 m/초이다.)

A지역에서 지면으로부터 12 m와 36 m인 높이에서 풍속이 각각 2(m/초)와 8(m/초)이고, B지역에서 지면으로부터 10 m와 90 m인 높이에서 풍속이 각각 a(m/초)와 b(m/초)일 때, 두 지역의 대기 안정도 계수 k가 서로 같았다. $\frac{b}{a}$의 값은? (단, a, b는 양수이다.)

① 10 ② 13 ③ 16
④ 19 ⑤ 22

B 로그

09

[2024학년도 **수능** 9번]

수직선 위의 두 점 $\mathrm{P}(\log_5 3)$, $\mathrm{Q}(\log_5 12)$에 대하여 선분 PQ를 $m:(1-m)$으로 내분하는 점의 좌표가 1일 때, 4^m의 값은? (단, m은 $0<m<1$인 상수이다.)

① $\frac{7}{6}$ ② $\frac{4}{3}$ ③ $\frac{3}{2}$
④ $\frac{5}{3}$ ⑤ $\frac{11}{6}$

10

[2023학년도 6월 **평가원** 21번]

자연수 n에 대하여 $4\log_{64}\left(\frac{3}{4n+16}\right)$의 값이 정수가 되도록 하는 1000 이하의 모든 n의 값의 합을 구하시오.

11

[2022학년도 **수능** 13번]

두 상수 a, b $(1<a<b)$에 대하여 좌표평면 위의 두 점 $(a, \log_2 a)$, $(b, \log_2 b)$를 지나는 직선의 y절편과 두 점 $(a, \log_4 a)$, $(b, \log_4 b)$를 지나는 직선의 y절편이 같다. 함수 $f(x)=a^{bx}+b^{ax}$에 대하여 $f(1)=40$일 때, $f(2)$의 값은?

① 760 ② 800 ③ 840 ④ 880 ⑤ 920

12

[2022학년도 **예시문항** 10번]

$\frac{1}{2}<\log a<\frac{11}{2}$인 양수 a에 대하여 $\frac{1}{3}+\log \sqrt{a}$의 값이 자연수가 되도록 하는 모든 a의 값의 곱은?

① 10^{10} ② 10^{11} ③ 10^{12} ④ 10^{13} ⑤ 10^{14}

13

[2021학년도 **수능** 가형 27번]

$\log_4 2n^2-\frac{1}{2}\log_2 \sqrt{n}$의 값이 40 이하의 자연수가 되도록 하는 자연수 n의 개수를 구하시오.

해설편 p. 4

14

[2020학년도 9월 **평가원** 나형 28번]

네 양수 a, b, c, k가 다음 조건을 만족시킬 때, k^2의 값을 구하시오.

(가) $3^a=5^b=k^c$
(나) $\log c=\log(2ab)-\log(2a+b)$

15

[2019학년도 **수능** 나형 15번]

2 이상의 자연수 n에 대하여 $5\log_n 2$의 값이 자연수가 되도록 하는 모든 n의 값의 합은?

① 34 ② 38 ③ 42
④ 46 ⑤ 50

16

[2018학년도 **수능** 나형 16번]

1보다 큰 두 실수 a, b에 대하여

$$\log_{\sqrt{3}} a=\log_9 ab$$

가 성립할 때, $\log_a b$의 값은?

① 1 ② 2 ③ 3
④ 4 ⑤ 5

17

[2016학년도 **수능** B형 20번]

양수 x에 대하여 $\log x$의 정수 부분을 $f(x)$라 하자.

$$f(n+10)=f(n)+1$$

을 만족시키는 100 이하의 자연수 n의 개수는?

① 11 ② 13 ③ 15
④ 17 ⑤ 19

18

[2016학년도 6월 **평가원** A형 20번]

양수 x에 대하여 $\log x$의 정수 부분을 $f(x)$라 할 때,

$$f(ab)=f(a)f(b)+2$$

를 만족시키는 20 이하의 두 자연수 a, b의 순서쌍 (a, b)에 대하여 $a+b$의 최솟값은?

① 19　② 20　③ 21
④ 22　⑤ 23

19

[2014학년도 **수능** A형 14번]

자연수 n에 대하여 $f(n)$이 다음과 같다. 물음에 답하시오.

$$f(n)=\begin{cases}\log_3 n & (n\text{이 홀수})\\ \log_2 n & (n\text{이 짝수})\end{cases}$$

20 이하의 두 자연수 m, n에 대하여
$f(mn)=f(m)+f(n)$을 만족시키는 순서쌍 (m, n)의 개수는?

① 220　② 230　③ 240
④ 250　⑤ 260

20

[2014학년도 **수능** B형 20번]

1보다 큰 실수 x에 대하여 $\log x$의 정수 부분과 소수 부분을 각각 $f(x)$, $g(x)$라 하자. $3f(x)+5g(x)$의 값이 10의 배수가 되도록 하는 x의 값을 작은 수부터 크기순으로 나열할 때 2번째 수를 a, 6번째 수를 b라 하자. $\log ab$의 값은?

① 8　② 10　③ 12
④ 14　⑤ 16

해설편 p. 7

21

[2014학년도 9월 **평가원** A형 20번]

자연수 n에 대하여 실수 a가 $10^n < a < 10^{n+1}$을 만족시킨다. $\log a$의 소수 부분과 $\log \sqrt[n]{a}$의 소수 부분의 합이 정수이고 $(n+1)\log a = n^2 + 8$일 때, $\dfrac{\log a}{n}$의 값은?

① $\dfrac{57}{56}$　② $\dfrac{22}{21}$　③ $\dfrac{11}{10}$
④ $\dfrac{6}{5}$　⑤ $\dfrac{17}{12}$

22

[2013학년도 6월 **평가원** 나형 21번]

양수 x에 대하여 $\log x$의 소수 부분을 $f(x)$라 할 때, $f(2x) \le f(x)$를 만족시키는 100보다 작은 자연수 x의 개수는?

① 55　② 57　③ 59
④ 61　⑤ 63

23

[2012학년도 9월 **평가원** 나형 17번]

양수 x에 대하여 $\log x$의 정수 부분과 소수 부분을 각각 $f(x)$, $g(x)$라 할 때, 다음 조건을 만족시키는 모든 x의 값의 곱은?

> (가) $f(x)+3g(x)$의 값은 정수이다.
> (나) $f(x)+f(x^2)=6$

① 10^4　② $10^{\frac{13}{3}}$　③ $10^{\frac{14}{3}}$
④ 10^5　⑤ $10^{\frac{16}{3}}$

B 로그 – 로그의 실생활에의 활용

24

[2016학년도 9월 **평가원** A형 16번]

고속철도의 최고소음도 L(dB)을 예측하는 모형에 따르면 한 지점에서 가까운 선로 중앙 지점까지의 거리를 d(m), 열차가 가까운 선로 중앙 지점을 통과할 때의 속력을 v(km/h)라 할 때, 다음과 같은 관계식이 성립한다고 한다.

$$L=80+28\log\frac{v}{100}-14\log\frac{d}{25}$$

가까운 선로 중앙 지점 P까지의 거리가 75 m인 한 지점에서 속력이 서로 다른 두 열차 A, B의 최고소음도를 예측하고자 한다. 열차 A가 지점 P를 통과할 때의 속력이 열차 B가 지점 P를 통과할 때의 속력의 0.9배일 때, 두 열차 A, B의 예측 최고소음도를 각각 L_A, L_B라 하자. L_B-L_A의 값은?

① $14-28\log 3$　② $28-56\log 3$　③ $28-28\log 3$　④ $56-84\log 3$　⑤ $56-56\log 3$

25

[2015학년도 6월 **평가원** A형 15번]

세대당 종자의 평균 분산거리가 D이고 세대당 종자의 증식률이 R인 나무의 10세대 동안 확산에 의한 이동거리를 L이라 하면 다음과 같은 관계식이 성립한다고 한다.

$$L^2=100D^2\times\log_3 R$$

세대당 종자의 평균 분산거리가 20이고 세대당 종자의 증식률이 81인 나무의 10세대 동안 확산에 의한 이동거리 L의 값은? (단, 거리의 단위는 m이다.)

① 400　② 500　③ 600　④ 700　⑤ 800

26

[2014학년도 9월 **평가원** A형 17번, B형 10번]

질량 a(g)의 활성탄 A를 염료 B의 농도가 c(%)인 용액에 충분히 오래 담가 놓을 때 활성탄 A가 흡착되는 염료 B의 질량 b(g)는 다음 식을 만족시킨다고 한다.

$$\log\frac{b}{a}=-1+k\log c$$ (단, k는 상수이다.)

10 g의 활성탄 A를 염료 B의 농도가 8 %인 용액에 충분히 오래 담가 놓을 때 활성탄 A에 흡착되는 염료 B의 질량은 4 g이다. 20 g의 활성탄 A를 염료 B의 농도가 27 %인 용액에 충분히 오래 담가 놓을 때 활성탄 A에 흡착되는 염료 B의 질량(g)은? (단, 각 용액의 양은 충분하다.)

① 10　② 12　③ 14　④ 16　⑤ 18

해설편 p. 11

C 지수함수와 로그함수 – 지수함수의 그래프

27

[2025학년도 6월 **평가원** 12번]

그림과 같이 곡선 $y=1-2^{-x}$ 위의 제1사분면에 있는 점 A를 지나고 y축에 평행한 직선이 곡선 $y=2^x$과 만나는 점을 B라 하자. 점 A를 지나고 x축에 평행한 직선이 곡선 $y=2^x$과 만나는 점을 C, 점 C를 지나고 y축에 평행한 직선이 곡선 $y=1-2^{-x}$과 만나는 점을 D라 하자. $\overline{\mathrm{AB}}=2\overline{\mathrm{CD}}$일 때, 사각형 ABCD의 넓이는?

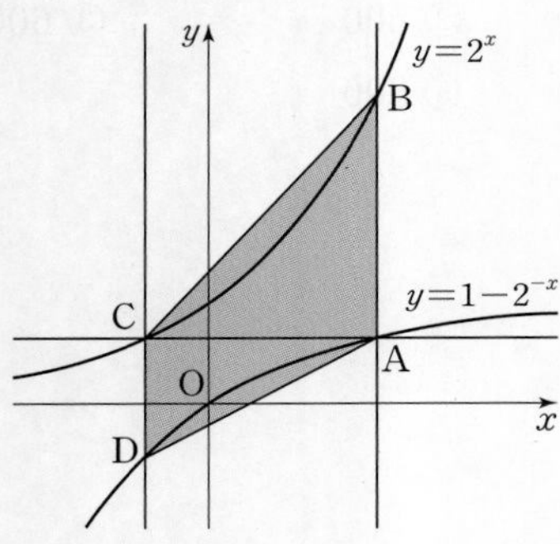

① $\frac{5}{2}\log_2 3-\frac{5}{4}$ ② $3\log_2 3-\frac{3}{2}$ ③ $\frac{7}{2}\log_2 3-\frac{7}{4}$

④ $4\log_2 3-2$ ⑤ $\frac{9}{2}\log_2 3-\frac{9}{4}$

28

[2023학년도 9월 **평가원** 21번]

그림과 같이 곡선 $y=2^x$ 위에 두 점 $\mathrm{P}(a,\ 2^a)$, $\mathrm{Q}(b,\ 2^b)$이 있다. 직선 PQ의 기울기를 m이라 할 때, 점 P를 지나며 기울기가 $-m$인 직선이 x축, y축과 만나는 점을 각각 A, B라 하고, 점 Q를 지나며 기울기가 $-m$인 직선이 x축과 만나는 점을 C라 하자.

$$\overline{\mathrm{AB}}=4\overline{\mathrm{PB}},\quad \overline{\mathrm{CQ}}=3\overline{\mathrm{AB}}$$

일 때, $90\times(a+b)$의 값을 구하시오. (단, $0<a<b$)

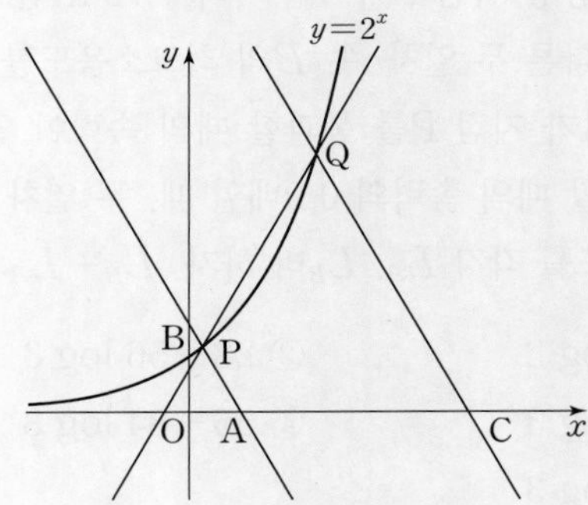

29

[2020학년도 **수능** 가형 15번]

지수함수 $y=a^x\ (a>1)$의 그래프와 직선 $y=\sqrt{3}$이 만나는 점을 A라 하자. 점 B$(4,\ 0)$에 대하여 직선 OA와 직선 AB가 서로 수직이 되도록 하는 모든 a의 값의 곱은?

(단, O는 원점이다.)

① $3^{\frac{1}{3}}$　② $3^{\frac{2}{3}}$　③ 3

④ $3^{\frac{4}{3}}$　⑤ $3^{\frac{5}{3}}$

30

[2010학년도 6월 **평가원** 나형 9번]

함수 $f(x)$는 모든 실수 x에 대하여 $f(x+2)=f(x)$를 만족시키고,

$$f(x)=\left|x-\frac{1}{2}\right|+1\left(-\frac{1}{2}\le x<\frac{3}{2}\right)$$

이다. 자연수 n에 대하여 지수함수 $y=2^{\frac{x}{n}}$의 그래프와 함수 $y=f(x)$의 그래프의 교점의 개수가 5가 되도록 하는 모든 n의 값의 합은?

① 7　② 9　③ 11

④ 13　⑤ 15

C 지수함수와 로그함수 – 로그함수의 그래프

31

[2025학년도 9월 **평가원** 14번]

자연수 n에 대하여 곡선 $y=2^x$ 위의 두 점 A_n, B_n이 다음 조건을 만족시킨다.

> (가) 직선 $\mathrm{A}_n\mathrm{B}_n$의 기울기는 3이다.
> (나) $\overline{\mathrm{A}_n\mathrm{B}_n}=n\times\sqrt{10}$

중심이 직선 $y=x$ 위에 있고 두 점 A_n, B_n을 지나는 원이 곡선 $y=\log_2 x$와 만나는 두 점의 x좌표 중 큰 값을 x_n이라 하자. $x_1+x_2+x_3$의 값은?

① $\frac{150}{7}$　② $\frac{155}{7}$　③ $\frac{160}{7}$

④ $\frac{165}{7}$　⑤ $\frac{170}{7}$

해설편 p. 14

32

[2024학년도 **수능** 21번]

양수 a에 대하여 $x\geq -1$에서 정의된 함수 $f(x)$는

$$f(x)=\begin{cases} -x^2+6x & (-1\leq x<6) \\ a\log_4(x-5) & (x\geq 6) \end{cases}$$

이다. $t\geq 0$인 실수 t에 대하여 닫힌구간 $[t-1,\ t+1]$에서의 $f(x)$의 최댓값을 $g(t)$라 하자. 구간 $[0,\ \infty)$에서 함수 $g(t)$의 최솟값이 5가 되도록 하는 양수 a의 최솟값을 구하시오.

33

[2023학년도 **수능** 21번]

자연수 n에 대하여 함수 $f(x)$를

$$f(x)=\begin{cases} |3^{x+2}-n| & (x<0) \\ |\log_2(x+4)-n| & (x\geq 0) \end{cases}$$

이라 하자. 실수 t에 대하여 x에 대한 방정식 $f(x)=t$의 서로 다른 실근의 개수를 $g(t)$라 할 때, 함수 $g(t)$의 최댓값이 4가 되도록 하는 모든 자연수 n의 값의 합을 구하시오.

34

[2022학년도 9월 **평가원** 21번]

$a>1$인 실수 a에 대하여 직선 $y=-x+4$가 두 곡선

$$y=a^{x-1},\quad y=\log_a(x-1)$$

과 만나는 점을 각각 A, B라 하고, 곡선 $y=a^{x-1}$이 y축과 만나는 점을 C라 하자. $\overline{AB}=2\sqrt{2}$일 때, 삼각형 ABC의 넓이는 S이다. $50\times S$의 값을 구하시오.

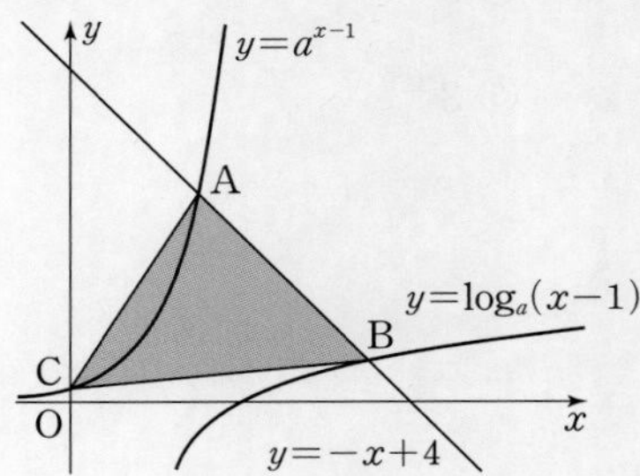

35

[2021학년도 **수능** 가형 13번, 나형 18번]

$\frac{1}{4}<a<1$인 실수 a에 대하여 직선 $y=1$이 두 곡선 $y=\log_a x$, $y=\log_{4a} x$와 만나는 점을 각각 A, B라 하고, 직선 $y=-1$이 두 곡선 $y=\log_a x$, $y=\log_{4a} x$와 만나는 점을 각각 C, D라 하자. **보기**에서 옳은 것만을 있는 대로 고른 것은?

보기

ㄱ. 선분 AB를 1 : 4로 외분하는 점의 좌표는 $(0, 1)$이다.

ㄴ. 사각형 ABCD가 직사각형이면 $a=\frac{1}{2}$이다.

ㄷ. $\overline{AB}<\overline{CD}$이면 $\frac{1}{2}<a<1$이다.

① ㄱ　② ㄷ　③ ㄱ, ㄴ　④ ㄴ, ㄷ　⑤ ㄱ, ㄴ, ㄷ

36

[2021학년도 9월 **평가원** 나형 17번]

$\angle A=90°$이고 $\overline{AB}=2\log_2 x$, $\overline{AC}=\log_4 \frac{16}{x}$인 삼각형 ABC의 넓이를 $S(x)$라 하자. $S(x)$가 $x=a$에서 최댓값 M을 가질 때, $a+M$의 값은? (단, $1<x<16$)

① 6　② 7　③ 8　④ 9　⑤ 10

37

[2018학년도 9월 **평가원** 가형 16번]

$a>1$인 실수 a에 대하여 곡선 $y=\log_a x$와 원 C: $\left(x-\frac{5}{4}\right)^2+y^2=\frac{13}{16}$의 두 교점을 P, Q라 하자. 선분 PQ가 원 C의 지름일 때, a의 값은?

① 3　② $\frac{7}{2}$　③ 4　④ $\frac{9}{2}$　⑤ 5

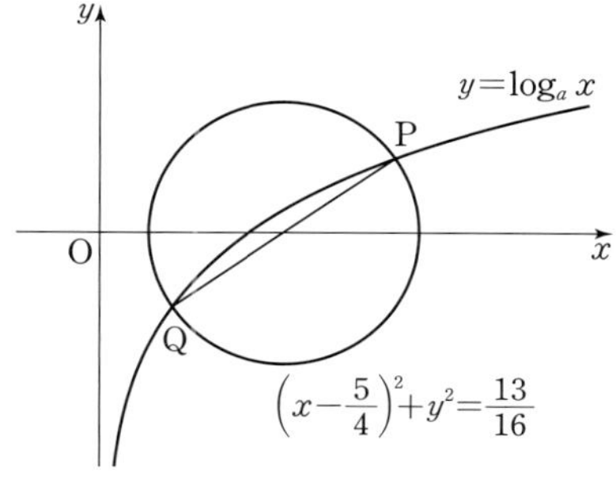

38

[2016학년도 6월 **평가원** A형 15번]

함수 $y=\log_3 x$의 그래프를 x축의 방향으로 a만큼, y축의 방향으로 2만큼 평행이동한 그래프를 나타내는 함수를 $y=f(x)$라 하자. 함수 $f(x)$의 역함수가 $f^{-1}(x)=3^{x-2}+4$일 때, 상수 a의 값은?

① 1　② 2　③ 3　④ 4　⑤ 5

해설편 p. 18

39

[2015학년도 6월 **평가원** A형 20번, B형 19번]

$0<a<1<b$인 두 실수 a, b에 대하여 두 함수

$$f(x)=\log_a(bx-1),\quad g(x)=\log_b(ax-1)$$

이 있다. 곡선 $y=f(x)$와 x축의 교점이 곡선 $y=g(x)$의 점근선 위에 있도록 하는 a와 b 사이의 관계식과 a의 범위를 옳게 나타낸 것은?

① $b=-2a+2\left(0<a<\frac{1}{2}\right)$

② $b=2a\left(0<a<\frac{1}{2}\right)$

③ $b=2a\left(\frac{1}{2}<a<1\right)$

④ $b=2a+1\left(0<a<\frac{1}{2}\right)$

⑤ $b=2a+1\left(\frac{1}{2}<a<1\right)$

40

[2011학년도 **수능** 가형 16번, 나형 16번]

좌표평면에서 두 곡선 $y=|\log_2 x|$와 $y=\left(\frac{1}{2}\right)^x$이 만나는 두 점을 $\mathrm{P}(x_1, y_1)$, $\mathrm{Q}(x_2, y_2)$ $(x_1<x_2)$라 하고, 두 곡선 $y=|\log_2 x|$와 $y=2^x$이 만나는 점을 $\mathrm{R}(x_3, y_3)$이라 하자. **보기**에서 옳은 것만을 있는 대로 고른 것은?

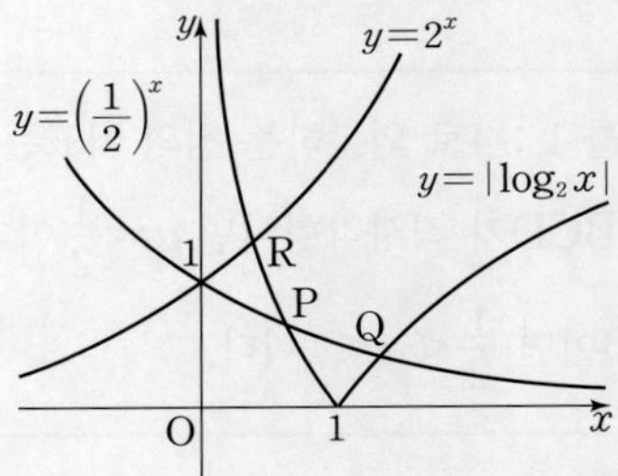

보기

ㄱ. $\frac{1}{2}<x_1<1$

ㄴ. $x_2y_2-x_3y_3=0$

ㄷ. $x_2(x_1-1)>y_1(y_2-1)$

① ㄱ　② ㄷ　③ ㄱ, ㄴ

④ ㄴ, ㄷ　⑤ ㄱ, ㄴ, ㄷ

41

[2011학년도 9월 **평가원** 가형 15번, 나형 15번]

함수 $y=\log_2 4x$의 그래프 위의 두 점 A, B와 함수 $y=\log_2 x$의 그래프 위의 점 C에 대하여 선분 AC가 y축에 평행하고 삼각형 ABC가 정삼각형일 때, 점 B의 좌표는 (p, q)이다. $p^2\times 2^q$의 값은?

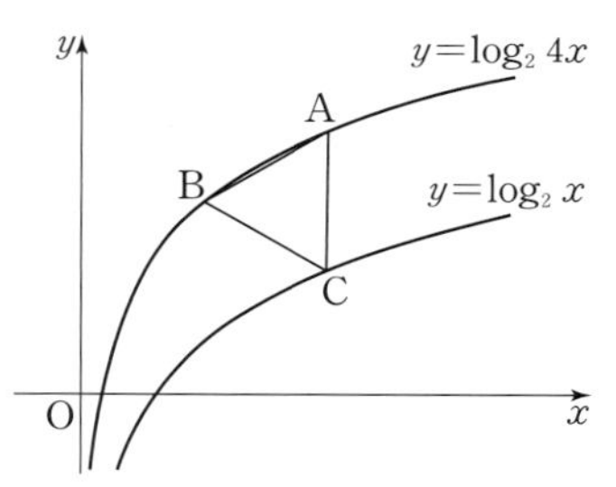

① $6\sqrt{3}$ ② $9\sqrt{3}$ ③ $12\sqrt{3}$
④ $15\sqrt{3}$ ⑤ $18\sqrt{3}$

42

[2010학년도 **수능** 가형 16번, 나형 16번]

자연수 $n\ (n\geq 2)$에 대하여 직선 $y=-x+n$과 곡선 $y=|\log_2 x|$가 만나는 서로 다른 두 점의 x좌표를 각각 a_n, $b_n\ (a_n<b_n)$이라 할 때, **보기**에서 옳은 것만을 있는 대로 고른 것은?

보기

ㄱ. $a_2<\frac{1}{4}$

ㄴ. $0<\frac{a_{n+1}}{a_n}<1$

ㄷ. $1-\frac{\log_2 n}{n}<\frac{b_n}{n}<1$

① ㄱ ② ㄴ ③ ㄷ
④ ㄴ, ㄷ ⑤ ㄱ, ㄴ, ㄷ

43

[2010학년도 9월 **평가원** 나형 24번]

좌표평면에서 세 점 $(15, 4)$, $(15, 1)$, $(64, 1)$을 꼭짓점으로 하는 삼각형과 로그함수 $y=\log_k x$의 그래프가 만나도록 하는 자연수 k의 개수를 구하시오.

44

[2009학년도 **수능** 나형 11번]

$0<a<\frac{1}{2}$인 상수 a에 대하여 직선 $y=x$가 곡선 $y=\log_a x$와 만나는 점을 (p, p), 직선 $y=x$가 곡선 $y=\log_{2a} x$와 만나는 점을 (q, q)라 하자. **보기**에서 옳은 것만을 있는 대로 고른 것은?

보기

ㄱ. $p=\frac{1}{2}$이면 $a=\frac{1}{4}$이다.

ㄴ. $p<q$

ㄷ. $a^{p+q}=\frac{pq}{2^q}$

① ㄱ ② ㄱ, ㄴ ③ ㄱ, ㄷ
④ ㄴ, ㄷ ⑤ ㄱ, ㄴ, ㄷ

해설편 p. 23

D 지수함수와 로그함수의 활용 - 지수에 미지수를 포함한 방정식과 부등식

45

[2025학년도 수능 20번]

곡선 $y=\left(\frac{1}{5}\right)^{x-3}$과 직선 $y=x$가 만나는 점의 x좌표를 k라 하자. 실수 전체의 집합에서 정의된 함수 $f(x)$가 다음 조건을 만족시킨다.

> $x>k$인 모든 실수 x에 대하여
> $f(x)=\left(\frac{1}{5}\right)^{x-3}$이고 $f(f(x))=3x$이다.

$f\left(\frac{1}{k^3\times 5^{3k}}\right)$의 값을 구하시오.

46

[2024학년도 9월 **평가원** 14번]

두 자연수 a, b에 대하여 함수

$$f(x)=\begin{cases} 2^{x+a}+b & (x\le -8) \\ -3^{x-3}+8 & (x>-8) \end{cases}$$

이 다음 조건을 만족시킬 때, $a+b$의 값은?

> 집합 $\{f(x)\,|\,x\le k\}$의 원소 중 정수인 것의 개수가 2가 되도록 하는 모든 실수 k의 값의 범위는 $3\le k<4$이다.

① 11　② 13　③ 15　④ 17　⑤ 19

47

[2022학년도 **수능** 9번]

직선 $y=2x+k$가 두 함수

$$y=\left(\frac{2}{3}\right)^{x+3}+1, \quad y=\left(\frac{2}{3}\right)^{x+1}+\frac{8}{3}$$

의 그래프와 만나는 점을 각각 P, Q라 하자. $\overline{\mathrm{PQ}}=\sqrt{5}$일 때, 상수 k의 값은?

① $\frac{31}{6}$　② $\frac{16}{3}$　③ $\frac{11}{2}$　④ $\frac{17}{3}$　⑤ $\frac{35}{6}$

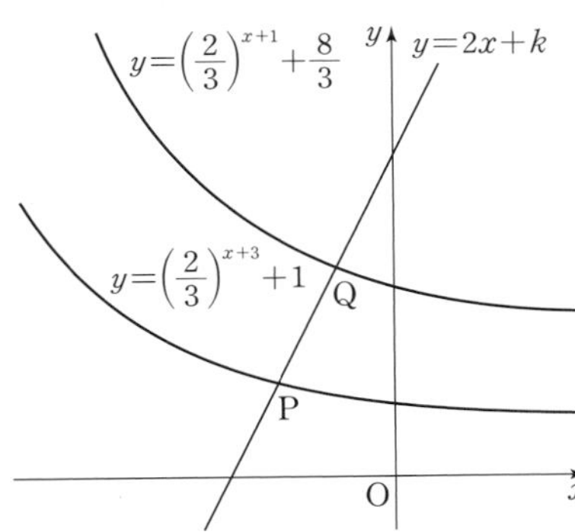

48

[2021학년도 9월 **평가원** 가형 13번, 나형 15번]

곡선 $y=2^{ax+b}$과 직선 $y=x$가 서로 다른 두 점 A, B에서 만날 때, 두 점 A, B에서 x축에 내린 수선의 발을 각각 C, D라 하자. $\overline{\mathrm{AB}}=6\sqrt{2}$이고 사각형 ACDB의 넓이가 30일 때, $a+b$의 값은? (단, a, b는 상수이다.)

① $\frac{1}{6}$　② $\frac{1}{3}$　③ $\frac{1}{2}$　④ $\frac{2}{3}$　⑤ $\frac{5}{6}$

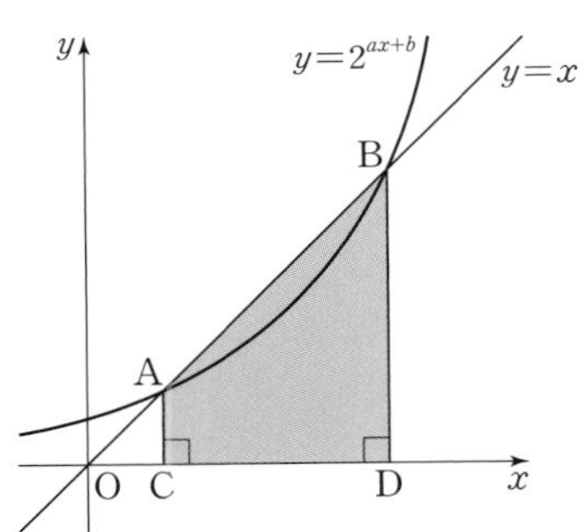

해설편 p. 27

49

[2019학년도 수능 가형 14번]

이차함수 $y=f(x)$의 그래프와 일차함수 $y=g(x)$의 그래프가 그림과 같을 때, 부등식

$$\left(\frac{1}{2}\right)^{f(x)g(x)} \geq \left(\frac{1}{8}\right)^{g(x)}$$

을 만족시키는 모든 자연수 x의 값의 합은?

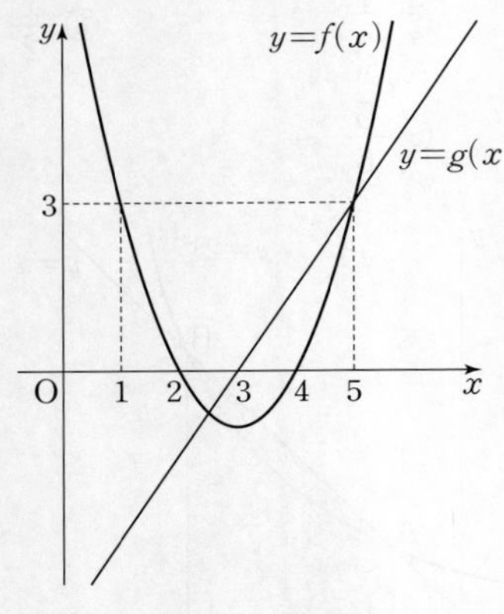

① 7　② 9　③ 11　④ 13　⑤ 15

50

[2016학년도 6월 평가원 A형 28번]

일차함수 $y=f(x)$의 그래프가 그림과 같고 $f(-5)=0$이다. 부등식

$$2^{f(x)} \leq 8$$

의 해가 $x \leq -4$일 때, $f(0)$의 값을 구하시오.

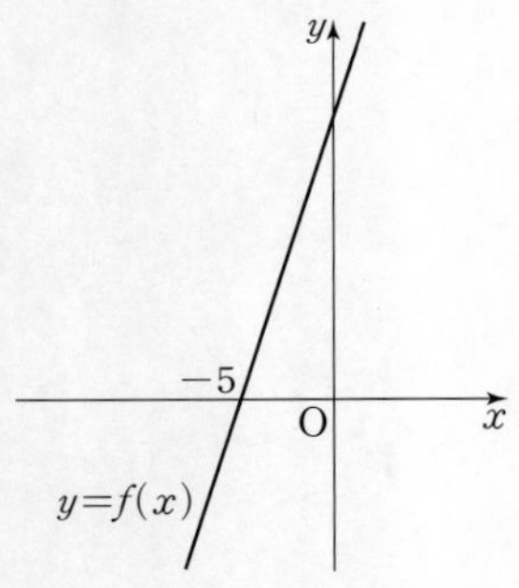

51

[2016학년도 6월 평가원 B형 18번]

좌표평면 위의 두 곡선 $y=|9^x-3|$과 $y=2^{x+k}$이 만나는 서로 다른 두 점의 x좌표를 x_1, x_2 $(x_1<x_2)$라 할 때, $x_1<0$, $0<x_2<2$를 만족시키는 모든 자연수 k의 값의 합은?

① 8　② 9　③ 10　④ 11　⑤ 12

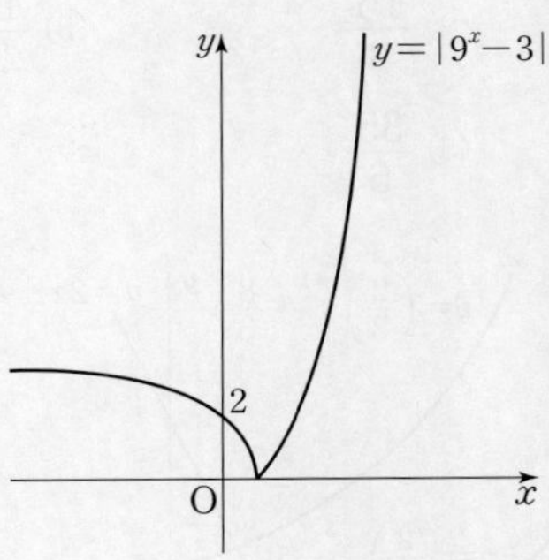

52

[2015학년도 수능 A형 15번]

부등식 $\left(\frac{1}{5}\right)^{1-2x} \leq 5^{x+4}$을 만족시키는 모든 자연수 x의 값의 합은?

① 11　② 12　③ 13　④ 14　⑤ 15

D 지수함수와 로그함수의 활용 – 로그의 진수 또는 밑에 미지수를 포함한 방정식과 부등식

53
[2025학년도 6월 **평가원** 14번]

다음 조건을 만족시키는 모든 자연수 k의 값의 합은?

> $\log_2 \sqrt{-n^2+10n+75}-\log_4 (75-kn)$의 값이 양수가 되도록 하는 자연수 n의 개수가 12이다.

① 6 ② 7 ③ 8
④ 9 ⑤ 10

54
[2022학년도 6월 **평가원** 10번]

$n\geq 2$인 자연수 n에 대하여 두 곡선

$$y=\log_n x,\quad y=-\log_n (x+3)+1$$

이 만나는 점의 x좌표가 1보다 크고 2보다 작도록 하는 모든 n의 값의 합은?

① 30 ② 35 ③ 40
④ 45 ⑤ 50

55
[2019학년도 6월 **평가원** 가형 14번]

직선 $x=k$가 두 곡선 $y=\log_2 x$, $y=-\log_2 (8-x)$와 만나는 점을 각각 A, B라 하자. $\overline{\mathrm{AB}}=2$가 되도록 하는 모든 실수 k의 값의 곱은? (단, $0<k<8$)

① $\frac{1}{2}$ ② 1 ③ $\frac{3}{2}$
④ 2 ⑤ $\frac{5}{2}$

해설편 p. 30

56

[2015학년도 **수능** A형 30번]

좌표평면에서 자연수 n에 대하여 다음 조건을 만족시키는 삼각형 OAB의 개수를 $f(n)$이라 할 때, $f(1)+f(2)+f(3)$의 값을 구하시오. (단, O는 원점이다.)

> (가) 점 A의 좌표는 $(-2,\ 3^n)$이다.
> (나) 점 B의 좌표를 $(a,\ b)$라 할 때, a와 b는 자연수이고 $b \le \log_2 a$를 만족시킨다.
> (다) 삼각형 OAB의 넓이는 50 이하이다.

57

[2015학년도 6월 **평가원** A형 30번]

양수 x에 대하여 $\log x$의 소수 부분을 $f(x)$라 하자. 다음 조건을 만족시키는 두 자연수 a, b의 모든 순서쌍 $(a,\ b)$의 개수를 구하시오.

> (가) $a \le b \le 20$
> (나) $\log b - \log a \le f(a) - f(b)$

58

[2014학년도 6월 **평가원** A형 27번]

방정식 $x^{\log_2 x} = 8x^2$의 두 실근을 α, β라 할 때, $\alpha\beta$의 값을 구하시오.

59

[2013학년도 9월 **평가원** 가형 30번, 나형 30번]

좌표평면에서 다음 조건을 만족시키는 정사각형 중 두 함수 $y=\log 3x$, $y=\log 7x$의 그래프와 모두 만나는 것의 개수를 구하시오.

> (가) 꼭짓점의 x좌표, y좌표가 모두 자연수이고 한 변의 길이가 1이다.
> (나) 꼭짓점의 x좌표는 모두 100 이하이다.

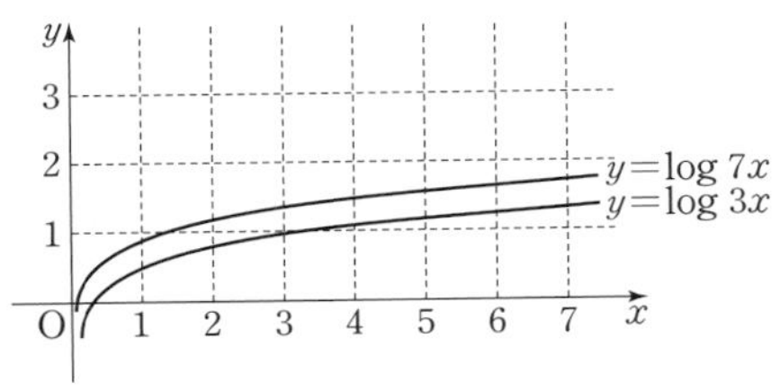

60

[2012학년도 6월 **평가원** 나형 16번]

부등식 $\log_2 x^2-\log_2|x|\leq 3$을 만족시키는 정수 x의 개수는?

① 12 ② 13 ③ 14
④ 15 ⑤ 16

1등급 완성

4점 기출 » 도전하기

61

[2024학년도 6월 **평가원** 21번]

실수 t에 대하여 두 곡선 $y=t-\log_2 x$와 $y=2^{x-t}$이 만나는 점의 x좌표를 $f(t)$라 하자.
보기의 각 명제에 대하여 규칙에 따라 A, B, C의 값을 정할 때, $A+B+C$의 값을 구하시오. (단, $A+B+C\neq 0$)

> • 명제 ㄱ이 참이면 $A=100$, 거짓이면 $A=0$이다.
> • 명제 ㄴ이 참이면 $B=10$, 거짓이면 $B=0$이다.
> • 명제 ㄷ이 참이면 $C=1$, 거짓이면 $C=0$이다.

보기

ㄱ. $f(1)=1$이고 $f(2)=2$이다.
ㄴ. 실수 t의 값이 증가하면 $f(t)$의 값도 증가한다.
ㄷ. 모든 양의 실수 t에 대하여 $f(t)\geq t$이다.

해설편 p. 34

62

[2015학년도 9월 **평가원** A형 30번]

다음 조건을 만족시키는 두 자연수 a, b의 모든 순서쌍 (a, b)의 개수를 구하시오.

> (가) $1 \le a \le 10$, $1 \le b \le 100$
> (나) 곡선 $y=2^x$이 원 $(x-a)^2+(y-b)^2=1$과 <u>만나지 않는다</u>.
> (다) 곡선 $y=2^x$이 원 $(x-a)^2+(y-b)^2=4$와 적어도 한 점에서 만난다.

63

[2017학년도 6월 **평가원** 나형 30번]

다음 조건을 만족시키는 20 이하의 모든 자연수 n의 값의 합을 구하시오.

> $\log_2(na-a^2)$과 $\log_2(nb-b^2)$은 같은 자연수이고 $0<b-a\le\dfrac{n}{2}$인 두 실수 a, b가 존재한다.

해설편 p. 38

II 삼각함수

4점 기출 » 집중하기

E 삼각함수 – 호도법과 삼각함수

01

[2020학년도 3월 **교육청** 가형 26번]

좌표평면에서 제1사분면에 점 P가 있다. 점 P를 직선 $y=x$에 대하여 대칭이동한 점을 Q라 하고, 점 Q를 원점에 대하여 대칭이동한 점을 R라 할 때, 세 동경 OP, OQ, OR가 나타내는 각을 각각 α, β, γ라 하자.

$\sin\alpha=\frac{1}{3}$일 때, $9(\sin^2\beta+\tan^2\gamma)$의 값을 구하시오.

(단, O는 원점이고, 시초선은 x축의 양의 방향이다.)

02

[2019학년도 9월 **교육청**(고2) 나형 20번]

그림과 같이 길이가 2인 선분 AB를 지름으로 하고 중심이 O인 반원이 있다.

호 AB 위에 점 P를 $\cos(\angle\text{BAP})=\frac{4}{5}$가 되도록 잡는다.

부채꼴 OBP에 내접하는 원의 반지름의 길이가 r_1, 호 AP를 이등분하는 점과 선분 AP의 중점을 지름의 양 끝 점으로 하는 원의 반지름의 길이가 r_2일 때, r_1r_2의 값은?

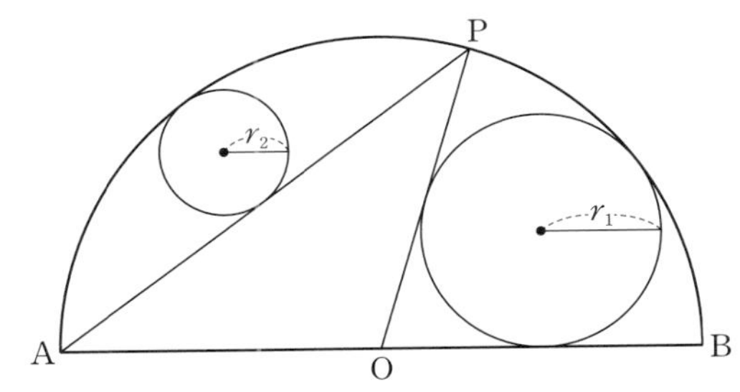

① $\frac{3}{40}$　② $\frac{1}{10}$　③ $\frac{1}{8}$　④ $\frac{3}{20}$　⑤ $\frac{7}{40}$

해설편 p. 41

03

[2019학년도 6월 **교육청**(고2) 가형 17번]

그림과 같이 반지름의 길이가 4이고 중심각의 크기가 $\frac{\pi}{6}$인 부채꼴 OAB가 있다. 선분 OA 위의 점 P에 대하여 선분 PA를 지름으로 하고 선분 OB에 접하는 반원을 C라 할 때, 부채꼴 OAB의 넓이를 S_1, 반원 C의 넓이를 S_2라 하자. S_1-S_2의 값은?

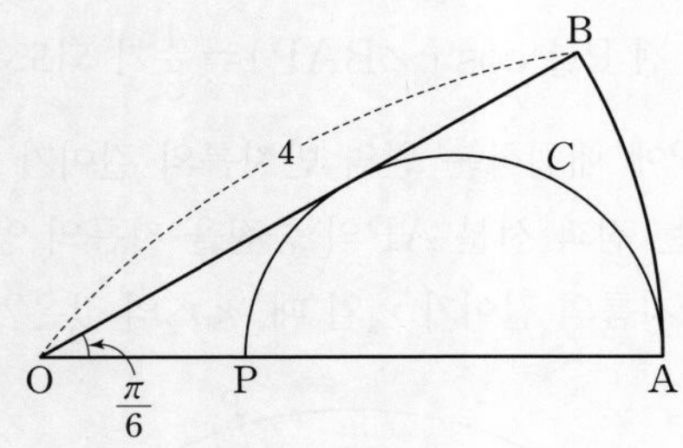

① $\frac{\pi}{9}$ ② $\frac{2}{9}\pi$ ③ $\frac{\pi}{3}$
④ $\frac{4}{9}\pi$ ⑤ $\frac{5}{9}\pi$

04

[2013학년도 3월 **교육청**(고2) A형 27번]

한 개의 주사위를 던져서 나오는 눈의 수를 원소로 가지는 집합 A에 대하여 집합 X를

$$X=\left\{x \,\middle|\, x=\sin\frac{a}{6}\pi,\ a\in A\right\}$$

라 하자. 집합 X의 원소의 개수를 구하시오.

05

[2007학년도 6월 **교육청**(고2) 가형 19번]

$\pi<\alpha<2\pi$, $\pi<\beta<2\pi$인 서로 다른 두 각 α, β에 대하여, $\sin\alpha=\cos\beta$를 만족할 때, **보기**에서 항상 옳은 것을 모두 고른 것은?

보기

ㄱ. $\sin(\alpha+\beta)=1$
ㄴ. $\cos^2\alpha+\cos^2\beta=1$
ㄷ. $\tan\alpha+\tan\beta=1$

① ㄱ ② ㄴ ③ ㄷ
④ ㄱ, ㄴ ⑤ ㄴ, ㄷ

06

[2025학년도 수능 10번]

닫힌구간 $[0,\ 2\pi]$에서 정의된 함수 $f(x)=a\cos bx+3$이 $x=\frac{\pi}{3}$에서 최댓값 13을 갖도록 하는 두 자연수 a, b의 순서쌍 $(a,\ b)$에 대하여 $a+b$의 최솟값은?

① 12 ② 14 ③ 16
④ 18 ⑤ 20

07

[2023학년도 수능 9번]

함수

$$f(x)=a-\sqrt{3}\tan 2x$$

가 닫힌구간 $\left[-\frac{\pi}{6},\ b\right]$에서 최댓값 7, 최솟값 3을 가질 때, $a\times b$의 값은? (단, a, b는 상수이다.)

① $\frac{\pi}{2}$ ② $\frac{5\pi}{12}$ ③ $\frac{\pi}{3}$
④ $\frac{\pi}{4}$ ⑤ $\frac{\pi}{6}$

08

[2022학년도 수능 11번]

양수 a에 대하여 집합 $\left\{x \middle| -\frac{a}{2}<x\le a,\ x\ne\frac{a}{2}\right\}$에서 정의된 함수

$$f(x)=\tan\frac{\pi x}{a}$$

가 있다. 그림과 같이 함수 $y=f(x)$의 그래프 위의 세 점 O, A, B를 지나는 직선이 있다. 점 A를 지나고 x축에 평행한 직선이 함수 $y=f(x)$의 그래프와 만나는 점 중 A가 아닌 점을 C라 하자. 삼각형 ABC가 정삼각형일 때, 삼각형 ABC의 넓이는? (단, O는 원점이다.)

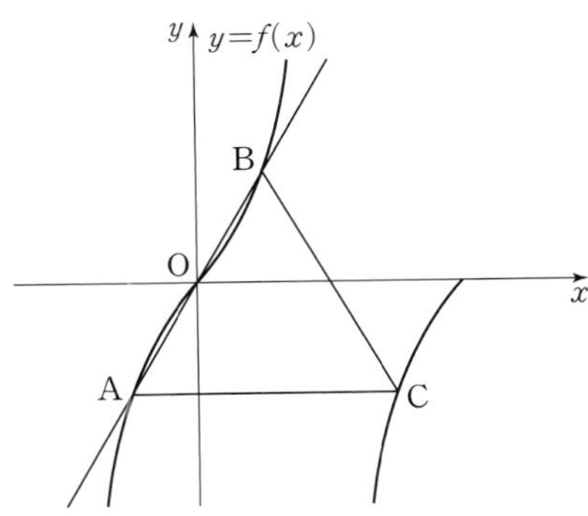

① $\frac{3\sqrt{3}}{2}$ ② $\frac{17\sqrt{3}}{12}$ ③ $\frac{4\sqrt{3}}{3}$
④ $\frac{5\sqrt{3}}{4}$ ⑤ $\frac{7\sqrt{3}}{6}$

해설편 p. 42

09

[2022학년도 9월 **평가원** 10번]

두 양수 a, b에 대하여 곡선 $y=a\sin b\pi x\left(0\le x\le\frac{3}{b}\right)$이 직선 $y=a$와 만나는 서로 다른 두 점을 A, B라 하자. 삼각형 OAB의 넓이가 5이고 직선 OA의 기울기와 직선 OB의 기울기의 곱이 $\frac{5}{4}$일 때, $a+b$의 값은? (단, O는 원점이다.)

① 1 ② 2 ③ 3
④ 4 ⑤ 5

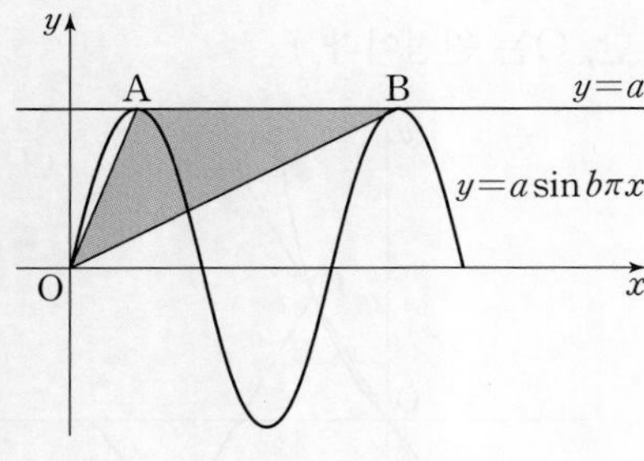

10

[2019학년도 9월 **평가원** 가형 14번]

실수 k에 대하여 함수

$$f(x)=\cos^2\left(x-\frac{3}{4}\pi\right)-\cos\left(x-\frac{\pi}{4}\right)+k$$

의 최댓값은 3, 최솟값은 m이다. $k+m$의 값은?

① 2 ② $\frac{9}{4}$ ③ $\frac{5}{2}$
④ $\frac{11}{4}$ ⑤ 3

11

[2020학년도 3월 **교육청** 가형 28번]

$0<a<\frac{4}{7}$인 실수 a와 유리수 b에 대하여 닫힌구간 $\left[-\frac{\pi}{a}, \frac{2\pi}{a}\right]$에서 정의된 함수 $f(x)=2\sin(ax)+b$가 있다. 함수 $y=f(x)$의 그래프가 두 점 $\mathrm{A}\left(-\frac{\pi}{2}, 0\right)$, $\mathrm{B}\left(\frac{7}{2}\pi, 0\right)$을 지날 때, $30(a+b)$의 값을 구하시오.

12

[2019학년도 3월 **교육청** 가형 26번]

$0\le x\le\pi$일 때, 2 이상의 자연수 n에 대하여 두 곡선 $y=\sin x$와 $y=\sin(nx)$의 교점의 개수를 a_n이라 하자. a_3+a_5의 값을 구하시오.

13

[2019학년도 9월 **교육청**(고2) 가형 15번]

그림과 같이 두 양수 a, b에 대하여 함수

$f(x)=a\sin bx\left(0\le x\le\frac{\pi}{b}\right)$

의 그래프가 직선 $y=a$와 만나는 점을 A, x축과 만나는 점 중에서 원점이 아닌 점을 B라 하자.

$\angle\text{OAB}=\frac{\pi}{2}$인 삼각형 OAB의 넓이가 4일 때, $a+b$의 값은? (단, O는 원점이다.)

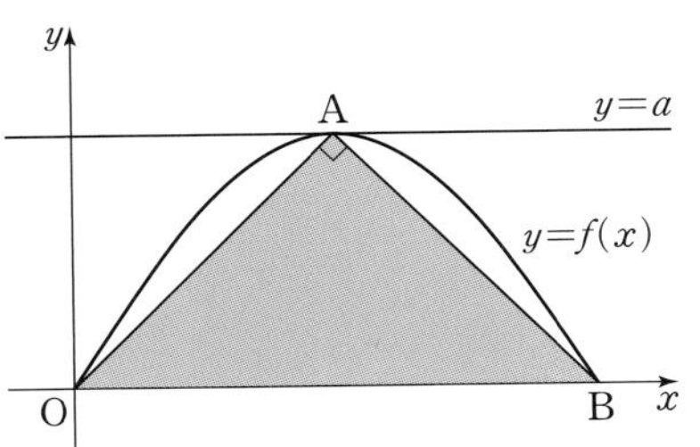

① $1+\frac{\pi}{6}$　② $2+\frac{\pi}{6}$　③ $2+\frac{\pi}{4}$　④ $3+\frac{\pi}{4}$　⑤ $3+\frac{\pi}{3}$

14

[2019학년도 6월 **교육청**(고2) 나형 27번]

두 함수 $f(x)=\log_3 x+2$, $g(x)=3\tan\left(x+\frac{\pi}{6}\right)$가 있다.

$0\le x\le\frac{\pi}{6}$에서 정의된 합성함수 $(f\circ g)(x)$의 최댓값과 최솟값을 각각 M, m이라 할 때, $M+m$의 값을 구하시오.

15

[2019학년도 6월 **교육청**(고2) 나형 29번]

함수 $y=k\sin\left(2x+\frac{\pi}{3}\right)+k^2-6$의 그래프가 제1사분면을 지나지 않도록 하는 모든 정수 k의 개수를 구하시오.

해설편 p. 46

E 삼각함수 – 삼각함수를 포함한 방정식과 부등식

16

[2025학년도 9월 **평가원** 20번]

닫힌구간 $[0, 2\pi]$에서 정의된 함수

$$f(x)=\begin{cases}\sin x-1 & (0\leq x<\pi)\\ -\sqrt{2}\sin x-1 & (\pi\leq x\leq 2\pi)\end{cases}$$

가 있다. $0\leq t\leq 2\pi$인 실수 t에 대하여 x에 대한 방정식 $f(x)=f(t)$의 서로 다른 실근의 개수가 3이 되도록 하는 모든 t의 값의 합은 $\frac{q}{p}\pi$이다. $p+q$의 값을 구하시오.

(단, p와 q는 서로소인 자연수이다.)

17

[2024학년도 9월 **평가원** 9번]

$0\leq x\leq 2\pi$일 때, 부등식

$$\cos x\leq \sin\frac{\pi}{7}$$

를 만족시키는 모든 x의 값의 범위는 $\alpha\leq x\leq\beta$이다. $\beta-\alpha$의 값은?

① $\frac{8}{7}\pi$ ② $\frac{17}{14}\pi$ ③ $\frac{9}{7}\pi$
④ $\frac{19}{14}\pi$ ⑤ $\frac{10}{7}\pi$

18

[2023학년도 9월 **평가원** 9번]

닫힌구간 $[0, 12]$에서 정의된 두 함수

$$f(x)=\cos\frac{\pi x}{6},\quad g(x)=-3\cos\frac{\pi x}{6}-1$$

이 있다. 곡선 $y=f(x)$와 직선 $y=k$가 만나는 두 점의 x좌표를 α_1, α_2라 할 때, $|\alpha_1-\alpha_2|=8$이다. 곡선 $y=g(x)$와 직선 $y=k$가 만나는 두 점의 x좌표를 β_1, β_2라 할 때, $|\beta_1-\beta_2|$의 값은? (단, k는 $-1<k<1$인 상수이다.)

① 3 ② $\frac{7}{2}$ ③ 4
④ $\frac{9}{2}$ ⑤ 5

19

[2021학년도 **수능** 나형 16번]

$0\leq x<4\pi$일 때, 방정식

$$4\sin^2 x-4\cos\left(\frac{\pi}{2}+x\right)-3=0$$

의 모든 해의 합은?

① 5π ② 6π ③ 7π
④ 8π ⑤ 9π

20

[2021학년도 9월 **평가원** 가형 21번]

닫힌구간 $[-2\pi, 2\pi]$에서 정의된 두 함수

$$f(x)=\sin kx+2, \quad g(x)=3\cos 12x$$

에 대하여 다음 조건을 만족시키는 자연수 k의 개수는?

> 실수 a가 두 곡선 $y=f(x)$, $y=g(x)$의 교점의 y좌표이면
> $$\{x\,|\,f(x)=a\}\subset\{x\,|\,g(x)=a\}$$
> 이다.

① 3 ② 4 ③ 5
④ 6 ⑤ 7

21

[2021학년도 6월 **평가원** 가형 14번]

$0\le\theta<2\pi$일 때, x에 대한 이차방정식

$$x^2-(2\sin\theta)x-3\cos^2\theta-5\sin\theta+5=0$$

이 실근을 갖도록 하는 θ의 최솟값과 최댓값을 각각 α, β라 하자. $4\beta-2\alpha$의 값은?

① 3π ② 4π ③ 5π
④ 6π ⑤ 7π

F 삼각함수의 활용

22

[2025학년도 **수능** 14번]

그림과 같이 삼각형 ABC에서 선분 AB 위에 $\overline{\text{AD}}:\overline{\text{DB}}=3:2$인 점 D를 잡고, 점 A를 중심으로 하고 점 D를 지나는 원을 O, 원 O와 선분 AC가 만나는 점을 E라 하자.

$\sin A:\sin C=8:5$이고, 삼각형 ADE와 삼각형 ABC의 넓이의 비가 $9:35$이다. 삼각형 ABC의 외접원의 반지름의 길이가 7일 때, 원 O의 점 P에 대하여 삼각형 PBC의 넓이의 최댓값은? (단, $\overline{\text{AB}}<\overline{\text{AC}}$)

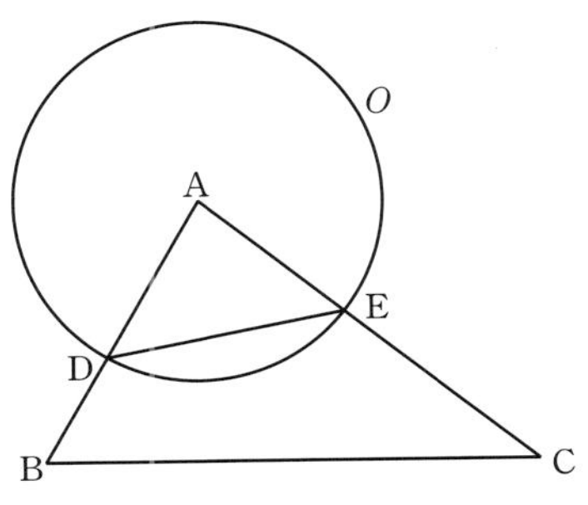

① $18+15\sqrt{3}$ ② $24+20\sqrt{3}$ ③ $30+25\sqrt{3}$
④ $36+30\sqrt{3}$ ⑤ $42+35\sqrt{3}$

해설편 p. 50

23

[2025학년도 9월 **평가원** 10번]

$\angle \mathrm{A} > \frac{\pi}{2}$인 삼각형 ABC의 꼭짓점 A에서 선분 BC에 내린 수선의 발을 H라 하자.

$$\overline{\mathrm{AB}} : \overline{\mathrm{AC}} = \sqrt{2} : 1, \quad \overline{\mathrm{AH}} = 2$$

이고, 삼각형 ABC의 외접원의 넓이가 50π일 때, 선분 BH의 길이는?

① 6 ② $\frac{25}{4}$ ③ $\frac{13}{2}$
④ $\frac{27}{4}$ ⑤ 7

24

[2025학년도 6월 **평가원** 10번]

다음 조건을 만족시키는 삼각형 ABC의 외접원의 넓이가 9π일 때, 삼각형 ABC의 넓이는?

> (가) $3\sin A = 2\sin B$
> (나) $\cos B = \cos C$

① $\frac{32}{9}\sqrt{2}$ ② $\frac{40}{9}\sqrt{2}$ ③ $\frac{16}{3}\sqrt{2}$
④ $\frac{56}{9}\sqrt{2}$ ⑤ $\frac{64}{9}\sqrt{2}$

25

[2024학년도 **수능** 13번]

그림과 같이

$$\overline{\mathrm{AB}} = 3, \quad \overline{\mathrm{BC}} = \sqrt{13}, \quad \overline{\mathrm{AD}} \times \overline{\mathrm{CD}} = 9, \quad \angle \mathrm{BAC} = \frac{\pi}{3}$$

인 사각형 ABCD가 있다. 삼각형 ABC의 넓이를 S_1, 삼각형 ACD의 넓이를 S_2라 하고, 삼각형 ACD의 외접원의 반지름의 길이를 R이라 하자.

$S_2 = \frac{5}{6}S_1$일 때, $\frac{R}{\sin(\angle \mathrm{ADC})}$의 값은?

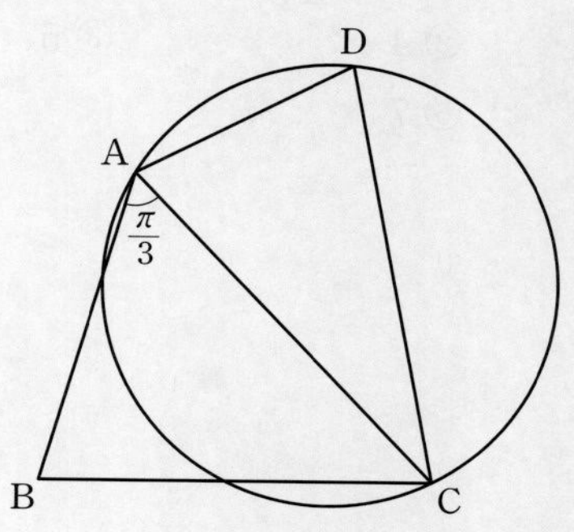

① $\frac{54}{25}$ ② $\frac{117}{50}$ ③ $\frac{63}{25}$
④ $\frac{27}{10}$ ⑤ $\frac{72}{25}$

26

[2024학년도 9월 **평가원** 20번]

그림과 같이

$\overline{AB}=2$, $\overline{AD}=1$, $\angle DAB=\frac{2}{3}\pi$, $\angle BCD=\frac{3}{4}\pi$

인 사각형 ABCD가 있다. 삼각형 BCD의 외접원의 반지름의 길이를 R_1, 삼각형 ABD의 외접원의 반지름의 길이를 R_2라 하자.

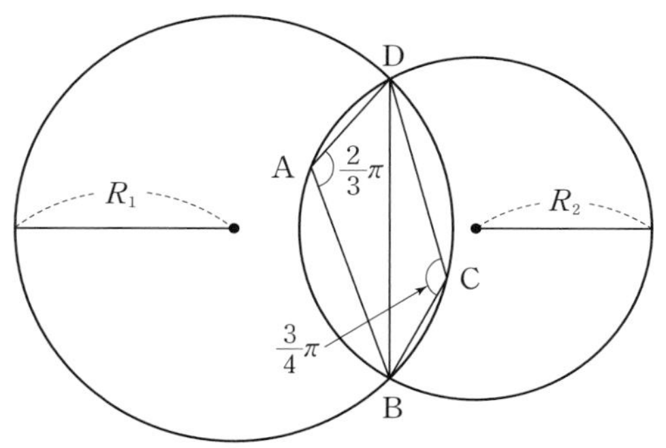

다음은 $R_1\times R_2$의 값을 구하는 과정이다.

> 삼각형 BCD에서 사인법칙에 의하여
>
> $R_1=\frac{\sqrt{2}}{2}\times\overline{BD}$
>
> 이고, 삼각형 ABD에서 사인법칙에 의하여
>
> $R_2=$ (가) $\times\overline{BD}$
>
> 이다. 삼각형 ABD에서 코사인법칙에 의하여
>
> $\overline{BD}^2=2^2+1^2-($ (나) $)$
>
> 이므로
>
> $R_1\times R_2=$ (다)
>
> 이다.

위의 (가), (나), (다)에 알맞은 수를 각각 p, q, r이라 할 때, $9\times(p\times q\times r)^2$의 값을 구하시오.

27

[2023학년도 **수능** 11번]

그림과 같이 사각형 ABCD가 한 원에 내접하고

$\overline{AB}=5$, $\overline{AC}=3\sqrt{5}$, $\overline{AD}=7$, $\angle BAC=\angle CAD$

일 때, 이 원의 반지름의 길이는?

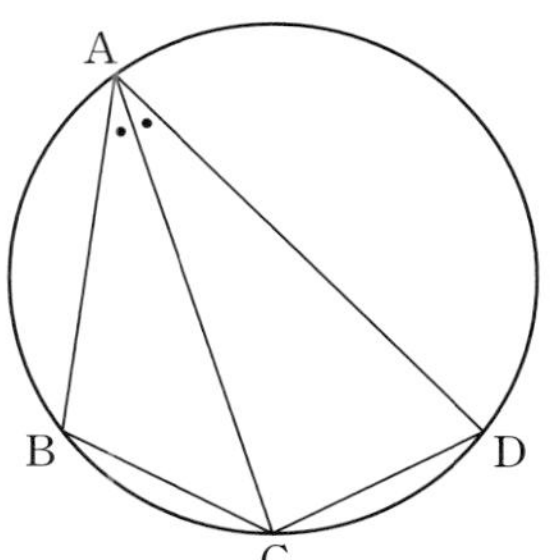

① $\frac{5\sqrt{2}}{2}$ ② $\frac{8\sqrt{5}}{5}$ ③ $\frac{5\sqrt{5}}{3}$ ④ $\frac{8\sqrt{2}}{3}$ ⑤ $\frac{9\sqrt{3}}{4}$

해설편 p. 54

28

[2023학년도 9월 **평가원** 13번]

그림과 같이 선분 AB를 지름으로 하는 반원의 호 AB 위에 두 점 C, D가 있다. 선분 AB의 중점 O에 대하여 두 선분 AD, CO가 점 E에서 만나고,

$$\overline{CE}=4,\quad \overline{ED}=3\sqrt{2},\quad \angle CEA=\frac{3}{4}\pi$$

이다. $\overline{AC}\times\overline{CD}$의 값은?

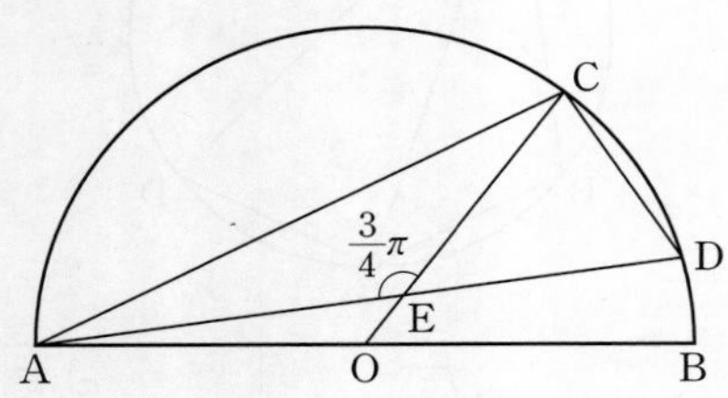

① $6\sqrt{10}$ ② $10\sqrt{5}$ ③ $16\sqrt{2}$ ④ $12\sqrt{5}$ ⑤ $20\sqrt{2}$

29

[2023학년도 6월 **평가원** 10번]

그림과 같이 $\overline{AB}=3$, $\overline{BC}=2$, $\overline{AC}>3$이고 $\cos(\angle BAC)=\frac{7}{8}$인 삼각형 ABC가 있다. 선분 AC의 중점을 M, 삼각형 ABC의 외접원이 직선 BM과 만나는 점 중 B가 아닌 점을 D라 할 때, 선분 MD의 길이는?

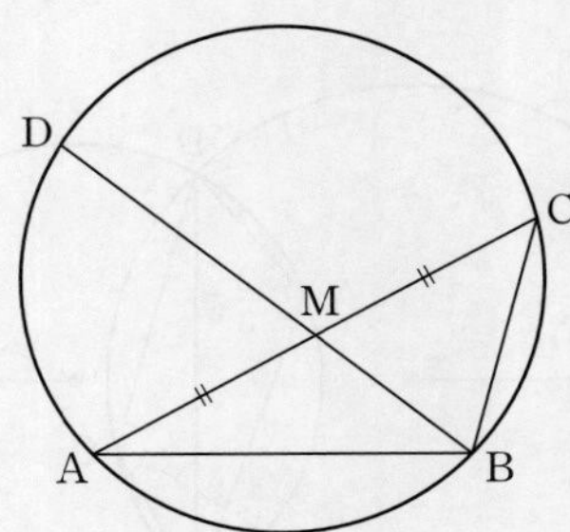

① $\frac{3\sqrt{10}}{5}$ ② $\frac{7\sqrt{10}}{10}$ ③ $\frac{4\sqrt{10}}{5}$ ④ $\frac{9\sqrt{10}}{10}$ ⑤ $\sqrt{10}$

30

[2022학년도 **수능** 15번]

두 점 O_1, O_2를 각각 중심으로 하고 반지름의 길이가 $\overline{O_1O_2}$인 두 원 C_1, C_2가 있다. 그림과 같이 원 C_1 위의 서로 다른 세 점 A, B, C와 원 C_2 위의 점 D가 주어져 있고, 세 점 A, O_1, O_2와 세 점 C, O_2, D가 각각 한 직선 위에 있다. 이때 $\angle BO_1A=\theta_1$, $\angle O_2O_1C=\theta_2$, $\angle O_1O_2D=\theta_3$이라 하자.

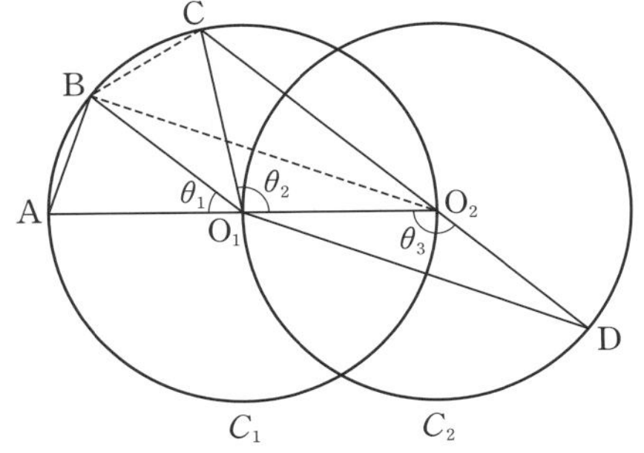

다음은 $\overline{AB}:\overline{O_1D}=1:2\sqrt{2}$이고 $\theta_3=\theta_1+\theta_2$일 때, 선분 AB와 선분 CD의 길이의 비를 구하는 과정이다.

> $\angle CO_2O_1+\angle O_1O_2D=\pi$이므로 $\theta_3=\dfrac{\pi}{2}+\dfrac{\theta_2}{2}$이고
> $\theta_3=\theta_1+\theta_2$에서 $2\theta_1+\theta_2=\pi$이므로 $\angle CO_1B=\theta_1$이다.
> 이때 $\angle O_2O_1B=\theta_1+\theta_2=\theta_3$이므로 삼각형 O_1O_2B와 삼각형 O_2O_1D는 합동이다.
> $\overline{AB}=k$라 할 때
> $\overline{BO_2}=\overline{O_1D}=2\sqrt{2}k$이므로 $\overline{AO_2}=$ (가) 이고,
> $\angle BO_2A=\dfrac{\theta_1}{2}$이므로 $\cos\dfrac{\theta_1}{2}=$ (나) 이다.
> 삼각형 O_2BC에서
> $\overline{BC}=k$, $\overline{BO_2}=2\sqrt{2}k$, $\angle CO_2B=\dfrac{\theta_1}{2}$이므로
> 코사인법칙에 의하여 $\overline{O_2C}=$ (다) 이다.
> $\overline{CD}=\overline{O_2D}+\overline{O_2C}=\overline{O_1O_2}+\overline{O_2C}$이므로
> $\overline{AB}:\overline{CD}=k:\left(\dfrac{(가)}{2}+(다)\right)$이다.

위의 (가), (다)에 알맞은 식을 각각 $f(k)$, $g(k)$라 하고, (나)에 알맞은 수를 p라 할 때, $f(p)\times g(p)$의 값은?

① $\dfrac{169}{27}$ ② $\dfrac{56}{9}$ ③ $\dfrac{167}{27}$ ④ $\dfrac{166}{27}$ ⑤ $\dfrac{55}{9}$

31

[2022학년도 9월 **평가원** 12번]

반지름의 길이가 $2\sqrt{7}$인 원에 내접하고 $\angle A=\dfrac{\pi}{3}$인 삼각형 ABC가 있다. 점 A를 포함하지 않는 호 BC 위의 점 D에 대하여 $\sin(\angle BCD)=\dfrac{2\sqrt{7}}{7}$일 때, $\overline{BD}+\overline{CD}$의 값은?

① $\dfrac{19}{2}$ ② 10 ③ $\dfrac{21}{2}$ ④ 11 ⑤ $\dfrac{23}{2}$

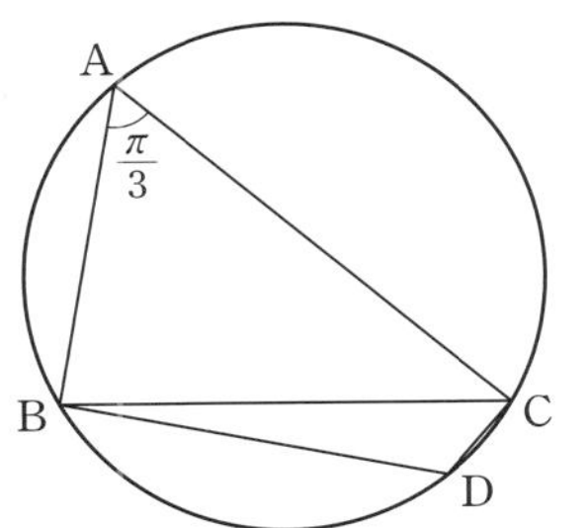

32

[2022학년도 6월 **평가원** 12번]

그림과 같이 $\overline{AB}=4$, $\overline{AC}=5$이고 $\cos(\angle BAC)=\dfrac{1}{8}$인 삼각형 ABC가 있다. 선분 AC 위의 점 D와 선분 BC 위의 점 E에 대하여

$\angle BAC=\angle BDA=\angle BED$

일 때, 선분 DE의 길이는?

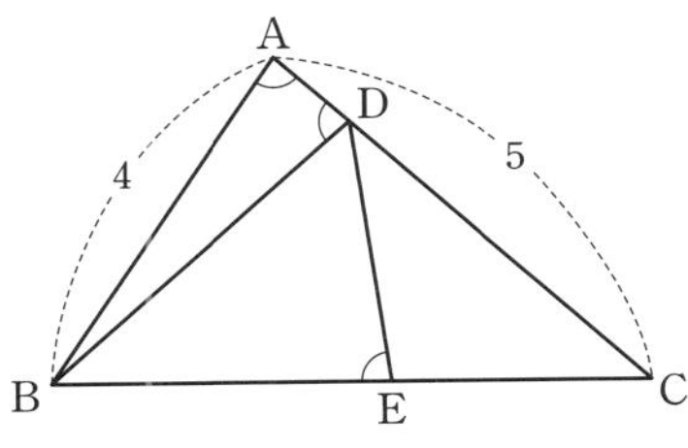

① $\dfrac{7}{3}$ ② $\dfrac{5}{2}$ ③ $\dfrac{8}{3}$ ④ $\dfrac{17}{6}$ ⑤ 3

해설편 p. 58

33

[2021학년도 **수능** 나형 28번]

$\angle A=\frac{\pi}{3}$이고 $\overline{AB}:\overline{AC}=3:1$인 삼각형 ABC가 있다.

삼각형 ABC의 외접원의 반지름의 길이가 7일 때, 선분 AC의 길이를 k라 하자. k^2의 값을 구하시오.

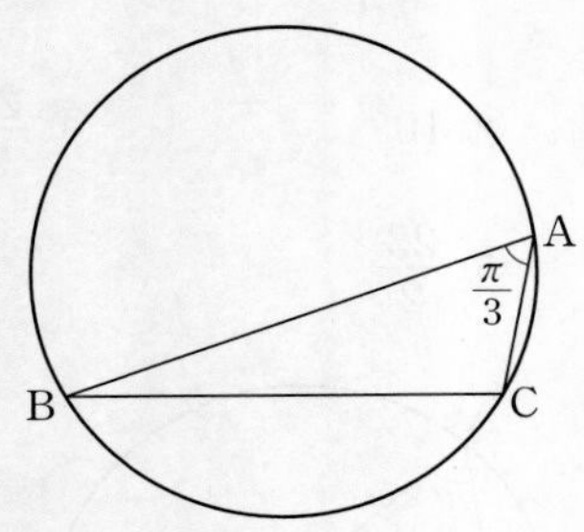

34

[2020학년도 3월 **교육청** 가형 19번]

그림과 같이 중심이 O이고 반지름의 길이가 $\sqrt{10}$인 원에 내접하는 예각삼각형 ABC에 대하여 두 삼각형 OAB, OCA의 넓이를 각각 S_1, S_2라 하자. $3S_1=4S_2$이고 $\overline{BC}=2\sqrt{5}$일 때, 선분 AB의 길이는?

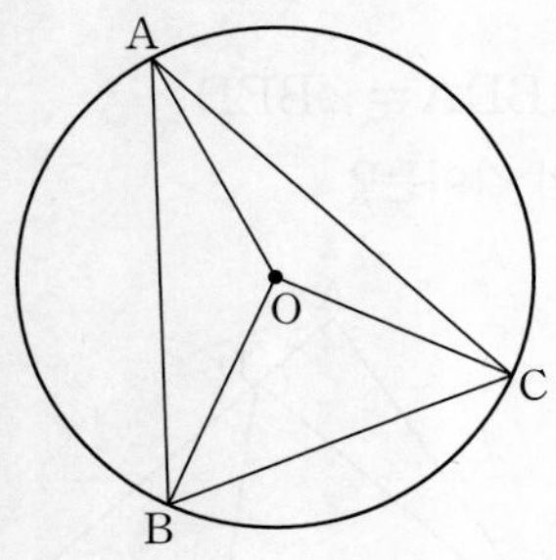

① $2\sqrt{7}$ ② $\sqrt{30}$ ③ $4\sqrt{2}$
④ $\sqrt{34}$ ⑤ 6

35

[2020학년도 4월 **교육청** 가형 19번]

그림과 같이 원 C에 내접하고 $\overline{AB}=3$, $\angle BAC=\frac{\pi}{3}$인 삼각형 ABC가 있다. 원 C의 넓이가 $\frac{49}{3}\pi$일 때, 원 C 위의 점 P에 대하여 삼각형 PAC의 넓이의 최댓값은?

(단, 점 P는 점 A도 아니고 점 C도 아니다.)

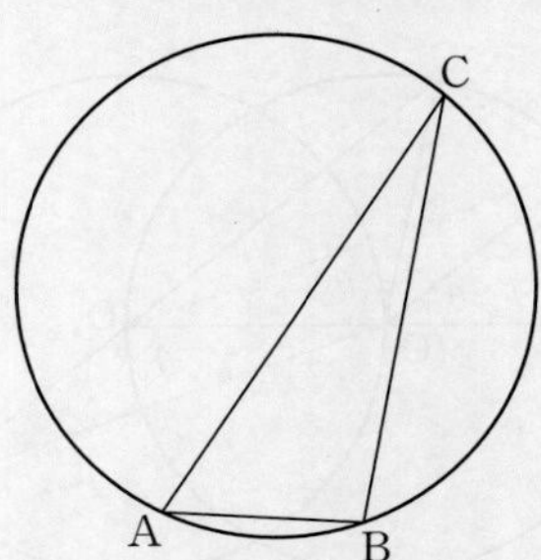

① $\frac{32}{3}\sqrt{3}$ ② $\frac{34}{3}\sqrt{3}$ ③ $12\sqrt{3}$
④ $\frac{38}{3}\sqrt{3}$ ⑤ $\frac{40}{3}\sqrt{3}$

36

[2019학년도 9월 **교육청**(고2) 가형 19번]

반지름의 길이가 3인 원의 둘레를 6등분 하는 점 중에서 연속된 세 개의 점을 각각 A, B, C라 하자.

점 B를 포함하지 않는 호 AC 위의 점 P에 대하여 $\overline{\mathrm{AP}}+\overline{\mathrm{CP}}=8$이다. 사각형 ABCP의 넓이는?

① $\frac{13\sqrt{3}}{3}$ ② $\frac{16\sqrt{3}}{3}$ ③ $\frac{19\sqrt{3}}{3}$

④ $\frac{22\sqrt{3}}{3}$ ⑤ $\frac{25\sqrt{3}}{3}$

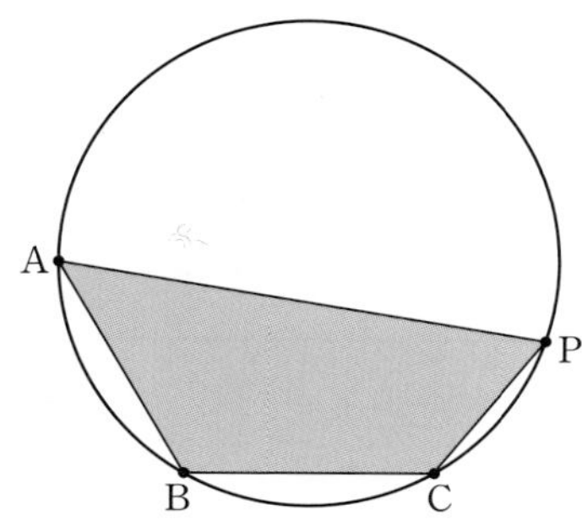

37

[2019학년도 9월 **교육청**(고2) 나형 27번]

그림과 같이 $\overline{\mathrm{AB}}=3$, $\overline{\mathrm{BC}}=6$인 직사각형 ABCD에서 선분 BC를 $1:5$로 내분하는 점을 E라 하자.

$\angle\mathrm{EAC}=\theta$라 할 때, $50\sin\theta\cos\theta$의 값을 구하시오.

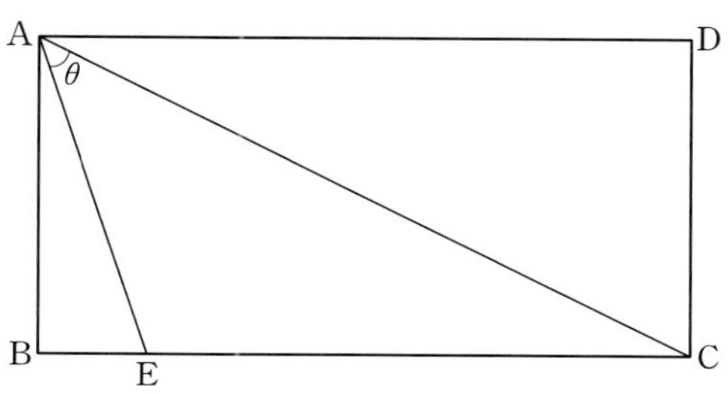

38

[2014학년도 3월 **교육청**(고2) A형 27번]

그림과 같이 원에 내접하는 사각형 ABCD가 $\overline{\mathrm{AB}}=10$, $\overline{\mathrm{AD}}=2$, $\cos(\angle\mathrm{BCD})=\frac{3}{5}$을 만족시킨다. 이 원의 넓이가 $a\pi$일 때, a의 값을 구하시오.

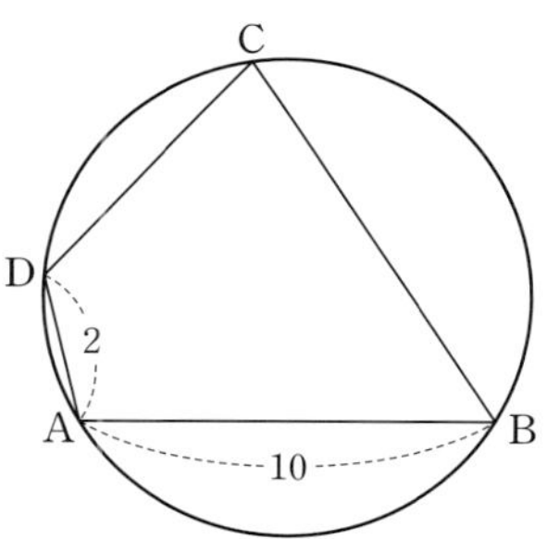

해설편 p. 62

1등급 완성

4점 기출 » 도전하기

39

[2025학년도 6월 **평가원** 20번]

5 이하의 두 자연수 a, b에 대하여 열린구간 $(0,\ 2\pi)$에서 정의된 함수 $y=a\sin x+b$의 그래프가 직선 $x=\pi$와 만나는 점의 집합을 A라 하고, 두 직선 $y=1$, $y=3$과 만나는 점의 집합을 각각 B, C라 하자. $n(A\cup B\cup C)=3$이 되도록 하는 a, b의 순서쌍 $(a,\ b)$에 대하여 $a+b$의 최댓값을 M, 최솟값을 m이라 할 때, $M\times m$의 값을 구하시오.

40

[2022학년도 6월 **평가원** 15번]

$-1\le t\le 1$인 실수 t에 대하여 x에 대한 방정식

$$\left(\sin\frac{\pi x}{2}-t\right)\left(\cos\frac{\pi x}{2}-t\right)=0$$

의 실근 중에서 집합 $\{x\mid 0\le x<4\}$에 속하는 가장 작은 값을 $\alpha(t)$, 가장 큰 값을 $\beta(t)$라 하자. **보기**에서 옳은 것만을 있는 대로 고른 것은?

보기

ㄱ. $-1\le t<0$인 모든 실수 t에 대하여 $\alpha(t)+\beta(t)=5$이다.

ㄴ. $\{t\mid \beta(t)-\alpha(t)=\beta(0)-\alpha(0)\}=\left\{t\,\middle|\,0\le t\le\frac{\sqrt{2}}{2}\right\}$

ㄷ. $\alpha(t_1)=\alpha(t_2)$인 두 실수 t_1, t_2에 대하여 $t_2-t_1=\frac{1}{2}$이면 $t_1\times t_2=\frac{1}{3}$이다.

① ㄱ　② ㄱ, ㄴ　③ ㄱ, ㄷ　④ ㄴ, ㄷ　⑤ ㄱ, ㄴ, ㄷ

41

[2024학년도 6월 **평가원** 13번]

그림과 같이

$$\overline{BC}=3,\ \overline{CD}=2,\ \cos(\angle BCD)=-\frac{1}{3},\ \angle DAB>\frac{\pi}{2}$$

인 사각형 ABCD에서 두 삼각형 ABC와 ACD는 모두 예각삼각형이다. 선분 AC를 1 : 2로 내분하는 점 E에 대하여 선분 AE를 지름으로 하는 원이 두 선분 AB, AD와 만나는 점 중 A가 아닌 점을 각각 P_1, P_2라 하고,

선분 CE를 지름으로 하는 원이 두 선분 BC, CD와 만나는 점 중 C가 아닌 점을 각각 Q_1, Q_2라 하자.

$\overline{P_1P_2}:\overline{Q_1Q_2}=3:5\sqrt{2}$이고 삼각형 ABD의 넓이가 2일 때, $\overline{AB}+\overline{AD}$의 값은? (단, $\overline{AB}>\overline{AD}$)

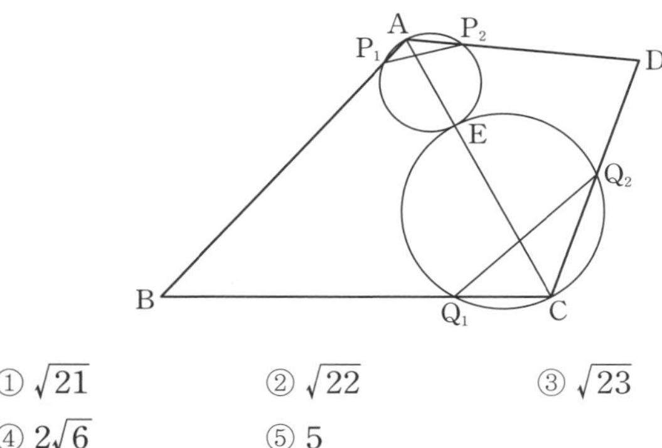

① $\sqrt{21}$　② $\sqrt{22}$　③ $\sqrt{23}$
④ $2\sqrt{6}$　⑤ 5

42

[2019학년도 9월 **교육청**(고2) 나형 29번]

그림과 같이 반지름의 길이가 6인 원 O_1이 있다. 원 O_1 위에 서로 다른 두 점 A, B를 $\overline{AB}=6\sqrt{2}$가 되도록 잡고, 원 O_1의 내부에 점 C를 삼각형 ACB가 정삼각형이 되도록 잡는다. 정삼각형 ACB의 외접원을 O_2라 할 때, 원 O_1과 원 O_2의 공통부분의 넓이는 $p+q\sqrt{3}+r\pi$이다. $p+q+r$의 값을 구하시오. (단, p, q, r는 유리수이다.)

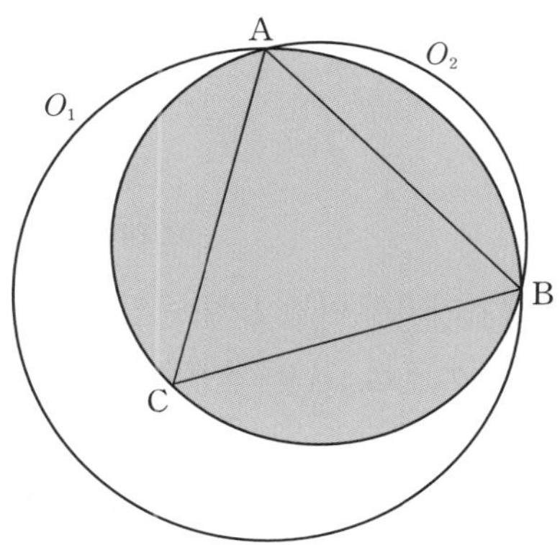

해설편 p. 66

III 수열

4점 기출 ≫ 집중하기

G 등차수열

01 [2024학년도 6월 **평가원** 12번]

$a_2=-4$이고 공차가 0이 아닌 등차수열 $\{a_n\}$에 대하여 수열 $\{b_n\}$을 $b_n=a_n+a_{n+1}(n\geq 1)$이라 하고, 두 집합 A, B를

$$A=\{a_1, a_2, a_3, a_4, a_5\},\quad B=\{b_1, b_2, b_3, b_4, b_5\}$$

라 하자. $n(A\cap B)=3$이 되도록 하는 모든 수열 $\{a_n\}$에 대하여 a_{20}의 값의 합은?

① 30 ② 34 ③ 38
④ 42 ⑤ 46

02 [2021학년도 6월 **평가원** 나형 18번]

공차가 2인 등차수열 $\{a_n\}$의 첫째항부터 제n항까지의 합을 S_n이라 하자. $S_k=-16$, $S_{k+2}=-12$를 만족시키는 자연수 k에 대하여 a_{2k}의 값은?

① 6 ② 7 ③ 8
④ 9 ⑤ 10

03 [2017학년도 **수능** 나형 15번]

공차가 양수인 등차수열 $\{a_n\}$이 다음 조건을 만족시킬 때, a_2의 값은?

> (가) $a_6+a_8=0$
> (나) $|a_6|=|a_7|+3$

① -15 ② -13 ③ -11
④ -9 ⑤ -7

04

[2010학년도 **수능** 나형 30번]

수열 $\{a_n\}$에 대하여 첫째항부터 제n항까지의 합을 S_n이라 하자. 수열 $\{S_{2n-1}\}$은 공차가 -3인 등차수열이고, 수열 $\{S_{2n}\}$은 공차가 2인 등차수열이다. $a_2=1$일 때, a_8의 값을 구하시오.

05

[2010학년도 9월 **평가원** 가형 14번, 나형 14번]

두 수열 $\{a_n\}$, $\{b_n\}$이 모든 자연수 k에 대하여

$$b_{2k-1}=\left(\frac{1}{2}\right)^{a_1+a_3+\cdots+a_{2k-1}},\ b_{2k}=2^{a_2+a_4+\cdots+a_{2k}}$$

을 만족시킨다. $\{a_n\}$은 등차수열이고,

$$b_1\times b_2\times b_3\times\cdots\times b_{10}=8$$

일 때, $\{a_n\}$의 공차는?

① $\frac{1}{15}$ ② $\frac{2}{15}$ ③ $\frac{1}{5}$

④ $\frac{4}{15}$ ⑤ $\frac{1}{3}$

06

[2009학년도 6월 **평가원** 가형 16번, 나형 16번]

공차가 d_1, d_2인 두 등차수열 $\{a_n\}$, $\{b_n\}$의 첫째항부터 제n항까지의 합을 각각 S_n, T_n이라 하자.

$$S_nT_n=n^2(n^2-1)$$

일 때, **보기**에서 옳은 것만을 있는 대로 고른 것은?

보기

ㄱ. $a_n=n$이면 $b_n=4n-4$이다.
ㄴ. $d_1d_2=4$
ㄷ. $a_1\neq0$이면 $a_n=n$이다.

① ㄱ ② ㄴ ③ ㄱ, ㄴ

④ ㄱ, ㄷ ⑤ ㄱ, ㄴ, ㄷ

07

[2009학년도 9월 **평가원** 나형 10번]

자연수 n에 대하여 함수 $y=2^{x+n}$의 그래프가 함수 $y=\left(\frac{1}{2}\right)^x$의 그래프와 만나는 점을 P_n이라 하자. 점 P_n의 x좌표를 a_n, y좌표를 b_n이라 할 때, **보기**에서 옳은 것만을 있는 대로 고른 것은?

보기

ㄱ. 수열 $\{a_n\}$은 등차수열이다.
ㄴ. 임의의 자연수 m, n에 대하여 $b_mb_n=b_{m+n}$이다.
ㄷ. $2b_n<b_{n+1}$을 만족시키는 자연수 n이 존재한다.

① ㄱ ② ㄴ ③ ㄱ, ㄴ

④ ㄴ, ㄷ ⑤ ㄱ, ㄴ, ㄷ

해설편 p. 70

H 등비수열

08

[2023학년도 6월 **평가원** 13번]

두 곡선 $y=16^x$, $y=2^x$과 한 점 $\mathrm{A}(64,\ 2^{64})$이 있다.
점 A를 지나며 x축과 평행한 직선이 곡선 $y=16^x$과 만나는 점을 P_1이라 하고, 점 P_1을 지나며 y축과 평행한 직선이 곡선 $y=2^x$과 만나는 점을 Q_1이라 하자.
점 Q_1을 지나며 x축과 평행한 직선이 곡선 $y=16^x$과 만나는 점을 P_2라 하고, 점 P_2를 지나며 y축과 평행한 직선이 곡선 $y=2^x$과 만나는 점을 Q_2라 하자.
이와 같은 과정을 계속하여 n번째 얻은 두 점을 각각 P_n, Q_n이라 하고 점 Q_n의 x좌표를 x_n이라 할 때, $x_n<\dfrac{1}{k}$을 만족시키는 n의 최솟값이 6이 되도록 하는 자연수 k의 개수는?

① 48　② 51　③ 54
④ 57　⑤ 60

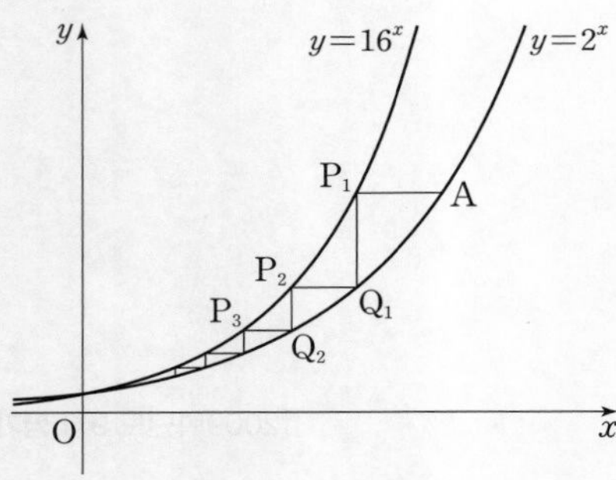

09

[2021학년도 9월 **평가원** 가형 27번]

등비수열 $\{a_n\}$의 첫째항부터 제n항까지의 합을 S_n이라 하자.
모든 자연수 n에 대하여

$$S_{n+3}-S_n=13\times 3^{n-1}$$

일 때, a_4의 값을 구하시오.

10

[2019학년도 9월 **평가원** 나형 26번]

모든 항이 양수인 등비수열 $\{a_n\}$의 첫째항부터 제n항까지의 합을 S_n이라 하자.

$$S_4-S_3=2,\ S_6-S_5=50$$

일 때, a_5의 값을 구하시오.

11

[2018학년도 6월 **평가원** 나형 26번]

첫째항이 3인 등비수열 $\{a_n\}$에 대하여

$$\frac{a_3}{a_2}-\frac{a_6}{a_4}=\frac{1}{4}$$

일 때, $a_5=\frac{q}{p}$이다. $p+q$의 값을 구하시오.

(단, p와 q는 서로소인 자연수이다.)

12

[2016학년도 6월 **평가원** A형 16번]

공차가 6인 등차수열 $\{a_n\}$에 대하여 세 항 a_2, a_k, a_8은 이 순서대로 등차수열을 이루고, 세 항 a_1, a_2, a_k는 이 순서대로 등비수열을 이룬다. $k+a_1$의 값은?

① 7 ② 8 ③ 9 ④ 10 ⑤ 11

Ⅰ 수열의 합 – Σ의 뜻과 성질

13

[2024학년도 **수능** 11번]

공차가 0이 아닌 등차수열 $\{a_n\}$에 대하여

$$|a_6|=a_8,\quad \sum_{k=1}^{5}\frac{1}{a_k a_{k+1}}=\frac{5}{96}$$

일 때, $\sum_{k=1}^{15}a_k$의 값은?

① 60 ② 65 ③ 70 ④ 75 ⑤ 80

14

[2023학년도 **수능** 13번]

자연수 $m(m\geq 2)$에 대하여 m^{12}의 n제곱근 중에서 정수가 존재하도록 하는 2 이상의 자연수 n의 개수를 $f(m)$이라 할 때, $\sum_{m=2}^{9}f(m)$의 값은?

① 37 ② 42 ③ 47 ④ 52 ⑤ 57

해설편 p. 74

15

[2023학년도 6월 **평가원** 12번]

공차가 3인 등차수열 $\{a_n\}$이 다음 조건을 만족시킬 때, a_{10}의 값은?

(가) $a_5 \times a_7 < 0$

(나) $\sum_{k=1}^{6} |a_{k+6}| = 6 + \sum_{k=1}^{6} |a_{2k}|$

① $\frac{21}{2}$ ② 11 ③ $\frac{23}{2}$

④ 12 ⑤ $\frac{25}{2}$

16

[2022학년도 **수능** 21번]

수열 $\{a_n\}$이 다음 조건을 만족시킨다.

(가) $|a_1| = 2$

(나) 모든 자연수 n에 대하여 $|a_{n+1}| = 2|a_n|$이다.

(다) $\sum_{n=1}^{10} a_n = -14$

$a_1 + a_3 + a_5 + a_7 + a_9$의 값을 구하시오.

17

[2022학년도 9월 **평가원** 13번]

첫째항이 -45이고 공차가 d인 등차수열 $\{a_n\}$이 다음 조건을 만족시키도록 하는 모든 자연수 d의 값의 합은?

(가) $|a_m| = |a_{m+3}|$인 자연수 m이 존재한다.

(나) 모든 자연수 n에 대하여 $\sum_{k=1}^{n} a_k > -100$이다.

① 44 ② 48 ③ 52

④ 56 ⑤ 60

18

[2022학년도 **예시문항** 20번]

공차가 정수인 등차수열 $\{a_n\}$에 대하여

$$a_3+a_5=0,\quad \sum_{k=1}^{6}(|a_k|+a_k)=30$$

일 때, a_9의 값을 구하시오.

19

[2021학년도 6월 **평가원** 나형 28번]

수열 $\{a_n\}$이 모든 자연수 n에 대하여

$$\sum_{k=1}^{n}\frac{4k-3}{a_k}=2n^2+7n$$

을 만족시킨다. $a_5\times a_7\times a_9=\frac{q}{p}$일 때, $p+q$의 값을 구하시오. (단, p와 q는 서로소인 자연수이다.)

20

[2020학년도 **수능** 나형 15번]

첫째항이 50이고 공차가 -4인 등차수열의 첫째항부터 제n항까지의 합을 S_n이라 할 때, $\sum_{k=m}^{m+4}S_k$의 값이 최대가 되도록 하는 자연수 m의 값은?

① 8 ② 9 ③ 10
④ 11 ⑤ 12

21

[2020학년도 6월 **평가원** 나형 28번]

첫째항이 2이고 공비가 정수인 등비수열 $\{a_n\}$과 자연수 m이 다음 조건을 만족시킬 때, a_m의 값을 구하시오.

(가) $4<a_2+a_3\le 12$

(나) $\sum_{k=1}^{m}a_k=122$

해설편 p. 77

22

[2018학년도 **수능** 나형 14번]

등차수열 $\{a_n\}$이

$$a_5+a_{13}=3a_9,\quad \sum_{k=1}^{18} a_k=\frac{9}{2}$$

를 만족시킬 때, a_{13}의 값은?

① 2　② 1　③ 0　④ -1　⑤ -2

23

[2018학년도 **수능** 나형 27번]

수열 $\{a_n\}$에 대하여

$$\sum_{k=1}^{10}(a_k+1)^2=28,\quad \sum_{k=1}^{10}a_k(a_k+1)=16$$

일 때, $\sum_{k=1}^{10}(a_k)^2$의 값을 구하시오.

24

[2018학년도 6월 **평가원** 나형 15번]

공차가 양수인 등차수열 $\{a_n\}$에 대하여 이차방정식 $x^2-14x+24=0$의 두 근이 a_3, a_8이다. $\sum_{n=3}^{8} a_n$의 값은?

① 40　② 42　③ 44　④ 46　⑤ 48

25

[2015학년도 **수능** A형 17번]

등차수열 $\{a_n\}$이 $\sum_{k=1}^{n} a_{2k-1}=3n^2+n$을 만족시킬 때, a_8의 값은?

① 16　② 19　③ 22　④ 25　⑤ 28

26

[2015학년도 6월 **평가원** A형 26번]

수열 $\{a_n\}$은 $a_1=15$이고,

$$\sum_{k=1}^{n}(a_{k+1}-a_k)=2n+1\ (n\ge1)$$

을 만족시킨다. a_{10}의 값을 구하시오.

27

[2010학년도 6월 **평가원** 가형 8번, 나형 8번]

수열 $\{a_n\}$에서 $a_n=(-1)^{\frac{n(n+1)}{2}}$일 때, $\sum_{n=1}^{2010}na_n$의 값은?

① -2011　② -2010　③ 0

④ 2010　⑤ 2011

I 수열의 합 – 여러 가지 수열의 합

28

[2025학년도 **수능** 12번]

$a_1=2$인 수열 $\{a_n\}$과 $b_1=2$인 등차수열 $\{b_n\}$이 모든 자연수 n에 대하여

$$\sum_{k=1}^{n}\frac{a_k}{b_{k+1}}=\frac{1}{2}n^2$$

을 만족시킬 때, $\sum_{k=1}^{5}a_k$의 값은?

① 120　② 125　③ 130

④ 135　⑤ 140

29

[2025학년도 9월 **평가원** 12번]

수열 $\{a_n\}$은 등차수열이고, 수열 $\{b_n\}$은 모든 자연수 n에 대하여

$$b_n=\sum_{k=1}^{n}(-1)^{k+1}a_k$$

를 만족시킨다. $b_2=-2$, $b_3+b_7=0$일 때, 수열 $\{b_n\}$의 첫째항부터 제9항까지의 합은?

① -22　② -20　③ -18

④ -16　⑤ -14

해설편 p. 81

30

[2024학년도 6월 **평가원** 9번]

수열 $\{a_n\}$이 모든 자연수 n에 대하여

$$\sum_{k=1}^{n}\frac{1}{(2k-1)a_k}=n^2+2n$$

을 만족시킬 때, $\sum_{n=1}^{10}a_n$의 값은?

① $\frac{10}{21}$ ② $\frac{4}{7}$ ③ $\frac{2}{3}$
④ $\frac{16}{21}$ ⑤ $\frac{6}{7}$

31

[2022학년도 6월 **평가원** 13번]

실수 전체의 집합에서 정의된 함수 $f(x)$가 구간 $(0, 1]$에서

$$f(x)=\begin{cases}3 & (0<x<1)\\ 1 & (x=1)\end{cases}$$

이고, 모든 실수 x에 대하여 $f(x+1)=f(x)$를 만족시킨다.
$\sum_{k=1}^{20}\frac{k\times f(\sqrt{k})}{3}$의 값은?

① 150 ② 160 ③ 170
④ 180 ⑤ 190

32

[2021학년도 6월 **평가원** 가형 21번]

수열 $\{a_n\}$의 일반항은

$$a_n=\log_2\sqrt{\frac{2(n+1)}{n+2}}$$

이다. $\sum_{k=1}^{m}a_k$의 값이 100 이하의 자연수가 되도록 하는 모든 자연수 m의 값의 합은?

① 150 ② 154 ③ 158
④ 162 ⑤ 166

33

[2020학년도 **수능** 나형 17번]

자연수 n의 양의 약수의 개수를 $f(n)$이라 하고, 36의 모든 양의 약수를 $a_1, a_2, a_3, \cdots, a_9$라 하자.
$\sum_{k=1}^{9}\{(-1)^{f(a_k)}\times\log a_k\}$의 값은?

① $\log 2+\log 3$ ② $2\log 2+\log 3$
③ $\log 2+2\log 3$ ④ $2\log 2+2\log 3$
⑤ $3\log 2+2\log 3$

34

[2020학년도 9월 **평가원** 나형 26번]

n이 자연수일 때, x에 대한 이차방정식

$$x^2-(2n-1)x+n(n-1)=0$$

의 두 근을 α_n, β_n이라 하자. $\sum_{n=1}^{81}\frac{1}{\sqrt{\alpha_n}+\sqrt{\beta_n}}$의 값을 구하시오.

35

[2017학년도 9월 **평가원** 나형 17번]

자연수 n에 대하여 곡선 $y=\frac{3}{x}\ (x>0)$ 위의 점 $\left(n,\ \frac{3}{n}\right)$과 두 점 $(n-1,\ 0)$, $(n+1,\ 0)$을 세 꼭짓점으로 하는 삼각형의 넓이를 a_n이라 할 때, $\sum_{n=1}^{10}\frac{9}{a_n a_{n+1}}$의 값은?

① 410 ② 420 ③ 430 ④ 440 ⑤ 450

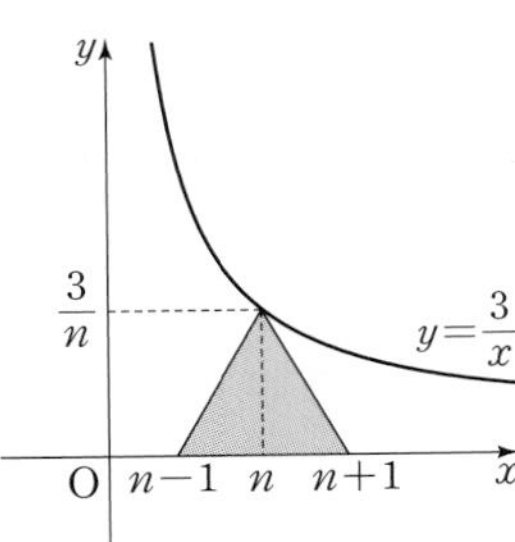

36

[2017학년도 9월 **평가원** 나형 14번]

첫째항이 4이고 공차가 1인 등차수열 $\{a_n\}$에 대하여

$$\sum_{k=1}^{12}\frac{1}{\sqrt{a_{k+1}}+\sqrt{a_k}}$$

의 값은?

① 1 ② 2 ③ 3 ④ 4 ⑤ 5

37

[2014학년도 9월 **평가원** A형 30번]

자연수 n에 대하여 부등식 $4^k-(2^n+4^n)2^k+8^n\le 1$을 만족시키는 모든 자연수 k의 합을 a_n이라 하자. $\sum_{n=1}^{20}\frac{1}{a_n}=\frac{q}{p}$일 때, $p+q$의 값을 구하시오. (단, p와 q는 서로소인 자연수이다.)

수학 I

Ⅲ. 수열

해설편 p. 84

38

[2011학년도 **수능** 나형 30번]

수열 $\{a_n\}$이 모든 자연수 n에 대하여

$$\sum_{k=1}^{n} a_k = \log \frac{(n+1)(n+2)}{2}$$

를 만족시킨다. $\sum_{k=1}^{20} a_{2k} = p$라 할 때, 10^p의 값을 구하시오.

39

[2009학년도 **수능** 가형 23번, 나형 23번]

자연수 n $(n \geq 2)$으로 나누었을 때, 몫과 나머지가 같아지는 자연수를 모두 더한 값을 a_n이라 하자. 예를 들어 4로 나누었을 때, 몫과 나머지가 같아지는 자연수는 5, 10, 15이므로 $a_4 = 5+10+15=30$이다. $a_n > 500$을 만족시키는 자연수 n의 최솟값을 구하시오.

■ 수열의 합 – 여러 가지 수열의 규칙 찾기

40

[2017학년도 **수능** 나형 21번]

좌표평면에서 함수

$$f(x) = \begin{cases} -x+10 & (x<10) \\ (x-10)^2 & (x \geq 10) \end{cases}$$

과 자연수 n에 대하여 점 $(n,\ f(n))$을 중심으로 하고 반지름의 길이가 3인 원 O_n이 있다. x좌표와 y좌표가 모두 정수인 점 중에서 원 O_n의 내부에 있고 함수 $y=f(x)$의 그래프의 아랫부분에 있는 모든 점의 개수를 A_n, 원 O_n의 내부에 있고 함수 $y=f(x)$의 그래프의 윗부분에 있는 모든 점의 개수를 B_n이라 하자. $\sum_{n=1}^{20}(A_n - B_n)$의 값은?

① 19 ② 21 ③ 23 ④ 25 ⑤ 27

41

[2015학년도 **수능** B형 21번]

자연수 n에 대하여 다음 조건을 만족시키는 가장 작은 자연수 m을 a_n이라 할 때, $\sum_{n=1}^{10} a_n$의 값은?

> (가) 점 A의 좌표는 $(2^n,\ 0)$이다.
> (나) 두 점 $\mathrm{B}(1,\ 0)$과 $\mathrm{C}(2^m,\ m)$을 지나는 직선 위의 점 중 x좌표가 2^n인 점을 D라 할 때, 삼각형 ABD의 넓이는 $\frac{m}{2}$보다 작거나 같다.

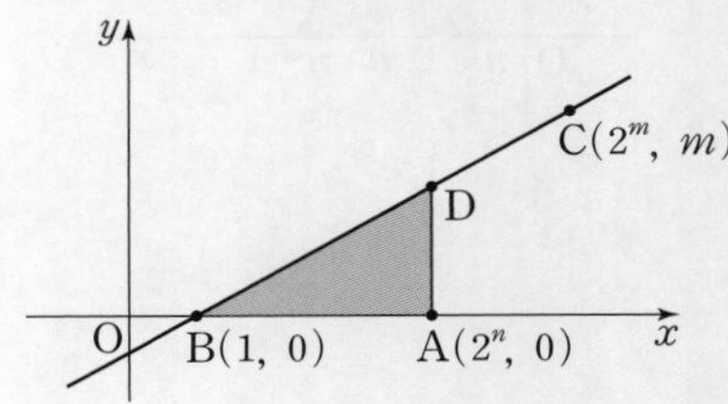

① 109 ② 111 ③ 113 ④ 115 ⑤ 117

42

[2013학년도 9월 **평가원** 나형 14번]

다음 [단계]에 따라 정육각형이 인접해 있는 모양의 도형에 자연수를 적는다.

> [단계 1] 〈그림 1〉과 같이 한 개의 정육각형을 그리고, 각 꼭짓점에 자연수를 1부터 차례로 적는다.
> [단계 2] 〈그림 1〉의 아래에 2개의 정육각형을 그리고, 새로 생긴 각 꼭짓점에 자연수를 1부터 차례로 적어서 〈그림 2〉를 얻는다.
> ⋮
> [단계 n] 〈그림 $n-1$〉의 아래에 n개의 정육각형을 그리고, 새로 생긴 각 꼭짓점에 자연수를 1부터 차례로 적어서 〈그림 n〉을 얻는다.

〈그림 6〉에 적혀 있는 모든 수의 합은?

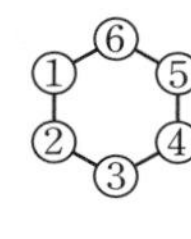
〈그림 1〉

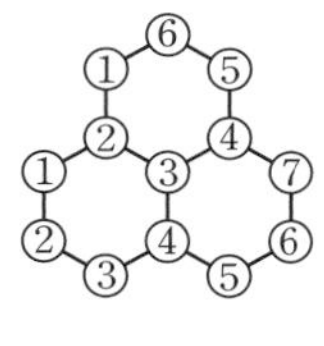
〈그림 2〉

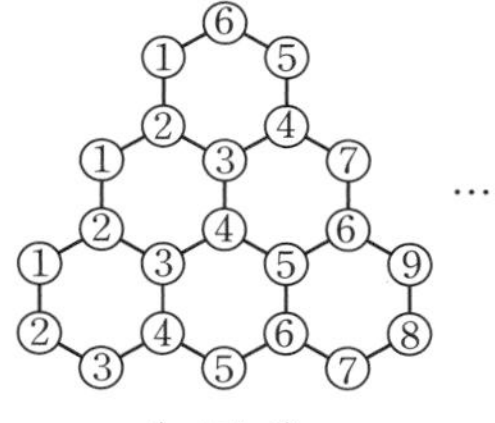
〈그림 3〉

…

① 338　② 349　③ 360
④ 371　⑤ 382

43

[2013학년도 6월 **평가원** 가형 30번, 나형 30번]

3보다 큰 자연수 n에 대하여 $f(n)$을 다음 조건을 만족시키는 가장 작은 자연수 a라 하자.

> (가) $a \geq 3$
> (나) 두 점 $(2,\ 0)$, $(a,\ \log_n a)$를 지나는 직선의 기울기는 $\frac{1}{2}$보다 작거나 같다.

예를 들어 $f(5)=4$이다. $\sum_{n=4}^{30} f(n)$의 값을 구하시오.

44

[2011학년도 **수능** 가형 23번, 나형 23번]

2 이상의 자연수 n에 대하여 집합

$\{3^{2k-1} \mid k$는 자연수, $1 \leq k \leq n\}$

의 서로 다른 두 원소를 곱하여 나올 수 있는 모든 값만을 원소로 하는 집합을 S라 하고, S의 원소의 개수를 $f(n)$이라 하자. 예를 들어 $f(4)=5$이다. 이때 $\sum_{n=2}^{11} f(n)$의 값을 구하시오.

해설편 p. 88

J 수학적 귀납법 – 수열의 귀납적 정의

45

[2025학년도 수능 22번]

모든 항이 정수이고 다음 조건을 만족시키는 모든 수열 $\{a_n\}$에 대하여 $|a_1|$의 값의 합을 구하시오.

(가) 모든 자연수 n에 대하여

$$a_{n+1}=\begin{cases} a_n-3 & (|a_n|\text{이 홀수인 경우}) \\ \frac{1}{2}a_n & (a_n=0 \text{ 또는 } |a_n|\text{이 짝수인 경우}) \end{cases}$$

이다.

(나) $|a_m|=|a_{m+2}|$인 자연수 m의 최솟값은 3이다.

46

[2024학년도 수능 15번]

첫째항이 자연수인 수열 $\{a_n\}$이 모든 자연수 n에 대하여

$$a_{n+1}=\begin{cases} 2^{a_n} & (a_n\text{이 홀수인 경우}) \\ \frac{1}{2}a_n & (a_n\text{이 짝수인 경우}) \end{cases}$$

를 만족시킬 때, $a_6+a_7=3$이 되도록 하는 모든 a_1의 값의 합은?

① 139 ② 146 ③ 153 ④ 160 ⑤ 167

47

[2024학년도 9월 **평가원** 12번]

첫째항이 자연수인 수열 $\{a_n\}$이 모든 자연수 n에 대하여

$$a_{n+1}=\begin{cases} a_n+1 & (a_n\text{이 홀수인 경우}) \\ \frac{1}{2}a_n & (a_n\text{이 짝수인 경우}) \end{cases}$$

를 만족시킬 때, $a_2+a_4=40$이 되도록 하는 모든 a_1의 값의 합은?

① 172 ② 175 ③ 178 ④ 181 ⑤ 184

48

[2023학년도 **수능** 15번]

모든 항이 자연수이고 다음 조건을 만족시키는 모든 수열 $\{a_n\}$에 대하여 a_9의 최댓값과 최솟값을 각각 M, m이라 할 때, $M+m$의 값은?

(가) $a_7=40$

(나) 모든 자연수 n에 대하여

$$a_{n+2}=\begin{cases} a_{n+1}+a_n & (a_{n+1}\text{이 3의 배수가 아닌 경우}) \\ \frac{1}{3}a_{n+1} & (a_{n+1}\text{이 3의 배수인 경우}) \end{cases}$$

이다.

① 216 ② 218 ③ 220 ④ 222 ⑤ 224

수학 I

III. 수열

해설편 p. 92

49

[2023학년도 9월 **평가원** 15번]

수열 $\{a_n\}$이 다음 조건을 만족시킨다.

> (가) 모든 자연수 k에 대하여 $a_{4k}=r^k$이다.
> (단, r는 $0<|r|<1$인 상수이다.)
>
> (나) $a_1<0$이고, 모든 자연수 n에 대하여
> $$a_{n+1}=\begin{cases} a_n+3 & (|a_n|<5) \\ -\frac{1}{2}a_n & (|a_n|\geq 5) \end{cases}$$
> 이다.

$|a_m|\geq 5$를 만족시키는 100 이하의 자연수 m의 개수를 p라 할 때, $p+a_1$의 값은?

① 8 ② 10 ③ 12
④ 14 ⑤ 16

50

[2023학년도 6월 **평가원** 15번]

자연수 k에 대하여 다음 조건을 만족시키는 수열 $\{a_n\}$이 있다.

> $a_1=0$이고, 모든 자연수 n에 대하여
> $$a_{n+1}=\begin{cases} a_n+\frac{1}{k+1} & (a_n\leq 0) \\ a_n-\frac{1}{k} & (a_n>0) \end{cases}$$
> 이다.

$a_{22}=0$이 되도록 하는 모든 k의 값의 합은?

① 12 ② 14 ③ 16
④ 18 ⑤ 20

51

[2022학년도 9월 **평가원** 15번]

수열 $\{a_n\}$은 $|a_1| \le 1$이고, 모든 자연수 n에 대하여

$$a_{n+1}=\begin{cases} -2a_n-2 & \left(-1\le a_n<-\frac{1}{2}\right) \\ 2a_n & \left(-\frac{1}{2}\le a_n\le\frac{1}{2}\right) \\ -2a_n+2 & \left(\frac{1}{2}<a_n\le 1\right) \end{cases}$$

을 만족시킨다. $a_5+a_6=0$이고 $\sum_{k=1}^{5} a_k>0$이 되도록 하는 모든 a_1의 값의 합은?

① $\frac{9}{2}$ ② 5 ③ $\frac{11}{2}$
④ 6 ⑤ $\frac{13}{2}$

52

[2022학년도 6월 **평가원** 9번]

수열 $\{a_n\}$이 모든 자연수 n에 대하여

$$a_{n+1}=\begin{cases} \frac{1}{a_n} & (n\text{이 홀수인 경우}) \\ 8a_n & (n\text{이 짝수인 경우}) \end{cases}$$

이고 $a_{12}=\frac{1}{2}$일 때, a_1+a_4의 값은?

① $\frac{3}{4}$ ② $\frac{9}{4}$ ③ $\frac{5}{2}$
④ $\frac{17}{4}$ ⑤ $\frac{9}{2}$

53

[2022학년도 **예시문항** 15번]

다음 조건을 만족시키는 모든 수열 $\{a_n\}$에 대하여 $\sum_{k=1}^{100} a_k$의 최댓값과 최솟값을 각각 M, m이라 할 때, $M-m$의 값은?

> (가) $a_5=5$
> (나) 모든 자연수 n에 대하여
> $$a_{n+1}=\begin{cases} a_n-6 & (a_n\ge 0) \\ -2a_n+3 & (a_n<0) \end{cases}$$
> 이다.

① 64 ② 68 ③ 72
④ 76 ⑤ 80

해설편 p. 96

수학 I
Ⅲ. 수열

54

[2021학년도 **수능** 가형 21번]

수열 $\{a_n\}$은 $0<a_1<1$이고, 모든 자연수 n에 대하여 다음 조건을 만족시킨다.

> (가) $a_{2n}=a_2\times a_n+1$
> (나) $a_{2n+1}=a_2\times a_n-2$

$a_8-a_{15}=63$일 때, $\dfrac{a_8}{a_1}$의 값은?

① 91 ② 92 ③ 93
④ 94 ⑤ 95

55

[2021학년도 9월 **평가원** 나형 21번]

수열 $\{a_n\}$은 모든 자연수 n에 대하여

$$a_{n+2}=\begin{cases}2a_n+a_{n+1} & (a_n\le a_{n+1})\\ a_n+a_{n+1} & (a_n>a_{n+1})\end{cases}$$

을 만족시킨다. $a_3=2$, $a_6=19$가 되도록 하는 모든 a_1의 값의 합은?

① $-\dfrac{1}{2}$ ② $-\dfrac{1}{4}$ ③ 0
④ $\dfrac{1}{4}$ ⑤ $\dfrac{1}{2}$

56

[2021학년도 6월 **평가원** 나형 14번]

수열 $\{a_n\}$은 $a_1=1$이고, 모든 자연수 n에 대하여

$$\begin{cases}a_{3n-1}=2a_n+1\\ a_{3n}=-a_n+2\\ a_{3n+1}=a_n+1\end{cases}$$

을 만족시킨다. $a_{11}+a_{12}+a_{13}$의 값은?

① 6 ② 7 ③ 8
④ 9 ⑤ 10

57

[2020학년도 **수능** 나형 21번]

수열 $\{a_n\}$이 모든 자연수 n에 대하여 다음 조건을 만족시킨다.

> (가) $a_{2n}=a_n-1$
> (나) $a_{2n+1}=2a_n+1$

$a_{20}=1$일 때, $\sum_{n=1}^{63}a_n$의 값은?

① 704 ② 712 ③ 720
④ 728 ⑤ 736

58
[2018학년도 9월 **평가원** 나형 19번]

두 수열 $\{a_n\}$, $\{b_n\}$은 $a_1=a_2=1$, $b_1=k$이고, 모든 자연수 n에 대하여

$$a_{n+2}=(a_{n+1})^2-(a_n)^2,\ b_{n+1}=a_n-b_n+n$$

을 만족시킨다. $b_{20}=14$일 때, k의 값은?

① -3　② -1　③ 1　④ 3　⑤ 5

59
[2018학년도 6월 **평가원** 나형 29번]

공차가 0이 아닌 등차수열 $\{a_n\}$이 있다. 수열 $\{b_n\}$은

$$b_1=a_1$$

이고, 2 이상의 자연수 n에 대하여

$$b_n=\begin{cases} b_{n-1}+a_n & (n\text{이 3의 배수가 아닌 경우}) \\ b_{n-1}-a_n & (n\text{이 3의 배수인 경우}) \end{cases}$$

이다. $b_{10}=a_{10}$일 때, $\frac{b_8}{b_{10}}=\frac{q}{p}$이다. $p+q$의 값을 구하시오.
(단, p와 q는 서로소인 자연수이다.)

60
[2017학년도 6월 **평가원** 나형 20번]

첫째항이 a인 수열 $\{a_n\}$은 모든 자연수 n에 대하여

$$a_{n+1}=\begin{cases} a_n+(-1)^n\times 2 & (n\text{이 3의 배수가 아닌 경우}) \\ a_n+1 & (n\text{이 3의 배수인 경우}) \end{cases}$$

을 만족시킨다. $a_{15}=43$일 때, a의 값은?

① 35　② 36　③ 37　④ 38　⑤ 39

61
[2015학년도 6월 **평가원** A형 28번]

자연수 n에 대하여 순서쌍 (x_n, y_n)을 다음 규칙에 따라 정한다.

(가) $(x_1, y_1)=(1, 1)$ (나) n이 홀수이면 $(x_{n+1}, y_{n+1})=(x_n, (y_n-3)^2)$이고, n이 짝수이면 $(x_{n+1}, y_{n+1})=((x_n-3)^2, y_n)$이다.

순서쌍 (x_{2015}, y_{2015})에서 $x_{2015}+y_{2015}$의 값을 구하시오.

해설편 p. 99

62

[2014학년도 9월 평가원 A형 29번]

그림과 같이 직사각형에서 세로를 각각 이등분하는 점 2개를 연결하는 선분을 그린 그림을 [그림 1]이라 하자.

[그림 1]을 $\frac{1}{2}$만큼 축소시킨 도형을 [그림 1]의 오른쪽 맨 아래 꼭짓점을 하나의 꼭짓점으로 하여 오른쪽에 이어 붙인 그림을 [그림 2]라 하자.

이와 같이 3 이상의 자연수 k에 대하여 [그림 1]을 $\frac{1}{2^{k-1}}$만큼 축소시킨 도형을 [그림 $k-1$]의 오른쪽 맨 아래 꼭짓점을 하나의 꼭짓점으로 하여 오른쪽에 이어 붙인 그림을 [그림 k]라 하자.

자연수 n에 대하여 [그림 n]에서 왼쪽 맨 위 꼭짓점을 A_n, 오른쪽 맨 아래 꼭짓점을 B_n이라 할 때, 점 A_n에서 점 B_n까지 선을 따라 최단 거리로 가는 경로의 수를 a_n이라 하자.

a_7의 값을 구하시오.

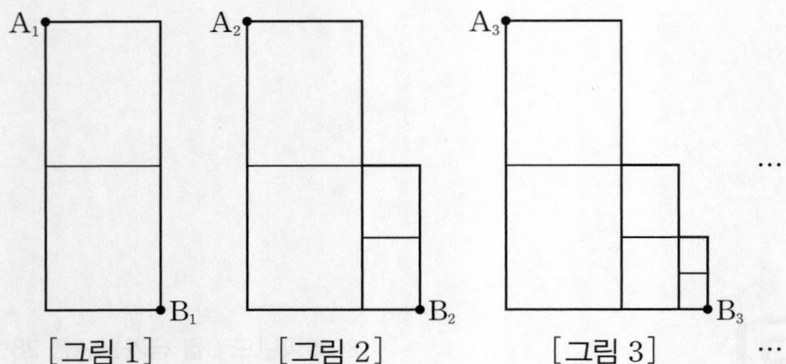

[그림 1]　[그림 2]　[그림 3]　…

63

[2014학년도 6월 평가원 A형 16번]

자연수 n에 대하여 좌표평면 위의 점 $P_n(x_n, y_n)$을 다음 규칙에 따라 정한다.

> (가) $x_1=y_1=1$
>
> (나) $\begin{cases} x_{n+1}=x_n+(n+1) \\ y_{n+1}=y_n+(-1)^n\times(n+1) \end{cases}$ $(n\geq1)$

점 Q는 원점 O를 출발하여 $\overline{OP_1}$을 따라 점 P_1에 도착한다. 자연수 n에 대하여 점 P_n에 도착한 점 Q는 점 P_{n+1}을 향하여 $\overline{P_nP_{n+1}}$을 따라 이동한다. 점 Q는 한 번에 $\sqrt{2}$만큼 이동한다. 예를 들어 원점에서 출발하여 7번 이동한 점 Q의 좌표는 $(7, 1)$이다. 원점에서 출발하여 55번 이동한 점 Q의 y좌표는?

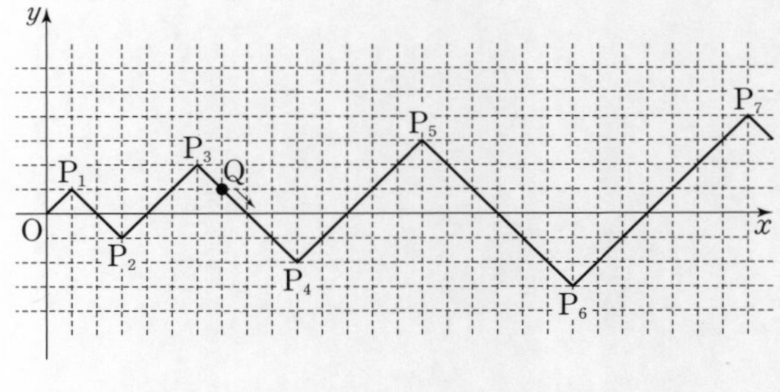

① -5　② -6　③ -7
④ -8　⑤ -9

64

[2022학년도 **예시문항** 13번]

수열 $\{a_n\}$의 첫째항부터 제n항까지의 합을 S_n이라 하자. 다음은 모든 자연수 n에 대하여

$$\sum_{k=1}^{n}\frac{S_k}{k!}=\frac{1}{(n+1)!}$$

이 성립할 때, $\sum_{k=1}^{n}\frac{1}{a_k}$을 구하는 과정이다.

$n=1$일 때, $a_1=S_1=\frac{1}{2}$이므로 $\frac{1}{a_1}=2$이다.

$n=2$일 때, $a_2=S_2-S_1=-\frac{7}{6}$이므로 $\sum_{k=1}^{2}\frac{1}{a_k}=\frac{8}{7}$이다.

$n\geq3$인 모든 자연수 n에 대하여

$$\frac{S_n}{n!}=\sum_{k=1}^{n}\frac{S_k}{k!}-\sum_{k=1}^{n-1}\frac{S_k}{k!}=-\frac{\boxed{(가)}}{(n+1)!}$$

즉, $S_n=-\frac{\boxed{(가)}}{n+1}$이므로

$$a_n=S_n-S_{n-1}=-(\boxed{(나)})$$

이다. 한편, $\sum_{k=3}^{n}k(k+1)=-8+\sum_{k=1}^{n}k(k+1)$이므로

$$\sum_{k=1}^{n}\frac{1}{a_k}=\frac{8}{7}-\sum_{k=3}^{n}k(k+1)$$
$$=\frac{64}{7}-\frac{n(n+1)}{2}-\sum_{k=1}^{n}\boxed{(다)}$$
$$=-\frac{1}{3}n^3-n^2-\frac{2}{3}n+\frac{64}{7}$$

이다.

위의 (가), (나), (다)에 알맞은 식을 각각 $f(n)$, $g(n)$, $h(k)$라 할 때, $f(5)\times g(3)\times h(6)$의 값은?

① 3 ② 6 ③ 9
④ 12 ⑤ 15

65

[2021학년도 **수능** 가형 16번]

상수 k $(k>1)$에 대하여 다음 조건을 만족시키는 수열 $\{a_n\}$이 있다.

모든 자연수 n에 대하여 $a_n<a_{n+1}$이고
곡선 $y=2^x$ 위의 두 점 $\mathrm{P}_n(a_n,\ 2^{a_n})$, $\mathrm{P}_{n+1}(a_{n+1},\ 2^{a_{n+1}})$을 지나는 직선의 기울기는 $k\times2^{a_n}$이다.

점 P_n을 지나고 x축에 평행한 직선과 점 P_{n+1}을 지나고 y축에 평행한 직선이 만나는 점을 Q_n이라 하고 삼각형 $\mathrm{P}_n\mathrm{Q}_n\mathrm{P}_{n+1}$의 넓이를 A_n이라 하자.

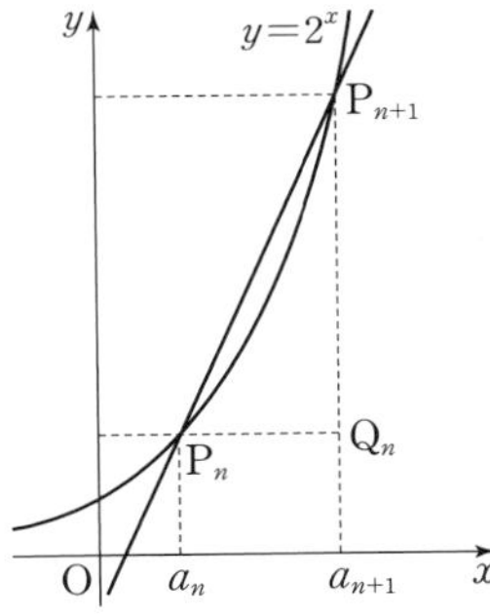

다음은 $a_1=1$, $\frac{A_3}{A_1}=16$일 때, A_n을 구하는 과정이다.

두 점 P_n, P_{n+1}을 지나는 직선의 기울기가 $k\times2^{a_n}$이므로

$$2^{a_{n+1}-a_n}=k(a_{n+1}-a_n)+1$$

이다. 즉, 모든 자연수 n에 대하여 $a_{n+1}-a_n$은 방정식 $2^x=kx+1$의 해이다.
$k>1$이므로 방정식 $2^x=kx+1$은 오직 하나의 양의 실근 d를 갖는다. 따라서 모든 자연수 n에 대하여 $a_{n+1}-a_n=d$이고, 수열 $\{a_n\}$은 공차가 d인 등차수열이다.
점 Q_n의 좌표가 $(a_{n+1},\ 2^{a_n})$이므로

$$A_n=\frac{1}{2}(a_{n+1}-a_n)(2^{a_{n+1}}-2^{a_n})$$

이다. $\frac{A_3}{A_1}=16$이므로 d의 값은 $\boxed{(가)}$이고,
수열 $\{a_n\}$의 일반항은

$$a_n=\boxed{(나)}$$

이다. 따라서 모든 자연수 n에 대하여 $A_n=\boxed{(다)}$이다.

위의 (가)에 알맞은 수를 p, (나)와 (다)에 알맞은 식을 각각 $f(n)$, $g(n)$이라 할 때, $p+\frac{g(4)}{f(2)}$의 값은?

① 118 ② 121 ③ 124
④ 127 ⑤ 130

해설편 p. 104

66

[2021학년도 9월 **평가원** 가형 16번, 나형 16번]

모든 자연수 n에 대하여 다음 조건을 만족시키는 x축 위의 점 P_n과 곡선 $y=\sqrt{3x}$ 위의 점 Q_n이 있다.

- 선분 OP_n과 선분 $\mathrm{P}_n\mathrm{Q}_n$이 서로 수직이다.
- 선분 OQ_n과 선분 $\mathrm{Q}_n\mathrm{P}_{n+1}$이 서로 수직이다.

다음은 점 P_1의 좌표가 $(1,\ 0)$일 때, 삼각형 $\mathrm{OP}_{n+1}\mathrm{Q}_n$의 넓이 A_n을 구하는 과정이다. (단, O는 원점이다.)

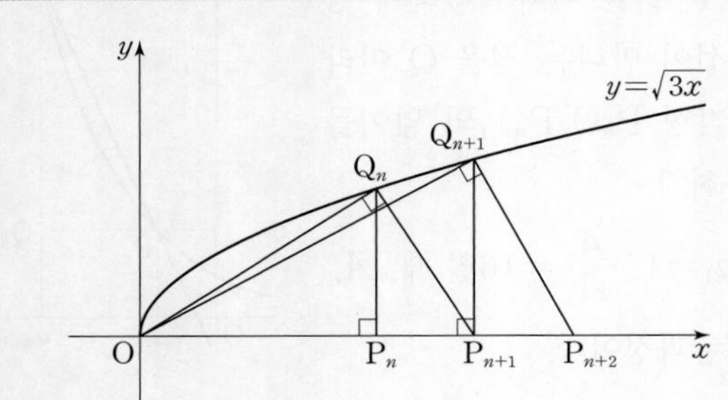

모든 자연수 n에 대하여 점 P_n의 좌표를 $(a_n,\ 0)$이라 하자.

$\overline{\mathrm{OP}_{n+1}}=\overline{\mathrm{OP}_n}+\overline{\mathrm{P}_n\mathrm{P}_{n+1}}$이므로

$$a_{n+1}=a_n+\overline{\mathrm{P}_n\mathrm{P}_{n+1}}$$

이다. 삼각형 $\mathrm{OP}_n\mathrm{Q}_n$과 삼각형 $\mathrm{Q}_n\mathrm{P}_n\mathrm{P}_{n+1}$이 닮음이므로

$$\overline{\mathrm{OP}_n}:\overline{\mathrm{P}_n\mathrm{Q}_n}=\overline{\mathrm{P}_n\mathrm{Q}_n}:\overline{\mathrm{P}_n\mathrm{P}_{n+1}}$$

이고, 점 Q_n의 좌표는 $(a_n,\ \sqrt{3a_n})$이므로

$$\overline{\mathrm{P}_n\mathrm{P}_{n+1}}=\boxed{\text{(가)}}$$

이다. 따라서 삼각형 $\mathrm{OP}_{n+1}\mathrm{Q}_n$의 넓이 A_n은

$$A_n=\frac{1}{2}\times(\boxed{\text{(나)}})\times\sqrt{9n-6}$$

이다.

위의 (가)에 알맞은 수를 p, (나)에 알맞은 식을 $f(n)$이라 할 때, $p+f(8)$의 값은?

① 20 ② 22 ③ 24 ④ 26 ⑤ 28

67

[2021학년도 6월 **평가원** 가형 15번]

수열 $\{a_n\}$의 일반항은

$$a_n=(2^{2n}-1)\times 2^{n(n-1)}+(n-1)\times 2^{-n}$$

이다. 다음은 모든 자연수 n에 대하여

$$\sum_{k=1}^{n} a_k=2^{n(n+1)}-(n+1)\times 2^{-n} \quad \cdots\cdots (*)$$

임을 수학적 귀납법을 이용하여 증명한 것이다.

(i) $n=1$일 때, (좌변)$=3$, (우변)$=3$이므로 $(*)$이 성립한다.

(ii) $n=m$일 때, $(*)$이 성립한다고 가정하면

$$\sum_{k=1}^{m} a_k=2^{m(m+1)}-(m+1)\times 2^{-m}$$

이다. $n=m+1$일 때,

$$\begin{aligned}\sum_{k=1}^{m+1} a_k&=2^{m(m+1)}-(m+1)\times 2^{-m}\\&\quad+(2^{2m+2}-1)\times\boxed{\text{(가)}}+m\times 2^{-m-1}\\&=\boxed{\text{(가)}}\times\boxed{\text{(나)}}-\frac{m+2}{2}\times 2^{-m}\\&=2^{(m+1)(m+2)}-(m+2)\times 2^{-(m+1)}\end{aligned}$$

이다. 따라서 $n=m+1$일 때도 $(*)$이 성립한다.

(i), (ii)에 의하여 모든 자연수 n에 대하여

$$\sum_{k=1}^{n} a_k=2^{n(n+1)}-(n+1)\times 2^{-n}$$

이다.

위의 (가), (나)에 알맞은 식을 각각 $f(m)$, $g(m)$이라 할 때, $\dfrac{g(7)}{f(3)}$의 값은?

① 2 ② 4 ③ 8 ④ 16 ⑤ 32

68

[2016학년도 **수능** A형 19번]

모든 항이 양수인 수열 $\{a_n\}$은 $a_1=a_2=1$이고,

$S_n=\sum_{k=1}^{n} a_k$라 할 때,

$$a_{n+1}=\frac{S_n^{\ 2}}{S_{n-1}}+(2n-1)S_n\ (n\geq 2)$$

을 만족시킨다. 다음은 일반항 a_n을 구하는 과정이다.

> $a_{n+1}=S_{n+1}-S_n$이므로 주어진 식으로부터
>
> $$S_{n+1}=\frac{S_n^{\ 2}}{S_{n-1}}+2nS_n\ (n\geq 2)$$
>
> 이다. 양변을 S_n으로 나누면
>
> $$\frac{S_{n+1}}{S_n}=\frac{S_n}{S_{n-1}}+2n$$
>
> 이다. $b_n=\frac{S_{n+1}}{S_n}$이라 하면 $b_1=2$이고
>
> $$b_n=b_{n-1}+2n\ (n\geq 2)$$
>
> 이다. 수열 $\{b_n\}$의 일반항을 구하면
>
> $$b_n=\boxed{(가)}\times(n+1)\ (n\geq 1)$$
>
> 이므로
>
> $$S_n=\boxed{(가)}\times\{(n-1)!\}^2\ (n\geq 1)$$
>
> 이다. 따라서 $a_1=1$이고, $n\geq 2$일 때
>
> $$a_n=S_n-S_{n-1}$$
> $$=\boxed{(나)}\times\{(n-2)!\}^2$$
>
> 이다.

위의 (가)와 (나)에 알맞은 식을 각각 $f(n)$, $g(n)$이라 할 때, $f(10)+g(6)$의 값은?

① 110 ② 125 ③ 140 ④ 155 ⑤ 170

69

[2015학년도 **수능** B형 17번]

수열 $\{a_n\}$은 $a_1=1$이고, $S_n=\sum_{k=1}^{n} a_k$라 할 때,

$$a_{n+1}=(n+1)S_n+n!\ (n\geq 1)$$

을 만족시킨다. 다음은 일반항 a_n을 구하는 과정이다.

> 자연수 n에 대하여 $a_{n+1}=S_{n+1}-S_n$이므로 주어진 식에 의하여
>
> $$S_{n+1}=(n+2)S_n+n!\ (n\geq 1)$$
>
> 이다. 양변을 $(n+2)!$로 나누면
>
> $$\frac{S_{n+1}}{(n+2)!}=\frac{S_n}{(n+1)!}+\frac{1}{(n+1)(n+2)}$$
>
> 이다. $b_n=\frac{S_n}{(n+1)!}$이라 하면 $b_1=\frac{1}{2}$이고
>
> $$b_{n+1}=b_n+\frac{1}{(n+1)(n+2)}$$
>
> 이다. 수열 $\{b_n\}$의 일반항을 구하면
>
> $$b_n=\frac{\boxed{(가)}}{n+1}$$
>
> 이므로
>
> $$S_n=\boxed{(가)}\times n!$$
>
> 이다. 그러므로
>
> $$a_n=\boxed{(나)}\times(n-1)!\ (n\geq 1)$$
>
> 이다.

위의 (가), (나)에 알맞은 식을 각각 $f(n)$, $g(n)$이라 할 때, $f(7)+g(6)$의 값은?

① 44 ② 41 ③ 38 ④ 35 ⑤ 32

수학 I　III. 수열

해설편 p. 108

1등급 완성

4점 기출 » 도전하기

70

[2025학년도 9월 **평가원** 22번]

양수 k에 대하여 $a_1=k$인 수열 $\{a_n\}$이 다음 조건을 만족시킨다.

> (가) $a_2 \times a_3 < 0$
> (나) 모든 자연수 n에 대하여
> $$\left(a_{n+1}-a_n+\frac{2}{3}k\right)(a_{n+1}+ka_n)=0$$이다.

$a_5=0$이 되도록 하는 서로 다른 모든 양수 k에 대하여 k^2의 값의 합을 구하시오.

71

[2025학년도 6월 **평가원** 22번]

수열 $\{a_n\}$은

$$a_2=-a_1$$

이고, $n \geq 2$인 모든 자연수 n에 대하여

$$a_{n+1}=\begin{cases} a_n-\sqrt{n}\times a_{\sqrt{n}} & (\sqrt{n}\text{이 자연수이고 } a_n>0\text{인 경우}) \\ a_n+1 & (\text{그 외의 경우}) \end{cases}$$

를 만족시킨다. $a_{15}=1$이 되도록 하는 모든 a_1의 값의 곱을 구하시오.

72

[2024학년도 6월 **평가원** 15번]

자연수 k에 대하여 다음 조건을 만족시키는 수열 $\{a_n\}$이 있다.

> $a_1=k$이고, 모든 자연수 n에 대하여
> $$a_{n+1}=\begin{cases} a_n+2n-k & (a_n\le 0) \\ a_n-2n-k & (a_n>0) \end{cases}$$
> 이다.

$a_3\times a_4\times a_5\times a_6<0$이 되도록 하는 모든 k의 값의 합은?

① 10 ② 14 ③ 18
④ 22 ⑤ 26

73

[2024학년도 9월 **평가원** 21번]

모든 항이 자연수인 등차수열 $\{a_n\}$의 첫째항부터 제n항까지의 합을 S_n이라 하자. a_7이 13의 배수이고 $\sum_{k=1}^{7} S_k=644$일 때, a_2의 값을 구하시오.

74

[2019학년도 **수능** 나형 29번]

첫째항이 자연수이고 공차가 음의 정수인 등차수열 $\{a_n\}$과 첫째항이 자연수이고 공비가 음의 정수인 등비수열 $\{b_n\}$이 다음 조건을 만족시킬 때, a_7+b_7의 값을 구하시오.

> (가) $\sum_{n=1}^{5}(a_n+b_n)=27$
> (나) $\sum_{n=1}^{5}(a_n+|b_n|)=67$
> (다) $\sum_{n=1}^{5}(|a_n|+|b_n|)=81$

수학 I
Ⅲ. 수열

해설편 p. 111

반복

100번 반복하는 것보다 101번 반복하는 것이 낫다.
- 탈무드
성공은 하루하루 반복해서 쏟는 작은 노력들의 총합이다.
- 호버트 클리어
반복해서 할 때 그것은 나의 것이 된다.
우수함은 행위가 아니라 습관이다.
- 윌 듀란트

석공은 큰 돌을 깨기 위해 똑같은 자리를 백 번 정도 두드립니다. 그러나 돌은 갈라질 기미가 보이지 않습니다. 그런데 석공이 백한 번째 망치로 내리치는 순간, 돌은 갑자기 두 조각으로 갈라집니다. 마지막 한 번 더 두드렸던 반복의 힘이 결과를 만든 것입니다. 백 번보다 백한 번 반복해 봅시다.

Ⅰ 함수의 극한과 연속

Ⅱ 다항함수의 미분법

Ⅲ 다항함수의 적분법

5개년 수능
4점 기출 분석 & 출제 예상

수학 Ⅱ

5개년 수능 분석을 통해 2026 수능을 예측하고 전략적으로 공략한다!

최근 5개년 배점별 출제 경향을 단원별로 분석하여 수능 출제 빈도가 높은 핵심 개념과 출제 의도를 파악하고 그에 따른 대표 기출 유형을 정리하였습니다. 이를 바탕으로 단원별 출제가 예상되는 유형을 예측하고, 그 공략법을 유형별로 구분하여 상세히 제시하였습니다.

1 5개년 기출 분석

5개년 4점 기출 데이터

- ● 6월 모평 출제
- ● 9월 모평 출제
- ● 수능 출제

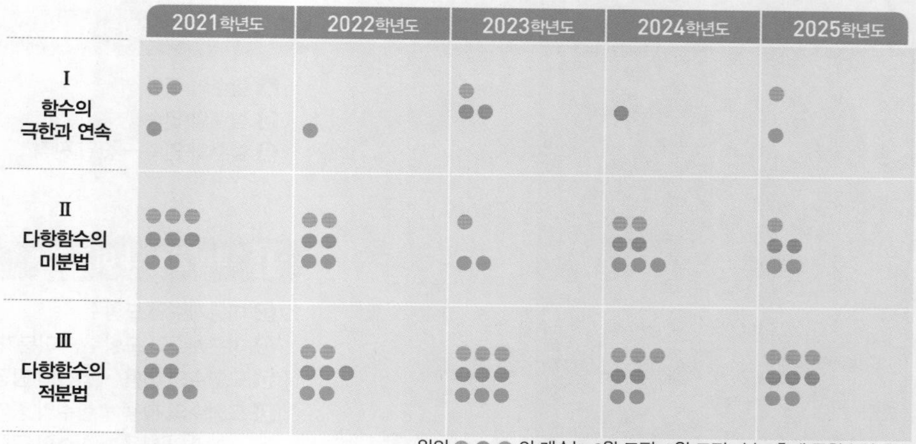

	2021학년도	2022학년도	2023학년도	2024학년도	2025학년도
Ⅰ 함수의 극한과 연속	●● / / ●	/ / ●	● / ●● /	/ ● /	● / / ●
Ⅱ 다항함수의 미분법	●●● / ●●● / ●●	●● / ●● / ●●	● / / ●●	●● / ●● / ●●●	● / ●● / ●●
Ⅲ 다항함수의 적분법	●● / ●● / ●●●	●● / ●●● / ●●	●●● / ●●● / ●●●	●●● / ●● / ●●	●●● / ●●● / ●●

위의 ● ● ● 의 개수는 6월 모평, 9월 모평, 수능 출제 문항수입니다.

Ⅰ 함수의 극한과 연속 | 극한값이 주어지고 함숫값을 구하는 문제, 두 함수의 곱 또는 합성함수가 연속이 될 조건을 구하는 문제, 함수가 연속일 때 다항함수를 구하는 문제가 주로 출제되는 편이다.

Ⅱ 다항함수의 미분법 | 매년 2~3문항이 출제되는데 함수의 미분가능성에 대한 문제, 접선의 방정식을 이용하는 문제, 함수의 극대와 극소를 이용하여 함수를 추론하는 문제, 그래프를 이용한 함수의 최대, 최소 문제가 출제되고 있다. 최근에는 극대, 극소, 최대, 최소 등 함수의 여러 조건을 주고 삼차함수 또는 사차함수를 추론하는 문제가 고난도 문제로 출제되는 편이다.

Ⅲ 다항함수의 적분법 | 매년 2~3문항이 출제되는데 정적분으로 표시된 함수에 대하여 적분과 미분 사이의 관계를 이용하여 해결하는 문제, 곡선과 x축으로 둘러싸인 영역의 넓이를 구하는 문제, 속도가 주어지고 움직인 거리를 구하는 문제가 출제되고 있다. 적분과 미분의 관계, 적분을 이용하여 함수를 추론하는 문제가 고난도 문제로 출제되는 편이다.

2 출제 예상 및 전략

	예상 문제	공략법
Ⅰ 함수의 극한과 연속	❶ 함수의 극한값이 존재할 조건과 연속의 정의를 이용하여 미정계수를 구하는 문제	절댓값 기호를 포함한 함수 또는 구간에 따라 다르게 정의된 함수가 실수 전체의 집합에서 연속일 조건을 묻는 문제가 자주 출제되므로 그 성질을 잘 알아두어야 한다. 또, 함수의 극한값이 존재할 조건과 연속의 정의는 반드시 기억하도록 한다.
	❷ 함수의 연속성을 판단하는 합답형 문제	두 함수의 곱으로 정의된 함수 또는 합성함수, 새롭게 정의된 함수의 극한값을 구하고 연속성을 판단하는 합답형 문제가 자주 출제된다. 특히, 두 함수의 곱으로 정의된 함수는 각 함수의 불연속인 점을 먼저 파악하여 그 점에서의 두 함수의 곱이 연속인지를 판단하는 연습을 충분히 해야 한다.
Ⅱ 다항함수의 미분법	❶ 미분계수의 정의를 이용하여 해결하는 문제	미분계수의 정의는 점점 강조되고 있다. 미분계수를 표현하는 다양한 방법을 이해하고, 미분계수의 정의를 이용하여 주어진 식을 변형하는 연습을 충분히 하도록 한다.
	❷ 함수의 미분가능성과 연속성 사이의 관계를 이용하여 미정계수를 구하는 문제	미분가능한 함수는 연속임을 이용하여 미정계수를 구하는 문제가 출제된다. 특히, 함수 $f(x)$가 $x=a$에서 미분가능하면 $\lim_{x \to a-} f'(x) = \lim_{x \to a+} f'(x)$임을 이용하는 문제도 종종 출제되니 반드시 익혀 두도록 한다.
	❸ 함수의 극대와 극소를 이용하여 함수를 추론하는 문제	삼차함수 또는 사차함수를 추론하는 문항이 고난도 문제로 출제되고 있다. 주어진 조건을 만족시키는 함수의 꼴을 정하고, 극값을 갖는 x의 값에서의 함수의 성질을 반드시 알아두어야 한다.
Ⅲ 다항함수의 적분법	❶ 그래프가 y축 또는 원점에 대하여 대칭인 함수의 정적분의 값을 계산하는 문제	그래프의 성질을 이해하면 정적분의 값은 쉽게 구할 수 있으므로 y축 또는 원점에 대하여 대칭인 함수의 그래프의 성질을 익혀 두어야 한다. 또, 주기함수인 경우에는 정적분의 성질을 이용하여 식을 변형하는 연습을 충분히 한다.
	❷ 적분과 미분의 관계를 이용하는 문제	정적분으로 표시된 함수는 대부분 적분과 미분의 관계를 이용하여 양변을 미분하는 것으로 문제 풀이를 시작하므로 함수가 정의된 꼴을 다양하게 접해 보고 푸는 연습을 하는 것이 좋다.

I 함수의 극한과 연속

A 함수의 극한

1. 극한값의 존재

함수 $f(x)$의 $x=a$에서의 극한값이 L이면 $x=a$에서의 좌극한과 우극한이 모두 존재하고 그 값은 모두 L이다. 또, 그 역도 성립한다. 즉,

$$\lim_{x\to a} f(x)=L \Longleftrightarrow \lim_{x\to a-} f(x)=\lim_{x\to a+} f(x)=L$$

2. 함수의 극한에 대한 성질

두 함수 $f(x)$, $g(x)$에 대하여

$$\lim_{x\to a} f(x)=\alpha,\ \lim_{x\to a} g(x)=\beta\ (\alpha,\ \beta\text{는 실수})$$

일 때,

(1) $\lim_{x\to a}\{f(x)\pm g(x)\}=\lim_{x\to a} f(x)\pm\lim_{x\to a} g(x)=\alpha\pm\beta$

(복부호 동순)

(2) $\lim_{x\to a} cf(x)=c\lim_{x\to a} f(x)=c\alpha$ (단, c는 상수)

(3) $\lim_{x\to a} f(x)g(x)=\lim_{x\to a} f(x)\times\lim_{x\to a} g(x)=\alpha\beta$

(4) $\lim_{x\to a}\dfrac{f(x)}{g(x)}=\dfrac{\lim_{x\to a} f(x)}{\lim_{x\to a} g(x)}=\dfrac{\alpha}{\beta}$ (단, $\beta\neq 0$)

3. 함수의 극한값의 계산

(1) $\dfrac{0}{0}$ 꼴: 분자, 분모가 모두 다항식이면 분자, 분모를 각각 인수분해하여 약분하고, 분자 또는 분모에 무리식이 있으면 근호가 있는 쪽을 유리화한다.

(2) $\dfrac{\infty}{\infty}$ 꼴: 분모의 최고차항으로 분모, 분자를 각각 나눈다.

(3) $\infty-\infty$ 꼴: 다항식이면 최고차항으로 묶고, 무리식이 있으면 분모를 1로 보고 분자를 유리화한다.

(4) $\infty\times 0$ 꼴: $\infty\times(\text{상수})$, $\dfrac{(\text{상수})}{\infty}$, $\dfrac{0}{0}$, $\dfrac{\infty}{\infty}$ 꼴로 변형한다.

4. 미정계수의 결정

두 함수 $f(x)$, $g(x)$에 대하여 $\lim_{x\to a}\dfrac{f(x)}{g(x)}=\alpha$ (α는 실수)

일 때,

(1) $\lim_{x\to a} g(x)=0$이면 $\quad\lim_{x\to a} f(x)=0$

(2) $\alpha\neq 0$이고 $\lim_{x\to a} f(x)=0$이면 $\quad\lim_{x\to a} g(x)=0$

B 함수의 연속

1. 함수의 연속

함수 $f(x)$가 실수 a에 대하여 다음을 모두 만족시킬 때, $f(x)$는 $x=a$에서 **연속**이라 한다.

(i) 함수 $f(x)$는 $x=a$에서 정의되어 있다.

(ii) 극한값 $\lim_{x\to a} f(x)$가 존재한다.

(iii) $\lim_{x\to a} f(x)=f(a)$

참고 함수 $f(x)$가 $x=a$에서 연속이 아닐 때, $f(x)$는 $x=a$에서 불연속이라 한다. 즉, 위의 세 조건 중 어느 하나라도 만족시키지 않으면 함수 $f(x)$는 $x=a$에서 불연속이다.

2. 연속함수의 성질

두 함수 $f(x)$, $g(x)$가 각각 $x=a$에서 연속이면 다음 함수도 $x=a$에서 연속이다.

(1) $f(x)\pm g(x)$

(2) $cf(x)$ (단, c는 상수)

(3) $f(x)g(x)$

(4) $\dfrac{f(x)}{g(x)}$ (단, $g(a)\neq 0$)

3. 최대 · 최소 정리

함수 $f(x)$가 닫힌구간 $[a,\ b]$에서 연속이면 $f(x)$는 이 구간에서 반드시 최댓값과 최솟값을 갖는다.

4. 사잇값의 정리

(1) 사잇값의 정리

함수 $f(x)$가 닫힌구간 $[a,\ b]$에서 연속이고 $f(a)\neq f(b)$이면, $f(a)$와 $f(b)$ 사이의 임의의 값 k에 대하여

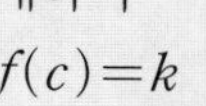

$$f(c)=k$$

인 c가 열린구간 $(a,\ b)$에 적어도 하나 존재한다.

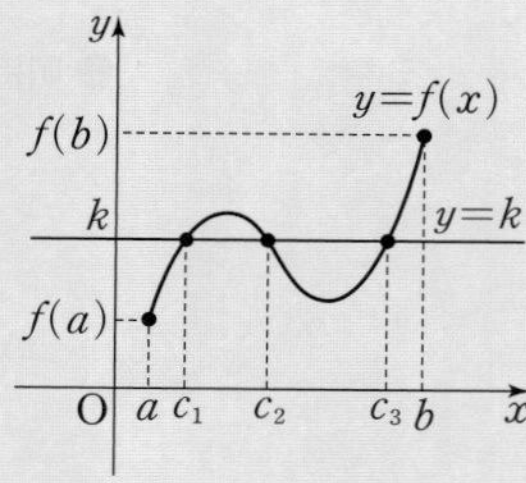

(2) 사잇값의 정리의 활용

함수 $f(x)$가 닫힌구간 $[a,\ b]$에서 연속이고 $f(a)$와 $f(b)$의 부호가 서로 다르면 사잇값의 정리에 의하여 $f(c)=0$인 c가 열린구간 $(a,\ b)$에 적어도 하나 존재한다.

즉, 방정식 $f(x)=0$은 열린구간 $(a,\ b)$에서 적어도 하나의 실근을 갖는다.

s · t · r · a · t · e · g · y **1등급 전략**

$x=a$에서 불연속인 두 함수의 곱이 $x=a$에서 항상 불연속인 것은 아니야!

두 함수 $f(x)$, $g(x)$가 $x=a$에서 연속이면 두 함수의 곱 $f(x)g(x)$도 항상 $x=a$에서 연속이겠지? 이제 두 함수 중 적어도 하나의 함수가 $x=a$에서 불연속인 경우를 생각해 보자. 이때 두 함수의 곱은 $x=a$에서 불연속일까? 정답은 '항상 불연속인 것은 아니다.'야. $x=a$에서의 극한값 또는 함숫값 중 일부가 0이면 그 곱이 0이 되어 연속이 되거든.

두 함수의 곱의 연속성을 묻는 문제는 자주 출제되니까 경우에 따라 연속성이 어떻게 달라지는지, 연속이 되게 하려면 어떻게 해야 하는지를 잘 알아두도록 해.

Ⅱ 다항함수의 미분법

C 미분계수와 도함수

1. 평균변화율과 미분계수

(1) **평균변화율**: 함수 $y=f(x)$에서 x의 값이 a에서 b까지 변할 때의 평균변화율은

$$\frac{\Delta y}{\Delta x}=\frac{f(b)-f(a)}{b-a}=\frac{f(a+\Delta x)-f(a)}{\Delta x}$$

(2) **미분계수**: 함수 $y=f(x)$의 $x=a$에서의 미분계수는

$$f'(a)=\lim_{\Delta x\to 0}\frac{\Delta y}{\Delta x}=\lim_{x\to a}\frac{f(a+\Delta x)-f(a)}{\Delta x}=\lim_{x\to a}\frac{f(x)-f(a)}{x-a}$$

참고 평균변화율과 미분계수의 기하적 의미

(1) x의 값이 a에서 b까지 변할 때의 함수 $y=f(x)$의 평균변화율은 그래프 위의 두 점 $(a, f(a))$, $(b, f(b))$를 지나는 직선의 기울기와 같다.

(2) 함수 $y=f(x)$의 $x=a$에서의 미분계수 $f'(a)$는 곡선 $y=f(x)$ 위의 점 $(a, f(a))$에서의 접선의 기울기와 같다.

2 미분가능성과 연속성

함수 $f(x)$가 $x=a$에서 미분가능하면 $f(x)$는 $x=a$에서 연속이다. 그러나 일반적으로 그 역은 성립하지 않는다.

참고 함수 $f(x)$가 $x=a$에서 미분가능하지 않은 경우는 다음과 같다.

(1) $x=a$에서 불연속인 경우

(2) $x=a$에서 그래프가 꺾이는 경우

3 미분법의 공식

세 함수 $f(x)$, $g(x)$, $h(x)$가 미분가능할 때,

(1) $y=x^n$ (n은 자연수)
➡ $y'=nx^{n-1}$

(2) $y=c$ (c는 상수)
➡ $y'=0$

(3) $y=cf(x)$ (c는 상수)
➡ $y'=cf'(x)$

(4) $y=f(x)\pm g(x)$
➡ $y'=f'(x)\pm g'(x)$ (복부호 동순)

(5) $y=f(x)g(x)$
➡ $y'=f'(x)g(x)+f(x)g'(x)$

(6) $y=f(x)g(x)h(x)$
➡ $y'=f'(x)g(x)h(x)+f(x)g'(x)h(x)+f(x)g(x)h'(x)$

(7) $y=\{f(x)\}^n$ (n은 자연수)
➡ $y'=n\{f(x)\}^{n-1}f'(x)$

D 도함수의 활용

1. 접선의 방정식

함수 $f(x)$가 $x=a$에서 미분가능할 때, 곡선 $y=f(x)$ 위의 점 $\mathrm{P}(a, f(a))$에서의 접선의 방정식은

$$y-f(a)=f'(a)(x-a)$$

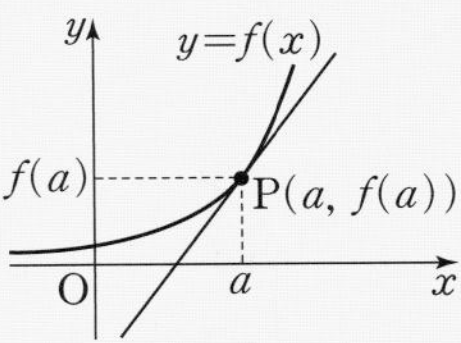

참고 (1) 곡선 $y=f(x)$에 접하고 기울기가 m인 접선의 방정식

➡ 접점의 좌표를 $(a, f(a))$로 놓고 $f'(a)=m$임을 이용하여 a의 값을 구한 후, $y-f(a)=m(x-a)$에 대입한다.

(2) 곡선 $y=f(x)$ 밖의 한 점 (x_1, y_1)에서 곡선에 그은 접선의 방정식

➡ 접점의 좌표를 $(a, f(a))$로 놓고 $y-f(a)=f'(a)(x-a)$에 점 (x_1, y_1)의 좌표를 대입하여 a의 값을 구한 후, $y-f(a)=f'(a)(x-a)$에 대입한다.

2. 평균값 정리

(1) **롤의 정리**: 함수 $f(x)$가 닫힌구간 $[a, b]$에서 연속이고 열린구간 (a, b)에서 미분가능할 때, $f(a)=f(b)$이면

$$f'(c)=0$$

인 c가 열린구간 (a, b)에 적어도 하나 존재한다.

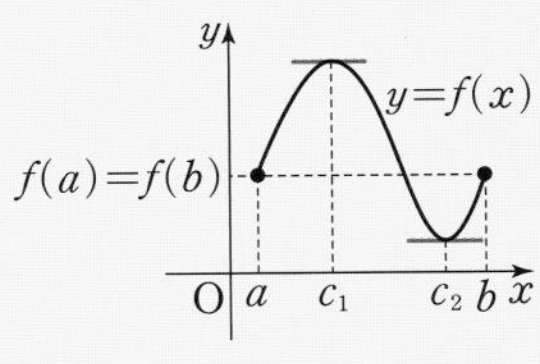

(2) **평균값 정리**: 함수 $f(x)$가 닫힌구간 $[a, b]$에서 연속이고 열린구간 (a, b)에서 미분가능하면

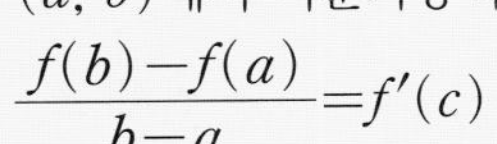

$$\frac{f(b)-f(a)}{b-a}=f'(c)$$

인 c가 열린구간 (a, b)에 적어도 하나 존재한다.

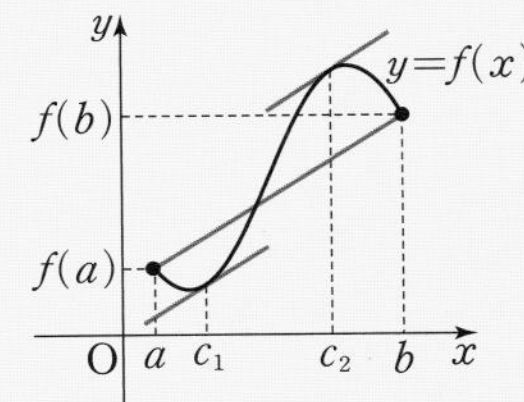

3. 함수의 증가와 감소

함수 $f(x)$가 어떤 열린구간에서 미분가능하고, 이 구간에 속하는 모든 x에 대하여

(1) $f'(x)>0$이면 $f(x)$는 이 구간에서 증가한다.

(2) $f'(x)<0$이면 $f(x)$는 이 구간에서 감소한다.

참고 함수 $f(x)$가 어떤 구간에서 미분가능하고, 이 구간에서

(1) 증가하는 함수이면 $f'(x)\ge 0$이다.

(2) 감소하는 함수이면 $f'(x)\le 0$이다.

4. 함수의 극대와 극소

(1) 함수 $f(x)$가 $x=a$에서 미분가능하고 $x=a$에서 극값을 가지면 $f'(a)=0$이다.

(2) **극대와 극소의 판정**: 미분가능한 함수 $f(x)$에 대하여 $f'(a)=0$일 때, $x=a$의 좌우에서 $f'(x)$의 부호가

① 양에서 음으로 바뀌면 $f(x)$는 $x=a$에서 극대이고, 극댓값 $f(a)$를 갖는다.

② 음에서 양으로 바뀌면 $f(x)$는 $x=a$에서 극소이고, 극솟값 $f(a)$를 갖는다.

5. 함수의 그래프

함수 $y=f(x)$의 그래프의 개형은 다음과 같은 순서로 그린다.

① 도함수 $f'(x)$를 구한다.
② $f'(x)=0$인 x의 값을 구한다.
③ 함수 $f(x)$의 부호의 변화를 조사하여 증가와 감소를 표로 나타낸다.
④ 함수의 증가와 감소, 극대와 극소, 좌표축과의 교점 등을 이용하여 그래프의 개형을 그린다.

6. 함수의 최대와 최소

함수 $f(x)$가 닫힌구간 $[a, b]$에서 연속일 때, 주어진 구간에서 $f(x)$의 극댓값, 극솟값 및 구간의 양 끝 값에서의 함숫값 $f(a)$, $f(b)$ 중에서 가장 큰 값이 $f(x)$의 최댓값, 가장 작은 값이 $f(x)$의 최솟값이다.

7. 방정식과 부등식에의 활용

(1) 방정식 $f(x)=g(x)$의 서로 다른 실근의 개수는 두 함수 $y=f(x)$, $y=g(x)$의 그래프의 교점의 개수와 같다.
(2) 두 함수 $f(x)$, $g(x)$에 대하여 어떤 구간에서 부등식 $f(x)\ge g(x)$가 성립함을 보이려면 $h(x)=f(x)-g(x)$로 놓고, 그 구간에서 ($h(x)$의 최솟값)≥ 0임을 보이면 된다.

8. 속도와 가속도

수직선 위를 움직이는 점 P의 시각 t에서의 위치 x가 $x=f(t)$일 때, 시각 t에서의 점 P의 속도 v와 가속도 a는

(1) **속도:** $v=\dfrac{dx}{dt}=f'(t)$

(2) **가속도:** $a=\dfrac{dv}{dt}=v'(t)$

s · t · r · a · t · e · g · y **1등급 전략**

숨어 있는 접선의 방정식 문제, 정체를 밝히자.

접선의 방정식에 대한 문제는 미분의 활용 측면에서 자주 출제되는 유형으로, 가장 중요한 유형이야. 게다가 접선이라는 직접적인 언급이 없는 문제들이 출제되면서 체감 난이도는 점점 높아지고 있지. 하지만 이런 문제들은 주어진 조건을 만족시키는 상황이 결국은 직선이 곡선에 접할 때를 이용하는 경우임을 파악하면 쉽게 해결할 수 있어.
그럼 숨어 있는 접선의 방정식 문제가 어떤 것인지 몇 가지만 알아볼까?
① 점과 직선 사이의 거리가 최소가 되게 하는 점의 좌표를 구하시오.
② 삼각형의 넓이가 최대가 되는 점의 좌표를 구하시오.
위와 같은 내용이 문제에 등장하면 접선의 방정식을 이용하여 문제를 해결하면 돼.

Ⅲ 다항함수의 적분법

E 부정적분과 정적분

1. 부정적분

(1) 부정적분

함수 $f(x)$의 한 부정적분을 $F(x)$라 하면

$$\int f(x)dx=F(x)+C \text{ (단, } C\text{는 적분상수)}$$

(2) 함수 $y=x^n$의 부정적분

n이 0 또는 양의 정수일 때,

$$\int x^n dx=\frac{1}{n+1}x^{n+1}+C \text{ (단, } C\text{는 적분상수)}$$

참고 $\int 1\,dx$는 $\int dx$로 나타낼 수 있다.

(3) 함수의 실수배, 합, 차의 부정적분

① $\int kf(x)dx=k\int f(x)dx$ (단, k는 0이 아닌 실수)

② $\int \{f(x)\pm g(x)\}dx=\int f(x)dx\pm\int g(x)dx$ (복부호 동순)

참고 ②는 세 개 이상의 함수에 대해서도 성립한다.

2. 정적분

(1) 정적분

닫힌구간 $[a, b]$에서 연속인 함수 $f(x)$의 한 부정적분을 $F(x)$라 할 때,

$$\int_a^b f(x)dx=\Big[F(x)\Big]_a^b=F(b)-F(a)$$

참고 ① $a=b$일 때, $\int_a^a f(x)dx=0$
② $a>b$일 때, $\int_a^b f(x)dx=-\int_b^a f(x)dx$

(2) 정적분의 성질

두 함수 $f(x)$, $g(x)$가 임의의 세 실수 a, b, c를 포함하는 닫힌구간에서 연속일 때,

① $\int_a^b kf(x)dx=k\int_a^b f(x)dx$ (단, k는 실수)

② $\int_a^b \{f(x)\pm g(x)\}dx=\int_a^b f(x)dx\pm\int_a^b g(x)dx$ (복부호 동순)

③ $\int_a^c f(x)dx+\int_c^b f(x)dx=\int_a^b f(x)dx$

참고 ③은 a, b, c의 대소에 관계없이 성립한다.

(3) 적분과 미분의 관계

함수 $f(x)$가 닫힌구간 $[a, b]$에서 연속일 때,

$$\frac{d}{dx}\int_a^x f(t)dt=f(x) \text{ (단, } a<x<b)$$

3. 정적분으로 표시된 함수

(1) 정적분으로 표시된 함수의 미분 (단, a는 상수)

① $\dfrac{d}{dx}\displaystyle\int_a^x f(t)dt=f(x)$

② $\dfrac{d}{dx}\displaystyle\int_x^{x+a} f(t)dt=f(x+a)-f(x)$

(2) 정적분으로 표시된 함수의 극한

① $\displaystyle\lim_{x\to 0}\frac{1}{x}\int_a^{x+a} f(t)dt=f(a)$

② $\displaystyle\lim_{x\to a}\frac{1}{x-a}\int_a^x f(t)dt=f(a)$

F 정적분의 활용

1. 넓이

(1) 정적분의 기하적 의미

함수 $f(x)$가 닫힌구간 $[a,\ b]$에서 연속이고 $f(x)\geq 0$일 때, 정적분 $\displaystyle\int_a^b f(x)dx$는 곡선 $y=f(x)$와 x축 및 두 직선 $x=a$, $x=b$로 둘러싸인 도형의 넓이 S와 같다. 즉,

$$S=\int_a^b f(x)dx$$

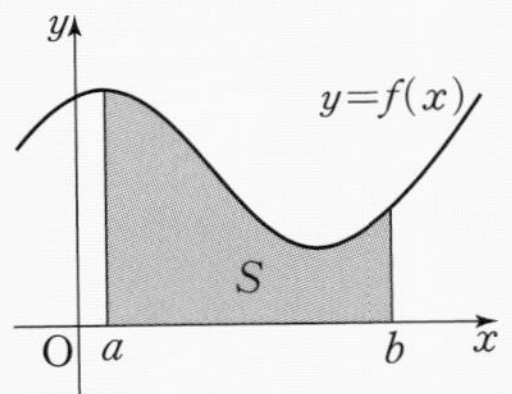

참고 (1) 우함수와 기함수의 정적분

닫힌구간 $[-a,\ a]$에서 연속인 함수 $f(x)$에 대하여

① $f(x)$가 우함수, 즉 $f(-x)=f(x)$이면 $\displaystyle\int_{-a}^a f(x)dx=2\int_0^a f(x)dx$

② $f(x)$가 기함수, 즉 $f(-x)=-f(x)$이면 $\displaystyle\int_{-a}^a f(x)dx=0$

(2) $f(x+p)=f(x)$인 함수의 정적분

상수함수가 아닌 함수 $f(x)$가 모든 실수 x에 대하여 $f(x+p)=f(x)$ (p는 0이 아닌 상수)를 만족시키고, 모든 구간에서 연속일 때,

$$\int_a^b f(x)dx=\int_{a+p}^{b+p} f(x)dx,\quad \int_a^{a+p} f(x)dx=\int_b^{b+p} f(x)dx$$

(2) 곡선과 x축 사이의 넓이

함수 $f(x)$가 닫힌구간 $[a,\ b]$에서 연속일 때, 곡선 $y=f(x)$와 x축 및 두 직선 $x=a$, $x=b$로 둘러싸인 도형의 넓이 S는

$$S=\int_a^b |f(x)|dx$$

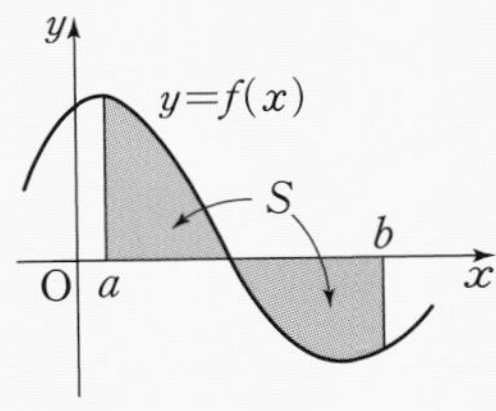

(3) 두 곡선 사이의 넓이

두 함수 $f(x)$, $g(x)$가 닫힌구간 $[a,\ b]$에서 연속일 때, 두 곡선 $y=f(x)$, $y=g(x)$ 및 두 직선 $x=a$, $x=b$로 둘러싸인 도형의 넓이 S는

$$S=\int_a^b |f(x)-g(x)|dx$$

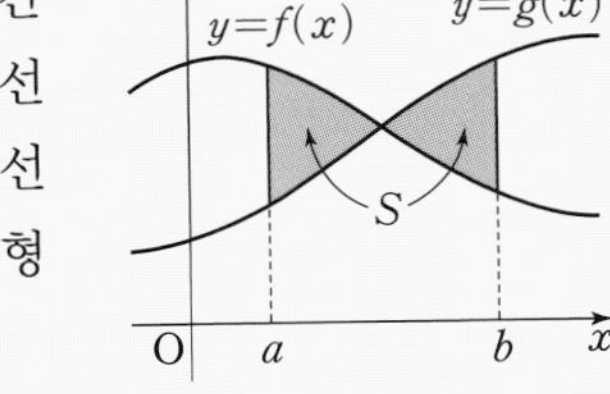

2. 속도와 거리

수직선 위를 움직이는 점 P의 시각 t에서의 속도가 $v(t)$이고 시각 $t=a$에서 점 P의 위치가 x_0일 때,

(1) 시각 t에서 점 P의 위치 x는

$$x=x_0+\int_a^t v(t)dt$$

(2) 시각 $t=a$에서 $t=b$까지 점 P의 위치의 변화량은

$$\int_a^b v(t)dt$$

(3) 시각 $t=a$에서 $t=b$까지 점 P가 움직인 거리 s는

$$s=\int_a^b |v(t)|dt$$

참고 시각 $t=a$에서 $t=b$까지 점 P가 움직인 거리 s는 $y=v(t)$의 그래프와 t축 및 두 직선 $t=a$, $t=b$로 둘러싸인 도형의 넓이와 같다.

s · t · r · a · t · e · g · y **1등급 전략**

적분과 미분을 종합적으로 이해하자!

미분을 모르고서 적분을 논할 수는 없겠지?

최근에는 적분과 미분 사이의 관계와 함수의 여러 가지 성질을 이용하여 함수를 연역적으로 추론해 나가는 문제가 고난도로 많이 출제되고 있어. 특히, 정적분으로 표시된 함수와 극값, 그래프 등에 대한 함수의 성질이 주어지면 미분을 이용하여 그 함수식을 찾는 과정이 꽤 까다로운 편이지.

이렇게 미분과 적분을 종합적으로 활용하는 유형의 문제는 주어지는 조건이 매우 다양하고 복잡할 수 있으니, 많은 문제를 풀면서 꾸준히 연습하도록 해.

또, 정적분의 계산 과정에서 정적분의 기하적 의미를 이용하는 유형도 절대 놓치지 말아야 하지. 정적분의 값이 항상 양수라고 생각하면 오산이야. 넓이를 이용하되, 함수의 그래프를 정확히 그려서 x축을 기준으로 그래프의 위치를 확인하는 것이 중요해. 즉, 정적분의 값은 적분 구간에 따라 양수일 수도, 음수일 수도 있음을 꼭 기억하자.

I 함수의 극한과 연속

4점 기출 » 집중하기

A 함수의 극한

01

[2025학년도 **수능** 21번]

함수 $f(x)=x^3+ax^2+bx+4$가 다음 조건을 만족시키도록 하는 두 정수 a, b에 대하여 $f(1)$의 최댓값을 구하시오.

> 모든 실수 α에 대하여 $\lim_{x \to \alpha} \dfrac{f(2x+1)}{f(x)}$의 값이 존재한다.

02

[2023학년도 9월 **평가원** 12번]

실수 $t(t>0)$에 대하여 직선 $y=x+t$와 곡선 $y=x^2$이 만나는 두 점을 A, B라 하자. 점 A를 지나고 x축에 평행한 직선이 곡선 $y=x^2$과 만나는 점 중 A가 아닌 점을 C, 점 B에서 선분 AC에 내린 수선의 발을 H라 하자.

$\lim_{t \to 0+} \dfrac{\overline{\mathrm{AH}}-\overline{\mathrm{CH}}}{t}$의 값은? (단, 점 A의 x좌표는 양수이다.)

① 1　　② 2　　③ 3　　④ 4　　⑤ 5

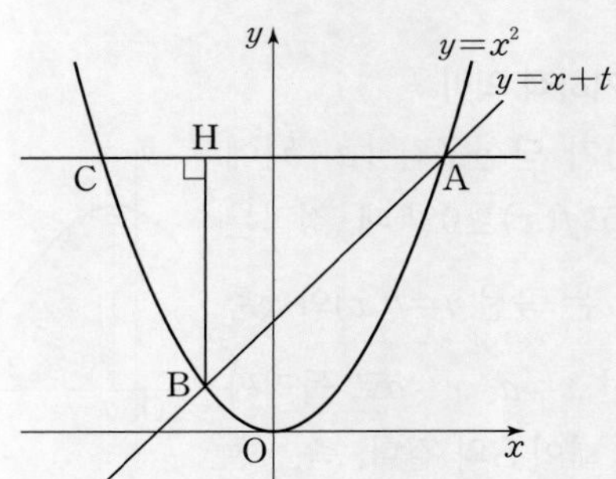

03

[2020학년도 **수능** 나형 14번]

상수항과 계수가 모두 정수인 두 다항함수 $f(x)$, $g(x)$가 다음 조건을 만족시킬 때, $f(2)$의 최댓값은?

(가) $\lim_{x\to\infty}\frac{f(x)g(x)}{x^3}=2$

(나) $\lim_{x\to 0}\frac{f(x)g(x)}{x^2}=-4$

① 4 ② 6 ③ 8 ④ 10 ⑤ 12

04

[2020학년도 9월 **평가원** 나형 16번]

다항함수 $f(x)$가

$$\lim_{x\to\infty}\frac{f(x)}{x^3}=1,\quad \lim_{x\to -1}\frac{f(x)}{x+1}=2$$

를 만족시킨다. $f(1)\le 12$일 때, $f(2)$의 최댓값은?

① 27 ② 30 ③ 33 ④ 36 ⑤ 39

05

[2020학년도 6월 **평가원** 나형 20번]

다음 조건을 만족시키는 모든 다항함수 $f(x)$에 대하여 $f(1)$의 최댓값은?

$\lim_{x\to\infty}\frac{f(x)-4x^3+3x^2}{x^{n+1}+1}=6$, $\lim_{x\to 0}\frac{f(x)}{x^n}=4$인 자연수 n이 존재한다.

① 12 ② 13 ③ 14 ④ 15 ⑤ 16

06

[2017학년도 **수능** 나형 18번]

최고차항의 계수가 1인 이차함수 $f(x)$가

$$\lim_{x\to a}\frac{f(x)-(x-a)}{f(x)+(x-a)}=\frac{3}{5}$$

을 만족시킨다. 방정식 $f(x)=0$의 두 근을 α, β라 할 때, $|\alpha-\beta|$의 값은? (단, a는 상수이다.)

① 1 ② 2 ③ 3 ④ 4 ⑤ 5

해설편 p. 116

07

[2016학년도 9월 **평가원** A형 28번]

다항함수 $f(x)$가 다음 조건을 만족시킬 때, $f(2)$의 값을 구하시오.

(가) $\lim_{x \to \infty} \frac{f(x)-x^3}{3x}=2$

(나) $\lim_{x \to 0} f(x)=-7$

08

[2015학년도 6월 **평가원** A형 21번]

최고차항의 계수가 1인 두 삼차함수 $f(x)$, $g(x)$가 다음 조건을 만족시킨다.

(가) $g(1)=0$

(나) $\lim_{x \to n} \frac{f(x)}{g(x)}=(n-1)(n-2)\ (n=1,\ 2,\ 3,\ 4)$

$g(5)$의 값은?

① 4　② 6　③ 8　④ 10　⑤ 12

09

[2015학년도 6월 **평가원** A형 29번]

다항함수 $f(x)$가

$$\lim_{x \to \infty} \frac{f(x)-x^3}{x^2}=-11,\quad \lim_{x \to 1} \frac{f(x)}{x-1}=-9$$

를 만족시킬 때, $\lim_{x \to \infty} xf\left(\frac{1}{x}\right)$의 값을 구하시오.

10
[2014학년도 9월 **평가원** A형 15번]

정의역이 $\{x \mid -2 \le x \le 2\}$인 함수 $y=f(x)$의 그래프가 구간 $[0, 2]$에서 그림과 같고, 정의역에 속하는 모든 실수 x에 대하여 $f(-x)=-f(x)$이다.
$\lim_{x \to -1+} f(x) + \lim_{x \to 2-} f(x)$의 값은?

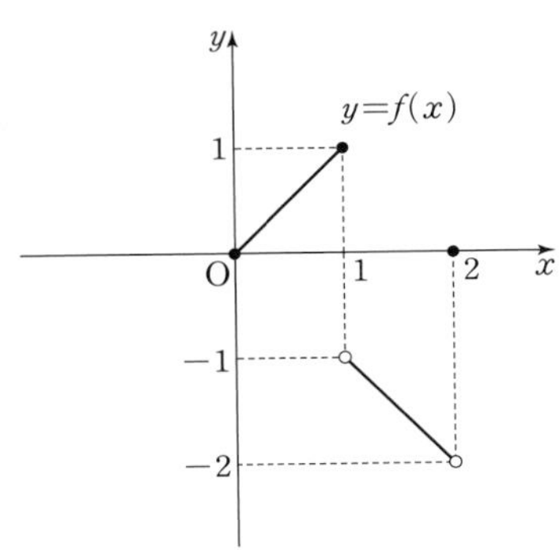

① -3　② -1　③ 0
④ 1　⑤ 3

11
[2012학년도 6월 **평가원** 나형 18번]

실수 t에 대하여 직선 $y=t$가 함수 $y=|x^2-1|$의 그래프와 만나는 점의 개수를 $f(t)$라 할 때, $\lim_{t \to 1-} f(t)$의 값은?

① 1　② 2　③ 3
④ 4　⑤ 5

12
[2011학년도 6월 **평가원** 가형 24번]

x가 양수일 때, x보다 작은 자연수 중에서 소수의 개수를 $f(x)$라 하고, 함수 $g(x)$를

$$g(x)=\begin{cases} f(x) & (x>2f(x)) \\ \dfrac{1}{f(x)} & (x \le 2f(x)) \end{cases}$$

라고 하자. 예를 들어 $f\left(\frac{7}{2}\right)=2$이고 $\frac{7}{2}<2f\left(\frac{7}{2}\right)$이므로 $g\left(\frac{7}{2}\right)=\frac{1}{2}$이다. $\lim_{x \to 8+} g(x)=\alpha$, $\lim_{x \to 8-} g(x)=\beta$라 할 때, $\frac{\alpha}{\beta}$의 값을 구하시오.

13
[2020학년도 3월 **교육청** 가형 20번]

그림과 같이 좌표평면 위의 네 점 $\mathrm{O}(0, 0)$, $\mathrm{A}(0, 2)$, $\mathrm{B}(-2, 2)$, $\mathrm{C}(-2, 0)$과 점 $\mathrm{P}(t, 0)$ $(t>0)$에 대하여 직선 l이 정사각형 OABC의 넓이와 직각삼각형 AOP의 넓이를 각각 이등분한다. 양의 실수 t에 대하여 직선 l의 y절편을 $f(t)$라 할 때, $\lim_{t \to 0+} f(t)$의 값은?

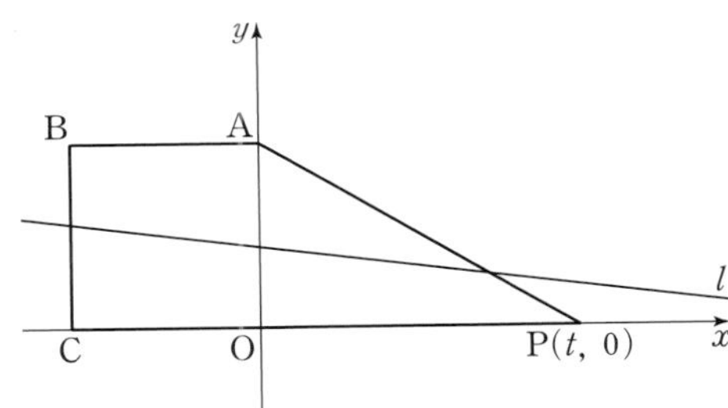

① $\frac{2-\sqrt{2}}{2}$　② $2-\sqrt{2}$　③ $\frac{2+\sqrt{2}}{4}$
④ 1　⑤ $\frac{2+\sqrt{2}}{3}$

해설편 p. 119

14

[2020학년도 3월 교육청 나형 26번]

최고차항의 계수가 1이고 두 점 $A(-2, 0)$, $P(t, t+2)$를 지나는 이차함수 $f(x)$가 있다. 함수 $y=f(x)$의 그래프가 y축과 만나는 점을 Q라 할 때, $\lim_{t\to\infty}(\sqrt{2}\times\overline{AP}-\overline{AQ})$의 값을 구하시오. (단, $t\neq-2$)

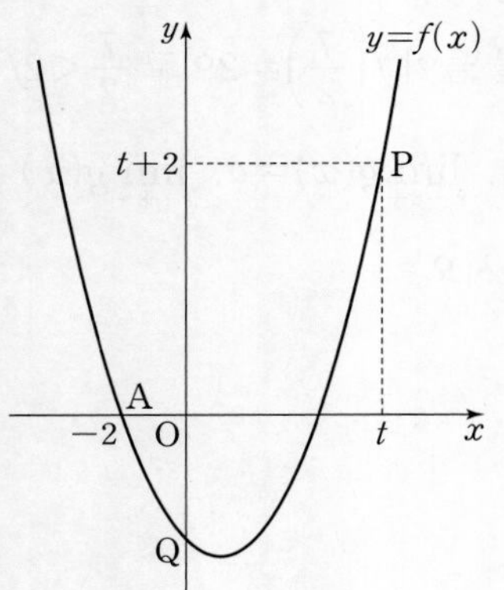

15

[2017학년도 4월 교육청 나형 21번]

그림과 같이 곡선 $y=x^2$ 위의 점 $P(t, t^2)$ $(t>0)$에 대하여 x축 위의 점 Q, y축 위의 점 R가 다음 조건을 만족시킨다.

> (가) 삼각형 POQ는 $\overline{PO}=\overline{PQ}$인 이등변삼각형이다.
> (나) 삼각형 PRO는 $\overline{RO}=\overline{RP}$인 이등변삼각형이다.

삼각형 POQ와 삼각형 PRO의 넓이를 각각 $S(t)$, $T(t)$라 할 때, $\lim_{t\to0+}\frac{T(t)-S(t)}{t}$의 값은? (단, O는 원점이다.)

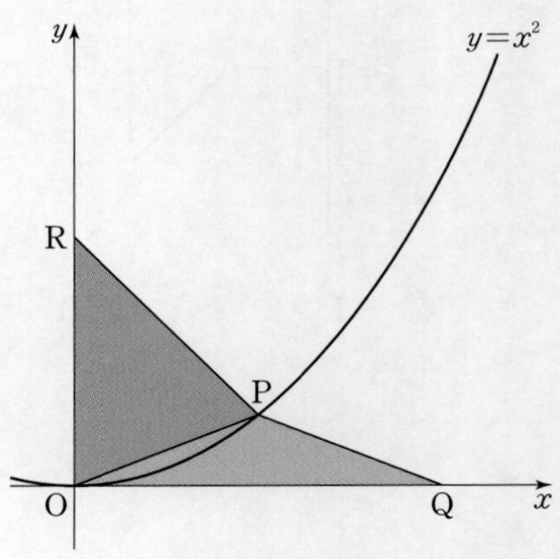

① $\frac{1}{8}$ ② $\frac{1}{4}$ ③ $\frac{3}{8}$
④ $\frac{1}{2}$ ⑤ $\frac{5}{8}$

B 함수의 연속

16

[2025학년도 6월 **평가원** 9번]

함수

$$f(x)=\begin{cases} x-\frac{1}{2} & (x<0) \\ -x^2+3 & (x\geq 0) \end{cases}$$

에 대하여 함수 $(f(x)+a)^2$이 실수 전체의 집합에서 연속일 때, 상수 a의 값은?

① $-\frac{9}{4}$　② $-\frac{7}{4}$　③ $-\frac{5}{4}$
④ $-\frac{3}{4}$　⑤ $-\frac{1}{4}$

17

[2024학년도 9월 **평가원** 15번]

최고차항의 계수가 1인 삼차함수 $f(x)$에 대하여 함수 $g(x)$를

$$g(x)=\begin{cases} \frac{f(x+3)\{f(x)+1\}}{f(x)} & (f(x)\neq 0) \\ 3 & (f(x)=0) \end{cases}$$

이라 하자. $\lim_{x\to 3} g(x)=g(3)-1$일 때, $g(5)$의 값은?

① 14　② 16　③ 18
④ 20　⑤ 22

18

[2022학년도 **수능** 12번]

실수 전체의 집합에서 연속인 함수 $f(x)$가 모든 실수 x에 대하여

$$\{f(x)\}^3-\{f(x)\}^2-x^2f(x)+x^2=0$$

을 만족시킨다. 함수 $f(x)$의 최댓값이 1이고 최솟값이 0일 때, $f\left(-\frac{4}{3}\right)+f(0)+f\left(\frac{1}{2}\right)$의 값은?

① $\frac{1}{2}$　② 1　③ $\frac{3}{2}$
④ 2　⑤ $\frac{5}{2}$

해설편 p. 123

19

[2021학년도 **수능** 나형 26번]

함수

$$f(x)=\begin{cases} -3x+a & (x\le1) \\ \dfrac{x+b}{\sqrt{x+3}-2} & (x>1) \end{cases}$$

이 실수 전체의 집합에서 연속일 때, $a+b$의 값을 구하시오.

(단, a와 b는 상수이다.)

20

[2020학년도 6월 **평가원** 나형 15번]

두 함수

$$f(x)=\begin{cases} -2x+3 & (x<0) \\ -2x+2 & (x\ge0) \end{cases},\quad g(x)=\begin{cases} 2x & (x<a) \\ 2x-1 & (x\ge a) \end{cases}$$

가 있다. 함수 $f(x)g(x)$가 실수 전체의 집합에서 연속이 되도록 하는 상수 a의 값은?

① -2　② -1　③ 0　④ 1　⑤ 2

21

[2018학년도 9월 **평가원** 나형 21번]

실수 a, b, c와 두 함수

$$f(x)=\begin{cases} x+a & (x<-1) \\ bx & (-1\le x<1) \\ x+c & (x\ge1) \end{cases},$$

$$g(x)=|x+1|-|x-1|-x$$

에 대하여 합성함수 $g\circ f$는 실수 전체의 집합에서 정의된 역함수를 갖는다. $a+b+2c$의 값은?

① 2　② 1　③ 0　④ -1　⑤ -2

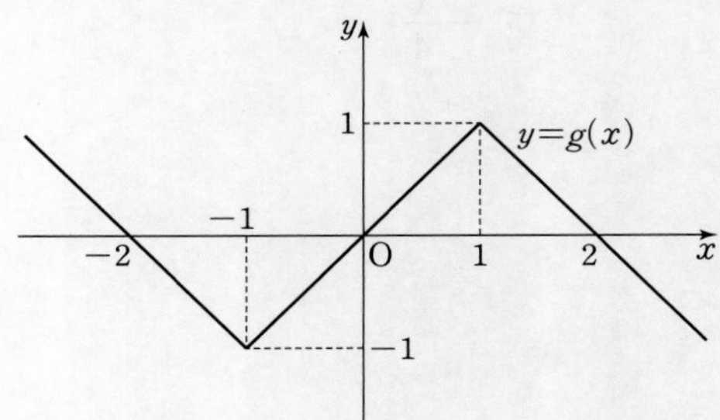

22

[2018학년도 9월 **평가원** 나형 17번]

실수 전체의 집합에서 정의된 두 함수 $f(x)$와 $g(x)$에 대하여

$x<0$일 때, $f(x)+g(x)=x^2+4$

$x>0$일 때, $f(x)-g(x)=x^2+2x+8$

이다. 함수 $f(x)$가 $x=0$에서 연속이고

$\lim_{x\to 0-}g(x)-\lim_{x\to 0+}g(x)=6$일 때, $f(0)$의 값은?

① -3　② -1　③ 0

④ 1　⑤ 3

23

[2019학년도 6월 **평가원** 나형 28번]

이차함수 $f(x)$가 다음 조건을 만족시킨다.

> (가) 함수 $\dfrac{x}{f(x)}$는 $x=1$, $x=2$에서 불연속이다.
>
> (나) $\lim_{x\to 2}\dfrac{f(x)}{x-2}=4$

$f(4)$의 값을 구하시오.

24

[2017학년도 **수능** 나형 14번]

두 함수

$$f(x)=\begin{cases} x^2-4x+6 & (x<2) \\ 1 & (x\ge 2)\end{cases},\quad g(x)=ax+1$$

에 대하여 함수 $\dfrac{g(x)}{f(x)}$가 실수 전체의 집합에서 연속일 때, 상수 a의 값은?

① $-\dfrac{5}{4}$　② -1　③ $-\dfrac{3}{4}$

④ $-\dfrac{1}{2}$　⑤ $-\dfrac{1}{4}$

25

[2016학년도 **수능** A형 27번]

두 함수

$$f(x)=\begin{cases} x+3 & (x\le a) \\ x^2-x & (x>a)\end{cases},\quad g(x)=x-(2a+7)$$

에 대하여 함수 $f(x)g(x)$가 실수 전체의 집합에서 연속이 되도록 하는 모든 실수 a의 값의 곱을 구하시오.

수학 II

Ⅰ. 함수의 극한과 연속

해설편 p. 126

26

[2016학년도 6월 **평가원** A형 29번]

실수 t에 대하여 직선 $y=t$가 곡선 $y=|x^2-2x|$와 만나는 점의 개수를 $f(t)$라 하자. 최고차항의 계수가 1인 이차함수 $g(t)$에 대하여 함수 $f(t)g(t)$가 모든 실수 t에서 연속일 때, $f(3)+g(3)$의 값을 구하시오.

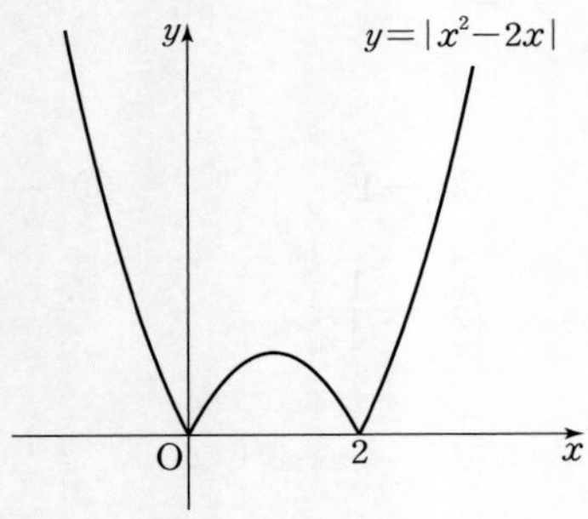

27

[2014학년도 **수능** A형 28번]

함수

$$f(x)=\begin{cases} x+1 & (x\le 0) \\ -\frac{1}{2}x+7 & (x>0) \end{cases}$$

에 대하여 함수 $f(x)f(x-a)$가 $x=a$에서 연속이 되도록 하는 모든 실수 a의 값의 합을 구하시오.

28

[2013학년도 **수능** 가형 15번]

실수 전체의 집합에서 정의된 함수 $y=f(x)$의 그래프는 그림과 같고, 삼차함수 $g(x)$는 최고차항의 계수가 1이고, $g(0)=3$이다. 합성함수 $(g\circ f)(x)$가 실수 전체의 집합에서 연속일 때, $g(3)$의 값은?

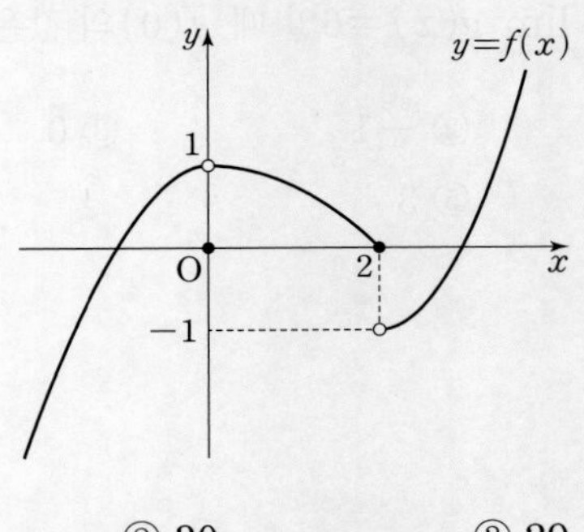

① 31 ② 30 ③ 29 ④ 28 ⑤ 27

29

[2012학년도 9월 **평가원** 나형 20번]

함수 $f(x)=x^2-x+a$에 대하여 함수 $g(x)$를

$$g(x)=\begin{cases} f(x+1) & (x\le 0) \\ f(x-1) & (x>0) \end{cases}$$

이라 하자. 함수 $y=\{g(x)\}^2$이 $x=0$에서 연속일 때, 상수 a의 값은?

① -2 ② -1 ③ 0
④ 1 ⑤ 2

30

[2009학년도 6월 **평가원** 가형 11번]

함수 $f(x)$는 구간 $(-1, 1]$에서

$$f(x)=(x-1)(2x-1)(x+1)$$

이고, 모든 실수 x에 대하여

$$f(x)=f(x+2)$$

이다. $a>1$에 대하여 함수 $g(x)$가

$$g(x)=\begin{cases} x & (x\ne 1) \\ a & (x=1) \end{cases}$$

일 때, 합성함수 $(f\circ g)(x)$가 $x=1$에서 연속이다. a의 최솟값은?

① 2 ② $\frac{5}{2}$ ③ 3
④ $\frac{7}{2}$ ⑤ 4

B 함수의 연속 – 진위 판정

31

[2019학년도 9월 **평가원** 나형 18번]

닫힌구간 $[-1, 1]$에서 정의된 함수 $y=f(x)$의 그래프가 그림과 같다.

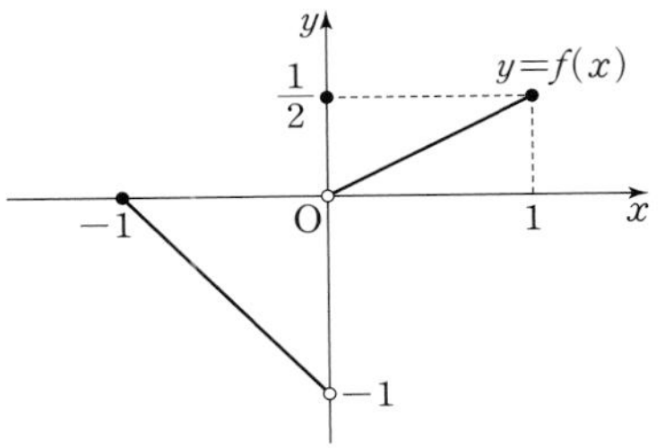

닫힌구간 $[-1, 1]$에서 두 함수 $g(x)$, $h(x)$가

$$g(x)=f(x)+|f(x)|,\quad h(x)=f(x)+f(-x)$$

일 때, **보기**에서 옳은 것만을 있는 대로 고른 것은?

보기

ㄱ. $\lim_{x\to 0} g(x)=0$
ㄴ. 함수 $|h(x)|$는 $x=0$에서 연속이다.
ㄷ. 함수 $g(x)|h(x)|$는 $x=0$에서 연속이다.

① ㄱ ② ㄷ ③ ㄱ, ㄴ
④ ㄴ, ㄷ ⑤ ㄱ, ㄴ, ㄷ

수학 II

I. 함수의 극한과 연속

해설편 p. 130

32

[2015학년도 6월 **평가원** B형 18번]

닫힌구간 $[-1, 4]$에서 정의된 함수 $y=f(x)$의 그래프가 그림과 같다.

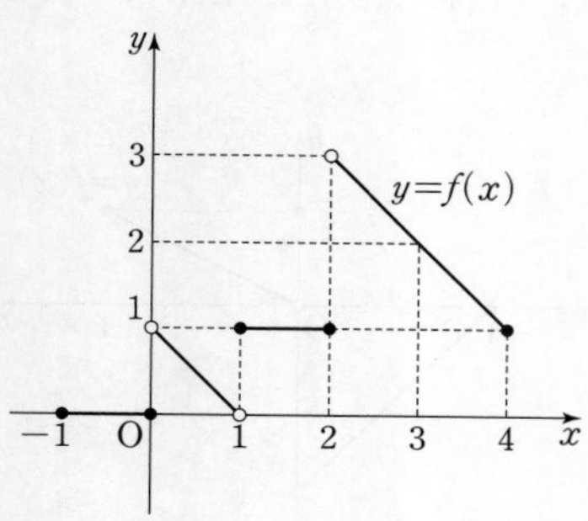

보기에서 옳은 것만을 있는 대로 고른 것은?

보기

ㄱ. $\lim_{x\to 1-} f(x) < \lim_{x\to 1+} f(x)$

ㄴ. $\lim_{t\to\infty} f\left(\frac{1}{t}\right)=1$

ㄷ. 함수 $f(f(x))$는 $x=3$에서 연속이다.

① ㄱ ② ㄷ ③ ㄱ, ㄴ
④ ㄴ, ㄷ ⑤ ㄱ, ㄴ, ㄷ

33

[2013학년도 **수능** 나형 20번]

두 함수

$$f(x)=\begin{cases} -1 & (|x|\ge 1) \\ 1 & (|x|<1) \end{cases},\quad g(x)=\begin{cases} 1 & (|x|\ge 1) \\ -x & (|x|<1) \end{cases}$$

에 대하여 **보기**에서 옳은 것만을 있는 대로 고른 것은?

보기

ㄱ. $\lim_{x\to 1} f(x)g(x)=-1$

ㄴ. 함수 $g(x+1)$은 $x=0$에서 연속이다.

ㄷ. 함수 $f(x)g(x+1)$은 $x=-1$에서 연속이다.

① ㄱ ② ㄴ ③ ㄱ, ㄴ
④ ㄱ, ㄷ ⑤ ㄱ, ㄴ, ㄷ

34

[2013학년도 6월 **평가원** 나형 19번]

함수

$$f(x)=\begin{cases} x & (|x|\ge 1) \\ -x & (|x|<1) \end{cases}$$

에 대하여 **보기**에서 옳은 것만을 있는 대로 고른 것은?

보기

ㄱ. 함수 $f(x)$가 불연속인 점은 2개이다.

ㄴ. 함수 $(x-1)f(x)$는 $x=1$에서 연속이다.

ㄷ. 함수 $\{f(x)\}^2$은 실수 전체의 집합에서 연속이다.

① ㄱ ② ㄴ ③ ㄱ, ㄴ
④ ㄱ, ㄷ ⑤ ㄱ, ㄴ, ㄷ

35

[2012학년도 **수능** 나형 18번]

함수 $y=f(x)$의 그래프가 그림과 같을 때, **보기**에서 옳은 것만을 있는 대로 고른 것은?

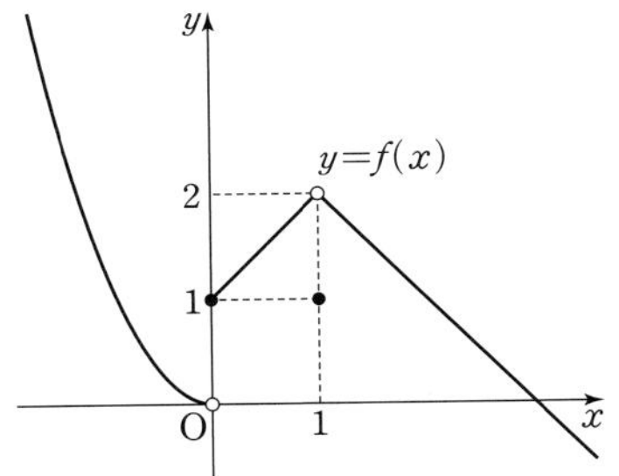

보기

ㄱ. $\lim_{x \to 0+} f(x)=1$

ㄴ. $\lim_{x \to 1} f(x)=f(1)$

ㄷ. 함수 $(x-1)f(x)$는 $x=1$에서 연속이다.

① ㄱ　② ㄱ, ㄴ　③ ㄱ, ㄷ　④ ㄴ, ㄷ　⑤ ㄱ, ㄴ, ㄷ

36

[2011학년도 6월 **평가원** 가형 11번]

함수 $f(x)$가

$$f(x)=\begin{cases} x^2 & (x\neq 1) \\ 2 & (x=1) \end{cases}$$

일 때, **보기**에서 옳은 것만을 있는 대로 고른 것은?

보기

ㄱ. $\lim_{x \to 1-} f(x)=\lim_{x \to 1+} f(x)$

ㄴ. 함수 $g(x)=f(x-a)$가 실수 전체의 집합에서 연속이 되도록 하는 실수 a가 존재한다.

ㄷ. 함수 $h(x)=(x-1)f(x)$는 실수 전체의 집합에서 연속이다.

① ㄱ　② ㄴ　③ ㄱ, ㄷ　④ ㄴ, ㄷ　⑤ ㄱ, ㄴ, ㄷ

해설편 p. 134

37

[2009학년도 6월 **평가원** 가형 10번]

서로 다른 두 다항함수 $f(x)$, $g(x)$에 대하여 함수

$$y=\begin{cases} f(x) & (x<a) \\ g(x) & (x\geq a) \end{cases}$$

가 모든 실수에서 연속이 되도록 하는 상수 a의 개수를 $N(f, g)$라 하자. **보기**에서 옳은 것만을 있는 대로 고른 것은?

보기

ㄱ. $f(x)=x^2$, $g(x)=x+1$이면 $N(f, g)=2$이다.

ㄴ. $N(f, g)=N(g, f)$

ㄷ. $h(x)=x^3$이면 $N(f, g)=N(h\circ f, h\circ g)$이다.

① ㄱ　② ㄱ, ㄴ　③ ㄴ, ㄷ　④ ㄱ, ㄷ　⑤ ㄱ, ㄴ, ㄷ

38

[2008학년도 **수능** 가형 8번]

열린구간 $(-2, 2)$에서 정의된 함수 $y=f(x)$의 그래프가 그림과 같다.

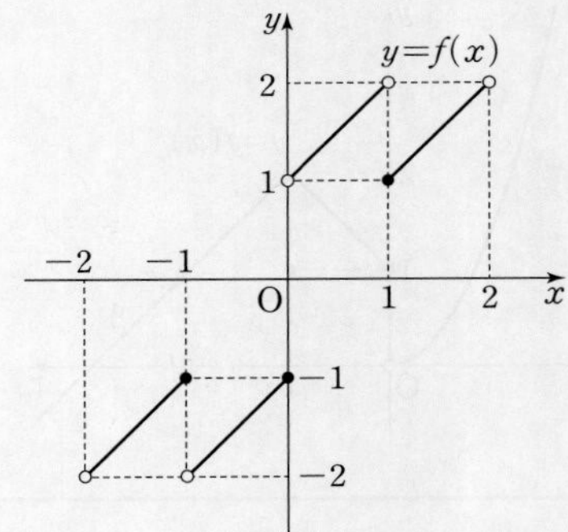

열린구간 $(-2, 2)$에서 함수 $g(x)$를

$$g(x)=f(x)+f(-x)$$

로 정의할 때, **보기**에서 옳은 것만을 있는 대로 고른 것은?

보기

ㄱ. $\lim_{x\to 0} f(x)$가 존재한다.

ㄴ. $\lim_{x\to 0} g(x)$가 존재한다.

ㄷ. 함수 $g(x)$는 $x=1$에서 연속이다.

① ㄴ　② ㄷ　③ ㄱ, ㄴ　④ ㄱ, ㄷ　⑤ ㄴ, ㄷ

1등급 완성

4점 기출 » 도전하기

39

[2023학년도 9월 **평가원** 22번]

최고차항의 계수가 1이고 $x=3$에서 극댓값 8을 갖는 삼차함수 $f(x)$가 있다. 실수 t에 대하여 함수 $g(x)$를

$$g(x)=\begin{cases} f(x) & (x\geq t) \\ -f(x)+2f(t) & (x<t) \end{cases}$$

라 할 때, 방정식 $g(x)=0$의 서로 다른 실근의 개수를 $h(t)$라 하자. 함수 $h(t)$가 $t=a$에서 불연속인 a의 값이 두 개일 때, $f(8)$의 값을 구하시오.

40

[2023학년도 6월 **평가원** 22번]

두 양수 a, $b(b>3)$과 최고차항의 계수가 1인 이차함수 $f(x)$에 대하여 함수

$$g(x)=\begin{cases} (x+3)f(x) & (x<0) \\ (x+a)f(x-b) & (x\geq 0) \end{cases}$$

이 실수 전체의 집합에서 연속이고 다음 조건을 만족시킬 때, $g(4)$의 값을 구하시오.

> $\lim_{x\to -3}\dfrac{\sqrt{|g(x)|+\{g(t)\}^2}-|g(t)|}{(x+3)^2}$의 값이 존재하지 않는 실수 t의 값은 -3과 6뿐이다.

해설편 p. 137

41

[2019학년도 **수능** 나형 21번]

최고차항의 계수가 1인 삼차함수 $f(x)$에 대하여 실수 전체의 집합에서 연속인 함수 $g(x)$가 다음 조건을 만족시킨다.

> (가) 모든 실수 x에 대하여 $f(x)g(x)=x(x+3)$이다.
> (나) $g(0)=1$

$f(1)$이 자연수일 때, $g(2)$의 최솟값은?

① $\frac{5}{13}$ ② $\frac{5}{14}$ ③ $\frac{1}{3}$
④ $\frac{5}{16}$ ⑤ $\frac{5}{17}$

42

[2019학년도 6월 **평가원** 나형 29번]

함수

$$f(x)=\begin{cases} ax+b & (x<1) \\ cx^2+\frac{5}{2}x & (x\geq 1) \end{cases}$$

이 실수 전체의 집합에서 연속이고 역함수를 갖는다. 함수 $y=f(x)$의 그래프와 역함수 $y=f^{-1}(x)$의 그래프의 교점의 개수가 3이고, 그 교점의 x좌표가 각각 -1, 1, 2일 때, $2a+4b-10c$의 값을 구하시오. (단, a, b, c는 상수이다.)

해설편 p. 141

Ⅱ 다항함수의 미분법

4점 기출 » 집중하기

C 미분계수와 도함수

01

[2025학년도 9월 **평가원** 21번]

최고차항의 계수가 1인 삼차함수 $f(x)$가 모든 정수 k에 대하여

$$2k-8 \leq \frac{f(k+2)-f(k)}{2} \leq 4k^2+14k$$

를 만족시킬 때, $f'(3)$의 값을 구하시오.

02

[2021학년도 **수능** 나형 17번]

두 다항함수 $f(x)$, $g(x)$가

$$\lim_{x\to 0}\frac{f(x)+g(x)}{x}=3,\quad \lim_{x\to 0}\frac{f(x)+3}{xg(x)}=2$$

를 만족시킨다. 함수 $h(x)=f(x)g(x)$에 대하여 $h'(0)$의 값은?

① 27　② 30　③ 33　④ 36　⑤ 39

03

[2021학년도 6월 **평가원** 나형 26번]

함수 $f(x)=x^3-3x^2+5x$에서 x의 값이 0에서 a까지 변할 때의 평균변화율이 $f'(2)$의 값과 같게 되도록 하는 양수 a의 값을 구하시오.

해설편 p. 143

04

[2019학년도 6월 **평가원** 나형 17번]

함수 $f(x)=ax^2+b$가 모든 실수 x에 대하여

$$4f(x)=\{f'(x)\}^2+x^2+4$$

를 만족시킨다. $f(2)$의 값은? (단, a, b는 상수이다.)

① 3 ② 4 ③ 5
④ 6 ⑤ 7

05

[2018학년도 **수능** 나형 18번]

최고차항의 계수가 1이고 $f(1)=0$인 삼차함수 $f(x)$가

$$\lim_{x\to 2}\frac{f(x)}{(x-2)\{f'(x)\}^2}=\frac{1}{4}$$

을 만족시킬 때, $f(3)$의 값은?

① 4 ② 6 ③ 8
④ 10 ⑤ 12

06

[2015학년도 9월 **평가원** A형 21번]

최고차항의 계수가 1인 다항함수 $f(x)$가 다음 조건을 만족시킬 때, $f(3)$의 값은?

> (가) $f(0)=-3$
> (나) 모든 양의 실수 x에 대하여 $6x-6\le f(x)\le 2x^3-2$이다.

① 36 ② 38 ③ 40
④ 42 ⑤ 44

07

[2014학년도 6월 **평가원** A형 26번]

다항함수 $f(x)$에 대하여 곡선 $y=f(x)$ 위의 점 $(2, 1)$에서의 접선의 기울기가 2이다. $g(x)=x^3f(x)$일 때, $g'(2)$의 값을 구하시오.

08

[2020학년도 **수능** 나형 20번]

함수

$$f(x)=\begin{cases}-x & (x\le 0)\\ x-1 & (0<x\le 2)\\ 2x-3 & (x>2)\end{cases}$$

와 상수가 아닌 다항식 $p(x)$에 대하여 **보기**에서 옳은 것만을 있는 대로 고른 것은?

보기

ㄱ. 함수 $p(x)f(x)$가 실수 전체의 집합에서 연속이면 $p(0)=0$이다.

ㄴ. 함수 $p(x)f(x)$가 실수 전체의 집합에서 미분가능하면 $p(2)=0$이다.

ㄷ. 함수 $p(x)\{f(x)\}^2$이 실수 전체의 집합에서 미분가능하면 $p(x)$는 $x^2(x-2)^2$으로 나누어떨어진다.

① ㄱ ② ㄱ, ㄴ ③ ㄱ, ㄷ
④ ㄴ, ㄷ ⑤ ㄱ, ㄴ, ㄷ

09

[2018학년도 **수능** 나형 29번]

두 실수 a와 k에 대하여 두 함수 $f(x)$와 $g(x)$는

$$f(x)=\begin{cases}0 & (x\le a)\\ (x-1)^2(2x+1) & (x>a)\end{cases},$$

$$g(x)=\begin{cases}0 & (x\le k)\\ 12(x-k) & (x>k)\end{cases}$$

이고, 다음 조건을 만족시킨다.

(가) 함수 $f(x)$는 실수 전체의 집합에서 미분가능하다.
(나) 모든 실수 x에 대하여 $f(x)\ge g(x)$이다.

k의 최솟값이 $\dfrac{q}{p}$일 때, $a+p+q$의 값을 구하시오.

(단, p와 q는 서로소인 자연수이다.)

해설편 p. 144

10

[2018학년도 6월 **평가원** 나형 16번]

함수

$$f(x)=\begin{cases} x^2+ax+b & (x\le -2) \\ 2x & (x>-2) \end{cases}$$

가 실수 전체의 집합에서 미분가능할 때, $a+b$의 값은?

(단, a와 b는 상수이다.)

① 6 ② 7 ③ 8 ④ 9 ⑤ 10

11

[2017학년도 6월 **평가원** 나형 29번]

함수 $f(x)$는

$$f(x)=\begin{cases} x+1 & (x<1) \\ -2x+4 & (x\ge 1) \end{cases}$$

이고, 좌표평면 위에 두 점 $\mathrm{A}(-1, -1)$, $\mathrm{B}(1, 2)$가 있다. 실수 x에 대하여 점 $(x, f(x))$에서 점 A까지의 거리의 제곱과 점 B까지의 거리의 제곱 중 크지 않은 값을 $g(x)$라 하자. 함수 $g(x)$가 $x=a$에서 미분가능하지 않은 모든 a의 값의 합이 p일 때, $80p$의 값을 구하시오.

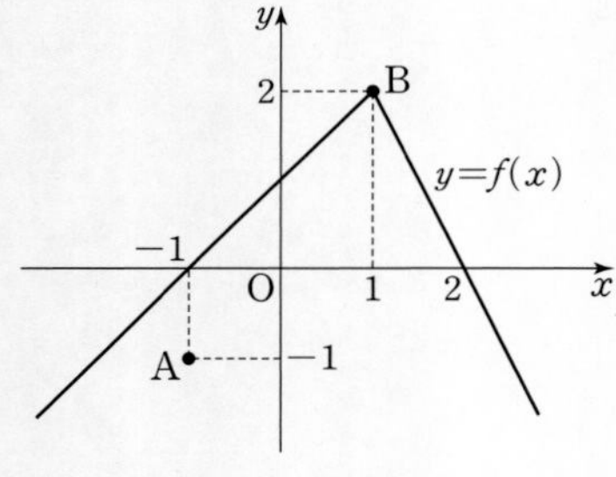

12

[2014학년도 **예비시행** A형 21번]

좌표평면 위에 그림과 같이 어두운 부분을 내부로 하는 도형이 있다. 이 도형과 네 점 $(0, 0)$, $(t, 0)$, (t, t), $(0, t)$를 꼭짓점으로 하는 정사각형이 겹치는 부분의 넓이를 $f(t)$라 하자.

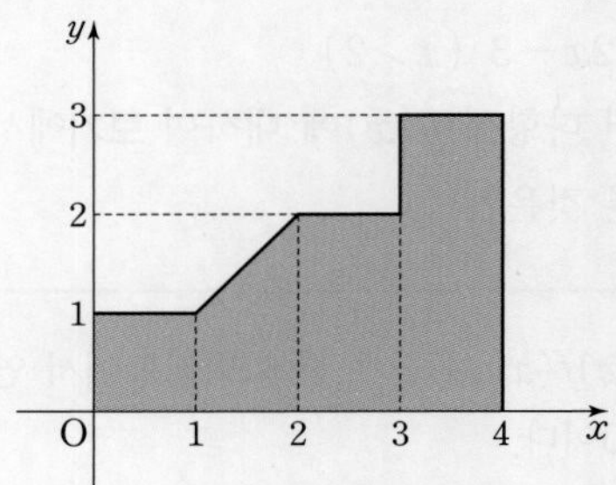

열린구간 $(0, 4)$에서 함수 $f(t)$가 미분가능하지 않은 모든 t의 값의 합은?

① 2 ② 3 ③ 4 ④ 5 ⑤ 6

13

[2014학년도 **예비시행** B형 18번]

$x>0$에서 함수 $f(x)$가 미분가능하고 $2x\le f(x)\le 3x$이다. $f(1)=2$이고 $f(2)=6$일 때, $f'(1)+f'(2)$의 값은?

① 8 ② 7 ③ 6 ④ 5 ⑤ 4

14

[2013학년도 **수능** 나형 18번]

함수

$$f(x)=\begin{cases} x^3+ax & (x<1) \\ bx^2+x+1 & (x\geq1) \end{cases}$$

이 $x=1$에서 미분가능할 때, $a+b$의 값은?

(단, a, b는 상수이다.)

① 5 ② 6 ③ 7 ④ 8 ⑤ 9

15

[2013학년도 6월 **평가원** 가형 21번]

함수 $f(x)=x^3-3x^2-9x-1$과 실수 m에 대하여 함수 $g(x)$를

$$g(x)=\begin{cases} f(x) & (f(x)\geq mx) \\ mx & (f(x)<mx) \end{cases}$$

라 하자. $g(x)$가 실수 전체의 집합에서 미분가능할 때, m의 값은?

① -14 ② -12 ③ -10 ④ -8 ⑤ -6

16

[2013학년도 6월 **평가원** 가형 16번]

양의 실수 전체의 집합에서 증가하는 함수 $f(x)$가 $x=1$에서 미분가능하다. 1보다 큰 모든 실수 a에 대하여 점 $(1, f(1))$과 점 $(a, f(a))$ 사이의 거리가 a^2-1일 때, $f'(1)$의 값은?

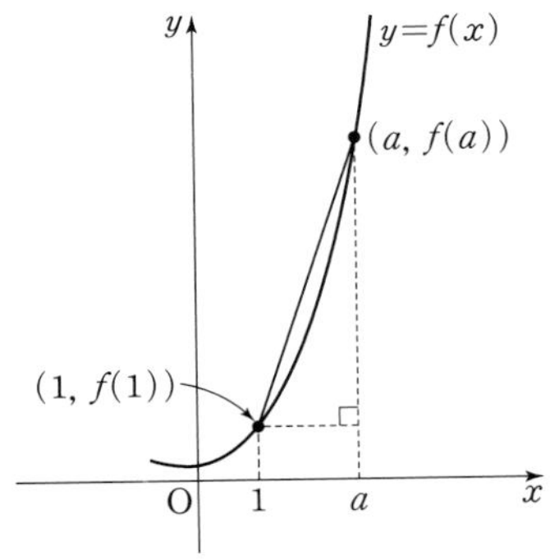

① 1 ② $\frac{\sqrt{5}}{2}$ ③ $\frac{\sqrt{6}}{2}$ ④ $\sqrt{2}$ ⑤ $\sqrt{3}$

수학 II
II. 다항함수의 미분법

해설편 p. 148

D 도함수의 활용 – 접선의 방정식

17

[2025학년도 6월 **평가원** 11번]

최고차항의 계수가 1이고 $f(0)=0$인 삼차함수 $f(x)$가

$$\lim_{x\to a}\frac{f(x)-1}{x-a}=3$$

을 만족시킨다. 곡선 $y=f(x)$ 위의 점 $(a, f(a))$에서의 접선의 y절편이 4일 때, $f(1)$의 값은? (단, a는 상수이다.)

① -1　② -2　③ -3
④ -4　⑤ -5

18

[2024학년도 **수능** 20번]

$a>\sqrt{2}$인 실수 a에 대하여 함수 $f(x)$를

$$f(x)=-x^3+ax^2+2x$$

라 하자. 곡선 $y=f(x)$ 위의 점 $\mathrm{O}(0, 0)$에서의 접선이 곡선 $y=f(x)$와 만나는 점 중 O가 아닌 점을 A라 하고, 곡선 $y=f(x)$ 위의 점 A에서의 접선이 x축과 만나는 점을 B라 하자. 점 A가 선분 OB를 지름으로 하는 원 위의 점일 때, $\overline{\mathrm{OA}}\times\overline{\mathrm{AB}}$의 값을 구하시오.

19

[2024학년도 9월 **평가원** 10번]

최고차항의 계수가 1인 삼차함수 $f(x)$에 대하여 곡선 $y=f(x)$ 위의 점 $(-2, f(-2))$에서의 접선과 곡선 $y=f(x)$ 위의 점 $(2, 3)$에서의 접선이 점 $(1, 3)$에서 만날 때, $f(0)$의 값은?

① 31　② 33　③ 35
④ 37　⑤ 39

20

[2024학년도 6월 **평가원** 11번]

그림과 같이 실수 $t(0<t<1)$에 대하여 곡선 $y=x^2$ 위의 점 중에서 직선 $y=2tx-1$과의 거리가 최소인 점을 P라 하고, 직선 OP가 직선 $y=2tx-1$과 만나는 점을 Q라 할 때, $\lim_{t \to 1-} \frac{\overline{PQ}}{1-t}$의 값은? (단, O는 원점이다.)

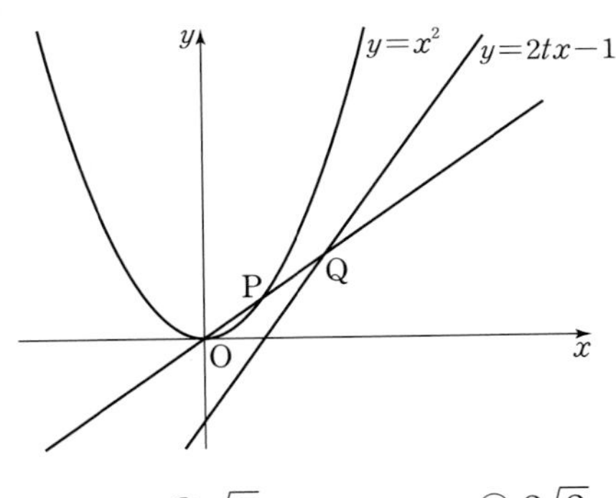

① $\sqrt{6}$ ② $\sqrt{7}$ ③ $2\sqrt{2}$
④ 3 ⑤ $\sqrt{10}$

21

[2022학년도 **수능** 10번]

삼차함수 $f(x)$에 대하여 곡선 $y=f(x)$ 위의 점 $(0, 0)$에서의 접선과 곡선 $y=xf(x)$ 위의 점 $(1, 2)$에서의 접선이 일치할 때, $f'(2)$의 값은?

① -18 ② -17 ③ -16
④ -15 ⑤ -14

22

[2022학년도 **예시문항** 9번]

원점을 지나고 곡선 $y=-x^3-x^2+x$에 접하는 모든 직선의 기울기의 합은?

① 2 ② $\frac{9}{4}$ ③ $\frac{5}{2}$
④ $\frac{11}{4}$ ⑤ 3

수학 II
II. 다항함수의 미분법

해설편 p. 153

23

[2021학년도 9월 **평가원** 나형 18번]

최고차항의 계수가 a인 이차함수 $f(x)$가 모든 실수 x에 대하여

$$|f'(x)| \le 4x^2+5$$

를 만족시킨다. 함수 $y=f(x)$의 그래프의 대칭축이 직선 $x=1$일 때, 실수 a의 최댓값은?

① $\frac{3}{2}$　② 2　③ $\frac{5}{2}$　④ 3　⑤ $\frac{7}{2}$

24

[2020학년도 9월 **평가원** 나형 30번]

최고차항의 계수가 1인 사차함수 $f(x)$에 대하여 네 개의 수 $f(-1)$, $f(0)$, $f(1)$, $f(2)$가 이 순서대로 등차수열을 이루고, 곡선 $y=f(x)$ 위의 점 $(-1, f(-1))$에서의 접선과 점 $(2, f(2))$에서의 접선이 점 $(k, 0)$에서 만난다. $f(2k)=20$일 때, $f(4k)$의 값을 구하시오. (단, k는 상수이다.)

25

[2018학년도 6월 **평가원** 나형 20번]

함수

$$f(x)=\frac{1}{3}x^3-kx^2+1 \ (k>0\text{인 상수})$$

의 그래프 위의 서로 다른 두 점 A, B에서의 접선 l, m의 기울기가 모두 $3k^2$이다. 곡선 $y=f(x)$에 접하고 x축에 평행한 두 직선과 접선 l, m으로 둘러싸인 도형의 넓이가 24일 때, k의 값은?

① $\frac{1}{2}$　② 1　③ $\frac{3}{2}$　④ 2　⑤ $\frac{5}{2}$

26

[2017학년도 **수능** 나형 26번]

곡선 $y=x^3-ax+b$ 위의 점 $(1, 1)$에서의 접선과 수직인 직선의 기울기가 $-\frac{1}{2}$이다. 두 상수 a, b에 대하여 $a+b$의 값을 구하시오.

27

[2016학년도 **수능** A형 28번]

두 다항함수 $f(x)$, $g(x)$가 다음 조건을 만족시킨다.

> (가) $g(x)=x^3f(x)-7$
> (나) $\lim_{x \to 2} \frac{f(x)-g(x)}{x-2}=2$

곡선 $y=g(x)$ 위의 점 $(2, g(2))$에서의 접선의 방정식이 $y=ax+b$일 때, a^2+b^2의 값을 구하시오.

(단, a, b는 상수이다.)

28

[2015학년도 9월 **평가원** A형 27번]

곡선 $y=\frac{1}{3}x^3+\frac{11}{3}$ $(x>0)$ 위를 움직이는 점 P와 직선 $x-y-10=0$ 사이의 거리를 최소가 되게 하는 곡선 위의 점 P의 좌표를 (a, b)라 할 때, $a+b$의 값을 구하시오.

29

[2015학년도 **수능** A형 14번]

함수 $f(x)=x(x+1)(x-4)$에 대하여 다음 물음에 답하시오.

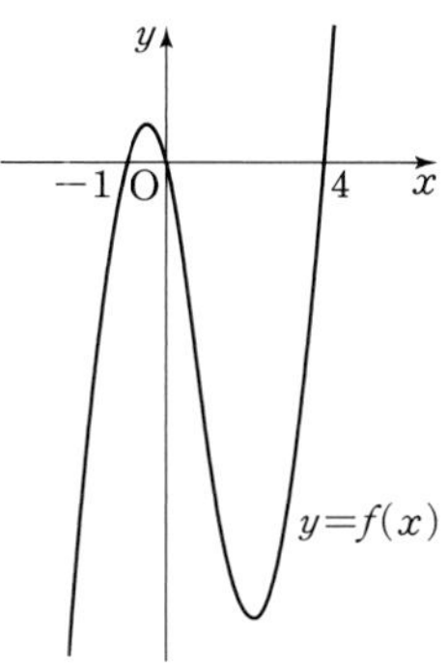

직선 $y=5x+k$와 함수 $y=f(x)$의 그래프가 서로 다른 두 점에서 만날 때, 양수 k의 값은?

① 5　② $\frac{11}{2}$　③ 6　④ $\frac{13}{2}$　⑤ 7

해설편 p. 156

30

[2015학년도 6월 **평가원** A형 27번]

곡선 $y=-x^3+2x$ 위의 점 $(1,\ 1)$에서의 접선이 점 $(-10,\ a)$를 지날 때, a의 값을 구하시오.

31

[2014학년도 9월 **평가원** A형 27번]

곡선 $y=x^3+2x+7$ 위의 점 $\mathrm{P}(-1,\ 4)$에서의 접선이 점 P가 아닌 점 $(a,\ b)$에서 곡선과 만난다. $a+b$의 값을 구하시오.

32

[2014학년도 **수능** A형 21번]

좌표평면에서 삼차함수 $f(x)=x^3+ax^2+bx$와 실수 t에 대하여 곡선 $y=f(x)$ 위의 점 $(t,\ f(t))$에서의 접선이 y축과 만나는 점을 P라 할 때, 원점에서 점 P까지의 거리를 $g(t)$라 하자. 함수 $f(x)$와 함수 $g(t)$는 다음 조건을 만족시킨다.

> (가) $f(1)=2$
> (나) 함수 $g(t)$는 실수 전체의 집합에서 미분가능하다.

$f(3)$의 값은? (단, a, b는 상수이다.)

① 21　② 24　③ 27　④ 30　⑤ 33

33

[2014학년도 6월 **평가원** A형 17번]

곡선 $y=x^3-3x^2+x+1$ 위의 서로 다른 두 점 A, B에서의 접선이 서로 평행하다. 점 A의 x좌표가 3일 때, 점 B에서의 접선의 y절편의 값은?

① 5　② 6　③ 7　④ 8　⑤ 9

34

[2013학년도 **수능** 나형 15번]

삼차함수 $f(x)=x^3+ax^2+9x+3$의 그래프 위의 점 $(1, f(1))$에서의 접선의 방정식이 $y=2x+b$이다. $a+b$의 값은? (단, a, b는 상수이다.)

① 1 ② 2 ③ 3
④ 4 ⑤ 5

35

[2014학년도 **예비시행** A형 30번]

그림과 같이 정사각형 ABCD의 두 꼭짓점 A, C는 y축 위에 있고, 두 꼭짓점 B, D는 x축 위에 있다. 변 AB와 변 CD가 각각 삼차함수 $y=x^3-5x$의 그래프에 접할 때, 정사각형 ABCD의 둘레의 길이를 구하시오.

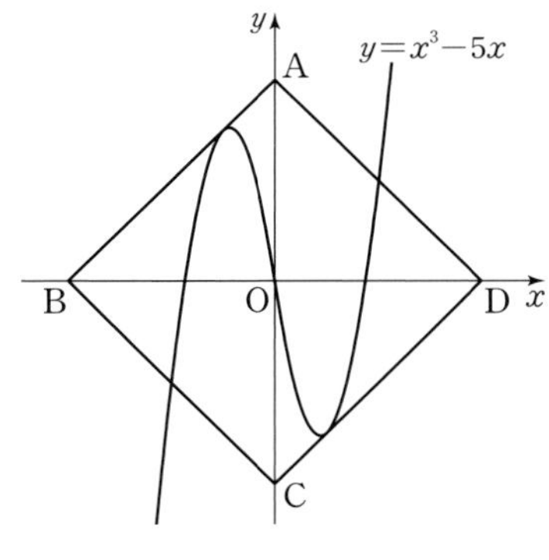

36

[2013학년도 9월 **평가원** 나형 19번]

닫힌구간 $[0, 2]$에서 정의된 함수

$$f(x)=ax(x-2)^2 \left(a>\frac{1}{2}\right)$$

에 대하여 곡선 $y=f(x)$와 직선 $y=x$의 교점 중 원점 O가 아닌 점을 A라 하자. 점 P가 원점으로부터 점 A까지 곡선 $y=f(x)$ 위를 움직일 때, 삼각형 OAP의 넓이가 최대가 되는 점 P의 x좌표가 $\frac{1}{2}$이다. 상수 a의 값은?

① $\frac{5}{4}$ ② $\frac{4}{3}$ ③ $\frac{17}{12}$
④ $\frac{3}{2}$ ⑤ $\frac{19}{12}$

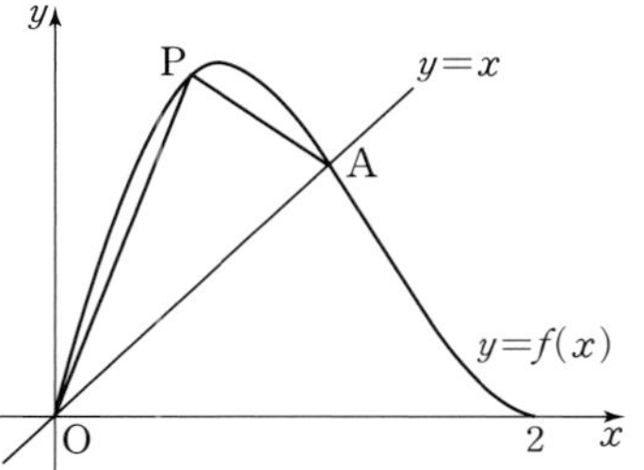

해설편 p. 160

37

[2013학년도 9월 **평가원** 나형 21번]

좌표평면에서 두 함수

$$f(x)=6x^3-x,\quad g(x)=|x-a|$$

의 그래프가 서로 다른 두 점에서 만나도록 하는 모든 실수 a의 값의 합은?

① $-\frac{11}{18}$ ② $-\frac{5}{9}$ ③ $-\frac{1}{2}$

④ $-\frac{4}{9}$ ⑤ $-\frac{7}{18}$

D 도함수의 활용 – 함수의 증가와 감소

38

[2024학년도 9월 **평가원** 13번]

두 실수 a, b에 대하여 함수

$$f(x)=\begin{cases} -\frac{1}{3}x^3-ax^2-bx & (x<0) \\ \frac{1}{3}x^3+ax^2-bx & (x\geq 0) \end{cases}$$

이 구간 $(-\infty, -1]$에서 감소하고 구간 $[-1, \infty)$에서 증가할 때, $a+b$의 최댓값을 M, 최솟값을 m이라 하자. $M-m$의 값은?

① $\frac{3}{2}+3\sqrt{2}$ ② $3+3\sqrt{2}$ ③ $\frac{9}{2}+3\sqrt{2}$

④ $6+3\sqrt{2}$ ⑤ $\frac{15}{2}+3\sqrt{2}$

39

[2016학년도 6월 **평가원** A형 27번]

함수 $f(x)=\frac{1}{3}x^3-9x+3$이 열린구간 $(-a,\ a)$에서 감소할 때, 양수 a의 최댓값을 구하시오.

40

[2014학년도 9월 **평가원** A형 21번]

사차함수 $f(x)$의 도함수 $f'(x)$가

$$f'(x)=(x+1)(x^2+ax+b)$$

이다. 함수 $y=f(x)$가 구간 $(-\infty,\ 0)$에서 감소하고 구간 $(2,\ \infty)$에서 증가하도록 하는 실수 a, b의 순서쌍 $(a,\ b)$에 대하여 a^2+b^2의 최댓값을 M, 최솟값을 m이라 하자. $M+m$의 값은?

① $\frac{21}{4}$ ② $\frac{43}{8}$ ③ $\frac{11}{2}$
④ $\frac{45}{8}$ ⑤ $\frac{23}{4}$

41

[2012학년도 9월 **평가원** 나형 18번]

함수 $f(x)=\frac{1}{3}x^3-ax^2+3ax$의 역함수가 존재하도록 하는 상수 a의 최댓값은?

① 3 ② 4 ③ 5
④ 6 ⑤ 7

42

[2012학년도 6월 **평가원** 나형 15번]

삼차함수 $f(x)=x^3+ax^2+2ax$가 구간 $(-\infty,\ \infty)$에서 증가하도록 하는 실수 a의 최댓값을 M이라 하고, 최솟값을 m이라 할 때, $M-m$의 값은?

① 3 ② 4 ③ 5
④ 6 ⑤ 7

해설편 p. 164

D 도함수의 활용 – 함수의 극대와 극소

43

[2020학년도 9월 **평가원** 나형 17번]

함수 $f(x)=x^3-3ax^2+3(a^2-1)x$의 극댓값이 4이고 $f(-2)>0$일 때, $f(-1)$의 값은? (단, a는 상수이다.)

① 1 ② 2 ③ 3
④ 4 ⑤ 5

44

[2018학년도 9월 **평가원** 나형 29번]

두 삼차함수 $f(x)$와 $g(x)$가 모든 실수 x에 대하여

$$f(x)g(x)=(x-1)^2(x-2)^2(x-3)^2$$

을 만족시킨다. $g(x)$의 최고차항의 계수가 3이고, $g(x)$가 $x=2$에서 극댓값을 가질 때, $f'(0)=\frac{q}{p}$이다. $p+q$의 값을 구하시오. (단, p와 q는 서로소인 자연수이다.)

45

[2017학년도 6월 **평가원** 나형 18번]

삼차함수 $y=f(x)$와 일차함수 $y=g(x)$의 그래프가 그림과 같고, $f'(b)=f'(d)=0$이다.

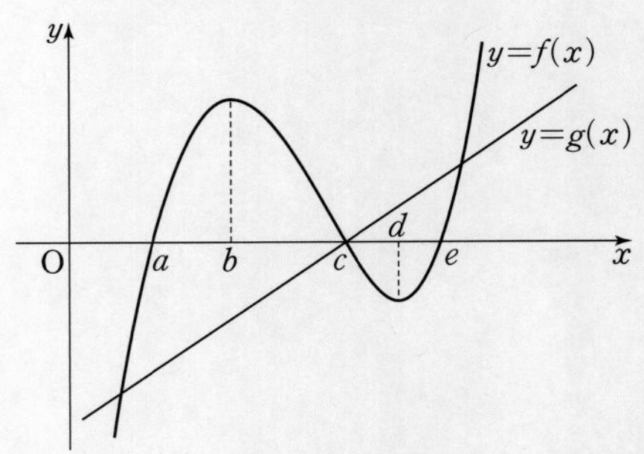

함수 $y=f(x)g(x)$는 $x=p$와 $x=q$에서 극소이다. 다음 중 옳은 것은? (단, $p<q$)

① $a<p<b$이고 $c<q<d$
② $a<p<b$이고 $d<q<e$
③ $b<p<c$이고 $c<q<d$
④ $b<p<c$이고 $d<q<e$
⑤ $c<p<d$이고 $d<q<e$

46

[2016학년도 6월 **평가원** A형 21번]

자연수 n에 대하여 최고차항의 계수가 1이고 다음 조건을 만족시키는 삼차함수 $f(x)$의 극댓값을 a_n이라 하자.

> (가) $f(n)=0$
> (나) 모든 실수 x에 대하여 $(x+n)f(x)\geq 0$이다.

a_n이 자연수가 되도록 하는 n의 최솟값은?

① 1　② 2　③ 3　④ 4　⑤ 5

47

[2015학년도 **수능** A형 29번]

두 다항함수 $f(x)$와 $g(x)$가 모든 실수 x에 대하여

$$g(x)=(x^3+2)f(x)$$

를 만족시킨다. $g(x)$가 $x=1$에서 극솟값 24를 가질 때, $f(1)-f'(1)$의 값을 구하시오.

48

[2015학년도 9월 **평가원** A형 17번]

함수 $f(x)=x^3-3x^2+a$의 모든 극값의 곱이 -4일 때, 상수 a의 값은?

① 2　② 4　③ 6　④ 8　⑤ 10

49

[2015학년도 6월 **평가원** A형 16번]

함수 $f(x)=x^3-9x^2+24x+a$의 극댓값이 10일 때, 상수 a의 값은?

① -12　② -10　③ -8　④ -6　⑤ -4

해설편 p. 167

50

[2014학년도 6월 **평가원** A형 21번]

함수

$$f(x)=\begin{cases} a(3x-x^3) & (x<0) \\ x^3-ax & (x\geq 0) \end{cases}$$

의 극댓값이 5일 때, $f(2)$의 값은? (단, a는 상수이다.)

① 5 ② 7 ③ 9 ④ 11 ⑤ 13

51

[2014학년도 6월 **평가원** B형 16번]

실수 t에 대하여 곡선 $y=x^3$ 위의 점 (t, t^3)과 직선 $y=x+6$ 사이의 거리를 $g(t)$라 하자. **보기**에서 옳은 것만을 있는 대로 고른 것은?

보기

ㄱ. 함수 $g(t)$는 실수 전체의 집합에서 연속이다.
ㄴ. 함수 $g(t)$는 0이 아닌 극솟값을 갖는다.
ㄷ. 함수 $g(t)$는 $t=2$에서 미분가능하다.

① ㄱ ② ㄷ ③ ㄱ, ㄴ ④ ㄴ, ㄷ ⑤ ㄱ, ㄴ, ㄷ

D 도함수의 활용 – 함수의 그래프

52

[2024학년도 **수능** 14번]

두 자연수 a, b에 대하여 함수 $f(x)$는

$$f(x)=\begin{cases} 2x^3-6x+1 & (x\leq 2) \\ a(x-2)(x-b)+9 & (x>2) \end{cases}$$

이다. 실수 t에 대하여 함수 $y=f(x)$의 그래프와 직선 $y=t$가 만나는 점의 개수를 $g(t)$라 하자.

$$g(k)+\lim_{t\to k-} g(t)+\lim_{t\to k+} g(t)=9$$

를 만족시키는 실수 k의 개수가 1이 되도록 하는 두 자연수 a, b의 순서쌍 (a, b)에 대하여 $a+b$의 최댓값은?

① 51 ② 52 ③ 53 ④ 54 ⑤ 55

53

[2022학년도 **수능** 22번]

최고차항의 계수가 $\frac{1}{2}$인 삼차함수 $f(x)$와 실수 t에 대하여 방정식 $f'(x)=0$이 닫힌구간 $[t, t+2]$에서 갖는 실근의 개수를 $g(t)$라 할 때, 함수 $g(t)$는 다음 조건을 만족시킨다.

> (가) 모든 실수 a에 대하여 $\lim_{t \to a+} g(t)+\lim_{t \to a-} g(t) \le 2$이다.
>
> (나) $g(f(1))=g(f(4))=2$, $g(f(0))=1$

$f(5)$의 값을 구하시오.

54

[2022학년도 6월 **평가원** 14번]

두 양수 p, q와 함수 $f(x)=x^3-3x^2-9x-12$에 대하여 실수 전체의 집합에서 연속인 함수 $g(x)$가 다음 조건을 만족시킬 때, $p+q$의 값은?

> (가) 모든 실수 x에 대하여 $xg(x)=|xf(x-p)+qx|$이다.
>
> (나) 함수 $g(x)$가 $x=a$에서 미분가능하지 않은 실수 a의 개수는 1이다.

① 6 ② 7 ③ 8 ④ 9 ⑤ 10

55

[2016학년도 9월 **평가원** A형 21번]

실수 t에 대하여 직선 $x=t$가 두 함수

$$y=x^4-4x^3+10x-30,\ y=2x+2$$

의 그래프와 만나는 점을 각각 A, B라 할 때, 점 A와 점 B 사이의 거리를 $f(t)$라 하자.

$$\lim_{h \to 0+} \frac{f(t+h)-f(t)}{h} \times \lim_{h \to 0-} \frac{f(t+h)-f(t)}{h} \le 0$$

을 만족시키는 모든 실수 t의 값의 합은?

① -7 ② -3 ③ 1 ④ 5 ⑤ 9

해설편 p. 170

D 도함수의 활용 – 함수의 최대와 최소

56

[2021학년도 6월 **평가원** 나형 30번]

이차함수 $f(x)$는 $x=-1$에서 극대이고, 삼차함수 $g(x)$는 이차항의 계수가 0이다. 함수

$$h(x)=\begin{cases} f(x) & (x\le 0) \\ g(x) & (x>0) \end{cases}$$

이 실수 전체의 집합에서 미분가능하고 다음 조건을 만족시킬 때, $h'(-3)+h'(4)$의 값을 구하시오.

(가) 방정식 $h(x)=h(0)$의 모든 실근의 합은 1이다.
(나) 닫힌구간 $[-2, 3]$에서 함수 $h(x)$의 최댓값과 최솟값의 차는 $3+4\sqrt{3}$이다.

57

[2020학년도 6월 **평가원** 나형 18번]

최고차항의 계수가 1인 삼차함수 $f(x)$에 대하여 함수 $g(x)$는

$$g(x)=\begin{cases} \frac{1}{2} & (x<0) \\ f(x) & (x\ge 0) \end{cases}$$

이다. $g(x)$가 실수 전체의 집합에서 미분가능하고 $g(x)$의 최솟값이 $\frac{1}{2}$보다 작을 때, **보기**에서 옳은 것만을 있는 대로 고른 것은?

보기

ㄱ. $g(0)+g'(0)=\frac{1}{2}$

ㄴ. $g(1)<\frac{3}{2}$

ㄷ. 함수 $g(x)$의 최솟값이 0일 때, $g(2)=\frac{5}{2}$이다.

① ㄱ ② ㄱ, ㄴ ③ ㄱ, ㄷ
④ ㄴ, ㄷ ⑤ ㄱ, ㄴ, ㄷ

58

[2018학년도 **수능** 나형 20번]

최고차항의 계수가 1인 사차함수 $f(x)$가 다음 조건을 만족시킨다.

> (가) $f'(0)=0$, $f'(2)=16$
> (나) 어떤 양수 k에 대하여 두 열린구간 $(-\infty,\ 0)$, $(0,\ k)$에서 $f'(x)<0$이다.

보기에서 옳은 것만을 있는 대로 고른 것은?

> **보기**
> ㄱ. 방정식 $f'(x)=0$은 열린구간 $(0,\ 2)$에서 한 개의 실근을 갖는다.
> ㄴ. 함수 $f(x)$는 극댓값을 갖는다.
> ㄷ. $f(0)=0$이면, 모든 실수 x에 대하여 $f(x)\ge-\dfrac{1}{3}$이다.

① ㄱ ② ㄴ ③ ㄱ, ㄷ
④ ㄴ, ㄷ ⑤ ㄱ, ㄴ, ㄷ

59

[2017학년도 6월 **평가원** 나형 28번]

양수 a에 대하여 함수 $f(x)=x^3+ax^2-a^2x+2$가 닫힌구간 $[-a,\ a]$에서 최댓값 M, 최솟값 $\dfrac{14}{27}$를 갖는다. $a+M$의 값을 구하시오.

D 도함수의 활용 - 방정식과 부등식에의 활용

60

[2023학년도 6월 **평가원** 9번]

두 함수

$$f(x)=x^3-x+6,\quad g(x)=x^2+a$$

가 있다. $x\ge0$인 모든 실수 x에 대하여 부등식

$$f(x)\ge g(x)$$

가 성립할 때, 실수 a의 최댓값은?

① 1 ② 2 ③ 3
④ 4 ⑤ 5

61

[2022학년도 9월 **평가원** 20번]

함수 $f(x)=\dfrac{1}{2}x^3-\dfrac{9}{2}x^2+10x$에 대하여 x에 대한 방정식

$$f(x)+|f(x)+x|=6x+k$$

의 서로 다른 실근의 개수가 4가 되도록 하는 모든 정수 k의 값의 합을 구하시오.

해설편 p. 175

62

[2021학년도 9월 **평가원** 나형 26번]

방정식 $x^3-x^2-8x+k=0$의 서로 다른 실근의 개수가 2일 때, 양수 k의 값을 구하시오.

63

[2021학년도 6월 **평가원** 나형 19번]

방정식 $2x^3+6x^2+a=0$이 $-2\leq x\leq 2$에서 서로 다른 두 실근을 갖도록 하는 정수 a의 개수는?

① 4 ② 6 ③ 8
④ 10 ⑤ 12

64

[2020학년도 9월 **평가원** 나형 27번]

곡선 $y=x^3-3x^2+2x-3$과 직선 $y=2x+k$가 서로 다른 두 점에서만 만나도록 하는 모든 실수 k의 값의 곱을 구하시오.

65

[2020학년도 6월 **평가원** 나형 27번]

두 함수

$$f(x)=x^3+3x^2-k,\ g(x)=2x^2+3x-10$$

에 대하여 부등식

$$f(x)\geq 3g(x)$$

가 닫힌구간 $[-1, 4]$에서 항상 성립하도록 하는 실수 k의 최댓값을 구하시오.

66

[2019학년도 6월 **평가원** 나형 21번]

상수 a, b에 대하여 삼차함수 $f(x)=x^3+ax^2+bx$가 다음 조건을 만족시킨다.

> (가) $f(-1)>-1$
> (나) $f(1)-f(-1)>8$

보기에서 옳은 것만을 있는 대로 고른 것은?

> **보기**
> ㄱ. 방정식 $f'(x)=0$은 서로 다른 두 실근을 갖는다.
> ㄴ. $-1<x<1$일 때, $f'(x)\geq 0$이다.
> ㄷ. 방정식 $f(x)-f'(k)x=0$의 서로 다른 실근의 개수가 2가 되도록 하는 모든 실수 k의 개수는 4이다.

① ㄱ ② ㄱ, ㄴ ③ ㄱ, ㄷ
④ ㄴ, ㄷ ⑤ ㄱ, ㄴ, ㄷ

67

[2019학년도 9월 **평가원** 나형 15번]

방정식 $x^3-3x^2-9x-k=0$의 서로 다른 실근의 개수가 3이 되도록 하는 정수 k의 최댓값은?

① 2 ② 4 ③ 6
④ 8 ⑤ 10

68

[2018학년도 9월 **평가원** 나형 20번]

삼차함수 $f(x)$와 실수 t에 대하여 곡선 $y=f(x)$와 직선 $y=-x+t$의 교점의 개수를 $g(t)$라 하자. **보기**에서 옳은 것만을 있는 대로 고른 것은?

> **보기**
> ㄱ. $f(x)=x^3$이면 함수 $g(t)$는 상수함수이다.
> ㄴ. 삼차함수 $f(x)$에 대하여 $g(1)=2$이면 $g(t)=3$인 t가 존재한다.
> ㄷ. 함수 $g(t)$가 상수함수이면, 삼차함수 $f(x)$의 극값은 존재하지 않는다.

① ㄱ ② ㄷ ③ ㄱ, ㄴ
④ ㄴ, ㄷ ⑤ ㄱ, ㄴ, ㄷ

해설편 p. 179

69

[2017학년도 9월 **평가원** 나형 20번]

삼차함수 $f(x)$가 다음 조건을 만족시킨다.

> (가) $x=-2$에서 극댓값을 갖는다.
> (나) $f'(-3)=f'(3)$

보기에서 옳은 것만을 있는 대로 고른 것은?

보기

ㄱ. 도함수 $f'(x)$는 $x=0$에서 최솟값을 갖는다.
ㄴ. 방정식 $f(x)=f(2)$는 서로 다른 두 실근을 갖는다.
ㄷ. 곡선 $y=f(x)$ 위의 점 $(-1, f(-1))$에서의 접선은 점 $(2, f(2))$를 지난다.

① ㄱ ② ㄷ ③ ㄱ, ㄴ
④ ㄴ, ㄷ ⑤ ㄱ, ㄴ, ㄷ

70

[2017학년도 6월 **평가원** 나형 21번]

삼차함수 $f(x)$의 도함수 $y=f'(x)$의 그래프가 그림과 같을 때, **보기**에서 옳은 것만을 있는 대로 고른 것은?

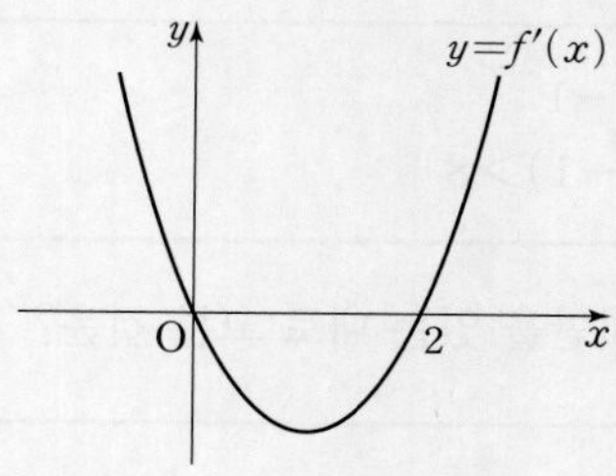

보기

ㄱ. $f(0)<0$이면 $|f(0)|<|f(2)|$이다.
ㄴ. $f(0)f(2)\geq 0$이면 함수 $|f(x)|$가 $x=a$에서 극소인 a의 값의 개수는 2이다.
ㄷ. $f(0)+f(2)=0$이면 방정식 $|f(x)|=f(0)$의 서로 다른 실근의 개수는 4이다.

① ㄱ ② ㄱ, ㄴ ③ ㄱ, ㄷ
④ ㄴ, ㄷ ⑤ ㄱ, ㄴ, ㄷ

71

[2016학년도 **수능** A형 21번]

다음 조건을 만족시키는 모든 삼차함수 $f(x)$에 대하여 $\dfrac{f'(0)}{f(0)}$의 최댓값을 M, 최솟값을 m이라 하자. Mm의 값은?

> (가) 함수 $|f(x)|$는 $x=-1$에서만 미분가능하지 않다.
> (나) 방정식 $f(x)=0$은 닫힌구간 $[3, 5]$에서 적어도 하나의 실근을 갖는다.

① $\dfrac{1}{15}$ ② $\dfrac{1}{10}$ ③ $\dfrac{2}{15}$
④ $\dfrac{1}{6}$ ⑤ $\dfrac{1}{5}$

72

[2016학년도 6월 **평가원** A형 17번]

두 함수

$$f(x)=3x^3-x^2-3x,\ \ g(x)=x^3-4x^2+9x+a$$

에 대하여 방정식 $f(x)=g(x)$가 서로 다른 두 개의 양의 실근과 한 개의 음의 실근을 갖도록 하는 모든 정수 a의 개수는?

① 6 ② 7 ③ 8
④ 9 ⑤ 10

73

[2015학년도 **수능** A형 21번]

다음 조건을 만족시키는 모든 삼차함수 $f(x)$에 대하여 $f(2)$의 최솟값은?

> (가) $f(x)$의 최고차항의 계수는 1이다.
> (나) $f(0)=f'(0)$
> (다) $x\geq-1$인 모든 실수 x에 대하여 $f(x)\geq f'(x)$이다.

① 28 ② 33 ③ 38
④ 43 ⑤ 48

D 도함수의 활용 – 속도와 가속도

74

[2025학년도 **수능** 11번]

시각 $t=0$일 때 출발하여 수직선 위를 움직이는 점 P의 시각 $t\,(t\geq 0)$에서의 위치 x가

$$x=t^3-\frac{3}{2}t^2-6t$$

이다. 출발한 후 점 P의 운동 방향이 바뀌는 시각에서의 점 P의 가속도는?

① 6 ② 9 ③ 12
④ 15 ⑤ 18

75

[2025학년도 9월 **평가원** 11번]

수직선 위를 움직이는 두 점 P, Q의 시각 $t\,(t\geq 0)$에서의 위치가 각각

$$x_1=t^2+t-6,\quad x_2=-t^3+7t^2$$

이다. 두 점 P, Q의 위치가 같아지는 순간 두 점 P, Q의 가속도를 각각 p, q라 할 때, $p-q$의 값은?

① 24 ② 27 ③ 30
④ 33 ⑤ 36

해설편 p. 183

76

[2019학년도 **수능** 나형 27번]

수직선 위를 움직이는 점 P의 시각 $t\ (t\geq 0)$에서의 위치 x가

$$x=-\frac{1}{3}t^3+3t^2+k\ (k\text{는 상수})$$

이다. 점 P의 가속도가 0일 때 점 P의 위치는 40이다. k의 값을 구하시오.

77

[2019학년도 9월 **평가원** 나형 14번]

수직선 위를 움직이는 점 P의 시각 $t\ (t\geq 0)$에서의 위치 x가

$$x=t^3-5t^2+at+5$$

이다. 점 P가 움직이는 방향이 바뀌지 않도록 하는 자연수 a의 최솟값은?

① 9 ② 10 ③ 11
④ 12 ⑤ 13

1등급 완성

4점 기출 » 도전하기

78

[2025학년도 **수능** 15번]

상수 $a(a\neq 3\sqrt{5})$와 최고차항의 계수가 음수인 이차함수 $f(x)$에 대하여 함수

$$g(x)=\begin{cases} x^3+ax^2+15x+7 & (x\leq 0) \\ f(x) & (x>0) \end{cases}$$

이 다음 조건을 만족시킨다.

> (가) 함수 $g(x)$는 실수 전체의 집합에서 미분가능하다.
> (나) x에 대한 방정식 $g'(x)\times g'(x-4)=0$의 서로 다른 실근의 개수는 4이다.

$g(-2)+g(2)$의 값은?

① 30 ② 32 ③ 34
④ 36 ⑤ 38

79

[2024학년도 **수능** 22번]

최고차항의 계수가 1인 삼차함수 $f(x)$가 다음 조건을 만족시킨다.

> 함수 $f(x)$에 대하여
> $$f(k-1)f(k+1)<0$$
> 을 만족시키는 정수 k는 존재하지 않는다.

$f'\left(-\frac{1}{4}\right)=-\frac{1}{4}$, $f'\left(\frac{1}{4}\right)<0$일 때, $f(8)$의 값을 구하시오.

80

[2024학년도 6월 **평가원** 22번]

정수 $a(a\neq0)$에 대하여 함수 $f(x)$를

$$f(x)=x^3-2ax^2$$

이라 하자. 다음 조건을 만족시키는 모든 정수 k의 값의 곱이 -12가 되도록 하는 a에 대하여 $f'(10)$의 값을 구하시오.

> 함수 $f(x)$에 대하여
> $$\left\{\frac{f(x_1)-f(x_2)}{x_1-x_2}\right\}\times\left\{\frac{f(x_2)-f(x_3)}{x_2-x_3}\right\}<0$$
> 을 만족시키는 세 실수 x_1, x_2, x_3이 열린구간 $\left(k,\ k+\frac{3}{2}\right)$에 존재한다.

해설편 p. 188

81

[2023학년도 수능 14번]

다항함수 $f(x)$에 대하여 함수 $g(x)$를 다음과 같이 정의한다.

$$g(x)=\begin{cases} x & (x<-1 \text{ 또는 } x>1) \\ f(x) & (-1\le x\le 1) \end{cases}$$

함수 $h(x)=\lim_{t\to 0+} g(x+t)\times \lim_{t\to 2+} g(x+t)$에 대하여 **보기**에서 옳은 것만을 있는 대로 고른 것은?

보기

ㄱ. $h(1)=3$

ㄴ. 함수 $h(x)$는 실수 전체의 집합에서 연속이다.

ㄷ. 함수 $g(x)$가 닫힌구간 $[-1, 1]$에서 감소하고 $g(-1)=-2$이면 함수 $h(x)$는 실수 전체의 집합에서 최솟값을 갖는다.

① ㄱ ② ㄴ ③ ㄱ, ㄴ
④ ㄱ, ㄷ ⑤ ㄴ, ㄷ

82

[2023학년도 수능 22번]

최고차항의 계수가 1인 삼차함수 $f(x)$와 실수 전체의 집합에서 연속인 함수 $g(x)$가 다음 조건을 만족시킬 때, $f(4)$의 값을 구하시오.

(가) 모든 실수 x에 대하여
$f(x)=f(1)+(x-1)f'(g(x))$이다.

(나) 함수 $g(x)$의 최솟값은 $\frac{5}{2}$이다.

(다) $f(0)=-3$, $f(g(1))=6$

83

[2022학년도 9월 평가원 22번]

최고차항의 계수가 1인 삼차함수 $f(x)$에 대하여 함수

$$g(x)=f(x-3)\times \lim_{h\to 0+}\frac{|f(x+h)|-|f(x-h)|}{h}$$

가 다음 조건을 만족시킬 때, $f(5)$의 값을 구하시오.

(가) 함수 $g(x)$는 실수 전체의 집합에서 연속이다.

(나) 방정식 $g(x)=0$은 서로 다른 네 실근 α_1, α_2, α_3, α_4를 갖고 $\alpha_1+\alpha_2+\alpha_3+\alpha_4=7$이다.

84

[2022학년도 6월 **평가원** 22번]

삼차함수 $f(x)$가 다음 조건을 만족시킨다.

> (가) 방정식 $f(x)=0$의 서로 다른 실근의 개수는 2이다.
> (나) 방정식 $f(x-f(x))=0$의 서로 다른 실근의 개수는 3이다.

$f(1)=4$, $f'(1)=1$, $f'(0)>1$일 때, $f(0)=\frac{q}{p}$이다. $p+q$의 값을 구하시오. (단, p와 q는 서로소인 자연수이다.)

85

[2021학년도 **수능** 나형 30번]

함수 $f(x)$는 최고차항의 계수가 1인 삼차함수이고, 함수 $g(x)$는 일차함수이다. 함수 $h(x)$를

$$h(x)=\begin{cases} |f(x)-g(x)| & (x<1) \\ f(x)+g(x) & (x\geq 1) \end{cases}$$

이라 하자. 함수 $h(x)$가 실수 전체의 집합에서 미분가능하고, $h(0)=0$, $h(2)=5$일 때, $h(4)$의 값을 구하시오.

86

[2021학년도 9월 **평가원** 나형 30번]

삼차함수 $f(x)$가 다음 조건을 만족시킨다.

> (가) $f(1)=f(3)=0$
> (나) 집합 $\{x \mid x\geq 1$이고 $f'(x)=0\}$의 원소의 개수는 1이다.

상수 a에 대하여 함수 $g(x)=|f(x)f(a-x)|$가 실수 전체의 집합에서 미분가능할 때, $\frac{g(4a)}{f(0)\times f(4a)}$의 값을 구하시오.

해설편 p. 192

III 다항함수의 적분법

4점 기출 » 집중하기

E 부정적분과 정적분 – 부정적분

01 [2015학년도 수능 A형 26번]

다항함수 $f(x)$의 도함수 $f'(x)$가 $f'(x)=6x^2+4$이다. 함수 $y=f(x)$의 그래프가 점 $(0,\ 6)$을 지날 때, $f(1)$의 값을 구하시오.

02 [2013학년도 9월 평가원 나형 18번]

이차함수 $f(x)$에 대하여 함수 $g(x)$가

$$g(x)=\int\{x^2+f(x)\}dx,\quad f(x)g(x)=-2x^4+8x^3$$

을 만족시킬 때, $g(1)$의 값은?

① 1 ② 2 ③ 3
④ 4 ⑤ 5

E 부정적분과 정적분 – 정적분의 계산

03 [2025학년도 수능 9번]

함수 $f(x)=3x^2-16x-20$에 대하여

$$\int_{-2}^{a}f(x)dx=\int_{-2}^{0}f(x)dx$$

일 때, 양수 a의 값은?

① 16 ② 14 ③ 12
④ 10 ⑤ 8

04 [2025학년도 9월 평가원 9번]

함수 $f(x)=x^2+x$에 대하여

$$5\int_{0}^{1}f(x)dx-\int_{0}^{1}(5x+f(x))dx$$

의 값은?

① $\frac{1}{6}$ ② $\frac{1}{3}$ ③ $\frac{1}{2}$
④ $\frac{2}{3}$ ⑤ $\frac{5}{6}$

05

[2025학년도 9월 **평가원** 15번]

두 다항함수 $f(x)$, $g(x)$는 모든 실수 x에 대하여 다음 조건을 만족시킨다.

> (가) $\int_{1}^{x} tf(t)dt+\int_{-1}^{x} tg(t)dt=3x^4+8x^3-3x^2$
> (나) $f(x)=xg'(x)$

$\int_{0}^{3} g(x)dx$의 값은?

① 72 ② 76 ③ 80
④ 84 ⑤ 88

06

[2022학년도 **수능** 20번]

실수 전체의 집합에서 미분가능한 함수 $f(x)$가 다음 조건을 만족시킨다.

> (가) 닫힌구간 $[0, 1]$에서 $f(x)=x$이다.
> (나) 어떤 상수 a, b에 대하여 구간 $[0, \infty)$에서
> $f(x+1)-xf(x)=ax+b$이다.

$60\times\int_{1}^{2} f(x)dx$의 값을 구하시오.

07

[2022학년도 9월 **평가원** 14번]

최고차항의 계수가 1이고 $f'(0)=f'(2)=0$인 삼차함수 $f(x)$와 양수 p에 대하여 함수 $g(x)$를

$$g(x)=\begin{cases} f(x)-f(0) & (x\le 0) \\ f(x+p)-f(p) & (x>0) \end{cases}$$

이라 하자. **보기**에서 옳은 것만을 있는 대로 고른 것은?

> **보기**
> ㄱ. $p=1$일 때, $g'(1)=0$이다.
> ㄴ. $g(x)$가 실수 전체의 집합에서 미분가능하도록 하는 양수 p의 개수는 1이다.
> ㄷ. $p\ge 2$일 때, $\int_{-1}^{1} g(x)dx\ge 0$이다.

① ㄱ ② ㄱ, ㄴ ③ ㄱ, ㄷ
④ ㄴ, ㄷ ⑤ ㄱ, ㄴ, ㄷ

해설편 p. 198

08

[2022학년도 6월 **평가원** 11번]

닫힌구간 $[0, 1]$에서 연속인 함수 $f(x)$가

$$f(0)=0,\ \ f(1)=1,\ \ \int_0^1 f(x)dx=\frac{1}{6}$$

을 만족시킨다. 실수 전체의 집합에서 정의된 함수 $g(x)$가 다음 조건을 만족시킬 때, $\int_{-3}^{2} g(x)dx$의 값은?

(가) $g(x)=\begin{cases} -f(x+1)+1 & (-1<x<0) \\ f(x) & (0\le x\le 1) \end{cases}$

(나) 모든 실수 x에 대하여 $g(x+2)=g(x)$이다.

① $\frac{5}{2}$　② $\frac{17}{6}$　③ $\frac{19}{6}$　④ $\frac{7}{2}$　⑤ $\frac{23}{6}$

09

[2021학년도 9월 **평가원** 나형 20번]

실수 전체의 집합에서 연속인 두 함수 $f(x)$와 $g(x)$가 모든 실수 x에 대하여 다음 조건을 만족시킨다.

(가) $f(x)\ge g(x)$

(나) $f(x)+g(x)=x^2+3x$

(다) $f(x)g(x)=(x^2+1)(3x-1)$

$\int_0^2 f(x)dx$의 값은?

① $\frac{23}{6}$　② $\frac{13}{3}$　③ $\frac{29}{6}$　④ $\frac{16}{3}$　⑤ $\frac{35}{6}$

10

[2020학년도 9월 **평가원** 나형 21번]

함수 $f(x)=x^3+x^2+ax+b$에 대하여 함수 $g(x)$를

$$g(x)=f(x)+(x-1)f'(x)$$

라 하자. **보기**에서 옳은 것만을 있는 대로 고른 것은? (단, a, b는 상수이다.)

보기

ㄱ. 함수 $h(x)$가 $h(x)=(x-1)f(x)$이면 $h'(x)=g(x)$이다.

ㄴ. 함수 $f(x)$가 $x=-1$에서 극값 0을 가지면 $\int_0^1 g(x)dx=-1$이다.

ㄷ. $f(0)=0$이면 방정식 $g(x)=0$은 열린구간 $(0, 1)$에서 적어도 하나의 실근을 갖는다.

① ㄱ　② ㄴ　③ ㄱ, ㄴ　④ ㄱ, ㄷ　⑤ ㄱ, ㄴ, ㄷ

E 부정적분과 정적분 – 정적분으로 표시된 함수

16

[2023학년도 9월 **평가원** 14번]

최고차항의 계수가 1이고 $f(0)=0$, $f(1)=0$인 삼차함수 $f(x)$에 대하여 함수 $g(t)$를

$$g(t)=\int_{t}^{t+1} f(x)dx-\int_{0}^{1}|f(x)|dx$$

라 할 때, **보기**에서 옳은 것만을 있는 대로 고른 것은?

보기

ㄱ. $g(0)=0$이면 $g(-1)<0$이다.

ㄴ. $g(-1)>0$이면 $f(k)=0$을 만족시키는 $k<-1$인 실수 k가 존재한다.

ㄷ. $g(-1)>1$이면 $g(0)<-1$이다.

① ㄱ　② ㄱ, ㄴ　③ ㄱ, ㄷ　④ ㄴ, ㄷ　⑤ ㄱ, ㄴ, ㄷ

17

[2023학년도 6월 **평가원** 14번]

실수 전체의 집합에서 연속인 함수 $f(x)$와 최고차항의 계수가 1인 삼차함수 $g(x)$가

$$g(x)=\begin{cases} -\int_{0}^{x} f(t)dt & (x<0) \\ \int_{0}^{x} f(t)dt & (x\geq 0) \end{cases}$$

을 만족시킬 때, **보기**에서 옳은 것만을 있는 대로 고른 것은?

보기

ㄱ. $f(0)=0$

ㄴ. 함수 $f(x)$는 극댓값을 갖는다.

ㄷ. $2<f(1)<4$일 때, 방정식 $f(x)=x$의 서로 다른 실근의 개수는 3이다.

① ㄱ　② ㄷ　③ ㄱ, ㄴ　④ ㄱ, ㄷ　⑤ ㄱ, ㄴ, ㄷ

해설편 p. 205

18

[2023학년도 6월 **평가원** 20번]

최고차항의 계수가 2인 이차함수 $f(x)$에 대하여 함수

$g(x)=\int_{x}^{x+1}|f(t)|dt$는 $x=1$과 $x=4$에서 극소이다.

$f(0)$의 값을 구하시오.

19

[2022학년도 9월 **평가원** 11번]

다항함수 $f(x)$가 모든 실수 x에 대하여

$$xf(x)=2x^3+ax^2+3a+\int_{1}^{x}f(t)dt$$

를 만족시킨다. $f(1)=\int_{0}^{1}f(t)dt$일 때, $a+f(3)$의 값은?

(단, a는 상수이다.)

① 5 ② 6 ③ 7
④ 8 ⑤ 9

20

[2022학년도 6월 **평가원** 20번]

실수 a와 함수 $f(x)=x^3-12x^2+45x+3$에 대하여 함수

$$g(x)=\int_{a}^{x}\{f(x)-f(t)\}\times\{f(t)\}^4dt$$

가 오직 하나의 극값을 갖도록 하는 모든 a의 값의 합을 구하시오.

21

[2021학년도 **수능** 나형 20번]

실수 $a\ (a>1)$에 대하여 함수 $f(x)$를

$$f(x)=(x+1)(x-1)(x-a)$$

라 하자. 함수

$$g(x)=x^2\int_0^x f(t)dt-\int_0^x t^2 f(t)dt$$

가 오직 하나의 극값을 갖도록 하는 a의 최댓값은?

① $\frac{9\sqrt{2}}{8}$ ② $\frac{3\sqrt{6}}{4}$ ③ $\frac{3\sqrt{2}}{2}$
④ $\sqrt{6}$ ⑤ $2\sqrt{2}$

22

[2021학년도 9월 **평가원** 나형 28번]

함수 $f(x)=-x^2-4x+a$에 대하여 함수

$$g(x)=\int_0^x f(t)dt$$

가 닫힌구간 $[0,\ 1]$에서 증가하도록 하는 실수 a의 최솟값을 구하시오.

23

[2021학년도 6월 **평가원** 나형 17번]

함수 $f(x)$가 모든 실수 x에 대하여

$$f(x)=4x^3+x\int_0^1 f(t)dt$$

를 만족시킬 때, $f(1)$의 값은?

① 6 ② 7 ③ 8
④ 9 ⑤ 10

24

[2019학년도 **수능** 나형 14번]

다항함수 $f(x)$가 모든 실수 x에 대하여

$$\int_1^x \left\{\frac{d}{dt}f(t)\right\}dt=x^3+ax^2-2$$

를 만족시킬 때, $f'(a)$의 값은? (단, a는 상수이다.)

① 1 ② 2 ③ 3
④ 4 ⑤ 5

해설편 p. 209

25

[2019학년도 9월 **평가원** 나형 21번]

사차함수 $f(x)=x^4+ax^2+b$에 대하여

$x\geq 0$에서 정의된 함수

$$g(x)=\int_{-x}^{2x}\{f(t)-|f(t)|\}dt$$

가 다음 조건을 만족시킨다.

> (가) $0<x<1$에서 $g(x)=c_1$ (c_1은 상수)
> (나) $1<x<5$에서 $g(x)$는 감소한다.
> (다) $x>5$에서 $g(x)=c_2$ (c_2는 상수)

$f(\sqrt{2})$의 값은? (단, a, b는 상수이다.)

① 40　② 42　③ 44　④ 46　⑤ 48

F 정적분의 활용 – 정적분의 기하적 의미

26

[2022학년도 **예시문항** 12번]

$0<a<b$인 모든 실수 a, b에 대하여

$$\int_a^b (x^3-3x+k)dx>0$$

이 성립하도록 하는 실수 k의 최솟값은?

① 1　② 2　③ 3　④ 4　⑤ 5

27

[2009학년도 9월 **평가원** 가형 11번]

다항함수 $f(x)$가 다음 조건을 만족시킨다.

> (가) $f(0)=0$
> (나) $0<x<y<1$인 모든 x, y에 대하여 $0<xf(y)<yf(x)$

세 수

$$A=f'(0),\ B=f(1),\ C=2\int_0^1 f(x)dx$$

의 대소 관계를 옳게 나타낸 것은?

① $A<B<C$　② $A<C<B$　③ $B<A<C$　④ $B<C<A$　⑤ $C<A<B$

F 정적분의 활용 – 넓이

28

[2025학년도 수능 13번]

최고차항의 계수가 1인 삼차함수 $f(x)$가

$$f(1)=f(2)=0,\quad f'(0)=-7$$

을 만족시킨다. 원점 O와 점 P$(3,\ f(3))$에 대하여 선분 OP가 곡선 $y=f(x)$와 만나는 점 중 P가 아닌 점을 Q라 하자. 곡선 $y=f(x)$와 y축 및 선분 OQ로 둘러싸인 부분의 넓이를 A, 곡선 $y=f(x)$와 선분 PQ로 둘러싸인 부분의 넓이를 B라 할 때, $B-A$의 값은?

① $\frac{37}{4}$ ② $\frac{39}{4}$ ③ $\frac{41}{4}$
④ $\frac{43}{4}$ ⑤ $\frac{45}{4}$

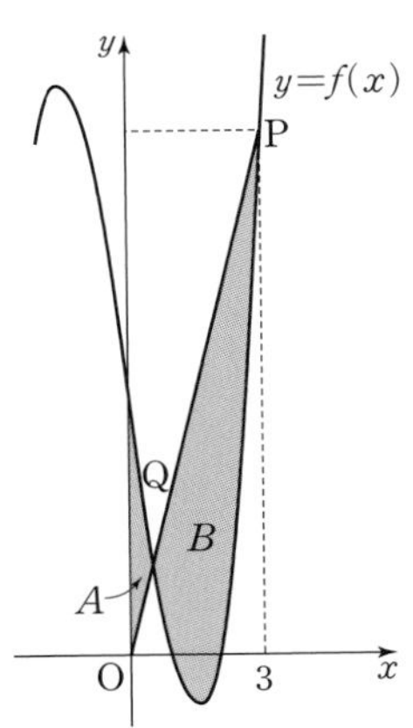

29

[2025학년도 9월 평가원 13번]

함수

$$f(x)=\begin{cases} -x^2-2x+6 & (x<0) \\ -x^2+2x+6 & (x\geq 0) \end{cases}$$

의 그래프가 x축과 만나는 서로 다른 두 점을 P, Q라 하고, 상수 $k(k>4)$에 대하여 직선 $x=k$가 x축과 만나는 점을 R라 하자. 곡선 $y=f(x)$와 선분 PQ로 둘러싸인 부분의 넓이를 A, 곡선 $y=f(x)$와 직선 $x=k$ 및 선분 QR로 둘러싸인 부분의 넓이를 B라 하자. $A=2B$일 때, k의 값은?

(단, 점 P의 x좌표는 음수이다.)

① $\frac{9}{2}$ ② 5 ③ $\frac{11}{2}$
④ 6 ⑤ $\frac{13}{2}$

해설편 p. 214

30

[2025학년도 6월 **평가원** 13번]

곡선 $y=\frac{1}{4}x^3+\frac{1}{2}x$와 직선 $y=mx+2$ 및 y축으로 둘러싸인 부분의 넓이를 A, 곡선 $y=\frac{1}{4}x^3+\frac{1}{2}x$와 두 직선 $y=mx+2$, $x=2$로 둘러싸인 부분의 넓이를 B라 하자. $B-A=\frac{2}{3}$일 때, 상수 m의 값은? (단, $m<-1$)

① $-\frac{3}{2}$ ② $-\frac{17}{12}$ ③ $-\frac{4}{3}$

④ $-\frac{5}{4}$ ⑤ $-\frac{7}{6}$

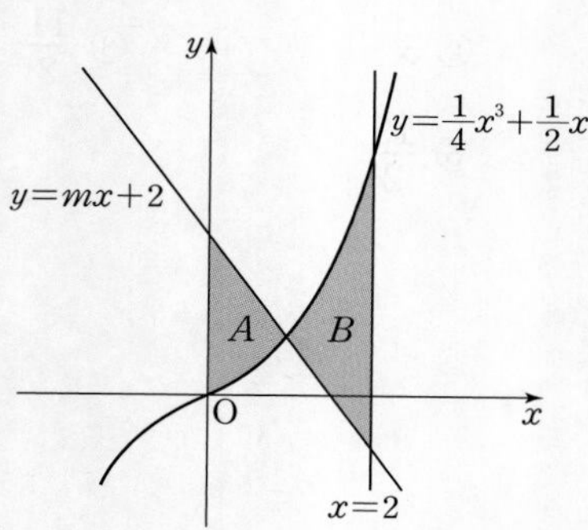

31

[2024학년도 **수능** 12번]

함수 $f(x)=\frac{1}{9}x(x-6)(x-9)$와 실수 $t(0<t<6)$에 대하여 함수 $g(x)$는

$$g(x)=\begin{cases} f(x) & (x<t) \\ -(x-t)+f(t) & (x\geq t) \end{cases}$$

이다. 함수 $y=g(x)$의 그래프와 x축으로 둘러싸인 영역의 넓이의 최댓값은?

① $\frac{125}{4}$ ② $\frac{127}{4}$ ③ $\frac{129}{4}$

④ $\frac{131}{4}$ ⑤ $\frac{133}{4}$

32

[2024학년도 6월 **평가원** 10번]

양수 k에 대하여 함수 $f(x)$는

$$f(x)=kx(x-2)(x-3)$$

이다. 곡선 $y=f(x)$와 x축이 원점 O와 두 점 P, Q $(\overline{OP}<\overline{OQ})$에서 만난다. 곡선 $y=f(x)$와 선분 OP로 둘러싸인 영역을 A, 곡선 $y=f(x)$와 선분 PQ로 둘러싸인 영역을 B라 하자.

$$(A\text{의 넓이})-(B\text{의 넓이})=3$$

일 때, k의 값은?

① $\frac{7}{6}$ ② $\frac{4}{3}$ ③ $\frac{3}{2}$
④ $\frac{5}{3}$ ⑤ $\frac{11}{6}$

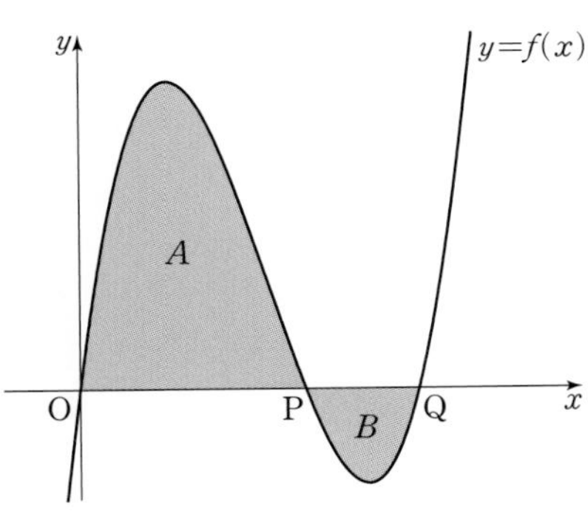

33

[2023학년도 **수능** 10번]

두 곡선 $y=x^3+x^2$, $y=-x^2+k$와 y축으로 둘러싸인 부분의 넓이를 A, 두 곡선 $y=x^3+x^2$, $y=-x^2+k$와 직선 $x=2$로 둘러싸인 부분의 넓이를 B라 하자. $A=B$일 때, 상수 k의 값은? (단, $4<k<5$)

① $\frac{25}{6}$ ② $\frac{13}{3}$ ③ $\frac{9}{2}$
④ $\frac{14}{3}$ ⑤ $\frac{29}{6}$

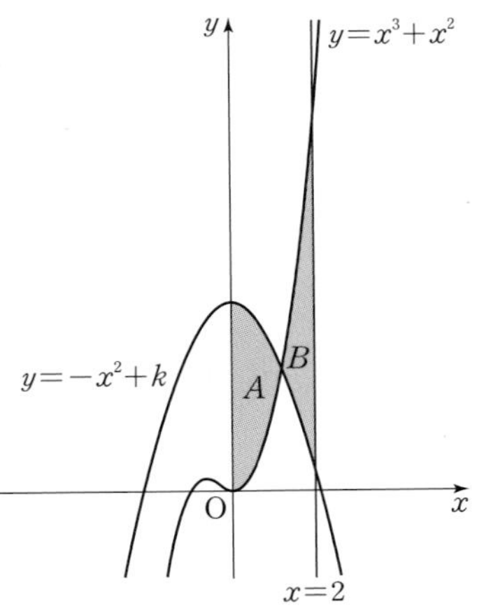

34

[2023학년도 **수능** 12번]

실수 전체의 집합에서 연속인 함수 $f(x)$가 다음 조건을 만족시킨다.

> $n-1\le x<n$일 때, $|f(x)|=|6(x-n+1)(x-n)|$이다. (단, n은 자연수이다.)

열린구간 $(0,\ 4)$에서 정의된 함수

$$g(x)=\int_0^x f(t)dt-\int_x^4 f(t)dt$$

가 $x=2$에서 최솟값 0을 가질 때, $\int_{\frac{1}{2}}^4 f(x)dx$의 값은?

① $-\frac{3}{2}$ ② $-\frac{1}{2}$ ③ $\frac{1}{2}$
④ $\frac{3}{2}$ ⑤ $\frac{5}{2}$

해설편 p. 217

35

[2023학년도 9월 **평가원** 20번]

상수 $k(k<0)$에 대하여 두 함수

$$f(x)=x^3+x^2-x,\quad g(x)=4|x|+k$$

의 그래프가 만나는 점의 개수가 2일 때, 두 함수의 그래프로 둘러싸인 부분의 넓이를 S라 하자. $30\times S$의 값을 구하시오.

36

[2021학년도 **수능** 나형 27번]

곡선 $y=x^2-7x+10$과 직선 $y=-x+10$으로 둘러싸인 부분의 넓이를 구하시오.

F 정적분의 활용 – 속도와 거리

37

[2024학년도 **수능** 10번]

시각 $t=0$일 때 동시에 원점을 출발하여 수직선 위를 움직이는 두 점 P, Q의 시각 $t(t\geq 0)$에서의 속도가 각각

$$v_1(t)=t^2-6t+5,\quad v_2(t)=2t-7$$

이다. 시각 t에서의 두 점 P, Q 사이의 거리를 $f(t)$라 할 때, 함수 $f(t)$는 구간 $[0,\ a]$에서 증가하고, 구간 $[a,\ b]$에서 감소하고, 구간 $[b,\ \infty)$에서 증가한다. 시각 $t=a$에서 $t=b$까지 점 Q가 움직인 거리는? (단, $0<a<b$)

① $\frac{15}{2}$　② $\frac{17}{2}$　③ $\frac{19}{2}$　④ $\frac{21}{2}$　⑤ $\frac{23}{2}$

38

[2024학년도 9월 **평가원** 11번]

두 점 P와 Q는 시각 $t=0$일 때 각각 점 A(1)과 점 B(8)에서 출발하여 수직선 위를 움직인다. 두 점 P, Q의 시각 $t(t\geq 0)$에서의 속도는 각각

$$v_1(t)=3t^2+4t-7, \quad v_2(t)=2t+4$$

이다. 출발한 시각부터 두 점 P, Q 사이의 거리가 처음으로 4가 될 때까지 점 P가 움직인 거리는?

① 10 ② 14 ③ 19
④ 25 ⑤ 32

39

[2024학년도 6월 **평가원** 14번]

실수 $a(a\geq 0)$에 대하여 수직선 위를 움직이는 점 P의 시각 $t(t\geq 0)$에서의 속도 $v(t)$를

$$v(t)=-t(t-1)(t-a)(t-2a)$$

라 하자. 점 P가 시각 $t=0$일 때 출발한 후 운동 방향을 한 번만 바꾸도록 하는 a에 대하여, 시각 $t=0$에서 $t=2$까지 점 P의 위치의 변화량의 최댓값은?

① $\frac{1}{5}$ ② $\frac{7}{30}$ ③ $\frac{4}{15}$
④ $\frac{3}{10}$ ⑤ $\frac{1}{3}$

40

[2023학년도 **수능** 20번]

수직선 위를 움직이는 점 P의 시각 $t(t\geq 0)$에서의 속도 $v(t)$와 가속도 $a(t)$가 다음 조건을 만족시킨다.

> (가) $0\leq t\leq 2$일 때, $v(t)=2t^3-8t$이다.
> (나) $t\geq 2$일 때, $a(t)=6t+4$이다.

시각 $t=0$에서 $t=3$까지 점 P가 움직인 거리를 구하시오.

41

[2023학년도 9월 **평가원** 10번]

수직선 위의 점 A(6)과 시각 $t=0$일 때 원점을 출발하여 이 수직선 위를 움직이는 점 P가 있다. 시각 $t(t\geq 0)$에서의 점 P의 속도 $v(t)$를

$$v(t)=3t^2+at \ (a>0)$$

이라 하자. 시각 $t=2$에서 점 P와 점 A 사이의 거리가 10일 때, 상수 a의 값은?

① 1 ② 2 ③ 3
④ 4 ⑤ 5

해설편 p. 220

42

[2023학년도 6월 **평가원** 11번]

시각 $t=0$일 때 동시에 원점을 출발하여 수직선 위를 움직이는 두 점 P, Q의 시각 $t(t\geq 0)$에서의 속도가 각각

$$v_1(t)=2-t,\quad v_2(t)=3t$$

이다. 출발한 시각부터 점 P가 원점으로 돌아올 때까지 점 Q가 움직인 거리는?

① 16 ② 18 ③ 20
④ 22 ⑤ 24

43

[2022학년도 **수능** 14번]

수직선 위를 움직이는 점 P의 시각 t에서의 위치 $x(t)$가 두 상수 a, b에 대하여

$$x(t)=t(t-1)(at+b)\ (a\neq 0)$$

이다. 점 P의 시각 t에서의 속도 $v(t)$가 $\int_0^1 |v(t)|dt=2$를 만족시킬 때, **보기**에서 옳은 것만을 있는 대로 고른 것은?

보기

ㄱ. $\int_0^1 v(t)dt=0$
ㄴ. $|x(t_1)|>1$인 t_1이 열린구간 $(0, 1)$에 존재한다.
ㄷ. $0\leq t\leq 1$인 모든 t에 대하여 $|x(t)|<1$이면 $x(t_2)=0$인 t_2가 열린구간 $(0, 1)$에 존재한다.

① ㄱ ② ㄱ, ㄴ ③ ㄱ, ㄷ
④ ㄴ, ㄷ ⑤ ㄱ, ㄴ, ㄷ

44

[2022학년도 9월 **평가원** 9번]

수직선 위를 움직이는 점 P의 시각 $t(t>0)$에서의 속도 $v(t)$가

$$v(t)=-4t^3+12t^2$$

이다. 시각 $t=k$에서 점 P의 가속도가 12일 때, 시각 $t=3k$에서 $t=4k$까지 점 P가 움직인 거리는? (단, k는 상수이다.)

① 23 ② 25 ③ 27
④ 29 ⑤ 31

45

[2022학년도 **예시문항** 14번]

수직선 위를 움직이는 점 P의 시각 t에서의 가속도가

$$a(t)=3t^2-12t+9\ (t\geq 0)$$

이고, 시각 $t=0$에서의 속도가 k일 때, **보기**에서 옳은 것만을 있는 대로 고른 것은?

보기

ㄱ. 구간 $(3, \infty)$에서 점 P의 속도는 증가한다.
ㄴ. $k=-4$이면 구간 $(0, \infty)$에서 점 P의 운동 방향이 두 번 바뀐다.
ㄷ. 시각 $t=0$에서 시각 $t=5$까지 점 P의 위치의 변화량과 점 P가 움직인 거리가 같도록 하는 k의 최솟값은 0이다.

① ㄱ ② ㄴ ③ ㄱ, ㄴ
④ ㄱ, ㄷ ⑤ ㄱ, ㄴ, ㄷ

1등급 완성

4점 기출 » 도전하기

46

[2025학년도 6월 **평가원** 21번]

최고차항의 계수가 1인 사차함수 $f(x)$가 다음 조건을 만족시킨다.

> (가) $f'(a)\le 0$인 실수 a의 최댓값은 2이다.
> (나) 집합 $\{x \mid f(x)=k\}$의 원소의 개수가 3 이상이 되도록 하는 실수 k의 최솟값은 $\frac{8}{3}$이다.

$f(0)=0$, $f'(1)=0$일 때, $f(3)$의 값을 구하시오.

47

[2025학년도 6월 **평가원** 15번]

최고차항의 계수가 1인 삼차함수 $f(x)$와 상수 $k(k\ge 0)$에 대하여 함수

$$g(x)=\begin{cases} 2x-k & (x\le k) \\ f(x) & (x>k) \end{cases}$$

가 다음 조건을 만족시킨다.

> (가) 함수 $g(x)$는 실수 전체의 집합에서 증가하고 미분가능하다.
> (나) 모든 실수 x에 대하여
> $\int_0^x g(t)\{|t(t-1)|+t(t-1)\}dt\ge 0$이고
> $\int_3^x g(t)\{|(t-1)(t+2)|-(t-1)(t+2)\}dt\ge 0$이다.

$g(k+1)$의 최솟값은?

① $4-\sqrt{6}$ ② $5-\sqrt{6}$ ③ $6-\sqrt{6}$
④ $7-\sqrt{6}$ ⑤ $8-\sqrt{6}$

해설편 p. 224

48

[2024학년도 6월 **평가원** 20번]

최고차항의 계수가 1인 이차함수 $f(x)$에 대하여 함수

$$g(x)=\int_0^x f(t)dt$$

가 다음 조건을 만족시킬 때, $f(9)$의 값을 구하시오.

> $x\geq 1$인 모든 실수 x에 대하여
> $g(x)\geq g(4)$이고 $|g(x)|\geq|g(3)|$이다.

49

[2024학년도 9월 **평가원** 22번]

두 다항함수 $f(x)$, $g(x)$에 대하여 $f(x)$의 한 부정적분을 $F(x)$라 하고 $g(x)$의 한 부정적분을 $G(x)$라 할 때, 이 함수들은 모든 실수 x에 대하여 다음 조건을 만족시킨다.

> (가) $\int_1^x f(t)dt=xf(x)-2x^2-1$
> (나) $f(x)G(x)+F(x)g(x)=8x^3+3x^2+1$

$\int_1^3 g(x)dx$의 값을 구하시오.

50

[2020학년도 **수능** 나형 28번]

다항함수 $f(x)$가 다음 조건을 만족시킨다.

> (가) 모든 실수 x에 대하여
> $\int_1^x f(t)dt=\frac{x-1}{2}\{f(x)+f(1)\}$이다.
> (나) $\int_0^2 f(x)dx=5\int_{-1}^1 xf(x)dx$

$f(0)=1$일 때, $f(4)$의 값을 구하시오.

해설편 p. 228

Part 2

문제편

2024, 2025학년도 수능, 평가원 기출

수학 I + 수학 II 4점

*Part 2에서는 최근 2개년 수능, 평가원 기출 문제를 시험지 형태로 제공합니다.

*각 회별 첫 페이지 상단에 제시된 목표 시간 동안 모든 문제를 풀 수 있도록 연습합니다.

“ 길이 있는 곳으로 가지 말고
길이 없는 곳으로 가서
당신만의 흔적을 남겨라.
– 랄프 왈도 에머슨 – ”

수학 영역

제2교시

5지선다형

09

수열 $\{a_n\}$이 모든 자연수 n에 대하여

$$\sum_{k=1}^{n} \frac{1}{(2k-1)a_k} = n^2 + 2n$$

을 만족시킬 때, $\sum_{n=1}^{10} a_n$의 값은? [4점]

① $\frac{10}{21}$　② $\frac{4}{7}$　③ $\frac{2}{3}$　④ $\frac{16}{21}$　⑤ $\frac{6}{7}$

10

양수 k에 대하여 함수 $f(x)$는

$$f(x) = kx(x-2)(x-3)$$

이다. 곡선 $y=f(x)$와 x축이 원점 O와 두 점 P, Q ($\overline{\text{OP}} < \overline{\text{OQ}}$)에서 만난다. 곡선 $y=f(x)$와 선분 OP로 둘러싸인 영역을 A, 곡선 $y=f(x)$와 선분 PQ로 둘러싸인 영역을 B라 하자.

$$(A\text{의 넓이}) - (B\text{의 넓이}) = 3$$

일 때, k의 값은? [4점]

① $\frac{7}{6}$　② $\frac{4}{3}$　③ $\frac{3}{2}$　④ $\frac{5}{3}$　⑤ $\frac{11}{6}$

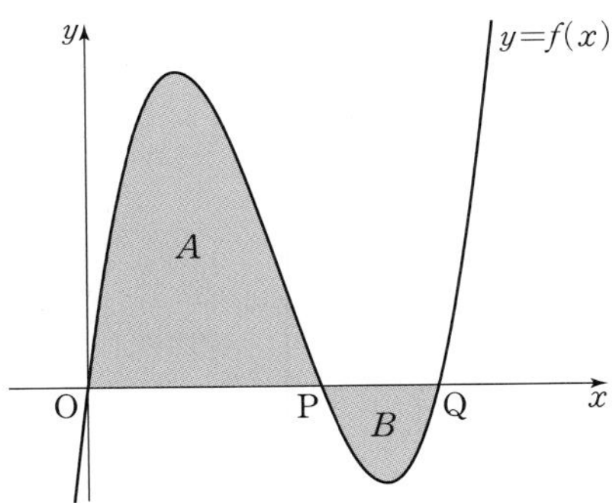

해설편 p. 232

11

그림과 같이 실수 $t(0<t<1)$에 대하여 곡선 $y=x^2$ 위의 점 중에서 직선 $y=2tx-1$과의 거리가 최소인 점을 P라 하고, 직선 OP가 직선 $y=2tx-1$과 만나는 점을 Q라 할 때, $\lim_{t\to1-}\frac{\overline{PQ}}{1-t}$의 값은? (단, O는 원점이다.) [4점]

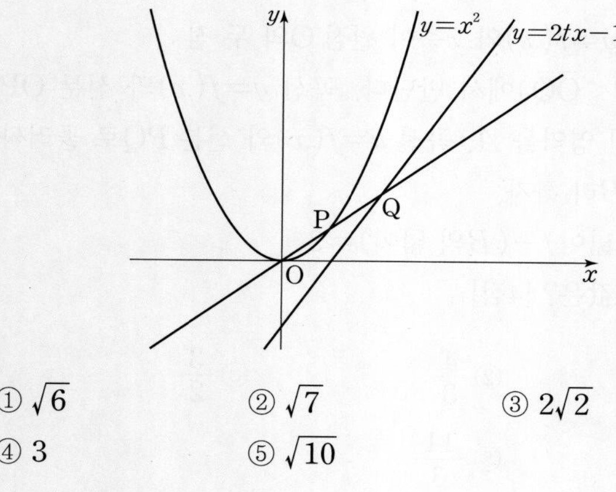

① $\sqrt{6}$　② $\sqrt{7}$　③ $2\sqrt{2}$
④ 3　⑤ $\sqrt{10}$

12

$a_2=-4$이고 공차가 0이 아닌 등차수열 $\{a_n\}$에 대하여 수열 $\{b_n\}$을 $b_n=a_n+a_{n+1}(n\geq1)$이라 하고, 두 집합 A, B를

$$A=\{a_1, a_2, a_3, a_4, a_5\},\quad B=\{b_1, b_2, b_3, b_4, b_5\}$$

라 하자. $n(A\cap B)=3$이 되도록 하는 모든 수열 $\{a_n\}$에 대하여 a_{20}의 값의 합은? [4점]

① 30　② 34　③ 38
④ 42　⑤ 46

13

그림과 같이

$$\overline{BC}=3,\ \overline{CD}=2,\ \cos(\angle BCD)=-\frac{1}{3},\ \angle DAB>\frac{\pi}{2}$$

인 사각형 ABCD에서 두 삼각형 ABC와 ACD는 모두 예각삼각형이다. 선분 AC를 1 : 2로 내분하는 점 E에 대하여 선분 AE를 지름으로 하는 원이 두 선분 AB, AD와 만나는 점 중 A가 아닌 점을 각각 P_1, P_2라 하고,
선분 CE를 지름으로 하는 원이 두 선분 BC, CD와 만나는 점 중 C가 아닌 점을 각각 Q_1, Q_2라 하자.
$\overline{P_1P_2} : \overline{Q_1Q_2}=3 : 5\sqrt{2}$이고 삼각형 ABD의 넓이가 2일 때, $\overline{AB}+\overline{AD}$의 값은? (단, $\overline{AB}>\overline{AD}$) [4점]

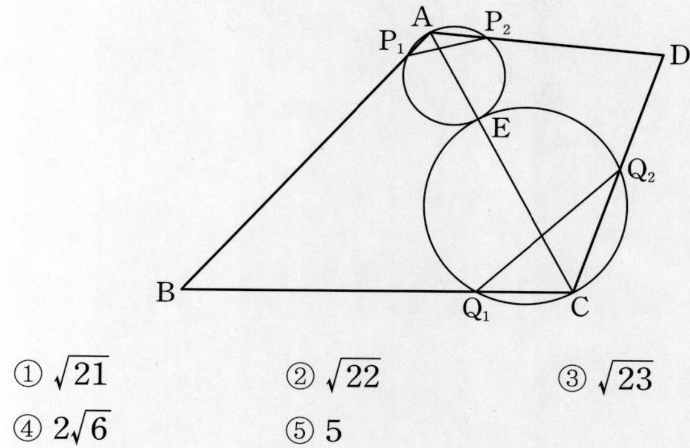

① $\sqrt{21}$　② $\sqrt{22}$　③ $\sqrt{23}$
④ $2\sqrt{6}$　⑤ 5

14

실수 $a(a \geq 0)$에 대하여 수직선 위를 움직이는 점 P의 시각 $t(t \geq 0)$에서의 속도 $v(t)$를

$$v(t)=-t(t-1)(t-a)(t-2a)$$

라 하자. 점 P가 시각 $t=0$일 때 출발한 후 운동 방향을 한 번만 바꾸도록 하는 a에 대하여, 시각 $t=0$에서 $t=2$까지 점 P의 위치의 변화량의 최댓값은? [4점]

① $\frac{1}{5}$ ② $\frac{7}{30}$ ③ $\frac{4}{15}$
④ $\frac{3}{10}$ ⑤ $\frac{1}{3}$

15

자연수 k에 대하여 다음 조건을 만족시키는 수열 $\{a_n\}$이 있다.

> $a_1=k$이고, 모든 자연수 n에 대하여
> $$a_{n+1}=\begin{cases} a_n+2n-k & (a_n \leq 0) \\ a_n-2n-k & (a_n > 0) \end{cases}$$
> 이다.

$a_3 \times a_4 \times a_5 \times a_6 < 0$이 되도록 하는 모든 k의 값의 합은? [4점]

① 10 ② 14 ③ 18
④ 22 ⑤ 26

해설편 p. 232

단답형

20

최고차항의 계수가 1인 이차함수 $f(x)$에 대하여 함수

$$g(x)=\int_0^x f(t)dt$$

가 다음 조건을 만족시킬 때, $f(9)$의 값을 구하시오. [4점]

> $x\geq1$인 모든 실수 x에 대하여
> $g(x)\geq g(4)$이고 $|g(x)|\geq|g(3)|$이다.

21

실수 t에 대하여 두 곡선 $y=t-\log_2 x$와 $y=2^{x-t}$이 만나는 점의 x좌표를 $f(t)$라 하자.

보기의 각 명제에 대하여 규칙에 따라 A, B, C의 값을 정할 때, $A+B+C$의 값을 구하시오. (단, $A+B+C\neq0$) [4점]

> • 명제 ㄱ이 참이면 $A=100$, 거짓이면 $A=0$이다.
> • 명제 ㄴ이 참이면 $B=10$, 거짓이면 $B=0$이다.
> • 명제 ㄷ이 참이면 $C=1$, 거짓이면 $C=0$이다.

보기

ㄱ. $f(1)=1$이고 $f(2)=2$이다.
ㄴ. 실수 t의 값이 증가하면 $f(t)$의 값도 증가한다.
ㄷ. 모든 양의 실수 t에 대하여 $f(t)\geq t$이다.

22

정수 $a(a\neq0)$에 대하여 함수 $f(x)$를

$$f(x)=x^3-2ax^2$$

이라 하자. 다음 조건을 만족시키는 모든 정수 k의 값의 곱이 -12가 되도록 하는 a에 대하여 $f'(10)$의 값을 구하시오. [4점]

> 함수 $f(x)$에 대하여
> $$\left\{\frac{f(x_1)-f(x_2)}{x_1-x_2}\right\}\times\left\{\frac{f(x_2)-f(x_3)}{x_2-x_3}\right\}<0$$
> 을 만족시키는 세 실수 x_1, x_2, x_3이 열린구간 $\left(k,\ k+\frac{3}{2}\right)$에 존재한다.

수학 영역

제2교시

5지선다형

09

$0 \le x \le 2\pi$일 때, 부등식

$$\cos x \le \sin \frac{\pi}{7}$$

를 만족시키는 모든 x의 값의 범위는 $\alpha \le x \le \beta$이다. $\beta - \alpha$의 값은? [4점]

① $\frac{8}{7}\pi$ ② $\frac{17}{14}\pi$ ③ $\frac{9}{7}\pi$ ④ $\frac{19}{14}\pi$ ⑤ $\frac{10}{7}\pi$

10

최고차항의 계수가 1인 삼차함수 $f(x)$에 대하여 곡선 $y=f(x)$ 위의 점 $(-2,\ f(-2))$에서의 접선과 곡선 $y=f(x)$ 위의 점 $(2,\ 3)$에서의 접선이 점 $(1,\ 3)$에서 만날 때, $f(0)$의 값은? [4점]

① 31 ② 33 ③ 35 ④ 37 ⑤ 39

11

두 점 P와 Q는 시각 $t=0$일 때 각각 점 A(1)과 점 B(8)에서 출발하여 수직선 위를 움직인다. 두 점 P, Q의 시각 $t(t \ge 0)$에서의 속도는 각각

$$v_1(t)=3t^2+4t-7,\quad v_2(t)=2t+4$$

이다. 출발한 시각부터 두 점 P, Q 사이의 거리가 처음으로 4가 될 때까지 점 P가 움직인 거리는? [4점]

① 10 ② 14 ③ 19 ④ 25 ⑤ 32

해설편 p. 234

12

첫째항이 자연수인 수열 $\{a_n\}$이 모든 자연수 n에 대하여

$$a_{n+1}=\begin{cases} a_n+1 & (a_n\text{이 홀수인 경우}) \\ \frac{1}{2}a_n & (a_n\text{이 짝수인 경우}) \end{cases}$$

를 만족시킬 때, $a_2+a_4=40$이 되도록 하는 모든 a_1의 값의 합은? [4점]

① 172 ② 175 ③ 178
④ 181 ⑤ 184

13

두 실수 a, b에 대하여 함수

$$f(x)=\begin{cases} -\frac{1}{3}x^3-ax^2-bx & (x<0) \\ \frac{1}{3}x^3+ax^2-bx & (x\geq 0) \end{cases}$$

이 구간 $(-\infty, -1]$에서 감소하고 구간 $[-1, \infty)$에서 증가할 때, $a+b$의 최댓값을 M, 최솟값을 m이라 하자. $M-m$의 값은? [4점]

① $\frac{3}{2}+3\sqrt{2}$ ② $3+3\sqrt{2}$ ③ $\frac{9}{2}+3\sqrt{2}$
④ $6+3\sqrt{2}$ ⑤ $\frac{15}{2}+3\sqrt{2}$

14

두 자연수 a, b에 대하여 함수

$$f(x)=\begin{cases} 2^{x+a}+b & (x\le -8) \\ -3^{x-3}+8 & (x>-8) \end{cases}$$

이 다음 조건을 만족시킬 때, $a+b$의 값은? [4점]

> 집합 $\{f(x)\mid x\le k\}$의 원소 중 정수인 것의 개수가 2가 되도록 하는 모든 실수 k의 값의 범위는 $3\le k<4$이다.

① 11 ② 13 ③ 15 ④ 17 ⑤ 19

15

최고차항의 계수가 1인 삼차함수 $f(x)$에 대하여 함수 $g(x)$를

$$g(x)=\begin{cases} \dfrac{f(x+3)\{f(x)+1\}}{f(x)} & (f(x)\neq 0) \\ 3 & (f(x)=0) \end{cases}$$

이라 하자. $\lim_{x\to 3} g(x)=g(3)-1$일 때, $g(5)$의 값은? [4점]

① 14 ② 16 ③ 18 ④ 20 ⑤ 22

해설편 p. 238

단답형

20

그림과 같이

$$\overline{AB}=2,\quad \overline{AD}=1,\quad \angle DAB=\frac{2}{3}\pi,\quad \angle BCD=\frac{3}{4}\pi$$

인 사각형 ABCD가 있다. 삼각형 BCD의 외접원의 반지름의 길이를 R_1, 삼각형 ABD의 외접원의 반지름의 길이를 R_2라 하자.

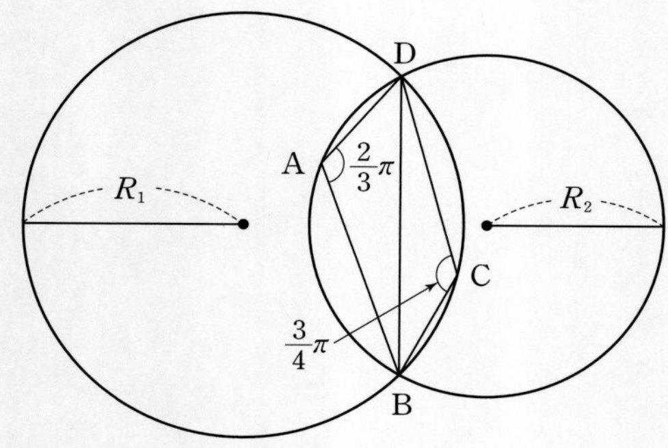

다음은 $R_1 \times R_2$의 값을 구하는 과정이다.

> 삼각형 BCD에서 사인법칙에 의하여
>
> $R_1=\frac{\sqrt{2}}{2}\times\overline{BD}$
>
> 이고, 삼각형 ABD에서 사인법칙에 의하여
>
> $R_2=$ (가) $\times\overline{BD}$
>
> 이다. 삼각형 ABD에서 코사인법칙에 의하여
>
> $\overline{BD}^2=2^2+1^2-($ (나) $)$
>
> 이므로
>
> $R_1\times R_2=$ (다)
>
> 이다.

위의 (가), (나), (다)에 알맞은 수를 각각 p, q, r이라 할 때, $9\times(p\times q\times r)^2$의 값을 구하시오. [4점]

21

모든 항이 자연수인 등차수열 $\{a_n\}$의 첫째항부터 제n항까지의 합을 S_n이라 하자. a_7이 13의 배수이고 $\sum_{k=1}^{7}S_k=644$일 때, a_2의 값을 구하시오. [4점]

22

두 다항함수 $f(x)$, $g(x)$에 대하여 $f(x)$의 한 부정적분을 $F(x)$라 하고 $g(x)$의 한 부정적분을 $G(x)$라 할 때, 이 함수들은 모든 실수 x에 대하여 다음 조건을 만족시킨다.

> (가) $\int_1^x f(t)dt=xf(x)-2x^2-1$
>
> (나) $f(x)G(x)+F(x)g(x)=8x^3+3x^2+1$

$\int_1^3 g(x)dx$의 값을 구하시오. [4점]

수학 영역

제2교시

40min

5지선다형

09

수직선 위의 두 점 $\mathrm{P}(\log_5 3)$, $\mathrm{Q}(\log_5 12)$에 대하여 선분 PQ를 $m:(1-m)$으로 내분하는 점의 좌표가 1일 때, 4^m의 값은? (단, m은 $0<m<1$인 상수이다.) [4점]

① $\frac{7}{6}$ ② $\frac{4}{3}$ ③ $\frac{3}{2}$ ④ $\frac{5}{3}$ ⑤ $\frac{11}{6}$

10

시각 $t=0$일 때 동시에 원점을 출발하여 수직선 위를 움직이는 두 점 P, Q의 시각 $t(t\geq 0)$에서의 속도가 각각

$$v_1(t)=t^2-6t+5, \quad v_2(t)=2t-7$$

이다. 시각 t에서의 두 점 P, Q 사이의 거리를 $f(t)$라 할 때, 함수 $f(t)$는 구간 $[0, a]$에서 증가하고, 구간 $[a, b]$에서 감소하고, 구간 $[b, \infty)$에서 증가한다. 시각 $t=a$에서 $t=b$까지 점 Q가 움직인 거리는? (단, $0<a<b$) [4점]

① $\frac{15}{2}$ ② $\frac{17}{2}$ ③ $\frac{19}{2}$ ④ $\frac{21}{2}$ ⑤ $\frac{23}{2}$

11

공차가 0이 아닌 등차수열 $\{a_n\}$에 대하여

$$|a_6|=a_8, \quad \sum_{k=1}^{5}\frac{1}{a_k a_{k+1}}=\frac{5}{96}$$

일 때, $\sum_{k=1}^{15}a_k$의 값은? [4점]

① 60 ② 65 ③ 70 ④ 75 ⑤ 80

해설편 p. 239

12

함수 $f(x)=\frac{1}{9}x(x-6)(x-9)$와 실수 $t(0<t<6)$에 대하여 함수 $g(x)$는

$$g(x)=\begin{cases} f(x) & (x<t) \\ -(x-t)+f(t) & (x\geq t) \end{cases}$$

이다. 함수 $y=g(x)$의 그래프와 x축으로 둘러싸인 영역의 넓이의 최댓값은? [4점]

① $\frac{125}{4}$　② $\frac{127}{4}$　③ $\frac{129}{4}$

④ $\frac{131}{4}$　⑤ $\frac{133}{4}$

13

그림과 같이

$$\overline{AB}=3,\quad \overline{BC}=\sqrt{13},\quad \overline{AD}\times\overline{CD}=9,\quad \angle BAC=\frac{\pi}{3}$$

인 사각형 ABCD가 있다. 삼각형 ABC의 넓이를 S_1, 삼각형 ACD의 넓이를 S_2라 하고, 삼각형 ACD의 외접원의 반지름의 길이를 R이라 하자.

$S_2=\frac{5}{6}S_1$일 때, $\frac{R}{\sin(\angle ADC)}$의 값은? [4점]

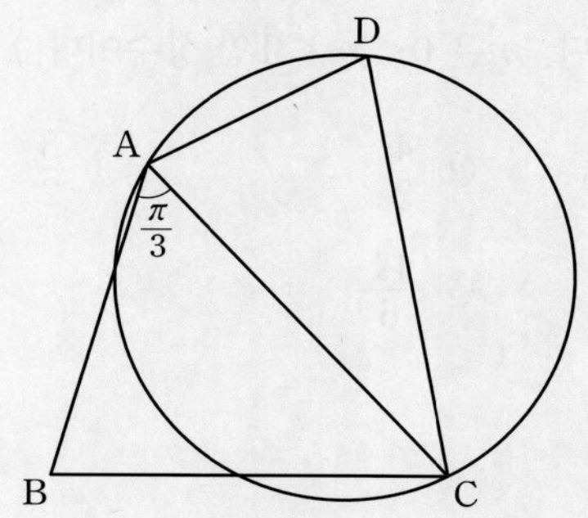

① $\frac{54}{25}$　② $\frac{117}{50}$　③ $\frac{63}{25}$

④ $\frac{27}{10}$　⑤ $\frac{72}{25}$

14

두 자연수 a, b에 대하여 함수 $f(x)$는

$$f(x)=\begin{cases} 2x^3-6x+1 & (x\le 2) \\ a(x-2)(x-b)+9 & (x>2) \end{cases}$$

이다. 실수 t에 대하여 함수 $y=f(x)$의 그래프와 직선 $y=t$가 만나는 점의 개수를 $g(t)$라 하자.

$$g(k)+\lim_{t\to k-} g(t)+\lim_{t\to k+} g(t)=9$$

를 만족시키는 실수 k의 개수가 1이 되도록 하는 두 자연수 a, b의 순서쌍 $(a,\ b)$에 대하여 $a+b$의 최댓값은? [4점]

① 51 ② 52 ③ 53 ④ 54 ⑤ 55

15

첫째항이 자연수인 수열 $\{a_n\}$이 모든 자연수 n에 대하여

$$a_{n+1}=\begin{cases} 2^{a_n} & (a_n\text{이 홀수인 경우}) \\ \frac{1}{2}a_n & (a_n\text{이 짝수인 경우}) \end{cases}$$

를 만족시킬 때, $a_6+a_7=3$이 되도록 하는 모든 a_1의 값의 합은? [4점]

① 139 ② 146 ③ 153 ④ 160 ⑤ 167

해설편 p. 242

단답형

20

$a>\sqrt{2}$인 실수 a에 대하여 함수 $f(x)$를

$$f(x)=-x^3+ax^2+2x$$

라 하자. 곡선 $y=f(x)$ 위의 점 $\mathrm{O}(0,\ 0)$에서의 접선이 곡선 $y=f(x)$와 만나는 점 중 O가 아닌 점을 A라 하고, 곡선 $y=f(x)$ 위의 점 A에서의 접선이 x축과 만나는 점을 B라 하자. 점 A가 선분 OB를 지름으로 하는 원 위의 점일 때, $\overline{\mathrm{OA}}\times\overline{\mathrm{AB}}$의 값을 구하시오. [4점]

21

양수 a에 대하여 $x\geq-1$에서 정의된 함수 $f(x)$는

$$f(x)=\begin{cases}-x^2+6x & (-1\leq x<6)\\ a\log_4(x-5) & (x\geq 6)\end{cases}$$

이다. $t\geq0$인 실수 t에 대하여 닫힌구간 $[t-1,\ t+1]$에서의 $f(x)$의 최댓값을 $g(t)$라 하자. 구간 $[0,\ \infty)$에서 함수 $g(t)$의 최솟값이 5가 되도록 하는 양수 a의 최솟값을 구하시오. [4점]

22

최고차항의 계수가 1인 삼차함수 $f(x)$가 다음 조건을 만족시킨다.

> 함수 $f(x)$에 대하여
> $$f(k-1)f(k+1)<0$$
> 을 만족시키는 정수 k는 존재하지 않는다.

$f'\left(-\frac{1}{4}\right)=-\frac{1}{4},\ f'\left(\frac{1}{4}\right)<0$일 때, $f(8)$의 값을 구하시오. [4점]

수학 영역

제2교시

5지선다형

09

함수

$$f(x)=\begin{cases} x-\frac{1}{2} & (x<0) \\ -x^2+3 & (x\geq 0) \end{cases}$$

에 대하여 함수 $(f(x)+a)^2$이 실수 전체의 집합에서 연속일 때, 상수 a의 값은? [4점]

① $-\frac{9}{4}$　② $-\frac{7}{4}$　③ $-\frac{5}{4}$　④ $-\frac{3}{4}$　⑤ $-\frac{1}{4}$

10

다음 조건을 만족시키는 삼각형 ABC의 외접원의 넓이가 9π일 때, 삼각형 ABC의 넓이는? [4점]

(가) $3\sin A=2\sin B$
(나) $\cos B=\cos C$

① $\frac{32}{9}\sqrt{2}$　② $\frac{40}{9}\sqrt{2}$　③ $\frac{16}{3}\sqrt{2}$　④ $\frac{56}{9}\sqrt{2}$　⑤ $\frac{64}{9}\sqrt{2}$

11

최고차항의 계수가 1이고 $f(0)=0$인 삼차함수 $f(x)$가

$$\lim_{x\to a}\frac{f(x)-1}{x-a}=3$$

을 만족시킨다. 곡선 $y=f(x)$ 위의 점 $(a, f(a))$에서의 접선의 y절편이 4일 때, $f(1)$의 값은? (단, a는 상수이다.) [4점]

① -1　② -2　③ -3　④ -4　⑤ -5

해설편 p. 243

12

그림과 같이 곡선 $y=1-2^{-x}$ 위의 제1사분면에 있는 점 A를 지나고 y축에 평행한 직선이 곡선 $y=2^{x}$과 만나는 점을 B라 하자. 점 A를 지나고 x축에 평행한 직선이 곡선 $y=2^{x}$과 만나는 점을 C, 점 C를 지나고 y축에 평행한 직선이 곡선 $y=1-2^{-x}$과 만나는 점을 D라 하자. $\overline{\mathrm{AB}}=2\overline{\mathrm{CD}}$일 때, 사각형 ABCD의 넓이는? [4점]

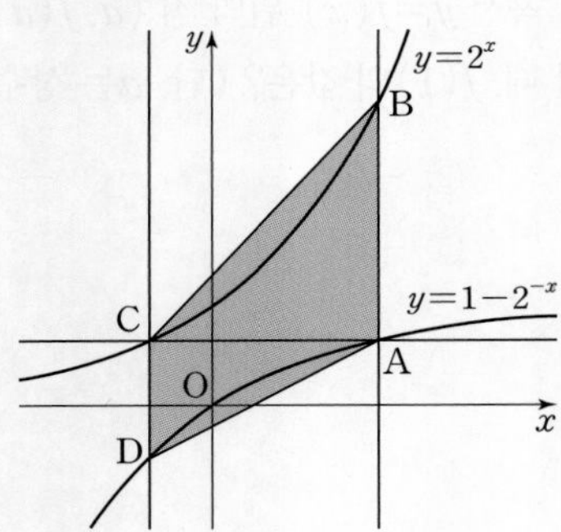

① $\frac{5}{2}\log_2 3-\frac{5}{4}$ ② $3\log_2 3-\frac{3}{2}$ ③ $\frac{7}{2}\log_2 3-\frac{7}{4}$

④ $4\log_2 3-2$ ⑤ $\frac{9}{2}\log_2 3-\frac{9}{4}$

13

곡선 $y=\frac{1}{4}x^3+\frac{1}{2}x$와 직선 $y=mx+2$ 및 y축으로 둘러싸인 부분의 넓이를 A, 곡선 $y=\frac{1}{4}x^3+\frac{1}{2}x$와 두 직선 $y=mx+2$, $x=2$로 둘러싸인 부분의 넓이를 B라 하자. $B-A=\frac{2}{3}$일 때, 상수 m의 값은? (단, $m<-1$) [4점]

① $-\frac{3}{2}$ ② $-\frac{17}{12}$ ③ $-\frac{4}{3}$

④ $-\frac{5}{4}$ ⑤ $-\frac{7}{6}$

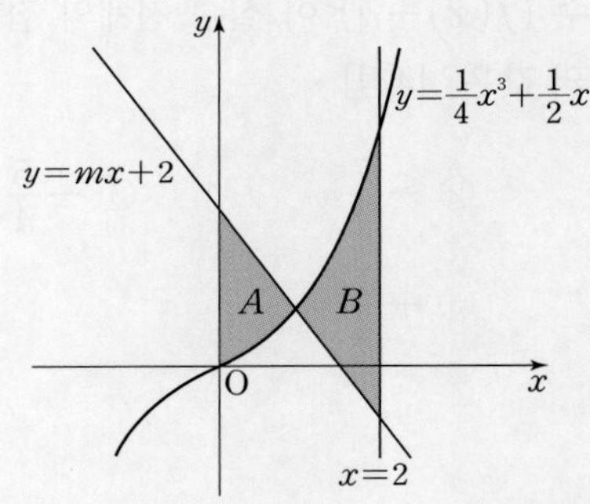

14

다음 조건을 만족시키는 모든 자연수 k의 값의 합은? [4점]

> $\log_2 \sqrt{-n^2+10n+75}-\log_4 (75-kn)$의 값이 양수가 되도록 하는 자연수 n의 개수가 12이다.

① 6　② 7　③ 8　④ 9　⑤ 10

15

최고차항의 계수가 1인 삼차함수 $f(x)$와 상수 $k(k\geq 0)$에 대하여 함수

$$g(x)=\begin{cases} 2x-k & (x\leq k) \\ f(x) & (x>k) \end{cases}$$

가 다음 조건을 만족시킨다.

> (가) 함수 $g(x)$는 실수 전체의 집합에서 증가하고 미분가능하다.
> (나) 모든 실수 x에 대하여
> $\int_0^x g(t)\{|t(t-1)|+t(t-1)\}dt\geq 0$이고
> $\int_3^x g(t)\{|(t-1)(t+2)|-(t-1)(t+2)\}dt\geq 0$이다.

$g(k+1)$의 최솟값은? [4점]

① $4-\sqrt{6}$　② $5-\sqrt{6}$　③ $6-\sqrt{6}$　④ $7-\sqrt{6}$　⑤ $8-\sqrt{6}$

해설편 p. 245

단답형

20

5 이하의 두 자연수 a, b에 대하여 열린구간 $(0,\ 2\pi)$에서 정의된 함수 $y=a\sin x+b$의 그래프가 직선 $x=\pi$와 만나는 점의 집합을 A라 하고, 두 직선 $y=1$, $y=3$과 만나는 점의 집합을 각각 B, C라 하자. $n(A\cup B\cup C)=3$이 되도록 하는 a, b의 순서쌍 $(a,\ b)$에 대하여 $a+b$의 최댓값을 M, 최솟값을 m이라 할 때, $M\times m$의 값을 구하시오. [4점]

21

최고차항의 계수가 1인 사차함수 $f(x)$가 다음 조건을 만족시킨다.

> (가) $f'(a)\le 0$인 실수 a의 최댓값은 2이다.
> (나) 집합 $\{x\,|\,f(x)=k\}$의 원소의 개수가 3 이상이 되도록 하는 실수 k의 최솟값은 $\frac{8}{3}$이다.

$f(0)=0$, $f'(1)=0$일 때, $f(3)$의 값을 구하시오. [4점]

22

수열 $\{a_n\}$은

$$a_2=-a_1$$

이고, $n\ge 2$인 모든 자연수 n에 대하여

$$a_{n+1}=\begin{cases} a_n-\sqrt{n}\times a_{\sqrt{n}} & (\sqrt{n}\text{이 자연수이고 } a_n>0\text{인 경우}) \\ a_n+1 & (\text{그 외의 경우}) \end{cases}$$

를 만족시킨다. $a_{15}=1$이 되도록 하는 모든 a_1의 값의 곱을 구하시오. [4점]

수학 영역

제2교시

5지선다형

09

함수 $f(x)=x^2+x$에 대하여

$$5\int_0^1 f(x)dx-\int_0^1 (5x+f(x))dx$$

의 값은? [4점]

① $\frac{1}{6}$ ② $\frac{1}{3}$ ③ $\frac{1}{2}$ ④ $\frac{2}{3}$ ⑤ $\frac{5}{6}$

10

$\angle A>\frac{\pi}{2}$인 삼각형 ABC의 꼭짓점 A에서 선분 BC에 내린 수선의 발을 H라 하자.

$$\overline{AB} : \overline{AC}=\sqrt{2} : 1,\quad \overline{AH}=2$$

이고, 삼각형 ABC의 외접원의 넓이가 50π일 때, 선분 BH의 길이는? [4점]

① 6 ② $\frac{25}{4}$ ③ $\frac{13}{2}$ ④ $\frac{27}{4}$ ⑤ 7

11

수직선 위를 움직이는 두 점 P, Q의 시각 $t(t\geq 0)$에서의 위치가 각각

$$x_1=t^2+t-6,\quad x_2=-t^3+7t^2$$

이다. 두 점 P, Q의 위치가 같아지는 순간 두 점 P, Q의 가속도를 각각 p, q라 할 때, $p-q$의 값은? [4점]

① 24 ② 27 ③ 30 ④ 33 ⑤ 36

해설편 p. 247

수학 영역

12

수열 $\{a_n\}$은 등차수열이고, 수열 $\{b_n\}$은 모든 자연수 n에 대하여

$$b_n=\sum_{k=1}^{n}(-1)^{k+1}a_k$$

를 만족시킨다. $b_2=-2$, $b_3+b_7=0$일 때, 수열 $\{b_n\}$의 첫째항부터 제9항까지의 합은? [4점]

① -22　② -20　③ -18　④ -16　⑤ -14

13

함수

$$f(x)=\begin{cases}-x^2-2x+6 & (x<0)\\ -x^2+2x+6 & (x\ge 0)\end{cases}$$

의 그래프가 x축과 만나는 서로 다른 두 점을 P, Q라 하고, 상수 $k(k>4)$에 대하여 직선 $x=k$가 x축과 만나는 점을 R라 하자. 곡선 $y=f(x)$와 선분 PQ로 둘러싸인 부분의 넓이를 A, 곡선 $y=f(x)$와 직선 $x=k$ 및 선분 QR로 둘러싸인 부분의 넓이를 B라 하자. $A=2B$일 때, k의 값은?

(단, 점 P의 x좌표는 음수이다.) [4점]

① $\frac{9}{2}$　② 5　③ $\frac{11}{2}$　④ 6　⑤ $\frac{13}{2}$

14

자연수 n에 대하여 곡선 $y=2^x$ 위의 두 점 A_n, B_n이 다음 조건을 만족시킨다.

(가) 직선 $\mathrm{A}_n\mathrm{B}_n$의 기울기는 3이다.
(나) $\overline{\mathrm{A}_n\mathrm{B}_n}=n\times\sqrt{10}$

중심이 직선 $y=x$ 위에 있고 두 점 A_n, B_n을 지나는 원이 곡선 $y=\log_2 x$와 만나는 두 점의 x좌표 중 큰 값을 x_n이라 하자. $x_1+x_2+x_3$의 값은? [4점]

① $\frac{150}{7}$ ② $\frac{155}{7}$ ③ $\frac{160}{7}$
④ $\frac{165}{7}$ ⑤ $\frac{170}{7}$

15

두 다항함수 $f(x)$, $g(x)$는 모든 실수 x에 대하여 다음 조건을 만족시킨다.

(가) $\int_1^x tf(t)dt+\int_{-1}^x tg(t)dt=3x^4+8x^3-3x^2$
(나) $f(x)=xg'(x)$

$\int_0^3 g(x)dx$의 값은? [4점]

① 72 ② 76 ③ 80
④ 84 ⑤ 88

제5회

2025학년도 9월 모의평가

해설편 p. 250

단답형

20

닫힌구간 $[0,\ 2\pi]$에서 정의된 함수

$$f(x)=\begin{cases}\sin x-1 & (0\leq x<\pi)\\ -\sqrt{2}\sin x-1 & (\pi\leq x\leq 2\pi)\end{cases}$$

가 있다. $0\leq t\leq 2\pi$인 실수 t에 대하여 x에 대한 방정식 $f(x)=f(t)$의 서로 다른 실근의 개수가 3이 되도록 하는 모든 t의 값의 합은 $\frac{q}{p}\pi$이다. $p+q$의 값을 구하시오.

(단, p와 q는 서로소인 자연수이다.) [4점]

21

최고차항의 계수가 1인 삼차함수 $f(x)$가 모든 정수 k에 대하여

$$2k-8\leq\frac{f(k+2)-f(k)}{2}\leq 4k^2+14k$$

를 만족시킬 때, $f'(3)$의 값을 구하시오. [4점]

22

양수 k에 대하여 $a_1=k$인 수열 $\{a_n\}$이 다음 조건을 만족시킨다.

> (가) $a_2\times a_3<0$
> (나) 모든 자연수 n에 대하여
> $$\left(a_{n+1}-a_n+\frac{2}{3}k\right)(a_{n+1}+ka_n)=0$$이다.

$a_5=0$이 되도록 하는 서로 다른 모든 양수 k에 대하여 k^2의 값의 합을 구하시오. [4점]

수학 영역

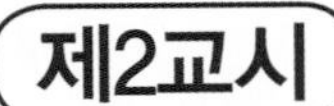

5지선다형

09

함수 $f(x)=3x^2-16x-20$에 대하여

$$\int_{-2}^{a} f(x)dx=\int_{-2}^{0} f(x)dx$$

일 때, 양수 a의 값은? [4점]

① 16　② 14　③ 12　④ 10　⑤ 8

10

닫힌구간 $[0,\ 2\pi]$에서 정의된 함수 $f(x)=a\cos bx+3$이 $x=\frac{\pi}{3}$에서 최댓값 13을 갖도록 하는 두 자연수 a, b의 순서쌍 $(a,\ b)$에 대하여 $a+b$의 최솟값은? [4점]

① 12　② 14　③ 16　④ 18　⑤ 20

11

시각 $t=0$일 때 출발하여 수직선 위를 움직이는 점 P의 시각 $t\,(t\geq 0)$에서의 위치 x가

$$x=t^3-\frac{3}{2}t^2-6t$$

이다. 출발한 후 점 P의 운동 방향이 바뀌는 시각에서의 점 P의 가속도는? [4점]

① 6　② 9　③ 12　④ 15　⑤ 18

해설편 p. 251

12

$a_1=2$인 수열 $\{a_n\}$과 $b_1=2$인 등차수열 $\{b_n\}$이 모든 자연수 n에 대하여

$$\sum_{k=1}^{n}\frac{a_k}{b_{k+1}}=\frac{1}{2}n^2$$

을 만족시킬 때, $\sum_{k=1}^{5}a_k$의 값은? [4점]

① 120 ② 125 ③ 130
④ 135 ⑤ 140

13

최고차항의 계수가 1인 삼차함수 $f(x)$가

$$f(1)=f(2)=0,\quad f'(0)=-7$$

을 만족시킨다. 원점 O와 점 P$(3,\ f(3))$에 대하여 선분 OP가 곡선 $y=f(x)$와 만나는 점 중 P가 아닌 점을 Q라 하자. 곡선 $y=f(x)$와 y축 및 선분 OQ로 둘러싸인 부분의 넓이를 A, 곡선 $y=f(x)$와 선분 PQ로 둘러싸인 부분의 넓이를 B라 할 때, $B-A$의 값은? [4점]

① $\frac{37}{4}$ ② $\frac{39}{4}$ ③ $\frac{41}{4}$
④ $\frac{43}{4}$ ⑤ $\frac{45}{4}$

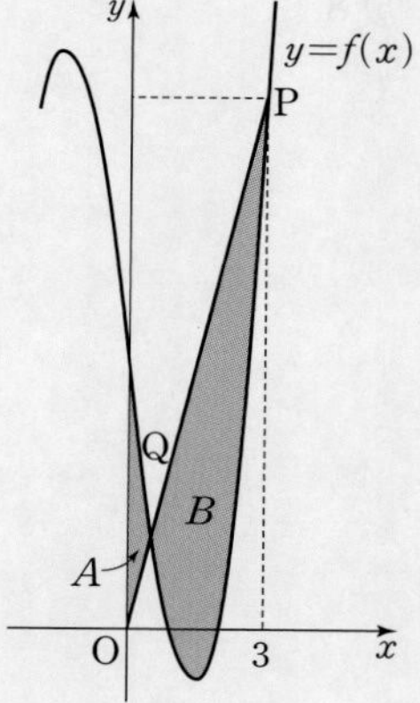

14

그림과 같이 삼각형 ABC에서 선분 AB 위에 $\overline{AD}:\overline{DB}=3:2$인 점 D를 잡고, 점 A를 중심으로 하고 점 D를 지나는 원을 O, 원 O와 선분 AC가 만나는 점을 E라 하자.
$\sin A:\sin C=8:5$이고, 삼각형 ADE와 삼각형 ABC의 넓이의 비가 $9:35$이다. 삼각형 ABC의 외접원의 반지름의 길이가 7일 때, 원 O의 점 P에 대하여 삼각형 PBC의 넓이의 최댓값은? (단, $\overline{AB}<\overline{AC}$) [4점]

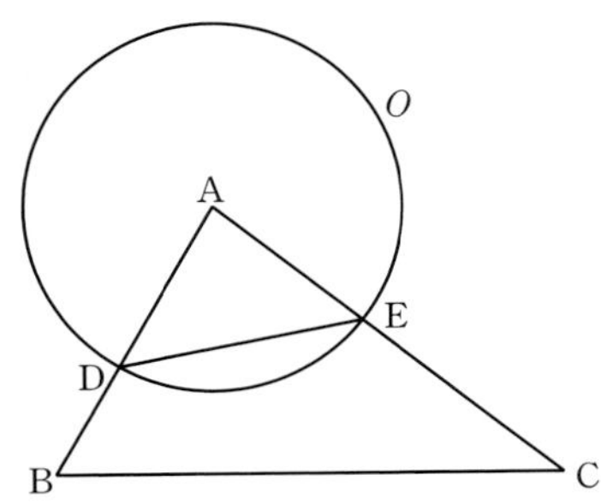

① $18+15\sqrt{3}$　② $24+20\sqrt{3}$　③ $30+25\sqrt{3}$　④ $36+30\sqrt{3}$　⑤ $42+35\sqrt{3}$

15

상수 $a(a\neq 3\sqrt{5})$와 최고차항의 계수가 음수인 이차함수 $f(x)$에 대하여 함수

$$g(x)=\begin{cases} x^3+ax^2+15x+7 & (x\leq 0) \\ f(x) & (x>0) \end{cases}$$

이 다음 조건을 만족시킨다.

> (가) 함수 $g(x)$는 실수 전체의 집합에서 미분가능하다.
> (나) x에 대한 방정식 $g'(x)\times g'(x-4)=0$의 서로 다른 실근의 개수는 4이다.

$g(-2)+g(2)$의 값은? [4점]

① 30　② 32　③ 34　④ 36　⑤ 38

해설편 p. 254

수학 영역

단답형

20

곡선 $y=\left(\frac{1}{5}\right)^{x-3}$ 과 직선 $y=x$가 만나는 점의 x좌표를 k라 하자. 실수 전체의 집합에서 정의된 함수 $f(x)$가 다음 조건을 만족시킨다.

> $x>k$인 모든 실수 x에 대하여
> $f(x)=\left(\frac{1}{5}\right)^{x-3}$ 이고 $f(f(x))=3x$이다.

$f\left(\frac{1}{k^3\times5^{3k}}\right)$의 값을 구하시오. [4점]

21

함수 $f(x)=x^3+ax^2+bx+4$가 다음 조건을 만족시키도록 하는 두 정수 a, b에 대하여 $f(1)$의 최댓값을 구하시오. [4점]

> 모든 실수 α에 대하여 $\lim\limits_{x\to\alpha}\frac{f(2x+1)}{f(x)}$의 값이 존재한다.

22

모든 항이 정수이고 다음 조건을 만족시키는 모든 수열 $\{a_n\}$에 대하여 $|a_1|$의 값의 합을 구하시오. [4점]

> (가) 모든 자연수 n에 대하여
> $$a_{n+1}=\begin{cases} a_n-3 & (|a_n|\text{이 홀수인 경우}) \\ \frac{1}{2}a_n & (a_n=0\text{ 또는 }|a_n|\text{이 짝수인 경우}) \end{cases}$$
> 이다.
> (나) $|a_m|=|a_{m+2}|$인 자연수 m의 최솟값은 3이다.

해설편 p. 255

| 수학영역 | 공통과목

수학 Ⅰ + 수학 Ⅱ 4점 집중

N기출 수능기출 문제집

빠른 정답 확인하기

Part 1

[수학 I]

I. 지수함수와 로그함수 **01** ② **02** 24 **03** 16 **04** ①

05 ① **06** 124 **07** ② **08** ③ **09** ④ **10** 426 **11** ②

12 ① **13** 13 **14** 75 **15** ① **16** ③ **17** ⑤ **18** ③

19 ① **20** ⑤ **21** ④ **22** ① **23** ② **24** ② **25** ①

26 ⑤ **27** ③ **28** 220 **29** ② **30** ② **31** ⑤ **32** 10

33 33 **34** 192 **35** ③ **36** ① **37** ③ **38** ④ **39** ③

40 ③ **41** ③ **42** ④ **43** 63 **44** ⑤ **45** 36 **46** ②

47 ④ **48** ④ **49** ④ **50** 15 **51** ② **52** ⑤ **53** ④

54 ② **55** ② **56** 120 **57** 71 **58** 4 **59** 79 **60** ⑤

61 110 **62** 196 **63** 78

II. 삼각함수 **01** 80 **02** ① **03** ④ **04** 4 **05** ②

06 ③ **07** ③ **08** ③ **09** ③ **10** ③ **11** 40 **12** 9

13 ③ **14** 6 **15** 5 **16** 15 **17** ③ **18** ③ **19** ②

20 ② **21** ① **22** ④ **23** ① **24** ⑤ **25** ① **26** 98

27 ① **28** ⑤ **29** ③ **30** ② **31** ② **32** ③ **33** 21

34 ③ **35** ① **36** ② **37** 25 **38** 50 **39** 24 **40** ②

41 ① **42** 13

III. 수열 **01** ⑤ **02** ② **03** ① **04** 16 **05** ③ **06** ③

07 ③ **08** ① **09** 9 **10** 10 **11** 19 **12** ② **13** ①

14 ③ **15** ③ **16** 678 **17** ② **18** 25 **19** 58 **20** ④

21 162 **22** ① **23** 14 **24** ② **25** ④ **26** 34 **27** ①

28 ① **29** ② **30** ① **31** ⑤ **32** ④ **33** ① **34** 9

35 ④ **36** ② **37** 103 **38** 21 **39** 11 **40** ④ **41** ①

42 ④ **43** 86 **44** 100 **45** 64 **46** ③ **47** ① **48** ⑤

49 ③ **50** ② **51** ① **52** ⑤ **53** ③ **54** ② **55** ②

56 ③ **57** ④ **58** ① **59** 13 **60** ⑤ **61** 8

62 255 **63** ① **64** ⑤ **65** ⑤ **66** ⑤ **67** ④ **68** ④

69 ③ **70** 8 **71** 231 **72** ② **73** 19 **74** 117

[수학 II]

I. 함수의 극한과 연속 **01** 16 **02** ② **03** ③ **04** ③

05 ③ **06** ④ **07** 13 **08** ⑤ **09** 10 **10** ① **11** ④

12 16 **13** ② **14** 6 **15** ② **16** ③ **17** ④ **18** ③

19 6 **20** ④ **21** ② **22** ⑤ **23** 24 **24** ④ **25** 21

26 8 **27** 13 **28** ⑤ **29** ② **30** ② **31** ③ **32** ③

33 ④ **34** ⑤ **35** ③ **36** ③ **37** ⑤ **38** ⑤ **39** 58

40 19 **41** ① **42** 20

II. 다항함수의 미분법 **01** 31 **02** ① **03** 3 **04** ①

05 ④ **06** ① **07** 28 **08** ② **09** 32 **10** ⑤

11 186 **12** ③ **13** ④ **14** ③ **15** ② **16** ⑤ **17** ⑤

18 25 **19** ③ **20** ③ **21** ⑤ **22** ② **23** ② **24** 42

25 ③ **26** 2 **27** 97 **28** 5 **29** ① **30** 12 **31** 21

32 ④ **33** ② **34** ① **35** 32 **36** ② **37** ④ **38** ③

39 3 **40** ③ **41** ① **42** ④ **43** ② **44** 10 **45** ②

46 ③ **47** 16 **48** ① **49** ② **50** ⑤ **51** ③ **52** ①

53 9 **54** ③ **55** ④ **56** 38 **57** ⑤ **58** ③ **59** 12

60 ⑤ **61** 21 **62** 12 **63** ③ **64** 21 **65** 3 **66** ③

67 ② **68** ③ **69** ⑤ **70** ⑤ **71** ⑤ **72** ① **73** ⑤

74 ② **75** ① **76** 22 **77** ① **78** ② **79** 483

80 380 **81** ① **82** 13 **83** 108 **84** 61 **85** 39

86 105

III. 다항함수의 적분법 **01** 12 **02** ② **03** ④ **04** ⑤

05 ① **06** 110 **07** ⑤ **08** ② **09** ③ **10** ⑤ **11** ⑤

12 43 **13** ① **14** 45 **15** ① **16** ⑤ **17** ④ **18** 13

19 ④ **20** 8 **21** ④ **22** 5 **23** ① **24** ⑤ **25** ④

26 ② **27** ④ **28** ⑤ **29** ④ **30** ③ **31** ③ **32** ②

33 ④ **34** ② **35** 80 **36** 36 **37** ② **38** ⑤ **39** ③

40 17 **41** ④ **42** ⑤ **43** ③ **44** ③ **45** ④ **46** 15

47 ② **48** 39 **49** 10 **50** 7

Part 2

제1회 **09** ① **10** ② **11** ③ **12** ⑤ **13** ① **14** ③

15 ② **20** 39 **21** 110 **22** 380

제2회 **09** ③ **10** ③ **11** ⑤ **12** ① **13** ③ **14** ②

15 ④ **20** 98 **21** 19 **22** 10

제3회 **09** ④ **10** ② **11** ① **12** ③ **13** ① **14** ①

15 ③ **20** 25 **21** 10 **22** 483

제4회 **09** ③ **10** ⑤ **11** ⑤ **12** ③ **13** ③ **14** ④

15 ② **20** 24 **21** 15 **22** 231

제5회 **09** ⑤ **10** ① **11** ① **12** ② **13** ④ **14** ⑤

15 ① **20** 15 **21** 31 **22** 8

제6회 **09** ④ **10** ③ **11** ② **12** ① **13** ⑤ **14** ④

15 ② **20** 36 **21** 16 **22** 64

What's in your bag?

수능 전날 해야 하는 중요한 일 중 하나가
바로 수능 날을 위한 준비물을 챙기는 일입니다.
어떤 것들을 준비해야 할까요?

● 수험표 & 신분증

절대 잊어버려서는 안 되는 것이 수험표와 신분증이에요. 수능 전날 가방 속에 꼭 챙겨 놓도록 합시다.

● 오답 노트

수능 날에는 두껍고 무거운 참고서보다는 그동안 공부해 온 것을 정리한 오답 노트를 챙기세요. 오답 노트로 마지막 정리를 하고, 마음을 가다듬어요.

● 얇은 겉옷, 핫팩

수능 날에는 날씨도 춥지만, 긴장으로 인해 몸이 더 굳어질 수 있어요. 이럴 때를 대비해서 핫팩과 함께 체온을 유지할 수 있도록 쉽게 입고 벗을 수 있는 얇은 겉옷도 함께 챙기면 유용할 거예요.

● 아날로그 시계

핸드폰과 디지털 시계는 수능 당일에는 아예 쳐다보지도 말아야 합니다. 반드시 시침과 분침이 있는 아날로그 시계를 챙겨야 합니다.

● 필기구

샤프펜슬과 컴퓨터 사인펜은 수능 시험장에서 배부되지만 지우개와 수정 테이프는 나눠 주지 않기 때문에 개인 필기구를 꼭 챙겨야 합니다.

● 점심 도시락 & 간식

긴장이 많이 되는 수능 날에는 소화가 잘되는 음식이나 평소에 잘 먹던 음식을 위주로 준비해야 해요. 쉬는 시간마다 긴장을 풀어 줄 간식도 함께 챙기면 좋겠죠?

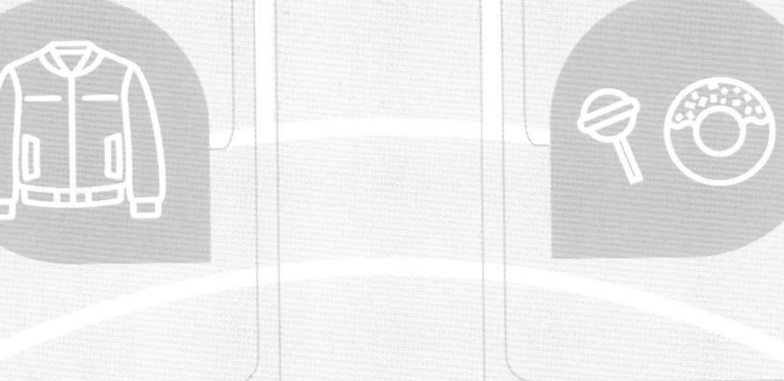

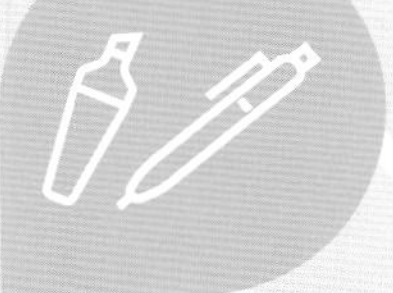

수능은 그동안 공부해 왔던 것들을 하루에 보여 주는 날인 만큼 그날의 컨디션이 매우 중요해요. 수능 당일 필요한 준비물들을 빠짐없이 챙겨서 시험 도중에 당황하는 일 없이 최상의 컨디션으로 좋은 결과 얻기를 바랍니다.

수능을 앞둔 후배들을 위한
세심하고 배려 깊은 조언과 충고를
아낌없이 전해 준 N기출 대학생 기획단

- **강연수** (서강대 영미어문학과)
- **강연희** (서울대 재료공학부)
- **강유나** (고려대 생명공학과)
- **강준호** (서울대 조선해양공학과)
- **고진섭** (서강대 미국문화학과)
- **김건희** (서울대 화학생명공학부)
- **김경민** (이화여대 화학생명분자과학부)
- **김규리** (연세대 영어영문학과)
- **김나영** (서강대 영미어문학과)
- **김도진** (중앙대 의예과)
- **김성은** (고려대 생명공학과)
- **김승호** (서울대 미학과)
- **김철민** (서울대 전기정보공학부)
- **김혁진** (서울대 재료공학과)
- **김형락** (고려대 생명공학과)
- **김홍현** (서울대 전기정보공학과)
- **문영록** (고려대 생명공학과)
- **박경민** (고려대 생명공학과)
- **박선아** (중앙대 공공인재학부)
- **박지수** (중앙대 경제학과)
- **박하연** (연세대 치의예과)
- **박해인** (연세대 치의예과)
- **배지민** (서울대 건축학과)
- **송민권** (고려대 생명공학과)
- **송유진** (서강대 미국문화학과)
- **엄정환** (서강대 미국문화학과)
- **유재석** (서울대 우주항공공학부)
- **육승준** (서강대 영미어문학과)
- **윤지원** (서강대 영미어문학과)
- **이민정** (서강대 영미어문학과)
- **이보림** (고려대 생명공학과)
- **이성민** (연세대 불어불문학과)
- **이시현** (서울대 미학과)
- **이주현** (고려대 생명공학과)
- **이진욱** (서울대 미학과)
- **인준영** (서울대 국어교육과)
- **임진서** (서울대 미학과)
- **정성주** (서울대 건축학과)
- **정세빈** (서울대 인문계열)
- **조성욱** (연세대 치의예과)
- **조현수** (성균관대 영상학과)
- **최윤서** (고려대 생명공학과)
- **한석훈** (서강대 미국문화학과)
- **홍정우** (서울대 건축학과)

www.mirae-n.com

학습하다가 이해되지 않는 부분이나 정오표 등의 궁금한 사항이 있나요?
미래엔 홈페이지에서 해결해 드립니다.

교재 내용 문의
나의 교재 문의 | 자주하는 질문 | 기타 문의

교재 정답 및 정오표
정답과 해설 | 정오표

교재 학습 자료
MP3

Contact Mirae-N
www.mirae-n.com
(우)06532 서울시 서초구 신반포로 321
1800-8890

2026 수능기출 문제집

수 능 대 비

해설편

New
Navigator
Number1

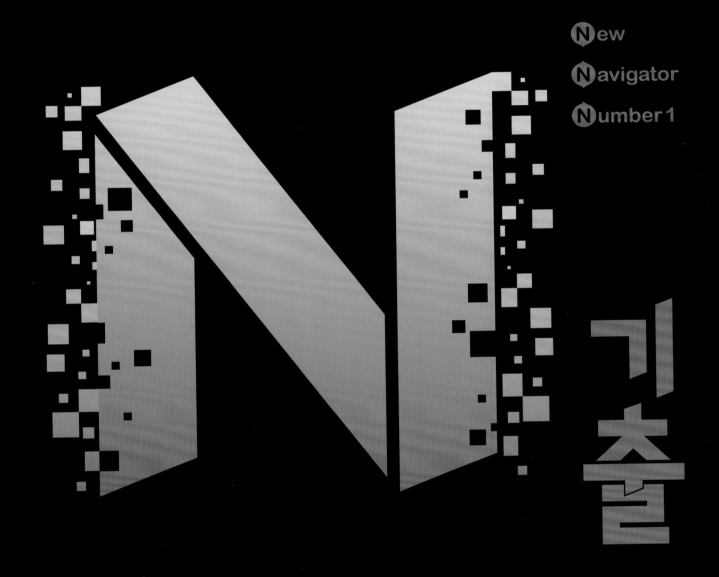

N기출

수학영역 / 공통과목

수학 I + 수학 II
4점 집중

해설편

Study Point

문제 분석
문제별 분석을 통해 문제의 핵심을 파악하는 훈련을 할 수 있습니다.

해결 흐름
문제 해결에 따른 사고의 과정과 그에 필요한 개념으로 문제 해결의 포인트를 잡을 수 있습니다.

다양한 풀이, 친절한 첨삭
알찬 풀이, 다른 풀이, 빠른 풀이 등 친절하고 다양한 풀이로 문제 해결 능력을 키울 수 있습니다. 또, 개념 첨삭, 풀이 첨삭을 자세하고 친절하게 제시하였습니다.

문제 해결 TIP
수학영역 1등급 선배들의 다양한 해석으로 문제와 풀이를 완벽하게 이해할 수 있습니다.

생생 수험 Talk
학습법, 시간 관리, 건강 관리 등 수험생활에 도움이 되는 내용을 생생하게 들을 수 있습니다.

Part 1

해설편

수학 I

수학 II

수학 I

I. 지수함수와 로그함수

01

정답률 확률과 통계 45%, 미적분 67%, 기하 61%

수능 유형 › 거듭제곱근의 정의와 성질 **정답 ②**

→ 함수 $f(x)$의 그래프는 직선 $x=2$를 축으로 하고 위로 볼록한 포물선이야.

함수 $f(x)=-(x-2)^2+k$에 대하여 다음 조건을 만족시키는 자연수 n의 개수가 2일 때, 상수 k의 값은? 2

> $\sqrt{3^{f(n)}}$의 네제곱근 중 실수인 것을 모두 곱한 값이 -9 1 이다.

① 8 ✓② 9 ③ 10 ④ 11 ⑤ 12

해결 흐름

1 $\sqrt{3^{f(n)}}$의 네제곱근 중 실수인 것을 이용하여 식을 세워 봐야지.

연관 개념 | 2 이상의 자연수 n에 대하여 실수 a의 n제곱근 중 실수인 것은 다음과 같다.

	$a>0$	$a=0$	$a<0$
n이 홀수	$\sqrt[n]{a}$	0	$\sqrt[n]{a}$
n이 짝수	$\sqrt[n]{a}$, $-\sqrt[n]{a}$	0	없다.

2 1에서 세운 식을 만족시키는 자연수 n의 개수가 2가 되기 위한 조건을 생각해 봐야겠어.

알찬 풀이

$\sqrt{3^{f(n)}}=a$라 하면 a의 네제곱근 중 실수인 것은 $\sqrt[4]{a}$, $-\sqrt[4]{a}$이다. (→ $\sqrt{3^{f(n)}}>0$이니까 $a>0$이야.)

이때 a의 네제곱근 중 실수인 것을 모두 곱한 값이 -9이므로

$\sqrt[4]{a}\times(-\sqrt[4]{a})=-9$

$-\sqrt{a}=-9$ (← $\sqrt[4]{a}\times(-\sqrt[4]{a})=a^{\frac{1}{4}}\times\left(-a^{\frac{1}{4}}\right)=-a^{\frac{1}{4}+\frac{1}{4}}=-a^{\frac{1}{2}}=-\sqrt{a}$)

$\sqrt{a}=9$ $\therefore a=81$

즉, $\sqrt{3^{f(n)}}=81$이므로 $3^{\frac{1}{2}f(n)}=81$ → $81=3^4$이니까 $3^{\frac{1}{2}f(n)}=3^4$이야.

$\frac{1}{2}f(n)=4$ $\therefore f(n)=8$ …… ㉠

한편, 함수 $f(n)=-(n-2)^2+k$의 그래프는 직선 $n=2$에 대하여 대칭이고 위로 볼록한 포물선이므로 ㉠을 만족시키는 자연수 n의 개수가 2이려면 함수 $y=f(n)$의 그래프가 점 $(1, 8)$을 지나야 한다. → 실전적용 key를 확인해 봐.

즉, $f(1)=8$에서 $-1+k=8$ $\therefore k=9$

실전적용 key

$f(n)=8$을 만족시키는 n의 값은 함수 $y=f(n)$의 그래프와 직선 $y=8$의 교점의 n좌표와 같다.

$f(n)=8$을 만족시키는 자연수 n의 개수가 2이므로 오른쪽 그림과 같이 함수 $y=f(n)$의 그래프와 직선 $y=8$의 교점이 2개이려면 $n<2$에서 교점 1개, $n>2$에서 교점 1개가 존재해야 한다. 이때 교점의 n좌표가 자연수이어야 하므로 $n<2$에서 교점의 n좌표는 1이다. 따라서 함수 $y=f(n)$의 그래프가 점 $(1, 8)$을 반드시 지나야 함을 알 수 있다.

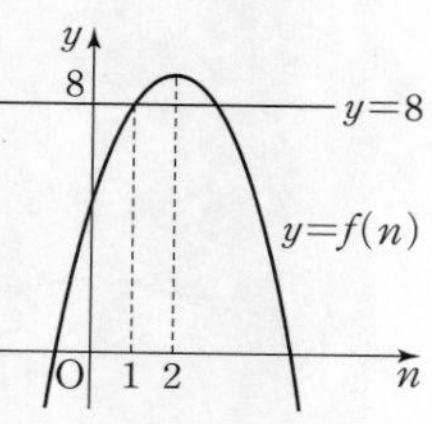

02

정답률 확률과 통계 8%, 미적분 21%, 기하 16%

수능 유형 › 거듭제곱근의 정의와 성질 **정답 24**

다음 조건을 만족시키는 최고차항의 계수가 1인 이차함수 $f(x)$ 2 가 존재하도록 하는 모든 자연수 n의 값 4 의 합을 구하시오. 24

> (가) x에 대한 방정식 $(x^n-64)f(x)=0$은 서로 다른 두 실근을 갖고, 각각의 실근은 중근이다. 1 3
> (나) 함수 $f(x)$의 최솟값은 음의 정수이다. 2 4

해결 흐름

1 $f(x)$가 이차함수이니까 $(x^n-64)f(x)=0$에서 $x^n-64=0$ 또는 $f(x)=0$이네.

2 함수 $f(x)$는 최고차항의 계수가 1인 이차함수이고, $f(x)$의 최솟값이 음수이니까 방정식 $f(x)=0$의 실근의 개수를 알 수 있겠군.

3 n이 홀수인 경우와 짝수인 경우로 나누어 조건 (가)를 만족시키는 함수 $f(x)$를 구해 봐야겠다.

4 3에서 구한 함수 $f(x)$가 조건 (나)를 만족시키는 자연수 n의 값을 구해 봐야겠어.

알찬 풀이

조건 (가)의 $(x^n-64)f(x)=0$에서

$x^n=64$ 또는 $f(x)=0$

이때 함수 $f(x)$가 최고차항의 계수가 1인 이차함수이고, 조건 (나)에서 $f(x)$의 최솟값이 음수이므로 방정식 $f(x)=0$은 서로 다른 두 실근을 갖는다. (→ 함수 $f(x)$의 그래프는 아래로 볼록해.)

(i) n이 홀수일 때, (→ n이 홀수일 때, $x^n=a$ (a는 실수)를 만족시키는 실수 x의 값은 오직 하나야.)

방정식 $x^n=64$의 실근은 1개이므로

방정식 $(x^n-64)f(x)=0$의 서로 다른 두 실근이 각각 중근일 수 없다.

(ii) n이 짝수일 때,

방정식 $x^n=64$의 실근은

$x=\sqrt[n]{64}=2^{\frac{6}{n}}$ 또는 $x=-\sqrt[n]{64}=-2^{\frac{6}{n}}$

이므로 조건 (가)를 만족시키려면 (→ n이 짝수일 때, $x^n=a$ (a는 양의 실수)를 만족시키는 실수 x의 값은 $x=\pm\sqrt[n]{a}$의 2개야.)

$f(x)=\left(x-2^{\frac{6}{n}}\right)\left(x+2^{\frac{6}{n}}\right)$

이어야 한다.

이때 함수 $f(x)$는 $x=0$에서 최솟값 $f(0)$을 가지므로 조건 (나)에 의하여 $f(0)$의 값이 음의 정수이다. 즉,

$f(0)=\left(-2^{\frac{6}{n}}\right)\times2^{\frac{6}{n}}=-2^{\frac{12}{n}}$

이 음의 정수이므로 $\frac{12}{n}$가 자연수이어야 한다.

$\therefore n=2, 4, 6, 12$ (→ n은 짝수이니까 12의 약수 중에서 홀수인 것은 제외해야 해.)

(i), (ii)에서 모든 자연수 n의 값의 합은

$2+4+6+12=24$

문제 해결 TIP

김나영 | 서강대학교 영미영문학과 | 한양대학교사범대학부속고등학교 졸업

미지수인 지수를 짝수일 때와 홀수일 때로 나누어서 조건에 맞는 경우가 어떤 경우인지 찾는 것이 핵심이야. 이런 방법은 어느 유형에서든 자주 쓰이는 방법이니까 익숙해지는 것이 좋아.

정답률 55%

03 수능 유형 › 지수법칙 정답 16

$2\le n\le 100$인 자연수 n에 대하여 $(\sqrt[3]{3^5})^{\frac{1}{2}}$이 어떤 자연수의 n제곱근이 되도록 하는 n의 개수를 구하시오. 16

→ x가 자연수 a의 n제곱근이면 $x^n=a$야.

해결 흐름

1 $(\sqrt[3]{3^5})^{\frac{1}{2}}$을 근호를 사용하지 않고 지수가 유리수인 수로 나타내 봐야겠다.
2 어떤 자연수의 n제곱근이 되도록 하는 n의 조건을 알아봐야겠네.

알찬 풀이

$(\sqrt[3]{3^5})^{\frac{1}{2}}=\left(3^{\frac{5}{3}}\right)^{\frac{1}{2}}=3^{\frac{5}{3}\times\frac{1}{2}}=3^{\frac{5}{6}}$

> 지수의 확장
> $a>0$이고 m, n이 정수일 때, $\sqrt[n]{a^m}=a^{\frac{m}{n}}$ (단, $n\ge 2$)

$3^{\frac{5}{6}}$이 어떤 자연수의 n제곱근이 되려면

$\left(3^{\frac{5}{6}}\right)^n=3^{\frac{5n}{6}}$ → 어떤 자연수를 x라 하면 $\sqrt[n]{x}=3^{\frac{5}{6}} \Longleftrightarrow x=\left(3^{\frac{5}{6}}\right)^n$

이 자연수이어야 하므로 $\frac{5n}{6}$이 자연수이어야 한다.

즉, n은 6의 배수이어야 한다. → 5와 6이 서로소이므로 n은 6의 배수이어야 해.

이때 $2\le n\le 100$이므로 자연수 n은 6, 12, 18, ⋯, 96의 16개이다.

문제 해결 TIP

김혁진 | 서울대학교 재료공학과 | 계성고등학교 졸업

거듭제곱근을 지수가 유리수인 수로 바꾸는 것은 쉽게 할 수 있지? 주어진 수가 어떤 자연수의 n제곱근이 되기 위한 조건도 몇 개의 기출 문제만 풀어 보면 금방 해결 방법을 익힐 수 있을 테니, 연습해 두도록 해.

정답률 38%

04 수능 유형 › 지수의 대소 관계 정답 ①

부등식 $1<m^{n-5}<n^{m-8}$을 만족시키는 자연수 m, n에 대하여

$A=m^{\frac{1}{m-8}}\times n^{\frac{1}{n-5}}$,

$B=m^{-\frac{1}{m-8}}\times n^{\frac{1}{n-5}}$,

$C=m^{\frac{1}{m-8}}\times n^{-\frac{1}{n-5}}$

이라 할 때, A, B, C의 대소 관계로 옳은 것은?

✓① $A>B>C$ ② $A>C>B$ ③ $B>A>C$
④ $B>C>A$ ⑤ $C>A>B$

해결 흐름

1 A, B, C가 자연수의 거듭제곱의 꼴로 되어 있으므로 두 수의 비와 1 사이의 대소를 비교하면 되겠네.

연관 개념 | $a>0$, $b>0$이고 x, y가 실수일 때,
① $a^xa^y=a^{x+y}$ ② $a^x\div a^y=a^{x-y}$
③ $(a^x)^y=a^{xy}$ ④ $(ab)^x=a^xb^x$

알찬 풀이

m, n이 자연수이므로

$A>0$, $B>0$, $C>0$ → $a>0$일 때, 실수 x에 대하여 항상 $a^x>0$이야. ⋯⋯ ㉠

$1<m^{n-5}$에서 $n-5>0$
$1<n^{m-8}$에서 $m-8>0$
→ 지수가 0 또는 음수이면 $0<m^{n-5}\le 1$, $0<n^{m-8}\le 1$이 되어 주어진 부등식을 만족시키지 않아.

또, $m^{n-5}<n^{m-8}$에서

$\frac{n^{m-8}}{m^{n-5}}>1$ ⋯⋯ ㉡

(i) $\frac{A}{B}=\frac{m^{\frac{1}{m-8}}\times n^{\frac{1}{n-5}}}{m^{-\frac{1}{m-8}}\times n^{\frac{1}{n-5}}}$

$=m^{\frac{2}{m-8}}>1$ → $\frac{2}{m-8}>0$이니까.

$\therefore A>B$ ($\because$ ㉠)

(ii) $\frac{B}{C}=\frac{m^{-\frac{1}{m-8}}\times n^{\frac{1}{n-5}}}{m^{\frac{1}{m-8}}\times n^{-\frac{1}{n-5}}}$

$=m^{-\frac{2}{m-8}}\times n^{\frac{2}{n-5}}$

$=\{m^{-(n-5)}\times n^{m-8}\}^{\frac{2}{(m-8)(n-5)}}$

$=\left(\frac{n^{m-8}}{m^{n-5}}\right)^{\frac{2}{(m-8)(n-5)}}>1$ ($\because$ ㉡) → $\frac{2}{(m-8)(n-5)}>0$이니까.

$\therefore B>C$ ($\because$ ㉠)

(i), (ii)에서 $A>B>C$

참고 $\frac{A}{C}=\frac{m^{\frac{1}{m-8}}\times n^{\frac{1}{n-5}}}{m^{\frac{1}{m-8}}\times n^{-\frac{1}{n-5}}}=n^{\frac{2}{n-5}}>1$ $\therefore A>C$ ($\because$ ㉠)

다른 풀이 m, n이 자연수이므로

$A>0$, $B>0$, $C>0$

또, $n-5>0$, $m-8>0$이므로

$(m-8)(n-5)>0$

따라서 A, B, C의 대소 관계는

$A^{(m-8)(n-5)}$, $B^{(m-8)(n-5)}$, $C^{(m-8)(n-5)}$의 대소 관계와 같다.

$A^{(m-8)(n-5)}=m^{n-5}\times n^{m-8}$

$B^{(m-8)(n-5)}=m^{-(n-5)}\times n^{m-8}=\frac{n^{m-8}}{m^{n-5}}$

> 지수의 확장
> $a\ne 0$이고 n이 자연수일 때, $a^{-n}=\frac{1}{a^n}$

$C^{(m-8)(n-5)}=m^{n-5}\times n^{-(m-8)}=\frac{m^{n-5}}{n^{m-8}}$

주어진 조건에서 $1<m^{n-5}<n^{m-8}$이므로

$\frac{n^{m-8}}{m^{n-5}}>1$, 즉 $B^{(m-8)(n-5)}>1$

$\frac{m^{n-5}}{n^{m-8}}<1$, 즉 $C^{(m-8)(n-5)}<1$

$A^{(m-8)(n-5)}>B^{(m-8)(n-5)}>C^{(m-8)(n-5)}$

$\therefore A>B>C$ → $A^{(m-8)(n-5)}$은 1보다 큰 두 수의 곱이니까 제일 큰 수임을 직관적으로 알 수 있어.

빠른 풀이 $m=10$, $n=6$일 때,

$1<10^{6-5}<6^{10-8}$ → $10^1=10$, $6^2=36$

이므로 $m=10$, $n=6$은 주어진 부등식을 만족시킨다.

A, B, C에 $m=10$, $n=6$을 대입하면

$A=10^{\frac{1}{2}}\times 6=6\sqrt{10}$

$B=10^{-\frac{1}{2}}\times 6=\frac{6}{\sqrt{10}}=\frac{3\sqrt{10}}{5}$

$C=10^{\frac{1}{2}}\times 6^{-1}=\frac{\sqrt{10}}{6}$

→ $\frac{3}{5}>\frac{1}{6}$이니까 $\frac{3\sqrt{10}}{5}>\frac{\sqrt{10}}{6}$

$\therefore A>B>C$

정답률 64%

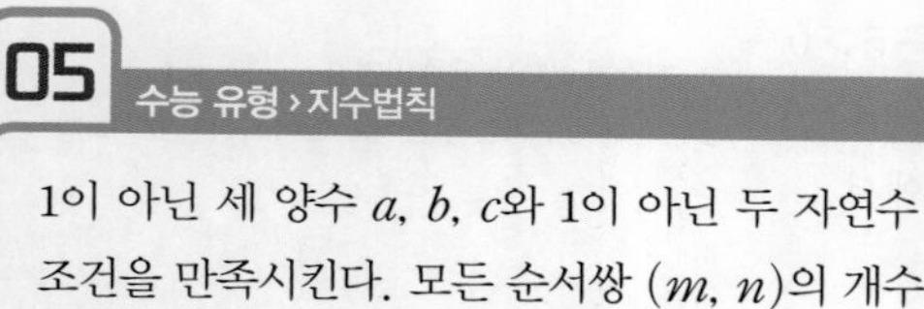

05 수능 유형 › 지수법칙

정답 ①

1이 아닌 세 양수 a, b, c와 1이 아닌 두 자연수 m, n이 다음 조건을 만족시킨다. 모든 순서쌍 (m, n)의 개수는?

(가) $\sqrt[3]{a}$는 b의 m제곱근이다.
(나) $\sqrt{b}$는 c의 n제곱근이다. → $(\sqrt[3]{a})^m=b$야.
(다) c는 a^{12}의 네제곱근이다.

✓① 4 ② 7 ③ 10
④ 13 ⑤ 16

해결 흐름

1 거듭제곱근의 정의를 이용하여 주어진 조건을 각각 식으로 나타내 봐야겠다.
연관 개념 | a가 실수이고 n이 2 이상의 자연수일 때,
x가 a의 n제곱근이다. $\Longleftrightarrow x^n=a$

2 1에서 세운 식을 이용하여 m, n 사이의 관계를 알아봐야지.

알찬 풀이

조건 (가)에서 $\sqrt[3]{a}$는 b의 m제곱근이므로

$(\sqrt[3]{a})^m=a^{\frac{m}{3}}=b$ → $(\sqrt[3]{a})^m=\left(a^{\frac{1}{3}}\right)^m=a^{\frac{m}{3}}$ …… ㉠

조건 (나)에서 $\sqrt{b}$는 c의 n제곱근이므로

$(\sqrt{b})^n=b^{\frac{n}{2}}=c$ → $(\sqrt{b})^n=\left(b^{\frac{1}{2}}\right)^n=b^{\frac{n}{2}}$ …… ㉡

조건 (다)에서 c는 a^{12}의 네제곱근이므로

$c^4=a^{12}$ …… ㉢

㉢에 ㉡, ㉠을 차례로 대입하면

$c^4=\left(b^{\frac{n}{2}}\right)^4=b^{2n}$ → ㉡에서 $c=b^{\frac{n}{2}}$이므로 c 대신 $b^{\frac{n}{2}}$을 대입했어.

$=\left(a^{\frac{m}{3}}\right)^{2n}=a^{\frac{2mn}{3}}=a^{12}$

이므로 → ㉠에서 $b=a^{\frac{m}{3}}$이므로 b 대신 $a^{\frac{m}{3}}$을 대입했어.

$\frac{2mn}{3}=12$ $\quad\therefore mn=18$

따라서 조건을 만족시키는 1이 아닌 두 자연수 m, n의 순서쌍 (m, n)은

$(2, 9)$, $(3, 6)$, $(6, 3)$, $(9, 2)$ → $m\neq1$, $n\neq1$이므로 $mn=18$을 만족시키는 순서쌍 (m, n)에서 $(1, 18)$, $(18, 1)$은 제외시켜야 해.

의 4개이다.

정답률 61%

06 수능 유형 › 지수법칙

정답 124

2 이상의 자연수 n에 대하여 $(\sqrt{3^n})^{\frac{1}{2}}$과 $\sqrt[n]{3^{100}}$이 모두 자연수가 되도록 하는 모든 n의 값의 합을 구하시오. 124

$3^{\square}$ 꼴로 나타내 봐.

해결 흐름

1 $(\sqrt{3^n})^{\frac{1}{2}}$, $\sqrt[n]{3^{100}}$을 각각 근호를 사용하지 않고 지수가 유리수인 수로 나타내 봐야겠다.

2 1에서 나타낸 수가 모두 자연수가 되도록 하는 n의 조건을 알아봐야겠네.

알찬 풀이

$(\sqrt{3^n})^{\frac{1}{2}}=\left(3^{\frac{n}{2}}\right)^{\frac{1}{2}}=3^{\frac{n}{2}\times\frac{1}{2}}=3^{\frac{n}{4}}$

> 지수의 확장
> $a>0$이고 m, n이 정수일 때,
> $\sqrt[n]{a^m}=a^{\frac{m}{n}}$ (단, $n\geq2$)

$3^{\frac{n}{4}}$이 자연수가 되려면 $\frac{n}{4}$이 자연수이어야 하므로

n은 4의 배수이어야 한다. → 4, 8, 12, ⋯ …… ㉠

$\sqrt[n]{3^{100}}=3^{\frac{100}{n}}$

$3^{\frac{100}{n}}$이 자연수가 되려면 $\frac{100}{n}$이 자연수이어야 하므로

n은 100의 양의 약수이어야 한다. → 1, 2, 4, 5, 10, 20, 25, 50, 100 …… ㉡

㉠, ㉡에서 조건을 만족시키는 2 이상의 자연수 n은 4의 배수이면서 100의 양의 약수이므로

4, 20, 100 → 100의 양의 약수 중에서 4의 배수만 찾아.

따라서 모든 n의 값의 합은

$4+20+100=124$

실전 적용 key

$3^0=1$이므로 $3^{\frac{n}{4}}$이 자연수가 되려면 지수인 $\frac{n}{4}$이 0 또는 자연수, 즉 음이 아닌 정수이어야 한다. 그런데 문제의 조건에서 n이 2 이상의 자연수라고 주어졌으므로 $n=0$인 경우는 생각하지 않아도 된다.
따라서 $\frac{n}{4}$이 자연수가 되도록 하는 n은 4의 배수인 4, 8, 12, ⋯이다.

정답률 A형 60%, B형 84%

07 수능 유형 › 지수법칙의 활용

정답 ②

어느 금융상품에 초기자산 W_0을 투자하고 t년이 지난 시점에서의 기대자산 W가 다음과 같이 주어진다고 한다.

$$W=\frac{W_0}{2}10^{at}(1+10^{at})$$

주어진 관계식에 $W_0=w_0$, $t=15$, $W=3w_0$을 대입해.

(단, $W_0>0$, $t\geq0$이고, a는 상수이다.)

이 금융상품에 초기자산 w_0을 투자하고 15년이 지난 시점에서의 기대자산은 초기자산의 3배이다. 이 금융상품에 초기자산 w_0을 투자하고 30년이 지난 시점에서의 기대자산이 초기자산의 k배일 때, 실수 k의 값은? (단, $w_0>0$)

① 9 ✓② 10 ③ 11
④ 12 ⑤ 13

해결 흐름

1 주어진 식에 조건을 만족시키는 값을 대입하여 식을 세워야겠다.

2 1에서 세운 식을 정리하면 k의 값을 구할 수 있겠군.

알찬 풀이

초기자산 $W_0=w_0$을 투자하고 15년이 지난 시점, 즉 $t=15$일 때 기대자산 $W=3w_0$이므로

→ $W=3w_0$, $W_0=w_0$, $t=15$를 주어진 식에 대입했어.

$3w_0=\frac{w_0}{2}10^{15a}(1+10^{15a})$

$\therefore 6=10^{15a}(1+10^{15a})$

$10^{15a}=X\ (X>0)$로 놓으면 → 치환한 문자의 범위에 주의해. $10^{15a}>0$이므로 $X>0$이야.

$6=X(1+X)$

$X^2+X-6=0$

$(X+3)(X-2)=0$

$\therefore X=2\ (\because X>0)$

$\therefore 10^{15a}=2$

또, 초기자산 $W_0=w_0$을 투자하고 30년이 지난 시점, 즉 $t=30$일 때 기대자산 $W=kw_0$이므로

$kw_0=\frac{w_0}{2}10^{30a}(1+10^{30a})$ → $W=kw_0$, $W_0=w_0$, $t=30$을 주어진 식에 대입했어.

$\therefore 2k=10^{30a}(1+10^{30a})$

이때 $10^{30a}=(10^{15a})^2=2^2=4$이므로

$2k=4(1+4)$

$2k=20$

$\therefore k=10$

정답률 88%

08 수능 유형 › 지수법칙의 활용

정답 ③

지면으로부터 H_1인 높이에서 풍속이 V_1이고 지면으로부터 H_2인 높이에서 풍속이 V_2일 때, 대기 안정도 계수 k는 다음 식을 만족시킨다.

$$V_2=V_1\times\left(\frac{H_2}{H_1}\right)^{\frac{2}{2-k}}$$ 1

(단, $H_1<H_2$이고, 높이의 단위는 m, 풍속의 단위는 m/초이다.)

→ $H_1=12$, $H_2=36$, $V_1=2$, $V_2=8$이겠네.

A지역에서 지면으로부터 12 m와 36 m인 높이에서 풍속이 각각 2(m/초)와 8(m/초) 1 이고, B지역에서 지면으로부터 10 m와 90 m인 높이에서 풍속이 각각 a(m/초)와 b(m/초) 2 일 때, 두 지역의 대기 안정도 계수 k가 서로 같았다. 3

$\frac{b}{a}$의 값은? (단, a, b는 양수이다.)

① 10 ② 13 ✓③ 16 ④ 19 ⑤ 22

해결 흐름

1 A지역의 지면으로부터의 높이와 풍속 사이의 관계를 주어진 식에 대입하면 대기 안정도 계수 k에 대한 식을 얻을 수 있네.

2 B지역의 지면으로부터의 높이와 풍속 사이의 관계를 주어진 식에 대입하면 a, b 사이의 관계식을 구할 수 있겠다.

3 1, 2에서 구한 식에서 k의 값이 서로 같으므로 1의 식을 2의 식에 대입해 보면 되겠군.

알찬 풀이

A지역에서 지면으로부터 $H_1=12$(m)와 $H_2=36$(m)인 높이에서 풍속이 각각 $V_1=2$(m/초)와 $V_2=8$(m/초)이므로

$8=2\times\left(\frac{36}{12}\right)^{\frac{2}{2-k}}$ → $V_2=8$, $V_1=2$, $H_1=12$, $H_2=36$을 주어진 식에 대입했어.

$\therefore 4=3^{\frac{2}{2-k}}$ …… ㉠

B지역에서 지면으로부터 $H_1=10$(m)와 $H_2=90$(m)인 높이에서 풍속이 각각 $V_1=a$(m/초)와 $V_2=b$(m/초)이므로

$b=a\times\left(\frac{90}{10}\right)^{\frac{2}{2-k}}$ → $V_2=b$, $V_1=a$, $H_1=10$, $H_2=90$을 주어진 식에 대입했어.

$=a\times 9^{\frac{2}{2-k}}$

$\therefore \frac{b}{a}=9^{\frac{2}{2-k}}=(3^2)^{\frac{2}{2-k}}$

$=\left(3^{\frac{2}{2-k}}\right)^2=4^2\ (\because ㉠)$

$=16$

정답률 확률과 통계 57%, 미적분 84%, 기하 80%

09 수능 유형 › 로그의 성질

정답 ④

수직선 위의 두 점 $P(\log_5 3)$, $Q(\log_5 12)$에 대하여 선분 PQ를 $m:(1-m)$으로 내분하는 점의 좌표가 1 1 일 때, 4^m의 값은? 2 (단, m은 $0<m<1$인 상수이다.)

→ 선분 PQ를 내분하는 점의 좌표를 m에 대한 식으로 나타내 봐.

① $\frac{7}{6}$ ② $\frac{4}{3}$ ③ $\frac{3}{2}$ ✓④ $\frac{5}{3}$ ⑤ $\frac{11}{6}$

해결 흐름

1 선분 PQ를 $m:(1-m)$으로 내분하는 점의 좌표가 1임을 이용하면 m에 대한 식을 세울 수 있겠다.

2 1에서 구한 식에서 로그의 성질을 이용하여 4^m의 값을 구하면 되겠네.

연관 개념 | $a>0$, $a\neq1$, $b>0$, $c>0$, $c\neq1$일 때,

① $\log_a b=\frac{\log_c b}{\log_c a}$

② $a^{\log_a b}=b$

> 수직선 위의 선분의 내분점
> 수직선 위의 두 점 $A(x_1)$과 $B(x_2)$에 대하여 선분 AB를 $m:n\ (m>0,\ n>0)$으로 내분하는 점의 좌표는 $\frac{mx_2+nx_1}{m+n}$

알찬 풀이

선분 PQ를 $m:(1-m)$으로 내분하는 점의 좌표가 1이므로

$\frac{m\log_5 12+(1-m)\log_5 3}{m+(1-m)}=1$

$m\log_5 12+(1-m)\log_5 3=1$

$m(\log_5 12-\log_5 3)+\log_5 3=1$ → $1=\log_5 5$

$m(\log_5 12-\log_5 3)=1-\log_5 3$

$m\log_5\frac{12}{3}=\log_5\frac{5}{3}$

> 로그의 성질
> $a>0$, $a\neq1$, $M>0$, $N>0$일 때,
> $\log_a M-\log_a N=\log_a\frac{M}{N}$

$m\log_5 4=\log_5\frac{5}{3}$

$\therefore m=\frac{\log_5\frac{5}{3}}{\log_5 4}=\log_4\frac{5}{3}$

$\therefore 4^m=4^{\log_4\frac{5}{3}}=\frac{5}{3}$

다른 풀이 선분 PQ를 $m:(1-m)$으로 내분하는 점의 좌표가 1이므로

$$\frac{m\log_5 12+(1-m)\log_5 3}{m+(1-m)}=1$$

$m\log_5 12+(1-m)\log_5 3=1$

$m\log_5 12+\log_5 3-m\log_5 3=1$

$m\log_5(3\times 4)+\log_5 3-m\log_5 3=1$

$m\log_5 3+m\log_5 4+\log_5 3-m\log_5 3=1$

$m\log_5 4+\log_5 3=1$, $m\log_5 4=1-\log_5 3$ → $1=\log_5 5$

$\log_5 4^m=\log_5\frac{5}{3}$

$\therefore 4^m=\frac{5}{3}$ → 밑이 같은 두 로그의 값이 같으면 진수도 같아.

로그의 성질
$a>0$, $a\neq 1$, $M>0$, $N>0$일 때, $\log_a M+\log_a N=\log_a MN$

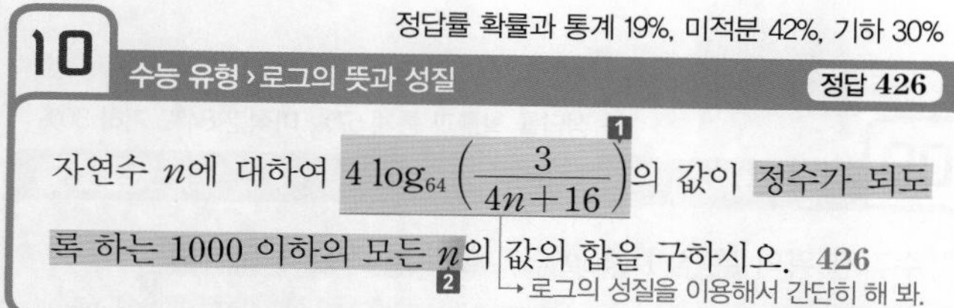

정답률 확률과 통계 19%, 미적분 42%, 기하 30%

10 수능 유형 › 로그의 뜻과 성질 정답 426

자연수 n에 대하여 $4\log_{64}\left(\frac{3}{4n+16}\right)$의 값이 정수가 되도록 하는 1000 이하의 모든 n의 값의 합을 구하시오. 426

→ 로그의 성질을 이용해서 간단히 해 봐.

해결 흐름

1 로그의 성질을 이용하여 주어진 식을 간단히 해 봐야지.

연관 개념 | $a>0$, $a\neq 1$, $b>0$일 때,
① $\log_a b^k=k\log_a b$ (단, k는 실수)
② $\log_{a^m} b^n=\frac{n}{m}\log_a b$ (단, m, n은 실수, $m\neq 0$)

2 1에서 간단히 한 식의 값이 정수가 되도록 하는 n의 조건을 알아봐야겠어.

알찬 풀이

$$4\log_{64}\left(\frac{3}{4n+16}\right)=4\log_{2^6}\left(\frac{3}{4n+16}\right)=\frac{2}{3}\log_2\left(\frac{3}{4n+16}\right)$$

이 값이 정수가 되려면 $\log_2\left(\frac{3}{4n+16}\right)$의 값이 3의 배수인 정수이어야 한다.
→ $\frac{2}{3}$에서 분모인 3이 약분되어야 하니까.

이때 $0<\frac{3}{4n+16}<1$이므로 → n이 자연수이니까.

$\log_2\left(\frac{3}{4n+16}\right)=3k$ (k는 음의 정수) 꼴이어야 한다.
→ $\log_2\left(\frac{3}{4n+16}\right)<0$이니까.

$\frac{3}{4n+16}=2^{3k}$에서

로그의 정의
$a>0$, $a\neq 1$, $N>0$일 때, $a^x=N \Longleftrightarrow x=\log_a N$

$\frac{4n+16}{3}=2^{-3k}$

$4n+16=3\times 2^{-3k}$

$4n=3\times 2^{-3k}-16$

$\therefore n=3\times 2^{-3k-2}-4$

$k=-1$일 때, $n=3\times 2^1-4=2$

$k=-2$일 때, $n=3\times 2^4-4=44$

$k=-3$일 때, $n=3\times 2^7-4=380$

$k\leq -4$일 때, $n>1000$이므로 조건을 만족시키지 않는다.

따라서 모든 n의 값의 합은

$2+44+380=426$

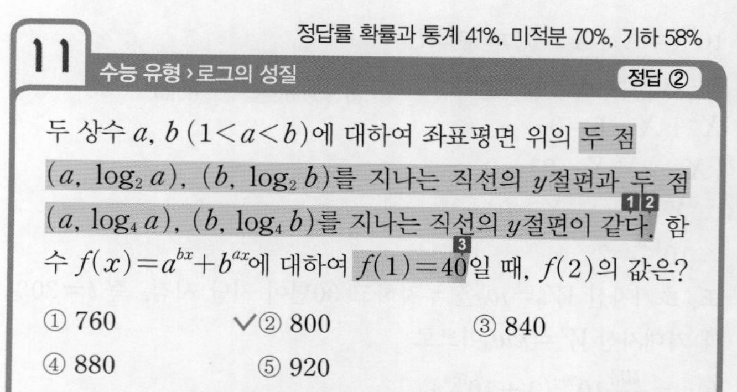

정답률 확률과 통계 41%, 미적분 70%, 기하 58%

11 수능 유형 › 로그의 성질 정답 ②

두 상수 a, b $(1<a<b)$에 대하여 좌표평면 위의 두 점 $(a, \log_2 a)$, $(b, \log_2 b)$를 지나는 직선의 y절편과 두 점 $(a, \log_4 a)$, $(b, \log_4 b)$를 지나는 직선의 y절편이 같다. 함수 $f(x)=a^{bx}+b^{ax}$에 대하여 $f(1)=40$일 때, $f(2)$의 값은?

① 760 ✓② 800 ③ 840 ④ 880 ⑤ 920

해결 흐름

1 두 점을 지나는 직선의 방정식을 각각 세우고, y절편을 구해야겠어.

2 1에서 구한 y절편이 같으므로 로그의 성질을 이용하면 a, b 사이의 관계식을 구할 수 있겠다.

연관 개념 | $a>0$, $a\neq 1$이고 $x_1>0$, $x_2>0$에 대하여 $\log_a x_1=\log_a x_2 \Longleftrightarrow x_1=x_2$

3 2에서 구한 관계식과 $f(1)=40$임을 이용해서 a, b의 값을 구하면 되겠네.

알찬 풀이

두 점 $(a, \log_2 a)$, $(b, \log_2 b)$를 지나는 직선의 방정식은

$$y-\log_2 a=\frac{\log_2 b-\log_2 a}{b-a}(x-a)$$

두 점을 지나는 직선의 방정식
두 점 (x_1, y_1), (x_2, y_2)를 지나는 직선의 방정식은 $y-y_1=\frac{y_2-y_1}{x_2-x_1}(x-x_1)$ (단, $x_1\neq x_2$)

이므로 이 직선의 y절편은

$$\log_2 a-\frac{a(\log_2 b-\log_2 a)}{b-a} \quad \cdots\cdots ㉠$$

또, 두 점 $(a, \log_4 a)$, $(b, \log_4 b)$를 지나는 직선의 방정식은

$$y-\log_4 a=\frac{\log_4 b-\log_4 a}{b-a}(x-a)$$

이므로 이 직선의 y절편은

$$\log_4 a-\frac{a(\log_4 b-\log_4 a)}{b-a} \quad \cdots\cdots ㉡$$

이때 ㉠과 ㉡이 같으므로

$$\log_2 a-\frac{a(\log_2 b-\log_2 a)}{b-a}=\log_4 a-\frac{a(\log_4 b-\log_4 a)}{b-a}$$
$$=\log_{2^2} a-\frac{a(\log_{2^2} b-\log_{2^2} a)}{b-a}$$
$$=\frac{1}{2}\left\{\log_2 a-\frac{a(\log_2 b-\log_2 a)}{b-a}\right\}$$

로그의 성질
$a>0$, $a\neq 1$, $b>0$이고 m, n이 실수일 때, $\log_{a^m} b^n=\frac{n}{m}\log_a b$ (단, $m\neq 0$)

에서

$$\log_2 a-\frac{a(\log_2 b-\log_2 a)}{b-a}=0$$

$(b-a)\log_2 a=a(\log_2 b-\log_2 a)$

$b\log_2 a=a\log_2 b$

$\log_2 a^b=\log_2 b^a$

로그의 성질
$a>0$, $a\neq 1$, $M>0$일 때, $\log_a M^k=k\log_a M$ (단, k는 실수)

$\therefore a^b=b^a$ → 밑이 같은 두 로그의 값이 같으면 진수도 같아. $\cdots\cdots ㉢$

한편, $f(x)=a^{bx}+b^{ax}$이고 $f(1)=40$이므로

$f(1)=a^b+b^a=40$

위의 식에 ㉢을 대입하면

$2a^b=40$

$\therefore a^b=20$, $b^a=20$

$\therefore f(2)=a^{2b}+b^{2a}=(a^b)^2+(b^a)^2$
$=20^2+20^2=800$

문제 해결 

이시현 | 서울대학교 미학과 | 명덕외국어고등학교 졸업

로그를 포함한 두 점의 좌표가 주어지고 그 두 점을 지나는 직선에 대한 문제가 최근 자주 출제되고 있어. 따라서 직선의 기울기, y절편 등의 직선의 방정식의 개념 및 성질들을 숙지해 둘 필요성이 있지. 이처럼 로그는 여러 가지 개념들과 통합되어 다양한 문제들이 출제되니까 쉽다고 방심하지 말고 충분히 연습해 두도록 하자.

12 수능 유형 › 로그의 뜻과 성질

정답 ①

[1] $\frac{1}{2}<\log a<\frac{11}{2}$인 양수 a에 대하여 $\frac{1}{3}+\log\sqrt{a}$의 값이 자연수가 되도록 하는 모든 a의 값[2]의 곱은? → 이 값의 범위를 구해 보면 돼.

✓① 10^{10} ② 10^{11} ③ 10^{12}
④ 10^{13} ⑤ 10^{14}

해결 흐름

[1] $\frac{1}{2}<\log a<\frac{11}{2}$이니까 $\frac{1}{3}+\log\sqrt{a}$의 값의 범위를 구할 수 있겠다.

연관 개념 | $a>0$, $a\neq1$, $M>0$일 때,
$\log_a M^k=k\log_a M$ (단, k는 실수)

[2] [1]에서 구한 범위에서 $\frac{1}{3}+\log\sqrt{a}$의 값이 될 수 있는 자연수를 알면 a의 값을 구할 수 있겠네.

알찬 풀이

$\log\sqrt{a}=\log a^{\frac{1}{2}}=\frac{1}{2}\log a$이므로 $\frac{1}{2}<\log a<\frac{11}{2}$에서

$\frac{1}{4}<\log\sqrt{a}<\frac{11}{4}$ → 주어진 부등식의 각 변에 $\frac{1}{2}$을 곱했어.

$\therefore \frac{7}{12}<\frac{1}{3}+\log\sqrt{a}<\frac{37}{12}$ ($\frac{7}{12}$ → 0.×××, $\frac{37}{12}$ → 3.×××)

따라서 $\frac{1}{3}+\log\sqrt{a}$의 값이 될 수 있는 자연수는 1, 2, 3이다.

(i) $\frac{1}{3}+\log\sqrt{a}=1$일 때,

$\log\sqrt{a}=\frac{2}{3}$, $\sqrt{a}=10^{\frac{2}{3}}$ → 로그의 정의를 이용했어.

$\therefore a=\left(10^{\frac{2}{3}}\right)^2=10^{\frac{4}{3}}$

(ii) $\frac{1}{3}+\log\sqrt{a}=2$일 때,

$\log\sqrt{a}=\frac{5}{3}$, $\sqrt{a}=10^{\frac{5}{3}}$

$\therefore a=\left(10^{\frac{5}{3}}\right)^2=10^{\frac{10}{3}}$

(iii) $\frac{1}{3}+\log\sqrt{a}=3$일 때,

$\log\sqrt{a}=\frac{8}{3}$, $\sqrt{a}=10^{\frac{8}{3}}$

$\therefore a=\left(10^{\frac{8}{3}}\right)^2=10^{\frac{16}{3}}$

(i), (ii), (iii)에서 모든 a의 값의 곱은

$10^{\frac{4}{3}}\times10^{\frac{10}{3}}\times10^{\frac{16}{3}}=10^{\frac{4}{3}+\frac{10}{3}+\frac{16}{3}}$
$=10^{10}$

지수법칙
$a>0$이고 x, y가 실수일 때,
$a^x\times a^y=a^{x+y}$

13 수능 유형 › 로그의 뜻과 성질

정답 13

[1] $\log_4 2n^2-\frac{1}{2}\log_2\sqrt{n}$의 값이 40 이하의 자연수[2]가 되도록 하는 자연수 n의 개수를 구하시오. 13

→ 로그의 성질을 이용해서 간단히 해 봐.

해결 흐름

[1] 로그의 성질을 이용하여 주어진 식을 간단히 해 봐야지.

연관 개념 | $a>0$, $a\neq1$, $M>0$, $N>0$일 때,
$\log_a\frac{M}{N}=\log_a M-\log_a N$

[2] 로그의 정의를 이용하여 주어진 식의 값이 40 이하의 자연수가 되도록 하는 n의 조건을 알아봐야겠네.

알찬 풀이

$$\log_4 2n^2-\frac{1}{2}\log_2\sqrt{n}=\log_4 2n^2-\log_4\sqrt{n}$$
→ $\frac{1}{2}\log_2\sqrt{n}=\log_{2^2}\sqrt{n}=\log_4\sqrt{n}$

$$=\log_4\frac{2n^2}{\sqrt{n}}$$
$$=\log_4\left(2n^{\frac{3}{2}}\right)$$
→ $\frac{2n^2}{\sqrt{n}}=2n^2\div n^{\frac{1}{2}}=2n^{2-\frac{1}{2}}=2n^{\frac{3}{2}}$

$\log_4\left(2n^{\frac{3}{2}}\right)$이 40 이하의 자연수가 되려면

$\log_4\left(2n^{\frac{3}{2}}\right)=k$ ($k=1, 2, 3, \cdots, 40$)

에서

$2n^{\frac{3}{2}}=4^k=2^{2k}$, $n^{\frac{3}{2}}=2^{2k-1}$

즉, $n=\left(2^{2k-1}\right)^{\frac{2}{3}}=4^{\frac{2k-1}{3}}$이어야 한다.
→ $\left(2^{2k-1}\right)^{\frac{2}{3}}=\left(2^2\right)^{\frac{2k-1}{3}}=4^{\frac{2k-1}{3}}$

이때 n이 자연수이므로 $\frac{2k-1}{3}$도 자연수이고,
→ $4^{\frac{2k-1}{3}}$이 자연수이니까 지수인 $\frac{2k-1}{3}$이 자연수야.

k는 40 이하의 자연수이므로

$k=2, 5, 8, \cdots, 38$

따라서 주어진 조건을 만족시키는 자연수 n은 13개이다.

14 수능 유형 › 로그의 뜻과 성질

정답률 18%

정답 75

네 양수 a, b, c, k가 다음 조건을 만족시킬 때, k^2의 값을 구하시오. 75

(가) $3^a=5^b=k^c$ [2]
(나) $\log c=\log(2ab)-\log(2a+b)$ [1]

해결 흐름

[1] 로그의 성질을 이용하여 조건 (나)의 식을 정리한 후, a, b, c 사이의 관계식을 구해야겠다.

[2] $3^a=5^b=k^c=t$ ($t>1$)라 하고, 로그의 정의를 이용하여 a, b, c의 값을 t에 대한 식으로 나타내면 k의 값을 구할 수 있겠네.

연관 개념 | $a>0$, $a\neq1$, $N>0$일 때,
$a^x=N \Longleftrightarrow x=\log_a N$

알찬 풀이

조건 (나)에서

$\log c=\log(2ab)-\log(2a+b)$

$\quad=\log\dfrac{2ab}{2a+b}$

> **로그의 성질**
> $a>0$, $a\neq1$, $M>0$, $N>0$일 때,
> $\log_a M-\log_a N=\log_a \dfrac{M}{N}$

이므로 $c=\dfrac{2ab}{2a+b}$

$\therefore \dfrac{1}{c}=\dfrac{2a+b}{2ab}=\dfrac{1}{b}+\dfrac{1}{2a}$ …… ㉠

조건 (가)에서

$3^a=5^b=k^c=t\ (t>1)$ → a, b, c, k가 양수이니까 $3^a>1$, $5^b>1$, $k^c>1$이야.

라 하면

$a=\log_3 t,\ b=\log_5 t,\ c=\log_k t$ → 로그의 정의를 이용했어.

이므로 이를 ㉠에 대입하면

$\dfrac{1}{\log_k t}=\dfrac{1}{\log_5 t}+\dfrac{1}{2\log_3 t}$

$\log_t k=\log_t 5+\dfrac{1}{2}\log_t 3$

> **로그의 밑의 변환**
> $a>0$, $a\neq1$, $b>0$, $b\neq1$일 때,
> $\log_a b=\dfrac{1}{\log_b a}$

$\log_t k=\log_t 5\sqrt{3}$

$k=5\sqrt{3}$

$\therefore k^2=(5\sqrt{3})^2=75$

다른 풀이 조건 (나)에서

$\log c=\log(2ab)-\log(2a+b)$

$\quad=\log\dfrac{2ab}{2a+b}$

이므로 $c=\dfrac{2ab}{2a+b}$

$\therefore \dfrac{1}{c}=\dfrac{2a+b}{2ab}=\dfrac{1}{b}+\dfrac{1}{2a}$ …… ㉡

조건 (가)에서

$3^a=5^b=k^c=A\ (A>1)$

라 하면

$A^{\frac{1}{a}}=3,\ A^{\frac{1}{b}}=5,\ A^{\frac{1}{c}}=k$ → $a^x=k\ (a>0)$일 때, $a=k^{\frac{1}{x}}$이야.

$\therefore k=A^{\frac{1}{c}}=A^{\frac{1}{b}+\frac{1}{2a}}$ ($\because$ ㉡)

$\quad=A^{\frac{1}{b}}\times A^{\frac{1}{2a}}$ → $A^{\frac{1}{2a}}=A^{\frac{1}{2}\times\frac{1}{a}}=A^{\frac{1}{a}\times\frac{1}{2}}=\left(A^{\frac{1}{a}}\right)^{\frac{1}{2}}$

$\quad=A^{\frac{1}{b}}\times\left(A^{\frac{1}{a}}\right)^{\frac{1}{2}}$

$\quad=5\times3^{\frac{1}{2}}$

$\therefore k^2=\left(5\times3^{\frac{1}{2}}\right)^2=5^2\times3=75$

15

정답률 80%

수능 유형 › 로그의 뜻과 성질 정답 ①

2 이상의 자연수 n에 대하여 $5\log_n 2$의 값이 자연수가 되도록 하는 모든 n의 값의 합은?

✓① 34 ② 38 ③ 42
④ 46 ⑤ 50

해결 흐름

1 로그의 정의를 이용하여 $5\log_n 2$의 값이 자연수가 되도록 하는 자연수 n의 값을 구하면 되겠다.

연관 개념 | $a>0$, $a\neq1$, $N>0$일 때,
$a^x=N \Longleftrightarrow x=\log_a N$

알찬 풀이

$5\log_n 2=k$ (k는 자연수)라 하면

$\log_n 2=\dfrac{k}{5}$에서 $2=n^{\frac{k}{5}}$ → $2^{\frac{5}{k}}=\left(n^{\frac{k}{5}}\right)^{\frac{5}{k}}=n^{\frac{k}{5}\times\frac{5}{k}}=n$

$\therefore n=2^{\frac{5}{k}}$

이때 n이 2 이상의 자연수이므로

$k=1$ 또는 $k=5$ → n이 2 이상의 자연수이므로 $\dfrac{5}{k}$도 자연수야. 그러니까 k는 5의 약수야.

따라서

$k=1$일 때 $n=2^5=32$,

$k=5$일 때 $n=2^1=2$

이므로 모든 n의 값의 합은

$32+2=34$

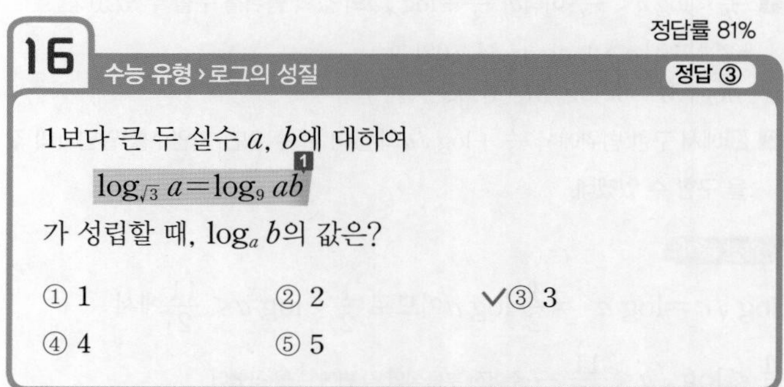

16

정답률 81%

수능 유형 › 로그의 성질 정답 ③

1보다 큰 두 실수 a, b에 대하여

$\log_{\sqrt{3}} a=\log_9 ab$

가 성립할 때, $\log_a b$의 값은?

① 1 ② 2 ✓③ 3
④ 4 ⑤ 5

해결 흐름

1 주어진 등식에서 양변의 로그의 밑을 같게 한 후, a, b 사이의 관계식을 구해야겠다.

연관 개념 | $a>0$, $a\neq1$, $b>0$일 때,
$\log_a b=\dfrac{\log_c b}{\log_c a}$ (단, $c>0$, $c\neq1$)

알찬 풀이

$\log_{\sqrt{3}} a=\log_{3^{\frac{1}{2}}} a=2\log_3 a$

$\log_9 ab=\log_{3^2} ab=\dfrac{1}{2}\log_3 ab$

$\quad=\dfrac{1}{2}\log_3 a+\dfrac{1}{2}\log_3 b$

> **로그의 성질**
> $a>0$, $a\neq1$, $b>0$이고 m, n이 실수일 때,
> $\log_{a^m} b^n=\dfrac{n}{m}\log_a b$ (단, $m\neq0$)

이므로 $\log_{\sqrt{3}} a=\log_9 ab$에서

$2\log_3 a=\dfrac{1}{2}\log_3 a+\dfrac{1}{2}\log_3 b$

$\dfrac{3}{2}\log_3 a=\dfrac{1}{2}\log_3 b$, $3\log_3 a=\log_3 b$

$\therefore \log_a b=\dfrac{\log_3 b}{\log_3 a}=\dfrac{3\log_3 a}{\log_3 a}=3$

다른 풀이 $\log_{\sqrt{3}} a=2\log_3 a=4\log_9 a=\log_9 a^4$이므로 → 로그의 밑을 9로 변환했어.

$\log_{\sqrt{3}} a=\log_9 ab$에서

$\log_9 a^4=\log_9 ab$

$a^4=ab$, $a(a^3-b)=0$

$\therefore b=a^3$ ($\because$ $a\neq0$) → 문제의 조건에서 $a>1$이라고 했으니까 $a\neq0$이야.

$\therefore \log_a b=\log_a a^3=3\log_a a=3$

정답률 88%

17 수능 유형 › 상용로그 정답 ⑤

양수 x에 대하여 $\log x$의 정수 부분을 $f(x)$라 하자.

$$f(n+10)=f(n)+1$$

→ 밑이 10이니까 10의 거듭제곱을 기준으로 범위를 나누어 $f(x)$를 유추해 봐. [1][2]

을 만족시키는 100 이하의 자연수 n의 개수는?

① 11 ② 13 ③ 15
④ 17 ✓⑤ 19

해결 흐름

1. n이 100 이하의 자연수이니까 $f(n)$의 값은 0 또는 1 또는 2가 되겠네.
2. $f(n)$의 값이 0, 1, 2일 때로 경우를 나누어 $f(n+10)=f(n)+1$을 만족시키는 100 이하의 자연수 n을 찾아봐야겠다.

알찬 풀이

n은 100 이하의 자연수이므로 $f(n)$은 $0\leq f(n)\leq 2$인 정수이다. (→ $\log 1=0$, → $\log 100=2$)

(i) $f(n)=0$, 즉 $1\leq n\leq 9$일 때,

$f(n+10)=1$이어야 하므로

$10\leq n+10<100$에서 → $1\leq \log(n+10)<2$에서 $10^1\leq n+10<10^2$

$0\leq n<90$

$\therefore 1\leq n\leq 9$ → $1\leq n\leq 9$와 $0\leq n<90$의 공통 범위야.

이때 자연수 n은 1, 2, 3, $\cdots$, 9의 9개이다.

(ii) $f(n)=1$, 즉 $10\leq n\leq 99$일 때,

$f(n+10)=2$이어야 하므로

$100\leq n+10<1000$에서 → $2\leq \log(n+10)<3$에서 $10^2\leq n+10<10^3$

$90\leq n<990$

$\therefore 90\leq n\leq 99$ → $10\leq n\leq 99$와 $90\leq n<990$의 공통 범위야.

이때 자연수 n은 90, 91, 92, $\cdots$, 99의 10개이다.

(iii) $f(n)=2$, 즉 $n=100$일 때,

$f(n+10)=f(110)=2$이므로 → $2<\log 110<3$이니까 $\log 110$의 정수 부분은 2야.

$f(n+10)=3$을 만족시키지 않는다.

(i), (ii), (iii)에서 자연수 n의 개수는

$9+10=19$

정답률 68%

18 수능 유형 › 상용로그 정답 ③

양수 x에 대하여 $\log x$의 정수 부분을 $f(x)$라 할 때,

$$f(ab)=f(a)f(b)+2$$

를 만족시키는 20 이하의 두 자연수 a, b의 순서쌍 (a, b)에 대하여 $a+b$의 최솟값은? [1][2]

→ $f(a)$, $f(b)$의 값은 0 또는 1이겠네.

① 19 ② 20 ✓③ 21
④ 22 ⑤ 23

해결 흐름

1. a, b의 값에 따라 $\log a$의 정수 부분과 $\log b$의 정수 부분이 각각 달라지니까 a, b의 값의 범위를 나눠서 생각해야겠다.
2. a, b의 값의 범위에 따라 $\log ab$의 정수 부분이 될 수 있는 모든 경우를 찾아야겠네.

알찬 풀이

(i) $1\leq a\leq 9$, $1\leq b\leq 9$일 때, → $\log 1=0$, $\log 10=1$이니까 $\log a$와 $\log b$의 정수 부분은 모두 0이야.

$f(a)=f(b)=0$이므로

$f(ab)=f(a)f(b)+2$

$=0\times0+2=2$

이때 $1\leq ab\leq 81$이므로 $f(ab)=2$인 자연수 a, b는 존재하지 않는다. → $\log ab$의 정수 부분이 2이려면 ab는 세 자리 자연수이어야 해. 즉, $100\leq ab\leq 999$이어야 하지.

(ii) $1\leq a\leq 9$, $10\leq b\leq 20$일 때, → $\log a$의 정수 부분은 0, $\log b$의 정수 부분은 1이야.

$f(a)=0$, $f(b)=1$이므로

$f(ab)=f(a)f(b)+2$

$=0\times1+2=2$

이때 $10\leq ab\leq 180$이므로 $f(ab)=2$이려면 $100\leq ab\leq 180$이어야 한다. → $\log ab$의 정수 부분이 2이려면 ab는 세 자리 자연수이어야 해.

따라서 조건을 만족시키는 순서쌍 (a, b)는

(5, 20),
(6, 17), (6, 18), (6, 19), (6, 20),
(7, 15), (7, 16), $\cdots$, (7, 20),
(8, 13), (8, 14), $\cdots$, (8, 20),
(9, 12), (9, 13), $\cdots$, (9, 20)

이므로 $a+b$의 최솟값은 21이다. → $a=8$, $b=13$ 또는 $a=9$, $b=12$일 때야.

(iii) $10\leq a\leq 20$, $1\leq b\leq 9$일 때, → $\log a$의 정수 부분은 1, $\log b$의 정수 부분은 0이야.

$f(a)=1$, $f(b)=0$이므로

$f(ab)=f(a)f(b)+2$

$=1\times0+2=2$

이때 $10\leq ab\leq 180$이므로 $f(ab)=2$이려면 $100\leq ab\leq 180$이어야 한다. → $\log ab$의 정수 부분이 2이려면 ab는 세 자리 자연수이어야 해.

따라서 조건을 만족시키는 순서쌍 (a, b)는

(12, 9),
(13, 8), (13, 9),
(14, 8), (14, 9),
(15, 7), (15, 8), (15, 9),
(16, 7), (16, 8), (16, 9),
(17, 6), (17, 7), (17, 8), (17, 9),
(18, 6), (18, 7), (18, 8), (18, 9),
(19, 6), (19, 7), (19, 8), (19, 9),
(20, 5), (20, 6), (20, 7), (20, 8), (20, 9)

이므로 $a+b$의 최솟값은 21이다. → $a=12$, $b=9$ 또는 $a=13$, $b=8$일 때야.

(iv) $10\leq a\leq 20$, $10\leq b\leq 20$일 때, → $\log a$와 $\log b$의 정수 부분이 모두 1이야.

$f(a)=f(b)=1$이므로

$f(ab)=f(a)f(b)+2$

$=1\times1+2=3$

이때 $100\leq ab\leq 400$이므로 $f(ab)=3$인 자연수 a, b는 존재하지 않는다. → $\log ab$의 정수 부분이 3이려면 ab는 네 자리 자연수이어야 해. 즉, $1000\leq ab\leq 9999$이어야 하지.

이상에서 $a+b$의 최솟값은 21이다.

19 수능 유형 › 로그의 성질

정답률 53% 정답 ①

자연수 n에 대하여 $f(n)$이 다음과 같다. 물음에 답하시오.

$$f(n)=\begin{cases}\log_3 n & (n\text{이 홀수})\\ \log_2 n & (n\text{이 짝수})\end{cases}$$

20 이하의 두 자연수 m, n에 대하여

$f(mn)=f(m)+f(n)$을 만족시키는 순서쌍 (m, n)의 개수는?

✓① 220 ② 230 ③ 240
④ 250 ⑤ 260

해결 흐름

1 자연수 n이 홀수인지, 짝수인지에 따라 $f(n)$의 식이 달라지는구나.

2 mn이 홀수인 경우와 짝수인 경우로 나누어 조건을 만족시키는 자연수 m, n의 순서쌍 (m, n)의 개수를 구해야겠다.

알찬 풀이

(i) mn이 홀수일 때,

m, n이 모두 홀수이므로

$f(mn)=\log_3 mn=\log_3 m+\log_3 n$

$f(m)+f(n)=\log_3 m+\log_3 n$

$\therefore f(mn)=f(m)+f(n)$

따라서 순서쌍 (m, n)의 개수는

$10\times10=100$ → m은 1, 3, 5, ⋯, 19의 10개, n도 1, 3, 5, ⋯, 19의 10개야.

> 로그의 성질
> $a>0$, $a\neq1$, $M>0$, $N>0$일 때, $\log_a MN=\log_a M+\log_a N$

(ii) mn이 짝수일 때,

$f(mn)=\log_2 mn=\log_2 m+\log_2 n$

① m이 홀수, n이 짝수이면

$f(m)+f(n)=\log_3 m+\log_2 n$이므로

$\log_2 m+\log_2 n=\log_3 m+\log_2 n$

$\log_2 m=\log_3 m$ → 밑이 다르니까 로그의 값이 같으려면 진수가 1이어야만 해.

$\therefore m=1$

따라서 순서쌍 (m, n)의 개수는

$1\times10=10$ → n은 2, 4, 6, ⋯, 20의 10개야.

② m이 짝수, n이 홀수이면

$f(m)+f(n)=\log_2 m+\log_3 n$이므로

$\log_2 m+\log_2 n=\log_2 m+\log_3 n$

$\log_2 n=\log_3 n$ → 밑이 다르니까 로그의 값이 같으려면 진수가 1이어야만 해.

$\therefore n=1$

따라서 순서쌍 (m, n)의 개수는

$10\times1=10$ → m은 2, 4, 6, ⋯, 20의 10개야.

③ m, n이 모두 짝수이면

$f(m)+f(n)=\log_2 m+\log_2 n$

$\therefore f(mn)=f(m)+f(n)$

따라서 순서쌍 (m, n)의 개수는

$10\times10=100$

(i), (ii)에서 순서쌍 (m, n)의 개수는

$100+(10+10+100)=220$

실전적용 key

자연수 m, n의 순서쌍 (m, n)의 개수는 (m의 개수)×(n의 개수)로 구한다.

20 수능 유형 › 상용로그

정답률 64% 정답 ⑤

1보다 큰 실수 x에 대하여 $\log x$의 정수 부분과 소수 부분을 각각 $f(x)$, $g(x)$라 하자. ($\log x=f(x)+g(x)$야.) $3f(x)+5g(x)$의 값이 10의 배수가 되도록 하는 x의 값을 작은 수부터 크기순으로 나열할 때 2번째 수를 a, 6번째 수를 b라 하자. $\log ab$의 값은?

① 8 ② 10 ③ 12
④ 14 ✓⑤ 16

해결 흐름

1 $\log x=n+\alpha$ (n은 정수, $0\leq\alpha<1$)라 하면 $3f(x)+5g(x)$를 n, α에 대한 식으로 나타낼 수 있겠군.

연관 개념 | 양수 N의 상용로그는
$\log N=n+\alpha$ (n은 정수, $0\leq\alpha<1$)
꼴로 나타낼 수 있다.

2 $3f(x)+5g(x)$의 값이 10의 배수임을 이용해서 n, α의 값을 각각 구할 수 있겠다.

알찬 풀이

$\log x=n+\alpha$ (n은 정수, $0\leq\alpha<1$)라 하면

$f(x)=n$, $g(x)=\alpha$

이때 $3f(x)+5g(x)=3n+5\alpha$가 10의 배수이므로

자연수 k에 대하여 $3n+5\alpha=10k$이어야 한다.

(i) $k=1$, 즉 $3n+5\alpha=10$일 때, → n은 정수, $0\leq\alpha<1$이라는 조건을 이용해서 등식을 만족시키는 n, α의 값을 찾아야 해.

$n=2$, $\alpha=\frac{4}{5}$이면

$\log x=2+\frac{4}{5}=\frac{14}{5}$ $\quad\therefore x=10^{\frac{14}{5}}$

$n=3$, $\alpha=\frac{1}{5}$이면

$\log x=3+\frac{1}{5}=\frac{16}{5}$ $\quad\therefore x=10^{\frac{16}{5}}$

> 로그의 정의
> $a>0$, $a\neq1$, $N>0$일 때, $a^x=N \Longleftrightarrow x=\log_a N$

(ii) $k=2$, 즉 $3n+5\alpha=20$일 때,

$n=6$, $\alpha=\frac{2}{5}$이면

$\log x=6+\frac{2}{5}=\frac{32}{5}$ $\quad\therefore x=10^{\frac{32}{5}}$

(iii) $k=3$, 즉 $3n+5\alpha=30$일 때,

$n=9$, $\alpha=\frac{3}{5}$이면

$\log x=9+\frac{3}{5}=\frac{48}{5}$ $\quad\therefore x=10^{\frac{48}{5}}$

$n=10$, $\alpha=0$이면

$\log x=10$ $\quad\therefore x=10^{10}$

(iv) $k=4$, 즉 $3n+5\alpha=40$일 때,

$n=12$, $\alpha=\frac{4}{5}$이면

$\log x=12+\frac{4}{5}=\frac{64}{5}$ $\quad\therefore x=10^{\frac{64}{5}}$

$n=13$, $\alpha=\frac{1}{5}$이면

$\log x=13+\frac{1}{5}=\frac{66}{5}$ $\quad\therefore x=10^{\frac{66}{5}}$

⋮

이상에서 x의 값을 작은 것부터 순서대로 나열하면

$10^{\frac{14}{5}}$, $10^{\frac{16}{5}}$, $10^{\frac{32}{5}}$, $10^{\frac{48}{5}}$, 10^{10}, $10^{\frac{64}{5}}$, $10^{\frac{66}{5}}$, ⋯

→ 지수가 작은 것부터 차례로 나열하면 돼.

따라서 $a=10^{\frac{16}{5}}$, $b=10^{\frac{64}{5}}$이므로

$\log ab=\log\left(10^{\frac{16}{5}}\times10^{\frac{64}{5}}\right)$

$=\log 10^{\frac{16}{5}+\frac{64}{5}}$ ← 지수법칙 $a^m\times a^n=a^{m+n}$을 이용했어.

$=\log 10^{16}=16$

→ $\log 10^{16}=16\log 10=16$

다른풀이 a, b의 값은 다음과 같이 구할 수도 있다.

$\log x=$(정수 부분)+(소수 부분)이므로

$\log x=f(x)+g(x)$

x는 1보다 큰 실수이므로 $f(x)$는 음이 아닌 정수이고,

$g(x)$는

$0\le g(x)<1$ ⋯⋯ ㉠

을 만족시킨다.

또, $3f(x)+5g(x)$의 값이 10의 배수이므로

$3f(x)+5g(x)=10, 20, 30, \cdots$ ⋯⋯ ㉡

→ $x>1$이므로 $\log x>0$이야. 즉, $f(x)=g(x)=0$인 경우는 없으니까 0은 제외해야 해.

이라 할 수 있다.

이때 $3f(x)$가 음이 아닌 정수이므로 $5g(x)$도 정수이어야 한다.

㉠에서 $0\le 5g(x)<5$이므로

$5g(x)=0, 1, 2, 3, 4$

$\therefore g(x)=0, \frac{1}{5}, \frac{2}{5}, \frac{3}{5}, \frac{4}{5}$

(i) $g(x)=0$일 때,

㉡에서 $3f(x)=10, 20, 30, \cdots$이므로

$f(x)=\frac{10}{3}, \frac{20}{3}, 10, \frac{40}{3}, \frac{50}{3}, \cdots$

이때 $f(x)$는 음이 아닌 정수이므로

$f(x)=10, 20, 30, \cdots$

즉, $\log x=10, 20, 30, \cdots$이므로

$x=10^{10}, 10^{20}, 10^{30}, \cdots$

(ii) $g(x)=\frac{1}{5}$일 때,

㉡에서 $3f(x)+1=10, 20, 30, 40, \cdots$이므로

$f(x)=3, \frac{19}{3}, \frac{29}{3}, 13, \cdots$

이때 $f(x)$는 음이 아닌 정수이므로

$f(x)=3, 13, \cdots$

즉, $\log x=3+\frac{1}{5}, 13+\frac{1}{5}, \cdots$이므로

$x=10^{3+\frac{1}{5}}, 10^{13+\frac{1}{5}}, \cdots$

(iii) $g(x)=\frac{2}{5}$일 때,

㉡에서 $3f(x)+2=10, 20, 30, 40, 50, \cdots$이므로

$f(x)=\frac{8}{3}, 6, \frac{28}{3}, \frac{38}{3}, 16, \cdots$

이때 $f(x)$는 음이 아닌 정수이므로

$f(x)=6, 16, \cdots$

즉, $\log x=6+\frac{2}{5}, 16+\frac{2}{5}, \cdots$이므로

$x=10^{6+\frac{2}{5}}, 10^{16+\frac{2}{5}}, \cdots$

(iv) $g(x)=\frac{3}{5}$일 때,

㉡에서 $3f(x)+3=10, 20, 30, 40, 50, 60, \cdots$이므로

$f(x)=\frac{7}{3}, \frac{17}{3}, 9, \frac{37}{3}, \frac{47}{3}, 19, \cdots$

이때 $f(x)$는 음이 아닌 정수이므로

$f(x)=9, 19, \cdots$

즉, $\log x=9+\frac{3}{5}, 19+\frac{3}{5}, \cdots$이므로

$x=10^{9+\frac{3}{5}}, 10^{19+\frac{3}{5}}, \cdots$

(v) $g(x)=\frac{4}{5}$일 때,

㉡에서 $3f(x)+4=10, 20, 30, 40, \cdots$이므로

$f(x)=2, \frac{16}{3}, \frac{26}{3}, 12, \cdots$

이때 $f(x)$는 음이 아닌 정수이므로

$f(x)=2, 12, \cdots$

즉, $\log x=2+\frac{4}{5}, 12+\frac{4}{5}, \cdots$이므로

$x=10^{2+\frac{4}{5}}, 10^{12+\frac{4}{5}}, \cdots$

이상에서 x의 값을 작은 것부터 순서대로 나열하면

$10^{2+\frac{4}{5}}, 10^{3+\frac{1}{5}}, 10^{6+\frac{2}{5}}, 10^{9+\frac{3}{5}}, 10^{10}, 10^{12+\frac{4}{5}}, \cdots$

$\therefore a=10^{3+\frac{1}{5}}=10^{\frac{16}{5}}$, $b=10^{12+\frac{4}{5}}=10^{\frac{64}{5}}$

정답률 58%

21 수능 유형 › 상용로그 정답 ④

자연수 n에 대하여 실수 a가 $10^n<a<10^{n+1}$ [1]을 만족시킨다. $\log a$의 소수 부분과 $\log\sqrt[n]{a}$의 소수 부분의 합이 정수이고 [2] $(n+1)\log a=n^2+8$일 때, $\frac{\log a}{n}$의 값은?

→ $\log a$를 n에 대한 식으로 나타낼 수 있겠네.

① $\frac{57}{56}$ ② $\frac{22}{21}$ ③ $\frac{11}{10}$ ✓④ $\frac{6}{5}$ ⑤ $\frac{17}{12}$

해결 흐름

1 $10^n<a<10^{n+1}$에서 $\log a$의 정수 부분은 n이므로 $\log a=n+\alpha\ (0<\alpha<1)$로 놓을 수 있네.

2 $\log a=n+\alpha\ (0<\alpha<1)$임을 이용해서 $\log\sqrt[n]{a}$의 소수 부분을 구하고, $\log a$의 소수 부분과 $\log\sqrt[n]{a}$의 소수 부분의 합이 정수임을 이용해서 식을 세워야겠군.

알찬 풀이

$10^n<a<10^{n+1}$에서 $n<\log a<n+1$이므로

→ $\log a$의 정수 부분이 n임을 알 수 있어.

$\log a=n+\alpha\ (0<\alpha<1)$라 하면

$\log\sqrt[n]{a}=\frac{1}{n}\log a$ ← $\sqrt[n]{a}=a^{\frac{1}{n}}$

$=\frac{1}{n}(n+\alpha)$

$=1+\frac{\alpha}{n}$

$\log a$의 소수 부분과 $\log \sqrt[n]{a}$의 소수 부분의 합이 정수이므로

$\alpha+\frac{\alpha}{n}=1$ → $0<\alpha<1$, $0<\frac{\alpha}{n}<1$이므로 $0<\alpha+\frac{\alpha}{n}<2$에서 $\alpha+\frac{\alpha}{n}$의 값이 될 수 있는 정수는 1뿐이야.

$\therefore \alpha=\frac{n}{n+1}$ ······ ㉠

또, $(n+1)\log a=n^2+8$에서

$(n+1)(n+\alpha)=n^2+8$

$(n+1)\left(n+\frac{n}{n+1}\right)=n^2+8$ (∵ ㉠)

$n^2+2n=n^2+8$, $2n=8$ → $(n+1)n+(n+1)\times\frac{n}{n+1}=n^2+n+n$ $=n^2+2n$

$\therefore n=4$

이를 ㉠에 대입하면

$\alpha=\frac{4}{4+1}=\frac{4}{5}$

$\therefore \frac{\log a}{n}=\frac{4+\frac{4}{5}}{4}=\frac{6}{5}$

정답률 64%

22 수능 유형 › 상용로그 정답 ①

양수 x에 대하여 $\log x$의 소수 부분을 $f(x)$[1]라 할 때, $f(2x)\le f(x)$를 만족시키는 100보다 작은 자연수 x의 개수[2]는?

→ $1\le x<100$이니까 $0\le \log x<2$이겠네.

✓① 55 ② 57 ③ 59
④ 61 ⑤ 63

해결 흐름

1 $f(x)$, $f(2x)$는 각각 $\log x$, $\log 2x$의 소수 부분이니까 $\log 2x$의 값이 정수가 되는 x의 값을 기준으로 x의 값의 범위를 나눠서 $f(x)$, $f(2x)$를 구해야겠군.

2 1에서 구한 $f(x)$, $f(2x)$를 $f(2x)\le f(x)$에 대입해서 부등식을 만족시키는 x의 값을 조사해야겠네.

알찬 풀이

(i) $1\le x<5$일 때, $2\le 2x<10$이므로

$f(x)=\log x$ → $\log x$와 $\log 2x$의 정수 부분은 모두 0이야.

$f(2x)=\log 2x=\log 2+\log x$

이때 $f(2x)>f(x)$이므로 주어진 부등식을 만족시키는 x의 값은 존재하지 않는다.

(ii) $5\le x<10$일 때, $10\le 2x<20$이므로

$f(x)=\log x$ → $\log x$의 정수 부분은 0, $\log 2x$의 정수 부분은 1이야.

$f(2x)=-1+\log 2x$ → (소수 부분)=(원래의 수)−(정수 부분)이므로 $f(2x)=\log 2x-1$임을 알 수 있어.

$=-1+\log 2+\log x$

이때 $f(2x)\le f(x)$에서

$-1+\log 2+\log x\le \log x$

$\therefore \log 2<1$

즉, 주어진 부등식이 항상 성립한다.

따라서 자연수 x는 5, 6, 7, 8, 9의 5개이다.

(iii) $10\le x<50$일 때, $20\le 2x<100$이므로

$f(x)=-1+\log x$ → $\log x$와 $\log 2x$의 정수 부분은 모두 1이야.

$f(2x)=-1+\log 2x$

$=-1+\log 2+\log x$

이때 $f(2x)>f(x)$이므로 주어진 부등식을 만족시키는 x의 값은 존재하지 않는다.

(iv) $50\le x<100$일 때, $100\le 2x<200$이므로

$f(x)=-1+\log x$ → $\log x$의 정수 부분은 1, $\log 2x$의 정수 부분은 2야.

$f(2x)=-2+\log 2x$

$=-2+\log 2+\log x$

이때 $f(2x)\le f(x)$에서

$-2+\log 2+\log x\le -1+\log x$

$\therefore \log 2<1$

즉, 주어진 부등식이 항상 성립한다.

따라서 자연수 x는 50, 51, 52, ⋯, 99의 50개이다.

이상에서 $f(2x)<f(x)$를 만족시키는 자연수 x의 개수는

$5+50=55$

오답 Clear

로그의 성질에 의하여 $\log 2x=\log 2+\log x$이고, $0<\log 2<1$이므로 x의 값의 범위에 따라 $\log 2x$의 정수 부분이 달라짐에 주의한다.

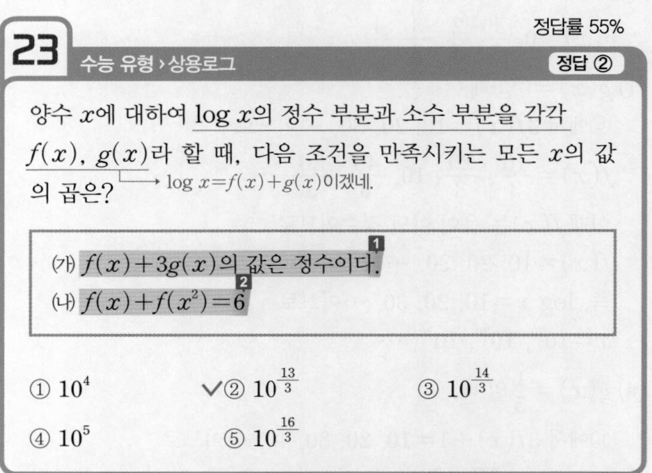

정답률 55%

23 수능 유형 › 상용로그 정답 ②

양수 x에 대하여 $\log x$의 정수 부분과 소수 부분을 각각 $f(x)$, $g(x)$라 할 때, 다음 조건을 만족시키는 모든 x의 값의 곱은?

→ $\log x=f(x)+g(x)$이겠네.

(가) $f(x)+3g(x)$의 값은 정수이다.[1]
(나) $f(x)+f(x^2)=6$[2]

① 10^4 ✓② $10^{\frac{13}{3}}$ ③ $10^{\frac{14}{3}}$
④ 10^5 ⑤ $10^{\frac{16}{3}}$

해결 흐름

1 $f(x)$는 $\log x$의 정수 부분이니까 $f(x)+3g(x)$의 값이 정수이려면 $3g(x)$의 값도 정수이어야겠군. 또 $0\le g(x)<1$에서 $0\le 3g(x)<3$이므로 $3g(x)=0, 1, 2$이어야겠네.

2 1에서 구한 $g(x)$의 값과 조건 (나)를 이용하여 x의 값을 구해야겠다.

알찬 풀이

양수 x에 대하여 $\log x$의 정수 부분과 소수 부분이 각각 $f(x)$, $g(x)$이므로

$f(x)=n$ (n은 음이 아닌 정수), $0\le g(x)<1$ ······ ㉠

또, 조건 (가)에서 $f(x)+3g(x)$의 값이 정수이므로 $3g(x)$의 값도 정수이어야 한다.

즉, ㉠에서 $0\le 3g(x)<3$이므로

$3g(x)=0, 1, 2$ → 이 범위 안에 있는 정수는 0, 1, 2의 3개야.

$\therefore g(x)=0, \frac{1}{3}, \frac{2}{3}$

(i) $g(x)=0$일 때,

$\log x^2=2\log x=2n$이므로 $f(x^2)=2n$

→ $\log x^2$의 정수 부분이야.

조건 (나)에서

$f(x)+f(x^2)=n+2n=6 \quad \therefore n=2$

즉, $\log x=2+0$이므로 $x=10^2$

(ii) $g(x)=\frac{1}{3}$일 때, → $\log x=n+\frac{1}{3}$이야.

$\log x^2=2\log x=2n+\frac{2}{3}$이므로 $f(x^2)=2n$

조건 (나)에서

$f(x)+f(x^2)=n+2n=6 \quad \therefore n=2$

즉, $\log x=2+\frac{1}{3}$이므로 $x=10^{2+\frac{1}{3}}=10^{\frac{7}{3}}$

→ 로그의 정의 $\log_a N=x \Longleftrightarrow N=a^x$을 이용했어.

(iii) $g(x)=\frac{2}{3}$일 때,

$\log x^2=2\log x=2n+\frac{4}{3}=2n+1+\frac{1}{3}$이므로

$f(x^2)=2n+1$

조건 (나)에서

$f(x)+f(x^2)=n+(2n+1)=6 \quad \therefore n=\frac{5}{3}$

이때 n은 정수가 아니므로 조건을 만족시키지 않는다.

(i), (ii), (iii)에서 주어진 조건을 만족시키는 모든 x의 값의 곱은

$10^2\times10^{\frac{7}{3}}=10^{\frac{13}{3}}$

정답률 87%

24 수능 유형 › 로그의 활용

정답 ②

고속철도의 최고소음도 L(dB)을 예측하는 모형에 따르면 한 지점에서 가까운 선로 중앙 지점까지의 거리를 d(m), 열차가 가까운 선로 중앙 지점을 통과할 때의 속력을 v(km/h)라 할 때, 다음과 같은 관계식이 성립한다고 한다.

$$L=80+28\log\frac{v}{100}-14\log\frac{d}{25}$$

→ $d=75$로 일정해.

가까운 선로 중앙 지점 P까지의 거리가 75 m인 한 지점에서 속력이 서로 다른 두 열차 A, B의 최고소음도를 예측하고자 한다. 열차 A가 지점 P를 통과할 때의 속력이 열차 B가 지점 P를 통과할 때의 속력의 0.9배[1]일 때, 두 열차 A, B의 예측 최고소음도를 각각 L_A, L_B[2]라 하자. L_B-L_A의 값은?

① $14-28\log3$
✓② $28-56\log3$
③ $28-28\log3$
④ $56-84\log3$
⑤ $56-56\log3$

해결 흐름

1. 열차 B가 지점 P를 통과할 때의 속력을 v라 하면 열차 A가 지점 P를 통과할 때의 속력은 $0.9v$가 되겠네.
2. 지점 P까지의 거리와 두 열차 A, B의 속력을 주어진 식에 각각 대입해서 두 열차 A, B의 예측 최고소음도를 구해야겠다.

알찬 풀이

열차 B가 지점 P를 통과할 때의 속력을 v라 하면 열차 A가 지점 P를 통과할 때의 속력은 $0.9v$이고 $d=75$이므로

$L_A=80+28\log\frac{0.9v}{100}-14\log\frac{75}{25}$ …… ㉠

$L_B=80+28\log\frac{v}{100}-14\log\frac{75}{25}$ …… ㉡

㉡−㉠을 하면

$L_B-L_A=28\left(\log\frac{v}{100}-\log\frac{0.9v}{100}\right)$

$=28\log\dfrac{\frac{v}{100}}{\frac{0.9v}{100}}$

$=28\log\frac{10}{9}$

$=28(1-\log9)$ → $\log9=\log3^2=2\log3$

$=28(1-2\log3)$

$=28-56\log3$

로그의 성질
$a>0$, $a\neq1$, $M>0$, $N>0$일 때,
$\log_a M-\log_a N=\log_a\frac{M}{N}$

실전 적용 key

주어진 관계식에 조건을 대입하여 구한 식 ㉠, ㉡에서 우변의 식을 정리하여 나타낼 수도 있다. 이때 로그의 성질을 이용하여 식을 정리하면

$L_A=-4+28\log v+42\log3$, $L_B=24+28\log v-14\log3$

이다. 그런데 구해야 하는 값이 L_A-L_B이므로 알찬 풀이와 같이 정리하지 않고 계산하는 것이 오히려 시간을 절약할 수 있다.

이와 같이 실생활에의 활용 문제에서 그 값이 꼭 필요한 상황이 아니라면 굳이 식을 미리 정리하지 않아도 된다.

문제 해결 TIP

육승준 | 서강대학교 영미어문학과 | 인천외국어고등학교 졸업

지수와 로그 단원에서 나오는 실생활 문제는 아주 쉬워. 주어진 식에 있는 문자에 조건에 제시된 수들을 정확하게 대입하고, 계산만 바르게 하면 되니까. 문제는 길지만 다 읽어 볼 필요도 없지. 괜히 문제 이해하려고 하다가 시간 뺏기지 말고, 문자에 대입할 수부터 파악해.

정답률 93%

25 수능 유형 › 로그의 활용

정답 ①

세대당 종자의 평균 분산거리가 D이고 세대당 종자의 증식률이 R인 나무의 10세대 동안 확산에 의한 이동거리를 L이라 하면 다음과 같은 관계식이 성립한다고 한다.

$$L^2=100D^2\times\log_3 R$$ [1]

→ $D=20$이네.

세대당 종자의 평균 분산거리가 20이고 세대당 종자의 증식률이 81인 나무의 10세대 동안 확산에 의한 이동거리 L의 값은? (단, 거리의 단위는 m이다.)

→ $R=81$이야.

✓① 400
② 500
③ 600
④ 700
⑤ 800

해결 흐름

1. 주어진 관계식에 세대당 종자의 평균 분산거리 D, 세대당 종자의 증식률 R의 값을 대입해야겠다.

알찬 풀이 → 조건을 주어진 식에 대입하면 L의 값을 구할 수 있어.

$D=20$, $R=81$이므로

$L^2=100\times20^2\times\log_3 81$

$=100\times20^2\times\log_3 3^4$ — $\log_{a^m} b^n=\frac{n}{m}\log_a b$임을 이용했어.

$=100\times20^2\times4$

$=400^2$

이때 이동거리 L은 $L>0$이므로

$L=400$

26

정답률 A형 83%, B형 94%

수능 유형 › 로그의 활용 **정답 ⑤**

질량 $a(\mathrm{g})$의 활성탄 A를 염료 B의 농도가 $c(\%)$인 용액에 충분히 오래 담가 놓을 때 활성탄 A가 흡착되는 염료 B의 질량 $b(\mathrm{g})$는 다음 식을 만족시킨다고 한다.

$$\log\frac{b}{a}=-1+k\log c \text{ (단, } k\text{는 상수이다.)}$$

→ $a=10$, $c=8$, $b=4$일 때 주어진 등식이 성립해.

10 g의 활성탄 A를 염료 B의 농도가 8 %인 용액에 충분히 오래 담가 놓을 때 활성탄 A에 흡착되는 염료 B의 질량은 4 g이다. [1] 20 g의 활성탄 A를 염료 B의 농도가 27 %인 용액에 충분히 오래 담가 놓을 때 활성탄 A에 흡착되는 염료 B의 질량(g)은? [2] (단, 각 용액의 양은 충분하다.)

① 10 ② 12 ③ 14 ④ 16 ✓⑤ 18

해결 흐름

1 주어진 식에 $a=10$, $c=8$, $b=4$를 대입하면 k의 값을 구할 수 있겠다.

2 20 g의 활성탄 A에 흡착되는 염료 B의 질량을 x라 하면 $a=20$, $c=27$, $b=x$이므로 1에서 구한 k의 값을 대입하면 x의 값을 구할 수 있겠네.

알찬 풀이 → 조건을 주어진 식에 대입하면 k의 값을 구할 수 있어.

$a=10$, $c=8$일 때, $b=4$이므로

$\log\frac{4}{10}=-1+k\log 8$

$2\log 2-1=-1+3k\log 2$

$2\log 2=3k\log 2$

$3k=2$

$\therefore k=\frac{2}{3}$

> 로그의 성질
> $a>0$, $a\neq1$, $M>0$, $N>0$일 때,
> ① $\log_a\frac{M}{N}=\log_a M-\log_a N$
> ② $\log_a M^k=k\log_a M$ (단, k는 실수)

$a=20$, $c=27$일 때, $b=x$라 하면

$\log\frac{x}{20}=-1+\frac{2}{3}\log 27$ → $k=\frac{2}{3}$를 대입했어.

$\log\left(\frac{x}{2}\times\frac{1}{10}\right)=-1+\frac{2}{3}\times3\log 3$

$\log\frac{x}{2}-1=-1+2\log 3$

$\log\frac{x}{2}=2\log 3=\log 9$

$\frac{x}{2}=9$

$\therefore x=18$

27

정답률 확률과 통계 26%, 미적분 46%, 기하 35%

수능 유형 › 지수함수의 그래프 **정답 ③**

→ 두 점 A, B의 x좌표는 같아.

그림과 같이 곡선 $y=1-2^{-x}$ 위의 제1사분면에 있는 점 A를 지나고 y축에 평행한 직선이 곡선 $y=2^x$과 만나는 점을 B라 하자. 점 A를 지나고 x축에 평행한 직선이 곡선 $y=2^x$과 만나는 점을 C, 점 C를 지나고 y축에 평행한 직선이 곡선 $y=1-2^{-x}$과 만나는 점을 D라 하자. $\overline{\mathrm{AB}}=2\overline{\mathrm{CD}}$일 때, [1] 사각형 ABCD의 넓이는? [2]

→ 두 점 C, D의 x좌표는 같아.
→ 두 점 A, C의 y좌표는 같아.

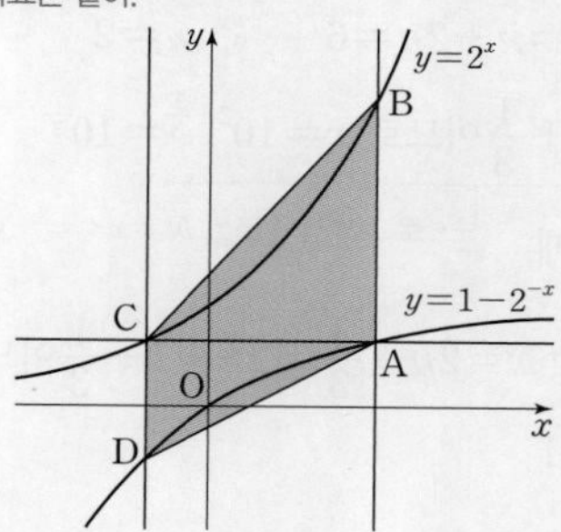

① $\frac{5}{2}\log_2 3-\frac{5}{4}$ ② $3\log_2 3-\frac{3}{2}$ ✓③ $\frac{7}{2}\log_2 3-\frac{7}{4}$

④ $4\log_2 3-2$ ⑤ $\frac{9}{2}\log_2 3-\frac{9}{4}$

해결 흐름

1 두 점 A, C의 y좌표가 같고, $\overline{\mathrm{AB}}=2\overline{\mathrm{CD}}$임을 이용하여 네 점 A, B, C, D의 좌표를 각각 구할 수 있겠다.

연관 개념 | $a>0$, $a\neq1$, $N>0$일 때,
$a^x=N \Longleftrightarrow x=\log_a N$

2 사각형 ABCD는 사다리꼴이므로 1에서 구한 네 점 A, B, C, D의 좌표를 이용하여 넓이를 구할 수 있겠네.

알찬 풀이

두 점 A, B의 x좌표를 $a(a>0)$라 하면

$\mathrm{A}(a, 1-2^{-a})$, $\mathrm{B}(a, 2^a)$

이므로 → 점 A는 곡선 $y=1-2^{-x}$ 위의 점이고 점 B는 곡선 $y=2^x$ 위의 점이야.

$\overline{\mathrm{AB}}=2^a-(1-2^{-a})=2^a+2^{-a}-1$ ······ ㉠

→ 두 점 A, B의 x좌표는 같으니까 선분 AB의 길이는 y좌표의 차로 구하면 돼.

두 점 C, D의 x좌표를 c라 하면

$\mathrm{C}(c, 2^c)$, $\mathrm{D}(c, 1-2^{-c})$

이므로 → 점 C는 곡선 $y=2^x$ 위의 점이고 점 D는 곡선 $y=1-2^{-x}$ 위의 점이야.

$\overline{\mathrm{CD}}=2^c-(1-2^{-c})=2^c+2^{-c}-1$ → 두 점 C, D의 x좌표는 같으니까 선분 CD의 길이는 y좌표의 차로 구하면 돼.

두 점 A, C의 y좌표가 같으므로

$2^c=1-2^{-a}$ ······ ㉡

$\therefore \overline{\mathrm{CD}}=(1-2^{-a})+\frac{1}{1-2^{-a}}-1$

$=-2^{-a}+\frac{2^a}{2^a-1}$ ← $\frac{1}{1-2^{-a}}=\frac{2^a}{2^a(1-2^{-a})}=\frac{2^a}{2^a-1}$

주어진 조건에 의하여 $\overline{\mathrm{AB}}=2\overline{\mathrm{CD}}$이므로

$2^a+2^{-a}-1=2\left(-2^{-a}+\frac{2^a}{2^a-1}\right)$

이때 $2^a=t(t>1)$로 치환하면 → $a>0$이니까 $2^a=t>1$이야.

$t+\frac{1}{t}-1=2\left(-\frac{1}{t}+\frac{t}{t-1}\right)$

양변에 $t(t-1)$을 곱하여 정리하면

$t^3-4t^2+4t-3=0$

$(t-3)(t^2-t+1)=0$

t는 실수이므로 $t=3$

즉, $2^a=3$이므로 $a=\log_2 3$이고

㉡에서 $2^c=1-\frac{1}{3}=\frac{2}{3}$이므로

$c=\log_2 \frac{2}{3}=1-\log_2 3$

> 로그의 성질
> $a>0$, $a\neq1$, $M>0$, $N>0$일 때, $\log_a M-\log_a N=\log_a \frac{M}{N}$

㉠에서 $\overline{AB}=3+\frac{1}{3}-1=\frac{7}{3}$

따라서 사각형 ABCD의 넓이는

→ $\overline{AB}/\!/\overline{CD}$인 사다리꼴이야.

$\frac{1}{2}\times(\overline{AB}+\overline{CD})\times\overline{AC}$

$=\frac{1}{2}\times\left(\overline{AB}+\frac{1}{2}\overline{AB}\right)\times\overline{AC}$

$=\frac{1}{2}\times\frac{3}{2}\overline{AB}\times\overline{AC}$

$=\frac{3}{4}\times\frac{7}{3}\times(a-c)$ → 두 점 A, C의 y좌표는 같으니까 선분 AC의 길이는 x좌표의 차로 구하면 돼.

$=\frac{7}{4}(2\log_2 3-1)=\frac{7}{2}\log_2 3-\frac{7}{4}$

→ 점 A는 곡선 $y=1-2^{-x}$ 위의 점이니까 $k=1-2^{-x}$에서 $2^{-x}=1-k$이고, 로그의 정의를 이용하면 $x=-\log_2(1-k)$야.

다른풀이 두 점 A, C의 y좌표를 $k(k>0)$라 하면

$A(-\log_2(1-k),\ k)$, $B\left(-\log_2(1-k),\ \frac{1}{1-k}\right)$,

$C(\log_2 k,\ k)$, $D\left(\log_2 k,\ 1-\frac{1}{k}\right)$ → 점 C는 곡선 $y=2^x$ 위의 점이니까 $k=2^x$에서 로그의 정의를 이용하면 $x=\log_2 k$야.

$\therefore \overline{AB}=\frac{1}{1-k}-k=\frac{k^2-k+1}{1-k}$,

$\overline{CD}=k-\left(1-\frac{1}{k}\right)=\frac{k^2-k+1}{k}$

주어진 조건에 의하여 $\overline{AB}=2\overline{CD}$이므로

$\frac{k^2-k+1}{1-k}=2\times\frac{k^2-k+1}{k}$

에서

$\frac{1}{1-k}=\frac{2}{k}$

> $k>0$인 모든 실수 k에 대하여 $k^2-k+1>0$이니까 양변에 $\frac{1}{k^2-k+1}$을 곱하면 식을 간단히 할 수 있어.

$k=2(1-k)$, $3k=2$

$\therefore k=\frac{2}{3}$

즉, $\overline{AB}=\frac{1}{1-k}-k=\frac{7}{3}$이고

$\overline{AC}=-\log_2(1-k)-\log_2 k=-\log_2 k(1-k)$

$=-\log_2\frac{2}{9}=\log_2\frac{9}{2}$

따라서 사각형 ABCD의 넓이는

$\frac{1}{2}\times(\overline{AB}+\overline{CD})\times\overline{AC}$

$=\frac{1}{2}\times\left(\overline{AB}+\frac{1}{2}\overline{AB}\right)\times\overline{AC}$

$=\frac{1}{2}\times\frac{3}{2}\overline{AB}\times\overline{AC}$

$=\frac{3}{4}\times\frac{7}{3}\times\log_2\frac{9}{2}=\frac{7}{4}\log_2\frac{9}{2}$

$=\frac{7}{4}(2\log_2 3-1)=\frac{7}{2}\log_2 3-\frac{7}{4}$

정답률 확률과 통계 8%, 미적분 31%, 기하 26%

28 수능 유형 › 지수함수의 그래프

정답 220

그림과 같이 곡선 $y=2^x$ 위에 두 점 $P(a,\ 2^a)$, $Q(b,\ 2^b)$이 있다. 직선 PQ의 기울기를 m이라 할 때, 점 P를 지나며 기울기가 $-m$인 직선이 x축, y축과 만나는 점을 각각 A, B라 하고, 점 Q를 지나며 기울기가 $-m$인 직선이 x축과 만나는 점을 C라 하자.

→ 두 직선의 기울기가 같으니까 $\overline{AP}/\!/\overline{CQ}$야.

$\overline{AB}=4\overline{PB}$, $\overline{CQ}=3\overline{AB}$

일 때, $90\times(a+b)$의 값을 구하시오. (단, $0<a<b$) 220

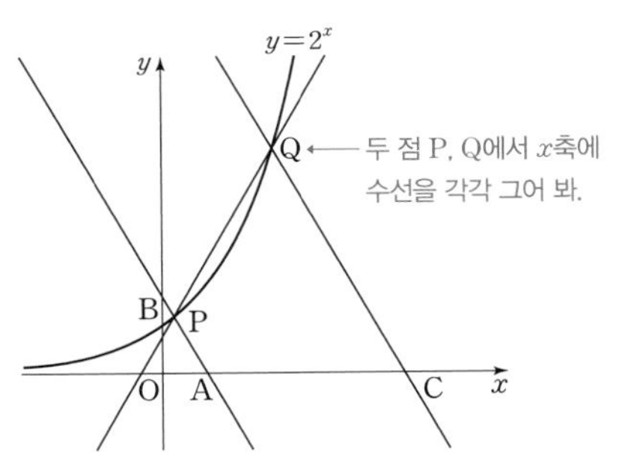

해결 흐름

1. $\overline{PB}=k$라 하고 $\overline{AP}$, $\overline{CQ}$의 길이를 각각 k에 대한 식으로 나타내 봐야겠어.
2. 직선 PQ의 기울기를 이용해서 직선 AB의 방정식을 구하면 점 A의 좌표를 구할 수 있겠네.
3. 삼각형의 닮음과 평행선 사이의 선분의 길이의 비를 이용해서 a, b의 값을 구해 봐야겠다.

알찬 풀이

다음 그림과 같이 두 점 $P(a,\ 2^a)$, $Q(b,\ 2^b)$에서 x축에 내린 수선의 발을 각각 D, E라 하자.

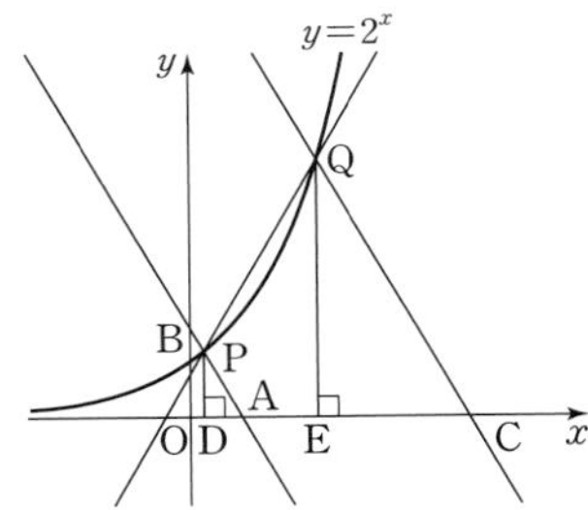

$\overline{PB}=k$라 하면

$\overline{AP}=\overline{AB}-\overline{PB}=4\overline{PB}-\overline{PB}=3\overline{PB}=3k$,

$\overline{CQ}=3\overline{AB}=3\times4\overline{PB}=12\overline{PB}=12k$

이므로 $\overline{AP}:\overline{CQ}=3k:12k=1:4$

이때 $\triangle PDA\backsim\triangle QEC$ (AA 닮음)이므로

→ $\overline{AP}/\!/\overline{CQ}$이므로 $\angle PAD=\angle QCE$ (동위각), $\angle PDA=\angle QEC=90°$

$\overline{PD}:\overline{QE}=\overline{AP}:\overline{CQ}=1:4$

즉, $2^a:2^b=1:4$이므로

→ $\overline{PD}=$(점 P의 y좌표), $\overline{QE}=$(점 Q의 y좌표)야.

$2^b=4\times2^a=2^{a+2}$

$\therefore b=a+2$ …… ㉠

한편, 직선 PQ의 기울기가 m이므로

$m=\frac{2^b-2^a}{b-a}$

$=\frac{2^{a+2}-2^a}{(a+2)-a}$ → ㉠을 대입했어.

$=\frac{3\times2^a}{2}=3\times2^{a-1}$

> 두 점을 지나는 직선의 기울기
> 두 점 $(x_1,\ y_1)$, $(x_2,\ y_2)$를 지나는 직선의 기울기는 $\frac{y_2-y_1}{x_2-x_1}$ (단, $x_1\neq x_2$)

따라서 직선 AB의 방정식은 → 기울기가 $-m$이고 점 $P(a, 2^a)$을 지나는 직선의 방정식을 구하면 돼.

$y-2^a=-3\times2^{a-1}(x-a)$

위의 식에 $y=0$을 대입하면

$0-2^a=-3\times2^{a-1}(x-a)$

$x-a=\frac{2}{3}$

$\therefore x=a+\frac{2}{3}$

$\therefore A\left(a+\frac{2}{3}, 0\right)$

또, $\overline{PD}\,/\!/\,\overline{BO}$이므로

$\overline{AO}:\overline{DO}=\overline{AB}:\overline{PB}$

$=4\overline{PB}:\overline{PB}=4:1$

즉, $a+\frac{2}{3}:a=4:1$이므로 → $\overline{AO}=$(점 A의 x좌표), $\overline{DO}=$(점 P의 x좌표)야.

$4a=a+\frac{2}{3}$

$\therefore a=\frac{2}{9}$

이를 ㉠에 대입하면

$b=\frac{2}{9}+2=\frac{20}{9}$

$\therefore 90\times(a+b)=90\times\left(\frac{2}{9}+\frac{20}{9}\right)$

$=220$

생생 수험 Talk

나는 여름방학 때 수능을 일주일 앞둔 사람처럼 열심히 했던 것 같아. 특히 나는 여름방학에 최고 난이도 문제들을 골라서 풀었어. 어려운 유형에 대한 대비도 하고, 어려운 문제들을 많이 풀다 보면 상대적으로 모의고사의 난이도가 쉽게 느껴지기 때문에 어떤 문제가 나와도 당황하지 않고 여유있게 풀 수 있어. 물론 난이도 높은 문제를 도전하기에 아직 개념적인 부분이나 기본 문제에 대한 정리가 완벽하게 되지 않았다면 차근차근 정리를 끝내는 게 먼저임을 잊지 말 것!

29 수능 유형 › 지수함수의 그래프 정답률 84% 정답 ②

→ 점 A의 y좌표는 $\sqrt{3}$이야.

지수함수 $y=a^x\ (a>1)$의 그래프와 직선 $y=\sqrt{3}$이 만나는 점을 A[1]라 하자. 점 B(4, 0)에 대하여 직선 OA와 직선 AB가 서로 수직[2]이 되도록 하는 모든 a의 값의 곱은? (단, O는 원점이다.)

① $3^{\frac{1}{3}}$ ✓② $3^{\frac{2}{3}}$ ③ 3 ④ $3^{\frac{4}{3}}$ ⑤ $3^{\frac{5}{3}}$

해결 흐름

1 점 A의 좌표를 $(k, \sqrt{3})$이라 하면 두 직선 OA, AB의 기울기를 각각 구할 수 있겠다.

2 두 직선이 서로 수직이 되려면 기울기의 곱이 -1이어야 함을 이용해야겠네.

알찬 풀이

점 A의 좌표를 $(k, \sqrt{3})$이라 하면 → 점 A는 직선 $y=\sqrt{3}$ 위의 점이니까.

(직선 OA의 기울기)$=\frac{\sqrt{3}-0}{k-0}=\frac{\sqrt{3}}{k}$

(직선 AB의 기울기)$=\frac{0-\sqrt{3}}{4-k}=\frac{\sqrt{3}}{k-4}$

> **두 점을 지나는 직선의 기울기**
> 두 점 (x_1, y_1), (x_2, y_2)를 지나는 직선의 기울기는
> $\frac{y_2-y_1}{x_2-x_1}$ (단, $x_1\neq x_2$)

이때 직선 OA와 직선 AB가 서로 수직이 되려면 두 직선 OA와 AB의 기울기의 곱이 -1이어야 하므로

$\frac{\sqrt{3}}{k}\times\frac{\sqrt{3}}{k-4}=-1$

$k(k-4)=-3$

$k^2-4k+3=0$

$(k-1)(k-3)=0$

$\therefore k=1$ 또는 $k=3$

(i) $k=1$일 때,

점 $A(1, \sqrt{3})$이 지수함수 $y=a^x$의 그래프 위의 점이므로

$\sqrt{3}=a^1$ → $y=a^x$에 $x=1$, $y=\sqrt{3}$을 대입하면 성립해.

$\therefore a=\sqrt{3}=3^{\frac{1}{2}}$

(ii) $k=3$일 때,

점 $A(3, \sqrt{3})$이 지수함수 $y=a^x$의 그래프 위의 점이므로

$\sqrt{3}=a^3$ → $y=a^x$에 $x=3$, $y=\sqrt{3}$을 대입하면 성립해.

$\therefore a=(\sqrt{3})^{\frac{1}{3}}=\left(3^{\frac{1}{2}}\right)^{\frac{1}{3}}=3^{\frac{1}{6}}$

(i), (ii)에서 모든 a의 값의 곱은

$3^{\frac{1}{2}}\times3^{\frac{1}{6}}=3^{\frac{1}{2}+\frac{1}{6}}=3^{\frac{2}{3}}$

> **지수법칙**
> $a>0$이고 x, y가 실수일 때,
> ① $a^xa^y=a^{x+y}$
> ② $(a^x)^y=a^{xy}$

다른 풀이 지수함수 $y=a^x$의 그래프와 직선 $y=\sqrt{3}$이 만나는 점이 A이므로

$\sqrt{3}=a^x \quad \therefore x=\log_a\sqrt{3}$

$\therefore A(\log_a\sqrt{3}, \sqrt{3})$

(직선 OA의 기울기)$=\frac{\sqrt{3}}{\log_a\sqrt{3}}$

(직선 AB의 기울기)$=\frac{\sqrt{3}}{\log_a\sqrt{3}-4}$

이때 두 직선 OA와 AB가 서로 수직이 되려면 두 직선 OA와 AB의 기울기의 곱이 -1이어야 하므로

$\frac{\sqrt{3}}{\log_a\sqrt{3}}\times\frac{\sqrt{3}}{\log_a\sqrt{3}-4}=-1$

$\log_a\sqrt{3}(\log_a\sqrt{3}-4)=-3$

$(\log_a\sqrt{3})^2-4\log_a\sqrt{3}+3=0$

$(\log_a\sqrt{3}-1)(\log_a\sqrt{3}-3)=0$

> **인수분해 공식**
> $x^2+(a+b)x+ab=(x+a)(x+b)$

$\log_a\sqrt{3}=1$ 또는 $\log_a\sqrt{3}=3$ → 로그의 정의를 이용했어.

$a=\sqrt{3}$ 또는 $a^3=\sqrt{3}$

$\therefore a=3^{\frac{1}{2}}$ 또는 $a=3^{\frac{1}{6}}$ → $a^3=\sqrt{3}$에서 $a=(\sqrt{3})^{\frac{1}{3}}=(3^{\frac{1}{2}})^{\frac{1}{3}}=3^{\frac{1}{6}}$이지.

따라서 모든 a의 값의 곱은

$3^{\frac{1}{2}}\times3^{\frac{1}{6}}=3^{\frac{1}{2}+\frac{1}{6}}=3^{\frac{2}{3}}$

정답률 37%

30 수능 유형 › 지수함수의 그래프

정답 ②

함수 $f(x)$는 모든 실수 x에 대하여 $f(x+2)=f(x)$를 만족시키고,

→ $-\frac{1}{2}\le x<\frac{1}{2}$과 $\frac{1}{2}\le x<\frac{3}{2}$으로 나누어 $f(x)$를 나타내 봐.

$$f(x)=\left|x-\frac{1}{2}\right|+1\ \left(-\frac{1}{2}\le x<\frac{3}{2}\right)$$

이다. 자연수 n에 대하여 지수함수 $y=2^{\frac{x}{n}}$의 그래프와 함수 $y=f(x)$의 그래프의 교점의 개수가 5가 되도록 하는 모든 n의 값의 합은?

① 7 ✓② 9 ③ 11
④ 13 ⑤ 15

해결 흐름

1. $n=1, 2, 3, \cdots$일 때, 함수 $y=f(x)$의 그래프와 지수함수 $y=2^{\frac{x}{n}}$의 그래프의 교점이 몇 개인지 직접 세어 봐야지.
2. 함수 $f(x)$가 주기함수임을 이용해서 $y=f(x)$의 그래프를 그리고, 그 위에 지수함수 $y=2^{\frac{x}{n}}$의 그래프를 그려야겠다.

연관 개념 | 함수 $f(x)$에 대하여 $f(x)=f(x+p)$를 만족시키는 최소의 자연수 p를 함수 $f(x)$의 주기라 한다.

알찬 풀이

$f(x)=\left|x-\frac{1}{2}\right|+1\ \left(-\frac{1}{2}\le x<\frac{3}{2}\right)$에서

$$f(x)=\begin{cases}-x+\frac{3}{2} & \left(-\frac{1}{2}\le x<\frac{1}{2}\right)\\ x+\frac{1}{2} & \left(\frac{1}{2}\le x<\frac{3}{2}\right)\end{cases}$$

→ $x-\frac{1}{2}<0$이므로 $f(x)=-\left(x-\frac{1}{2}\right)+1=-x+\frac{3}{2}$

→ $x-\frac{1}{2}\ge 0$이므로 $f(x)=x-\frac{1}{2}+1=x+\frac{1}{2}$

함수 $f(x)$가 모든 실수 x에 대하여 $f(x+2)=f(x)$를 만족시키므로 $f(x)$는 주기가 2인 주기함수이다.

또, 지수함수 $y=2^{\frac{x}{n}}$의 그래프는 점 $(n, 2)$를 지나므로 함수 $y=f(x)$의 그래프와 지수함수 $y=2^{\frac{x}{n}}$의 그래프를 좌표평면 위에 나타내면 다음 그림과 같다.

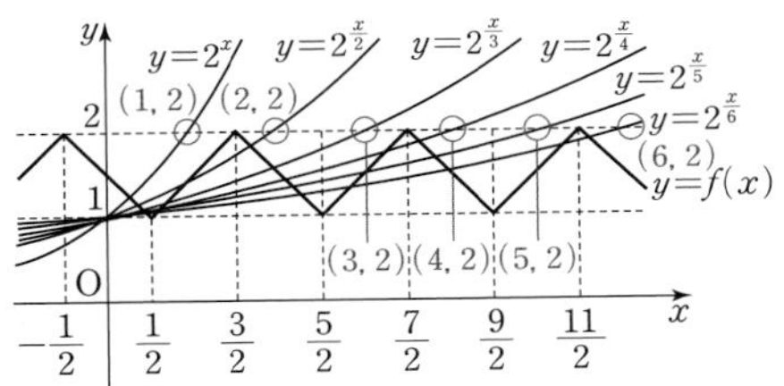

이때 위의 그림에서 함수 $y=f(x)$의 그래프와 함수 $y=2^{\frac{x}{n}}$의 그래프의 교점의 개수가 5가 되려면 $n=4$ 또는 $n=5$이어야 한다.

따라서 모든 n의 값의 합은

$4+5=9$

다른 풀이 함수 $y=f(x)$의 그래프와 지수함수 $y=2^{\frac{x}{n}}$의 그래프의 교점의 개수가 5가 되려면 다음 그림과 같아야 한다.

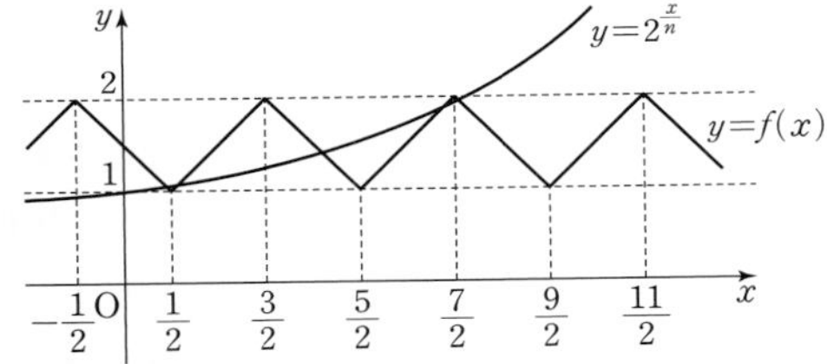

$x=\frac{7}{2}$일 때 함수 $y=f(x)$의 그래프가 지수함수 $y=2^{\frac{x}{n}}$의 그래프보다 위쪽에 있어야 하고, $x=\frac{11}{2}$일 때 함수 $y=f(x)$의 그래프가 지수함수 $y=2^{\frac{x}{n}}$의 그래프보다 아래쪽에 있어야 하므로

$2^{\frac{7}{2n}}<f\left(\frac{7}{2}\right)$에서 $2^{\frac{7}{2n}}<2$ → $f\left(\frac{7}{2}\right)=2$

$f\left(\frac{11}{2}\right)<2^{\frac{11}{2n}}$에서 $2<2^{\frac{11}{2n}}$ → $f\left(\frac{11}{2}\right)=2$

$\therefore 2^{\frac{7}{2n}}<2^1<2^{\frac{11}{2n}}$

이때 밑이 1보다 크므로

$\frac{7}{2n}<1<\frac{11}{2n}$, $7<2n<11$ $\therefore \frac{7}{2}<n<\frac{11}{2}$

따라서 주어진 조건을 만족시키는 자연수 n은 4 또는 5이므로 모든 n의 값의 합은 $4+5=9$

정답률 확률과 통계 26%, 미적분 61%, 기하 49%

31 수능 유형 › 지수함수와 로그함수의 그래프

정답 ⑤

자연수 n에 대하여 곡선 $y=2^x$ 위의 두 점 A_n, B_n이 다음 조건을 만족시킨다.

(가) 직선 A_nB_n의 기울기는 3이다.
(나) $\overline{A_nB_n}=n\times\sqrt{10}$

중심이 직선 $y=x$ 위에 있고 두 점 A_n, B_n을 지나는 원이 곡선 $y=\log_2 x$와 만나는 두 점의 x좌표 중 큰 값을 x_n이라 하자. $x_1+x_2+x_3$의 값은?

→ 두 함수 $y=2^x$, $y=\log_2 x$는 서로 역함수 관계야.

① $\frac{150}{7}$ ② $\frac{155}{7}$ ③ $\frac{160}{7}$
④ $\frac{165}{7}$ ✓⑤ $\frac{170}{7}$

해결 흐름

1. 두 곡선 $y=2^x$, $y=\log_2 x$가 직선 $y=x$에 대하여 대칭이므로 x_n은 곡선 $y=2^x$과 두 점 A_n, B_n을 지나는 원의 두 교점의 y좌표 중 큰 값으로 구할 수 있겠네.

연관 개념 | $a>0$, $a\ne 1$일 때, 로그함수 $y=\log_a x$와 지수함수 $y=a^x$은 서로 역함수 관계이다.

2. 조건 (가), (나)를 이용하면 x_n을 n에 대한 식으로 나타낼 수 있겠군.

알찬 풀이

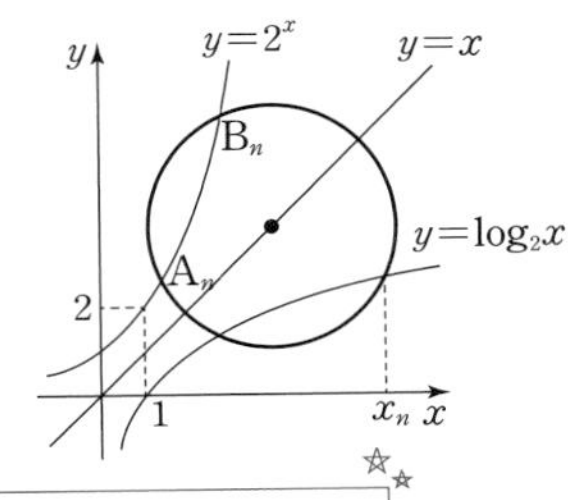

곡선 $y=2^x$과 곡선 $y=\log_2 x$는 직선 $y=x$에 대하여 대칭이므로 x_n은 점 B_n의 y좌표와 같다.

두 점 A_n, B_n의 좌표를 각각 → 실전적용 KEY를 확인해 봐.

$A_n(a_n, 2^{a_n})$,

$B_n(b_n, 2^{b_n})$ $(a_n<b_n)$이라 하면

조건 (가)에서

$\frac{2^{b_n}-2^{a_n}}{b_n-a_n}=3$

> 두 점을 지나는 직선의 기울기
> 두 점 (x_1, y_1), (x_2, y_2)를 지나는 직선의 기울기는 $\frac{y_2-y_1}{x_2-x_1}$ (단, $x_1\ne x_2$)

$2^{b_n}-2^{a_n}=3(b_n-a_n)$ …… ㉠

조건 ㈏에서 $\overline{A_nB_n}=n\times\sqrt{10}$의 양변을 제곱하면

$\overline{A_nB_n}^2=10n^2$이므로

$(b_n-a_n)^2+(2^{b_n}-2^{a_n})^2=10n^2$ …… ㉡

㉠을 ㉡에 대입하면

$(b_n-a_n)^2+9(b_n-a_n)^2=10n^2$

$(b_n-a_n)^2=n^2$

$a_n<b_n$이므로 → $b_n-a_n>0$

$b_n-a_n=n \quad \therefore a_n=b_n-n$

위의 식을 ㉠에 대입하여 정리하면

$2^{b_n}-2^{b_n-n}=3n,\ 2^{b_n}\left(1-\frac{1}{2^n}\right)=3n$

→ $2^{b_n-n}=2^{b_n}\times\frac{1}{2^n}$, → $1-\frac{1}{2^n}=\frac{2^n-1}{2^n}$

$2^{b_n}=3n\times\frac{2^n}{2^n-1}$

따라서 $x_n=2^{b_n}=3n\times\frac{2^n}{2^n-1}$이므로

$x_1=3\times\frac{2}{2-1}=6,\ x_2=6\times\frac{4}{4-1}=8,$

$x_3=9\times\frac{8}{8-1}=\frac{72}{7}$

$\therefore x_1+x_2+x_3=6+8+\frac{72}{7}=\frac{170}{7}$

실전 적용 key

두 곡선 $y=2^x$, $y=\log_2 x$가 직선 $y=x$에 대하여 대칭이고, 주어진 원도 직선 $y=x$에 대하여 대칭이다. 이때 원과 곡선 $y=2^x$의 교점이 존재하면 원과 곡선 $y=\log_2 x$의 교점도 존재하고, 교점끼리 직선 $y=x$에 대하여 대칭이다.

다른 풀이 두 점 A_n, B_n에 대하여

(점 A_n의 x좌표)<(점 B_n의 x좌표)

라 하고, 두 점 A_n, B_n의 x좌표의 차를 k라 하면 조건 ㈎에서 직선 A_nB_n의 기울기가 3이므로 두 점 A_n, B_n의 y좌표의 차는 $3k$이다.

또, 조건 ㈏에서 $\overline{A_nB_n}=n\times\sqrt{10}$이므로 오른쪽 그림과 같은 직각삼각형을 생각할 수 있으므로 피타고라스 정리에 의하여

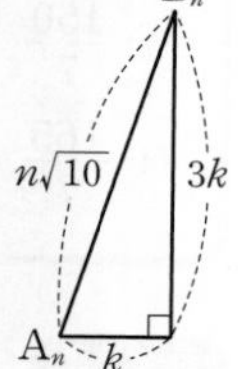

$k^2+(3k)^2=(n\sqrt{10})^2$

$10k^2=10n^2$

$\therefore k=n\ (\because k\ge 0)$

한편, 곡선 $y=2^x$과 곡선 $y=\log_2 x$는 직선 $y=x$에 대하여 대칭이므로 x_n은 점 B_n의 y좌표와 같다.

즉, 점 $B_n(\alpha, x_n)$으로 놓으면 $2^\alpha=x_n$이고

$A_n(\alpha-n, x_n-3n)$

점 A_n이 곡선 $y=2^x$ 위의 점이므로

$2^{\alpha-n}=x_n-3n$

$\frac{2^\alpha}{2^n}=x_n-3n$

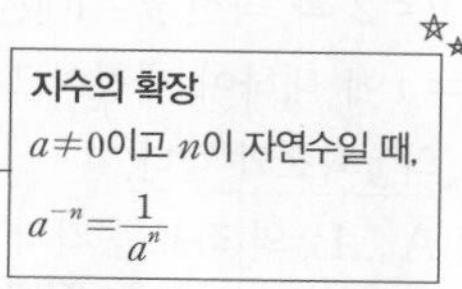

지수의 확장
$a\ne 0$이고 n이 자연수일 때,
$a^{-n}=\frac{1}{a^n}$

$\frac{x_n}{2^n}=x_n-3n,\ x_n\left(1-\frac{1}{2^n}\right)=3n$

$\therefore x_n=3n\times\frac{2^n}{2^n-1}$

→ $x_1=3\times\frac{2}{2-1}=6$, $x_2=6\times\frac{4}{4-1}=8$, $x_3=9\times\frac{8}{8-1}=\frac{72}{7}$

$\therefore x_1+x_2+x_3=6+8+\frac{72}{7}=\frac{170}{7}$

32

정답률 확률과 통계 23%, 미적분 56%, 기하 42%

수능 유형 › 로그함수의 그래프 **정답 10**

양수 a에 대하여 $x\ge -1$에서 정의된 함수 $f(x)$는

$$f(x)=\begin{cases}-x^2+6x & (-1\le x<6)\\ a\log_4(x-5) & (x\ge 6)\end{cases}$$

→ a가 양수이고 (밑)>1이니까 증가하는 함수야.

이다. $t\ge 0$인 실수 t에 대하여 닫힌구간 $[t-1, t+1]$에서의 $f(x)$의 최댓값을 $g(t)$라 하자. 구간 $[0, \infty)$에서 함수 $g(t)$의 최솟값이 5가 되도록 하는 양수 a의 최솟값을 구하시오. 10

→ (함수 $f(x)$의 최댓값)≥5이어야 해.

해결 흐름

1 t의 값에 따른 구간에서 함수 $f(x)$의 최댓값을 구해 봐야겠네.

2 함수 $g(t)$의 최솟값이 5가 되려면 (함수 $f(x)$의 최댓값)≥5가 되도록 하는 a의 값을 구하면 되겠다.

알찬 풀이

$t=0$일 때, 닫힌구간 $[t-1, t+1]$, 즉 $[-1, 1]$에서의 $f(x)$의 최댓값은

$f(1)=-1^2+6\times 1=5$

이므로 $g(0)=5$ → $x=1$은 $-1\le x<6$의 범위에 있으므로 $f(x)=-x^2+6x$에 $x=1$을 대입했어.

또, $f(5)=5$이므로

$0<t<6$일 때, $g(t)\ge 5$ → $0<t<6$일 때, 구간의 길이가 2가 되도록 움직여 보면 $f(x)$의 최댓값은 5보다 크거나 같음을 알 수 있어.

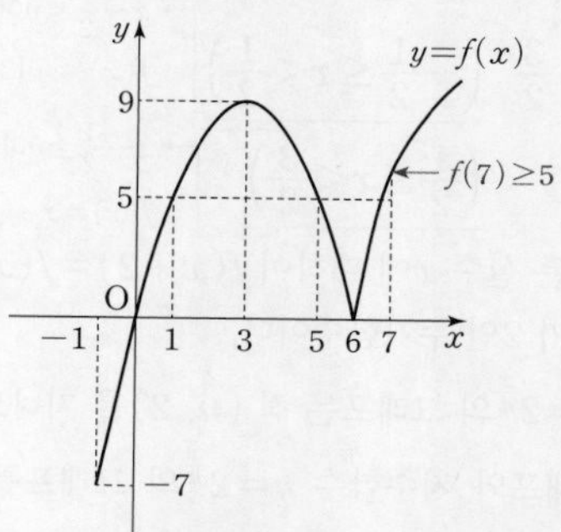

구간 $[0, \infty)$에서 함수 $g(t)$의 최솟값이 5가 되려면 $t=6$일 때, 닫힌구간 $[t-1, t+1]$, 즉 $[5, 7]$에서 (함수 $f(x)$의 최댓값)≥5이어야 하므로 위의 그림과 같이 $f(7)\ge 5$이어야 한다.

즉, $a\log_4(7-5)\ge 5$에서

→ $x\ge 6$이니까 $f(x)=a\log_4(x-5)$에 $x=7$을 대입했어.

$a\log_4 2\ge 5,\ \frac{1}{2}a\ge 5$

$\therefore a\ge 10$ → $a\log_4 2=\frac{1}{2}a\log_2 2=\frac{1}{2}a$

따라서 양수 a의 최솟값은 10이다.

33

정답률 확률과 통계 13%, 미적분 44%, 기하 32%

수능 유형 › 지수함수와 로그함수의 그래프 **정답 33**

자연수 n에 대하여 함수 $f(x)$를

$$f(x)=\begin{cases}|3^{x+2}-n| & (x<0)\\ |\log_2(x+4)-n| & (x\ge 0)\end{cases}$$

→ 구간을 나눠서 그래프를 그려봐.

이라 하자. 실수 t에 대하여 x에 대한 방정식 $f(x)=t$의 서로 다른 실근의 개수를 $g(t)$라 할 때, 함수 $g(t)$의 최댓값이 4가 되도록 하는 모든 자연수 n의 값의 합을 구하시오. 33

해결 흐름

1 방정식 $f(x)=t$의 서로 다른 실근의 개수가 $g(t)$이니까 함수 $y=f(x)$의 그래프의 개형을 그리고, 직선 $y=t$와의 교점의 개수를 세어 봐야겠네.

연관 개념 | 방정식 $f(x)=k$의 실근의 개수는 함수 $y=f(x)$의 그래프와 직선 $y=k$의 교점의 개수와 같다.

2 함수 $y=f(x)$의 그래프와 직선 $y=t$의 교점이 최대 4개가 되는 조건을 생각해 봐야겠다.

알찬 풀이

방정식 $f(x)=t$의 서로 다른 실근의 개수가 $g(t)$이므로 함수 $g(t)$의 최댓값이 4가 되려면 함수 $y=f(x)$의 그래프와 직선 $y=t$의 교점이 최대 4개이어야 한다.

함수 $y=|3^{x+2}-n|$의 그래프는 점 $(0, |9-n|)$을 지나므로 $x<0$일 때, $9-n$의 값에 따라 경우를 나누어 함수 $y=|3^{x+2}-n|$의 그래프와 직선 $y=t$의 교점의 최대 개수를 구하면 다음과 같다.

$y=3^x$의 그래프를 x축의 방향으로 -2만큼, y축의 방향으로 $-n$만큼 평행이동한 후 $y\geq0$인 부분은 그대로 두고, $y<0$인 부분만 x축에 대하여 대칭이동한 거야.

(i) $9-n>0$일 때,

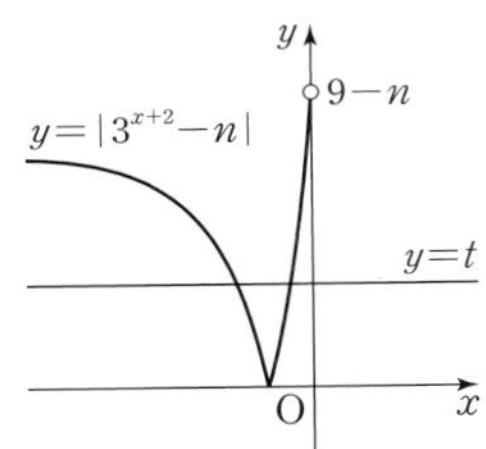

➡ 교점: 최대 2개

(ii) $9-n=0$일 때,

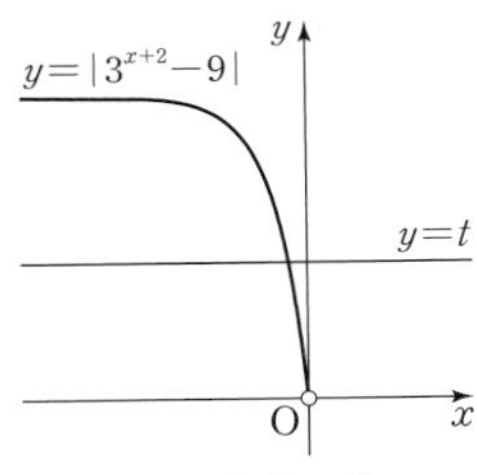

➡ 교점: 최대 1개

(iii) $9-n<0$일 때,

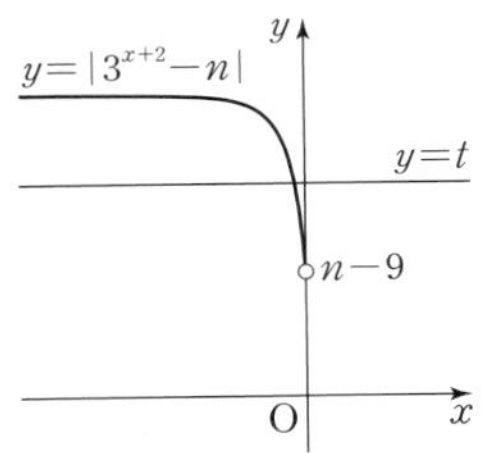

➡ 교점: 최대 1개

또, 함수 $y=|\log_2(x+4)-n|$의 그래프는 점 $(0, |2-n|)$을 지나므로 $x\geq0$일 때, $2-n$의 값에 따라 경우를 나누어 함수 $y=|\log_2(x+4)-n|$의 그래프와 직선 $y=t$의 교점의 최대 개수를 구하면 다음과 같다.

$y=\log_2 x$의 그래프를 x축의 방향으로 -4만큼, y축의 방향으로 $-n$만큼 평행이동한 후 $y\geq0$인 부분은 그대로 두고, $y<0$인 부분만 x축에 대하여 대칭이동한 거야.

(iv) $2-n>0$일 때,

$n<2$이고 n은 자연수이니까 $n=1$이야.

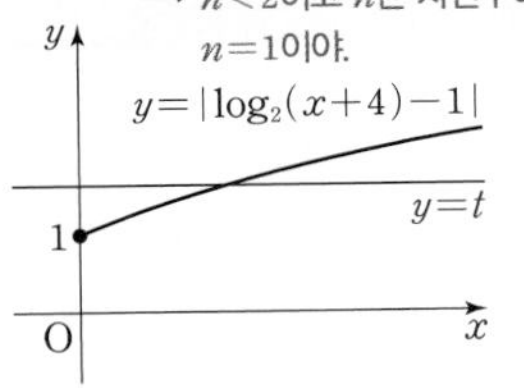

➡ 교점: 최대 1개

(v) $2-n=0$일 때,

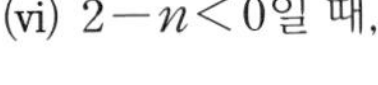

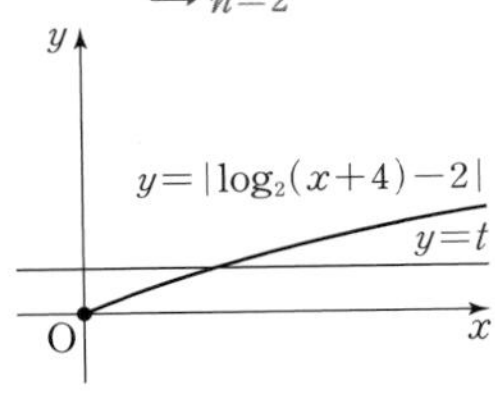

➡ 교점: 최대 1개

(vi) $2-n<0$일 때,

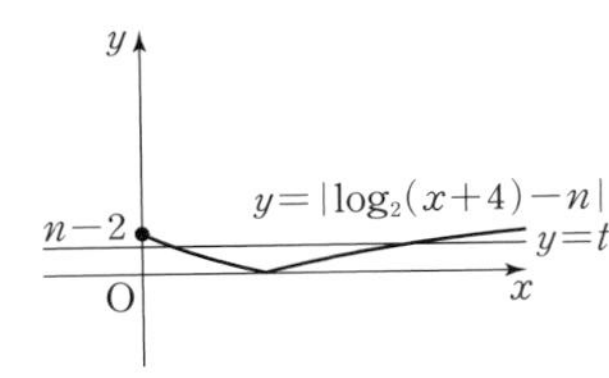

➡ 교점: 최대 2개

이상에서 함수 $y=f(x)$의 그래프와 직선 $y=t$의 교점이 최대 4개가 되려면

$x<0$일 때 $9-n>0$이고,

$x\geq0$일 때 $2-n<0$

→ 교점이 최대 4개가 되려면 $x<0$일 때와 $x\geq0$일 때 교점이 각각 최대 2개이어야 해.

이어야 한다. 즉,

$9-n>0$에서 $n<9$

$2-n<0$에서 $n>2$

$\therefore 2<n<9$

따라서 조건을 만족시키는 자연수 n은

3, 4, 5, 6, 7, 8

이므로 그 합은

$3+4+5+6+7+8=33$

수능 핵심 개념 | 절댓값 기호를 포함한 식의 그래프

절댓값 기호를 포함한 식의 그래프는 다음과 같이 그리면 편리하다.

(1) $y=|f(x)|$의 그래프는 $y=f(x)$의 그래프를 그린 후 $y\geq0$인 부분은 남기고, $y<0$인 부분은 x축에 대하여 대칭이동한다.

(2) $y=f(|x|)$의 그래프는 $y=f(x)$의 그래프를 그린 후 $x\geq0$인 부분만 남기고, 이 부분을 y축에 대하여 대칭이동한다.

(3) $|y|=f(x)$의 그래프는 $y=f(x)$의 그래프를 그린 후 $y\geq0$인 부분만 남기고, 이 부분을 x축에 대하여 대칭이동한다.

(4) $|y|=f(|x|)$의 그래프는 $y=f(x)$의 그래프를 그린 후 $x\geq0$, $y\geq0$인 부분만 남기고, 이 부분을 x축, y축, 원점에 대하여 각각 대칭이동한다.

정답률 확률과 통계 10%, 미적분 29%, 기하 25%

34 수능 유형 › 지수함수와 로그함수의 그래프 정답 192

$a>1$인 실수 a에 대하여 직선 $y=-x+4$가 두 곡선

$y=a^{x-1}$, $y=\log_a(x-1)$

과 만나는 점을 각각 A, B라 하고, 곡선 $y=a^{x-1}$이 y축과 만나는 점을 C라 하자. $\overline{AB}=2\sqrt{2}$일 때, 삼각형 ABC의 넓이는 S이다. $50\times S$의 값을 구하시오. 192

점 C의 x좌표는 0이므로 y좌표는 $\frac{1}{a}$이야.

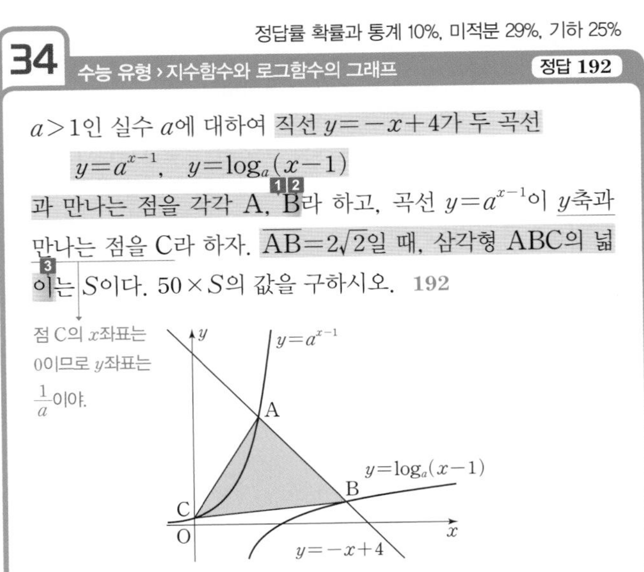

해결 흐름

1 두 곡선 $y=a^{x-1}$, $y=\log_a(x-1)$은 각각 곡선 $y=a^x$, $y=\log_a x$를 x축의 방향으로 1만큼 평행이동했으니까 직선 $y=x-1$에 대하여 대칭임을 알 수 있어.

2 점 A가 직선 $y=-x+4$와 곡선 $y=a^{x-1}$ 위의 점임을 이용하면 점 A의 좌표와 a의 값을 구할 수 있겠네.

3 $\overline{AB}$의 길이가 주어졌으니까 점 C와 직선 $y=-x+4$ 사이의 거리를 구하면 삼각형 ABC의 넓이를 구할 수 있겠다.

알찬 풀이

곡선 $y=a^{x-1}$은 곡선 $y=a^x$을 x축의 방향으로 1만큼 평행이동한 것이고, 곡선 $y=\log_a(x-1)$은 곡선 $y=\log_a x$를 x축의 방향으로 1만큼 평행이동한 것이므로 두 곡선 $y=a^{x-1}$, $y=\log_a(x-1)$은 직선 $y=x-1$에 대하여 대칭이다.
↳ 두 곡선 $y=a^x$, $y=\log_a x$가 직선 $y=x$에 대하여 대칭이니까.

즉, 두 직선 $y=-x+4$, $y=x-1$의 교점을 M이라 하면 점 M의 좌표는

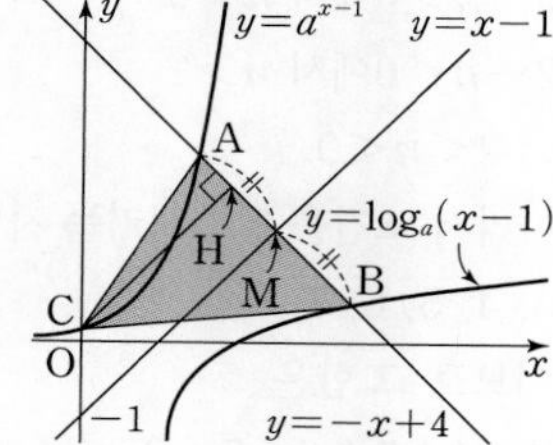

$\left(\frac{5}{2}, \frac{3}{2}\right)$ → 두 식 $y=-x+4$, $y=x-1$을 연립하여 풀면 돼.

이고, 점 M은 선분 AB의 중점이므로

$\overline{AM}=\frac{1}{2}\overline{AB}=\sqrt{2}$ (↳ $\overline{AB}=2\sqrt{2}$)

이때 점 A는 직선 $y=-x+4$ 위의 점이므로 점 A의 좌표를 $(k, -k+4)$라 하면 $\overline{AM}=\sqrt{2}$이므로

$\sqrt{\left(k-\frac{5}{2}\right)^2+\left(-k+4-\frac{3}{2}\right)^2}=\sqrt{2}$

$\left(k-\frac{5}{2}\right)^2+\left(-k+\frac{5}{2}\right)^2=2$

$\left(k-\frac{5}{2}\right)^2=1$

두 점 사이의 거리
좌표평면 위의 두 점 $A(x_1, y_1)$, $B(x_2, y_2)$ 사이의 거리는
$\overline{AB}=\sqrt{(x_2-x_1)^2+(y_2-y_1)^2}$

$\therefore k=\frac{3}{2}$ 또는 $k=\frac{7}{2}$

→ 점 A의 x좌표는 점 M의 x좌표인 $\frac{5}{2}$보다 작아야 하니까 $\frac{3}{2}$이야.

따라서 점 A의 좌표는 $\left(\frac{3}{2}, \frac{5}{2}\right)$이고 점 A는 곡선 $y=a^{x-1}$ 위의 점이므로
↳ $y=a^{x-1}$에 $x=\frac{3}{2}$, $y=\frac{5}{2}$를 대입하면 성립해.

$\frac{5}{2}=a^{\frac{3}{2}-1}$, $a^{\frac{1}{2}}=\frac{5}{2}$

$\therefore a=\left(\frac{5}{2}\right)^2=\frac{25}{4}$

이때 점 C의 좌표는 $\left(0, \frac{1}{a}\right)$, 즉 $\left(0, \frac{4}{25}\right)$이다.

점 C에서 직선 $y=-x+4$에 내린 수선의 발을 H라 하면 선분 CH의 길이는 점 C와 직선 $y=-x+4$ 사이의 거리와 같으므로

$\overline{CH}=\frac{\left|0+\frac{4}{25}-4\right|}{\sqrt{1^2+1^2}}$

$=\frac{\frac{96}{25}}{\sqrt{2}}=\frac{48\sqrt{2}}{25}$

점과 직선 사이의 거리
점 (x_1, y_1)과 직선 $ax+by+c=0$ 사이의 거리는
$\frac{|ax_1+by_1+c|}{\sqrt{a^2+b^2}}$

따라서 삼각형 ABC의 넓이는

$S=\frac{1}{2}\times\overline{AB}\times\overline{CH}$

$=\frac{1}{2}\times2\sqrt{2}\times\frac{48\sqrt{2}}{25}$

$=\frac{96}{25}$

이므로

$50\times S=50\times\frac{96}{25}=192$

다른 풀이 a의 값은 다음과 같이 구할 수도 있다.

$y=\log_a(x-1)$의 역함수를 구해 보면
$y=a^x+1$

곡선 $y=a^x+1$은 곡선 $y=a^{x-1}$을 x축의 방향으로 -1만큼, y축의 방향으로 1만큼 평행이동한 것이다.

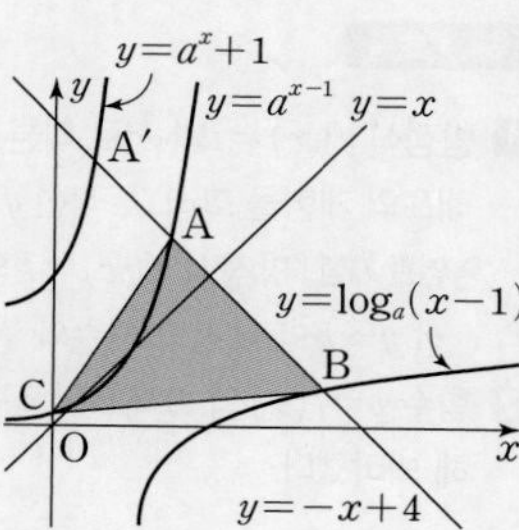

이때 점 A를 x축의 방향으로 -1만큼, y축의 방향으로 1만큼 평행이동한 점을 A′이라 하면 점 A′은 곡선 $y=a^x+1$ 위의 점이고 직선 $y=-x+4$의 기울기가 -1이므로 점 A′은 직선 $y=-x+4$ 위에 있다.
↳ 점 A가 직선 $y=-x+4$ 위에 있는 점이니까 x축의 방향으로 -1만큼, y축의 방향으로 1만큼 평행이동한 점 A′도 직선 $y=-x+4$ 위의 점이야.

즉, 점 A′은 곡선 $y=a^x+1$과 직선 $y=-x+4$의 교점이다.

한편, 점 B는 직선 $y=-x+4$ 위의 점이므로 점 B의 좌표를 $(k, -k+4)$라 하면 두 점 A′, B는 직선 $y=x$에 대하여 대칭이므로 점 A′의 좌표는 $(-k+4, k)$이다.

이때 $\overline{A'A}=\sqrt{2}$이고 → $\sqrt{1^2+1^2}=\sqrt{2}$

$\overline{A'B}=\overline{A'A}+\overline{AB}=3\sqrt{2}$

이므로

$k-(-k+4)=3$

$2k=7$

→ $\overline{A'A}:\overline{A'B}=\sqrt{2}:3\sqrt{2}=1:3$이고 두 점 A′, A의 x좌표 사이의 거리가 1이므로 두 점 A′, B의 x좌표 사이의 거리는 3이야.

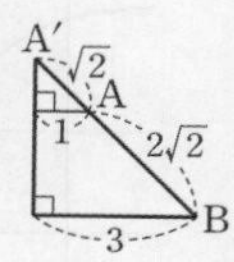

$\therefore k=\frac{7}{2}$

$\therefore A'\left(\frac{1}{2}, \frac{7}{2}\right)$

따라서 점 A′은 곡선 $y=a^x+1$ 위의 점이므로
↳ $y=a^x+1$에 $x=\frac{1}{2}$, $y=\frac{7}{2}$을 대입하면 성립해.

$a^{\frac{1}{2}}+1=\frac{7}{2}$

$a^{\frac{1}{2}}=\frac{5}{2}$

$\therefore a=\left(\frac{5}{2}\right)^2=\frac{25}{4}$

35

정답률 가형 78%, 나형 49%

수능 유형 › 로그함수의 그래프 정답 ③

$\frac{1}{4}<a<1$인 실수 a에 대하여 직선 $y=1$이 두 곡선 $y=\log_a x$, $y=\log_{4a} x$와 만나는 점을 각각 A, B라 하고, 직선 $y=-1$이 두 곡선 $y=\log_a x$, $y=\log_{4a} x$와 만나는 점을 각각 C, D라 하자. **보기**에서 옳은 것만을 있는 대로 고른 것은?
(→ 두 점 A, B의 y좌표는 1이야.)
(↳ 두 점 C, D의 y좌표는 -1이야.)

보기
ㄱ. 선분 AB를 1 : 4로 외분하는 점의 좌표는 (0, 1)이다. 1
ㄴ. 사각형 ABCD가 직사각형이면 $a=\frac{1}{2}$이다. 2
ㄷ. $\overline{AB}<\overline{CD}$이면 $\frac{1}{2}<a<1$이다. 3

① ㄱ ② ㄷ ✓③ ㄱ, ㄴ
④ ㄴ, ㄷ ⑤ ㄱ, ㄴ, ㄷ

해결 흐름

1 두 점 A, B의 좌표를 구하면 선분 AB를 1 : 4로 외분하는 점의 좌표를 구할 수 있겠다.

연관 개념 | 두 점 $A(x_1, y_1)$, $B(x_2, y_2)$에 대하여 선분 AB를 $m : n$ $(m>0, n>0, m\neq n)$으로 외분하는 점의 좌표는 $\left(\frac{mx_2-nx_1}{m-n}, \frac{my_2-ny_1}{m-n}\right)$

2 사각형 ABCD가 직사각형이면 각 변이 좌표축과 평행 또는 수직임을 이용해서 a의 값을 구해 보면 되겠어.

3 두 점 C, D의 좌표를 구해서 $\overline{AB}<\overline{CD}$를 만족시키는 a의 값의 범위를 구해 봐야지.

알찬 풀이

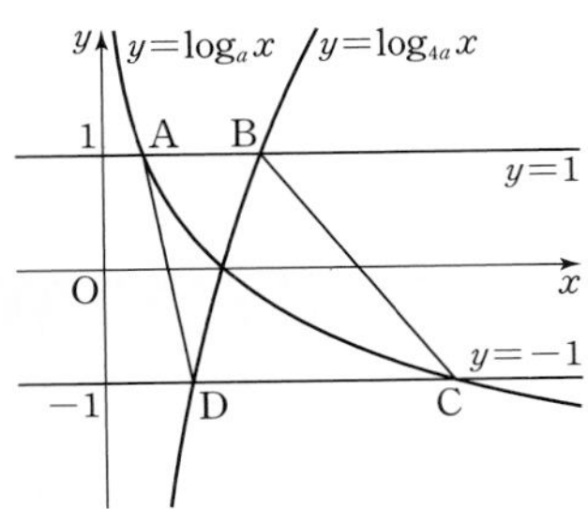

ㄱ. 직선 $y=1$이 두 곡선 $y=\log_a x$, $y=\log_{4a} x$와 만나는 점이 각각 A, B이므로

점 A의 x좌표는

$\log_a x=1$에서 $x=a$

점 B의 x좌표는

$\log_{4a} x=1$에서 $x=4a$

> 로그의 정의
> $a>0$, $a\neq1$, $N>0$일 때, $a^x=N \Longleftrightarrow x=\log_a N$

$\therefore A(a, 1), B(4a, 1)$

따라서 선분 AB를 1 : 4로 외분하는 점의 좌표는

$\left(\frac{1\times4a-4\times a}{1-4}, \frac{1\times1-4\times1}{1-4}\right)=\left(\frac{0}{-3}, \frac{-3}{-3}\right)$

즉, (0, 1) (참)

ㄴ. 선분 AB는 x축과 평행하므로 사각형 ABCD가 직사각형이면 두 점 A, D의 x좌표는 서로 같다.

→ 선분 AB는 x축과 평행하니까 선분 AD는 x축과 수직이지.

직선 $y=-1$이 곡선 $y=\log_{4a} x$와 만나는 점이 D이므로

점 D의 x좌표는

$\log_{4a} x=-1$에서 $x=(4a)^{-1}=\frac{1}{4a}$

> 지수의 확장
> $a\neq0$이고 n이 자연수일 때, $a^{-n}=\frac{1}{a^n}$

$\therefore D\left(\frac{1}{4a}, -1\right)$

이때 $A(a, 1)$이므로

$a=\frac{1}{4a}$, $a^2=\frac{1}{4}$

→ 두 점 B, C의 x좌표가 서로 같음을 이용해도 같은 식이 나와.

$\therefore a=\pm\frac{1}{2}$

그런데 $\frac{1}{4}<a<1$이므로 $a=\frac{1}{2}$ (참)

ㄷ. $A(a, 1)$, $B(4a, 1)$이므로

$\overline{AB}=4a-a=3a$

→ 두 점 A, B의 y좌표가 같으니까 선분 AB의 길이는 x좌표의 차로 구하면 돼.

한편, 직선 $y=-1$이 곡선 $y=\log_a x$와 만나는 점이 C이므로

점 C의 x좌표는

$\log_a x=-1$에서 $x=a^{-1}=\frac{1}{a}$

$\therefore C\left(\frac{1}{a}, -1\right)$

이때 $D\left(\frac{1}{4a}, -1\right)$이므로

$\overline{CD}=\frac{1}{a}-\frac{1}{4a}=\frac{3}{4a}$

→ 두 점 C, D의 y좌표가 같으니까 선분 CD의 길이도 x좌표의 차로 구하면 돼.

따라서 $\overline{AB}<\overline{CD}$이면 $3a<\frac{3}{4a}$이므로

$a^2<\frac{1}{4}$ $\therefore -\frac{1}{2}<a<\frac{1}{2}$

그런데 $\frac{1}{4}<a<1$이므로 $\frac{1}{4}<a<\frac{1}{2}$ (거짓)

이상에서 옳은 것은 ㄱ, ㄴ이다.

정답률 65%

36 수능 유형 › 로그함수의 그래프

정답 ①

$\angle A=90°$이고 $\overline{AB}=2\log_2 x$, $\overline{AC}=\log_4 \frac{16}{x}$인 삼각형 ABC의 넓이를 $S(x)$[1]라 하자. $S(x)$가 $x=a$에서 최댓값 M[2]을 가질 때, $a+M$의 값은? (단, $1<x<16$)

→ 삼각형 ABC는 $\angle A=90°$인 직각삼각형이니까 $S(x)=\frac{1}{2}\times\overline{AB}\times\overline{AC}$야.

✓① 6 ② 7 ③ 8 ④ 9 ⑤ 10

해결 흐름

1 먼저 삼각형 ABC의 넓이 $S(x)$를 구해야겠네.

2 $S(x)$가 $1<x<16$에서 최댓값을 갖는 경우를 찾아봐야겠다.

알찬 풀이

삼각형 ABC의 넓이 $S(x)$는

$S(x)=\frac{1}{2}\times2\log_2 x\times\log_4\frac{16}{x}$

$=\log_2 x\times\left(2-\frac{1}{2}\log_2 x\right)$

$=-\frac{1}{2}(\log_2 x)^2+2\log_2 x$

→ $\log_4\frac{16}{x}=\log_4 16-\log_4 x=2-\frac{1}{2}\log_2 x$

$\log_2 x=t$로 치환하면

$1<x<16$에서 $0<t<4$이고

→ $\log_2 1<\log_2 x<\log_2 16$

$f(t)=-\frac{1}{2}t^2+2t=-\frac{1}{2}(t-2)^2+2$

로 놓으면 함수 $f(t)$는 $t=2$에서 최댓값 2를 갖는다.

즉, $t=\log_2 x=2$에서

$x=2^2=4$

따라서 $a=4$, $M=2$이므로

$a+M=4+2=6$

> **수능 핵심 개념** 제한된 범위에서 이차함수의 최대 · 최소
>
> $\alpha\leq x\leq\beta$일 때, 이차함수 $f(x)=a(x-m)^2+n$의 최댓값과 최솟값은 꼭짓점의 x좌표, 즉 m의 값이 속하는 구간에 따라 다음과 같이 구한다.
>
> (1) $\alpha\leq m\leq\beta$이면 ➡ $f(\alpha)$, $f(m)$, $f(\beta)$ 중 가장 큰 값이 최댓값, 가장 작은 값이 최솟값이다.
>
> (2) $m<\alpha$ 또는 $m>\beta$이면 ➡ $f(\alpha)$, $f(\beta)$ 중 큰 값이 최댓값, 작은 값이 최솟값이다.

37 수능 유형 › 로그함수의 그래프

정답률 73% 정답 ③

$a>1$인 실수 a에 대하여 곡선 $y=\log_a x$와 원 C: $\left(x-\frac{5}{4}\right)^2+y^2=\frac{13}{16}$의 두 교점을 P, Q라 하자. 선분 PQ가 원 C의 지름일 때, a의 값은?

① 3 ② $\frac{7}{2}$ ✓③ 4 ④ $\frac{9}{2}$ ⑤ 5

→ 원 C의 중심의 좌표는 $\left(\frac{5}{4}, 0\right)$이고 반지름의 길이는 $\frac{\sqrt{13}}{4}$이야.

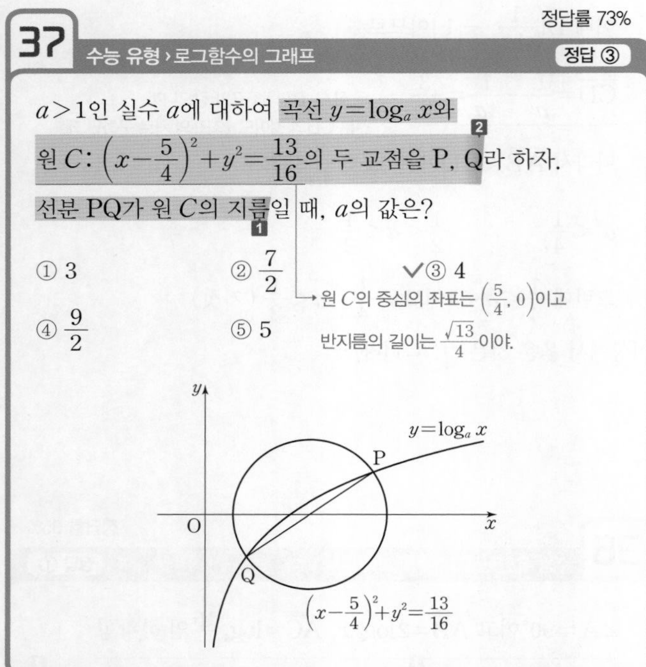

해결 흐름

1 선분 PQ의 중점이 원 C의 중심이겠네.

연관 개념 | 두 점 $A(x_1, y_1)$, $B(x_2, y_2)$에 대하여 선분 AB의 중점 M의 좌표는

$M\left(\frac{x_1+x_2}{2}, \frac{y_1+y_2}{2}\right)$

2 원 C의 중심의 좌표와 지름의 길이를 이용해서 a의 값을 구해야겠다.

알찬 풀이

원 C는 중심의 좌표가 $\left(\frac{5}{4}, 0\right)$이고 반지름의 길이가 $\sqrt{\frac{13}{16}}=\frac{\sqrt{13}}{4}$이다. 두 점 P, Q의 좌표를 $P(p, \log_a p)$, $Q(q, \log_a q)$ $(p>q)$라 하면 선분 PQ가 원 C의 지름이므로 선분 PQ의 중점이 원 C의 중심인 점 $\left(\frac{5}{4}, 0\right)$과 일치한다.

이때 선분 PQ의 중점의 좌표는 $\left(\frac{p+q}{2}, \frac{\log_a p+\log_a q}{2}\right)$이므로

$\frac{p+q}{2}=\frac{5}{4}$에서

$p+q=\frac{5}{2}$ …… ㉠

$\frac{\log_a p+\log_a q}{2}=0$에서

$\log_a pq=0$

$\therefore pq=1$ …… ㉡

㉠, ㉡에서 p, q를 두 근으로 갖는 t에 대한 이차방정식은

→ $t^2-(p+q)t+pq=0$으로 놓을 수 있어.

$t^2-\frac{5}{2}t+1=0$이므로

$2t^2-5t+2=0$

$(2t-1)(t-2)=0$

$\therefore t=\frac{1}{2}$ 또는 $t=2$

$p>q$이므로

$p=2$, $q=\frac{1}{2}$

따라서 $P(2, \log_a 2)$, $Q\left(\frac{1}{2}, -\log_a 2\right)$이므로 $\overline{PQ}=\frac{\sqrt{13}}{2}$에서

→ $\overline{PQ}=2\times\frac{\sqrt{13}}{4}=\frac{\sqrt{13}}{2}$

$\sqrt{\left(2-\frac{1}{2}\right)^2+\{\log_a 2-(-\log_a 2)\}^2}=\frac{\sqrt{13}}{2}$

위의 식의 양변을 제곱하면

> **두 점 사이의 거리**
> 좌표평면 위의 두 점 $A(x_1, y_1)$, $B(x_2, y_2)$ 사이의 거리는
> $\overline{AB}=\sqrt{(x_2-x_1)^2+(y_2-y_1)^2}$

$\frac{9}{4}+(2\log_a 2)^2=\frac{13}{4}$

$4(\log_a 2)^2=1$, $(\log_a 2)^2=\frac{1}{4}$

$a>1$이므로 $\log_a 2=\frac{1}{2}$

→ $a>1$이니까 $\log_a 2>0$이야.

$a^{\frac{1}{2}}=2$

$\therefore a=2^2=4$

38 수능 유형 › 지수함수와 로그함수의 그래프

정답률 82% 정답 ④

함수 $y=\log_3 x$의 그래프를 x축의 방향으로 a만큼, y축의 방향으로 2만큼 평행이동한 그래프를 나타내는 함수를 $y=f(x)$라 하자. 함수 $f(x)$의 역함수가 $f^{-1}(x)=3^{x-2}+4$일 때, 상수 a의 값은?

→ $y=\log_3 x$의 그래프를 평행이동한 후 그 역함수를 구해서 이 식과 비교하면 돼.

① 1 ② 2 ③ 3 ✓④ 4 ⑤ 5

해결 흐름

1 먼저 평행이동한 그래프를 나타내는 함수 $f(x)$의 식을 구해야겠어.

연관 개념 | 함수 $y=f(x)$의 그래프를 x축의 방향으로 m만큼, y축의 방향으로 n만큼 평행이동한 그래프를 나타내는 함수의 식은 $y-n=f(x-m)$

2 $y=f(x)$에서 x와 y를 서로 바꾸어 역함수를 구해야지.

알찬 풀이

함수 $y=\log_3 x$의 그래프를 x축의 방향으로 a만큼, y축의 방향으로 2만큼 평행이동한 그래프를 나타내는 함수의 식은

$y=\log_3(x-a)+2$ …… ㉠

→ x 대신 $x-a$, y 대신 $y-2$를 대입해.

즉, $f(x)=\log_3(x-a)+2$

㉠을 x에 대하여 풀면

$y-2=\log_3(x-a)$, $3^{y-2}=x-a$

$\therefore x=3^{y-2}+a$

> **로그의 정의**
> $a>0$, $a\neq1$, $N>0$일 때,
> $x=\log_a N \Longleftrightarrow a^x=N$

x와 y를 서로 바꾸면 $y=3^{x-2}+a$

즉, $f^{-1}(x)=3^{x-2}+a$

이때 $f^{-1}(x)=3^{x-2}+4$이므로

$a=4$

빠른 풀이 $f(x)=\log_3(x-a)+2$ …… ㉠

이때 $f^{-1}(x)=3^{x-2}+4$이므로

이 식에 $x=2$를 대입하면

→ 특정한 값을 대입해서 함숫값을 구할 수 있어. 꼭 $x=2$가 아니라 다른 값을 대입해도 돼.

$f^{-1}(2)=3^0+4=5$

→ $3^0=1$

$\therefore f(5)=2$

따라서 ㉠에서

$f(5)=\log_3(5-a)+2=2$

$\log_3(5-a)=0$, $5-a=1$

$\therefore a=4$

정답률 A형 63%, B형 70%

39 수능 유형 › 로그함수의 그래프

정답 ③

$0<a<1<b$인 두 실수 a, b에 대하여 두 함수 [1]

$$f(x)=\log_a(bx-1),\quad g(x)=\log_b(ax-1)$$

이 있다. 곡선 $y=f(x)$와 x축의 교점이 곡선 $y=g(x)$의 점근선 위에 있도록 [2][3] 하는 a와 b 사이의 관계식과 a의 범위를 옳게 나타낸 것은?

→ b를 a에 대한 식으로 나타낸 후 $0<a<1<b$를 이용해.

① $b=-2a+2\left(0<a<\frac{1}{2}\right)$

② $b=2a\left(0<a<\frac{1}{2}\right)$

✓③ $b=2a\left(\frac{1}{2}<a<1\right)$

④ $b=2a+1\left(0<a<\frac{1}{2}\right)$

⑤ $b=2a+1\left(\frac{1}{2}<a<1\right)$

해결 흐름

1 $0<a<1<b$이니까 함수 $y=f(x)$는 감소하는 함수이고, 함수 $y=g(x)$는 증가하는 함수구나.

연관 개념 | 로그함수 $y=\log_a x\ (a>0,\ a\neq1)$에 대하여
① $a>1$일 때, x의 값이 증가하면 y의 값도 증가한다.
② $0<a<1$일 때, x의 값이 증가하면 y의 값은 감소한다.

2 곡선 $y=f(x)$와 x축의 교점의 좌표를 구하고, 곡선 $y=g(x)$의 점근선의 방정식을 구해야지.

3 곡선 $y=f(x)$와 x축의 교점의 x좌표가 곡선 $y=g(x)$의 점근선과 x축의 교점의 x좌표와 일치함을 이용하면 되겠어.

알찬 풀이

곡선 $y=f(x)$와 x축의 교점의 x좌표는

$\log_a(bx-1)=0$에서

$bx-1=1$, $bx=2$ (→ $a^0=1$)

$\therefore x=\frac{2}{b}$

따라서 곡선 $y=f(x)$와 x축의 교점의 좌표는 $\left(\frac{2}{b},\ 0\right)$

$g(x)=\log_b(ax-1)$

$=\log_b a\left(x-\frac{1}{a}\right)$

$=\log_b\left(x-\frac{1}{a}\right)+\log_b a$

> **도형의 평행이동**
> 방정식 $f(x,\ y)=0$이 나타내는 도형을 x축의 방향으로 a만큼, y축의 방향으로 b만큼 평행이동한 도형의 방정식은 $f(x-a,\ y-b)=0$

이므로 함수 $y=g(x)$의 그래프는 $y=\log_b x$의 그래프를 x축의 방향으로 $\frac{1}{a}$만큼, y축의 방향으로 $\log_b a$만큼 평행이동한 것이다.

따라서 곡선 $y=g(x)$의 점근선의 방정식은 $x=\frac{1}{a}$이다.

→ 곡선이 평행이동하면 점근선도 곡선이 평행이동한 만큼 평행이동해.

그런데 곡선 $y=f(x)$와 x축의 교점이 곡선 $y=g(x)$의 점근선 위에 있어야 하므로

$\frac{2}{b}=\frac{1}{a}\qquad\therefore b=2a$

이때 $0<a<1<b$이므로 $0<a<1<2a$

→ b 대신 $2a$를 대입했어.

$\therefore \frac{1}{2}<a<1$

따라서 a와 b 사이의 관계식과 a의 범위는

$b=2a\left(\frac{1}{2}<a<1\right)$

빠른 풀이 평행이동을 이용하지 않아도 다음과 같이 로그함수의 그래프의 점근선의 방정식을 구할 수 있다.

곡선 $y=\log_b(ax-1)$의 점근선의 방정식은

$ax-1=0$에서 $ax=1$

$\therefore x=\frac{1}{a}\ (\because a>0)$

실전 적용 key

로그함수 $y=\log_a f(x)$에서 $f(\alpha)=0$일 때, 로그함수 $y=\log_a f(x)$의 그래프의 점근선의 방정식은 $x=\alpha$이다.

문제 해결 TIP

조성욱 | 연세대학교 치의예과 | 서라벌고등학교 졸업

지수함수와 로그함수에 대한 개념에서 가장 중요한 것을 뽑으라면 바로 점근선이 존재한다는 사실이야. 그래프를 그릴 때 항상 점근선을 빼놓지 않고 그려야 해.

이때 로그함수의 그래프의 점근선의 방정식을 구하는 빠른 방법을 알려줄게. 바로 로그의 진수가 0이 되는 x의 값을 찾으면 돼. 점근선은 함수가 정의될 수 없는 부분이니까 로그가 정의되기 위한 진수의 조건을 생각하면 바로 이해가 되지? 이 방법으로 곡선 $g(x)=\log_b(ax-1)$의 점근선의 방정식을 구하면 $ax-1=0$에서 $x=\frac{1}{a}$을 바로 구할 수 있어.

지수함수나 로그함수의 그래프의 점근선에 대해서 직접적으로 묻는 문제도 있지만 간접적으로 묻는 경우가 훨씬 많아. 물론 밑의 범위에 따라 지수함수와 로그함수의 그래프를 그리는 건 기본이겠지?

정답률 가형 45%, 나형 40%

40 수능 유형 › 지수함수와 로그함수의 그래프

정답 ③

좌표평면에서 두 곡선 $y=|\log_2 x|$와 $y=\left(\frac{1}{2}\right)^x$ [1]이 만나는 두 점을 $\mathrm{P}(x_1,\ y_1)$, $\mathrm{Q}(x_2,\ y_2)\ (x_1<x_2)$ [2]라 하고, 두 곡선 $y=|\log_2 x|$와 $y=2^x$ [1]이 만나는 점을 $\mathrm{R}(x_3,\ y_3)$ [2]이라 하자. **보기**에서 옳은 것만을 있는 대로 고른 것은?

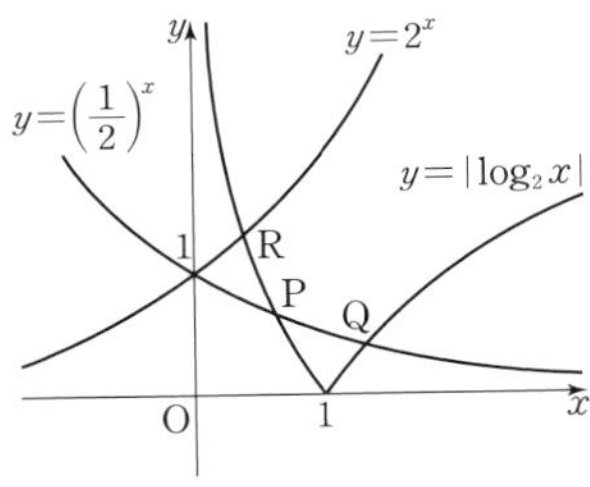

보기

ㄱ. $\frac{1}{2}<x_1<1$ → x좌표가 $\frac{1}{2}$인 점을 찾아봐.

ㄴ. $x_2y_2-x_3y_3=0$ → 두 점 Q, R 사이의 관계를 통해 확인할 수 있어.

ㄷ. $x_2(x_1-1)>y_1(y_2-1)$ → 직선의 기울기를 이용해.

① ㄱ　② ㄷ　✓③ ㄱ, ㄴ　④ ㄴ, ㄷ　⑤ ㄱ, ㄴ, ㄷ

해결 흐름

1 로그함수의 밑이 2이고, 지수함수의 밑이 각각 $\frac{1}{2}$, 2이니까 역함수 관계에 있는 두 함수를 찾을 수 있겠어.

연관 개념 | $a>0$, $a\neq1$일 때, 로그함수 $y=\log_a x$와 지수함수 $y=a^x$은 서로 역함수 관계이다.

2 세 점 P, Q, R의 위치와 두 점 (0, 1), (1, 0)의 위치를 비교해서 점의 좌표를 이용하여 보기의 참, 거짓을 알아보면 되겠구나.

알찬 풀이

ㄱ. 주어진 그림에서 곡선 $y=|\log_2 x|$ 위의 점 $\left(\frac{1}{2}, 1\right)$과 점 $P(x_1, y_1)$의 위치를 비교하면 $y_1<1$이므로

$\frac{1}{2}<x_1<1$ (참)

→ 두 함수 $y=\log_2 x$와 $y=2^x$은 서로 역함수 관계이고, 두 함수 $y=\left(\frac{1}{2}\right)^x$과 $y=-\log_2 x$는 서로 역함수 관계야.

ㄴ. 두 곡선 $y=\log_2 x$와 $y=2^x$은 직선 $y=x$에 대하여 대칭이고, 두 곡선 $y=\left(\frac{1}{2}\right)^x$과 $y=-\log_2 x$는 직선 $y=x$에 대하여 대칭이므로 두 곡선 $y=\log_2 x$, $y=\left(\frac{1}{2}\right)^x$의 교점 $Q(x_2, y_2)$와 두 곡선 $y=2^x$, $y=-\log_2 x$의 교점 $R(x_3, y_3)$은 직선 $y=x$에 대하여 대칭이다.

즉, $x_2=y_3$, $y_2=x_3$이므로 $x_2y_2-x_3y_3=0$ (참)

ㄷ. S(1, 0)이라 하면

(직선 RS의 기울기)$=\frac{y_3}{x_3-1}$

(직선 PS의 기울기)$=\frac{y_1}{x_1-1}$

> **두 점을 지나는 직선의 기울기**
> 두 점 (x_1, y_1), (x_2, y_2)를 지나는 직선의 기울기는 $\frac{y_2-y_1}{x_2-x_1}$ (단, $x_1\neq x_2$)

이때 (직선 RS의 기울기)<(직선 PS의 기울기)이므로

$\frac{y_3}{x_3-1}<\frac{y_1}{x_1-1}$

ㄴ에서 $x_2=y_3$, $y_2=x_3$이므로 위의 식에 대입하면

$\frac{x_2}{y_2-1}<\frac{y_1}{x_1-1}$

주어진 그래프에서 $x_1-1<0$, $y_2-1<0$이므로

$x_2(x_1-1)<y_1(y_2-1)$ (거짓)

이상에서 옳은 것은 ㄱ, ㄴ이다.

41

정답률 가형 84%, 나형 65%

수능 유형 › 로그함수의 그래프 정답 ③

함수 $y=\log_2 4x$의 그래프 위의 두 점 A, B와 함수 $y=\log_2 x$의 그래프 위의 점 C에 대하여 선분 AC가 y축에 평행하고 삼각형 ABC가 정삼각형**1**일 때, 점 B의 좌표**2**는 (p, q)이다. $p^2\times2^q$의 값은?

→ 두 점 A, C의 x좌표가 서로 같아.

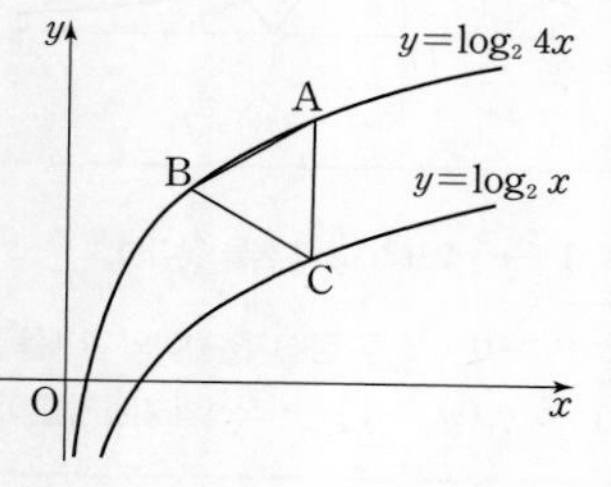

① $6\sqrt{3}$ ② $9\sqrt{3}$ ✓③ $12\sqrt{3}$ ④ $15\sqrt{3}$ ⑤ $18\sqrt{3}$

해결 흐름

1 삼각형 ABC가 정삼각형이니까 세 변의 길이가 같아.

연관 개념 | 좌표평면 위의 두 점 $A(x_1, y_1)$, $B(x_2, y_2)$ 사이의 거리는 $\overline{AB}=\sqrt{(x_2-x_1)^2+(y_2-y_1)^2}$

2 선분 AC의 길이를 구하면 정삼각형의 높이를 이용해서 점 B의 좌표도 구할 수 있겠구나.

알찬 풀이

선분 AC가 y축에 평행하므로 두 점 A, C의 x좌표는 같다.

$A(t, \log_2 4t)$, $C(t, \log_2 t)$ $(t>1)$라 하면

$\overline{AC}=\log_2 4t-\log_2 t$

$=\log_2 \frac{4t}{t}$

$=2$

> **로그의 성질**
> $a>0$, $a\neq1$, $M>0$, $N>0$일 때, $\log_a M-\log_a N=\log_a \frac{M}{N}$

즉, 삼각형 ABC는 한 변의 길이가 2인 정삼각형이므로 선분 AC의 중점을 M이라 하면

→ 선분 BM은 정삼각형 ABC의 높이야.

$\overline{BM}=\frac{\sqrt{3}}{2}\times2=\sqrt{3}$

> **정삼각형의 높이**
> 한 변의 길이가 a인 정삼각형의 높이는 $\frac{\sqrt{3}}{2}a$이다.

따라서 $B(t-\sqrt{3}, \log_2 4(t-\sqrt{3}))$이므로

→ 점 B는 함수 $y=\log_2 4x$의 그래프 위의 점이니까.

$\overline{AB}$

$=\sqrt{(t-\sqrt{3}-t)^2+\{\log_2 4(t-\sqrt{3})-\log_2 4t\}^2}$

$=\sqrt{3+\left(\log_2 \frac{t-\sqrt{3}}{t}\right)^2}$

이때 $\overline{AB}=\overline{AC}=2$이므로

$\sqrt{3+\left(\log_2 \frac{t-\sqrt{3}}{t}\right)^2}=2$

위의 식의 양변을 제곱하면

$3+\left(\log_2 \frac{t-\sqrt{3}}{t}\right)^2=4$, $\left(\log_2 \frac{t-\sqrt{3}}{t}\right)^2=1$

그런데 $t>1$이므로 $\frac{t-\sqrt{3}}{t}<1$ → $\frac{t-\sqrt{3}}{t}=1-\frac{\sqrt{3}}{t}<1$

따라서 $\log_2 \frac{t-\sqrt{3}}{t}=-1$이므로

$\frac{t-\sqrt{3}}{t}=2^{-1}=\frac{1}{2}$, $2(t-\sqrt{3})=t$

$\therefore t=2\sqrt{3}$

따라서 점 B의 좌표는 $(\sqrt{3}, \log_2 4\sqrt{3})$이므로

$p=\sqrt{3}$, $q=\log_2 4\sqrt{3}$

$\therefore p^2\times2^q=(\sqrt{3})^2\times2^{\log_2 4\sqrt{3}}$

$=3\times4\sqrt{3}$

$=12\sqrt{3}$

> **로그의 성질**
> $a>0$, $a\neq1$, $b>0$일 때, $a^{\log_a b}=b$

다른 풀이 점 A의 좌표를 $(t, \log_2 4t)$ $(t>1)$라 하면 점 B의 좌표는 다음과 같이 구할 수도 있다.

삼각형 ABC는 한 변의 길이가 2인 정삼각형이므로 선분 AC의 중점을 M이라 하면

$\overline{BM}=\frac{\sqrt{3}}{2}\times2=\sqrt{3}$

$\overline{AM}=\frac{1}{2}\overline{AC}=\frac{1}{2}\times2=1$

즉, 점 B의 x좌표는 점 A의 x좌표보다 $\sqrt{3}$만큼 작고, 점 B의 y좌표는 점 A의 y좌표보다 1만큼 작다.

$\therefore B(t-\sqrt{3}, \log_2 4t-1)$

이때 점 B는 함수 $y=\log_2 4x$의 그래프 위의 점이므로

$\log_2 4t-1=\log_2\{4(t-\sqrt{3})\}$ → $y=\log_2 4x$에 $x=t-\sqrt{3}$, $y=\log_2 4t-1$을 대입했어.

$2+\log_2 t-1=2+\log_2(t-\sqrt{3})$

$\log_2 t-\log_2(t-\sqrt{3})=1$

$\log_2\dfrac{t}{t-\sqrt{3}}=1$, $\dfrac{t}{t-\sqrt{3}}=2$

$t=2t-2\sqrt{3}$

$\therefore t=2\sqrt{3}$

따라서 점 B의 좌표는 $(\sqrt{3}, \log_2 4\sqrt{3})$이다.

→ $\log_2 8\sqrt{3}-1=\log_2\dfrac{8\sqrt{3}}{2}=\log_2 4\sqrt{3}$

생생 수험 Talk

힘들고 팍팍한 수험 생활을 버틸 수 있게 해주는 것이 바로 친구들이라고 생각해. 공부에 대해서 얘기하며 서로 위로를 해주기도 하고, 열심히 하는 친구들을 보면서 반성하고 더 공부를 열심히 하게 되기도 하고 말이야. 나는 2학년 때부터 친하게 지내온 친구들과 계속 관계를 유지하면서 잘 어울려 놀았어. 점심도 맨날 같이 먹고 점심을 먹고는 다 같이 산책을 하러 다니기도 하고 말이야. 야자가 끝나고는 집 방향이 같은 다른 반 친구와 매일 같이 집으로 돌아갔지. 가끔 보면 같은 반 친구들이 다 경쟁자라면서 친구들이랑 말도 안하고 일 년 내내 공부만 하는 친구들이 있는데, 이건 별로 좋은 생각이 아니야. 친구들과 서로 발전적인 관계를 맺길 바라.

정답률 가형 59%, 나형 51%

42 수능 유형 › 로그함수의 그래프

정답 ④

자연수 $n\ (n\geq 2)$에 대하여 직선 $y=-x+n$과 곡선 $y=|\log_2 x|$가 만나는 서로 다른 두 점의 x좌표를 각각 a_n, $b_n\ (a_n<b_n)$이라 할 때, **보기**에서 옳은 것만을 있는 대로 고른 것은? → a_n, b_n은 방정식 $-x+n=|\log_2 x|$의 해야.

보기

ㄱ. $a_2<\dfrac{1}{4}$

ㄴ. $0<\dfrac{a_{n+1}}{a_n}<1$

ㄷ. $1-\dfrac{\log_2 n}{n}<\dfrac{b_n}{n}<1$

① ㄱ ② ㄴ ③ ㄷ ✓④ ㄴ, ㄷ ⑤ ㄱ, ㄴ, ㄷ

해결 흐름

1 먼저 함수 $y=|\log_2 x|$의 그래프를 그려 봐야지.

연관 개념 | 함수 $y=|f(x)|$의 그래프는 $y=f(x)$의 그래프를 그린 후, $y\geq 0$인 부분은 그대로 두고, $y<0$인 부분만 x축에 대하여 대칭이동하여 그린다.

2 직선 $y=-x+n$을 그려서 보기의 참, 거짓을 알아봐야겠다.

알찬 풀이

$y=|\log_2 x|$에서

$y=\begin{cases}-\log_2 x & (0<x<1)\\ \log_2 x & (x\geq 1)\end{cases}$

절댓값 $|a|=\begin{cases}-a & (a<0)\\ a & (a\geq 0)\end{cases}$

ㄱ. $x=\dfrac{1}{4}$일 때, $y=-\log_2\dfrac{1}{4}=2$이므로 곡선 $y=|\log_2 x|$는 점 $\left(\dfrac{1}{4}, 2\right)$를 지난다.

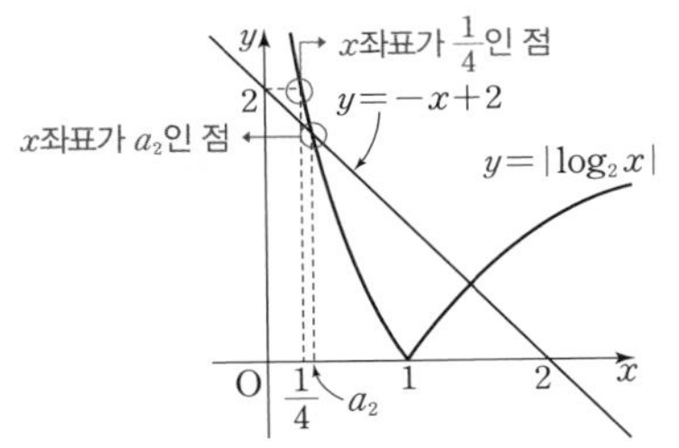

이때 위의 그림과 같이 $\dfrac{1}{4}<x<1$일 때, 곡선 $y=|\log_2 x|$와 직선 $y=-x+2$가 만나므로

$\dfrac{1}{4}<a_2<1$ (거짓)

ㄴ.

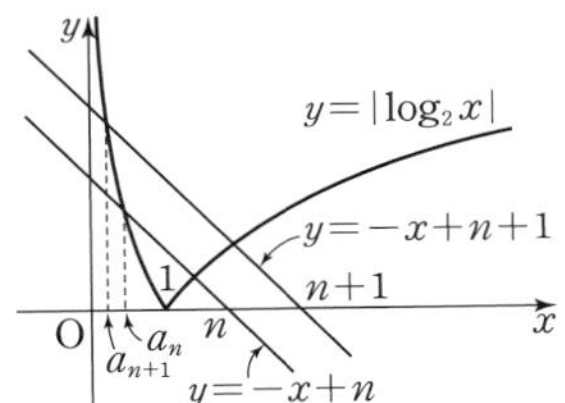

위의 그림과 같이 자연수 $n\ (n\geq 2)$에 대하여 $0<a_{n+1}<a_n$이므로

$0<\dfrac{a_{n+1}}{a_n}<1$ (참)

ㄷ. ㄴ의 그림에서 $1<b_n<n$이므로 $\dfrac{b_n}{n}<1$ ...... ㉠

→ $b_n<n$의 양변을 n으로 나눴어.

또, b_n은 직선 $y=-x+n$과 곡선 $y=\log_2 x$의 교점의 x좌표이므로 $\log_2 b_n=-b_n+n$에서 $b_n=n-\log_2 b_n$

$\therefore \dfrac{b_n}{n}=1-\dfrac{\log_2 b_n}{n}$

이때 $\log_2 b_n<\log_2 n$이므로 $-\dfrac{\log_2 b_n}{n}>-\dfrac{\log_2 n}{n}$에서

$1-\dfrac{\log_2 b_n}{n}>1-\dfrac{\log_2 n}{n}$

즉, $\dfrac{b_n}{n}>1-\dfrac{\log_2 n}{n}$ ...... ㉡

㉠, ㉡에서 $1-\dfrac{\log_2 n}{n}<\dfrac{b_n}{n}<1$ (참)

이상에서 옳은 것은 ㄴ, ㄷ이다.

다른 풀이 ㄷ.

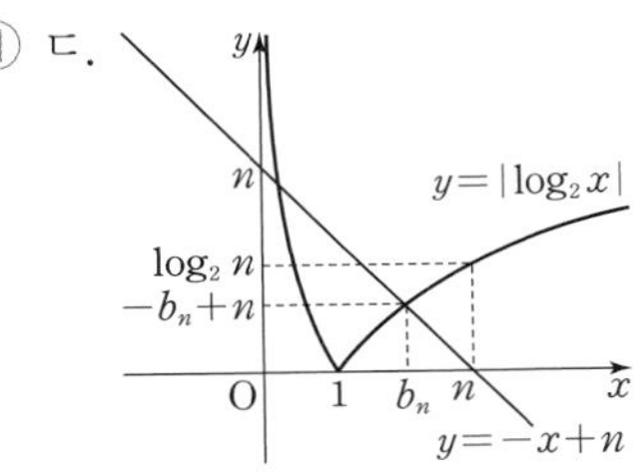

위의 그림에서 $1<b_n<n$이므로 $\dfrac{b_n}{n}<1$

또, $-b_n+n<\log_2 n$이므로 $b_n>n-\log_2 n$에서

$\frac{b_n}{n}>1-\frac{\log_2 n}{n}$

$\therefore 1-\frac{\log_2 n}{n}<\frac{b_n}{n}<1$ (참)

43 수능 유형 › 로그함수의 그래프

정답률 40%

정답 63

좌표평면에서 세 점 (15, 4), (15, 1), (64, 1)을 꼭짓점으로 하는 삼각형과 로그함수 $y=\log_k x$의 그래프가 만나도록 하는 자연수 k의 개수를 구하시오. 63

→ k의 값의 범위를 구해 봐.

해결 흐름

1 먼저 좌표평면에서 삼각형의 세 꼭짓점의 위치를 찾아봐야겠다.

2 로그함수 $y=\log_k x$의 그래프가 주어진 점을 지날 때, k의 값을 구하면 되겠네.

연관 개념 | 로그함수 $y=\log_a x\,(a>0,\ a\neq1)$에 대하여
① $a>1$일 때, x의 값이 증가하면 y의 값도 증가한다.
② $0<a<1$일 때, x의 값이 증가하면 y의 값은 감소한다.

알찬 풀이

k가 자연수이므로 로그함수 $y=\log_k x$는 증가하는 함수이고, k의 값에 관계없이 항상 점 (1, 0)을 지난다. → $x=1$을 대입하면 $y=\log_k 1=0$

$1<k_1<k_2$일 때, 1보다 큰 임의의 실수 a에 대하여

$\log_{k_1} a>\log_{k_2} a$이므로 다음 그림과 같이 로그함수 $y=\log_k x$의 그래프가 점 (15, 4)를 지날 때 k의 값이 최소가 되고, 점 (64, 1)을 지날 때 k의 값이 최대가 된다.

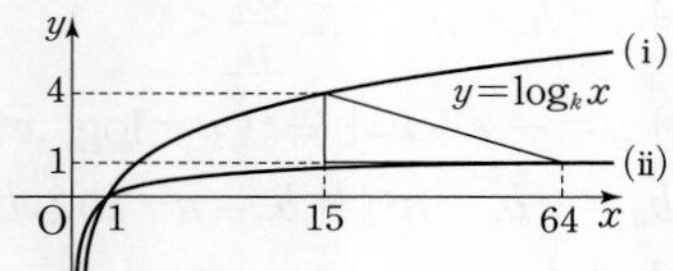

(i) 로그함수 $y=\log_k x$의 그래프가 점 (15, 4)를 지날 때,

$4=\log_k 15$에서

$k^4=15$ → $y=\log_k x$에 $x=15$, $y=4$를 대입했어.

$\therefore k=15^{\frac{1}{4}}<16^{\frac{1}{4}}=2$

(ii) 로그함수 $y=\log_k x$의 그래프가 점 (64, 1)을 지날 때,

$1=\log_k 64$에서

$k=64$ → $y=\log_k x$에 $x=64$, $y=1$을 대입했어.

(i), (ii)에서

$2\le k\le 64$ ($\because$ k는 자연수)

따라서 자연수 k의 개수는

$64-2+1=63$

수능 핵심 개념 정수의 개수

a, b $(a<b)$가 정수일 때,

(1) $a<x<b$인 정수 x의 개수: $b-a-1$

(2) $a\le x<b$ 또는 $a<x\le b$인 정수 x의 개수: $b-a$

(3) $a\le x\le b$인 정수 x의 개수: $b-a+1$

44 수능 유형 › 로그함수의 그래프

정답률 36%

정답 ⑤

$0<a<\frac{1}{2}$인 상수 a에 대하여 직선 $y=x$가 곡선 $y=\log_a x$와 만나는 점을 $(p,\ p)$, 직선 $y=x$가 곡선 $y=\log_{2a} x$와 만나는 점을 $(q,\ q)$라 하자. **보기**에서 옳은 것만을 있는 대로 고른 것은?

→ $p=\log_a p$에서 $a^p=p$이고, $q=\log_{2a} q$에서 $(2a)^q=q$야.

보기

ㄱ. $p=\frac{1}{2}$이면 $a=\frac{1}{4}$이다.

ㄴ. $p<q$

ㄷ. $a^{p+q}=\frac{pq}{2^q}$

① ㄱ ② ㄱ, ㄴ ③ ㄱ, ㄷ
④ ㄴ, ㄷ ✓⑤ ㄱ, ㄴ, ㄷ

해결 흐름

1 교점의 위치를 확인하기 위해 그래프부터 그려 봐야지.

2 $0<a<\frac{1}{2}$이니까 두 함수 $y=\log_a x$, $y=\log_{2a} x$는 감소하는 함수이겠네.

알찬 풀이

→ $0<a<2a<1$

$0<a<\frac{1}{2}$인 상수 a에 대하여

직선 $y=x$와 두 곡선 $y=\log_a x$, $y=\log_{2a} x$는 오른쪽 그림과 같다.

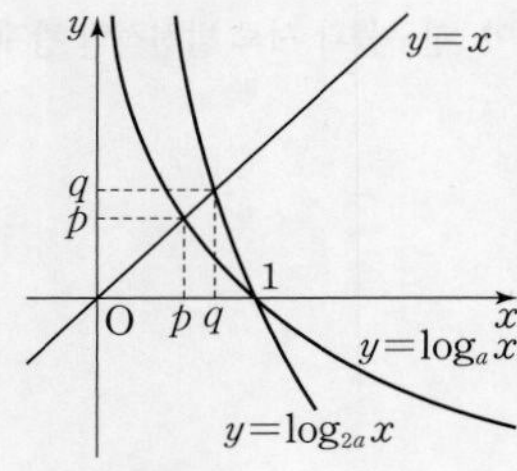

ㄱ. 점 $(p,\ p)$는 곡선 $y=\log_a x$ 위의 점이므로

$p=\log_a p$에서

$a^p=p$ → $y=\log_a x$에 $x=p$, $y=p$를 대입했어.

$p=\frac{1}{2}$이면 $a^{\frac{1}{2}}=\frac{1}{2}$

$\therefore a=\left(\frac{1}{2}\right)^2=\frac{1}{4}$ (참)

ㄴ. 위의 그림에서 $p<q$ (참)

ㄷ. ㄱ에서 $a^p=p$이고 점 $(q,\ q)$는 곡선 $y=\log_{2a} x$ 위의 점이므로

$q=\log_{2a} q$에서

$(2a)^q=q$, $2^q a^q=q$

즉, $a^q=\frac{q}{2^q}$이므로

$a^{p+q}=a^p\times a^q=p\times\frac{q}{2^q}=\frac{pq}{2^q}$ (참)

이상에서 ㄱ, ㄴ, ㄷ 모두 옳다.

생생 수험 Talk

문제의 난이도가 높아질수록 문제에서 준 조건으로 문제 풀이를 해 나가는 것이 중요하고, 그 조건들을 적절한 순서를 가지고 잘 활용하는 것이 중요해! 이런 문제 풀이를 할 때, 어떻게 풀어야 하는지 한 번에 보이지 않는다면 일단 문제를 풀고 나서 답을 구한 후에 스스로 또는 해설을 보면서 문제 풀이의 순서를 정립하는 것이 좋아!

정답률 확률과 통계 6%, 미적분 33%, 기하 17%

45 수능 유형 › 지수함수의 활용 – 방정식

정답 36

곡선 $y=\left(\frac{1}{5}\right)^{x-3}$ 과 직선 $y=x$가 만나는 점의 x좌표를 k라 하자. 실수 전체의 집합에서 정의된 함수 $f(x)$가 다음 조건을 만족시킨다.

> $x>k$인 모든 실수 x에 대하여
> $f(x)=\left(\frac{1}{5}\right)^{x-3}$ 이고 $f(f(x))=3x$이다.

$f\left(\frac{1}{k^3\times5^{3k}}\right)$의 값을 구하시오. 36

해결 흐름

1 곡선 $y=\left(\frac{1}{5}\right)^{x-3}$ 과 직선 $y=x$가 만나는 점의 x좌표가 k임을 이용해서 $f\left(\frac{1}{k^3\times5^{3k}}\right)$을 간단히 나타내 봐야겠어.

연관 개념 | $a>0$, $b>0$이고 x, y가 실수일 때,
① $a^xa^y=a^{x+y}$ ② $a^x\div a^y=a^{x-y}$
③ $(a^x)^y=a^{xy}$ ④ $(ab)^x=a^xb^x$

2 주어진 조건을 이용해서 실수 전체의 집합에서 함수 $f(x)$는 어떤 성질을 갖고 있는지 생각해 봐야겠다.

3 2에서 찾은 함수 $f(x)$의 성질과 주어진 조건을 이용하면 $f\left(\frac{1}{k^3\times5^{3k}}\right)$의 값을 구할 수 있겠다.

알찬 풀이

곡선 $y=\left(\frac{1}{5}\right)^{x-3}$ 과 직선 $y=x$가 만나는 점의 x좌표가 k이므로

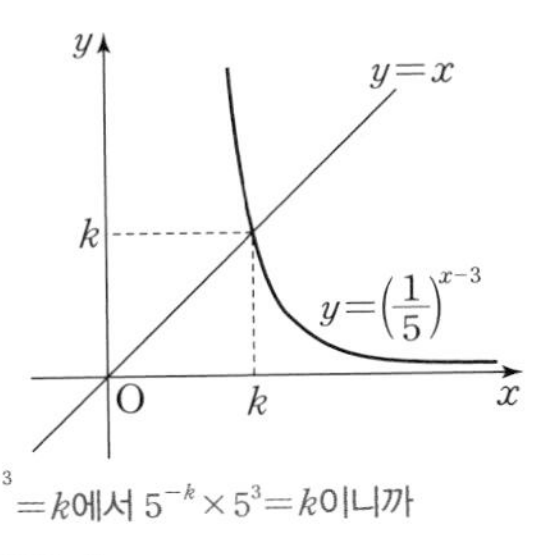

$\left(\frac{1}{5}\right)^{k-3}=k$

즉, $\left(\frac{1}{5}\right)^k\times\left(\frac{1}{5}\right)^{-3}=k$ 에서 $k\times5^k=5^3$ 이므로

($\left(\frac{1}{5}\right)^k\times\left(\frac{1}{5}\right)^{-3}=k$에서 $5^{-k}\times5^3=k$이니까 양변에 5^k을 곱하면 돼.)

$$f\left(\frac{1}{k^3\times5^{3k}}\right)=f\left(\left(\frac{1}{k\times5^k}\right)^3\right)=f\left(\left(\frac{1}{5^3}\right)^3\right)=f\left(\frac{1}{5^9}\right) \quad \cdots\cdots ㉠$$

한편, $x>k$인 모든 실수 x에 대하여 $f(x)=\left(\frac{1}{5}\right)^{x-3}$이므로 k보다 작은 임의의 두 양수 y_1, y_2 $(y_1<y_2)$에 대하여

$f(x_1)=\left(\frac{1}{5}\right)^{x_1-3}=y_1$, $f(x_2)=\left(\frac{1}{5}\right)^{x_2-3}=y_2$

인 x_1, x_2 $(k<x_2<x_1)$가 존재한다.

$f(f(x))=3x$에서

$f(f(x_1))=3x_1$, $f(f(x_2))=3x_2$이므로

$f(f(x_1))>f(f(x_2))$

즉, $f(y_1)>f(y_2)$이므로 함수 $f(x)$는 $x<k$일 때 감소한다.

(함수 $f(x)=\left(\frac{1}{5}\right)^{x-3}$에서 $\frac{1}{5}<1$이므로 함수 $f(x)$는 주어진 범위에서 감소해.)

이때 $x>k$에서 $f(x)=\left(\frac{1}{5}\right)^{x-3}$, 즉 감소하는 함수이므로 함수 $f(x)$는 실수 전체의 집합에서 감소한다.

㉠에서 $f(\alpha)=\frac{1}{5^9}$인 실수 α $(\alpha>k)$가 존재한다고 하면

$f(\alpha)=\left(\frac{1}{5}\right)^{\alpha-3}=\frac{1}{5^9}$

에서 $\alpha-3=9$

$\therefore \alpha=12$

$$\therefore f\left(\frac{1}{k^3\times5^{3k}}\right)=f\left(\frac{1}{5^9}\right)=f(f(\alpha))=3\alpha=3\times12=36$$

다른 풀이 곡선 $y=\left(\frac{1}{5}\right)^{x-3}$ 과 직선 $y=x$가 만나는 점의 x좌표가 k이므로

$\left(\frac{1}{5}\right)^{k-3}=k$

위의 식의 양변을 세제곱하면

$\left(\frac{1}{5}\right)^{3k-9}=k^3$

$\left(\frac{1}{5}\right)^{3k-9}\times5^{3k}=k^3\times5^{3k}$ (양변에 5^{3k}을 곱한 거야.)

$\therefore 5^9=k^3\times5^{3k}$

한편, 곡선 $y=\left(\frac{1}{5}\right)^{k-3}$이 두 점 $(2, 5)$, $(3, 1)$을 지나므로

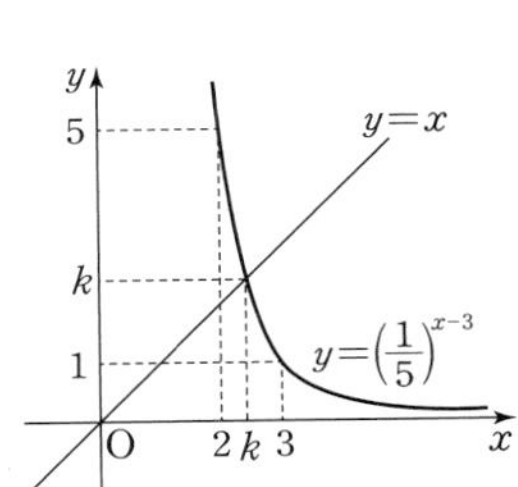

$2<k<3$

$f(x)=\left(\frac{1}{5}\right)^{x-3}$에서

$f(12)=5^{-9}$이므로

$f(f(12))=f(5^{-9})=3\times12=36$

$\therefore f\left(\frac{1}{k^3\times5^{3k}}\right)=f(5^{-9})=36$

정답률 확률과 통계 38%, 미적분 54%, 기하 54%

46 수능 유형 › 지수함수의 활용 – 부등식

정답 ②

두 자연수 a, b에 대하여 함수

$$f(x)=\begin{cases}2^{x+a}+b & (x\le-8)\\ -3^{x-3}+8 & (x>-8)\end{cases}$$

(함수 $y=2^{x+a}+b$는 x의 값이 증가할 때 y의 값도 증가하고, 함수 $y=-3^{x-3}+8$은 x의 값이 증가할 때 y의 값은 감소해.)

이 다음 조건을 만족시킬 때, $a+b$의 값은?

> 집합 $\{f(x)\,|\,x\le k\}$의 원소 중 정수인 것의 개수가 2가 되도록 하는 모든 실수 k의 값의 범위는 $3\le k<4$이다.

① 11 ② 13 ③ 15 ④ 17 ⑤ 19

해결 흐름

1 구간을 나눠서 함수 $y=f(x)$의 그래프의 개형을 그려 봐야겠다.

연관 개념 | 방정식 $f(x, y)=0$이 나타내는 도형을 x축의 방향으로 a만큼, y축의 방향으로 b만큼 평행이동한 도형의 방정식은
$f(x-a, y-b)=0$

2 주어진 조건을 확인하기 위해 $f(3)$, $f(4)$의 값을 구해 봐야겠다.

3 $x\le -8$에서 함수 $y=2^{x+a}+b$의 함숫값 중 정수인 함숫값을 이용하면 a, b의 값을 구할 수 있겠다.

알찬 풀이

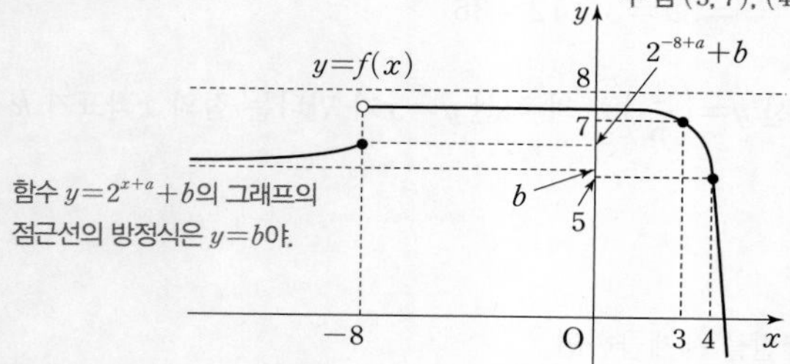

함수 $y=-3^{x-3}+8$의 그래프의 점근선의 방정식은 $y=8$이고, 두 점 $(3, 7)$, $(4, 5)$를 지나.
$y=f(x)$
$2^{-8+a}+b$
8
7
b
5
-8
O
3 4
x
y
함수 $y=2^{x+a}+b$의 그래프의 점근선의 방정식은 $y=b$야.

함수 $y=f(x)$의 그래프는 위의 그림과 같고, 주어진 조건에서 $x\le k$일 때, $f(x)$의 값이 정수인 것의 개수가 2가 되도록 하는 실수 k의 값의 범위가 $3\le k<4$이므로 $f(3)$, $f(4)$의 값을 구해 보면

$f(3)=-3^{3-3}+8=7$, $f(4)=-3^{4-3}+8=5$

이때 $-3^{-8-3}+8=-3^{-11}+8<8$이므로 정수인 함숫값은 6, 7이어야 하고, $f(3)=7$이므로 $x\le -8$인 경우에 정수인 함숫값은 6뿐이어야 한다.

즉, $5\le b<6\le 2^{-8+a}+b<7$ → $x\le -8$에서 $b<f(x)\le 2^{-8+a}+b$이므로 함숫값 $f(x)$ 중에서 정수인 함숫값이 6뿐이기 위한 조건이야. 실전적용 key를 확인해 봐.

이므로

$b=5$ ($\because$ b는 자연수)

이때 $6\le 2^{-8+a}+b<7$, 즉

$6\le 2^{-8+a}+5<7$에서

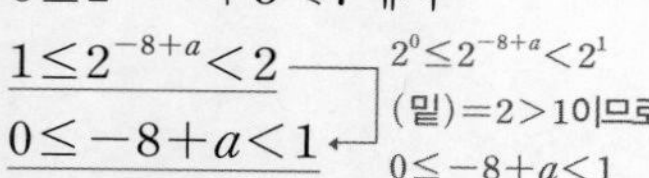

$1\le 2^{-8+a}<2$

$0\le -8+a<1$ ← $2^0\le 2^{-8+a}<2^1$ (밑)$=2>1$이므로 $0\le -8+a<1$

$\therefore 8\le a<9$

이때 a는 자연수이므로

$a=8$

$\therefore a+b=8+5=13$

실전 적용 key

주어진 조건을 해석하면 $x\le k$일 때, $f(x)$의 값이 정수인 것의 개수가 2가 되도록 하는 실수 k의 값의 범위가 $3\le k<4$이다.

이때 함수 $f(x)$의 함숫값은 8보다 작고, $f(3)=7$이므로 집합 $\{f(x)\,|\,x\le k\}$의 원소 중에서 정수인 것 중 하나가 7임을 알 수 있다. 즉, $x<3$인 모든 x에 대하여 함숫값 중 정수인 것은 6뿐이어야 한다.

그런데 $-8<x<3$에서는 정수인 함숫값이 존재하지 않으므로 $x\le -8$에서 정수인 함숫값이 6뿐이어야 한다.

생생 수험 Talk

개념을 처음 접했을 때 이해가 되지 않으면 그 개념을 사용하는 문제를 풀어서 이해하곤 했어. 이해가 안되는 개념도 문제를 여러 번 접하고 나면 자연스럽게 알게 돼. 물론 개념을 제대로 이해하지 못한 채 풀면 틀리겠지만 나는 틀리고 다시 풀며, 또 틀리면 답지를 보고 그러면서 개념 이해를 했었어.

47

정답률 확률과 통계 55%, 미적분 82%, 기하 74%

수능 유형 › 지수함수의 활용-방정식 **정답 ④**

직선 $y=2x+k$가 두 함수

$$y=\left(\frac{2}{3}\right)^{x+3}+1,\quad y=\left(\frac{2}{3}\right)^{x+1}+\frac{8}{3}$$

의 그래프와 만나는 점을 각각 P, Q라 하자. **2** $\overline{\mathrm{PQ}}=\sqrt{5}$ **1** 일 때, 상수 k의 값은?

① $\frac{31}{6}$ ② $\frac{16}{3}$ ③ $\frac{11}{2}$ ✓④ $\frac{17}{3}$ ⑤ $\frac{35}{6}$

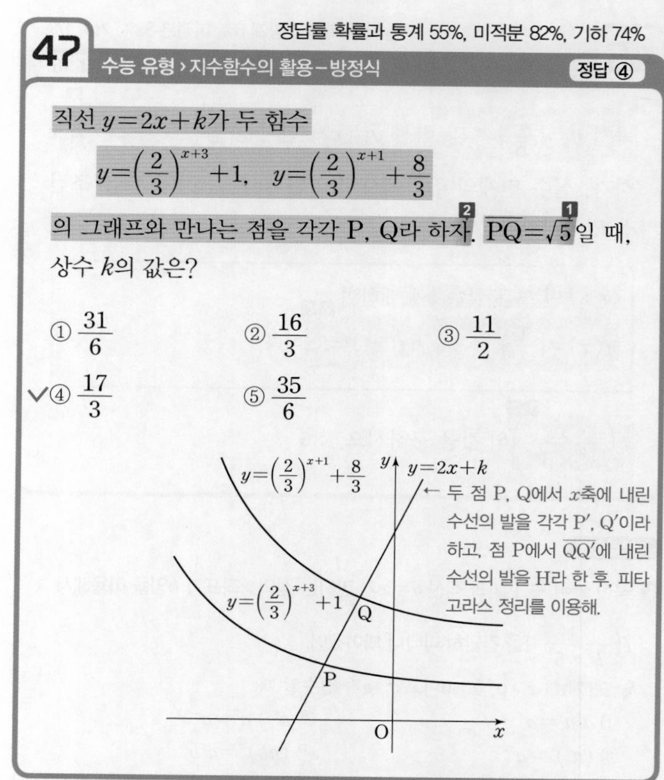

$y=\left(\frac{2}{3}\right)^{x+1}+\frac{8}{3}$
$y=2x+k$
$y=\left(\frac{2}{3}\right)^{x+3}+1$
Q
P
O
x
y
← 두 점 P, Q에서 x축에 내린 수선의 발을 각각 P′, Q′이라 하고, 점 P에서 $\overline{\mathrm{QQ'}}$에 내린 수선의 발을 H라 한 후, 피타고라스 정리를 이용해.

해결 흐름

1 두 점 P, Q가 직선 $y=2x+k$ 위의 점임을 이용하여 좌표를 미지수로 놓고, 선분 PQ의 길이를 식으로 나타내 봐야겠다.

연관 개념 | 좌표평면 위의 두 점 $\mathrm{A}(x_1, y_1)$, $\mathrm{B}(x_2, y_2)$ 사이의 거리는
$\overline{\mathrm{AB}}=\sqrt{(x_2-x_1)^2+(y_2-y_1)^2}$

2 점 P는 곡선 $y=\left(\frac{2}{3}\right)^{x+3}+1$ 위의 점이고 점 Q는 곡선 $y=\left(\frac{2}{3}\right)^{x+1}+\frac{8}{3}$ 위의 점임을 이용해야겠구나.

알찬 풀이

두 점 P, Q가 직선 $y=2x+k$ 위의 점이므로

$\mathrm{P}(\alpha, 2\alpha+k)$, $\mathrm{Q}(\beta, 2\beta+k)$ $(\alpha<\beta)$라 하면

$\overline{\mathrm{PQ}}=\sqrt{5}$에서

$\sqrt{(\beta-\alpha)^2+\{(2\beta+k)-(2\alpha+k)\}^2}=\sqrt{5}$

양변을 제곱하여 정리하면

$(\beta-\alpha)^2=1$

$\therefore \beta-\alpha=1$ ($\because$ $\beta-\alpha>0$) ← $\alpha<\beta$이니까 $\beta-\alpha>0$이야. …… ㉠

오른쪽 그림과 같이 두 점 P, Q에서 x축에 내린 수선의 발을 각각 P′, Q′이라 하면

$\overline{\mathrm{P'Q'}}=1$ → $\overline{\mathrm{P'Q'}}$은 두 점 P′, Q′의 x좌표의 차와 같아.

또, 점 P에서 선분 QQ′에 내린 수선의 발을 H라 하면

삼각형 PQH에서

$\overline{\mathrm{PQ}}=\sqrt{5}$, $\overline{\mathrm{PH}}=\overline{\mathrm{P'Q'}}=1$이므로

$\overline{\mathrm{QH}}=\sqrt{(\sqrt{5})^2-1}=2$ → 직각삼각형이므로 피타고라스 정리를 이용해. …… ㉡

한편, 점 P는 곡선 $y=\left(\frac{2}{3}\right)^{x+3}+1$ 위의 점이므로 점 P의 좌표를

$\left(\alpha, \left(\frac{2}{3}\right)^{\alpha+3}+1\right)$,

점 Q는 곡선 $y=\left(\frac{2}{3}\right)^{x+1}+\frac{8}{3}$ 위의 점이므로 점 Q의 좌표를

$\left(\beta,\ \left(\frac{2}{3}\right)^{\beta+1}+\frac{8}{3}\right)$

로도 나타낼 수 있다.

이때 $\overline{\mathrm{QH}}=\left\{\left(\frac{2}{3}\right)^{\beta+1}+\frac{8}{3}\right\}-\left\{\left(\frac{2}{3}\right)^{\alpha+3}+1\right\}$이므로 ㉡에서

→ $\overline{\mathrm{QH}}$는 두 점 Q, H의 y좌표의 차와 같아.

$\left\{\left(\frac{2}{3}\right)^{\beta+1}+\frac{8}{3}\right\}-\left\{\left(\frac{2}{3}\right)^{\alpha+3}+1\right\}=2$

㉠에서 $\beta=1+\alpha$이므로

$\left(\frac{2}{3}\right)^{\alpha+2}-\left(\frac{2}{3}\right)^{\alpha+3}=\frac{1}{3}$

$\left(\frac{2}{3}\right)^{\alpha+2}\left(1-\frac{2}{3}\right)=\frac{1}{3}$

$\left(\frac{2}{3}\right)^{\alpha+2}=1,\ \alpha+2=0$

$\therefore \alpha=-2$

이때 $2\alpha+k=\left(\frac{2}{3}\right)^{\alpha+3}+1$이어야 하므로 $\alpha=-2$를 대입하면

→ 점 P의 y좌표가 일치해야 해.

$2\times(-2)+k=\left(\frac{2}{3}\right)^{-2+3}+1$

$\therefore k=\frac{17}{3}$

빠른풀이 두 점 P, Q가 직선 $y=2x+k$ 위의 점이므로

$\mathrm{P}(\alpha,\ 2\alpha+k)$, $\mathrm{Q}(\beta,\ 2\beta+k)$ $(\alpha<\beta)$라 하면

$\overline{\mathrm{PQ}}=\sqrt{5}$에서

$\sqrt{(\beta-\alpha)^2+\{(2\beta+k)-(2\alpha+k)\}^2}=\sqrt{5}$

양변을 제곱하여 정리하면

$(\beta-\alpha)^2=1$

→ $\alpha<\beta$이니까 $\beta-\alpha>0$이야.

$\therefore \beta-\alpha=1$ $(\because \beta-\alpha>0)$

한편, 점 P는 곡선 $y=\left(\frac{2}{3}\right)^{x+3}+1$ 위의 점이므로

$\left(\frac{2}{3}\right)^{\alpha+3}+1=2\alpha+k$ ...... ㉠

이고, 점 Q는 곡선 $y=\left(\frac{2}{3}\right)^{x+1}+\frac{8}{3}$ 위의 점이므로

$\left(\frac{2}{3}\right)^{\beta+1}+\frac{8}{3}=2\beta+k$

이때 $\beta-\alpha=1$, 즉 $\beta=\alpha+1$이므로 위의 식에 대입하면

$\left(\frac{2}{3}\right)^{\alpha+2}+\frac{8}{3}=2\alpha+2+k$ ...... ㉡

㉠, ㉡을 연립하여 풀면

$\left(\frac{2}{3}\right)^{\alpha+3}-\left(\frac{2}{3}\right)^{\alpha+2}-\frac{5}{3}=-2$

$\left(\frac{2}{3}\right)^{\alpha+2}\left(\frac{2}{3}-1\right)=-\frac{1}{3}$

$\left(\frac{2}{3}\right)^{\alpha+2}=1$

$\alpha+2=0 \quad \therefore \alpha=-2$

$\alpha=-2$를 ㉠에 대입하면

$\left(\frac{2}{3}\right)^{-2+3}+1=2\times(-2)+k$

$\therefore k=\frac{17}{3}$

정답률 가형 92%, 나형 76%

48 수능 유형 › 지수함수의 활용 – 방정식

정답 ④

곡선 $y=2^{ax+b}$과 직선 $y=x$가 서로 다른 두 점 A, B에서 만날 때, 두 점 A, B에서 x축에 내린 수선의 발을 각각 C, D라 하자. $\overline{\mathrm{AB}}=6\sqrt{2}$이고 사각형 ACDB의 넓이가 30일 때, $a+b$의 값은? (단, a, b는 상수이다.)

① $\frac{1}{6}$ ② $\frac{1}{3}$ ③ $\frac{1}{2}$

✓④ $\frac{2}{3}$ ⑤ $\frac{5}{6}$

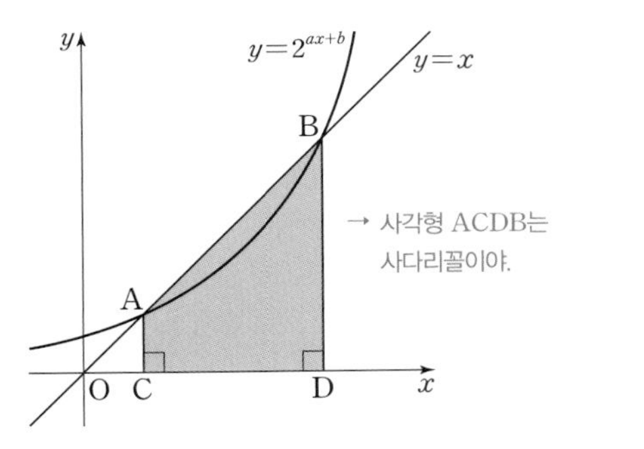

해결 흐름

1 두 점 A, B가 직선 $y=x$ 위의 점임을 이용하여 좌표를 미지수로 놓고, 선분 AB의 길이를 식으로 나타내 봐야겠다.

연관 개념 | 좌표평면 위의 두 점 $\mathrm{A}(x_1,\ y_1)$, $\mathrm{B}(x_2,\ y_2)$ 사이의 거리는 $\overline{\mathrm{AB}}=\sqrt{(x_2-x_1)^2+(y_2-y_1)^2}$

2 사각형 ACDB의 넓이가 30임을 이용하면 두 점 A, B의 좌표를 구할 수 있겠네.

3 두 점 A, B가 곡선 $y=2^{ax+b}$ 위의 점임을 이용해야겠구나.

알찬 풀이

두 점 A, B가 직선 $y=x$ 위의 점이므로

$\mathrm{A}(\alpha,\ \alpha)$, $\mathrm{B}(\beta,\ \beta)$ $(\alpha<\beta)$라 하면

$\overline{\mathrm{AC}}=\alpha$, $\overline{\mathrm{BD}}=\beta$

$\overline{\mathrm{AB}}=6\sqrt{2}$에서 $\sqrt{(\beta-\alpha)^2+(\beta-\alpha)^2}=6\sqrt{2}$

양변을 제곱하여 정리하면

$(\beta-\alpha)^2=36$

→ $\alpha<\beta$이니까 $\beta-\alpha>0$이야.

$\therefore \beta-\alpha=6$ $(\because \beta-\alpha>0)$ ...... ㉠

또, $\mathrm{C}(\alpha,\ 0)$, $\mathrm{D}(\beta,\ 0)$에서

$\overline{\mathrm{CD}}=\beta-\alpha$ → $\overline{\mathrm{CD}}$는 두 점 C, D의 x좌표의 차와 같아.

이고, 사각형 ACDB의 넓이가 30이므로

$\frac{1}{2}\times(\alpha+\beta)\times(\beta-\alpha)=30$ → 사다리꼴의 넓이 공식을 이용했어.

위의 식에 ㉠을 대입하면

$3(\alpha+\beta)=30$

$\therefore \alpha+\beta=10$ ...... ㉡

㉠, ㉡을 연립하여 풀면

$\alpha=2,\ \beta=8$

$\therefore \mathrm{A}(2,\ 2),\ \mathrm{B}(8,\ 8)$

이때 두 점 A, B는 곡선 $y=2^{ax+b}$ 위의 점이므로

$2^{2a+b}=2$에서 $2a+b=1$ ...... ㉢

$2^{8a+b}=8$에서 $2^{8a+b}=2^3$

$\therefore 8a+b=3$ ...... ㉣

㉢, ㉣을 연립하여 풀면

$a=\frac{1}{3},\ b=\frac{1}{3}$

$\therefore\ a+b=\frac{1}{3}+\frac{1}{3}=\frac{2}{3}$

다른풀이 두 점 A, B의 좌표는 다음과 같이 구할 수도 있다.

오른쪽 그림과 같이 점 A에서 선분 BD에 내린 수선의 발을 H라 하면 삼각형 AHB는 직각이등변삼각형이다.
→ 직선 $y=x$가 x축의 양의 방향과 이루는 각의 크기가 45°이므로 $\angle\text{BAH}=45°$

이때

$\overline{\text{AB}}=6\sqrt{2}$이므로

$\overline{\text{AH}}=\overline{\text{BH}}=6$

즉, $\overline{\text{CD}}=6$

두 점 A, B가 직선 $y=x$ 위의 점이므로 점 A의 좌표를 $(\alpha,\ \alpha)$라 하면 점 B의 좌표는

$(\alpha+6,\ \alpha+6)$

즉, $\overline{\text{AC}}=\alpha$, $\overline{\text{BD}}=\alpha+6$이고, 사각형 ACDB의 넓이가 30이므로

$\frac{1}{2}\times\{\alpha+(\alpha+6)\}\times 6=30$

$2\alpha+6=10$

$\therefore\ \alpha=2$

$\therefore\ \text{A}(2,\ 2),\ \text{B}(8,\ 8)$

정답률 60%

49 수능 유형 › 지수함수의 활용 – 부등식 정답 ④

이차함수 $y=f(x)$의 그래프와 일차함수 $y=g(x)$의 그래프가 그림과 같을 때, 부등식

$$\left(\frac{1}{2}\right)^{f(x)g(x)}\ge\left(\frac{1}{8}\right)^{g(x)}$$

→ $\frac{1}{8}=\left(\frac{1}{2}\right)^3$이니까 밑을 $\frac{1}{2}$로 통일할 수 있어.

을 만족시키는 모든 자연수 x의 값의 합은?

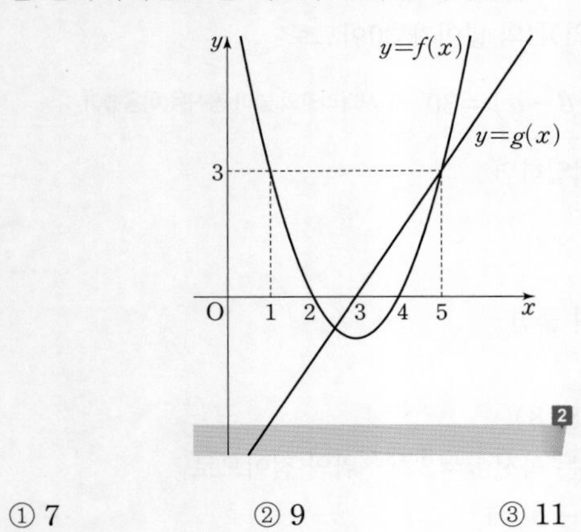

① 7 ② 9 ③ 11
✓④ 13 ⑤ 15

해결 흐름

1 주어진 부등식의 밑을 $\frac{1}{2}$로 같게 만들어서 지수끼리 비교하면 되겠구나.

연관 개념 | 부등식 $a^{f(x)}>a^{g(x)}$ $(a>0,\ a\ne1)$에서
① $a>1$일 때, $a^{f(x)}>a^{g(x)} \Longleftrightarrow f(x)>g(x)$
② $0<a<1$일 때, $a^{f(x)}>a^{g(x)} \Longleftrightarrow f(x)<g(x)$

2 두 함수 $y=f(x)$, $y=g(x)$의 그래프를 이용하여 1에서 구한 부등식을 풀면 자연수 x의 값을 구할 수 있겠다.

알찬 풀이

부등식 $\left(\frac{1}{2}\right)^{f(x)g(x)}\ge\left(\frac{1}{8}\right)^{g(x)}$에서

$\left(\frac{1}{2}\right)^{f(x)g(x)}\ge\left(\frac{1}{2}\right)^{3g(x)}$

이때 (밑)$=\frac{1}{2}<1$이므로

$f(x)g(x)\le 3g(x)$ → 밑이 1보다 작으니까 부등호의 방향이 바뀌었어.

$\therefore\ \{f(x)-3\}g(x)\le 0$

(i) $f(x)-3\ge0,\ g(x)\le0$일 때,

즉, $f(x)\ge3,\ g(x)\le0$이면

$f(x)\ge3$에서

$x\le1$ 또는 $x\ge5$ → 주어진 그림에서 $y=f(x)$의 그래프가 $x\le1$ 또는 $x\ge5$일 때 $f(x)\ge3$이 돼.

$g(x)\le0$에서

$x\le3$ → 주어진 그림에서 $y=g(x)$의 그래프가 $x\le3$일 때 $g(x)\le0$이 돼.

$\therefore\ x\le1$

(ii) $f(x)-3\le0,\ g(x)\ge0$일 때,

즉, $f(x)\le3,\ g(x)\ge0$이면

$f(x)\le3$에서

$1\le x\le5$ → 주어진 그림에서 $y=f(x)$의 그래프가 $1\le x\le5$일 때 $f(x)\le3$이 돼.

$g(x)\ge0$에서

$x\ge3$ → 주어진 그림에서 $y=g(x)$의 그래프가 $x\ge3$일 때 $g(x)\ge0$이 돼.

$\therefore\ 3\le x\le5$

(i), (ii)에서 x의 값의 범위는

$x\le1$ 또는 $3\le x\le5$

따라서 주어진 부등식을 만족시키는 모든 자연수 x의 값의 합은

$1+3+4+5=13$

다른풀이 주어진 그래프에서 이차함수 $y=f(x)$의 그래프가 두 점 $(2,\ 0)$, $(4,\ 0)$을 지나므로

$f(x)=a(x-2)(x-4)\ (a>0)$

로 놓으면 $y=f(x)$의 그래프가 점 $(1,\ 3)$을 지나므로

$a(1-2)(1-4)=3$

$3a=3$

$\therefore\ a=1$

$\therefore\ f(x)=(x-2)(x-4)$

또, 주어진 그래프에서 일차함수 $y=g(x)$의 그래프가 두 점 $(3,\ 0)$, $(5,\ 3)$을 지나므로

$y=\frac{3-0}{5-3}(x-3),\ y=\frac{3}{2}x-\frac{9}{2}$

$\therefore\ g(x)=\frac{3}{2}x-\frac{9}{2}$

부등식 $\left(\frac{1}{2}\right)^{f(x)g(x)}\ge\left(\frac{1}{8}\right)^{g(x)}$에서

> **두 점을 지나는 직선의 방정식**
> 두 점 $(x_1,\ y_1)$, $(x_2,\ y_2)$를 지나는 직선의 방정식은
> $y-y_1=\frac{y_2-y_1}{x_2-x_1}(x-x_1)$ (단, $x_1\ne x_2$)

$$\left(\frac{1}{2}\right)^{f(x)g(x)} \geq \left(\frac{1}{2}\right)^{3g(x)}$$

이때 (밑)$=\frac{1}{2}<1$이므로

$f(x)g(x) \leq 3g(x)$

$\therefore \{f(x)-3\}g(x) \leq 0$

위의 식에 $f(x)=(x-2)(x-4)$, $g(x)=\frac{3}{2}x-\frac{9}{2}$를 대입하면

$\{(x-2)(x-4)-3\}\left(\frac{3}{2}x-\frac{9}{2}\right) \leq 0$

$\frac{3}{2}(x-1)(x-3)(x-5) \leq 0$

→ $(x^2-6x+5)\times\frac{3}{2}(x-3)\leq 0$
$(x-1)(x-5)\times\frac{3}{2}(x-3)\leq 0$
$\frac{3}{2}(x-1)(x-3)(x-5)\leq 0$

$\therefore x \leq 1$ 또는 $3 \leq x \leq 5$

따라서 주어진 부등식을 만족시키는 모든 자연수 x의 값의 합은

$1+3+4+5=13$

→ $y=\frac{3}{2}(x-1)(x-3)(x-5)$의 그래프에서 x축보다 아래쪽에 있는 부분의 x의 값의 범위를 찾으면 돼.

오답 Clear

부등식 $f(x)g(x)\leq 3g(x)$에서 $g(x)$의 부호를 생각하지 않고 양변을 $g(x)$로 나누지 않도록 주의한다.

정답률 72%

50 수능 유형 › 지수함수의 활용 – 부등식 정답 15

일차함수 $y=f(x)$의 그래프가 그림과 같고 $f(-5)=0$이다. 1

부등식

$2^{f(x)} \leq 8$ → 주어진 그림을 이용하여 함수 $f(x)$의 식을 구해서 대입해 봐.

의 해가 $x \leq -4$ 2 일 때, $f(0)$의 값을 구하시오. 15

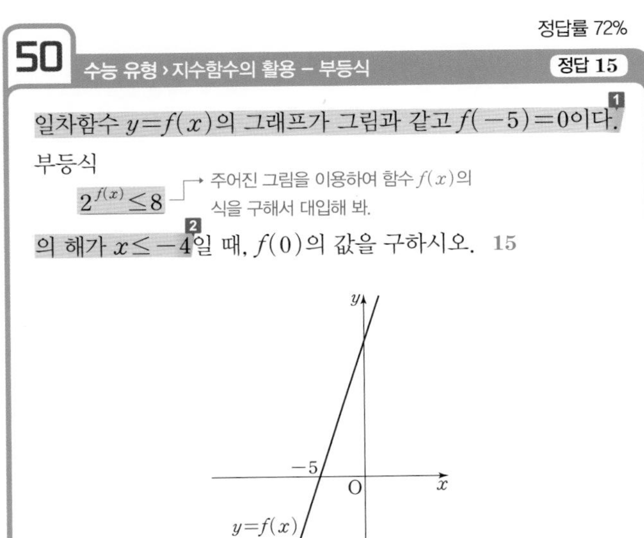

해결 흐름

1 $f(x)$가 일차함수이고 $f(-5)=0$이니까 $f(x)=a(x+5)$로 놓을 수 있겠네.

2 1의 식을 부등식에 대입하여 얻은 해가 $x\leq -4$임을 이용해야겠다.

알찬 풀이

$f(-5)=0$이므로 $f(x)=a(x+5)$ $(a>0)$로 놓을 수 있다.

→ 주어진 그림에서 $y=f(x)$의 그래프가 오른쪽 위로 향하니까 $a>0$이라고 할 수 있어.

부등식 $2^{f(x)} \leq 8$에서

$2^{a(x+5)} \leq 2^3$

이때 (밑)$=2>1$이므로 $a(x+5) \leq 3$

→ 밑이 1보다 크니까 부등호의 방향이 그대로야.

$a>0$이므로 양변을 a로 나누면

$x+5 \leq \frac{3}{a}$ $\qquad \therefore x \leq \frac{3}{a}-5$

그런데 주어진 부등식의 해가 $x \leq -4$이므로

$\frac{3}{a}-5=-4$, $\frac{3}{a}=1$ $\qquad \therefore a=3$

따라서 $f(x)=3(x+5)=3x+15$이므로

$f(0)=15$

정답률 74%

51 수능 유형 › 지수함수의 활용 – 부등식 정답 ②

좌표평면 위의 두 곡선 $y=|9^x-3|$과 $y=2^{x+k}$이 만나는 서로 다른 두 점의 x좌표를 x_1, x_2 $(x_1<x_2)$라 할 때, $x_1<0$, $0<x_2<2$ 2 를 만족시키는 모든 자연수 k의 값의 합은?

→ 이 범위에서 교점이 각각 존재하도록 $y=2^{x+k}$의 그래프를 그려 봐.

① 8 ✓② 9 ③ 10 ④ 11 ⑤ 12

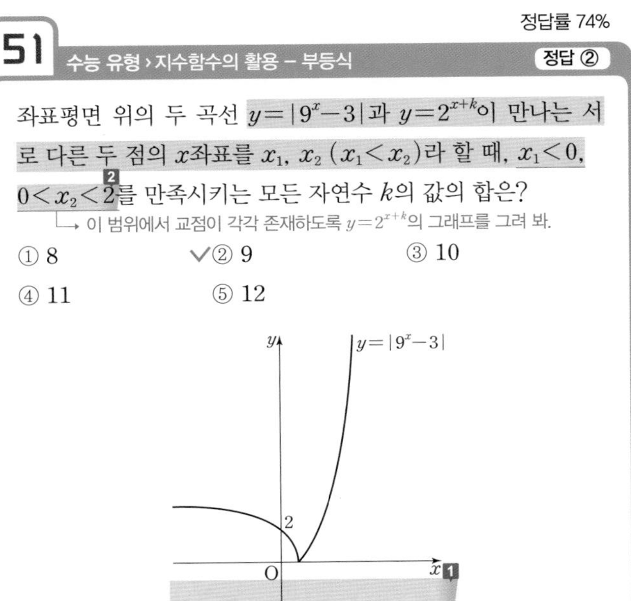

해결 흐름

1 곡선 $y=|9^x-3|$과 x축의 교점의 x좌표를 구해 봐야지.

연관 개념 | 함수 $y=f(x)$의 그래프와 x축의 교점의 x좌표는 방정식 $f(x)=0$의 실근과 같다.

2 조건을 만족시키도록 곡선 $y=2^{x+k}$을 그려 봐야겠다.

연관 개념 | 지수함수 $y=a^x$ $(a>0,\ a\neq 1)$에 대하여

① $a>1$일 때, x의 값이 증가하면 y의 값도 증가한다.

② $0<a<1$일 때, x의 값이 증가하면 y의 값은 감소한다.

알찬 풀이

곡선 $y=|9^x-3|$과 x축의 교점의 x좌표는

$|9^x-3|=0$에서 $9^x-3=0$

$9^x=3^{2x}=3$

$2x=1$ $\qquad \therefore x=\frac{1}{2}$

따라서 두 곡선 $y=|9^x-3|$, $y=2^{x+k}$이 만나는 서로 다른 두 점의 x좌표 x_1, x_2 $(x_1<x_2)$가

$x_1<0$, $0<x_2<2$

를 만족시키려면 곡선 $y=2^{x+k}$이 다음 그림과 같아야 한다.

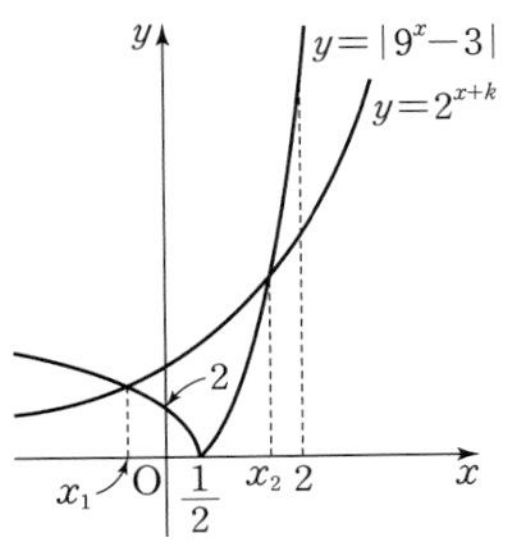

이때 $f(x)=|9^x-3|$, $g(x)=2^{x+k}$이라 하면 $f(0)<g(0)$이어야 하므로

$|9^0-3|<2^{0+k}$ → $|9^0-3|=|1-3|=|-2|=2$

$2^k>2$

$\therefore k>1$ …… ㉠

또, $f(2)>g(2)$이어야 하므로

$|9^2-3|>2^{2+k}$

$2^{2+k}<78$

$2^6=64$, $2^7=128$이므로

$2+k<7$

$\therefore k<5$ …… ㉡

㉠, ㉡에서

$1<k<5$

따라서 모든 자연수 k의 값의 합은

$2+3+4=9$

문제 해결 TIP

유재석 | 서울대학교 우주항공공학부 | 양서고등학교 졸업

이 문제는 고맙게도 곡선 $y=|9^x-3|$이 이미 주어졌지? 그럼 조건을 만족시키도록 곡선 $y=2^{x+k}$을 그려 보면 거의 다 푼 셈이야.
이제 그래프에서 두 함숫값을 비교할 만한 x의 값을 찾는 게 관건이지.
함수의 그래프와 관련된 문제는 그래프를 정확하게 그리면 해결되는 경우가 많으니까 그래프의 개형을 잘 정리해 두고, 정확하게 그리는 연습을 해 두길 바라.

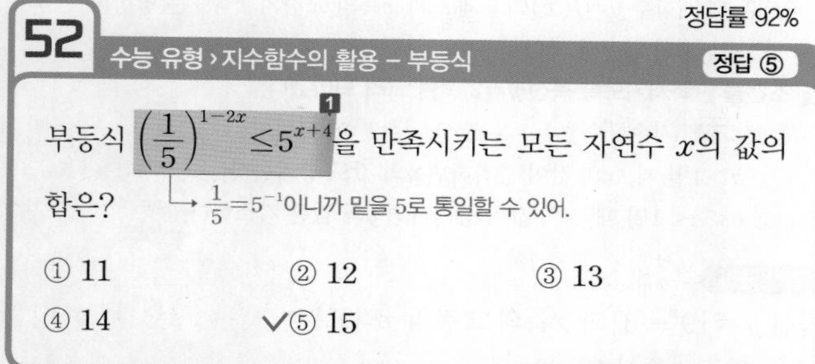

정답률 92%

52 수능 유형 › 지수함수의 활용 – 부등식 　정답 ⑤

부등식 $\left(\frac{1}{5}\right)^{1-2x}\le 5^{x+4}$을 만족시키는 모든 자연수 x의 값의 합은?

→ $\frac{1}{5}=5^{-1}$이니까 밑을 5로 통일할 수 있어.

① 11 ② 12 ③ 13
④ 14 ⑤ 15

해결 흐름

1 주어진 부등식의 밑을 5로 같게 만들어서 지수끼리 비교하면 되겠구나.

연관 개념 | 부등식 $a^{f(x)}>a^{g(x)}$ $(a>0,\ a\ne1)$에서
① $a>1$일 때, $a^{f(x)}>a^{g(x)} \Longleftrightarrow f(x)>g(x)$
② $0<a<1$일 때, $a^{f(x)}>a^{g(x)} \Longleftrightarrow f(x)<g(x)$

알찬 풀이

$\left(\frac{1}{5}\right)^{1-2x}=5^{2x-1}$이므로 주어진 부등식은

$5^{2x-1}\le5^{x+4}$ → $\left(\frac{1}{5}\right)^{1-2x}=(5^{-1})^{1-2x}=5^{-(1-2x)}=5^{2x-1}$

이때 (밑)$=5>1$이므로

$2x-1\le x+4$ 　$\therefore x\le5$

따라서 모든 자연수 x의 값의 합은

$1+2+3+4+5=15$

→ $\sum_{k=1}^{5}k=\frac{5\times6}{2}=15$로 계산할 수도 있어.

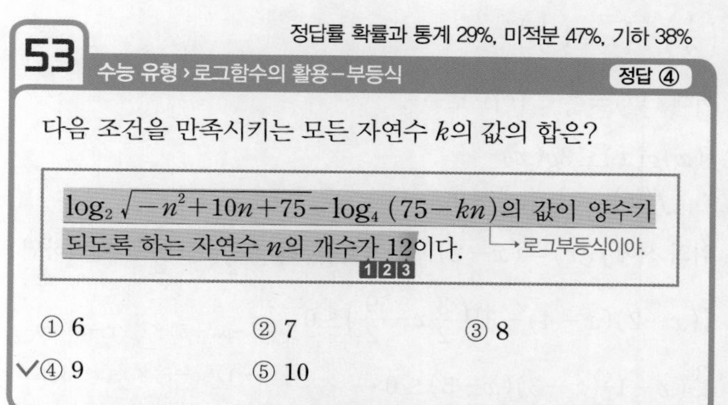

정답률 확률과 통계 29%, 미적분 47%, 기하 38%

53 수능 유형 › 로그함수의 활용 – 부등식 　정답 ④

다음 조건을 만족시키는 모든 자연수 k의 값의 합은?

> $\log_2\sqrt{-n^2+10n+75}-\log_4(75-kn)$의 값이 양수가 되도록 하는 자연수 n의 개수가 12이다. → 로그부등식이야.

① 6 ② 7 ③ 8
④ 9 ⑤ 10

해결 흐름

1 먼저 진수의 조건을 고려하여 자연수 n의 값의 범위를 구해 봐야지.

연관 개념 | $\log_a N$이 정의되기 위해서는
① 밑의 조건: $a>0$, $a\ne1$
② 진수의 조건: $N>0$

2 주어진 조건을 부등식으로 나타내고 밑을 같게 만들어서 진수끼리 비교하면 되겠구나.

연관 개념 | 부등식 $\log_a f(x)<\log_a g(x)$ $(a>0,\ a\ne1,\ f(x)>0,\ g(x)>0)$에서
① $a>1$일 때, $\log_a f(x)<\log_a g(x) \Longleftrightarrow f(x)<g(x)$
② $0<a<1$일 때, $\log_a f(x)<\log_a g(x) \Longleftrightarrow f(x)>g(x)$

3 주어진 조건을 만족시키는 자연수 k의 값의 범위를 먼저 고려한 후 자연수 k의 값을 구해야지.

알찬 풀이

$\log_2\sqrt{-n^2+10n+75}$에서 진수의 조건에 의하여

$\sqrt{-n^2+10n+75}>0$

즉, $-n^2+10n+75>0$에서

$n^2-10n+75<0$, $(n+5)(n-15)<0$

$\therefore -5<n<15$

이때 n이 자연수이므로

$1\le n<15$ …… ㉠

$\log_4(75-kn)$에서 진수의 조건에 의하여

$75-kn>0$ 　$\therefore n<\frac{75}{k}$ …… ㉡

한편, $\log_2\sqrt{-n^2+10n+75}-\log_4(75-kn)$의 값이 양수이므로

$\log_2\sqrt{-n^2+10n+75}-\log_4(75-kn)>0$

$\log_4(-n^2+10n+75)-\log_4(75-kn)>0$

→ $\log_2\sqrt{-n^2+10n+75}=\log_2(-n^2+10n+75)^{\frac{1}{2}}=\frac{1}{2}\log_2(-n^2+10n+75)=\log_4(-n^2+10n+75)$

$\log_4(-n^2+10n+75)>\log_4(75-kn)$

(밑)$=4>1$이므로

$-n^2+10n+75>75-kn$

→ 밑이 1보다 크니까 부등호의 방향이 그대로야.

$n^2-(10+k)n<0$

$n(n-10-k)<0$

이때 k가 자연수이므로

$0<n<10+k$ …… ㉢

주어진 조건을 만족시키는 자연수 n의 개수가 12이므로 ㉢에서 $10+k>12$이어야 한다.

$\therefore k>2$

(i) $k=3$일 때,

→ ㉡에서 $n<25$, ㉢에서 $0<n<13$

㉠, ㉡, ㉢에서 $1\le n<13$

따라서 자연수 n의 개수가 12이므로 주어진 조건을 만족시킨다.

(ii) $k=4$일 때,

ㄱ, ㄴ, ㄷ에서 $1\le n<14$ → ㄴ에서 $n<\frac{75}{4}$, ㄷ에서 $0<n<14$

따라서 자연수 n의 개수가 13이므로 주어진 조건을 만족시키지 않는다.

(iii) $k=5$일 때,

ㄱ, ㄴ, ㄷ에서 $1\le n<15$ → ㄴ에서 $n<15$, ㄷ에서 $0<n<15$

따라서 자연수 n의 개수가 14이므로 주어진 조건을 만족시키지 않는다.

(iv) $k=6$일 때,

ㄱ, ㄴ, ㄷ에서 $1\le n<\frac{25}{2}$ → ㄴ에서 $n<\frac{25}{2}$, ㄷ에서 $0<n<16$

따라서 자연수 n의 개수가 12이므로 주어진 조건을 만족시킨다.

(v) $k\ge7$일 때,

ㄴ에서 $n<\frac{75}{k}\le\frac{75}{7}$이므로 ㄱ, ㄴ, ㄷ에서 $1\le n<\frac{75}{k}\le\frac{75}{7}$ ($\frac{75}{7}$ → 10.×××)

따라서 자연수 n의 개수가 10 이하가 되므로 주어진 조건을 만족시키지 않는다.

(i)~(v)에서 $k=3$ 또는 $k=6$

따라서 조건을 만족시키는 모든 자연수 k의 값의 합은

$3+6=9$

오답 Clear

주어진 조건을 만족시키는 자연수 n은 세 부등식

$1\le n<15$, $n<\frac{75}{k}$, $0<n<10+k$

를 모두 만족시켜야 함에 주의한다.

정답률 확률과 통계 67%, 미적분 86%, 기하 81%

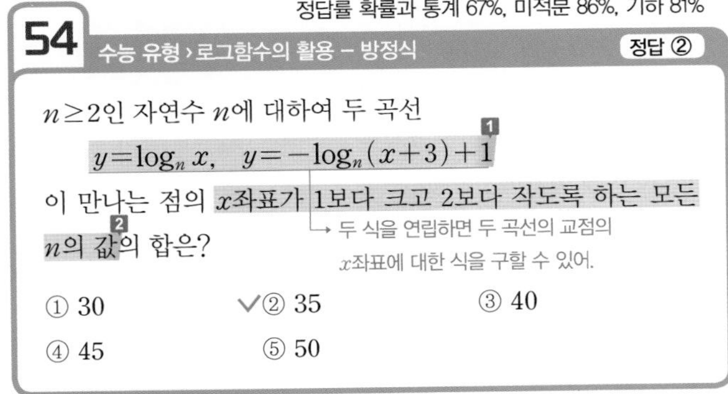

54 수능 유형 › 로그함수의 활용 – 방정식 　정답 ②

$n\ge2$인 자연수 n에 대하여 두 곡선

$y=\log_n x$, $y=-\log_n(x+3)+1$ [1]

이 만나는 점의 x좌표가 1보다 크고 2보다 작도록 하는 모든 n의 값[2]의 합은?

→ 두 식을 연립하면 두 곡선의 교점의 x좌표에 대한 식을 구할 수 있어.

① 30 　✔② 35 　③ 40 　④ 45 　⑤ 50

해결 흐름

[1] 주어진 두 곡선이 만나니까 두 함수식을 연립하여 두 곡선의 교점의 x좌표에 대한 식을 구해 봐야겠다.

[2] [1]에서 구한 식의 그래프를 이용하여 x좌표가 1보다 크고 2보다 작도록 하는 n의 값을 구해야겠어.

알찬 풀이

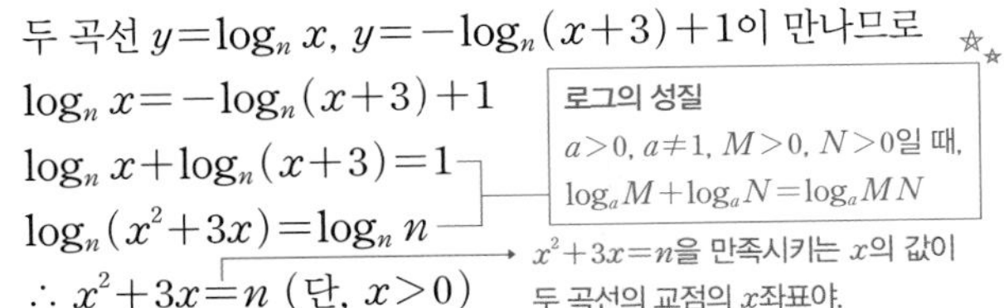

두 곡선 $y=\log_n x$, $y=-\log_n(x+3)+1$이 만나므로

$\log_n x=-\log_n(x+3)+1$

$\log_n x+\log_n(x+3)=1$

$\log_n(x^2+3x)=\log_n n$

$\therefore x^2+3x=n$ (단, $x>0$)

로그의 성질: $a>0$, $a\ne1$, $M>0$, $N>0$일 때, $\log_a M+\log_a N=\log_a MN$

→ $x^2+3x=n$을 만족시키는 x의 값이 두 곡선의 교점의 x좌표야.

이때 곡선 $y=x^2+3x$와 직선 $y=n$의 교점의 x좌표가 1보다 크고 2보다 작아야 하므로

$4<n<10$

따라서 n의 값은 5, 6, 7, 8, 9이므로 구하는 합은

$5+6+7+8+9=35$

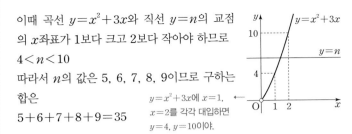

← $y=x^2+3x$에 $x=1$, $x=2$를 각각 대입하면 $y=4$, $y=10$이야.

(그래프: $y=x^2+3x$, $y=n$, 10, 4, O, 1, 2, x, y)

정답률 62%

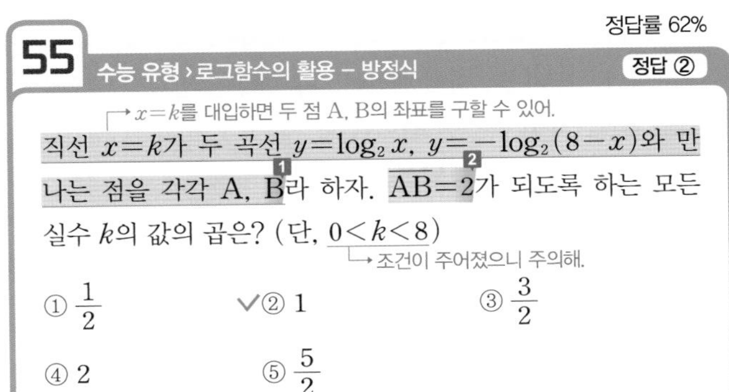

55 수능 유형 › 로그함수의 활용 – 방정식 　정답 ②

→ $x=k$를 대입하면 두 점 A, B의 좌표를 구할 수 있어.

직선 $x=k$가 두 곡선 $y=\log_2 x$, $y=-\log_2(8-x)$와 만나는 점을 각각 A, B[1]라 하자. $\overline{\text{AB}}=2$[2]가 되도록 하는 모든 실수 k의 값의 곱은? (단, $0<k<8$)

→ 조건이 주어졌으니 주의해.

① $\frac{1}{2}$ 　✔② 1 　③ $\frac{3}{2}$ 　④ 2 　⑤ $\frac{5}{2}$

해결 흐름

[1] 두 점 A, B의 x좌표가 모두 k임을 이용하면 두 점 A, B의 좌표를 구할 수 있겠네.

[2] $\overline{\text{AB}}=2$임을 이용해서 k의 값을 구해 봐야겠다.

알찬 풀이

$\text{A}(k, \log_2 k)$, $\text{B}(k, -\log_2(8-k))$이고,

$\overline{\text{AB}}=2$이므로 → 두 점 A, B의 x좌표가 같으니까 이 두 점 사이의 거리는 두 점의 y좌표의 차와 같아.

$|\log_2 k+\log_2(8-k)|=2$

$|\log_2 k(8-k)|=2$

$\therefore \log_2 k(8-k)=-2$ 또는 $\log_2 k(8-k)=2$

(i) $\log_2 k(8-k)=-2$일 때,

$k(8-k)=\frac{1}{4}$

로그의 정의: $a>0$, $a\ne1$, $N>0$일 때, $a^x=N \Longleftrightarrow x=\log_a N$

$4k^2-32k+1=0$ → k에 대한 이차방정식이야.

$\therefore k=\frac{8-3\sqrt{7}}{2}$ 또는 $k=\frac{8+3\sqrt{7}}{2}$ → 조건 $0<k<8$을 만족시켜.

(ii) $\log_2 k(8-k)=2$일 때,

$k(8-k)=4$ → 로그의 정의를 이용했어.

$k^2-8k+4=0$

$\therefore k=4-2\sqrt{3}$ 또는 $k=4+2\sqrt{3}$ → 조건 $0<k<8$을 만족시켜.

(i), (ii)에서 모든 실수 k의 값의 곱은

$\frac{8-3\sqrt{7}}{2}\times\frac{8+3\sqrt{7}}{2}\times(4-2\sqrt{3})\times(4+2\sqrt{3})$

곱셈 공식 $(a+b)(a-b)=a^2-b^2$을 이용했어.

$=\frac{1}{4}\times4$

$=1$

실전 적용 key

k가 임의의 실수이면 이차방정식의 근과 계수의 관계를 이용하여 두 근의 곱을 구할 수 있다. 즉,

(i)의 이차방정식 $4k^2-32k+1=0$에서 두 근의 곱은 $\frac{1}{4}$

(ii)의 이차방정식 $k^2-8k+4=0$에서 두 근의 곱은 $\frac{4}{1}=4$

따라서 모든 실수 k의 값의 곱은 $\frac{1}{4}\times 4=1$임을 바로 알 수 있다.

그러나 이 문제에서는 실수 k가 $0<k<8$을 만족시키는지 확인하는 과정이 필요하므로 k의 값을 각각 구한 후, 곱을 구해야 한다.

56

정답률 21%

수능 유형 › 로그함수의 활용 – 부등식 + 개수 세기 **정답 120**

좌표평면에서 자연수 n에 대하여 다음 조건을 만족시키는 삼각형 OAB의 개수를 $f(n)$이라 할 때, $f(1)+f(2)+f(3)$의 값을 구하시오. (단, O는 원점이다.) **120** → $n=1, 2, 3$일 때의 $f(n)$의 값을 각각 구해.

(가) 점 A의 좌표는 $(-2, 3^n)$이다.
(나) 점 B의 좌표를 (a, b)라 할 때, a와 b는 자연수이고 $b\le\log_2 a$를 만족시킨다.
(다) 삼각형 OAB의 넓이는 50 이하이다.

→ 좌표평면 위에 두 점 A, B를 나타낸 후, 넓이를 이용해서 식을 세워 봐.

해결 흐름

1. 삼각형 OAB의 개수를 구해야 하니까 일단 삼각형 OAB의 모양부터 살펴봐야겠다.
2. 좌표평면에 두 점 A, B를 표시해야지. n이 정해지면 점 A는 하나로 정해지니까 결국 점 B의 개수가 삼각형 OAB의 개수와 같아지겠구나.
3. 조건 (나)에서 점 B는 곡선 $y=\log_2 x$의 아랫부분에 있어야 하겠네.

알찬 풀이

조건 (가), (나)를 만족시키도록 두 점 A, B를 좌표평면 위에 나타내면 다음 그림과 같다.

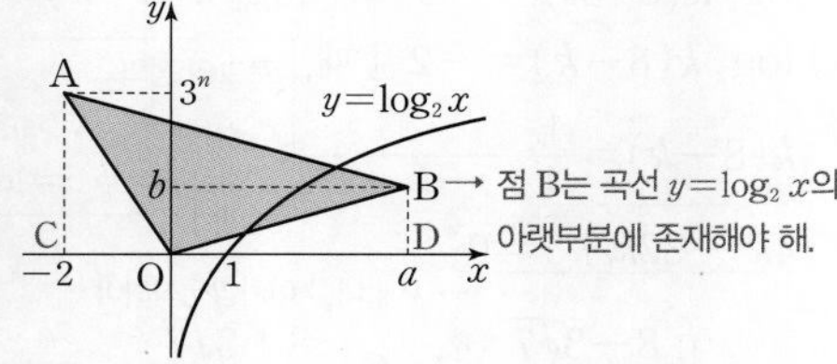

이때 삼각형 OAB의 넓이는

$\frac{1}{2}\times(3^n+b)\times(a+2)-\frac{1}{2}\times2\times3^n-\frac{1}{2}\times a\times b$

(→ 사다리꼴 ACDB의 넓이, → 삼각형 OAC의 넓이, → 삼각형 BOD의 넓이)

$=\frac{1}{2}(a\times3^n+2\times3^n+ab+2b-2\times3^n-ab)$

$=\frac{1}{2}(a\times3^n+2b)$

조건 (다)에서 삼각형 OAB의 넓이가 50 이하이므로

$\frac{1}{2}(a\times3^n+2b)\le50$

$\therefore a\times3^n+2b\le100$ …… ㉠

또, 조건 (나)에서

$b\le\log_2 a$ …… ㉡

따라서 $f(n)$은 ㉠, ㉡을 만족시키는 자연수 a, b의 순서쌍 (a, b)의 개수와 같다.

그런데 $a=1$이면 ㉡에서 $b\le\log_2 1=0$이므로 이를 만족시키는 자연수 b는 존재하지 않는다.

$\therefore a\ge2$

(i) $n=1$일 때,

㉠에서 $3a+2b\le100$ (→ $a\ge33$이면 $3a+2b\le100$을 만족시키는 자연수 b는 존재하지 않아.)

이때 a, b는 자연수이므로 $a=2, 3, 4, \cdots, 32$

$2^1\le a<2^2$일 때, $b=1$ → $1\le\log_2 a<2$이므로 $b=1$

$2^2\le a<2^3$일 때, $b=1, 2$

$2^3\le a<2^4$일 때, $b=1, 2, 3$

$2^4\le a\le30$일 때, $b=1, 2, 3, 4$

$a=31$일 때, $b=1, 2, 3$ → $93+2b\le100$에서 $b\le\frac{7}{2}$

$a=32$일 때, $b=1, 2$ → $96+2b\le100$에서 $b\le2$

따라서 자연수 a, b의 순서쌍 (a, b)의 개수는 (→ (a의 개수)×(b의 개수)로 구할 수 있어.)

$f(1)=(2^2-2^1)\times1+(2^3-2^2)\times2+(2^4-2^3)\times3+(30-2^4+1)\times4+3+2$

$=2+8+24+60+3+2=99$

(ii) $n=2$일 때,

㉠에서 $9a+2b\le100$

이때 a, b는 자연수이므로 $a=2, 3, 4, \cdots, 10$

$2^1\le a<2^2$일 때, $b=1$

$2^2\le a<2^3$일 때, $b=1, 2$

$2^3\le a\le10$일 때, $b=1, 2, 3$

따라서 자연수 a, b의 순서쌍 (a, b)의 개수는

$f(2)=(2^2-2^1)\times1+(2^3-2^2)\times2+(10-2^3+1)\times3$

$=2+8+9=19$

(iii) $n=3$일 때,

㉠에서 $27a+2b\le100$

이때 a, b는 자연수이므로 $a=2, 3$

$a=2$일 때, $b=1$

$a=3$일 때, $b=1$

따라서 자연수 a, b의 순서쌍 (a, b)의 개수는

$f(3)=1+1=2$

(i), (ii), (iii)에서

$f(1)+f(2)+f(3)=99+19+2=120$

다른 풀이 $f(1)$, $f(2)$, $f(3)$의 값은 다음과 같이 구할 수도 있다.

$a\times3^n+2b\le100$에서

$a\le\frac{100-2b}{3^n}$ …… ㉢

조건 (나)에서 $b\le\log_2 a$이므로

$a\ge2^b$ …… ㉣

㉢, ㉣에서

$2^b\le a\le\frac{100-2b}{3^n}$

$n=1$일 때,

$2^b\le a\le\frac{100-2b}{3}$

① $b=1$이면 $2\le a\le\frac{98}{3}$이므로 (→ 32.×××)
자연수 a는 2, 3, 4, ⋯, 32의 31개이다.

② $b=2$이면 $4\le a\le 32$이므로
자연수 a는 4, 5, 6, ⋯, 32의 29개이다.

③ $b=3$이면 $8\le a\le\frac{94}{3}$이므로 (→ 31.×××)
자연수 a는 8, 9, 10, ⋯, 31의 24개이다.

④ $b=4$이면 $16\le a\le\frac{92}{3}$이므로 (→ 30.×××)
자연수 a는 16, 17, 18, ⋯, 30의 15개이다.

⑤ $b\ge5$이면 부등식을 만족시키는 자연수 a는 존재하지 않는다.

$\therefore f(1)=31+29+24+15=99$

$n=2$, 3일 때도 같은 방법으로 하면

$f(2)=9+7+3=19$, $f(3)=2$

이다.

문제 해결 TIP

배지민 | 서울대학교 건축학과 | 화성고등학교 졸업

이 문제는 우선 좌표평면에 주어진 점을 그려서 삼각형 OAB를 이해해야 해. 특히 조건 (나)에서 점 (a, b)는 로그함수의 그래프보다 아랫부분에 있어야 하지. 일단 삼각형을 찾고 나면 삼각형의 넓이를 구하는 건 전혀 어렵지 않아. 그런데 문제는 이제부터 시작이야. 구해야 하는 값이 $f(1)+f(2)+f(3)$이니까 $n=1$, 2, 3일 때로 나누어서 $f(n)$을 구해야 해. 가장 이용하기 쉬운 힌트는 로그함수의 밑이 2라는 거지. 보통 이럴 때는 범위를 2의 거듭제곱인 수를 기준으로 나누어 주면 돼. 만약에 밑이 2가 아니라 3이나 5였다면 범위를 3의 거듭제곱, 5의 거듭제곱인 수를 기준으로 나누는 거고. 몇 번 문제를 풀다 보니 이런 규칙은 익숙해지더라. 그 다음은 개수를 빠짐없이 세야 해. 시간이 많이 걸리는 문제인 만큼 지칠 수 있겠지만 포기하지 말고 끝까지 풀어 본다면 반드시 좋은 결과가 있을 거야.

정답률 18%

57 수능 유형 › 로그함수의 활용 – 부등식 정답 71

양수 x에 대하여 $\log x$의 소수 부분을 $f(x)$라 하자. 다음 조건을 만족시키는 두 자연수 a, b의 모든 순서쌍 (a, b)의 개수를 구하시오. 71

(가) $a\le b\le 20$ [2] → $\log a$, $\log b$의 값의 범위도 알 수 있어.
(나) $\log b-\log a\le f(a)-f(b)$ [1]

해결 흐름

[1] $\log a$, $\log b$의 정수 부분을 각각 n_1, n_2, 소수 부분을 각각 α_1, α_2라 하고 조건 (나)에 대입해 봐야겠다.

[2] $a\le b\le 20$이므로 n_1, n_2의 값에 따라 [1]에서 구한 부등식을 만족시키는 a, b 사이의 관계를 알 수 있겠다.

연관 개념 | 양수 N의 상용로그는
$\log N=n+\alpha$ (n은 정수, $0\le\alpha<1$)
꼴로 나타낼 수 있다.

알찬 풀이

$\log a=n_1+\alpha_1$ (n_1은 정수, $0\le\alpha_1<1$),
$\log b=n_2+\alpha_2$ (n_2는 정수, $0\le\alpha_2<1$)
라 하면 $f(x)$는 $\log x$의 소수 부분이므로
$f(a)=\alpha_1$, $f(b)=\alpha_2$
조건 (나)에서 $\log b-\log a\le f(a)-f(b)$이므로
$(n_2+\alpha_2)-(n_1+\alpha_1)\le\alpha_1-\alpha_2$
$\therefore n_2-n_1\le2(\alpha_1-\alpha_2)$ ⋯⋯ ㉠
이때 a, b는 자연수이고 조건 (가)에서 $a\le b\le20$이므로 $\log a$, $\log b$의 정수 부분, 즉 n_1, n_2의 값은 0 또는 1임을 알 수 있다. ⋯⋯ ㉡
(→ $\log 20=1+\log 2<2$이기 때문이야.)

$a\le b$에서 $n_1\le n_2$이므로
$n_2-n_1=0$ 또는 $n_2-n_1=1$

(i) $n_2-n_1=0$, 즉 $n_1=n_2$일 때, (→ $n_1=n_2=0$ 또는 $n_1=n_2=1$이야.)
㉠에서 $\alpha_1\ge\alpha_2$이고 $a\le b$이므로 $a=b$이어야 한다. (→ $n_1=n_2$이고 $\alpha_1\ge\alpha_2$이면 $a\ge b$)
따라서 $a\le b\le20$인 자연수 a, b의 순서쌍 (a, b)의 개수는 20이다. (→ (1, 1), (2, 2), ⋯, (20, 20))

(ii) $n_2-n_1=1$, 즉 $n_2=n_1+1$일 때,
㉡에서 $n_1=0$, $n_2=1$이므로
$\log a=\alpha_1$, $\log b=1+\alpha_2$
㉠에서 $1\le2(\alpha_1-\alpha_2)$, 즉 $\alpha_1-\alpha_2\ge\frac{1}{2}$이므로

$$\begin{aligned}\alpha_1-\alpha_2&=\log a-(\log b-1)\\&=\log a-\log b+1\\&=\log\frac{10a}{b}\\&\ge\frac{1}{2}\end{aligned}$$

로그의 성질
$a>0$, $a\ne1$, $M>0$, $N>0$일 때,
① $\log_a M+\log_a N=\log_a MN$
② $\log_a M-\log_a N=\log_a\frac{M}{N}$

$\therefore \frac{10a}{b}\ge\sqrt{10}$
양변을 제곱하여 정리하면
$10a^2\ge b^2$
(→ $\log a$의 정수 부분이 0이고 a는 자연수이므로 $1\le a\le9$야.)
이때 $1\le a\le9$, $10\le b\le20$이므로 위의 조건을 만족시키는 자연수 a, b의 값은 다음과 같다.
(→ $\log b$의 정수 부분이 1이고 b는 $b\le20$인 자연수이므로 $10\le b\le20$이야.)

$a=4$일 때, (→ $b^2\le160$)
$b=10$, 11, 12의 3개 (→ $12^2=144$, $13^2=169$)
$a=5$일 때, (→ $b^2\le250$)
$b=10$, 11, 12, 13, 14, 15의 6개 (→ $15^2=225$, $16^2=256$)
$a=6$일 때, (→ $b^2\le360$)
$b=10$, 11, 12, ⋯, 18의 9개 (→ $18^2=324$, $19^2=361$)
$a=7$, 8, 9일 때,
$b=10$, 11, 12, ⋯, 20의 11개
(→ $a\ge7$이면 $10a^2\ge490$이고 $b\le20$에서 $b^2\le400$이므로 $10\le b\le20$인 모든 자연수 b에 대하여 $10a^2\ge b^2$이야.)
따라서 $a\le b\le20$인 자연수 a, b의 순서쌍 (a, b)의 개수는
$3+6+9+3\times11=51$

(i), (ii)에서 모든 순서쌍 (a, b)의 개수는
$20+51=71$

오답 Clear

(ii) $a\le3$이면 $10a^2\le90$인데 $10\le b\le20$에서 $100\le b^2\le400$이므로 $10a^2\ge b^2$을 만족시키는 b의 값은 없다.

정답률 74%

58 수능 유형 › 로그함수의 활용 – 방정식 정답 4

방정식 $x^{\log_2 x}=8x^2$[1]의 두 실근을 α, β라 할 때, $\alpha\beta$의 값을 구하시오. 4

→ 양변에 밑이 2인 로그를 취해서 풀어.

해결 흐름

1 지수에 로그가 있으니까 양변에 로그를 취해서 풀면 되겠구나.

연관 개념 | $a>0$, $a\neq1$, $M>0$, $N>0$일 때,

① $\log_a MN=\log_a M+\log_a N$

② $\log_a M^k=k\log_a M$ (단, k는 실수)

알찬 풀이

> 로그가 정의될 조건
> $\log_a N$이 정의되기 위해서는
> ① 밑의 조건 : $a>0$, $a\neq1$ ② 진수의 조건 : $N>0$

진수의 조건에서 $x>0$

주어진 식의 양변에 밑이 2인 로그를 취하면

$\log_2 x^{\log_2 x}=\log_2 8x^2$

$(\log_2 x)^2=3+2\log_2 x$ ← $\log_2 8x^2=\log_2 8+\log_2 x^2=3+2\log_2 x$

$\log_2 x=t$로 치환하면 $t^2=3+2t$

$t^2-2t-3=0$, $(t+1)(t-3)=0$ $\therefore t=-1$ 또는 $t=3$

즉, $\log_2 x=-1$ 또는 $\log_2 x=3$이므로

$x=2^{-1}=\frac{1}{2}$ 또는 $x=2^3=8$

따라서 $\alpha=\frac{1}{2}$, $\beta=8$ 또는 $\alpha=8$, $\beta=\frac{1}{2}$이므로

$\alpha\beta=\frac{1}{2}\times8=4$ → $\alpha\beta$의 값은 항상 4로 일정해.

다른 풀이 $(\log_2 x)^2=3+2\log_2 x$ …… ㉠

$\log_2 x=t$로 치환하면 $t^2=3+2t$ $\therefore t^2-2t-3=0$ …… ㉡

이때 ㉠의 두 실근이 α, β이므로 ㉡의 두 실근은 $\log_2\alpha$, $\log_2\beta$이다.

따라서 이차방정식의 근과 계수의 관계에 의하여

$\log_2\alpha+\log_2\beta=2$

$\log_2\alpha\beta=2$

$\therefore \alpha\beta=2^2=4$

> 이차방정식의 근과 계수의 관계
> 이차방정식 $ax^2+bx+c=0$의 두 근을 α, β라 하면
> $\alpha+\beta=-\frac{b}{a}$, $\alpha\beta=\frac{c}{a}$

정답률 가형 18%, 나형 15%

59 수능 유형 › 로그함수의 활용 – 부등식 + 개수 세기 정답 79

좌표평면에서 다음 조건을 만족시키는 정사각형 중 두 함수 $y=\log 3x$, $y=\log 7x$의 그래프와 모두 만나는 것의 개수를 구하시오. 79

→ 정사각형의 한 꼭짓점의 좌표를 (n, k)라 하고 나머지 세 꼭짓점의 좌표를 n, k에 대하여 나타내 봐.

> (가) 꼭짓점의 x좌표, y좌표가 모두 자연수이고 한 변의 길이가 1이다.[1]
> (나) 꼭짓점의 x좌표는 모두 100 이하이다.[2]

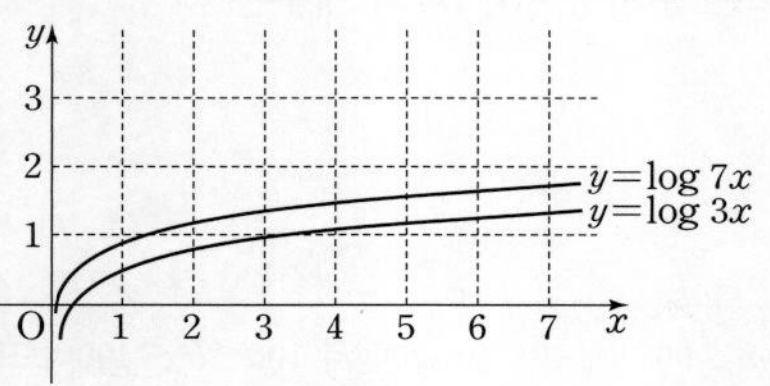

해결 흐름

1 두 함수의 그래프와 모두 만나도록 한 변의 길이가 1인 정사각형을 그려 봐야지.

2 조건을 만족시키도록 정사각형의 꼭짓점의 y좌표가 가져야 하는 성질을 찾아 봐야겠어.

알찬 풀이

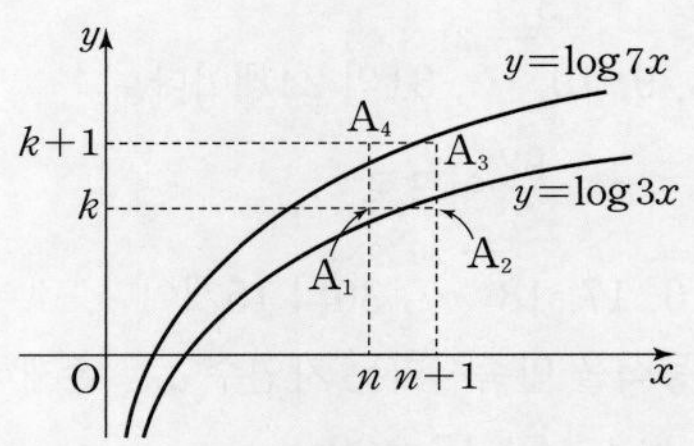

두 자연수 n, k에 대하여 위의 그림과 같이 네 점

$A_1(n, k)$, $A_2(n+1, k)$, $A_3(n+1, k+1)$, $A_4(n, k+1)$

을 꼭짓점으로 하는 정사각형이 두 함수 $y=\log 3x$, $y=\log 7x$의 그래프와 모두 만나려면 점 A_4는 함수 $y=\log 7x$의 그래프보다 위쪽에 있어야 하고, 점 A_2는 함수 $y=\log 3x$의 그래프보다 아래쪽에 있어야 한다. 즉, 두 부등식

$\log 7n\le k+1$, $\log 3(n+1)\ge k$ → 정사각형이 두 함수의 그래프와 모두 만나야 하므로 두 부등식을 동시에 만족시켜야 해.

를 만족시켜야 한다.

$\log 7n\le k+1$에서 $7n\le10^{k+1}$ $\therefore n\le\frac{10^{k+1}}{7}$ …… ㉠

$\log 3(n+1)\ge k$에서 $3(n+1)\ge10^k$

$n+1\ge\frac{10^k}{3}$ $\therefore n\ge\frac{10^k}{3}-1$ …… ㉡

㉠, ㉡에서 $\frac{10^k}{3}-1\le n\le\frac{10^{k+1}}{7}$

(i) $k=1$일 때,

$\frac{10}{3}-1\le n\le\frac{100}{7}$ → $2.\times\times\times\le n\le14.\times\times\times$

따라서 부등식을 만족시키는 자연수 n은 3, 4, 5, …, 14의 12개이다.

(ii) $k=2$일 때,

$\frac{100}{3}-1\le n\le\frac{1000}{7}$ → $32.\times\times\times\le n\le142.\times\times\times$

그런데 조건 (나)에서 $n+1\le100$, 즉 $n\le99$이므로 부등식을 만족시키는 자연수 n은 33, 34, 35, …, 99의 67개이다.

(iii) $k\ge3$일 때,

부등식을 만족시키는 자연수 n은 존재하지 않는다.

(i), (ii), (iii)에서 조건을 만족시키는 정사각형의 개수는

$12+67=79$

다른 풀이 정사각형의 꼭짓점의 x좌표가 모두 100 이하이므로 y좌표는 3 미만이다. 즉, 조건을 만족시키는 경우는 다음 그림과 같다.

→ $\log 7x\le\log 700<\log 1000=3$

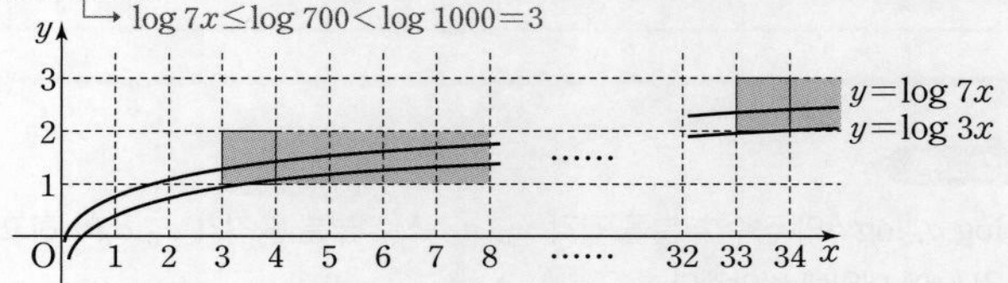

이때 꼭짓점의 x좌표 중 가장 작은 값을 n이라 하면 조건 (나)에서

→ 정사각형의 한 변의 길이가 1이니까 꼭짓점의 x좌표 중 가장 큰 값은 $n+1$이야.

$n+1\le100$ $\therefore n\le99$

(i) $1\le\log 3n<2$, $1\le\log 7n<2$일 때,

$1\le\log 3n<2$에서

$10\le 3n<100 \quad \therefore \frac{10}{3}\le n<\frac{100}{3}$

$1\le \log 7n<2$에서

$10\le 7n<100 \quad \therefore \frac{10}{7}\le n<\frac{100}{7}$

따라서 $\frac{10}{3}\le n<\frac{100}{7}$이므로 자연수 n은 4, 5, 6, …, 14의 11개이다.

→ $\frac{10}{3}\le n<\frac{100}{3}$과 $\frac{10}{7}\le n<\frac{100}{7}$의 공통 범위야.

그런데 위의 그림에서 $n=3$일 때도 한 변의 길이가 1인 정사각형이 두 함수 $y=\log 3x$, $y=\log 7x$의 그래프와 모두 만나므로 조건을 만족시키는 자연수 n은 3, 4, 5, …, 14의 12개이다.

(ii) $2\le \log 3n<3$, $2\le \log 7n<3$일 때,

$2\le \log 3n<3$에서

$100\le 3n<1000 \quad \therefore \frac{100}{3}\le n<\frac{1000}{3}$

$n\le 99$이므로 $\frac{100}{3}\le n\le 99$

$2\le \log 7n<3$에서

$100\le 7n<1000 \quad \therefore \frac{100}{7}\le n<\frac{1000}{7}$

$n\le 99$이므로 $\frac{100}{7}\le n\le 99$

따라서 $\frac{100}{3}\le n\le 99$이므로 자연수 n은 34, 35, 36, …, 99의 66개이다.

→ $\frac{100}{3}\le n\le 99$와 $\frac{100}{7}\le n\le 99$의 공통 범위야.

그런데 앞의 그림에서 $n=33$일 때도 한 변의 길이가 1인 정사각형이 두 함수 $y=\log 3x$, $y=\log 7x$의 그래프와 모두 만나므로 조건을 만족시키는 자연수 n은 33, 34, 35, …, 99의 67개이다.

(i), (ii)에서 조건을 만족시키는 정사각형의 개수는

$12+67=79$

실전적용 key

$n+1$도 꼭짓점의 x좌표이므로 조건 (나)에서 $n+1\le 100$, 즉 $n\le 99$이어야 한다.

이때 ㉡에서 $\frac{10^k}{3}-1\le 99$이므로 $10^k\le 300$이고, $10^2=100$, $10^3=1000$이므로

$k=1$ 또는 $k=2$이다.

정답률 65%

60 수능 유형 › 로그함수의 활용 – 부등식 정답 ⑤

부등식 $\log_2 x^2-\log_2|x|\le 3$을 만족시키는 정수 x의 개수는?

→ $x^2=|x|^2$임을 이용하여 주어진 식을 변형해.

① 12 ② 13 ③ 14
④ 15 ✓⑤ 16

해결 흐름

1 먼저 진수의 조건을 고려해야지.

연관 개념 | $\log_a N$이 정의되기 위해서는

① 밑의 조건: $a>0$, $a\ne 1$

② 진수의 조건: $N>0$

2 로그의 성질을 이용해서 부등식의 좌변을 간단히 하면 부등식을 쉽게 풀 수 있겠네.

알찬 풀이

진수의 조건에서 $x^2>0$, $|x|>0 \quad \therefore x\ne 0$

$x^2=|x|^2$이므로 $\log_2 x^2-\log_2|x|\le 3$에서

$\log_2|x|^2-\log_2|x|\le 3$

$2\log_2|x|-\log_2|x|\le 3$, $\log_2|x|\le 3$

이때 (밑)$=2>1$이므로 $|x|\le 8$

$\therefore -8\le x<0$ 또는 $0<x\le 8$

→ $|x|\le 8$에서 $-8\le x\le 8$인데 진수의 조건에서 $x\ne 0$이므로 0은 제외해야 해.

따라서 정수 x는 -8, -7, …, -1, 1, 2, …, 8의 16개이다.

다른 풀이 주어진 부등식을 만족시키는 x의 값의 범위는 다음과 같이 구할 수도 있다. 진수의 조건에서 $x\ne 0$

(i) $x>0$일 때,

주어진 부등식은 $2\log_2 x-\log_2 x\le 3$

→ $x>0$일 때, $|x|=x$이니까.

$\log_2 x\le 3$

이때 (밑)$=2>1$이므로 $x\le 8$

$\therefore 0<x\le 8$

→ 로그의 진수를 양수로 고치기 위한 과정이야.

(ii) $x<0$일 때, $x^2=(-x)^2$이므로

주어진 부등식은 $2\log_2(-x)-\log_2(-x)\le 3$

→ $x<0$일 때, $|x|=-x$이니까.

$\log_2(-x)\le 3$

이때 (밑)$=2>1$이므로 $-x\le 8$, 즉 $x\ge -8$

$\therefore -8\le x<0$

(i), (ii)에서 x의 값의 범위는 $-8\le x<0$ 또는 $0<x\le 8$

수능 핵심 개념 로그의 진수에 미지수를 포함한 부등식

로그의 진수에 미지수를 포함한 부등식

$\log_a f(x)>k$ ($a>0$, $a\ne 1$, k는 실수)

는 다음과 같은 순서로 해를 구한다.

(i) 진수의 조건을 구한다. ➡ $f(x)>0$

(ii) 밑 a의 값의 범위에 따라 다음을 이용하여 해를 구한다.

① $a>1$일 때, $f(x)>a^k$

② $0<a<1$일 때, $f(x)<a^k$

(iii) (i), (ii)의 공통 범위를 구한다.

정답률 확률과 통계 10%, 미적분 23%, 기하 18%

61 수능 유형 › 지수함수와 로그함수의 활용 정답 110

실수 t에 대하여 두 곡선 $y=t-\log_2 x$와 $y=2^{x-t}$이 만나는 점의 x좌표를 $f(t)$라 하자.

보기의 각 명제에 대하여 규칙에 따라 A, B, C의 값을 정할 때, $A+B+C$의 값을 구하시오. (단, $A+B+C\ne 0$) 110

→ ㄱ, ㄴ, ㄷ의 참, 거짓을 판단하는 문제야.

- 명제 ㄱ이 참이면 $A=100$, 거짓이면 $A=0$이다.
- 명제 ㄴ이 참이면 $B=10$, 거짓이면 $B=0$이다.
- 명제 ㄷ이 참이면 $C=1$, 거짓이면 $C=0$이다.

보기

→ $t=1$일 때, 두 곡선이 만나는 점의 x좌표가 1이라는 뜻이야.

ㄱ. $f(1)=1$이고 $f(2)=2$이다.

ㄴ. 실수 t의 값이 증가하면 $f(t)$의 값도 증가한다.

ㄷ. 모든 양의 실수 t에 대하여 $f(t)\ge t$이다.

해결 흐름

1 t의 값에 따라 두 곡선 $y=t-\log_2 x$, $y=2^{x-t}$이 만나는 점의 x좌표를 알아봐야겠네.

2 $t=1$일 때 두 곡선이 만나는 점의 x좌표가 1인지, $t=2$일 때 두 곡선이 만나는 점의 x좌표가 2인지를 알아보면 되겠어.

3 t의 값이 증가함에 따라 두 곡선이 만나는 점의 x좌표도 증가하는지 알아봐야지.

연관 개념 | (1) 지수함수 $y=a^x$ $(a>0,\ a\neq1)$에 대하여
① $a>1$일 때, x의 값이 증가하면 y의 값도 증가한다.
② $0<a<1$일 때, x의 값이 증가하면 y의 값은 감소한다.
(2) 로그함수 $y=\log_a x$ $(a>0,\ a\neq1)$에 대하여
① $a>1$일 때, x의 값이 증가하면 y의 값도 증가한다.
② $0<a<1$일 때, x의 값이 증가하면 y의 값은 감소한다.

4 두 곡선의 개형을 그려서 모든 양의 실수 t에 대하여 두 곡선이 만나는 점의 x좌표가 t보다 크거나 같은지 확인해야겠군.

알찬 풀이

ㄱ. (i) $t=1$이면

곡선 $y=1-\log_2 x$는 $x=1$일 때 $y=1$이므로 점 $(1,\ 1)$을 지난다.
($y=1-\log_2 1=1-0=1$)

곡선 $y=2^{x-1}$은 $x=1$일 때 $y=1$이므로 점 $(1,\ 1)$을 지난다.
($y=2^{1-1}=2^0=1$)

따라서 두 곡선 $y=1-\log_2 x$, $y=2^{x-1}$이 만나는 점의 x좌표가 1이므로 $f(1)=1$

(ii) $t=2$이면

곡선 $y=2-\log_2 x$는 $x=2$일 때 $y=1$이므로 점 $(2,\ 1)$을 지난다.
($y=2-\log_2 2=2-1=1$)

곡선 $y=2^{x-2}$은 $x=2$일 때 $y=1$이므로 점 $(2,\ 1)$을 지난다.
($y=2^{2-2}=2^0=1$)

따라서 두 곡선 $y=2-\log_2 x$, $y=2^{x-2}$이 만나는 점의 x좌표가 2이므로 $f(2)=2$

(i), (ii)에서 $f(1)=1$이고 $f(2)=2$이다. (참)

ㄴ. 곡선 $y=t-\log_2 x$는 곡선 $y=\log_2 x$를 x축에 대하여 대칭이동한 후, y축의 방향으로 t만큼 평행이동한 것이다. 이때 t의 값이 증가하면 두 곡선 $y=t-\log_2 x$, $y=2^x$의 교점의 x좌표도 증가한다.

또, 곡선 $y=2^{x-t}$은 곡선 $y=2^x$을 x축의 방향으로 t만큼 평행이동한 것이다. 이때 t의 값이 증가하면 두 곡선 $y=t-\log_2 x$, $y=2^{x-t}$의 교점의 x좌표는 두 곡선 $y=t-\log_2 x$, $y=2^x$의 교점의 x좌표보다 커진다.

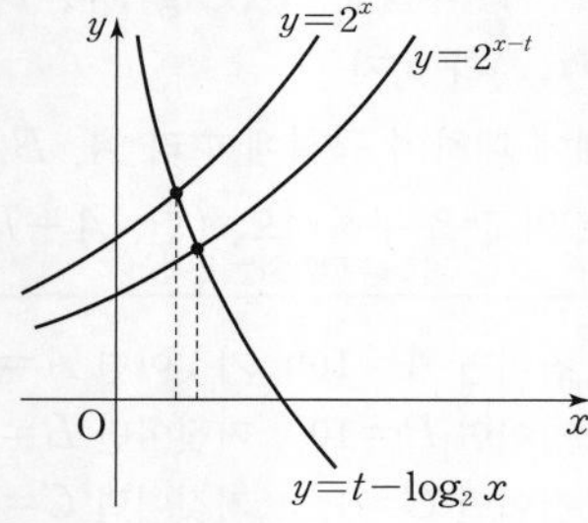

따라서 실수 t의 값이 증가하면 $f(t)$의 값도 증가한다. (참)

ㄷ. $g(x)=t-\log_2 x$, $h(x)=2^{x-t}$이라 하자.
모든 양의 실수 t에 대하여 $f(t)\geq t$이려면 (두 곡선이 만나는 점의 x좌표가 t보다 크거나 같다는 뜻이야.)
다음 그림과 같이 모든 양의 실수 t에 대하여 $g(t)\geq h(t)$이어야 한다.

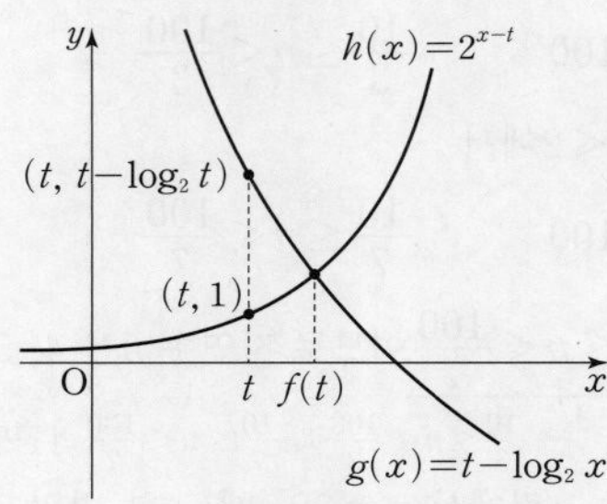

즉, $t-\log_2 t\geq1$이어야 하므로 ($h(t)=2^{t-t}=2^0=1$)

$t-1\geq\log_2 t$ ······ ㉠

이때 두 함수 $y=\log_2 t$, $y=t-1$의 그래프는 다음 그림과 같이 두 점 $(1,\ 0)$, $(2,\ 1)$에서 만난다.

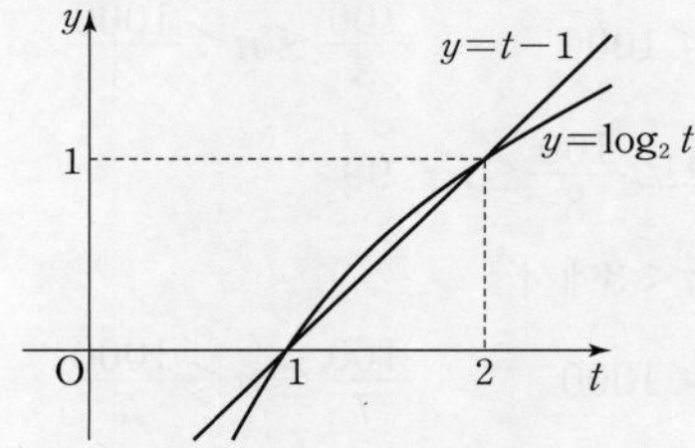

그런데 $1<t<2$일 때는 함수 $y=\log_2 t$의 그래프가 직선 $y=t-1$보다 위쪽에 있으므로 ㉠이 성립하지 않는다.

따라서 $1<t<2$일 때는 $f(t)\geq t$가 성립하지 않는다. (거짓)

이상에서 명제 ㄱ, ㄴ은 참이고, 명제 ㄷ은 거짓이므로

$A=100,\ B=10,\ C=0$

$\therefore\ A+B+C=100+10+0=110$

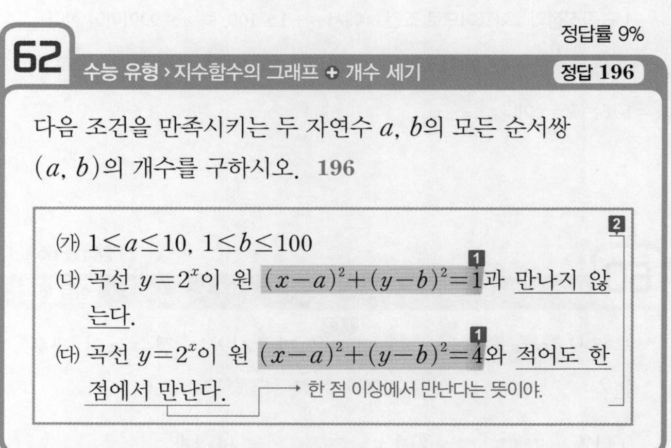

정답률 9%

62 수능 유형 › 지수함수의 그래프 + 개수 세기 **정답 196**

다음 조건을 만족시키는 두 자연수 a, b의 모든 순서쌍 $(a,\ b)$의 개수를 구하시오. 196

(가) $1\leq a\leq10$, $1\leq b\leq100$
(나) 곡선 $y=2^x$이 원 $(x-a)^2+(y-b)^2=1$과 만나지 않는다.
(다) 곡선 $y=2^x$이 원 $(x-a)^2+(y-b)^2=4$와 적어도 한 점에서 만난다. (한 점 이상에서 만난다는 뜻이야.)

해결 흐름

1 조건에 주어진 두 원은 중심이 $(a,\ b)$이고 반지름의 길이가 각각 1, 2야.

연관 개념 | 중심이 $(a,\ b)$이고 반지름의 길이가 r인 원의 방정식은 $(x-a)^2+(y-b)^2=r^2$

2 조건을 만족시키는 원의 중심이 곡선 $y=2^x$보다 위쪽에 있는 경우와 아래쪽에 있는 경우로 나누어 생각해 봐야겠다.

연관 개념 | 지수함수 $y=a^x$ $(a>0,\ a\neq1)$에 대하여
① $a>1$일 때, x의 값이 증가하면 y의 값도 증가한다.
② $0<a<1$일 때, x의 값이 증가하면 y의 값은 감소한다.

알찬 풀이

$(x-a)^2+(y-b)^2=1$ ...... ㉠

$(x-a)^2+(y-b)^2=4$ ...... ㉡

곡선 $y=2^x$이 원 ㉠과는 만나지 않고 원 ㉡과 만나도록 하는 자연수 a, b의 순서쌍 (a, b)의 개수는 다음과 같다.

(i) 점 (a, b)가 곡선 $y=2^x$보다 위쪽에 있을 때,

$a=k$ $(k=1, 2, 3, 4)$일 때의 b의 값의 범위를 구해 보자.

조건 (나), (다)에 주어진 원의 중심이야.

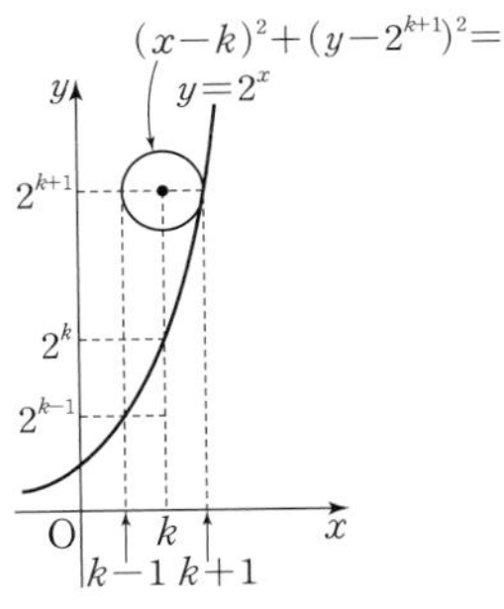

$a=k$일 때 $b=2^{k+1}$이면 원 ㉠이 곡선 $y=2^x$과 만나므로 원 ㉠이 곡선 $y=2^x$과 만나지 않으려면

$b\ge 2^{k+1}+1$

마찬가지 방법으로 곡선 $y=2^x$과 원 ㉡이 만나려면

$b\le 2^{k+2}$

즉, $2^{k+1}+1\le b\le 2^{k+2}$

이때 자연수 b의 개수는 → 자연수 p, q에 대하여 $p\le n\le q$인 자연수 n의 개수는 $p-q+1$이야.

$2^{k+2}-(2^{k+1}+1)+1=2^{k+1}$ (단, $k=1, 2, 3, 4$)

$a=5$이면 b의 값의 범위는

$2^6+1\le b\le 100$ → 조건 (가)에서 $b\le 100$이라고 주어졌어.

이때 자연수 b의 개수는

$100-(2^6+1)+1=36$ → $2^6=64$이니까 $100-(2^6+1)+1=36$

따라서 순서쌍 (a, b)의 개수는

$2^2+2^3+2^4+2^5+36$

$=4+8+16+32+36$

$=96$

(ii) 점 (a, b)가 곡선 $y=2^x$보다 아래쪽에 있을 때,

$a=k$ $(k=2, 3, 4, 5, 6, 7)$일 때의 b의 값의 범위를 구해 보자.

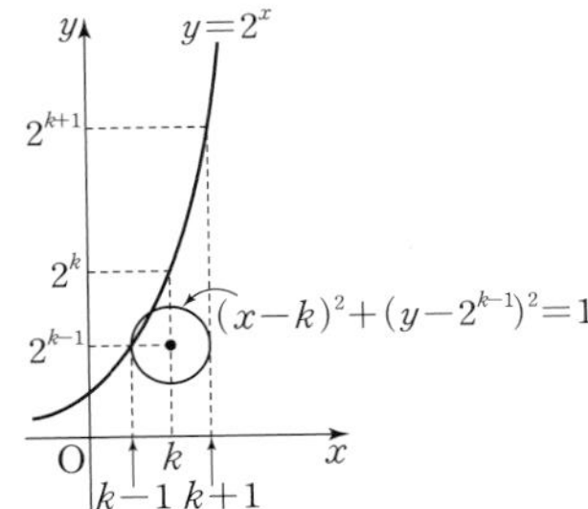

$a=k$일 때 $b=2^{k-1}$이면 원 ㉠이 곡선 $y=2^x$과 만나므로 원 ㉠이 곡선 $y=2^x$과 만나지 않으려면

$b\le 2^{k-1}-1$

마찬가지 방법으로 곡선 $y=2^x$과 원 ㉡이 만나려면

$b\ge 2^{k-2}$

즉, $2^{k-2}\le b\le 2^{k-1}-1$

이때 자연수 b의 개수는

$(2^{k-1}-1)-2^{k-2}+1=2^{k-2}$ (단, $k=2, 3, 4, 5, 6, 7$)

$a=8$이면 b의 값의 범위는

$2^6\le b\le 100$

이때 자연수 b의 개수는

$100-2^6+1=37$ → $2^6=64$이니까 $100-2^6+1=37$

따라서 순서쌍 (a, b)의 개수는

$2^0+2^1+2^2+2^3+2^4+2^5+37$

$=1+2+4+8+16+32+37$

$=100$

(i), (ii)에서 모든 순서쌍 (a, b)의 개수는

$96+100=196$

실전 적용 key

(ii)에서

① $a=1$이면 원 $(x-1)^2+(y-b)^2=1$은 항상 곡선 $y=2^x$과 만나므로 이 경우는 생각하지 않는다.

② $a\ge 9$이면 $b>100$이므로 이 경우도 생각하지 않는다.

정답률 4%

63 수능 유형 › 로그의 뜻과 성질 정답 78

다음 조건을 만족시키는 20 이하의 모든 자연수 n의 값의 합을 구하시오. 78

> $\log_2(na-a^2)$과 $\log_2(nb-b^2)$은 같은 자연수[1]이고
> $0<b-a\le\frac{n}{2}$인 두 실수 a, b가 존재[2]한다.

해결 흐름

1 $\log_2(na-a^2)=\log_2(nb-b^2)=k$ (k는 자연수)라 하고 로그의 성질을 이용해서 $a+b$, ab의 값을 n, k에 대한 식으로 나타내 봐야겠군.

연관 개념 | $a>0$, $a\ne 1$이고 $x_1>0$, $x_2>0$에 대하여 $\log_a x_1=\log_a x_2 \Longleftrightarrow x_1=x_2$

2 a, b를 근으로 갖는 이차방정식과 $0<b-a\le\frac{n}{2}$을 이용하면 n^2의 값의 범위를 구할 수 있겠어.

알찬 풀이

$\log_2(na-a^2)=\log_2(nb-b^2)$이므로

$na-a^2=nb-b^2$

$a^2-b^2-n(a-b)=0$

$(a-b)(a+b)-n(a-b)=0$ ← 인수분해 공식 $a^2-b^2=(a+b)(a-b)$를 이용했어.

$(a-b)(a+b-n)=0$

이때 $b-a>0$이므로 → 즉, $a-b\ne 0$을 뜻하지.

$a+b-n=0$

$\therefore a+b=n$ ...... ㉠

$\log_2(na-a^2)=k$ (k는 자연수)라 하고, ㉠을 대입하면
$\log_2\{(a+b)a-a^2\}=k$
$\log_2 ab=k$
$\therefore ab=2^k$ …… ㉡
즉, $a+b=n$, $ab=2^k$이므로 x에 대한 이차방정식
$x^2-nx+2^k=0$은 서로 다른 실수 a, b를 두 근으로 갖는다.
이때 이차방정식 $x^2-nx+2^k=0$의 판별식을 D라 하면
$D>0$이므로
$n^2-4\times2^k>0$ (서로 다른 두 실근 a, b를 가지니까.)
$\therefore n^2>4\times2^k=2^{k+2}$ …… ㉢

> **이차방정식의 근의 판별**
> 이차방정식 $ax^2+bx+c=0$의 판별식을 D라 하면
> ① $D>0 \Longleftrightarrow$ 서로 다른 두 실근
> ② $D=0 \Longleftrightarrow$ 중근(실근)
> ③ $D<0 \Longleftrightarrow$ 서로 다른 두 허근

또, 조건에서 $b-a\le\frac{n}{2}$이므로
$(b-a)^2\le\frac{n^2}{4}$
이때
$(b-a)^2=(b+a)^2-4ab$
$=n^2-4\times2^k$ ($\because$ ㉠, ㉡)
$=n^2-2^{k+2}$
이므로
$n^2-2^{k+2}\le\frac{n^2}{4}$, $\frac{3}{4}n^2\le2^{k+2}$
$\therefore n^2\le\frac{4\times2^{k+2}}{3}=\frac{2^{k+4}}{3}$ …… ㉣
㉢, ㉣에서
$2^{k+2}<n^2\le\frac{2^{k+4}}{3}$ (단, $k=1, 2, 3, \cdots$)
$k=1$일 때,
$8<n^2\le\frac{32}{3}$이고 n은 자연수이므로 ($\frac{32}{3}$ → 10.×××)
$n^2=9$ $\therefore n=3$
$k=2$일 때,
$16<n^2\le\frac{64}{3}$를 만족시키는 자연수 n은 존재하지 않는다. ($\frac{64}{3}$ → 21.×××)
$k=3$일 때,
$32<n^2\le\frac{128}{3}$이고 n은 자연수이므로 ($\frac{128}{3}$ → 42.×××)
$n^2=36$ $\therefore n=6$
$k=4$일 때,
$64<n^2\le\frac{256}{3}$이고 n은 자연수이므로 ($\frac{256}{3}$ → 85.×××)
$n^2=81$ $\therefore n=9$
$k=5$일 때,
$128<n^2\le\frac{512}{3}$이고 n은 자연수이므로 ($\frac{512}{3}$ → 170.×××)
$n^2=144$ 또는 $n^2=169$ $\therefore n=12$ 또는 $n=13$
$k=6$일 때,
$256<n^2\le\frac{1024}{3}$이고 n은 자연수이므로 ($\frac{1024}{3}$ → 341.×××)
$n^2=289$ 또는 $n^2=324$ $\therefore n=17$ 또는 $n=18$
$k\ge7$일 때,
$2^{k+2}>400$이므로 $2^{k+2}<n^2\le\frac{2^{k+4}}{3}$
을 만족시키는 20 이하의 자연수 n은 존재하지 않는다.

따라서 조건을 만족시키는 20 이하의 자연수 n은 3, 6, 9, 12, 13, 17, 18이므로 그 합은
$3+6+9+12+13+17+18=78$

다른풀이 n^2의 값의 범위는 다음과 같이 구할 수도 있다.
진수의 조건에서
$na-a^2>0$, $nb-b^2>0$
$\therefore 0<a<n$, $0<b<n$

> **로그가 정의될 조건**
> $\log_a N$이 정의되기 위해서는
> ① 밑의 조건: $a>0$, $a\ne1$
> ② 진수의 조건: $N>0$

또, $\log_2(na-a^2)=\log_2(nb-b^2)$이므로
$na-a^2=nb-b^2$
$a^2-b^2-n(a-b)=0$
$(a+b)(a-b)-n(a-b)=0$
$(a-b)(a+b-n)=0$
이때 $b-a>0$이므로 $a+b-n=0$
$\therefore a+b=n$
$\log_2(na-a^2)=k$ (k는 자연수)라 하면
$\log_2\{(a+b)a-a^2\}=k$, $\log_2 ab=k$
$\therefore ab=2^k$
한편, $a+b=n$에서 $b=n-a$, $a=n-b$이므로
$0<b-a\le\frac{n}{2}$에서 $0<(n-a)-a\le\frac{n}{2}$
$\therefore \frac{n}{4}\le a<\frac{n}{2}$
$0<b-(n-b)\le\frac{n}{2}$ $\therefore \frac{n}{2}<b\le\frac{3n}{4}$

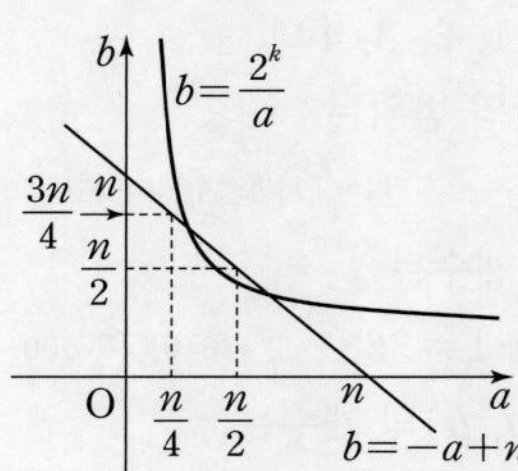

따라서 위의 그림과 같이 $\frac{n}{4}\le a<\frac{n}{2}$에서 직선 $b=-a+n$과 곡선 $ab=2^k$, 즉 $b=\frac{2^k}{a}$의 교점이 존재해야 하므로
$\frac{2^k}{\frac{n}{4}}\ge\frac{3n}{4}$, $\frac{2^k}{\frac{n}{2}}<\frac{n}{2}$이어야 한다.
$\frac{2^k}{\frac{n}{4}}\ge\frac{3n}{4}$에서 $2^k\ge\frac{3n^2}{16}$이므로
$n^2\le\frac{16\times2^k}{3}=\frac{2^{k+4}}{3}$
$\frac{2^k}{\frac{n}{2}}<\frac{n}{2}$에서 $2^k<\frac{n^2}{4}$이므로
$n^2>4\times2^k=2^{k+2}$
$\therefore 2^{k+2}<n^2\le\frac{2^{k+4}}{3}$ (단, $k=1, 2, 3, \cdots$)

수능 핵심 개념 **이차방정식의 작성**
두 수 α, β를 근으로 하고 x^2의 계수가 1인 이차방정식은
➡ $(x-\alpha)(x-\beta)=0$
➡ $x^2-(\alpha+\beta)x+\alpha\beta=0$

» 수학 I

Ⅱ. 삼각함수

정답률 70%

01 수능 유형 › 삼각함수의 정의 정답 80

좌표평면에서 제1사분면에 점 P가 있다. 점 P를 직선 $y=x$에 대하여 대칭이동한 점을 Q라 하고, 점 Q를 원점에 대하여 대칭이동한 점을 R라 할 때, 세 동경 OP, OQ, OR가 나타내는 각을 각각 α, β, γ라 하자.
→ 대칭이동한 점의 좌표를 구해 봐.

$\sin\alpha=\frac{1}{3}$일 때, $9(\sin^2\beta+\tan^2\gamma)$의 값을 구하시오. 80

(단, O는 원점이고, 시초선은 x축의 양의 방향이다.)

해결 흐름

1. $\sin\alpha=\frac{1}{3}$임을 이용하여 점 P의 좌표를 생각해 봐야겠다.
2. 점 P를 대칭이동해서 두 점 Q, R의 좌표를 각각 구해야지.
   연관 개념 | 좌표평면 위의 점 (x, y)를
   ① 직선 $y=x$에 대하여 대칭이동한 점의 좌표는 (y, x)
   ② 원점에 대하여 대칭이동한 점의 좌표는 $(-x, -y)$
3. 삼각함수의 정의를 이용하면 $\sin\beta$, $\tan\gamma$의 값을 구할 수 있겠다.
   연관 개념 | 원점 O를 중심으로 하고 반지름의 길이가 r인 원 위의 임의의 점 $P(x, y)$에 대하여 동경 OP가 나타내는 각의 크기를 θ라 하면
   $\sin\theta=\frac{y}{r}$, $\cos\theta=\frac{x}{r}$, $\tan\theta=\frac{y}{x}$ (단, $x\neq0$)

알찬 풀이

제1사분면 위에 있는 점 P에 대하여 동경 OP가 나타내는 각이 α이고 $\sin\alpha=\frac{1}{3}$이므로 오른쪽 그림과 같이 점 P의 좌표를 $(2\sqrt{2}, 1)$로 생각할 수 있다.
→ 직각삼각형의 빗변의 길이를 3, 높이를 1로 생각하는 거야.

($\sqrt{3^2-1^2}=\sqrt{8}=2\sqrt{2}$)

점 Q는 점 P와 직선 $y=x$에 대하여 대칭이므로
$Q(1, 2\sqrt{2})$ → 점 P의 x좌표와 y좌표를 서로 바꾸면 돼.

또, 점 R는 점 Q와 원점에 대하여 대칭이므로
$R(-1, -2\sqrt{2})$ → 점 Q의 x좌표와 y좌표의 부호를 모두 바꾸면 돼.

이때 $\overline{OQ}=\sqrt{1^2+(2\sqrt{2})^2}=3$이므로 삼각함수의 정의에 의하여

$\sin\beta=\frac{2\sqrt{2}}{3}$, $\tan\gamma=\frac{-2\sqrt{2}}{-1}=2\sqrt{2}$ → $\tan\gamma=\frac{(\text{점 R의 }y\text{좌표})}{(\text{점 R의 }x\text{좌표})}$

$\sin\beta=\frac{(\text{점 Q의 }y\text{좌표})}{\overline{OQ}}$

$\therefore 9(\sin^2\beta+\tan^2\gamma)=9\left\{\left(\frac{2\sqrt{2}}{3}\right)^2+(2\sqrt{2})^2\right\}$
$=9\times\left(\frac{8}{9}+8\right)$
$=80$

다른 풀이 점 P의 좌표를 (a, b)라 하면 점 Q는 점 P와 직선 $y=x$에 대하여 대칭이므로
$Q(b, a)$
또, 점 R는 점 Q와 원점에 대하여 대칭이므로
$R(-b, -a)$

동경 OP가 나타내는 각 α에 대하여 $\sin\alpha=\frac{1}{3}$이므로 세 동경 OP, OQ, OR는 오른쪽 그림과 같다.

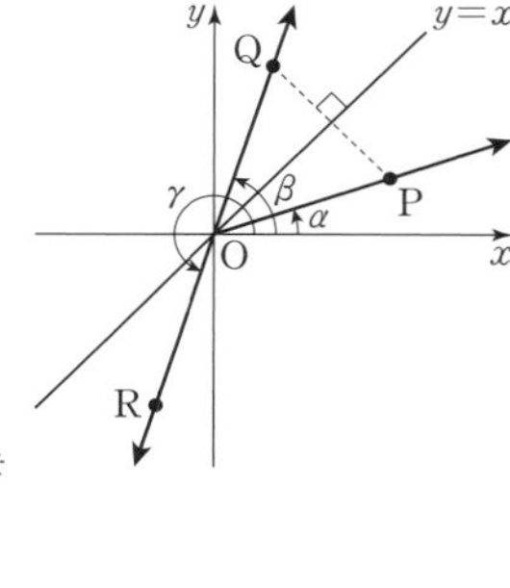

이때 $\beta=\frac{\pi}{2}-\alpha$이므로
→ 동경 OQ와 y축의 양의 방향이 이루는 각의 크기가 α이기 때문이지.

$\cos\beta=\cos\left(\frac{\pi}{2}-\alpha\right)$
$=\sin\alpha=\frac{1}{3}$

$\therefore \sin^2\beta=1-\cos^2\beta=1-\left(\frac{1}{3}\right)^2=\frac{8}{9}$

또, $\gamma=\pi+\beta$이므로

$\tan\gamma=\tan(\pi+\beta)=\tan\beta=\frac{\sin\beta}{\cos\beta}$

> 삼각함수 사이의 관계
> ① $\sin^2\theta+\cos^2\theta=1$
> ② $\tan\theta=\frac{\sin\theta}{\cos\theta}$

$=\frac{\frac{2\sqrt{2}}{3}}{\frac{1}{3}}=2\sqrt{2}$
→ $\sin^2\beta=\frac{8}{9}$이고, 위의 그림에서 $0<\beta<\frac{\pi}{2}$이므로 $\sin\beta>0$ $\therefore \sin\beta=\sqrt{\frac{8}{9}}=\frac{2\sqrt{2}}{3}$

$\therefore \tan^2\gamma=(2\sqrt{2})^2=8$

$\therefore 9(\sin^2\beta+\tan^2\gamma)=9\times\left(\frac{8}{9}+8\right)=80$

실전적용 key

$\sin\alpha=\frac{1}{3}$을 만족시키는 직각삼각형을 그리면 피타고라스 정리를 이용하여 나머지 한 변의 길이를 구할 수 있다. 이때 삼각비의 값을 그대로 직각삼각형의 각 변의 길이로 잡는 것이 계산하기에 편리하다.

정답률 34%

02 수능 유형 › 삼각함수의 정의와 성질 정답 ①

→ 반원 O의 반지름의 길이는 1이야.

그림과 같이 길이가 2인 선분 AB를 지름으로 하고 중심이 O인 반원이 있다.
→ 이 값을 사용하려면 보조선을 그어서 직각삼각형을 만들어 봐.

호 AB 위에 점 P를 $\cos(\angle BAP)=\frac{4}{5}$가 되도록 잡는다.

부채꼴 OBP에 내접하는 원의 반지름의 길이가 r_1, 호 AP를 이등분하는 점과 선분 AP의 중점을 지름의 양 끝 점으로 하는 원의 반지름의 길이가 r_2일 때, r_1r_2의 값은?

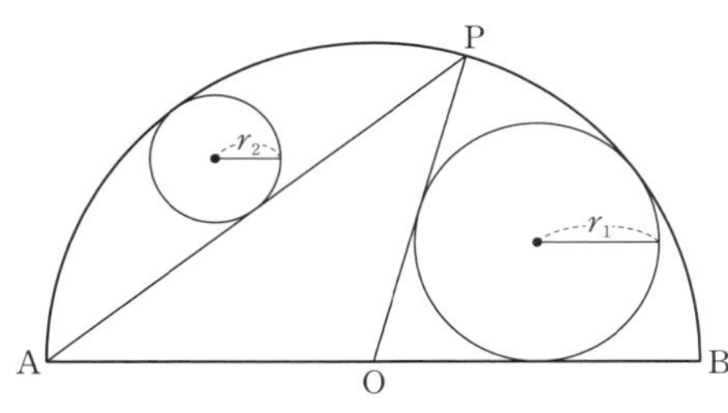

✓① $\frac{3}{40}$ ② $\frac{1}{10}$ ③ $\frac{1}{8}$
④ $\frac{3}{20}$ ⑤ $\frac{7}{40}$

해결 흐름

1 반지름의 길이가 r_1인 원의 중심을 C라 하면 선분 OC의 길이를 r_1로 나타낼 수 있겠네.

2 선분 AP의 중점을 M이라 하면 선분 OM의 길이를 r_2로 나타낼 수 있겠네.

3 $\angle BAP=\theta$라 하면 $\cos\theta=\frac{4}{5}$임을 이용하여 r_1, r_2의 값을 각각 구할 수 있겠다.

알찬 풀이

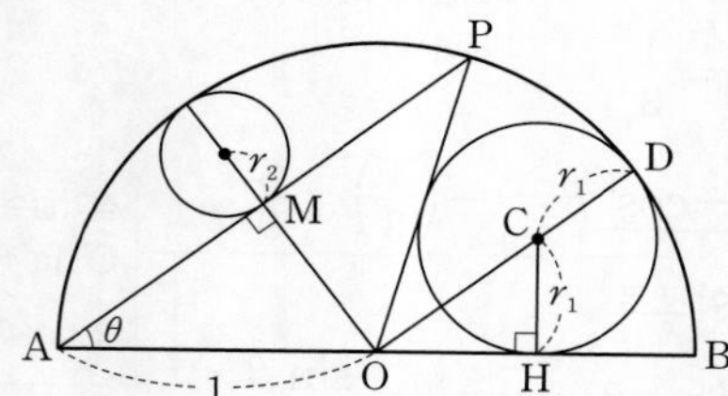

중심이 O인 반원의 지름인 선분 AB의 길이가 2이므로
$\overline{OA}=\overline{OB}=1$
반지름의 길이가 r_1인 원의 중심을 C라 하고, 두 점 O, C를 지나는 직선이 호 BP와 만나는 점을 D라 하면 $\overline{OD}=\overline{OB}=1$이므로
$\overline{OC}=1-r_1$
점 C에서 선분 OB에 내린 수선의 발을 H라 하면 점 H는 반지름의 길이가 r_1인 원과 선분 AB의 접점이므로
$\overline{CH}=r_1$, $\angle CHO=\frac{\pi}{2}$
$\angle BAP=\theta$라 하면 원주각과 중심각 사이의 관계에 의하여
$\angle POB=2\theta$
또, $\angle POD=\angle BOD$이므로
$\angle BOD=\theta$

> **원주각과 중심각 사이의 관계**
> 한 호에 대한 원주각의 크기는 중심각의 크기의 $\frac{1}{2}$이다.

직각삼각형 COH에서
$\sin\theta=\frac{\overline{CH}}{\overline{OC}}=\frac{r_1}{1-r_1}$ …… ㉠
그런데 $\cos\theta=\frac{4}{5}$이고, $\sin^2\theta+\cos^2\theta=1$이므로 (→ 문제에 주어졌어.)
$\sin^2\theta+\frac{16}{25}=1$, $\sin^2\theta=\frac{9}{25}$
$\therefore \sin\theta=\frac{3}{5}$ $\left(\because 0<\theta<\frac{\pi}{2}\right)$
㉠에서 $\frac{r_1}{1-r_1}=\frac{3}{5}$이므로 $5r_1=3(1-r_1)$
$5r_1=3-3r_1$, $8r_1=3$ $\quad\therefore r_1=\frac{3}{8}$
선분 AP의 중점을 M이라 하면 삼각형 AOP는 $\overline{OA}=\overline{OP}$인 이등변삼각형이므로 $\overline{OM}\perp\overline{AP}$ (→ 두 선분 OA, OP는 중심이 O인 반원의 반지름이야.)
따라서 두 점 O, M을 지나는 직선은
반지름의 길이가 r_2인 원의 중심을 지나므로
$2r_2+\overline{OM}=1$ $\quad\therefore \overline{OM}=1-2r_2$
그런데 $\sin\theta=\frac{3}{5}$이고, $\overline{OA}=1$이므로 직각삼각형 AOM에서
$\sin\theta=\frac{\overline{OM}}{\overline{OA}}=\frac{1-2r_2}{1}=1-2r_2$
즉, $1-2r_2=\frac{3}{5}$이므로
$2r_2=\frac{2}{5}$ $\quad\therefore r_2=\frac{1}{5}$
$\therefore r_1r_2=\frac{3}{8}\times\frac{1}{5}=\frac{3}{40}$

정답률 66%

03 수능 유형 › 부채꼴의 넓이

정답 ④

그림과 같이 반지름의 길이가 4이고 중심각의 크기가 $\frac{\pi}{6}$인 부채꼴 OAB가 있다. 선분 OA 위의 점 P에 대하여 선분 PA를 지름으로 하고 선분 OB에 접하는 반원을 C라 할 때, 부채꼴 OAB의 넓이를 S_1, 반원 C의 넓이를 S_2라 하자. S_1-S_2의 값은? (→ 보조선을 그어서 직각삼각형을 만들어 봐.)

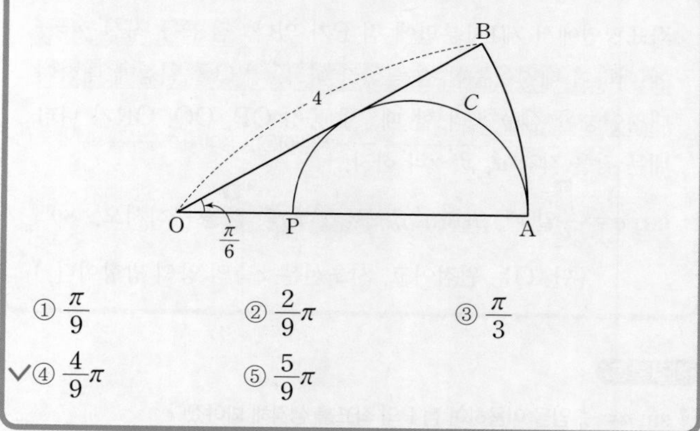

① $\frac{\pi}{9}$ ② $\frac{2}{9}\pi$ ③ $\frac{\pi}{3}$ ✓④ $\frac{4}{9}\pi$ ⑤ $\frac{5}{9}\pi$

해결 흐름

1 부채꼴 OAB의 넓이는 공식을 이용하여 구할 수 있어.
연관 개념 | 반지름의 길이가 r이고 중심각의 크기가 θ(라디안)인 부채꼴의 넓이 S는 $S=\frac{1}{2}r^2\theta$이다.

2 선분 OB가 반원 C에 접함을 이용하여 반원 C의 반지름의 길이를 구하면 반원 C의 넓이를 구할 수 있겠다.

알찬 풀이

부채꼴 OAB의 넓이 S_1은
$S_1=\frac{1}{2}\times4^2\times\frac{\pi}{6}=\frac{4}{3}\pi$
오른쪽 그림과 같이 반원 C의 중심을 Q, 반지름의 길이를 r라 하면
$\overline{OA}=4$이므로
$\overline{OQ}=4-r$
또, 점 Q에서 선분 OB에 내린 수선의 발을 H라 하면 점 H는 반원 C와 선분 OB의 접점이므로
$\overline{QH}=r$, $\angle QHO=\frac{\pi}{2}$
이때 부채꼴 OAB의 중심각의 크기가 $\frac{\pi}{6}$이므로
직각삼각형 OQH에서
$\sin\frac{\pi}{6}=\frac{\overline{QH}}{\overline{OQ}}=\frac{r}{4-r}$
즉, $\frac{r}{4-r}=\frac{1}{2}$이므로 (→ $\sin\frac{\pi}{6}=\frac{1}{2}$이야.)
$2r=4-r$, $3r=4$
$\therefore r=\frac{4}{3}$
따라서 반원 C의 넓이 S_2는
$S_2=\frac{1}{2}\times\pi\times\left(\frac{4}{3}\right)^2=\frac{8}{9}\pi$
$\therefore S_1-S_2=\frac{4}{3}\pi-\frac{8}{9}\pi=\frac{4}{9}\pi$

정답률 50%

04 수능 유형 › 삼각함수의 성질

정답 4

한 개의 주사위를 던져서 나오는 눈의 수를 원소로 가지는 집합 A에 대하여 집합 X를

$$X=\left\{x \middle| x=\sin\frac{a}{6}\pi,\ a\in A\right\}$$

라 하자. 집합 X의 원소의 개수를 구하시오. 4

→ 주사위의 눈의 수는 1부터 6까지이므로 집합 A는 $A=\{1, 2, 3, 4, 5, 6\}$이네.

해결 흐름

1 집합 A의 모든 원소는 주사위의 눈의 수이므로 집합 A를 구할 수 있어.

2 $\sin\frac{a}{6}\pi$에 $a=1, 2, 3, 4, 5, 6$을 차례로 대입하여 집합 X의 원소를 구해야겠다.

연관 개념 | $\sin(\pi\pm\theta)=\mp\sin\theta$ (복부호 동순)

알찬 풀이

한 개의 주사위를 던져서 나오는 눈의 수는 1, 2, 3, 4, 5, 6이므로

$A=\{1, 2, 3, 4, 5, 6\}$

$a=1$일 때, $\sin\frac{\pi}{6}=\frac{1}{2}$

$a=2$일 때, $\sin\frac{\pi}{3}=\frac{\sqrt{3}}{2}$

$a=3$일 때, $\sin\frac{\pi}{2}=1$

$a=4$일 때, $\sin\frac{2}{3}\pi=\sin\left(\pi-\frac{\pi}{3}\right)=\sin\frac{\pi}{3}=\frac{\sqrt{3}}{2}$

$a=5$일 때, $\sin\frac{5}{6}\pi=\sin\left(\pi-\frac{\pi}{6}\right)=\sin\frac{\pi}{6}=\frac{1}{2}$

$a=6$일 때, $\sin\pi=0$

$\therefore X=\left\{0, \frac{1}{2}, \frac{\sqrt{3}}{2}, 1\right\}$ → 같은 원소는 중복해서 쓰지 않아.

따라서 집합 X의 원소의 개수는 4이다.

정답률 25%

05 수능 유형 › 삼각함수의 성질

정답 ②

$\pi<\alpha<2\pi$, $\pi<\beta<2\pi$인 서로 다른 두 각 α, β에 대하여, $\sin\alpha=\cos\beta$를 만족할 때, **보기**에서 항상 옳은 것을 모두 고른 것은?

→ $\pi<\alpha<2\pi$에서 $\sin\alpha<0$이므로 $\sin\alpha=\cos\beta$를 만족시키려면 $\cos\beta<0$이어야 해.

보기

ㄱ. $\sin(\alpha+\beta)=1$

ㄴ. $\cos^2\alpha+\cos^2\beta=1$

ㄷ. $\tan\alpha+\tan\beta=1$

① ㄱ ✓② ㄴ ③ ㄷ

④ ㄱ, ㄴ ⑤ ㄴ, ㄷ

해결 흐름

1 $\sin\alpha=\cos\beta$를 만족시키는 서로 다른 두 각 α, β를 일반각으로 나타내고 삼각함수의 성질을 이용하면 되겠다.

알찬 풀이

$\pi<\alpha<2\pi$, $\pi<\beta<2\pi$인 서로 다른 두 각 α, β가

$\sin\alpha=\cos\beta$를 만족시키므로 $0<\theta<\frac{\pi}{2}$인 각 θ에 대하여

$\alpha=\pi+\theta$, $\beta=\frac{3}{2}\pi-\theta$

또는 $\alpha=2\pi-\theta$, $\beta=\frac{3}{2}\pi-\theta$

→ α가 제3사분면 또는 제4사분면의 각이므로 $\sin\alpha<0$인데 $\sin\alpha=\cos\beta$가 되어야 하니까 $\cos\beta<0$이어야 하지? 그래서 β는 제3사분면의 각일 수밖에 없어.

ㄱ. [반례] $\alpha=2\pi-\frac{\pi}{6}$, $\beta=\frac{3}{2}\pi-\frac{\pi}{6}$이면

$\sin\alpha=\cos\beta$이지만

$\sin(\alpha+\beta)=\sin\left(\frac{7}{2}\pi-\frac{\pi}{3}\right)$

$=-\cos\frac{\pi}{3}$

$=-\frac{1}{2}$ (거짓)

→ $\frac{7}{2}\pi-\frac{\pi}{3}=\frac{19}{6}\pi=3\pi+\frac{\pi}{6}$이니까 $\sin\left(3\pi+\frac{\pi}{6}\right)=-\sin\frac{\pi}{6}$로 구할 수도 있어.

ㄴ. $\sin\alpha=\cos\beta$이므로

$\cos^2\alpha+\cos^2\beta=\cos^2\alpha+\sin^2\alpha=1$ (참)

삼각함수 사이의 관계: $\sin^2\theta+\cos^2\theta=1$

ㄷ. [반례] $\alpha=2\pi-\frac{\pi}{6}$, $\beta=\frac{3}{2}\pi-\frac{\pi}{6}$이면

$\sin\alpha=\cos\beta$이지만

$\tan\alpha=\tan\left(2\pi-\frac{\pi}{6}\right)=-\tan\frac{\pi}{6}=-\frac{\sqrt{3}}{3}$

$\tan\beta=\tan\left(\frac{3}{2}\pi-\frac{\pi}{6}\right)=\frac{1}{\tan\frac{\pi}{6}}=\sqrt{3}$

$\therefore \tan\alpha+\tan\beta=-\frac{\sqrt{3}}{3}+\sqrt{3}=\frac{2\sqrt{3}}{3}$ (거짓)

이상에서 옳은 것은 ㄴ뿐이다.

실전 적용 key

$0<\theta<\frac{\pi}{2}$인 각 θ에 대하여

(i) α가 제3사분면의 각일 때,

$\alpha=\pi+\theta$, $\beta=\frac{3}{2}\pi-\theta$로 놓으면

$\sin\alpha=\sin(\pi+\theta)=-\sin\theta$, $\cos\beta=\cos\left(\frac{3}{2}\pi-\theta\right)=-\sin\theta$

이므로 $\sin\alpha=\cos\beta$임을 알 수 있다.

(ii) α가 제4사분면의 각일 때,

$\alpha=2\pi-\theta$, $\beta=\frac{3}{2}\pi-\theta$로 놓으면

$\sin\alpha=\sin(2\pi-\theta)=-\sin\theta$, $\cos\beta=\cos\left(\frac{3}{2}\pi-\theta\right)=-\sin\theta$

이므로 $\sin\alpha=\cos\beta$임을 알 수 있다.

수능 핵심 개념 삼각함수의 변환

여러 가지 각의 삼각함수는 다음과 같은 순서로 그 값을 구한다.

① 각을 변형한다.

➡ 각을 $\frac{n}{2}\pi\pm\theta$ (n은 정수) 꼴로 고친다.

② 삼각함수를 정한다.

➡ (i) n이 짝수이면

sin → sin, cos → cos, tan → tan

(ii) n이 홀수이면

sin → cos, cos → sin, tan → $\frac{1}{\tan}$

③ 부호를 정한다.

➡ θ를 예각으로 생각하여 $\frac{n}{2}\pi\pm\theta$를 나타내는 동경이 위치한 사분면에서 처음 주어진 삼각함수의 값의 부호가 양이면 +, 음이면 −를 붙인다.

06

정답률 확률과 통계 70%, 미적분 91%, 기하 85%

수능 유형 › 삼각함수의 그래프 　정답 ③

닫힌구간 $[0, 2\pi]$에서 정의된 함수 $f(x)=a\cos bx+3$이 [1] $x=\frac{\pi}{3}$에서 최댓값 13을 갖도록 하는 [2] 두 자연수 a, b의 순서쌍 (a, b)에 대하여 $a+b$의 최솟값은?

→ $f\left(\frac{\pi}{3}\right)=13$이야.

① 12　② 14　✔③ 16　④ 18　⑤ 20

해결 흐름

[1] 함수 $f(x)=a\cos bx+3$의 최댓값을 이용하여 a의 값을 구할 수 있겠네.

연관 개념 | 함수 $y=a\cos(bx+c)+d$에 대하여

① 최댓값: $|a|+d$　② 최솟값: $-|a|+d$　③ 주기: $\frac{2\pi}{|b|}$

[2] 함수 $f(x)=a\cos bx+3$이 $x=\frac{\pi}{3}$에서 최댓값 13을 가짐을 이용하여 b의 값을 구할 수 있겠네.

알찬 풀이

a가 자연수이므로 함수 $f(x)=a\cos bx+3$의 최댓값은 $a+3$이다.

즉, $a+3=13$에서 $a=10$

함수 $f(x)=10\cos bx+3$이 $x=\frac{\pi}{3}$에서 최댓값 13을 가지므로

$f\left(\frac{\pi}{3}\right)=13$에서

$10\cos\frac{b\pi}{3}+3=13$

$10\cos\frac{b\pi}{3}=10$

$\therefore \cos\frac{b\pi}{3}=1$

이때 $0\le x\le 2\pi$이므로

$\frac{b\pi}{3}=0$ 또는 $\frac{b\pi}{3}=2\pi$ ← $\cos x=1$에서 $x=0$ 또는 $x=2\pi$임을 이용했어.

$\therefore b=0$ 또는 $b=6$

그런데 b는 자연수이므로

$b=6$

$\therefore a+b=10+6=16$

다른 풀이 a, b가 자연수이므로 함수 $f(x)=a\cos bx+3$의 최댓값은 $a+3$, 최솟값은 $-a+3$이고, 주기는 $\frac{2\pi}{b}$이다.

따라서 함수 $y=f(x)$의 그래프의 개형은 오른쪽 그림과 같다. 즉, 함수 $f(x)=a\cos bx+3$이 $x=\frac{2\pi}{b}$에서 최댓값 $a+3$을 가지므로

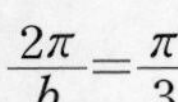

$\frac{2\pi}{b}=\frac{\pi}{3}$

$a+3=13$

$\therefore a=10,\ b=6$

$\therefore a+b=10+6=16$

07

정답률 확률과 통계 57%, 미적분 85%, 기하 77%

수능 유형 › 삼각함수의 그래프 　정답 ③

함수

$f(x)=a-\sqrt{3}\tan 2x$ [1] → 주기는 $\frac{\pi}{2}$야.

가 닫힌구간 $\left[-\frac{\pi}{6}, b\right]$에서 최댓값 7, 최솟값 3을 가질 때, [2] $a\times b$의 값은? (단, a, b는 상수이다.)

① $\frac{\pi}{2}$　② $\frac{5\pi}{12}$　✔③ $\frac{\pi}{3}$　④ $\frac{\pi}{4}$　⑤ $\frac{\pi}{6}$

해결 흐름

[1] 함수 $y=f(x)$의 그래프의 개형을 그려 봐야겠네.

연관 개념 | 함수 $y=a\tan(bx+c)+d$에 대하여

① 최댓값과 최솟값은 없다.　② 주기: $\frac{\pi}{|b|}$

[2] 함수 $y=f(x)$의 그래프의 개형과 주어진 구간에서 함수 $f(x)$의 최댓값이 7, 최솟값이 3임을 이용하여 a, b의 값을 각각 구해야겠다.

알찬 풀이

함수 $f(x)=a-\sqrt{3}\tan 2x$의 주기는 $\frac{\pi}{2}$이므로 구간 $\left(-\frac{\pi}{4}, \frac{\pi}{4}\right)$에서 함수 $y=f(x)$의 그래프의 개형은 오른쪽 그림과 같다.

→ $a<0$일 때도 x의 값이 증가하면 $f(x)$의 값은 감소하니까 함수 $f(x)$가 $x=-\frac{\pi}{6}$일 때 최댓값 7, $x=b$일 때 최솟값 3을 갖는 것은 같아.

닫힌구간 $\left[-\frac{\pi}{6}, b\right]$에서 함수 $f(x)=a-\sqrt{3}\tan 2x$는 x의 값이 증가하면 $f(x)$의 값은 감소하므로

$x=-\frac{\pi}{6}$일 때 최댓값 7,

$x=b$일 때 최솟값 3 → 문제에 주어졌어.

을 갖고 $-\frac{\pi}{6}<b<\frac{\pi}{4}$이다.

$f\left(-\frac{\pi}{6}\right)=7$에서

$a-\sqrt{3}\tan\left(-\frac{\pi}{3}\right)=7$ → $\tan\left(-\frac{\pi}{3}\right)=-\tan\frac{\pi}{3}=-\sqrt{3}$

$a+3=7$　$\therefore a=4$

$\therefore f(x)=4-\sqrt{3}\tan 2x$

또, $f(b)=3$에서

$4-\sqrt{3}\tan 2b=3$

$\sqrt{3}\tan 2b=1$

$\tan 2b=\frac{\sqrt{3}}{3}$

이때 $-\frac{\pi}{3}<2b<\frac{\pi}{2}$이므로 → $-\frac{\pi}{6}<b<\frac{\pi}{4}$의 각 변에 2를 곱했어.

$2b=\frac{\pi}{6}$

$\therefore b=\frac{\pi}{12}$

$\therefore a\times b=4\times\frac{\pi}{12}=\frac{\pi}{3}$

정답률 확률과 통계 50%, 미적분 79%, 기하 72%

08 수능 유형 › 삼각함수의 그래프

정답 ③

양수 a에 대하여 집합 $\left\{x \middle| -\frac{a}{2}<x\le a,\ x\ne\frac{a}{2}\right\}$에서 정의된 함수

2 $f(x)=\tan\frac{\pi x}{a}$

가 있다. 그림과 같이 함수 $y=f(x)$의 그래프 위의 세 점 O, A, B를 지나는 직선이 있다. 점 A를 지나고 x축에 평행한 직선이 함수 $y=f(x)$의 그래프와 만나는 점 중 A가 아닌 점을 C(2 3)라 하자. 삼각형 ABC가 정삼각형일 때, 삼각형 ABC의 넓이(1)는? (단, O는 원점이다.)

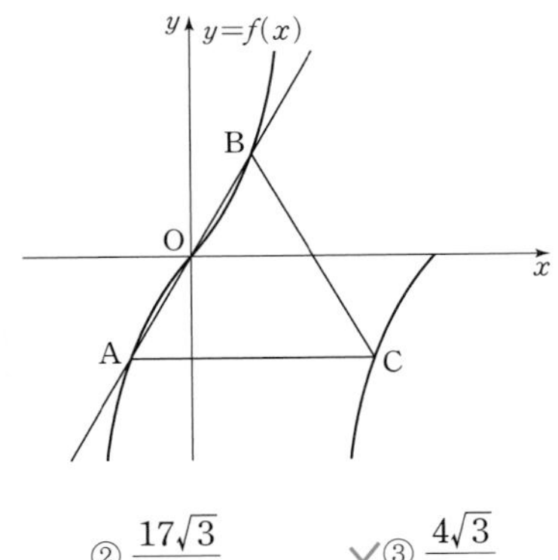

① $\frac{3\sqrt{3}}{2}$ ② $\frac{17\sqrt{3}}{12}$ ✓③ $\frac{4\sqrt{3}}{3}$ ④ $\frac{5\sqrt{3}}{4}$ ⑤ $\frac{7\sqrt{3}}{6}$

해결 흐름

1 정삼각형 ABC의 넓이를 구하려면 한 변의 길이를 알아야겠네.

2 함수 $f(x)=\tan\frac{\pi x}{a}$의 주기는 $\frac{\pi}{\left|\frac{\pi}{a}\right|}=a$임을 이용하여 선분 AC의 길이를 구하면 점 B의 좌표도 구할 수 있겠네.

연관 개념 | 함수 $y=a\tan(bx+c)+d$에 대하여
① 최댓값과 최솟값은 없다. ② 주기: $\frac{\pi}{|b|}$

3 점 B가 함수 $y=f(x)$의 그래프 위의 점이니까 2에서 구한 좌표를 함수식에 대입해 보면 되겠다.

알찬 풀이

a는 양수이므로 함수 $f(x)=\tan\frac{\pi x}{a}$의 주기는 $\frac{\pi}{\left|\frac{\pi}{a}\right|}=a$이다.

$\therefore \overline{AC}=a$ → $f(x)=\tan\frac{\pi x}{a}$의 주기가 a이기 때문이야.

이때 삼각형 ABC는 정삼각형이므로

$\overline{AB}=\overline{AC}=a$

점 O는 $\overline{AB}$의 중점이므로

$\overline{AO}=\overline{BO}=\frac{a}{2}$

오른쪽 그림과 같이 점 B에서 x축에 내린 수선의 발을 H라 하면 직각삼각형 BOH에서

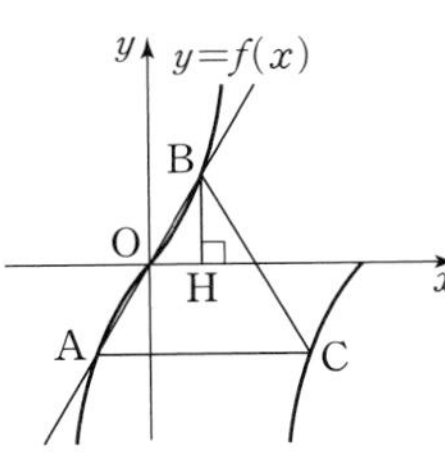

$\overline{OH}=\overline{BO}\cos\frac{\pi}{3}$ → △ABC는 정삼각형이므로 $\angle BOH=\angle BAC=\frac{\pi}{3}$야.

$=\frac{a}{2}\times\frac{1}{2}=\frac{a}{4}$

$\overline{HB}=\overline{BO}\sin\frac{\pi}{3}$

$=\frac{a}{2}\times\frac{\sqrt{3}}{2}=\frac{\sqrt{3}a}{4}$

즉, 점 B의 좌표는 $\left(\frac{a}{4},\ \frac{\sqrt{3}a}{4}\right)$이고 함수 $y=f(x)$의 그래프 위의 점이므로

$\tan\frac{\pi\times\frac{a}{4}}{a}=\frac{\sqrt{3}a}{4}$, $\tan\frac{\pi}{4}=\frac{\sqrt{3}a}{4}$ → $y=\tan\frac{\pi x}{a}$에 $x=\frac{a}{4}$, $y=\frac{\sqrt{3}a}{4}$를 각각 대입한 거야.

$1=\frac{\sqrt{3}a}{4}$ $\therefore a=\frac{4}{\sqrt{3}}$

따라서 한 변의 길이가 $\frac{4}{\sqrt{3}}$인 정삼각형 ABC의 넓이는

$\frac{\sqrt{3}}{4}\times\left(\frac{4}{\sqrt{3}}\right)^2=\frac{4\sqrt{3}}{3}$ → 한 변의 길이가 x인 정삼각형의 넓이는 $\frac{\sqrt{3}}{4}x^2$이야.

다른 풀이 함수 $f(x)=\tan\frac{\pi x}{a}$의 그래프가 원점에 대하여 대칭이므로

$\overline{OA}=\overline{OB}$

직선 AB는 기울기가 $\tan\frac{\pi}{3}=\sqrt{3}$이고, 원점을 지나므로 직선 AB의 방정식은 → △ABC는 정삼각형이므로 $\angle BAC=\frac{\pi}{3}$이기 때문이야.

$y=\sqrt{3}x$

즉, 점 B의 좌표를 $(m,\ \sqrt{3}m)$이라 하면

$\overline{OB}=\sqrt{m^2+(\sqrt{3}m)^2}=2m$

또, 함수 $f(x)=\tan\frac{\pi x}{a}$의 주기는 $\frac{\pi}{\left|\frac{\pi}{a}\right|}=a$이므로

$\overline{AC}=a$

오른쪽 그림과 같이 선분 BC와 x축과의 교점을 D라 하면 삼각형 BOD는 정삼각형이고 $\overline{OD}=\frac{a}{2}$이므로 → $\angle BOD=\angle BAC=\frac{\pi}{3}$, $\angle BDO=\angle BCA=\frac{\pi}{3}$이므로 $\angle OBD=\frac{\pi}{3}$이기 때문이야.

y, y=f(x), B, O, D, x, A, C

$\overline{OB}=\overline{OD}=\frac{a}{2}$에서

$2m=\frac{a}{2}$ $\therefore a=4m$

이때 점 $B(m,\ \sqrt{3}m)$은 함수 $f(x)=\tan\frac{\pi x}{a}$의 그래프 위의 점이므로

$\tan\frac{\pi m}{a}=\sqrt{3}m$

이고, $a=4m$을 대입하면

$\tan\frac{\pi}{4}=\sqrt{3}m$, $1=\sqrt{3}m$

$\therefore m=\frac{1}{\sqrt{3}}$

$m=\frac{1}{\sqrt{3}}$을 $a=4m$에 대입하면

$a=\frac{4}{\sqrt{3}}$

따라서 한 변의 길이가 $\frac{4}{\sqrt{3}}$인 정삼각형 ABC의 넓이는

$\frac{\sqrt{3}}{4}\times\left(\frac{4}{\sqrt{3}}\right)^2=\frac{4\sqrt{3}}{3}$

정답률 확률과 통계 69%, 미적분 90%, 기하 85%

09 수능 유형 › 삼각함수의 그래프 정답 ③

(주기는 $\frac{2\pi}{b\pi}$야.)

두 양수 a, b에 대하여 곡선 $y=a\sin b\pi x\left(0\le x\le\frac{3}{b}\right)$이 직선 $y=a$와 만나는 서로 다른 두 점을 A, B라 하자. 삼각형 OAB의 넓이가 5이고 직선 OA의 기울기와 직선 OB의 기울기의 곱이 $\frac{5}{4}$일 때, $a+b$의 값은? (단, O는 원점이다.)

① 1 ② 2 ✓③ 3 ④ 4 ⑤ 5

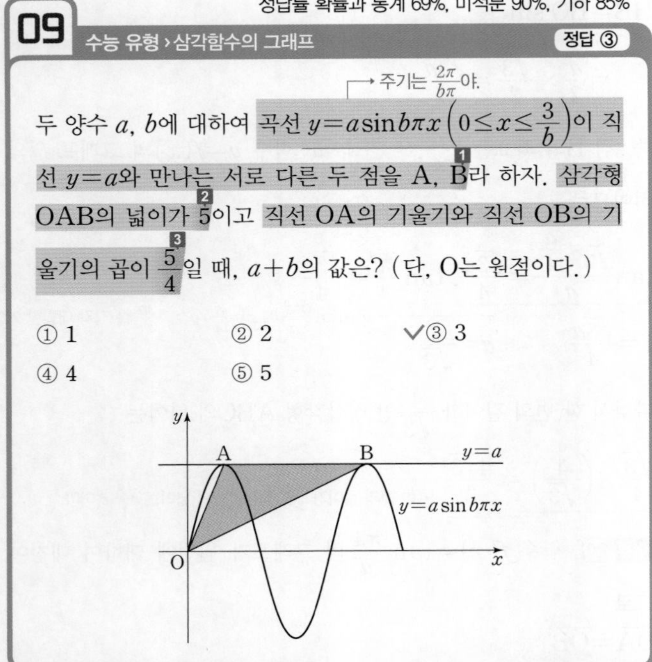

해결 흐름

1 함수 $y=a\sin b\pi x$의 주기를 이용하여 두 점 A, B의 좌표를 구할 수 있겠다.

연관 개념 | 함수 $y=a\sin(bx+c)+d$에 대하여

① 최댓값: $|a|+d$ ② 최솟값: $-|a|+d$ ③ 주기: $\frac{2\pi}{|b|}$

2 삼각형 OAB의 넓이를 이용하여 a, b에 대한 식을 세워 봐야지.

3 직선 OA의 기울기와 직선 OB의 기울기를 구하고 주어진 곱을 이용하여 a, b에 대한 식을 세워 봐야겠어.

알찬 풀이

함수 $y=a\sin b\pi x$의 주기는 $\frac{2\pi}{b\pi}=\frac{2}{b}$

이므로 점 A의 x좌표는

$\left(\frac{2}{b}\times\frac{1}{2}\right)\times\frac{1}{2}=\frac{1}{2b}$

따라서 두 점 A, B의 좌표는

$A\left(\frac{1}{2b}, a\right)$, $B\left(\frac{5}{2b}, a\right)$

→ 곡선 $y=a\sin b\pi x$와 직선 $y=a$가 만나니까 두 점 A, B의 y좌표는 a야.

→ (점 A의 x좌표)+(주기)$=\frac{1}{2b}+\frac{2}{b}=\frac{5}{2b}$

이때 삼각형 OAB의 넓이가 5이므로

$\frac{1}{2}\times\left(\frac{5}{2b}-\frac{1}{2b}\right)\times a=5$

→ $\overline{AB}$의 길이는 주기와 같으므로 $\frac{2}{b}$로 바로 구할 수도 있어.

$\frac{a}{b}=5$ $\therefore a=5b$ …… ㉠

또, 직선 OA의 기울기는 $\frac{a}{\frac{1}{2b}}=2ab$

직선 OB의 기울기는 $\frac{a}{\frac{5}{2b}}=\frac{2ab}{5}$

> **두 점을 지나는 직선의 기울기**
> 두 점 (x_1, y_1), (x_2, y_2)를 지나는 직선의 기울기는 $\frac{y_2-y_1}{x_2-x_1}$ (단, $x_1\ne x_2$)

이고, 직선 OA의 기울기와 직선 OB의 기울기의 곱이 $\frac{5}{4}$이므로

$2ab\times\frac{2ab}{5}=\frac{5}{4}$

$a^2b^2=\frac{25}{16}$

$\therefore ab=\frac{5}{4}$ ($\because ab>0$) …… ㉡

→ $a>0$, $b>0$이니까 $ab>0$이야.

㉠을 ㉡에 대입하면

$5b^2=\frac{5}{4}$

$b^2=\frac{1}{4}$

$\therefore b=\frac{1}{2}$ ($\because b>0$)

$b=\frac{1}{2}$을 ㉠에 대입하면

$a=\frac{5}{2}$

$\therefore a+b=\frac{5}{2}+\frac{1}{2}=3$

정답률 64%

10 수능 유형 › 삼각함수의 성질 ＋ 이차함수의 최대 · 최소 정답 ③

(코사인을 치환하면 이차함수로 만들 수 있겠네.)

실수 k에 대하여 함수

$$f(x)=\cos^2\left(x-\frac{3}{4}\pi\right)-\cos\left(x-\frac{\pi}{4}\right)+k$$

의 최댓값은 3, 최솟값은 m이다. $k+m$의 값은?

① 2 ② $\frac{9}{4}$ ✓③ $\frac{5}{2}$ ④ $\frac{11}{4}$ ⑤ 3

해결 흐름

1 $f(x)$에서 주어진 각이 같아지도록 변형하면 공통부분이 생기니까 치환해서 이차함수로 만들 수 있겠다.

2 변형하여 얻은 이차함수의 최댓값이 3, 최솟값이 m임을 이용해서 k, m의 값을 각각 구해야겠네.

연관 개념 | x의 값의 범위가 $\alpha\le x\le\beta$일 때, 이차함수 $f(x)=a(x-m)^2+n$에서 m이 x의 값의 범위에 속하면, 즉 $\alpha\le m\le\beta$이면 $f(m)$, $f(\alpha)$, $f(\beta)$ 중 가장 큰 값이 최댓값, 가장 작은 값이 최솟값이다.

알찬 풀이

$f(x)=\cos^2\left(x-\frac{3}{4}\pi\right)-\cos\left(x-\frac{\pi}{4}\right)+k$ → 공통부분이 생기도록 변형했어.

$=\cos^2\left(x-\frac{\pi}{4}-\frac{\pi}{2}\right)-\cos\left(x-\frac{\pi}{4}\right)+k$

→ $\cos(-\theta)=\cos\theta$임을 이용했어.

$=\cos^2\left\{-\left(x-\frac{\pi}{4}-\frac{\pi}{2}\right)\right\}-\cos\left(x-\frac{\pi}{4}\right)+k$

$=\cos^2\left\{\frac{\pi}{2}-\left(x-\frac{\pi}{4}\right)\right\}-\cos\left(x-\frac{\pi}{4}\right)+k$

$=\sin^2\left(x-\frac{\pi}{4}\right)-\cos\left(x-\frac{\pi}{4}\right)+k$ ← $\cos\left(\frac{\pi}{2}-\theta\right)=\sin\theta$임을 이용했어.

$=1-\cos^2\left(x-\frac{\pi}{4}\right)-\cos\left(x-\frac{\pi}{4}\right)+k$

> **삼각함수 사이의 관계**
> $\sin^2\theta+\cos^2\theta=1$

이때 $\cos\left(x-\frac{\pi}{4}\right)=t$로 놓으면

$-1\le t\le1$ → $-1\le\cos\theta\le1$이니까.

이고, 주어진 함수는

$y=1-t^2-t+k$

$=-\left(t+\frac{1}{2}\right)^2+k+\frac{5}{4}$

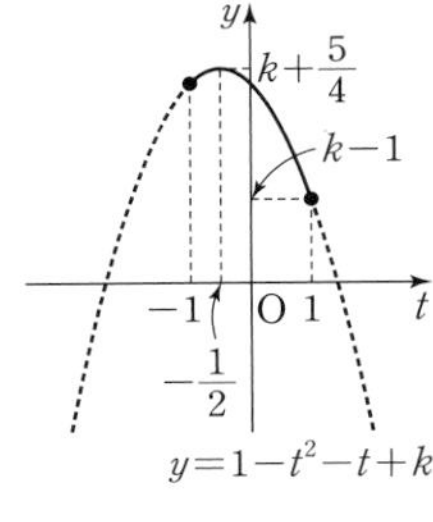

이므로 $t=-\frac{1}{2}$일 때 최댓값 $k+\frac{5}{4}$,

$t=1$일 때 최솟값 $k-1$을 갖는다.

즉,

$k+\frac{5}{4}=3$,

$k-1=m$ → 최댓값이 3, 최솟값이 m으로 문제에 주어졌어.

이므로 $k=\frac{7}{4}$, $m=\frac{3}{4}$

$\therefore k+m=\frac{7}{4}+\frac{3}{4}=\frac{5}{2}$

오답 Clear

치환하여 풀 때는 치환한 변수의 범위를 반드시 확인해야 한다.

즉, $\cos\left(x-\frac{\pi}{4}\right)=t$로 치환하면 $-1\le\cos\left(x-\frac{\pi}{4}\right)\le1$이므로 t에 대한 함수 $y=1-t^2-t+k$에서 $-1\le t\le1$임에 주의한다.

11 수능 유형 › 삼각함수의 그래프

정답률 42%

정답 40

$0<a<\frac{4}{7}$인 실수 a와 유리수 b에 대하여 닫힌구간 $\left[-\frac{\pi}{a}, \frac{2\pi}{a}\right]$에서 정의된 함수 $f(x)=2\sin(ax)+b$가 있다. 함수 $y=f(x)$의 그래프가 두 점 $\mathrm{A}\left(-\frac{\pi}{2}, 0\right)$, $\mathrm{B}\left(\frac{7}{2}\pi, 0\right)$을 지날 때, $30(a+b)$의 값을 구하시오. 40

→ $f\left(-\frac{\pi}{2}\right)=0$, $f\left(\frac{7}{2}\pi\right)=0$이야.

해결 흐름

1 함수 $f(x)=2\sin(ax)+b$의 그래프가 두 점 $\mathrm{A}\left(-\frac{\pi}{2}, 0\right)$, $\mathrm{B}\left(\frac{7}{2}\pi, 0\right)$을 지남을 이용하여 a, b의 값을 각각 구할 수 있겠네.

2 1에서 구한 a, b의 값이 문제의 조건을 모두 만족시키는지 확인해야겠다.

알찬 풀이

함수 $f(x)=2\sin(ax)+b$의 그래프가 두 점 $\mathrm{A}\left(-\frac{\pi}{2}, 0\right)$, $\mathrm{B}\left(\frac{7}{2}\pi, 0\right)$을 지나므로

$f\left(-\frac{\pi}{2}\right)=2\sin\left(-\frac{a}{2}\pi\right)+b$

$=-2\sin\left(\frac{a}{2}\pi\right)+b=0$ ← $\sin(-\theta)=-\sin\theta$임을 이용했어.

$f\left(\frac{7}{2}\pi\right)=2\sin\left(\frac{7a}{2}\pi\right)+b=0$

$\therefore \sin\left(\frac{7a}{2}\pi\right)=-\sin\left(\frac{a}{2}\pi\right)$ → $f\left(-\frac{\pi}{2}\right)=f\left(\frac{7}{2}\pi\right)$이니까.

그런데 $0<a<\frac{4}{7}$에서

$0<\frac{a}{2}\pi<\frac{2}{7}\pi$, $0<\frac{7a}{2}\pi<2\pi$

→ $0<a<\frac{4}{7}$의 각 변에 $\frac{\pi}{2}$를 곱했어. / $0<a<\frac{4}{7}$의 각 변에 $\frac{7}{2}\pi$를 곱했어.

이므로

$\frac{7a}{2}\pi=\pi+\frac{a}{2}\pi$ 또는 $\frac{7a}{2}\pi=2\pi-\frac{a}{2}\pi$

$\therefore a=\frac{1}{3}$ 또는 $a=\frac{1}{2}$ → $0<a<\frac{4}{7}$를 만족시켜.

(i) $a=\frac{1}{3}$일 때,

$f(x)=2\sin\left(\frac{1}{3}x\right)+b$에서

$f\left(-\frac{\pi}{2}\right)=2\sin\left(-\frac{\pi}{6}\right)+b$

$=2\times\left(-\frac{1}{2}\right)+b$ ← $\sin\left(-\frac{\pi}{6}\right)=-\sin\frac{\pi}{6}=-\frac{1}{2}$

$=-1+b=0$

$\therefore b=1$

이때 $f\left(\frac{7}{2}\pi\right)=0$이므로 조건을 만족시킨다.

→ $f\left(\frac{7}{2}\pi\right)=2\sin\frac{7}{6}\pi+1=2\sin\left(\pi+\frac{\pi}{6}\right)+1$
$=-2\sin\frac{\pi}{6}+1=-2\times\frac{1}{2}+1=0$

(ii) $a=\frac{1}{2}$일 때,

$f(x)=2\sin\left(\frac{1}{2}x\right)+b$에서

$f\left(-\frac{\pi}{2}\right)=2\sin\left(-\frac{\pi}{4}\right)+b$

$=2\times\left(-\frac{\sqrt{2}}{2}\right)+b$ ← $\sin\left(-\frac{\pi}{4}\right)=-\sin\frac{\pi}{4}=-\frac{\sqrt{2}}{2}$

$=-\sqrt{2}+b=0$

$\therefore b=\sqrt{2}$

그런데 b는 유리수이므로 조건을 만족시키지 않는다.

(i), (ii)에서

$a=\frac{1}{3}$, $b=1$

$\therefore 30(a+b)=30\times\left(\frac{1}{3}+1\right)$

$=40$

생생 수험 Talk

수능이나 모의고사를 대비하는 데 있어서 절대 잊어서 안 되는 것은 바로 오답 노트야! 나는 내신은 항상 1등급을 유지했는데, 고3 3월 모의고사까지 수학 모의고사는 항상 2등급이었어. 그것도 항상 70점대 점수를 받아가며 아슬아슬하게 유지하고 있었지. 그런데 오답 노트를 이용해서 정확히 한 달 만에 20점을 올렸어! 일단 모의고사를 풀고 틀린 문제를 오답 노트에 간단하게 옮겨 적은 다음, 정확히 세 번 다시 풀어 봤어. 처음에는 풀어야 하는 양이 어마어마해서 수학에 엄청난 시간을 투자하게 됐는데, 점점 틀리는 문제 수가 적어지고 특히 같은 유형의 문제를 다시 틀리는 일이 없어졌어.

고득점을 원한다면 오답 노트의 중요성을 절대 잊어서는 안돼! 나는 한 달 만에 올린 내 점수를 수능 때까지 계속 유지해서 마지막까지 1등급을 받을 수 있었어!

12 수능 유형 › 삼각함수의 그래프

정답률 51%

정답 9

$0 \le x \le \pi$일 때, 2 이상의 자연수 n에 대하여 두 곡선 $y=\sin x$와 $y=\sin(nx)$의 교점의 개수를 a_n이라 하자. a_3+a_5의 값을 구하시오. 9 → 주기는 $\frac{2\pi}{n}$야.

해결 흐름

1 두 곡선 $y=\sin x$와 $y=\sin(3x)$, 두 곡선 $y=\sin x$와 $y=\sin(5x)$를 각각 한 좌표평면 위에 그려 교점의 개수를 세어 보면 a_3, a_5의 값을 구할 수 있겠네.

연관 개념 | 함수 $y=a\sin(bx+c)+d$에 대하여

① 최댓값: $|a|+d$ ② 최솟값: $-|a|+d$ ③ 주기: $\frac{2\pi}{|b|}$

알찬 풀이

두 함수 $y=\sin x$, $y=\sin(3x)$의 최댓값은 1, 최솟값은 -1이고 주기는 각각 2π, $\frac{2}{3}\pi$이므로 $0 \le x \le \pi$에서 두 곡선 $y=\sin x$, $y=\sin(3x)$는 다음 그림과 같다.

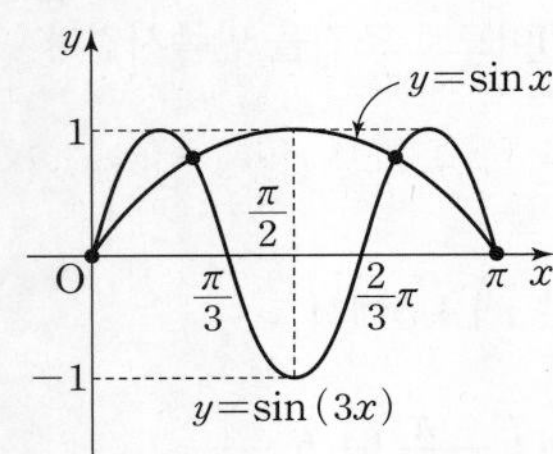

이때 두 곡선 $y=\sin x$, $y=\sin(3x)$의 교점의 개수는 4이므로 $a_3=4$

두 함수 $y=\sin x$, $y=\sin(5x)$의 최댓값은 1, 최솟값은 -1이고 주기는 각각 2π, $\frac{2}{5}\pi$이므로 $0 \le x \le \pi$에서 두 곡선 $y=\sin x$, $y=\sin(5x)$는 다음 그림과 같다.

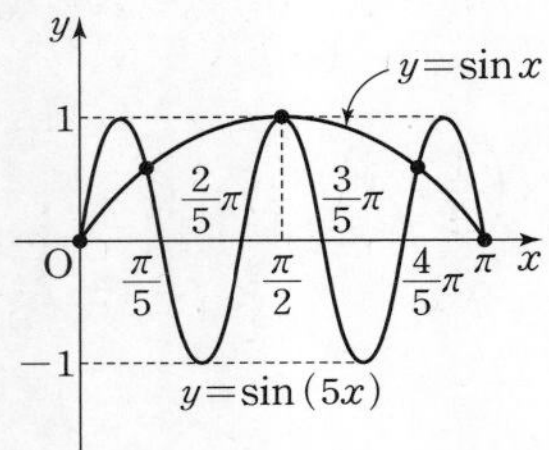

이때 두 곡선 $y=\sin x$, $y=\sin(5x)$의 교점의 개수는 5이므로 $a_5=5$

$\therefore a_3+a_5=4+5=9$

생생 수험 Talk

수학만큼은 내신이랑 수능을 따로 두고 공부하지 않았어. 개념을 공부한 후에 시중 문제집, 기출 문제까지 풀 수 있는 한 최대한 많은 문제를 풀었지. 그리고 수능이 다가와서는 기출 문제 분석에 좀 더 비중을 뒀던 것 같아.

13 수능 유형 › 삼각함수의 그래프

정답률 78%

정답 ③

그림과 같이 두 양수 a, b에 대하여 함수

$$f(x)=a\sin bx\left(0 \le x \le \frac{\pi}{b}\right)$$ → 함수 $f(x)$의 주기는 $\frac{2\pi}{b}$야.

의 그래프가 직선 $y=a$와 만나는 점을 A, x축과 만나는 점 중에서 원점이 아닌 점을 B라 하자. → 점 A의 y좌표는 a야.

$\angle OAB=\frac{\pi}{2}$인 삼각형 OAB의 넓이가 4일 때, $a+b$의 값은? (단, O는 원점이다.)

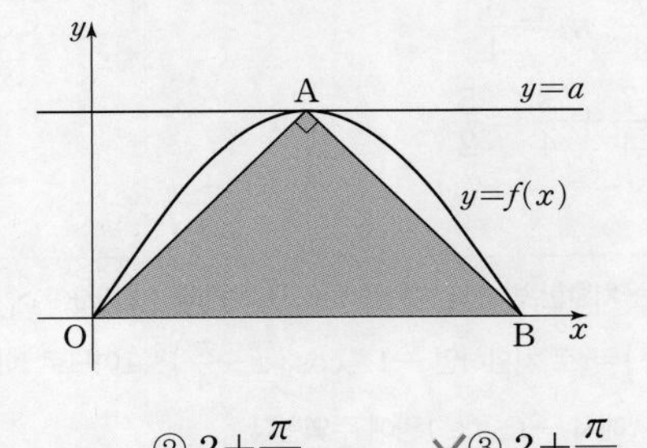

① $1+\frac{\pi}{6}$ ② $2+\frac{\pi}{6}$ ③ $2+\frac{\pi}{4}$ ④ $3+\frac{\pi}{4}$ ⑤ $3+\frac{\pi}{3}$

해결 흐름

1 함수 $f(x)$의 주기와 그래프의 대칭성을 이용하여 두 점 A, B의 좌표를 구할 수 있겠네.

2 삼각형 OAB의 넓이를 구하는 식을 세워 봐야겠다.

알찬 풀이

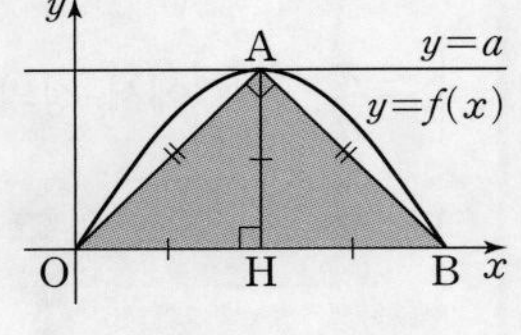

사인함수의 그래프의 대칭성에 의하여 $\overline{OA}=\overline{AB}$이므로 삼각형 OAB는 직각이등변삼각형이다.

이때 함수 $f(x)=a\sin bx$의 주기는 $\frac{2\pi}{b}$이므로 $B\left(\frac{\pi}{b}, 0\right)$ ($b>0$이니까) ($\frac{2\pi}{b}\times\frac{1}{2}=\frac{\pi}{b}$)

또, 점 A에서 x축에 내린 수선의 발을 H라 하면

$\overline{OH}=\overline{HB}=\frac{\pi}{2b}$에서 $A\left(\frac{\pi}{2b}, a\right)$

이고, 삼각형 OAH는 직각이등변삼각형이므로 ($\angle AOH=45°$, $\angle AHO=90°$이니까 $\angle OAH=45°$야.)

$\overline{AH}=\overline{OH}=\frac{\pi}{2b}$

삼각형 OAB의 넓이가 4이므로

$\frac{1}{2}\times\overline{OB}\times\overline{AH}=4$에서 $\frac{1}{2}\times\frac{\pi}{b}\times\frac{\pi}{2b}=4$

$b^2=\frac{\pi^2}{16}$ $\therefore b=\frac{\pi}{4}$ ($\because b>0$)

$\therefore a=\frac{\pi}{2b}=\frac{\pi}{\frac{\pi}{2}}=2$ → 선분 AH의 길이는 점 A의 y좌표와 같기 때문이야.

$\therefore a+b=2+\frac{\pi}{4}$

실전적용 key

사인함수의 그래프의 대칭성을 이용하면 좌표를 쉽게 구할 수 있다. 삼각형 OAB는 이등변삼각형이고, $\angle A=90°$이므로 직각이등변삼각형이다.

이등변삼각형의 정의와 성질에 의해 $\overline{OA}=\overline{AB}$, $\overline{OH}=\overline{BH}$이다.

정답률 42%

14

수능 유형 › 삼각함수의 최대 · 최소 ⊕ 로그함수의 최대 · 최소 **정답 6**

두 함수 $f(x)=\log_3 x+2$, $g(x)=3\tan\left(x+\frac{\pi}{6}\right)$가 있다. $0\le x\le\frac{\pi}{6}$에서 정의된 합성함수 $(f\circ g)(x)$의 최댓값과 최솟값을 각각 M, m이라 할 때, $M+m$의 값을 구하시오. 6

해결 흐름

1 $(f\circ g)(x)$는 $f(x)$에 x 대신 $g(x)$를 대입하면 되겠네.

연관 개념 | 두 함수 $f: X\rightarrow Y$, $g: Y\rightarrow Z$에 대하여 합성함수 $f\circ g$는 $f\circ g: X\rightarrow Z$, $(f\circ g)(x)=f(g(x))$

2 $0\le x\le\frac{\pi}{6}$에서 $g(x)$의 값의 범위를 구한 후, $(f\circ g)(x)$의 값의 범위를 구하면 되겠다.

연관 개념 | 정의역이 $\{x|m\le x\le n\}$인 로그함수 $y=\log_a x$는

① $a>1$이면 $x=m$일 때 최솟값 $\log_a m$, $x=n$일 때 최댓값 $\log_a n$을 갖는다.

② $0<a<1$이면 $x=m$일 때 최댓값 $\log_a m$, $x=n$일 때 최솟값 $\log_a n$을 갖는다.

알찬 풀이

합성함수의 정의에 의하여 → $f(x)$에 x 대신 $g(x)$를 대입한 거야.

$(f\circ g)(x)=f(g(x))=\log_3 g(x)+2$ …… ㉠

오른쪽 그림과 같이 $0\le x\le\frac{\pi}{6}$에서 함수 $g(x)=3\tan\left(x+\frac{\pi}{6}\right)$는 x의 값이 증가하면 $g(x)$의 값도 증가하므로 $x=0$일 때 최솟값, $x=\frac{\pi}{6}$일 때 최댓값을 갖는다.

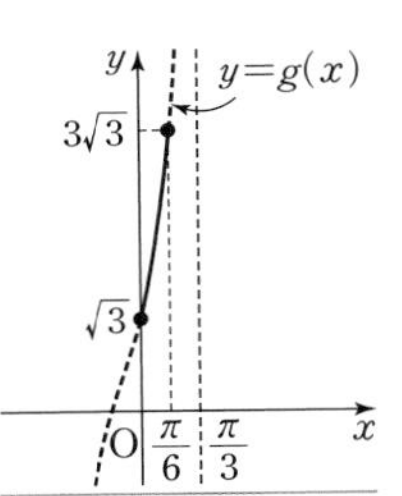

→ 함수 $y=3\tan x$의 그래프를 x축의 방향으로 $-\frac{\pi}{6}$만큼 평행이동한 거야.

즉, 함수 $g(x)$의 최솟값은

$g(0)=3\tan\frac{\pi}{6}=3\times\frac{\sqrt{3}}{3}=\sqrt{3}$

최댓값은

$g\left(\frac{\pi}{6}\right)=3\tan\left(\frac{\pi}{6}+\frac{\pi}{6}\right)=3\tan\frac{\pi}{3}=3\sqrt{3}$

$\therefore \sqrt{3}\le g(x)\le 3\sqrt{3}$

$g(x)=t$로 놓으면 $\sqrt{3}\le t\le 3\sqrt{3}$이고, ㉠에서

$(f\circ g)(x)=\log_3 g(x)+2$

$=\log_3 t+2$

이때 함수 $y=\log_3 t+2$는 t의 값이 증가하면 y의 값도 증가하므로 $t=\sqrt{3}$일 때 최솟값, $t=3\sqrt{3}$일 때 최댓값을 갖는다.

→ 함수 $y=\log_3 t+2$는 밑이 3이고 $3>1$이므로 증가하는 함수야.

즉, 함수 $(f\circ g)(x)$의 최솟값은

$\log_3\sqrt{3}+2=\frac{1}{2}+2=\frac{5}{2}$ → $\log_3 3^{\frac{1}{2}}=\frac{1}{2}$

최댓값은

$\log_3 3\sqrt{3}+2=\frac{3}{2}+2=\frac{7}{2}$ → $\log_3(3\times3^{\frac{1}{2}})=\log_3 3^{\frac{3}{2}}=\frac{3}{2}$

따라서 $M=\frac{7}{2}$, $m=\frac{5}{2}$이므로

$M+m=\frac{7}{2}+\frac{5}{2}=6$

문제 해결 TIP

홍정우 | 서울대학교 건축학과 | 영진고등학교 졸업

로그함수와 삼각함수에 대한 합성함수를 파악하는 문제로 함수 자체가 복잡하여 어려워 보이지만, 로그함수의 성질과 $y=\tan x$의 그래프를 정확히 알고 있으면 생각보다 쉽게 풀리는 문제였지. 함수 단원에서는 그래프의 개형과 그 성질을 정확히 알고 있으면 문제를 풀 때 편해질 수 있으니 여러 가지 함수의 그래프와 그 성질을 꼭 기억해 두자.

정답률 18%

15

수능 유형 › 삼각함수의 최대 · 최소 **정답 5**

함수 $y=k\sin\left(2x+\frac{\pi}{3}\right)+k^2-6$의 그래프가 제1사분면을 지나지 않도록 하는 모든 정수 k의 개수를 구하시오. 5

→ $k=0$일 때와 $k\neq0$일 때로 나누어 생각해 봐.

해결 흐름

1 k의 값에 따라 주어진 함수의 그래프의 개형이 달라지므로 $k=0$, $k\neq0$인 경우로 나누어 생각해 봐야겠다.

2 그래프가 제1사분면을 지나지 않으려면 (최댓값)≤0이어야 함을 이용하여 정수 k의 개수를 구하면 되겠네.

연관 개념 | 함수 $y=a\sin(bx+c)+d$에 대하여

① 최댓값: $|a|+d$ ② 최솟값: $-|a|+d$ ③ 주기: $\frac{2\pi}{|b|}$

알찬 풀이

(i) $k=0$일 때,

주어진 함수는 $y=-6$이므로 이 함수의 그래프는 제1사분면을 지나지 않는다. → x축에 평행한 직선이야.

(ii) $k\neq0$일 때,

함수 $y=k\sin\left(2x+\frac{\pi}{3}\right)+k^2-6$의 최댓값은

$|k|+k^2-6$

이므로 이 함수의 그래프가 제1사분면을 지나지 않으려면

$|k|+k^2-6\le0$ → 함수의 최댓값이 0보다 작거나 같아야 해.

이어야 한다.

$k>0$일 때,

$k+k^2-6\le0$에서

$k^2+k-6\le0$

$(k+3)(k-2)\le0$

$\therefore -3\le k\le2$

그런데 $k>0$이므로 $0<k\le2$

$k<0$일 때,

$-k+k^2-6\le0$에서

$k^2-k-6\le0$

$(k+2)(k-3)\le0$

$\therefore -2\le k\le3$

그런데 $k<0$이므로 $-2\le k<0$

(i), (ii)에서 $-2\le k\le2$

따라서 모든 정수 k는 -2, -1, 0, 1, 2의 5개이다.

오답 Clear

이 문제에서 주어진 함수는 $k=0$일 때 상수함수이고, $k\neq0$일 때 사인함수이다. 따라서 $k=0$인 경우를 생각하지 못하면 주어진 조건을 만족시키는 k의 값의 범위는 $-2\le k<0$ 또는 $0<k\le2$가 되어 정수 k가 $-2, -1, 1, 2$의 4개라고 착각할 수 있으므로 주의하도록 한다.

16

정답률 확률과 통계 33%, 미적분 67%, 기하 53%

수능 유형 › 삼각함수를 포함한 방정식 정답 15

닫힌구간 $[0, 2\pi]$에서 정의된 함수 (→ 구간별로 최댓값과 최솟값을 구하면 그래프를 그릴 수 있어.) **1**

$$f(x)=\begin{cases}\sin x-1 & (0\le x<\pi)\\ -\sqrt{2}\sin x-1 & (\pi\le x\le2\pi)\end{cases}$$

가 있다. $0\le t\le2\pi$인 실수 t에 대하여 x에 대한 방정식 $f(x)=f(t)$의 서로 다른 실근의 개수가 3이 되도록 하는 모든 t의 값의 합은 $\frac{q}{p}\pi$이다. $p+q$의 값을 구하시오. **2** 15

(단, p와 q는 서로소인 자연수이다.)

해결 흐름

1 닫힌구간 $[0, 2\pi]$에서 함수 $y=f(x)$의 그래프를 그려 봐야겠네.

연관 개념 | 함수 $y=a\sin(bx+c)+d$에 대하여

① 최댓값: $|a|+d$ ② 최솟값: $-|a|+d$ ③ 주기: $\frac{2\pi}{|b|}$

2 함수 $y=f(x)$의 그래프와 직선 $y=f(t)$의 교점의 개수가 3이 되도록 직선 $y=f(t)$를 움직여 보면 되겠다.

알찬 풀이

함수 $y=\sin x-1$의 그래프는 함수 $y=\sin x$의 그래프를 y축의 방향으로 -1만큼 평행이동한 것이므로 $0\le x<\pi$에서 함수 $y=\sin x-1$의 최댓값은 0이고, 최솟값은 -1이다.

함수 $y=-\sqrt{2}\sin x-1$의 그래프는 함수 $y=-\sqrt{2}\sin x$의 그래프를 y축의 방향으로 -1만큼 평행이동한 것이므로 $\pi\le x\le2\pi$에서 함수 $y=-\sqrt{2}\sin x-1$의 최댓값은 $\sqrt{2}-1$, 최솟값은 -1이다.

즉, 닫힌구간 $[0, 2\pi]$에서 함수

$$f(x)=\begin{cases}\sin x-1 & (0\le x<\pi)\\ -\sqrt{2}\sin x-1 & (\pi\le x\le2\pi)\end{cases}$$

에 대하여 $y=f(x)$의 그래프는 오른쪽 그림과 같다.

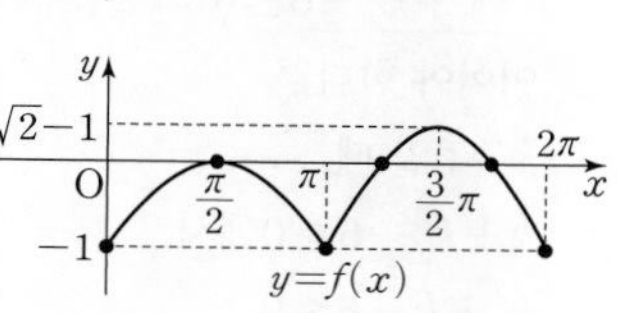

$0\le t\le2\pi$인 실수 t에 대하여 방정식 $f(x)=f(t)$의 서로 다른 실근의 개수가 3이므로 함수 $y=f(x)$의 그래프와 직선 $y=f(t)$가 서로 다른 세 점에서 만나야 한다.

→ 함수 $y=f(x)$의 그래프와 직선 $y=-1$, 직선 $y=0$은 각각 서로 다른 세 점에서 만난다.

$\therefore f(t)=-1$ 또는 $f(t)=0$

(i) $f(t)=-1$일 때, (→ $\sin t-1=-1$에서 $\sin t=0$ $\therefore t=0$ ($\because 0\le t<\pi$))

$t=0$ 또는 $t=\pi$ 또는 $t=2\pi$ → $-\sqrt{2}\sin t-1=-1$에서 $\sin t=0$ $\therefore t=\pi$ 또는 $t=2\pi$ ($\because \pi\le t\le2\pi$)

(ii) $f(t)=0$일 때,

$t=\frac{\pi}{2}$ 또는 $-\sqrt{2}\sin t-1=0$ $(\pi\le t\le2\pi)$

→ $\sin t-1=0$에서 $\sin t=1$ $\therefore t=\frac{\pi}{2}$ ($\because 0\le t<\pi$)

$-\sqrt{2}\sin t-1=0$에서 $\sin t=-\frac{\sqrt{2}}{2}$ → 실전적용 key를 확인해 봐.

$\pi\le t\le2\pi$이므로

$t=\frac{5}{4}\pi$ 또는 $t=\frac{7}{4}\pi$

(i), (ii)에서 모든 t의 값의 합은

$0+\pi+2\pi+\frac{\pi}{2}+\frac{5}{4}\pi+\frac{7}{4}\pi=\frac{13}{2}\pi$

따라서 $p=2$, $q=13$이므로

$p+q=2+13=15$

실전적용 key

(ii)에서 $-\sqrt{2}\sin t-1=0$을 만족시키는 t의 값의 합을 바로 구할 수도 있다.

함수 $y=-\sqrt{2}\sin x-1$ $(\pi\le x\le2\pi)$의 그래프와 x축이 만나는 두 점은 직선 $x=\frac{3}{2}\pi$에 대하여 대칭이므로 방정식 $-\sqrt{2}\sin x-1=0$ $(\pi\le x\le2\pi)$의 두 실근의 합은 3π이다.

17

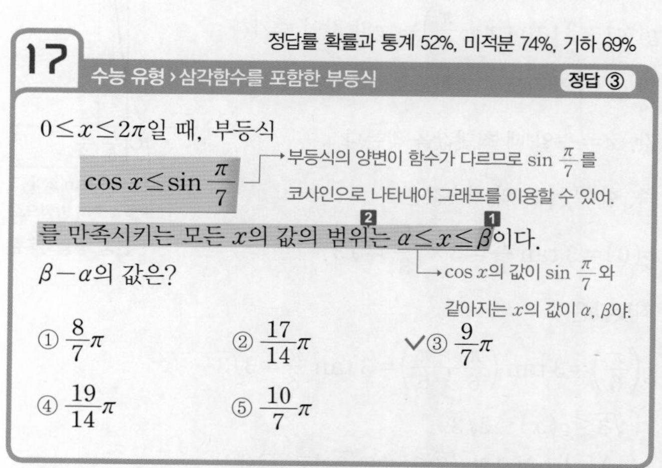

정답률 확률과 통계 52%, 미적분 74%, 기하 69%

수능 유형 › 삼각함수를 포함한 부등식 정답 ③

$0\le x\le2\pi$일 때, 부등식

$\cos x\le\sin\frac{\pi}{7}$ (→ 부등식의 양변이 함수가 다르므로 $\sin\frac{\pi}{7}$를 코사인으로 나타내야 그래프를 이용할 수 있어.)

를 만족시키는 모든 x의 값의 범위는 $\alpha\le x\le\beta$이다. **2** **1**

$\beta-\alpha$의 값은? (→ $\cos x$의 값이 $\sin\frac{\pi}{7}$와 같아지는 x의 값이 α, β야.)

① $\frac{8}{7}\pi$ ② $\frac{17}{14}\pi$ ✓③ $\frac{9}{7}\pi$

④ $\frac{19}{14}\pi$ ⑤ $\frac{10}{7}\pi$

해결 흐름

1 곡선 $y=\cos x$와 직선 $y=\sin\frac{\pi}{7}$가 만나는 두 점의 x좌표가 α, β야.

연관 개념 | $\cos x\le k$ 꼴의 부등식은 함수 $y=\cos x$의 그래프가 직선 $y=k$보다 아래쪽에 있거나 만나는 x의 값의 범위를 구한다.

2 곡선 $y=\cos x$가 직선 $x=\pi$에 대하여 대칭임을 이용하여 부등식의 해를 구하면 되겠네.

알찬 풀이

$\sin\frac{\pi}{7}=\cos\left(\frac{\pi}{2}-\frac{\pi}{7}\right)=\cos\frac{5}{14}\pi$

삼각함수의 성질: $\cos\left(\frac{\pi}{2}\pm\theta\right)=\mp\sin\theta$ (복부호 동순)

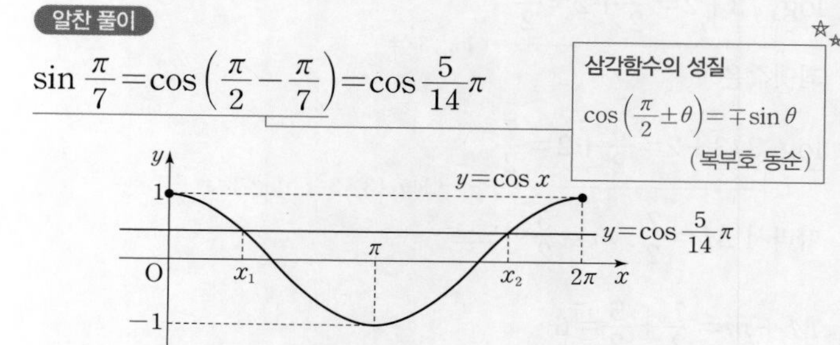

앞의 그림과 같이 $0\le x\le 2\pi$일 때, 곡선 $y=\cos x$와 직선 $y=\cos\frac{5}{14}\pi$가 만나는 두 점의 x좌표를 각각 x_1, x_2 $(x_1<x_2)$라 하면 $x_1=\frac{5}{14}\pi$이고 $\frac{x_1+x_2}{2}=\pi$이므로

→ 방정식 $\cos x=\cos\frac{5}{14}\pi$에서 $x_1=\frac{5}{14}\pi$임을 알 수 있어.

$x_2=2\pi-x_1$

$=2\pi-\frac{5}{14}\pi$

$=\frac{23}{14}\pi$

따라서 $0\le x\le 2\pi$일 때, 부등식 $\cos x\le\cos\frac{5}{14}\pi$, 즉 $\cos x\le\sin\frac{\pi}{7}$를 만족시키는 모든 x의 값의 범위는

$\frac{5}{14}\pi\le x\le\frac{23}{14}\pi$

이므로

→ 곡선 $y=\cos x$가 직선 $y=\cos\frac{5}{14}\pi$보다 아래쪽에 있거나 만나는 x의 값의 범위를 구한 거야.

$\beta-\alpha=\frac{23}{14}\pi-\frac{5}{14}\pi$

$=\frac{9}{7}\pi$

실전 적용 key

주어진 부등식에서 $\frac{\pi}{7}$는 특수각이 아니므로 $\sin\frac{\pi}{7}$의 값을 구하는 문제가 아님을 알아야 한다. 삼각함수의 성질에 의하여 $\sin\frac{\pi}{7}=\cos\left(\frac{\pi}{2}-\frac{\pi}{7}\right)$이고, 곡선 $y=\cos x$는 직선 $x=\pi$에 대하여 대칭임을 이용하면 된다.

정답률 확률과 통계 64%, 미적분 85%, 기하 81%

18 수능 유형 › 삼각함수를 포함한 방정식 + 삼각함수의 그래프 정답 ③

→ 최댓값, 최솟값, 주기를 이용하면 그래프를 그릴 수 있어.

닫힌구간 $[0, 12]$에서 정의된 두 함수

$f(x)=\cos\frac{\pi x}{6}$, $g(x)=-3\cos\frac{\pi x}{6}-1$

이 있다. 곡선 $y=f(x)$와 직선 $y=k$가 만나는 두 점의 x좌표를 α_1, α_2라 할 때, $|\alpha_1-\alpha_2|=8$이다. 곡선 $y=g(x)$와 직선 $y=k$가 만나는 두 점의 x좌표를 β_1, β_2라 할 때, $|\beta_1-\beta_2|$의 값은? (단, k는 $-1<k<1$인 상수이다.)

① 3 ② $\frac{7}{2}$ ✓③ 4 ④ $\frac{9}{2}$ ⑤ 5

해결 흐름

1 함수 $f(x)=\cos\frac{\pi x}{6}$의 최댓값, 최솟값, 주기를 구해서 곡선 $y=f(x)$를 그려 봐야겠어.

연관 개념 | 함수 $y=a\cos(bx+c)+d$에 대하여

① 최댓값: $|a|+d$ ② 최솟값: $-|a|+d$ ③ 주기: $\frac{2\pi}{|b|}$

2 곡선 $y=f(x)$의 대칭성과 $|\alpha_1-\alpha_2|=8$임을 이용하면 k의 값을 구할 수 있겠다.

3 β_1, β_2는 곡선 $y=g(x)$와 직선 $y=k$가 만나는 두 점의 x좌표이니까 방정식 $g(x)=k$를 풀면 구할 수 있겠네.

알찬 풀이

함수 $f(x)=\cos\frac{\pi x}{6}$는 최댓값이 1, 최솟값이 -1, 주기가 $\frac{2\pi}{\frac{\pi}{6}}=12$이므로 닫힌구간 $[0, 12]$에서 곡선 $y=f(x)$는 다음 그림과 같다.

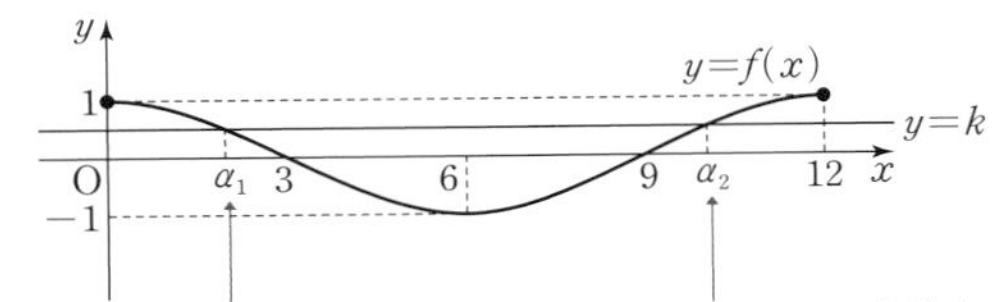

곡선 $y=f(x)$와 직선 $y=k$가 만나는 두 점의 x좌표를 α_1, α_2라 했어.

이때 위의 그림과 같이 곡선 $y=f(x)$와 직선 $y=k$는 직선 $x=6$에 대하여 대칭이므로 곡선 $y=f(x)$와 직선 $y=k$가 만나는 두 점도 직선 $x=6$에 대하여 대칭이다.

즉, $\frac{\alpha_1+\alpha_2}{2}=6$이므로

$\alpha_1+\alpha_2=12$ ...... ㉠

또, $\alpha_1<\alpha_2$라 하면 $|\alpha_1-\alpha_2|=8$에서 → $\alpha_1<\alpha_2$에서 $\alpha_1-\alpha_2<0$이야.

$-\alpha_1+\alpha_2=8$ ...... ㉡

㉠, ㉡을 연립하여 풀면

$\alpha_1=2$, $\alpha_2=10$

즉, 곡선 $y=f(x)$가 점 $(2, k)$를 지나므로

$k=f(2)=\cos\frac{\pi\times 2}{6}=\cos\frac{\pi}{3}=\frac{1}{2}$ → 곡선 $y=f(x)$가 점 $(10, k)$를 지남을 이용해도 k의 값은 같아.

따라서 곡선 $y=g(x)$와 직선 $y=\frac{1}{2}$이 만나는 두 점의 x좌표가 β_1, β_2이므로

→ $k=\frac{1}{2}$이니까.

$g(x)=\frac{1}{2}$에서 $-3\cos\frac{\pi x}{6}-1=\frac{1}{2}$

$\therefore \cos\frac{\pi x}{6}=-\frac{1}{2}$

$0\le x\le 12$에서 $0\le\frac{\pi x}{6}\le 2\pi$이므로

→ $0\le x\le 12$의 각 변에 $\frac{\pi}{6}$를 곱했어.

$\frac{\pi x}{6}=\frac{2}{3}\pi$ 또는 $\frac{\pi x}{6}=\frac{4}{3}\pi$

$\therefore x=4$ 또는 $x=8$

$\therefore |\beta_1-\beta_2|=|4-8|=4$

→ $\beta_1=8$, $\beta_2=4$로 생각해도 결과는 같아.

정답률 68%

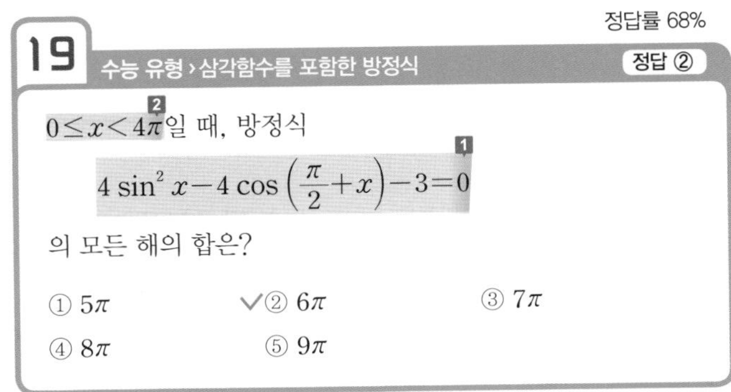

19 수능 유형 › 삼각함수를 포함한 방정식 정답 ②

$0\le x<4\pi$일 때, 방정식

$4\sin^2 x-4\cos\left(\frac{\pi}{2}+x\right)-3=0$

의 모든 해의 합은?

① 5π ✓② 6π ③ 7π ④ 8π ⑤ 9π

해결 흐름

1 삼각함수의 성질을 이용하여 주어진 방정식을 $\sin x$에 대한 식으로 정리해야겠다.

연관 개념 | $\cos\left(\frac{\pi}{2}\pm\theta\right)=\mp\sin\theta$ (복부호 동순)

2 $0\le x<4\pi$에서 **1**의 방정식의 해를 구하면 되겠네.

알찬 풀이

$4\sin^2 x-4\cos\left(\frac{\pi}{2}+x\right)-3=0$에서 ($\cos\left(\frac{\pi}{2}+x\right)=-\sin x$)

$4\sin^2 x+4\sin x-3=0$

$(2\sin x+3)(2\sin x-1)=0$ ← 인수분해 공식 $acx^2+(ad+bc)x+bd=(ax+b)(cx+d)$를 이용했어.

$\sin x=-\frac{3}{2}$ 또는 $\sin x=\frac{1}{2}$

$\therefore \sin x=\frac{1}{2}$ ($\because -1\le\sin x\le1$)

이때 $0\le x<4\pi$이므로

$x=\frac{\pi}{6}$ 또는 $x=\frac{5}{6}\pi$ 또는 $x=\frac{13}{6}\pi$ 또는 $x=\frac{17}{6}\pi$

($\pi-\frac{\pi}{6}=\frac{5}{6}\pi$, $\frac{\pi}{6}+2\pi=\frac{13}{6}\pi$, $\frac{5}{6}\pi+2\pi=\frac{17}{6}\pi$)

따라서 모든 해의 합은

$\frac{\pi}{6}+\frac{5}{6}\pi+\frac{13}{6}\pi+\frac{17}{6}\pi=6\pi$

실전적용 key

$0\le x\le\frac{\pi}{2}$에서 $\sin x=\frac{1}{2}$을 만족시키는 x의 값은 $\frac{\pi}{6}$이다.

$0\le x\le\pi$에서 함수 $y=\sin x$의 그래프는 직선 $x=\frac{\pi}{2}$에 대하여 대칭이므로 $\frac{\pi}{2}<x\le\pi$에서 $\sin x=\frac{1}{2}$을 만족시키는 x의 값은 $\pi-\frac{\pi}{6}=\frac{5}{6}\pi$이다.

또, 함수 $y=\sin x$의 주기는 2π이므로 $2\pi\le x<4\pi$에서 $\sin x=\frac{1}{2}$을 만족시키는 x의 값은 $\frac{\pi}{6}+2\pi=\frac{13}{6}\pi$, $\frac{5}{6}\pi+2\pi=\frac{17}{6}\pi$이다.

정답률 30%

20 수능 유형 › 삼각함수를 포함한 방정식 정답 ②

닫힌구간 $[-2\pi, 2\pi]$에서 정의된 두 함수

$f(x)=\sin kx+2,\quad g(x)=3\cos 12x$ **2**

에 대하여 다음 조건을 만족시키는 자연수 k의 개수는?

> 실수 a가 두 곡선 $y=f(x)$, $y=g(x)$의 교점의 y좌표이면
> $\{x|f(x)=a\}\subset\{x|g(x)=a\}$ **1**
> 이다.
> (방정식 $f(x)=a$의 실근이 방정식 $g(x)=a$의 실근에 포함되어야 해.)

① 3 ✓② 4 ③ 5
④ 6 ⑤ 7

해결 흐름

1 방정식 $f(x)=a$의 실근이 방정식 $g(x)=a$의 실근에 포함되어야 하는구나.

2 삼각함수의 그래프는 주기와 대칭성을 가지니까 그래프의 성질을 이용해서 방정식의 실근의 규칙을 찾아야겠네.

연관 개념 | 두 함수 $y=a\sin(bx+c)+d$, $y=a\cos(bx+c)+d$에 대하여

① 최댓값: $|a|+d$ ② 최솟값: $-|a|+d$ ③ 주기: $\frac{2\pi}{|b|}$

알찬 풀이

두 곡선 $y=f(x)$, $y=g(x)$의 교점의 x좌표를 t라 하면

$\sin kt+2=a$, $3\cos 12t=a$

함수 $f(x)=\sin kx+2$의 주기가 $\frac{2}{k}\pi$이므로 $x=t$가 방정식 $f(x)=a$의 해이면 $x=\frac{\pi}{k}-t$도 이 방정식의 해이다. (곡선 $y=f(x)$가 직선 $x=\frac{\pi}{2k}$에 대하여 대칭이기 때문이야.)

이때 주어진 조건을 만족시키려면

$x=\frac{\pi}{k}-t$가 방정식 $g(x)=a$,

즉 $3\cos 12x=3\cos 12t$의 해이어야 하므로

$3\cos 12\left(\frac{\pi}{k}-t\right)=3\cos 12t$에서

$3\cos\left(\frac{12}{k}\pi-12t\right)=3\cos 12t$

$\therefore \frac{12}{k}\pi=2n\pi$ (단, n은 자연수) ($\cos(2n\pi-\theta)=\cos\theta$임을 이용했어.)

따라서 조건을 만족시키는 자연수 k는

1, 2, 3, 6의 4개이다.

다른 풀이 함수 $f(x)=\sin kx+2$의 주기는 $\frac{2}{k}\pi$이고, 함수 $g(x)=3\cos 12x$의 주기는 $\frac{2}{12}\pi=\frac{\pi}{6}$이므로 주어진 조건을 만족시키려면 $\frac{2}{k}\pi\ge\frac{\pi}{6}$이어야 한다. (함수 $y=f(x)$의 주기가 함수 $y=g(x)$의 주기보다 짧으면 방정식 $f(x)=a$의 실근이 방정식 $g(x)=a$의 실근보다 많아지게 돼.)

즉, $k\le12$ …… ㉠

또, 곡선 $y=g(x)$의 대칭축의 방정식은

$x=\frac{n}{12}\pi$ (n은 정수) (주기가 $\frac{\pi}{6}$이므로 대칭축은 $\cdots, x=-\frac{\pi}{6}, x=-\frac{\pi}{12}, x=0, x=\frac{\pi}{12}, x=\frac{\pi}{6}, \cdots$)

이고 주어진 조건을 만족시키려면 곡선 $y=g(x)$의 대칭축 중에서 곡선 $y=f(x)$의 대칭축과 일치하는 것이 있어야 한다.

이때 곡선 $y=f(x)$의 대칭축의 방정식이

$x=\frac{2m+1}{2k}\pi$ (m은 정수) (주기가 $\frac{2}{k}\pi$이므로 대칭축은 $\cdots, x=-\frac{3}{2k}\pi, x=-\frac{\pi}{2k}, x=\frac{\pi}{2k}, x=\frac{3}{2k}\pi, \cdots$)

이므로

$\frac{n}{12}\pi=\frac{2m+1}{2k}\pi$에서

$k=6\times\frac{2m+1}{n}$ (단, $n\ne0$) …… ㉡

따라서 ㉠, ㉡을 모두 만족시키는 자연수 k는

1, 2, 3, 6의 4개이다.

생생 수험 Talk

인생에서 처음 겪게 되는 가장 큰 고비, 수능이지? 수능을 준비하는 기간과 시험 당일의 스트레스는 정말 힘든 경험이지만 그만큼 충실히 준비하고 극복한다면 인생에서 한 고비를 넘기면서 성숙할 수 있는 좋은 기회가 될 거야! 수험 생활의 경험을 밑거름 삼아 이후 계속해서 찾아오는 많은 경험들을 현명하게 헤쳐 나갈 수 있을 거라고 생각해. 1년이라는 긴 수험 생활 동안 답답하고 지루하고 힘들고 불안하고 뜻대로 나오지 않는 결과에 좌절하고 낙담할 수도 있지만 참고 꾸준히 노력하다보면 노력은 너를 배신하지 않을 거야!

정답률 83%

21 수능 유형 › 삼각함수를 포함한 부등식 정답 ①

$0\le\theta<2\pi$일 때, x에 대한 이차방정식

$$x^2-(2\sin\theta)x-3\cos^2\theta-5\sin\theta+5=0$$

이 실근을 갖도록 하는 θ의 최솟값과 최댓값을 각각 α, β라 하자. $4\beta-2\alpha$의 값은?

└→ 이차방정식의 판별식을 이용해 봐.

✓① 3π ② 4π ③ 5π
④ 6π ⑤ 7π

해결 흐름

1 이차방정식이 실근을 가질 조건을 이용해야겠네.

연관 개념 | 계수가 실수인 이차방정식 $ax^2+bx+c=0$에서 $D=b^2-4ac$라 할 때,
① $D>0$이면 서로 다른 두 실근을 갖는다.
② $D=0$이면 중근(실근)을 갖는다.
③ $D<0$이면 서로 다른 두 허근을 갖는다.

2 $0\le\theta<2\pi$에서 1을 만족시키는 θ의 값의 범위를 구하면 α, β의 값을 각각 구할 수 있겠다.

알찬 풀이

이차방정식 $x^2-(2\sin\theta)x-3\cos^2\theta-5\sin\theta+5=0$의 판별식을 D라 하면

$$\frac{D}{4}=(-\sin\theta)^2-(-3\cos^2\theta-5\sin\theta+5)\ge0$$

→ 이차방정식이 실근을 갖기 때문이야.

$\sin^2\theta+3\cos^2\theta+5\sin\theta-5\ge0$

$\sin^2\theta+3(1-\sin^2\theta)+5\sin\theta-5\ge0$

삼각함수 사이의 관계 $\sin^2\theta+\cos^2\theta=1$

$-2\sin^2\theta+5\sin\theta-2\ge0$

즉, $2\sin^2\theta-5\sin\theta+2\le0$이므로

$(2\sin\theta-1)(\sin\theta-2)\le0$

$\therefore \frac{1}{2}\le\sin\theta\le2$

그런데 $-1\le\sin\theta\le1$이므로

$\frac{1}{2}\le\sin\theta\le1$

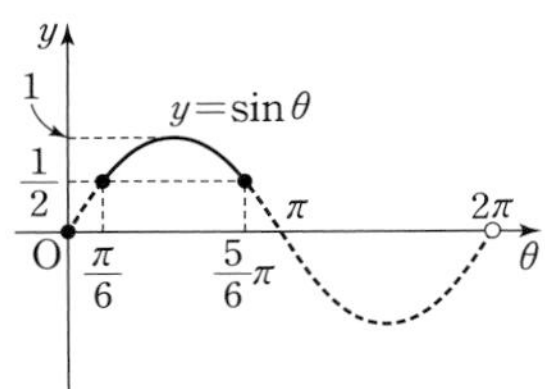

$0\le\theta<2\pi$일 때, 위의 그림에서 $\frac{1}{2}\le\sin\theta\le1$을 만족시키는 θ의 값의 범위는

$\frac{\pi}{6}\le\theta\le\frac{5}{6}\pi$

이므로

$\alpha=\frac{\pi}{6}$, $\beta=\frac{5}{6}\pi$

$$\therefore 4\beta-2\alpha=4\times\frac{5}{6}\pi-2\times\frac{\pi}{6}=3\pi$$

정답률 확률과 통계 32%, 미적분 59%, 기하 52%

22 수능 유형 › 삼각함수의 활용 정답 ④

그림과 같이 삼각형 ABC에서 선분 AB 위에 $\overline{AD}:\overline{DB}=3:2$인 점 D를 잡고, 점 A를 중심으로 하고 점 D를 지나는 원을 O, 원 O와 선분 AC가 만나는 점을 E라 하자.
$\sin A:\sin C=8:5$이고, 삼각형 ADE와 삼각형 ABC의 넓이의 비가 $9:35$이다. 삼각형 ABC의 외접원의 반지름의 길이가 7일 때, 원 O의 점 P에 대하여 삼각형 PBC의 넓이의 최댓값은? (단, $\overline{AB}<\overline{AC}$)

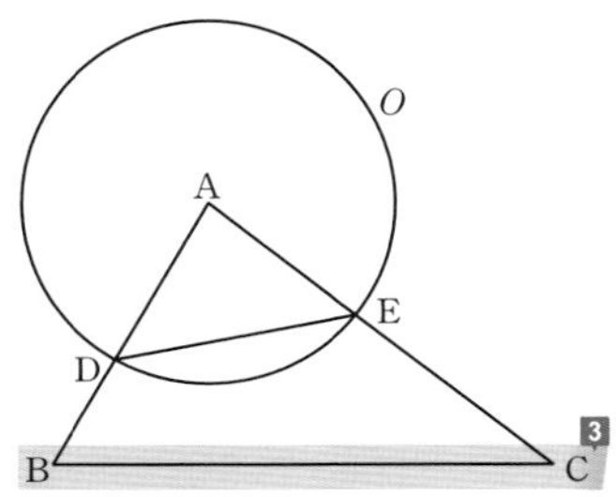

① $18+15\sqrt{3}$ ② $24+20\sqrt{3}$ ③ $30+25\sqrt{3}$
✓④ $36+30\sqrt{3}$ ⑤ $42+35\sqrt{3}$

해결 흐름

1 $\overline{AD}=3k$, $\overline{DB}=2k\ (k>0)$로 놓고 주어진 조건과 사인법칙의 변형을 이용하면 $\overline{BC}$, $\overline{AC}$를 k에 대한 식으로 나타낼 수 있겠네.

연관 개념 | (1) 삼각형 ABC에서
$\sin A:\sin B:\sin B=a:b:c$
(2) 삼각형 ABC의 넓이를 S라 하면
$S=\frac{1}{2}ab\sin C=\frac{1}{2}bc\sin A=\frac{1}{2}ca\sin B$

2 삼각형 ABC에서 코사인법칙의 변형을 이용하여 $\cos B$, $\sin B$의 값을 구하고, 외접원의 반지름의 길이가 주어졌으므로 사인법칙을 이용하면 k의 값을 구할 수 있겠다.

연관 개념 | (1) 삼각형 ABC의 외접원의 반지름의 길이를 R라 하면
$\frac{a}{\sin A}=\frac{b}{\sin B}=\frac{c}{\sin C}=2R$
(2) 삼각형 ABC에서
$\cos A=\frac{b^2+c^2-a^2}{2bc}$, $\cos B=\frac{c^2+a^2-b^2}{2ca}$, $\cos C=\frac{a^2+b^2-c^2}{2ab}$

3 선분 BC의 길이는 일정하므로 삼각형 PBC의 넓이는 점 P가 선분 BC로부터 가장 멀리 떨어져 있을 때 최대가 됨을 이용하면 되겠다.

알찬 풀이

$\overline{AD}:\overline{DB}=3:2$이므로 $\overline{AD}=3k$, $\overline{DB}=2k\ (k>0)$로 놓자.

→ 변의 길이는 양수이기 때문이야.

삼각형 ABC에서 사인법칙에 의하여

$\sin A:\sin C=\overline{BC}:\overline{AB}=8:5$

이때 $\overline{AB}=\overline{AD}+\overline{DB}=5k$

이므로 $\overline{BC}=8k$

두 삼각형 ADE, ABC의 넓이를 각각 S_1, S_2라 하면

$$S_1=\frac{1}{2}\times\overline{AD}\times\overline{AE}\times\sin A=\frac{1}{2}\times(3k)^2\times\sin A=\frac{9}{2}k^2\sin A$$

→ 점 D와 점 E는 점 A를 중심으로 하는 한 원 위의 점이니까 $\overline{AD}$, $\overline{AE}$는 반지름이야. 즉, $\overline{AE}=\overline{AD}=3k$야.

수학 I
Ⅱ. 삼각함수

$S_2=\frac{1}{2}\times\overline{AB}\times\overline{AC}\times\sin A$

$=\frac{1}{2}\times5k\times\overline{AC}\times\sin A$

$=\frac{5}{2}k\sin A\times\overline{AC}$

이때 $S_1:S_2=9:35$이므로 $9S_2=35S_1$

$9\times\frac{5}{2}k\sin A\times\overline{AC}=35\times\frac{9}{2}k^2\sin A$ $\quad\therefore \overline{AC}=7k$

삼각형 ABC에서 코사인법칙에 의하여

$\cos B=\frac{(5k)^2+(8k)^2-(7k)^2}{2\times5k\times8k}=\frac{40k^2}{80k^2}=\frac{1}{2}$

→ $\sin^2 B+\cos^2 B=1$이야.

$\sin B=\sqrt{1-\cos^2 B}=\sqrt{1-\frac{1}{4}}=\sqrt{\frac{3}{4}}$

이므로 $\sin B=\frac{\sqrt{3}}{2}$

또, 삼각형 ABC의 외접원의 반지름의 길이가 7이므로 사인법칙에 의하여

→ $2\times7=14$

$\frac{\overline{AC}}{\sin B}=14,\ \frac{7k}{\sin B}=14$

$7k=14\times\frac{\sqrt{3}}{2}$ $\quad\therefore k=\sqrt{3}$

삼각형 PBC의 넓이가 최대가 되도록 하는 점 P는 점 A를 지나고 선분 BC에 수직인 직선과 원 O와의 두 교점 중 선분 BC로부터 멀리 떨어져 있는 점이다.

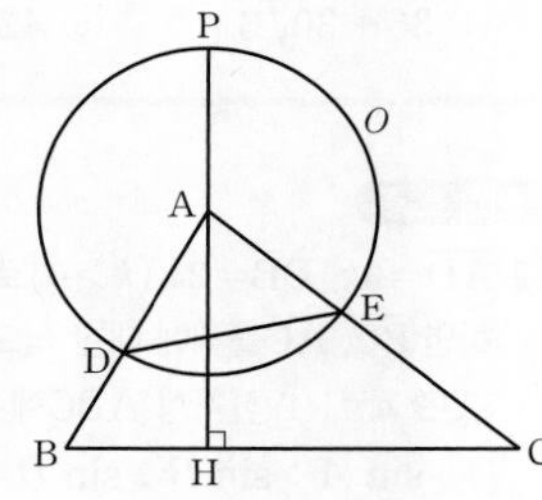

이때 점 A에서 선분 BC에 내린 수선의 발을 H라 하면 직각삼각형 ABH에서

$\overline{AH}=\overline{AB}\times\sin B$

$=5\sqrt{3}\times\frac{\sqrt{3}}{2}=\frac{15}{2}$

따라서 삼각형 PBC의 최댓값은

→ 선분 BC를 밑변으로 할 때 높이가 최대일 때를 구하면 돼.

$\frac{1}{2}\times\overline{BC}\times\overline{PH}=\frac{1}{2}\times\overline{BC}\times(\overline{PA}+\overline{AH})$

$=\frac{1}{2}\times8\sqrt{3}\times\left(3\sqrt{3}+\frac{15}{2}\right)$

$=36+30\sqrt{3}$

← $\overline{BC}=8k$이니까 $k=\sqrt{3}$을 $8k$에 대입했어.

→ $\overline{PA}$는 원 O의 반지름이니까 $k=\sqrt{3}$을 $3k$에 대입했어.

정답률 확률과 통계 42%, 미적분 74%, 기하 72%

23 수능 유형 › 삼각함수의 활용 정답 ①

$\angle A>\frac{\pi}{2}$인 삼각형 ABC의 꼭짓점 A에서 선분 BC에 내린 수선의 발을 H라 하자.

→ 삼각형 AHC와 ABH는 직각삼각형이 되겠네.

$\overline{AB}:\overline{AC}=\sqrt{2}:1,\quad \overline{AH}=2$ [1]

이고, 삼각형 ABC의 외접원의 넓이가 50π일 때, [2]

선분 BH의 길이는? [3]

✓① 6 ② $\frac{25}{4}$ ③ $\frac{13}{2}$

④ $\frac{27}{4}$ ⑤ 7

해결 흐름

1 주어진 선분의 길이의 비를 이용하여 $\sin C$의 값을 구해 봐야겠네.

2 원의 넓이를 이용하여 외접원의 반지름의 길이를 구할 수 있겠군.

3 삼각형 ABC에서 사인법칙을 이용하여 선분 AB의 길이를 구하면 직각삼각형 ABH에서 선분 BH의 길이를 구할 수 있겠다.

연관 개념 | 삼각형 ABC의 외접원의 반지름의 길이를 R라 하면

$\frac{a}{\sin A}=\frac{b}{\sin B}=\frac{c}{\sin C}=2R$

알찬 풀이

$\overline{AB}:\overline{AC}=\sqrt{2}:1$이므로

$\overline{AB}=\sqrt{2}k,\ \overline{AC}=k\ (k>0)$

로 놓자. → 변의 길이는 양수이기 때문이야.

직각삼각형 AHC에서

$\therefore \sin C=\frac{2}{k}$

삼각형 ABC의 외접원의 반지름의 길이를 R라 하면

$\pi R^2=50\pi,\ R^2=50$ → △ABC의 외접원의 넓이가 50π임을 이용했어.

$\therefore R=5\sqrt{2}\ (\because R>0)$

삼각형 ABC에서 사인법칙에 의하여

$\frac{\overline{AB}}{\sin C}=2R,\ \overline{AB}=2R\sin C$

$\sqrt{2}k=2\times5\sqrt{2}\times\frac{2}{k}$

$k^2=20$

$\therefore k=2\sqrt{5}\ (\because k>0)$

따라서 $\overline{AB}=\sqrt{2}k=2\sqrt{10}$이므로 직각삼각형 ABH에서

$\overline{BH}=\sqrt{\overline{AB}^2-\overline{AH}^2}$ → 피타고라스 정리를 이용했어.

$=\sqrt{(2\sqrt{10})^2-2^2}=6$

다른 풀이 삼각형 ABC의 외접원의 반지름의 길이를 R라 하면

$\pi R^2=50\pi,\ R^2=50$

$\therefore R=5\sqrt{2}\ (\because R>0)$

$\overline{AB}:\overline{AC}=\sqrt{2}:1$이므로

$\overline{AB}=\sqrt{2}k,\ \overline{AC}=k\ (k>0)$

로 놓으면 피타고라스 정리에 의하여

$\overline{BH}=\sqrt{\overline{AB}^2-\overline{AH}^2}=\sqrt{(\sqrt{2}k)^2-2^2}=\sqrt{2k^2-4}$

$\overline{CH}=\sqrt{\overline{AC}^2-\overline{AH}^2}=\sqrt{k^2-2^2}=\sqrt{k^2-4}$

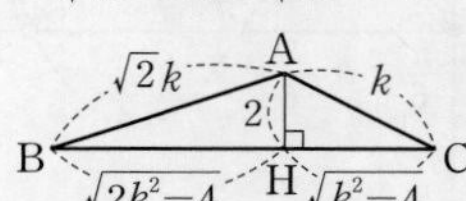

삼각형 ABC의 넓이를 S라 하면

$S=\frac{abc}{4R}$이므로 → $S=\frac{1}{2}ab\sin C$에서 사인법칙에 의하여 $\sin C=\frac{c}{2R}$이므로 $S=\frac{1}{2}ab\times\frac{c}{2R}=\frac{abc}{4R}$

$\frac{1}{2}\times(\sqrt{2k^2-4}+\sqrt{k^2-4})\times2$ → $\frac{1}{2}\times\overline{BC}\times\overline{AH}$

$=\frac{(\sqrt{2k^2-4}+\sqrt{k^2-4})\times k\times\sqrt{2}k}{4\times5\sqrt{2}}$

에서 $\sqrt{2k^2-4}+\sqrt{k^2-4}=\frac{\sqrt{2}k^2(\sqrt{2k^2-4}+\sqrt{k^2-4})}{20\sqrt{2}}$

$1=\frac{k^2}{20},\ k^2=20$

$\therefore \overline{BH}=\sqrt{2k^2-4}=\sqrt{2\times20-4}=6$

정답률 확률과 통계 35%, 미적분 65%, 기하 61%

24 수능 유형 › 삼각함수의 활용 정답 ⑤

다음 조건을 만족시키는 삼각형 ABC의 외접원의 넓이가 9π 일 때, 삼각형 ABC의 넓이는?
→ 외접원의 반지름의 길이를 알 수 있어.

(가) $3\sin A=2\sin B$
(나) $\cos B=\cos C$

① $\frac{32}{9}\sqrt{2}$ ② $\frac{40}{9}\sqrt{2}$ ③ $\frac{16}{3}\sqrt{2}$
④ $\frac{56}{9}\sqrt{2}$ ✓⑤ $\frac{64}{9}\sqrt{2}$

해결 흐름

1 외접원의 넓이를 이용하면 외접원의 반지름의 길이를 구할 수 있겠군.
2 삼각형 ABC에서 사인법칙을 이용하면 삼각형 ABC의 세 변의 길이 사이의 관계식을 구할 수 있겠네.
연관 개념 | 삼각형 ABC의 외접원의 반지름의 길이를 R라 하면
$$\frac{a}{\sin A}=\frac{b}{\sin B}=\frac{c}{\sin C}=2R$$
3 삼각형 ABC에서 코사인법칙의 변형을 이용하여 $\cos A$의 값을 구해봐야지.
연관 개념 | 삼각형 ABC에서
$$\cos A=\frac{b^2+c^2-a^2}{2bc},\ \cos B=\frac{c^2+a^2-b^2}{2ca},\ \cos C=\frac{a^2+b^2-c^2}{2ab}$$
4 3에서 $\cos A$의 값을 구했으니까, $\sin A$의 값을 알면 삼각형 ABC의 넓이를 구할 수 있겠다.

알찬 풀이

삼각형 ABC의 외접원의 반지름의 길이를 R라 하면
$R^2\pi=9\pi,\ R^2=9$ → 외접원의 넓이가 9π임을 이용했어.
$\therefore R=3\ (\because R>0)$
삼각형 ABC에서 $\overline{BC}=a,\ \overline{CA}=b,\ \overline{AB}=c$라 하면 사인법칙에 의하여
$$\frac{a}{\sin A}=\frac{b}{\sin B}=\frac{c}{\sin C}=2\times3=6$$
$\therefore \sin A=\frac{a}{6},\ \sin B=\frac{b}{6}$
조건 (가)에서 $3\sin A=2\sin B$이므로
$$3\times\frac{a}{6}=2\times\frac{b}{6}$$
$\therefore b=\frac{3}{2}a$ …… ㉠
조건 (나)에서 $\cos B=\cos C$이므로
$B=C$ → 실전 적용 key를 확인해 봐.
$\therefore b=c$ …… ㉡
㉠, ㉡에서 $a=2k\ (k>0)$로 놓으면 $b=c=3k$ → 계산하는 과정을 쉽게 하기 위해서야.
삼각형 ABC에서 코사인법칙에 의하여
$$\cos A=\frac{(3k)^2+(3k)^2-(2k)^2}{2\times3k\times3k}=\frac{14k^2}{18k^2}=\frac{7}{9}$$
한편,
$$\sin A=\sqrt{1-\cos^2 A}=\sqrt{1-\left(\frac{7}{9}\right)^2}=\frac{4\sqrt{2}}{9}$$
삼각함수 사이의 관계 $\sin^2\theta+\cos^2\theta=1$

이므로 $\frac{a}{\sin A}=6$에서
$$a=6\sin A=6\times\frac{4\sqrt{2}}{9}=\frac{8\sqrt{2}}{3}$$
$$b=c=\frac{3}{2}a=\frac{3}{2}\times\frac{8\sqrt{2}}{3}=4\sqrt{2}\ (\because ㉠, ㉡)$$
따라서 삼각형 ABC의 넓이는
$$\frac{1}{2}bc\sin A=\frac{1}{2}\times4\sqrt{2}\times4\sqrt{2}\times\frac{4\sqrt{2}}{9}=\frac{64\sqrt{2}}{9}$$

실전 적용 key

$0<B<\pi,\ 0<C<\pi$이므로 $\cos B=\cos C$에서 $B=C$임을 알 수 있다.
즉, $\sin B=\sin C$이고 삼각형 ABC에서 사인법칙에 의하여 $\frac{b}{\sin B}=\frac{c}{\sin C}$이므로 $b=c$임을 알 수 있다. 한편, 코사인법칙의 변형을 이용해도 $b=c$임을 알 수 있다.
$\cos B=\cos C$에서 $\frac{c^2+a^2-b^2}{2ca}=\frac{a^2+b^2-c^2}{2ab}$
$c(a^2+b^2-c^2)=b(c^2+a^2-b^2)$
$ca^2+cb^2-c^3=bc^2+ba^2-b^3$
$ca^2+c(b^2-c^2)=ba^2-b(b^2-c^2)$
$(b^2-c^2)(b+c)-a^2(b-c)=0$
$(b-c)\{(b+c)^2-a^2\}=0$
$(b-c)(b+c+a)(b+c-a)=0$
이때 $a,\ b,\ c$는 삼각형 ABC의 변의 길이이므로 $b=c$임을 알 수 있다.

정답률 확률과 통계 44%, 미적분 75%, 기하 69%

25 수능 유형 › 삼각함수의 활용 정답 ①

그림과 같이
$$\overline{AB}=3,\quad \overline{BC}=\sqrt{13},\quad \overline{AD}\times\overline{CD}=9,\quad \angle BAC=\frac{\pi}{3}$$
인 사각형 ABCD가 있다. 삼각형 ABC의 넓이를 S_1, 삼각형 ACD의 넓이를 S_2라 하고, 삼각형 ACD의 외접원의 반지름의 길이를 R이라 하자.
$S_2=\frac{5}{6}S_1$일 때, $\frac{R}{\sin(\angle ADC)}$의 값은?
→ ∠BAC의 크기가 주어졌으므로 삼각형 ABC의 넓이를 구하려면 먼저 $\overline{AC}$의 길이를 구해야 해.

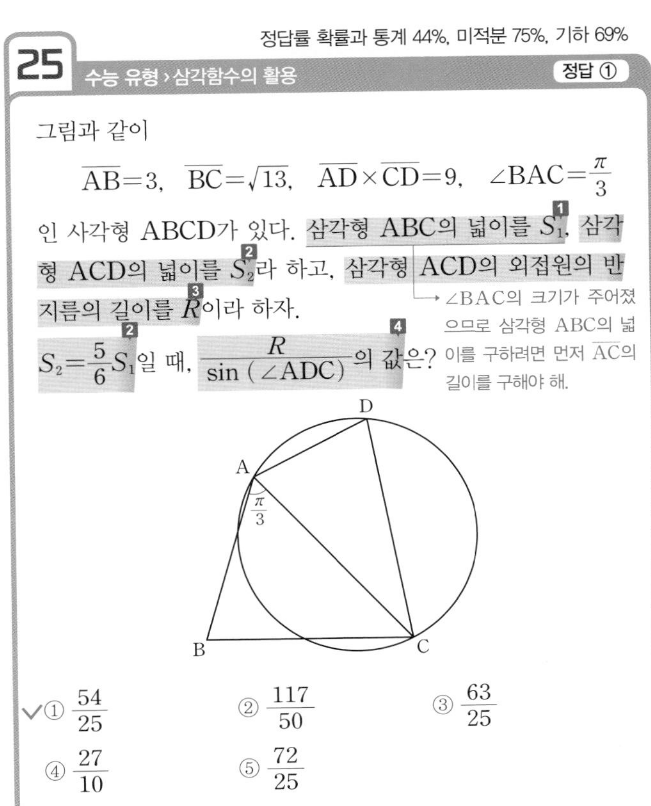

✓① $\frac{54}{25}$ ② $\frac{117}{50}$ ③ $\frac{63}{25}$
④ $\frac{27}{10}$ ⑤ $\frac{72}{25}$

해결 흐름

1 삼각형 ABC에서 코사인법칙을 이용하여 $\overline{AC}$의 길이를 구하면 S_1을 구할 수 있겠네.

연관 개념 | 삼각형 ABC에서
$a^2=b^2+c^2-2bc\cos A$, $b^2=c^2+a^2-2ca\cos B$,
$c^2=a^2+b^2-2ab\cos C$

2 S_2를 간단히 나타내고 $S_2=\frac{5}{6}S_1$임을 이용해서 $\sin(\angle ADC)$의 값을 구해야지.

3 삼각형 ACD에서 사인법칙을 이용하면 외접원의 반지름의 길이 R의 값을 구할 수 있어.

연관 개념 | 삼각형 ABC의 외접원의 반지름의 길이를 R라 하면
$\frac{a}{\sin A}=\frac{b}{\sin B}=\frac{c}{\sin C}=2R$

4 **2**, **3**을 이용하면 $\frac{R}{\sin(\angle ADC)}$의 값을 구할 수 있겠다.

알찬 풀이

$\overline{AC}=a$라 하면 삼각형 ABC에서 코사인법칙에 의하여

$(\sqrt{13})^2=3^2+a^2-2\times3\times a\times\cos\frac{\pi}{3}$

$a^2-3a-4=0$

$(a+1)(a-4)=0$

$\therefore a=4$ ($\because a>0$) → a는 변의 길이니까 양수야.

$\therefore \overline{AC}=4$

$S_1=\frac{1}{2}\times\overline{AB}\times\overline{AC}\times\sin(\angle BAC)$

$=\frac{1}{2}\times3\times4\times\sin\frac{\pi}{3}$

$=\frac{1}{2}\times3\times4\times\frac{\sqrt{3}}{2}$

$=3\sqrt{3}$

> 삼각형의 넓이
> 삼각형 ABC의 넓이를 S라 하면
> $S=\frac{1}{2}ab\sin C$
> $=\frac{1}{2}bc\sin A$
> $=\frac{1}{2}ca\sin B$

$\overline{AD}\times\overline{CD}=9$이므로

$S_2=\frac{1}{2}\times\overline{AD}\times\overline{CD}\times\sin(\angle ADC)$

$=\frac{1}{2}\times9\times\sin(\angle ADC)$

$=\frac{9}{2}\sin(\angle ADC)$

이때 $S_2=\frac{5}{6}S_1$이므로

$\frac{9}{2}\sin(\angle ADC)=\frac{5}{6}\times3\sqrt{3}$

$\therefore \sin(\angle ADC)=\frac{5\sqrt{3}}{9}$

삼각형 ACD에서 사인법칙에 의하여

$\frac{\overline{AC}}{\sin(\angle ADC)}=2R$이므로

$\frac{4}{\frac{5\sqrt{3}}{9}}=2R$

$\therefore R=\frac{6\sqrt{3}}{5}$

$\therefore \frac{R}{\sin(\angle ADC)}=\frac{\frac{6\sqrt{3}}{5}}{\frac{5\sqrt{3}}{9}}=\frac{54}{25}$

정답률 확률과 통계 33%, 미적분 63%, 기하 58%

26 수능 유형 › 삼각함수의 활용 정답 98

그림과 같이

$\overline{AB}=2$, $\overline{AD}=1$, $\angle DAB=\frac{2}{3}\pi$, $\angle BCD=\frac{3}{4}\pi$

인 사각형 ABCD가 있다. 삼각형 BCD의 외접원의 반지름의 길이를 R_1, 삼각형 ABD의 외접원의 반지름의 길이를 R_2라 하자.

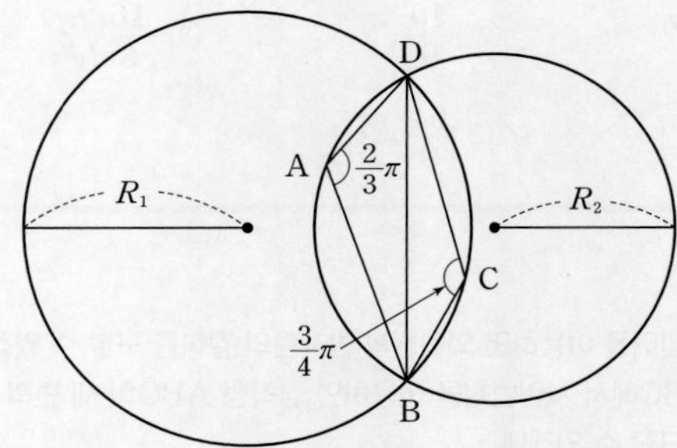

다음은 $R_1\times R_2$의 값을 구하는 과정이다.

> 삼각형 BCD에서 사인법칙에 의하여
> $R_1=\frac{\sqrt{2}}{2}\times\overline{BD}$
> 이고, 삼각형 ABD에서 사인법칙에 의하여 **1**
> $R_2=$ (가) $\times\overline{BD}$
> 이다. 삼각형 ABD에서 코사인법칙에 의하여 **2**
> $\overline{BD}^2=2^2+1^2-($ (나) $)$
> 이므로 **3**
> $R_1\times R_2=$ (다)
> 이다.

위의 (가), (나), (다)에 알맞은 수를 각각 p, q, r이라 할 때, $9\times(p\times q\times r)^2$의 값을 구하시오. 98

해결 흐름

1 삼각형 ABD에서 사인법칙을 이용하여 R_2의 길이를 $\overline{BD}$에 대한 식으로 나타내면 (가)에 알맞은 수를 구할 수 있겠군.

연관 개념 | 삼각형 ABC의 외접원의 반지름의 길이를 R라 하면
$\frac{a}{\sin A}=\frac{b}{\sin B}=\frac{c}{\sin C}=2R$

2 삼각형 ABD에서 코사인법칙을 이용하면 (나)에 알맞은 수를 구할 수 있겠어.

연관 개념 | 삼각형 ABC에서
$a^2=b^2+c^2-2bc\cos A$, $b^2=c^2+a^2-2ca\cos B$,
$c^2=a^2+b^2-2ab\cos C$

3 **1**, **2**를 이용하면 (다)에 알맞은 수를 구할 수 있겠다.

알찬 풀이

삼각형 BCD에서 사인법칙에 의하여

$\frac{\overline{BD}}{\sin\frac{3}{4}\pi}=2R_1$, 즉 $\frac{\overline{BD}}{\frac{\sqrt{2}}{2}}=2R_1$

→ $\overline{BD}=\frac{\sqrt{2}}{2}\times2R_1=\sqrt{2}R_1$이므로 $R_1=\frac{\overline{BD}}{\sqrt{2}}=\frac{\sqrt{2}}{2}\times\overline{BD}$야.

이므로

$R_1=\frac{\sqrt{2}}{2}\times\overline{BD}$

이고, 삼각형 ABD에서 사인법칙에 의하여

$$\frac{\overline{BD}}{\sin\frac{2}{3}\pi}=2R_2,\text{ 즉 }\frac{\overline{BD}}{\frac{\sqrt{3}}{2}}=2R_2$$

→ $\overline{BD}=\frac{\sqrt{3}}{2}\times 2R_2=\sqrt{3}R_2$이므로 $R_2=\frac{\overline{BD}}{\sqrt{3}}=\frac{\sqrt{3}}{3}\times\overline{BD}$야.

이므로

$$R_2=\boxed{\frac{\sqrt{3}}{3}}\times\overline{BD}$$

이다. 삼각형 ABD에서 코사인법칙에 의하여

$$\begin{aligned}\overline{BD}^2&=2^2+1^2-2\times2\times1\times\cos\frac{2}{3}\pi\\&=2^2+1^2-2\times2\times1\times\left(-\frac{1}{2}\right)\\&=2^2+1^2-(\boxed{-2})\\&=7\end{aligned}$$

이므로

$$\begin{aligned}R_1\times R_2&=\left(\frac{\sqrt{2}}{2}\times\overline{BD}\right)\times\left(\frac{\sqrt{3}}{3}\times\overline{BD}\right)\\&=\frac{\sqrt{6}}{6}\times\overline{BD}^2\\&=\frac{\sqrt{6}}{6}\times7=\boxed{\frac{7\sqrt{6}}{6}}\end{aligned}$$

이다.

따라서 $p=\frac{\sqrt{3}}{3}$, $q=-2$, $r=\frac{7\sqrt{6}}{6}$이므로

$$\begin{aligned}9\times(p\times q\times r)^2&=9\times\left\{\frac{\sqrt{3}}{3}\times(-2)\times\frac{7\sqrt{6}}{6}\right\}^2\\&=9\times\frac{98}{9}\\&=98\end{aligned}$$

정답률 확률과 통계 48%, 미적분 80%, 기하 74%

27 수능 유형 › 삼각함수의 활용 정답 ①

그림과 같이 사각형 ABCD가 한 원에 내접하고

$\overline{AB}=5$, $\overline{AC}=3\sqrt{5}$, $\overline{AD}=7$, $\angle BAC=\angle CAD$ [1]

일 때, 이 원의 반지름의 길이[3]는?

→ $\angle BAC=\angle CAD$이니까 $\overline{BC}=\overline{CD}$야.

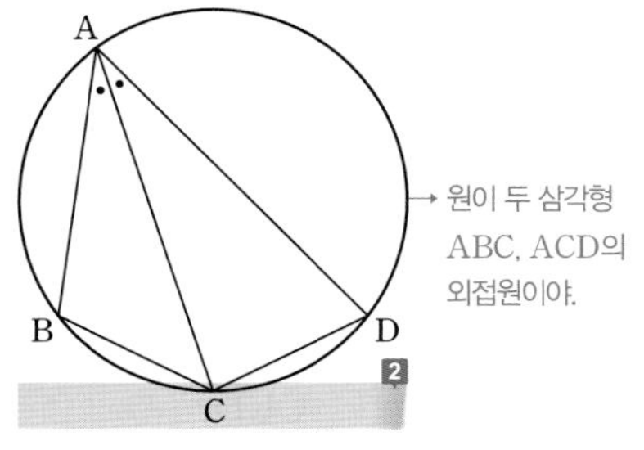

→ 원이 두 삼각형 ABC, ACD의 외접원이야.

✓① $\frac{5\sqrt{2}}{2}$ ② $\frac{8\sqrt{5}}{5}$ ③ $\frac{5\sqrt{5}}{3}$
④ $\frac{8\sqrt{2}}{3}$ ⑤ $\frac{9\sqrt{3}}{4}$

해결 흐름

1 크기가 같은 원주각에 대한 현의 길이는 같으니까 $\overline{BC}=\overline{CD}$이고, $\overline{AB}$, $\overline{AC}$, $\overline{AD}$의 길이가 주어졌으니까 두 삼각형 ABC, ACD에서 코사인법칙을 이용하면 $\cos(\angle BAC)$의 값을 구할 수 있어.

연관 개념 | 삼각형 ABC에서
$a^2=b^2+c^2-2bc\cos A$, $b^2=c^2+a^2-2ca\cos B$,
$c^2=a^2+b^2-2ab\cos C$

2 1에서 구한 $\cos(\angle BAC)$의 값을 이용해서 선분 BC의 길이를 구해야지.

3 삼각형 ABC에서 사인법칙을 이용하면 외접원의 반지름의 길이를 구할 수 있겠다.

연관 개념 | 삼각형 ABC의 외접원의 반지름의 길이를 R라 하면
$\frac{a}{\sin A}=\frac{b}{\sin B}=\frac{c}{\sin C}=2R$

알찬 풀이

$\angle BAC=\angle CAD=\theta$라 하면

삼각형 ABC에서 코사인법칙에 의하여

$$\begin{aligned}\overline{BC}^2&=5^2+(3\sqrt{5})^2-2\times5\times3\sqrt{5}\times\cos\theta\\&=70-30\sqrt{5}\cos\theta\end{aligned}$$

또, 삼각형 ACD에서 코사인법칙에 의하여

$$\begin{aligned}\overline{CD}^2&=(3\sqrt{5})^2+7^2-2\times3\sqrt{5}\times7\times\cos\theta\\&=94-42\sqrt{5}\cos\theta\end{aligned}$$

이때 $\angle BAC=\angle CAD$이므로

$\overline{BC}=\overline{CD}$ → 원주각의 크기가 같으니까 현의 길이도 같아.

즉, $\overline{BC}^2=\overline{CD}^2$이므로

$70-30\sqrt{5}\cos\theta=94-42\sqrt{5}\cos\theta$에서

$12\sqrt{5}\cos\theta=24$

$$\therefore \cos\theta=\frac{24}{12\sqrt{5}}=\frac{2\sqrt{5}}{5}$$

따라서 $\overline{BC}^2=70-30\sqrt{5}\times\frac{2\sqrt{5}}{5}=10$이므로

$\overline{BC}=\sqrt{10}$ ($\because \overline{BC}>0$) → $\overline{BC}$는 변의 길이니까 양수야.

한편, → $\sin^2\theta+\cos^2\theta=1$임을 이용했어.

$$\begin{aligned}\sin\theta&=\sqrt{1-\cos^2\theta}\\&=\sqrt{1-\left(\frac{2\sqrt{5}}{5}\right)^2}=\frac{\sqrt{5}}{5}\end{aligned}$$

이므로 삼각형 ABC의 외접원의 반지름의 길이를 R라 하면 사인법칙에 의하여

$$\frac{\overline{BC}}{\sin\theta}=2R$$

$$\therefore R=\frac{\overline{BC}}{2\sin\theta}=\frac{\sqrt{10}}{2\times\frac{\sqrt{5}}{5}}=\frac{5\sqrt{2}}{2}$$

→ 삼각형 ACD에서 사인법칙을 이용해도 외접원의 반지름의 길이는 같아.

정답률 확률과 통계 27%, 미적분 47%, 기하 47%

28 수능 유형 › 삼각함수의 활용 정답 ⑤

그림과 같이 선분 AB를 지름으로 하는 반원의 호 AB 위에 두 점 C, D가 있다. 선분 AB의 중점 O에 대하여 두 선분 AD, CO가 점 E에서 만나고,

$\overline{CE}=4$, $\overline{ED}=3\sqrt{2}$, $\angle CEA=\frac{3}{4}\pi$ [1][2]

이다. $\overline{AC}\times\overline{CD}$의 값은? → 선분 AB를 지름으로 하는 원이 삼각형 ADC의 외접원이야.

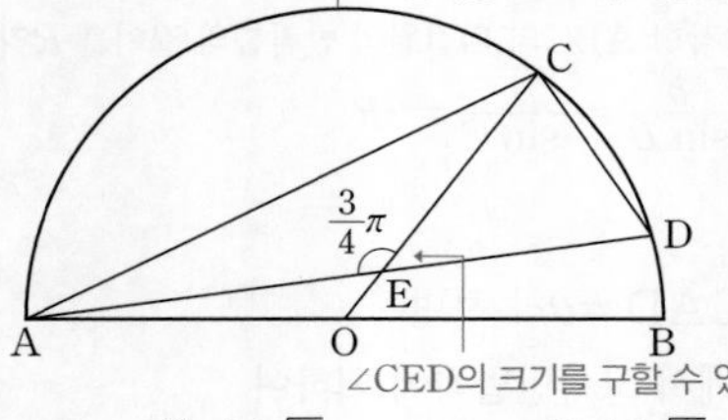

① $6\sqrt{10}$ ② $10\sqrt{5}$ ③ $16\sqrt{2}$
④ $12\sqrt{5}$ ✔⑤ $20\sqrt{2}$

해결 흐름

1 ∠CED의 크기를 구할 수 있으니까 삼각형 CED에서 코사인법칙을 이용하면 선분 CD의 길이를 구할 수 있겠다.

연관 개념 | 삼각형 ABC에서
$a^2=b^2+c^2-2bc\cos A$, $b^2=c^2+a^2-2ca\cos B$,
$c^2=a^2+b^2-2ab\cos C$

2 $\angle CDE=\theta$라 하고 삼각형 ACD에서 사인법칙을 이용하면 선분 AC의 길이에 대해 알아볼 수 있겠어.

연관 개념 | 삼각형 ABC의 외접원의 반지름의 길이를 R라 하면
$\frac{a}{\sin A}=\frac{b}{\sin B}=\frac{c}{\sin C}=2R$

알찬 풀이

$\angle CED=\pi-\angle CEA=\pi-\frac{3}{4}\pi=\frac{\pi}{4}$이므로

삼각형 CED에서 코사인법칙에 의하여

$\overline{CD}^2=4^2+(3\sqrt{2})^2-2\times4\times3\sqrt{2}\times\cos\frac{\pi}{4}$

$=16+18-24\sqrt{2}\times\frac{\sqrt{2}}{2}=10$

$\therefore \overline{CD}=\sqrt{10}$ ($\because \overline{CD}>0$) → $\overline{CD}$는 변의 길이니까 양수야.

또, $\angle CDE=\theta$라 하면

삼각형 CED에서 코사인법칙에 의하여

$\cos\theta=\frac{(\sqrt{10})^2+(3\sqrt{2})^2-4^2}{2\times\sqrt{10}\times3\sqrt{2}}$ → $\cos\theta$의 값을 바로 구하기 위해 코사인법칙의 변형을 이용했어.

$=\frac{10+18-16}{12\sqrt{5}}=\frac{\sqrt{5}}{5}$

$\therefore \sin\theta=\sqrt{1-\cos^2\theta}$ → $\sin^2\theta+\cos^2\theta=1$임을 이용했어.

$=\sqrt{1-\left(\frac{\sqrt{5}}{5}\right)^2}=\frac{2\sqrt{5}}{5}$

삼각형 ADC의 외접원의 반지름의 길이를 R라 하면 사인법칙에 의하여 $\frac{\overline{AC}}{\sin(\angle CDA)}=2R$

$\therefore \overline{AC}=2R\times\sin\theta$ → $\angle CDA=\angle CDE=\theta$이니까 $\sin(\angle CDA)=\sin\theta$야.

$=2R\times\frac{2\sqrt{5}}{5}=\frac{4\sqrt{5}}{5}R$ …… ㉠

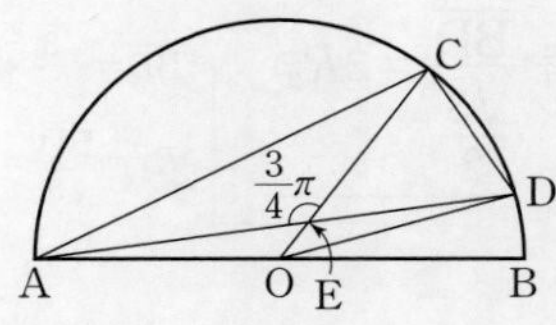

한편, 위의 그림과 같이 $\overline{OD}$를 그으면

$\overline{OD}=\overline{OC}=R$ → 선분 AB를 지름으로 하는 원이 삼각형 ADC의 외접원이니까.

삼각형 EOD에서

$\overline{OE}=\overline{OC}-\overline{CE}=R-4$,

$\angle OED=\angle CEA=\frac{3}{4}\pi$ → 맞꼭지각이니까.

이므로 코사인법칙에 의하여

$R^2=(R-4)^2+(3\sqrt{2})^2-2\times(R-4)\times3\sqrt{2}\times\cos\frac{3}{4}\pi$

→ $\cos\frac{3}{4}\pi=\cos\left(\pi-\frac{\pi}{4}\right)=-\cos\frac{\pi}{4}=-\frac{\sqrt{2}}{2}$

$R^2=R^2-8R+16+18-6\sqrt{2}\times(R-4)\times\left(-\frac{\sqrt{2}}{2}\right)$

$0=-8R+34+6R-24$, $2R=10$

$\therefore R=5$

이를 ㉠에 대입하면

$\overline{AC}=\frac{4\sqrt{5}}{5}\times5=4\sqrt{5}$

$\therefore \overline{AC}\times\overline{CD}=4\sqrt{5}\times\sqrt{10}=20\sqrt{2}$

다른 풀이 $\angle CED=\pi-\angle CEA=\pi-\frac{3}{4}\pi=\frac{\pi}{4}$

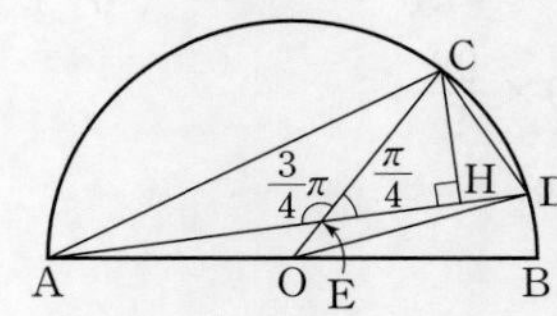

위의 그림과 같이 점 C에서 선분 AD에 내린 수선의 발을 H라 하고, $\overline{OD}$를 그으면 삼각형 CEH는 직각이등변삼각형이므로

$\overline{CH}=\overline{EH}=\overline{CE}\cos\frac{\pi}{4}$

$=4\times\frac{\sqrt{2}}{2}=2\sqrt{2}$ → $\overline{CH}$의 길이는 $\overline{CE}\sin\frac{\pi}{4}$로 계산해도 결과는 같아.

이때 $\overline{DH}=\overline{ED}-\overline{EH}=3\sqrt{2}-2\sqrt{2}=\sqrt{2}$이므로

직각삼각형 CHD에서

$\overline{CD}=\sqrt{\overline{DH}^2+\overline{CH}^2}$ → 피타고라스 정리를 이용했어.

$=\sqrt{(\sqrt{2})^2+(2\sqrt{2})^2}=\sqrt{10}$

또, $\overline{OC}=\overline{OD}$이므로 삼각형 COD는 이등변삼각형이고, → 두 선분은 모두 반원의 반지름이니까.

$\angle CAD=\theta$라 하면

$\angle COD=2\angle CAD=2\theta$이므로

> **원주각과 중심각 사이의 관계**
> 한 호에 대한 원주각의 크기는 중심각의 크기의 $\frac{1}{2}$이다.

$\angle OCD=\angle ODC=\frac{1}{2}(\pi-2\theta)=\frac{\pi}{2}-\theta$

삼각형 CED에서 사인법칙에 의하여

$\frac{\overline{ED}}{\sin(\angle ECD)}=\frac{\overline{CD}}{\sin(\angle CED)}$

$\frac{3\sqrt{2}}{\sin\left(\frac{\pi}{2}-\theta\right)}=\frac{\sqrt{10}}{\sin\frac{\pi}{4}}$, $\frac{3\sqrt{2}}{\cos\theta}=\frac{\sqrt{10}}{\frac{\sqrt{2}}{2}}$

$\sqrt{10}\cos\theta=3$ → $\angle ECD=\angle OCD=\frac{\pi}{2}-\theta$이니까 $\sin(\angle ECD)=\sin\left(\frac{\pi}{2}-\theta\right)$야.

$\therefore \cos\theta=\frac{3\sqrt{10}}{10}$

$\therefore \sin\theta=\sqrt{1-\cos^2\theta}$ → $\sin^2\theta+\cos^2\theta=1$임을 이용했어.

$$=\sqrt{1-\left(\frac{3\sqrt{10}}{10}\right)^2}=\frac{\sqrt{10}}{10}$$

직각삼각형 CAH에서

$$\overline{AC}=\frac{\overline{CH}}{\sin\theta}=\frac{2\sqrt{2}}{\frac{\sqrt{10}}{10}}=4\sqrt{5}$$

$$\therefore \overline{AC}\times\overline{CD}=4\sqrt{5}\times\sqrt{10}=20\sqrt{2}$$

문제 해결 TIP

배지민 | 서울대학교 건축학과 | 화성고등학교 졸업

알찬 풀이와 다른 풀이처럼 선분 AC의 길이는 어떤 삼각형에서 어떤 각을 이용하느냐에 따라 다양한 방법으로 구할 수 있어. 위의 두 방법 외에도 여러 가지 방법이 더 있지.

따라서 다양한 방법으로 접근해 보고 어떤 삼각형을 이용하는 것이 조금이라도 더 편리한지를 생각해 보면 좋아.

삼각함수 단원에서는 도형에 관한 문제가 자주 나오는 편이니까 가장 쉽게 접근할 수 있는 방법으로 문제를 해결할 수 있도록 반복 연습을 많이 해 보도록 해.

정답률 확률과 통계 52%, 미적분 70%, 기하 66%

29 수능 유형 › 삼각함수의 활용 정답 ③

그림과 같이 $\overline{AB}=3$, $\overline{BC}=2$, $\overline{AC}>3$이고 $\cos(\angle BAC)=\frac{7}{8}$인 삼각형 ABC가 있다.[1] 선분 AC의 중점을 M[2], 삼각형 ABC의 외접원이 직선 BM과 만나는 점 중 B가 아닌 점을 D라 할 때, 선분 MD의 길이[3]는?

→ 두 변의 길이와 한 각에 대한 코사인 값이 주어졌으니 코사인법칙을 떠올려야 해.

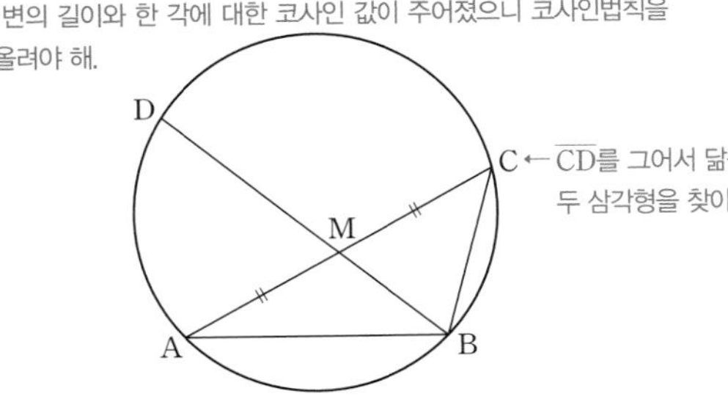

① $\frac{3\sqrt{10}}{5}$ ② $\frac{7\sqrt{10}}{10}$ ✓③ $\frac{4\sqrt{10}}{5}$ ④ $\frac{9\sqrt{10}}{10}$ ⑤ $\sqrt{10}$

해결 흐름

1 삼각형 ABC에서 코사인법칙을 이용하면 선분 AC의 길이를 구할 수 있겠다.

연관 개념 | 삼각형 ABC에서
$a^2=b^2+c^2-2bc\cos A$, $b^2=c^2+a^2-2ca\cos B$,
$c^2=a^2+b^2-2ab\cos C$

2 선분 AC의 중점이 M이니까 두 선분 AM, CM의 길이도 구할 수 있겠네. 그러면 삼각형 ABM에서 코사인법칙을 이용해서 선분 BM의 길이도 구할 수 있겠어.

3 삼각형의 닮음을 이용해서 선분 MD의 길이를 구해 봐야겠다.

알찬 풀이

$\overline{AC}=a$라 하면 삼각형 ABC에서 코사인법칙에 의하여

$2^2=3^2+a^2-2\times3\times a\times\cos(\angle BAC)$

$4=9+a^2-6a\times\frac{7}{8}$

$a^2-\frac{21}{4}a+5=0$, $4a^2-21a+20=0$

$(4a-5)(a-4)=0$ $\therefore a=4$ ($\because a>3$) → $\overline{AC}>3$이니까.

$\therefore \overline{AC}=4$

이때 선분 AC의 중점이 M이므로

$\overline{AM}=\overline{CM}=\frac{1}{2}\overline{AC}=\frac{1}{2}\times4=2$

또, 삼각형 ABM에서 코사인법칙에 의하여

$\overline{BM}^2=3^2+2^2-2\times3\times2\times\cos(\angle BAM)$

$=9+4-12\times\frac{7}{8}$ → $\angle BAM=\angle BAC$이니까 $\cos(\angle BAM)=\cos(\angle BAC)=\frac{7}{8}$이야.

$=\frac{5}{2}$

$\therefore \overline{BM}=\sqrt{\frac{5}{2}}=\frac{\sqrt{10}}{2}$ ($\because \overline{BM}>0$) → $\overline{BM}$은 변의 길이니까 양수야.

한편, 다음 그림과 같이 $\overline{CD}$를 그으면

$\angle BAC=\angle BDC$

원주각의 성질
한 호에 대한 원주각의 크기는 모두 같다.

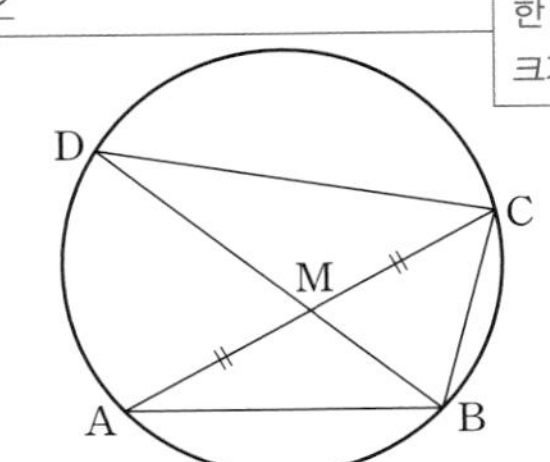

따라서 $\triangle ABM\sim\triangle DCM$ (AA 닮음)이므로

$\overline{MA}:\overline{MD}=\overline{MB}:\overline{MC}$ → $\angle BAM=\angle CDM$($\widehat{BC}$에 대한 원주각), $\angle AMB=\angle DMC$(맞꼭지각)

$2:\overline{MD}=\frac{\sqrt{10}}{2}:2$

$\frac{\sqrt{10}}{2}\overline{MD}=4$

$\therefore \overline{MD}=4\times\frac{2}{\sqrt{10}}=\frac{4\sqrt{10}}{5}$

생생 수험 Talk

수학 공부를 할 때, 어려운 문제를 얼마나 푸느냐에 따라 공부 시간이 조금씩 차이가 있기에 하루에 몇 시간씩 공부하라고 단정지어 말할 수는 없지만 쉬운 문제, 중간 수준의 문제, 어려운 문제를 매일 골고루 푸는 게 좋아. 어렵지 않게 바로 풀 수 있는 문제들도 매일 풀면서 계산 실수를 줄이고, 시간도 단축시키는 거지. 그리고 어려운 문제는 하루에 한 문제라도 푸는 게 좋아. 문제랑 씨름하는 연습을 함으로써 실제 수능에 어려운 문제가 나와도 풀 수 있는 실력을 준비하는 거지. 그런 시간들이 쌓여서 진정한 나의 수학 실력이 되는 거라고 생각해!

정답률 확률과 통계 34%, 미적분 63%, 기하 54%

30 수능 유형 › 삼각함수의 활용

정답 ②

두 점 O_1, O_2를 각각 중심으로 하고 반지름의 길이가 $\overline{O_1O_2}$인 두 원 C_1, C_2가 있다. 그림과 같이 원 C_1 위의 서로 다른 세 점 A, B, C와 원 C_2 위의 점 D가 주어져 있고, 세 점 A, O_1, O_2와 세 점 C, O_2, D가 각각 한 직선 위에 있다. 이때 $\angle BO_1A=\theta_1$, $\angle O_2O_1C=\theta_2$, $\angle O_1O_2D=\theta_3$이라 하자.

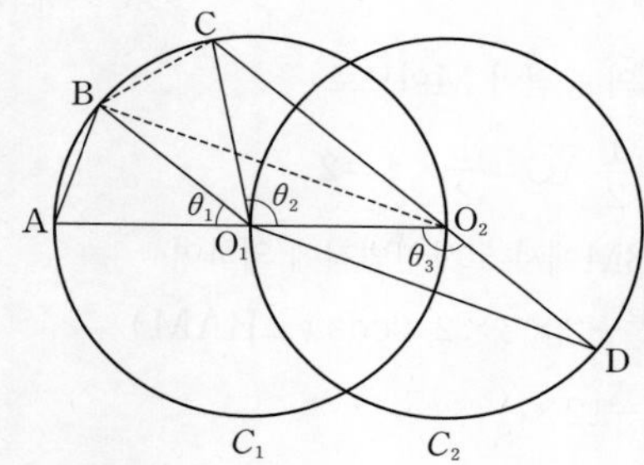

다음은 $\overline{AB}:\overline{O_1D}=1:2\sqrt{2}$이고 $\theta_3=\theta_1+\theta_2$일 때, 선분 AB와 선분 CD의 길이의 비를 구하는 과정이다.

> $\angle CO_2O_1+\angle O_1O_2D=\pi$이므로 $\theta_3=\frac{\pi}{2}+\frac{\theta_2}{2}$이고
> $\theta_3=\theta_1+\theta_2$에서 $2\theta_1+\theta_2=\pi$이므로 $\angle CO_1B=\theta_1$이다.
> 이때 $\angle O_2O_1B=\theta_1+\theta_2=\theta_3$이므로 삼각형 O_1O_2B와 삼각형 O_2O_1D는 합동이다.
> $\overline{AB}=k$라 할 때
> $\overline{BO_2}=\overline{O_1D}=2\sqrt{2}k$이므로 $\overline{AO_2}=$ (가) 이고,
> $\angle BO_2A=\frac{\theta_1}{2}$이므로 $\cos\frac{\theta_1}{2}=$ (나) 이다.
> 삼각형 O_2BC에서
> $\overline{BC}=k$, $\overline{BO_2}=2\sqrt{2}k$, $\angle CO_2B=\frac{\theta_1}{2}$이므로
> 코사인법칙에 의하여 $\overline{O_2C}=$ (다) 이다.
> $\overline{CD}=\overline{O_2D}+\overline{O_2C}=\overline{O_1O_2}+\overline{O_2C}$이므로
> $\overline{AB}:\overline{CD}=k:\left(\frac{\text{(가)}}{2}+\text{(다)}\right)$이다.

위의 (가), (다)에 알맞은 식을 각각 $f(k)$, $g(k)$라 하고, (나)에 알맞은 수를 p라 할 때, $f(p)\times g(p)$의 값은?

① $\frac{169}{27}$ ✓② $\frac{56}{9}$ ③ $\frac{167}{27}$ ④ $\frac{166}{27}$ ⑤ $\frac{55}{9}$

해결 흐름

1. 주어진 조건으로 삼각형 O_1O_2B와 삼각형 O_2O_1D가 합동임을 알고, 직각삼각형 ABO_2에서 피타고라스 정리를 이용하면 (가)에 알맞은 식을 구할 수 있겠군.
2. 원에서 한 호에 대한 원주각의 크기는 중심각의 크기의 $\frac{1}{2}$임을 이용하면 직각삼각형 ABO_2에서 (나)에 알맞은 수를 구할 수 있겠어.
3. 삼각형 O_2BC에서 코사인법칙을 이용하면 (다)에 알맞은 식을 구할 수 있겠다.

연관 개념 | 삼각형 ABC에서
$a^2=b^2+c^2-2bc\cos A$, $b^2=c^2+a^2-2ca\cos B$,
$c^2=a^2+b^2-2ab\cos C$

알찬 풀이

$\angle CO_2O_1+\angle O_1O_2D=\pi$이므로 삼각형 O_1O_2C에서

$\angle CO_2O_1=\angle O_1CO_2=\pi-\theta_3$이고, $\theta_3=\frac{\pi}{2}+\frac{\theta_2}{2}$

→ 삼각형 O_1O_2C는 $\overline{O_1O_2}=\overline{O_1C}$인 이등변삼각형이고 세 내각의 크기의 합은 π이기 때문이야.

$\theta_3=\frac{\pi}{2}+\frac{\theta_2}{2}$를 $\theta_3=\theta_1+\theta_2$에 대입하면 (→ 조건에서 주어졌어.)

$2\theta_1+\theta_2=\pi$이므로 $\angle CO_1B=\theta_1$이다.

이때 $\angle O_2O_1B=\theta_1+\theta_2=\theta_3$이므로 삼각형 O_1O_2B와 삼각형 O_2O_1D는 합동이다.

→ 두 변의 길이가 반지름으로 같고, 그 끼인각의 크기가 같으므로 두 삼각형은 SAS 합동이지.

$\overline{AB}=k$라 할 때,

조건에 의하여 $\overline{AB}:\overline{O_1D}=1:2\sqrt{2}$이므로 $\overline{O_1D}=2\sqrt{2}k$

즉, $\overline{BO_2}=\overline{O_1D}=2\sqrt{2}k$이므로

직각삼각형 ABO_2에서

$\overline{AB}^2+\overline{BO_2}^2=\overline{AO_2}^2$ → 피타고라스 정리를 이용했어.

$k^2+(2\sqrt{2}k)^2=\overline{AO_2}^2$, $k^2+8k^2=\overline{AO_2}^2$, $9k^2=\overline{AO_2}^2$

$\therefore \overline{AO_2}=\boxed{3k}$ ($\because \overline{AO_2}>0$)

$\overset{\frown}{AB}$의 중심각의 크기가 θ_1이므로

$\angle BO_2A=\frac{\theta_1}{2}$

> **원주각과 중심각 사이의 관계**
> 한 호에 대한 원주각의 크기는 중심각의 크기의 $\frac{1}{2}$이다.

직각삼각형 ABO_2에서 $\cos\frac{\theta_1}{2}=\frac{\overline{BO_2}}{\overline{AO_2}}=\frac{2\sqrt{2}k}{3k}=\boxed{\frac{2\sqrt{2}}{3}}$

삼각형 O_2BC에서

→ $\angle CO_1B=\angle AO_1B=\theta_1$이므로 $\overline{BC}=\overline{AB}=k$야.

$\overline{BC}=k$, $\overline{BO_2}=2\sqrt{2}k$, $\angle CO_2B=\frac{\theta_1}{2}$이므로

삼각형 O_2BC에서 코사인법칙에 의하여

$\overline{BC}^2=\overline{BO_2}^2+\overline{O_2C}^2-2\times\overline{BO_2}\times\overline{O_2C}\times\cos\frac{\theta_1}{2}$

$k^2=(2\sqrt{2}k)^2+\overline{O_2C}^2-2\times2\sqrt{2}k\times\overline{O_2C}\times\frac{2\sqrt{2}}{3}$

$-7k^2=\overline{O_2C}^2-\frac{16}{3}k\overline{O_2C}$

$3\overline{O_2C}^2-16k\overline{O_2C}+21k^2=0$, $(3\overline{O_2C}-7k)(\overline{O_2C}-3k)=0$

$\therefore \overline{O_2C}=\frac{7}{3}k$ 또는 $\overline{O_2C}=3k$

이때 $\overline{O_2C}<\overline{AO_2}$이므로 $\overline{O_2C}<3k$

→ $\overline{O_2C}$의 길이는 원의 지름보다 작아야 해.

$\therefore \overline{O_2C}=\boxed{\frac{7}{3}k}$

$\overline{CD}=\overline{O_2D}+\overline{O_2C}=\overline{O_1O_2}+\overline{O_2C}=\frac{1}{2}\overline{AO_2}+\overline{O_2C}$이므로

$\overline{AB}:\overline{CD}=k:\left(\frac{\boxed{3k}}{2}+\boxed{\frac{7}{3}k}\right)$이다.

따라서 $f(k)=3k$, $g(k)=\frac{7}{3}k$, $p=\frac{2\sqrt{2}}{3}$이므로

$f\left(\frac{2\sqrt{2}}{3}\right)\times g\left(\frac{2\sqrt{2}}{3}\right)=2\sqrt{2}\times\frac{14}{9}\sqrt{2}=\frac{56}{9}$

문제 해결 TIP

김건희 | 서울대학교 화학생명공학부 | 세화고등학교 졸업

주어진 조건을 이용해서 과정을 차분히 따라가면 해결할 수 있는 문제였어. 우선 원이 주어졌으니까 원의 성질들을 적절히 이용할 수 있어야 했지. 여러 가지 도형의 성질을 이용한 문제는 자주 출제되니까 정리해 놓고 익혀 두는 것이 좋아.

정답률 확률과 통계 64%, 미적분 86%, 기하 82%

31 수능 유형 › 삼각함수의 활용 정답 ②

반지름의 길이가 $2\sqrt{7}$인 원에 내접하고 $\angle A=\frac{\pi}{3}$인 삼각형 ABC**1**가 있다. 점 A를 포함하지 않는 호 BC 위의 점 D에 대하여 $\sin(\angle BCD)=\frac{2\sqrt{7}}{7}$**2**일 때, $\overline{BD}+\overline{CD}$의 값은?

① $\frac{19}{2}$ ✓② 10 ③ $\frac{21}{2}$

④ 11 ⑤ $\frac{23}{2}$

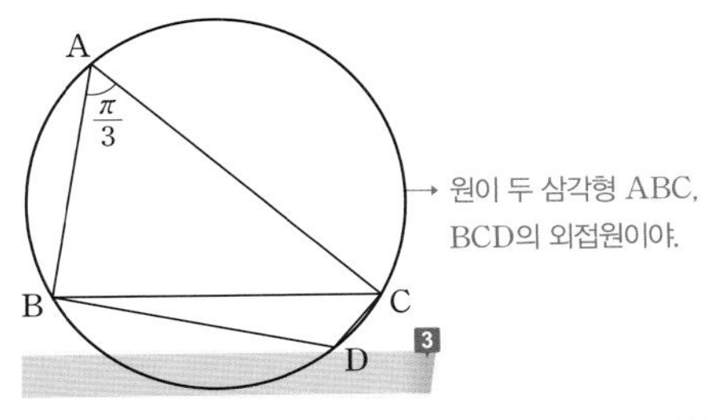

해결 흐름

1 삼각형 ABC에서 사인법칙을 이용하면 선분 BC의 길이를 구할 수 있겠다.

연관 개념 | 삼각형 ABC의 외접원의 반지름의 길이를 R라 하면

$\frac{a}{\sin A}=\frac{b}{\sin B}=\frac{c}{\sin C}=2R$

2 삼각형 BCD에서 사인법칙을 이용하여 선분 BD의 길이도 구해야지.

3 삼각형 BCD에서 코사인법칙을 이용하면 선분 CD의 길이를 구할 수 있겠네.

연관 개념 | 삼각형 ABC에서

$a^2=b^2+c^2-2bc\cos A$, $b^2=c^2+a^2-2ca\cos B$,

$c^2=a^2+b^2-2ab\cos C$

알찬 풀이

삼각형 ABC의 외접원의 반지름의 길이가 $2\sqrt{7}$이므로 사인법칙에 의하여

$\frac{\overline{BC}}{\sin\frac{\pi}{3}}=4\sqrt{7}$ → $2\times2\sqrt{7}$

$\therefore \overline{BC}=4\sqrt{7}\times\frac{\sqrt{3}}{2}$

$=2\sqrt{21}$ → $\sin\frac{\pi}{3}=\frac{\sqrt{3}}{2}$

또, 삼각형 BCD의 외접원의 반지름의 길이도 $2\sqrt{7}$이므로 사인법칙에 의하여

$\frac{\overline{BD}}{\sin(\angle BCD)}=4\sqrt{7}$

$\therefore \overline{BD}=4\sqrt{7}\times\frac{2\sqrt{7}}{7}$

$=8$ → $\sin(\angle BCD)=\frac{2\sqrt{7}}{7}$

한편, 사각형 ABDC가 원에 내접하므로

$\angle BAC+\angle BDC=\pi$ → 원에 내접하는 사각형의 대각의 크기의 합은 π야.

$\frac{\pi}{3}+\angle BDC=\pi$ $\quad\therefore \angle BDC=\frac{2}{3}\pi$

$\overline{CD}=x$라 하면 삼각형 BCD에서 코사인법칙에 의하여

$(2\sqrt{21})^2=x^2+8^2-2\times x\times8\times\cos\frac{2}{3}\pi$

→ $\cos\frac{2}{3}\pi=\cos\left(\pi-\frac{\pi}{3}\right)$

$=-\cos\frac{\pi}{3}=-\frac{1}{2}$

$84=x^2+64+8x$

$x^2+8x-20=0$

$(x-2)(x+10)=0$

$\therefore x=2$ ($\because x>0$) → x는 변의 길이니까 양수야.

$\therefore \overline{CD}=2$

$\therefore \overline{BD}+\overline{CD}=8+2=10$

정답률 확률과 통계 65%, 미적분 84%, 기하 82%

32 수능 유형 › 삼각함수의 활용 정답 ③

그림과 같이 $\overline{AB}=4$, $\overline{AC}=5$이고 $\cos(\angle BAC)=\frac{1}{8}$**2**인 삼각형 ABC가 있다. 선분 AC 위의 점 D와 선분 BC 위의 점 E에 대하여

$\angle BAC=\angle BDA=\angle BED$**1**

일 때, 선분 DE의 길이**3**는?

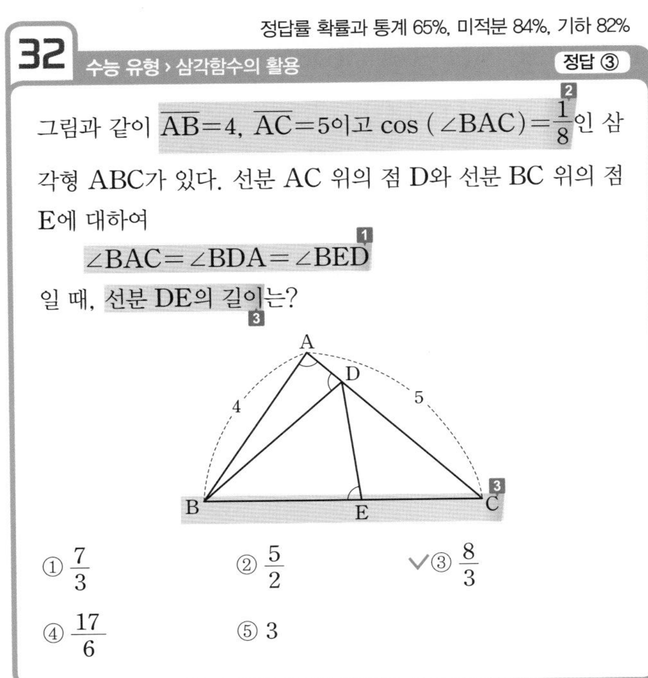

① $\frac{7}{3}$ ② $\frac{5}{2}$ ✓③ $\frac{8}{3}$

④ $\frac{17}{6}$ ⑤ 3

해결 흐름

1 삼각형 ABD가 이등변삼각형이니까 이등변삼각형의 성질을 이용하면 선분 AD의 길이를 구할 수 있겠네.

2 삼각형 ABC에서 코사인법칙을 이용하면 선분 BC의 길이를 구할 수 있겠다.

연관 개념 | 삼각형 ABC에서

$a^2=b^2+c^2-2bc\cos A$, $b^2=c^2+a^2-2ca\cos B$,

$c^2=a^2+b^2-2ab\cos C$

3 점 D에서 변 BC에 내린 수선의 발을 H'이라 하면 두 삼각형 BDH', DEH'이 직각삼각형임을 이용하여 선분 DE의 길이를 구할 수 있겠구나.

알찬 풀이

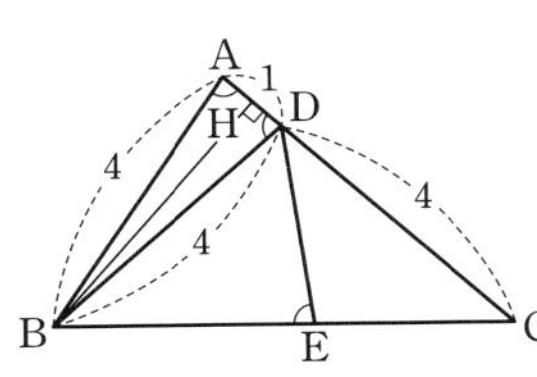

$\angle BAC=\angle BDA$이므로 삼각형 BAD는 $\overline{BA}=\overline{BD}$인 이등변삼각형이다. 즉, $\overline{BD}=\overline{BA}=4$

점 B에서 선분 AD에 내린 수선의 발을 H라 하면

$\overline{AH}=\overline{BA}\cos(\angle BAC)=4\times\frac{1}{8}=\frac{1}{2}$

$\therefore \overline{AD}=2\overline{AH}=1$ → 삼각형 ABD가 이등변삼각형이니까 $\overline{AH}=\overline{DH}$야.

이때 $\overline{AC}=5$이므로

$\overline{DC}=\overline{AC}-\overline{AD}=5-1=4$

따라서 삼각형 DBC는 $\overline{DB}=\overline{DC}=4$인 이등변삼각형이다.

한편, 삼각형 ABC에서 코사인법칙에 의하여

$\overline{BC}^2=4^2+5^2-2\times4\times5\times\cos(\angle BAC)$

$\quad=41-40\times\frac{1}{8}=36$

$\therefore \overline{BC}=6\ (\because \overline{BC}>0)$ → $\overline{BC}$는 변의 길이니까 양수야.

점 D에서 변 BC에 내린 수선의 발을 H′이라 하면

$\overline{BH'}=\frac{1}{2}\overline{BC}=3$ → 삼각형 DBC가 이등변삼각형이니까 $\overline{BH'}=\frac{1}{2}\overline{BC}$야.

이므로 직각삼각형 BDH′에서

$\overline{DH'}=\sqrt{4^2-3^2}=\sqrt{7}$ → 피타고라스 정리를 이용했어.

직각삼각형 DEH′에서

$\overline{DH'}=\overline{DE}\sin(\angle DEH')$이고,

$\sin(\angle DEH')=\sqrt{1-\cos^2(\angle DEH')}$ → $\sin^2\theta+\cos^2\theta=1$임을 이용했어.

$\quad=\sqrt{1-\left(\frac{1}{8}\right)^2}$ → $\angle DEH'=\angle BAC$이니까 $\cos(\angle DEH')=\cos(\angle BAC)$야.

$\quad=\frac{3\sqrt{7}}{8}$

이므로 $\sqrt{7}=\overline{DE}\times\frac{3\sqrt{7}}{8}$

$\therefore \overline{DE}=\sqrt{7}\times\frac{8}{3\sqrt{7}}=\frac{8}{3}$

33

정답률 62%

수능 유형 › 삼각함수의 활용 **정답 21**

$\angle A=\frac{\pi}{3}$이고 $\overline{AB}:\overline{AC}=3:1$인 삼각형 ABC가 있다. 삼각형 ABC의 외접원의 반지름의 길이가 7일 때, 선분 AC의 길이를 k라 하자. k^2의 값을 구하시오. **21**

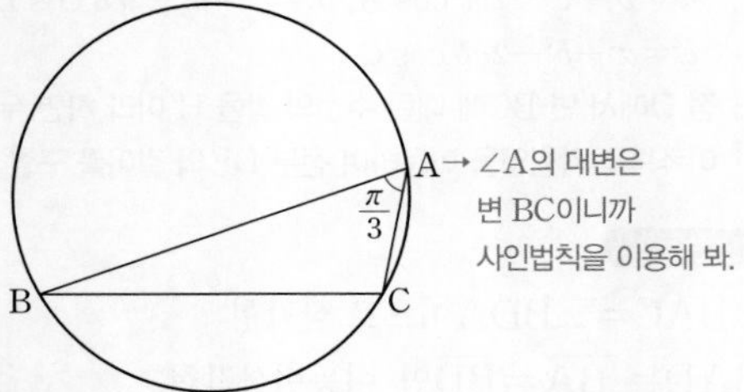

해결 흐름

1. 삼각형 ABC의 외접원의 반지름의 길이가 주어졌으므로 사인법칙을 이용하면 선분 BC의 길이를 구할 수 있겠다.
   연관 개념 | 삼각형 ABC의 외접원의 반지름의 길이를 R라 하면
   $\frac{a}{\sin A}=\frac{b}{\sin B}=\frac{c}{\sin C}=2R$
2. 삼각형 ABC에서 코사인법칙을 이용하면 선분 AC의 길이를 구할 수 있겠네.
   연관 개념 | 삼각형 ABC에서
   $a^2=b^2+c^2-2bc\cos A,\ b^2=c^2+a^2-2ca\cos B,$
   $c^2=a^2+b^2-2ab\cos C$

알찬 풀이

$\overline{AB}:\overline{AC}=3:1$이고

$\overline{AC}=k\ (k>0)$ → k는 변의 길이니까 양수야.

이므로

$\overline{AB}=3k$

또, 삼각형 ABC의 외접원의 반지름의 길이가 7이므로 사인법칙에 의하여

$\frac{\overline{BC}}{\sin\frac{\pi}{3}}=14$ → $2\times7=14$

$\therefore \overline{BC}=14\times\frac{\sqrt{3}}{2}$

$\quad=7\sqrt{3}$ → $\sin\frac{\pi}{3}=\frac{\sqrt{3}}{2}$

따라서 삼각형 ABC에서 코사인법칙에 의하여

$(7\sqrt{3})^2=(3k)^2+k^2-2\times3k\times k\times\cos\frac{\pi}{3}$ → $\cos\frac{\pi}{3}=\frac{1}{2}$

$147=9k^2+k^2-3k^2$

$7k^2=147$

$\therefore k^2=21$

생생 수험 Talk

우리나라 교육과정과 입시 제도상 수학은 중 · 고등학교 과정에서 엄청 중요한 부분을 차지해. 많은 학생들이 수학을 어려워하기 때문에 상대적으로 수학을 잘하면 입시에서 유리한 고지를 점할 수 있다는 얘기지. 그리고 수학은 눈으로 문제 유형을 파악하고 풀이 방향을 찾아내는 습관이 중요한 과목이라서 하루라도 수학 공부를 게을리하면 안 돼. 그래서 나는 하루에 풀 수학 문제 수를 정해 놓고 무조건 그 이상의 수학 문제를 풀었어.

34

정답률 59%

수능 유형 › 삼각함수의 활용 **정답 ③**

그림과 같이 중심이 O이고 반지름의 길이가 $\sqrt{10}$인 원에 내접하는 예각삼각형 ABC에 대하여 두 삼각형 OAB, OCA의 넓이를 각각 S_1, S_2라 하자. $3S_1=4S_2$이고 $\overline{BC}=2\sqrt{5}$일 때, 선분 AB의 길이는? (→ $\overline{OA}=\overline{OB}=\overline{OC}=\sqrt{10}$이야.)

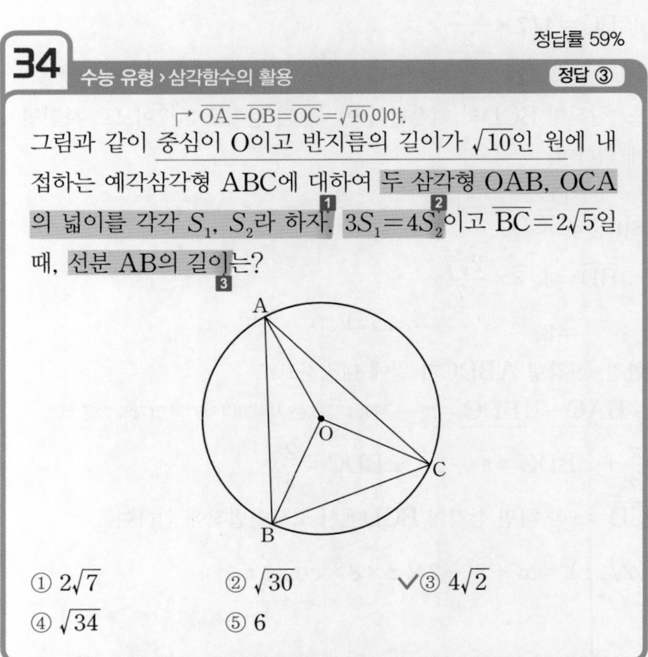

① $2\sqrt{7}$ ② $\sqrt{30}$ ✓③ $4\sqrt{2}$
④ $\sqrt{34}$ ⑤ 6

해결 흐름

1 $\angle AOB=\alpha$, $\angle AOC=\beta$로 놓고 S_1, S_2를 $\sin\alpha$, $\sin\beta$에 대한 식으로 나타내 봐야겠다.

연관 개념 | 삼각형 ABC의 넓이를 S라 하면

$S=\frac{1}{2}ab\sin C=\frac{1}{2}bc\sin A=\frac{1}{2}ca\sin B$

2 $3S_1=4S_2$임을 이용하면 $\sin\alpha$와 $\sin\beta$ 사이의 관계식을 구할 수 있겠네.

3 삼각형 OAB에서 코사인법칙을 이용하여 선분 AB의 길이를 구하면 되겠다.

연관 개념 | 삼각형 ABC에서

$a^2=b^2+c^2-2bc\cos A$, $b^2=c^2+a^2-2ca\cos B$,

$c^2=a^2+b^2-2ab\cos C$

알찬 풀이

$\angle AOB=\alpha$, $\angle AOC=\beta$라 하면 두 삼각형 OAB, OCA의 넓이 S_1, S_2는 각각

$S_1=\frac{1}{2}\times(\sqrt{10})^2\times\sin\alpha=5\sin\alpha$

$S_2=\frac{1}{2}\times(\sqrt{10})^2\times\sin\beta=5\sin\beta$

이때 $3S_1=4S_2$이므로

$3\times5\sin\alpha=4\times5\sin\beta$

$\therefore \sin\alpha=\frac{4}{3}\sin\beta$ …… ㉠

$\overline{BC}=2\sqrt{5}$, $\overline{OB}=\overline{OC}=\sqrt{10}$에서 삼각형 OBC는 $\angle BOC=\frac{\pi}{2}$인 직각이등변삼각형이다.

→ $\overline{BC}^2=\overline{OB}^2+\overline{OC}^2$이기 때문이야.

이때 $\alpha+\beta+\frac{\pi}{2}=2\pi$에서 $\beta=\frac{3}{2}\pi-\alpha$이므로

㉠에 대입하면

→ $\sin\left(\frac{3}{2}\pi-\alpha\right)=-\cos\alpha$

$\sin\alpha=\frac{4}{3}\sin\left(\frac{3}{2}\pi-\alpha\right)=-\frac{4}{3}\cos\alpha$ …… ㉡

$\sin^2\alpha+\cos^2\alpha=1$에 ㉡을 대입하면

$\left(-\frac{4}{3}\cos\alpha\right)^2+\cos^2\alpha=1$

$\frac{16}{9}\cos^2\alpha+\cos^2\alpha=1$, $\frac{25}{9}\cos^2\alpha=1$

$\therefore \cos^2\alpha=\frac{9}{25}$

→ $0<\alpha<\pi$이니까.

$\sin\alpha>0$이므로 ㉡에서 $\cos\alpha<0$

$\therefore \cos\alpha=-\sqrt{\frac{9}{25}}=-\frac{3}{5}$

따라서 삼각형 OAB에서 코사인법칙에 의하여

$\overline{AB}^2=(\sqrt{10})^2+(\sqrt{10})^2-2\times\sqrt{10}\times\sqrt{10}\times\left(-\frac{3}{5}\right)$

$=10+10-20\times\left(-\frac{3}{5}\right)=32$

$\therefore \overline{AB}=4\sqrt{2}$ ($\because \overline{AB}>0$)

수능 핵심 개념 **직각삼각형이 되는 조건**

세 변의 길이가 각각 a, b, c인 삼각형에서

$a^2+b^2=c^2$

이 성립하면 이 삼각형은 빗변의 길이가 c인 직각삼각형이다.

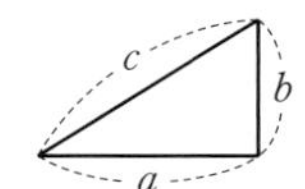

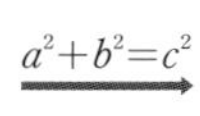

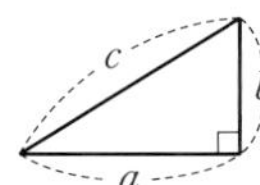

35

정답률 43%

수능 유형 › 삼각함수의 활용 **정답 ①**

→ 원 C는 삼각형 ABC의 외접원임을 알 수 있어.

그림과 같이 원 C에 내접하고 $\overline{AB}=3$, $\angle BAC=\frac{\pi}{3}$인 삼각형 ABC가 있다. 원 C의 넓이가 $\frac{49}{3}\pi$일 때, 원 C 위의 점 P에 대하여 삼각형 PAC의 넓이의 최댓값은?

(단, 점 P는 점 A도 아니고 점 C도 아니다.)

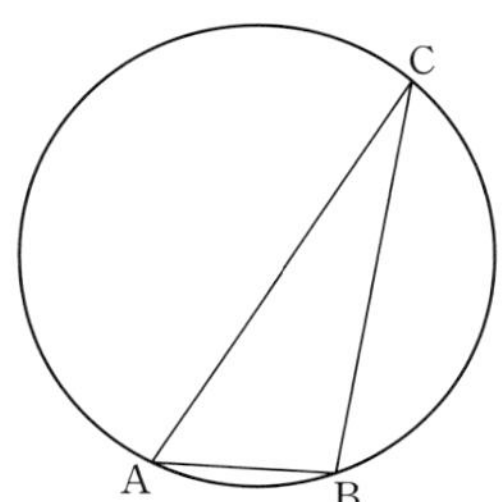

✓① $\frac{32}{3}\sqrt{3}$ ② $\frac{34}{3}\sqrt{3}$ ③ $12\sqrt{3}$

④ $\frac{38}{3}\sqrt{3}$ ⑤ $\frac{40}{3}\sqrt{3}$

해결 흐름

1 원 C의 반지름의 길이를 구하고, 삼각형 ABC에서 사인법칙을 이용하면 선분 BC의 길이를 구할 수 있겠네.

연관 개념 | 삼각형 ABC의 외접원의 반지름의 길이를 R라 하면

$\frac{a}{\sin A}=\frac{b}{\sin B}=\frac{c}{\sin C}=2R$

2 삼각형 ABC에서 코사인법칙을 이용하여 선분 AC의 길이도 구해 봐야지.

연관 개념 | 삼각형 ABC에서

$a^2=b^2+c^2-2bc\cos A$, $b^2=c^2+a^2-2ca\cos B$,

$c^2=a^2+b^2-2ab\cos C$

3 선분 AC의 길이는 일정하므로 삼각형 PAC의 넓이는 점 P가 선분 AC로부터 가장 멀리 떨어져 있을 때 최대가 됨을 이용하면 되겠다.

알찬 풀이

원 C의 반지름의 길이를 R라 하면

$R^2\pi=\frac{49}{3}\pi$, $R^2=\frac{49}{3}$

→ 원 C의 넓이가 $\frac{49}{3}\pi$임을 이용했어.

$\therefore R=\frac{7}{3}\sqrt{3}$ ($\because R>0$)

삼각형 ABC에서 사인법칙에 의하여

$\frac{\overline{BC}}{\sin\frac{\pi}{3}}=2\times\frac{7}{3}\sqrt{3}$

→ $\sin\frac{\pi}{3}=\frac{\sqrt{3}}{2}$

$\therefore \overline{BC}=2\times\frac{7}{3}\sqrt{3}\times\frac{\sqrt{3}}{2}$

$=7$

삼각형 ABC에서 $\overline{AC}=a$라 하면 코사인법칙에 의하여

$7^2=a^2+3^2-2\times a\times3\times\cos\frac{\pi}{3}$

$49=a^2+9-3a$

$a^2-3a-40=0$

$(a+5)(a-8)=0$

$\therefore a=8$ ($\because a>0$)

→ a는 변의 길이니까 양수야.

$\therefore \overline{AC}=8$

삼각형 PAC의 넓이가 최대가 되도록 하는 점 P는 선분 AC의 수직이등분선과 원 C의 두 교점 중 선분 AC로부터 멀리 떨어져 있는 점이다.

이때 선분 AC의 중점을 H라 하면 오른쪽 그림과 같이 원 C의 중심 O는 선분 PH 위에 있다.

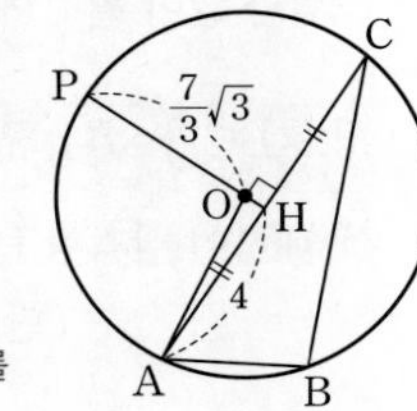

직각삼각형 AHO에서

$\overline{OH}=\sqrt{\left(\frac{7}{3}\sqrt{3}\right)^2-4^2}=\frac{\sqrt{3}}{3}$ → 피타고라스 정리를 이용했어.

$\therefore\ \overline{PH}=\frac{7}{3}\sqrt{3}+\frac{\sqrt{3}}{3}=\frac{8}{3}\sqrt{3}$ → $\overline{PH}=\overline{PO}+\overline{OH}=R+\overline{OH}$

따라서 삼각형 PAC의 넓이의 최댓값은

$\frac{1}{2}\times\overline{AC}\times\overline{PH}=\frac{1}{2}\times 8\times\frac{8}{3}\sqrt{3}$

$=\frac{32}{3}\sqrt{3}$

36 수능 유형 › 삼각함수의 활용

정답률 38%

정답 ②

반지름의 길이가 3인 원의 둘레를 6등분 하는 점 중에서 연속된 세 개의 점을 각각 A, B, C라 하자. [1] → 각 점은 정육각형의 꼭짓점이야.
점 B를 포함하지 않는 호 AC 위의 점 P에 대하여 $\overline{AP}+\overline{CP}=8$[3]이다. 사각형 ABCP의 넓이[2]는?

① $\frac{13\sqrt{3}}{3}$ ✓② $\frac{16\sqrt{3}}{3}$ ③ $\frac{19\sqrt{3}}{3}$

④ $\frac{22\sqrt{3}}{3}$ ⑤ $\frac{25\sqrt{3}}{3}$

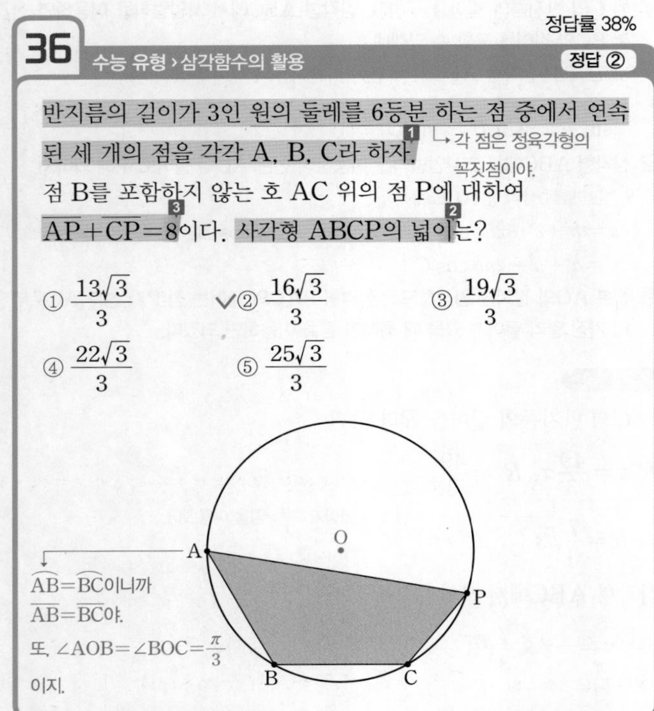

$\widehat{AB}=\widehat{BC}$이니까 $\overline{AB}=\overline{BC}$야.
또, $\angle AOB=\angle BOC=\frac{\pi}{3}$이지.

해결 흐름

1 원의 중심을 O라 하면 $\angle AOB=\angle BOC=\frac{\pi}{3}$이겠네.

2 사각형 ABCP의 넓이는 두 삼각형 ABC, ACP의 넓이의 합으로 구해 봐야겠군.

연관 개념 | 삼각형 ABC의 넓이를 S라 하면

$S=\frac{1}{2}ab\sin C=\frac{1}{2}bc\sin A=\frac{1}{2}ca\sin B$

3 두 선분 AP, CP의 길이는 코사인법칙을 이용하여 구해 봐야지.

연관 개념 | 삼각형 ABC에서

$a^2=b^2+c^2-2bc\cos A,\ b^2=c^2+a^2-2ca\cos B,$
$c^2=a^2+b^2-2ab\cos C$

알찬 풀이

다음 그림과 같이 원의 중심을 O라 하면

$\overline{OA}=\overline{OB}=\overline{OC}=3,$

$\angle AOB=\angle BOC=\frac{\pi}{3}$

이므로 두 삼각형 OAB, OBC는 정삼각형이다.

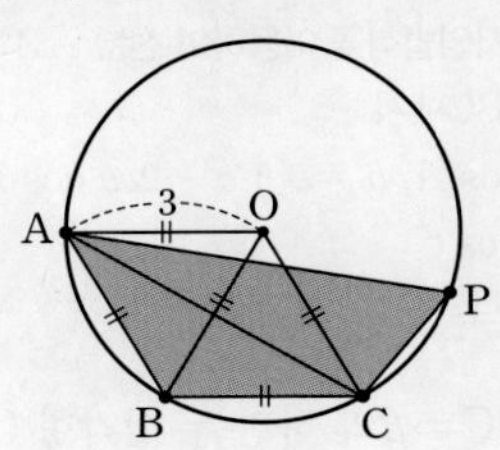

즉, $\overline{AB}=\overline{BC}=3$이고

$\angle ABC=\angle ABO+\angle OBC$

$=\frac{\pi}{3}+\frac{\pi}{3}$

$=\frac{2}{3}\pi$

삼각형 ABC에서 코사인법칙에 의하여

$\overline{AC}^2=3^2+3^2-2\times3\times3\times\cos\frac{2}{3}\pi$ → $\cos\frac{2}{3}\pi=\cos\left(\pi-\frac{\pi}{3}\right)=-\cos\frac{\pi}{3}=-\frac{1}{2}$

$=9+9-18\times\left(-\frac{1}{2}\right)$

$=27$

$\therefore\ \overline{AC}=3\sqrt{3}\ (\because\ \overline{AC}>0)$

한편, 사각형 ABCP가 원에 내접하므로 → 원에 내접하는 사각형의 대각의 크기의 합은 π야.

$\angle ABC+\angle APC=\pi$

$\frac{2}{3}\pi+\angle APC=\pi$

$\therefore\ \angle APC=\frac{\pi}{3}$

$\overline{AP}=x,\ \overline{CP}=y$라 하면 삼각형 ACP에서 코사인법칙에 의하여

$(3\sqrt{3})^2=x^2+y^2-2xy\cos\frac{\pi}{3}$

$27=x^2+y^2-2xy\times\frac{1}{2}$

$=(x+y)^2-3xy$ ← $x^2+y^2-xy=(x^2+2xy+y^2)-3xy=(x+y)^2-3xy$

이때 $x+y=8$이므로 → $\overline{AP}+\overline{CP}=8$로 문제에 주어졌어.

$27=64-3xy$

$3xy=37$

$\therefore\ xy=\frac{37}{3}$

$\therefore$ (사각형 ABCP의 넓이)

$=\triangle ABC+\triangle ACP$

$=\frac{1}{2}\times\overline{AB}\times\overline{BC}\times\sin(\angle ABC)$

$+\frac{1}{2}\times\overline{AP}\times\overline{CP}\times\sin(\angle APC)$

$=\frac{1}{2}\times3\times3\times\sin\frac{2}{3}\pi+\frac{1}{2}\times\frac{37}{3}\times\sin\frac{\pi}{3}$ → $\sin\frac{2}{3}\pi=\sin\left(\pi-\frac{\pi}{3}\right)=\sin\frac{\pi}{3}=\frac{\sqrt{3}}{2}$

$=\frac{9\sqrt{3}}{4}+\frac{37\sqrt{3}}{12}$

$=\frac{16\sqrt{3}}{3}$

37 수능 유형 › 삼각함수의 활용

정답률 39%

정답 25

그림과 같이 $\overline{AB}=3$, $\overline{BC}=6$인 직사각형 ABCD에서 선분 BC를 1 : 5로 내분하는 점을 E라 하자. → $\overline{BE}:\overline{CE}=1:5$야.
$\angle EAC=\theta$라 할 때, $50\sin\theta\cos\theta$의 값을 구하시오. 25

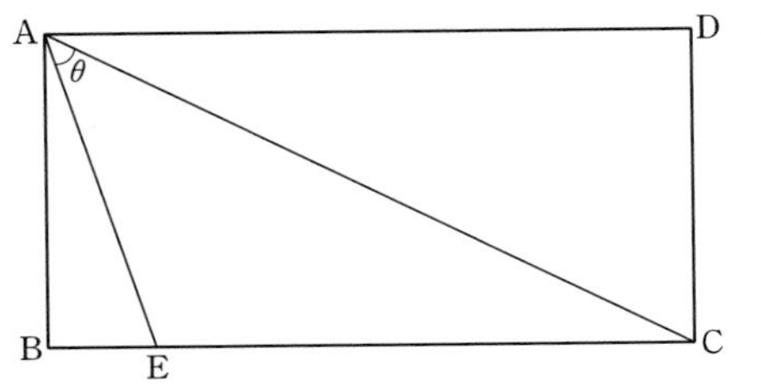

해결 흐름

1 내분의 정의를 이용하여 먼저 두 선분 BE, CE의 길이를 구해야지.

2 피타고라스 정리를 이용하면 두 선분 AE, AC의 길이도 구할 수 있겠네.

3 삼각형 AEC에서 코사인법칙의 변형을 이용하여 $\cos\theta$의 값을 구하면 θ의 값을 구할 수 있겠다.

연관 개념 | 삼각형 ABC에서

$\cos A=\frac{b^2+c^2-a^2}{2bc}$, $\cos B=\frac{c^2+a^2-b^2}{2ca}$, $\cos C=\frac{a^2+b^2-c^2}{2ab}$

알찬 풀이

점 E는 선분 BC를 1 : 5로 내분하는 점이므로

$\overline{BE}=1$, $\overline{CE}=5$ → $\overline{BC}=6$이니까 $\overline{BE}=6\times\frac{1}{1+5}=1$, $\overline{CE}=6\times\frac{5}{1+5}=5$야.

직각삼각형 ABE에서

$\overline{AE}=\sqrt{3^2+1^2}=\sqrt{10}$

직각삼각형 ACD에서

$\overline{AC}=\sqrt{6^2+3^2}=3\sqrt{5}$ → 피타고라스 정리를 이용했어.

삼각형 AEC에서 코사인법칙에 의하여

$$\cos\theta=\frac{(\sqrt{10})^2+(3\sqrt{5})^2-5^2}{2\times\sqrt{10}\times3\sqrt{5}}$$

$$=\frac{30}{30\sqrt{2}}=\frac{\sqrt{2}}{2}$$

이때 $0<\theta<\frac{\pi}{2}$이므로 $\theta=\frac{\pi}{4}$ → □ABCD는 직사각형이므로 $\angle DAB=\frac{\pi}{2}$야.

$\therefore \sin\theta=\sin\frac{\pi}{4}=\frac{\sqrt{2}}{2}$

$\therefore 50\sin\theta\cos\theta=50\times\frac{\sqrt{2}}{2}\times\frac{\sqrt{2}}{2}=25$

다른 풀이 삼각형 AEC의 넓이는

$\frac{1}{2}\times\sqrt{10}\times3\sqrt{5}\times\sin\theta=\frac{1}{2}\times5\times3$ → $\frac{1}{2}\times\overline{CE}\times\overline{AB}$

$\frac{15\sqrt{2}}{2}\sin\theta=\frac{15}{2}$

$\sqrt{2}\sin\theta=1$

$\therefore \sin\theta=\frac{\sqrt{2}}{2}$

이때 $0<\theta<\frac{\pi}{2}$이므로 $\theta=\frac{\pi}{4}$

$\therefore \cos\theta=\cos\frac{\pi}{4}=\frac{\sqrt{2}}{2}$

$\therefore 50\sin\theta\cos\theta=50\times\frac{\sqrt{2}}{2}\times\frac{\sqrt{2}}{2}=25$

> **삼각형의 넓이**
> 삼각형 ABC의 넓이를 S라 하면
> $S=\frac{1}{2}ab\sin C$
> $=\frac{1}{2}bc\sin A$
> $=\frac{1}{2}ca\sin B$

38 수능 유형 › 삼각함수의 활용

정답률 16%

정답 50

그림과 같이 원에 내접하는 사각형 ABCD가 $\overline{AB}=10$, $\overline{AD}=2$, $\cos(\angle BCD)=\frac{3}{5}$을 만족시킨다. 이 원의 넓이가 $a\pi$일 때, a의 값을 구하시오. 50

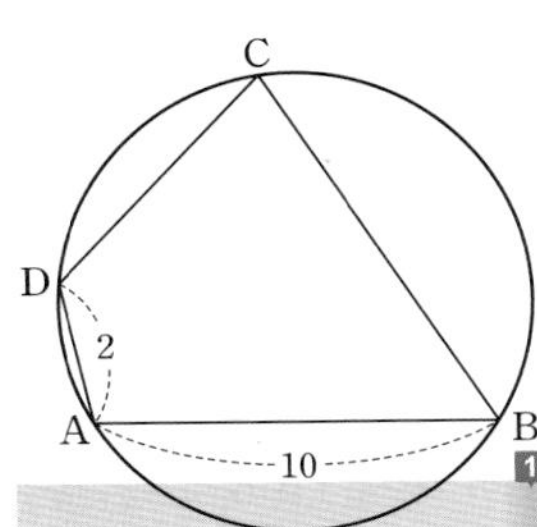

해결 흐름

1 선분 BD를 그으면 주어진 원은 두 삼각형 ABD, BCD의 외접원이 되네. 원의 반지름의 길이를 구하면 원의 넓이를 구할 수 있겠군.

2 삼각형 ABD에서 코사인법칙을 이용하면 선분 BD의 길이를 구할 수 있겠네.

연관 개념 | 삼각형 ABC에서

$a^2=b^2+c^2-2bc\cos A$, $b^2=c^2+a^2-2ca\cos B$,

$c^2=a^2+b^2-2ab\cos C$

3 삼각형 BCD에서 사인법칙을 이용하여 원의 반지름의 길이를 구하면 되겠다.

연관 개념 | 삼각형 ABC의 외접원의 반지름의 길이를 R라 하면

$\frac{a}{\sin A}=\frac{b}{\sin B}=\frac{c}{\sin C}=2R$

알찬 풀이

$\angle BCD=\theta\ (0<\theta<\pi)$라 하면

$\cos\theta=\frac{3}{5}$

또, 사각형 ABCD가 원에 내접하므로

$\angle BAD=\pi-\theta$ → 원에 내접하는 사각형의 대각의 크기의 합은 π야.

이때 삼각형 ABD에서 코사인법칙에 의하여

$\overline{BD}^2=2^2+10^2-2\times2\times10\times\cos(\pi-\theta)$

$=4+100-40\times(-\cos\theta)$ → $\cos(\pi-\theta)=-\cos\theta$임을 이용했어.

$=104-40\times\left(-\frac{3}{5}\right)$

$=128$

$\therefore \overline{BD}=8\sqrt{2}\ (\because \overline{BD}>0)$

한편,

$\sin\theta=\sqrt{1-\cos^2\theta}$ → $\sin^2\theta+\cos^2\theta=1$임을 이용했어.

$=\sqrt{1-\left(\frac{3}{5}\right)^2}=\frac{4}{5}$

이므로 삼각형 BCD의 외접원의 반지름의 길이를 R라 하면 사인법칙에 의하여

$\frac{\overline{BD}}{\sin\theta}=2R$

$\therefore R=\frac{\overline{BD}}{2\sin\theta}=\frac{8\sqrt{2}}{2\times\frac{4}{5}}=5\sqrt{2}$

따라서 원의 넓이는 $\pi\times(5\sqrt{2})^2=50\pi$이므로

$a=50$

정답률 확률과 통계 14%, 미적분 36%, 기하 30%

39 수능 유형 › 삼각함수의 그래프 정답 24

→ $y=a\sin x+b$는 최댓값이 $a+b$이고, 최솟값이 $-a+b$임을 이용해서 그래프의 개형을 그릴 수 있어.

5 이하의 두 자연수 a, b에 대하여 열린구간 $(0, 2\pi)$에서 정의된 함수 $y=a\sin x+b$의 그래프[1]가 직선 $x=\pi$와 만나는 점의 집합을 A라 하고, 두 직선 $y=1$, $y=3$과 만나는 점의 집합을 각각 B, C라 하자. $n(A\cup B\cup C)=3$[2]이 되도록 하는 a, b의 순서쌍 (a, b)에 대하여 $a+b$의 최댓값을 M, 최솟값을 m[3]이라 할 때 $M\times m$의 값을 구하시오. 24

해결 흐름

1 b의 값이 1, 2, 3, 4, 5인 경우로 나누어 $y=a\sin x+b$의 그래프의 개형을 그려 봐야겠어.

연관 개념 | 함수 $y=a\sin(bx+c)+d$에 대하여

① 최댓값: $|a|+d$ ② 최솟값: $-|a|+d$ ③ 주기: $\frac{2\pi}{|b|}$

2 $n(A\cup B\cup C)=3$이 되도록 하는 a의 값을 구해 봐야지.

3 조건을 만족시키는 5이하의 두 자연수 a, b의 순서쌍 (a, b)를 구한 후, $a+b$의 최댓값과 최솟값을 각각 구해 봐야겠다.

알찬 풀이

함수 $y=a\sin x+b$의 최댓값은 $a+b$이고 최솟값은 $-a+b$이다.

(i) $b=1$일 때,

→ $-1\le\sin x\le1$이므로 $-a\le a\sin x\le a$이고 $-a+1\le a\sin x+1\le a+1$

함수 $y=a\sin x+1$의 그래프는 오른쪽 그림과 같다.

$n(A\cup B\cup C)=3$을 만족시키려면

→ $y=a\sin x+1$의 최댓값이야.

$a+1>3$, 즉

$a>2$이어야 한다.

따라서 5 이하의 자연수 a, b의 순서쌍 (a, b)는 $(3, 1)$, $(4, 1)$, $(5, 1)$이다.

(ii) $b=2$일 때,

함수 $y=a\sin x+2$의 그래프는 오른쪽 그림과 같다.

$n(A\cup B\cup C)=3$을 만족시키려면

→ $y=a\sin x+2$의 최댓값이야.

$a+2=3$, 즉

$a=1$이어야 한다.

따라서 5 이하의 자연수 a, b의 순서쌍 (a, b)는 $(1, 2)$이다.

(iii) $b=3$일 때,

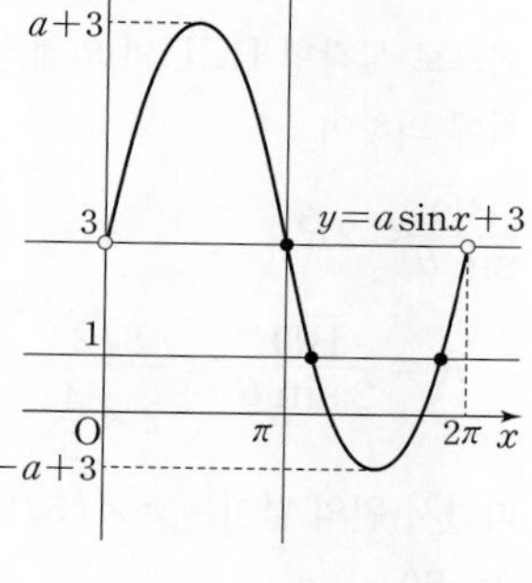

함수 $y=a\sin x+3$의 그래프는 오른쪽 그림과 같다.

$n(A\cup B\cup C)=3$을 만족시키려면

→ $y=a\sin x+3$의 최솟값이야.

$-a+3<1$, 즉

$a>2$이어야 한다.

따라서 5 이하의 자연수 a, b의 순서쌍 (a, b)는 $(3, 3)$, $(4, 3)$, $(5, 3)$이다.

(iv) $b=4$일 때,

함수 $y=a\sin x+4$의 그래프는 오른쪽 그림과 같다.

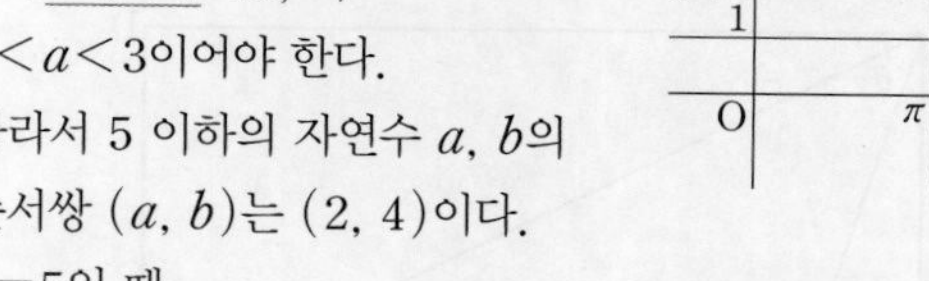

$n(A\cup B\cup C)=3$을 만족시키려면

→ $y=a\sin x+4$의 최솟값이야.

$1<-a+4<3$, 즉

$1<a<3$이어야 한다.

따라서 5 이하의 자연수 a, b의 순서쌍 (a, b)는 $(2, 4)$이다.

(v) $b=5$일 때,

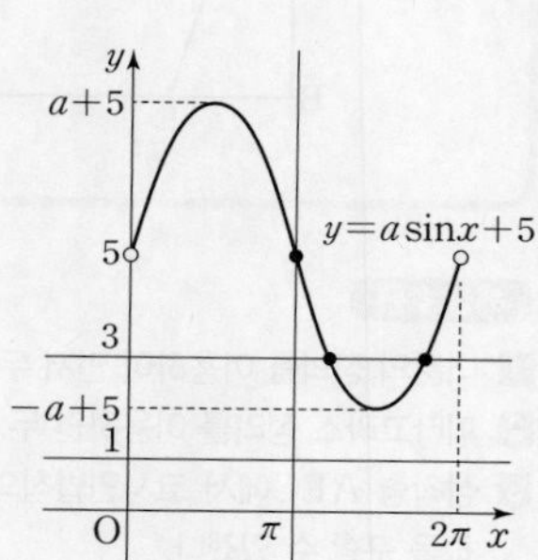

함수 $y=a\sin x+5$의 그래프는 오른쪽 그림과 같다.

$n(A\cup B\cup C)=3$을 만족시키려면

→ $y=a\sin x+5$의 최솟값이야.

$1<-a+5<3$, 즉

$2<a<4$이어야 한다.

따라서 5 이하의 자연수 a, b의 순서쌍 (a, b)는 $(3, 5)$이다.

이상에서 $a+b$의 최댓값은 8, 최솟값은 3이므로

$M=8$, $m=3$

$\therefore M\times m=8\times3=24$

실전 적용 key

함수 $y=a\sin x+b$의 그래프는 항상 점 (π, b)를 지나므로 함수 $y=a\sin x+b$의 그래프와 두 직선 $y=1$, $y=3$과 만나는 서로 다른 점이 2개가 더 생기도록 경우를 따져 보면 a의 값을 정할 수 있다.

빠른 풀이

a, b가 5 이하의 자연수이므로 $2\le a+b\le10$이다.

$a+b$의 최솟값을 구해 보자.

(i) $a+b$의 최솟값이 2, 즉 $a=1$, $b=1$일 때

$n(A\cup B\cup C)=1$이므로 조건을 만족시키지 않는다.

(ii) $a+b$의 최솟값이 3,

즉 $a=1$, $b=2$ 또는 $a=2$, $b=1$일 때

$a=1$, $b=2$이면 $n(A\cup B\cup C)=3$이므로 조건을 만족시킨다.

→ $a+b$의 최솟값이 3이므로 $a=2$, $b=1$인 경우는 확인하지 않아도 돼.

(i), (ii)에서 $a+b$의 최솟값은 3이다.

또, $a+b$의 최댓값을 구해 보자.

(iii) $a+b$의 최댓값이 10, 즉 $a=5$, $b=5$일 때

$n(A\cup B\cup C)=5$이므로 조건을 만족시키지 않는다.

(iv) $a+b$의 최댓값이 9, 즉 $a=5$, $b=4$ 또는 $a=4$, $b=5$일 때

$a=5$, $b=4$이면 $n(A\cup B\cup C)=5$이므로 조건을 만족시키지 않는다.

$a=4$, $b=5$이면 $n(A\cup B\cup C)=4$이므로 조건을 만족시키지 않는다.

(v) $a+b$의 최댓값이 8

즉, $a=5$, $b=3$ 또는 $a=4$, $b=4$ 또는 $a=3$, $b=5$일 때

$a=5$, $b=3$이면 $n(A\cup B\cup C)=3$이므로 조건을 만족시킨다.

→ $a+b$의 최댓값이 8이므로 다른 경우는 확인하지 않아도 돼.

(iii), (iv), (v)에서 $a+b$의 최댓값은 8이다.

따라서 $a+b$의 최댓값은 8, 최솟값은 3이므로

$M=8$, $m=3$

$\therefore M\times m=8\times3=24$

정답률 확률과 통계 22%, 미적분 37%, 기하 31%

40 수능 유형 › 삼각함수를 포함한 방정식과 부등식 정답 ②

$-1\le t\le 1$인 실수 t에 대하여 x에 대한 방정식

$$\left(\sin\frac{\pi x}{2}-t\right)\left(\cos\frac{\pi x}{2}-t\right)=0$$

→ $\sin\frac{\pi x}{2}-t=0$ 또는 $\cos\frac{\pi x}{2}-t=0$이네.

1 의 실근 중에서 집합 $\{x\,|\,0\le x<4\}$에 속하는 가장 작은 값을 $\alpha(t)$, 가장 큰 값을 $\beta(t)$라 하자. **보기**에서 옳은 것만을 있는 대로 고른 것은?

보기

ㄱ. $-1\le t<0$인 모든 실수 t에 대하여 $\alpha(t)+\beta(t)=5$이다. **2**

ㄴ. $\{t\,|\,\beta(t)-\alpha(t)=\beta(0)-\alpha(0)\}=\left\{t\,\middle|\,0\le t\le\frac{\sqrt{2}}{2}\right\}$ **3**

ㄷ. $\alpha(t_1)=\alpha(t_2)$인 두 실수 t_1, t_2에 대하여 **4** $t_2-t_1=\frac{1}{2}$이면 $t_1\times t_2=\frac{1}{3}$이다.

① ㄱ ✓② ㄱ, ㄴ ③ ㄱ, ㄷ
④ ㄴ, ㄷ ⑤ ㄱ, ㄴ, ㄷ

해결 흐름

1 주어진 방정식의 실근은 두 함수 $y=\sin\frac{\pi x}{2}$, $y=\cos\frac{\pi x}{2}$의 그래프와 직선 $y=t$의 교점의 x좌표이니까 두 함수의 그래프를 먼저 그려 봐야겠다.

2 **1**에서 그린 그래프에 직선 $y=t\ (-1\le t<0)$를 그려 보면 $\alpha(t)$, $\beta(t)$의 위치를 알 수 있으니까 $\alpha(t)+\beta(t)$의 값을 구해 볼 수 있겠네.

3 $\beta(0)-\alpha(0)$의 값을 구해서 $\beta(t)-\alpha(t)=\beta(0)-\alpha(0)$을 만족시키는 t의 값의 범위를 찾아봐야겠어.

4 $\alpha(t_1)=\alpha(t_2)=\alpha$로 놓으면 t_1, t_2를 삼각함수를 포함한 식으로 나타낼 수 있으니까 주어진 조건을 이용해서 t_1, t_2의 값을 구해 봐야겠다.

알찬 풀이

$\left(\sin\frac{\pi x}{2}-t\right)\left(\cos\frac{\pi x}{2}-t\right)=0$에서

$\sin\frac{\pi x}{2}=t$ 또는 $\cos\frac{\pi x}{2}=t$

ㄱ. 주어진 방정식의 실근은 두 함수 $y=\sin\frac{\pi x}{2}$, $y=\cos\frac{\pi x}{2}$의 그래프와 직선 $y=t$의 교점의 x좌표이다.

두 함수 $y=\sin\frac{\pi x}{2}$, $y=\cos\frac{\pi x}{2}$의 주기는 모두 $\frac{2\pi}{\frac{\pi}{2}}=4$이므로 그래프는 [그림 1]과 같고, $-1\le t<0$일 때 직선 $y=t$와 $\alpha(t)$, $\beta(t)$는 [그림 2]와 같다.

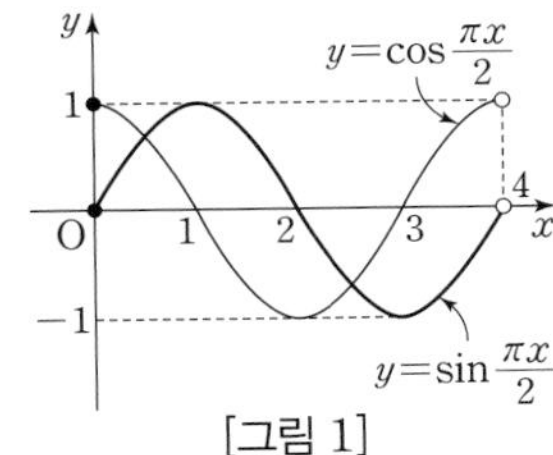

[그림 1]

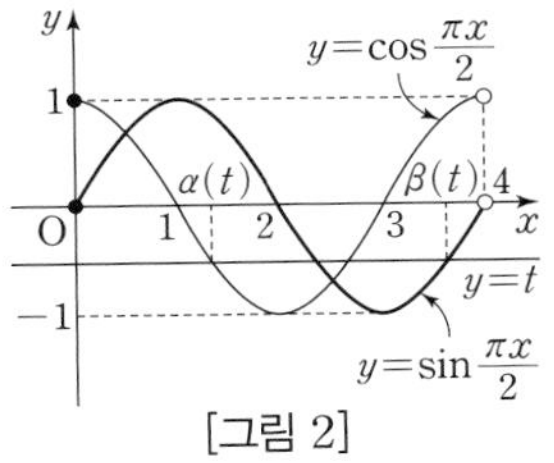

[그림 2]

이때 함수 $y=\sin\frac{\pi x}{2}$의 그래프를 x축의 방향으로 평행이동하면 함수 $y=\cos\frac{\pi x}{2}$의 그래프와 겹쳐질 수 있고, 함수 $y=\sin\frac{\pi x}{2}$의 그래프는 점 $(2,\ 0)$에 대하여 대칭이며 $0\le x\le 2$에서는 직선 $x=1$, $2\le x\le 4$에서는 직선 $x=3$에 대하여 대칭이다.

따라서 $\alpha(t)=1+k\ (0<k\le 1)$로 놓으면

$\beta(t)=4-k$이므로

$\alpha(t)+\beta(t)=(1+k)+(4-k)=5$ (참)

ㄴ. 실근 $\alpha(t)$, $\beta(t)$는 집합 $\{x\,|\,0\le x<4\}$의 원소이므로

$\alpha(0)=0$, $\beta(0)=3$ → 두 함수의 그래프와 직선 $y=0$의 교점의 x좌표를 생각하면 돼.

$\therefore \{t\,|\,\beta(t)-\alpha(t)=\beta(0)-\alpha(0)\}=\{t\,|\,\beta(t)-\alpha(t)=3\}$

(i) $0\le t\le\frac{\sqrt{2}}{2}$일 때,

$t=0$이면 $\beta(0)-\alpha(0)=3-0=3$

$t\ne 0$이면

오른쪽 그림에서

$\alpha(t)=k\ \left(0<k\le\frac{1}{2}\right)$

로 놓으면 $\beta(t)=3+k$

이므로

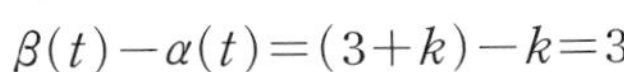

$\beta(t)-\alpha(t)=(3+k)-k=3$

$\therefore \beta(t)-\alpha(t)=3$

(ii) $\frac{\sqrt{2}}{2}<t<1$일 때,

오른쪽 그림에서

$\alpha(t)=k\ \left(0<k<\frac{1}{2}\right)$

로 놓으면 $\beta(t)=4-k$

이므로

$\beta(t)-\alpha(t)=(4-k)-k$

$=4-2k$

이때 $0<2k<1$이므로

$3<\beta(t)-\alpha(t)<4$

(iii) $t=1$일 때,

$\alpha(1)=0$, $\beta(1)=1$이므로 → 두 함수의 그래프와 직선 $y=1$의 교점의 x좌표를 생각하면 돼.

$\beta(1)-\alpha(1)=1-0=1$

$\therefore \beta(t)-\alpha(t)=1$

(iv) $-1\le t<0$일 때,

위의 [그림 2]에서 $\alpha(t)=1+k\ (0<k\le 1)$로 놓으면

$\beta(t)=4-k$이므로

$\beta(t)-\alpha(t)=(4-k)-(1+k)=3-2k$

이때 $0<2k\le 2$이므로 $1\le\beta(t)-\alpha(t)<3$

이상에서 $\{t\,|\,\beta(t)-\alpha(t)=3\}=\left\{t\,\middle|\,0\le t\le\frac{\sqrt{2}}{2}\right\}$

$\therefore \{t\,|\,\beta(t)-\alpha(t)=\beta(0)-\alpha(0)\}$

$=\left\{t\,\middle|\,0\le t\le\frac{\sqrt{2}}{2}\right\}$ (참)

ㄷ. $\alpha(t_1)=\alpha(t_2)$이려면 $0<t_1<\frac{\sqrt{2}}{2}<t_2$이어야 한다. → $t_2-t_1=\frac{1}{2}$이니까 $t_2>t_1$이어야 해.

$\alpha(t_1)=\alpha(t_2)=\alpha\ \left(0<\alpha<\frac{1}{2}\right)$라 하면

$t_1=\sin\frac{\pi}{2}\alpha$, $t_2=\cos\frac{\pi}{2}\alpha$

이때 $t_2-t_1=\frac{1}{2}$에서 $t_2=t_1+\frac{1}{2}$이므로

$\cos\frac{\pi}{2}\alpha=\sin\frac{\pi}{2}\alpha+\frac{1}{2}$

위의 식을 $\sin^2\frac{\pi}{2}\alpha+\cos^2\frac{\pi}{2}\alpha=1$에 대입하면

$\sin^2\frac{\pi}{2}\alpha+\left(\sin\frac{\pi}{2}\alpha+\frac{1}{2}\right)^2=1$ ← 삼각함수 사이의 관계 $\sin^2\theta+\cos^2\theta=1$

$2\sin^2\frac{\pi}{2}\alpha+\sin\frac{\pi}{2}\alpha+\frac{1}{4}=1$

$8\sin^2\frac{\pi}{2}\alpha+4\sin\frac{\pi}{2}\alpha-3=0$

$\therefore \sin\frac{\pi}{2}\alpha=\frac{-2\pm\sqrt{2^2-8\times(-3)}}{8}$ ← $\sin\frac{\pi}{2}\alpha=x$로 놓고 $8x^2+4x-3=0$에서 근의 공식을 이용하면 돼.

$=\frac{-1\pm\sqrt{7}}{4}$

그런데 $\sin\frac{\pi}{2}\alpha=t_1>0$이므로

$\sin\frac{\pi}{2}\alpha=\frac{-1+\sqrt{7}}{4}$

$\therefore t_1=\sin\frac{\pi}{2}\alpha=\frac{-1+\sqrt{7}}{4}$,

$t_2=t_1+\frac{1}{2}=\frac{-1+\sqrt{7}}{4}+\frac{1}{2}=\frac{1+\sqrt{7}}{4}$

$\therefore t_1\times t_2=\frac{-1+\sqrt{7}}{4}\times\frac{1+\sqrt{7}}{4}=\frac{7-1}{16}=\frac{3}{8}$ (거짓)

이상에서 옳은 것은 ㄱ, ㄴ이다.

정답률 확률과 통계 19%, 미적분 37%, 기하 36%

41 수능 유형 › 삼각함수의 활용

정답 ①

그림과 같이

$\overline{BC}=3$, $\overline{CD}=2$, $\cos(\angle BCD)=-\frac{1}{3}$, $\angle DAB>\frac{\pi}{2}$ ← 코사인 값이 음수이니까 $\angle BCD>\frac{\pi}{2}$임을 알 수 있어.

인 사각형 ABCD에서 두 삼각형 ABC와 ACD는 모두 예각삼각형이다. 선분 AC를 $1:2$로 내분하는 점 E에 대하여 선분 AE를 지름으로 하는 원이 두 선분 AB, AD와 만나는 점 중 A가 아닌 점을 각각 P_1, P_2라 하고, 선분 CE를 지름으로 하는 원이 두 선분 BC, CD와 만나는 점 중 C가 아닌 점을 각각 Q_1, Q_2라 하자. ($\overline{AE}:\overline{EC}=1:2$야.)

$\overline{P_1P_2}:\overline{Q_1Q_2}=3:5\sqrt{2}$이고 삼각형 ABD의 넓이가 2일 때, $\overline{AB}+\overline{AD}$의 값은? (단, $\overline{AB}>\overline{AD}$)

A
P_1
P_2
D
E
Q_2
B
Q_1
C
두 원은 각각 두 삼각형 AP_1P_2, CQ_2Q_1의 외접원이야.

✓① $\sqrt{21}$ ② $\sqrt{22}$ ③ $\sqrt{23}$
④ $2\sqrt{6}$ ⑤ 5

해결 흐름

1 두 삼각형 AP_1P_2, CQ_2Q_1의 외접원이 주어졌으니까 사인법칙을 이용하면 되겠네.

연관 개념 | 삼각형 ABC의 외접원의 반지름의 길이를 R라 하면
$\frac{a}{\sin A}=\frac{b}{\sin B}=\frac{c}{\sin C}=2R$

2 1에서 구한 삼각함수의 값과 삼각형 ABD의 넓이를 이용하면 $\overline{AB}\times\overline{AD}$의 값을 구할 수 있겠다.

연관 개념 | 삼각형 ABC의 넓이를 S라 하면
$S=\frac{1}{2}ab\sin C=\frac{1}{2}bc\sin A=\frac{1}{2}ca\sin B$

3 삼각형 BCD, ABD에서 코사인법칙을 이용하면 $\overline{AB}^2+\overline{AD}^2$의 값을 구할 수 있겠어.

연관 개념 | 삼각형 ABC에서
$a^2=b^2+c^2-2bc\cos A$, $b^2=c^2+a^2-2ca\cos B$,
$c^2=a^2+b^2-2ab\cos C$

4 2, 3에서 구한 값과 곱셈 공식을 이용하면 $\overline{AB}+\overline{AD}$의 값을 구할 수 있겠네.

알찬 풀이

$\angle BCD=\alpha$, $\angle DAB=\beta$라 하자.

$\cos\alpha=-\frac{1}{3}$이므로 ← $\cos\alpha=\cos(\angle BCD)=-\frac{1}{3}$로 문제에 주어졌어.

$\sin\alpha=\sqrt{1-\cos^2\alpha}\left(\because \frac{\pi}{2}<\alpha<\pi\right)$ ← 삼각함수 사이의 관계 $\sin^2\theta+\cos^2\theta=1$

$=\sqrt{1-\left(-\frac{1}{3}\right)^2}=\frac{2\sqrt{2}}{3}$

삼각형 AP_1P_2에서 사인법칙에 의하여

$\frac{\overline{P_1P_2}}{\sin\beta}=\overline{AE}$ ← 삼각형 AP_1P_2의 외접원의 지름의 길이야. …… ㉠

또, 삼각형 CQ_2Q_1에서 사인법칙에 의하여

$\frac{\overline{Q_1Q_2}}{\sin\alpha}=\overline{EC}$ ← 삼각형 CQ_2Q_1의 외접원의 지름의 길이야. …… ㉡

㉠÷㉡을 하면

$\frac{\frac{\overline{P_1P_2}}{\sin\beta}}{\frac{\overline{Q_1Q_2}}{\sin\alpha}}=\frac{\overline{AE}}{\overline{EC}}$, $\frac{\overline{P_1P_2}}{\overline{Q_1Q_2}}\times\frac{\sin\alpha}{\sin\beta}=\frac{\overline{AE}}{\overline{EC}}$

$\frac{3}{5\sqrt{2}}\times\frac{\frac{2\sqrt{2}}{3}}{\sin\beta}=\frac{1}{2}$

← $\overline{P_1P_2}:\overline{Q_1Q_2}=3:5\sqrt{2}$가 문제에 주어졌으니까 $\frac{\overline{P_1P_2}}{\overline{Q_1Q_2}}=\frac{3}{5\sqrt{2}}$이야.

← $\overline{AE}:\overline{EC}=1:2$이니까 $\frac{\overline{AE}}{\overline{EC}}=\frac{1}{2}$이야.

$\therefore \sin\beta=\frac{4}{5}$

$\therefore \cos\beta=-\sqrt{1-\sin^2\beta}\left(\because \frac{\pi}{2}<\beta<\pi\right)$ ← 삼각함수 사이의 관계 $\sin^2\theta+\cos^2\theta=1$

$=-\sqrt{1-\left(\frac{4}{5}\right)^2}$

$=-\frac{3}{5}$

$\overline{AB}=x$, $\overline{AD}=y$라 하면 삼각형 ABD의 넓이가 2이므로

$\frac{1}{2}xy\sin\beta=2$

$\frac{1}{2}xy\times\frac{4}{5}=2$

$\therefore xy=5$ …… ㉢

한편, 삼각형 BCD에서 코사인법칙에 의하여

$\overline{BD}^2=3^2+2^2-2\times3\times2\times\cos\alpha$

$=9+4-12\times\left(-\frac{1}{3}\right)=17$

이고, 삼각형 ABD에서 코사인법칙에 의하여

$\overline{BD}^2=x^2+y^2-2xy\cos\beta$

$=x^2+y^2-2xy\times\left(-\frac{3}{5}\right)$

$=x^2+y^2+\frac{6}{5}xy$

이므로 $x^2+y^2+\frac{6}{5}xy=17$

위의 식에 ㉢을 대입하면

$x^2+y^2+\frac{6}{5}\times5=17$

$\therefore x^2+y^2=11$

이때 $(x+y)^2=x^2+y^2+2xy$이므로

$(x+y)^2=11+2\times5=21$

$\therefore x+y=\sqrt{21}$ ($\because x+y>0$)

$\therefore \overline{AB}+\overline{AD}=x+y=\sqrt{21}$ → $x+y$는 변의 길이의 합이니까 양수야.

정답률 9%

42 수능 유형 › 삼각함수의 활용 정답 13

그림과 같이 반지름의 길이가 6인 원 O_1이 있다. 원 O_1 위에 서로 다른 두 점 A, B를 $\overline{AB}=6\sqrt{2}$가 되도록 잡고, 원 O_1의 내부에 점 C를 삼각형 ACB가 정삼각형이 되도록 잡는다. [1] 정삼각형 ACB의 외접원을 O_2라 할 때, [2] 원 O_1과 원 O_2의 공통부분의 넓이는 $p+q\sqrt{3}+r\pi$이다. $p+q+r$의 값을 구하시오. (단, p, q, r는 유리수이다.) 13

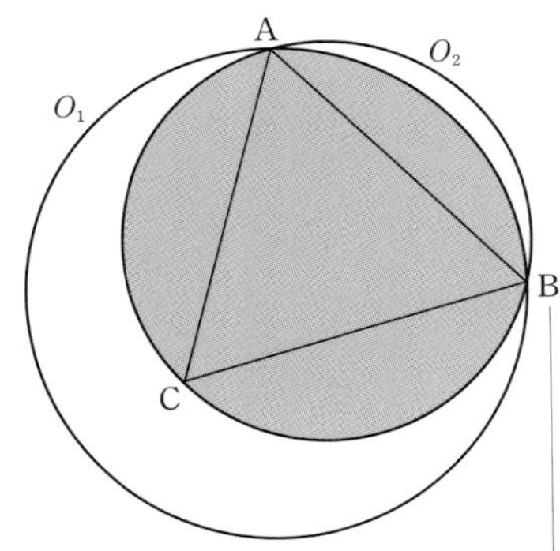

선분 AB는 두 원 O_1, O_2의 공통현이니까 두 원 O_1, O_2의 중심을 지나는 직선은 선분 AB를 수직이등분해.

해결 흐름

1 정삼각형의 성질과 삼각형의 외심의 성질을 이용하면 되겠네.

2 두 원 O_1, O_2의 중심을 이용하여 공통부분의 넓이를 구할 수 있는 도형으로 나누는 방법을 생각해야겠네.

알찬 풀이

다음 그림과 같이 두 원 O_1, O_2의 중심을 각각 $\mathrm{O_1}$, $\mathrm{O_2}$라 하고 직선 $\mathrm{O_1O_2}$가 선분 AB와 만나는 점을 M, 직선 $\mathrm{O_1O_2}$가 원 O_1과 만나는 두 점 중 점 M에 가까운 점을 N이라 하자.

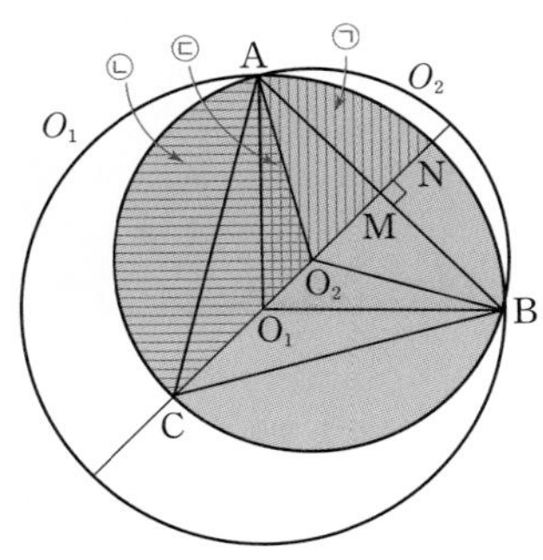

$\overline{\mathrm{O_1A}}=6$, → 선분 $\mathrm{O_1A}$는 원 O_1의 반지름이야.

$\overline{AM}=\frac{1}{2}\overline{AB}=\frac{1}{2}\times6\sqrt{2}=3\sqrt{2}$,

$\angle \mathrm{AMO_1}=\frac{\pi}{2}$

이므로 삼각형 $\mathrm{AO_1M}$에서 → 피타고라스 정리를 이용했어.

$\overline{\mathrm{O_1M}}=\sqrt{6^2-(3\sqrt{2})^2}=3\sqrt{2}$

즉, 삼각형 $\mathrm{AO_1M}$은 $\overline{AM}=\overline{\mathrm{O_1M}}$인 직각이등변삼각형이므로

$\angle \mathrm{MO_1A}=\frac{\pi}{4}$

따라서 부채꼴 $\mathrm{O_1NA}$의 넓이는

> **부채꼴의 넓이**
> 반지름의 길이가 r, 중심각의 크기가 θ인 부채꼴의 넓이 S는 $S=\frac{1}{2}r^2\theta$

$\frac{1}{2}\times6^2\times\frac{\pi}{4}=\frac{9}{2}\pi$ …… ㉠

또, 점 $\mathrm{O_2}$는 정삼각형 ACB의 외심이므로 → 정삼각형의 외심과 내심은 일치해.

$\angle \mathrm{AO_2C}=\angle \mathrm{CO_2B}=\angle \mathrm{BO_2A}=\frac{2}{3}\pi$

직각삼각형 $\mathrm{AO_2M}$에서

$\angle \mathrm{AO_2M}=\frac{1}{2}\angle \mathrm{AO_2B}=\frac{\pi}{3}$이므로

$\sin\frac{\pi}{3}=\frac{\overline{AM}}{\overline{\mathrm{AO_2}}}$, $\frac{\sqrt{3}}{2}=\frac{3\sqrt{2}}{\overline{\mathrm{AO_2}}}$

$\therefore \overline{\mathrm{AO_2}}=3\sqrt{2}\times\frac{2}{\sqrt{3}}=2\sqrt{6}$

$\therefore \overline{\mathrm{CO_2}}=\overline{\mathrm{BO_2}}=\overline{\mathrm{AO_2}}=2\sqrt{6}$ → 원 O_2의 반지름으로 모두 같아.

따라서 부채꼴 $\mathrm{O_2AC}$의 넓이는

$\frac{1}{2}\times(2\sqrt{6})^2\times\frac{2}{3}\pi=8\pi$ …… ㉡

이때 직각삼각형 $\mathrm{AO_2M}$에서

$\overline{\mathrm{O_2M}}=\sqrt{(2\sqrt{6})^2-(3\sqrt{2})^2}=\sqrt{6}$ → 피타고라스 정리를 이용했어.

즉,

$\overline{\mathrm{O_1O_2}}=\overline{\mathrm{O_1M}}-\overline{\mathrm{O_2M}}=3\sqrt{2}-\sqrt{6}$

이므로 삼각형 $\mathrm{AO_1O_2}$의 넓이는

$\frac{1}{2}\times\overline{\mathrm{AO_1}}\times\overline{\mathrm{O_1O_2}}\times\sin(\angle \mathrm{AO_1O_2})$ → $\angle \mathrm{AO_1O_2}=\angle \mathrm{MO_1A}=\frac{\pi}{4}$

$=\frac{1}{2}\times6\times(3\sqrt{2}-\sqrt{6})\times\sin\frac{\pi}{4}$ → $\sin\frac{\pi}{4}=\frac{\sqrt{2}}{2}$

$=9-3\sqrt{3}$ …… ㉢

$\therefore$ (원 O_1과 원 O_2의 공통부분의 넓이)

$=2(㉠+㉡-㉢)$

$=2\times\left\{\frac{9}{2}\pi+8\pi-(9-3\sqrt{3})\right\}$

$=-18+6\sqrt{3}+25\pi$

따라서 $p=-18$, $q=6$, $r=25$이므로

$p+q+r=-18+6+25=13$

Ⅲ. 수열

정답률 확률과 통계 42%, 미적분 67%, 기하 58%

01 수능 유형 › 등차수열 **정답 ⑤**

$a_2=-4$이고 공차가 0이 아닌 등차수열 $\{a_n\}$에 대하여 수열 $\{b_n\}$을 $b_n=a_n+a_{n+1}(n\ge1)$이라 하고, 두 집합 A, B를

$A=\{a_1,\ a_2,\ a_3,\ a_4,\ a_5\}$, $B=\{b_1,\ b_2,\ b_3,\ b_4,\ b_5\}$

라 하자. $n(A\cap B)=3$이 되도록 하는 모든 수열 $\{a_n\}$에 대하여 a_{20}의 값의 합은?

→ 공차를 $d\ (d\ne0)$로 놓자.

→ 두 집합 A, B의 공통인 원소가 3개가 되어야 해.

① 30 ② 34 ③ 38 ④ 42 ✓⑤ 46

해결 흐름

1. 수열 $\{a_n\}$이 등차수열임을 이용해서 수열 $\{b_n\}$이 어떤 수열인지 알아봐야지.
   연관 개념 | 등차수열 $\{a_n\}$의 공차를 d라 하면
   $a_{n+1}-a_n=d$
2. 두 집합 A, B의 공통인 원소가 3개가 되기 위한 조건을 생각해 봐야겠다.
3. a_2의 값이 주어졌으니까 a_{20}을 a_2에 대한 식으로 나타내면 a_{20}의 값을 구할 수 있겠네.

알찬 풀이

등차수열 $\{a_n\}$의 공차를 $d\ (d\ne0)$라 하면

$b_n=a_n+a_{n+1}$에서

$b_{n+1}-b_n=(a_{n+1}+a_{n+2})-(a_n+a_{n+1})$
$=a_{n+2}-a_n$
$=2d$

즉, 수열 $\{b_n\}$은 공차가 $2d$인 등차수열이다.

이때 $n(A\cap B)=3$이려면

$A\cap B=\{a_1,\ a_3,\ a_5\}=\{b_i,\ b_{i+1},\ b_{i+2}\}\ (i=1,\ 2,\ 3)$

이어야 한다.

→ 등차수열 $\{a_n\}$은 공차가 d이고 등차수열 $\{b_n\}$은 공차가 $2d$이니까 $n(A\cap B)=3$이 되기 위해서는 $a_1\in B$, $a_3\in B$, $a_5\in B$이고, 집합 B의 원소는 연속하는 세 항이어야 해.

(i) $\{a_1,\ a_3,\ a_5\}=\{b_1,\ b_2,\ b_3\}$일 때,

$a_1=b_1$ 이어야 한다.

→ 두 등차수열 $\{a_n\}$, $\{b_n\}$의 공차의 부호가 같으니까 $a_1=b_1$이야.

이때 $b_1=a_1+a_2=a_1-4$이므로

→ 문제에 $a_2=-4$가 주어졌어.

$a_1=b_1$에서

$a_1=a_1-4$

그런데 이를 만족시키는 a_1의 값은 존재하지 않는다.

(ii) $\{a_1,\ a_3,\ a_5\}=\{b_2,\ b_3,\ b_4\}$일 때,

$a_1=b_2$ 이어야 한다.

→ 두 등차수열 $\{a_n\}$, $\{b_n\}$의 공차의 부호가 같으니까 $a_1=b_2$야.

$a_2=a_1+d$에서

$a_1=a_2-d=-4-d$

이때 $b_2=b_1+2d=-8+d$이므로

→ $b_1+2d=(a_1+a_2)+2d$
$=2a_2+d=2\times(-4)+d$
$=-8+d$

$a_1=b_2$에서

$-4-d=-8+d$

$2d=4\quad\therefore d=2$

$\therefore a_{20}=a_2+18d$
$=-4+18\times2$
$=32$

(iii) $\{a_1,\ a_3,\ a_5\}=\{b_3,\ b_4,\ b_5\}$일 때,

$a_1=b_3$ 이어야 한다.

→ 두 등차수열 $\{a_n\}$, $\{b_n\}$의 공차의 부호가 같으니까 $a_1=b_3$이야.

이때 $b_3=b_1+2\times2d=-8+3d$이므로

→ $b_1+4d=(a_1+a_2)+4d$
$=2a_2+3d=2\times(-4)+3d$
$=-8+3d$

$a_1=b_3$에서

$-4-d=-8+3d$

$4d=4\quad\therefore d=1$

$\therefore a_{20}=a_2+18d$
$=-4+18\times1$
$=14$

(i), (ii), (iii)에서

$a_{20}=32$ 또는 $a_{20}=14$

따라서 a_{20}의 값의 합은

$32+14=46$

다른 풀이 등차수열 $\{a_n\}$의 공차를 d라 하면 $a_2=-4$이므로

$A=\{-4-d,\ -4,\ -4+d,\ -4+2d,\ -4+3d\}$,

$B=\{-8-d,\ -8+d,\ -8+3d,\ -8+5d,\ -8+7d\}$

이때 등차수열 $\{a_n\}$의 공차는 d이고 등차수열 $\{b_n\}$의 공차는 $2d$이므로

→ $b_n=a_n+a_{n+1}$임을 이용하여 구했어.

$A\cap B=\{-4-d,\ -4+d,\ -4+3d\}$

(i) $-4+d=-8+d$일 때,

이를 만족시키는 d의 값은 존재하지 않는다.

(ii) $-4+d=-8+3d$일 때,

$2d=4\quad\therefore d=2$

$\therefore a_{20}=a_2+18d$
$=-4+18\times2$
$=32$

(iii) $-4+d=-8+5d$일 때,

$4d=4\quad\therefore d=1$

$\therefore a_{20}=a_2+18d$
$=-4+18\times1$
$=14$

(i), (ii), (iii)에서

$a_{20}=32$ 또는 $a_{20}=14$

따라서 a_{20}의 값의 합은

$32+14=46$

생생 수험 Talk

수험 생활 동안 제일 중요한 건 스트레스 자체를 받지 않는 거야! 나는 워낙 사소한 부분에 스트레스를 안 받으려고 노력한 편이라 큰 슬럼프를 겪었던 적은 없었던 것 같아. 어차피 해야 할 공부라고 생각하고 재미를 붙이면 크게 스트레스를 받지 않을 수 있는데, 사람이라면 그래도 어쩔 수 없이 스트레스를 받을 때가 있을 거야. 그럴 땐 자신을 너무 괴롭히지 말고 조금 놓아 주는 것도 좋아. 나는 친구들이랑 가끔 맛있는 점심이나 과자를 먹기도 하고, 놀면서 스트레스를 풀었어.

정답률 62%

02 수능 유형 › 수열의 합과 일반항 사이의 관계 정답 ②

공차가 2인 등차수열 $\{a_n\}$의 첫째항부터 제n항까지의 합을 S_n이라 하자. $S_k=-16$, $S_{k+2}=-12$를 만족시키는 자연수 k에 대하여 a_{2k}의 값은?

→ S_k와 S_{k+2} 사이의 관계를 이용하여 식을 세워 봐.

① 6 ✓② 7 ③ 8
④ 9 ⑤ 10

해결 흐름

1 S_k와 S_{k+2}를 이용하면 $a_{k+2}+a_{k+1}$의 값을 구할 수 있겠네.

2 등차수열의 합 공식을 이용하여 S_k를 k에 대한 식으로 정리해 봐야겠다.

연관 개념 | 첫째항이 a, 공차가 d인 등차수열 $\{a_n\}$의 첫째항부터 제n항까지의 합 S_n은

$$S_n=\frac{n\{2a+(n-1)d\}}{2}$$

3 등차수열의 일반항을 구하고, 조건을 만족시키는 자연수 k의 값을 대입하면 되겠네.

연관 개념 | 첫째항이 a, 공차가 d인 등차수열의 일반항 a_n은

$a_n=a+(n-1)d$ (단, $n=1, 2, 3, \cdots$)

알찬 풀이

$S_k=-16$, $S_{k+2}=-12$이므로

$S_{k+2}-S_k=a_{k+2}+a_{k+1}=4$

→ $S_{k+2}-S_k$
$=(a_1+a_2+\cdots+a_k+a_{k+1}+a_{k+2})-(a_1+a_2+\cdots+a_k)$
$=a_{k+1}+a_{k+2}$

등차수열 $\{a_n\}$의 첫째항을 a라 하면

$a_n=a+(n-1)\times 2$

이므로

→ a_n에 n 대신 $k+2$, $k+1$을 각각 대입했어.

$a_{k+2}+a_{k+1}=\{a+(k+1)\times 2\}+(a+k\times 2)$

$=4$

$2a+4k+2=4$

$\therefore a=1-2k$ …… ㉠

$S_k=-16$이므로

$$\frac{k\{2(1-2k)+(k-1)\times 2\}}{2}=-16$$

$-2k^2=-32$

$k^2=16$

$\therefore k=4$ ($\because k$는 자연수)

$k=4$를 ㉠에 대입하면

$a=1-2\times 4=-7$

따라서

$a_n=-7+(n-1)\times 2$

$=2n-9$

이므로

$a_{2k}=a_8=2\times 8-9=7$

문제 해결 TIP

이시헌 | 서울대학교 미학과 | 명덕외국어고등학교 졸업

이 문제는 등차수열의 합 공식을 이용해서 풀 수도 있어. 그런데 항의 개수와 첫째항을 모르기 때문에 식이 약간 복잡하게 나오게 되지. 물론 차분히 풀어 나간다면 시간이 아주 오래 걸리지는 않겠지만, $S_k+(a_{k+1}+a_{k+2})=S_{k+2}$임을 이용한다면 식이 좀 더 간단해져서 부담감이 조금 줄어든다고나 할까? 수열의 여러 가지 기호와 정의를 정확하게 이해한다면 문제를 푸는 시간을 줄이는 데 도움이 될 거야.

정답률 90%

03 수능 유형 › 등차수열 정답 ①

공차가 양수인 등차수열 $\{a_n\}$이 다음 조건을 만족시킬 때, a_2의 값은?

→ 공차를 d라 하고, a_1과 d를 이용해.

> (가) $a_6+a_8=0$
> (나) $|a_6|=|a_7|+3$

✓① -15 ② -13 ③ -11
④ -9 ⑤ -7

해결 흐름

1 a_2의 값을 구하려면 첫째항과 공차를 알아야겠네.

2 공차를 d라 하고, 조건 (가), (나)를 a_1과 d에 대한 식으로 나타내 봐야겠어.

연관 개념 | 첫째항이 a, 공차가 d인 등차수열의 일반항 a_n은

$a_n=a+(n-1)d$ (단, $n=1, 2, 3, \cdots$)

알찬 풀이

등차수열 $\{a_n\}$의 공차를 d $(d>0)$라 하면

→ 공차가 양수라고 했으니까.

조건 (가)에서

$a_6+a_8=(a_1+5d)+(a_1+7d)$

$=2a_1+12d=0$

$\therefore a_1=-6d$ …… ㉠

조건 (나)에서

$|a_6|=|a_1+5d|$

$=|-6d+5d|$ ($\because$ ㉠)

$=|-d|=d$ ($\because d>0$)

$|a_7|=|a_1+6d|$

$=|-6d+6d|=0$ ($\because$ ㉠)

절댓값: $|a|=\begin{cases} a & (a\ge 0) \\ -a & (a<0)\end{cases}$

이고, $|a_6|=|a_7|+3$이므로

$d=3$

이를 ㉠에 대입하면

$a_1=-6\times 3=-18$

$\therefore a_2=a_1+d=-18+3=-15$

다른 풀이 등차수열 $\{a_n\}$의 공차를 d $(d>0)$라 하면 a_7은 a_6과 a_8의 등차중항이므로

$$a_7=\frac{a_6+a_8}{2}$$

조건 (가)에서 $a_6+a_8=0$이므로

$a_7=0$

이를 조건 (나)에 대입하면

$|a_6|=|a_7|+3=3$

그런데 $a_7=0$이고, $d>0$이므로

→ $d>0$이면 $a_6<a_7=0$이야.

$a_6<0$

$\therefore a_6=-3$

따라서

$d=a_7-a_6=0-(-3)=3$

이므로

$a_2=a_6-4d=-3-4\times 3=-15$

→ 등차수열 $\{a_n\}$의 첫째항을 a, 공차를 d라 하면 $a_2=a+d$, $a_6=a+5d$이므로 $a_2=a_6-4d$

수학 I
III. 수열

04 수능 유형 › 수열의 합과 일반항 사이의 관계

정답률 41% 정답 16

수열 $\{a_n\}$에 대하여 첫째항부터 제n항까지의 합을 S_n이라 하자. 수열 $\{S_{2n-1}\}$은 공차가 -3인 등차수열이고, 수열 $\{S_{2n}\}$은 공차가 2인 등차수열이다. $a_2=1$일 때, a_8의 값을 구하시오. 16

($S_1, S_3, S_5, \cdots, S_{2n-1}$ / $S_2, S_4, S_6, \cdots, S_{2n}$)

해결 흐름

1. 두 수열 $\{S_{2n-1}\}$, $\{S_{2n}\}$이 등차수열이니까 등차수열의 일반항 공식을 적용할 수 있겠네.
   - 연관 개념 | 첫째항이 a, 공차가 d인 등차수열의 일반항 a_n은 $a_n=a+(n-1)d$ (단, $n=1, 2, 3, \cdots$)
2. 수열의 합과 일반항 사이의 관계를 이용하여 a_8의 값을 구해야겠다.
   - 연관 개념 | 수열 $\{a_n\}$의 첫째항부터 제n항까지의 합을 S_n이라 할 때, $a_1=S_1$, $a_n=S_n-S_{n-1}$ (단, $n\ge2$)

알찬 풀이

수열 $\{S_{2n-1}\}$은 공차가 -3인 등차수열이므로

$S_{2n-1}=S_1+(n-1)\times(-3)$ → 수열 $\{S_{2n-1}\}$의 첫째항은 S_1이야.

$=a_1-3n+3$

수열 $\{S_{2n}\}$은 공차가 2인 등차수열이므로

$S_{2n}=S_2+(n-1)\times2$ → 수열 $\{S_{2n}\}$의 첫째항은 S_2야.

$=(a_1+a_2)+2n-2$

$=a_1+2n-1$ ($\because a_2=1$)

$\therefore a_8=S_8-S_7$ → $a_n=S_n-S_{n-1}$에 $n=8$을 대입했어.

$=(a_1+2\times4-1)-(a_1-3\times4+3)$

$=(a_1+7)-(a_1-9)$

$=16$

05 수능 유형 › 등차수열

정답률 가형 84%, 나형 62% 정답 ③

두 수열 $\{a_n\}$, $\{b_n\}$이 모든 자연수 k에 대하여

$$b_{2k-1}=\left(\frac{1}{2}\right)^{a_1+a_3+\cdots+a_{2k-1}},\quad b_{2k}=2^{a_2+a_4+\cdots+a_{2k}}$$

을 만족시킨다. $\{a_n\}$은 등차수열이고,

$$b_1\times b_2\times b_3\times\cdots\times b_{10}=8$$

일 때, $\{a_n\}$의 공차는?

① $\frac{1}{15}$ ② $\frac{2}{15}$ ✓③ $\frac{1}{5}$ ④ $\frac{4}{15}$ ⑤ $\frac{1}{3}$

해결 흐름

1. 두 수열 $\{b_{2k-1}\}$, $\{b_{2k}\}$의 일반항을 이용하면 $b_1\times b_2\times b_3\times\cdots\times b_{10}$을 수열 $\{a_n\}$에 대한 식으로 정리할 수 있겠군.
2. 1에서 정리한 식을 등차수열 $\{a_n\}$의 공차를 이용하여 나타내야겠다.
   - 연관 개념 | 등차수열 $\{a_n\}$의 공차를 d라 하면 $a_{n+1}-a_n=d$

알찬 풀이

$b_1\times b_2\times b_3\times\cdots\times b_{10}$

$=(b_1\times b_3\times\cdots\times b_9)\times(b_2\times b_4\times\cdots\times b_{10})$ → b_{2k-1}과 b_{2k}를 이용하기 위해 식을 변형했어.

$=\left\{\left(\frac{1}{2}\right)^{a_1}\times\left(\frac{1}{2}\right)^{a_1+a_3}\times\cdots\times\left(\frac{1}{2}\right)^{a_1+a_3+\cdots+a_9}\right\}\times(2^{a_2}\times2^{a_2+a_4}\times\cdots\times2^{a_2+a_4+\cdots+a_{10}})$

$=2^{-(5a_1+4a_3+\cdots+a_9)}\times2^{5a_2+4a_4+\cdots+a_{10}}$

$=2^{5(a_2-a_1)+4(a_4-a_3)+\cdots+(a_{10}-a_9)}$

> 지수법칙
> $a>0$이고 x, y가 실수일 때, $a^x\times a^y=a^{x+y}$

$=8=2^3$

즉, $5(a_2-a_1)+4(a_4-a_3)+\cdots+(a_{10}-a_9)=3$ …… ㉠

이때 등차수열 $\{a_n\}$의 공차를 d라 하면

$a_2-a_1=a_4-a_3=\cdots=a_{10}-a_9=d$ → $a_{n+1}-a_n=d$ (일정)를 만족시키는 수열 $\{a_n\}$이 바로 등차수열이야.

이를 ㉠에 대입하면

$5d+4d+3d+2d+d=3$, $15d=3$

$\therefore d=\frac{1}{5}$

06 수능 유형 › 수열의 합과 일반항 사이의 관계

정답률 가형 46%, 나형 37% 정답 ③

공차가 d_1, d_2인 두 등차수열 $\{a_n\}$, $\{b_n\}$의 첫째항부터 제n항까지의 합을 각각 S_n, T_n이라 하자.

$$S_nT_n=n^2(n^2-1)$$

일 때, **보기**에서 옳은 것만을 있는 대로 고른 것은?

보기

ㄱ. $a_n=n$이면 $b_n=4n-4$이다.

ㄴ. $d_1d_2=4$

ㄷ. $a_1\neq0$이면 $a_n=n$이다.

① ㄱ ② ㄴ ✓③ ㄱ, ㄴ ④ ㄱ, ㄷ ⑤ ㄱ, ㄴ, ㄷ

해결 흐름

1. 두 등차수열 $\{a_n\}$, $\{b_n\}$에서 S_n, T_n을 각각 구한 후, $S_nT_n=n^2(n^2-1)$에 대입해서 양변을 비교해 봐야겠군.
2. ㄱ에서 S_n을 구할 수 있으니까 $S_nT_n=n^2(n^2-1)$에 대입하면 T_n을 구할 수 있겠네.
   - 연관 개념 | 수열 $\{a_n\}$의 첫째항부터 제n항까지의 합을 S_n이라 할 때, $a_1=S_1$, $a_n=S_n-S_{n-1}$ (단, $n\ge2$)

알찬 풀이

ㄱ. $a_n=n$이면 수열 $\{a_n\}$은 첫째항이 1, 공차가 1인 등차수열이므로

$S_n=\frac{n\{2\times1+(n-1)\times1\}}{2}=\frac{n(n+1)}{2}$

$S_nT_n=n^2(n^2-1)$에서

$T_n=n^2(n^2-1)\times\frac{1}{S_n}$

> 인수분해 공식
> $a^2-b^2=(a+b)(a-b)$

$=n^2(n+1)(n-1)\times\frac{2}{n(n+1)}$

$=2n(n-1)$

$b_n=T_n-T_{n-1}$

$=2n(n-1)-2(n-1)(n-2)$ → T_n에 n 대신 $n-1$을 대입했어.

$=(2n^2-2n)-(2n^2-6n+4)$

$=4n-4$ (단, $n\ge2$) …… ㉠

이때 $b_1=T_1=0$은 ㉠에 $n=1$을 대입한 것과 같으므로 → $T_n=2n(n-1)$에 $n=1$을 대입했어.

$b_n=4n-4$ (참)

ㄴ. $S_nT_n=n^2(n^2-1)$에서

$\frac{n\{2a_1+(n-1)d_1\}}{2}\times\frac{n\{2b_1+(n-1)d_2\}}{2}$ → 첫째항이 a_1, 공차가 d_1인 등차수열 $\{a_n\}$의 첫째항부터 제n항까지의 합이야.

$=n^2(n^2-1)$

$(d_1n+2a_1-d_1)\times(d_2n+2b_1-d_2)=4(n^2-1)$

이때 위의 식은 모든 자연수 n에 대하여 성립하므로 양변의 n^2의 계수가 서로 같아야 한다.

$\therefore d_1d_2=4$ (참)

> 항등식의 성질
> $ax^2+bx+c=a'x^2+b'x+c'$이 x에 대한 항등식
> $\Longleftrightarrow a=a',\ b=b',\ c=c'$

ㄷ. [반례] $a_n=2n$, $b_n=2n-2$일 때,

$S_n=\frac{n(2+2n)}{2}$

$=n(n+1)$

$T_n=\frac{n(0+2n-2)}{2}$

$=n(n-1)$

$\therefore S_nT_n=n(n+1)\times n(n-1)$

$=n^2(n^2-1)$

즉, $a_1=2\ne0$이지만 $a_n\ne n$이다. (거짓)

이상에서 옳은 것은 ㄱ, ㄴ이다.

다른 풀이 ㄱ. $a_n=n$이면 $S_n=\frac{n(n+1)}{2}$

이때 $S_nT_n=n^2(n^2-1)$에서

$T_n=n^2(n^2-1)\times\frac{1}{S_n}$

$=n^2(n+1)(n-1)\times\frac{2}{n(n+1)}$

$=2n(n-1)$

따라서 등차수열 $\{b_n\}$은 첫째항이 $b_1=T_1=0$, 공차가 T_n의 이차항의 계수의 2배인 4이므로

$b_n=0+4(n-1)$ → 등차수열의 합은 n에 대한 이차식으로 나타내는데 이차항의 계수가 공차의 $\frac{1}{2}$과 같아.

$=4n-4$ (참)

ㄴ. S_n의 이차항의 계수가 $\frac{d_1}{2}$, T_n의 이차항의 계수가 $\frac{d_2}{2}$이므로

S_nT_n의 사차항의 계수는 $\frac{d_1d_2}{4}$이다.

즉, $\frac{d_1d_2}{4}=1$이므로 $d_1d_2=4$ (참)

ㄷ. n에 대한 두 이차식 S_n과 T_n은 모두 등차수열의 합이므로 상수항은 0이다.

즉, S_n과 T_n은 각각 n을 인수로 갖는다.

또, $S_1=a_1\ne0$이므로 S_n은 $n-1$을 인수로 갖지 않는다.

따라서

$S_n=\frac{d_1}{2}n(n+1)$, $T_n=\frac{d_2}{2}n(n-1)$

이므로 ㄱ에 의하여 $d_1\ne1$이면 $a_n\ne n$이다. (거짓)

이상에서 옳은 것은 ㄱ, ㄴ이다.

정답률 61%

07 수능 유형 › 등차수열 + 지수함수의 그래프

정답 ③

자연수 n에 대하여 함수 $y=2^{x+n}$의 그래프가 함수 $y=\left(\frac{1}{2}\right)^x$의 그래프와 만나는 점을 P_n**[1]**이라 하자. 점 P_n의 x좌표를 a_n, y좌표를 b_n**[2]**이라 할 때, **보기**에서 옳은 것만을 있는 대로 고른 것은? → 점 P_n의 x좌표와 y좌표를 n에 대한 식으로 나타내 봐.

보기

ㄱ. 수열 $\{a_n\}$은 등차수열이다.

ㄴ. 임의의 자연수 m, n에 대하여 $b_mb_n=b_{m+n}$이다.

ㄷ. $2b_n<b_{n+1}$을 만족시키는 자연수 n이 존재한다.

① ㄱ ② ㄴ ✓③ ㄱ, ㄴ

④ ㄴ, ㄷ ⑤ ㄱ, ㄴ, ㄷ

해결 흐름

1 두 함수의 식을 연립하여 풀면 점 P_n의 좌표를 n에 대한 식으로 나타낼 수 있겠구나.

연관 개념 | 두 함수 $y=f(x)$, $y=g(x)$의 그래프의 교점의 x좌표는 방정식 $f(x)=g(x)$의 실근과 같다.

2 a_n, b_n을 이용하여 보기의 참, 거짓을 알아봐야겠다.

알찬 풀이

함수 $y=2^{x+n}$의 그래프와 함수 $y=\left(\frac{1}{2}\right)^x$의 그래프가 만나는 점이 $\mathrm{P}_n(a_n, b_n)$이므로

$2^{x+n}=\left(\frac{1}{2}\right)^x=2^{-x}$에서

$x+n=-x$

$\therefore x=-\frac{n}{2}$ → $x=-\frac{n}{2}$을 $y=2^{x+n}$에 대입하면 $y=2^{-\frac{n}{2}+n}=2^{\frac{n}{2}}$이므로 $b_n=2^{\frac{n}{2}}$

$\therefore a_n=-\frac{n}{2}$, $b_n=2^{\frac{n}{2}}$

ㄱ. $a_n=-\frac{n}{2}$이므로 $\{a_n\}$: $-\frac{1}{2}$, -1, $-\frac{3}{2}$, … ($+\left(-\frac{1}{2}\right)$, $+\left(-\frac{1}{2}\right)$)

즉, 수열 $\{a_n\}$은 첫째항이 $-\frac{1}{2}$, 공차가 $-\frac{1}{2}$인 등차수열이다. (참)

ㄴ. $b_mb_n=2^{\frac{m}{2}}\times2^{\frac{n}{2}}=2^{\frac{m}{2}+\frac{n}{2}}=2^{\frac{m+n}{2}}$

$=b_{m+n}$ (참)

ㄷ. $2b_n=2\times2^{\frac{n}{2}}=2^{1+\frac{n}{2}}$

$b_{n+1}=2^{\frac{n+1}{2}}=2^{\frac{1}{2}+\frac{n}{2}}$ → $b_n=2^{\frac{n}{2}}$에 n 대신 $n+1$을 대입했어.

$\therefore 2b_n>b_{n+1}$ (거짓)

이상에서 옳은 것은 ㄱ, ㄴ이다.

생생 수험 Talk

수학은 내신과 수능이 서로 다른 내용을 다루는 게 아니기 때문에 내신과 수능 공부를 동시에 한다고 생각하는 것이 좋을 것 같아. 내신은 시험 범위가 정해져 있으니까 내신 시험 기간일 때는 그 부분을 중점적으로 공부하긴 했지만, 그것도 한편으론 수능 대비니까 나는 딱히 다르게 공부하진 않았고 (수능)=(내신)이라는 생각으로 공부했어.

수학 I

III. 수열

정답률 확률과 통계 51%, 미적분 76%, 기하 68%

08 수능 유형 › 등비수열의 활용

정답 ①

두 곡선 $y=16^x$, $y=2^x$과 한 점 $A(64, 2^{64})$[2]이 있다.
점 A를 지나며 x축과 평행한 직선이 곡선 $y=16^x$과 만나는 점을 P_1이라 하고, 점 P_1을 지나며 y축과 평행한 직선이 곡선 $y=2^x$과 만나는 점을 Q_1이라 하자.[2]
점 Q_1을 지나며 x축과 평행한 직선이 곡선 $y=16^x$과 만나는 점을 P_2라 하고, 점 P_2를 지나며 y축과 평행한 직선이 곡선 $y=2^x$과 만나는 점을 Q_2라 하자.
이와 같은 과정을 계속하여 n번째 얻은 두 점을 각각 P_n, Q_n이라 하고 점 Q_n의 x좌표를 x_n[3]이라 할 때, $x_n<\frac{1}{k}$을 만족시키는 n의 최솟값이 6[1]이 되도록 하는 자연수 k의 개수는?

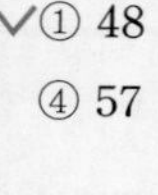

✓① 48　② 51　③ 54
④ 57　⑤ 60

점 P_1, P_2, P_3, …은 곡선 $y=16^x$ 위의 점이고, 점 A, Q_1, Q_2, …는 곡선 $y=2^x$ 위의 점이야.

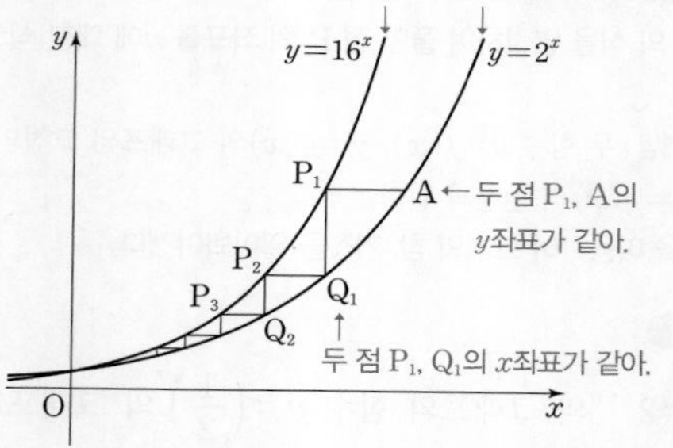

해결 흐름

1 $x_n<\frac{1}{k}$을 만족시키는 n의 최솟값이 6이 되려면 $n=6$일 때는 $x_n<\frac{1}{k}$이 성립하고, $n=5$일 때는 $x_n<\frac{1}{k}$이 성립하지 않아야 해. 그러면 우선 x_n을 알아야겠구나.

2 점 A의 좌표가 주어졌으니까 세 점 A, P_1, Q_1의 좌표 사이의 관계를 이용하면 x_1의 값을 구할 수 있겠어.

3 2와 같은 방법으로 x_2, x_3, …을 구해서 규칙을 파악해 보면 수열 $\{x_n\}$을 구할 수 있으니까 조건을 만족시키는 자연수 k의 값도 구할 수 있겠다.

알찬 풀이

(점 P_1의 x좌표)$=$(점 Q_1의 x좌표)$=x_1$이고 → $P_1(x_1, 16^{x_1})$이지.
두 점 P_1, $A(64, 2^{64})$의 y좌표가 같으므로

$16^{x_1}=2^{64}$

$2^{4x_1}=2^{64}$ ← $16^{x_1}=(2^4)^{x_1}=2^{4x_1}$

$4x_1=64$　　$\therefore x_1=16$

(점 P_2의 x좌표)$=$(점 Q_2의 x좌표)$=x_2$이고
두 점 P_2, Q_1의 y좌표가 같으므로

$16^{x_2}=2^{x_1}$, $2^{4x_2}=2^{x_1}$ → $P_2(x_2, 16^{x_2})$, $Q_1(x_1, 2^{x_1})$이지.

$4x_2=x_1$　　$\therefore x_2=\frac{1}{4}x_1=\frac{1}{4}\times 16=4$

(점 P_3의 x좌표)$=$(점 Q_3의 x좌표)$=x_3$이고
두 점 P_3, Q_2의 y좌표가 같으므로

$16^{x_3}=2^{x_2}$, $2^{4x_3}=2^{x_2}$ → $P_3(x_3, 16^{x_3})$, $Q_2(x_2, 2^{x_2})$이지.

$4x_3=x_2$　　$\therefore x_3=\frac{1}{4}x_2=\frac{1}{4}\times 4=1$

이와 같은 방법으로 하면 자연수 n에 대하여

$x_{n+1}=\frac{1}{4}x_n$

임을 알 수 있다.
즉, 수열 $\{x_n\}$은 첫째항이 16, 공비가 $\frac{1}{4}$인 등비수열이므로

$x_n=16\times\left(\frac{1}{4}\right)^{n-1}$

$=2^4\times 2^{-2n+2}$

$=2^{6-2n}$

> 등비수열의 일반항
> 첫째항이 a, 공비가 r $(r\neq 0)$인 등비수열의 일반항 a_n은 $a_n=ar^{n-1}$ (단, $n=1, 2, 3, \cdots$)

한편, $x_n<\frac{1}{k}$을 만족시키는 n의 최솟값이 6이 되려면
→ $n\geq 6$일 때는 부등식을 만족시키고 $n\leq 5$일 때는 부등식을 만족시키지 않아야 하니까 $x_6<\frac{1}{k}$, $x_5\geq\frac{1}{k}$이어야 해.

$x_6<\frac{1}{k}\leq x_5$이어야 한다.

(i) $x_6<\frac{1}{k}$에서 $2^{-6}<\frac{1}{k}$ → $x_n=2^{6-2n}$에 $n=6$을 대입했어.

$\frac{1}{64}<\frac{1}{k}$　　$\therefore k<64$

(ii) $x_5\geq\frac{1}{k}$에서 $2^{-4}\geq\frac{1}{k}$ → $x_n=2^{6-2n}$에 $n=5$를 대입했어.

$\frac{1}{16}\geq\frac{1}{k}$　　$\therefore k\geq 16$

(i), (ii)에서 $16\leq k<64$

따라서 자연수 k는 16, 17, 18, ⋯, 63의 48개이다. → $63-15=48$(개)

정답률 81%

09 수능 유형 › 등비수열

정답 9

등비수열 $\{a_n\}$의 첫째항부터 제n항까지의 합을 S_n이라 하자.
모든 자연수 n에 대하여

$S_{n+3}-S_n=13\times 3^{n-1}$[1]

일 때, a_4의 값[2]을 구하시오. 9

해결 흐름

1 주어진 관계식에서 $a_{n+1}+a_{n+2}+a_{n+3}$을 구할 수 있겠네.

2 수열 $\{a_n\}$이 등비수열이니까 등비수열의 일반항을 이용해서 a_4의 값을 구하면 되겠다.

연관 개념 | 첫째항이 a, 공비가 r $(r\neq 0)$인 등비수열의 일반항 a_n은 $a_n=ar^{n-1}$ (단, $n=1, 2, 3, \cdots$)

알찬 풀이

→ $S_{n+3}-S_n=(a_1+a_2+\cdots+a_n+a_{n+1}+a_{n+2}+a_{n+3})-(a_1+a_2+\cdots+a_n)$
$=a_{n+1}+a_{n+2}+a_{n+3}$

$S_{n+3}-S_n=13\times 3^{n-1}$이므로

$a_{n+1}+a_{n+2}+a_{n+3}=13\times 3^{n-1}$ ⋯⋯ ㉠

등비수열 $\{a_n\}$의 첫째항을 a, 공비를 r라 하면

$a_n=ar^{n-1}$

㉠에 $n=1$을 대입하면 $a_2+a_3+a_4=13$에서 → $13\times 3^{1-1}=13\times 1=13$

$ar+ar^2+ar^3=13$

$\therefore ar(1+r+r^2)=13$ ⋯⋯ ㉡

㉠에 $n=2$를 대입하면 $a_3+a_4+a_5=39$에서 → $13\times 3^{2-1}=13\times 3=39$

$ar^2+ar^3+ar^4=39$

$\therefore ar^2(1+r+r^2)=39$ ⋯⋯ ㉢

㉢÷㉡을 하면 $r=3$

$r=3$을 ㉡에 대입하면

$3a\times 13=13$, $3a=1$ $\qquad \therefore a=\frac{1}{3}$

따라서 $a_n=\frac{1}{3}\times 3^{n-1}$이므로

→ $a_n=ar^{n-1}$에 $a=\frac{1}{3}$, $r=3$을 대입했어.

$a_4=\frac{1}{3}\times 3^3=9$

10

정답률 82%

수능 유형 › 등비수열 ⊕ 수열의 합과 일반항 사이의 관계 **정답 10**

모든 항이 양수인 등비수열 $\{a_n\}$의 첫째항부터 제n항까지의 합을 S_n이라 하자.

→ 모든 항이 양수이면 (공비)>0이야.

$S_4-S_3=2$, $S_6-S_5=50$ **1**

일 때, a_5의 값**2**을 구하시오. 10

해결 흐름

1 수열의 합과 일반항 사이의 관계를 이용해서 주어진 조건을 간단히 해 봐야겠어.

연관 개념 | 수열 $\{a_n\}$의 첫째항부터 제n항까지의 합을 S_n이라 하면

$a_1=S_1$, $a_n=S_n-S_{n-1}$ (단, $n\geq 2$)

2 수열 $\{a_n\}$이 등비수열이니까 등비수열의 일반항을 이용해서 a_5의 값을 구하면 되겠다.

알찬 풀이

등비수열 $\{a_n\}$의 공비를 r $(r>0)$라 하면

→ 모든 항이 양수라고 했으니까.

$S_4-S_3=a_4=2$

$S_6-S_5=a_6=50$

→ $n\geq 2$일 때, $a_n=S_n-S_{n-1}$이니까 $a_4=S_4-S_3$, $a_6=S_6-S_5$야.

이때 $a_6=a_4\times r^2$이므로

→ $a_6=a_5\times r=(a_4\times r)\times r=a_4\times r^2$

$r^2=\frac{a_6}{a_4}=\frac{50}{2}=25$ $\qquad \therefore r=5$ $(\because r>0)$

$\therefore a_5=a_4\times r=2\times 5=10$

빠른 풀이 $S_4-S_3=2$에서 $a_4=2$

$S_6-S_5=50$에서 $a_6=50$

이때 a_4와 a_6의 등비중항이 a_5이므로

→ 수열 $\{a_n\}$이 등비수열이니까.

$a_5^2=a_4\times a_6=2\times 50=100$

그런데 모든 항이 양수이므로

→ 문제에 주어졌어.

$a_5=10$

> **등비중항**
> 0이 아닌 세 수 a, b, c가 이 순서대로 등비수열을 이루면 $b^2=ac$

실전 적용 key

$S_4-S_3=(a_1+a_2+a_3+a_4)-(a_1+a_2+a_3)=a_4$,

$S_6-S_5=(a_1+a_2+a_3+a_4+a_5+a_6)-(a_1+a_2+a_3+a_4+a_5)=a_6$

과 같이 S_n을 수열 $\{a_n\}$의 각 항의 합으로 나열해도 주어진 조건을 금방 파악할 수 있다.

11

정답률 73%

수능 유형 › 등비수열 **정답 19**

첫째항이 3인 등비수열 $\{a_n\}$**1**에 대하여

→ 공비를 모르니까 공비를 r로 놓아야 해.

$\frac{a_3}{a_2}-\frac{a_6}{a_4}=\frac{1}{4}$ **2**

일 때, $a_5=\frac{q}{p}$이다. $p+q$의 값을 구하시오. 19

(단, p와 q는 서로소인 자연수이다.)

해결 흐름

1 첫째항이 주어졌으니 공비만 알면 a_5의 값을 구할 수 있겠다.

2 $\frac{a_3}{a_2}-\frac{a_6}{a_4}=\frac{1}{4}$임을 이용하여 공비를 구해야겠네.

알찬 풀이

등비수열 $\{a_n\}$의 공비를 r라 하면

$a_n=3r^{n-1}$

$\frac{a_3}{a_2}-\frac{a_6}{a_4}=\frac{3r^2}{3r}-\frac{3r^5}{3r^3}$

$=r-r^2=\frac{1}{4}$

$r^2-r+\frac{1}{4}=0$에서

→ r에 대한 이차방정식이야.

$4r^2-4r+1=0$, $(2r-1)^2=0$ $\qquad \therefore r=\frac{1}{2}$

따라서 $a_5=3\times\left(\frac{1}{2}\right)^4=\frac{3}{16}$이므로

→ $a_5=3r^4$에 $r=\frac{1}{2}$을 대입했어.

$p=16$, $q=3$

$\therefore p+q=16+3=19$

12

정답률 81%

수능 유형 › 등비중항 **정답 ②**

→ $a_n=a_1+(n-1)\times 6$이야.

공차가 6인 등차수열 $\{a_n\}$에 대하여 세 항 a_2, a_k, a_8은 이 순서대로 등차수열을 이루고,**1** 세 항 a_1, a_2, a_k는 이 순서대로 등비수열을 이룬다.**2** $k+a_1$의 값은?

① 7 ✓② 8 ③ 9

④ 10 ⑤ 11

해결 흐름

1 a_k는 a_2와 a_8의 등차중항이네.

연관 개념 | 세 수 a, b, c가 이 순서대로 등차수열을 이루면

$b=\frac{a+c}{2}$

2 a_2는 a_1과 a_k의 등비중항임을 이용하면 되겠다.

연관 개념 | 0이 아닌 세 수 a, b, c가 이 순서대로 등비수열을 이루면

$b^2=ac$

알찬 풀이

공차가 6인 등차수열 $\{a_n\}$의 일반항은

$a_n=a_1+(n-1)\times 6$

세 항 a_2, a_k, a_8이 이 순서대로 등차수열을 이루므로

→ a_k는 a_2와 a_8의 등차중항이야.

$a_k=\frac{a_2+a_8}{2}$에서

$a_k=\frac{(a_1+6)+(a_1+7\times 6)}{2}=\frac{2a_1+48}{2}=a_1+24$ $\qquad \cdots\cdots$ ㉠

이때 $a_k=a_1+(k-1)\times 6$이므로 ㉠에 대입하면

$a_1+(k-1)\times 6=a_1+24$, $k-1=4$ $\qquad \therefore k=5$

한편, 세 항 a_1, a_2, a_5가 이 순서대로 등비수열을 이루므로

→ a_2는 a_1과 a_5의 등비중항이야.

$a_2^2=a_1\times a_5$에서

$(a_1+6)^2=a_1\times(a_1+4\times 6)$, $a_1^2+12a_1+36=a_1^2+24a_1$

$12a_1=36$ $\qquad \therefore a_1=3$

$\therefore k+a_1=5+3=8$

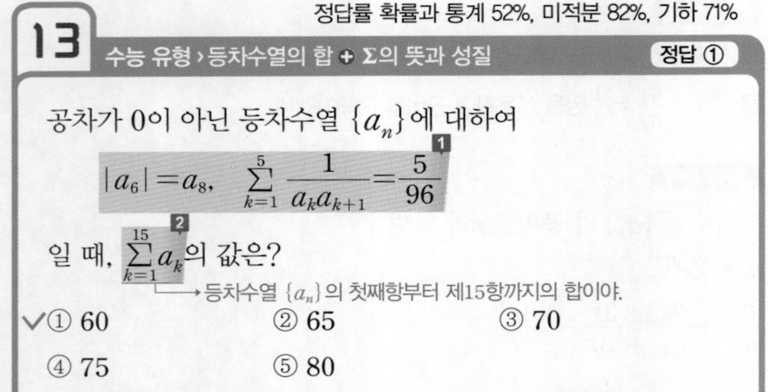

정답률 확률과 통계 52%, 미적분 82%, 기하 71%

13 수능 유형 › 등차수열의 합 ⊕ Σ의 뜻과 성질 정답 ①

공차가 0이 아닌 등차수열 $\{a_n\}$에 대하여

$|a_6|=a_8,\quad \sum_{k=1}^{5}\frac{1}{a_k a_{k+1}}=\frac{5}{96}$ [1]

일 때, $\sum_{k=1}^{15}a_k$[2]의 값은?

→ 등차수열 $\{a_n\}$의 첫째항부터 제15항까지의 합이야.

✓① 60 ② 65 ③ 70 ④ 75 ⑤ 80

해결 흐름

1. 주어진 조건을 이용하여 첫째항과 공차 사이의 관계식을 구하고, 이를 연립하여 풀면 첫째항과 공차를 구할 수 있겠다.

연관 개념 | 첫째항이 a, 공차가 d인 등차수열의 일반항 a_n은
$a_n=a+(n-1)d$ (단, $n=1, 2, 3, \cdots$)

2. 등차수열의 합 공식을 이용하면 $\sum_{k=1}^{15}a_k$의 값을 구할 수 있겠네.

연관 개념 | 첫째항이 a, 공차가 d인 등차수열 $\{a_n\}$의 첫째항부터 제n항까지의 합 S_n은
$S_n=\frac{n\{2a+(n-1)d\}}{2}$

알찬 풀이

$|a_6|=a_8$이므로

> 절댓값
> $|a|=\begin{cases}a & (a\geq 0)\\ -a & (a<0)\end{cases}$

$a_6=a_8$ 또는 $-a_6=a_8$ …… ㉠

등차수열 $\{a_n\}$의 공차가 0이 아니므로

$a_6\neq a_8$ …… ㉡

㉠, ㉡에서 $-a_6=a_8$이고, $|a_6|=a_8$에서 $a_8\geq 0$이므로

$a_6<0<a_8$ → 공차가 0이 아니니까 $a_8>0$, $a_6<0$이 돼.

즉, 등차수열 $\{a_n\}$의 공차는 양수이다.

등차수열 $\{a_n\}$의 공차를 d $(d>0)$라 하면 $-a_6=a_8$에서

$-(a_1+5d)=a_1+7d$, $2a_1=-12d$

$\therefore a_1=-6d$ …… ㉢

$\sum_{k=1}^{5}\frac{1}{a_k a_{k+1}}$

> 부분분수로의 변형
> $\frac{1}{AB}=\frac{1}{B-A}\left(\frac{1}{A}-\frac{1}{B}\right)$ (단, $A\neq B$)

$=\sum_{k=1}^{5}\frac{1}{a_{k+1}-a_k}\left(\frac{1}{a_k}-\frac{1}{a_{k+1}}\right)$

$=\sum_{k=1}^{5}\frac{1}{d}\left(\frac{1}{a_k}-\frac{1}{a_{k+1}}\right)$

$=\frac{1}{d}\left\{\left(\frac{1}{a_1}-\frac{1}{a_2}\right)+\left(\frac{1}{a_2}-\frac{1}{a_3}\right)+\left(\frac{1}{a_3}-\frac{1}{a_4}\right)+\left(\frac{1}{a_4}-\frac{1}{a_5}\right)+\left(\frac{1}{a_5}-\frac{1}{a_6}\right)\right\}$

$=\frac{1}{d}\left(\frac{1}{a_1}-\frac{1}{a_6}\right)=\frac{1}{d}\left(\frac{1}{a_1}-\frac{1}{a_1+5d}\right)=\frac{5}{a_1(a_1+5d)}$

이므로 $\frac{5}{a_1(a_1+5d)}=\frac{5}{96}$ → 문제에서 $\sum_{k=1}^{5}a_k=\frac{5}{96}$라고 했어.

$\therefore a_1(a_1+5d)=96$ …… ㉣

㉢을 ㉣에 대입하면 $-6d(-6d+5d)=96$

$6d^2=96$, $d^2=16$ $\quad\therefore d=4$ $(\because d>0)$

따라서 $a_1=-6d=-6\times 4=-24$이므로

$\sum_{k=1}^{15}a_k=\frac{15\times\{2\times(-24)+14\times 4\}}{2}=60$

→ 첫째항이 -24, 공차가 4인 등차수열의 첫째항부터 제15항까지의 합이야.

정답률 확률과 통계 50%, 미적분 73%, 기하 66%

14 수능 유형 › Σ의 뜻 ⊕ 거듭제곱근의 정의 정답 ③

자연수 $m(m\geq 2)$에 대하여 m^{12}의 n제곱근[1] 중에서 정수가 존재하도록[2] 하는 2 이상의 자연수 n의 개수를 $f(m)$이라 할 때, $\sum_{m=2}^{9}f(m)$[3]의 값은?

→ $n=1$인 경우는 제외해야 해.

① 37 ② 42 ✓③ 47 ④ 52 ⑤ 57

해결 흐름

1. m^{12}의 n제곱근, 즉 $\sqrt[n]{m^{12}}$을 근호를 사용하지 않고 나타내 봐야겠다.
2. m^{12}의 n제곱근 중에서 정수가 존재하기 위한 조건을 알아봐야지.
3. 2부터 9까지의 자연수 m에 대하여 $f(m)$의 값을 각각 구해서 더하면 되겠군.

연관 개념 | $\sum_{k=1}^{n}a_k=a_1+a_2+a_3+\cdots+a_n$

알찬 풀이

m^{12}의 n제곱근은

$\sqrt[n]{m^{12}}=m^{\frac{12}{n}}$

> 지수의 확장
> $a>0$이고 m, n이 정수일 때, $\sqrt[n]{a^m}=a^{\frac{m}{n}}$ (단, $n\geq 2$)

m의 값에 따라 $m^{\frac{12}{n}}$ 중에서 정수가 존재하도록 하는 2 이상의 자연수 n의 개수를 구하면 다음과 같다.

(i) $m=2, 3, 5, 6, 7$일 때, → m이 소수의 거듭제곱으로 나타내어지지 않는 경우야.

$m^{\frac{12}{n}}$이 정수가 되려면 $\frac{12}{n}$가 자연수이어야 하므로 n은 12의 약수이어야 한다.

이때 n은 2 이상의 자연수이므로

각각의 m에 대하여

가능한 자연수 n의 개수는 → $12=2^2\times 3$이므로 12의 양의 약수의 개수는 $(2+1)\times(1+1)=6$이야.

$6-1=5$ → $n=1$인 경우를 제외한 거야.

$\therefore f(2)=5,\ f(3)=5,\ f(5)=5,\ f(6)=5,\ f(7)=5$

(ii) $m=4, 9$일 때, → $m=(\text{소수})^2$인 경우야.

$4^{\frac{12}{n}}=(2^2)^{\frac{12}{n}}=2^{\frac{24}{n}}$

$9^{\frac{12}{n}}=(3^2)^{\frac{12}{n}}=3^{\frac{24}{n}}$

> 지수법칙
> $a>0$이고 x, y가 실수일 때, $(a^x)^y=(a^y)^x=a^{xy}$

$2^{\frac{24}{n}}$, $3^{\frac{24}{n}}$이 각각 정수가 되려면 $\frac{24}{n}$가 자연수이어야 하므로 n은 24의 약수이어야 한다.

이때 n은 2 이상의 자연수이므로

각각의 m에 대하여

가능한 자연수 n의 개수는 → $24=2^3\times 3$이므로 24의 양의 약수의 개수는 $(3+1)\times(1+1)=8$이야.

$8-1=7$

$\therefore f(4)=7,\ f(9)=7$

(iii) $m=8$일 때, → $m=(\text{소수})^3$인 경우야.

$8^{\frac{12}{n}}=(2^3)^{\frac{12}{n}}=2^{\frac{36}{n}}$

$2^{\frac{36}{n}}$이 정수가 되려면 $\frac{36}{n}$이 자연수이어야 하므로 n은 36의 약수이어야 한다.

이때 n은 2 이상의 자연수이므로

가능한 자연수 n의 개수는 → $36=2^2\times 3^2$이므로 36의 양의 약수의 개수는 $(2+1)\times(2+1)=9$야.

$9-1=8$

$\therefore f(8)=8$

(i), (ii), (iii)에서

$\sum_{m=2}^{9} f(m)$

$=f(2)+f(3)+f(4)+f(5)+f(6)+f(7)+f(8)+f(9)$

$=5+5+7+5+5+5+8+7$

$=5\times5+7\times2+8$

$=47$

오답 Clear

(i)에서와 달리 (ii), (iii)에서처럼 자연수 m이 소수의 거듭제곱으로 나타내어지는 경우에 m을 소수의 거듭제곱으로 변형하여 밑을 소수로 나타내면 지수가 $\frac{24}{n}$ 또는 $\frac{36}{n}$이 되므로 2 이상의 자연수 n의 개수를 구할 때 24 또는 36의 양의 약수의 개수를 이용해야 한다.
따라서 m이 소수의 거듭제곱으로 나타내어지는지에 따라 적당히 경우를 나누어 $f(m)$의 값을 구해야 함에 주의한다.

수학 공부에서 가장 중요한 점은 문제를 많이 풀어 보는 거야! 내신을 대비하면서 기본 개념과 간단한 기본 문제들을 완벽히 익혀 놓고, 수능을 대비하면서 기출 문제를 많이 풀어 보는 거지! 그리고 문제를 풀 때, 한 눈에 풀이 방법이 보이지 않는다고 해서 절대 포기하면 안 돼. 충분히 고민하고 여러 가지 방법을 시도해 보면서 공부해야 실력이 느는 것 같아. 나는 답지가 보고 싶어서 몸이 근질거려도 꾹 참아서 한 문제를 한 시간 넘게 고민한 적도 있었어. 그렇게 한참을 고민하다가 문제를 풀어냈을 때의 희열을 경험해 보면 쉽게 포기하는 습관은 금방 사라질 거야~.

정답률 확률과 통계 58%, 미적분 73%, 기하 66%

15 수능 유형 › Σ의 뜻 + 등차수열 정답 ③

공차가 3인 등차수열 $\{a_n\}$이 다음 조건을 만족시킬 때, a_{10}의 값은? → $a_n=a_1+(n-1)\times3$이야.

(가) $a_5\times a_7<0$ → 두 수의 곱이 음수이니까 하나는 양수, 하나는 음수이겠네.

(나) $\sum_{k=1}^{6}|a_{k+6}|=6+\sum_{k=1}^{6}|a_{2k}|$ → 각 항의 값의 부호를 알면 절댓값 기호를 없앨 수 있어.

① $\frac{21}{2}$ ② 11 ✓③ $\frac{23}{2}$ ④ 12 ⑤ $\frac{25}{2}$

해결 흐름

1 공차가 양수임을 이용하면 조건 (가)에서 a_5와 a_7의 값의 부호를 파악할 수 있어.

2 조건 (나)를 합의 꼴로 나타내고, 절댓값 기호를 없애기 위해서 각 항의 값의 부호를 생각해 봐야겠네.

연관 개념 | $\sum_{k=1}^{n}a_k=a_1+a_2+a_3+\cdots+a_n$

3 공차가 주어졌으니까 등차수열의 일반항을 이용하여 첫째항을 구하면 a_{10}의 값을 구할 수 있겠다.

연관 개념 | 첫째항이 a, 공차가 d인 등차수열의 일반항 a_n은
$a_n=a+(n-1)d$ (단, $n=1, 2, 3, \cdots$)

알찬 풀이

등차수열 $\{a_n\}$의 공차가 양수이고 ($\rightarrow a_n<a_{n+1}$이겠네.), 조건 (가)에서

$a_5\times a_7<0$ → 두 항의 값의 부호가 다르다는 거야.

이므로 $a_5<0$, $a_7>0$

즉, $n\le5$일 때 $a_n<0$이고, $n\ge7$일 때 $a_n>0$이다. → $n=6$일 때, 즉 a_6의 값의 부호는 알 수 없어.

조건 (나)에서 $\sum_{k=1}^{6}|a_{k+6}|=6+\sum_{k=1}^{6}|a_{2k}|$이므로

$|a_7|+|a_8|+|a_9|+|a_{10}|+|a_{11}|+|a_{12}|$

$=6+|a_2|+|a_4|+|a_6|+|a_8|+|a_{10}|+|a_{12}|$

$|a_7|+|a_9|+|a_{11}|=6+|a_2|+|a_4|+|a_6|$ → $a_7>0$, $a_9>0$, $a_{11}>0$이고 $a_2<0$, $a_4<0$이니까.

$a_7+a_9+a_{11}=6-a_2-a_4+|a_6|$

이때 등차수열 $\{a_n\}$의 공차가 3이므로

$(a_1+6\times3)+(a_1+8\times3)+(a_1+10\times3)$

$=6-(a_1+3)-(a_1+3\times3)+|a_1+5\times3|$

$a_1+18+a_1+24+a_1+30=6-a_1-3-a_1-9+|a_1+15|$

$\therefore 5a_1+78=|a_1+15|$

(i) $a_1+15\ge0$, 즉 $a_1\ge-15$일 때,

$5a_1+78=a_1+15$, $4a_1=-63$

$\therefore a_1=-\frac{63}{4}$ $=-15.75$

따라서 $a_1<-15$이므로 조건을 만족시키지 않는다.

(ii) $a_1+15<0$, 즉 $a_1<-15$일 때,

$5a_1+78=-(a_1+15)$, $6a_1=-93$

$\therefore a_1=-\frac{31}{2}$ $=-15.5$

따라서 $a_1<-15$이므로 조건을 만족시킨다.

(i), (ii)에서 $a_1=-\frac{31}{2}$

따라서 수열 $\{a_n\}$은 첫째항이 $-\frac{31}{2}$, 공차가 3인 등차수열이므로

$a_{10}=-\frac{31}{2}+9\times3=\frac{23}{2}$ → $a_{10}=a_1+9d$에 $a_1=-\frac{31}{2}$, $d=3$을 대입했어.

실전 적용 key

위의 풀이에서 등차수열의 일반항을 이용할 때, 다음과 같이 a_1이 아닌 a_6을 기준으로 하여 문제를 해결할 수도 있다.

등차수열 $\{a_n\}$의 공차를 d라 하면

$a_7+a_9+a_{11}=6-a_2-a_4+|a_6|$에서

$(a_6+d)+(a_6+3d)+(a_6+5d)=6-(a_6-4d)-(a_6-2d)+|a_6|$

$3a_6+9d=6-2a_6+6d+|a_6|$ $\therefore 5a_6+3d-6=|a_6|$

이때 등차수열 $\{a_n\}$의 공차가 3이므로 위의 식에 $d=3$을 대입하면

$5a_6+3=|a_6|$

(i) $a_6\ge0$일 때,

$5a_6+3=a_6$, $4a_6=-3$ $\therefore a_6=-\frac{3}{4}$

따라서 $a_6<0$이므로 조건을 만족시키지 않는다.

(ii) $a_6<0$일 때,

$5a_6+3=-a_6$, $6a_6=-3$ $\therefore a_6=-\frac{1}{2}$

따라서 $a_6<0$이므로 조건을 만족시킨다.

(i), (ii)에서 $a_6=-\frac{1}{2}$이므로 $a_{10}=-\frac{1}{2}+4\times3=\frac{23}{2}$ → $a_{10}=a_6+4d$에 $a_6=-\frac{1}{2}$, $d=3$을 대입했어.

오답 Clear

문제에서 a_6에 대해서는 어떠한 조건도 주어지지 않았으므로 $|a_6|$은 절댓값 기호를 없앨 수 없다. 즉, $a_6\ge0$이거나 $a_6<0$이라고 섣부른 판단을 하지 않도록 주의한다.

수학 I
III. 수열

정답률 확률과 통계 23%, 미적분 54%, 기하 44%

16 수능 유형 › Σ의 뜻 + 등비수열의 합 정답 678

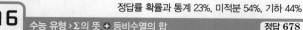

수열 $\{a_n\}$이 다음 조건을 만족시킨다.

> (가) $|a_1|=2$
> (나) 모든 자연수 n에 대하여 **1** $|a_{n+1}|=2|a_n|$이다.
> (다) **2** $\sum_{n=1}^{10} a_n=-14$

$a_1+a_3+a_5+a_7+a_9$의 값을 구하시오. 678

해결 흐름

1 $|a_{n+1}|=2|a_n|$에 $n=1, 2, 3, \cdots$을 차례로 대입하여 규칙을 파악해야겠네.

2 **1**을 이용하여 $\sum_{n=1}^{10} a_n=-14$가 성립하도록 하는 $a_1, a_2, \cdots, a_{10}$의 값의 부호를 생각해 봐야겠다.

알찬 풀이

→ $|a_2|=2|a_1|=2^2$, $|a_3|=2|a_2|=2^3$, $\cdots$이기 때문이야.

조건 (가), (나)에서 $|a_n|=2^n$이므로

$a_1=\pm2,\ a_2=\pm4,\ a_3=\pm8,\ a_4=\pm16,\ a_5=\pm32,\ a_6=\pm64,$
$a_7=\pm128,\ a_8=\pm256,\ a_9=\pm512,\ a_{10}=\pm1024$

(i) $a_{10}>0$, 즉 $a_{10}=1024$일 때

조건 (다)에서 $\sum_{n=1}^{10} a_n=\sum_{n=1}^{9} a_n+a_{10}=-14$이므로

$\sum_{n=1}^{9} a_n+1024=-14$

$\sum_{n=1}^{9} a_n=-1038$ …… ㉠

이때 $a_1, a_2, \cdots, a_9$의 값이 모두 음수라 가정하면

$\sum_{n=1}^{9} a_n=\dfrac{-2(2^9-1)}{2-1}=-1022$

> **등비수열의 합**
> 첫째항이 a, 공비가 r인 등비수열의 첫째항부터 제n항까지의 합은 $\dfrac{a(r^n-1)}{r-1}$ (단, $r\neq1$)

즉, $\sum_{n=1}^{9} a_n$의 최솟값이 -1022이므로

㉠이 성립하지 않는다.

(ii) $a_{10}<0$, 즉 $a_{10}=-1024$일 때

조건 (다)에서 $\sum_{n=1}^{10} a_n=\sum_{n=1}^{9} a_n+a_{10}=-14$이므로

$\sum_{n=1}^{9} a_n-1024=-14$

$\sum_{n=1}^{9} a_n=1010$ …… ㉡

이때 $a_1, a_2, \cdots, a_9$의 값이 모두 양수라 가정하면

$\sum_{n=1}^{9} a_n=\dfrac{2(2^9-1)}{2-1}=1022$

즉, $2+4+8+\cdots+512=1022$이고,

㉡을 만족하기 위해서는

$2+4+8+\cdots+512+(-4)+(-8)=1010$ ($a_2=-4$, $a_1=-2$)

이어야 한다.

$\therefore a_1=-2,\ a_2=-4$

(i), (ii)에서 $a_1<0$, $a_2<0$이고 $a_3, a_4, \cdots, a_9$의 값은 양수임을 알 수 있다.

따라서 $a_1=-2,\ a_3=8,\ a_5=32,\ a_7=128,\ a_9=512$이므로

$a_1+a_3+a_5+a_7+a_9=(-2)+8+32+128+512=678$

정답률 확률과 통계 49%, 미적분 70%, 기하 62%

17 수능 유형 › Σ의 뜻 + 등차수열의 합 정답 ②

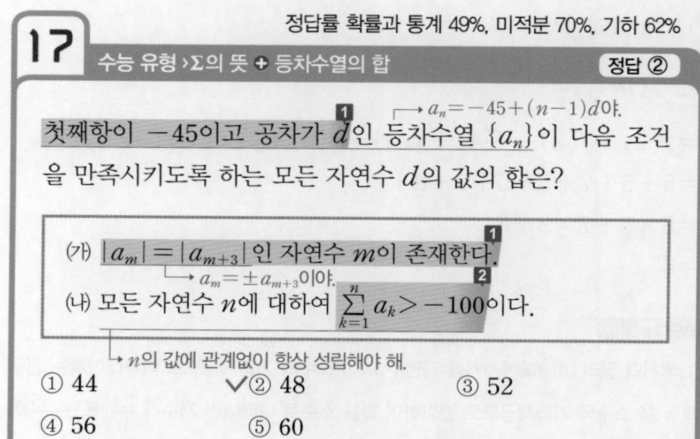

→ $a_n=-45+(n-1)d$야.

첫째항이 -45이고 공차가 **1** d인 등차수열 $\{a_n\}$이 다음 조건을 만족시키도록 하는 모든 자연수 d의 값의 합은?

> (가) **1** $|a_m|=|a_{m+3}|$인 자연수 m이 존재한다. → $a_m=\pm a_{m+3}$이야.
> (나) 모든 자연수 n에 대하여 **2** $\sum_{k=1}^{n} a_k>-100$이다.
> → n의 값에 관계없이 항상 성립해야 해.

① 44 ✓② 48 ③ 52 ④ 56 ⑤ 60

해결 흐름

1 $|a_m|=|a_{m+3}|$을 첫째항과 공차의 조건을 이용하여 절댓값 기호를 없애고, d와 m에 대한 식으로 나타내 봐야겠네.

연관 개념 | 첫째항이 a, 공차가 d인 등차수열의 일반항 a_n은
$a_n=a+(n-1)d$ (단, $n=1, 2, 3, \cdots$)

2 **1**에서 구한 식을 만족시키는 m과 d의 값을 찾고, 이 중에서 조건 (나)를 만족시키는 것을 찾아봐야겠다.

알찬 풀이

$|a_m|=|a_{m+3}|$에서

$a_m=\pm a_{m+3}$

→ $a_1=-45$이므로 $d=0$이면 $\sum_{k=1}^{3} a_k=(-45)+(-45)+(-45)<-100$ 과 같이 3 이상의 자연수 n에 대하여 조건 (나)가 성립하지 않아.

그런데 $a_m=a_{m+3}$이면 $d=0$이므로 조건 (나)를 만족시키지 않는다.

즉, $a_m=-a_{m+3}$이므로

$-45+(m-1)d=-\{-45+(m+2)d\}$

$-90+(2m+1)d=0$

$(2m+1)d=90$ …… ㉠ → (홀수)×(짝수)=(짝수)

이때 $2m+1$은 1보다 큰 홀수이므로 d는 짝수이고,

$90=2\times3^2\times5$이므로 90의 약수 중에서 ㉠을 만족시키는 짝수는

2, 6, 10, 18, 30이다.

→ ㉠을 만족시키는 순서쌍 $(2m+1, d)$는 $(3, 30), (5, 18), (9, 10), (15, 6), (45, 2)$야.

따라서 ㉠을 만족시키는 자연수 m, d의 순서쌍 (m, d)는

$(1, 30), (2, 18), (4, 10), (7, 6), (22, 2)$

한편, $a_1<0$이고

$a_m=-a_{m+3}$이므로

$a_{m+1}<0,\ a_{m+2}>0$

→ 등차수열 $\{a_n\}$에 대하여 $|a_m|=|a_{m+3}|$이면 $|a_{m+1}|=|a_{m+2}|$야. 즉, $a_m<0,\ a_{m+1}<0,\ a_{m+2}>0,\ a_{m+3}>0$이어야 해.

따라서 제$(m+1)$항까지는 음수, 제$(m+2)$항부터는 양수이므로

$\sum_{k=1}^{n} a_k$의 값이 최소가 되는 것은 $n=m+1$일 때이다.

즉, 조건 (나)에서 모든 자연수 n에 대하여 $\sum_{k=1}^{n} a_k>-100$이 성립하려면 $\sum_{k=1}^{m+1} a_k>-100$이어야 한다.

→ 등차수열의 합의 최솟값이 -100보다 크면 돼.

$\sum_{k=1}^{m+1} a_k=\dfrac{(m+1)\{2\times(-45)+md\}}{2}>-100$에서

$(m+1)(-90+md)>-200$ …… ㉡

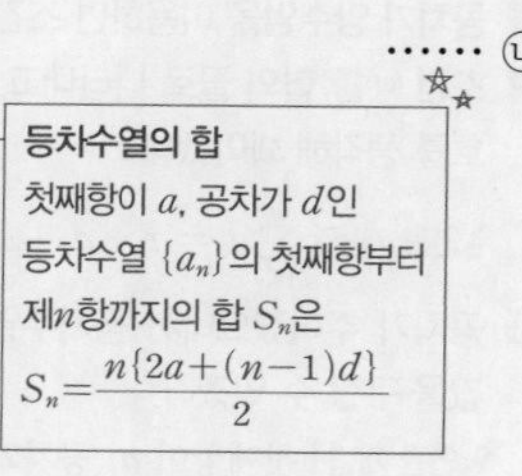

> **등차수열의 합**
> 첫째항이 a, 공차가 d인 등차수열 $\{a_n\}$의 첫째항부터 제n항까지의 합 S_n은
> $S_n=\dfrac{n\{2a+(n-1)d\}}{2}$

(i) $m=1,\ d=30$일 때,

$(1+1)\times(-90+30)=-120$

이므로 ㉡을 만족시킨다.

(ii) $m=2,\ d=18$일 때,

$(2+1)\times(-90+36)=-162$

이므로 ㉡을 만족시킨다.

(iii) $m=4$, $d=10$일 때,

$(4+1)\times(-90+40)=-250$

이므로 ㉡을 만족시키지 않는다.

(iv) $m=7$, $d=6$일 때,

$(7+1)\times(-90+42)=-384$

이므로 ㉡을 만족시키지 않는다.

(v) $m=22$, $d=2$일 때,

$(22+1)\times(-90+44)=-1058$

이므로 ㉡을 만족시키지 않는다.

이상에서 모든 자연수 n에 대하여 ㉡을 만족시키는 d의 값은 18, 30이다.

따라서 조건을 만족시키는 모든 자연수 d의 값의 합은

$18+30=48$

18 수능 유형 › ∑의 뜻 + 등차수열 　정답 25

공차가 정수인 등차수열 $\{a_n\}$에 대하여

$a_3+a_5=0$, [1] $\sum_{k=1}^{6}(|a_k|+a_k)=30$ [2] → a_k가 양수인 경우와 음수인 경우를 나눠서 합을 생각해야 해.

일 때, a_9의 값을 구하시오. 25

해결 흐름

1 a_4는 a_3과 a_5의 등차중항이니까 $a_4=0$이겠네.

연관 개념 | 세 수 a, b, c가 이 순서대로 등차수열을 이루면

$b=\frac{a+c}{2}$

2 a_4를 기준으로 a_k의 값의 부호가 달라지니까 공차가 양수인 경우와 음수인 경우로 나누어 생각해 봐야겠다.

알찬 풀이

등차수열 $\{a_n\}$에서 a_4는 a_3과 a_5의 등차중항이므로

$a_4=\frac{a_3+a_5}{2}$

$a_3+a_5=0$이므로 $a_4=0$

등차수열 $\{a_n\}$의 공차를 d (d는 정수)라 하면 수열 $\{a_n\}$은

$-3d, -2d, -d, 0, d, 2d, \cdots$ → $a_4=a_1+3d=0$이므로 $a_1=-3d$

(i) $d>0$일 때,

$a_1<0$, $a_2<0$, $a_3<0$이므로 → $|a_1|=-a_1$, $|a_2|=-a_2$, $|a_3|=-a_3$이야.

$|a_1|+a_1=|a_2|+a_2=|a_3|+a_3=0$

$a_5>0$, $a_6>0$이므로 → $|a_5|=a_5$, $|a_6|=a_6$이야.

$|a_5|+a_5=2a_5$, $|a_6|+a_6=2a_6$

$\therefore \sum_{k=1}^{6}(|a_k|+a_k)=2a_5+2a_6$

$=2d+4d=6d$ → $a_5=d$, $a_6=2d$를 대입했어.

즉, $6d=30$이므로 $d=5$

(ii) $d<0$일 때,

$a_1>0$, $a_2>0$, $a_3>0$이므로 → $|a_1|=a_1$, $|a_2|=a_2$, $|a_3|=a_3$이야.

$|a_1|+a_1=2a_1$, $|a_2|+a_2=2a_2$, $|a_3|+a_3=2a_3$

$a_5<0$, $a_6<0$이므로 → $|a_5|=-a_5$, $|a_6|=-a_6$이야.

$|a_5|+a_5=|a_6|+a_6=0$

$\therefore \sum_{k=1}^{6}(|a_k|+a_k)=2a_1+2a_2+2a_3$

$=-6d-4d-2d=-12d$ → $a_1=-3d$, $a_2=-2d$, $a_3=-d$를 대입했어.

즉, $-12d=30$이므로 $d=-\frac{5}{2}$

(i), (ii)에서

$d=5$ ($\because$ d는 정수)

따라서 수열 $\{a_n\}$은 첫째항이 $-3d=-15$, 공차가 5인 등차수열이므로

$a_n=-15+(n-1)\times5=5n-20$

$\therefore a_9=5\times9-20=25$

실전적용 key

첫째항이 아니라도 등차수열의 한 항을 알면 나머지 항을 공차를 이용하여 나타낼 수 있다. 예를 들어 공차가 d인 등차수열 $\{a_n\}$에서 $a_k=p$이면

$\cdots$, $a_{k-2}=p-2d$, $a_{k-1}=p-d$, $a_k=p$, $a_{k+1}=p+d$, $a_{k+2}=p+2d$, $\cdots$

이다.

정답률 52%

19 수능 유형 › ∑의 뜻 + 수열의 합과 일반항 사이의 관계 　정답 58

수열 $\{a_n\}$이 모든 자연수 n에 대하여

$\sum_{k=1}^{n}\frac{4k-3}{a_k}=2n^2+7n$ [1] → 수열 $\left\{\frac{4n-3}{a_n}\right\}$의 첫째항부터 제$n$항까지의 합이야.

을 만족시킨다. $a_5\times a_7\times a_9=\frac{q}{p}$ [2]일 때, $p+q$의 값을 구하시오. (단, p와 q는 서로소인 자연수이다.) 58

해결 흐름

1 수열의 합과 일반항 사이의 관계를 이용하면 수열 $\left\{\frac{4n-3}{a_n}\right\}$의 일반항을 구할 수 있겠군.

연관 개념 | 수열 $\{a_n\}$의 첫째항부터 제n항까지의 합을 S_n이라 할 때,

$a_1=S_1$, $a_n=S_n-S_{n-1}$ (단, $n\geq2$)

2 1에서 구한 a_n에 $n=5, 7, 9$를 각각 대입하면 되겠네.

알찬 풀이

$b_n=\frac{4n-3}{a_n}$이라 하고, 수열 $\{b_n\}$의 첫째항부터 제n항까지의 합을 S_n이라 하면

$S_n=\sum_{k=1}^{n}b_k=2n^2+7n$

(i) $n=1$일 때,

$b_1=S_1=9$

(ii) $n\geq2$일 때,

$b_n=S_n-S_{n-1}$ → $S_n=2n^2+7n$에 n 대신 $n-1$을 대입했어.

$=2n^2+7n-\{2(n-1)^2+7(n-1)\}$

$=4n+5$ ⋯⋯ ㉠

이때 $b_1=S_1=9$는 ㉠에 $n=1$을 대입한 것과 같으므로

$b_n=4n+5$

즉, $\frac{4n-3}{a_n}=4n+5$이므로

수학 I　III. 수열

$$a_n=\frac{4n-3}{4n+5}$$

$$\therefore a_5\times a_7\times a_9=\frac{17}{25}\times\frac{25}{33}\times\frac{33}{41}$$

$$=\frac{17}{41}$$

따라서 $p=41$, $q=17$이므로

$p+q=41+17=58$

20

정답률 38%

수능 유형 › 등차수열의 합 ⊕ ∑의 뜻과 성질 　정답 ④

첫째항이 50이고 공차가 -4인 등차수열의 첫째항부터 제n항까지의 합을 S_n[1]이라 할 때, $\sum_{k=m}^{m+4} S_k$의 값이 최대가 되도록 하는 자연수 m의 값[2]은?

① 8 　② 9 　③ 10 　✓④ 11 　⑤ 12

해결 흐름

1. 첫째항과 공차가 주어졌으니까 S_n을 구할 수 있겠네.
   - 연관 개념 | 첫째항이 a, 공차가 d인 등차수열 $\{a_n\}$의 첫째항부터 제n항까지의 합 S_n은 $S_n=\frac{n\{2a+(n-1)d\}}{2}$
2. 연속하는 5개의 항 S_m, S_{m+1}, S_{m+2}, S_{m+3}, S_{m+4}의 값의 합이 최대가 되도록 하는 자연수 m의 값을 찾아봐야겠다.

알찬 풀이

첫째항이 50, 공차가 -4인 등차수열의 첫째항부터 제n항까지의 합 S_n은

$$S_n=\frac{n\{2\times 50+(n-1)\times(-4)\}}{2}$$

$=-2n^2+52n$ → S_n은 n에 대한 이차함수야.

$=-2(n-13)^2+338$

오른쪽 그림에서 S_n의 값은 $n=13$일 때 최대이고, $n=13$에 대하여 대칭이므로

$\sum_{k=m}^{m+4} S_k$

$=S_m+S_{m+1}+S_{m+2}+S_{m+3}+S_{m+4}$

에서 $S_{m+2}=S_{13}$일 때, $\sum_{k=m}^{m+4} S_k$의 값이 최대가 된다.

즉, $m+2=13$ 　 $\therefore m=11$

다른 풀이 첫째항이 50, 공차가 -4인 등차수열 $\{a_n\}$의 일반항은

$a_n=50+(n-1)\times(-4)=-4n+54$ 　 ⋯⋯ ㉠

이때 $a_n<0$에서 $-4n+54<0$ 　 $\therefore n>\frac{27}{2}=13.5$

따라서 등차수열 $\{a_n\}$이 처음으로 음수가 되는 항은 a_{14}이므로

$S_1<S_2<\cdots<S_{11}<S_{12}<S_{13}$, → 제13항까지는 양수이므로 제13항까지의 합은 계속 증가하겠지?

$S_{13}>S_{14}>S_{15}>\cdots$

즉, S_n의 값은 $n=13$일 때 최대이다.

㉠에서 $a_{13}=2$, $a_{14}=-2$이므로

$S_{12}=S_{13}-a_{13}=S_{13}-2$, $S_{14}=S_{13}+a_{14}=S_{13}-2$

$\therefore S_{12}=S_{14}$

같은 방법으로 구해 보면

$S_{11}=S_{15}$, $S_{10}=S_{16}$, $\cdots$, $S_1=S_{25}$

이므로 S_n의 값을 가장 큰 것부터 차례대로 나열하면

$\underbrace{S_{13},\ S_{12}(=S_{14}),\ S_{11}(=S_{15})}_{5개},\ S_{10}(=S_{16}),\ \cdots$

따라서 $\sum_{k=m}^{m+4} S_k$의 값은 $S_{11}+S_{12}+S_{13}+S_{14}+S_{15}$일 때 최대이다.

$\therefore m=11$

21

정답률 46%

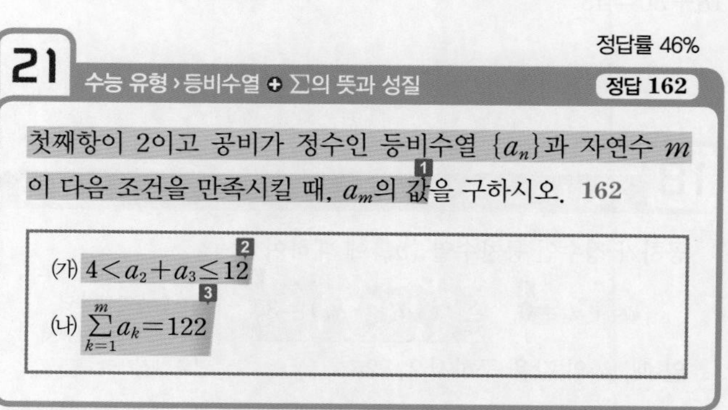

수능 유형 › 등비수열 ⊕ ∑의 뜻과 성질 　정답 162

첫째항이 2이고 공비가 정수인 등비수열 $\{a_n\}$과 자연수 m이 다음 조건을 만족시킬 때, a_m의 값[1]을 구하시오. 162

(가) $4<a_2+a_3\le 12$ [2]

(나) $\sum_{k=1}^{m} a_k=122$ [3]

해결 흐름

1. 첫째항이 주어졌으니 공비와 m의 값만 알면 a_m의 값을 구할 수 있겠네.
   - 연관 개념 | 첫째항이 a, 공비가 r $(r\neq 0)$인 등비수열의 일반항 a_n은 $a_n=ar^{n-1}$ (단, $n=1, 2, 3, \cdots$)
2. $4<a_2+a_3\le 12$를 공비에 대한 식으로 나타내야겠어.
3. 등비수열의 합 공식을 이용하여 $\sum_{k=1}^{m} a_k$도 공비에 대한 식으로 나타내 봐야지.
   - 연관 개념 | 첫째항이 a, 공비가 r $(r\neq 0)$인 등비수열 $\{a_n\}$의 첫째항부터 제n항까지의 합 S_n은 $S_n=\frac{a(1-r^n)}{1-r}=\frac{a(r^n-1)}{r-1}$ (단, $r\neq 1$)

알찬 풀이

등비수열 $\{a_n\}$의 공비를 r (r는 정수)라 하면

$a_n=2\times r^{n-1}$

조건 (가)에서 $a_2+a_3=2r+2r^2$이므로

$4<2r+2r^2\le 12$, 즉 $2<r+r^2\le 6$

$2<r+r^2$에서 $r^2+r-2>0$

$(r+2)(r-1)>0$

$\therefore r<-2$ 또는 $r>1$ 　 ⋯⋯ ㉠

$r+r^2\le 6$에서 $r^2+r-6\le 0$

$(r+3)(r-2)\le 0$

$\therefore -3\le r\le 2$ 　 ⋯⋯ ㉡

㉠, ㉡에서 $-3\le r<-2$ 또는 $1<r\le 2$

$\therefore r=-3$ 또는 $r=2$ ($\because$ r는 정수)

(i) $r=-3$일 때, 조건 (나)에서

$$\sum_{k=1}^{m} a_k=\frac{2\{1-(-3)^m\}}{1-(-3)}$$

$$=\frac{1-(-3)^m}{2}=122$$

$1-(-3)^m=244$

$(-3)^m=-243=(-3)^5$

$\therefore m=5$

(ii) $r=2$일 때, 조건 (나)에서

$\sum_{k=1}^{m} a_k=\frac{2(2^m-1)}{2-1}$

$=2(2^m-1)=122$

$2^m-1=61$

$2^m=62$

그런데 $2^m=62$를 만족시키는 자연수 m은 존재하지 않는다.
→ $2^5=32$, $2^6=64$이니까 m은 5와 6 사이의 수야. 따라서 자연수가 아니지.

(i), (ii)에서

$r=-3$, $m=5$

$\therefore a_m=a_5=2\times(-3)^{5-1}=162$

정답률 80%

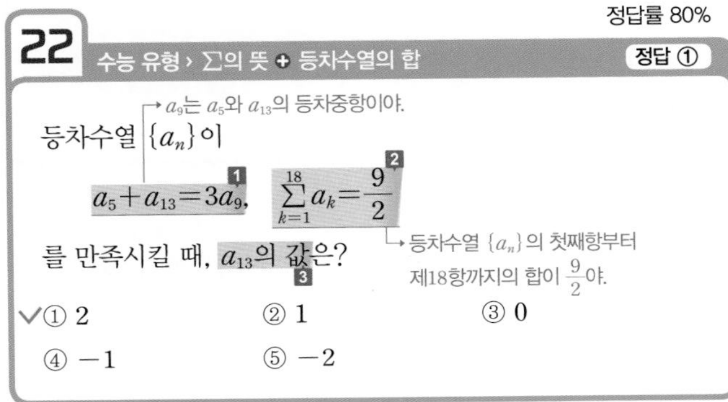

22 수능 유형 › Σ의 뜻 + 등차수열의 합 정답 ①

등차수열 $\{a_n\}$이 (→ a_9는 a_5와 a_{13}의 등차중항이야.)

$a_5+a_{13}=3a_9$, [1] $\sum_{k=1}^{18} a_k=\frac{9}{2}$ [2]

(→ 등차수열 $\{a_n\}$의 첫째항부터 제18항까지의 합이 $\frac{9}{2}$야.)

를 만족시킬 때, a_{13}의 값은? [3]

✓① 2 ② 1 ③ 0
④ -1 ⑤ -2

해결 흐름

[1] 등차중항을 이용하면 a_9의 값을 구할 수 있겠네.

연관 개념 | 세 수 a, b, c가 이 순서대로 등차수열을 이루면

$b=\frac{a+c}{2}$

[2] 등차수열의 합 공식을 이용하여 첫째항과 공차에 대한 방정식을 세워야겠어.

연관 개념 | 첫째항이 a, 공차가 d인 등차수열 $\{a_n\}$의 첫째항부터 제n항까지의 합 S_n은

$S_n=\frac{n\{2a+(n-1)d\}}{2}$

[3] [1]과 [2]를 이용해서 등차수열 $\{a_n\}$의 첫째항과 공차를 구하면 a_{13}의 값을 구할 수 있겠군.

알찬 풀이

등차수열 $\{a_n\}$에서 a_9는 a_5와 a_{13}의 등차중항이므로
→ $\frac{5+13}{2}=9$이므로 a_9는 a_5와 a_{13}의 등차중항이야.

$a_9=\frac{a_5+a_{13}}{2}$ $\quad\therefore a_5+a_{13}=2a_9$

이를 $a_5+a_{13}=3a_9$에 대입하면

$2a_9=3a_9$ $\quad\therefore a_9=0$

등차수열 $\{a_n\}$의 첫째항을 a, 공차를 d라 하면

$a_9=a+8d=0$ ⋯⋯ ㉠
→ $a_n=a+(n-1)d$

또, $\sum_{k=1}^{18} a_k=\frac{9}{2}$에서

$\frac{18(2a+17d)}{2}=\frac{9}{2}$ → 등차수열의 합 공식을 이용했어.

$\therefore 2a+17d=\frac{1}{2}$ ⋯⋯ ㉡

㉠, ㉡을 연립하여 풀면 $a=-4$, $d=\frac{1}{2}$

따라서 $a_n=-4+(n-1)\times\frac{1}{2}=\frac{1}{2}n-\frac{9}{2}$이므로

$a_{13}=\frac{1}{2}\times13-\frac{9}{2}=2$

다른 풀이 등차수열 $\{a_n\}$에서 a_9는 a_5와 a_{13}의 등차중항이므로

$a_5+a_{13}=2a_9=3a_9$

즉, $a_9=0$이므로

$a_8+a_{10}=a_7+a_{11}=\cdots=a_1+a_{17}=0$
→ a_9는 a_8과 a_{10}, a_7과 a_{11}, ⋯, a_1과 a_{17}의 등차중항이므로 $\frac{a_8+a_{10}}{2}=\frac{a_7+a_{11}}{2}=\cdots=\frac{a_1+a_{17}}{2}=a_9=0$

이때 $\sum_{k=1}^{18} a_k=\frac{9}{2}$에서 $a_{18}=\frac{9}{2}$
→ $a_1+a_2+a_3+\cdots+a_{17}+a_{18}=\frac{9}{2}$

등차수열 $\{a_n\}$의 공차를 d라 하면

$a_{18}=a_9+9d=\frac{9}{2}$

$9d=\frac{9}{2}$

$\therefore d=\frac{1}{2}$

$\therefore a_{13}=a_9+4d=4\times\frac{1}{2}=2$

정답률 71%

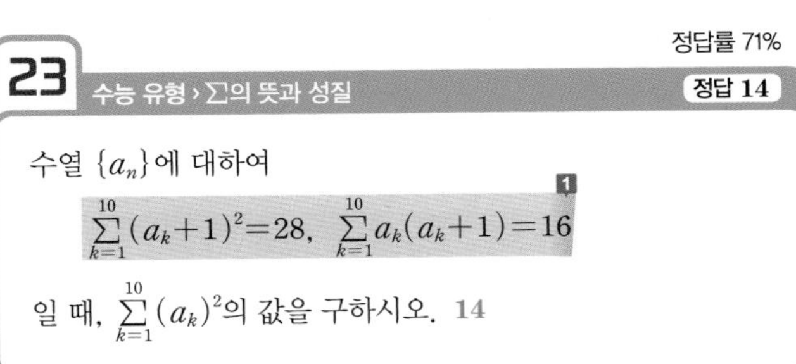

23 수능 유형 › Σ의 뜻과 성질 정답 14

수열 $\{a_n\}$에 대하여

$\sum_{k=1}^{10}(a_k+1)^2=28$, $\sum_{k=1}^{10}a_k(a_k+1)=16$ [1]

일 때, $\sum_{k=1}^{10}(a_k)^2$의 값을 구하시오. 14

해결 흐름

[1] Σ의 성질을 이용해야겠어.

알찬 풀이

$\sum_{k=1}^{10}(a_k+1)^2=\sum_{k=1}^{10}\{(a_k)^2+2a_k+1\}$

$=\sum_{k=1}^{10}(a_k)^2+2\sum_{k=1}^{10}a_k+10$
→ $\sum_{k=1}^{10}1=1\times10=10$

이므로

$\sum_{k=1}^{10}(a_k)^2+2\sum_{k=1}^{10}a_k+10=28$

$\therefore \sum_{k=1}^{10}(a_k)^2+2\sum_{k=1}^{10}a_k=18$ ⋯⋯ ㉠

$\sum_{k=1}^{10}a_k(a_k+1)=\sum_{k=1}^{10}\{(a_k)^2+a_k\}=\sum_{k=1}^{10}(a_k)^2+\sum_{k=1}^{10}a_k$
→ Σ의 성질을 이용했어.

이므로

$\sum_{k=1}^{10}(a_k)^2+\sum_{k=1}^{10}a_k=16$ ⋯⋯ ㉡

㉡$\times2-$㉠을 하면

$\sum_{k=1}^{10}(a_k)^2=14$

→ $2\sum_{k=1}^{10}(a_k)^2+2\sum_{k=1}^{10}a_k=32$ ⋯ ㉡$\times2$
$-)\ \sum_{k=1}^{10}(a_k)^2+2\sum_{k=1}^{10}a_k=18$ ⋯ ㉠
$\sum_{k=1}^{10}(a_k)^2=14$

수학 I

III. 수열

정답률 80%

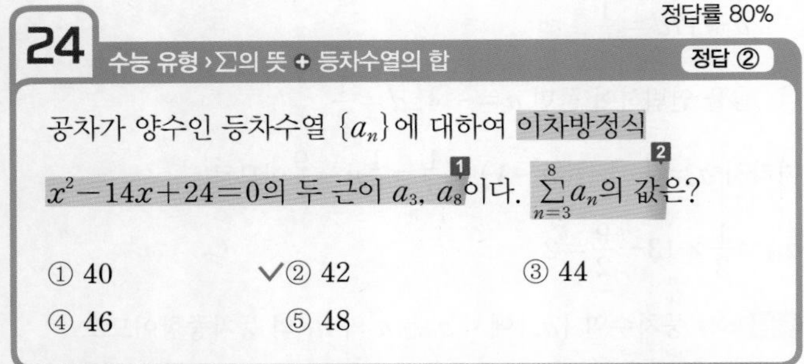
24 수능 유형 › $\sum$의 뜻 + 등차수열의 합 　정답 ②

공차가 양수인 등차수열 $\{a_n\}$에 대하여 이차방정식 $x^2-14x+24=0$의 두 근이 a_3, a_8이다. $\sum_{n=3}^{8} a_n$의 값은?

① 40　✓② 42　③ 44　④ 46　⑤ 48

해결 흐름

1 이차방정식의 근과 계수의 관계를 이용하여 a_3+a_8의 값을 구할 수 있어.

연관 개념 | 이차방정식 $ax^2+bx+c=0$의 두 근을 α, β라 하면

$\alpha+\beta=-\frac{b}{a}$, $\alpha\beta=\frac{c}{a}$

2 등차수열의 합 공식을 이용해야겠군.

연관 개념 | 등차수열 $\{a_n\}$의 첫째항부터 제n항까지의 합 S_n은 첫째항이 a, 제n항이 l일 때, $S_n=\frac{n(a+l)}{2}$

알찬 풀이

이차방정식 $x^2-14x+24=0$의 두 근이 a_3, a_8이므로 근과 계수의 관계에 의하여 $a_3+a_8=14$

$\sum_{n=3}^{8} a_n$은 첫째항이 a_3, 끝항이 a_8인 등차수열 $\{a_n\}$의 합과 같으므로

$\sum_{n=3}^{8} a_n=\frac{6(a_3+a_8)}{2}=\frac{6\times14}{2}=42$

→ $\sum_{n=3}^{8} a_n=a_3+a_4+a_5+\cdots+a_8$이야.

정답률 83%

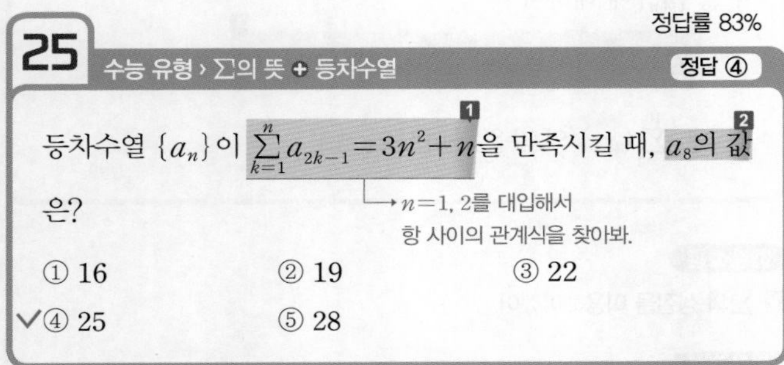
25 수능 유형 › $\sum$의 뜻 + 등차수열 　정답 ④

등차수열 $\{a_n\}$이 $\sum_{k=1}^{n} a_{2k-1}=3n^2+n$을 만족시킬 때, a_8의 값은?

→ $n=1$, 2를 대입해서 항 사이의 관계식을 찾아봐.

① 16　② 19　③ 22　✓④ 25　⑤ 28

해결 흐름

1 $n=1$, 2를 각각 대입해서 계산하면 a_1, a_3의 값을 각각 구할 수 있겠네.

2 수열 $\{a_n\}$의 첫째항과 공차를 구하면 a_8의 값을 구할 수 있겠군.

연관 개념 | 첫째항이 a, 공차가 d인 등차수열의 일반항 a_n은

$a_n=a+(n-1)d$ (단, $n=1, 2, 3, \cdots$)

알찬 풀이

$\sum_{k=1}^{n} a_{2k-1}=3n^2+n$ ...... ㉠

㉠에 $n=1$을 대입하면

$\sum_{k=1}^{1} a_{2k-1}=a_1=4$ → ㉠의 우변에 $n=1$을 대입하면 $3\times1^2+1=4$

㉠에 $n=2$를 대입하면

$\sum_{k=1}^{2} a_{2k-1}=a_1+a_3=14$ → ㉠의 우변에 $n=2$를 대입하면 $3\times2^2+2=14$

$a_1=4$이므로 $a_3=10$

등차수열 $\{a_n\}$의 공차를 d라 하면

$a_3=a_1+2d=10$

$4+2d=10$　$\therefore d=3$

따라서 수열 $\{a_n\}$은 첫째항이 4, 공차가 3인 등차수열이므로

$a_n=4+(n-1)\times3=3n+1$

$\therefore a_8=3\times8+1=25$

다른 풀이 $a_{2n-1}=\sum_{k=1}^{n} a_{2k-1}-\sum_{k=1}^{n-1} a_{2k-1}$

수열의 합과 일반항 사이의 관계: $a_n=\sum_{k=1}^{n} a_k-\sum_{k=1}^{n-1} a_k$ (단, $n\ge2$)

$=(3n^2+n)-\{3(n-1)^2+(n-1)\}$

$=(3n^2+n)-(3n^2-5n+2)$ → $3n^2+n$에 n 대신 $n-1$을 대입했어.

$=6n-2$

등차수열 $\{a_n\}$에서 a_8은 a_7과 a_9의 등차중항이므로

$2a_8=a_7+a_9=(6\times4-2)+(6\times5-2)=22+28=50$

→ a_{2n-1}에서 $n=4$일 때 a_7, $n=5$일 때 a_9야.

$\therefore a_8=25$

정답률 60%

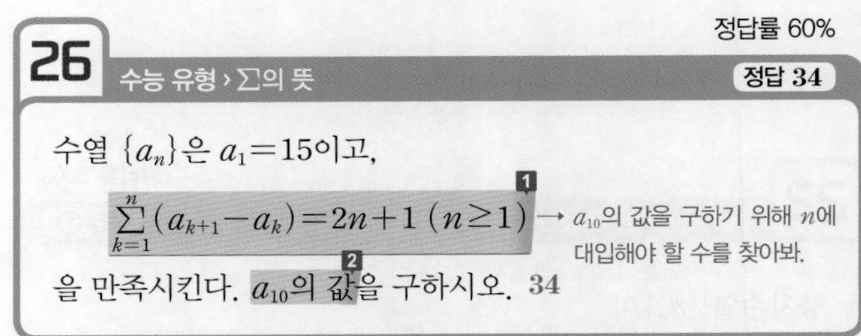
26 수능 유형 › $\sum$의 뜻 　정답 34

수열 $\{a_n\}$은 $a_1=15$이고,

$\sum_{k=1}^{n}(a_{k+1}-a_k)=2n+1\ (n\ge1)$ → a_{10}의 값을 구하기 위해 n에 대입해야 할 수를 찾아봐.

을 만족시킨다. a_{10}의 값을 구하시오. 34

해결 흐름

1 $\sum_{k=1}^{n}(a_{k+1}-a_k)$를 각 항의 합으로 나타내면 서로 소거되는 항이 생기네.

2 1에서 정리한 식에 적당한 n의 값을 대입하면 a_{10}의 값을 구할 수 있겠군.

알찬 풀이

$\sum_{k=1}^{n}(a_{k+1}-a_k)=2n+1$에서

$\sum_{k=1}^{9}(a_{k+1}-a_k)=2\times9+1=19$

→ $\sum_{k=1}^{n}(a_{k+1}-a_k)=2n+1$에 $n=9$를 대입했어.

이때

$\sum_{k=1}^{9}(a_{k+1}-a_k)$

$=(a_2-a_1)+(a_3-a_2)+(a_4-a_3)+\cdots+(a_{10}-a_9)$

→ $k=1, 2, 3, \cdots, 9$를 각각 대입하여 더해 보면 소거되는 항이 있음을 알 수 있어.

$=a_{10}-a_1$

이므로 $a_{10}-a_1=19$

$\therefore a_{10}=a_1+19=15+19=34$

정답률 가형 74%, 나형 57%

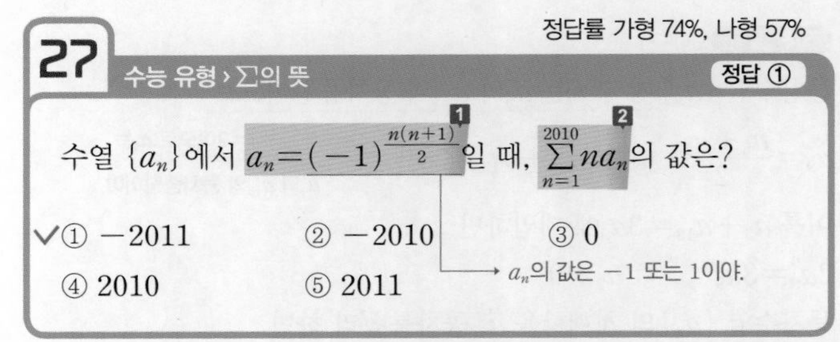
27 수능 유형 › $\sum$의 뜻 　정답 ①

수열 $\{a_n\}$에서 $a_n=(-1)^{\frac{n(n+1)}{2}}$일 때, $\sum_{n=1}^{2010} na_n$의 값은?

✓① -2011　② -2010　③ 0　④ 2010　⑤ 2011

→ a_n의 값은 -1 또는 1이야.

해결 흐름

1 수열 $\{a_n\}$의 일반항에 $n=1, 2, 3, \cdots$을 차례로 대입하여 각각의 항의 값을 구해 봐야겠네.

2 $\sum_{n=1}^{2010} na_n$을 각 항의 합의 꼴로 나타내 봐야겠다.

알찬 풀이

$n=1, 2, 3, 4, \cdots$일 때, $\frac{n(n+1)}{2}$의 값은

$1, 3, 6, 10, 15, 21, 28, 36, \cdots$

과 같이 홀수, 홀수, 짝수, 짝수가 이 순서대로 반복되므로 수열 $\{a_n\}$은 $-1, -1, 1, 1$이 이 순서대로 반복된다.

$\therefore \sum_{n=1}^{2010} na_n$ → 음의 부호 2개와 양의 부호 2개가 번갈아 나타나.

$=-1-2+3+4-5-6+7+8-\cdots$
$-2005-2006+2007+2008-2009-2010$

$=(-1-2+3+4)+(-5-6+7+8)+\cdots$
$+(-2005-2006+2007+2008)-2009-2010$

$=4\times 502-2009-2010$ → $\frac{2008}{4}=502$이니까 4가 502개 있음을 알 수 있어.

$=-2011$

정답률 확률과 통계 61%, 미적분 86%, 기하 79%

28 수능 유형 › 여러 가지 수열의 합 + 수열의 합과 일반항 사이의 관계 정답 ①

$a_1=2$인 수열 $\{a_n\}$과 $b_1=2$인 등차수열 $\{b_n\}$[1]이 모든 자연수 n에 대하여

$$\sum_{k=1}^{n}\frac{a_k}{b_{k+1}}=\frac{1}{2}n^2$$ [1][2]

을 만족시킬 때, $\sum_{k=1}^{5}a_k$[3]의 값은?

✓① 120 ② 125 ③ 130
④ 135 ⑤ 140

해결 흐름

1 주어진 식에 $n=1$을 대입하여 b_2의 값을 구하면 등차수열 $\{b_n\}$의 일반항을 알 수 있겠군.

연관 개념 | 첫째항이 a, 공차가 d인 등차수열의 일반항 a_n은
$a_n=a+(n-1)d$ (단, $n=1, 2, 3, \cdots$)

2 수열의 합과 일반항 사이의 관계를 이용하여 수열 $\{a_n\}$의 일반항을 구해야겠다.

연관 개념 | 수열 $\{a_n\}$의 첫째항부터 제n항까지의 합을 S_n이라 할 때,
$a_1=S_1$, $a_n=S_n-S_{n-1}$ (단, $n\ge 2$)

3 **2**에서 구한 a_n을 이용하면 $\sum_{k=1}^{5}a_k$의 값을 구할 수 있겠어.

알찬 풀이

$\sum_{k=1}^{n}\frac{a_k}{b_{k+1}}=\frac{1}{2}n^2$의 양변에 $n=1$을 대입하면

$\frac{a_1}{b_2}=\frac{1}{2}$에서 $\frac{2}{b_2}=\frac{1}{2}$ → $a_1=2$를 대입했어.

$\therefore b_2=4$

등차수열 $\{b_n\}$의 공차를 d라 하면

$b_2=2+d=4 \quad \therefore d=2$

즉, 수열 $\{b_n\}$은 첫째항이 2, 공차가 2인 등차수열이므로 → 수열 $\{b_n\}$에서 $b_1=2$이니까.

$b_n=2+(n-1)\times 2=2n$

한편, $c_n=\frac{a_n}{b_{n+1}}$이라 하고, 수열 $\{c_n\}$의 첫째항부터 제n항까지의 합을 S_n이라 하면

$S_n=\sum_{k=1}^{n}\frac{a_k}{b_{k+1}}=\frac{1}{2}n^2$

(i) $n=1$일 때, $c_1=S_1=\frac{1}{2}$

(ii) $n\ge 2$일 때,

$c_n=S_n-S_{n-1}=\frac{1}{2}n^2-\frac{1}{2}(n-1)^2$ → $S_n=\frac{1}{2}n^2$에 n 대신 $n-1$을 대입했어.

$=n-\frac{1}{2}$ ······ ㉠

이때 $c_1=S_1=\frac{1}{2}$은 ㉠에 $n=1$을 대입한 것과 같으므로

$c_n=n-\frac{1}{2}$

$b_{n+1}=2(n+1)$이고, $c_n=\frac{a_n}{b_{n+1}}$이므로 → $b_n=2n$에 n 대신 $n+1$을 대입했어.

$n-\frac{1}{2}=\frac{a_n}{2(n+1)} \quad \therefore a_n=(2n-1)(n+1)$

$\therefore \sum_{k=1}^{5}a_k=\sum_{k=1}^{5}(2k-1)(k+1)$

$=\sum_{k=1}^{5}(2k^2+k-1)$

$=2\times\frac{5\times 6\times 11}{6}+\frac{5\times 6}{2}-5$

$=110+15-5$

$=120$

자연수의 거듭제곱의 합
① $\sum_{k=1}^{n}k=\frac{n(n+1)}{2}$
② $\sum_{k=1}^{n}k^2=\frac{n(n+1)(2n+1)}{6}$

정답률 확률과 통계 58%, 미적분 83%, 기하 75%

29 수능 유형 › 여러 가지 수열의 합 정답 ②

수열 $\{a_n\}$은 등차수열이고, 수열 $\{b_n\}$은 모든 자연수 n에 대하여

$$b_n=\sum_{k=1}^{n}(-1)^{k+1}a_k$$ → $b_n=a_1-a_2+a_3-a_4+\cdots+(-1)^{n+1}a_n$이야.

를 만족시킨다. $b_2=-2$, $b_3+b_7=0$[1]일 때, 수열 $\{b_n\}$의 첫째항부터 제9항까지의 합[2]은?

① -22 ✓② -20 ③ -18
④ -16 ⑤ -14

해결 흐름

1 $b_2=-2$, $b_3+b_7=0$임을 이용하여 수열 $\{a_n\}$의 첫째항과 공차를 구할 수 있겠군.

연관 개념 | 첫째항이 a, 공차가 d인 등차수열의 일반항 a_n은
$a_n=a+(n-1)d$ (단, $n=1, 2, 3, \cdots$)

2 $b_1+b_2+b_3+\cdots+b_9$의 값을 구하면 되겠네.

알찬 풀이

$b_1=\sum_{k=1}^{1}(-1)^{k+1}a_k=a_1$

$b_2=\sum_{k=1}^{2}(-1)^{k+1}a_k=a_1-a_2$

→ 홀수항에 붙는 부호는 +, 짝수항에 붙는 부호는 −야.

등차수열 $\{a_n\}$의 공차를 d라 하면 $b_2=-2$이므로

$a_1-a_2=-d=-2 \quad \therefore d=2$ → $a_1-a_2=a_1-(a_1+d)=-d$

또한

$b_3=\sum_{k=1}^{3}(-1)^{k+1}a_k=a_1-a_2+a_3=-d+a_3=a_3-2$

$b_7=\sum_{k=1}^{7}(-1)^{k+1}a_k=\underline{a_1-a_2+a_3-a_4+a_5-a_6}+a_7$ → $a_1-a_2=a_3-a_4=a_5-a_6=-d$

$=-3d+a_7=a_7-6$

이므로

$b_3+b_7=(a_3-2)+(a_7-6)$
$=a_3+a_7-8$
$=(a_1+2d)+(a_1+6d)-8$
$=2a_1+8d-8$
$=2a_1+8\times2-8$
$=2a_1+8$

$b_3+b_7=0$이므로

$2a_1+8=0 \quad \therefore a_1=-4$

이때

$b_1=a_1$

$b_2=a_1-a_2=-d$

$b_3=\underline{a_1-a_2+a_3=a_1+d}$ → $-d+a_3=-d+a_1+2d=a_1+d$

$b_4=a_1-a_2+a_3-a_4=-2d$

$b_5=\underline{a_1-a_2+a_3-a_4+a_5=a_1+2d}$ → $-2d+a_1+4d=a_1+2d$

$b_6=a_1-a_2+a_3-a_4+a_5-a_6=-3d$

$b_7=\underline{a_1-a_2+a_3-a_4+a_5-a_6+a_7=a_1+3d}$ → $-3d+a_1+6d=a_1+3d$

$b_8=a_1-a_2+a_3-a_4+a_5-a_6+a_7-a_8=-4d$

$b_9=\underline{a_1-a_2+a_3-a_4+a_5-a_6+a_7-a_8+a_9=a_1+4d}$ → $-4d+a_1+8d=a_1+4d$

$\therefore b_1+b_2+b_3+\cdots+b_9$
$=b_1+(b_2+b_3)+(b_4+b_5)+(b_6+b_7)+(b_8+b_9)$
$=a_1+a_1+a_1+a_1+a_1=5a_1$
$=5\times(-4)=-20$

따라서 구하는 합은 -20이다.

다른 풀이 등차수열 $\{a_n\}$의 공차를 d라 하면

$b_{2n}=(a_1-a_2)+(a_3-a_4)+\cdots+(a_{2n-1}-a_{2n})$

$=\underline{-dn}$ → $a_1-a_2=a_3-a_4=\cdots=a_{2n-1}-a_n=-d$이므로 $-d$가 n번 더해진 거야.

$b_{2n-1}=a_1+\underline{(a_3-a_2)+(a_5-a_4)+\cdots+(a_{2n-1}-a_{2n-2})}$

$=a_1+(n-1)d$ → $a_3-a_2=a_5-a_4=\cdots=a_{2n-1}-a_{2n-2}=d$이므로 d가 $(n-1)$번 더해진 거야.

이때 $b_2=-2$이므로

$\underline{-d}=-2 \quad \therefore d=2$ → $b_{2n}=-dn$에 $n=1$을 대입했어.

$b_3+b_7=0$이므로

$\underline{a_1+d}+\underline{a_1+3d}=0,\ 2a_1+4d=0$

$2a_1+8=0 \quad \therefore a_1=-4$ → $b_{2n-1}=a_1+(n-1)d$에 $n=2$, $n=4$를 각각 대입했어.

따라서

$b_{2n}=-dn=-2n$,

$b_{2n-1}=a_1+(n-1)d=-4+2(n-1)=2n-6$

이므로

$\sum_{n=1}^{9}b_n=\sum_{n=1}^{5}b_{2n-1}+\sum_{n=1}^{4}b_{2n}$

$=\sum_{n=1}^{5}(2n-6)+\sum_{n=1}^{4}(-2n)$

$=2\times\frac{5\times6}{2}-6\times5-2\times\frac{4\times5}{2}$

$=30-30-20=-20$

> **자연수의 거듭제곱의 합**
> $\sum_{k=1}^{n}k=\frac{n(n+1)}{2}$

정답률 확률과 통계 44%, 미적분 76%, 기하 63%

30

수능 유형 › 여러 가지 수열의 합 ⊕ 수열의 합과 일반항 사이의 관계 **정답 ①**

수열 $\{a_n\}$이 모든 자연수 n에 대하여

$\sum_{k=1}^{n}\frac{1}{(2k-1)a_k}=n^2+2n$ [2] → 수열 $\left\{\frac{1}{(2n-1)a_n}\right\}$의 첫째항부터 제$n$항까지의 합이야.

을 만족시킬 때, $\sum_{n=1}^{10}a_n$ [1] 의 값은?

✓① $\frac{10}{21}$ ② $\frac{4}{7}$ ③ $\frac{2}{3}$ ④ $\frac{16}{21}$ ⑤ $\frac{6}{7}$

해결 흐름

1 $\sum_{n=1}^{10}a_n$의 값을 구하려면 먼저 a_n을 구해야겠네.

2 수열의 합과 일반항 사이의 관계를 이용하여 수열 $\left\{\frac{1}{(2n-1)a_n}\right\}$의 일반항을 구하면 a_n을 구할 수 있겠군.

연관 개념 | 수열 $\{a_n\}$의 첫째항부터 제n항까지의 합을 S_n이라 할 때,
$a_1=S_1,\ a_n=S_n-S_{n-1}$ (단, $n\ge2$)

알찬 풀이

$b_n=\frac{1}{(2n-1)a_n}$이라 하고, 수열 $\{b_n\}$의 첫째항부터 제n항까지의 합을 S_n이라 하면 $S_n=\sum_{k=1}^{n}b_k=n^2+2n$

(i) $n=1$일 때, $b_1=S_1=3$

(ii) $n\ge2$일 때,

$b_n=S_n-S_{n-1}=n^2+2n-\{\underline{(n-1)^2+2(n-1)}\}$ → $S_n=n^2+2n$에 n 대신 $n-1$을 대입했어.

$=2n+1$ ······ ㉠

이때 $b_1=S_1=3$은 ㉠에 $n=1$을 대입한 것과 같으므로

$b_n=2n+1$

즉, $\frac{1}{(2n-1)a_n}=2n+1$이므로 $a_n=\frac{1}{(2n-1)(2n+1)}$

$\therefore \sum_{n=1}^{10}a_n=\sum_{n=1}^{10}\frac{1}{(2n-1)(2n+1)}$

$=\frac{1}{2}\sum_{n=1}^{10}\left(\frac{1}{2n-1}-\frac{1}{2n+1}\right)$

$=\frac{1}{2}\left\{\left(1-\frac{1}{3}\right)+\left(\frac{1}{3}-\frac{1}{5}\right)+\left(\frac{1}{5}-\frac{1}{7}\right)+\cdots+\left(\frac{1}{19}-\frac{1}{21}\right)\right\}$

$=\frac{1}{2}\left(1-\frac{1}{21}\right)=\frac{10}{21}$

> **부분분수로의 변형**
> $\frac{1}{AB}=\frac{1}{B-A}\left(\frac{1}{A}-\frac{1}{B}\right)$ (단, $A\ne B$)

생생 수험 Talk

수능이나 평가원 기출 문제는 정말 잘 만들어진 문제이기 때문에 모든 문제를 정확히 알고 넘어가는 것이 중요해.
기출 문제는 오답 노트를 꼭 만드는 것이 좋아. 오답 노트를 작성할 때는 문제를 단순히 옮겨 적기보다는 문제가 무엇을 다루는지, 어떤 풀이를 의도하는지 등 요점을 파악하면서 한 문장씩 적는 것이 더 좋아. 그리고 해설은 기출 문제 해설을 먼저 적어 두고 잘못 풀었던 풀이나 다른 풀이를 생각해서 적어 놓으면 나중에 도움이 될 거야.

정답률 확률과 통계 62%, 미적분 82%, 기하 76%

31 수능 유형 › 수열의 합 – Σ의 뜻과 성질 정답 ⑤

실수 전체의 집합에서 정의된 함수 $f(x)$가 구간 $(0,\ 1]$에서

$$f(x)=\begin{cases}3 & (0<x<1)\\ 1 & (x=1)\end{cases}$$

이고, 모든 실수 x에 대하여 $f(x+1)=f(x)$를 만족시킨다. $\sum_{k=1}^{20}\frac{k\times f(\sqrt{k})}{3}$의 값은?

① 150 ② 160 ③ 170 ④ 180 ⑤ 190

해결 흐름

1 x가 정수일 때와 정수가 아닐 때로 나누어서 $f(x)$의 값을 구해 봐야겠다.

2 $\sqrt{k}$가 정수인 경우, 즉 $k=1,\ 4,\ 9,\ 16$인 경우와 $k\neq1,\ 4,\ 9,\ 16$인 경우로 나누어 $\frac{k\times f(\sqrt{k})}{3}$를 구해 봐야겠네.

알찬 풀이

$a_k=\frac{k\times f(\sqrt{k})}{3}$라 하자.

(i) $k=1,\ 4,\ 9,\ 16$일 때, ⟶ $\sqrt{k}=1,\ 2,\ 3,\ 4$

$f(1)=1$이고, 모든 실수 x에 대하여 $f(x+1)=f(x)$이므로

$f(2)=f(3)=f(4)=1$

즉, $f(\sqrt{k})=1$ $\quad\therefore a_k=\frac{k\times1}{3}=\frac{k}{3}$

(ii) $k\neq1,\ 4,\ 9,\ 16$일 때,

$0<x<1$에서 $f(x)=3$이고, 모든 실수 x에 대하여 $f(x+1)=f(x)$이므로 정수가 아닌 실수 p에 대하여 $f(p)=3$이다.

즉, $f(\sqrt{k})=3$ $\quad\therefore a_k=\frac{k\times3}{3}=k$

(i), (ii)에서

$$\sum_{k=1}^{20}\frac{k\times f(\sqrt{k})}{3}=\left(\frac{1}{3}+\frac{4}{3}+\frac{9}{3}+\frac{16}{3}\right)+\sum_{k=1}^{20}k-(1+4+9+16)$$

→ $\sum_{k=1}^{20}k$에서 $k=1,\ 4,\ 9,\ 16$일 때를 제외한 거야.

$$=10+\frac{20\times21}{2}-30$$

$$=190$$

→ $\sum_{k=1}^{n}k=\frac{n(n+1)}{2}$을 이용했어.

정답률 56%

32 수능 유형 › Σ의 뜻 + 로그의 성질 정답 ④

수열 $\{a_n\}$의 일반항은

$$a_n=\log_2\sqrt{\frac{2(n+1)}{n+2}}$$

→ 합의 꼴로 나타내면 로그의 성질을 이용해서 간단히 할 수 있어.

이다. $\sum_{k=1}^{m}a_k$의 값이 100 이하의 자연수가 되도록 하는 모든 자연수 m의 값의 합은?

① 150 ② 154 ③ 158 ④ 162 ⑤ 166

해결 흐름

1 로그의 성질을 이용하여 a_n을 변형할 수 있겠어.

연관 개념 | $a>0,\ a\neq1,\ M>0,\ N>0$일 때,

① $\log_a MN=\log_a M+\log_a N$

② $\log_a \frac{M}{N}=\log_a M-\log_a N$

③ $\log_a M^k=k\log_a M$ (단, k는 실수)

2 $\sum_{k=1}^{m}a_k$의 값이 100 이하의 자연수가 되도록 하는 m의 조건을 구해야겠네.

알찬 풀이

$a_n=\log_2\sqrt{\frac{2(n+1)}{n+2}}=\frac{1}{2}\log_2\frac{2(n+1)}{n+2}$이므로

$$\sum_{k=1}^{m}a_k=a_1+a_2+a_3+\cdots+a_m$$

$$=\frac{1}{2}\log_2\frac{2\times2}{3}+\frac{1}{2}\log_2\frac{2\times3}{4}+\frac{1}{2}\log_2\frac{2\times4}{5}+\cdots+\frac{1}{2}\log_2\frac{2(m+1)}{m+2}$$

$$=\frac{1}{2}\log_2\left\{\frac{2\times2}{3}\times\frac{2\times3}{4}\times\frac{2\times4}{5}\times\cdots\times\frac{2(m+1)}{m+2}\right\}$$

→ $2^m\times\frac{2}{3}\times\frac{3}{4}\times\frac{4}{5}\times\cdots\times\frac{m+1}{m+2}=\frac{2^{m+1}}{m+2}$

$$=\frac{1}{2}\log_2\frac{2^{m+1}}{m+2}$$

$$=\frac{1}{2}\{\log_2 2^{m+1}-\log_2(m+2)\}$$

$$=\frac{1}{2}\{m+1-\log_2(m+2)\}$$

따라서 $\sum_{k=1}^{m}a_k$의 값이 자연수가 되려면 $m+2$가 2의 거듭제곱이어야 한다.

→ $\log_2(m+2)=p$ (p는 자연수)라 하면 $m+2=2^p$이므로 $m+2$가 2의 거듭제곱이어야 해.

(i) $m+2=2^2$, 즉 $m=2$일 때,

$\sum_{k=1}^{m}a_k=\frac{1}{2}(3-2)=\frac{1}{2}$이므로 자연수가 아니다.

(ii) $m+2=2^3$, 즉 $m=6$일 때,

$\sum_{k=1}^{m}a_k=\frac{1}{2}(7-3)=2$이므로 자연수이다.

(iii) $m+2=2^4$, 즉 $m=14$일 때,

$\sum_{k=1}^{m}a_k=\frac{1}{2}(15-4)=\frac{11}{2}$이므로 자연수가 아니다.

(iv) $m+2=2^5$, 즉 $m=30$일 때,

$\sum_{k=1}^{m}a_k=\frac{1}{2}(31-5)=13$이므로 자연수이다.

(v) $m+2=2^6$, 즉 $m=62$일 때,

$\sum_{k=1}^{m}a_k=\frac{1}{2}(63-6)=\frac{57}{2}$이므로 자연수가 아니다.

(vi) $m+2=2^7$, 즉 $m=126$일 때,

$\sum_{k=1}^{m}a_k=\frac{1}{2}(127-7)=60$이므로 자연수이다.

(vii) $m+2\geq2^8$, 즉 $m\geq254$일 때,

$\sum_{k=1}^{m}a_k\geq\frac{1}{2}(255-8)=\frac{247}{2}=123.5>100$

→ 100 이하의 자연수인 조건에 모순이야.

이상에서 조건을 만족시키는 자연수 m의 값은 6, 30, 126이므로 그 합은

$6+30+126=162$

오답 Clear

$m+2$가 2의 거듭제곱이라고 해서 $\sum_{k=1}^{m} a_k$의 값이 항상 자연수가 되는 것은 아니다.

$\sum_{k=1}^{m} a_k$의 값이 자연수가 되려면 $m+1-\log_2(m+2)$의 값이 짝수이어야 하므로 m의 값을 하나씩 대입해서 $\sum_{k=1}^{m} a_k$의 값을 직접 구해 보아야 한다.

정답률 60%

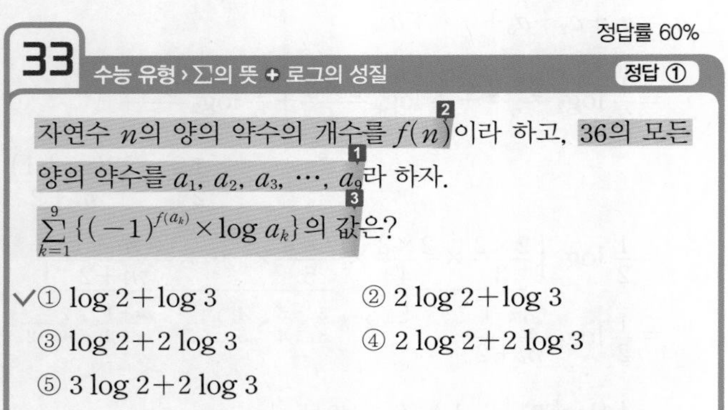

33 수능 유형 › ∑의 뜻 + 로그의 성질 정답 ①

자연수 n의 양의 약수의 개수를 $f(n)$이라 하고, 36의 모든 양의 약수를 $a_1, a_2, a_3, \cdots, a_9$라 하자.

$\sum_{k=1}^{9} \{(-1)^{f(a_k)} \times \log a_k\}$의 값은?

✓① $\log 2+\log 3$ ② $2\log 2+\log 3$
③ $\log 2+2\log 3$ ④ $2\log 2+2\log 3$
⑤ $3\log 2+2\log 3$

해결 흐름

1 36의 모든 양의 약수를 구해 봐야지.

2 1에서 구한 각각의 수의 양의 약수의 개수를 구하면 되겠군.

3 $\sum_{k=1}^{9} \{(-1)^{f(a_k)} \times \log a_k\}$를 각 항의 합의 꼴로 나타내면 로그의 성질을 이용해서 그 값을 구할 수 있겠네.

연관 개념 | $a>0$, $a\neq1$, $M>0$, $N>0$일 때,
① $\log_a MN=\log_a M+\log_a N$
② $\log_a \frac{M}{N}=\log_a M-\log_a N$

알찬 풀이

36의 모든 양의 약수는 1, 2, 3, 4, 6, 9, 12, 18, 36이므로
$a_1=1$, $a_2=2$, $a_3=3$, $a_4=4$, $a_5=6$,
$a_6=9$, $a_7=12$, $a_8=18$, $a_9=36$
이라 하면 $f(a_k)$는 자연수 a_k의 양의 약수의 개수이므로
$f(a_1)=1, f(a_2)=2, f(a_3)=2, f(a_4)=3, f(a_5)=4,$
$f(a_6)=3, f(a_7)=6, f(a_8)=6, f(a_9)=9$

$$\therefore \sum_{k=1}^{9} \{(-1)^{f(a_k)} \times \log a_k\}$$
$$=(-1)\times\log 1+(-1)^2\times\log 2+(-1)^2\times\log 3+(-1)^3\times\log 4+(-1)^4\times\log 6+(-1)^3\times\log 9+(-1)^6\times\log 12+(-1)^6\times\log 18+(-1)^9\times\log 36$$
$$=-\log 1+\log 2+\log 3-\log 4+\log 6-\log 9+\log 12+\log 18-\log 36$$
└ $\log 1=0$
$$=(\log 2+\log 3+\log 6+\log 12+\log 18)-(\log 4+\log 9+\log 36)$$
$$=\log\frac{2\times3\times6\times12\times18}{4\times9\times36}$$
$$=\log 6$$
$$=\log 2+\log 3$$

빠른 풀이 $36=2^2\times3^2$이므로 다음과 같이 표를 이용하여 36의 양의 약수와 그때의 $f(a_k)$의 값을 구할 수도 있다.

×	1	2	2^2
1	$1=a_1$	$2=a_2$	$2^2=a_3$
3	$3=a_4$	$2\times3=a_5$	$2^2\times3=a_6$
3^2	$3^2=a_7$	$2\times3^2=a_8$	$2^2\times3^2=a_9$

[36의 양의 약수]

약수의 개수 →

1	2	3
2	4	6
3	6	9

[$f(a_k)$의 값]

$$\therefore \sum_{k=1}^{9} \{(-1)^{f(a_k)} \times \log a_k\}$$
$$=\log 2+\log 3+\log(2\times3)+\log(2^2\times3)+\log(2\times3^2)-\log 1-\log 2^2-\log 3^2-\log(2^2\times3^2)$$
$$=\log(2^5\times3^5)-\log(2^4\times3^4)$$
└ $f(a_k)$가 짝수이면 $(-1)^{f(a_k)}=1$, $f(a_k)$가 홀수이면 $(-1)^{f(a_k)}=-1$임을 이용했어.
$$=\log\frac{2^5\times3^5}{2^4\times3^4}$$
$$=\log(2\times3)$$
$$=\log 2+\log 3$$

정답률 55%

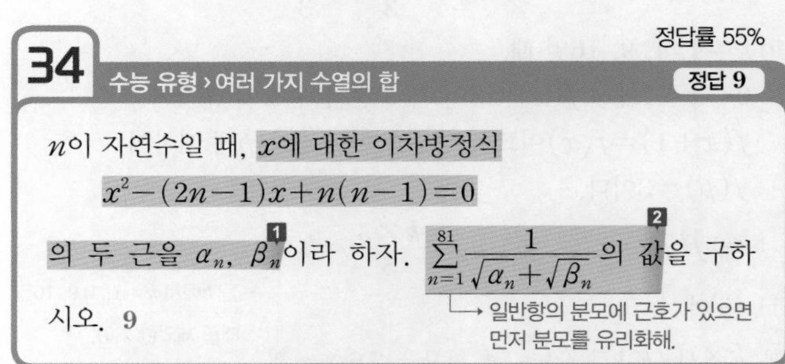

34 수능 유형 › 여러 가지 수열의 합 정답 9

n이 자연수일 때, x에 대한 이차방정식
$$x^2-(2n-1)x+n(n-1)=0$$
의 두 근을 α_n, β_n이라 하자. $\sum_{n=1}^{81}\frac{1}{\sqrt{\alpha_n}+\sqrt{\beta_n}}$의 값을 구하시오. 9

└ 일반항의 분모에 근호가 있으면 먼저 분모를 유리화해.

해결 흐름

1 인수분해를 이용해서 이차방정식의 두 근을 구해야겠다.

2 1에서 구한 α_n, β_n의 값을 $\frac{1}{\sqrt{\alpha_n}+\sqrt{\beta_n}}$에 대입하여 분모를 유리화해야겠네.

알찬 풀이

$x^2-(2n-1)x+n(n-1)=0$에서
$(x-n)(x-n+1)=0$

(1 ╳ $-n$ → $-n$, 1 ╳ $-(n-1)$ → $-(n-1)$, 합 $-(2n-1)$)

$\therefore x=n$ 또는 $x=n-1$

즉, $\alpha_n=n$, $\beta_n=n-1$ 또는 $\alpha_n=n-1$, $\beta_n=n$이므로

$$\sum_{n=1}^{81}\frac{1}{\sqrt{\alpha_n}+\sqrt{\beta_n}}$$
$$=\sum_{n=1}^{81}\frac{1}{\sqrt{n}+\sqrt{n-1}}$$
$$=\sum_{n=1}^{81}\frac{\sqrt{n}-\sqrt{n-1}}{(\sqrt{n}+\sqrt{n-1})(\sqrt{n}-\sqrt{n-1})}$$
└ 분자, 분모에 각각 $\sqrt{n}-\sqrt{n-1}$을 곱해서 분모를 유리화했어.
$$=\sum_{n=1}^{81}(\sqrt{n}-\sqrt{n-1})$$
$$=(1-0)+(\sqrt{2}-1)+(\sqrt{3}-\sqrt{2})+\cdots+(\sqrt{81}-\sqrt{80})$$
$$=\sqrt{81}-0=9$$
└ 수열의 합을 ∑를 쓰지 않은 합의 꼴로 나타내어 계산해.

수능 핵심 개념 분모에 근호가 포함된 수열의 합

분모에 근호가 포함된 수열 $\{a_n\}$의 합 $\sum_{k=1}^{n} a_k$는 다음과 같은 순서로 구한다.

(i) 수열 $\{a_n\}$의 제k항 a_k의 분모를 유리화한다.

$$\Rightarrow a_k=\frac{1}{\sqrt{k+c}+\sqrt{k}}=\frac{\sqrt{k+c}-\sqrt{k}}{(\sqrt{k+c}+\sqrt{k})(\sqrt{k+c}-\sqrt{k})}=\frac{1}{c}(\sqrt{k+c}-\sqrt{k})\ (\text{단, } c\neq0)$$

(ii) k에 1, 2, 3, $\cdots$, n을 차례로 대입하여 간단히 한다.

정답률 81%

35 수능 유형 › 여러 가지 수열의 합 정답 ④

자연수 n에 대하여 곡선 $y=\frac{3}{x}\ (x>0)$ 위의 점 $\left(n, \frac{3}{n}\right)$과 두 점 $(n-1, 0)$, $(n+1, 0)$을 세 꼭짓점으로 하는 삼각형의 넓이를 a_n[1]이라 할 때, $\sum_{n=1}^{10} \frac{9}{a_n a_{n+1}}$의 값은?

① 410 ② 420 ③ 430 ✓④ 440 ⑤ 450

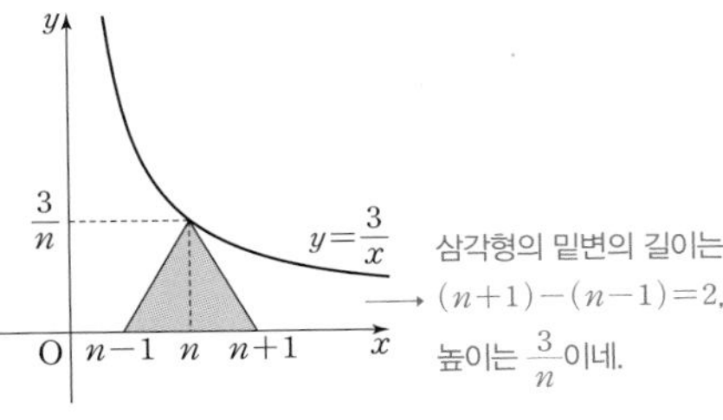

삼각형의 밑변의 길이는 $(n+1)-(n-1)=2$, 높이는 $\frac{3}{n}$이네.

해결 흐름

[1] 삼각형의 꼭짓점의 좌표를 이용하여 삼각형의 넓이 a_n을 n에 대한 식으로 나타내 봐야겠다.

알찬 풀이

세 점 $\left(n, \frac{3}{n}\right)$, $(n-1, 0)$, $(n+1, 0)$을 꼭짓점으로 하는 삼각형의 넓이 a_n은

$$a_n=\frac{1}{2}\times\{(n+1)-(n-1)\}\times\frac{3}{n}=\frac{3}{n}$$

→ 두 점 $(n-1, 0)$, $(n+1, 0)$을 이은 선분을 밑변으로 생각하면 나머지 한 점 $\left(n, \frac{3}{n}\right)$의 y좌표인 $\frac{3}{n}$이 삼각형의 높이가 되지.

$$\therefore \sum_{n=1}^{10}\frac{9}{a_n a_{n+1}}=\sum_{n=1}^{10}\frac{9}{\frac{3}{n}\times\frac{3}{n+1}}=\sum_{n=1}^{10}(n^2+n)=\frac{10\times11\times21}{6}+\frac{10\times11}{2}=385+55=440$$

자연수의 거듭제곱의 합

① $\sum_{k=1}^{n} k=\frac{n(n+1)}{2}$

② $\sum_{k=1}^{n} k^2=\frac{n(n+1)(2n+1)}{6}$

③ $\sum_{k=1}^{n} k^3=\left\{\frac{n(n+1)}{2}\right\}^2$

정답률 82%

36 수능 유형 › 여러 가지 수열의 합 정답 ②

첫째항이 4이고 공차가 1인 등차수열 $\{a_n\}$[1]에 대하여

$$\sum_{k=1}^{12}\frac{1}{\sqrt{a_{k+1}}+\sqrt{a_k}}$$ [2]

의 값은?

→ 일반항의 분모에 근호가 있으면 먼저 분모를 유리화해.

① 1 ✓② 2 ③ 3 ④ 4 ⑤ 5

해결 흐름

[1] 첫째항과 공차를 이용하면 등차수열 $\{a_n\}$의 일반항을 구할 수 있겠네.

연관 개념 | 첫째항이 a, 공차가 d인 등차수열의 일반항 a_n은 $a_n=a+(n-1)d$ (단, $n=1, 2, 3, \cdots$)

[2] [1]에서 구한 등차수열 $\{a_n\}$의 일반항을 $\frac{1}{\sqrt{a_{k+1}}+\sqrt{a_k}}$에 대입하여 분모를 유리화해야겠네.

알찬 풀이

수열 $\{a_n\}$은 첫째항이 4, 공차가 1인 등차수열이므로

$a_n=4+(n-1)\times1=n+3$

$$\therefore \sum_{k=1}^{12}\frac{1}{\sqrt{a_{k+1}}+\sqrt{a_k}}=\sum_{k=1}^{12}\frac{1}{\sqrt{k+4}+\sqrt{k+3}}$$

→ $a_k=k+3$이니까 $a_{k+1}=(k+1)+3=k+4$

$$=\sum_{k=1}^{12}\frac{\sqrt{k+4}-\sqrt{k+3}}{(\sqrt{k+4}+\sqrt{k+3})(\sqrt{k+4}-\sqrt{k+3})}$$

→ 분자, 분모에 각각 $\sqrt{k+4}-\sqrt{k+3}$을 곱해서 분모를 유리화했어.

$$=\sum_{k=1}^{12}(\sqrt{k+4}-\sqrt{k+3})=(\sqrt{5}-\sqrt{4})+(\sqrt{6}-\sqrt{5})+\cdots+(\sqrt{16}-\sqrt{15})=\sqrt{16}-\sqrt{4}=4-2=2$$

→ 수열의 합을 $\sum$를 쓰지 않은 합의 꼴로 나타내어 계산해.

문제 해결 TIP

김홍현 | 서울대학교 전기정보공학과 | 시흥고등학교 졸업

분수 꼴인 수열의 합을 묻는 문제는 자주 출제되는 형태야. 보통 이 문제처럼 분모가 무리식인 수열의 합을 묻는 유형과 분모가 곱으로 표현된 수열의 합을 묻는 유형이 자주 나와.

분모가 무리식인 수열의 합은 분모를 유리화하여 합을 구해. 또, 분모가 곱으로 표현된 수열의 합은 $\frac{1}{AB}=\frac{1}{B-A}\left(\frac{1}{A}-\frac{1}{B}\right)$임을 이용하여 합을 구해. 그러면 대부분 항이 소거되고 몇 개의 항만 남게 되어 계산을 간단히 할 수 있어.

정답률 25%

37 수능 유형 › 여러 가지 수열의 합 + 지수함수의 활용 – 부등식 정답 103

좌변을 두 식의 곱의 꼴이 되도록 인수분해해 봐.

자연수 n에 대하여 부등식 $4^k-(2^n+4^n)2^k+8^n\leq1$을 만족시키는 모든 자연수 k의 합을 a_n[1]이라 하자. $\sum_{n=1}^{20}\frac{1}{a_n}=\frac{q}{p}$일 때, $p+q$의 값을 구하시오. (단, p와 q는 서로소인 자연수이다.) 103

해결 흐름

1 부등식을 풀어서 k의 값의 범위를 구해 보면 a_n을 구할 수 있겠구나.

연관 개념 | a^x $(a>0,\ a\neq1)$ 꼴이 반복되는 부등식을 풀 때는 $a^x=t$ $(t>0)$로 치환하여 t에 대한 부등식을 푼 후, 구한 해에 t 대신 a^x을 대입하여 x의 값의 범위를 구한다.

알찬 풀이

$4^k-(2^n+4^n)2^k+8^n\leq1$에서 $2^k=t$ $(t>0)$로 놓으면

$t^2-(2^n+4^n)t+2^n\times4^n\leq1$

$(t-2^n)(t-4^n)\leq1,\ (t-2^n)(t-2^{2n})\leq1$

$\therefore (2^k-2^n)(2^k-2^{2n})\leq1$ …… ㉠

(i) $k<n$일 때, → k, n이 모두 자연수이니까 $2^k-2^n<-1$, $2^k-2^{2n}<-1$이야.

$2^k-2^n<-1,\ 2^k-2^{2n}<-1$이므로

$(2^k-2^n)(2^k-2^{2n})>1$

따라서 부등식 ㉠을 만족시키지 않는다.

(ii) $n\leq k\leq 2n$일 때,

$2^k-2^n\geq0,\ 2^k-2^{2n}\leq0$이므로

$(2^k-2^n)(2^k-2^{2n})\leq0$

따라서 부등식 ㉠을 만족시킨다.

(iii) $k>2n$일 때,

$2^k-2^n>1,\ 2^k-2^{2n}>1$이므로

$(2^k-2^n)(2^k-2^{2n})>1$

따라서 부등식 ㉠을 만족시키지 않는다.

(i), (ii), (iii)에서 $n\leq k\leq 2n$이므로 자연수 k는

$n,\ n+1,\ n+2,\ \cdots,\ 2n$

이고, 그 합 a_n은

$a_n=n+(n+1)+(n+2)+\cdots+2n$

$=\dfrac{(n+1)(n+2n)}{2}$ → 첫째항이 n, 끝항이 $2n$, 항의 개수가 $n+1$인 등차수열의 합이야.

$=\dfrac{3n(n+1)}{2}$

$\therefore \displaystyle\sum_{n=1}^{20}\frac{1}{a_n}=\sum_{n=1}^{20}\frac{2}{3n(n+1)}$

$=\dfrac{2}{3}\displaystyle\sum_{n=1}^{20}\frac{1}{n(n+1)}$

부분분수로의 변형: $\dfrac{1}{AB}=\dfrac{1}{B-A}\left(\dfrac{1}{A}-\dfrac{1}{B}\right)$ (단, $A\neq B$)

$=\dfrac{2}{3}\displaystyle\sum_{n=1}^{20}\left(\frac{1}{n}-\frac{1}{n+1}\right)$

$=\dfrac{2}{3}\left\{\left(1-\dfrac{1}{2}\right)+\left(\dfrac{1}{2}-\dfrac{1}{3}\right)+\cdots+\left(\dfrac{1}{20}-\dfrac{1}{21}\right)\right\}$

$=\dfrac{2}{3}\left(1-\dfrac{1}{21}\right)$

$=\dfrac{2}{3}\times\dfrac{20}{21}=\dfrac{40}{63}$

따라서 $p=63,\ q=40$이므로

$p+q=63+40=103$

다른 풀이 a_n은 다음과 같이 구할 수도 있다.

$(2^k-2^n)(2^k-2^{2n})\leq1$에서 n, k는 자연수이므로

$2^k-2^n,\ 2^k-2^{2n}$은 모두 정수이고

$2^k-2^{2n}<2^k-2^n$ → $2^{2n}>2^n$에서 $-2^{2n}<-2^n$이므로 $2^k-2^{2n}<2^k-2^n$이야.

따라서 주어진 부등식을 만족시키려면

$2^k-2^{2n}\leq0,\ 2^k-2^n\geq0$

이어야 한다.

즉, $2^k\leq2^{2n},\ 2^k\geq2^n$이므로

$2^n\leq2^k\leq2^{2n}$에서 $n\leq k\leq2n$

$\therefore a_n=n+(n+1)+(n+2)+\cdots+2n$

$=\dfrac{(n+1)(n+2n)}{2}=\dfrac{3n(n+1)}{2}$

정답률 48%

38 수능 유형 › 수열의 합과 일반항 사이의 관계 + 로그의 성질 정답 21

수열 $\{a_n\}$이 모든 자연수 n에 대하여

$$\sum_{k=1}^{n}a_k=\log\frac{(n+1)(n+2)}{2}$$

→ 수열 $\{a_n\}$의 첫째항부터 제n항까지의 합을 뜻해.

를 만족시킨다. $\displaystyle\sum_{k=1}^{20}a_{2k}=p$라 할 때, 10^p의 값을 구하시오. 21

해결 흐름

1 $\displaystyle\sum_{k=1}^{20}a_{2k}$의 값을 구하려면 먼저 a_{2k}를 구해야겠네.

2 $\displaystyle\sum_{k=1}^{n}a_k=\log\frac{(n+1)(n+2)}{2}$에서 일반항 a_n을 구하면 a_{2k}를 구할 수 있겠군.

연관 개념 | 수열 $\{a_n\}$의 첫째항부터 제n항까지의 합을 S_n이라 할 때, $a_1=S_1,\ a_n=S_n-S_{n-1}$ (단, $n\geq2$)

알찬 풀이

$\displaystyle\sum_{k=1}^{n}a_k=\log\frac{(n+1)(n+2)}{2}$에서

$n=1$일 때,

$a_1=\log\dfrac{2\times3}{2}=\log3$

$n\geq2$일 때,

$a_n=\displaystyle\sum_{k=1}^{n}a_k-\sum_{k=1}^{n-1}a_k$

$=\log\dfrac{(n+1)(n+2)}{2}-\log\dfrac{n(n+1)}{2}$

$=\log\left\{\dfrac{(n+1)(n+2)}{2}\times\dfrac{2}{n(n+1)}\right\}$

로그의 성질 $\log_a M-\log_a N=\log_a\dfrac{M}{N}$을 이용했어.

$=\log\dfrac{n+2}{n}$ …… ㉠

이때 $a_1=\log3$은 ㉠에 $n=1$을 대입한 것과 같으므로

$a_n=\log\dfrac{n+2}{n}$

따라서 $a_{2k}=\log\dfrac{2k+2}{2k}=\log\dfrac{k+1}{k}$이므로

→ a_n에서 n 대신 $2k$를 대입했어.

$\displaystyle\sum_{k=1}^{20}a_{2k}=\sum_{k=1}^{20}\log\frac{k+1}{k}$

$=\displaystyle\sum_{k=1}^{20}\{\log(k+1)-\log k\}$

$=(\log2-\log1)+(\log3-\log2)+\cdots+(\log21-\log20)$

$=\log21-\log1=\log21$ ($\log1=0$)

따라서 $p=\log21$이므로

$10^p=10^{\log21}=21$

로그의 성질: $a>0,\ a\neq1,\ b>0$일 때, $a^{\log_a b}=b$

39

정답률 가형 50%, 나형 39%

수능 유형 › 여러 가지 수열의 합 정답 11

자연수 n $(n\ge2)$으로 나누었을 때, 몫과 나머지가 같아지는 자연수를 모두 더한 값을 a_n이라 하자. 예를 들어 4로 나누었을 때, 몫과 나머지가 같아지는 자연수는 5, 10, 15이므로 $a_4=5+10+15=30$이다. $a_n>500$을 만족시키는 자연수 n의 최솟값을 구하시오. 11

→ 몫과 나머지가 1인 경우 $4\times1+1=5$, 몫과 나머지가 2인 경우 $4\times2+2=10$, 몫과 나머지가 3인 경우 $4\times3+3=15$

해결 흐름

1 n으로 나누었을 때, 몫과 나머지가 같아지는 자연수의 형태를 파악해서 그 합을 구해야겠군.

2 1에서 $\sum$를 이용하여 a_n을 구하면 $a_n>500$을 만족시키는 n의 최솟값을 찾을 수 있겠어.

알찬 풀이

→ 나머지가 될 수 있는 수는 $0, 1, 2, \cdots, n-1$이야.

자연수 n으로 나누었을 때, 몫과 나머지가 같아지는 자연수는

$n+1,\ 2n+2,\ 3n+3,\ 4n+4,\ \cdots,\ (n-1)n+(n-1)$

이므로 자연수 n으로 나누었을 때 몫과 나머지가 같아지는 자연수를 N이라 하고, 그 몫을 k라 하면

$N=nk+k=k(n+1)$ (단, $1\le k\le n-1$) → 몫과 나머지가 0인 수는 0이므로 자연수가 아니야.

$$a_n=\sum_{k=1}^{n-1}k(n+1)=(n+1)\sum_{k=1}^{n-1}k$$

→ $n+1$은 상수로 생각해.

$$=(n+1)\times\frac{(n-1)\times n}{2}$$

$$=\frac{(n-1)n(n+1)}{2}$$

→ $\sum_{k=1}^{n}k=\frac{n(n+1)}{2}$에 n 대신 $n-1$을 대입했어.

$a_n>500$에서 $\frac{(n-1)n(n+1)}{2}>500$

$\therefore (n-1)n(n+1)>1000$ …… ㉠

이때

$9\times10\times11=990$

$10\times11\times12=1320$

→ 삼차부등식 ㉠의 해를 직접 구하기는 힘드니까 n에 적당한 자연수를 대입해서 부등식이 성립하는지를 알아보는 거야.

이므로 ㉠을 만족시키는 자연수 n의 최솟값은 11이다.

40

정답률 36%

수능 유형 › 여러 가지 수열의 합 정답 ④

좌표평면에서 함수

$$f(x)=\begin{cases}-x+10 & (x<10)\\ (x-10)^2 & (x\ge10)\end{cases}$$

과 자연수 n에 대하여 점 $(n, f(n))$을 중심으로 하고 반지름의 길이가 3인 원 O_n이 있다. x좌표와 y좌표가 모두 정수인 점 중에서 원 O_n의 내부에 있고 함수 $y=f(x)$의 그래프의 아랫부분에 있는 모든 점의 개수를 A_n, 원 O_n의 내부에 있고 함수 $y=f(x)$의 그래프의 윗부분에 있는 모든 점의 개수를 B_n이라 하자. $\sum_{n=1}^{20}(A_n-B_n)$의 값은?

→ $(A_1-B_1)+(A_2-B_2)+\cdots+(A_{20}-B_{20})$

① 19 ② 21 ③ 23 ✓④ 25 ⑤ 27

해결 흐름

1 함수 $y=f(x)$의 그래프 위의 점을 중심으로 하고 반지름의 길이가 3인 원을 그려 봐야겠어.

2 중심을 이동시켜 보면서 A_n, B_n의 값이 어떻게 달라지는지 파악하면 되겠다.

알찬 풀이

함수 $y=f(x)$의 그래프는 오른쪽 그림과 같다.

$x<10$일 때는 직선 $y=-x+10$이고, $x\ge10$일 때는 포물선 $y=(x-10)^2$이야.

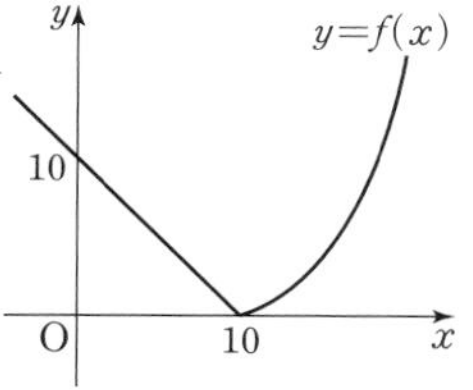

n의 값에 따라 x좌표와 y좌표가 모두 정수인 점을 격자점으로 나타내어 A_n-B_n의 값을 구해 보자.

(i) $n\le7$일 때, → $n\le7$이므로 $f(x)$의 그래프는 직선 $y=-x+10$의 일부야.

오른쪽 그림과 같이 함수 $y=f(x)$의 그래프는 원 O_n의 중심을 지나므로 대칭성을 이용하면

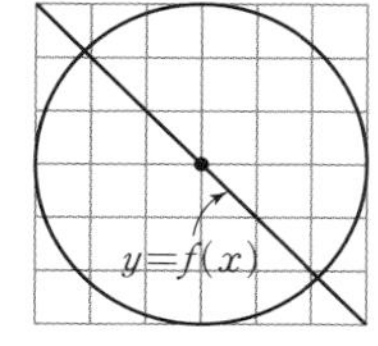

$A_n=B_n$ → 원의 중심을 지나는 직선은 원의 넓이를 이등분하니까 직선의 좌우에 있는 점의 개수도 같겠지.

$\therefore A_n-B_n=0$

(ii) $n=8$일 때,

오른쪽 그림과 같이 함수 $y=f(x)$의 그래프는 원 O_8의 중심 $(8, 2)$와 점 $(10, 0)$을 지나므로 대칭성을 이용하면

→ $f(8)=-8+10=2$이니까 원 O_8의 중심의 좌표가 $(8, 2)$이지.

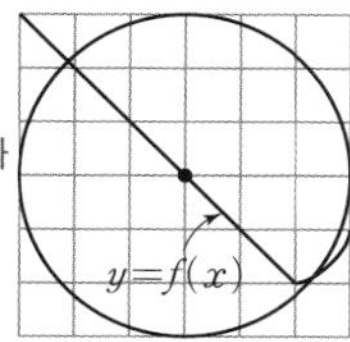

$A_8=B_8$

$\therefore A_8-B_8=0$

(iii) $n=9$일 때,

오른쪽 그림과 같이 함수 $y=f(x)$의 그래프는 원 O_9의 중심 $(9, 1)$과 두 점 $(10, 0)$, $(11, 1)$을 지나므로

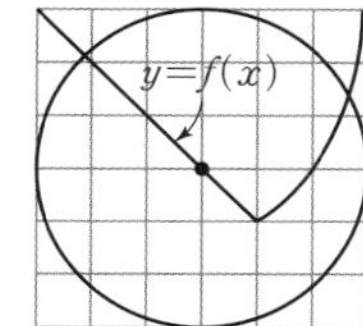

$A_9=12,\ B_9=8$ → 점의 개수를 직접 세어 봐야 해.

$\therefore A_9-B_9=12-8=4$

(iv) $n=10$일 때,

오른쪽 그림과 같이 함수 $y=f(x)$의 그래프는 원 O_{10}의 중심 $(10, 0)$과 점 $(11, 1)$을 지나므로

→ $f(10)=(10-10)^2=0$이니까 원 O_{10}의 중심의 좌표가 $(10, 0)$이지.

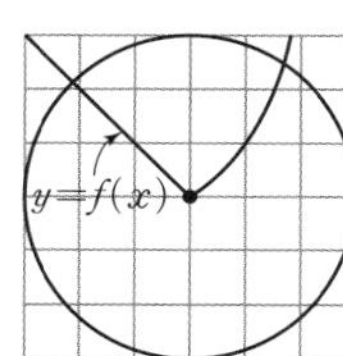

$A_{10}=17,\ B_{10}=4$

$\therefore A_{10}-B_{10}=17-4=13$

(v) $n=11$일 때,

오른쪽 그림과 같이 함수 $y=f(x)$의 그래프는 원 O_{11}의 중심 $(11, 1)$과 두 점 $(9, 1)$, $(10, 0)$을 지나므로

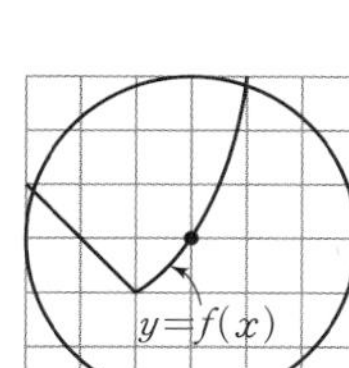

$A_{11}=15,\ B_{11}=7$

$\therefore A_{11}-B_{11}=15-7=8$

(vi) $12\le n\le20$일 때,

오른쪽 그림과 같이 함수 $y=f(x)$의 그래프는 원 O_n의 중심을 지나므로 대칭성을 이용하면

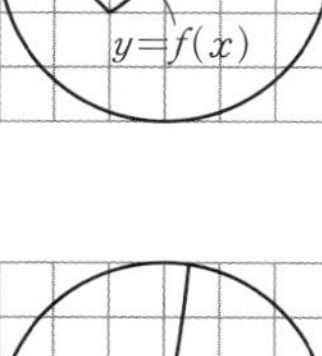

$A_n=B_n$

$\therefore A_n-B_n=0$

이상에서 구하는 값은

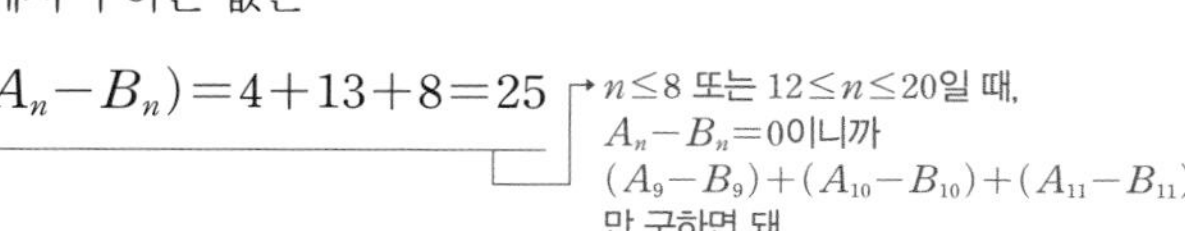

$$\sum_{n=1}^{20}(A_n-B_n)=4+13+8=25$$

→ $n\le8$ 또는 $12\le n\le20$일 때, $A_n-B_n=0$이니까 $(A_9-B_9)+(A_{10}-B_{10})+(A_{11}-B_{11})$만 구하면 돼.

수학 I III. 수열

41

정답률 65%

수능 유형 › 여러 가지 수열의 합 **정답 ①**

자연수 n에 대하여 다음 조건을 만족시키는 가장 작은 자연수 m을 a_n이라 할 때, $\sum_{n=1}^{10} a_n$의 값은? [3]

> (가) 점 A의 좌표는 $(2^n, 0)$이다.
> (나) 두 점 B$(1, 0)$과 C$(2^m, m)$을 지나는 직선 위의 점 중 x좌표가 2^n인 점을 D라 할 때, 삼각형 ABD의 넓이는 $\frac{m}{2}$보다 작거나 같다. [1] [2]

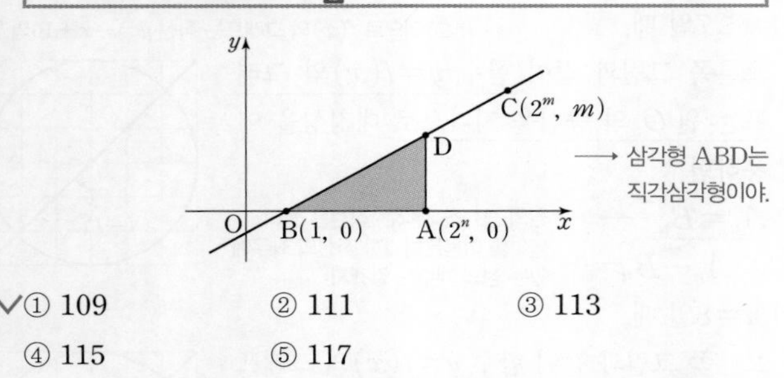

✓① 109 ② 111 ③ 113 ④ 115 ⑤ 117

해결 흐름

[1] 두 점 B, C를 지나는 직선의 방정식을 구하면 점 D의 좌표를 구할 수 있겠군.

연관 개념 | 두 점 (x_1, y_1), (x_2, y_2)를 지나는 직선의 방정식은

$y-y_1=\frac{y_2-y_1}{x_2-x_1}(x-x_1)$ (단, $x_1 \neq x_2$)

[2] 삼각형 ABD의 넓이가 $\frac{m}{2}$보다 작거나 같음을 이용해서 부등식을 세울 수 있어.

[3] $n=1, 2, 3, \cdots$일 때 조건을 만족시키는 가장 작은 자연수 m을 찾아보고, 일반항 a_n을 구해야겠어.

알찬 풀이

두 점 B$(1, 0)$, C$(2^m, m)$을 지나는 직선의 방정식은

$$y=\frac{m}{2^m-1}(x-1)$$

$$\therefore \text{D}\left(2^n, \frac{m}{2^m-1}(2^n-1)\right)$$ → 점 D는 x좌표가 2^n이고 직선 BC 위의 점이니까 y좌표도 구할 수 있어.

이때 삼각형 ABD의 넓이가 $\frac{m}{2}$보다 작거나 같으므로

$$\frac{1}{2}\times(2^n-1)\times\frac{m}{2^m-1}(2^n-1)\leq\frac{m}{2}$$

$$\therefore (2^n-1)^2\leq 2^m-1$$ → $\triangle\text{ABD}=\frac{1}{2}\times\overline{\text{AB}}\times\overline{\text{AD}}$임을 이용했어.

(i) $n=1$일 때,

$(2^1-1)^2\leq 2^m-1$, 즉 $1\leq 2^m-1$을 만족시키는 가장 작은 자연수 m의 값은 1이므로

$a_1=1$

(ii) $n=2$일 때,

$(2^2-1)^2\leq 2^m-1$, 즉 $9\leq 2^m-1$을 만족시키는 가장 작은 자연수 m의 값은 4이므로

$a_2=4$ → 2×2

(iii) $n=3$일 때,

$(2^3-1)^2\leq 2^m-1$, 즉 $49\leq 2^m-1$을 만족시키는 가장 작은 자연수 m의 값은 6이므로

$a_3=6$ → 2×3

(iv) $n=4$일 때,

$(2^4-1)^2\leq 2^m-1$, 즉 $225\leq 2^m-1$을 만족시키는 가장 작은 자연수 m의 값은 8이므로

$a_4=8$ → 2×4

⋮

이상에서 $a_n=\begin{cases}1 & (n=1)\\ 2n & (n\geq 2)\end{cases}$

$$\therefore \sum_{n=1}^{10}a_n=a_1+\sum_{n=2}^{10}2n$$ → 첫째항이 4, 끝항이 20, 항의 개수가 9인 등차수열의 합이야.

$$=1+\frac{9\times(4+20)}{2}=109$$

생생 수험 Talk

수험생이라고 해서 운동을 전혀 하지 않으면 공부를 하는 데 필요한 체력도 떨어져서 오히려 역효과를 불러올 수 있어. 체력은 정신력을 뒷받침하는 데 엄청 중요해. 체육시간에는 교실에서 공부하려고 하기 보다는 땀날 정도로 운동한 후에 공부하는 게 머리가 맑아지고 더 좋을 거야.

42

정답률 86%

수능 유형 › 여러 가지 수열의 합 **정답 ④**

다음 [단계]에 따라 정육각형이 인접해 있는 모양의 도형에 자연수를 적는다.

> [단계 1] 〈그림 1〉과 같이 한 개의 정육각형을 그리고, 각 꼭짓점에 자연수를 1부터 차례로 적는다. [1]
> [단계 2] 〈그림 1〉의 아래에 2개의 정육각형을 그리고, 새로 생긴 각 꼭짓점에 자연수를 1부터 차례로 적어서 〈그림 2〉를 얻는다.
> ⋮
> [단계 n] 〈그림 $n-1$〉의 아래에 n개의 정육각형을 그리고, 새로 생긴 각 꼭짓점에 자연수를 1부터 차례로 적어서 〈그림 n〉을 얻는다.

〈그림 6〉에 적혀 있는 모든 수의 합은? [2]

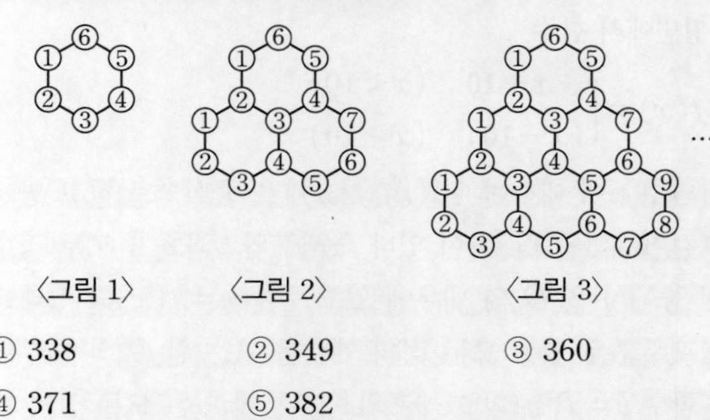

〈그림 1〉 〈그림 2〉 〈그림 3〉

① 338 ② 349 ③ 360 ✓④ 371 ⑤ 382

해결 흐름

[1] 각 그림에 적혀 있는 수의 규칙을 파악하여 그 합을 구해 봐야겠네.

[2] 자연수의 거듭제곱의 합 공식을 이용하여 〈그림 6〉에 적혀 있는 모든 수의 합을 구해야겠다.

알찬 풀이

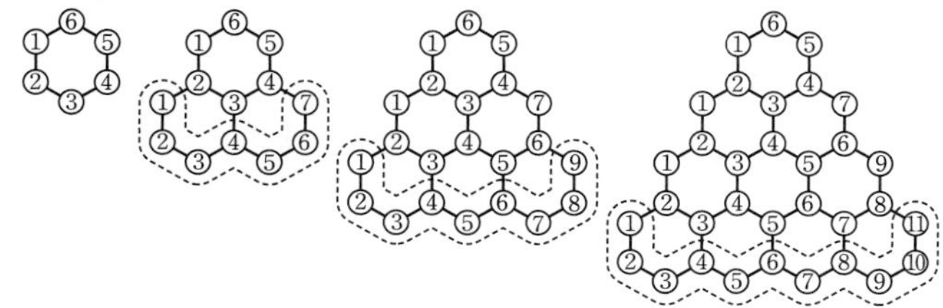

〈그림 1〉 〈그림 2〉 〈그림 3〉 〈그림 4〉

〈그림 1〉에 적혀 있는 모든 수의 합은

$1+2+\cdots+6=\frac{6\times7}{2}$

> 자연수의 거듭제곱의 합 $\sum_{k=1}^{n}k=\frac{n(n+1)}{2}$

〈그림 2〉, 〈그림 3〉, …에서 추가되는 수의 합은 다음과 같다.

〈그림 2〉에서

$1+2+\cdots+7=\frac{7\times8}{2}$

〈그림 3〉에서

$1+2+\cdots+9=\frac{9\times10}{2}$

〈그림 4〉에서

$1+2+\cdots+11=\frac{11\times12}{2}$

⋮

〈그림 n〉에서

$1+2+\cdots+(2n+3)=\frac{(2n+3)(2n+4)}{2}$

$=(2n+3)(n+2)$ (단, $n\ge2$) → 〈그림 2〉부터 규칙을 찾을 수 있어.

따라서 〈그림 6〉에 적혀 있는 모든 수의 합은

$\frac{6\times7}{2}+\left\{\sum_{n=1}^{6}(2n+3)(n+2)-5\times3\right\}$ → 〈그림 1〉부터 〈그림 6〉까지 추가된 수의 합이야. / $n=1$인 경우를 빼 주어야 해.

$=21+\sum_{n=1}^{6}(2n^2+7n+6)-15$

$=6+2\sum_{n=1}^{6}n^2+7\sum_{n=1}^{6}n+\sum_{n=1}^{6}6$

$=6+2\times\frac{6\times7\times13}{6}+7\times\frac{6\times7}{2}+6\times6$

$=6+182+147+36=371$

다른풀이 〈그림 1〉에 적혀 있는 모든 수의 합은

$6+(1+2+3+4+5)$

〈그림 2〉에 적혀 있는 모든 수의 합은

$6+(1+2+3+4+5)+(1+2+3+\cdots+7)$ → 〈그림 1〉에 적혀 있는 모든 수의 합

〈그림 3〉에 적혀 있는 모든 수의 합은

$6+(1+2+3+4+5)+(1+2+3+\cdots+7)$ → 〈그림 2〉에 적혀 있는 모든 수의 합

$+(1+2+3+\cdots+9)$

〈그림 4〉에 적혀 있는 모든 수의 합은

$6+(1+2+3+4+5)+(1+2+3+\cdots+7)$
$+(1+2+3+\cdots+9)+(1+2+3+\cdots+11)$

〈그림 5〉에 적혀 있는 모든 수의 합은

$6+(1+2+3+4+5)+(1+2+3+\cdots+7)$
$+(1+2+3+\cdots+9)+(1+2+3+\cdots+11)$
$+(1+2+3+\cdots+13)$

〈그림 6〉에 적혀 있는 모든 수의 합은

$6+(1+2+3+4+5)+(1+2+3+\cdots+7)$
$+(1+2+3+\cdots+9)+(1+2+3+\cdots+11)$
$+(1+2+3+\cdots+13)+(1+2+3+\cdots+15)$

$=6+\frac{5\times6}{2}+\frac{7\times8}{2}+\frac{9\times10}{2}+\frac{11\times12}{2}+\frac{13\times14}{2}+\frac{15\times16}{2}$

$=6+15+28+45+66+91+120$

$=371$

43

정답률 가형 38%, 나형 37%

수능 유형 › 여러 가지 수열의 합 + 로그함수의 활용 – 부등식 **정답 86**

3보다 큰 자연수 n에 대하여 $f(n)$을 다음 조건을 만족시키는 가장 작은 자연수 a라 하자. [1]

> (가) $a\ge3$
> (나) 두 점 $(2, 0)$, $(a, \log_n a)$를 지나는 직선의 기울기는 $\frac{1}{2}$보다 작거나 같다. [2]
>
> → 두 점을 지나는 직선의 기울기는 $\frac{\log_n a-0}{a-2}$이야.

예를 들어 $f(5)=4$이다. $\sum_{n=4}^{30}f(n)$의 값을 구하시오. 86

해결 흐름

1. $f(n)$의 식을 세워야 하는데, 중요한 것은 a가 조건을 만족시키는 가장 작은 자연수라는 것이네.
2. 두 점을 지나는 직선의 기울기를 이용해서 부등식을 세워야지.
   연관 개념 | 두 점 (x_1, y_1), (x_2, y_2)를 지나는 직선의 기울기는 $\frac{y_2-y_1}{x_2-x_1}$ (단, $x_1\ne x_2$)

알찬 풀이

조건 (나)에서 $\frac{\log_n a}{a-2}\le\frac{1}{2}$ ...... ㉠ → 두 점 $(2, 0)$, $(a, \log_n a)$를 지나는 직선의 기울기야.

조건 (가)에서 $a\ge3$이므로

(i) ㉠에 $a=3$을 대입하면

$\frac{\log_n 3}{3-2}\le\frac{1}{2}$, $\log_n 3\le\frac{1}{2}$

$\log_n 3\le\log_n\sqrt{n}$, $\sqrt{n}\ge3$ ($\because n>3$)

$\therefore n\ge9$ → 로그의 밑을 n으로 통일했어.

즉, $n\ge9$일 때 $f(n)=3$이다.

(ii) ㉠에 $a=4$를 대입하면

$\frac{\log_n 4}{4-2}\le\frac{1}{2}$, $\log_n 4\le1$ → $\log_n n$

$\therefore n\ge4$ ($\because n>3$)

즉, $4\le n\le8$일 때 $f(n)=4$이다.

(i), (ii)에서 $f(n)=\begin{cases}4 & (4\le n\le8)\\3 & (n\ge9)\end{cases}$

$\therefore \sum_{n=4}^{30}f(n)=\sum_{n=4}^{8}f(n)+\sum_{n=9}^{30}f(n)$

$=\sum_{n=4}^{8}4+\sum_{n=9}^{30}3$

$=4\times5+3\times22$

$=86$

> Σ의 성질 $\sum_{k=1}^{n}c=cn$ (단, c는 상수)

수학 I Ⅲ. 수열

수능 핵심 개념 로그의 진수 또는 밑에 미지수를 포함한 부등식의 풀이

$a>0$, $a\neq1$이고, $x_1>0$, $x_2>0$에 대하여

(1) $a>1$일 때, $\log_a x_1<\log_a x_2 \Longleftrightarrow x_1<x_2$

(2) $0<a<1$일 때, $\log_a x_1<\log_a x_2 \Longleftrightarrow x_1>x_2$

참고 구한 미지수의 값이 진수의 조건 또는 밑의 조건을 만족시키는지 반드시 확인해야 한다.

정답률 가형 52%, 나형 43%

44 수능 유형 › 여러 가지 수열의 합 정답 100

2 이상의 자연수 n에 대하여 집합

$\{3^{2k-1} \mid k$는 자연수, $1\le k\le n\}$ → $\{3, 3^3, 3^5, \cdots, 3^{2n-1}\}$이네.

의 서로 다른 두 원소를 곱하여 나올 수 있는 모든 값만을 원소로 하는 집합을 S라 하고, S의 원소의 개수를 $f(n)$이라 하자. 예를 들어 $f(4)=5$이다. 이때 $\sum_{n=2}^{11} f(n)$의 값을 구하시오. **100**

해결 흐름

1 집합 S의 원소의 개수는 주어진 집합의 서로 다른 두 원소의 곱의 지수의 개수와 같아.

2 $k=1, 2, 3, \cdots, n$을 차례로 대입해서 지수의 규칙성을 파악하면 $f(n)$을 구할 수 있겠네.

알찬 풀이

$1\le k_1\le n$, $1\le k_2\le n$인 서로 다른 두 자연수 k_1, k_2에 대하여 주어진 집합의 서로 다른 두 원소 3^{2k_1-1}과 3^{2k_2-1}을 선택할 수 있고, 이때 두 원소의 곱은

$3^{2k_1-1}\times3^{2k_2-1}=3^{(2k_1-1)+(2k_2-1)}$ → 지수법칙 $a^m\times a^n=a^{m+n}$ $(a>0)$을 이용했어.

$=3^{2(k_1+k_2)-2}$

$2(k_1+k_2)-2$의 값을 작은 것부터 순서대로 나열하면

$2(1+2)-2=4$ → 가장 작은 k_1, k_2의 값은 1, 2야.

$2(1+3)-2=6$

$2(1+4)-2=8$

⋮

$2(n-1+n)-2=4n-4$ → 가장 큰 k_1, k_2의 값은 $n-1$, n이야.

이므로 이 값들은 첫째항이 4, 공차가 2인 등차수열을 이룬다.

이때 $4n-4$를 제m항이라 하면

$4+(m-1)\times2=4n-4$

$2m+2=4n-4$

$\therefore m=2n-3$

→ 집합 S의 원소의 개수는 등차수열 $4, 6, 8, \cdots, 4n-4$의 항의 개수와 같아.

따라서 집합 S의 원소의 개수는 $2n-3$이므로

$f(n)=2n-3$

이때 $f(2)=1$, $f(11)=19$이므로

$\sum_{n=2}^{11} f(n)=\sum_{n=2}^{11}(2n-3)$ → 첫째항이 1, 끝항이 19, 항의 개수가 10인 등차수열의 항이야.

$=\dfrac{10\times(1+19)}{2}$

$=100$

다른 풀이 $n=2$일 때, $k=1, 2$이고 집합 $\{3^1, 3^3\}$에서

$S=\{3^4\}$이므로

$f(2)=1$

$n=3$일 때, $k=1, 2, 3$이고 집합 $\{3^1, 3^3, 3^5\}$에서

$S=\{3^4, 3^6, 3^8\}$이므로

$f(3)=3$

$n=4$일 때, $k=1, 2, 3, 4$이고 집합 $\{3^1, 3^3, 3^5, 3^7\}$에서

$S=\{3^4, 3^6, 3^8, 3^{10}, 3^{12}\}$이므로

$f(4)=5$

⋮

$\therefore f(n)=2n-3$ (단, $n\ge2$)

$\therefore \sum_{n=2}^{11} f(n)=\sum_{n=1}^{10} f(n+1)$ → $f(2)+f(3)+\cdots+f(11)$

$=\sum_{n=1}^{10}\{2(n+1)-3\}$ → $f(n)=2n-3$에 n 대신 $n+1$을 대입했어.

$=\sum_{n=1}^{10}(2n-1)$

$=2\times\dfrac{10\times11}{2}-10\times1$

$=100$

자연수의 거듭제곱의 합 $\sum_{k=1}^{n}k=\dfrac{n(n+1)}{2}$

생생 수험 Talk

수학은 개념의 흐름과 공식이 어떻게 유도되었는지 알고 공부하면 효과적이고 기억에도 잘 남아. 예를 들어 평균변화율의 개념에서 어떻게 미분이라는 개념이 도출되었는지를 하나의 흐름으로 이해하는 거지. 또, 공식의 유도 과정을 알고 있으면 공식 외우기 자체에도 효과적이지만, 그 유도 과정에서의 창의적인 방법들을 알 수 있어서 도움이 된다고 생각해. 이것도 예를 들자면 등차수열의 합 공식을 증명할 때, $S_n=a_1+a_2+\cdots+a_n$과 더하는 항을 거꾸로 쓴 것, 즉 $S_n=a_n+a_{n-1}+\cdots+a_1$을 더해 주는 것! 이런 과정을 이해하면 다양한 생각을 가능하게 해 줘서 수학적 사고력 발달에 좋은 습관인 것 같아. 굉장히 사소한 발상의 전환에서 문제 해결 방법이 나오는 것처럼 말야.

정답률 확률과 통계 3%, 미적분 13%, 기하 8%

45 수능 유형 › 수열의 귀납적 정의 정답 64

모든 항이 정수이고 다음 조건을 만족시키는 모든 수열 $\{a_n\}$에 대하여 $|a_1|$의 값의 합을 구하시오. **64**

> (가) 모든 자연수 n에 대하여 → $|a_n|$이 홀수인지 $a_n=0$ 또는 $|a_n|$이 짝수인지에 따라 a_{n+1}의 값이 달라져.
>
> $$a_{n+1}=\begin{cases} a_n-3 & (|a_n|\text{이 홀수인 경우}) \\ \dfrac{1}{2}a_n & (a_n=0 \text{ 또는 } |a_n|\text{이 짝수인 경우}) \end{cases}$$
>
> 이다.
>
> (나) $|a_m|=|a_{m+2}|$인 자연수 m의 최솟값은 3이다.

해결 흐름

1 조건 (나)에서 $|a_m|=|a_{m+2}|$인 자연수 m의 최솟값이 3이므로 $|a_3|=|a_5|$이겠다.

2 조건 (가)와 1을 이용하여 a_3의 값을 구해 봐야지.

3 조건 (가)와 2에서 구한 a_3의 값을 이용하여 조건 (나)를 만족시키는 $|a_1|$의 값의 합을 구해야겠어.

알찬 풀이

조건 (나)에서 $|a_m|=|a_{m+2}|$인 자연수 m의 최솟값이 3이므로

$|a_1|\neq|a_3|$, $|a_2|\neq|a_4|$이고,

$|a_3|=|a_5|$에서

$a_5=a_3$ 또는 $a_5=-a_3$ …… ㉠

(i) $|a_3|$이 홀수일 때,

$a_4=a_3-3$이므로 → (홀수)−(홀수)=(짝수)이니까 $|a_4|$는 짝수야.

$a_5=\frac{1}{2}a_4=\frac{1}{2}(a_3-3)$

㉠에서 $a_3=\frac{1}{2}(a_3-3)$ 또는 $-a_3=\frac{1}{2}(a_3-3)$

이므로 $a_3=-3$ 또는 $a_3=1$

각 a_3의 값에 대하여 a_4, a_2의 값을 구하여 표로 나타내면 다음과 같다. → $|a_2|=|a_4|$이니까 조건 (나)를 만족시키지 않아.

a_4	a_3	a_2	a_1
−6	−3	−6	
−2	1	2	

따라서 주어진 조건을 만족시키는 a_1의 값은 없다.

(ii) $a_3=0$ 또는 $|a_3|$이 짝수일 때,

$a_4=\frac{1}{2}a_3$ → $\frac{1}{2}\times$(짝수)는 짝수일 수도 있고 홀수일 수도 있어.

a_4가 짝수이면 $a_5=\frac{1}{2}a_4=\frac{1}{2}\times\left(\frac{1}{2}a_3\right)=\frac{1}{4}a_3$이므로

㉠에서 $a_3=\frac{1}{4}a_3$ 또는 $-a_3=\frac{1}{4}a_3$

$\therefore a_3=0$

a_4가 홀수이면 $a_5=a_4-3=\frac{1}{2}a_3-3$이므로

㉠에서 $a_3=\frac{1}{2}a_3-3$ 또는 $-a_3=\frac{1}{2}a_3-3$

$\therefore a_3=-6$ 또는 $a_3=2$

각 a_3의 값에 대하여 a_4, a_2, a_1의 값을 구하여 표로 나타내면 다음과 같다. → $|a_2|=|a_4|$이니까 조건 (나)를 만족시키지 않아.

a_4	a_3	a_2	a_1
0	0	3	6 ← a_1은 홀수이어야 해. (모순)
			6
		0	
−3	−6	−3	
		−12	−9
			−24
1	2	5	8
			10 ← a_1은 홀수이어야 해. (모순)
		4	7
			8

따라서 주어진 조건을 만족시키는 a_1의 값은

-24, -9, 6, 7, 8, 10

(i), (ii)에서 조건을 만족시키는 모든 $|a_1|$의 값의 합은

$24+9+6+7+8+10=64$

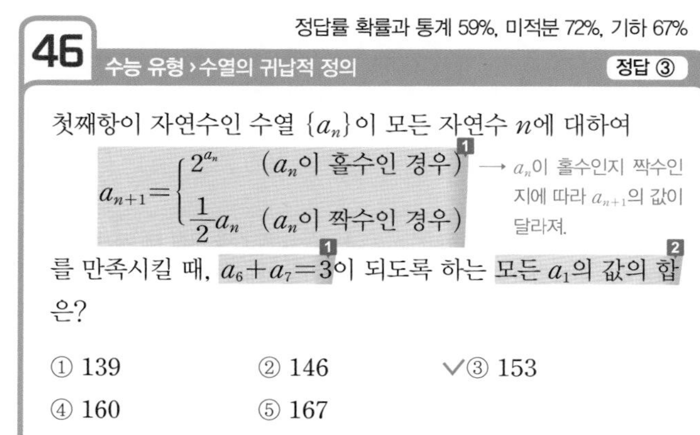

정답률 확률과 통계 59%, 미적분 72%, 기하 67%

46 수능 유형 › 수열의 귀납적 정의 정답 ③

첫째항이 자연수인 수열 $\{a_n\}$이 모든 자연수 n에 대하여

$$a_{n+1}=\begin{cases}2^{a_n} & (a_n\text{이 홀수인 경우})\\ \frac{1}{2}a_n & (a_n\text{이 짝수인 경우})\end{cases}$$

→ a_n이 홀수인지 짝수인지에 따라 a_{n+1}의 값이 달라져.

를 만족시킬 때, $a_6+a_7=3$이 되도록 하는 모든 a_1의 값의 합은?

① 139 ② 146 ③ 153 ④ 160 ⑤ 167

해결 흐름

1 주어진 관계식과 $a_6+a_7=3$임을 이용하여 a_5의 값을 구해 봐야지.

2 a_5의 값을 이용하여 a_4, a_3, a_2, a_1의 값을 차례로 구해서 모든 a_1의 값의 합을 구해야겠어.

알찬 풀이

a_n이 홀수일 때 $a_{n+1}=2^{a_n}$은 자연수이고, a_n이 짝수일 때 $a_{n+1}=\frac{1}{2}a_n$은 자연수이다.

이때 a_1이 자연수이므로 수열 $\{a_n\}$의 모든 항은 자연수이다.

$a_6+a_7=3$이므로

$a_6=1$, $a_7=2$ 또는 $a_6=2$, $a_7=1$

(i) $a_6=1$이고 a_5가 홀수일 때,

$a_6=2^{a_5}$, 즉 $1=2^{a_5}$

이를 만족시키는 홀수 a_5는 존재하지 않는다.

(ii) $a_6=1$이고 a_5가 짝수일 때,

$a_6=\frac{1}{2}a_5$, 즉 $1=\frac{1}{2}a_5$

$\therefore a_5=2$

(iii) $a_6=2$이고 a_5가 홀수일 때,

$a_6=2^{a_5}$, 즉 $2=2^{a_5}$

$\therefore a_5=1$ → a_5는 홀수이니까 등식을 만족시키는 a_5의 값은 1이야.

(iv) $a_6=2$이고 a_5가 짝수일 때,

$a_6=\frac{1}{2}a_5$, 즉 $2=\frac{1}{2}a_5$

$\therefore a_5=4$

이상에서

$a_5=1$ 또는 $a_5=2$ 또는 $a_5=4$

a_5의 값을 이용하여 같은 방법으로 a_4, a_3, a_2, a_1의 값을 구하여 표로 나타내면 다음과 같다.

수학 I III. 수열

a_5	a_4	a_3	a_2	a_1
1	2	1	2	1
				4
		4	8	3
				16
2	1	2	1	2
			4	8
	4	8	3	6
			16	32
4	8	3	6	12
		16	32	5
				64

따라서 조건을 만족시키는 모든 a_1의 값의 합은

$1+4+3+16+2+8+6+32+12+5+64=153$

오답 Clear

a_5의 값을 이용하여 조건을 만족시키는 a_4, a_3, a_2, a_1의 값을 구할 때, 계산의 흐름을 이해하고 구한 항의 값이 홀수 또는 짝수 조건을 만족시키는지 확인해야 한다.

47

정답률 확률과 통계 47%, 미적분 76%, 기하 68%

수능 유형 › 수열의 귀납적 정의 | 정답 ①

첫째항이 자연수인 수열 $\{a_n\}$이 모든 자연수 n에 대하여

$$a_{n+1}=\begin{cases} a_n+1 & (a_n\text{이 홀수인 경우}) \\ \frac{1}{2}a_n & (a_n\text{이 짝수인 경우}) \end{cases}$$

[1] → a_n이 홀수인지 짝수인지에 따라 a_{n+1}의 값이 달라져.

를 만족시킬 때, $a_2+a_4=40$[2]이 되도록 하는 모든 a_1의 값의 합은?

✓① 172 ② 175 ③ 178
④ 181 ⑤ 184

해결 흐름

[1] 주어진 관계식을 이용하여 a_2, a_4를 구해 봐야지.

[2] $a_2+a_4=40$임을 이용하여 a_1의 값을 구해야겠다.

알찬 풀이

(i) $a_1=4k$ (k는 자연수)일 때,

a_1은 짝수이므로 $a_2=\frac{1}{2}a_1=\frac{1}{2}\times 4k=2k$

a_2도 짝수이므로 $a_3=\frac{1}{2}a_2=\frac{1}{2}\times 2k=k$ → k의 값이 홀수인지 짝수인지에 따라 a_4의 값을 구하는 방법이 달라져.

① k가 홀수일 때,

$a_4=a_3+1=k+1$

이때 $a_2+a_4=2k+(k+1)=3k+1$이므로

$3k+1=40$에서 → $a_2+a_4=40$이라고 문제에 주어졌어.

$3k=39$

$\therefore k=13$

$\therefore a_1=4k=4\times 13=52$

② k가 짝수일 때,

$a_4=\frac{1}{2}a_3=\frac{k}{2}$

이때 $a_2+a_4=2k+\frac{k}{2}=\frac{5}{2}k$이므로

$\frac{5}{2}k=40$에서

$k=16$

$\therefore a_1=4k=4\times 16=64$

(ii) $a_1=4k-1$ (k는 자연수)일 때,

a_1은 홀수이므로 $a_2=a_1+1=4k$

a_2는 짝수이므로 $a_3=\frac{1}{2}a_2=\frac{1}{2}\times 4k=2k$

a_3도 짝수이므로 $a_4=\frac{1}{2}a_3=\frac{1}{2}\times 2k=k$

이때 $a_2+a_4=4k+k=5k$이므로

$5k=40$에서

$k=8$

$\therefore a_1=4k-1=4\times 8-1=31$

(iii) $a_1=4k-2$ (k는 자연수)일 때,

a_1은 짝수이므로 $a_2=\frac{1}{2}a_1=\frac{1}{2}\times(4k-2)=2k-1$

a_2는 홀수이므로 $a_3=a_2+1=(2k-1)+1=2k$

a_3은 짝수이므로 $a_4=\frac{1}{2}a_3=\frac{1}{2}\times 2k=k$

이때 $a_2+a_4=(2k-1)+k=3k-1$이므로

$3k-1=40$에서

$3k=41$ $\therefore k=\frac{41}{3}$ → k가 자연수가 아니야.

이것은 조건을 만족시키지 않는다.

(iv) $a_1=4k-3$ (k는 자연수)일 때,

a_1은 홀수이므로 $a_2=a_1+1=(4k-3)+1=4k-2$ → $4k-2=2(2k-1)$이므로 $4k-2$는 짝수야.

a_2는 짝수이므로 $a_3=\frac{1}{2}a_2=\frac{1}{2}\times(4k-2)=2k-1$

a_3은 홀수이므로 $a_4=a_3+1=(2k-1)+1=2k$

이때 $a_2+a_4=(4k-2)+2k=6k-2$이므로

$6k-2=40$에서

$6k=42$

$\therefore k=7$

$\therefore a_1=4k-3=4\times 7-3=25$

이상에서 조건을 만족시키는 모든 a_1의 값의 합은

$52+64+31+25=172$

빠른 풀이 (i) a_1이 홀수일 때,

a_1	a_2	a_3	a_4
a_1	a_1+1	$\frac{1}{2}(a_1+1)$	$\frac{1}{2}(a_1+1)+1$ (a_3이 홀수인 경우)
			$\frac{1}{4}(a_1+1)$ (a_3이 짝수인 경우)

① $a_2+a_4=(a_1+1)+\frac{1}{2}(a_1+1)+1=40$에서

$\frac{3}{2}(a_1+1)=39$, $a_1+1=26$

$\therefore a_1=25$

② $a_2+a_4=(a_1+1)+\frac{1}{4}(a_1+1)=40$에서

$\frac{5}{4}(a_1+1)=40$, $a_1+1=32$

$\therefore a_1=31$

(ii) a_1이 짝수일 때,

a_2가 홀수인 경우 a_3은 항상 짝수야.

a_1	a_2	a_3	a_4
a_1	$\frac{1}{2}a_1$	$\frac{1}{2}a_1+1$	$\frac{1}{4}a_1+\frac{1}{2}$
		$\frac{1}{4}a_1$	$\frac{1}{4}a_1+1$
			$\frac{1}{8}a_1$

① $a_2+a_4=\frac{1}{2}a_1+\left(\frac{1}{4}a_1+\frac{1}{2}\right)=40$을 만족시키는 자연수 a_1은 존재하지 않는다. → $\frac{3}{4}a_1=\frac{79}{2}$에서 $a_1=\frac{158}{3}$

② $a_2+a_4=\frac{1}{2}a_1+\left(\frac{1}{4}a_1+1\right)=40$에서

$\frac{3}{4}a_1=39$ $\quad\therefore a_1=52$

③ $a_2+a_4=\frac{1}{2}a_1+\frac{1}{8}a_1=40$에서

$\frac{5}{8}a_1=40$ $\quad\therefore a_1=64$

(i), (ii)에서 조건을 만족시키는 모든 a_1의 값의 합은

$25+31+52+64=172$

정답률 확률과 통계 27%, 미적분 43%, 기하 38%

48 수능 유형 › 수열의 귀납적 정의

정답 ⑤

모든 항이 자연수이고 다음 조건을 만족시키는 모든 수열 $\{a_n\}$에 대하여 a_9의 최댓값과 최솟값을 각각 M, m이라 할 때, $M+m$의 값은? (→ $a_n>0$) **3**

(가) $a_7=40$ **1**

(나) 모든 자연수 n에 대하여 **1 2**

$$a_{n+2}=\begin{cases} a_{n+1}+a_n & (a_{n+1}\text{이 3의 배수가 아닌 경우}) \\ \frac{1}{3}a_{n+1} & (a_{n+1}\text{이 3의 배수인 경우}) \end{cases}$$

이다. → a_{n+1}의 값에 따라 a_{n+2}의 값이 달라져.

① 216 ② 218 ③ 220 ④ 222 ✓⑤ 224

해결 흐름

1 조건 (가)를 이용하려면 조건 (나)의 관계식에 $n=5$를 대입하면 되겠네.

2 조건 (나)에서 a_{n+1}의 값에 따라 a_{n+2}의 값이 달라지니까 a_6이 3의 배수인 경우와 3의 배수가 아닌 경우로 나누어 생각해 봐야겠어.

3 각 경우에서 a_9의 값을 구하면 M, m의 값을 구할 수 있겠다.

알찬 풀이

$$a_{n+2}=\begin{cases} a_{n+1}+a_n & (a_{n+1}\text{이 3의 배수가 아닌 경우}) \\ \frac{1}{3}a_{n+1} & (a_{n+1}\text{이 3의 배수인 경우}) \end{cases}$$

위의 식에 $n=5$를 대입하면

$$a_7=\begin{cases} a_6+a_5 & (a_6\text{이 3의 배수가 아닌 경우}) \\ \frac{1}{3}a_6 & (a_6\text{이 3의 배수인 경우}) \end{cases}$$

이므로

(i) a_6이 3의 배수일 때,

$a_7=\frac{1}{3}a_6$이므로

$40=\frac{1}{3}a_6$

$\therefore a_6=120$

a_7은 3의 배수가 아니므로

$a_8=a_7+a_6=40+120=160$ ($a_7=40$)

a_8은 3의 배수가 아니므로

$a_9=a_8+a_7=160+40=200$ ($a_8=160$)

(ii) $a_6=3k-2$ (k는 자연수)일 때, → a_6이 3의 배수가 아닌 경우야.

$a_7=a_6+a_5$이므로

$40=(3k-2)+a_5$

$\therefore a_5=42-3k$

이때 $a_5=42-3k=3(14-k)$이므로 a_5는 3의 배수이다.

따라서 $a_6=\frac{1}{3}a_5$에서 $a_6=\frac{1}{3}(40-a_6)$ → $a_7=a_6+a_5$에서 $a_5=a_7-a_6=40-a_6$이야.

$4a_6=40$ $\quad\therefore a_6=10$

a_7은 3의 배수가 아니므로

$a_8=a_7+a_6=40+10=50$ ($a_7=40$)

a_8은 3의 배수가 아니므로

$a_9=a_8+a_7=50+40=90$ ($a_8=50$)

(iii) $a_6=3k-1$ (k는 자연수)일 때, → a_6이 3의 배수가 아닌 경우야.

$a_7=a_6+a_5$이므로

$40=(3k-1)+a_5$

$\therefore a_5=41-3k$

이때 a_5는 3의 배수가 아니므로 → $a_5=41-3k=3(14-k)-1$이니까 3의 배수가 아니야.

$a_6=a_5+a_4$에서

$3k-1=41-3k+a_4$

$\therefore a_4=6k-42$

이때 $a_4=6k-42=3(2k-14)$이므로 a_4는 3의 배수이다.

따라서 $a_5=\frac{1}{3}a_4$에서 $41-3k=\frac{1}{3}\times3(2k-14)$

$5k=55$

$\therefore k=11$

$\therefore a_6=32$ → $a_6=3k-1$에 $k=11$을 대입했어.

a_7은 3의 배수가 아니므로

$a_8=a_7+a_6=40+32=72$ ($a_7=40$)

a_8은 3의 배수이므로

$a_9=\frac{1}{3}a_8=\frac{1}{3}\times72=24$ ($a_8=72$)

(i), (ii), (iii)에서 a_9의 최댓값은 200, 최솟값은 24이므로

$M=200$, $m=24$

$\therefore M+m=200+24=224$

정답률 확률과 통계 33%, 미적분 43%, 기하 39%

49 수능 유형 › 수열의 귀납적 정의 정답 ③

수열 $\{a_n\}$이 다음 조건을 만족시킨다.

(가) 모든 자연수 k에 대하여 $a_{4k}=r^k$이다. [1] → $-1<r<0,\ 0<r<1$
(단, r는 $0<|r|<1$인 상수이다.)

(나) $a_1<0$이고, 모든 자연수 n에 대하여
$$a_{n+1}=\begin{cases} a_n+3 & (|a_n|<5) \\ -\frac{1}{2}a_n & (|a_n|\geq 5) \end{cases}$$
이다. [2][3]

$|a_m|\geq 5$를 만족시키는 100 이하의 자연수 m의 개수를 p라 할 때, $p+a_1$의 값은? [3]

① 8 ② 10 ✓③ 12 ④ 14 ⑤ 16

해결 흐름

[1] 조건 (가)에서 $a_{4k}=r^k$에 $k=1, 2$를 대입하면 a_4, a_8의 값을 각각 r에 대한 식으로 나타낼 수 있겠네.

[2] 조건 (나)를 이용해서 a_5, a_6, a_7, a_8의 값을 각각 r에 대한 식으로 나타내 보면 [1]에서 구한 식과 비교하여 r의 값을 구할 수 있겠다.

[3] 조건 (나)를 만족시키는 a_1, a_2, a_3의 값도 구해서 수열 $\{a_n\}$의 규칙을 파악해 보면 $|a_m|\geq 5$를 만족시키는 100 이하의 자연수 m의 값을 구할 수 있겠어.

알찬 풀이

조건 (가)에서 모든 자연수 k에 대하여 $a_{4k}=r^k$이므로

$k=1$일 때, $a_4=r$

$k=2$일 때, $a_8=r^2$ …… ㉠

이때 $0<|r|<1$에서 $|a_4|=|r|<5$이므로

조건 (나)에 의하여

$a_5=a_4+3=r+3$

$|a_5|=|r+3|<5$이므로

$a_6=a_5+3=(r+3)+3=r+6$

$|a_6|=|r+6|>5$이므로

$a_7=-\frac{1}{2}a_6=-\frac{1}{2}(r+6)=-\frac{1}{2}r-3$

$|a_7|=\left|-\frac{1}{2}r-3\right|<5$이므로

($|a_5|, |a_6|, |a_7|$의 값의 범위는 실전 적용 key에서 확인해 봐.)

$a_8=a_7+3=\left(-\frac{1}{2}r-3\right)+3=-\frac{1}{2}r$ …… ㉡

㉠, ㉡에서 $r^2=-\frac{1}{2}r$ $\therefore r=-\frac{1}{2}$ ($\because r\neq 0$)

→ $0<|r|<1$에서 $r\neq 0$임을 알 수 있어.

$\therefore a_4=r=-\frac{1}{2}$

한편, $a_n=\begin{cases} a_{n+1}-3 & (|a_n|<5) \\ -2a_{n+1} & (|a_n|\geq 5) \end{cases}$이므로

→ $a_{n+1}=a_n+3$에서 $a_n=a_{n+1}-3$, $a_{n+1}=-\frac{1}{2}a_n$에서 $a_n=-2a_{n+1}$

(i) $|a_3|<5$일 때,

$a_3=a_4-3=-\frac{1}{2}-3=-\frac{7}{2}$이므로 조건을 만족시킨다. → $|a_3|=\left|-\frac{7}{2}\right|=\frac{7}{2}<5$

$|a_3|\geq 5$일 때,

$a_3=-2a_4=-2\times\left(-\frac{1}{2}\right)=1$이므로 조건을 만족시키지 않는다. → $|a_3|=|1|=1<5$

$\therefore a_3=-\frac{7}{2}$

(ii) $|a_2|<5$일 때,

$a_2=a_3-3=-\frac{7}{2}-3=-\frac{13}{2}$이므로 조건을 만족시키지 않는다. → $|a_2|=\left|-\frac{13}{2}\right|=\frac{13}{2}>5$

$|a_2|\geq 5$일 때,

$a_2=-2a_3=-2\times\left(-\frac{7}{2}\right)=7$이므로 조건을 만족시킨다. → $|a_2|=|7|=7>5$

$\therefore a_2=7$

(iii) $|a_1|<5$일 때,

$a_1=a_2-3=7-3=4$이므로 조건을 만족시킨다. → $|a_1|=|4|=4<5$

$|a_1|\geq 5$일 때,

$a_1=-2a_2=-2\times 7=-14$이므로 조건을 만족시킨다. → $|a_1|=|-14|=14>5$

그런데 조건 (나)에서 $a_1<0$이므로

$a_1=-14$

(i), (ii), (iii)에서 $a_1=-14,\ a_2=7,$

$a_3=-\frac{1}{2}-3,\ a_4=-\frac{1}{2},\ a_5=-\frac{1}{2}+3,\ a_6=-\frac{1}{2}+6,$

$a_7=\frac{1}{4}-3,\ a_8=\frac{1}{4},\ a_9=\frac{1}{4}+3,\ a_{10}=\frac{1}{4}+6,$

$a_{11}=-\frac{1}{8}-3,\ a_{12}=-\frac{1}{8},\ a_{13}=-\frac{1}{8}+3,\ a_{14}=-\frac{1}{8}+6,\ \cdots$

즉, $|a_1|\geq 5$이고, 자연수 k에 대하여

$|a_{4k-2}|\geq 5$ → 위의 각 항의 값에서 $|a_2|\geq 5,\ |a_6|\geq 5,\ |a_{10}|\geq 5,\ |a_{14}|\geq 5,\ \cdots$이니까 규칙을 찾을 수 있어.

임을 알 수 있다.

이때 $|a_m|\geq 5$를 만족시키는 100 이하의 자연수 m은

$|a_1|\geq 5$에서 1의 1개,

$4k-2\leq 100,\ 4k\leq 102,\ k\leq\frac{51}{2}$에서 → $(4k-2)$번째 항이 조건을 만족시키니까.

$k=1, 2, 3, \cdots, 25$ ($\because$ k는 자연수)

이므로 $2, 6, 10, \cdots, 98$의 25개이다. ($2=4\times 1-2$, $98=4\times 25-2$)

$\therefore p=1+25=26$

$\therefore p+a_1=26+(-14)=12$

실전 적용 key

$0<|r|<1$에서 $-1<r<0,\ 0<r<1$이므로

(i) $2<r+3<3,\ 3<r+3<4$ $\therefore 2<|r+3|<3,\ 3<|r+3|<4$
즉, $|r+3|<5$이므로 $|a_5|<5$

(ii) $5<r+6<6,\ 6<r+6<7$ $\therefore 5<|r+6|<6,\ 6<|r+6|<7$
즉, $|r+6|>5$이므로 $|a_6|>5$

(iii) $-3<-\frac{1}{2}r-3<-\frac{5}{2},\ -\frac{7}{2}<-\frac{1}{2}r-3<-3$
$\therefore \frac{5}{2}<\left|-\frac{1}{2}r-3\right|<3,\ 3<\left|-\frac{1}{2}r-3\right|<\frac{7}{2}$
즉, $\left|-\frac{1}{2}r-3\right|<5$이므로 $|a_7|<5$

생생 수험 Talk

수능이 굉장히 중요한 시험이지만 인생에서 가장 중요한 시험은 아니야. 그러니까 너무 큰 부담은 갖지 말고 시험에 응하길 바라. 평소에 중요한 일이 있을 때 긴장하는 편이라면 실제 실험을 보는 것처럼 시간을 재고 풀어 보는 것도 좋은 방법이야. 열심히 공부하고 대비해서 편하게 시험 보러 가면 잘 볼 수 있을 거야.

정답률 확률과 통계 28%, 미적분 46%, 기하 38%

50 수능 유형 › 수열의 귀납적 정의

정답 ②

자연수 k에 대하여 다음 조건을 만족시키는 수열 $\{a_n\}$이 있다.

> $a_1=0$이고, 모든 자연수 n에 대하여
>
> 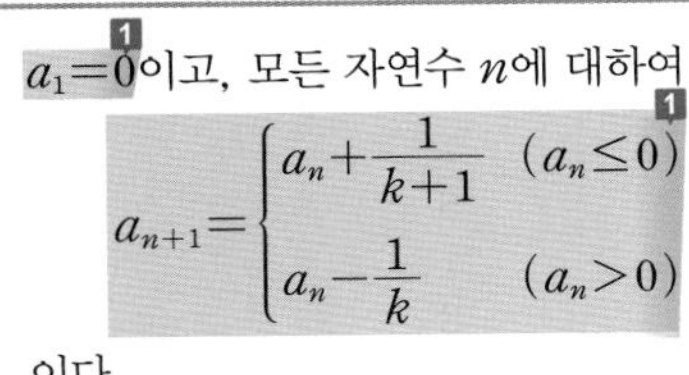
>
> $$a_{n+1}=\begin{cases} a_n+\dfrac{1}{k+1} & (a_n\le 0) \\ a_n-\dfrac{1}{k} & (a_n>0) \end{cases}$$
>
> 이다.

$a_{22}=0$이 되도록 하는 모든 k의 값의 합은?

① 12　　✓② 14　　③ 16　　④ 18　　⑤ 20

해결 흐름

1 첫째항이 주어졌으니까 주어진 관계식에 $n=1, 2, 3, \cdots$을 차례로 대입하면 규칙을 파악할 수 있겠어.

2 1에서 파악한 규칙을 이용해서 $a_{22}=0$이 되도록 하는 모든 k의 값을 구해 봐야겠다.

알찬 풀이

$a_1=0$이므로

$$a_2=a_1+\frac{1}{k+1}=\frac{1}{k+1}$$

$a_2>0$이므로 → k가 자연수이니까 $a_2=\frac{1}{k+1}>0$이지.

$$a_3=a_2-\frac{1}{k}=\frac{1}{k+1}-\frac{1}{k}=-\frac{1}{k(k+1)}$$

$a_3<0$이므로

$$a_4=a_3+\frac{1}{k+1}=-\frac{1}{k(k+1)}+\frac{1}{k+1}$$
$$=-\frac{1}{k(k+1)}+\frac{k}{k(k+1)}=\frac{k-1}{k(k+1)}$$

→ k의 값에 따라 부호가 결정돼.

이때 $k=1$이면 $a_4=0$이므로

$n=3m-2$ (m은 자연수)일 때 $a_n=0$이다. → $a_1=0$, $a_4=0$, $\cdots$이니까.

즉, $m=8$일 때 $a_{22}=0$이므로 $k=1$은 조건을 만족시킨다.

한편, $k>1$이면 $a_4>0$이므로 → $k>1$에서 $k-1>0$이니까 $a_4=\frac{k-1}{k(k+1)}>0$이지.

$$a_5=a_4-\frac{1}{k}=\frac{k-1}{k(k+1)}-\frac{1}{k}$$
$$=\frac{k-1}{k(k+1)}-\frac{k+1}{k(k+1)}=-\frac{2}{k(k+1)}$$

$a_5<0$이므로

$$a_6=a_5+\frac{1}{k+1}=-\frac{2}{k(k+1)}+\frac{1}{k+1}$$
$$=-\frac{2}{k(k+1)}+\frac{k}{k(k+1)}=\frac{k-2}{k(k+1)}$$

이때 $k=2$이면 $a_6=0$이므로

$n=5m-4$ (m은 자연수)일 때 $a_n=0$이다. → $a_1=0$, $a_6=0$, $\cdots$이니까.

즉, $a_{22}\neq 0$이므로 → $5m-4=22$를 만족시키는 자연수 m의 값이 존재하지 않아.

$k=2$는 조건을 만족시키지 않는다.

또, $k>2$이면 $a_6>0$이므로

→ $k>2$에서 $k-2>0$이니까 $a_6=\frac{k-2}{k(k+1)}>0$이지.

$$a_7=a_6-\frac{1}{k}=\frac{k-2}{k(k+1)}-\frac{1}{k}$$
$$=\frac{k-2}{k(k+1)}-\frac{k+1}{k(k+1)}=-\frac{3}{k(k+1)}$$

$a_7<0$이므로

$$a_8=a_7+\frac{1}{k+1}=-\frac{3}{k(k+1)}+\frac{1}{k+1}$$
$$=-\frac{3}{k(k+1)}+\frac{k}{k(k+1)}=\frac{k-3}{k(k+1)}$$

이때 $k=3$이면 $a_8=0$이므로

$n=7m-6$ (m은 자연수)일 때 $a_n=0$이다. → $a_1=0$, $a_8=0$, $\cdots$이니까.

즉, $m=4$일 때 $a_{22}=0$이므로 $k=3$은 조건을 만족시킨다.

이와 같은 방법으로 구해 보면

$k=4$이면 $a_{10}=0$이므로

$n=9m-8$ (m은 자연수)일 때 $a_n=0$이다. → $a_1=0$, $a_{10}=0$, $\cdots$이니까.

즉, $a_{22}\neq 0$이므로 → $9m-8=22$를 만족시키는 자연수 m의 값이 존재하지 않아.

$k=4$는 조건을 만족시키지 않는다.

$5\le k\le 9$이면 $a_{22}\neq 0$

$k=10$이면 $a_{22}=0$

$k\ge 11$이면 $a_{22}\neq 0$

(위와 같은 방법으로 구해 보면 돼.)

따라서 조건을 만족시키는 k의 값은 1, 3, 10이므로

모든 k의 값의 합은

$1+3+10=14$

실전 적용 key

귀납적으로 정의된 수열에 관한 문제에서는 주어진 관계식에 $n=1, 2, 3, \cdots$을 차례로 대입했을 때, 어떤 항 a_k에서 첫째항과 같은 값이 나오면 이때부터는 앞에서 구했던 a_1, a_2, a_3, $\cdots$, a_{k-1}의 값이 순서대로 반복된다.

이 규칙성을 이용하여 조건을 만족시키는 k의 값을 다음과 같이 구할 수도 있다.

$a_1=0$, $a_2=\frac{1}{k+1}$, $a_3=-\frac{1}{k(k+1)}$, $a_4=\frac{k-1}{k(k+1)}$에서

$k=1$이면 $a_4=0$이므로 수열 $\{a_n\}$은 a_1, a_2, a_3의 값이 순서대로 반복된다. → a_4에서 첫째항과 같은 값이 나왔어.

한편, $k>1$이면 $a_5=-\frac{2}{k(k+1)}$, $a_6=\frac{k-2}{k(k+1)}$에서

$k=2$이면 $a_6=0$이므로 수열 $\{a_n\}$은 a_1, a_2, a_3, a_4, a_5의 값이 순서대로 반복된다. → a_6에서 첫째항과 같은 값이 나왔어.

같은 방법으로 구해 보면

$k=m$ (m은 자연수)이면 $a_{2m+2}=0$이므로 수열 $\{a_n\}$은 a_1, a_2, a_3, $\cdots$, a_{2m+1}의 값이 순서대로 반복된다. → $k=1$일 때 $a_4=0$, $k=2$일 때 $a_6=0$, $\cdots$이니까.

이때 $a_{22}=0$이 되려면 $2m+1$은 21의 약수, 즉 1, 3, 7, 21이어야 하므로

(i) $2m+1=1$을 만족시키는 자연수 m은 존재하지 않는다.

(ii) $2m+1=3$에서 $m=1$　　$\therefore k=1$

(iii) $2m+1=7$에서 $m=3$　　$\therefore k=3$

(iv) $2m+1=21$에서 $m=10$　　$\therefore k=10$

생생 수험 Talk

수능을 준비하는 동안 누구나 시험에 대해 큰 스트레스를 받을 거야. 나는 스트레스를 받을 때마다 수험 생활을 마칠 때를 상상하며 '조금만 더 하면 돼!' 라고 생각했던 것 같아. 수능이 끝나고 나서 하고 싶은 목록을 적거나 나만의 이상적인 대학 생활을 상상하면 기분이 좋아지더라고. 지금 당장은 스트레스를 받고 공부하기 싫더라도, 수능이 끝나고 다가올 즐거운 때를 생각하며 마음을 다잡고 공부하면 좋은 결과가 있을 거야!

51 수능 유형 › 수열의 귀납적 정의 정답 ①

수열 $\{a_n\}$은 $|a_1| \le 1$이고, 모든 자연수 n에 대하여

$$a_{n+1} = \begin{cases} -2a_n - 2 & \left(-1 \le a_n < -\frac{1}{2}\right) \\ 2a_n & \left(-\frac{1}{2} \le a_n \le \frac{1}{2}\right) \\ -2a_n + 2 & \left(\frac{1}{2} < a_n \le 1\right) \end{cases}$$

→ a_n의 값에 따라 a_{n+1}의 값이 달라져.

을 만족시킨다. $a_5 + a_6 = 0$이고 $\sum_{k=1}^{5} a_k > 0$이 되도록 하는 모든 a_1의 값의 합은?

✓① $\frac{9}{2}$ ② 5 ③ $\frac{11}{2}$ ④ 6 ⑤ $\frac{13}{2}$

해결 흐름

1 주어진 관계식과 $a_5 + a_6 = 0$임을 이용하여 a_5의 값을 구해 봐야지.

2 a_5의 값을 이용하여 a_4, a_3, a_2, a_1의 값을 구하고, 조건을 만족시키는지 확인해 봐야겠다.

알찬 풀이

먼저 a_5의 값을 구해 보자.

(i) $-1 \le a_5 < -\frac{1}{2}$일 때,

$a_6 = -2a_5 - 2$이므로 $a_5 + a_6 = 0$에서 ($a_{n+1} = -2a_n - 2$에 $n=5$를 대입했어.)

$a_5 + (-2a_5 - 2) = 0$, $-a_5 - 2 = 0$

$\therefore a_5 = -2$

그런데 $-1 \le a_5 < -\frac{1}{2}$이어야 하므로 조건을 만족시키지 않는다.

(ii) $-\frac{1}{2} \le a_5 \le \frac{1}{2}$일 때,

$a_6 = 2a_5$이므로 $a_5 + a_6 = 0$에서 ($a_{n+1} = 2a_n$에 $n=5$를 대입했어.)

$a_5 + 2a_5 = 0$, $3a_5 = 0$ $\quad \therefore a_5 = 0$

(iii) $\frac{1}{2} < a_5 \le 1$일 때,

$a_6 = -2a_5 + 2$이므로 $a_5 + a_6 = 0$에서 ($a_{n+1} = -2a_n + 2$에 $n=5$를 대입했어.)

$a_5 + (-2a_5 + 2) = 0$, $-a_5 + 2 = 0$

$\therefore a_5 = 2$

그런데 $\frac{1}{2} < a_5 \le 1$이어야 하므로 조건을 만족시키지 않는다.

(i), (ii), (iii)에서 $a_5 = 0$

한편, $a_n = \begin{cases} -\frac{1}{2}a_{n+1} - 1 & (-1 < a_{n+1} \le 0) \\ \frac{1}{2}a_{n+1} & (-1 \le a_{n+1} \le 1) \\ -\frac{1}{2}a_{n+1} + 1 & (0 \le a_{n+1} < 1) \end{cases}$이므로

$a_5 = 0$을 만족시키는 a_4의 값은

$-1 < a_5 \le 0$일 때, $a_4 = -\frac{1}{2} \times 0 - 1 = -1$

$-1 \le a_5 \le 1$일 때, $a_4 = \frac{1}{2} \times 0 = 0$

$0 \le a_5 < 1$일 때, $a_4 = -\frac{1}{2} \times 0 + 1 = 1$

($a_{n+1} = -2a_n - 2$에서 $a_n = -\frac{1}{2}a_{n+1} - 1$, $a_{n+1} = 2a_n$에서 $a_n = \frac{1}{2}a_{n+1}$, $a_{n+1} = -2a_n + 2$에서 $a_n = -\frac{1}{2}a_{n+1} + 1$)

이와 같은 방법으로 a_4, a_3, a_2, a_1의 값을 구하여 표로 나타내면 다음과 같다.

a_4	a_3	a_2	a_1
-1	$-\frac{1}{2}$	$-\frac{3}{4}$	$-\frac{5}{8}$
			$-\frac{3}{8}$
		$-\frac{1}{4}$	$-\frac{7}{8}$
			$-\frac{1}{8}$
0	-1	$-\frac{1}{2}$	$-\frac{3}{4}$
			$-\frac{1}{4}$
	0	-1	$-\frac{1}{2}$
			-1
		0	0
		1	1
			$\frac{1}{2}$
	1	$\frac{1}{2}$	$\frac{1}{4}$
			$\frac{3}{4}$
1	$\frac{1}{2}$	$\frac{1}{4}$	$\frac{1}{8}$
			$\frac{7}{8}$
		$\frac{3}{4}$	$\frac{3}{8}$
			$\frac{5}{8}$

(a_1이 1부터 $\frac{5}{8}$까지: $\sum_{k=1}^{5} a_k > 0$인 경우야.)

위의 표에서 $\sum_{k=1}^{5} a_k > 0$이 되도록 하는 모든 a_1의 값의 합은

$$1 + \frac{1}{2} + \frac{1}{4} + \frac{3}{4} + \frac{1}{8} + \frac{7}{8} + \frac{3}{8} + \frac{5}{8} = \frac{9}{2}$$

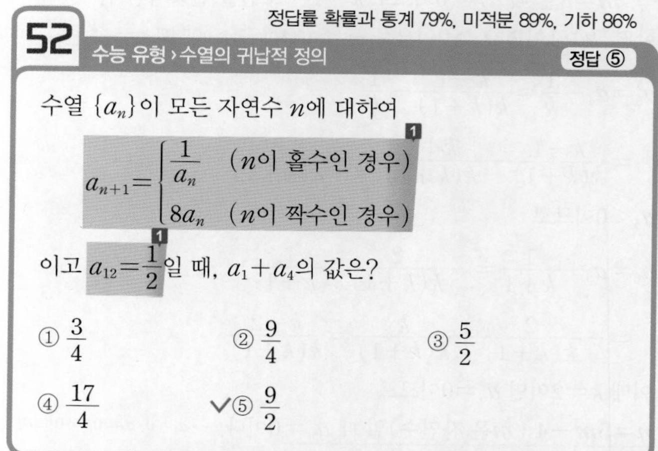

52 수능 유형 › 수열의 귀납적 정의 정답 ⑤

수열 $\{a_n\}$이 모든 자연수 n에 대하여

$$a_{n+1} = \begin{cases} \frac{1}{a_n} & (n\text{이 홀수인 경우}) \\ 8a_n & (n\text{이 짝수인 경우}) \end{cases}$$

이고 $a_{12} = \frac{1}{2}$일 때, $a_1 + a_4$의 값은?

① $\frac{3}{4}$ ② $\frac{9}{4}$ ③ $\frac{5}{2}$ ④ $\frac{17}{4}$ ✓⑤ $\frac{9}{2}$

해결 흐름

1 $a_{12} = \frac{1}{2}$을 이용하여 주어진 관계식에 $n = 11, 10, 9, \cdots$를 차례로 대입하면 수열 $\{a_n\}$의 각 항의 값을 구할 수 있겠네.

알찬 풀이

$a_{12}=\frac{1}{a_{11}}=\frac{1}{2}$이므로 $a_{11}=2$

→ 11은 홀수이므로 $a_{12}=\frac{1}{a_{11}}$이야.

$a_{11}=8a_{10}=2$이므로 $a_{10}=\frac{1}{4}$

→ 10은 짝수이므로 $a_{11}=8a_{10}$이야.

$a_{10}=\frac{1}{a_9}=\frac{1}{4}$이므로 $a_9=4$

$a_9=8a_8=4$이므로 $a_8=\frac{1}{2}$

$a_8=\frac{1}{a_7}=\frac{1}{2}$이므로 $a_7=2$

$a_7=8a_6=2$이므로 $a_6=\frac{1}{4}$

$a_6=\frac{1}{a_5}=\frac{1}{4}$이므로 $a_5=4$

$a_5=8a_4=4$이므로 $a_4=\frac{1}{2}$

$a_4=\frac{1}{a_3}=\frac{1}{2}$이므로 $a_3=2$

$a_3=8a_2=2$이므로 $a_2=\frac{1}{4}$

$a_2=\frac{1}{a_1}=\frac{1}{4}$이므로 $a_1=4$

$\therefore a_1+a_4=4+\frac{1}{2}=\frac{9}{2}$

53 수능 유형 › 수열의 귀납적 정의

정답 ③

다음 조건을 만족시키는 모든 수열 $\{a_n\}$에 대하여 $\sum_{k=1}^{100}a_k$의 최댓값과 최솟값을 각각 M, m이라 할 때, $M-m$의 값은? [3]

(가) $a_5=5$

(나) 모든 자연수 n에 대하여 [1] [2]

$$a_{n+1}=\begin{cases}a_n-6 & (a_n\ge 0)\\ -2a_n+3 & (a_n<0)\end{cases}$$

이다. → a_n의 값의 부호에 따라 a_{n+1}의 값이 달라져.

① 64 ② 68 ✓③ 72 ④ 76 ⑤ 80

해결 흐름

1 조건 (가)를 이용하여 조건 (나)의 관계식에 $n=5, 6, 7, \cdots$을 대입하면 수열 $\{a_n\}$ $(n\ge 5)$의 각 항의 값을 구할 수 있겠네.

2 $a_5=5$를 만족시키는 a_4, a_3, a_2, a_1의 값을 구해 봐야지.

3 각 경우에 수열의 합을 구해서 M, m의 값을 구해야겠어.

알찬 풀이

$a_{n+1}=\begin{cases}a_n-6 & (a_n\ge 0)\\ -2a_n+3 & (a_n<0)\end{cases}$이고,

$a_5=5>0$이므로

$a_6=a_5-6=5-6=-1$

$a_6<0$이므로

$a_7=-2a_6+3=-2\times(-1)+3=5$

→ $a_7=a_5$이니까 $a_8=a_6$임을 유추할 수 있어.

따라서 수열 $\{a_n\}$은 제5항부터

5, -1이 이 순서대로 반복되므로

$\sum_{k=5}^{100}a_k=5+(-1)+5+(-1)+\cdots+5+(-1)$

$=4\times 48=192$

→ 제5항부터 제100항까지 항의 개수는 96이므로 $5+(-1)$이 48번 반복돼.

이때 $a_5=5$를 만족시키는 a_4의 값은

(i) $a_4\ge 0$일 때, $a_4-6=5$이므로 $a_4=11$

(ii) $a_4<0$일 때, $-2a_4+3=5$이므로 $a_4=-1$

이와 같은 방법으로 a_4, a_3, a_2, a_1의 값을 구하여 표로 나타내면 다음과 같다.

a_4	a_3	a_2	a_1
11	17	23	29
			−10
		−7	
	−4	2	8
−1	5	11	17
			−4
		−1	5

→ $a_1\ge 0$이면 $a_1-6=-7$이니까 $a_1=-1$ (모순)

→ $a_1<0$이면 $-2a_1+3=-7$이니까 $a_1=5$ (모순)

→ $a_1<0$이면 $-2a_1+3=2$이니까 $a_1=\frac{1}{2}$ (모순)

→ $a_2<0$이면 $-2a_2+3=-4$이니까 $a_2=\frac{7}{2}$ (모순)

→ $a_1<0$이면 $-2a_1+3=-1$이니까 $a_1=2$ (모순)

→ $a_3<0$이면 $-2a_3+3=-1$이니까 $a_3=2$ (모순)

위의 표에서 $a_1+a_2+a_3+a_4$의

최댓값은 $29+23+17+11=80$,

최솟값은 $5+(-1)+5+(-1)=8$이므로

$M=80+192=272$, $m=8+192=200$

→ $\sum_{k=5}^{100}a_k$의 값을 더했어.

$\therefore M-m=272-200=72$

오답 Clear

a_5의 값을 이용하여 a_4, a_3, a_2, a_1의 값을 구할 때, 모든 경우를 빠짐없이 구하려면 표 또는 수형도를 이용하는 것이 편리하다. 이때 구한 항의 값이 양수 또는 음수 조건을 만족시키는지 반드시 확인해야 한다.

정답률 47%

54 수능 유형 › 수열의 귀납적 정의

정답 ②

수열 $\{a_n\}$은 $0<a_1<1$이고, 모든 자연수 n에 대하여 다음 조건을 만족시킨다.

(가) $a_{2n}=a_2\times a_n+1$

(나) $a_{2n+1}=a_2\times a_n-2$

$a_8-a_{15}=63$ [1]일 때, $\frac{a_8}{a_1}$의 값은? [2]

① 91 ✓② 92 ③ 93 ④ 94 ⑤ 95

해결 흐름

1 a_8의 값을 구하려면 조건 (가)에 $n=4$를 대입하고, a_{15}의 값을 구하려면 조건 (나)에 $n=7$을 대입하면 되겠네.

2 **1**에서 구한 식과 $a_8-a_{15}=63$임을 이용하여 a_1, a_8의 값을 구하면 되겠다.

알찬 풀이

조건 (가), (나)에 $n=1$을 각각 대입하면

$a_2=a_2\times a_1+1$ …… ㉠

$a_3=a_2\times a_1-2$

위의 두 식을 각 변끼리 빼면

$a_2-a_3=3$ $\quad\therefore a_3=a_2-3$ …… ㉡

조건 (가)에 $n=4$를 대입하면

$a_8=a_2\times a_4+1=a_2(\underline{a_2\times a_2+1})+1$

$=a_2^3+a_2+1$ …… ㉢

→ $a_{2n}=a_2\times a_n+1$에 $n=2$를 대입했어.

조건 (나)에 $n=7$을 대입하면

$a_{15}=a_2\times a_7-2=a_2(\underline{a_2\times a_3-2})-2$

$=a_2\{a_2(a_2-3)-2\}-2$ ($\because$ ㉡)

$=a_2(a_2^2-3a_2-2)-2$

$=a_2^3-3a_2^2-2a_2-2$

→ $a_{2n+1}=a_2\times a_n-2$에 $n=3$을 대입했어.

이때 $a_8-a_{15}=63$이므로

$a_8-a_{15}=(a_2^3+a_2+1)-(a_2^3-3a_2^2-2a_2-2)$

$=3a_2^2+3a_2+3=63$

$3a_2^2+3a_2-60=0$, $a_2^2+a_2-20=0$

$(a_2+5)(a_2-4)=0$

$\therefore a_2=-5$ 또는 $a_2=4$

그런데 $\underline{0<a_1<1\text{이므로 ㉠에서 } a_2>1}$

→ $a_2=a_1a_2+1$에서 $a_2=\dfrac{1}{1-a_1}$이므로 $0<a_1<1$에서 $a_2>1$

$\therefore a_2=4$

이를 ㉠, ㉢에 각각 대입하면

$4=4a_1+1$, $4a_1=3$

$\therefore a_1=\dfrac{3}{4}$

$a_8=4^3+4+1=69$

$\therefore \dfrac{a_8}{a_1}=\dfrac{69}{\frac{3}{4}}=69\times\dfrac{4}{3}=92$

55 수능 유형 › 수열의 귀납적 정의

정답률 61% 정답 ②

수열 $\{a_n\}$은 모든 자연수 n에 대하여

$$a_{n+2}=\begin{cases}2a_n+a_{n+1} & (a_n\le a_{n+1})\\ a_n+a_{n+1} & (a_n>a_{n+1})\end{cases}$$ **1**

을 만족시킨다. $a_3=2$, $a_6=19$가 되도록 하는 모든 a_1의 값의 합은? **2**

① $-\dfrac{1}{2}$ ✓② $-\dfrac{1}{4}$ ③ 0

④ $\dfrac{1}{4}$ ⑤ $\dfrac{1}{2}$

해결 흐름

1 a_n과 a_{n+1}의 대소에 따라서 a_{n+2}가 다르게 정의되므로 $a_1\le a_2$일 때와 $a_1>a_2$일 때로 경우를 나누어 생각해야겠네.

2 a_4, a_5, a_6의 값을 차례로 구해서 이때 가능한 a_1의 값을 찾아야지.

알찬 풀이

(i) $a_1\le a_2$일 때,

$a_3=2a_1+a_2$이고, $a_3=2$이므로

$2a_1+a_2=2$ …… ㉠

이때 $a_2\le 0$이면 $\underline{a_1\le 0}$이므로 $a_3\le 0$이 되어 조건을 만족시키지 않는다.

→ $a_1\le a_2$이기 때문이야.

$\therefore a_2>0$

① $a_1\ge 0$일 때,

$\underline{a_2\le a_3}$이므로 → $a_2-a_3=-2a_1\le 0$이니까 $a_2\le a_3$이야.

$a_4=2a_2+a_3=2a_2+2$

$\underline{a_3<a_4}$이므로 → $a_3-a_4=-2a_2<0$이니까 $a_3<a_4$야.

$a_5=2a_3+a_4=2\times 2+(2a_2+2)=2a_2+6$

$\underline{a_4<a_5}$이므로 → $a_4-a_5=-2a_3=-4<0$이니까 $a_4<a_5$야.

$a_6=2a_4+a_5=2(2a_2+2)+(2a_2+6)=6a_2+10$

이때 $a_6=19$이므로

$6a_2+10=19$, $6a_2=9$ $\quad\therefore a_2=\dfrac{3}{2}$

$a_2=\dfrac{3}{2}$을 ㉠에 대입하여 정리하면

$a_1=\dfrac{1}{4}$

② $a_1<0$일 때,

$\underline{a_2>a_3}$이므로 → $a_2-a_3=-2a_1>0$이니까 $a_2>a_3$이야.

$a_4=a_2+a_3=a_2+2$

$\underline{a_3<a_4}$이므로 → $a_3-a_4=-a_2<0$이니까 $a_3<a_4$야.

$a_5=2a_3+a_4=2\times 2+(a_2+2)=a_2+6$

$\underline{a_4<a_5}$이므로 → $a_4-a_5=-2a_3=-4<0$이니까 $a_4<a_5$야.

$a_6=2a_4+a_5=2(a_2+2)+(a_2+6)=3a_2+10$

이때 $a_6=19$이므로

$3a_2+10=19$, $3a_2=9$ $\quad\therefore a_2=3$

$a_2=3$을 ㉠에 대입하여 정리하면

$a_1=-\dfrac{1}{2}$

(ii) $a_1>a_2$일 때,

$a_3=a_1+a_2$이고 $a_3=2$이므로

$a_1+a_2=2$ …… ㉡

이때 $a_1\le 0$이면 $\underline{a_2<0}$이므로 $a_3<0$이 되어 조건을 만족시키지 않는다.

→ $a_2<a_1\le 0$이기 때문이야.

$\therefore a_1>0$

① $a_2\ge 0$일 때,

$\underline{a_2<a_3}$이므로 → $a_2-a_3=-a_1<0$이니까 $a_2<a_3$이야.

$a_4=2a_2+a_3=2a_2+2$

$\underline{a_3\le a_4}$이므로 → $a_3-a_4=-2a_2\le 0$이니까 $a_3\le a_4$야.

$a_5=2a_3+a_4=2\times 2+(2a_2+2)=2a_2+6$

$\underline{a_4<a_5}$이므로 → $a_4-a_5=-2a_3=-4<0$이니까 $a_4<a_5$야.

$a_6=2a_4+a_5=2(2a_2+2)+(2a_2+6)=6a_2+10$

이때 $a_6=19$이므로

$6a_2+10=19$, $6a_2=9$ $\quad\therefore a_2=\frac{3}{2}$

$a_2=\frac{3}{2}$을 ㉡에 대입하여 정리하면

$a_1=\frac{1}{2}$

그런데 $a_1>a_2$이어야 하므로 조건을 만족시키지 않는다.

② $a_2<0$일 때,

$a_2<a_3$이므로 → $a_2<0$, $a_3=2>0$이니까 $a_2<a_3$이야.

$a_4=2a_2+a_3=2a_2+2$

$a_3>a_4$이므로 → $a_3-a_4=-2a_2>0$이니까 $a_3>a_4$야.

$a_5=a_3+a_4=2+(2a_2+2)=2a_2+4$

$a_4<a_5$이므로 → $a_4-a_5=-a_3=-2<0$이니까 $a_4<a_5$야.

$a_6=2a_4+a_5=2(2a_2+2)+(2a_2+4)=6a_2+8$

이때 $a_6=19$이므로

$6a_2+8=19$, $6a_2=11$ $\quad\therefore a_2=\frac{11}{6}$

그런데 $a_2<0$이어야 하므로 조건을 만족시키지 않는다.

(i), (ii)에서

$a_1=\frac{1}{4}$ 또는 $a_1=-\frac{1}{2}$

따라서 모든 a_1의 값의 합은

$\frac{1}{4}+\left(-\frac{1}{2}\right)=-\frac{1}{4}$

정답률 85%

56 수능 유형 › 수열의 귀납적 정의 정답 ③

수열 $\{a_n\}$은 $a_1=1$이고, 모든 자연수 n에 대하여

$$\begin{cases} a_{3n-1}=2a_n+1 \\ a_{3n}=-a_n+2 \\ a_{3n+1}=a_n+1 \end{cases}$$

을 만족시킨다. $a_{11}+a_{12}+a_{13}$의 값은?

① 6 ② 7 ③ 8 ④ 9 ⑤ 10

해결 흐름

1 a_{11}, a_{12}, a_{13}의 값을 구하려면 각각의 관계식에 $n=4$를 대입하면 되겠네.

2 1에서 구한 식에서 a_4의 값을 구해야 하니까 $a_{3n+1}=a_n+1$에 $n=1$을 대입해야겠다.

알찬 풀이

$$\begin{cases} a_{3n-1}=2a_n+1 \\ a_{3n}=-a_n+2 \\ a_{3n+1}=a_n+1 \end{cases}$$

위의 식의 양변에 $n=4$를 각각 대입하면

$a_{11}=2a_4+1$ …… ㉠

$a_{12}=-a_4+2$ …… ㉡

$a_{13}=a_4+1$ …… ㉢

이때 $a_{3n+1}=a_n+1$의 양변에 $n=1$을 대입하면 → a_4의 값을 구하기 위한 과정이야.

$a_4=a_1+1=1+1=2$

$a_4=2$를 ㉠, ㉡, ㉢에 각각 대입하면

$a_{11}=2\times2+1=5$

$a_{12}=-2+2=0$

$a_{13}=2+1=3$

$\therefore a_{11}+a_{12}+a_{13}=5+0+3=8$

다른 풀이 $a_{3n-1}+a_{3n}+a_{3n+1}$ → 구하는 값이 연속한 세 항의 합이니까 주어진 세 관계식의 합을 구해서 식을 간단히 하는 거야.

$=(2a_n+1)+(-a_n+2)+(a_n+1)$

$=2a_n+4$

위의 식의 양변에 $n=4$를 대입하면

$a_{11}+a_{12}+a_{13}=2a_4+4$ …… ㉣

이때 $a_{3n+1}=a_n+1$의 양변에 $n=1$을 대입하면

$a_4=a_1+1=1+1=2$

$a_4=2$를 ㉣에 대입하면

$a_{11}+a_{12}+a_{13}=2\times2+4=8$

실전 적용 key

문제에서 구하는 수열의 항이 크지 않으므로 주어진 관계식에 수를 차례로 대입해서 a_{11}, a_{12}, a_{13}의 값을 구할 수도 있다.

하지만 11, 12, 13이 연속한 세 자연수이고, 주어진 관계식에서 $3n-1$, $3n$, $3n+1$도 연속한 세 자연수임을 파악하면

$11=3\times4-1$, $12=3\times4$, $13=3\times4+1$

이므로 주어진 관계식에 $n=4$만 대입해도 a_{11}, a_{12}, a_{13}의 값을 구할 수 있음을 알 수 있다.

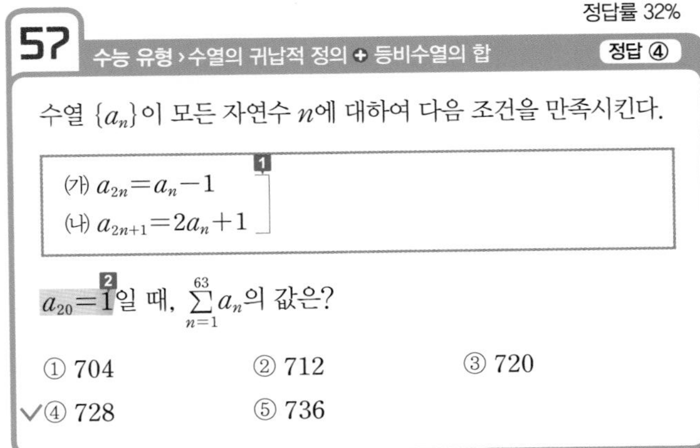

정답률 32%

57 수능 유형 › 수열의 귀납적 정의 + 등비수열의 합 정답 ④

수열 $\{a_n\}$이 모든 자연수 n에 대하여 다음 조건을 만족시킨다.

(가) $a_{2n}=a_n-1$
(나) $a_{2n+1}=2a_n+1$

$a_{20}=1$일 때, $\sum_{n=1}^{63}a_n$의 값은?

① 704 ② 712 ③ 720 ④ 728 ⑤ 736

해결 흐름

1 주어진 조건에 $n=1, 2, 3, \cdots$을 차례로 대입하여 규칙을 파악해야겠네.

2 1과 $a_{20}=1$을 이용하여 수열 $\{a_n\}$의 첫째항을 구해 봐야겠다.

알찬 풀이

수열 $\{a_n\}$의 첫째항을 $a_1=a$라 하자.

조건 (가), (나)에 $n=1$을 각각 대입하면

$a_2=a_1-1=a-1$

$a_3=2a_1+1=2a+1$ → 2개의 항의 값을 더하면 상수항이 0이네.

$\therefore a_2+a_3=3a$

조건 (가), (나)에 $n=2$, 3을 각각 대입하면

$a_4=a_2-1=(a-1)-1=a-2$
$a_5=2a_2+1=2(a-1)+1=2a-1$
$a_6=a_3-1=(2a+1)-1=2a$
$a_7=2a_3+1=2(2a+1)+1=4a+3$
→ $4(=2^2)$개의 항의 값을 더하면 상수항이 0이네.

$\therefore a_4+a_5+a_6+a_7=9a=3^2a$

조건 (가), (나)에 $n=4, 5, 6, 7$을 각각 대입하면

$a_8=a_4-1=(a-2)-1=a-3$
$a_9=2a_4+1=2(a-2)+1=2a-3$
$a_{10}=a_5-1=(2a-1)-1=2a-2$
$a_{11}=2a_5+1=2(2a-1)+1=4a-1$
$a_{12}=a_6-1=2a-1$
$a_{13}=2a_6+1=2\times 2a+1=4a+1$
$a_{14}=a_7-1=(4a+3)-1=4a+2$
$a_{15}=2a_7+1=2(4a+3)+1=8a+7$
→ $8(=2^3)$개의 항의 값을 더하면 상수항이 0이네.

$\therefore a_8+a_9+a_{10}+\cdots+a_{15}=27a=3^3a$

같은 방법으로 구해 보면

$a_{16}+a_{17}+a_{18}+\cdots+a_{31}=81a=3^4a$

$a_{32}+a_{33}+a_{34}+\cdots+a_{63}=243a=3^5a$

$\therefore \sum_{n=1}^{63}a_n=a_1+a_2+a_3+\cdots+a_{63}$ → 첫째항이 a, 공비가 3인 등비수열의 첫째항부터 제6항까지의 합이네.

$=a+3a+3^2a+3^3a+3^4a+3^5a$

$=\dfrac{a(3^6-1)}{3-1}$

$=364a$

등비수열의 합
첫째항이 a, 공비가 r인 등비수열의 첫째항부터 제n항까지의 합은 $\dfrac{a(r^n-1)}{r-1}$ (단, $r\neq 1$)

한편, $a_{20}=1$이므로

$a_{20}=a_{10}-1=(2a-2)-1=2a-3=1$ → 조건 (가)에 $n=10$을 대입했어.

$2a=4 \quad \therefore a=2$

$\therefore \sum_{n=1}^{63}a_n=364a=364\times 2=728$

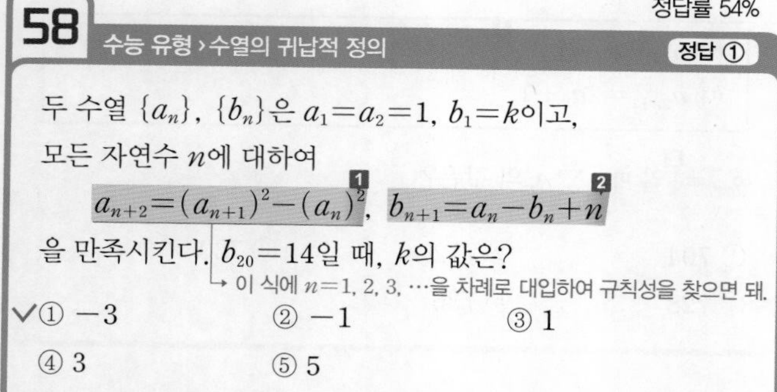

58 수능 유형 › 수열의 귀납적 정의

정답률 54%

정답 ①

두 수열 $\{a_n\}$, $\{b_n\}$은 $a_1=a_2=1$, $b_1=k$이고,
모든 자연수 n에 대하여

$a_{n+2}=(a_{n+1})^2-(a_n)^2$ [1], $b_{n+1}=a_n-b_n+n$ [2]

을 만족시킨다. $b_{20}=14$일 때, k의 값은?
→ 이 식에 $n=1, 2, 3, \cdots$을 차례로 대입하여 규칙성을 찾으면 돼.

✓① -3 ② -1 ③ 1
④ 3 ⑤ 5

해결 흐름

1 $a_{n+2}=(a_{n+1})^2-(a_n)^2$에 $n=1, 2, 3, \cdots$을 차례로 대입하여 규칙을 파악해야겠네.

연관 개념 | 일반적으로 수열 $\{a_n\}$을
(i) 첫째항 a_1의 값
(ii) 두 항 a_n, a_{n+1} $(n=1, 2, 3, \cdots)$ 사이의 관계식
과 같이 첫째항과 이웃하는 항들 사이의 관계식으로 정의하는 것을 그 수열의 귀납적 정의라고 한다.

2 규칙성을 파악하면 $b_{n+1}=a_n-b_n+n$임을 이용해서 b_{20}을 k에 대한 식으로 나타낼 수 있겠군.

알찬 풀이

$a_1=a_2=1$이고 모든 자연수 n에 대하여

$a_{n+2}=(a_{n+1})^2-(a_n)^2$

이므로

$a_3=(a_2)^2-(a_1)^2=1^2-1^2=0$
$a_4=(a_3)^2-(a_2)^2=0^2-1^2=-1$
$a_5=(a_4)^2-(a_3)^2=(-1)^2-0^2=1$
$a_6=(a_5)^2-(a_4)^2=1^2-(-1)^2=0$
$a_7=(a_6)^2-(a_5)^2=0^2-1^2=-1$
$a_8=(a_7)^2-(a_6)^2=(-1)^2-0^2=1$
$\vdots$
→ n에 1, 2, 3, …을 각각 대입하는 거야. a_1과 a_2의 값을 알고 있으니까 a_3, a_4, a_5, …의 값도 하나씩 구할 수 있어.

즉, 수열 $\{a_n\}$은 $a_1=1$이고, 제2항부터 1, 0, -1이 이 순서대로 반복된다.
→ $\{a_n\}$: 1, 1, 0, -1, 1, 0, -1, 1, …

한편, $b_1=k$, $b_{n+1}=a_n-b_n+n$이므로 → b_{20}의 값이 나올 때까지 n에 차례로 1, 2, 3, …을 대입해 봐.

$b_2=a_1-b_1+1=1-k+1=2-k$
$b_3=a_2-b_2+2=1-(2-k)+2=1+k$
$b_4=a_3-b_3+3=0-(1+k)+3=2-k$
$b_5=a_4-b_4+4=-1-(2-k)+4=1+k$
$b_6=a_5-b_5+5=1-(1+k)+5=5-k$
$b_7=a_6-b_6+6=0-(5-k)+6=1+k$
$b_8=a_7-b_7+7=-1-(1+k)+7=5-k$
$b_9=a_8-b_8+8=1-(5-k)+8=4+k$
$b_{10}=a_9-b_9+9=0-(4+k)+9=5-k$
$b_{11}=a_{10}-b_{10}+10=-1-(5-k)+10=4+k$
$b_{12}=a_{11}-b_{11}+11=1-(4+k)+11=8-k$
$b_{13}=a_{12}-b_{12}+12=0-(8-k)+12=4+k$
$b_{14}=a_{13}-b_{13}+13=-1-(4+k)+13=8-k$
$b_{15}=a_{14}-b_{14}+14=1-(8-k)+14=7+k$
$b_{16}=a_{15}-b_{15}+15=0-(7+k)+15=8-k$
$b_{17}=a_{16}-b_{16}+16=-1-(8-k)+16=7+k$
$b_{18}=a_{17}-b_{17}+17=1-(7+k)+17=11-k$
$b_{19}=a_{18}-b_{18}+18=0-(11-k)+18=7+k$
$b_{20}=a_{19}-b_{19}+19=-1-(7+k)+19=11-k$

이때 $b_{20}=14$이므로

$11-k=14 \quad \therefore k=-3$

다른 풀이 b_{20}은 다음과 같이 구할 수도 있다.

$b_1=k$, $b_{n+1}=a_n-b_n+n$이므로

$b_2=a_1-b_1+1=a_1-k+1$

$b_3=a_2-b_2+2$
$=a_2-(a_1-k+1)+2$
$=k+(a_2-a_1)+(2-1)$

$b_4=a_3-b_3+3$
$=a_3-\{k+(a_2-a_1)+(2-1)\}+3$
$=-k+(a_3-a_2+a_1)+(3-2+1)$

$\vdots$

$b_{20}=-k+(a_{19}-a_{18}+a_{17}-\cdots+a_3-a_2+a_1)$ → $-a_2+a_3-a_4=0$, $a_5-a_6+a_7=0$, …이니까 a_1만 남아.
$+(19-18+17-16+\cdots+3-2+1)$ → $19-18=17-16=\cdots=3-2=1$이니까 합은 10이야.

$=-k+a_1+10$
$=-k+11$ $(\because a_1=1)$

정답률 33%

59 수능 유형 › 수열의 귀납적 정의

정답 13

공차가 0이 아닌 등차수열 $\{a_n\}$이 있다. 수열 $\{b_n\}$은

$b_1=a_1$

이고, 2 이상의 자연수 n에 대하여 **1**

$$b_n=\begin{cases} b_{n-1}+a_n & (n\text{이 3의 배수가 아닌 경우}) \\ b_{n-1}-a_n & (n\text{이 3의 배수인 경우}) \end{cases}$$

이다. $b_{10}=a_{10}$ **2** 일 때, $\frac{b_8}{b_{10}}=\frac{q}{p}$이다. $p+q$의 값을 구하시오.

13 (단, p와 q는 서로소인 자연수이다.)

해결 흐름

1 수열 $\{a_n\}$의 공차를 d라 하면 수열 $\{b_n\}$의 모든 항을 a_1과 d에 대한 식으로 나타낼 수 있겠네.

2 $b_{10}=a_{10}$임을 이용해서 식을 간단히 정리해야겠다.

알찬 풀이

등차수열 $\{a_n\}$의 공차를 d $(d\neq0)$라 하면 → $a_n=a_1+(n-1)d$

$b_1=a_1$ → 문제에 주어졌어.

$b_2=b_1+a_2$ → $n=2$는 3의 배수가 아니니까 $b_n=b_{n-1}+a_n$에 $n=2$를 대입했어.

$=a_1+(a_1+d)=2a_1+d$

$b_3=b_2-a_3$ → $n=3$은 3의 배수이니까 $b_n=b_{n-1}-a_n$에 $n=3$을 대입했어.

$=(2a_1+d)-(a_1+2d)=a_1-d$

$b_4=b_3+a_4$

$=(a_1-d)+(a_1+3d)=2a_1+2d$

$b_5=b_4+a_5$

$=(2a_1+2d)+(a_1+4d)=3a_1+6d$

$b_6=b_5-a_6$

$=(3a_1+6d)-(a_1+5d)=2a_1+d$

$b_7=b_6+a_7$

$=(2a_1+d)+(a_1+6d)=3a_1+7d$

$b_8=b_7+a_8$

$=(3a_1+7d)+(a_1+7d)=4a_1+14d$

$b_9=b_8-a_9$

$=(4a_1+14d)-(a_1+8d)=3a_1+6d$

$b_{10}=b_9+a_{10}$

$=(3a_1+6d)+(a_1+9d)=4a_1+15d$

이때 $b_{10}=a_{10}$이므로

$4a_1+15d=a_1+9d$, $3a_1=-6d$

$\therefore a_1=-2d$

이를 $\frac{b_8}{b_{10}}=\frac{4a_1+14d}{4a_1+15d}$에 대입하면

$\frac{b_8}{b_{10}}=\frac{-8d+14d}{-8d+15d}=\frac{6d}{7d}=\frac{6}{7}$ → $d\neq0$이니까 분모, 분자를 각각 d로 나눌 수 있어.

따라서 $p=7$, $q=6$이므로

$p+q=7+6=13$

다른 풀이 $b_n=\begin{cases} b_{n-1}+a_n & (n\text{이 3의 배수가 아닌 경우}) \\ b_{n-1}-a_n & (n\text{이 3의 배수인 경우}) \end{cases}$

위의 식에 $n=2, 3, 4, \cdots, 10$을 차례로 대입하면

$b_2=b_1+a_2$

$b_3=b_2-a_3$

$b_4=b_3+a_4$

$b_5=b_4+a_5$

$b_6=b_5-a_6$

$b_7=b_6+a_7$

$b_8=b_7+a_8$

$b_9=b_8-a_9$ ...... ㉠

$b_{10}=b_9+a_{10}$ ...... ㉡

위의 식을 각 변끼리 더하여 정리하면

$b_{10}=b_1+a_2-a_3+a_4+a_5-a_6+a_7+a_8-a_9+a_{10}$

$=a_1+a_2-a_3+a_4+a_5-a_6+a_7+a_8-a_9+a_{10}$ ($\because b_1=a_1$)

이때 $b_{10}=a_{10}$이므로

$a_{10}=a_1+a_2-a_3+a_4+a_5-a_6+a_7+a_8-a_9+a_{10}$

$\therefore a_1+a_2-a_3+a_4+a_5-a_6+a_7+a_8-a_9=0$

등차수열 $\{a_n\}$의 공차를 d $(d\neq0)$라 하면

$a_1+(a_1+d)-(a_1+2d)+(a_1+3d)+(a_1+4d)$
$-(a_1+5d)+(a_1+6d)+(a_1+7d)-(a_1+8d)=0$

$3a_1+6d=0$ $\quad\therefore a_1=-2d$

따라서 등차수열 $\{a_n\}$의 일반항은

$a_n=-2d+(n-1)d=(n-3)d$

이므로 $b_{10}=a_{10}=7d$

또, ㉡에서 $b_9=b_{10}-a_{10}=0$ ($\because b_{10}=a_{10}$)이고

㉠에서 $b_8=b_9+a_9=0+6d=6d$이므로 → $a_1+8d=-2d+8d=6d$

$\frac{b_8}{b_{10}}=\frac{6d}{7d}=\frac{6}{7}$

따라서 $p=7$, $q=6$이므로

$p+q=7+6=13$

정답률 65%

60 수능 유형 › 수열의 귀납적 정의

정답 ⑤

첫째항이 a인 수열 $\{a_n\}$은 모든 자연수 n에 대하여 **1**

$$a_{n+1}=\begin{cases} a_n+(-1)^n\times2 & (n\text{이 3의 배수가 아닌 경우}) \\ a_n+1 & (n\text{이 3의 배수인 경우}) \end{cases}$$

을 만족시킨다. $a_{15}=43$ **2** 일 때, a의 값은?

① 35 ② 36 ③ 37
④ 38 ✓⑤ 39

해결 흐름

1 주어진 조건에 $n=1, 2, 3, \cdots$을 차례로 대입하여 규칙을 파악해야겠네.

2 규칙성을 파악하면 a_{15}를 a에 대한 식으로 나타낼 수 있겠군.

알찬 풀이

$a_1=a$

$a_2=a_1+(-1)^1\times2$ → $n=1$은 3의 배수가 아니니까 $a_2=a_1+(-1)^1\times2$야.

$=a-2$

$a_3=a_2+(-1)^2\times2$ → $n=2$도 3의 배수가 아니니까 $a_3=a_2+(-1)^2\times2$야.

$=(a-2)+2=a$

$a_4=a_3+1$ → $n=3$은 3의 배수이니까 $a_4=a_3+1$이야.

$=a+1$

$a_5=a_4+(-1)^4\times2$

$=(a+1)+2=a+3$

$a_6=a_5+(-1)^5\times2$

$=(a+3)-2=a+1$

$a_7=a_6+1$

$=(a+1)+1=a+2$

$a_8=a_7+(-1)^7\times2$

$=(a+2)-2=a$

$a_9=a_8+(-1)^8\times2$

$=a+2$

$\vdots$

즉, $a_3=a$, $a_6=a+1$, $a_9=a+2$, $\cdots$이므로

$a_{12}=a+3$, $a_{15}=a+4$ → 항이 3씩 늘어나면 상수항이 1씩 늘어남을 알 수 있어.

이때 $a_{15}=43$이므로 $a+4=43$

$\therefore a=39$

정답률 76%

61 수능 유형 › 수열의 귀납적 정의 정답 8

자연수 n에 대하여 순서쌍 (x_n, y_n)을 다음 규칙에 따라 정한다.

> (가) $(x_1, y_1)=(1, 1)$
> (나) n이 홀수이면 $(x_{n+1}, y_{n+1})=(x_n, (y_n-3)^2)$이고, n이 짝수이면 $(x_{n+1}, y_{n+1})=((x_n-3)^2, y_n)$이다. 1

순서쌍 (x_{2015}, y_{2015})에서 $x_{2015}+y_{2015}$의 값을 구하시오. 8

해결 흐름

1 주어진 규칙에 맞게 $n=1, 2, 3, \cdots$을 차례로 대입하여 순서쌍 (x_n, y_n)이 나타나는 규칙을 파악해야겠군.

알찬 풀이

$(x_1, y_1)=(1, 1)$

$(x_2, y_2)=(x_1, (y_1-3)^2)$ → $n=1$은 홀수이므로 $(x_2, y_2)=(x_1, (y_1-3)^2)$

$=(1, 4)$

$(x_3, y_3)=((x_2-3)^2, y_2)$ → $n=2$는 짝수이므로 $(x_3, y_3)=((x_2-3)^2, y_2)$

$=(4, 4)$

$(x_4, y_4)=(x_3, (y_3-3)^2)$

$=(4, 1)$

$(x_5, y_5)=((x_4-3)^2, y_4)$

$=(1, 1)$

$(x_6, y_6)=(x_5, (y_5-3)^2)$

$=(1, 4)$

$\vdots$

이므로 순서쌍 (x_n, y_n)은

$(1, 1), (1, 4), (4, 4), (4, 1)$

이 이 순서대로 반복된다.

이때 $2015=4\times503+3$이므로 → 4개가 반복되니까 2015를 4로 나누어야 해.

$(x_{2015}, y_{2015})=(x_3, y_3)=(4, 4)$

따라서 $x_{2015}=4$, $y_{2015}=4$이므로

$x_{2015}+y_{2015}=4+4=8$

정답률 35%

62 수능 유형 › 수열의 귀납적 정의 + 등비수열의 합 정답 255

그림과 같이 직사각형에서 세로를 각각 이등분하는 점 2개를 연결하는 선분을 그린 그림을 [그림 1]이라 하자.

[그림 1]을 $\frac{1}{2}$만큼 축소시킨 도형을 [그림 1]의 오른쪽 맨 아래 꼭짓점을 하나의 꼭짓점으로 하여 오른쪽에 이어 붙인 그림을 [그림 2]라 하자.

이와 같이 3 이상의 자연수 k에 대하여 [그림 1]을 $\frac{1}{2^{k-1}}$만큼 축소시킨 도형을 [그림 $k-1$]의 오른쪽 맨 아래 꼭짓점을 하나의 꼭짓점으로 하여 오른쪽에 이어 붙인 그림을 [그림 k]라 하자.

자연수 n에 대하여 [그림 n]에서 왼쪽 맨 위 꼭짓점을 A_n, 오른쪽 맨 아래 꼭짓점을 B_n이라 할 때, 점 A_n에서 점 B_n까지 선을 따라 최단 거리로 가는 경로의 수를 a_n이라 하자. 1

a_7의 값을 구하시오. 2 255

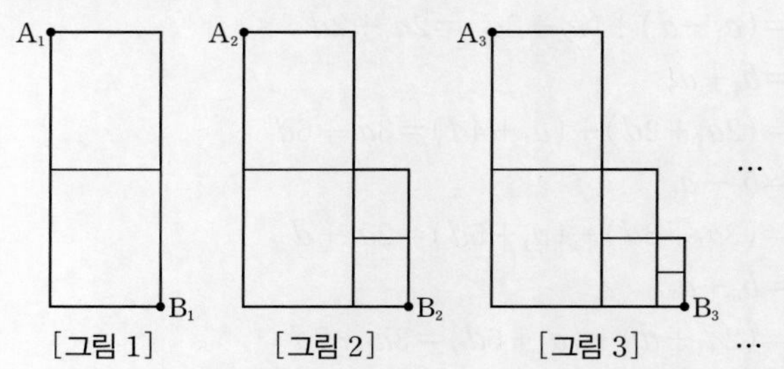

[그림 1] [그림 2] [그림 3] …

해결 흐름

1 각각의 그림에서 점 A_n에서 점 B_n까지 최단 거리로 가는 규칙을 파악하면 a_n과 a_{n+1} 사이의 관계식을 세울 수 있겠네.

2 1의 관계식에 $n=1, 2, 3, \cdots$을 차례로 대입하면 a_7의 값을 구할 수 있어.

알찬 풀이

점 A_{n+1}에서 점 B_{n+1}까지 선을 따라 최단 거리로 이동할 때, 두 점 C_{n+1}과 D_{n+1} 중 어느 하나를 반드시 거치게 된다.

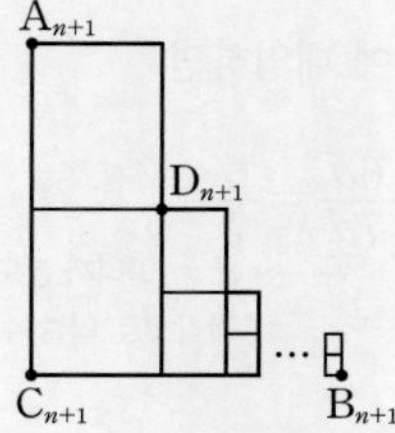

(i) $A_{n+1}\longrightarrow C_{n+1}\longrightarrow B_{n+1}$로 이동하는 경우,
최단 거리로 가는 경로의 수는 1이다.

(ii) $A_{n+1}\longrightarrow D_{n+1}\longrightarrow B_{n+1}$로 이동하는 경우,
점 A_{n+1}에서 점 D_{n+1}로 선을 따라 최단 거리로 가는 경로의 수

는 2이고, 점 D_{n+1}에서 점 B_{n+1}로 선을 따라 최단 거리로 가는 경로의 수는 점 A_n에서 점 B_n으로 선을 따라 최단 거리로 가는 경로의 수 a_n과 같으므로 최단 거리로 가는 경로의 수는

$2\times a_n=2a_n$ → 문제의 그림에서 단계별로 $\frac{1}{2}$만큼 축소한 그림을 계속 붙이기 때문이야.

(i), (ii)에서

$a_{n+1}=2a_n+1$

이때 $a_1=2+1$이므로

$a_2=2a_1+1=2^2+2+1$

$a_3=2a_2+1=2^3+2^2+2+1$

⋮

$a_7=2^7+2^6+\cdots+1$ → 첫째항이 1, 공비가 2인 등비수열의 첫째항부터 제8항까지의 합이네.

$=\frac{1\times(2^8-1)}{2-1}$

$=2^8-1$

$=255$

> **등비수열의 합**
> 첫째항이 a, 공비가 r인 등비수열의 첫째항부터 제n항까지의 합은 $\frac{a(r^n-1)}{r-1}$ (단, $r\neq1$)

빠른풀이 다음과 같은 방법으로 a_7의 값을 구할 수도 있다.

$a_{n+1}=2a_n+1$이므로

$a_{n+1}+1=2(a_n+1)$ → a_n+1을 새로운 수열 b_n으로 생각하면 $b_{n+1}=2b_n$이므로 수열 $\{a_n+1\}$이 등비수열임을 알 수 있어.

즉, 수열 $\{a_n+1\}$은 첫째항이 $a_1+1=4$이고 공비가 2인 등비수열이므로

$a_n+1=4\times2^{n-1}$

$\therefore a_n=2^{n+1}-1$

$\therefore a_7=2^8-1=255$

> **등비수열의 일반항**
> 첫째항이 a, 공비가 r $(r\neq0)$인 등비수열의 일반항 a_n은 $a_n=ar^{n-1}$ (단, $n=1, 2, 3, \cdots$)

정답률 78%

63 수능 유형 › 수열의 귀납적 정의 　정답 ①

자연수 n에 대하여 좌표평면 위의 점 $P_n(x_n, y_n)$을 다음 규칙에 따라 정한다.

> (가) $x_1=y_1=1$
> (나) $\begin{cases}x_{n+1}=x_n+(n+1)\\y_{n+1}=y_n+(-1)^n\times(n+1)\end{cases}$ $(n\geq1)$ 　2

점 Q는 원점 O를 출발하여 $\overline{OP_1}$을 따라 점 P_1에 도착한다. 자연수 n에 대하여 점 P_n에 도착한 점 Q는 점 P_{n+1}을 향하여 $\overline{P_nP_{n+1}}$을 따라 이동한다. 1 점 Q는 한 번에 $\sqrt{2}$만큼 이동한다. 예를 들어 원점에서 출발하여 7번 이동한 점 Q의 좌표는 (7, 1)이다. 원점에서 출발하여 55번 이동한 점 Q의 y좌표는?

점 Q는 n번 이동하면 $n\sqrt{2}$만큼 이동하겠네.

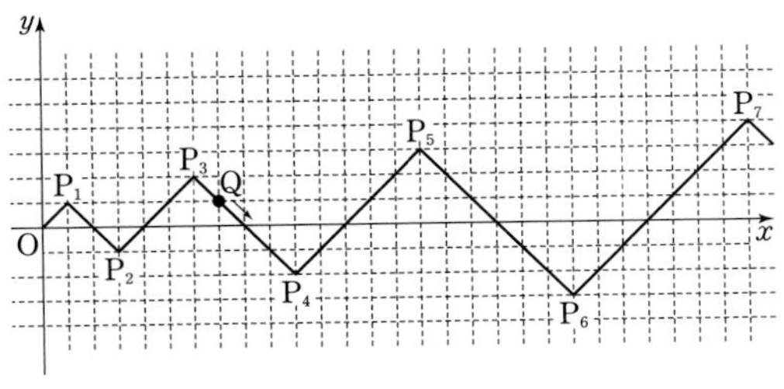

✓① -5　② -6　③ -7　④ -8　⑤ -9

해결 흐름

1 점 P_n이 이동하는 규칙을 먼저 파악해 봐야겠군.

2 y좌표의 관계식에 $n=1, 2, 3, \cdots$을 차례로 대입하면 이동한 점 Q의 y좌표를 구할 수 있겠네.

알찬 풀이

원점 O를 P_0이라 하면 자연수 n에 대하여

선분 $P_{n-1}P_n$ $(n=1, 2, 3, \cdots)$의 길이는 $n\sqrt{2}$이므로

$\overline{P_0P_1}+\overline{P_1P_2}+\overline{P_2P_3}+\cdots+\overline{P_{n-1}P_n}$

$=\sqrt{2}+2\sqrt{2}+3\sqrt{2}+\cdots+n\sqrt{2}$

$=(1+2+3+\cdots+n)\sqrt{2}$

$=\frac{n(n+1)}{2}\sqrt{2}$ → $\sum_{k=1}^{n}k=\frac{n(n+1)}{2}$이야.

이때 점 Q가 원점에서 출발하여 55번 이동한 거리는 $55\sqrt{2}$이므로

→ 점 Q는 한 번에 $\sqrt{2}$만큼 이동하기 때문이야.

$\frac{n(n+1)}{2}=55$에서

$n(n+1)=110$　$\therefore n=10$

즉, 점 Q가 원점을 출발하여 55번 이동하여 도착한 점은 P_{10}이므로 구하는 점 Q의 y좌표는 y_{10}이다.

$y_1=1$이고

$y_{n+1}=y_n+(-1)^n\times(n+1)$이므로 → $(-1)^n$은 n이 홀수일 때 -1, n이 짝수일 때 1이야.

$y_2=y_1+(-1)\times2=1-2=-1$

$y_3=y_2+1\times3=-1+3=2$

$y_4=y_3+(-1)\times4=2-4=-2$

$y_5=y_4+1\times5=-2+5=3$

$y_6=y_5+(-1)\times6=3-6=-3$

$y_7=y_6+1\times7=-3+7=4$

$y_8=y_7+(-1)\times8=4-8=-4$

$y_9=y_8+1\times9=-4+9=5$

$\therefore y_{10}=y_9+(-1)\times10=5-10=-5$

따라서 구하는 점 Q의 y좌표는 -5이다.

다른풀이 두 점 $P_n(x_n, y_n)$, $P_{n+1}(x_{n+1}, y_{n+1})$이고 규칙 (나)에 의하여

$x_{n+1}-x_n=n+1$

$y_{n+1}-y_n=(-1)^n\times(n+1)$

$\therefore \overline{P_nP_{n+1}}$

$=\sqrt{(n+1)^2+\{(-1)^n\times(n+1)\}^2}$

$=\sqrt{(n+1)^2+(-1)^{2n}\times(n+1)^2}$

$=\sqrt{2(n+1)^2}$

$=\sqrt{2}(n+1)$

> **두 점 사이의 거리**
> 좌표평면 위의 두 점 $A(x_1, y_1)$, $B(x_2, y_2)$ 사이의 거리는 $\overline{AB}=\sqrt{(x_2-x_1)^2+(y_2-y_1)^2}$

이때 점 Q가 한 번에 $\sqrt{2}$만큼 이동하므로 점 P_n에서 $(n+1)$번 이동하면 점 P_{n+1}에 도착한다.

따라서 원점을 P_0이라 하면 원점에서 점 Q가 점 P_n까지 이동한 횟수는

$1+2+3+\cdots+n=\frac{n(n+1)}{2}$

$\frac{n(n+1)}{2}=55$에서

$n(n+1)=110=10\times11$

$\therefore n=10$

즉, 점 Q는 55번 이동하여 점 P_{10}에 도착하게 되므로 구하는 점 Q의 y좌표는 y_{10}이다.

64 수능 유형 › 수열의 합을 구하는 과정 완성하기 정답 ⑤

수열 $\{a_n\}$의 첫째항부터 제n항까지의 합을 S_n이라 하자. 다음은 모든 자연수 n에 대하여

$$\sum_{k=1}^{n}\frac{S_k}{k!}=\frac{1}{(n+1)!}$$

이 성립할 때, $\sum_{k=1}^{n}\frac{1}{a_k}$을 구하는 과정이다.

> $n=1$일 때, $a_1=S_1=\frac{1}{2}$이므로 $\frac{1}{a_1}=2$이다.
>
> $n=2$일 때, $a_2=S_2-S_1=-\frac{7}{6}$이므로 $\sum_{k=1}^{2}\frac{1}{a_k}=\frac{8}{7}$이다.
>
> $n\geq3$인 모든 자연수 n에 대하여
>
> **1** $\frac{S_n}{n!}=\sum_{k=1}^{n}\frac{S_k}{k!}-\sum_{k=1}^{n-1}\frac{S_k}{k!}=-\frac{\boxed{(가)}}{(n+1)!}$
>
> 즉, $S_n=-\frac{\boxed{(가)}}{n+1}$이므로
>
> **2** $a_n=S_n-S_{n-1}=-(\boxed{(나)})$
>
> 이다. 한편, $\sum_{k=3}^{n}k(k+1)=-8+\sum_{k=1}^{n}k(k+1)$이므로
>
> **3** $\sum_{k=1}^{n}\frac{1}{a_k}=\frac{8}{7}-\sum_{k=3}^{n}k(k+1)$
>
> $=\frac{64}{7}-\frac{n(n+1)}{2}-\sum_{k=1}^{n}\boxed{(다)}$
>
> $=-\frac{1}{3}n^3-n^2-\frac{2}{3}n+\frac{64}{7}$
>
> 이다.

위의 (가), (나), (다)에 알맞은 식을 각각 $f(n)$, $g(n)$, $h(k)$라 할 때, $f(5)\times g(3)\times h(6)$의 값은?

① 3 ② 6 ③ 9
④ 12 ✓⑤ 15

해결 흐름

1 Σ의 뜻을 이용해서 합의 꼴로 나타낸 후 정리하면 (가)에 알맞은 식을 구할 수 있겠어.

연관 개념 | $n!=n\times(n-1)\times\cdots\times2\times1$

2 수열의 합과 일반항 사이의 관계를 이용해서 (나)에 알맞은 식을 구해야지.

연관 개념 | 수열 $\{a_n\}$의 첫째항부터 제n항까지의 합을 S_n이라 할 때, $a_1=S_1$, $a_n=S_n-S_{n-1}$ (단, $n\geq2$)

3 Σ의 성질을 이용해서 (다)에 알맞은 식을 구해야겠어.

연관 개념 | $\sum_{k=1}^{n}(a_k+b_k)=\sum_{k=1}^{n}a_k+\sum_{k=1}^{n}b_k$

알찬 풀이

$n=1$일 때,

$a_1=S_1=\frac{1}{2}$이므로 $\frac{1}{a_1}=2$이다.

$n=2$일 때,

$a_2=S_2-S_1=-\frac{7}{6}$이므로

$\sum_{k=1}^{2}\frac{1}{a_k}=\frac{1}{a_1}+\frac{1}{a_2}=2+\left(-\frac{6}{7}\right)=\frac{8}{7}$이다.

$n\geq3$인 모든 자연수 n에 대하여

$$\frac{S_n}{n!}=\sum_{k=1}^{n}\frac{S_k}{k!}-\sum_{k=1}^{n-1}\frac{S_k}{k!}$$

$=\frac{1}{(n+1)!}-\boxed{\frac{1}{n!}}$ → 분모, 분자에 각각 $n+1$을 곱하면 $\frac{n+1}{n!\times(n+1)}=\frac{n+1}{(n+1)!}$

$=\frac{1-(n+1)}{(n+1)!}$ → 분모를 $(n+1)!$로 통분했어.

$=-\frac{\boxed{n}}{(n+1)!}$

즉, $S_n=-\frac{n}{(n+1)!}\times n!=-\frac{\boxed{n}}{n+1}$이므로

$a_n=S_n-S_{n-1}$ → $S_n=-\frac{n}{n+1}$에 n 대신 $n-1$을 대입했어.

$=-\frac{n}{n+1}-\left(-\frac{n-1}{n}\right)$

$=-\left(\boxed{\frac{1}{n(n+1)}}\right)$

이다. 한편,

$\sum_{k=3}^{n}k(k+1)$

$=\sum_{k=1}^{n}k(k+1)-\sum_{k=1}^{2}k(k+1)$

$=\sum_{k=1}^{n}k(k+1)-(1\times2+2\times3)$

$=-8+\sum_{k=1}^{n}k(k+1)$

이므로

$\sum_{k=1}^{n}\frac{1}{a_k}$

$=\sum_{k=1}^{2}\frac{1}{a_k}+\sum_{k=3}^{n}\boxed{\frac{1}{a_k}}$ → $a_k=-\frac{1}{k(k+1)}$이니까 $\frac{1}{a_k}=-k(k+1)$이야.

$=\frac{8}{7}-\sum_{k=3}^{n}k(k+1)$

$=\frac{8}{7}-(-8)-\sum_{k=1}^{n}k(k+1)$

$=\frac{64}{7}-\sum_{k=1}^{n}k^2-\sum_{k=1}^{n}k$ → Σ의 성질을 이용했어.

$=\frac{64}{7}-\frac{n(n+1)}{2}-\sum_{k=1}^{n}\boxed{k^2}$

$=\frac{64}{7}-\frac{1}{2}n^2-\frac{1}{2}n-\frac{n(n+1)(2n+1)}{6}$

$=\frac{64}{7}-\frac{1}{2}n^2-\frac{1}{2}n-\left(\frac{1}{3}n^3+\frac{1}{2}n^2+\frac{1}{6}n\right)$

$=-\frac{1}{3}n^3-n^2-\frac{2}{3}n+\frac{64}{7}$

따라서 $f(n)=n$, $g(n)=\frac{1}{n(n+1)}$, $h(k)=k^2$이므로

$f(5)\times g(3)\times h(6)=5\times\frac{1}{3\times4}\times6^2=15$

수능 핵심 개념 자연수의 거듭제곱의 합

(1) $\sum_{k=1}^{n}k=\frac{n(n+1)}{2}$

(2) $\sum_{k=1}^{n}k^2=\frac{n(n+1)(2n+1)}{6}$

(3) $\sum_{k=1}^{n}k^3=\left\{\frac{n(n+1)}{2}\right\}^2$

정답률 83%

65 수능 유형 › 일반항을 구하는 과정 완성하기

정답 ⑤

상수 k $(k>1)$에 대하여 다음 조건을 만족시키는 수열 $\{a_n\}$이 있다.

> 모든 자연수 n에 대하여 $a_n<a_{n+1}$이고 곡선 $y=2^x$ 위의 두 점 $\mathrm{P}_n(a_n,\ 2^{a_n})$, $\mathrm{P}_{n+1}(a_{n+1},\ 2^{a_{n+1}})$을 지나는 직선의 기울기는 $k\times 2^{a_n}$이다.
>
> → 직선의 기울기를 식으로 나타내 봐.

점 P_n을 지나고 x축에 평행한 직선과 점 P_{n+1}을 지나고 y축에 평행한 직선이 만나는 점을 Q_n이라 하고 삼각형 $\mathrm{P}_n\mathrm{Q}_n\mathrm{P}_{n+1}$의 넓이를 A_n이라 하자.

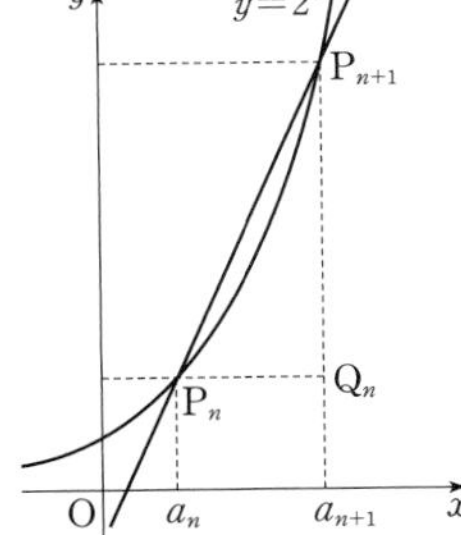

다음은 $a_1=1$, $\dfrac{A_3}{A_1}=16$일 때, A_n을 구하는 과정이다.

> 두 점 P_n, P_{n+1}을 지나는 직선의 기울기가 $k\times 2^{a_n}$이므로
> $$2^{a_{n+1}-a_n}=k(a_{n+1}-a_n)+1$$
> 이다. 즉, 모든 자연수 n에 대하여 $a_{n+1}-a_n$은 방정식 $2^x=kx+1$의 해이다.
> $k>1$이므로 방정식 $2^x=kx+1$은 오직 하나의 양의 실근 d를 갖는다. 따라서 모든 자연수 n에 대하여
> $a_{n+1}-a_n=d$이고, 수열 $\{a_n\}$은 공차가 d인 등차수열이다. **1 2**
> 점 Q_n의 좌표가 $(a_{n+1},\ 2^{a_n})$이므로 **3**
> $$A_n=\frac{1}{2}(a_{n+1}-a_n)(2^{a_{n+1}}-2^{a_n})$$
> 이다. $\dfrac{A_3}{A_1}=16$이므로 d의 값은 (가) 이고,
> 수열 $\{a_n\}$의 일반항은
> $a_n=$ (나)
> 이다. 따라서 모든 자연수 n에 대하여 $A_n=$ (다) 이다.

위의 (가)에 알맞은 수를 p, (나)와 (다)에 알맞은 식을 각각 $f(n)$, $g(n)$이라 할 때, $p+\dfrac{g(4)}{f(2)}$의 값은?

① 118 ② 121 ③ 124 ④ 127 ✓⑤ 130

해결 흐름

1 $a_{n+1}-a_n=d$와 수열 $\{a_n\}$이 $a_1=1$이고 공차가 d인 등차수열임을 이용하여 $\dfrac{A_3}{A_1}$을 d에 대한 식으로 나타내면 d의 값을 구할 수 있겠다.

2 **1**에서 d의 값을 구했으니까 등차수열 $\{a_n\}$의 일반항을 구할 수 있겠네.

3 **2**에서 구한 a_n을 A_n의 식에 대입하면 (다)에 알맞은 식을 구할 수 있겠다.

알찬 풀이

두 점 $\mathrm{P}_n(a_n,\ 2^{a_n})$, $\mathrm{P}_{n+1}(a_{n+1},\ 2^{a_{n+1}})$을 지나는 직선의 기울기가 $k\times 2^{a_n}$이므로

$$\frac{2^{a_{n+1}}-2^{a_n}}{a_{n+1}-a_n}=k\times 2^{a_n}$$

> **직선의 기울기**
> 두 점 $(x_1,\ y_1)$, $(x_2,\ y_2)$를 지나는 직선의 기울기는 $\dfrac{y_2-y_1}{x_2-x_1}$ (단, $x_1\neq x_2$)

$2^{a_{n+1}}-2^{a_n}=k\times 2^{a_n}(a_{n+1}-a_n)$

위의 식의 양변을 2^{a_n}으로 나누면 → $2^{a_n}\neq 0$이니까 양변을 2^{a_n}으로 나눌 수 있어.

$\dfrac{2^{a_{n+1}}}{2^{a_n}}-1=k(a_{n+1}-a_n)$이므로

$2^{a_{n+1}-a_n}=k(a_{n+1}-a_n)+1$ → $a_{n+1}-a_n=x$라 하면 $2^x=kx+1$이지.

이다. 즉, 모든 자연수 n에 대하여 $a_{n+1}-a_n$은 방정식 $2^x=kx+1$의 해이다.

$k>1$이므로 방정식 $2^x=kx+1$은 오직 하나의 양의 실근 d를 갖는다. 따라서 모든 자연수 n에 대하여

$a_{n+1}-a_n=d$이고, 수열 $\{a_n\}$은 공차가 d인 등차수열이다.

점 Q_n의 좌표가 $(a_{n+1},\ 2^{a_n})$이므로 → 점 Q_n은 곡선 $y=2^x$ 위의 점이야.

$$A_n=\frac{1}{2}\times\overline{\mathrm{P}_n\mathrm{Q}_n}\times\overline{\mathrm{P}_{n+1}\mathrm{Q}_n}=\frac{1}{2}(a_{n+1}-a_n)(2^{a_{n+1}}-2^{a_n})$$

이때 $\dfrac{A_3}{A_1}=16$이므로

$$\frac{A_3}{A_1}=\frac{\frac{1}{2}(a_4-a_3)(2^{a_4}-2^{a_3})}{\frac{1}{2}(a_2-a_1)(2^{a_2}-2^{a_1})}=\frac{\frac{1}{2}d(2^{1+3d}-2^{1+2d})}{\frac{1}{2}d(2^{1+d}-2^1)}$$

→ $a_{n+1}-a_n=d$이니까 $a_4-a_3=a_2-a_1=d$야. 또, 수열 $\{a_n\}$이 $a_1=1$이고 공차가 d인 등차수열이니까 $a_2=1+d$, $a_3=1+2d$, $a_4=1+3d$로 나타낼 수 있어.

$$=\frac{2^{1+3d}-2^{1+2d}}{2^{1+d}-2}=\frac{2^{1+2d}(2^d-1)}{2(2^d-1)}=2^{2d}=16$$

즉, $2^{2d}=16=2^4$이므로

$2d=4$에서 d의 값은 $\boxed{2}$이고,

수열 $\{a_n\}$의 일반항은

$a_n=1+(n-1)\times 2=\boxed{2n-1}$

> **등차수열의 일반항**
> 첫째항이 a, 공차가 d인 등차수열의 일반항 a_n은
> $a_n=a+(n-1)d$ (단, $n=1,\ 2,\ 3,\ \cdots$)

이다. 따라서 모든 자연수 n에 대하여

$$A_n=\frac{1}{2}(a_{n+1}-a_n)(2^{a_{n+1}}-2^{a_n})=\frac{1}{2}\times 2\times(2^{\boxed{2n+1}}-2^{2n-1})$$

→ $a_n=2n-1$에 n 대신 $n+1$을 대입했어.

$$=2^{2n-1}(2^2-1)=\boxed{3\times 2^{2n-1}}$$

이다.

따라서 $p=2$, $f(n)=2n-1$, $g(n)=3\times 2^{2n-1}$이므로

$$p+\frac{g(4)}{f(2)}=2+\frac{3\times 2^7}{2\times 2-1}=2+128=130$$

참고 오른쪽 그림과 같이 $x>0$에서 함수 $y=2^x$의 그래프와 직선 $y=kx+1$ $(k>1)$은 한 점에서 만난다.
즉, 방정식 $2^x=kx+1$은 오직 하나의 양의 실근을 갖는다.

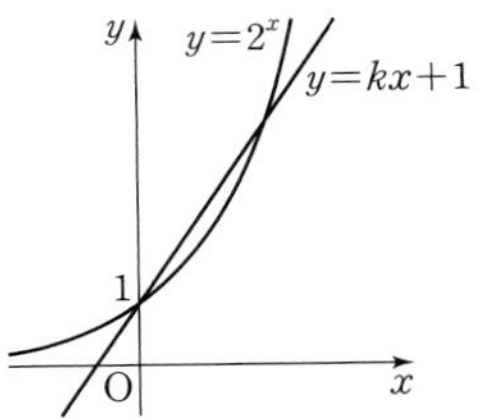

정답률 가형 86%, 나형 64%

66 수능 유형 › 일반항을 구하는 과정 완성하기 정답 ⑤

모든 자연수 n에 대하여 다음 조건을 만족시키는 x축 위의 점 P_n과 곡선 $y=\sqrt{3x}$ 위의 점 Q_n이 있다.

- 선분 OP_n과 선분 P_nQ_n이 서로 수직이다.
- 선분 OQ_n과 선분 Q_nP_{n+1}이 서로 수직이다.

다음은 점 P_1의 좌표가 $(1, 0)$일 때, 삼각형 $OP_{n+1}Q_n$의 넓이 A_n을 구하는 과정이다. (단, O는 원점이다.)

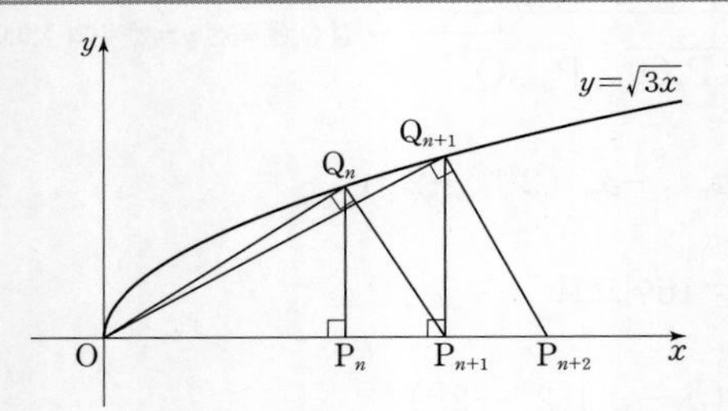

모든 자연수 n에 대하여 점 P_n의 좌표를 $(a_n, 0)$이라 하자.

$\overline{OP_{n+1}}=\overline{OP_n}+\overline{P_nP_{n+1}}$이므로

$a_{n+1}=a_n+\overline{P_nP_{n+1}}$

이다. 삼각형 OP_nQ_n과 삼각형 $Q_nP_nP_{n+1}$이 닮음이므로 [1]

$\overline{OP_n} : \overline{P_nQ_n}=\overline{P_nQ_n} : \overline{P_nP_{n+1}}$

이고, 점 Q_n의 좌표는 $(a_n, \sqrt{3a_n})$이므로

$\overline{P_nP_{n+1}}=$ (가)

이다. 따라서 삼각형 $OP_{n+1}Q_n$의 넓이 A_n은 [2]

$A_n=\frac{1}{2}\times($ (나) $)\times\sqrt{9n-6}$

이다.

위의 (가)에 알맞은 수를 p, (나)에 알맞은 식을 $f(n)$이라 할 때, $p+f(8)$의 값은?

① 20 ② 22 ③ 24 ④ 26 ✓⑤ 28

해결 흐름

1 삼각형 OP_nQ_n과 $Q_nP_nP_{n+1}$이 닮음임을 이용하여 $\overline{P_nP_{n+1}}$의 값을 구해야겠구나.

연관 개념 | 서로 닮음인 두 삼각형에서 대응변의 길이의 비는 같다.

2 삼각형 $OP_{n+1}Q_n$의 넓이 A_n은 $A_n=\frac{1}{2}\times\overline{OP_{n+1}}\times\overline{P_nQ_n}$이니까 각 변의 길이를 a_n을 이용하여 나타내야겠어.

알찬 풀이

모든 자연수 n에 대하여

점 P_n의 좌표를 $(a_n, 0)$이라 하자.

$\overline{OP_{n+1}}=\overline{OP_n}+\overline{P_nP_{n+1}}$

이므로

$a_{n+1}=a_n+\overline{P_nP_{n+1}}$ …… ㉠

이다.

두 삼각형 OP_nQ_n과 $Q_nP_nP_{n+1}$에서

$\angle OP_nQ_n=\angle Q_nP_nP_{n+1}=90°$,

$\angle Q_nOP_n=\angle P_{n+1}Q_nP_n$

이므로

$\triangle OP_nQ_n \backsim \triangle Q_nP_nP_{n+1}$ (AA 닮음)

즉, 삼각형 OP_nQ_n과 삼각형 $Q_nP_nP_{n+1}$이 닮음이므로

$\overline{OP_n} : \overline{P_nQ_n}=\overline{Q_nP_n} : \overline{P_nP_{n+1}}$ → 대응변의 길이의 비를 이용해.

에서

$\overline{P_nQ_n}^2=\overline{OP_n}\times\overline{P_nP_{n+1}}$

이고, 점 Q_n은 곡선 $y=\sqrt{3x}$ 위의 점이므로

점 Q_n의 좌표는

$(a_n, \sqrt{3a_n})$

$(\sqrt{3a_n})^2=a_n\times\overline{P_nP_{n+1}}$

$3a_n=a_n\times\overline{P_nP_{n+1}}$ → $\overline{P_nQ_n}$은 점 Q_n의 y좌표와 같아.

$\therefore \overline{P_nP_{n+1}}=$ 3

이를 ㉠에 대입하면

$a_{n+1}=a_n+3$

즉, 수열 $\{a_n\}$은 공차가 3인 등차수열이다.

이때 $a_1=1$이므로 → 점 P_1의 x좌표야.

$a_n=1+(n-1)\times3$

$=3n-2$

> **등차수열의 일반항**
> 첫째항이 a, 공차가 d인 등차수열의 일반항 a_n은
> $a_n=a+(n-1)d$
> (단, $n=1, 2, 3, \cdots$)

따라서 삼각형 $OP_{n+1}Q_n$의 넓이 A_n은

$A_n=\frac{1}{2}\times\overline{OP_{n+1}}\times\overline{P_nQ_n}$

$=\frac{1}{2}\times a_{n+1}\times\sqrt{3a_n}$ → 점 P_{n+1}의 x좌표야.

$=\frac{1}{2}\times(3n+1)\times\sqrt{9n-6}$ → $a_n=3n-2$에 n 대신 $n+1$을 대입했어.

이다.

따라서 $p=3$, $f(n)=3n+1$이므로

$p+f(8)=3+(3\times8+1)$

$=28$

수능 핵심 개념 등차수열의 귀납적 정의

첫째항이 a, 공차가 d인 등차수열의 귀납적 정의는

$a_1=a$, $a_{n+1}=a_n+d$ (단, $n=1, 2, 3, \cdots$)

이때 a_n과 a_{n+1} 사이의 관계식은 다음과 같이 나타낼 수도 있다.

(1) $a_{n+1}-a_n=d$ (일정)

(2) $2a_{n+1}=a_n+a_{n+2}$ 또는 $a_{n+1}-a_n=a_{n+2}-a_{n+1}$

생생 수험 Talk

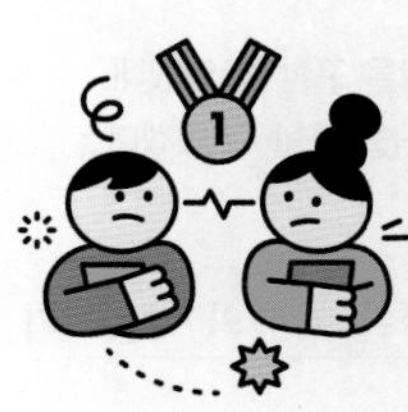

수험 생활 동안 나에게 친구들은 정말 좋은 동반자였어. 수능이라는 큰 고난을 함께 이겨내는 동반자! 모르는 문제를 서로 물어보는 건 물론이고, 서로 어떤 인강이나 문제집이 좋은지 알려 주기도 했었어. 수험 생활을 하면서 나를 가장 이해할 수 있는 건 친구이기도 하니까 힘들 때는 서로 고민을 털어 놓으면서 우정을 쌓기도 했지. 친구를 경쟁자로 보는 것도 좋아. 서로 자극 받아야 공부를 할 때도 발전이 있을 수 있으니까. 그렇지만 지나치게 경쟁자로 인식해서 서로 어떤 정보를 숨기려 하거나 하는 건 좋지 않아. 서로 자극 받으면서 같이 발전할 수 있는 관계가 가장 좋은데 나는 다행히 그랬던 것 같아.

정답률 86%

67 수능 유형 › 수학적 귀납법

정답 ④

수열 $\{a_n\}$의 일반항은

$$a_n=(2^{2n}-1)\times 2^{n(n-1)}+(n-1)\times 2^{-n}$$

이다. 다음은 모든 자연수 n에 대하여

$$\sum_{k=1}^{n} a_k=2^{n(n+1)}-(n+1)\times 2^{-n} \quad \cdots\cdots (*)$$

임을 수학적 귀납법을 이용하여 증명한 것이다.

> (i) $n=1$일 때, (좌변)$=3$, (우변)$=3$이므로 $(*)$이 성립한다.
>
> (ii) $n=m$일 때, $(*)$이 성립한다고 가정하면
>
> $$\sum_{k=1}^{m} a_k=2^{m(m+1)}-(m+1)\times 2^{-m}$$
>
> 이다. $n=m+1$일 때,
>
> $$\sum_{k=1}^{m+1} a_k=2^{m(m+1)}-(m+1)\times 2^{-m}$$
> $$+(2^{2m+2}-1)\times \boxed{(가)}+m\times 2^{-m-1}$$
> $$=\boxed{(가)}\times\boxed{(나)}-\frac{m+2}{2}\times 2^{-m}$$
> $$=2^{(m+1)(m+2)}-(m+2)\times 2^{-(m+1)}$$
>
> 이다. 따라서 $n=m+1$일 때도 $(*)$이 성립한다.
>
> (i), (ii)에 의하여 모든 자연수 n에 대하여
>
> $$\sum_{k=1}^{n} a_k=2^{n(n+1)}-(n+1)\times 2^{-n}$$
>
> 이다.

위의 (가), (나)에 알맞은 식을 각각 $f(m)$, $g(m)$이라 할 때, $\frac{g(7)}{f(3)}$의 값은?

① 2 ② 4 ③ 8 ✓④ 16 ⑤ 32

해결 흐름

1 $\sum_{k=1}^{m+1} a_k=\sum_{k=1}^{m} a_k+a_{m+1}$임을 이용해서 (가), (나)에 알맞은 식을 각각 구해야겠네.

알찬 풀이

$a_n=(2^{2n}-1)\times 2^{n(n-1)}+(n-1)\times 2^{-n}$

이고,

$$\sum_{k=1}^{n} a_k=2^{n(n+1)}-(n+1)\times 2^{-n} \quad \cdots\cdots (*)$$

(i) $n=1$일 때,

$$(\text{좌변})=\sum_{k=1}^{1} a_k=a_1$$
$$=(2^2-1)\times 2^0+0\times 2^{-1}$$
$$=3,$$

($2^0=1$)

$$(\text{우변})=2^2-2\times 2^{-1}$$
$$=3$$

($2\times\frac{1}{2}=1$)

이므로 $(*)$이 성립한다.

(ii) $n=m$일 때, $(*)$이 성립한다고 가정하면

$$\sum_{k=1}^{m} a_k=2^{m(m+1)}-(m+1)\times 2^{-m}$$

이다. $n=m+1$일 때,

$$\sum_{k=1}^{m+1} a_k=\sum_{k=1}^{m} a_k+a_{m+1}$$
$$=2^{m(m+1)}-(m+1)\times 2^{-m}$$
$$+(2^{2m+2}-1)\times\boxed{2^{m(m+1)}}+m\times 2^{-m-1}$$

(a_n에 n 대신 $m+1$을 대입했어.)

$$=2^{m(m+1)}\{1+(2^{2m+2}-1)\}-2^{-m}\{(m+1)-m\times 2^{-1}\}$$
$$=\boxed{2^{m(m+1)}}\times\boxed{2^{2m+2}}-\frac{m+2}{2}\times 2^{-m}$$
$$=2^{(m+1)(m+2)}-(m+2)\times 2^{-(m+1)}$$

이다. 따라서 $n=m+1$일 때도 $(*)$이 성립한다.

> 지수법칙
> $a>0$이고 x, y가 실수일 때, $a^x\times a^y=a^{x+y}$

(i), (ii)에 의하여 모든 자연수 n에 대하여

$$\sum_{k=1}^{n} a_k=2^{n(n+1)}-(n+1)\times 2^{-n}$$

이다.

따라서 $f(m)=2^{m(m+1)}$, $g(m)=2^{2m+2}$이므로

$$\frac{g(7)}{f(3)}=\frac{2^{16}}{2^{12}}=2^4=16$$

정답률 66%

68 수능 유형 › 일반항을 구하는 과정 완성하기

정답 ④

모든 항이 양수인 수열 $\{a_n\}$은 $a_1=a_2=1$이고,

$S_n=\sum_{k=1}^{n} a_k$라 할 때,

$$a_{n+1}=\frac{S_n^{\ 2}}{S_{n-1}}+(2n-1)S_n\ (n\ge 2)$$

을 만족시킨다. 다음은 일반항 a_n을 구하는 과정이다.

> $a_{n+1}=S_{n+1}-S_n$이므로 주어진 식으로부터
>
> $$S_{n+1}=\frac{S_n^{\ 2}}{S_{n-1}}+2nS_n\ (n\ge 2)$$
>
> 이다. 양변을 S_n으로 나누면
>
> $$\frac{S_{n+1}}{S_n}=\frac{S_n}{S_{n-1}}+2n$$
>
> 이다. $b_n=\frac{S_{n+1}}{S_n}$이라 하면 $b_1=2$이고
>
> $$b_n=b_{n-1}+2n\ (n\ge 2)$$ 1
>
> 이다. 수열 $\{b_n\}$의 일반항을 구하면
>
> $$b_n=\boxed{(가)}\times(n+1)\ (n\ge 1)$$
>
> 이므로
>
> $$S_n=\boxed{(가)}\times\{(n-1)!\}^2\ (n\ge 1)$$
>
> 이다. 따라서 $a_1=1$이고, $n\ge 2$일 때
>
> $$a_n=S_n-S_{n-1}$$ 2
> $$=\boxed{(나)}\times\{(n-2)!\}^2$$
>
> 이다.

위의 (가)와 (나)에 알맞은 식을 각각 $f(n)$, $g(n)$이라 할 때, $f(10)+g(6)$의 값은?

① 110 ② 125 ③ 140 ✓④ 155 ⑤ 170

해결 흐름

1 $n=2, 3, 4, \cdots$를 차례로 대입해서 b_n을 구하면 (가)에 알맞은 식을 구할 수 있겠네.

2 수열의 합과 일반항 사이의 관계를 이용하면 (나)에 알맞은 식을 구할 수 있겠어.

연관 개념 | 수열 $\{a_n\}$의 첫째항부터 제n항까지의 합을 S_n이라 할 때, $a_1=S_1$, $a_n=S_n-S_{n-1}$ (단, $n\geq2$)

알찬 풀이

$a_{n+1}=S_{n+1}-S_n$이므로 주어진 식으로부터

$$S_{n+1}=\frac{S_n^2}{S_{n-1}}+2nS_n\ (n\geq2)$$

→ $S_{n+1}=a_{n+1}+S_n$에 a_{n+1} 대신 $\frac{S_n^2}{S_{n-1}}+(2n-1)S_n$을 대입했어.

이다. 양변을 S_n으로 나누면

→ $a_n>0$이므로 $S_n\neq0$

$$\frac{S_{n+1}}{S_n}=\frac{S_n}{S_{n-1}}+2n$$

이다. $b_n=\frac{S_{n+1}}{S_n}$이라 하면

$$b_1=\frac{S_2}{S_1}=\frac{a_1+a_2}{a_1}=2$$

이고

$b_n=b_{n-1}+2n$ (단, $n\geq2$)

위의 식에 $n=2, 3, 4, \cdots$를 차례로 대입하면

$$\begin{aligned}b_2&=b_1+2\times2=2+4\\b_3&=b_2+2\times3=2+4+6\\b_4&=b_3+2\times4=2+4+6+8\\&\vdots\\b_n&=b_{n-1}+2n=2+4+6+\cdots+2n\end{aligned}$$

→ 규칙이 잘 보이도록 값을 계산하지 않고, 식을 나열했어.

$$=\sum_{k=1}^{n}2k=2\times\frac{n(n+1)}{2}=n(n+1)\quad\cdots\cdots ㉠$$

이때 $b_1=2$는 ㉠에 $n=1$을 대입한 것과 같으므로 수열 $\{b_n\}$의 일반항을 구하면

$b_n=\boxed{n}\times(n+1)\ (n\geq1)$

$\frac{S_{n+1}}{S_n}=n(n+1)$

$\therefore S_{n+1}=n(n+1)S_n$

위의 식에 $n=1, 2, 3, \cdots$을 차례로 대입하면

$$\begin{aligned}S_2&=1\times2\times S_1=1^2\times2\\S_3&=2\times3\times S_2=1^2\times2^2\times3\\S_4&=3\times4\times S_3=1^2\times2^2\times3^2\times4\\&\vdots\\S_n&=(n-1)\times n\times S_{n-1}\\&=1^2\times2^2\times3^2\times\cdots\times(n-1)^2\times n\\&=\boxed{n}\times\{(n-1)!\}^2\ (n\geq1)\end{aligned}$$

→ $a_1=S_1=1$이야.

→ 규칙이 잘 보이도록 식을 정리했어.

→ $\{1\times2\times3\times\cdots\times(n-1)\}^2=\{(n-1)!\}^2$

이다. 따라서 $a_1=1$이고 $n\geq2$일 때

→ $(n-1)!=(n-1)\times(n-2)!$

$$\begin{aligned}a_n&=S_n-S_{n-1}\\&=n\times\{(n-1)!\}^2-(n-1)\times\{(n-2)!\}^2\\&=\{n(n-1)^2-(n-1)\}\times\{(n-2)!\}^2\\&=\boxed{(n^3-2n^2+1)}\times\{(n-2)!\}^2\end{aligned}$$

이다.

따라서 $f(n)=n$, $g(n)=n^3-2n^2+1$이므로

$$\begin{aligned}f(10)+g(6)&=10+(6^3-2\times6^2+1)\\&=10+145\\&=155\end{aligned}$$

정답률 89%

69 수능 유형 › 일반항을 구하는 과정 완성하기

정답 ③

수열 $\{a_n\}$은 $a_1=1$이고, $S_n=\sum_{k=1}^{n}a_k$라 할 때,

$$a_{n+1}=(n+1)S_n+n!\ (n\geq1)$$

을 만족시킨다. 다음은 일반항 a_n을 구하는 과정이다.

> 자연수 n에 대하여 $a_{n+1}=S_{n+1}-S_n$이므로 주어진 식에 의하여
>
> $S_{n+1}=(n+2)S_n+n!\ (n\geq1)$
>
> 이다. 양변을 $(n+2)!$로 나누면
>
> $$\frac{S_{n+1}}{(n+2)!}=\frac{S_n}{(n+1)!}+\frac{1}{(n+1)(n+2)}$$
>
> 이다. $b_n=\frac{S_n}{(n+1)!}$이라 하면 $b_1=\frac{1}{2}$이고
>
> **1** $b_{n+1}=b_n+\frac{1}{(n+1)(n+2)}$
>
> 이다. 수열 $\{b_n\}$의 일반항을 구하면
>
> $b_n=\frac{\boxed{(가)}}{n+1}$
>
> 이므로
>
> $S_n=\boxed{(가)}\times n!$
>
> 이다. 그러므로
>
> $a_n=\boxed{(나)}\times(n-1)!\ (n\geq1)$
>
> 이다.

위의 (가), (나)에 알맞은 식을 각각 $f(n)$, $g(n)$이라 할 때, $f(7)+g(6)$의 값은?

① 44　② 41　✔③ 38　④ 35　⑤ 32

해결 흐름

1 $n=1, 2, 3, \cdots$을 차례로 대입해서 b_n을 구하면 a_n, b_n, S_n 사이의 관계식을 이용해서 (가), (나)에 알맞은 식을 각각 구할 수 있겠다.

알찬 풀이

자연수 n에 대하여 $a_{n+1}=S_{n+1}-S_n$이므로 주어진 식에 의하여

$S_{n+1}=(n+2)S_n+n!\ (n\geq1)$

이다.

→ $S_{n+1}=a_{n+1}+S_n$에 a_{n+1} 대신 $(n+1)S_n+n!$을 대입했어.

양변을 $(n+2)!$로 나누면

$$\frac{S_{n+1}}{(n+2)!}=\frac{S_n}{(n+1)!}+\frac{1}{(n+1)(n+2)}$$

이다. $b_n=\frac{S_n}{(n+1)!}$이라 하면

$b_1=\frac{S_1}{2!}=\frac{a_1}{2}=\frac{1}{2}$

이고

$b_{n+1}=b_n+\frac{1}{\underline{(n+1)(n+2)}}$

$=b_n+\frac{1}{n+1}-\frac{1}{n+2}$

> **부분분수로의 변형**
> $\frac{1}{AB}=\frac{1}{B-A}\left(\frac{1}{A}-\frac{1}{B}\right)$ (단, $A\neq B$)

위의 식에 $n=1, 2, 3, \cdots$을 차례로 대입하면

$\underline{b_2=b_1+\frac{1}{2}-\frac{1}{3}}$ → $b_2=b_1+\frac{1}{2}-\frac{1}{2+1}$

$b_3=b_2+\frac{1}{3}-\frac{1}{4}=\left(b_1+\frac{1}{2}-\frac{1}{3}\right)+\frac{1}{3}-\frac{1}{4}$

$=\underline{b_1+\frac{1}{2}-\frac{1}{4}}$ → $b_3=b_1+\frac{1}{2}-\frac{1}{3+1}$

$b_4=b_3+\frac{1}{4}-\frac{1}{5}=\left(b_1+\frac{1}{2}-\frac{1}{4}\right)+\frac{1}{4}-\frac{1}{5}$

$=\underline{b_1+\frac{1}{2}-\frac{1}{5}}$ → $b_4=b_1+\frac{1}{2}-\frac{1}{4+1}$

⋮

따라서 수열 $\{b_n\}$의 일반항을 구하면

$b_n=b_1+\frac{1}{2}-\frac{1}{n+1}$

$=1-\frac{1}{n+1}\left(\because b_1=\frac{1}{2}\right)$

$=\frac{\boxed{n}}{n+1}$

이므로

$S_n=b_n\times(n+1)!$

$=\frac{n}{n+1}\times(n+1)!$

$=\boxed{n}\times n!$

이다. 그러므로 $a_1=S_1=1$이고,

$a_n=S_n-S_{n-1}$

$=n\times n!-(n-1)\times(n-1)!$

$=\{n^2-(n-1)\}\times(n-1)!$

$=(n^2-n+1)\times(n-1)!$ (단, $n\geq 2$) …… ㉠

이때 $a_1=1$은 ㉠에 $n=1$을 대입한 것과 같으므로 → $a_1=(1^2-1+1)\times 0!=1$

$a_n=\boxed{(n^2-n+1)}\times(n-1)!$ $(n\geq 1)$

이다.

따라서 $f(n)=n$, $g(n)=n^2-n+1$이므로

$f(7)+g(6)=7+(6^2-6+1)$

$=7+31$

$=38$

다른 풀이 일반항 a_n은 다음과 같이 구할 수도 있다.

$\underline{a_{n+1}=(n+1)S_n+n!}$ → 문제에 주어졌어.

$=(n+1)\times(n\times n!)+n!$

$=\{n(n+1)+1\}\times n!$

$=(n^2+n+1)\times n!$

이므로

$\underline{a_n=\{(n-1)^2+(n-1)+1\}\times(n-1)!}$

$=(n^2-n+1)\times(n-1)!$ → $a_{n+1}=(n^2+n+1)\times n!$에 n 대신 $n-1$을 대입했어.

정답률 확률과 통계 12%, 미적분 40%, 기하 26%

70 수능 유형 › 수열의 귀납적 정의 정답 8

양수 k에 대하여 $a_1=k$인 수열 $\{a_n\}$이 다음 조건을 만족시킨다.

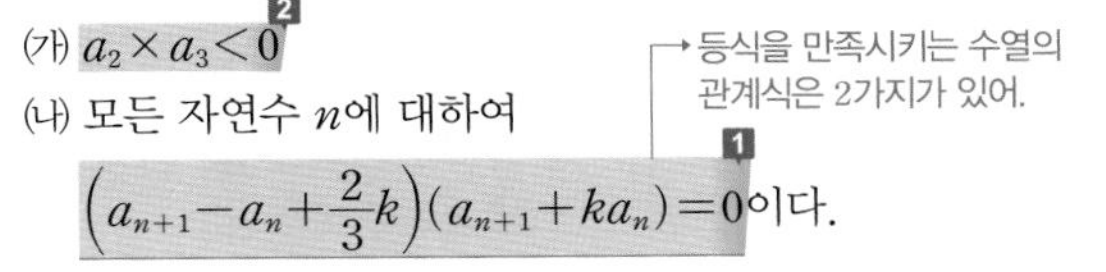

(가) $a_2\times a_3<0$ [2]

(나) 모든 자연수 n에 대하여

$\left(a_{n+1}-a_n+\frac{2}{3}k\right)(a_{n+1}+ka_n)=0$이다. [1]

→ 등식을 만족시키는 수열의 관계식은 2가지가 있어.

$a_5=0$ [2]이 되도록 하는 서로 다른 모든 양수 k에 대하여 k^2의 값의 합을 구하시오. 8

해결 흐름

[1] 조건 (나)의 등식을 만족시키는 수열의 관계식을 모두 구해 봐야겠네.

[2] 조건 (가)를 만족시키는 경우에 대하여 $a_5=0$을 만족시키는 k의 값을 구해야겠다.

알찬 풀이

조건 (나)에서 $\left(a_{n+1}-a_n+\frac{2}{3}k\right)(a_{n+1}+ka_n)=0$이므로

$a_{n+1}-a_n+\frac{2}{3}k=0$ 또는 $a_{n+1}+ka_n=0$

$\therefore a_{n+1}=a_n-\frac{2}{3}k$ 또는 $a_{n+1}=-ka_n$

$a_1=k$이므로

$a_2=a_1-\frac{2}{3}k=k-\frac{2}{3}k=\frac{1}{3}k$

또는 $a_2=-ka_1=-k\times k=-k^2$

(i) $a_2=\frac{1}{3}k$일 때,

$a_3=a_2-\frac{2}{3}k=\frac{1}{3}k-\frac{2}{3}k=-\frac{1}{3}k$

또는 $a_3=-ka_2=-k\times\frac{1}{3}k=-\frac{1}{3}k^2$

① $a_3=-\frac{1}{3}k$일 때,

$a_2\times a_3=\frac{1}{3}k\times\left(-\frac{1}{3}k\right)=-\frac{1}{9}k^2<0$

이므로 조건 (가)를 만족시킨다.

이때 a_4, a_5의 값을 구하면 다음과 같다.

a_3	a_4	a_5	
$-\frac{1}{3}k$	$-k$	$-\frac{5}{3}k$	… ㉠ → $k>0$이므로 $a_5<0$
		k^2	… ㉡ → $k>0$이므로 $a_5>0$
	$\frac{1}{3}k^2$	$\frac{1}{3}k^2-\frac{2}{3}k$	… ㉢
		$-\frac{1}{3}k^3$	… ㉣ → $k>0$이므로 $a_5<0$

$a_4=a_3-\frac{2}{3}k=-\frac{1}{3}k-\frac{2}{3}k=-k$

$a_4=-ka_3=-k\times\left(-\frac{1}{3}k\right)=\frac{1}{3}k^2$

$k>0$이므로 ㉠, ㉡, ㉣에서

$a_5\neq 0$

㉢에서 $a_5=\frac{1}{3}k^2-\frac{2}{3}k=0$이려면

$k^2-2k=0$, $k(k-2)=0$

$\therefore k=2\ (\because k>0)$

② $a_3=-\frac{1}{3}k^2$일 때,

$a_2\times a_3=\frac{1}{3}k\times\left(-\frac{1}{3}k^2\right)=-\frac{1}{9}k^2<0$

이므로 조건 ㈎를 만족시킨다.

이때 a_4, a_5의 값을 구하면 다음과 같다. ($a_4=a_3-\frac{2}{3}k=-\frac{1}{3}k^2-\frac{2}{3}k$)

a_3	a_4	a_5
$-\frac{1}{3}k^2$	$-\frac{1}{3}k^2-\frac{2}{3}k$	$-\frac{1}{3}k^3-\frac{4}{3}k$ ⋯ ㉤ → $k>0$이므로 $a_5<0$
		$\frac{1}{3}k^3+\frac{2}{3}k^2$ ⋯ ㉥ → $k>0$이므로 $a_5>0$
	$\frac{1}{3}k^3$	$\frac{1}{3}k^3-\frac{2}{3}k$ ⋯ ㉦
		$-\frac{1}{3}k^4$ ⋯ ㉧ → $k>0$이므로 $a_5<0$

($a_4=-ka_3=-k\times\left(-\frac{1}{3}k^2\right)=\frac{1}{3}k^3$)

$k>0$이므로 ㉤, ㉥, ㉧에서

$a_5\neq0$

㉦에서 $a_5=\frac{1}{3}k^3-\frac{2}{3}k=0$이려면

$k^3-2k=0$, $k(k^2-2)=0$

$\therefore k=\sqrt{2}$ ($\because k>0$)

(ii) $a_2=-k^2$일 때,

$a_3=a_2-\frac{2}{3}k=-k^2-\frac{2}{3}k$

또는 $a_3=-ka_2=-k\times(-k^2)=k^3$

① $a_3=-k^2-\frac{2}{3}k$일 때,

$a_2\times a_3=(-k^2)\times\left(-k^2-\frac{2}{3}k\right)=k^2\left(k^2+\frac{2}{3}k\right)\geq0$ ← $k>0$이기 때문이야.

이므로 조건 ㈎를 만족시키지 않는다.

② $a_3=k^3$일 때,

$a_2\times a_3=(-k^2)\times k^3=-k^5<0$

이므로 조건 ㈎를 만족시킨다.

이때 a_4, a_5의 값을 구하면 다음과 같다. ($a_4=a_3-\frac{2}{3}k=k^3-\frac{2}{3}k$)

a_3	a_4	a_5
k^3	$k^3-\frac{2}{3}k$	$k^3-\frac{4}{3}k$ ⋯ ㉨
		$-k^4+\frac{2}{3}k^2$ ⋯ ㉩
	$-k^4$	$-k^4-\frac{2}{3}k$ ⋯ ㉪ → $k>0$이므로 $a_5<0$
		k^5 ⋯ ㉫ → $k>0$이므로 $a_5>0$

($a_4=-ka_3=-k\times k^3=-k^4$)

$k>0$이므로 ㉪, ㉫에서

$a_5\neq0$

㉨에서 $a_5=k^3-\frac{4}{3}k=0$이려면

$3k^3-4k=0$, $k(3k^2-4)=0$

$\therefore k=\frac{2\sqrt{3}}{3}$ ($\because k>0$)

㉩에서 $a_5=-k^4+\frac{2}{3}k^2=0$이려면

$3k^4-2k^2=0$, $k^2(3k^2-2)=0$

$\therefore k=\frac{\sqrt{6}}{3}$ ($\because k>0$)

(i), (ii)에서 구하는 k^2의 값의 합은

$2^2+(\sqrt{2})^2+\left(\frac{2\sqrt{3}}{3}\right)^2+\left(\frac{\sqrt{6}}{3}\right)^2=4+2+\frac{4}{3}+\frac{2}{3}=8$

71

정답률 확률과 통계 3%, 미적분 15%, 기하 10%

수능 유형 › 수열의 귀납적 정의 **정답 231**

수열 $\{a_n\}$은

$a_2=-a_1$

이고, $n\geq2$인 모든 자연수 n에 대하여 (→ $n=4$, $n=9$이면 $\sqrt{n}$은 자연수야.)

$$a_{n+1}=\begin{cases}a_n-\sqrt{n}\times a_{\sqrt{n}} & (\sqrt{n}\text{이 자연수이고 } a_n>0\text{인 경우})\\ a_n+1 & (\text{그 외의 경우})\end{cases}$$

를 만족시킨다. $a_{15}=1$이 되도록 하는 모든 a_1의 값의 곱을 구하시오. 231

해결 흐름

1 $a_{15}=1$이므로 주어진 관계식에서 $n=4$, $n=9$인 경우를 제외하면 $a_{n+1}=a_n+1$임을 알 수 있어.

2 $a_{15}=1$임을 이용하여 a_4, a_9의 부호를 기준으로 각 항을 구해야겠네.

알찬 풀이

2 이상 15 이하의 자연수 n에 대하여 $n\neq4$, $n\neq9$이면 (→ $\sqrt{4}=2$, $\sqrt{9}=3$이니까 $\sqrt{n}$이 자연수야.)

$a_{n+1}=a_n+1$, 즉 $a_n=a_{n+1}-1$

임을 알 수 있다.

이때 $a_{15}=1$이므로

$a_{14}=a_{15}-1=0$

$a_{13}=a_{14}-1=-1$

$a_{12}=a_{13}-1=-2$

$a_{11}=a_{12}-1=-3$

$a_{10}=a_{11}-1=-4$

(→ $\sqrt{n}$이 자연수가 아니므로 $a_n=a_{n+1}-1$이야.)

(i) $a_9>0$일 때, → 실전적용 key를 확인해 봐.

$\sqrt{n}=\sqrt{9}=3$으로 자연수이고 $a_9>0$이므로

$a_{10}=a_9-\sqrt{9}\times a_{\sqrt{9}}=-4$에서 $a_9=3a_3-4$

$a_8=a_9-1=3a_3-5$

$a_7=a_8-1=3a_3-6$

$a_6=a_7-1=3a_3-7$

$a_5=a_6-1=3a_3-8$

(→ $\sqrt{n}$이 자연수가 아니므로 $a_n=a_{n+1}-1$이야.)

① $a_4>0$일 때,

$a_5=a_4-\sqrt{4}\times a_{\sqrt{4}}$ (→ $\sqrt{n}=\sqrt{4}=2$로 자연수이고 $a_4>0$인 경우야.)

즉, $3a_3-8=a_4-2a_2$이므로

$a_4=3a_3+2a_2-8$

이때 $a_4=a_3+1$이므로

$a_3+1=3a_3+2a_2-8$

$\therefore a_3+a_2=\frac{9}{2}$ …… ㉠

한편, $a_3=a_2+1$ …… ㉡

이므로 ㉠, ㉡을 연립하여 풀면

$a_2=\frac{7}{4}$, $a_3=\frac{11}{4}$

이때 $a_9=3a_3-4=3\times\frac{11}{4}-4>0$,

$a_4=a_3+1=\frac{11}{4}+1>0$이므로 $a_9>0$, $a_4>0$을 만족시킨다.

$\therefore a_1=-a_2=-\frac{7}{4}$

② $a_4\le0$일 때,

$a_5=a_4+1$

즉, $3a_3-8=a_4+1$이므로

$a_4=3a_3-9$

이때 $a_4=a_3+1$이므로

$a_3+1=3a_3-9$

$2a_3=10 \quad \therefore a_3=5$

그런데 $a_3=5$이면 $a_4=6>0$이므로 $a_4\le0$에 모순이다. ($a_4=a_3+1=5+1=6$)

(ii) $a_9\le0$일 때,

$a_9=a_{10}-1=-5$이므로

$a_5=-9$ ($a_8=a_9-1=-6$, $a_7=a_8-1=-7$, $a_6=a_7-1=-8$, $a_5=a_6-1=-9$)

① $a_4>0$일 때,

$a_5=a_4-\sqrt{4}\times a_{\sqrt{4}}$

즉, $a_5=a_4-2a_2$이므로

$-9=a_4-2a_2 \quad \therefore a_4=2a_2-9$

이때 $a_4=a_3+1$이므로

$a_3+1=2a_2-9 \quad \therefore a_3=2a_2-10$

그런데 $a_3=a_2+1$이므로

$a_2+1=2a_2-10 \quad \therefore a_2=11$

이때 $a_4=2\times11-9>0$이므로 $a_4\ge0$을 만족시킨다.

$\therefore a_1=-a_2=-11$

② $a_4\le0$일 때,

$a_5=a_4+1=-9$이므로

$a_4=-9-1=-10$

$a_3=-10-1=-11$

$a_2=-11-1=-12$

$\therefore a_1=-a_2=12$

(i), (ii)에서 구하는 모든 a_1의 값의 곱은

$-\frac{7}{4}\times(-11)\times12=231$

실전적용 key

주어진 수열의 귀납적 정의에서는 규칙이 없어서 일반항을 구하기 어려우므로 $a_{15}=1$부터 시작하여 거꾸로 접근하면 쉽다. 이때 $\sqrt{n}$이 자연수인 경우에 정의가 달라지므로 2 이상 15 이하의 자연수 n에서 a_4, a_9의 부호를 기준으로 경우를 나누어 접근해 본다.

다른 풀이 $a_{15}=1$에서

$a_{14}=a_{15}-1=0$

$a_{13}=a_{14}-1=-1$

$a_{12}=a_{13}-1=-2$

$a_{11}=a_{12}-1=-3$

$a_{10}=a_{11}-1=-4$

이때 $a_{10}=\begin{cases} a_9-3a_3 & (a_9>0) \\ a_9+1 & (a_9\le0) \end{cases}$ …… ㉠

한편, $a_1=a$라 하면

$a_2=-a_1=-a$

$a_3=a_2+1=-a+1$

$a_4=a_3+1=-a+2$

$a_5=\begin{cases} a_4-2a_2 & (a_4>0) \\ a_4+1 & (a_4\le0) \end{cases}=\begin{cases} a+2 & (a<2) \\ -a+3 & (a\ge2) \end{cases}$

$a_6=a_5+1$

$a_7=a_6+1=a_5+2$

$a_8=a_7+1=a_5+3$

$a_9=a_8+1=a_5+4=\begin{cases} a+6 & (a<2) \\ -a+7 & (a\ge2) \end{cases}$ …… ㉡

(i) $a_9>0$일 때,

㉠에서 $a_{10}=a_9-3a_3$

㉡에서 $a<2$이면 $a_9=a+6>0$, $a>-6$이므로

$a_{10}=a_9-3a_3=(a+6)-3(-a+1)$

$=4a+3=-4$

$\therefore a=-\frac{7}{4}$

㉡에서 $a\ge2$이면 $a_9=-a+7>0$, $a<7$이므로

$a_{10}=a_9-3a_3=(-a+7)-3(-a+1)$

$=2a+4=-4$

$\therefore a=-4$

즉, $a\ge2$라는 가정에 모순이다.

(ii) $a_9\le0$일 때,

㉠에서 $a_{10}=a_9+1$

㉡에서 $a<2$이면 $a_9=a+6\le0$, $a\le-6$이므로

$a_{10}=a_9+1=(a+6)+1=a+7=-4$

$\therefore a=-11$

㉡에서 $a\ge2$이면 $a_9=-a+7\le0$, $a\ge7$이므로

$a_{10}=a_9+1=(-a+7)+1=-a+8=-4$

$\therefore a=12$

(i), (ii)에서 조건을 만족시키는 모든 a_1의 값의 곱은

$-\frac{7}{4}\times(-11)\times12=231$

정답률 확률과 통계 20%, 미적분 35%, 기하 28%

72 수능 유형 › 수열의 귀납적 정의 정답 ②

자연수 k에 대하여 다음 조건을 만족시키는 수열 $\{a_n\}$이 있다.

> [1] $a_1=k$이고, 모든 자연수 n에 대하여
>
> $a_{n+1}=\begin{cases} a_n+2n-k & (a_n\le0) \\ a_n-2n-k & (a_n>0) \end{cases}$ → a_n의 값의 부호에 따라 a_{n+1}의 값이 달라져.
>
> 이다.

[2] $a_3\times a_4\times a_5\times a_6<0$이 되도록 하는 모든 k의 값의 합은? ($a_3\ne0$, $a_4\ne0$, $a_5\ne0$, $a_6\ne0$이어야 해.)

① 10 ✓② 14 ③ 18
④ 22 ⑤ 26

수학 I III. 수열

해결 흐름

1 첫째항이 주어졌으니까 주어진 관계식에 $n=1, 2, 3, \cdots$을 차례로 대입하여 수열 $\{a_n\}$의 각 항의 부호를 파악해야겠어.

2 $a_3\times a_4\times a_5\times a_6<0$이 되도록 하는 모든 k의 값을 구해 봐야겠다.

알찬 풀이

$a_1=k>0$이므로 (→ 문제에 k가 자연수라고 주어졌어.)

$a_2=a_1-2\times1-k=k-2-k=-2<0$

$\therefore a_3=a_2+2\times2-k$

$=-2+4-k$

$=2-k$

이때 $a_3\times a_4\times a_5\times a_6<0$이려면 $a_3\neq0,\ a_4\neq0,\ a_5\neq0,\ a_6\neq0$이어야 한다.

(i) $a_3>0$일 때,

$2-k>0$

$\therefore k<2$

k는 자연수이므로 $k=1$

$\therefore a_3=1,\ a_4=-6,\ a_5=1,\ a_6=-10$

($k=1$이므로 $a_{n+1}=\begin{cases}a_n+2n-1 & (a_n\le0)\\ a_n-2n-1 & (a_n>0)\end{cases}$에 대입한 거야.)

이때 $a_3\times a_4\times a_5\times a_6>0$이므로 조건을 만족시키지 않는다.

(ii) $a_3<0$일 때,

$2-k<0$에서 $k>2$ …… ㉠

$\therefore a_4=(2-k)+6-k=8-2k$

(→ $a_3<0$이므로 $a_{n+1}=a_n+2n-k$에 대입한 거야.)

(iii) $a_4>0$일 때,

$8-2k>0$에서 $k<4$ …… ㉡

㉠, ㉡에서 $2<k<4$이므로

$k=3$

$\therefore a_3=-1,\ a_4=2,\ a_5=-9,\ a_6=-2$

($k=3$이므로 $a_{n+1}=\begin{cases}a_n+2n-3 & (a_n\le0)\\ a_n-2n-3 & (a_n>0)\end{cases}$에 대입한 거야.)

이때 $a_3\times a_4\times a_5\times a_6<0$이므로 조건을 만족시킨다.

(iv) $a_4<0$일 때,

$8-2k<0$에서 $k>4$ …… ㉢

$\therefore a_5=(8-2k)+8-k=16-3k$

(→ $a_4<0$이므로 $a_{n+1}=a_n+2n-k$에 대입한 거야.)

(v) $a_5>0$일 때,

$16-3k>0$에서 $k<\dfrac{16}{3}$ …… ㉣

㉢, ㉣에서 $4<k<\dfrac{16}{3}$이므로

$k=5$

$\therefore a_3=-3,\ a_4=-2,\ a_5=1,\ a_6=-14$

($k=5$이므로 $a_{n+1}=\begin{cases}a_n+2n-5 & (a_n\le0)\\ a_n-2n-5 & (a_n>0)\end{cases}$에 대입한 거야.)

이때 $a_3\times a_4\times a_5\times a_6<0$이므로 조건을 만족시킨다.

(vi) $a_5<0$일 때,

$16-3k<0$에서 $k>\dfrac{16}{3}$ …… ㉤

이때 $a_3<0,\ a_4<0,\ a_5<0$이므로 $a_3\times a_4\times a_5\times a_6<0$이려면 $a_6>0$이어야 한다.

$a_6=(16-3k)+10-k=26-4k>0$에서

$k<\dfrac{13}{2}$ …… ㉥

㉤, ㉥에서 $\dfrac{16}{3}<k<\dfrac{13}{2}$

$\therefore k=6$

이상에서 k의 값은 3, 5, 6이므로 모든 k의 값의 합은

$3+5+6=14$

정답률 확률과 통계 14%, 미적분 31%, 기하 29%

73 수능 유형 › 등차수열의 합 + Σ의 뜻과 성질 정답 19

모든 항이 자연수인 등차수열 $\{a_n\}$**3**의 첫째항부터 제n항까지의 합을 S_n**1**이라 하자. a_7이 13의 배수이고 $\sum_{k=1}^{7}S_k=644$**2**일 때, a_2의 값을 구하시오. 19

→ 등차수열 $\{a_n\}$의 첫째항은 자연수이고, 공차는 0 또는 자연수야.

해결 흐름

1 등차수열 $\{a_n\}$의 첫째항을 a, 공차를 d라 하고 등차수열의 합 공식을 이용하여 S_n을 a, d에 대한 식으로 나타내야겠어.

연관 개념 | 첫째항이 a, 공차가 d인 등차수열 $\{a_n\}$의 첫째항부터 제n항까지의 합 S_n은 $S_n=\dfrac{n\{2a+(n-1)d\}}{2}$

2 a_7이 13의 배수이고 $\sum_{k=1}^{7}S_k=644$임을 이용하여 a, d에 대한 식을 세워 봐야지.

3 등차수열 $\{a_n\}$의 모든 항이 자연수임을 이용해서 a, d의 값을 구하면 되겠다.

알찬 풀이

등차수열 $\{a_n\}$의 첫째항을 a, 공차를 d라 하면 수열 $\{a_n\}$의 모든 항이 자연수이므로 a는 자연수이고 d는 0 이상의 정수이다.

이때 등차수열 $\{a_n\}$의 첫째항부터 제n항까지의 합 S_n은

$S_n=\dfrac{n\{2a+(n-1)d\}}{2}=\dfrac{d}{2}n^2+\left(a-\dfrac{d}{2}\right)n$

이므로

$\sum_{k=1}^{7}S_k$

$=\sum_{k=1}^{7}\left\{\dfrac{d}{2}k^2+\left(a-\dfrac{d}{2}\right)k\right\}$

$=\dfrac{d}{2}\times\sum_{k=1}^{7}k^2+\left(a-\dfrac{d}{2}\right)\times\sum_{k=1}^{7}k$

$=\dfrac{d}{2}\times\dfrac{7\times8\times15}{6}+\left(a-\dfrac{d}{2}\right)\times\dfrac{7\times8}{2}$

$=70d+28\left(a-\dfrac{d}{2}\right)$

$=28a+56d=644$

$\therefore a+2d=23$ …… ㉠

> **Σ의 성질**
> ① $\sum_{k=1}^{n}(a_k\pm b_k)=\sum_{k=1}^{n}a_k\pm\sum_{k=1}^{n}b_k$ (복부호 동순)
> ② $\sum_{k=1}^{n}ca_k=c\sum_{k=1}^{n}a_k$ (단, c는 상수)

> **자연수의 거듭제곱의 합**
> ① $\sum_{k=1}^{n}k=\dfrac{n(n+1)}{2}$
> ② $\sum_{k=1}^{n}k^2=\dfrac{n(n+1)(2n+1)}{6}$

a_7이 13의 배수이므로 자연수 m에 대하여

$a+6d=13m$ …… ㉡

> **등차수열의 일반항**
> 등차수열 $\{a_n\}$의 공차를 d라 하면 제k항은 $a_k=a_1+(k-1)d$

㉡－㉠을 하면 $4d=13m-23$

$4d+23+13=13m+13$

$4(d+9)=13(m+1)$

$\therefore d+9=\dfrac{13(m+1)}{4}$

이 값이 자연수가 되어야 하므로 $m+1$은 4의 배수이어야 한다.

(→ $m+1=4, 8, 12, \cdots$)

즉, m의 값은

3, 7, 11, $\cdots$

이고, 이때 d의 값은

4, 17, 30, $\cdots$

($d+9=\dfrac{13\times4}{4}$에서 $d=4$, $d+9=\dfrac{13\times8}{4}$에서 $d=17$, $d+9=\dfrac{13\times12}{4}$에서 $d=30$, $\cdots$)

a는 자연수이므로 ㉡에서

$a=13m-6d>0$

을 만족시켜야 한다.

(m, d의 값을 순서쌍 (m, d)로 나타낼 때, $(7, 17)$, $(11, 30)$, $\cdots$이면 $a<0$이므로 조건을 만족시키지 않아.)

따라서 $m=3$, $d=4$이고, ㉠에서

$a=23-2d=23-2\times4=15$이므로

$a_2=a+d=15+4=19$

실전 적용 key

이 문제에서 주어진 조건은

(i) $a+2d=23$ (a는 자연수, d는 0 이상의 정수)

(ii) $a+6d=13m$ (m은 자연수)

이다. 조건의 이용 방법에 따라 풀이가 다양하게 나올 수 있다.

알찬 풀이 에서 구한 식 $d+9=\frac{13(m+1)}{4}$에서 $d=\frac{13m-23}{4}$이고, 이것을 (ii)의 식에 대입하면

$a=13m-6d=13m-6\times\frac{13m-23}{4}=-\frac{13}{2}m+\frac{69}{2}$

a는 자연수이므로 $-\frac{13}{2}m+\frac{69}{2}>0$, 즉 $m<\frac{69}{13}$임을 알 수 있다. 이때 m, d가 모두 자연수인 경우는 $m=3$, $d=4$이다.

74

정답률 18%

수능 유형 › $\sum$의 뜻과 성질 정답 117

첫째항이 자연수이고 공차가 음의 정수인 등차수열 $\{a_n\}$과 첫째항이 자연수이고 공비가 음의 정수인 등비수열 $\{b_n\}$이 다음 조건을 만족시킬 때, a_7+b_7의 값을 구하시오. 117

(가) $\sum_{n=1}^{5}(a_n+b_n)=27$

(나) $\sum_{n=1}^{5}(a_n+|b_n|)=67$

(다) $\sum_{n=1}^{5}(|a_n|+|b_n|)=81$

해결 흐름

1 첫째항이 자연수이고, 공차와 공비가 모두 음의 정수이니까 등차수열 $\{a_n\}$과 등비수열 $\{b_n\}$의 항은 모두 정수이겠네.

2 조건 (가), (나)의 식을 각각 수열의 합으로 나타낸 후 두 식을 빼면 등비수열 $\{b_n\}$의 첫째항과 공비를 구할 수 있겠다.

3 조건 (나), (다)의 식을 각각 수열의 합으로 나타낸 후 두 식을 빼서 등차수열 $\{a_n\}$의 첫째항과 공차를 구해야겠네.

알찬 풀이

등차수열 $\{a_n\}$의 첫째항을 a, 공차를 d $(d<0)$라 하고, 등비수열 $\{b_n\}$의 첫째항을 b, 공비를 r $(r<0)$라 하자.

조건 (가)에서

$\sum_{n=1}^{5}(a_n+b_n)=\sum_{n=1}^{5}a_n+\sum_{n=1}^{5}b_n=27$ …… ㉠

조건 (나)에서

$\sum_{n=1}^{5}(a_n+|b_n|)=\sum_{n=1}^{5}a_n+\sum_{n=1}^{5}|b_n|=67$ …… ㉡

㉠−㉡을 하면

$\sum_{n=1}^{5}b_n-\sum_{n=1}^{5}|b_n|=-40$

절댓값: $|a|=\begin{cases} a & (a\ge 0) \\ -a & (a<0)\end{cases}$

$(b_1+b_2+b_3+b_4+b_5)-(|b_1|+|b_2|+|b_3|+|b_4|+|b_5|)=-40$

$(b+br+br^2+br^3+br^4)-(b-br+br^2-br^3+br^4)=-40$

→ 등비수열 $\{b_n\}$의 첫째항은 자연수이고 공비가 음수이므로 $b_1>0$, $b_2<0$, $b_3>0$, $b_4<0$, $b_5>0$이야.

$2(br+br^3)=-40$

$\therefore br(1+r^2)=-20$

이때 b는 자연수이면서 20의 양의 약수이므로

b의 값은 1, 2, 4, 5, 10, 20이어야 한다.

또, r는 음의 정수이므로

$b=2$, $r=-2$ 또는 $b=10$, $r=-1$

(i) $b=2$, $r=-2$일 때,

㉠에서

$\sum_{n=1}^{5}a_n+\sum_{n=1}^{5}b_n=\frac{5(2a+4d)}{2}+\frac{2\{1-(-2)^5\}}{1-(-2)}$

$=5a+10d+22$

즉, $5a+10d+22=27$이므로

$5a+10d=5$

$\therefore a+2d=1$ …… ㉢

(ii) $b=10$, $r=-1$일 때,

㉠에서

$\sum_{n=1}^{5}a_n+\sum_{n=1}^{5}b_n=\frac{5(2a+4d)}{2}+\frac{10\{1-(-1)^5\}}{1-(-1)}$

$=5a+10d+10$

즉, $5a+10d+10=27$이므로

$5a+10d=17$

$\therefore a+2d=\frac{17}{5}$

그런데 a와 d는 모두 정수이므로 조건을 만족시키지 않는다.

→ $a+2d=$(정수) 꼴이 되어야 해.

(i), (ii)에서

$b=2$, $r=-2$

한편, 조건 (다)에서

$\sum_{n=1}^{5}(|a_n|+|b_n|)=\sum_{n=1}^{5}|a_n|+\sum_{n=1}^{5}|b_n|=81$ …… ㉣

㉡−㉣을 하면

$\sum_{n=1}^{5}a_n-\sum_{n=1}^{5}|a_n|=-14$

$(a_1+a_2+a_3+a_4+a_5)-(|a_1|+|a_2|+|a_3|+|a_4|+|a_5|)$

$=-14$

이때 ㉢에서 $a+2d=1$이므로 $a_3=1$이고,

$d<0$이므로

$a_1>a_2>a_3>0\ge a_4>a_5$

이다.

→ d는 음의 정수이니까 $d\le -1$이야. 이때 $a_4=a_3+d\le 1+(-1)=0$이니까 $a_4\le 0$이야.

$(a_1+a_2+a_3+a_4+a_5)-(a_1+a_2+a_3-a_4-a_5)=-14$

$2(a_4+a_5)=-14$

$\therefore a_4+a_5=-7$

$(a+3d)+(a+4d)=-7$

→ 등차수열 $\{a_n\}$의 일반항 $a_n=a+(n-1)d$를 이용했어.

$\therefore 2a+7d=-7$ …… ㉤

㉢과 ㉤을 연립하여 풀면

$a=7$, $d=-3$

$\therefore a_7+b_7=(a+6d)+br^6$

$=\{7+6\times(-3)\}+2\times(-2)^6$

$=-11+128$

$=117$

수학 II

I. 함수의 극한과 연속

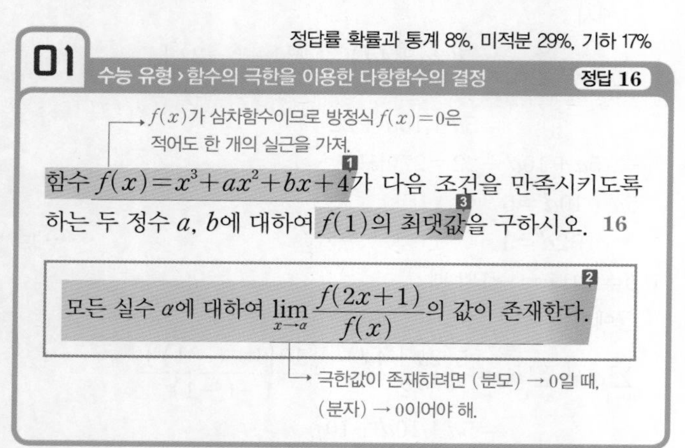

01
정답률 확률과 통계 8%, 미적분 29%, 기하 17%
수능 유형 › 함수의 극한을 이용한 다항함수의 결정
정답 16
$f(x)$가 삼차함수이므로 방정식 $f(x)=0$은 적어도 한 개의 실근을 가져.
함수 $f(x)=x^3+ax^2+bx+4$가 다음 조건을 만족시키도록 하는 두 정수 a, b에 대하여 $f(1)$의 최댓값을 구하시오. 16
모든 실수 α에 대하여 $\lim_{x \to \alpha} \frac{f(2x+1)}{f(x)}$의 값이 존재한다.
극한값이 존재하려면 (분모) → 0일 때, (분자) → 0이어야 해.

해결 흐름

1 방정식 $f(x)=0$은 적어도 하나의 실근을 가지므로 $f(\beta)=0$인 실수 β가 존재해.

2 조건을 만족시키려면 $f(\beta)=0$인 실수 β에 대하여 $\lim_{x \to \beta} f(x)=0$이므로 $\lim_{x \to \beta} f(2x+1)=0$이어야겠네.

연관 개념 | 두 함수 $f(x)$, $g(x)$에 대하여

$\lim_{x \to a} \frac{f(x)}{g(x)}=\alpha$ (α는 실수)일 때, $\lim_{x \to a} g(x)=0$이면 $\lim_{x \to a} f(x)=0$이다.

3 2를 이용하면 $f(1)$의 최댓값을 구할 수 있겠어.

알찬 풀이

삼차방정식 $x^3+ax^2+bx+4=0$은 적어도 하나의 실근을 가지므로 $f(\beta)=0$인 실수 β가 존재한다.

모든 실수 α에 대하여 $\lim_{x \to \alpha} \frac{f(2x+1)}{f(x)}$의 값이 존재하려면

$f(\beta)=0$인 실수 β에 대하여

$\lim_{x \to \beta} f(x)=0$이므로 $\lim_{x \to \beta} f(2x+1)=0$이어야 한다.

$f(2\beta+1)=0$이므로 $2\beta+1$도 방정식 $f(x)$의 실근이다.

이때 삼차방정식 $f(x)=0$이 중근 또는 서로 다른 세 실근을 가지면 조건을 만족시키지 못하므로 $f(x)=0$의 실근의 개수는 1이어야 한다. (→ 오답 Clear를 확인해 봐.)

즉, $\beta=2\beta+1$이므로 $\beta=-1$

$f(-1)=0$에서 $f(-1)=-1+a-b+4=0$

$\therefore b=a+3$

$\therefore f(x)=x^3+ax^2+(a+3)x+4$
$=(x+1)\{x^2+(a-1)x+4\}$ (조립제법을 이용하여 인수분해했어.)

이차방정식 $x^2+(a-1)x+4=0$의 판별식을 D라 하면 $D<0$이므로 (실근이 1개이어야 하니까 이차방정식 $x^2+(a-1)x+4=0$은 실근을 가질 수 없어.)

$D=(a-1)^2-4\times4<0$

$a^2-2a-15<0$

$(a+3)(a-5)<0$

$\therefore -3<a<5$ (a, b가 정수이니까 a의 최댓값은 4야.)

따라서 $f(1)$은 $a=4$일 때 최댓값을 가지므로

$f(1)=1+a+(a+3)+4=2a+8$에서 최댓값은

$2\times4+8=16$

오답 Clear

$f(\beta)=0$이면 $f(2\beta+1)=0$, $f(2(2\beta+1)+1)=0$이다. 즉, $4\beta+3$도 방정식 $f(x)=0$의 근이고 같은 방법으로 $2(4\beta+3)+1=8\beta+7$도 방정식 $f(x)=0$의 근이다. 이때 $\beta\neq2\beta+1$이면 β, $2\beta+1$, $4\beta+3$, $8\beta+7$이 방정식 $f(x)=0$의 서로 다른 네 실근이므로 방정식 $f(x)=0$이 삼차방정식인 것에 모순이다.

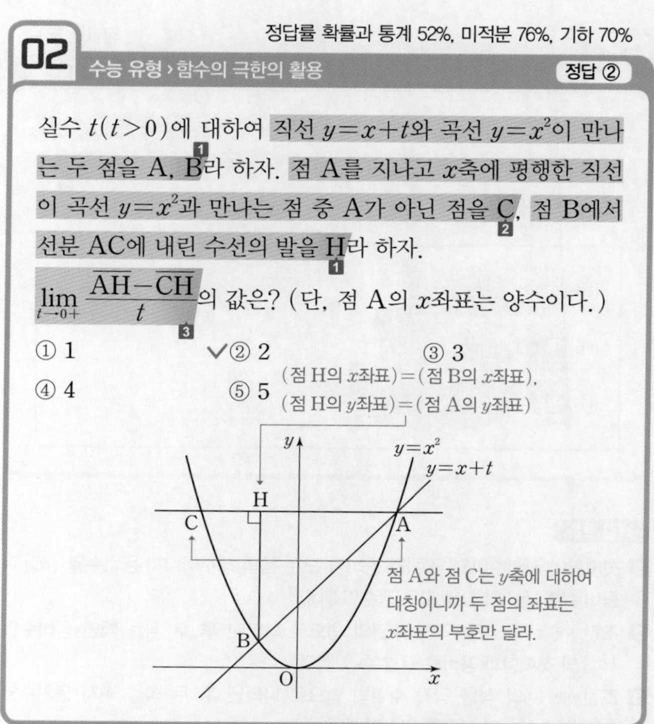

02
정답률 확률과 통계 52%, 미적분 76%, 기하 70%
수능 유형 › 함수의 극한의 활용
정답 ②
실수 $t(t>0)$에 대하여 직선 $y=x+t$와 곡선 $y=x^2$이 만나는 두 점을 A, B라 하자. 점 A를 지나고 x축에 평행한 직선이 곡선 $y=x^2$과 만나는 점 중 A가 아닌 점을 C, 점 B에서 선분 AC에 내린 수선의 발을 H라 하자.
$\lim_{t \to 0+} \frac{\overline{AH}-\overline{CH}}{t}$의 값은? (단, 점 A의 x좌표는 양수이다.)
① 1 ② 2 ③ 3 ④ 4 ⑤ 5
(점 H의 x좌표)=(점 B의 x좌표), (점 H의 y좌표)=(점 A의 y좌표)
$y=x^2$
$y=x+t$
H
C
A
B
O
점 A와 점 C는 y축에 대하여 대칭이니까 두 점의 좌표는 x좌표의 부호만 달라.

해결 흐름

1 두 점 A, B의 좌표를 각각 (a, a^2), (b, b^2)이라 하면 점 H의 좌표를 구할 수 있겠네. 또, 이차방정식 $x+t=x^2$의 두 근이 a, b임을 알 수 있어.

연관 개념 | 두 함수 $y=f(x)$, $y=g(x)$의 그래프의 교점의 x좌표는 방정식 $f(x)=g(x)$의 실근과 같다.

2 곡선 $y=x^2$ 위의 두 점 A, C는 y축에 대하여 대칭이니까 점 C의 좌표도 구할 수 있겠네.

3 두 선분 AH, CH의 길이를 각각 t에 대한 식으로 나타내어 극한값을 구해야겠다.

알찬 풀이

$A(a, a^2)$, $B(b, b^2)$ $(a>b)$이라 하면 x에 대한 이차방정식 (주어진 그림에서 알 수 있지.)

$x+t=x^2$, 즉 $x^2-x-t=0$의 두 근이 a, b이므로

이차방정식의 근과 계수의 관계에 의하여

$a+b=1$, $ab=-t$

> **이차방정식의 근과 계수의 관계**
> 이차방정식 $ax^2+bx+c=0$의 두 근을 α, β라 하면
> $\alpha+\beta=-\frac{b}{a}$, $\alpha\beta=\frac{c}{a}$

이때 $H(b, a^2)$이므로

$\overline{AH}=|a-b|=\sqrt{(a-b)^2}=\sqrt{(a+b)^2-4ab}=\sqrt{1+4t}$

또, 두 점 A, C는 y축에 대하여 대칭이므로

$C(-a, a^2)$ ((점 C의 x좌표)$=-$(점 A의 x좌표), (점 C의 y좌표)=(점 A의 y좌표))

$\therefore \overline{CH}=|b-(-a)|=|a+b|=1$

$$\therefore \lim_{t\to0+}\frac{\overline{AH}-\overline{CH}}{t}=\lim_{t\to0+}\frac{\sqrt{1+4t}-1}{t}$$

$$=\lim_{t\to0+}\frac{(\sqrt{1+4t}-1)(\sqrt{1+4t}+1)}{t(\sqrt{1+4t}+1)}$$

$$=\lim_{t\to0+}\frac{4t}{t(\sqrt{1+4t}+1)}$$

$$=\lim_{t\to0+}\frac{4}{\sqrt{1+4t}+1}$$

$$=\frac{4}{1+1}$$

$$=2$$

> $\frac{0}{0}$ 꼴의 극한
> 분자 또는 분모에 무리식이 있으면 근호가 있는 쪽을 유리화한다.

다른 풀이 다음 그림과 같이 직선 AC와 y축이 만나는 점을 D라 하면 곡선 $y=x^2$은 y축에 대하여 대칭이므로

$\overline{AD}=\overline{CD}$

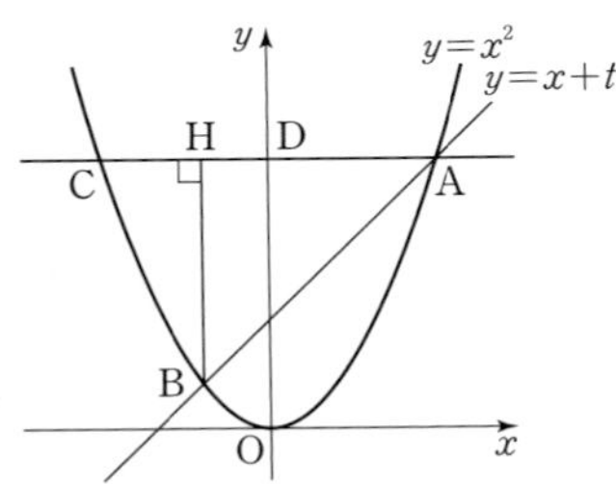

$$\therefore \lim_{t\to0+}\frac{\overline{AH}-\overline{CH}}{t}=\lim_{t\to0+}\frac{(\overline{AD}+\overline{DH})-(\overline{CD}-\overline{DH})}{t}$$

$$=\lim_{t\to0+}\frac{(\overline{CD}+\overline{DH})-(\overline{CD}-\overline{DH})}{t}$$

$$=\lim_{t\to0+}\frac{2\overline{DH}}{t}$$

이때 $\overline{DH}=|$(점 H의 x좌표)$|=|$(점 B의 x좌표)$|$이고,
점 B의 x좌표는 이차방정식 $x+t=x^2$, 즉 $x^2-x-t=0$의 두 근 중 작은 근이므로 → (점 B의 x좌표)$<$(점 A의 x좌표)이니까.

(점 B의 x좌표)$=\frac{1-\sqrt{1+4t}}{2}$ → 이차방정식의 근의 공식을 이용했어.

$$\therefore \overline{DH}=\left|\frac{1-\sqrt{1+4t}}{2}\right|$$

$$=-\left(\frac{1-\sqrt{1+4t}}{2}\right)$$

→ (점 B의 x좌표)<0이니까 $\frac{1-\sqrt{1+4t}}{2}<0$

$$=\frac{\sqrt{1+4t}-1}{2}$$

$$\therefore \lim_{t\to0+}\frac{\overline{AH}-\overline{CH}}{t}=\lim_{t\to0+}\frac{2\overline{DH}}{t}$$

$$=\lim_{t\to0+}\frac{2\times\frac{\sqrt{1+4t}-1}{2}}{t}$$

$$=\lim_{t\to0+}\frac{\sqrt{1+4t}-1}{t}$$

$$=\lim_{t\to0+}\frac{(\sqrt{1+4t}-1)(\sqrt{1+4t}+1)}{t(\sqrt{1+4t}+1)}$$

$$=\lim_{t\to0+}\frac{4t}{t(\sqrt{1+4t}+1)}$$

$$=\lim_{t\to0+}\frac{4}{\sqrt{1+4t}+1}$$

$$=\frac{4}{1+1}$$

$$=2$$

정답률 65%

03 수능 유형 › 함수의 극한을 이용한 다항함수의 결정

정답 ③

상수항과 계수가 모두 정수인 두 다항함수 $f(x)$, $g(x)$가 다음 조건을 만족시킬 때, $f(2)$의 최댓값은? → $f(x)g(x)$는 모든 실수에서 연속이야.

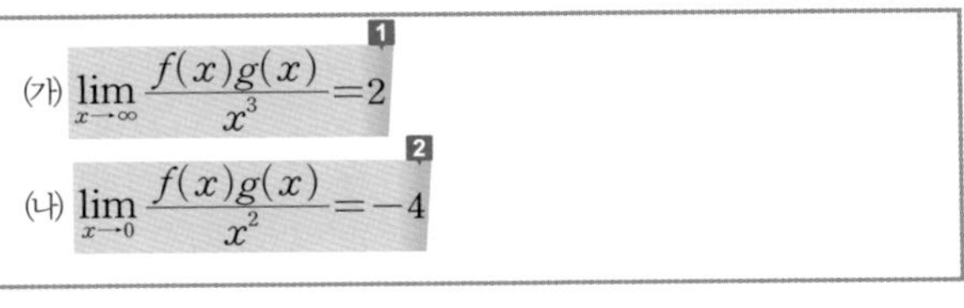

1 (가) $\displaystyle\lim_{x\to\infty}\frac{f(x)g(x)}{x^3}=2$

2 (나) $\displaystyle\lim_{x\to0}\frac{f(x)g(x)}{x^2}=-4$

① 4　　② 6　　✓③ 8

④ 10　　⑤ 12

해결 흐름

1 $\displaystyle\lim_{x\to\infty}\frac{f(x)g(x)}{x^3}=2$를 이용하여 함수 $f(x)g(x)$의 차수를 알 수 있어.

연관 개념 | 두 다항함수 $g(x)$, $h(x)$에 대하여
$\displaystyle\lim_{x\to\infty}\frac{g(x)}{h(x)}=\alpha$ (α는 0이 아닌 상수)이면 $g(x)$와 $h(x)$는 차수가 같고, α는 $g(x)$와 $h(x)$의 최고차항의 계수의 비이다.

2 $\displaystyle\lim_{x\to0}\frac{f(x)g(x)}{x^2}=-4$를 이용하여 함수 $f(x)g(x)$를 완성해야겠다.

연관 개념 | 두 함수 $f(x)$, $g(x)$에 대하여
$\displaystyle\lim_{x\to a}\frac{f(x)}{g(x)}=\alpha$ (α는 실수)일 때, $\displaystyle\lim_{x\to a}g(x)=0$이면 $\displaystyle\lim_{x\to a}f(x)=0$이다.

알찬 풀이

조건 (가)에서

$$\lim_{x\to\infty}\frac{f(x)g(x)}{x^3}=2$$

→ 두 다항함수 $f(x)g(x)$와 x^3의 차수가 같고 최고차항의 계수의 비가 2라는 뜻이야.

이므로 함수 $f(x)g(x)$는 최고차항의 계수가 2인 삼차함수이다.

또, 조건 (나)에서

$$\lim_{x\to0}\frac{f(x)g(x)}{x^2}=-4$$

→ $\frac{0}{0}$ 꼴이니까 분모를 0이 되게 하는 인수를 분자도 인수로 갖지.

이므로 함수 $f(x)g(x)$는 x^2을 인수로 갖는다.

즉,

$f(x)g(x)=2x^2(x+a)$ (a는 정수)

로 놓으면 조건 (나)에서

$$\lim_{x\to0}\frac{f(x)g(x)}{x^2}=\lim_{x\to0}\frac{2x^2(x+a)}{x^2}$$

$$=\lim_{x\to0}2(x+a)$$

$$=2a$$

> $\frac{0}{0}$ 꼴의 극한
> 분모, 분자가 모두 다항식이면 분모, 분자를 각각 인수분해하여 약분한다.

즉, $2a=-4$이므로

$a=-2$

$\therefore f(x)g(x)=2x^2(x-2)$

즉, $f(x)$는 $2x^2(x-2)$의 인수이다.

이때 $f(2)$의 값이 최대가 되려면

$f(x)=2x^2$

이어야 한다. 따라서 $f(2)$의 최댓값은

$f(2)=2\times2^2=8$

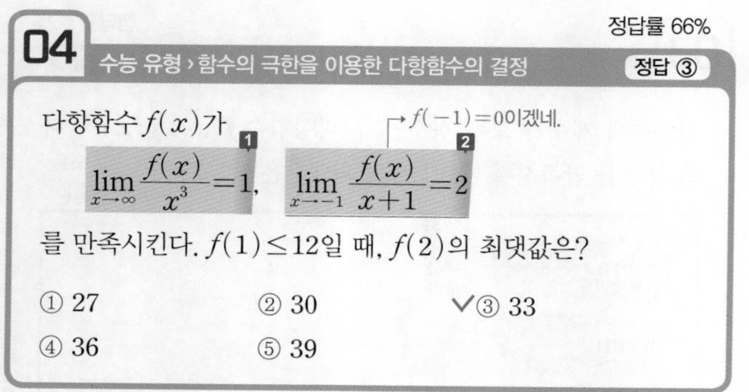

04 수능 유형 › 함수의 극한을 이용한 다항함수의 결정

정답률 66% 정답 ③

다항함수 $f(x)$가

$\lim_{x\to\infty}\frac{f(x)}{x^3}=1$, $\lim_{x\to-1}\frac{f(x)}{x+1}=2$ → $f(-1)=0$이겠네.

를 만족시킨다. $f(1)\le12$일 때, $f(2)$의 최댓값은?

① 27 ② 30 ✓③ 33 ④ 36 ⑤ 39

해결 흐름

1. $\lim_{x\to\infty}\frac{f(x)}{x^3}=1$을 이용하여 함수 $f(x)$의 차수를 알 수 있어.

연관 개념 | 두 다항함수 $g(x)$, $h(x)$에 대하여 $\lim_{x\to\infty}\frac{h(x)}{g(x)}=\alpha$ (α는 0이 아닌 상수)이면 $g(x)$와 $h(x)$는 차수가 같고, α는 $g(x)$와 $h(x)$의 최고차항의 계수의 비이다.

2. $\lim_{x\to-1}\frac{f(x)}{x+1}=2$를 이용하여 함수 $f(x)$를 완성해야겠다.

연관 개념 | 두 함수 $f(x)$, $g(x)$에 대하여 $\lim_{x\to a}\frac{f(x)}{g(x)}=\alpha$ (α는 실수)일 때, $\lim_{x\to a}g(x)=0$이면 $\lim_{x\to a}f(x)=0$이다.

알찬 풀이

$\lim_{x\to\infty}\frac{f(x)}{x^3}=1$이므로 함수 $f(x)$는 최고차항의 계수가 1인 삼차함수이다. → 두 다항함수 $f(x)$와 x^3의 차수가 같고 최고차항의 계수의 비가 1이라는 뜻이야.

또, $\lim_{x\to-1}\frac{f(x)}{x+1}=2$에서 $x\to-1$일 때, 극한값이 존재하고 (분모)$\to0$이므로 (분자)$\to0$이다.

즉, $\lim_{x\to-1}f(x)=f(-1)=0$이므로 → $f(x)$는 $x+1$을 인수로 가져.

$f(x)=(x+1)(x^2+ax+b)$ (단, a, b는 상수)

$\therefore \lim_{x\to-1}\frac{f(x)}{x+1}=\lim_{x\to-1}\frac{(x+1)(x^2+ax+b)}{x+1}$

$=\lim_{x\to-1}(x^2+ax+b)$

$=1-a+b$

> $\frac{0}{0}$ 꼴의 극한
> 분모, 분자가 모두 다항식이면 분모, 분자를 각각 인수분해하여 약분한다.

즉, $1-a+b=2$이므로 $b=a+1$

이때 $f(1)\le12$에서

$f(1)=2(1+a+b)$ → $f(x)=(x+1)(x^2+ax+b)$에 $x=1$을 대입했어.

$=2(2a+2)$ → $b=a+1$을 대입했어.

$=4(a+1)\le12$

즉, $a+1\le3$이므로 $a\le2$

$\therefore f(2)=3(4+2a+b)$ → $f(x)=(x+1)(x^2+ax+b)$에 $x=2$를 대입했어.

$=3(3a+5)$ → $b=a+1$을 대입했어.

$\le3(3\times2+5)$

$=33$ (단, 등호는 $a=2$일 때 성립한다.)

따라서 $f(2)$의 최댓값은 33이다.

실전적용 key

$\lim_{x\to\infty}\frac{f(x)}{(x\text{에 대한 다항식})}=\alpha$, $\lim_{x\to a}\frac{f(x)}{x-a}=\beta$ (α, β는 실수)와 같이 $\lim_{x\to\infty}$, $\lim_{x\to a}$ (a는 상수)가 포함된 두 개의 조건이 주어지는 경우, $\lim_{x\to\infty}$가 포함된 조건에서는 함수 $f(x)$의 차수와 최고차항의 계수를 구하고, $\lim_{x\to a}$ (a는 상수)가 포함된 조건에서는 함수 $f(x)$의 미정계수를 구한다.

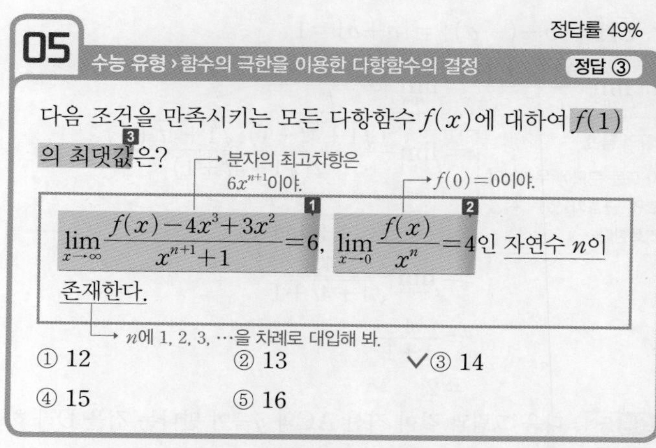

05 수능 유형 › 함수의 극한을 이용한 다항함수의 결정

정답률 49% 정답 ③

다음 조건을 만족시키는 모든 다항함수 $f(x)$에 대하여 $f(1)$의 최댓값은?

$\lim_{x\to\infty}\frac{f(x)-4x^3+3x^2}{x^{n+1}+1}=6$, $\lim_{x\to0}\frac{f(x)}{x^n}=4$인 자연수 n이 존재한다.

(→ 분자의 최고차항은 $6x^{n+1}$이야. → $f(0)=0$이야. → n에 1, 2, 3, …을 차례로 대입해 봐.)

① 12 ② 13 ✓③ 14 ④ 15 ⑤ 16

해결 흐름

1. $\lim_{x\to\infty}\frac{f(x)-4x^3+3x^2}{x^{n+1}+1}=6$을 이용하여 함수 $f(x)-4x^3+3x^2$의 차수를 알 수 있어.

연관 개념 | 두 다항함수 $g(x)$, $h(x)$에 대하여 $\lim_{x\to\infty}\frac{g(x)}{h(x)}=\alpha$ (α는 0이 아닌 상수)이면 $g(x)$와 $h(x)$는 차수가 같고, α는 $g(x)$와 $h(x)$의 최고차항의 계수의 비이다.

2. $\lim_{x\to0}\frac{f(x)}{x^n}=4$를 이용하여 함수 $f(x)$가 x^n을 인수로 가짐을 알 수 있겠네.

연관 개념 | 두 함수 $f(x)$, $g(x)$에 대하여 $\lim_{x\to a}\frac{f(x)}{g(x)}=\alpha$ (α는 실수)일 때, $\lim_{x\to a}g(x)=0$이면 $\lim_{x\to a}f(x)=0$이다.

3. $n=1, 2, 3, \cdots$을 차례로 대입한 식에서 1, 2를 이용하여 $f(1)$의 최댓값을 구하면 되겠다.

알찬 풀이

(i) $n=1$일 때,

$\lim_{x\to\infty}\frac{f(x)-4x^3+3x^2}{x^2+1}=6$이므로

함수 $f(x)-4x^3+3x^2$은 최고차항의 계수가 6인 이차함수이다. → $f(x)-4x^3+3x^2=6x^2+$■로 놓을 수 있어.

또, $\lim_{x\to0}\frac{f(x)}{x}=4$이므로

함수 $f(x)$의 일차항의 계수는 4이고 $f(x)$는 x를 인수로 갖는다. → $f(x)=4x^3+3x^2+$■가 x를 인수로 가지고 일차항의 계수가 4이려면 ■는 $4x$이어야 해.

따라서 $f(x)=4x^3+3x^2+4x$이므로

$f(1)=4+3+4=11$

(ii) $n=2$일 때,

$\lim_{x\to\infty}\frac{f(x)-4x^3+3x^2}{x^3+1}=6$이므로

함수 $f(x)-4x^3+3x^2$은 최고차항의 계수가 6인 삼차함수이다. → $f(x)-4x^3+3x^2=6x^3+$▲로 놓을 수 있어.

또, $\lim_{x\to0}\frac{f(x)}{x^2}=4$이므로

함수 $f(x)$의 이차항의 계수는 4이고 $f(x)$는 x^2을 인수로 갖는다. → $f(x)=10x^3-3x^2+$▲가 x^2을 인수로 가지고 이차항의 계수가 4이려면 $-3x^2+$▲는 $4x^2$이어야 해.

따라서 $f(x)=10x^3+4x^2$이므로

$f(1)=10+4=14$

(iii) $n\ge3$일 때, → n이 3 이상이면 함수 $f(x)$의 최고차항은 $6x^{n+1}$이야.

$\lim_{x\to\infty}\frac{f(x)-4x^3+3x^2}{x^{n+1}+1}=6$이므로

함수 $f(x)-4x^3+3x^2$은 최고차항의 계수가 6인 $(n+1)$차함수이다. → $f(x)-4x^3+3x^2=6x^{n+1}+$★로 놓을 수 있어.

또, $\lim_{x\to0}\dfrac{f(x)}{x^n}=4$이므로

함수 $f(x)$의 n차항의 계수는 4이고 $f(x)$는 x^n을 인수로 갖는다.

→ $f(x)=6x^{n+1}+4x^3-3x^2+★$가 x^n을 인수로 가지고 n차항의 계수가 4이려면 $4x^3-3x^2+★$는 $4x^n$이어야 해.

따라서 $f(x)=6x^{n+1}+4x^n$이므로

$f(1)=6+4=10$

(ⅰ), (ⅱ), (ⅲ)에서 $f(1)$의 최댓값은 14이다.

06

정답률 67%

수능 유형 › 함수의 극한을 이용한 다항함수의 결정 정답 ④

최고차항의 계수가 1인 이차함수 $f(x)$가

→ $f(x)$의 이차항의 계수가 1이겠네.

$$\lim_{x\to a}\frac{f(x)-(x-a)}{f(x)+(x-a)}=\frac{3}{5}$$

을 만족시킨다. 방정식 $f(x)=0$의 두 근을 α, β라 할 때, $|\alpha-\beta|$의 값은? (단, a는 상수이다.)

① 1 ② 2 ③ 3

✓④ 4 ⑤ 5

해결 흐름

1 만약 $\lim_{x\to a}f(x)\neq0$이라고 가정하면 주어진 등식이 성립할 수 없어.

2 방정식 $f(x)=0$의 두 근이 α, β임을 이용하여 함수 $f(x)$를 구해야겠네.

연관 개념 | 두 수 α, β를 근으로 갖고, x^2의 계수가 a인 이차방정식은 $a(x-\alpha)(x-\beta)=0$

알찬 풀이

$\lim_{x\to a}f(x)\neq0$이면

$$\lim_{x\to a}\frac{f(x)-(x-a)}{f(x)+(x-a)}=\frac{f(a)}{f(a)}=1$$

→ $\lim_{x\to a}\dfrac{f(x)-(x-a)}{f(x)+(x-a)}=\dfrac{3}{5}$으로 주어졌으니까 모순이지.

이므로 주어진 등식이 성립하지 않는다.

즉, $\lim_{x\to a}f(x)=0$이므로

$f(a)=0$ …… ㉠

→ $f(x)$가 $x-a$로 나누어떨어져. 즉, $x=a$는 방정식 $f(x)=0$의 한 근이라는 뜻이야.

또, 이차함수 $f(x)$의 최고차항의 계수가 1이고 방정식 $f(x)=0$의 두 근이 α, β이므로

$f(x)=(x-\alpha)(x-\beta)$ …… ㉡

㉠, ㉡에 의하여 $a=\alpha$라 하면

→ α, β 중 하나는 a와 일치해야 하니까 $a=\alpha$로 생각해 봐.

$$\lim_{x\to a}\frac{f(x)-(x-a)}{f(x)+(x-a)}$$

$$=\lim_{x\to\alpha}\frac{(x-\alpha)(x-\beta)-(x-\alpha)}{(x-\alpha)(x-\beta)+(x-\alpha)}$$

→ 분모, 분자를 각각 $x-\alpha$로 나눴어.

$$=\lim_{x\to\alpha}\frac{(x-\beta)-1}{(x-\beta)+1}$$

$$=\frac{\alpha-\beta-1}{\alpha-\beta+1}$$

$$=\frac{3}{5}$$

따라서 $5(\alpha-\beta)-5=3(\alpha-\beta)+3$이므로

$2(\alpha-\beta)=8$, $\alpha-\beta=4$

$\therefore |\alpha-\beta|=4$ → $a=\beta$로 놓고 풀면 $\alpha-\beta=-4$이므로 $|\alpha-\beta|=4$가 나와. 즉, $a=\alpha$ 또는 $a=\beta$로 놓고 풀 때 모두 $|\alpha-\beta|=4$야.

07

정답률 86%

수능 유형 › 함수의 극한을 이용한 다항함수의 결정 정답 13

다항함수 $f(x)$가 다음 조건을 만족시킬 때, $f(2)$의 값을 구하시오. 13

→ $f(x)$는 모든 실수에서 연속이야.

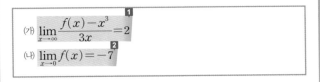

(가) $\lim_{x\to\infty}\dfrac{f(x)-x^3}{3x}=2$

(나) $\lim_{x\to0}f(x)=-7$

해결 흐름

1 $\lim_{x\to\infty}\dfrac{f(x)-x^3}{3x}=2$를 이용하여 함수 $f(x)$의 차수를 알 수 있어.

연관 개념 | 두 다항함수 $g(x)$, $h(x)$에 대하여 $\lim_{x\to\infty}\dfrac{g(x)}{h(x)}=\alpha$ (α는 0이 아닌 상수)이면 $g(x)$와 $h(x)$는 차수가 같고, α는 $g(x)$와 $h(x)$의 최고차항의 계수의 비이다.

2 $\lim_{x\to0}f(x)=-7$을 이용하여 함수 $f(x)$를 완성하면 되겠다.

알찬 풀이

조건 (가)에서 $\lim_{x\to\infty}\dfrac{f(x)-x^3}{3x}=2$이므로 함수 $f(x)-x^3$은 최고차항의 계수가 6인 일차함수이다.

→ 두 다항함수 $f(x)-x^3$과 $3x$의 차수가 같고 최고차항의 계수의 비가 2라는 뜻이야.

$\therefore f(x)=x^3+6x+a$ (단, a는 상수)

이때 $f(x)$는 다항함수이므로 조건 (나)에서

$\lim_{x\to0}f(x)=f(0)=-7$

$\therefore a=-7$ → $\lim_{x\to0}f(x)=\lim_{x\to0}(x^3+6x+a)=a$

따라서 $f(x)=x^3+6x-7$이므로

$f(2)=2^3+6\times2-7=13$

08

정답률 49%

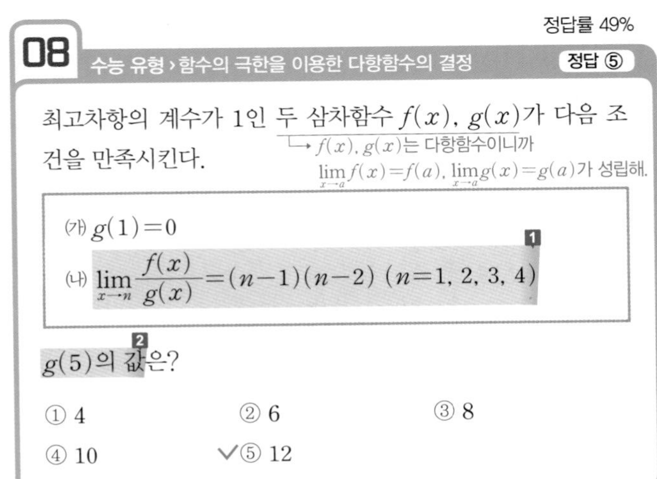

수능 유형 › 함수의 극한을 이용한 다항함수의 결정 정답 ⑤

최고차항의 계수가 1인 두 삼차함수 $f(x)$, $g(x)$가 다음 조건을 만족시킨다.

→ $f(x)$, $g(x)$는 다항함수이니까 $\lim_{x\to a}f(x)=f(a)$, $\lim_{x\to a}g(x)=g(a)$가 성립해.

(가) $g(1)=0$

(나) $\lim_{x\to n}\dfrac{f(x)}{g(x)}=(n-1)(n-2)$ $(n=1, 2, 3, 4)$

$g(5)$의 값은?

① 4 ② 6 ③ 8

④ 10 ✓⑤ 12

해결 흐름

1 조건 (나)에 $n=1$, $n=2$를 대입해서 함수 $f(x)$를 구해야겠어.

2 1에서 구한 함수 $f(x)$와 조건 (나)에 $n=3$, $n=4$를 대입한 식을 이용하면 함수 $g(x)$를 구할 수 있어.

연관 개념 | 두 함수 $f(x)$, $g(x)$에 대하여 $\lim_{x\to a}\dfrac{f(x)}{g(x)}=\alpha$ (α는 실수)일 때, $\lim_{x\to a}g(x)=0$이면 $\lim_{x\to a}f(x)=0$이다.

수학 Ⅱ

Ⅰ. 함수의 극한과 연속

알찬 풀이

조건 (나)에 $n=1$을 대입하면

$\lim_{x\to1}\frac{f(x)}{g(x)}=0$ ...... ㉠

㉠에서 극한값이 존재하고 $\lim_{x\to1}g(x)=g(1)=0$이므로 → 조건 (가)에 주어졌어.

$\lim_{x\to1}f(x)=f(1)=0$

따라서 $f(x)=(x-1)f_1(x)$, $g(x)=(x-1)g_1(x)$로 놓고 이를 ㉠에 대입하면 → $f(1)=0$, $g(1)=0$이므로 $f(x)$, $g(x)$는 $x-1$을 인수로 가져.

$\lim_{x\to1}\frac{(x-1)f_1(x)}{(x-1)g_1(x)}=\lim_{x\to1}\frac{f_1(x)}{g_1(x)}=0$ ...... ㉡

이때 ㉡이 성립하려면

$\lim_{x\to1}f_1(x)=f_1(1)=0$

이어야 하므로

> **다항함수의 극한값의 계산**
> $f(x)$, $g(x)$가 모두 다항함수일 때, $\lim_{x\to a}\frac{f(x)}{g(x)}=0$이면 $\lim_{x\to a}f(x)=0$이다.

$f_1(x)=(x-1)f_2(x)$로 놓으면

$f(x)=(x-1)f_1(x)=(x-1)^2f_2(x)$

조건 (나)에 $n=2$를 대입하면

$\lim_{x\to2}\frac{f(x)}{g(x)}=0$ ...... ㉢

이때 ㉢이 성립하려면

$\lim_{x\to2}f(x)=f(2)=0$ → $f(x)$는 $x-2$를 인수로 가져.

이어야 한다.

$f(x)$는 최고차항의 계수가 1인 삼차함수이므로

$f(x)=(x-1)^2(x-2)$

조건 (나)에 $n=3$을 대입하면

$$\lim_{x\to3}\frac{f(x)}{g(x)}=\lim_{x\to3}\frac{(x-1)^2(x-2)}{(x-1)g_1(x)}=\lim_{x\to3}\frac{(x-1)(x-2)}{g_1(x)}=\frac{2}{g_1(3)}=2$$

→ 조건 (나)에 $n=3$을 대입하면 $\lim_{x\to3}\frac{f(x)}{g(x)}=(3-1)\times(3-2)=2$야.

$\therefore g_1(3)=1$

조건 (나)에 $n=4$를 대입하면

$$\lim_{x\to4}\frac{f(x)}{g(x)}=\lim_{x\to4}\frac{(x-1)^2(x-2)}{(x-1)g_1(x)}=\lim_{x\to4}\frac{(x-1)(x-2)}{g_1(x)}=\frac{6}{g_1(4)}=6$$

→ 조건 (나)에서 $n=4$를 대입하면 $\lim_{x\to4}\frac{f(x)}{g(x)}=(4-1)\times(4-2)=6$이야.

$\therefore g_1(4)=1$

이때 $g(x)=(x-1)g_1(x)$이고 $g(x)$가 최고차항의 계수가 1인 삼차함수이므로

$g_1(x)=x^2+ax+b$ (a, b는 상수)

로 놓으면 → $g_1(x)$는 이차항의 계수가 1인 이차함수이어야 해.

$g_1(3)=9+3a+b=1$

$g_1(4)=16+4a+b=1$

두 식을 연립하여 풀면

$a=-7$, $b=13$

따라서 $g(x)=(x-1)(x^2-7x+13)$이므로

$g(5)=(5-1)\times(25-35+13)=4\times3=12$

정답률 79%

09 수능 유형 › 함수의 극한을 이용한 다항함수의 결정 정답 10

다항함수 $f(x)$가

1 $\lim_{x\to\infty}\frac{f(x)-x^3}{x^2}=-11$, **2** $\lim_{x\to1}\frac{f(x)}{x-1}=-9$

를 만족시킬 때, $\lim_{x\to\infty}xf\left(\frac{1}{x}\right)$의 값을 구하시오. 10

→ $f(x)$에 x 대신 $\frac{1}{x}$을 대입한 식이야.

해결 흐름

1 $\lim_{x\to\infty}\frac{f(x)-x^3}{x^2}=-11$을 이용하여 함수 $f(x)$의 차수를 알 수 있어.

연관 개념 | 두 다항함수 $g(x)$, $h(x)$에 대하여
$\lim_{x\to\infty}\frac{g(x)}{h(x)}=\alpha$ (α는 0이 아닌 상수)이면 $g(x)$와 $h(x)$는 차수가 같고, α는 $g(x)$와 $h(x)$의 최고차항의 계수의 비이다.

2 $\lim_{x\to1}\frac{f(x)}{x-1}=-9$를 이용하여 함수 $f(x)$를 완성해야겠다.

연관 개념 | 두 함수 $f(x)$, $g(x)$에 대하여
$\lim_{x\to a}\frac{f(x)}{g(x)}=\alpha$ (α는 실수)일 때, $\lim_{x\to a}g(x)=0$이면 $\lim_{x\to a}f(x)=0$이다.

알찬 풀이

$\lim_{x\to\infty}\frac{f(x)-x^3}{x^2}=-11$이므로 함수 $f(x)-x^3$은 최고차항의 계수가 -11인 이차함수이다.

→ 두 다항함수 $f(x)-x^3$과 x^2의 차수가 같고 최고차항의 계수의 비가 -11이라는 뜻이야.

$\therefore f(x)=x^3-11x^2+ax+b$ (단, a, b는 상수) ...... ㉠

$\lim_{x\to1}\frac{f(x)}{x-1}=-9$에서 $x\longrightarrow1$일 때, 극한값이 존재하고

(분모)$\longrightarrow0$이므로 (분자)$\longrightarrow0$이다.

즉, $\lim_{x\to1}f(x)=f(1)=0$이므로 ㉠에서 → $f(x)$는 $x-1$을 인수로 가져.

$1-11+a+b=0$

$\therefore b=-a+10$

$b=-a+10$을 ㉠에 대입하면

$f(x)=x^3-11x^2+ax-a+10$

$=(x-1)(x^2-10x+a-10)$

→ 다음과 같이 조립제법을 이용하여 인수분해했어.

1	1	−11	a	−a+10
		1	−10	a−10
	1	−10	a−10	0

$$\therefore \lim_{x\to1}\frac{f(x)}{x-1}=\lim_{x\to1}\frac{(x-1)(x^2-10x+a-10)}{x-1}=\lim_{x\to1}(x^2-10x+a-10)=1-10+a-10=a-19$$

즉, $a-19=-9$이므로

$a=10$, $b=0$ → $b=-a+10=-10+10=0$

따라서 $f(x)=x^3-11x^2+10x$이므로

$$\lim_{x\to\infty}xf\left(\frac{1}{x}\right)=\lim_{x\to\infty}x\left(\frac{1}{x^3}-\frac{11}{x^2}+\frac{10}{x}\right)=\lim_{x\to\infty}\left(\frac{1}{x^2}-\frac{11}{x}+10\right)=0-0+10=10$$

→ $\lim_{x\to\infty}\frac{1}{x^2}=0$, $\lim_{x\to\infty}\frac{11}{x}=0$

다른 풀이 $\lim_{x\to\infty}xf\left(\frac{1}{x}\right)$의 값은 다음과 같이 구할 수도 있다.

$\lim_{x\to\infty}xf\left(\frac{1}{x}\right)$에서 $\frac{1}{x}=t$라 하면 $x\longrightarrow\infty$일 때, $t\longrightarrow0+$이므로

$$\lim_{x\to\infty}xf\left(\frac{1}{x}\right)=\lim_{t\to0+}\frac{f(t)}{t}=\lim_{t\to0+}(t^2-11t+10)=10$$

정답률 79%

10 수능 유형 › 그래프를 이용한 함수의 극한 정답 ①

정의역이 $\{x|-2\le x\le 2\}$인 함수 $y=f(x)$의 그래프가 구간 $[0, 2]$에서 그림과 같고, 정의역에 속하는 모든 실수 x에 대하여 $f(-x)=-f(x)$이다. [1]

(→ $-2\le x\le 2$를 의미하지.)

$\lim_{x\to -1+} f(x)+\lim_{x\to 2-} f(x)$의 값은? [1]

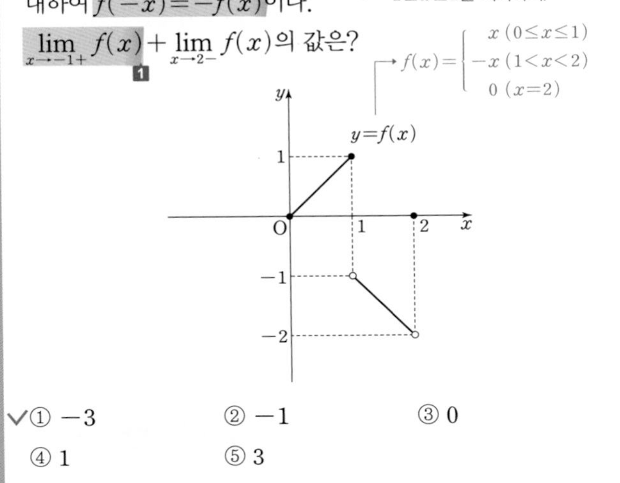

✓① -3 ② -1 ③ 0 ④ 1 ⑤ 3

해결 흐름

1 $\lim_{x\to -1+} f(x)$의 값을 구하기 위해 $-2\le x\le 2$에서 $f(-x)=-f(x)$를 만족시키는 함수 $y=f(x)$의 그래프를 그려 봐야겠어.

연관 개념 | 함수 $y=f(x)$가 정의역에 속하는 모든 실수 x에 대하여 $f(-x)=-f(x)$이면 함수 $y=f(x)$의 그래프는 원점에 대하여 대칭이다.

알찬 풀이

함수 $f(x)$가 정의역에 속하는 모든 실수 x에 대하여 $f(-x)=-f(x)$이므로 함수 $y=f(x)$의 그래프는 원점에 대하여 대칭이다.

따라서 함수 $y=f(x)$의 그래프는 오른쪽 그림과 같다.

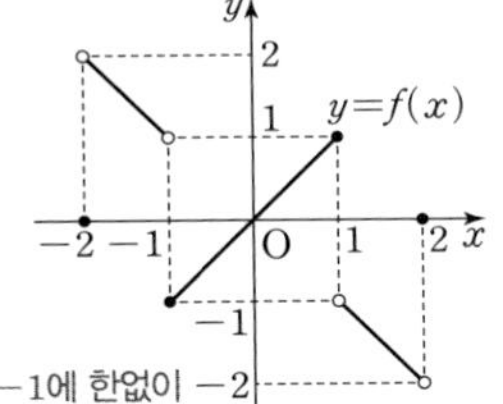

(→ x가 -1보다 큰 값을 가지면서 -1에 한없이 가까워질 때 $f(x)$의 값은 -1에 한없이 가까워져.)

$\therefore \lim_{x\to -1+} f(x)+\lim_{x\to 2-} f(x)$

$=-1+(-2)$

(→ x가 2보다 작은 값을 가지면서 2에 한없이 가까워질 때 $f(x)$의 값은 -2에 한없이 가까워져.)

$=-3$

다른 풀이 $\lim_{x\to -1+} f(x)$에서 $-x=t$라 하면 $x\to -1+$일 때 $t\to 1-$이므로

$\lim_{x\to -1+} f(x)=\lim_{t\to 1-} f(-t)=\lim_{t\to 1-}\{-f(t)\}$

$=-\lim_{t\to 1-} f(t)=-1$

또, 주어진 그래프에서 $\lim_{x\to 2-} f(x)=-2$

$\therefore \lim_{x\to -1+} f(x)+\lim_{x\to 2-} f(x)=-1+(-2)=-3$

수능 핵심 개념 우극한과 좌극한

(1) 우극한: 함수 $f(x)$에서 $x\to a+$일 때 $f(x)$의 값이 일정한 수 L에 한없이 가까워지면 L을 $f(x)$의 $x=a$에서의 우극한이라 하고 $\lim_{x\to a+} f(x)=L$로 나타낸다.

(2) 좌극한: 함수 $f(x)$에서 $x\to a-$일 때 $f(x)$의 값이 일정한 수 M에 한없이 가까워지면 M을 $f(x)$의 $x=a$에서의 좌극한이라 하고 $\lim_{x\to a-} f(x)=M$으로 나타낸다.

정답률 56%

11 수능 유형 › 함수의 극한의 활용 정답 ④

실수 t에 대하여 직선 $y=t$가 함수 $y=|x^2-1|$의 그래프와 [1] 만나는 점의 개수를 $f(t)$라 할 때, $\lim_{t\to 1-} f(t)$의 값은? [2]

① 1 ② 2 ③ 3 ✓④ 4 ⑤ 5

해결 흐름

1 함수 $y=x^2-1$의 그래프를 대칭이동하여 함수 $y=|x^2-1|$의 그래프를 그릴 수 있어.

연관 개념 | 함수 $y=|f(x)|$의 그래프는 함수 $y=f(x)$의 그래프를 그린 후 $y\ge 0$인 부분은 그대로 두고, $y<0$인 부분만 x축에 대하여 대칭이동하여 그린다.

2 직선 $y=t$를 움직이면서 t의 값의 변화에 따른 교점의 개수를 알아보고 $f(t)$를 구해야겠다.

알찬 풀이

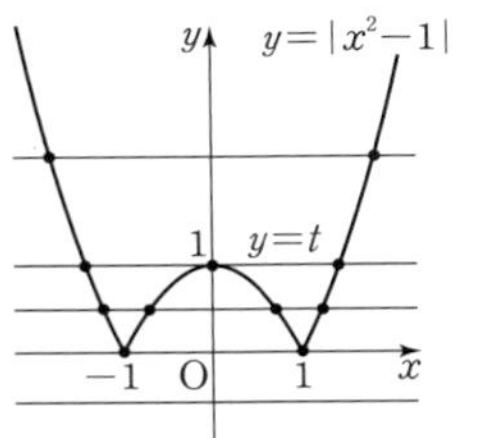

함수 $y=|x^2-1|$의 그래프와 직선 $y=t$는 위의 그림과 같으므로

$$f(t)=\begin{cases} 2 & (t>1) \\ 3 & (t=1) \\ 4 & (0<t<1) \\ 2 & (t=0) \\ 0 & (t<0)\end{cases}$$

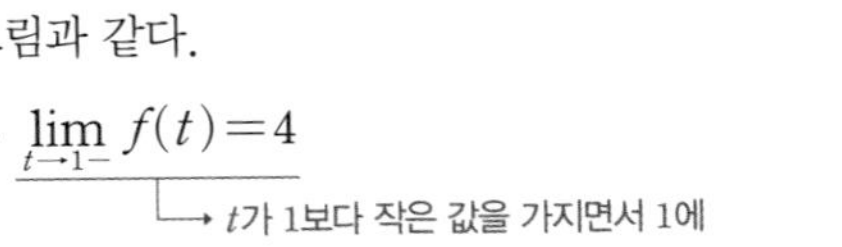

(→ 점 $(0, 1)$에서 함수 $y=|x^2-1|$의 그래프와 직선 $y=t$가 접해.)

따라서 함수 $y=f(t)$의 그래프는 오른쪽 그림과 같다.

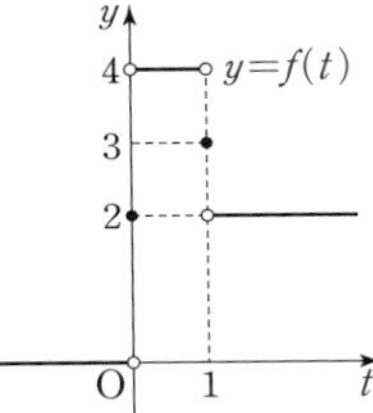

$\therefore \lim_{t\to 1-} f(t)=4$

(→ t가 1보다 작은 값을 가지면서 1에 한없이 가까워질 때 $f(t)$의 값은 4야.)

빠른 풀이 $0<t<1$일 때, 직선 $y=t$가 함수 $y=|x^2-1|$의 그래프와 만나는 점의 개수는 4이므로

$f(t)=4$

$\therefore \lim_{t\to 1-} f(t)=\lim_{t\to 1-} 4=4$

($\lim_{x\to a} c=c$ (단, c는 상수))

수능 핵심 개념 절댓값 기호를 포함한 식의 그래프

절댓값 기호를 포함한 식의 그래프는 다음과 같이 그리면 편리하다.

(1) $y=|f(x)|$의 그래프는 $y=f(x)$의 그래프를 그린 후 $y\ge 0$인 부분은 남기고, $y<0$인 부분은 x축에 대하여 대칭이동한다.

(2) $y=f(|x|)$의 그래프는 $y=f(x)$의 그래프를 그린 후 $x\ge 0$인 부분만 남기고, 이 부분을 y축에 대하여 대칭이동한다.

(3) $|y|=f(x)$의 그래프는 $y=f(x)$의 그래프를 그린 후 $y\ge 0$인 부분만 남기고, 이 부분을 x축에 대하여 대칭이동한다.

(4) $|y|=f(|x|)$의 그래프는 $y=f(x)$의 그래프를 그린 후 $x\ge 0$, $y\ge 0$인 부분만 남기고, 이 부분을 x축, y축, 원점에 대하여 각각 대칭이동한다.

12 수능 유형 › 함수의 극한의 활용

정답률 62%

정답 16

x가 양수일 때, x보다 작은 자연수 중에서 소수의 개수를 $f(x)$라 하고, 함수 $g(x)$를

$$g(x)=\begin{cases} f(x) & (x>2f(x)) \\ \dfrac{1}{f(x)} & (x\le 2f(x)) \end{cases}$$

→ $\frac{7}{2}$보다 작은 소수는 2, 3의 2개이므로 $f\left(\frac{7}{2}\right)=2$

라고 하자. 예를 들어 $f\left(\frac{7}{2}\right)=2$이고 $\frac{7}{2}<2f\left(\frac{7}{2}\right)$이므로 $g\left(\frac{7}{2}\right)=\frac{1}{2}$이다. $\lim_{x\to 8+} g(x)=\alpha$, $\lim_{x\to 8-} g(x)=\beta$라 할 때, **1** $\frac{\alpha}{\beta}$의 값을 구하시오. **16**

→ $g\left(\frac{7}{2}\right)=\frac{1}{f\left(\frac{7}{2}\right)}=\frac{1}{2}$

해결 흐름

1 $7<x<8$일 때와 $8<x<9$일 때로 나누어 $f(x)$와 $g(x)$를 구해야겠다.

연관 개념 | 소수란 1과 자기 자신만을 약수로 가지는 수를 말한다. 이때 1은 소수도 아니고 합성수도 아니다.

알찬 풀이

(i) $8<x<9$일 때,

x보다 작은 자연수 중에서 소수는 2, 3, 5, 7의 4개이므로

$f(x)=4$

이때 $2f(x)=2\times4=8$이므로

$x>2f(x)$ → $2f(x)=8$이고 $8<x<9$이므로 $x>2f(x)$

즉, $g(x)=f(x)=4$이므로

$\alpha=\lim_{x\to 8+} g(x)=\lim_{x\to 8+} 4=4$

(ii) $7<x<8$일 때,

x보다 작은 자연수 중에서 소수는 2, 3, 5, 7의 4개이므로

$f(x)=4$

이때 $2f(x)=2\times4=8$이므로

$x<2f(x)$ → $2f(x)=8$이고 $7<x<8$이므로 $x<2f(x)$

즉, $g(x)=\frac{1}{f(x)}=\frac{1}{4}$이므로

$\beta=\lim_{x\to 8-} g(x)=\lim_{x\to 8-} \frac{1}{4}=\frac{1}{4}$

(i), (ii)에서 $\frac{\alpha}{\beta}=\frac{4}{\frac{1}{4}}=16$

다른 풀이 자연수 중에서 소수는 2, 3, 5, 7, ⋯이므로 다음과 같이 소수를 기준으로 $f(x)$를 생각할 수 있다.

2보다 작은 자연수 중에서 소수는 없으므로

$0<x\le2$일 때, $f(x)=0$

3보다 작은 자연수 중에서 소수는 2의 1개이므로

$2<x\le3$일 때, $f(x)=1$

이와 같은 방법으로 하면 함수 $f(x)$와 그 그래프는 다음과 같다.

$$f(x)=\begin{cases} 0 & (0<x\le2) \\ 1 & (2<x\le3) \\ 2 & (3<x\le5) \\ 3 & (5<x\le7) \\ 4 & (7<x\le11) \\ \vdots \end{cases}$$

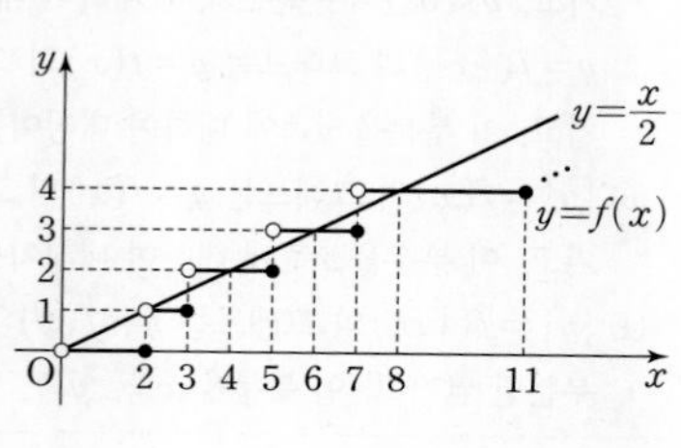

이때 $g(x)=\begin{cases} f(x) & \left(\frac{x}{2}>f(x)\right) \\ \dfrac{1}{f(x)} & \left(\frac{x}{2}\le f(x)\right) \end{cases}$이고,

앞의 그래프에서

(i) $x\longrightarrow 8+$일 때 $\frac{x}{2}>f(x)$이므로 $g(x)=f(x)$

$\therefore \alpha=\lim_{x\to 8+} g(x)=\lim_{x\to 8+} f(x)=4$

(ii) $x\longrightarrow 8-$일 때 $\frac{x}{2}<f(x)$이므로 $g(x)=\frac{1}{f(x)}$

$\therefore \beta=\lim_{x\to 8-} g(x)=\lim_{x\to 8-} \frac{1}{f(x)}=\frac{1}{4}$

(i), (ii)에서 $\frac{\alpha}{\beta}=\frac{4}{\frac{1}{4}}=16$

13 수능 유형 › 함수의 극한의 활용

정답률 41%

정답 ②

그림과 같이 좌표평면 위의 네 점 O(0, 0), A(0, 2), B(−2, 2), C(−2, 0)과 점 P(t, 0) ($t>0$)에 대하여 직선 l이 정사각형 OABC의 넓이와 직각삼각형 AOP의 넓이를 각각 이등분한다. **1 3** 양의 실수 t에 대하여 직선 l의 y절편을 $f(t)$ **2** 라 할 때, $\lim_{t\to 0+} f(t)$의 값은?

→ $2\times2=4$야. → $\frac{1}{2}\times t\times2=t$야.

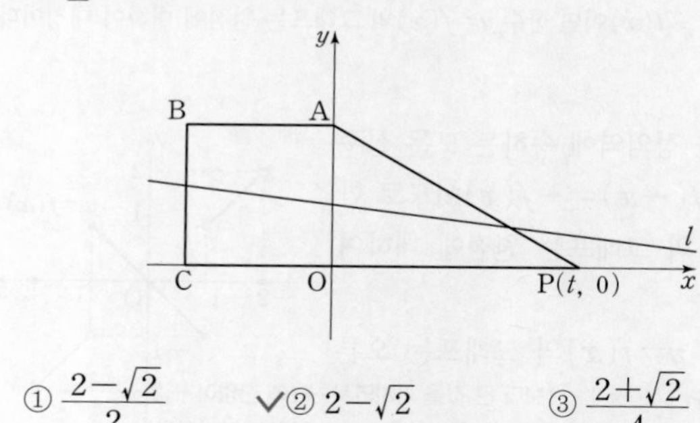

① $\frac{2-\sqrt{2}}{2}$ ✔② $2-\sqrt{2}$ ③ $\frac{2+\sqrt{2}}{4}$

④ 1 ⑤ $\frac{2+\sqrt{2}}{3}$

해결 흐름

1 직선 l이 정사각형의 넓이를 이등분하니까 정사각형의 두 대각선의 교점을 지나겠구나. 이 교점을 지나는 직선의 방정식을 세워 봐야겠다.

연관 개념 | 점 (x_1, y_1)을 지나고 기울기가 m인 직선의 방정식은 $y-y_1=m(x-x_1)$

2 직선 l의 y절편이 $f(t)$이므로 직선 l의 방정식을 이용하여 $f(t)$를 구해야겠군.

3 직선 l과 직선 AP의 교점의 x좌표를 구하고, 직각삼각형 AOP의 넓이가 t임을 이용해야지.

알찬 풀이

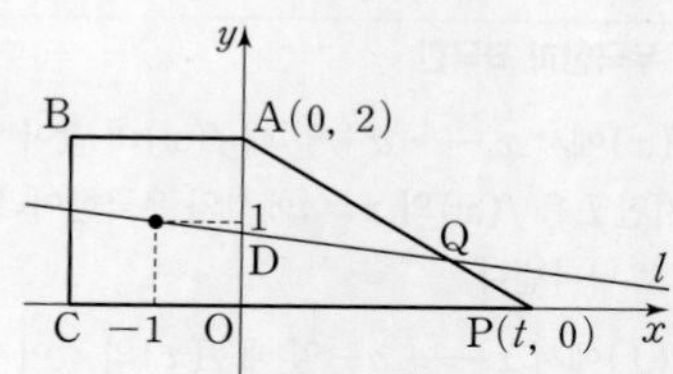

직선 l이 정사각형 OABC의 넓이를 이등분하므로 두 대각선의 교점인 점 $(-1, 1)$을 지난다.

→ 정사각형 OABC의 두 대각선의 교점은 한 대각선 BO의 중점과 같으므로 그 좌표는 $\left(\frac{-2+0}{2}, \frac{2+0}{2}\right)$

이때 직선 l의 기울기를 m이라 하면 직선 l의 방정식은

$y-1=m\{x-(-1)\}$

$\therefore y=mx+m+1$

직선 l과 y축의 교점을 D라 하면 점 D의 좌표는 $(0,\ m+1)$

$\therefore f(t)=m+1$ ...... ㉠

한편, 직선 l과 직선 AP의 교점을 Q라 하자.

직선 AP의 방정식이

$\frac{x}{t}+\frac{y}{2}=1$, 즉 $y=-\frac{2}{t}x+2$

> 직선의 방정식
> x절편이 a, y절편이 b인 직선의 방정식은 $\frac{x}{a}+\frac{y}{b}=1$

이므로 점 Q의 x좌표는

$mx+m+1=-\frac{2}{t}x+2$에서

$\left(m+\frac{2}{t}\right)x=1-m$, $\frac{mt+2}{t}x=1-m$

$\therefore x=\frac{(1-m)t}{mt+2}$

이때 삼각형 ADQ의 넓이가 삼각형 AOP의 넓이의 $\frac{1}{2}$이므로

(→ 선분 AD의 길이야.)

$\frac{1}{2}\times\{2-(m+1)\}\times\frac{(1-m)t}{mt+2}=\frac{1}{2}\times\left(\frac{1}{2}\times t\times 2\right)$

(→ 점 Q의 x좌표가 0보다 크니까 절댓값 기호를 붙이지 않아도 돼.)

$(1-m)^2=mt+2$ ($\because t\neq 0$)

$m^2-(t+2)m-1=0$

$\therefore m=\frac{-\{-(t+2)\}\pm\sqrt{\{-(t+2)\}^2-4\times1\times(-1)}}{2}$

$=\frac{t+2\pm\sqrt{t^2+4t+8}}{2}$

(m에 대한 이차방정식이니까 근의 공식을 이용하면 m의 값을 구할 수 있어.)

그런데 직선 l의 y절편이 $m+1$이고 $0<m+1<2$이므로

$-1<m<1$

$\therefore m=\frac{t+2-\sqrt{t^2+4t+8}}{2}$ → 오답 Clear를 확인해 봐.

이를 ㉠에 대입하면

$f(t)=\frac{t+2-\sqrt{t^2+4t+8}}{2}+1=\frac{t+4-\sqrt{t^2+4t+8}}{2}$

$\therefore \lim_{t\to0+}f(t)=\lim_{t\to0+}\frac{t+4-\sqrt{t^2+4t+8}}{2}$

$=\frac{4-2\sqrt{2}}{2}=2-\sqrt{2}$

오답 Clear

$m=\frac{t+2+\sqrt{t^2+4t+8}}{2}$이라 하면

$\sqrt{t^2+4t+8}=\sqrt{(t+2)^2+4}>t+2$

이므로 $m>t+2$이고, 문제에서 $t>0$이므로 $m>2$이다.

따라서 $-1<m<1$인 조건에 맞지 않으므로 주의해야 한다.

생생 수험 Talk

수능 시험 전날, 생각만 해도 긴장되지? 나는 시험 전날에는 너무 무리하지 않으려고 노력했고 뭔가 평소와 다른 행동은 안 하려고 했어. 긴장한 탓에 수능에서 평소보다 점수가 잘 안 나오는 경우들이 정말 많거든. 그동안 정리해 놓은 공책을 다시 한번 보면서 차분하게 정리하는 시간을 가지는 것도 좋아. 실수하지 않고 떨지 않으면 최소한 평소대로의 점수가 나올 거라고 생각하고, 자신감을 잃지 마!

정답률 42%

14 수능 유형 › 함수의 극한의 활용 정답 6

최고차항의 계수가 1이고 두 점 $A(-2,\ 0)$, $P(t,\ t+2)$를 지나는 이차함수 $f(x)$가 있다. 함수 $y=f(x)$의 그래프가 y축과 만나는 점을 Q라 할 때, $\lim_{t\to\infty}(\sqrt{2}\times\overline{AP}-\overline{AQ})$의 값을 구하시오. (단, $t\neq-2$) 6

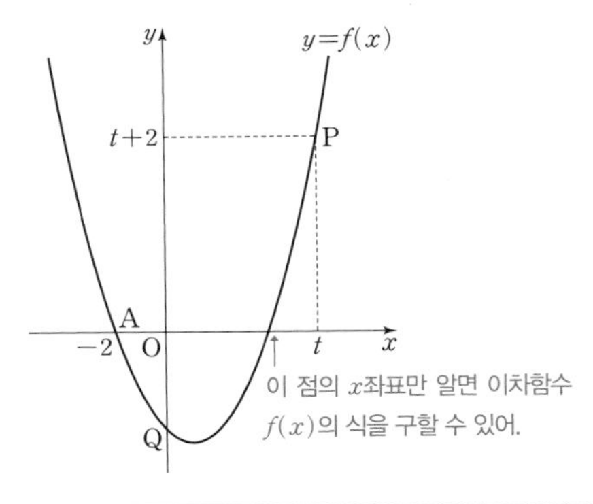

해결 흐름

1 점 Q의 좌표를 구하기 위해 먼저 이차함수 $f(x)$의 식을 구해야겠네.

2 두 선분 AP, AQ의 길이를 각각 t에 대한 식으로 나타내어 극한값을 구해야지.

연관 개념 | 좌표평면 위의 두 점 $A(x_1,\ y_1)$, $B(x_2,\ y_2)$ 사이의 거리는 $\overline{AB}=\sqrt{(x_2-x_1)^2+(y_2-y_1)^2}$

알찬 풀이

이차함수 $f(x)$의 최고차항의 계수가 1이고 $y=f(x)$의 그래프가 점 $A(-2,\ 0)$을 지나므로

$f(x)=(x+2)(x-k)$ (k는 실수) ...... ㉠

로 놓을 수 있다.

(이차방정식 $f(x)=0$의 한 근이 -2이고 다른 한 근을 k라 하면 $f(x)$를 ㉠과 같이 놓을 수 있어.)

이때 함수 $y=f(x)$의 그래프가 점 $P(t,\ t+2)$를 지나므로 (→ $f(t)=t+2$야.)

$t+2=(t+2)(t-k)$, $t-k=1$ ($\because t\neq-2$)

$\therefore k=t-1$ (→ ㉠에 $x=t$를 대입한 거야.)

이를 ㉠에 대입하면 $f(x)=(x+2)(x-t+1)$

이므로 점 Q의 좌표는 $(0,\ -2t+2)$이다.

$\overline{AP}=\sqrt{\{t-(-2)\}^2+(t+2-0)^2}$

$=|t+2|\sqrt{2}$

(→ $\overline{AP}=\sqrt{2(t+2)^2}$에서 $t+2$의 값의 부호를 모르니까 $t+2$를 근호 밖으로 꺼낼 때, 절댓값 기호를 반드시 써야 해.)

$\overline{AQ}=\sqrt{\{0-(-2)\}^2+\{(-2t+2)-0\}^2}$

$=2\sqrt{t^2-2t+2}$

$\therefore \lim_{t\to\infty}(\sqrt{2}\times\overline{AP}-\overline{AQ})$

> $\infty-\infty$ 꼴의 극한
> 근호가 있으면 근호가 있는 쪽을 유리화한다.

$=\lim_{t\to\infty}(2|t+2|-2\sqrt{t^2-2t+2})$

$=2\lim_{t\to\infty}\frac{(|t+2|-\sqrt{t^2-2t+2})(|t+2|+\sqrt{t^2-2t+2})}{|t+2|+\sqrt{t^2-2t+2}}$

$=2\lim_{t\to\infty}\frac{|t+2|^2-(t^2-2t+2)}{|t+2|+\sqrt{t^2-2t+2}}$

($|t+2|^2=t^2+4|t|+4$인데, $t\to\infty$이므로 극한값을 구할 때는 t를 양수로 생각해도 돼.)

$=2\lim_{t\to\infty}\frac{6t+2}{|t+2|+\sqrt{t^2-2t+2}}$

$=2\lim_{t\to\infty}\frac{6+\frac{2}{t}}{\left|1+\frac{2}{t}\right|+\sqrt{1-\frac{2}{t}+\frac{2}{t^2}}}$

> $\frac{\infty}{\infty}$ 꼴의 극한
> 분모의 최고차항으로 분모, 분자를 각각 나눈다.

$=2\times3=6$

수학 Ⅱ

Ⅰ. 함수의 극한과 연속

정답률 52%

15 수능 유형 › 함수의 극한의 활용

정답 ②

그림과 같이 곡선 $y=x^2$ 위의 점 $\mathrm{P}(t, t^2)$ $(t>0)$에 대하여 x축 위의 점 Q, y축 위의 점 R가 다음 조건을 만족시킨다.

> (가) 삼각형 POQ는 $\overline{\mathrm{PO}}=\overline{\mathrm{PQ}}$인 이등변삼각형이다. **1**
> (나) 삼각형 PRO는 $\overline{\mathrm{RO}}=\overline{\mathrm{RP}}$인 이등변삼각형이다.

삼각형 POQ와 삼각형 PRO의 넓이를 각각 $S(t)$, $T(t)$라 할 때, $\lim_{t\to0+}\frac{T(t)-S(t)}{t}$의 값은? (단, O는 원점이다.) **2**

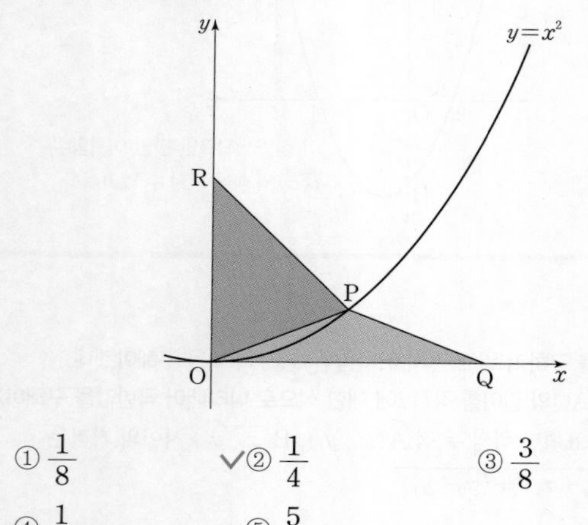

① $\frac{1}{8}$　✔② $\frac{1}{4}$　③ $\frac{3}{8}$
④ $\frac{1}{2}$　⑤ $\frac{5}{8}$

해결 흐름

1 이등변삼각형의 성질을 이용하여 두 점 Q, R의 좌표를 각각 구해야겠구나.
연관 개념 | 오른쪽 그림과 같이 $\overline{\mathrm{AB}}=\overline{\mathrm{AC}}$인 이등변삼각형 ABC의 꼭짓점 A에서 밑변 BC에 내린 수선의 발을 H라 하면 $\overline{\mathrm{BH}}=\overline{\mathrm{CH}}$

2 두 삼각형 POQ와 PRO의 넓이를 t에 대한 식으로 나타낸 후, 극한값을 구해야겠다.

알찬 풀이

조건 (가)에서 삼각형 POQ가 $\overline{\mathrm{PO}}=\overline{\mathrm{PQ}}$인 이등변삼각형이므로 오른쪽 그림과 같이 점 P에서 x축에 내린 수선의 발을 H라 하면
$\overline{\mathrm{OH}}=\overline{\mathrm{QH}}$
이때 점 H의 좌표는 $(t, 0)$이므로
점 Q의 좌표는
$(2t, 0)$
따라서 삼각형 POQ의 넓이 $S(t)$는
$S(t)=\frac{1}{2}\times 2t\times t^2=t^3$
→ (높이)$=\overline{\mathrm{PH}}=$(점 P의 y좌표)
또, 조건 (나)에서 삼각형 PRO가 $\overline{\mathrm{RO}}=\overline{\mathrm{RP}}$인 이등변삼각형이므로 점 R에서 선분 OP에 내린 수선의 발을 M이라 하면
$\overline{\mathrm{OM}}=\overline{\mathrm{PM}}$
$\therefore \mathrm{M}\left(\frac{t}{2}, \frac{t^2}{2}\right)$ → 점 M은 선분 OP의 중점이야.
이때 직선 OP의 기울기는 $\frac{t^2-0}{t-0}=t$이고, 두 직선 OP와 RM이 서로 수직이므로 직선 RM의 기울기는 $-\frac{1}{t}$이다.
→ 서로 수직인 두 직선의 기울기의 곱은 -1임을 이용하여 직선 RM의 기울기를 구할 수 있어.

직선 RM의 방정식은
$y-\frac{t^2}{2}=-\frac{1}{t}\left(x-\frac{t}{2}\right)$

> **직선의 방정식**
> 한 점 (x_1, y_1)을 지나고 기울기가 m인 직선의 방정식은
> $y-y_1=m(x-x_1)$

즉, $y=-\frac{1}{t}x+\frac{t^2+1}{2}$
$\therefore \mathrm{R}\left(0, \frac{t^2+1}{2}\right)$ → 점 R는 직선 RM이 y축과 만나는 점이야.
따라서 삼각형 PRO의 넓이 $T(t)$는
$T(t)=\frac{1}{2}\times\frac{t^2+1}{2}\times t$ → (높이)=(점 P의 x좌표), (밑변의 길이)$=\overline{\mathrm{OR}}$
$=\frac{1}{4}(t^3+t)$

$$\therefore \lim_{t\to0+}\frac{T(t)-S(t)}{t}=\lim_{t\to0+}\frac{\frac{1}{4}(t^3+t)-t^3}{t}=\lim_{t\to0+}\left(-\frac{3}{4}t^2+\frac{1}{4}\right)=\frac{1}{4}$$

빠른 풀이 점 R의 좌표를 다음과 같이 구할 수도 있다.
점 R의 좌표를 $(0, k)$ $(k>0)$라 하면
$\overline{\mathrm{RP}}=\sqrt{t^2+(t^2-k)^2}$

> **두 점 사이의 거리**
> 좌표평면 위의 두 점 $\mathrm{A}(x_1, y_1)$, $\mathrm{B}(x_2, y_2)$ 사이의 거리는
> $\overline{\mathrm{AB}}=\sqrt{(x_2-x_1)^2+(y_2-y_1)^2}$

이때 조건 (나)에서 $\overline{\mathrm{RO}}=\overline{\mathrm{RP}}$이므로
$k=\sqrt{t^2+(t^2-k)^2}$
위의 식의 양변을 제곱하면
$k^2=t^2+(t^2-k)^2$
$2kt^2=t^4+t^2$
$\therefore k=\frac{t^4+t^2}{2t^2}=\frac{t^2+1}{2}$ $(\because t>0)$
즉, 점 R의 좌표는 $\left(0, \frac{t^2+1}{2}\right)$이다.

실전적용 key

삼각형 PRO가 이등변삼각형이므로 (넓이)$=\frac{1}{2}\times\overline{\mathrm{OP}}\times\overline{\mathrm{RM}}$과 같이 선분 OP를 밑변으로, 선분 RM을 높이로 하여 그 넓이를 구할 수도 있다.
하지만 이 문제에서는 두 점 P, R의 좌표를 알고 있으므로
(넓이)$=\frac{1}{2}\times\overline{\mathrm{OR}}\times$(점 P의 x좌표)로 구하는 것이 더 편리하다.

정답률 확률과 통계 73%, 미적분 91%, 기하 85%

16 수능 유형 › 함수의 연속

정답 ③

함수

$$f(x)=\begin{cases} x-\frac{1}{2} & (x<0) \\ -x^2+3 & (x\ge0) \end{cases}$$

→ 함수 $f(x)$는 $x=0$에서 불연속이야.

에 대하여 함수 $\{f(x)+a\}^2$이 실수 전체의 집합에서 연속일 때, 상수 a의 값은? **1**
→ 함수 $\{f(x)+a\}^2$이 $x=0$에서 연속이어야 해.

① $-\frac{9}{4}$　② $-\frac{7}{4}$　✔③ $-\frac{5}{4}$
④ $-\frac{3}{4}$　⑤ $-\frac{1}{4}$

해결 흐름

1 함수 $(f(x)+a)^2$이 실수 전체의 집합에서 연속이 될 조건을 생각해 봐야겠네.

연관 개념 | 함수 $f(x)$가 실수 a에 대하여
(i) $f(x)$가 $x=a$에서 정의되어 있고
(ii) 극한값 $\lim_{x\to a} f(x)$가 존재하며
(iii) $\lim_{x\to a} f(x)=f(a)$
이면 함수 $f(x)$는 $x=a$에서 연속이라 한다.

알찬 풀이

함수 $f(x)$는 $x=0$에서 불연속이므로 함수 $(f(x)+a)^2$이 실수 전체의 집합에서 연속이려면 $x=0$에서 연속이어야 한다.

> **함수의 불연속**
> 함수 $f(x)$가 실수 a에 대하여
> (i) $x=a$에서 정의되어 있지 않거나
> (ii) 극한값 $\lim_{x\to a} f(x)$가 존재하지 않거나
> (iii) $\lim_{x\to a} f(x)\neq f(a)$
> 이면 함수 $f(x)$는 $x=a$에서 불연속이다.

즉, $\lim_{x\to 0-}(f(x)+a)^2=\lim_{x\to 0+}(f(x)+a)^2=(f(0)+a)^2$이므로

$$\lim_{x\to 0-}\left(x-\frac{1}{2}+a\right)^2=\lim_{x\to 0+}(-x^2+3+a)^2=(3+a)^2$$

좌극한값, 우극한값, 함숫값이 모두 같아야 해.

$$\left(-\frac{1}{2}+a\right)^2=(3+a)^2$$

$$\frac{1}{4}-a+a^2=9+6a+a^2$$

$$-7a=\frac{35}{4}\qquad \therefore a=-\frac{5}{4}$$

정답률 확률과 통계 32%, 미적분 53%, 기하 43%

17 수능 유형 › 함수의 연속을 이용한 다항함수의 결정 정답 ④

최고차항의 계수가 1인 삼차함수 $f(x)$에 대하여 함수 $g(x)$를

$$g(x)=\begin{cases}\dfrac{f(x+3)\{f(x)+1\}}{f(x)} & (f(x)\neq 0)\\ 3 & (f(x)=0)\end{cases}$$

($\lim_{x\to 3} g(x)\neq g(3)$이지.)

이라 하자. $\lim_{x\to 3} g(x)=g(3)-1$일 때, $g(5)$의 값은? **1 2**

① 14 ② 16 ③ 18 ✓④ 20 ⑤ 22

해결 흐름

1 $\lim_{x\to 3} g(x)\neq g(3)$이니까 함수 $g(x)$는 $x=3$에서 불연속이겠구나.

연관 개념 | 함수 $f(x)$가 실수 a에 대하여
(i) $x=a$에서 정의되어 있지 않거나
(ii) 극한값 $\lim_{x\to a} f(x)$가 존재하지 않거나
(iii) $\lim_{x\to a} f(x)\neq f(a)$
이면 함수 $f(x)$는 $x=a$에서 불연속이다.

2 극한값 $\lim_{x\to 3} g(x)$가 존재함을 이용해 봐야지.

> **연속함수의 성질**
> 두 함수 $f(x)$, $g(x)$가 각각 $x=a$에서 연속이면 $\dfrac{f(x)}{g(x)}$도 $x=a$에서 연속이다. (단, $g(a)\neq 0$)

알찬 풀이

함수 $f(x)$는 다항함수이므로 $\dfrac{f(x+3)\{f(x)+1\}}{f(x)}$은 $f(x)\neq 0$인 모든 실수 x에서 연속이다.

$\lim_{x\to 3} g(x)=g(3)-1\neq g(3)$이므로 함수 $g(x)$는 $x=3$에서 불연속이다.

$\therefore f(3)=0$, $g(3)=3$ ($f(x)$는 $x-3$을 인수로 가져.) → $f(3)=0$이므로 함수 $g(x)$의 정의에 의해 $g(3)=3$이야.

또, $\lim_{x\to 3} g(x)=g(3)-1=3-1=2$에서

$$\lim_{x\to 3}\frac{f(x+3)\{f(x)+1\}}{f(x)}=2 \qquad \cdots\cdots ㉠$$

㉠에서 $x\to 3$일 때 극한값이 존재하고 (분모)$\to 0$이므로 (분자)$\to 0$이어야 한다.

> **미정계수의 결정**
> 두 함수 $f(x)$, $g(x)$에 대하여 $\lim_{x\to a}\dfrac{f(x)}{g(x)}=\alpha$ (α는 실수)일 때, $\lim_{x\to a} g(x)=0$이면 $\lim_{x\to a} f(x)=0$이다.

즉, $\lim_{x\to 3} f(x+3)\{f(x)+1\}=0$에서

$f(6)\{f(3)+1\}=0$

$\therefore f(6)=0$ ($\because f(3)+1\neq 0$)

$f(x)=(x-3)(x-6)(x+a)$ (a는 상수)로 놓으면 ($f(x)$는 $x-6$을 인수로 가져.)

$$\begin{aligned}\lim_{x\to 3} g(x)&=\lim_{x\to 3}\frac{f(x+3)\{f(x)+1\}}{f(x)}\\&=\lim_{x\to 3}\frac{x(x-3)(x+3+a)\{(x-3)(x-6)(x+a)+1\}}{(x-3)(x-6)(x+a)}\\&=\lim_{x\to 3}\frac{x(x+3+a)\{(x-3)(x-6)(x+a)+1\}}{(x-6)(x+a)}\\&=\frac{3(6+a)}{-3(3+a)}\\&=\frac{6+a}{-3-a}=2\end{aligned}$$

> **$\frac{0}{0}$ 꼴의 극한**
> 분모, 분자가 모두 다항식이면 분모, 분자를 각각 인수분해하여 약분한다.

$3a=-12 \qquad \therefore a=-4$

따라서 $f(x)=(x-3)(x-6)(x-4)$이므로

$$g(5)=\frac{f(8)\times\{f(5)+1\}}{f(5)}=\frac{40\times(-1)}{-2}=20$$

생생 수험 Talk

나의 학습 방법은 크게 두 가지로 나눌 수 있는데 바로 개념 이해와 반복이야. 먼저 나한테 맞는 개념 문제집을 사고 공부하면서 개념을 이해하려고 노력했어. 문제를 풀 때에도 단순히 답을 맞히는 것에 집중하기보다는 어떤 개념을 사용했고 어떠한 풀이 방식으로 문제를 풀었는지에 중점을 두고 문제를 풀었던 것 같아. 개념 문제집을 두세 번 공책에 푼 다음 개념을 완벽히 숙지하였을 때 문제 수가 많은 기출 문제집을 풀었지.

정답률 확률과 통계 47%, 미적분 69%, 기하 59%

18 수능 유형 › 함수의 연속 정답 ③

실수 전체의 집합에서 연속인 함수 $f(x)$가 모든 실수 x에 대하여

$$\{f(x)\}^3-\{f(x)\}^2-x^2f(x)+x^2=0$$ **1**

을 만족시킨다. 함수 $f(x)$의 최댓값이 1이고 최솟값이 0일 때, $f\left(-\frac{4}{3}\right)+f(0)+f\left(\frac{1}{2}\right)$의 값은? **2**

① $\frac{1}{2}$ ② 1 ✓③ $\frac{3}{2}$ ④ 2 ⑤ $\frac{5}{2}$

수학 Ⅱ | Ⅰ. 함수의 극한과 연속

해결 흐름

1 주어진 항등식의 좌변을 인수분해하면 함수 $f(x)$를 구할 수 있겠어.

2 **1**에서 구한 함수 $f(x)$ 중에서 최댓값이 1이고 최솟값이 0이 되도록 하는 함수 $f(x)$를 정하면 함숫값을 구할 수 있겠다.

알찬 풀이

$\{f(x)\}^3-\{f(x)\}^2-x^2f(x)+x^2=0$에서 → 조립제법을 이용하여 인수분해했어.

$\{f(x)-1\}[\{f(x)\}^2-x^2]=0$

$\{f(x)-1\}\{f(x)+x\}\{f(x)-x\}=0$

$$\begin{array}{c|cccc} 1 & 1 & -1 & -x^2 & x^2 \\ & & 1 & 0 & -x^2 \\ \hline & 1 & 0 & -x^2 & 0 \end{array}$$

$\therefore f(x)=1$ 또는 $f(x)=-x$ 또는 $f(x)=x$

이때 $f(0)=1$ 또는 $f(0)=0$이므로 다음과 같이 생각할 수 있다.
→ $f(x)=1$일 때야. / → $f(x)=-x$ 또는 $f(x)=x$일 때야.

(i) $f(0)=1$일 때,

함수 $f(x)$가 실수 전체의 집합에서 연속이고, 최댓값이 1이므로 $f(x)=1$ → $f(x)$는 상수함수야.

그런데 함수 $f(x)$의 최솟값이 0이 아니므로 주어진 조건을 만족시키지 않는다.

(ii) $f(0)=0$일 때,

함수 $f(x)$가 실수 전체의 집합에서 연속이고 최댓값이 1, 최솟값이 0이므로 함수 $y=f(x)$의 그래프를 그려 보면 다음 그림과 같다.

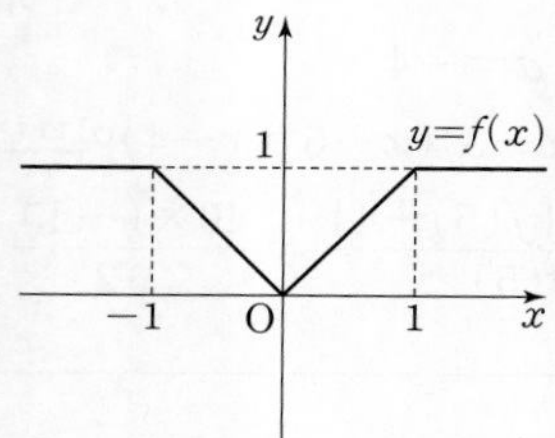

(i), (ii)에서

$$f(x)=\begin{cases} 1 & (x<-1) \\ -x & (-1\le x<0) \\ x & (0\le x<1) \\ 1 & (x\ge 1) \end{cases}$$

이므로

$$f\left(-\frac{4}{3}\right)+f(0)+f\left(\frac{1}{2}\right)=1+0+\frac{1}{2}=\frac{3}{2}$$

→ $0\le x<1$에서 $f(x)=x$이니까 $f\left(\frac{1}{2}\right)=\frac{1}{2}$이야.

빠른 풀이 $f(x)$는 다음과 같이 생각할 수도 있다.

$f(x)=1$ 또는 $f(x)=-x$ 또는 $f(x)=x$에서

함수 $f(x)$의 최댓값이 1, 최솟값이 0이고,

실수 전체의 집합에서 연속이므로 끊어지는 부분이 없도록 함수 $y=f(x)$의 그래프를 그린 후 $f(x)$의 함수식을 구해 보면 다음과 같다.

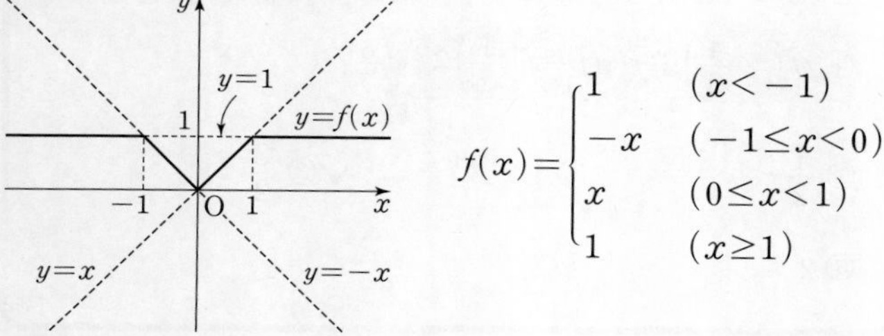

$$f(x)=\begin{cases} 1 & (x<-1) \\ -x & (-1\le x<0) \\ x & (0\le x<1) \\ 1 & (x\ge 1) \end{cases}$$

실전적용 key

세 함수 $f(x)=1$, $f(x)=-x$, $f(x)=x$의 그래프를 한 좌표평면 위에 그린 후, 연속이면서 최댓값이 1, 최솟값이 0이 되도록 각 구간별로 함수 $f(x)$를 정한다. 이때 연속인 함수의 그래프는 끊어진 부분이 없이 연결되어야 함에 주의하여 그래프를 그리도록 한다.

문제 해결 TIP

조성욱 | 연세대학교 치의예과 | 서라벌고등학교 졸업

처음 이 문제를 봤을 때는 당황스러웠어. 그동안 보지 못했던 새로운 유형이라 무엇부터 시작해야 할지 난감했거든. 그런데 가만히 주어진 식을 보고 있다 보니 인수분해가 되겠다 싶더라고. 그래서 우선 내가 할 수 있는 인수분해부터 시작했더니 그 뒤로는 의외로 단순했어. 연속이 되면서 최댓값이 1, 최솟값이 0이 되는 그래프만 그리면 됐거든. 연속인 함수의 그래프가 어떤 모양인지만 이해하면 복잡한 계산없이 간단히 풀리는 아주 재미있는 문제였지. 문제 유형이 익숙하지 않더라도 내가 할 수 있는 것부터 차근차근 풀어가다 보면 어느새 답에 도달하게 될테니 포기하지 말고 끈기있게 도전하길 바라.

정답률 69%

19 수능 유형 › 함수의 연속을 이용한 미정계수의 결정 — 정답 6

함수

$$f(x)=\begin{cases} -3x+a & (x\le 1) \\ \dfrac{x+b}{\sqrt{x+3}-2} & (x>1) \end{cases}$$

이 실수 전체의 집합에서 연속[1]일 때, $a+b$의 값을 구하시오. (단, a와 b는 상수이다.) 6

해결 흐름

1 함수 $f(x)$가 실수 전체의 집합에서 연속이면 $x=1$에서도 연속이겠네. 그렇다면 $\lim_{x\to 1} f(x)=f(1)$임을 이용하면 되겠다.

연관 개념 | 함수 $f(x)$가 실수 a에 대하여

(i) $f(x)$가 $x=a$에서 정의되어 있고

(ii) 극한값 $\lim_{x\to a} f(x)$가 존재하며

(iii) $\lim_{x\to a} f(x)=f(a)$

이면 함수 $f(x)$는 $x=a$에서 연속이라 한다.

알찬 풀이

함수 $f(x)$가 실수 전체의 집합에서 연속이면 $x=1$에서 연속이므로

$\lim_{x\to 1} f(x)=f(1)$

즉, $\lim_{x\to 1-} f(x)=\lim_{x\to 1+} f(x)$이므로 → 극한값이 존재하려면 좌극한값과 우극한값이 일치해야 해.

$\lim_{x\to 1-} f(x)=\lim_{x\to 1-}(-3x+a)=-3+a$

$\lim_{x\to 1+} f(x)=\lim_{x\to 1+}\dfrac{x+b}{\sqrt{x+3}-2}$

$\therefore \lim_{x\to 1+}\dfrac{x+b}{\sqrt{x+3}-2}=-3+a$ ...... ㉠

㉠에서 $x\to 1+$일 때, 극한값이 존재하고 (분모)$\to 0$이므로 (분자)$\to 0$이다.

미정계수의 결정
두 함수 $f(x)$, $g(x)$에 대하여 $\lim_{x\to a}\dfrac{f(x)}{g(x)}=\alpha$ (α는 실수)일 때, $\lim_{x\to a} g(x)=0$이면 $\lim_{x\to a} f(x)=0$이다.

즉, $\lim_{x\to 1+}(x+b)=0$이므로

$1+b=0 \qquad \therefore b=-1$

이를 ㉠에 대입하면

$\lim_{x\to 1+}\frac{x-1}{\sqrt{x+3}-2}$

$=\lim_{x\to 1+}\frac{(x-1)(\sqrt{x+3}+2)}{x-1}$ ← 분모를 유리화하여 식을 변형했어.

$=\lim_{x\to 1+}(\sqrt{x+3}+2)=4$

따라서 ㉠에서 $4=-3+a$이므로 $a=7$

$\therefore a+b=7+(-1)=6$

20 수능 유형 › 함수의 연속

정답률 60% 정답 ④

두 함수 (→ $x=0$에서 불연속이야.) (→ $x=a$에서 불연속이야.)

$$f(x)=\begin{cases}-2x+3 & (x<0)\\ -2x+2 & (x\geq 0)\end{cases},\quad g(x)=\begin{cases}2x & (x<a)\\ 2x-1 & (x\geq a)\end{cases}$$

가 있다. 함수 $f(x)g(x)$가 실수 전체의 집합에서 연속이 되도록[1] 하는 상수 a의 값은?
(→ 함수 $f(x)g(x)$가 $x=0$, $x=a$에서 연속이어야 해.)

① -2　② -1　③ 0　✓④ 1　⑤ 2

해결 흐름

1 함수 $f(x)g(x)$가 실수 전체의 집합에서 연속이 될 조건을 생각해 봐야겠네.

연관 개념 | 함수 $f(x)$가 실수 a에 대하여
(i) $f(x)$가 $x=a$에서 정의되어 있고
(ii) 극한값 $\lim_{x\to a}f(x)$가 존재하며
(iii) $\lim_{x\to a}f(x)=f(a)$
이면 함수 $f(x)$는 $x=a$에서 연속이라 한다.

알찬 풀이

함수 $f(x)$는 $x=0$에서 불연속이고, 함수 $g(x)$는 $x=a$에서 불연속이므로 함수 $f(x)g(x)$가 실수 전체의 집합에서 연속이려면 $x=0$, $x=a$에서 연속이어야 한다.

(i) $a<0$일 때,

$\lim_{x\to 0-}f(x)g(x)=\lim_{x\to 0-}(-2x+3)(2x-1)=-3$

$\lim_{x\to 0+}f(x)g(x)=\lim_{x\to 0+}(-2x+2)(2x-1)=-2$

이므로 $\lim_{x\to 0-}f(x)g(x)\neq\lim_{x\to 0+}f(x)g(x)$

즉, $\lim_{x\to 0}f(x)g(x)$의 값이 존재하지 않으므로 함수 $f(x)g(x)$는 $x=0$에서 불연속이다.

> 함수의 불연속
> 함수 $f(x)$가 실수 a에 대하여
> (i) $x=a$에서 정의되어 있지 않거나
> (ii) 극한값 $\lim_{x\to a}f(x)$가 존재하지 않거나
> (iii) $\lim_{x\to a}f(x)\neq f(a)$
> 이면 함수 $f(x)$는 $x=a$에서 불연속이다.

(ii) $a=0$일 때,

$\lim_{x\to 0-}f(x)g(x)$

$=\lim_{x\to 0-}\{(-2x+3)\times 2x\}$

$=0$

$\lim_{x\to 0+}f(x)g(x)$

$=\lim_{x\to 0+}(-2x+2)(2x-1)=-2$

이므로 $\lim_{x\to 0-}f(x)g(x)\neq\lim_{x\to 0+}f(x)g(x)$

즉, $\lim_{x\to 0}f(x)g(x)$의 값이 존재하지 않으므로 함수 $f(x)g(x)$는 $x=0$에서 불연속이다.

(iii) $a>0$일 때,

$\lim_{x\to a-}f(x)g(x)=\lim_{x\to a-}\{(-2x+2)\times 2x\}$

$=(-2a+2)\times 2a$

$=-4a^2+4a$

$\lim_{x\to a+}f(x)g(x)=\lim_{x\to a+}(-2x+2)(2x-1)$

$=(-2a+2)(2a-1)$

$=-4a^2+6a-2$

$f(a)g(a)=(-2a+2)(2a-1)$

$=-4a^2+6a-2$

에서 $-4a^2+4a=-4a^2+6a-2$ → 좌극한값, 우극한값, 함숫값이 모두 같아야 해.

$2a=2$　　$\therefore a=1$

(i), (ii), (iii)에서

$a=1$

21 수능 유형 › 함수의 연속을 이용한 미정계수의 결정

정답률 34% 정답 ②

실수 a, b, c와 두 함수

$$f(x)=\begin{cases}x+a & (x<-1)\\ bx & (-1\leq x<1)\\ x+c & (x\geq 1)\end{cases},$$

$g(x)=|x+1|-|x-1|-x$[1] (→ $x<-1$, $-1\leq x<1$, $x\geq 1$에서 $g(x)$의 식을 구할 수 있어.)

에 대하여 합성함수 $g\circ f$는 실수 전체의 집합에서 정의된 역함수를 갖는다.[2] $a+b+2c$의 값은?
(→ $g\circ f$는 실수 전체의 집합에서 일대일대응이야.)

① 2　✓② 1　③ 0　④ -1　⑤ -2

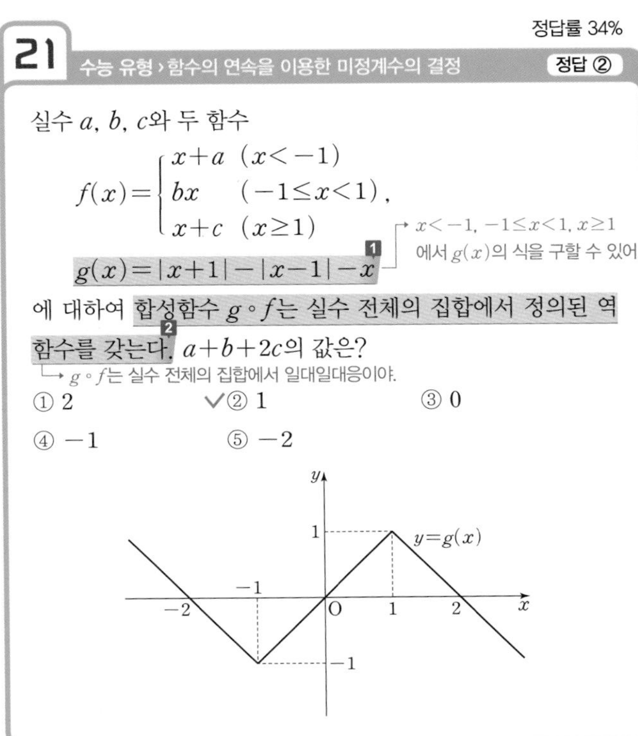

해결 흐름

1 함수 $g(x)$의 식을 $x<-1$, $-1\leq x<1$, $x\geq 1$일 때로 나누어 구한 후 합성함수 $g\circ f$를 구해야지.

2 함수 $g\circ f$가 실수 전체의 집합에서 정의된 역함수를 가지므로 함수 $g\circ f$는 실수 전체의 집합에서 연속이겠군. 이를 이용해서 a, b, c의 값을 구해야겠다.

알찬 풀이

$g(x)=|x+1|-|x-1|-x$에서

$$g(x)=\begin{cases}-x-2 & (x<-1)\\ x & (-1\leq x<1)\\ -x+2 & (x\geq 1)\end{cases}$$

→ $g(x)=-(x+1)+(x-1)-x=-x-2$
→ $g(x)=(x+1)+(x-1)-x=x$
→ $g(x)=(x+1)-(x-1)-x=-x+2$

함수 $g\circ f$가 실수 전체의 집합에서 정의된 역함수를 가지므로 함수 $g\circ f$는 일대일대응이다. 즉, 함수 $g\circ f$는 증가함수이거나 감소함수이므로

> 일대일대응
> 함수 f가 일대일함수이고, 치역과 공역이 같으면 함수 f는 일대일대응이다.

수학 II　I. 함수의 극한과 연속

$x<-1$일 때 $f(x)<-1$,
$-1\le x<1$일 때 $-1\le f(x)<1$,
$x\ge 1$일 때 $f(x)\ge 1$

$$\therefore (g\circ f)(x)=\begin{cases}-x-a-2 & (x<-1)\\ bx & (-1\le x<1)\\ -x-c+2 & (x\ge 1)\end{cases}$$

이때 합성함수 $g\circ f$가 실수 전체의 집합에서 역함수를 가지므로 함수 $(g\circ f)(x)$는 실수 전체의 집합에서 연속이다. 즉, $x=-1$, $x=1$에서 연속이므로

(i) $\lim_{x\to -1-}(g\circ f)(x)=\lim_{x\to -1+}(g\circ f)(x)=(g\circ f)(-1)$에서

$-1-a=-b$

$\therefore a-b=-1$ …… ㉠

(ii) $\lim_{x\to 1-}(g\circ f)(x)=\lim_{x\to 1+}(g\circ f)(x)=(g\circ f)(1)$에서

$b=1-c$

$\therefore b+c=1$ …… ㉡

㉠+㉡×2를 하면

$a+b+2c=1$

22

정답률 67%

수능 유형 › 함수의 연속 정답 ⑤

실수 전체의 집합에서 정의된 두 함수 $f(x)$와 $g(x)$에 대하여

$x<0$일 때, $f(x)+g(x)=x^2+4$

$x>0$일 때, $f(x)-g(x)=x^2+2x+8$ **1**

이다. 함수 $f(x)$가 $x=0$에서 연속이고 → $\lim_{x\to 0}f(x)=f(0)$이겠네.

$\lim_{x\to 0-}g(x)-\lim_{x\to 0+}g(x)=6$일 때, $f(0)$의 값은? **2**

→ $f(0)$에 대한 식으로 나타낼 수 있어.

① -3 ② -1 ③ 0

④ 1 ✓⑤ 3

해결 흐름

1 $x<0$, $x>0$일 때, $g(x)$를 $f(x)$에 대한 식으로 나타낼 수 있겠네.

2 $\lim_{x\to 0-}f(x)=\lim_{x\to 0+}f(x)=f(0)$과 $\lim_{x\to 0-}g(x)-\lim_{x\to 0+}g(x)=6$을 이용하면 $f(0)$의 값을 구할 수 있겠다.

연관 개념 | 함수 $f(x)$가 실수 a에 대하여

(i) $f(x)$가 $x=a$에서 정의되어 있고

(ii) 극한값 $\lim_{x\to a}f(x)$가 존재하며

(iii) $\lim_{x\to a}f(x)=f(a)$

이면 함수 $f(x)$는 $x=a$에서 연속이다.

알찬 풀이

$x<0$일 때, $f(x)+g(x)=x^2+4$이므로

$g(x)=-f(x)+x^2+4$

$x>0$일 때, $f(x)-g(x)=x^2+2x+8$이므로

$g(x)=f(x)-x^2-2x-8$

한편, 함수 $f(x)$가 $x=0$에서 연속이므로

$\lim_{x\to 0}f(x)=f(0)$

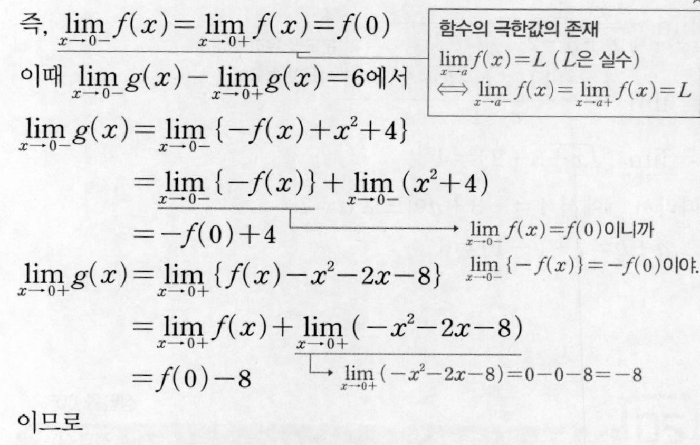

즉, $\lim_{x\to 0-}f(x)=\lim_{x\to 0+}f(x)=f(0)$

> 함수의 극한값의 존재
> $\lim_{x\to a}f(x)=L$ (L은 실수)
> $\Longleftrightarrow \lim_{x\to a-}f(x)=\lim_{x\to a+}f(x)=L$

이때 $\lim_{x\to 0-}g(x)-\lim_{x\to 0+}g(x)=6$에서

$\lim_{x\to 0-}g(x)=\lim_{x\to 0-}\{-f(x)+x^2+4\}$

$=\lim_{x\to 0-}\{-f(x)\}+\lim_{x\to 0-}(x^2+4)$

$=-f(0)+4$

→ $\lim_{x\to 0-}f(x)=f(0)$이니까 $\lim_{x\to 0-}\{-f(x)\}=-f(0)$이야.

$\lim_{x\to 0+}g(x)=\lim_{x\to 0+}\{f(x)-x^2-2x-8\}$

$=\lim_{x\to 0+}f(x)+\lim_{x\to 0+}(-x^2-2x-8)$

$=f(0)-8$

→ $\lim_{x\to 0+}(-x^2-2x-8)=0-0-8=-8$

이므로

$\{-f(0)+4\}-\{f(0)-8\}=6$

$-2f(0)+12=6$

$\therefore f(0)=3$

문제 해결 TIP

정세빈 | 서울대학교 인문계열 | 양서고등학교 졸업

이 문제처럼 많은 조건이 주어진 경우에는 먼저 주어진 조건을 정리해 보면서 문제 푸는 방향을 정하는 것이 좋아. 첫째 조건인 '$f(x)$가 $x=0$에서 연속'이라는 말은 $\lim_{x\to 0-}f(x)=\lim_{x\to 0+}f(x)=f(0)$이라는 뜻이야. 또, 둘째 조건식에서는 함수 $g(x)$에 극한을 취해서 줬지? 이 조건으로부터 주어진 두 함수식 $f(x)+g(x)$, $f(x)-g(x)$에 극한을 취해 볼 생각을 할 수 있는 거야. 주어진 조건을 하나씩 정리해 보면, 복잡해 보이는 문제도 다소 쉽게 풀리는 경우가 있으니 문제만 보고 겁 먹지 말자!

23

정답률 54%

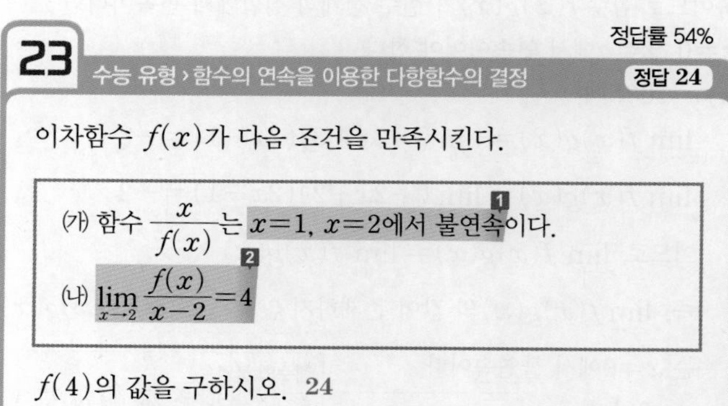

수능 유형 › 함수의 연속을 이용한 다항함수의 결정 정답 24

이차함수 $f(x)$가 다음 조건을 만족시킨다.

(가) 함수 $\dfrac{x}{f(x)}$는 $x=1$, $x=2$에서 불연속이다. **1**

(나) $\lim_{x\to 2}\dfrac{f(x)}{x-2}=4$ **2**

$f(4)$의 값을 구하시오. 24

해결 흐름

1 함수 $\dfrac{x}{f(x)}$가 $x=1$, $x=2$에서 불연속이므로 $x=1$, $x=2$에서 정의되어 있지 않구나.

2 조건 (나)를 이용하면 함수 $f(x)$를 구할 수 있겠네.

알찬 풀이

조건 (가)에서 함수 $\dfrac{x}{f(x)}$가 $x=1$, $x=2$에서 정의되지 않으므로

$f(1)=0$, $f(2)=0$이다. → $f(x)$는 $x-1$, $x-2$를 인수로 가져.

$f(x)=a(x-1)(x-2)$ $(a\ne 0)$로 놓으면

조건 (나)에서

$$\lim_{x\to2}\frac{a(x-1)(x-2)}{x-2}=\lim_{x\to2}a(x-1)=a$$

$\therefore a=4$

따라서 $f(x)=4(x-1)(x-2)$이므로

$f(4)=4\times3\times2=24$

$\frac{0}{0}$ 꼴의 극한
분모, 분자가 모두 다항식이면 분모, 분자를 각각 인수분해하여 약분한다.

정답률 89%

24 수능 유형 › 함수의 연속을 이용한 미정계수의 결정 정답 ④

두 함수

$\lim_{x\to2-}f(x)=2$, $\lim_{x\to2+}f(x)=1$이니까 $f(x)$는 $x=2$에서 불연속이야.

$$f(x)=\begin{cases}x^2-4x+6 & (x<2)\\ 1 & (x\ge2)\end{cases},\quad g(x)=ax+1$$

에 대하여 함수 $\frac{g(x)}{f(x)}$가 실수 전체의 집합에서 연속일 때, 상수 a의 값은?

① $-\frac{5}{4}$ ② -1 ③ $-\frac{3}{4}$
④ $-\frac{1}{2}$ ⑤ $-\frac{1}{4}$

해결 흐름

1 $x<2$, $x\ge2$일 때로 나누어 함수 $\frac{g(x)}{f(x)}$를 구해야지.

2 함수 $\frac{g(x)}{f(x)}$가 실수 전체의 집합에서 연속이 될 조건을 생각해 봐야 해.

연관 개념 | 함수 $f(x)$가 실수 a에 대하여
(i) $f(x)$가 $x=a$에서 정의되어 있고
(ii) 극한값 $\lim_{x\to a}f(x)$가 존재하며
(iii) $\lim_{x\to a}f(x)=f(a)$
이면 함수 $f(x)$는 $x=a$에서 연속이다.

알찬 풀이

$$\frac{g(x)}{f(x)}=\begin{cases}\frac{ax+1}{x^2-4x+6} & (x<2)\\ ax+1 & (x\ge2)\end{cases}$$

$x^2-4x+6=(x-2)^2+2>0$이니까 $\frac{ax+1}{x^2-4x+6}$이 정의되지.

이때 함수 $\frac{g(x)}{f(x)}$가 실수 전체의 집합에서 연속이면 $x=2$에서 연속이므로

$$\lim_{x\to2}\frac{g(x)}{f(x)}=\frac{g(2)}{f(2)}$$

즉, $\lim_{x\to2-}\frac{g(x)}{f(x)}=\lim_{x\to2+}\frac{g(x)}{f(x)}=\frac{g(2)}{f(2)}$이므로

$$\lim_{x\to2-}\frac{ax+1}{x^2-4x+6}=\lim_{x\to2+}(ax+1)=2a+1$$

$\frac{2a+1}{2}=2a+1$, $2a+1=4a+2$

$-2a=1$

$\therefore a=-\frac{1}{2}$

정답률 63%

25 수능 유형 › 함수의 연속을 이용한 미정계수의 결정 정답 21

두 함수

$f(x)$는 $x=a$에서 연속인지 아닌지 알 수 없어.

$$f(x)=\begin{cases}x+3 & (x\le a)\\ x^2-x & (x>a)\end{cases},\quad g(x)=x-(2a+7)$$

에 대하여 함수 $f(x)g(x)$가 실수 전체의 집합에서 연속이 되도록 하는 모든 실수 a의 값의 곱을 구하시오. 21

해결 흐름

1 연속함수의 성질을 이용해서 두 함수의 곱이 실수 전체의 집합에서 연속이 될 조건을 생각해 봐야지.

연관 개념 | 두 함수 $f(x)$, $g(x)$가 $x=a$에서 연속이면 다음 함수도 모두 $x=a$에서 연속이다.
① $cf(x)$ (단, c는 상수) ② $f(x)\pm g(x)$
③ $f(x)g(x)$ ④ $\frac{f(x)}{g(x)}$ (단, $g(a)\ne0$)

알찬 풀이

다항함수는 실수 전체의 집합에서 연속이기 때문이야.

함수 $g(x)$가 연속함수이므로 함수 $f(x)g(x)$가 실수 전체의 집합에서 연속이려면 함수 $f(x)$가 $x=a$에서 연속이거나 함수 $g(x)$의 $x=a$에서의 극한값이 0이어야 한다.

$f(x)=\begin{cases}x+3 & (x\le a)\\ x^2-x & (x>a)\end{cases}$이므로 $f(x)$는 $x=a$에서 연속이어야 실수 전체의 집합에서 연속이야.

(i) 함수 $f(x)$가 $x=a$에서 연속이려면

$\lim_{x\to a-}f(x)=\lim_{x\to a+}f(x)=f(a)$

이어야 한다.

$\lim_{x\to a-}f(x)=\lim_{x\to a-}(x+3)=a+3$

$\lim_{x\to a+}f(x)=\lim_{x\to a+}(x^2-x)=a^2-a$

$f(a)=a+3$

즉, $a+3=a^2-a$이어야 하므로 $a^2-2a-3=0$

$(a+1)(a-3)=0$ $\therefore a=-1$ 또는 $a=3$

(ii) $\lim_{x\to a}g(x)=0$이려면

$\lim_{x\to a}g(x)=0$이면 $\lim_{x\to a-}f(x)g(x)=\lim_{x\to a+}f(x)g(x)=0$이 되지.

$\lim_{x\to a}g(x)=\lim_{x\to a}\{x-(2a+7)\}=-a-7=0$

$\therefore a=-7$

(i), (ii)에서 모든 실수 a의 값의 곱은

$(-1)\times3\times(-7)=21$

문제 해결 TIP

이성민 | 연세대학교 불어불문학과 | 고양국제고등학교 졸업

이 문제처럼 두 함수의 곱으로 이루어진 함수의 연속성을 묻는 문제는 표를 이용하면 간단하게 풀 수 있어!

x	$f(x)$	$g(x)$	$f(x)g(x)$
$a-$	$a+3$	$-a-7$	$(a+3)(-a-7)$
$a+$	a^2-a	$-a-7$	$(a^2-a)(-a-7)$
a	$a+3$	$-a-7$	$(a+3)(-a-7)$

$f(x)g(x)$가 연속이 되려면 $(a+3)(-a-7)=(a^2-a)(-a-7)$이어야 하므로 2가지 경우로 나누어 생각해 보면

(i) $a=-7$일 때, $0=0$이 되므로 $f(x)g(x)$가 연속이야.

(ii) $a\ne-7$일 때, $a+3=a^2-a$이므로 $a^2-2a-3=0$이고, $f(x)g(x)$가 연속이 되도록 하는 실수 a의 값의 곱은 -3이야.

(i), (ii)에서 $f(x)g(x)$가 연속이 되도록 하는 모든 실수 a의 값의 곱은 $(-7)\times(-3)=21$이 됨을 알 수 있어!

26 수능 유형 › 함수의 연속을 이용한 다항함수의 결정

정답률 53%　　정답 8

실수 t에 대하여 직선 $y=t$가 곡선 $y=|x^2-2x|$와 만나는 점의 개수를[1] $f(t)$라 하자. 최고차항의 계수가 1인 이차함수 $g(t)$에 대하여 함수 $f(t)g(t)$가 모든 실수 t에서 연속일[2] 때, $f(3)+g(3)$의 값을 구하시오. 8

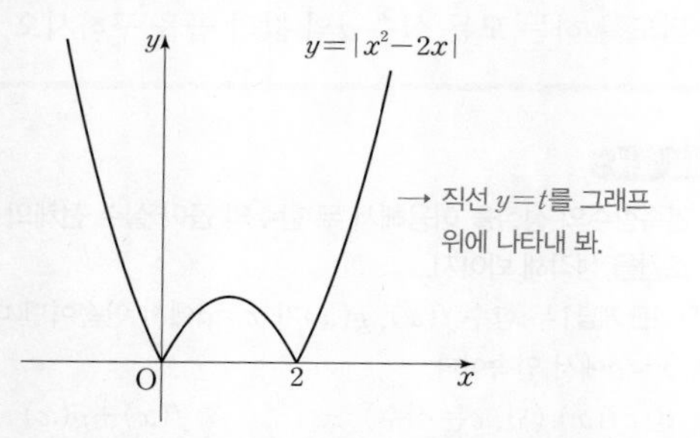

→ 직선 $y=t$를 그래프 위에 나타내 봐.

해결 흐름

1. 함수 $y=|x^2-2x|$의 그래프 위에 직선 $y=t$를 그려서 만나는 점의 개수를 세어 보면 함수 $f(t)$를 알 수 있겠네.
2. 함수 $f(t)$가 불연속인 점에서 함수 $f(t)g(t)$가 연속이 되도록 식을 세우면 함수 $g(t)$를 구할 수 있겠다.

연관 개념 | 함수 $f(x)$가 실수 a에 대하여
(i) $f(x)$가 $x=a$에서 정의되어 있고
(ii) 극한값 $\lim_{x\to a} f(x)$가 존재하며
(iii) $\lim_{x\to a} f(x)=f(a)$
이면 함수 $f(x)$는 $x=a$에서 연속이다.

알찬 풀이

곡선 $y=|x^2-2x|$와 직선 $y=t$는 오른쪽 그림과 같으므로 만나는 점의 개수 $f(t)$는

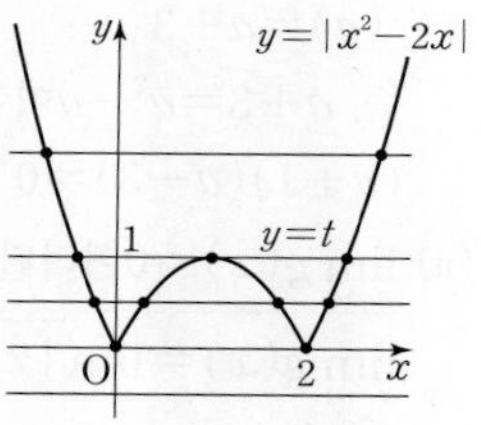

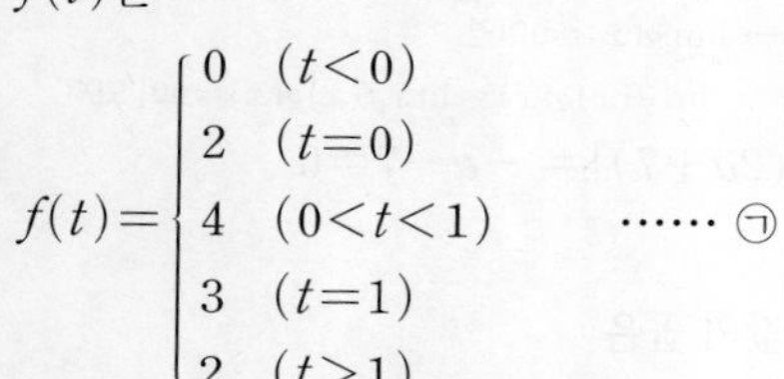

$$f(t)=\begin{cases} 0 & (t<0) \\ 2 & (t=0) \\ 4 & (0<t<1) \\ 3 & (t=1) \\ 2 & (t>1) \end{cases} \quad \cdots\cdots ㉠$$

$\lim_{t\to 0-} f(t) \neq \lim_{t\to 0+} f(t)$, $\lim_{t\to 1-} f(t) \neq \lim_{t\to 1+} f(t)$이므로

함수 $f(t)$는 $t=0$, $t=1$에서 불연속이고

이차함수 $g(t)$는 모든 실수 t에 대하여 연속이므로 함수 $f(t)g(t)$가 모든 실수 t에서 연속이려면 $t=0$, $t=1$에서 연속이어야 한다.

(i) 함수 $f(t)g(t)$가 $t=0$에서 연속이려면
$\lim_{t\to 0-} f(t)g(t)=\lim_{t\to 0+} f(t)g(t)=f(0)g(0)$
이어야 한다.
$\lim_{t\to 0-} f(t)g(t)=\lim_{t\to 0-} f(t)\lim_{t\to 0-} g(t)=0$
$\lim_{t\to 0+} f(t)g(t)=\lim_{t\to 0+} f(t)\lim_{t\to 0+} g(t)=4g(0)$
$f(0)g(0)=2g(0)$
즉, $4g(0)=2g(0)=0$이어야 하므로
$g(0)=0$ → 함수 $g(x)$는 x를 인수로 가져.

(ii) 함수 $f(t)g(t)$가 $t=1$에서 연속이려면
$\lim_{t\to 1-} f(t)g(t)=\lim_{t\to 1+} f(t)g(t)=f(1)g(1)$
이어야 한다.
$\lim_{t\to 1-} f(t)g(t)=\lim_{t\to 1-} f(t)\lim_{t\to 1-} g(t)=4g(1)$
$\lim_{t\to 1+} f(t)g(t)=\lim_{t\to 1+} f(t)\lim_{t\to 1+} g(t)=2g(1)$
$f(1)g(1)=3g(1)$
즉, $4g(1)=2g(1)=3g(1)$이어야 하므로
$g(1)=0$ → 함수 $g(x)$는 $x-1$을 인수로 가져.

(i), (ii)에서 $g(0)=0$, $g(1)=0$이고

> **인수정리**
> 다항식 $f(x)$에 대하여 $f(\alpha)=0$이면 $f(x)$는 $x-\alpha$를 인수로 갖는다.

$g(t)$는 최고차항의 계수가 1인 이차함수이므로
$g(t)=t(t-1)=t^2-t$ $\cdots\cdots$ ㉡
따라서 ㉠, ㉡에서
$f(3)+g(3)=2+(9-3)=8$

실전 적용 key

불연속이 되는 x의 값을 찾는 방법은 다음과 같다.
① 유리함수: 분모를 0이 되게 하는 x의 값에서 찾는다.
② 구간에 따라 다르게 정의된 함수: 구간의 경계가 되는 x의 값에서 찾는다.

문제 해결 TIP

홍정우 | 서울대학교 건축학과 | 영진고등학교 졸업

교점의 개수는 그래프를 직접 그려서 파악하는 게 풀이에 조금 더 쉽게 접근하는 방법이야. 그래프에서 t의 값에 따라 직선 $y=t$와의 교점의 개수를 찾아서 $f(t)$를 구해 보면 $f(t)$가 불연속인 점을 쉽게 구할 수 있지. 그리고 $g(t)$는 이차함수이기 때문에 연속함수야. 따라서 $f(t)$의 불연속인 점을 기준으로 연속성을 따지면 돼. 이렇게 두 함수의 곱 또는 합으로 이루어진 함수는 먼저 각각의 함수에서의 불연속인 점을 찾고, 그 점에서 연속이 될 조건을 따져 보는 게 문제 푸는 요령이라고 할 수 있어.

27 수능 유형 › 함수의 연속

정답률 44%　　정답 13

함수

$$f(x)=\begin{cases} x+1 & (x\le 0) \\ -\frac{1}{2}x+7 & (x>0) \end{cases}$$

에 대하여 함수 $f(x)f(x-a)$가 $x=a$에서 연속이 되도록[1] 하는 모든 실수 a의 값의 합을 구하시오. 13

해결 흐름

1. $\lim_{x\to a-} f(x)f(x-a)=\lim_{x\to a+} f(x)f(x-a)=f(a)f(0)$임을 이용하여 실수 a의 값을 구해야겠네. 또, 함수 $f(x)$가 $x=0$을 기준으로 다른 함수식으로 정의되어 있으니까 함수 $f(x-a)$도 $a=0$일 때와 $a\neq 0$일 때로 나누어 생각해야겠어.

알찬 풀이

함수 $y=f(x)$는 $x=0$에서 불연속이고, 그래프는 다음 그림과 같다.

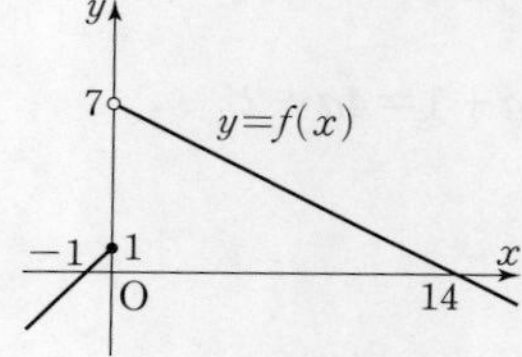

한편, 함수 $f(x)f(x-a)$가 $x=a$에서 연속이려면

$$\lim_{x\to a-} f(x)f(x-a)=\lim_{x\to a+} f(x)f(x-a)=f(a)f(0)$$

이어야 한다.

(i) $a=0$일 때,

$\lim_{x\to 0-}\{f(x)\}^2=1^2=1$

$\lim_{x\to 0+}\{f(x)\}^2=7^2=49$

$\therefore \lim_{x\to 0-}\{f(x)\}^2\neq \lim_{x\to 0+}\{f(x)\}^2$ → 좌극한값과 우극한값이 다르면 극한값이 존재하지 않아.

즉, $\lim_{x\to 0}\{f(x)\}^2$의 값이 존재하지 않으므로 함수 $\{f(x)\}^2$은 $x=0$에서 불연속이다.

(ii) $a\neq 0$일 때,

$x-a=t$라 하면 $x\to a-$일 때 $t\to 0-$, $x\to a+$일 때 $t\to 0+$이므로

$\lim_{x\to a-} f(x)f(x-a)=\lim_{x\to a-} f(x)\lim_{t\to 0-} f(t)=f(a)$ → $\lim_{t\to 0-} f(t)=\lim_{t\to 0-}(t+1)=1$

$\lim_{x\to a+} f(x)f(x-a)=\lim_{x\to a+} f(x)\lim_{t\to 0+} f(t)=7f(a)$ → $\lim_{t\to 0+} f(t)=\lim_{t\to 0+}\left(-\frac{1}{2}t+7\right)=7$

$f(a)f(0)=f(a)$ → $f(0)=0+1=1$

즉, $f(a)=7f(a)$이므로

$6f(a)=0 \qquad \therefore f(a)=0$

$a<0$일 때, $f(a)=a+1=0$

$\therefore a=-1$

$a>0$일 때, $f(a)=-\frac{1}{2}a+7=0$

$\therefore a=14$

(i), (ii)에서 모든 실수 a의 값의 합은

$-1+14=13$

빠른 풀이 함수 $f(x)$가 $x=0$에서 불연속이므로 함수 $f(x-a)$는 $x=a$에서 불연속이다.

이때 함수 $f(x)f(x-a)$가 $x=a$에서 연속이 되려면

$\lim_{x\to a} f(x)=f(a)=0$

이어야 하므로

$a=-1$ 또는 $a=14$

따라서 모든 실수 a의 값의 합은

$-1+14=13$

실전적용 key

$x=a$에서 함수 $f(x)$는 연속이고, $x=a$에서의 함수 $g(x)$의 좌극한값, 우극한값, 함숫값은 모두 존재하지만 함수 $g(x)$가 불연속일 때, 함수 $f(x)g(x)$가 $x=a$에서 연속이 되려면 $\lim_{x\to a-} f(x)g(x)=\lim_{x\to a+} f(x)g(x)=f(a)g(a)$이어야 한다.

이때 $\lim_{x\to a-} f(x)=\lim_{x\to a+} f(x)=f(a)$이므로

$f(a)\lim_{x\to a-} g(x)=f(a)\lim_{x\to a+} g(x)=f(a)g(a)$가 성립하려면 $f(a)=0$이어야 한다.

생생 수험 Talk

수험 생활 중 건강 관리는 필수인데 고3 때는 따로 시간을 내서 운동을 하기가 부담스러워서 집에서 쉬는 시간에 훌라후프 운동과 스트레칭을 했어. 운동하는 동안 텔레비전을 보면서 쉴 수도 있어서 일석이조더라구. 아니면 학교에서 점심시간이나 저녁시간을 활용해서 운동을 하는 것도 시간을 많이 들이지 않고 친구들과 함께 할 수 있어 좋은 것 같아!

28 수능 유형 › 함수의 연속을 이용한 다항함수의 결정

정답률 86% 정답 ⑤

실수 전체의 집합에서 정의된 함수 $y=f(x)$의 그래프는 그림과 같고, 삼차함수 $g(x)$는 최고차항의 계수가 1이고, $g(0)=3$이다. 합성함수 $(g\circ f)(x)$가 실수 전체의 집합에서 연속일 때, $g(3)$의 값은?

(→ 다항함수는 모든 실수에서 연속이야.)

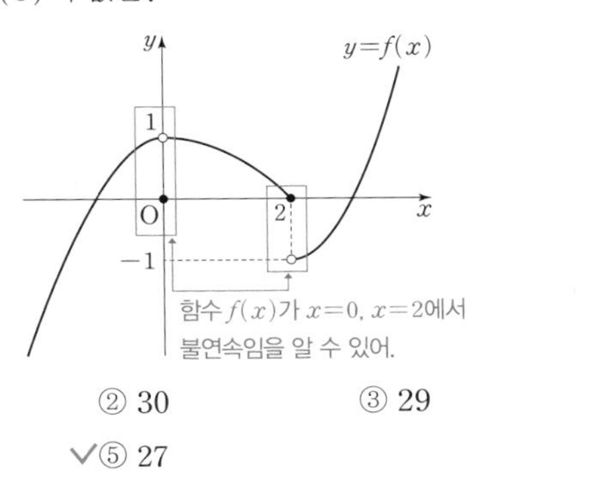

① 31 ② 30 ③ 29 ④ 28 ⑤ 27

해결 흐름

1 함수 $f(x)$는 $x=0$, $x=2$에서 불연속이고, 함수 $g(x)$는 모든 실수에서 연속이므로 $x=0$, $x=2$에서 합성함수 $(g\circ f)(x)$가 연속이 되도록 식을 세우면 함수 $g(x)$를 구할 수 있겠네.

연관 개념 | 함수 $f(x)$가 실수 a에 대하여

(i) $f(x)$가 $x=a$에서 정의되어 있고

(ii) 극한값 $\lim_{x\to a} f(x)$가 존재하며

(iii) $\lim_{x\to a} f(x)=f(a)$

이면 함수 $f(x)$는 $x=a$에서 연속이다.

알찬 풀이

삼차함수 $g(x)$는 최고차항의 계수가 1이고, $g(0)=3$이므로

$g(x)=x^3+ax^2+bx+3$ (a, b는 상수) → 함수 $g(x)$의 상수항이 3임을 뜻해.

으로 놓을 수 있다.

함수 $g(x)$는 실수 전체의 집합에서 연속이고,

함수 $f(x)$는 $x=0$, $x=2$에서 불연속이므로 → 주어진 그래프에서 알 수 있지.

합성함수 $(g\circ f)(x)$가 실수 전체의 집합에서 연속이려면

$x=0$, $x=2$에서 연속이어야 한다.

(i) $x=0$에서 연속이려면

$\lim_{x\to 0-} g(f(x))=\lim_{x\to 0+} g(f(x))=g(f(0))$

이어야 한다.

이때 $f(x)=t$라 하면 $x\to 0-$일 때 $t\to 1-$, $x\to 0+$일 때 $t\to 1-$이므로

$\lim_{x\to 0-} g(f(x))=\lim_{x\to 0+} g(f(x))$ → 함수 $y=f(x)$의 그래프에서 $x=0$일 때 좌극한값과 우극한값이 같기 때문이야.

$=\lim_{t\to 1-} g(t)$

$=1+a+b+3$

$=a+b+4$

$g(f(0))=g(0)=3$

즉, $a+b+4=3$이어야 하므로 $a+b=-1$ …… ㉠

(ii) $x=2$에서 연속이려면

$\lim_{x\to 2-} g(f(x))=\lim_{x\to 2+} g(f(x))=g(f(2))$

이어야 한다.

이때 $f(x)=t$라 하면 $x\to 2-$일 때 $t\to 0+$, $x\to 2+$일 때 $t\to -1+$이므로

$\lim_{x \to 2-} g(f(x)) = \lim_{t \to 0+} g(t) = 3$

$\lim_{x \to 2+} g(f(x)) = \lim_{t \to -1+} g(t)$

$= -1 + a - b + 3$

$= a - b + 2$

$g(f(2)) = g(0) = 3$

즉, $a-b+2=3$이어야 하므로 $a-b=1$ ...... ㉡

㉠, ㉡을 연립하여 풀면 $a=0$, $b=-1$

따라서 $g(x)=x^3-x+3$이므로

$g(3)=3^3-3+3=27$

다른 풀이 함수 $g(x)$는 다음과 같이 구할 수도 있다.

(i) 합성함수 $g(f(x))$가 $x=0$에서 연속이려면

$\lim_{x \to 0} g(f(x)) = g(f(0))$

이어야 한다.

$\lim_{x \to 0} g(f(x)) = \lim_{t \to 1-} g(t) = g(1)$ → $g(x)$는 다항함수이므로 임의의 실수 a에 대하여 $\lim_{x \to a} g(x) = g(a)$가 성립해.

$g(f(0)) = g(0) = 3$

$\therefore g(1) = 3$ ...... ㉠

(ii) 합성함수 $g(f(x))$가 $x=2$에서 연속이려면

$\lim_{x \to 2-} g(f(x)) = \lim_{x \to 2+} g(f(x)) = g(f(2))$

이어야 한다.

$\lim_{x \to 2-} g(f(x)) = \lim_{t \to 0+} g(t) = g(0) = 3$ ($\because$ $g(x)$는 다항함수)

$\lim_{x \to 2+} g(f(x)) = \lim_{t \to -1+} g(t) = g(-1)$ ($\because$ $g(x)$는 다항함수)

$g(f(2)) = g(0) = 3$

$\therefore g(-1) = 3$ ...... ㉡

㉠, ㉡에서 $g(x)-3=0$은 x, $x-1$, $x+1$을 인수로 갖고 $g(x)$가 최고차항의 계수가 1인 삼차함수이므로

$g(x)-3 = x(x-1)(x+1) = x^3 - x$

$\therefore g(x) = x^3 - x + 3$

> **인수정리**
> 다항식 $f(x)$에 대하여 $f(\alpha)=0$이면 $f(x)$는 $x-\alpha$를 인수로 갖는다.

29 수능 유형 › 함수의 연속을 이용한 미정계수의 결정

정답률 71% 정답 ②

함수 $f(x)=x^2-x+a$에 대하여 함수 $g(x)$를

$$g(x)=\begin{cases} f(x+1) & (x \le 0) \\ f(x-1) & (x>0) \end{cases}$$

이라 하자. 함수 $y=\{g(x)\}^2$이 $x=0$에서 연속일 때, 상수 a의 값은? [1]

① -2 ✓② -1 ③ 0 ④ 1 ⑤ 2

해결 흐름

[1] $\lim_{x \to 0-} \{g(x)\}^2 = \lim_{x \to 0+} \{g(x)\}^2 = \{g(0)\}^2$임을 이용해서 식을 세워야겠어.

연관 개념 | 함수 $f(x)$가 실수 a에 대하여

(i) $f(x)$가 $x=a$에서 정의되어 있고

(ii) 극한값 $\lim_{x \to a} f(x)$가 존재하며

(iii) $\lim_{x \to a} f(x) = f(a)$

이면 함수 $f(x)$는 $x=a$에서 연속이다.

알찬 풀이

함수 $y=\{g(x)\}^2$이 $x=0$에서 연속이므로

$\lim_{x \to 0-} \{g(x)\}^2 = \lim_{x \to 0+} \{g(x)\}^2 = \{g(0)\}^2$

이때 $g(x)=\begin{cases} f(x+1) & (x \le 0) \\ f(x-1) & (x>0) \end{cases}$에 대하여

$\lim_{x \to 0-} \{g(x)\}^2 = \lim_{x \to 0-} \{f(x+1)\}^2$

$= \{f(1)\}^2 = a^2$

$\lim_{x \to 0+} \{g(x)\}^2 = \lim_{x \to 0+} \{f(x-1)\}^2$

$= \{f(-1)\}^2 = (a+2)^2$

→ 함수 $f(x)$가 이차함수이므로 두 함수 $\{f(x+1)\}^2$, $\{f(x-1)\}^2$은 사차함수가 되어 연속함수이지. 따라서 $x=0$에서의 극한값은 함숫값과 같아.

$\{g(0)\}^2 = \{f(1)\}^2 = a^2$

따라서 $a^2 = (a+2)^2$에서

$a^2 = a^2 + 4a + 4$

$4a = -4$

$\therefore a = -1$

> **곱셈 공식**
> ① $(a+b)^2 = a^2 + 2ab + b^2$
> ② $(a-b)^2 = a^2 - 2ab + b^2$

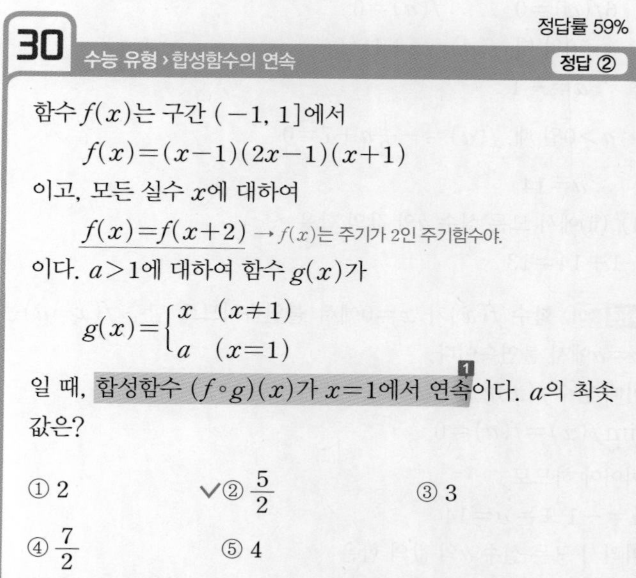

30 수능 유형 › 합성함수의 연속

정답률 59% 정답 ②

함수 $f(x)$는 구간 $(-1, 1]$에서

$f(x)=(x-1)(2x-1)(x+1)$

이고, 모든 실수 x에 대하여

$f(x)=f(x+2)$ → $f(x)$는 주기가 2인 주기함수야.

이다. $a>1$에 대하여 함수 $g(x)$가

$$g(x)=\begin{cases} x & (x \ne 1) \\ a & (x=1) \end{cases}$$

일 때, 합성함수 $(f \circ g)(x)$가 $x=1$에서 연속이다. [1] a의 최솟값은?

① 2 ✓② $\frac{5}{2}$ ③ 3 ④ $\frac{7}{2}$ ⑤ 4

해결 흐름

[1] 합성함수 $(f \circ g)(x)$가 $x=1$에서 연속이려면 $\lim_{x \to 1} f(g(x)) = f(g(1))$이 성립해야겠구나.

알찬 풀이

$f(x)=(x-1)(2x-1)(x+1)=0$에서

$x=-1$ 또는 $x=\frac{1}{2}$ 또는 $x=1$

구간 $(-1, 1]$에서 함수 $f(x)$가 연속이고, → 다항함수는 모든 실수에서 연속이야.

$f(x)=f(x+2)$에서 $f(x)$는 주기가 2인 함수이므로

함수 $y=f(x)$의 그래프는 다음 그림과 같다. → $-1<x\le1$에서 함수 $f(x)$의 그래프를 그린 후 주기가 2가 되도록 $f(x)$의 그래프의 모양을 반복해서 그리면 돼.

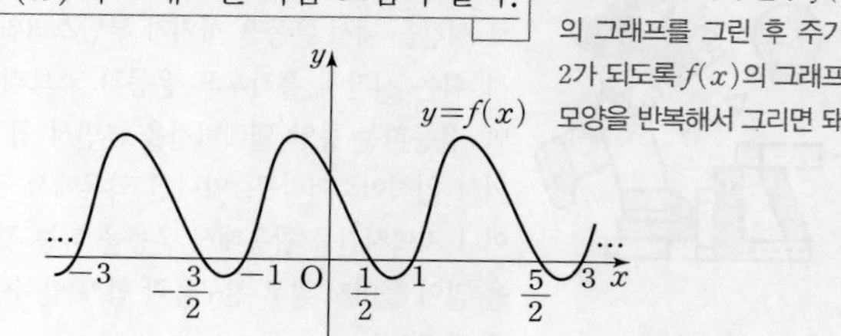

합성함수 $(f\circ g)(x)$가 $x=1$에서 연속이므로

$\lim_{x\to1-}(f\circ g)(x)=\lim_{x\to1+}(f\circ g)(x)=(f\circ g)(1)$

(i) $x\longrightarrow 1-$일 때, $x\neq1$이고 $g(x)=x$이므로

$$\lim_{x\to1-}(f\circ g)(x)=\lim_{x\to1-}f(g(x))=\lim_{x\to1-}f(x)=0$$

(ii) $x\longrightarrow 1+$일 때, $x\neq1$이고 $g(x)=x$이므로

$$\lim_{x\to1+}(f\circ g)(x)=\lim_{x\to1+}f(g(x))=\lim_{x\to1+}f(x)=0$$

(iii) $x=1$일 때, $g(1)=a$이므로

$(f\circ g)(1)=f(g(1))=f(a)$

(i), (ii), (iii)에서 $f(a)=0$

이때 $a>1$이므로 앞의 그래프에서 $f(a)=0$을 만족시키는 a의 최솟값은 $\frac{5}{2}$이다.

$\cdots=f\left(\frac{1}{2}\right)=f(1)=f\left(\frac{5}{2}\right)=f(3)=\cdots=0$ 이니까 a의 값은 $\frac{5}{2}$, 3, $\frac{9}{2}$, 5, …가 될 수 있어.

정답률 48%

31 수능 유형 › 함수의 연속 – 진위 판정 정답 ③

닫힌구간 $[-1, 1]$에서 정의된 함수 $y=f(x)$의 그래프가 그림과 같다.

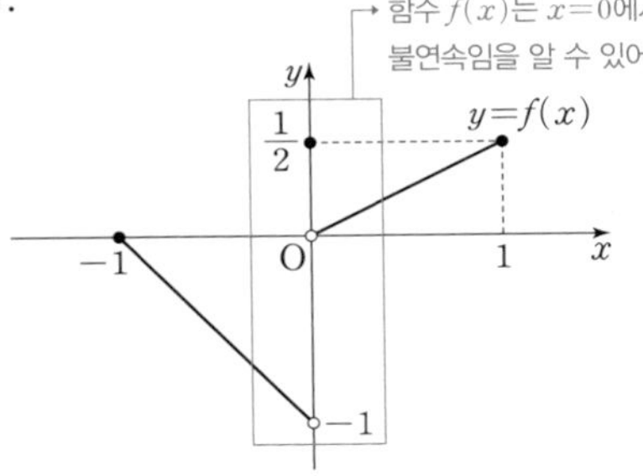

닫힌구간 $[-1, 1]$에서 두 함수 $g(x)$, $h(x)$가

$g(x)=f(x)+|f(x)|$, $h(x)=f(x)+f(-x)$ [1]

일 때, **보기**에서 옳은 것만을 있는 대로 고른 것은?

보기

ㄱ. $\lim_{x\to0}g(x)=0$

ㄴ. 함수 $|h(x)|$는 $x=0$에서 연속이다. [2]

ㄷ. 함수 $g(x)|h(x)|$는 $x=0$에서 연속이다. [2]

① ㄱ ② ㄷ ✓③ ㄱ, ㄴ
④ ㄴ, ㄷ ⑤ ㄱ, ㄴ, ㄷ

해결 흐름

1 주어진 함수 $f(x)$의 그래프를 이용하여 새롭게 정의된 두 함수 $g(x)$, $h(x)$의 그래프를 각각 그릴 수 있겠네.

2 $x=0$에서 두 함수 $|h(x)|$, $g(x)|h(x)|$의 극한값과 함숫값이 같은지 확인하면 되겠다.

연관 개념 | 함수 $f(x)$가 실수 a에 대하여
(i) 함수 $f(x)$는 $x=a$에서 정의되어 있고
(ii) 극한값 $\lim_{x\to a}f(x)$가 존재하며
(iii) $\lim_{x\to a}f(x)=f(a)$
이면 함수 $f(x)$는 $x=a$에서 연속이다.

알찬 풀이

$$f(x)=\begin{cases}-x-1 & (-1\le x<0)\\ \frac{1}{2} & (x=0)\\ \frac{1}{2}x & (0<x\le1)\end{cases}$$ 이므로

$$g(x)=f(x)+|f(x)|=\begin{cases}0 & (-1\le x<0)\\ 1 & (x=0)\\ x & (0<x\le1)\end{cases}$$

$\hookrightarrow g(x)=\begin{cases}0 & (f(x)<0)\\ 2f(x) & (f(x)\ge0)\end{cases}$

$$h(x)=f(x)+f(-x)=\begin{cases}-\frac{3}{2}x-1 & (-1\le x<0)\\ 1 & (x=0)\\ \frac{3}{2}x-1 & (0<x\le1)\end{cases}$$

ㄱ. 함수 $y=g(x)$의 그래프는 오른쪽 그림과 같다.

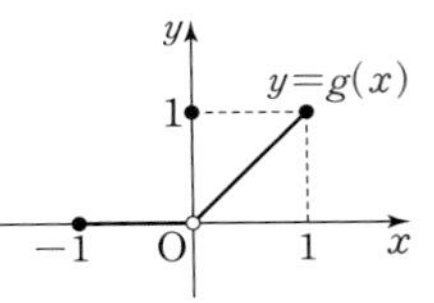

$\lim_{x\to0-}g(x)=\lim_{x\to0+}g(x)=0$이므로

$\lim_{x\to0}g(x)=0$ (참)

ㄴ. 두 함수 $y=h(x)$, $y=|h(x)|$의 그래프는 다음 그림과 같다.

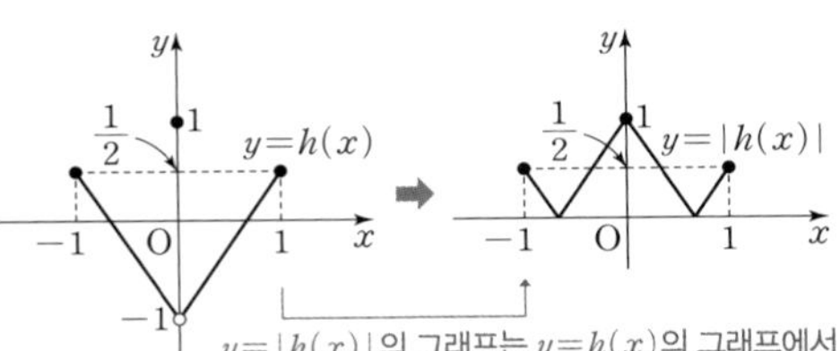

$y=|h(x)|$의 그래프는 $y=h(x)$의 그래프에서 $y\ge0$인 부분은 그대로 두고, $y<0$인 부분만 x축에 대하여 대칭이동하면 돼.

$\lim_{x\to0-}|h(x)|=1$

$\lim_{x\to0+}|h(x)|=1$

$|h(0)|=1$

$\therefore \lim_{x\to0}|h(x)|=|h(0)|$

따라서 함수 $|h(x)|$는 $x=0$에서 연속이다. (참)

ㄷ. $\lim_{x\to0}g(x)|h(x)|=\lim_{x\to0}g(x)\times\lim_{x\to0}|h(x)|=0\times1=0$

$g(0)=1$, $|h(0)|=1$이므로

$g(0)|h(0)|=1$

$\therefore \lim_{x\to0}g(x)|h(x)|\neq g(0)|h(0)|$ → 극한값과 함숫값이 같지 않아.

따라서 함수 $g(x)|h(x)|$는 $x=0$에서 불연속이다. (거짓)

이상에서 옳은 것은 ㄱ, ㄴ이다.

생생 수험 Talk

수학에서 새로운 유형은 언제나 나온다고 생각해. 같은 수학 문제는 없으니까. 만약에 시험을 보는 중간에 새로운 유형을 접했는데 막막하다면? 일단 표시만 해 두고 다른 문제부터 푸는 게 효율적이라고 생각해. 괜히 새로운 유형 풀어 보겠다고 끙끙 앓다가 시간이 모자라서 정작 아는 문제도 못 풀게 된다면 얼마나 낭패겠어. 대신 풀어 볼 때는 최대한 열심히, 그림도 정확히 그려 가면서 풀어 봐. 그림 하나, 그래프 하나 제대로 그리는 게 수학 문제를 푸는 데 있어서 도움이 많이 되더라구. 그리고 모르는 유형이 나와도 평소에 개념이 잘 정립되어 있다면 충분히 풀 수 있겠지? 무엇보다 개념을 스스로 정확하게 정리해 두길 권해.

32

정답률 74%

수능 유형 › 그래프를 이용한 함수의 극한과 연속 – 진위 판정 정답 ③

닫힌구간 $[-1, 4]$에서 정의된 함수 $y=f(x)$의 그래프가 그림과 같다.

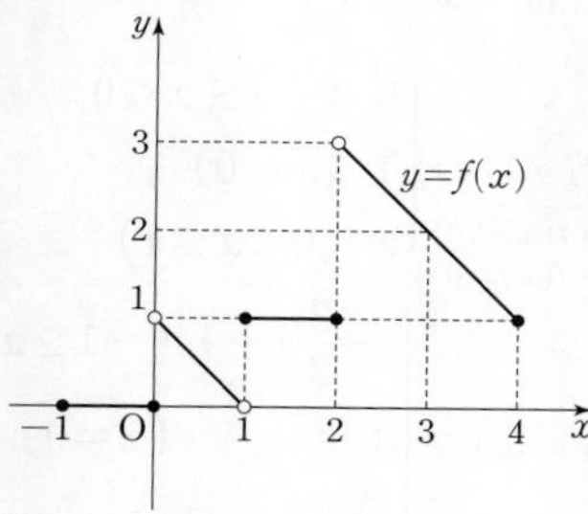

보기에서 옳은 것만을 있는 대로 고른 것은?

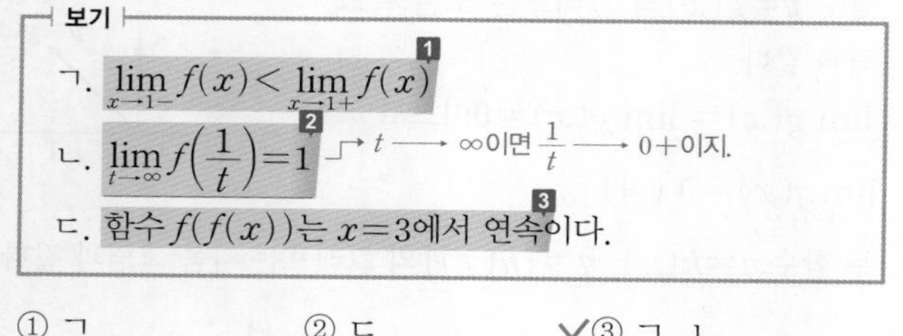

보기

ㄱ. $\lim_{x\to 1-} f(x) < \lim_{x\to 1+} f(x)$

ㄴ. $\lim_{t\to\infty} f\left(\frac{1}{t}\right)=1$ → $t \longrightarrow \infty$이면 $\frac{1}{t} \longrightarrow 0+$이지.

ㄷ. 함수 $f(f(x))$는 $x=3$에서 연속이다.

① ㄱ ② ㄷ ③ ㄱ, ㄴ ④ ㄴ, ㄷ ⑤ ㄱ, ㄴ, ㄷ

해결 흐름

1 그래프를 보고 $x=1$에서의 함수 $f(x)$의 좌극한값과 우극한값을 구하면 되겠네.

2 $\frac{1}{t}=x$로 놓고 합성함수의 극한을 이용해야지.

3 $\lim_{x\to 3-} f(f(x))=\lim_{x\to 3+} f(f(x))=f(f(3))$인지 확인하면 되겠다.

알찬 풀이

ㄱ. $\lim_{x\to 1-} f(x)=0$, $\lim_{x\to 1+} f(x)=1$이므로

$\lim_{x\to 1-} f(x) < \lim_{x\to 1+} f(x)$ (참)

ㄴ. $\frac{1}{t}=x$라 하면 $t \longrightarrow \infty$일 때, $x \longrightarrow 0+$이므로

└ 오답 Clear를 확인해 봐.

$\lim_{t\to\infty} f\left(\frac{1}{t}\right)=\lim_{x\to 0+} f(x)=1$ (참)

ㄷ. $f(x)=t$라 하면 $x \longrightarrow 3-$일 때 $t \longrightarrow 2+$, $x \longrightarrow 3+$일 때 $t \longrightarrow 2-$이므로

$\lim_{x\to 3-} f(f(x))=\lim_{t\to 2+} f(t)=3$

$\lim_{x\to 3+} f(f(x))=\lim_{t\to 2-} f(t)=1$

$\therefore \lim_{x\to 3-} f(f(x)) \neq \lim_{x\to 3+} f(f(x))$

즉, $\lim_{x\to 3} f(f(x))$의 값이 존재하지 않으므로 함수 $f(f(x))$는 $x=3$에서 불연속이다. (거짓)

> **함수의 불연속**
> 함수 $f(x)$가 실수 a에 대하여
> (i) $x=a$에서 정의되어 있지 않거나
> (ii) 극한값 $\lim_{x\to a} f(x)$가 존재하지 않거나
> (iii) $\lim_{x\to a} f(x) \neq f(a)$
> 이면 함수 $f(x)$는 $x=a$에서 불연속이다.

이상에서 옳은 것은 ㄱ, ㄴ이다.

오답 Clear

ㄴ에서 $t \longrightarrow \infty$일 때, $\frac{1}{t} \longrightarrow 0+$이다. 만약 $\frac{1}{t} \longrightarrow 0$이라고 하면 $\lim_{t\to\infty} f\left(\frac{1}{t}\right)=\lim_{x\to 0} f(x)$에서 $\lim_{x\to 0-} f(x)=0$, $\lim_{x\to 0+} f(x)=1$이므로 $\lim_{x\to 0} f(x)$, 즉 $\lim_{t\to\infty} f\left(\frac{1}{t}\right)$의 값이 존재하지 않는다고 생각하지 않도록 주의한다.

33

정답률 67%

수능 유형 › 함수의 연속 – 진위 판정 정답 ④

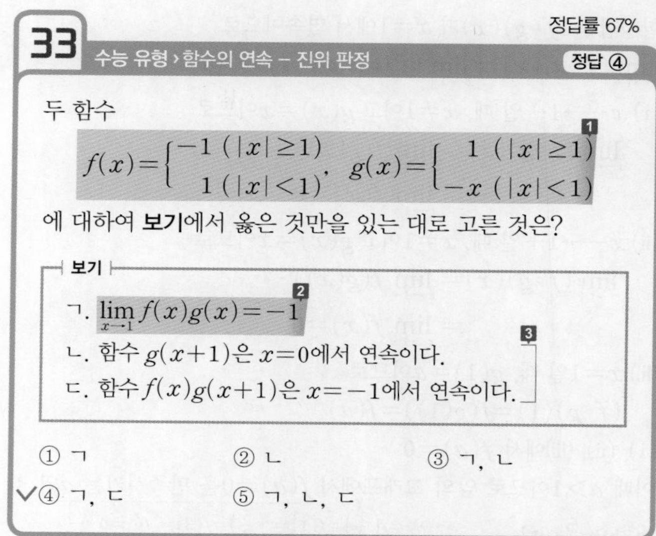

두 함수

$f(x)=\begin{cases} -1 & (|x|\geq 1) \\ 1 & (|x|<1) \end{cases}$, $g(x)=\begin{cases} 1 & (|x|\geq 1) \\ -x & (|x|<1) \end{cases}$

에 대하여 **보기**에서 옳은 것만을 있는 대로 고른 것은?

보기

ㄱ. $\lim_{x\to 1} f(x)g(x)=-1$

ㄴ. 함수 $g(x+1)$은 $x=0$에서 연속이다.

ㄷ. 함수 $f(x)g(x+1)$은 $x=-1$에서 연속이다.

① ㄱ ② ㄴ ③ ㄱ, ㄴ ④ ㄱ, ㄷ ⑤ ㄱ, ㄴ, ㄷ

해결 흐름

1 먼저 두 함수 $y=f(x)$, $y=g(x)$의 그래프를 각각 그려 봐야지.

2 $x=1$에서 함수 $f(x)g(x)$의 좌극한값과 우극한값을 구해 봐야겠다.

연관 개념 | $\lim_{x\to a} f(x)=\alpha$, $\lim_{x\to a} g(x)=\beta$ (α, β는 실수)일 때,

$\lim_{x\to a} f(x)g(x)=\lim_{x\to a} f(x)\times\lim_{x\to a} g(x)=\alpha\beta$

3 $x=0$, $x=-1$에서 두 함수 $g(x+1)$, $f(x)g(x+1)$의 좌극한값, 우극한값, 함숫값이 서로 같은지 확인해야겠군.

연관 개념 | 함수 $f(x)$가 실수 a에 대하여

(i) $f(x)$가 $x=a$에서 정의되어 있고

(ii) 극한값 $\lim_{x\to a} f(x)$가 존재하며

(iii) $\lim_{x\to a} f(x)=f(a)$

이면 함수 $f(x)$는 $x=a$에서 연속이라 한다.

알찬 풀이

두 함수 $y=f(x)$, $y=g(x)$의 그래프는 다음 그림과 같다.

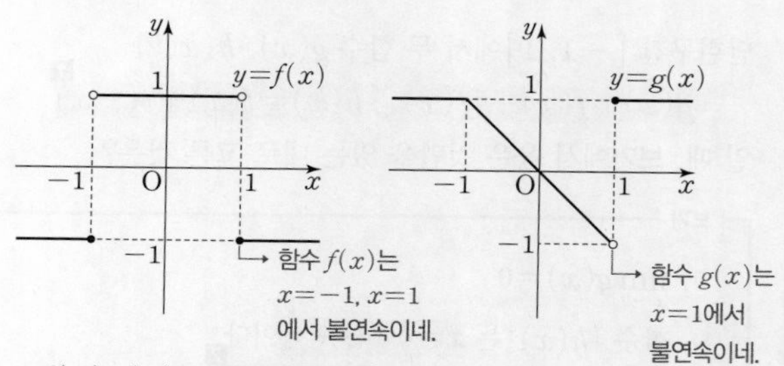
y=f(x)
함수 f(x)는 x=−1, x=1 에서 불연속이네.
y=g(x)
함수 g(x)는 x=1에서 불연속이네.

ㄱ. $\lim_{x\to 1-} f(x)g(x)=\lim_{x\to 1-} f(x)\times\lim_{x\to 1-} g(x)$

$=1\times(-1)=-1$

$\lim_{x\to 1+} f(x)g(x)=\lim_{x\to 1+} f(x)\times\lim_{x\to 1+} g(x)$

$=(-1)\times 1=-1$

$\therefore \lim_{x\to 1} f(x)g(x)=-1$ (참)

ㄴ. $x+1=t$라 하면 $x \longrightarrow 0-$일 때 $t \longrightarrow 1-$, $x \longrightarrow 0+$일 때 $t \longrightarrow 1+$이므로

$\lim_{x\to 0-} g(x+1)=\lim_{t\to 1-} g(t)=-1$

$\lim_{x\to 0+} g(x+1)=\lim_{t\to 1+} g(t)=1$

$\therefore \lim_{x\to 0-} g(x+1) \neq \lim_{x\to 0+} g(x+1)$

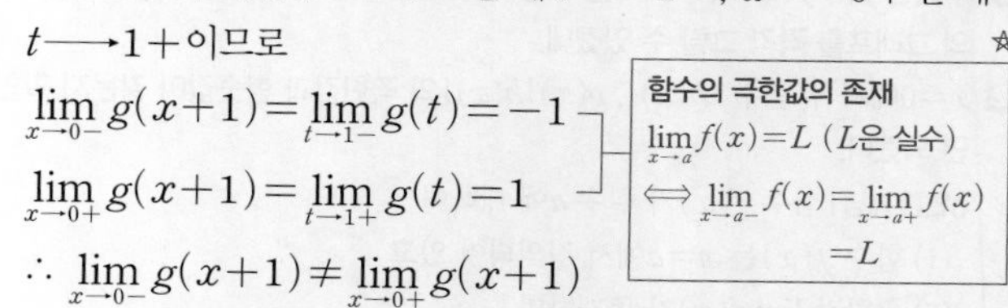

> **함수의 극한값의 존재**
> $\lim_{x\to a} f(x)=L$ (L은 실수)
> $\iff \lim_{x\to a-} f(x)=\lim_{x\to a+} f(x)=L$

즉, $\lim_{x\to 0} g(x+1)$의 값이 존재하지 않으므로 함수 $g(x+1)$은 $x=0$에서 불연속이다. (거짓)

ㄷ. $x+1=t$라 하면 $x \longrightarrow -1-$일 때 $t \longrightarrow 0-$, $x \longrightarrow -1+$일 때 $t \longrightarrow 0+$이므로

$$\lim_{x \to -1-} f(x)g(x+1) = \lim_{x \to -1-} f(x) \times \lim_{t \to 0-} g(t) = (-1) \times 0 = \boxed{0}$$

$$\lim_{x \to -1+} f(x)g(x+1) = \lim_{x \to -1+} f(x) \times \lim_{t \to 0+} g(t) = 1 \times 0 = \boxed{0}$$

(좌극한값)=(우극한값)이므로 극한값 $\lim_{x \to -1} f(x)g(x+1)$이 존재해.

$f(-1)g(0) = (-1) \times 0 = 0$

따라서 $\lim_{x \to -1} f(x)g(x+1) = f(-1)g(0)$이므로 함수 $f(x)g(x+1)$은 $x=-1$에서 연속이다. (참)

이상에서 옳은 것은 ㄱ, ㄷ이다.

빠른풀이 ㄴ. 함수 $y=g(x+1)$의 그래프는 함수 $y=g(x)$의 그래프를 x축의 방향으로 -1만큼 평행이동한 것과 같으므로 오른쪽 그림과 같다.

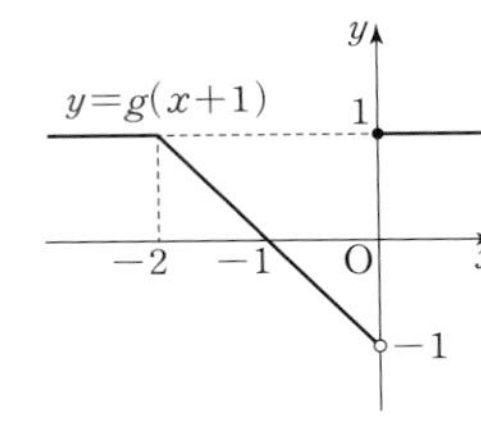

따라서 함수 $g(x+1)$은 $x=0$에서 불연속이다. (거짓)

ㄷ. 함수 $f(x)$가 $x=-1$에서 불연속이지만 함수 $g(x+1)$에 대하여 $\lim_{x \to -1} g(x+1)=0$이므로 함수 $f(x)g(x+1)$은 $x=-1$에서 연속이다. (참)

정답률 74%

34 수능 유형 › 함수의 연속 – 진위 판정 정답 ⑤

함수

$$f(x) = \begin{cases} x & (|x| \ge 1) \\ -x & (|x| < 1) \end{cases}$$

$|x| \ge 1$이면 $x \le -1$ 또는 $x \ge 1$, $|x| < 1$이면 $-1 < x < 1$이야.

에 대하여 **보기**에서 옳은 것만을 있는 대로 고른 것은?

보기

ㄱ. 함수 $f(x)$가 불연속인 점은 2개이다. 1

ㄴ. 함수 $(x-1)f(x)$는 $x=1$에서 연속이다. 2

ㄷ. 함수 $\{f(x)\}^2$은 실수 전체의 집합에서 연속이다. 3

① ㄱ ② ㄴ ③ ㄱ, ㄴ

④ ㄱ, ㄷ ✓⑤ ㄱ, ㄴ, ㄷ

해결 흐름

1 먼저 함수 $y=f(x)$의 그래프를 그려 봐야지.

2 $x=1$에서 함수 $(x-1)f(x)$의 극한값과 함숫값이 같은지 확인하면 되겠구나.

연관 개념 | 함수 $f(x)$가 실수 a에 대하여

(i) $f(x)$가 $x=a$에서 정의되어 있고

(ii) 극한값 $\lim_{x \to a} f(x)$가 존재하며

(iii) $\lim_{x \to a} f(x) = f(a)$

이면 함수 $f(x)$는 $x=a$에서 연속이라 한다.

3 함수 $f(x)$가 $x=-1$과 $x=1$에서 불연속이므로 함수 $\{f(x)\}^2$이 $x=-1$과 $x=1$에서 연속인지 확인하면 되겠네.

알찬 풀이

함수 $y=f(x)$의 그래프는 다음 그림과 같다.

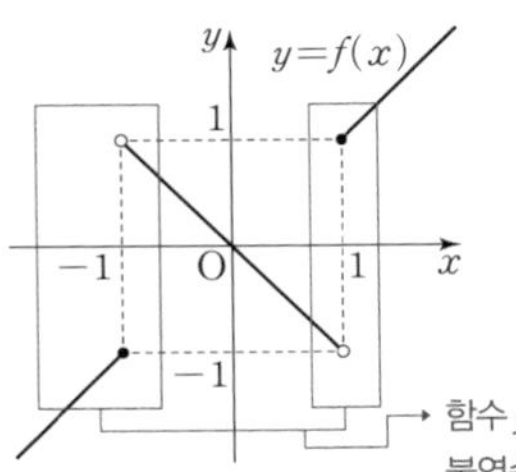

함수 $f(x)$는 $x=-1$, $x=1$에서 불연속임을 알 수 있어.

ㄱ. 위의 그림에서 함수 $f(x)$는 $x=-1$, $x=1$에서 불연속이다.

따라서 불연속인 점은 2개이다. (참)

ㄴ. $g(x)=(x-1)f(x)$라 하면

$$\lim_{x \to 1-} g(x) = \lim_{x \to 1-} (x-1) \lim_{x \to 1-} f(x) = \boxed{0}$$

$$\lim_{x \to 1+} g(x) = \lim_{x \to 1+} (x-1) \lim_{x \to 1+} f(x) = \boxed{0}$$

(좌극한값)=(우극한값)이므로 극한값 $\lim_{x \to 1} g(x)$가 존재해.

$g(1) = (1-1)f(1) = 0$

따라서 $\lim_{x \to 1} g(x) = g(1)$이므로 함수 $(x-1)f(x)$는 $x=1$에서 연속이다. (참)

ㄷ. 함수 $f(x)$는 $x=-1$, $x=1$에서 불연속이므로 함수 $\{f(x)\}^2$이 $x=-1$, $x=1$에서 연속이면 실수 전체의 집합에서 연속이다.

(i) $x=-1$에서 함수 $\{f(x)\}^2$이 연속인지 알아보자.

$$\lim_{x \to -1-} \{f(x)\}^2 = (-1)^2 = \boxed{1}$$

$$\lim_{x \to -1+} \{f(x)\}^2 = 1^2 = \boxed{1}$$

(좌극한값)=(우극한값)이므로 극한값 $\lim_{x \to -1} \{f(x)\}^2$이 존재해.

$\{f(-1)\}^2 = (-1)^2 = 1$

따라서 $\lim_{x \to -1} \{f(x)\}^2 = \{f(-1)\}^2$이므로 함수 $\{f(x)\}^2$은 $x=-1$에서 연속이다. ← 극한값과 함숫값이 같아.

(ii) $x=1$에서 함수 $\{f(x)\}^2$이 연속인지 알아보자.

$$\lim_{x \to 1-} \{f(x)\}^2 = (-1)^2 = \boxed{1}$$

$$\lim_{x \to 1+} \{f(x)\}^2 = 1^2 = \boxed{1}$$

(좌극한값)=(우극한값)이므로 극한값 $\lim_{x \to 1} \{f(x)\}^2$이 존재해.

$\{f(1)\}^2 = 1^2 = 1$

따라서 $\lim_{x \to 1} \{f(x)\}^2 = \{f(1)\}^2$이므로 함수 $\{f(x)\}^2$은 $x=1$에서 연속이다. ← 극한값과 함숫값이 같아.

(i), (ii)에서 함수 $\{f(x)\}^2$은 $x=-1$, $x=1$에서 연속이므로 실수 전체의 집합에서 연속이다. (참)

이상에서 ㄱ, ㄴ, ㄷ 모두 옳다.

빠른풀이 ㄴ. 함수 $f(x)$는 $x=1$에서 불연속이지만 $\lim_{x \to 1} (x-1) = 0$이므로 함수 $(x-1)f(x)$는 $x=1$에서 연속이다. (참)

생생 수험 Talk

기출 문제를 많이 풀다 보니까 어떤 문제를 보면 어떻게 풀어야 하는지 바로 딱 감이 오더라. 하지만 기출 문제를 너무 일찍 보는 건 독이 된다고 생각해. 개념이 확실히 정립된 후에 보는 게 좋아. 어느 정도 개념이 확실한 상태에서 자신이 부족한 부분을 알게 해 주는 게 기출 문제를 푸는 장점이 되니까. 그리고 내 생각엔 일찍부터 봐서 기출 문제가 너무 빨리 각인이 되면 나중에 감을 살릴 때나 고난도 문제를 풀 때 신선함이 줄어드는 것 같아.

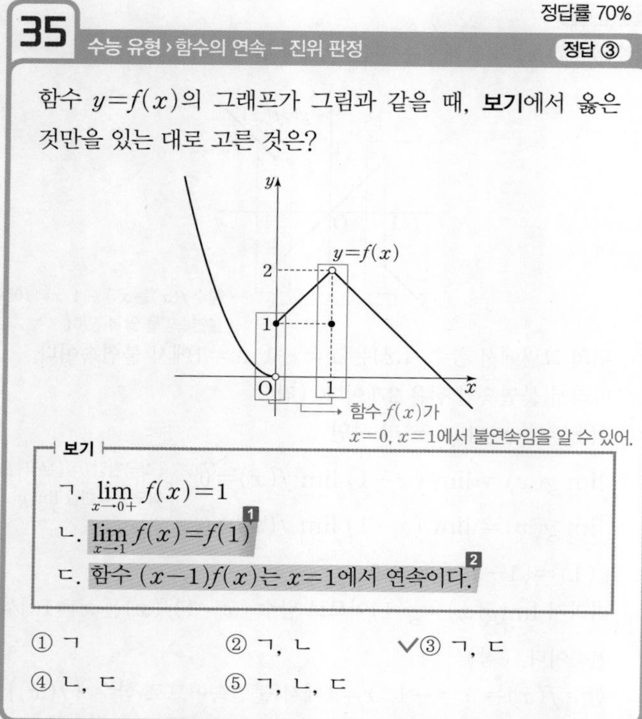

정답률 70%

35 수능 유형 › 함수의 연속 – 진위 판정 정답 ③

함수 $y=f(x)$의 그래프가 그림과 같을 때, **보기**에서 옳은 것만을 있는 대로 고른 것은?

$y=f(x)$
함수 $f(x)$가 $x=0$, $x=1$에서 불연속임을 알 수 있어.

보기

ㄱ. $\lim_{x\to0+} f(x)=1$

ㄴ. $\lim_{x\to1} f(x)=f(1)$ [1]

ㄷ. 함수 $(x-1)f(x)$는 $x=1$에서 연속이다. [2]

① ㄱ ② ㄱ, ㄴ ✓③ ㄱ, ㄷ ④ ㄴ, ㄷ ⑤ ㄱ, ㄴ, ㄷ

해결 흐름

[1] 함수 $f(x)$가 $x=1$에서 연속인지를 알아보면 되겠네.

연관 개념 | 함수 $f(x)$가 실수 a에 대하여
(i) $f(x)$가 $x=a$에서 정의되어 있고
(ii) 극한값 $\lim_{x\to a} f(x)$가 존재하며
(iii) $\lim_{x\to a} f(x)=f(a)$
이면 함수 $f(x)$는 $x=a$에서 연속이다.

[2] $x=1$에서 함수 $(x-1)f(x)$의 극한값과 함숫값이 서로 같은지 확인해 봐야겠다.

알찬 풀이

ㄱ. $\lim_{x\to0+} f(x)=1$ (참)

ㄴ. $\lim_{x\to1-} f(x)=\lim_{x\to1+} f(x)=2$이므로 $\lim_{x\to1} f(x)=2$

한편, $f(1)=1$이므로 $\lim_{x\to1} f(x)\neq f(1)$ (거짓)

ㄷ. $g(x)=(x-1)f(x)$라 하면

$\lim_{x\to1-} g(x)=\lim_{x\to1-}(x-1)\times\lim_{x\to1-} f(x)=0$

$\lim_{x\to1+} g(x)=\lim_{x\to1+}(x-1)\times\lim_{x\to1+} f(x)=0$

(좌극한값)=(우극한값)이므로 극한값 $\lim_{x\to1} f(x)$가 존재해.

$g(1)=(1-1)f(1)=0$

따라서 $\lim_{x\to1} g(x)=g(1)$이므로 함수 $(x-1)f(x)$는 $x=1$에서 연속이다. (참)

이상에서 옳은 것은 ㄱ, ㄷ이다.

빠른 풀이 ㄴ. 주어진 그래프가 $x=1$에서 끊어져 있으므로 함수 $f(x)$는 $x=1$에서 불연속이다.

$\therefore \lim_{x\to1} f(x)\neq f(1)$ (거짓)

오답 Clear

ㄷ을 확인할 때, 함수 $f(x)g(x)$가 $x=a$에서 연속이 되기 위해서는 $x=a$에서의 극한값과 함숫값이 서로 같으면 된다. 이때 함수 $f(x)$가 $x=a$에서 불연속이어도, $x=a$에서의 $g(x)$의 극한값과 함숫값에 따라 함수 $f(x)g(x)$가 $x=a$에서 연속이 될 수도 있으므로 연속의 정의로부터 연속성을 판단해야 한다.

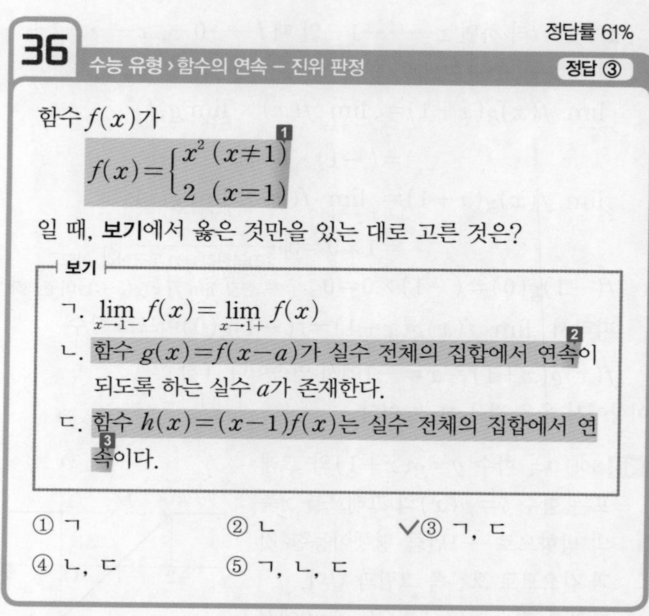

정답률 61%

36 수능 유형 › 함수의 연속 – 진위 판정 정답 ③

함수 $f(x)$가

$$f(x)=\begin{cases} x^2 & (x\neq1) \\ 2 & (x=1)\end{cases}$$ [1]

일 때, **보기**에서 옳은 것만을 있는 대로 고른 것은?

보기

ㄱ. $\lim_{x\to1-} f(x)=\lim_{x\to1+} f(x)$

ㄴ. 함수 $g(x)=f(x-a)$가 실수 전체의 집합에서 연속이 되도록 하는 실수 a가 존재한다. [2]

ㄷ. 함수 $h(x)=(x-1)f(x)$는 실수 전체의 집합에서 연속이다. [3]

① ㄱ ② ㄴ ✓③ ㄱ, ㄷ ④ ㄴ, ㄷ ⑤ ㄱ, ㄴ, ㄷ

해결 흐름

[1] ㄱ, ㄴ은 함수 $y=f(x)$의 그래프를 그려서 확인해야 겠구나.

[2] 함수 $g(x)=f(x-a)$의 그래프는 함수 $y=f(x)$의 그래프를 x축의 방향으로 a만큼 평행이동한 것이므로 $y=f(x)$의 그래프를 이용하여 참, 거짓을 판단해야지.

[3] ㄷ은 함수 $h(x)$의 $x=1$에서의 극한값과 함숫값이 서로 같은지 확인하면 되겠네.

알찬 풀이

함수 $y=f(x)$의 그래프는 다음 그림과 같다.

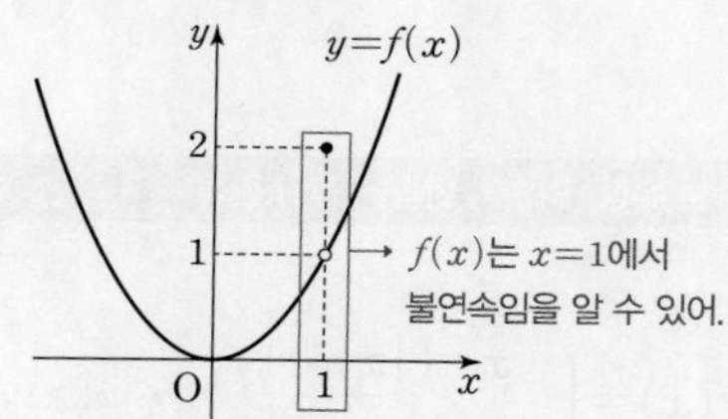

$y=f(x)$
$f(x)$는 $x=1$에서 불연속임을 알 수 있어.

ㄱ. $\lim_{x\to1-} f(x)=\lim_{x\to1+} f(x)=1$ (참)

ㄴ. 함수 $y=f(x-a)$의 그래프는 $y=f(x)$의 그래프를 x축의 방향으로 a만큼 평행이동시킨 것이므로 함수 $g(x)=f(x-a)$는 $x=1+a$에서 불연속이다. ($f(x)$가 $x=1$에서 불연속이기 때문이야.)

따라서 함수 $g(x)$가 실수 전체의 집합에서 연속이 되도록 하는 실수 a는 존재하지 않는다. (거짓)

ㄷ. 함수 $f(x)$는 $x=1$에서 불연속이므로 함수 $h(x)=(x-1)f(x)$는 $x=1$에서 연속이면 실수 전체의 집합에서 연속이다.

$\lim_{x\to1-} h(x)=\lim_{x\to1-}(x-1)\times\lim_{x\to1-} f(x)=0$

$\lim_{x\to1+} h(x)=\lim_{x\to1+}(x-1)\times\lim_{x\to1+} f(x)=0$

(좌극한값)=(우극한값)이므로 극한값 $\lim_{x\to1} h(x)$가 존재해.

$h(1)=(1-1)f(1)=0$

즉, $\lim_{x\to1} h(x)=h(1)$이므로 함수 $h(x)$는 $x=1$에서 연속이다.

따라서 함수 $h(x)$는 실수 전체의 집합에서 연속이다. (참)

이상에서 옳은 것은 ㄱ, ㄷ이다.

실전적용 key

도형을 평행이동할 때, 그 모양은 변하지 않으므로 연속, 불연속, 길이, 넓이 등의 성질은 변하지 않는다.

37 수능 유형 › 함수의 연속 – 진위 판정

정답률 53% 정답 ⑤

서로 다른 두 다항함수 $f(x)$, $g(x)$에 대하여 함수

$$y=\begin{cases} f(x) & (x<a) \\ g(x) & (x\geq a) \end{cases}$$

→ $f(x)$, $g(x)$는 다항함수이니까 모든 실수에서 연속이야.

가 모든 실수에서 연속이 되도록 하는 상수 a의 개수를 $N(f, g)$[1]라 하자. **보기**에서 옳은 것만을 있는 대로 고른 것은?

→ 함수 y가 모든 실수에서 연속이려면 $x=a$에서 연속이어야 해.

보기

ㄱ. $f(x)=x^2$, $g(x)=x+1$이면 $N(f, g)=2$이다.

ㄴ. $N(f, g)=N(g, f)$

ㄷ. $h(x)=x^3$이면 $N(f, g)=N(h\circ f, h\circ g)$이다.

① ㄱ ② ㄱ, ㄴ ③ ㄴ, ㄷ ④ ㄱ, ㄷ ✓⑤ ㄱ, ㄴ, ㄷ

해결 흐름

[1] 모든 실수에서 연속이 되려면 $x=a$에서 연속이어야하므로 $N(f, g)$는 $f(a)=g(a)$를 만족시키는 상수 a의 개수가 되겠구나.

연관 개념 | 함수 $f(x)$가 실수 a에 대하여
(i) $f(x)$가 $x=a$에서 정의되어 있고
(ii) 극한값 $\lim\limits_{x\to a}f(x)$가 존재하며
(iii) $\lim\limits_{x\to a}f(x)=f(a)$
이면 함수 $f(x)$는 $x=a$에서 연속이다.

알찬 풀이

$f(x)$, $g(x)$가 다항함수이므로 함수

$$y=\begin{cases} f(x) & (x<a) \\ g(x) & (x\geq a) \end{cases}$$

→ $f(x)$, $g(x)$가 다항함수이므로 주어진 함수는 $x<a$, $x\geq a$에서 각각 연속이야.

가 모든 실수에서 연속이 되려면 $x=a$에서 연속이어야 한다.

즉, $\lim\limits_{x\to a-}f(x)=\lim\limits_{x\to a+}g(x)=g(a)$이어야 한다.

이때 $\lim\limits_{x\to a-}f(x)=f(a)$이고, $\lim\limits_{x\to a+}g(x)=g(a)$이므로

$f(a)=g(a)$

이어야 한다.

→ $f(x)$, $g(x)$가 다항함수이므로 모든 실수에서 (극한값)=(함숫값)이야.

따라서 $N(f, g)$는 $f(a)=g(a)$를 만족시키는 상수 a의 개수, 즉 두 함수 $f(x)$, $g(x)$의 그래프의 교점의 개수와 같다.

ㄱ. 두 다항함수 $f(x)=x^2$, $g(x)=x+1$의 그래프는 오른쪽 그림과 같다.
즉, 두 다항함수 $f(x)$, $g(x)$의 그래프는 서로 다른 두 점에서 만나므로
$N(f, g)=2$ (참)

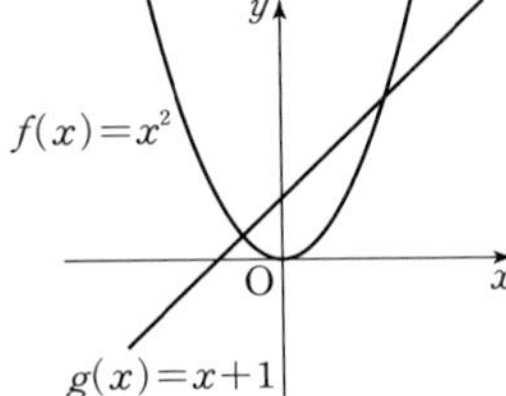

ㄴ. $f(x)$와 $g(x)$의 순서가 바뀌어도 두 다항함수 $f(x)$, $g(x)$의 그래프의 교점의 개수는 같으므로
$N(f, g)=N(g, f)$ (참)

ㄷ. $h(f(x))=h(g(x))$에서
$h(x)=x^3$은 일대일대응이므로
$f(x)=g(x)$
$\therefore N(f, g)=N(h\circ f, h\circ g)$ (참)

이상에서 ㄱ, ㄴ, ㄷ 모두 옳다.

38 수능 유형 › 함수의 연속 – 진위 판정

정답률 70% 정답 ⑤

열린구간 $(-2, 2)$에서 정의된 함수 $y=f(x)$의 그래프가 그림과 같다.

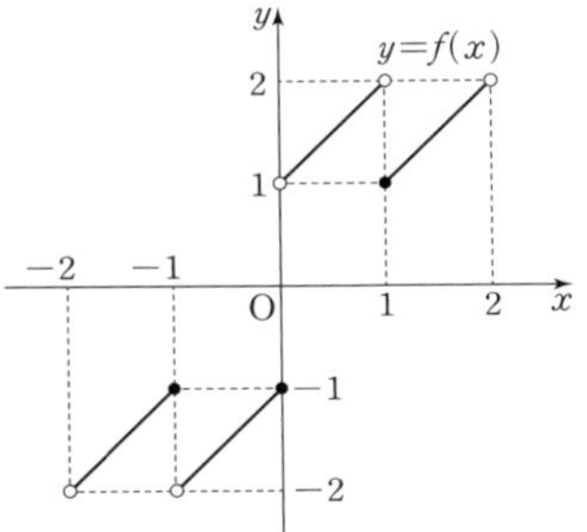

열린구간 $(-2, 2)$에서 함수 $g(x)$를

$g(x)=f(x)+f(-x)$

로 정의할 때, **보기**에서 옳은 것만을 있는 대로 고른 것은?

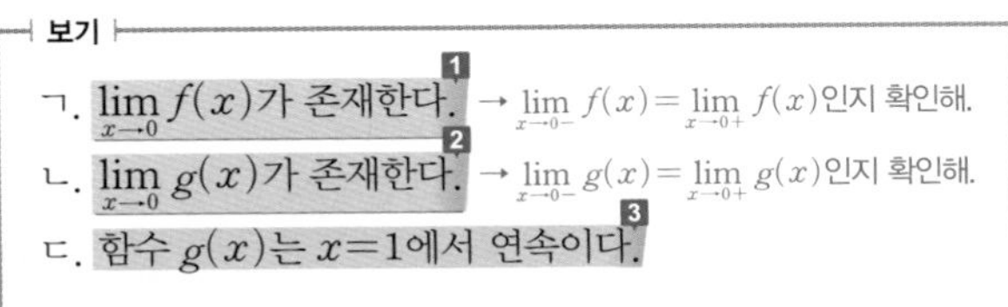

보기

ㄱ. $\lim\limits_{x\to 0}f(x)$가 존재한다.[1] → $\lim\limits_{x\to 0-}f(x)=\lim\limits_{x\to 0+}f(x)$인지 확인해.

ㄴ. $\lim\limits_{x\to 0}g(x)$가 존재한다.[2] → $\lim\limits_{x\to 0-}g(x)=\lim\limits_{x\to 0+}g(x)$인지 확인해.

ㄷ. 함수 $g(x)$는 $x=1$에서 연속이다.[3]

① ㄴ ② ㄷ ③ ㄱ, ㄴ ④ ㄱ, ㄷ ✓⑤ ㄴ, ㄷ

해결 흐름

[1] ㄱ은 함수 $y=f(x)$의 그래프를 보고 좌극한값과 우극한값을 각각 구해 보면 되겠다.

연관 개념 | $\lim\limits_{x\to a}f(x)=L$ (L은 실수) $\Longleftrightarrow$ $\lim\limits_{x\to a-}f(x)=\lim\limits_{x\to a+}f(x)=L$

[2] ㄴ은 함수의 극한에 대한 기본 성질을 이용하면 되겠군.

연관 개념 | $\lim\limits_{x\to a}f(x)=\alpha$, $\lim\limits_{x\to a}g(x)=\beta$ (α, β는 실수)일 때,
$\lim\limits_{x\to a}\{f(x)\pm g(x)\}=\lim\limits_{x\to a}f(x)\pm\lim\limits_{x\to a}g(x)=\alpha\pm\beta$ (복부호 동순)

[3] ㄷ은 $x=1$에서 함수 $g(x)$의 극한값과 함숫값이 같은지 확인해 봐야지.

연관 개념 | 함수 $f(x)$가 실수 a에 대하여
(i) $f(x)$가 $x=a$에서 정의되어 있고
(ii) 극한값 $\lim\limits_{x\to a}f(x)$가 존재하며
(iii) $\lim\limits_{x\to a}f(x)=f(a)$
이면 함수 $f(x)$는 $x=a$에서 연속이다.

알찬 풀이

ㄱ. $\lim\limits_{x\to 0-}f(x)=-1$, $\lim\limits_{x\to 0+}f(x)=1$이므로 $\lim\limits_{x\to 0-}f(x)\neq\lim\limits_{x\to 0+}f(x)$
따라서 $\lim\limits_{x\to 0}f(x)$가 존재하지 않는다. (거짓)

ㄴ. $\lim\limits_{x\to 0-}g(x)=\lim\limits_{x\to 0-}f(x)+\lim\limits_{x\to 0-}f(-x)$
$=\lim\limits_{x\to 0-}f(x)+\lim\limits_{t\to 0+}f(t)$
$=-1+1$
$=0$

→ $-x=t$라 하면 $x\longrightarrow 0-$일 때 $t\longrightarrow 0+$야.

$\lim\limits_{x\to 0+}g(x)=\lim\limits_{x\to 0+}f(x)+\lim\limits_{x\to 0+}f(-x)$
$=\lim\limits_{x\to 0+}f(x)+\lim\limits_{t\to 0-}f(t)$
$=1+(-1)$
$=0$

→ $-x=t$라 하면 $x\longrightarrow 0+$일 때 $t\longrightarrow 0-$야.

$\therefore \lim_{x\to0-} g(x) = \lim_{x\to0+} g(x)$

따라서 $\lim_{x\to0} g(x)$가 존재한다. (참)

ㄷ. $\lim_{x\to1-} g(x) = \lim_{x\to1-} f(x) + \lim_{x\to1-} f(-x)$

$= \lim_{x\to1-} f(x) + \lim_{t\to-1+} f(t)$

$= 2 + (-2) = \boxed{0}$

$\lim_{x\to1+} g(x) = \lim_{x\to1+} f(x) + \lim_{x\to1+} f(-x)$

$= \lim_{x\to1+} f(x) + \lim_{t\to-1-} f(t)$

$= 1 + (-1) = \boxed{0}$

(좌극한값)=(우극한값)이므로 극한값 $\lim_{x\to1} g(x)$가 존재해.

$g(1) = f(1) + f(-1)$

$= 1 + (-1) = 0$

따라서 $\lim_{x\to1} g(x) = g(1)$이므로 함수 $g(x)$는 $x=1$에서 연속이다. (참)

이상에서 옳은 것은 ㄴ, ㄷ이다.

정답률 확률과 통계 3%, 미적분 17%, 기하 11%

39 수능 유형 › 함수의 연속

정답 58

→ 삼차함수는 극값을 가지면 극댓값과 극솟값을 모두 가져.

최고차항의 계수가 1이고 $x=3$에서 극댓값 8을 갖는 삼차함수 $f(x)$가 있다. 실수 t에 대하여 함수 $g(x)$를

$$g(x) = \begin{cases} f(x) & (x \ge t) \\ -f(x) + 2f(t) & (x < t) \end{cases}$$

라 할 때, 방정식 $g(x)=0$의 서로 다른 실근의 개수를 $h(t)$라 하자. 함수 $h(t)$가 $t=a$에서 불연속인 a의 값이 두 개일 때, $f(8)$의 값을 구하시오. 58

해결 흐름

1 $f(8)$의 값을 구하려면 $f(x)$를 알아야겠네. 삼차함수 $f(x)$의 극댓값이 존재하니까 극솟값도 존재함을 이용해서 $y=f(x)$의 그래프의 개형을 생각해 보고, 그에 따른 $y=g(x)$의 그래프의 개형도 그려 봐야겠다.

2 함수 $h(t)$는 $y=g(x)$의 그래프와 x축의 교점의 개수를 세어 보면 알 수 있겠네.

연관 개념 | 방정식 $f(x)=0$의 서로 다른 실근의 개수는 함수 $y=f(x)$의 그래프와 x축의 교점의 개수와 같다.

3 2에서 함수 $h(t)$가 불연속인 점이 2개인 경우를 생각해 봐야겠어.

알찬 풀이

$g(x) = \begin{cases} f(x) & (x \ge t) \\ -f(x) + 2f(t) & (x < t) \end{cases}$에서

$\lim_{x\to t+} g(x) = \lim_{x\to t+} f(x)$

$= f(t)$

$\lim_{x\to t-} g(x) = \lim_{x\to t-} \{-f(x) + 2f(t)\}$

$= -f(t) + 2f(t)$

$= f(t)$

$g(t) = f(t)$

$\therefore \lim_{x\to t+} g(x) = \lim_{x\to t-} g(x)$

$= g(t)$

즉, 함수 $g(x)$는 $x=t$에서 연속이므로 실수 전체의 집합에서 연속이다.

> **함수의 연속**
> 함수 $f(x)$가 실수 a에 대하여
> (i) $x=a$에서 정의되어 있고
> (ii) 극한값 $\lim_{x\to a} f(x)$가 존재하며
> (iii) $\lim_{x\to a} f(x) = f(a)$
> 이면 함수 $f(x)$는 $x=a$에서 연속이다.

또, 함수 $y=-f(x)+2f(t)$의 그래프는 함수 $y=f(x)$의 그래프를 x축에 대하여 대칭이동한 후 y축의 방향으로 $2f(t)$만큼 평행이동한 것이다.

즉, 두 함수 $y=f(x)$, $y=-f(x)+2f(t)$의 그래프는 직선 $y=f(t)$에 대하여 서로 대칭이다.

→ $y=f(x)$의 그래프의 개형을 생각해 보면 ($f(x)$가 극대인 x의 값)<($f(x)$가 극소인 x의 값)이야.

한편, 최고차항의 계수가 1인 삼차함수 $f(x)$가 $x=3$에서 극댓값 8을 가지므로 $x=k$ $(k>3)$에서 극솟값 $f(k)$를 갖는다고 하자.

방정식 $g(x)=0$의 서로 다른 실근의 개수 $h(t)$는 함수 $y=g(x)$의 그래프와 x축의 교점의 개수와 같으므로 극솟값 $f(k)$의 부호에 따라 다음과 같이 나누어 생각할 수 있다.

(i) $f(k)<0$인 경우

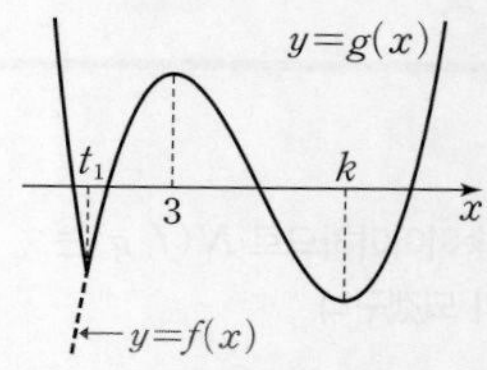

➡ $t=t_1$일 때, $h(t)=4$

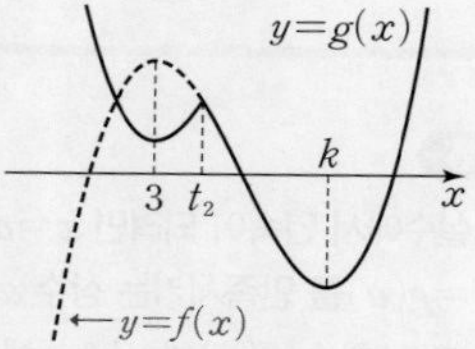

➡ $t=t_2$일 때, $h(t)=2$

→ $y=g(x)$의 그래프는 $y=f(x)$의 그래프를 그린 후 $x=t$를 기준으로 오른쪽은 그대로 두고, 왼쪽은 직선 $y=f(t)$에 대하여 대칭이동하여 그리면 돼.

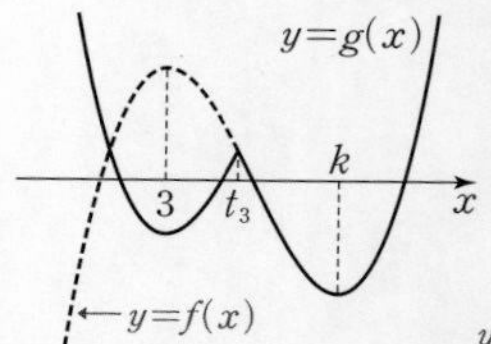

➡ $t=t_3$일 때, $h(t)=4$

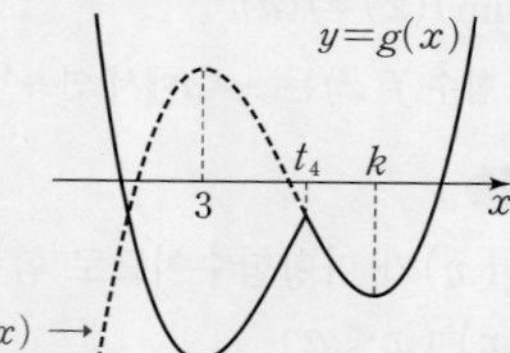

➡ $t=t_4$일 때, $h(t)=2$

→ t_1과 t_2 사이에서 $y=f(x)$의 그래프와 x축의 교점의 x좌표야.

이때 $h(t)$는 $t=\alpha$ $(t_1<\alpha<t_2)$, $t=\beta$ $(t_2<\beta<t_3)$, $t=\gamma$ $(t_3<\gamma<t_4)$에서 불연속임을 알 수 있다.

따라서 함수 $h(t)$가 적어도 세 점에서 불연속이므로 조건을 만족시키지 않는다. → t의 위치를 계속 움직여 보면 알 수 있어.

(ii) $f(k)=0$인 경우

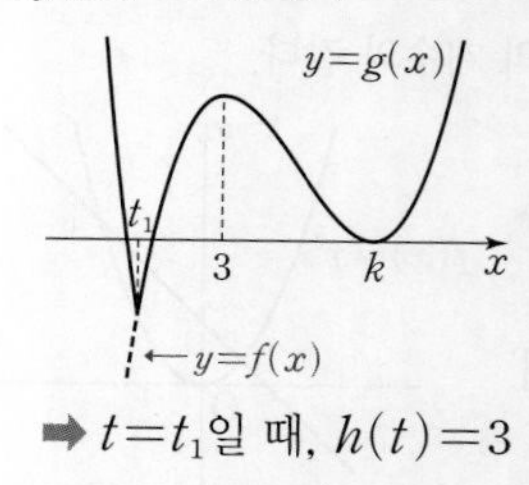

➡ $t=t_1$일 때, $h(t)=3$

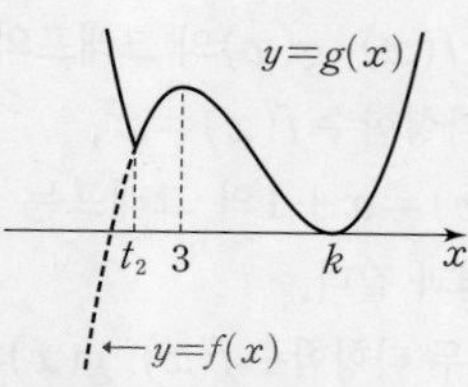

➡ $t=t_2$일 때, $h(t)=1$

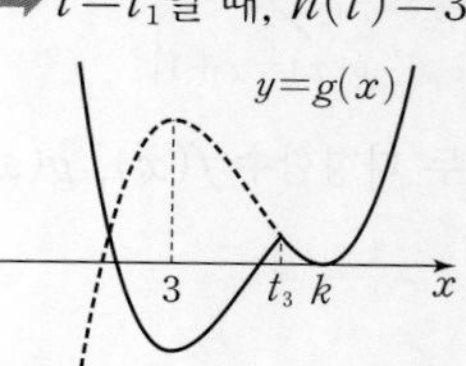

➡ $t=t_3$일 때, $h(t)=3$

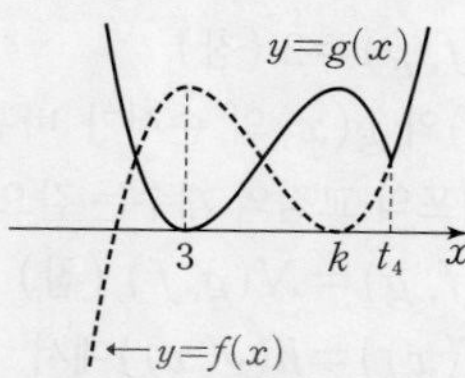

➡ $t=t_4$일 때, $h(t)=1$

(i)과 같은 방법으로 함수 $h(t)$가 적어도 세 점에서 불연속임을 알 수 있으므로 조건을 만족시키지 않는다.

(iii) $f(k)>0$인 경우

(i), (ii)와 같은 방법으로 $h(t)$를 조사해 보면 함수 $y=f(x)$의 그래프가 다음 그림과 같을 때 조건을 만족시킴을 알 수 있다.

→ 실전 적용 key를 확인해 봐.

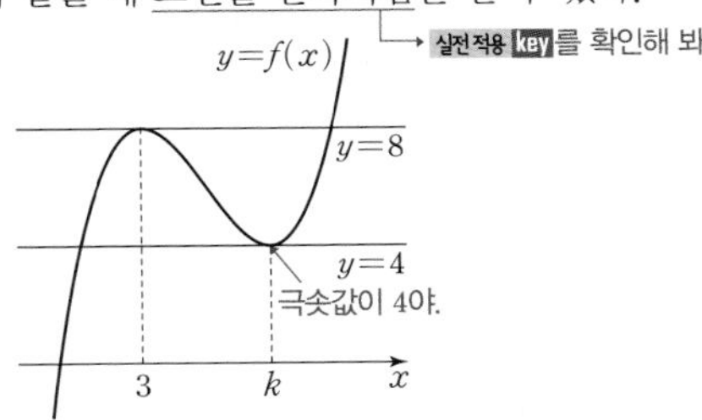

이때 함수 $y=f(x)$의 그래프와 직선 $y=8$의 교점 중 x좌표가 3이 아닌 점의 x좌표는 수직선 위의 두 점 P(3), Q(k)에 대하여 선분 PQ를 3 : 1로 외분하는 점의 좌표와 같으므로

→ 문제 해결 TIP을 확인해 봐.

$$\frac{3\times k-1\times 3}{3-1}=\frac{3k-3}{2}$$

즉, 함수 $y=f(x)$의 그래프와 직선 $y=8$이 접하는 점의 x좌표는 3이고, 만나는 점의 x좌표는 $\frac{3k-3}{2}$이므로

$$f(x)-8=(x-3)^2\left(x-\frac{3k-3}{2}\right)$$

으로 놓을 수 있다.

$$\therefore f(x)=(x-3)^2\left(x-\frac{3k-3}{2}\right)+8$$

이때 $f(k)=4$이므로

$$(k-3)^2\left(k-\frac{3k-3}{2}\right)+8=4$$

$$-\frac{1}{2}(k-3)^3=-4$$

$$(k-3)^3=8$$

$$k-3=2$$

$$\therefore k=5$$

$$\therefore f(x)=(x-3)^2(x-6)+8$$

(i), (ii), (iii)에서

$$f(8)=25\times 2+8=58$$

다른 풀이 부정적분을 이용하여 다음과 같이 함수 $f(x)$를 구할 수도 있다.

위의 **알찬 풀이**의 (iii)에서 조건을 만족시키는 함수 $y=f(x)$의 그래프를 보면 $f(k)=4$임을 알 수 있다.

한편, $f(x)$는 최고차항의 계수가 1인 삼차함수이므로 $f'(x)$는 최고차항의 계수가 3인 이차함수이다.

또, 함수 $f(x)$가 $x=3$에서 극댓값을 갖고 $x=k$ $(k>3)$에서 극솟값을 가지므로 $f'(3)=0$, $f'(k)=0$이다.

> **극값과 미분계수 사이의 관계**
> 함수 $f(x)$가 $x=a$에서 미분가능하고 $x=a$에서 극값을 가지면 $f'(a)=0$이다.

따라서

$$f'(x)=3(x-3)(x-k)$$
$$=3x^2-3(3+k)x+9k$$

로 놓을 수 있으므로

> **부정적분**
> n이 음이 아닌 정수일 때,
> $\int x^n dx=\frac{1}{n+1}x^{n+1}+C$
> (단, C는 적분상수)

$$f(x)=\int f'(x)\,dx$$
$$=\int\{3x^2-3(3+k)x+9k\}\,dx$$
$$=x^3-\frac{3}{2}(3+k)x^2+9kx+C \text{ (단, } C\text{는 적분상수)}$$

이때 함수 $f(x)$는 $x=3$에서 극댓값 8을 가지므로 $f(3)=8$에서

$$27-\frac{27}{2}(3+k)+27k+C=8$$

$$-\frac{43}{2}+\frac{27}{2}k+C=0$$

$$\therefore C=-\frac{27}{2}k+\frac{43}{2}$$

$$\therefore f(x)=x^3-\frac{3}{2}(3+k)x^2+9kx-\frac{27}{2}k+\frac{43}{2}$$

또, $f(k)=4$이므로

$$k^3-\frac{3}{2}(3+k)k^2+9k^2-\frac{27}{2}k+\frac{43}{2}=4$$

$$-\frac{1}{2}k^3+\frac{9}{2}k^2-\frac{27}{2}k+\frac{35}{2}=0$$

$$k^3-9k^2+27k-35=0$$

$$(k-5)(k^2-4k+7)=0$$

$$\therefore k=5\ (\because k^2-4k+7>0)$$

→ $k^2-4k+7=(k-2)^2+3>0$이야.

따라서 $f(x)=x^3-12x^2+45x-46$이므로

$$f(8)=512-768+360-46=58$$

실전 적용 key

$f(k)>0$인 경우 중에서 $f(k)=4$, 즉 극솟값이 4인 함수 $f(x)$에 대하여 $h(t)$를 조사해 보면 다음과 같다.

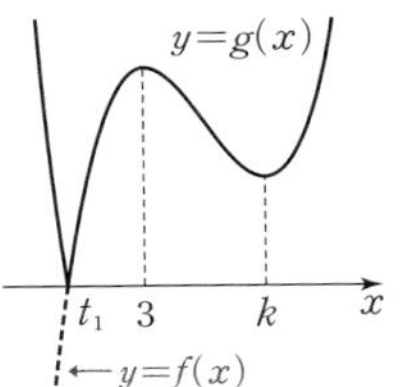

➡ $t<t_1$일 때, $h(t)=2$
$t=t_1$일 때, $h(t)=1$
➡ $t_1<t<t_2$일 때, $h(t)=0$
$t=t_2$일 때, $h(t)=1$
$t>t_2$일 때, $h(t)=0$

t의 위치에 따라 함수 $y=g(x)$의 그래프를 생각해 보면 돼.

따라서 함수 $y=h(t)$의 그래프는 오른쪽 그림과 같으므로 불연속인 점이 2개임을 확인할 수 있다.

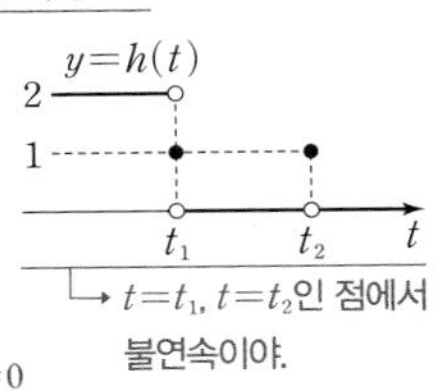

즉, $f(k)=4$이어야 조건을 만족시킨다.

이와 같은 방법으로 $0<f(k)<4$, $f(k)>4$일 때, $h(t)$를 조사해 보면 조건을 만족시키지 않음을 알 수 있다.

→ $t=k$, 즉 t가 극소인 x의 값과 같을 때 $g(3)=0$이 되어야 하는 것을 알아내는 게 핵심이었어.

문제 해결 TIP

김홍현 | 서울대학교 전기정보공학과 | 시흥고등학교 졸업

삼차함수 $f(x)$가 극댓값과 극솟값을 모두 가질 때, 삼차함수 $y=f(x)$의 그래프는 다음과 같은 특징이 있어.

오른쪽 그림과 같이 최고차항의 계수가 양수인 삼차함수 $y=f(x)$의 그래프에서 함수 $f(x)$가 극댓값을 갖는 점 A에서의 접선이 $y=f(x)$의 그래프와 점 C에서 만날 때, 선분 AC를 2 : 1로 내분하는 점의 x좌표는 함수 $f(x)$가 극솟값을 갖는 점 B의 x좌표와 같아.

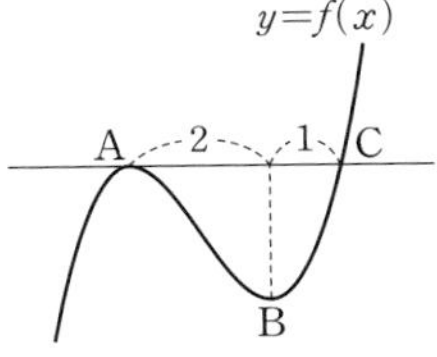

이 특징을 위의 문제에 활용하면 함수 $y=f(x)$의 그래프와 직선 $y=8$의 교점 중 x좌표가 3이 아닌 점의 x좌표는 수직선 위의 두 점 P(3), Q(k)에 대하여 선분 PQ를 3 : 1로 외분하는 점의 좌표와 같음을 알 수 있지.

이와 같은 삼차함수의 그래프의 특징은 교육과정상의 내용은 아니지만 알아 두면 그래프의 개형을 빠르게 파악할 수 있어서 편리해.

정답률 확률과 통계 2%, 미적분 7%, 기하 4%

40 수능 유형 › 함수의 극한과 연속 정답 19

두 양수 a, $b(b>3)$과 최고차항의 계수가 1인 이차함수 $f(x)$에 대하여 함수

$$g(x)=\begin{cases}(x+3)f(x) & (x<0)\\(x+a)f(x-b) & (x\ge0)\end{cases}$$

→ a, b의 값과 $f(x)$를 알아야 $g(x)$를 구할 수 있어.

이 실수 전체의 집합에서 연속이고 다음 조건을 만족시킬 때, $g(4)$의 값을 구하시오. 19

$\lim_{x\to-3}\frac{\sqrt{|g(x)|+\{g(t)\}^2}-|g(t)|}{(x+3)^2}$의 값이 존재하지 않는 실수 t의 값은 -3과 6뿐이다.

→ $x\longrightarrow-3$일 때 (분모) $\longrightarrow 0$이니까 (분자) $\longrightarrow 0$인지 확인해 봐.

해결 흐름

1 함수 $g(x)$가 실수 전체의 집합에서 연속이니까 구간의 경계인 $x=0$에서도 연속이겠네.

연관 개념 | 연속인 두 함수 $g(x)$, $h(x)$에 대하여

$$f(x)=\begin{cases}g(x) & (x<a)\\h(x) & (x\ge a)\end{cases}$$

가 실수 전체의 집합에서 연속이면

➡ $\lim_{x\to a-}g(x)=\lim_{x\to a+}h(x)=f(a)$

2 극한값이 존재하지 않는 실수 t의 값이 -3과 6뿐이니까 $t\ne-3$, $t\ne6$이면 극한값이 존재하겠네. 극한값이 존재할 조건을 생각해서 $f(x)$를 구해야겠다.

알찬 풀이

함수 $g(x)=\begin{cases}(x+3)f(x) & (x<0)\\(x+a)f(x-b) & (x\ge0)\end{cases}$가 실수 전체의 집합에서 연속이므로 $x=0$에서도 연속이다.

즉, $\lim_{x\to0-}g(x)=\lim_{x\to0+}g(x)=g(0)$이므로

$$\lim_{x\to0-}(x+3)f(x)=\lim_{x\to0+}(x+a)f(x-b)$$
$$=(0+a)f(0-b)$$

$\therefore 3f(0)=af(-b)$ …… ㉠

한편,

$\lim_{x\to-3}\frac{\sqrt{|g(x)|+\{g(t)\}^2}-|g(t)|}{(x+3)^2}$ → 실전적용 KEY를 확인해 봐.

$$=\lim_{x\to-3}\frac{[\sqrt{|g(x)|+\{g(t)\}^2}-|g(t)|][\sqrt{|g(x)|+\{g(t)\}^2}+|g(t)|]}{(x+3)^2[\sqrt{|g(x)|+\{g(t)\}^2}+|g(t)|]}$$

$$=\lim_{x\to-3}\frac{|g(x)|+\{g(t)\}^2-|g(t)|^2}{(x+3)^2[\sqrt{|g(x)|+\{g(t)\}^2}+|g(t)|]}$$

→ $|a|^2=a^2$임을 이용했어.

$$=\lim_{x\to-3}\frac{|g(x)|}{(x+3)^2[\sqrt{|g(x)|+\{g(t)\}^2}+|g(t)|]}$$

→ $x<0$일 때, $g(x)=(x+3)f(x)$이니까.

$$=\lim_{x\to-3}\frac{|(x+3)f(x)|}{(x+3)^2[\sqrt{|(x+3)f(x)|+\{g(t)\}^2}+|g(t)|]}$$ …… ㉡

이때 $t\ne-3$, $t\ne6$인 모든 실수 t에 대하여 ㉡의 극한값이 존재하므로 $f(x)$는 $x+3$을 인수로 가져야 한다. → 분모에 있는 $(x+3)^2$이 약분되어야 하니까.

또, $f(x)$는 최고차항의 계수가 1인 이차함수이므로

$f(x)=(x+3)(x+k)$ (k는 상수) …… ㉢

로 놓을 수 있다.

즉, ㉡에서

$$\lim_{x\to-3}\frac{|(x+3)f(x)|}{(x+3)^2[\sqrt{|(x+3)f(x)|+\{g(t)\}^2}+|g(t)|]}$$

$$=\lim_{x\to-3}\frac{|(x+3)\times(x+3)(x+k)|}{(x+3)^2[\sqrt{|(x+3)f(x)|+\{g(t)\}^2}+|g(t)|]}$$

$$=\lim_{x\to-3}\frac{|x+k|}{\sqrt{|(x+3)f(x)|+\{g(t)\}^2}+|g(t)|}$$

$$=\frac{|-3+k|}{\sqrt{\{g(t)\}^2}+|g(t)|}$$

$$=\frac{|-3+k|}{2|g(t)|}$$

이때 $t=-3$, $t=6$에서만 위의 극한값이 존재하지 않으므로 방정식 $g(x)=0$의 실근은 $x=-3$, $x=6$뿐이다.

→ 분모가 0이면 극한값이 존재하지 않으니까 $2|g(t)|=0$, 즉 $g(t)=0$을 만족시키는 t의 값이 -3, 6이라는 거야.

따라서 $g(-3)=0$, $g(6)=0$이므로

$g(6)=(6+a)f(6-b)=0$에서

$f(6-b)=0$ ($\because a>0$)

㉢에서 $f(-3)=0$ 또는 $f(-k)=0$이므로

$6-b=-3$ 또는 $6-b=-k$

$\therefore b=9$ 또는 $b=k+6$

(i) $b=9$이면

$x<0$일 때,

$g(x)=(x+3)f(x)$
$=(x+3)^2(x+k)$ ($\because$ ㉢)

$g(x)=0$에서

$x=-3$ 또는 $x=-k$

이때 $x<0$에서 방정식 $g(x)=0$의 실근은 $x=-3$뿐이므로

$-k\ge0$ 또는 $-k=-3$ → $x=-k$가 음이 아닌 실근이거나 $x=-3$이어야 실근이 $x=-3$뿐일 수 있어.

$\therefore k\le0$ 또는 $k=3$ …… ㉣

$x\ge0$일 때,

$g(x)=(x+a)f(x-9)$
$=(x+a)(x-9+3)(x-9+k)$ ($\because$ ㉢)
$=(x+a)(x-6)(x-9+k)$

$g(x)=0$에서

$x=-a$ 또는 $x=6$ 또는 $x=9-k$

이때 $x\ge0$에서 방정식 $g(x)=0$의 실근은 $x=6$뿐이므로

$9-k<0$ 또는 $9-k=6$ ($\because a>0$)

$\therefore k>9$ 또는 $k=3$ …… ㉤

→ $x=-a<0$이니까 $x=9-k$가 음의 실근이거나 $x=6$이어야 실근이 $x=6$뿐일 수 있어.

㉣, ㉤에서

$k=3$

$\therefore f(x)=(x+3)^2$ ($\because$ ㉢)

(ii) $b=k+6$이면

$x<0$일 때는 (i)과 같으므로

$k\le0$ 또는 $k=3$ …… ㉥

→ 함수 $g(x)$의 식에 b가 포함되어 있지 않으니까 (i)의 과정과 동일해.

$x\ge0$일 때,

→ $b>3$을 이용해서 조건을 만족시키는 실근을 정하려고 $b=k+6$을 대입하지 않았어.

$g(x)=(x+a)f(x-b)$
$=(x+a)(x-b+3)(x-b+k)$ ($\because$ ㉢)
$=(x+a)(x-b+3)(x-6)$

$g(x)=0$에서

$x=-a$ 또는 $x=b-3$ 또는 $x=6$

이때 $x\ge0$에서 방정식 $g(x)=0$의 실근은 $x=6$뿐이므로

$\underline{b-3=6\ (\because a>0,\ b>3)}$ → $x=-a<0$, $x=b-3>0$이니까 $x=b-3$이 $x=6$이어야 실근이 $x=6$뿐일 수 있어.

$\therefore b=9$

$\therefore k=b-6=9-6=3$ …… ⓐ

ⓑ, ⓐ에서 $k=3$

$\therefore f(x)=(x+3)^2\ (\because ㉢)$

(i), (ii)에서

$f(x)=(x+3)^2,\ b=9$

이므로 ㉠에서

$3\times 9=af(-9),\ 27=36a$

$\therefore a=\frac{3}{4}$

따라서 $g(x)=\begin{cases}(x+3)^3 & (x<0)\\ \left(x+\frac{3}{4}\right)(x-6)^2 & (x\ge 0)\end{cases}$ 이므로

$g(4)=\frac{19}{4}\times 4=19$

실전적용 key

$\lim_{x\to -3}\frac{\sqrt{|g(x)|+\{g(t)\}^2}-|g(t)|}{(x+3)^2}$에서 $\lim_{x\to -3}(x+3)^2=(-3+3)^2=0$

$g(x)=\begin{cases}(x+3)f(x) & (x<0)\\ (x+a)f(x-b) & (x\ge 0)\end{cases}$이므로

$\lim_{x\to -3}[\sqrt{|g(x)|+\{g(t)\}^2}-|g(t)|]=\sqrt{|g(-3)|+\{g(t)\}^2}-|g(t)|$

$=\sqrt{0+\{g(t)\}^2}-|g(t)|$

$=|g(t)|-|g(t)|=0$

따라서 $\lim_{x\to -3}\frac{\sqrt{|g(x)|+\{g(t)\}^2}-|g(t)|}{(x+3)^2}$는 $x\to -3$일 때, (분모) → 0, (분자) → 0임을 알 수 있다.

즉, $\frac{0}{0}$ 꼴의 극한이므로 근호가 있는 쪽을 유리화하여 극한값을 구해야 한다.

정답률 16%

41 수능 유형 › 함수의 연속을 이용한 미정계수의 결정

정답 ①

최고차항의 계수가 1인 삼차함수 $f(x)$[1]에 대하여 실수 전체의 집합에서 연속인 함수 $g(x)$[2]가 다음 조건을 만족시킨다.

> (가) 모든 실수 x에 대하여 $f(x)g(x)=x(x+3)$[3]이다.
> (나) $g(0)=1$[2] → 함수 $g(x)$가 실수 전체의 집합에서 연속이니까 $x=0$에서도 연속이겠네.

$f(1)$이 자연수일 때, $g(2)$의 최솟값[3]은?

✓① $\frac{5}{13}$ ② $\frac{5}{14}$ ③ $\frac{1}{3}$ ④ $\frac{5}{16}$ ⑤ $\frac{5}{17}$

해결 흐름

1. $f(x)$는 최고차항의 계수가 1인 삼차함수이므로 $f(x)=x^3+ax^2+bx+c$ (a, b, c는 상수)로 놓을 수 있겠네.
2. 함수 $g(x)$가 실수 전체의 집합에서 연속이므로 $\lim_{x\to 0}g(x)=g(0)$이겠다.
3. $f(x)g(x)=x(x+3)$에서 $g(x)$를 구해서 $g(2)$의 최솟값을 구해야겠군.

알찬 풀이

조건 (가)에서 $f(x)g(x)=x(x+3)$이므로

양변에 $x=0$을 대입하면

$f(0)g(0)=0$

$\therefore f(0)=0\ (\because g(0)=1)$

이때 $f(x)$는 최고차항의 계수가 1인 삼차함수이므로

$f(x)=x^3+ax^2+bx+c$ (a, b, c는 상수)로 놓으면

$f(0)=0$에서 $c=0$

$\therefore f(x)=x^3+ax^2+bx$

$=x(x^2+ax+b)$

위의 식을 조건 (가)에 대입하면

$x(x^2+ax+b)g(x)=x(x+3)$이므로

$x=0$일 때, $g(x)=1$ → 조건 (나)에 주어졌어.

$x\ne 0$일 때, $(x^2+ax+b)g(x)=x+3$

이때 함수 $g(x)$가 실수 전체의 집합에서 연속이므로 $x=0$에서도 연속이다.

즉, $\lim_{x\to 0}g(x)=g(0)=1$이므로

$\lim_{x\to 0}(x^2+ax+b)g(x)=\lim_{x\to 0}(x+3)$에서 → 이차함수는 다항함수이므로 실수 전체의 집합에서 연속이야.

$b\times 1=3$

$\therefore b=3$

또, 함수 $g(x)$가 정의되려면 $x^2+ax+3\ne 0$이어야 한다.

즉, 이차방정식 $x^2+ax+3=0$은 허근을 가져야 하므로 이 이차방정식의 판별식을 D라 하면

> 이차방정식의 근의 판별
> 계수가 실수인 이차방정식 $ax^2+bx+c=0$의 판별식을 D라 하면
> ① $D>0 \Longleftrightarrow$ 서로 다른 두 실근
> ② $D=0 \Longleftrightarrow$ 중근(실근)
> ③ $D<0 \Longleftrightarrow$ 서로 다른 두 허근

$D=a^2-12<0$

$(a+2\sqrt{3})(a-2\sqrt{3})<0$

$\therefore -2\sqrt{3}<a<2\sqrt{3}$ …… ㉠

한편, $f(1)$이 자연수이므로

$f(x)=x^3+ax^2+3x$에 $x=1$을 대입하면

$f(1)=1+a+3=a+4>0$에서

$a>-4$ (단, a는 정수) …… ㉡

㉠, ㉡에 의하여 조건을 만족시키는 a의 값은 $-3, -2, -1, 0, 1, 2, 3$이다.

이때 $g(x)=\frac{x+3}{x^2+ax+3}\ (x\ne 0)$에서 $g(2)=\frac{5}{2a+7}$이므로

$g(2)$가 최솟값을 가지려면 $a=3$이어야 한다.

따라서 $g(2)$의 최솟값은 → 분모 $2a+7$의 값이 최대가 되어야 $g(2)$의 값이 최소가 되겠네.

$\frac{5}{2\times 3+7}=\frac{5}{13}$

생생 수험 Talk

수험생에게 무엇보다 중요한 것이 건강관리야. 개인마다 차이는 있겠지만 나는 몸에 좋은 음식을 따로 챙겨 먹기 보다는 먹고 싶은 음식이 생기면 먹었어. 그렇게 하면 기분도 좋아지고 스트레스도 풀 수 있으니까. 근데 웬만하면 딱 포만감이 느껴질 때까지만 먹으려고 했어. 너무 배부르면 공부할 때 잠이 오기도 하고 집중력도 평소보다 떨어지더라고. 그리고 겨울부터 5월까지는 매일 한 시간 정도씩 운동을 꼭 했어. 너무 힘들지 않게 기분 딱 좋을 정도로만 했는데 스트레스도 풀리고, 운동하고 나면 집중도 더 잘 돼서 장기적으로 도움이 됐던 것 같아.

42 수능 유형 › 함수의 연속

정답률 11% 정답 20

함수

→ $x=1$에서의 좌극한값, 우극한값, 함숫값이 서로 같아.

$$f(x)=\begin{cases} ax+b & (x<1) \\ cx^2+\frac{5}{2}x & (x\ge1) \end{cases}$$

이 실수 전체의 집합에서 연속[1]이고 역함수를 갖는다[2]. 함수 $y=f(x)$의 그래프와 역함수 $y=f^{-1}(x)$의 그래프의 교점의 개수가 3이고, 그 교점의 x좌표가 각각 -1, 1, 2[3]일 때, $2a+4b-10c$의 값을 구하시오. (단, a, b, c는 상수이다.) 20

해결 흐름

1 함수 $f(x)$가 실수 전체의 집합에서 연속이므로 구간의 경계인 $x=1$에서도 연속이겠네.

연관 개념 | 연속인 두 함수 $g(x)$, $h(x)$에 대하여

$f(x)=\begin{cases} g(x) & (x<a) \\ h(x) & (x\ge a) \end{cases}$가 실수 전체의 집합에서 연속이면

➡ $\lim_{x\to a-} g(x)=\lim_{x\to a+} h(x)=f(a)$

2 함수 $f(x)$의 역함수 $f^{-1}(x)$가 존재하므로 $f(x)$는 증가함수이거나 감소함수이겠구나.

3 함수 $y=f(x)$의 그래프와 역함수 $y=f^{-1}(x)$의 그래프의 교점의 x좌표를 이용하여 두 함수의 그래프의 교점을 구해야겠다.

알찬 풀이

함수 $f(x)=\begin{cases} ax+b & (x<1) \\ cx^2+\frac{5}{2}x & (x\ge1) \end{cases}$가 실수 전체의 집합에서 연속이므로 $x=1$에서도 연속이다.

즉, $\lim_{x\to1-} f(x)=\lim_{x\to1+} f(x)=f(1)$이므로

$\lim_{x\to1-} (ax+b)=\lim_{x\to1+} \left(cx^2+\frac{5}{2}x\right)=c+\frac{5}{2}$

$\therefore a+b=c+\frac{5}{2}$ → $x=1$에서 함수 $f(x)$가 연속이니까. …… ㉠

또, 함수 $y=f(x)$의 그래프와 역함수 $y=f^{-1}(x)$의 그래프의 교점의 개수가 3이고, 그 교점 중 x좌표가 1인 점이 존재한다.

$x=1$일 때, 함수 $f(x)$가 연속이므로 함수 $y=f(x)$의 그래프와 직선 $y=x$의 교점의 좌표가 $(1, 1)$이고 이 점은 역함수 $y=f^{-1}(x)$의 그래프 위의 점이다.

→ 함수 $y=f(x)$, 역함수 $y=f^{-1}(x)$의 그래프 및 직선 $y=x$는 모두 $x=1$에서 만나.

즉, $f(1)=f^{-1}(1)=1$이므로

$c+\frac{5}{2}=1$ $\quad\therefore c=-\frac{3}{2}$

$\therefore f(x)=-\frac{3}{2}x^2+\frac{5}{2}x \ (x\ge1)$

→ 함수 $f(x)$의 역함수가 존재하려면 $f(x)$는 일대일대응이어야 해.

한편, $x\ge1$에서 $y=f(x)$의 그래프는 위로 볼록한 포물선의 일부이고, 실수 전체의 집합에서 $y=f(x)$의 역함수가 존재하므로 $x<1$에서 $y=f(x)$의 그래프는 기울기가 음수인 직선이 되어야 한다.

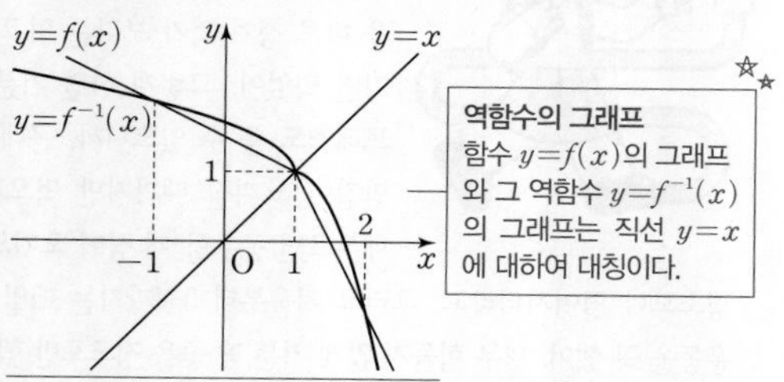

역함수의 그래프
함수 $y=f(x)$의 그래프와 그 역함수 $y=f^{-1}(x)$의 그래프는 직선 $y=x$에 대하여 대칭이다.

따라서 $a<0$이고 두 함수 $y=f(x)$, $y=f^{-1}(x)$의 그래프는 앞의 그림과 같다.

$f(x)=-\frac{3}{2}x^2+\frac{5}{2}x \ (x\ge1)$에서

$f(2)=-\frac{3}{2}\times4+\frac{5}{2}\times2=-1$이므로 함수 $y=f(x)$의 그래프는 점 $(2, -1)$을 지난다.

이때 함수 $y=f(x)$의 그래프와 역함수 $y=f^{-1}(x)$의 그래프의 교점이 $(2, -1)$이므로 점 $(-1, 2)$도 두 함수의 그래프의 교점이다.

$f(-1)=2$이므로 → 함수 f와 그 역함수 f^{-1}에 대하여 $f(2)=-1 \Longleftrightarrow f^{-1}(-1)=2$야.

$-a+b=2$ …… ㉡

또, ㉠에서 $c=-\frac{3}{2}$이므로

$a+b=1$ …… ㉢

㉡, ㉢을 연립하여 풀면

$a=-\frac{1}{2}$, $b=\frac{3}{2}$

$$\begin{aligned}\therefore 2a+4b-10c&=2\times\left(-\frac{1}{2}\right)+4\times\frac{3}{2}-10\times\left(-\frac{3}{2}\right)\\&=-1+6+15\\&=20\end{aligned}$$

실전 적용 key

다항함수 $g(x)$, $h(x)$ 및 실수 a에 대하여 함수 $f(x)=\begin{cases} g(x) & (x<a) \\ h(x) & (x\ge a) \end{cases}$의 역함수가 존재하려면 모든 실수 x에 대하여 $f(x)$가 증가함수이거나 감소함수이어야 한다. 즉,

(1) $x<a$에서 $g(x)$가 증가함수이면 $x\ge a$에서 $h(x)$도 증가함수이다.

(2) $x<a$에서 $g(x)$가 감소함수이면 $x\ge a$에서 $h(x)$도 감소함수이다.

수능 핵심 개념 역함수

함수 $f: X \longrightarrow Y$가 일대일대응일 때,

(1) f의 역함수 $f^{-1}: Y \longrightarrow X$가 존재한다.

(2) $y=f(x) \Longleftrightarrow x=f^{-1}(y)$

문제 해결 TIP

강연희 | 서울대학교 재료공학부 | 양서고등학교 졸업

평소 함수와 역함수의 교점을 구해야 할 때, 역함수가 정리하기 어려운 형태라면 함수와 직선 $y=x$의 교점을 이용했었지?

하지만 이 방법만을 기억하고 풀었다면 이 문제에서 정답을 구하지 못했을 거야. 이 문제처럼 $f(x)$가 감소함수라면 함수와 역함수의 교점이 직선 $y=x$ 위의 점이 아닐 수가 있거든.

따라서 함수 $f(x)$가 증가함수인 경우와 감소함수인 경우로 나눠서 그래프를 그려 보면 $f(x)$가 감소함수일 때만 그래프에서 교점이 3개가 나온다는 것을 알 수 있을 거야.

이처럼 함수와 역함수의 교점 관련 문제는 먼저 함수 $f(x)$가 증가함수인지 감소함수인지 확인하고 시작해 보자구!

» 수학 Ⅱ

Ⅱ. 다항함수의 미분법

정답률 확률과 통계 7%, 미적분 25%, 기하 18%

01 수능 유형 › 미분계수와 도함수 정답 31

최고차항의 계수가 1인 삼차함수 $f(x)$ [2] 가 모든 정수 k에 대하여

[1] $$2k-8\le\frac{f(k+2)-f(k)}{2}\le4k^2+14k$$

를 만족시킬 때, $f'(3)$ [3] 의 값을 구하시오. 31

→ $f'(x)$를 구하고, $x=3$을 대입해.

해결 흐름

1. 모든 정수 k에 대하여 주어진 부등식을 만족시키는 조건을 알아봐야겠다.
2. 최고차항의 계수가 1인 삼차함수 $f(x)$의 식을 세워야겠군.
3. $f'(x)$에 $x=3$을 대입하면 $f'(3)$의 값을 구할 수 있겠네.

알찬 풀이

$$2k-8\le\frac{f(k+2)-f(k)}{2}\le4k^2+14k \quad \cdots\cdots ㉠$$

에서 (실전 적용 key를 확인해 봐.)

$2k-8=4k^2+14k$

$k^2+3k+2=0$, $(k+1)(k+2)=0$

$\therefore k=-1$ 또는 $k=-2$

㉠에 $k=-1$을 대입하면

$$-10\le\frac{f(1)-f(-1)}{2}\le-10$$

이므로

$$\frac{f(1)-f(-1)}{2}=-10$$

$\therefore f(1)-f(-1)=-20 \quad \cdots\cdots ㉡$

또, ㉠에 $k=-2$를 대입하면

$$-12\le\frac{f(0)-f(-2)}{2}\le-12$$

이므로

$$\frac{f(0)-f(-2)}{2}=-12$$

$\therefore f(0)-f(-2)=-24 \quad \cdots\cdots ㉢$

삼차함수 $f(x)$의 최고차항의 계수가 1이므로

$f(x)=x^3+ax^2+bx+c$ (a, b, c는 상수)

로 놓으면 ㉡에서

$$f(1)-f(-1)=(1+a+b+c)-(-1+a-b+c)=2+2b=-20$$

$\therefore b=-11$

㉢에서

$$f(0)-f(-2)=c-(-8+4a-2b+c)=8-4a+2\times(-11)=-4a-14=-24$$

→ $b=-11$이니까.

$\therefore a=\frac{5}{2}$

즉, $f(x)=x^3+\frac{5}{2}x^2-11x+c$에서

$f'(x)=3x^2+5x-11$

이므로

$f'(3)=3\times3^2+5\times3-11=31$

> 도함수
> ① $y=x^n$이면 $y'=nx^{n-1}$
> ② $y=c$ (c는 상수)이면 $y'=0$

실전 적용 key

두 실수 a, b에 대하여 $a=b$이면 a는 b 이상이면서 b 이하이다.

즉, $\frac{f(k+2)-f(k)}{2}$의 값은 모든 정수 k에 대하여 $2k-8$ 이상이면서 $4k^2+14k$ 이하이므로 $2k-8=4k^2+14k$이어야 한다.

정답률 69%

02 수능 유형 › 곱의 미분법을 이용한 미분계수 구하기 정답 ①

두 다항함수 $f(x)$, $g(x)$가

[2] $$\lim_{x\to0}\frac{f(x)+g(x)}{x}=3,\quad \lim_{x\to0}\frac{f(x)+3}{xg(x)}=2$$

를 만족시킨다. 함수 $h(x)=f(x)g(x)$에 대하여 $h'(0)$ [1] 의 값은?

✓① 27 ② 30 ③ 33 ④ 36 ⑤ 39

해결 흐름

1. 곱의 미분법을 이용하여 $h'(x)$를 구한 다음 $x=0$을 대입하여 $h'(0)$의 값을 구하면 되겠다.
   연관 개념 | 두 함수 $f(x)$, $g(x)$가 미분가능할 때, $\{f(x)g(x)\}'=f'(x)g(x)+f(x)g'(x)$
2. 주어진 조건을 이용하여 $f(0)$, $g(0)$, $f'(0)$, $g'(0)$의 값을 각각 구할 수 있겠네.
   연관 개념 | 두 함수 $f(x)$, $g(x)$에 대하여 $\lim_{x\to a}\frac{f(x)}{g(x)}=\alpha$ (α는 실수)일 때, $\lim_{x\to a}g(x)=0$이면 $\lim_{x\to a}f(x)=0$이다.

알찬 풀이

$\lim_{x\to0}\frac{f(x)+g(x)}{x}=3$, $\lim_{x\to0}\frac{f(x)+3}{xg(x)}=2$에서 $x\to0$일 때, 극한값이 존재하고 (분모)$\to0$이므로 (분자)$\to0$이다.

즉, $\lim_{x\to0}\{f(x)+g(x)\}=0$, $\lim_{x\to0}\{f(x)+3\}=0$이므로

$f(0)+g(0)=0$, $f(0)+3=0$

$\therefore f(0)=-3$, $g(0)=3 \quad \cdots\cdots ㉠$

이때 $\lim_{x\to0}\frac{f(x)+g(x)}{x}=3$에서

$$\lim_{x\to0}\frac{f(x)+g(x)}{x}=\lim_{x\to0}\frac{f(x)\boxed{+3}+g(x)\boxed{-3}}{x}=\lim_{x\to0}\frac{f(x)-(-3)+g(x)-3}{x}$$

→ 미분계수의 정의를 이용하기 위해 3을 더하고 뺐어.

수학 Ⅱ

Ⅱ. 다항함수의 미분법

$$=\lim_{x\to0}\frac{f(x)-f(0)+g(x)-g(0)}{x}\ (\because ㉠)$$

$$=\lim_{x\to0}\frac{f(x)-f(0)}{x-0}+\lim_{x\to0}\frac{g(x)-g(0)}{x-0}=3$$

$\therefore f'(0)+g'(0)=3$ …… ㉡

> **미분계수의 정의**
> 함수 $y=f(x)$의 $x=a$에서의 미분계수는
> $f'(a)=\lim_{x\to a}\frac{f(x)-f(a)}{x-a}$

또, $\lim_{x\to0}\frac{f(x)+3}{xg(x)}=2$에서

$$\lim_{x\to0}\frac{f(x)+3}{xg(x)}=\lim_{x\to0}\frac{f(x)-(-3)}{xg(x)}$$

$$=\lim_{x\to0}\frac{f(x)-f(0)}{xg(x)}\ (\because ㉠)$$

$$=\lim_{x\to0}\left\{\frac{f(x)-f(0)}{x-0}\times\frac{1}{g(x)}\right\}=2$$

$f'(0)\times\frac{1}{3}=2\qquad\therefore f'(0)=6$

→ $\lim_{x\to0}\frac{1}{g(x)}=\frac{1}{g(0)}=\frac{1}{3}$ ($\because$ ㉠)

이를 ㉡에 대입하면

$6+g'(0)=3\qquad\therefore g'(0)=-3$

함수 $h(x)=f(x)g(x)$에서

$h'(x)=f'(x)g(x)+f(x)g'(x)$

$\therefore h'(0)=f'(0)g(0)+f(0)g'(0)$

$=6\times3+(-3)\times(-3)$

$=18+9=27$

정답률 73%

03 수능 유형 › 평균변화율과 미분계수 정답 3

함수 $f(x)=x^3-3x^2+5x$에서 x의 값이 0에서 a까지 변할 때의 평균변화율[1]이 $f'(2)$의 값[2]과 같게 되도록 하는 양수 a의 값을 구하시오. 3

해결 흐름

1. x의 값이 0에서 a까지 변할 때의 평균변화율을 구해야겠다.
   연관 개념 | x의 값이 a에서 b까지 변할 때의 함수 $y=f(x)$의 평균변화율은 $\frac{f(b)-f(a)}{b-a}$
2. $x=2$에서의 미분계수 $f'(2)$를 구해서 1에서 구한 평균변화율과 비교하면 되겠네.

알찬 풀이

함수 $f(x)=x^3-3x^2+5x$에서 x의 값이 0에서 a까지 변할 때의 평균변화율은

$$\frac{f(a)-f(0)}{a-0}=\frac{a^3-3a^2+5a}{a}=a^2-3a+5\quad\cdots\cdots ㉠$$

→ $f(0)=0$

또, $f'(x)=3x^2-6x+5$이므로

$f'(2)=12-12+5=5$ …… ㉡

이때 ㉠과 ㉡이 서로 같아야 하므로

$a^2-3a+5=5$에서 $a^2-3a=0,\ a(a-3)=0$

$\therefore a=3$ → 주어진 조건에서 $a>0$이야.

정답률 72%

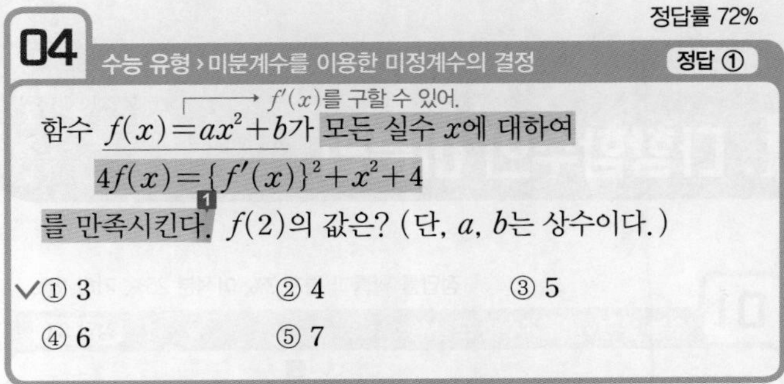

04 수능 유형 › 미분계수를 이용한 미정계수의 결정 정답 ①

함수 $f(x)=ax^2+b$가 모든 실수 x에 대하여

$$4f(x)=\{f'(x)\}^2+x^2+4$$

를 만족시킨다.[1] $f(2)$의 값은? (단, a, b는 상수이다.)

→ $f'(x)$를 구할 수 있어.

✓① 3　② 4　③ 5　④ 6　⑤ 7

해결 흐름

1. $f'(x)$를 구해 주어진 식에 대입한 후, 항등식의 성질을 이용하여 함수 $f(x)$를 구해야겠네.
   연관 개념 | ① $ax^2+bx+c=0$이 x에 대한 항등식 $\Longleftrightarrow a=0,\ b=0,\ c=0$
   ② $ax^2+bx+c=a'x^2+b'x+c'$이 x에 대한 항등식 $\Longleftrightarrow a=a',\ b=b',\ c=c'$

알찬 풀이

> **도함수**
> ① $y=x^n$이면 $y'=nx^{n-1}$
> ② $y=c$ (c는 상수)이면 $y'=0$

$f(x)=ax^2+b$에서 $f'(x)=2ax$

이를 $4f(x)=\{f'(x)\}^2+x^2+4$에 대입하면

$4(ax^2+b)=(2ax)^2+x^2+4$

$\therefore 4ax^2+4b=(4a^2+1)x^2+4$

위의 등식이 모든 실수 x에 대하여 성립하므로 → 양변의 동류항의 계수를 비교해.

$4a=4a^2+1$에서

$4a^2-4a+1=0,\ (2a-1)^2=0$

$2a-1=0\qquad\therefore a=\frac{1}{2}$

또, $4b=4$에서 $b=1$

따라서 $f(x)=\frac{1}{2}x^2+1$이므로

$f(2)=\frac{1}{2}\times4+1=3$

실전적용 key

모든 실수 x에 대하여 등식이 성립한다는 것은 'x에 대한 항등식'임을 의미하므로 항등식의 성질을 이용한다.
주어진 문제를 항등식의 성질 ①을 이용하여 다음과 같이 구할 수도 있다.
$4ax^2+4b=4a^2x^2+x^2+4$에서 $(2a-1)^2x^2-4(b-1)=0$
위의 등식이 모든 실수 x에 대하여 성립하므로
$2a-1=0,\ b-1=0\qquad\therefore a=\frac{1}{2},\ b=1$

정답률 76%

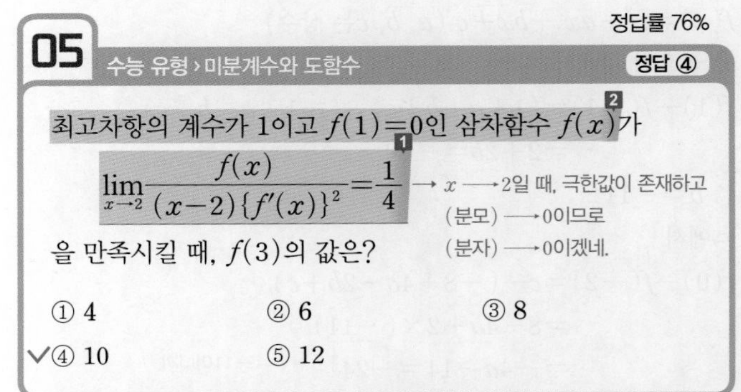

05 수능 유형 › 미분계수와 도함수 정답 ④

최고차항의 계수가 1이고 $f(1)=0$인 삼차함수 $f(x)$[2]가

$$\lim_{x\to2}\frac{f(x)}{(x-2)\{f'(x)\}^2}=\frac{1}{4}$$[1]

을 만족시킬 때, $f(3)$의 값은?

→ $x\to2$일 때, 극한값이 존재하고 (분모) → 0이므로 (분자) → 0이겠네.

① 4　② 6　③ 8　✓④ 10　⑤ 12

해결 흐름

1 $\lim_{x\to2}\frac{f(x)}{(x-2)\{f'(x)\}^2}=\frac{1}{4}$을 이용해서 함수 $f(x)$에 대한 조건을 찾아봐야겠군.

연관 개념 | 두 함수 $f(x)$, $g(x)$에 대하여

$\lim_{x\to a}\frac{f(x)}{g(x)}=\alpha$ (α는 실수)일 때, $\lim_{x\to a}g(x)=0$이면 $\lim_{x\to a}f(x)=0$이다.

2 **1**과 주어진 조건을 이용하여 함수 $f(x)$의 식을 세워야겠다.

알찬 풀이

$\lim_{x\to2}\frac{f(x)}{(x-2)\{f'(x)\}^2}=\frac{1}{4}$에서 $x\longrightarrow2$일 때, 극한값이 존재하고

(분모) $\longrightarrow0$이므로 (분자) $\longrightarrow0$이다.

즉, $\lim_{x\to2}f(x)=0$이므로 $f(2)=0$ → $f(x)$가 다항함수이니까 $\lim_{x\to2}f(x)=f(2)$야.

또, $f(x)$는 최고차항의 계수가 1이고 $f(1)=0$이므로

$f(x)=(x-1)(x-2)(x+a)$ (a는 상수)

로 놓으면

$f'(x)=(x-2)(x+a)+(x-1)(x+a)+(x-1)(x-2)$

이고

> 곱의 미분법
> 세 함수 $f(x)$, $g(x)$, $h(x)$가 미분가능할 때, $y=f(x)g(x)h(x)$이면
> $y'=f'(x)g(x)h(x)+f(x)g'(x)h(x)+f(x)g(x)h'(x)$

$\lim_{x\to2}\frac{f(x)}{(x-2)\{f'(x)\}^2}=\lim_{x\to2}\frac{(x-1)(x+a)}{\{f'(x)\}^2}$

$=\frac{2+a}{(2+a)^2}$ ← $\lim_{x\to2}f'(x)=2+a$

$=\frac{1}{2+a}$

즉, $\frac{1}{2+a}=\frac{1}{4}$에서 $a=2$

따라서 $f(x)=(x-1)(x-2)(x+2)$이므로

$f(3)=2\times1\times5=10$

다른 풀이 $f(x)=x^3+ax^2+bx+c$ (a, b, c는 상수) …… ㉠

로 놓으면

$f(1)=0$에서

$1+a+b+c=0$

$\therefore a+b+c=-1$ …… ㉡

$\lim_{x\to2}\frac{f(x)}{(x-2)\{f'(x)\}^2}=\frac{1}{4}$에서 $x\longrightarrow2$일 때, 극한값이 존재하고

(분모) $\longrightarrow0$이므로 (분자) $\longrightarrow0$이다.

즉, $\lim_{x\to2}f(x)=0$에서 $f(2)=0$이므로 ㉠에서

$8+4a+2b+c=0$

$\therefore 4a+2b+c=-8$ …… ㉢

㉢－㉡을 하면

$3a+b=-7$ …… ㉣

$\lim_{x\to2}\frac{f(x)}{(x-2)\{f'(x)\}^2}$

$=\lim_{x\to2}\frac{f(x)-f(2)}{x-2}\times\lim_{x\to2}\frac{1}{\{f'(x)\}^2}$

$=f'(2)\times\lim_{x\to2}\frac{1}{\{f'(x)\}^2}$

$=f'(2)\times\frac{1}{\{f'(2)\}^2}$

> 미분계수
> 함수 $y=f(x)$의 $x=a$에서의 미분계수는
> $f'(a)=\lim_{x\to a}\frac{f(x)-f(a)}{x-a}$

$=\frac{1}{f'(2)}$

$=\frac{1}{4}$

$\therefore f'(2)=4$

이때 $f'(x)=3x^2+2ax+b$이므로

> 도함수
> ① $y=x^n$이면 $y'=nx^{n-1}$
> ② $y=c$ (c는 상수)이면 $y'=0$

$f'(2)=12+4a+b=4$

$\therefore 4a+b=-8$ …… ㉤

㉣, ㉤을 연립하여 풀면

$a=-1$, $b=-4$

이를 ㉡에 대입하여 정리하면

$c=4$

따라서 $f(x)=x^3-x^2-4x+4$이므로

$f(3)=27-9-12+4=10$

실전적용 key

다항식 $f(x)$에 대하여 $f(\alpha)=0$이면 $f(x)$는 $x-\alpha$로 나누어떨어지므로 $f(x)$는 $x-\alpha$를 인수로 갖는다.

따라서 주어진 문제에서 $f(1)=0$, $f(2)=0$이므로 삼차식 $f(x)$는 $x-1$, $x-2$를 인수로 가짐을 알 수 있다.

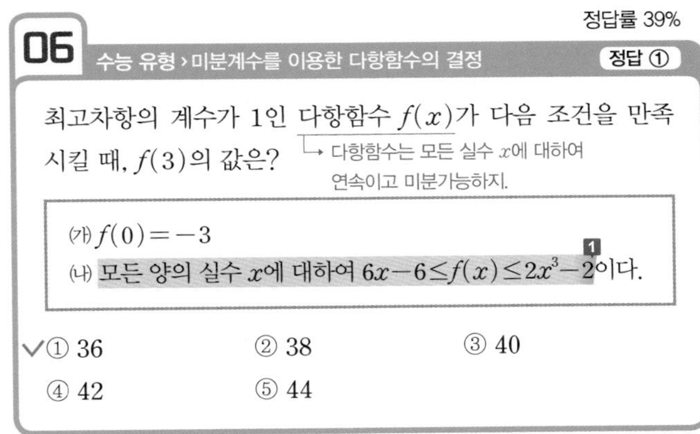

정답률 39%

06 수능 유형 › 미분계수를 이용한 다항함수의 결정 정답 ①

최고차항의 계수가 1인 다항함수 $f(x)$가 다음 조건을 만족시킬 때, $f(3)$의 값은? → 다항함수는 모든 실수 x에 대하여 연속이고 미분가능하지.

(가) $f(0)=-3$
(나) 모든 양의 실수 x에 대하여 $6x-6\le f(x)\le 2x^3-2$이다.

① 36 ② 38 ③ 40 ④ 42 ⑤ 44

해결 흐름

1 조건 (나)에서 함수 $f(x)$에 대한 조건을 더 찾아봐야겠다. $f(x)$는 다항함수이니까 모든 실수 x에서 연속이고 미분가능함을 이용해서 주어진 부등식을 변형하면 되겠군.

알찬 풀이

조건 (나)의 부등식 $6x-6\le f(x)\le 2x^3-2$에 $x=1$을 대입하면

$0\le f(1)\le 0$ $\therefore f(1)=0$

(i) $x>1$일 때,

조건 (나)의 부등식의 각 변을 $x-1$로 나누면 → $x-1>0$이므로 부등호의 방향은 바뀌지 않아.

$\frac{6x-6}{x-1}\le\frac{f(x)}{x-1}\le\frac{2x^3-2}{x-1}$

$\frac{6(x-1)}{x-1}\le\frac{f(x)-f(1)}{x-1}\le\frac{2(x-1)(x^2+x+1)}{x-1}$ …… ㉠

이때

수학 Ⅱ | Ⅱ. 다항함수의 미분법

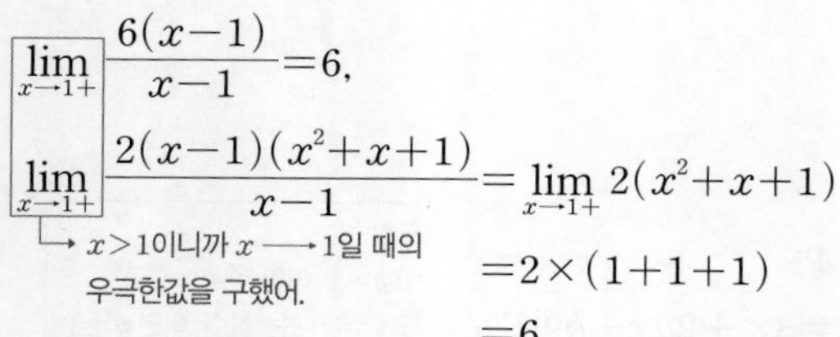

$\lim_{x\to1+}\frac{6(x-1)}{x-1}=6$,

$\lim_{x\to1+}\frac{2(x-1)(x^2+x+1)}{x-1}=\lim_{x\to1+}2(x^2+x+1)$

→ $x>1$이니까 $x\longrightarrow1$일 때의 우극한값을 구했어.

$=2\times(1+1+1)$

$=6$

이므로 ㉠에서

함수의 극한의 대소 관계에 의하여

$\lim_{x\to1+}\frac{f(x)-f(1)}{x-1}=6$

> **함수의 극한의 대소 관계**
> $\lim_{x\to a}f(x)=\alpha$, $\lim_{x\to a}g(x)=\alpha$일 때, a에 가까운 모든 실수 x에 대하여 $f(x)\le h(x)\le g(x)$이면 $\lim_{x\to a}h(x)=\alpha$이다.

(ii) $0<x<1$일 때,

조건 (나)의 부등식의 각 변을 $x-1$로 나누면

→ $x-1<0$이므로 부등호의 방향이 바뀌지.

$$\frac{2x^3-2}{x-1}\le\frac{f(x)}{x-1}\le\frac{6x-6}{x-1}$$

$$\frac{2(x-1)(x^2+x+1)}{x-1}\le\frac{f(x)-f(1)}{x-1}\le\frac{6(x-1)}{x-1}$$

(i)과 같은 방법으로

$\lim_{x\to1-}\frac{f(x)-f(1)}{x-1}=6$ → $0<x<1$이니까 $x\longrightarrow1$일 때의 좌극한값을 구했어.

다항함수 $f(x)$는 모든 실수 x에서 연속이고 미분가능하므로

→ $f'(1)$이 존재해.

(i), (ii)에서

$$f'(1)=\lim_{x\to1-}\frac{f(x)-f(1)}{x-1}=\lim_{x\to1+}\frac{f(x)-f(1)}{x-1}=6$$

한편, 조건 (가)에서 다항함수 $f(x)$의 상수항은 -3이고,

→ $f(0)=-3$이기 때문이야.

이 다항함수 $f(x)$가 조건 (나)를 만족시키므로

$f(x)$는 3차 이하의 다항함수이다.

(iii) $f(x)$가 최고차항의 계수가 1인 일차함수이면

$f(x)=x-3$

이때 $f(1)=-2$이므로 조건을 만족시키지 않는다.

→ $f(1)=0$이었어.

따라서 $f(x)$는 일차함수가 아니다.

(iv) $f(x)$가 최고차항의 계수가 1인 이차함수이면

→ $f(x)$의 이차항의 계수가 1이지.

$f(x)=x^2+ax-3$ (a는 상수)

으로 놓을 수 있다.

이때 $f(1)=a-2=0$이어야 하므로 $a=2$

$f'(x)=2x+2$에서 $f'(1)=4$이므로 조건을 만족시키지 않는다.

→ $f'(1)=6$이었어.

따라서 $f(x)$는 이차함수가 아니다.

(v) $f(x)$가 최고차항의 계수가 1인 삼차함수이면

→ $f(x)$의 삼차항의 계수가 1이지.

$f(x)=x^3+ax^2+bx-3$ (a, b는 상수)

으로 놓을 수 있다.

이때 $f(1)=a+b-2=0$이어야 하므로

$a+b=2$ …… ㉡

또, $f'(x)=3x^2+2ax+b$에서

$f'(1)=3+2a+b=6$이어야 하므로

$2a+b=3$ …… ㉢

㉡, ㉢을 연립하여 풀면

$a=1$, $b=1$

$\therefore f(x)=x^3+x^2+x-3$

(iii), (iv), (v)에서

$f(x)=x^3+x^2+x-3$

$\therefore f(3)=27+9+3-3$

$=36$

07

정답률 77%

수능 유형 › 곱의 미분법을 이용한 미분계수 구하기 　 정답 28

다항함수 $f(x)$에 대하여 곡선 $y=f(x)$ 위의 점 $(2, 1)$에서의 접선의 기울기가 2이다.[1] $g(x)=x^3f(x)$[2]일 때, $g'(2)$의 값을 구하시오. 28

→ $y=x^3$, $y=f(x)$가 미분가능한 함수이니까 $y=g(x)$도 미분가능한 함수야.

해결 흐름

1 곡선 $y=f(x)$ 위의 점 $(2, 1)$에서의 접선의 기울기가 2이므로 $f(2)=1$, $f'(2)=2$임을 알 수 있어.

연관 개념 | 곡선 $y=f(x)$ 위의 점 (a, b)에서의 접선의 기울기가 m이면 $f(a)=b$, $f'(a)=m$

2 $g'(x)$를 구하기 위해 곱의 미분법을 이용해야겠군.

연관 개념 | 두 함수 $f(x)$, $g(x)$가 미분가능할 때, $\{f(x)g(x)\}'=f'(x)g(x)+f(x)g'(x)$

알찬 풀이

> **미분계수의 기하적 의미**
> $f'(a)$는 곡선 $y=f(x)$ 위의 점 $(a, f(a))$에서의 접선의 기울기와 같다.

점 $(2, 1)$이 곡선 $y=f(x)$ 위의 점이므로

$f(2)=1$

곡선 $y=f(x)$ 위의 점 $(2, 1)$에서의 접선의 기울기가 2이므로

$f'(2)=2$

$g(x)=x^3f(x)$에서

$g'(x)=3x^2f(x)+x^3f'(x)$ → 곱의 미분법을 이용했어.

$\therefore g'(2)=12f(2)+8f'(2)$ → $g'(x)$에 $x=2$를 대입했어.

$=12\times1+8\times2=28$

08

정답률 23%

수능 유형 › 미분가능성과 연속성 　 정답 ②

함수

$$f(x)=\begin{cases}-x & (x\le0)\\ x-1 & (0<x\le2)\\ 2x-3 & (x>2)\end{cases}$$

→ 함수 $f(x)$는 $x=0$에서 불연속이야.

→ 함수 $f(x)$는 $x=2$에서 미분가능하지 않아.

와 상수가 아닌 다항식 $p(x)$에 대하여 **보기**에서 옳은 것만을 있는 대로 고른 것은?

보기

ㄱ. 함수 $p(x)f(x)$[1]가 실수 전체의 집합에서 연속이면 $p(0)=0$이다.

ㄴ. 함수 $p(x)f(x)$[2]가 실수 전체의 집합에서 미분가능하면 $p(2)=0$이다.

ㄷ. 함수 $p(x)\{f(x)\}^2$이 실수 전체의 집합에서 미분가능하면[3] $p(x)$는 $x^2(x-2)^2$으로 나누어떨어진다.

① ㄱ 　 ✓② ㄱ, ㄴ 　 ③ ㄱ, ㄷ

④ ㄴ, ㄷ 　 ⑤ ㄱ, ㄴ, ㄷ

해결 흐름

1 함수 $p(x)f(x)$가 실수 전체의 집합에서 연속이면 $x=0$에서도 연속이니까 $\lim_{x\to0}p(x)f(x)=p(0)f(0)$임을 이용하면 되겠다.

🔗연관 개념 | 함수 $f(x)$가 실수 a에 대하여

(i) $f(x)$가 $x=a$에서 정의되어 있고

(ii) 극한값 $\lim_{x\to a} f(x)$가 존재하며

(iii) $\lim_{x\to a} f(x)=f(a)$

이면 함수 $f(x)$는 $x=a$에서 연속이라 한다.

2 함수 $p(x)f(x)$가 실수 전체의 집합에서 미분가능하면 $x=2$에서도 미분가능함을 이용하면 되겠네.

🔗연관 개념 | 함수 $f(x)$의 $x=a$에서의 미분계수 $f'(a)$가 존재하면, 즉

$f'(a)=\lim_{x\to a-} f'(x)=\lim_{x\to a+} f'(x)$

이면 함수 $f(x)$는 $x=a$에서 미분가능하다.

3 실수 전체의 집합에서 미분가능한 함수 $p(x)\{f(x)\}^2$에 대하여 $x^2(x-2)^2$으로 나누어떨어지지 않는 $p(x)$가 있는지 생각해 봐야지.

알찬 풀이

ㄱ. 함수 $p(x)f(x)$가 실수 전체의 집합에서 연속이면 $x=0$에서도 연속이므로

$\lim_{x\to 0-} p(x)f(x)=\lim_{x\to 0+} p(x)f(x)=p(0)f(0)$

이 성립한다.

$\lim_{x\to 0-} p(x)f(x)=\lim_{x\to 0-} p(x)\times\lim_{x\to 0-} f(x)=0,$ ($\lim_{x\to 0-} f(x)=\lim_{x\to 0-}(-x)=0$)

$\lim_{x\to 0+} p(x)f(x)=\lim_{x\to 0+} p(x)\times\lim_{x\to 0+} f(x)=-p(0),$ ($\lim_{x\to 0+} f(x)=\lim_{x\to 0+}(x-1)=-1$)

$p(0)f(0)=p(0)\times 0=0$

이므로

다항함수 $y=p(x)$는 실수 전체의 집합에서 연속이므로 $\lim_{x\to 0-} p(x)=\lim_{x\to 0+} p(x)=p(0)$

$-p(0)=0$

$\therefore p(0)=0$ (참)

ㄴ. 함수 $p(x)f(x)$가 실수 전체의 집합에서 미분가능하면 $x=2$에서도 미분가능하다. 즉, $x=2$에서의 미분계수가 존재하므로

$$\lim_{x\to 2-}\frac{p(x)f(x)-p(2)f(2)}{x-2}=\lim_{x\to 2+}\frac{p(x)f(x)-p(2)f(2)}{x-2}$$

(좌미분계수)=(우미분계수)이므로 미분계수가 존재해.

가 성립한다.

$$\lim_{x\to 2-}\frac{p(x)f(x)-p(2)f(2)}{x-2}$$

$0<x\le 2$에서 $f(x)=x-1$이고, $f(2)=1$이야.

$$=\lim_{x\to 2-}\frac{(x-1)p(x)-p(2)}{x-2}$$

$$=\lim_{x\to 2-}\frac{(x-1)p(x)-p(x)+p(x)-p(2)}{x-2}$$

$$=\lim_{x\to 2-}\frac{(x-2)p(x)+p(x)-p(2)}{x-2}$$

$$=\lim_{x\to 2-} p(x)+\lim_{x\to 2-}\frac{p(x)-p(2)}{x-2}$$

$=p(2)+p'(2)$ ...... ㉠

이고

$$\lim_{x\to 2+}\frac{p(x)f(x)-p(2)f(2)}{x-2}$$

$x>2$에서 $f(x)=2x-3$이고, $f(2)=1$이야.

$$=\lim_{x\to 2+}\frac{(2x-3)p(x)-p(2)}{x-2}$$

$$=\lim_{x\to 2+}\frac{(2x-3)p(x)-p(x)+p(x)-p(2)}{x-2}$$

$$=\lim_{x\to 2+}\frac{2(x-2)p(x)+p(x)-p(2)}{x-2}$$

$$=\lim_{x\to 2+} 2p(x)+\lim_{x\to 2+}\frac{p(x)-p(2)}{x-2}$$

$=2p(2)+p'(2)$ ...... ㉡

㉠, ㉡에서

$p(2)+p'(2)=2p(2)+p'(2)$

$\therefore p(2)=0$ (참)

ㄷ. [반례] $g(x)=p(x)\{f(x)\}^2$이라 하자.

$p(x)=x^2(x-2)$이면

$$g(x)=\begin{cases} x^4(x-2) & (x\le 0) \\ x^2(x-2)(x-1)^2 & (0<x\le 2) \\ x^2(x-2)(2x-3)^2 & (x>2)\end{cases}$$

$g(x)$는 다항함수이니까 구간의 경계만 조사하면 돼.

$x=0$, $x=2$에서 함수 $g(x)$의 미분가능성을 알아보면

$$\lim_{x\to 0-}\frac{g(x)-g(0)}{x}=\lim_{x\to 0+}\frac{g(x)-g(0)}{x}=0,$$

$$\lim_{x\to 2-}\frac{g(x)-g(2)}{x-2}=\lim_{x\to 2+}\frac{g(x)-g(2)}{x-2}=4$$

이므로 함수 $g(x)$는 $x=0$, $x=2$에서 미분가능하다.

따라서 함수 $g(x)$는 실수 전체의 집합에서 미분가능하지만 $p(x)$는 $x^2(x-2)^2$으로 나누어떨어지지 않는다. (거짓)

이상에서 옳은 것은 ㄱ, ㄴ이다.

생생 수험 Talk

나는 수학은 매일 꾸준히 공부했어. 개념은 일주일 동안 날짜를 정해서 공부하고 문제는 매일 꾸준히 풀었어. 수학은 생각을 많이 해야 하는 과목이야. 그렇기 때문에 개념이 잘 잡혀 있어야 하고 그 후에는 개념을 응용하는 능력이 필요하지. 하지만 응용하는 능력은 하루 아침에 생기는 것이 아니기 때문에 안 풀리는 문제를 여러 방면으로 생각하면서 혼자 고민해 보는 시간이 필요해. 그렇게 여러 번 고민하다 보면 그 유형뿐만 아니라 새로운 유형이 나와도 당황하지 않고 해결 방법을 찾을 수 있는 내공이 생겨. 그래서 수학은 매일 꾸준히 문제를 풀면서 훈련을 하는 게 중요한 것 같아.

정답률 46%

09 수능 유형 › 미분가능성과 연속성 　정답 32

두 실수 a와 k에 대하여 두 함수 $f(x)$와 $g(x)$는

$$f(x)=\begin{cases} 0 & (x\le a) \\ (x-1)^2(2x+1) & (x>a)\end{cases},$$

$$g(x)=\begin{cases} 0 & (x\le k) \\ 12(x-k) & (x>k)\end{cases}$$

이고, 다음 조건을 만족시킨다.

> (가) 함수 $f(x)$는 실수 전체의 집합에서 미분가능하다. **1**
> (나) 모든 실수 x에 대하여 $f(x)\ge g(x)$이다. **2**

$x=a$에서도 미분가능해.

k의 최솟값이 $\frac{q}{p}$일 때, $a+p+q$의 값을 구하시오. 32

(단, p와 q는 서로소인 자연수이다.)

해결 흐름

1 함수 $f(x)$가 실수 전체의 집합에서 미분가능하면 실수 전체의 집합에서 연속임을 이용하여 a의 값을 구할 수 있겠네.

연관 개념 | 함수 $f(x)$가 $x=a$에서 미분가능하면 $f(x)$는 $x=a$에서 연속이다.

2 두 함수 $f(x)$, $g(x)$의 그래프를 그려서 모든 실수 x에 대하여 $f(x)\ge g(x)$를 만족시키도록 하는 실수 k가 최소일 때를 찾아야겠군.

알찬 풀이

조건 (가)에서 함수 $f(x)$가 실수 전체의 집합에서 미분가능하므로 실수 전체의 집합에서 연속이다.

즉, 함수 $f(x)$는 $x=a$에서 연속이므로

$\lim_{x\to a-} f(x)=\lim_{x\to a+} f(x)=f(a)$

$(a-1)^2(2a+1)=0$ → $\lim_{x\to a} f(x)$가 존재함을 뜻해.

$\therefore a=-\frac{1}{2}$ 또는 $a=1$ …… ㉠

> **함수의 연속**
> 함수 $f(x)$가 $x=a$에서 연속이려면
> (i) 함숫값 $f(a)$가 존재
> (ii) 극한값 $\lim_{x\to a} f(x)$가 존재
> (iii) 함숫값과 극한값이 일치

또, $f'(x)=\begin{cases} 0 & (x<a) \\ 6x(x-1) & (x>a) \end{cases}$이고

→ $f(x)=(x-1)^2(2x+1)$에서 $f'(x)=2(x-1)(2x+1)+2(x-1)^2=6x(x-1)$

함수 $f(x)$는 실수 전체의 집합에서 미분가능하므로 $x=a$에서도 미분가능하다.

즉, $x=a$에서 미분계수가 존재하므로

$\lim_{x\to a-} f'(x)=\lim_{x\to a+} f'(x)$

$0=6a(a-1)$

$\therefore a=0$ 또는 $a=1$ …… ㉡

> **미분계수의 존재**
> $f'(a)=L$ (L은 상수)
> $\Longleftrightarrow \lim_{x\to a-} f'(x)=\lim_{x\to a+} f'(x)=L$

㉠, ㉡에서 $a=1$

한편, 조건 (나)에서 모든 실수 x에 대하여 $f(x)\ge g(x)$이려면 두 함수 $y=f(x)$, $y=g(x)$의 그래프는 오른쪽 그림과 같아야 하므로 $k>1$이어야 한다.

이때 k의 값이 최소일 때는 $x>1$에서 두 함수 $y=f(x)$, $y=g(x)$의 그래프가 접할 때이다.

$x>1$에서 함수 $f(x)$의 접선의 기울기가 12일 때의 접점의 좌표를 $(t, f(t))$라 하면

→ 직선 $g(x)=12(x-k)$의 기울기는 12야.
→ 점 $(t, g(t))$와 같아.

> **접선의 기울기**
> 곡선 $y=f(x)$ 위의 $x=a$인 점에서의 접선의 기울기는 $f'(a)$와 같다.

$f'(t)=6t(t-1)$에서 $6t(t-1)=12$

$t^2-t-2=0$, $(t+1)(t-2)=0$

$\therefore t=2$ ($\because t>1$)

$f(2)=(2-1)^2\times(2\times2+1)=5$이므로 접점의 좌표는 $(2, 5)$이고, 이 점은 함수 $g(x)$의 그래프 위의 점이므로

$12(2-k)=5$ $\quad\therefore k=\frac{19}{12}$ → $g(x)=12(x-k)$에 $x=2$, $y=5$를 대입했어.

따라서 $a=1$, $p=12$, $q=19$이므로

$a+p+q=1+12+19=32$

실전적용 key

오른쪽 그림에서 직선 $y=0$과 곡선 $y=(x-1)^2(2x+1)$은 $x=-\frac{1}{2}$과 $x=1$에서 만난다. 이때 $x=1$에서 두 함수의 그래프가 부드럽게 이어져야 뾰족한 점이 생기지 않으므로 $a=1$일 때 $f(x)$의 미분가능함을 확인해 보면 a의 값을 빠르게 구할 수도 있다.

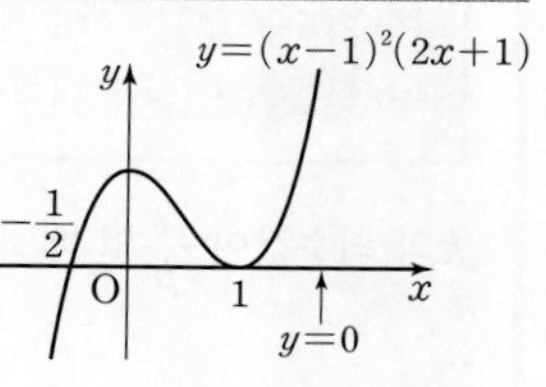

문제 해결 TIP

이보림 | 고려대학교 생명공학과 | 미림여자고등학교 졸업

이 문제를 처음 보면 범위가 나눠진 함수가 2개나 나오고 조건까지 주어져서 어려워 보일 수 있는데, 함수의 그래프를 그려 보면 어렵지 않게 해결할 수 있어.

조건 (가)에서 함수 $f(x)$가 미분가능하다고 했는데 이런 문제는 많이 접해 봤으니 a의 값은 쉽게 구할 수 있었을 거야.

그런데 조건 (나)에서 갑자기 부등식이 나와서 당황했지? 여기서 함수 $f(x)$의 그래프를 그려 보면 함수 $g(x)$가 어느 쪽에 있어야 할지 알 수 있어.

이때 k의 최솟값만 구하면 되니까 함수 $g(x)$가 함수 $f(x)$에 접할 때 k의 값을 구하면 돼.

문제에서 함수가 주어졌을 때, 함수의 그래프를 그려서 개형을 파악한 후 문제를 풀면 주어진 조건을 빠르게 해석할 수 있어.

정답률 74%

10 수능 유형 › 미분가능성과 연속성 정답 ⑤

함수

$$f(x)=\begin{cases} x^2+ax+b & (x\le -2) \\ 2x & (x>-2) \end{cases}$$

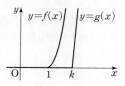

→ 함수 $f(x)$는 $x=-2$에서 함수식이 달라져.

가 실수 전체의 집합에서 미분가능**1**할 때, $a+b$의 값은? (단, a와 b는 상수이다.)

① 6 ② 7 ③ 8 ④ 9 ✔⑤ 10

해결 흐름

1 함수 $f(x)$가 실수 전체의 집합에서 미분가능하므로 $x=-2$에서도 미분가능해. 따라서 $f(x)$가 $x=-2$에서 미분계수가 존재하고 $x=-2$에서 연속임을 이용하면 a, b 사이의 관계식을 구할 수 있겠군.

연관 개념 | 함수 $f(x)$가 $x=a$에서 미분가능하면 $f(x)$는 $x=a$에서 연속이다.

알찬 풀이

함수 $f(x)$가 실수 전체의 집합에서 미분가능하므로 $x=-2$에서도 미분가능하다.

또, 함수 $f(x)$가 $x=-2$에서 미분가능하므로 $x=-2$에서 연속이다.

즉, $\lim_{x\to -2-} f(x)=\lim_{x\to -2+} f(x)=f(-2)$이므로

$4-2a+b=-4$ → $\lim_{x\to -2} f(x)$가 존재함을 뜻해.

$\therefore 2a-b=8$ …… ㉠

또, $f'(x)=\begin{cases} 2x+a & (x<-2) \\ 2 & (x>-2) \end{cases}$이고 함수 $f(x)$는 $x=-2$에서 미분가능하므로 $x=-2$에서의 미분계수가 존재한다.

즉, $\lim_{x\to -2-} f'(x)=\lim_{x\to -2+} f'(x)$이므로

$-4+a=2$ $\quad\therefore a=6$

$a=6$을 ㉠에 대입하면 $b=4$

$\therefore a+b=6+4=10$

> **미분계수의 존재**
> $f'(a)=L$ (L은 상수)
> $\Longleftrightarrow \lim_{x\to a-} f'(x)=\lim_{x\to a+} f'(x)=L$

수능 핵심 개념 구간에 따라 다르게 정의된 함수의 미분가능성

두 다항함수 $f(x)$, $g(x)$에 대하여 함수 $F(x)=\begin{cases} f(x) & (x\ge a) \\ g(x) & (x<a) \end{cases}$가 $x=a$에서 미분가능하면

(1) $x=a$에서 함수 $F(x)$가 미분가능하다.

➡ $\lim_{x\to a+}\frac{f(x)-f(a)}{x-a}=\lim_{x\to a-}\frac{g(x)-g(a)}{x-a}$

(2) 함수 $F(x)$가 $x=a$에서 연속이다.

➡ $\lim_{x\to a-}g(x)=f(a)$

11

정답률 16%

수능 유형 › 미분가능성과 연속성 **정답 186**

함수 $f(x)$는

$$f(x)=\begin{cases} x+1 & (x<1) \\ -2x+4 & (x\ge1) \end{cases}$$

이고, 좌표평면 위에 두 점 A$(-1, -1)$, B$(1, 2)$가 있다. 실수 x에 대하여 점 $(x, f(x))$에서 점 A까지의 거리의 제곱과 점 B까지의 거리의 제곱 중 크지 않은 값을 $g(x)$라 하자. 함수 $g(x)$가 $x=a$에서 미분가능하지 않은 모든 a의 값의 합이 p일 때, $80p$의 값을 구하시오. 186

→ 두 점 사이의 거리 공식을 이용해 봐.

(크지 않은 값) =(작거나 같은 값)이야.

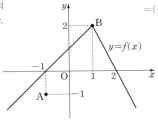

y, 2, B, y=f(x), −1, O, 1, 2, x, A, −1

해결 흐름

1 먼저 x의 값의 범위를 $x<1$, $x\ge1$일 때로 나누어 함수 $g(x)$를 구해 봐야겠다.

2 1에서 구한 함수 $g(x)$를 이용해서 $g'(x)$를 구하고, 경계가 되는 x의 값에서의 미분가능성을 확인하면 미분가능하지 않은 x의 값을 구할 수 있겠구나.

알찬 풀이

P$(x, f(x))$라 하면

(i) $x<1$일 때, → $f(x)=x+1$이야.

P$(x, x+1)$이므로

$\overline{AP}^2=(x+1)^2+(x+2)^2$
$=2x^2+6x+5$

$\overline{BP}^2=(x-1)^2+(x-1)^2$
$=2x^2-4x+2$

> **두 점 사이의 거리**
> 두 점 A(x_1, y_1), B(x_2, y_2) 사이의 거리는
> $\overline{AB}=\sqrt{(x_2-x_1)^2+(y_2-y_1)^2}$

이때 $\overline{AP}^2\ge\overline{BP}^2$에서

$2x^2+6x+5\ge2x^2-4x+2$

$10x\ge-3$

$\therefore x\ge-\frac{3}{10}$ → $x<-\frac{3}{10}$에서 $\overline{AP}^2<\overline{BP}^2$, $-\frac{3}{10}\le x<1$에서 $\overline{AP}^2\ge\overline{BP}^2$임을 알 수 있어.

$$\therefore g(x)=\begin{cases} 2x^2+6x+5 & \left(x<-\frac{3}{10}\right) \\ 2x^2-4x+2 & \left(-\frac{3}{10}\le x<1\right) \end{cases}$$

(ii) $x\ge1$일 때, → $f(x)=-2x+4$야.

P$(x, -2x+4)$이므로

$\overline{AP}^2=(x+1)^2+(-2x+5)^2$
$=5x^2-18x+26$

$\overline{BP}^2=(x-1)^2+(-2x+2)^2$
$=5x^2-10x+5$

이때 $\overline{AP}^2\ge\overline{BP}^2$에서

$5x^2-18x+26\ge5x^2-10x+5$

$8x\le21$ $\therefore x\le\frac{21}{8}$ → $1\le x\le\frac{21}{8}$에서 $\overline{AP}^2\ge\overline{BP}^2$, $x>\frac{21}{8}$에서 $\overline{AP}^2<\overline{BP}^2$임을 알 수 있어.

$$\therefore g(x)=\begin{cases} 5x^2-10x+5 & \left(1\le x\le\frac{21}{8}\right) \\ 5x^2-18x+26 & \left(x>\frac{21}{8}\right) \end{cases}$$

(i), (ii)에서

$$g(x)=\begin{cases} 2x^2+6x+5 & \left(x<-\frac{3}{10}\right) \\ 2x^2-4x+2 & \left(-\frac{3}{10}\le x<1\right) \\ 5x^2-10x+5 & \left(1\le x\le\frac{21}{8}\right) \\ 5x^2-18x+26 & \left(x>\frac{21}{8}\right) \end{cases}$$

이때 함수 $g(x)$는 모든 실수 x에서 연속이므로 → 함수 $g(x)$는 $x=-\frac{3}{10}$, $x=1$, $x=\frac{21}{8}$에서도 모두 연속이야.

$$g'(x)=\begin{cases} 4x+6 & \left(x<-\frac{3}{10}\right) \\ 4x-4 & \left(-\frac{3}{10}<x<1\right) \\ 10x-10 & \left(1<x<\frac{21}{8}\right) \\ 10x-18 & \left(x>\frac{21}{8}\right) \end{cases}$$

$\lim_{x\to-\frac{3}{10}-}g'(x)=\lim_{x\to-\frac{3}{10}-}(4x+6)=\frac{24}{5}$,

$\lim_{x\to-\frac{3}{10}+}g'(x)=\lim_{x\to-\frac{3}{10}+}(4x-4)=-\frac{26}{5}$

→ $\lim_{x\to-\frac{3}{10}-}g'(x)\ne\lim_{x\to-\frac{3}{10}+}g'(x)$

이므로 함수 $g(x)$는 $x=-\frac{3}{10}$에서 미분가능하지 않다.

$\lim_{x\to1-}g'(x)=\lim_{x\to1-}(4x-4)=0$,

$\lim_{x\to1+}g'(x)=\lim_{x\to1+}(10x-10)=0$

→ $\lim_{x\to1-}g'(x)=\lim_{x\to1+}g'(x)$

이므로 함수 $g(x)$는 $x=1$에서 미분가능하다.

$\lim_{x\to\frac{21}{8}-}g'(x)=\lim_{x\to\frac{21}{8}-}(10x-10)=\frac{65}{4}$,

$\lim_{x\to\frac{21}{8}+}g'(x)=\lim_{x\to\frac{21}{8}+}(10x-18)=\frac{33}{4}$

→ $\lim_{x\to\frac{21}{8}-}g'(x)\ne\lim_{x\to\frac{21}{8}+}g'(x)$

이므로 함수 $g(x)$는 $x=\frac{21}{8}$에서 미분가능하지 않다.

따라서 함수 $g(x)$는 $x=-\frac{3}{10}$, $x=\frac{21}{8}$에서 미분가능하지 않으므로

$p=-\frac{3}{10}+\frac{21}{8}=\frac{93}{40}$

$\therefore 80p=80\times\frac{93}{40}$
$=186$

수학 Ⅱ

Ⅱ. 다항함수의 미분법

정답률 28%

12 수능 유형 › 미분가능성

정답 ③

좌표평면 위에 그림과 같이 어두운 부분을 내부로 하는 도형이 있다. 이 도형과 네 점 $(0,\ 0)$, $(t,\ 0)$, $(t,\ t)$, $(0,\ t)$를 꼭짓점으로 하는 정사각형이 겹치는 부분의 넓이를 $f(t)$라 하자. [1]

└→ 한 변의 길이가 t인 정사각형이야.

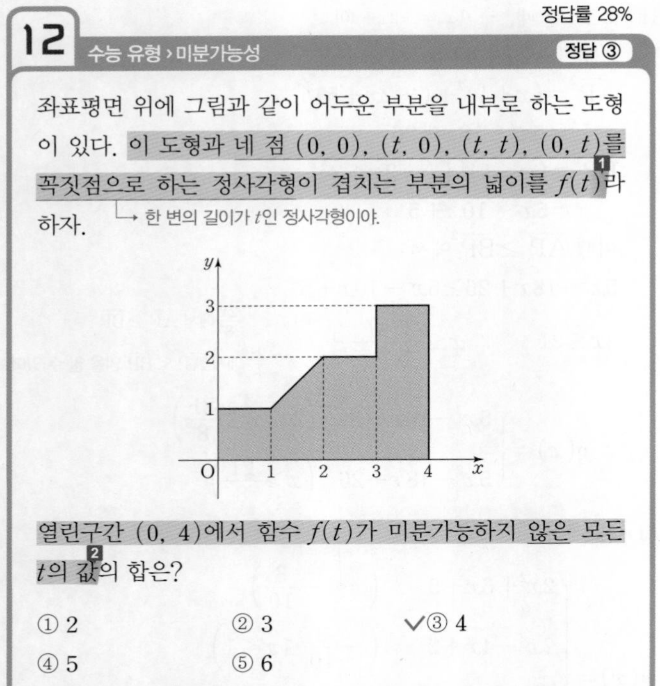

열린구간 $(0,\ 4)$에서 함수 $f(t)$가 미분가능하지 않은 모든 t의 값[2]의 합은?

① 2　　② 3　　✓③ 4　　④ 5　　⑤ 6

해결 흐름

1 t의 값의 범위에 따라 $f(t)$가 달라지므로 t의 값의 범위를 나누어 생각해 봐야겠다.

2 1에서 구한 $f(t)$를 이용해서 $f'(t)$를 구한 후, 경계가 되는 지점에서의 미분가능성을 확인하면 미분가능하지 않은 t의 값을 구할 수 있겠군.

연관 개념 | 함수 $f(x)$의 $x=a$에서의 미분계수 $f'(a)$가 존재하면, 즉
$f'(a)=\lim_{x\to a-}f'(x)=\lim_{x\to a+}f'(x)$
이면 함수 $f(x)$는 $x=a$에서 미분가능하다.

알찬 풀이

열린구간 $(0,\ 4)$에서 t의 값에 따른 $f(t)$를 구하면

(i) $0<t<1$일 때,

$f(t)=t^2$

└→ 한 변의 길이가 t인 정사각형의 넓이야.

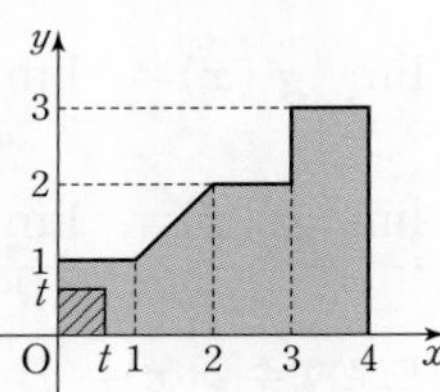

(ii) $1\le t<2$일 때,

$f(t)=1+\frac{1}{2}(t+1)(t-1)$

$=\frac{t^2+1}{2}$

└→ 윗변의 길이가 1, 아랫변의 길이가 t, 높이가 $t-1$인 사다리꼴의 넓이야.

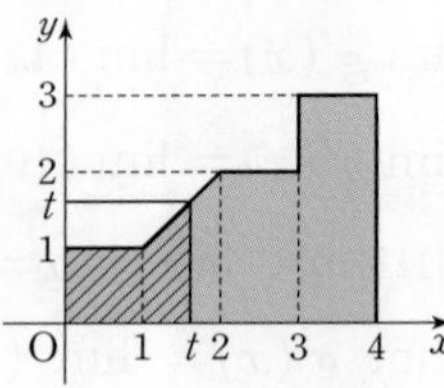

(iii) $2\le t<3$일 때,

$f(t)=\frac{5}{2}+2(t-2)$

$=2t-\frac{3}{2}$

└→ 가로의 길이가 $t-2$, 세로의 길이가 2인 직사각형의 넓이야.

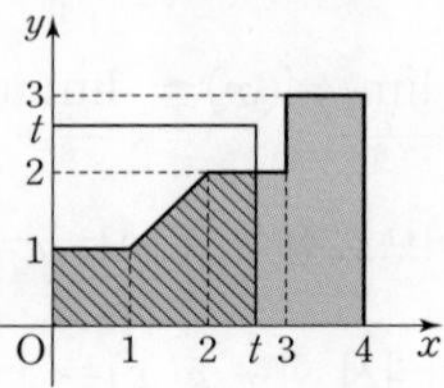

(iv) $3\le t<4$일 때,

$f(t)=\frac{9}{2}+3(t-3)$

$=3t-\frac{9}{2}$

└→ 가로의 길이가 $t-3$, 세로의 길이가 3인 직사각형의 넓이야.

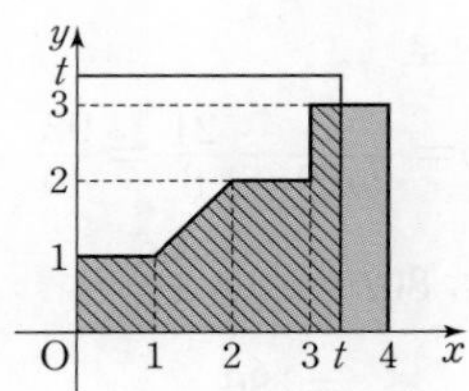

이상에서 $f(t)=\begin{cases} t^2 & (0<t<1) \\ \frac{t^2+1}{2} & (1\le t<2) \\ 2t-\frac{3}{2} & (2\le t<3) \\ 3t-\frac{9}{2} & (3\le t<4) \end{cases}$ 이므로

$$f'(t)=\begin{cases} 2t & (0<t<1) \\ t & (1<t<2) \\ 2 & (2<t<3) \\ 3 & (3<t<4) \end{cases}$$

$t=1$, $t=2$, $t=3$에서 함수 $f(t)$의 미분가능성을 알아보면 (→ 구간의 경계에서만 조사하면 돼.)

$\lim_{t\to 1-}f'(t)=\lim_{t\to 1-}2t=2$, $\lim_{t\to 1+}f'(t)=\lim_{t\to 1+}t=1$이므로 (→ (좌미분계수)≠(우미분계수))

$t=1$에서 미분가능하지 않다.

$\lim_{t\to 2-}f'(t)=\lim_{t\to 2-}t=2$, $\lim_{t\to 2+}f'(t)=\lim_{t\to 2+}2=2$이므로 (→ (좌미분계수)=(우미분계수))

$t=2$에서 미분가능하다.

$\lim_{t\to 3-}f'(t)=\lim_{t\to 3-}2=2$, $\lim_{t\to 3+}f'(t)=\lim_{t\to 3+}3=3$이므로 (→ (좌미분계수)≠(우미분계수))

$t=3$에서 미분가능하지 않다.

따라서 열린구간 $(0,\ 4)$에서 함수 $f(t)$가 미분가능하지 않은 모든 t의 값의 합은

$1+3=4$

정답률 39%

13 수능 유형 › 미분가능성

정답 ④

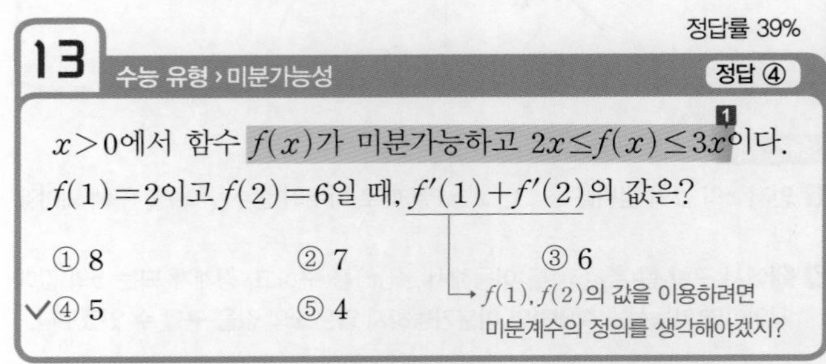

$x>0$에서 함수 $f(x)$가 미분가능하고 $2x\le f(x)\le 3x$이다. [1]

$f(1)=2$이고 $f(2)=6$일 때, $f'(1)+f'(2)$의 값은?

① 8　　② 7　　③ 6　　✓④ 5　　⑤ 4

└→ $f(1)$, $f(2)$의 값을 이용하려면 미분계수의 정의를 생각해야겠지?

해결 흐름

1 함수 $f(x)$가 미분가능하고 $2x\le f(x)\le 3x$이니까 함수의 극한의 대소 관계를 이용하면 되겠군.

연관 개념 | $\lim_{x\to a}f(x)=\alpha$, $\lim_{x\to a}g(x)=\beta$ (α, β는 실수)일 때, a에 가까운 모든 실수 x에 대하여 $f(x)\le h(x)\le g(x)$이고 $\alpha=\beta$이면 $\lim_{x\to a}h(x)=\alpha$

알찬 풀이

양수 x에 대하여

(i) $f(x)\ge 2x$이고, $f(1)=2$이므로

$f(x)-f(1)\ge 2x-2$

$0<x<1$일 때, $\frac{f(x)-f(1)}{x-1}\le\frac{2x-2}{x-1}$ (→ $x-1<0$이니까 부등호의 방향이 바뀌었어.)

이므로

$\lim_{x\to 1-}\frac{f(x)-f(1)}{x-1}\le\lim_{x\to 1-}\frac{2x-2}{x-1}=2$ (→ $\lim_{x\to 1-}\frac{2(x-1)}{x-1}=\lim_{x\to 1-}2=2$)

$x>1$일 때, $\dfrac{f(x)-f(1)}{x-1} \ge \dfrac{2x-2}{x-1}$ → $x-1>0$이니까 부등호의 방향이 그대로야.

이므로

$$\lim_{x\to1+}\frac{f(x)-f(1)}{x-1} \ge \lim_{x\to1+}\frac{2x-2}{x-1}=2$$

→ $\lim_{x\to1+}\frac{2(x-1)}{x-1}=\lim_{x\to1+}2=2$

이때 함수 $f(x)$는 미분가능하므로

$$f'(1)=\lim_{x\to1+}\frac{f(x)-f(1)}{x-1}=\lim_{x\to1-}\frac{f(x)-f(1)}{x-1}$$

$\therefore f'(1)=2$

(ii) $f(x)\le3x$이고, $f(2)=6$이므로

$f(x)-f(2)\le3x-6$

$0<x<2$일 때, $\dfrac{f(x)-f(2)}{x-2} \ge \dfrac{3x-6}{x-2}$ → $x-2<0$이니까 부등호의 방향이 바뀌었어.

이므로

$$\lim_{x\to2-}\frac{f(x)-f(2)}{x-2} \ge \lim_{x\to2-}\frac{3x-6}{x-2}=3$$

→ $\lim_{x\to2-}\frac{3(x-2)}{x-2}=\lim_{x\to2-}3=3$

$x>2$일 때, $\dfrac{f(x)-f(2)}{x-2} \le \dfrac{3x-6}{x-2}$ → $x-2>0$이니까 부등호의 방향이 그대로야.

이므로

$$\lim_{x\to2+}\frac{f(x)-f(2)}{x-2} \le \lim_{x\to2+}\frac{3x-6}{x-2}=3$$

→ $\lim_{x\to2+}\frac{3(x-2)}{x-2}=\lim_{x\to2+}3=3$

이때 함수 $f(x)$는 미분가능하므로

$$f'(2)=\lim_{x\to2+}\frac{f(x)-f(2)}{x-2}=\lim_{x\to2-}\frac{f(x)-f(2)}{x-2}$$

$\therefore f'(2)=3$

(i), (ii)에서

$f'(1)+f'(2)=2+3=5$

빠른 풀이 $f(1)=2$, $f(2)=6$이므로 함수 $y=f(x)$의 그래프는 두 점 $(1, 2)$, $(2, 6)$을 지난다.
이때 $x>0$에서 함수 $f(x)$가 미분가능하고 $2x\le f(x)\le3x$이므로 $y=f(x)$의 그래프는 오른쪽 그림과 같이 두 직선 $y=2x$, $y=3x$ 사이에 있어야 한다.

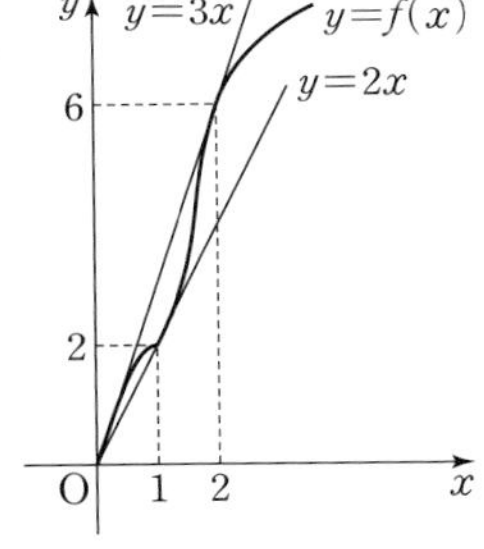

즉, 함수 $y=f(x)$의 그래프는
점 $(1, 2)$에서 직선 $y=2x$와 접하고, → 접선의 기울기가 2야.
점 $(2, 6)$에서 직선 $y=3x$와 접하므로 → 접선의 기울기가 3이야.
→ 오답 Clear를 확인해 봐.

$f'(1)=2$, $f'(2)=3$

$\therefore f'(1)+f'(2)=2+3=5$

오답 Clear

$x>0$에서 함수 $y=f(x)$의 그래프가 점 $(1, 2)$에서 직선 $y=2x$와 접하지 않는다면 오른쪽 그림과 같이 $f(x)<2x$인 경우가 생긴다. 또, 함수 $y=f(x)$의 그래프가 점 $(2, 6)$에서 직선 $y=3x$와 접하지 않는다면 $f(x)>3x$인 경우가 생긴다.
따라서 $x>0$에서 $2x\le f(x)\le3x$인 조건을 만족시키지 않는다.

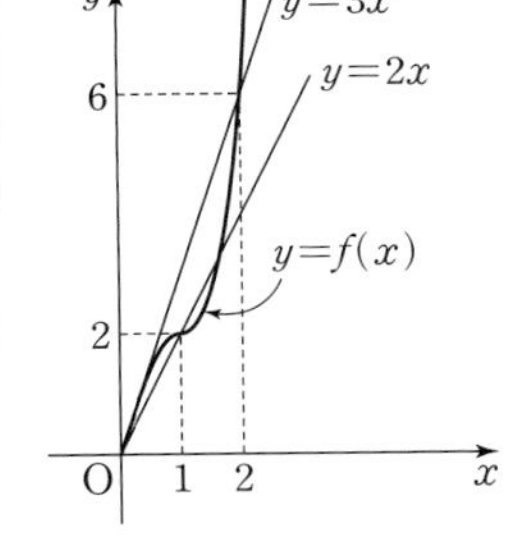

정답률 85%

14 수능 유형 › 미분가능성과 연속성 정답 ③

함수

$$f(x)=\begin{cases} x^3+ax & (x<1) \\ bx^2+x+1 & (x\ge1)\end{cases}$$

이 $x=1$에서 미분가능할 때, $a+b$의 값은? (단, a, b는 상수이다.)
→ $x=1$에서 연속이겠네.

① 5 ② 6 ✓③ 7 ④ 8 ⑤ 9

해결 흐름

1 함수 $f(x)$가 $x=1$에서 미분가능하니까 $x=1$에서 미분계수가 존재하고, $x=1$에서 연속임을 이용하면 a, b 사이의 관계식을 구할 수 있겠다.

연관 개념 | 함수 $f(x)$가 실수 a에 대하여
(i) $f(x)$가 $x=a$에서 정의되어 있고
(ii) 극한값 $\lim_{x\to a}f(x)$가 존재하며
(iii) $\lim_{x\to a}f(x)=f(a)$
이면 함수 $f(x)$는 $x=a$에서 연속이라 한다.

알찬 풀이

함수 $f(x)$가 $x=1$에서 미분가능하므로 $x=1$에서 연속이다.
즉, $\lim_{x\to1-}f(x)=\lim_{x\to1+}f(x)=f(1)$이므로
$1+a=b+1+1$ → $\lim_{x\to1}f(x)$가 존재함을 뜻해.
$\therefore a-b=1$ ······ ㉠

또, $f'(x)=\begin{cases} 3x^2+a & (x<1) \\ 2bx+1 & (x>1)\end{cases}$이고 함수 $f(x)$는 $x=1$에서 미분가능하므로 $x=1$에서의 미분계수가 존재한다.
즉, $\lim_{x\to1-}f'(x)=\lim_{x\to1+}f'(x)$이므로
$3+a=2b+1$
$\therefore a-2b=-2$ ······ ㉡
㉠, ㉡을 연립하여 풀면
$a=4$, $b=3$
$\therefore a+b=4+3=7$

미분계수의 존재
$f'(a)=L$ (L은 상수)
$\Longleftrightarrow \lim_{x\to a-}f'(x)=\lim_{x\to a+}f'(x)=L$

정답률 69%

15 수능 유형 › 미분가능성과 연속성 정답 ②

함수 $f(x)=x^3-3x^2-9x-1$과 실수 m에 대하여 함수 $g(x)$를
→ $f(x)$는 다항함수이므로 실수 전체의 집합에서 미분가능해.

$$g(x)=\begin{cases} f(x) & (f(x)\ge mx) \\ mx & (f(x)<mx)\end{cases}$$

라 하자. $g(x)$가 실수 전체의 집합에서 미분가능할 때, m의 값은?

① -14 ✓② -12 ③ -10 ④ -8 ⑤ -6

수학 Ⅱ II. 다항함수의 미분법

해결 흐름

1 함수 $g(x)$가 실수 전체의 집합에서 미분가능하면 실수 전체의 집합에서 연속이겠네.

연관 개념 | 다항함수 $f_1(x)$, $f_2(x)$에 대하여 함수

$f(x)=\begin{cases} f_1(x) & (x\ge a) \\ f_2(x) & (x<a) \end{cases}$가 실수 전체의 집합에서 미분가능하면 $x=a$에서도 미분가능하다.

2 곡선 $y=f(x)$와 직선 $y=mx$의 교점에서 미분가능해야 함수 $g(x)$가 실수 전체의 집합에서 미분가능하니까 교점에서의 미분가능성을 조사해 봐야겠다.

알찬 풀이

함수 $g(x)$가 실수 전체의 집합에서 미분가능하므로 $f(t)=mt$를 만족시키는 $x=t$에서도 미분가능하다.

$g(x)$가 $x=t$에서 연속이므로

> 함수의 연속
> 함수 $f(x)$가 $x=a$에서 연속이려면
> (i) 함숫값 $f(a)$가 존재
> (ii) 극한값 $\lim_{x\to a} f(x)$가 존재
> (iii) 함숫값과 극한값이 일치

$f(t)=mt$에서

$t^3-3t^2-9t-1=mt$ …… ㉠

$g(x)$가 $x=t$에서 미분가능하므로

$f'(t)=m$에서

$3t^2-6t-9=m$ …… ㉡

㉡을 ㉠에 대입하면

$t^3-3t^2-9t-1=3t^3-6t^2-9t$

$2t^3-3t^2+1=0$, $(t-1)^2(2t+1)=0$

→ 다음과 같이 조립제법을 이용하여 인수분해할 수 있어.

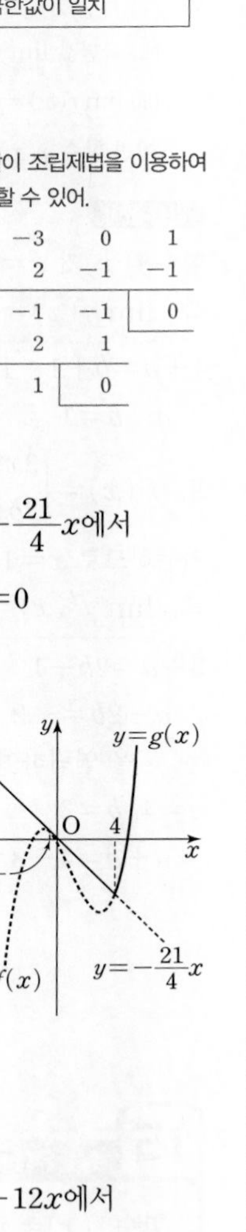

1	2	−3	0	1
		2	−1	−1
1	2	−1	−1	0
		2	1	
	2	1	0	

$\therefore t=-\dfrac{1}{2}$ 또는 $t=1$

(i) $t=-\dfrac{1}{2}$일 때,

㉡에서 $m=-\dfrac{21}{4}$

방정식 $f(x)=mx$, 즉 $x^3-3x^2-9x-1=-\dfrac{21}{4}x$에서

$x^3-3x^2-\dfrac{15}{4}x-1=0$, $\left(x+\dfrac{1}{2}\right)^2(x-4)=0$

$\therefore x=-\dfrac{1}{2}$ 또는 $x=4$

따라서 곡선 $y=f(x)$와 직선 $y=-\dfrac{21}{4}x$는 $x=-\dfrac{1}{2}$일 때 접하고 $x=4$일 때 한 점에서 만나므로 함수 $y=g(x)$의 그래프는 오른쪽 그림과 같다.

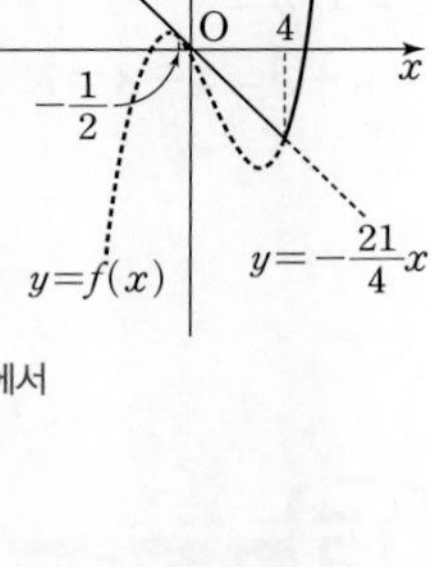

이때 함수 $g(x)$는 $x=4$에서 미분가능하지 않다.

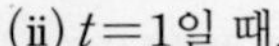

→ 함수 $y=g(x)$의 그래프에서 뾰족한 점이기 때문이야.

(ii) $t=1$일 때,

㉡에서 $m=-12$

방정식 $f(x)=mx$, 즉 $x^3-3x^2-9x-1=-12x$에서

$x^3-3x^2+3x-1=0$, $(x-1)^3=0$

$\therefore x=1$

따라서 곡선 $y=f(x)$와 직선 $y=-12x$는 $x=1$일 때 접하므로 함수 $y=g(x)$의 그래프는 오른쪽 그림과 같다.

이때 함수 $g(x)$는 모든 실수 x에서 미분가능하다.

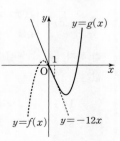

(i), (ii)에서 실수 m의 값은 -12이다.

정답률 68%

16

수능 유형 › 미분가능성 ⊕ 미분계수의 정의 　정답 ⑤

양의 실수 전체의 집합에서 증가하는 함수 $f(x)$가 $x=1$에서 미분가능하다. 1보다 큰 모든 실수 a에 대하여 점 $(1, f(1))$과 점 $(a, f(a))$ 사이의 거리가 a^2-1일 때, $f'(1)$의 값은?

→ $f(x)$가 $x>0$에서 증가하는 함수이니까 $f'(1)>0$이야.

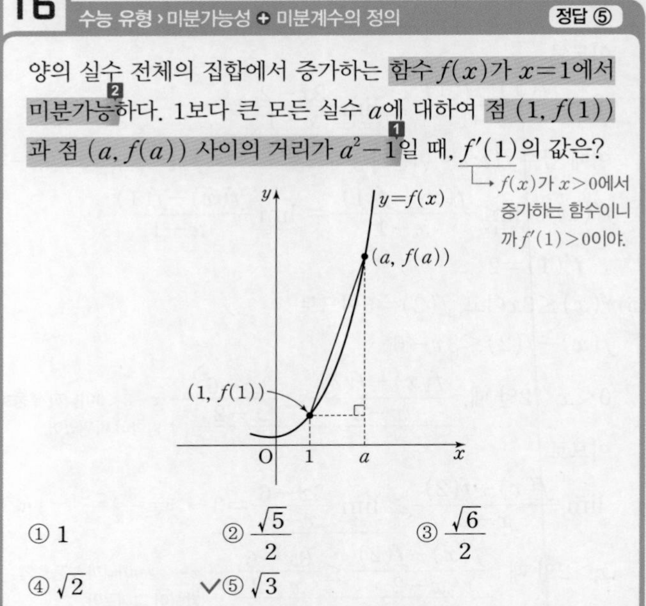

① 1　② $\dfrac{\sqrt{5}}{2}$　③ $\dfrac{\sqrt{6}}{2}$

④ $\sqrt{2}$　✓⑤ $\sqrt{3}$

해결 흐름

1 두 점 $(1, f(1))$, $(a, f(a))$ 사이의 거리가 a^2-1임을 이용해서 식을 세워 봐야지.

2 함수 $f(x)$는 $x=1$에서 미분가능하니까 $x=1$에서의 미분계수 $f'(1)$이 존재하겠구나.

알찬 풀이

두 점 $(1, f(1))$, $(a, f(a))$ 사이의 거리가 a^2-1이므로

$\sqrt{(a-1)^2+\{f(a)-f(1)\}^2}=a^2-1$

> 두 점 사이의 거리
> 두 점 $A(x_1, y_1)$, $B(x_2, y_2)$ 사이의 거리는
> $\overline{AB}=\sqrt{(x_2-x_1)^2+(y_2-y_1)^2}$

위의 식의 양변을 제곱하면

$(a-1)^2+\{f(a)-f(1)\}^2=(a^2-1)^2$

이므로

$$\begin{aligned}\{f(a)-f(1)\}^2&=(a^2-1)^2-(a-1)^2\\&=\{(a+1)(a-1)\}^2-(a-1)^2\\&=(a-1)^2\{(a+1)^2-1\}\\&=(a-1)^2(a^2+2a)\end{aligned}$$

$\therefore f(a)-f(1)=(a-1)\sqrt{a^2+2a}$ ($\because f(a)>f(1)$, $a>1$)

이때 함수 $f(x)$가 $x=1$에서 미분가능하므로

→ $f'(1)$이 존재해.

$$\begin{aligned}f'(1)&=\lim_{a\to1}\frac{f(a)-f(1)}{a-1}\\&=\lim_{a\to1}\frac{(a-1)\sqrt{a^2+2a}}{a-1}\\&=\lim_{a\to1}\sqrt{a^2+2a}=\sqrt{3}\end{aligned}$$

다른 풀이 다음과 같이 $f'(1)$의 값을 구할 수도 있다.

$f(a)-f(1)=(a-1)\sqrt{a^2+2a}$

에서 $a>1$이므로 양변을 $a-1$로 나누면

$\dfrac{f(a)-f(1)}{a-1}=\sqrt{a^2+2a}$

$$\begin{aligned}\therefore f'(1)&=\lim_{a\to1}\frac{f(a)-f(1)}{a-1}\\&=\lim_{a\to1}\sqrt{a^2+2a}=\sqrt{3}\end{aligned}$$

17

정답률 확률과 통계 55%, 미적분 84%, 기하 74%

수능 유형 › 접선의 방정식 정답 ⑤

최고차항의 계수가 1이고 $f(0)=0$인 삼차함수 $f(x)$가

$$\lim_{x\to a}\frac{f(x)-1}{x-a}=3$$

→ $x \to a$일 때, 극한값이 존재하고 (분모) → 0이므로 (분자) → 0이야.

을 만족시킨다. 곡선 $y=f(x)$ 위의 점 $(a, f(a))$에서의 접선의 y절편이 4일 때, $f(1)$의 값은? (단, a는 상수이다.)

→ 접선의 기울기는 $f'(a)$겠네.

① -1 ② -2 ③ -3
④ -4 ⑤ -5

해결 흐름

1 최고차항의 계수가 1이고 $f(0)=0$인 삼차함수 $f(x)$의 식을 세워야겠다.

2 $f(a)$, $f'(a)$의 값을 구해야겠군.

연관 개념 | 두 함수 $f(x)$, $g(x)$에 대하여
$\lim_{x\to a}\frac{f(x)}{g(x)}=\alpha$ (α는 실수)일 때, $\lim_{x\to a}g(x)=0$이면 $\lim_{x\to a}f(x)=0$이다.

3 곡선 $y=f(x)$ 위의 점 $(a, f(a))$에서의 접선의 방정식은
$y-f(a)=f'(a)(x-a)$임을 이용하여 접선의 방정식을 세우고 y절편을 구해봐야지.

알찬 풀이

삼차함수 $f(x)$의 최고차항의 계수가 1이고 $f(0)=0$이므로
$f(x)=x^3+px^2+qx$ (p, q는 상수)
로 놓으면 $f'(x)=3x^2+2px+q$

> 도함수
> ① $y=x^n$이면 $y'=nx^{n-1}$
> ② $y=c$ (c는 상수)이면 $y'=0$

$\lim_{x\to a}\frac{f(x)-1}{x-a}=3$에서 $x \to a$일 때, 극한값이 존재하고
(분모) → 0이므로 (분자) → 0이다.

즉, $\lim_{x\to a}\{f(x)-1\}=0$이므로

$f(a)=1$

$\therefore \lim_{x\to a}\frac{f(x)-1}{x-a}=\lim_{x\to a}\frac{f(x)-f(a)}{x-a}=f'(a)=3$

> 미분계수의 정의
> $f'(a)=\lim_{x\to a}\frac{f(x)-f(a)}{x-a}$

한편, 곡선 $y=f(x)$ 위의 점 $(a, f(a))$에서의 접선의 방정식은

$y-f(a)=f'(a)(x-a)$이므로

$y-1=3(x-a)$ $\therefore y=3x-3a+1$

이때 이 접선의 y절편이 4이므로 $-3a+1=4$

$\therefore a=-1$

→ $f(a)=1$, $f'(a)=3$에 $a=-1$을 대입했어.

즉, $f(-1)=1$, $f'(-1)=3$이므로

$f(-1)=-1+p-q=1$에서

$p-q=2$ …… ㉠

$f'(-1)=3-2p+q=3$에서

$2p-q=0$ …… ㉡

㉠, ㉡을 연립하여 풀면 $p=-2$, $q=-4$

따라서 $f(x)=x^3-2x^2-4x$이므로

$f(1)=1-2-4=-5$

수능 핵심 개념 접점의 좌표가 주어질 때 접선의 방정식 구하기

곡선 $y=f(x)$ 위의 점 $(a, f(a))$에서의 접선의 방정식은 다음과 같은 순서로 구한다.
(i) 접선의 기울기 $f'(a)$를 구한다.
(ii) $y-f(a)=f'(a)(x-a)$를 이용하여 접선의 방정식을 구한다.

18

정답률 확률과 통계 14%, 미적분 44%, 기하 38%

수능 유형 › 접선의 방정식 정답 25

$a>\sqrt{2}$인 실수 a에 대하여 함수 $f(x)$를

$$f(x)=-x^3+ax^2+2x$$

→ 점 A의 x좌표는 곡선 $y=f(x)$와 접선이 만나는 점의 x좌표 중 0이 아닌 값이야.

라 하자. 곡선 $y=f(x)$ 위의 점 $O(0, 0)$에서의 접선이 곡선 $y=f(x)$와 만나는 점 중 O가 아닌 점을 A라 하고, 곡선 $y=f(x)$ 위의 점 A에서의 접선이 x축과 만나는 점을 B라 하자. 점 A가 선분 OB를 지름으로 하는 원 위의 점일 때, $\overline{OA}\times\overline{AB}$의 값을 구하시오. 25

해결 흐름

1 곡선 $y=f(x)$ 위의 점 O에서의 접선의 방정식을 구해서 점 A의 좌표를 구해야겠다.

연관 개념 | 곡선 $y=f(x)$ 위의 점 $(a, f(a))$에서의 접선의 방정식은
$y-f(a)=f'(a)(x-a)$

2 곡선 $y=f(x)$ 위의 점 A에서의 접선의 방정식을 구해서 점 B의 좌표를 구해야겠군.

3 점 A가 선분 OB를 지름으로 하는 원 위의 점이니까 두 점 O, A에서의 접선이 서로 수직이겠네.

알찬 풀이

$f(x)=-x^3+ax^2+2x$에서

$f'(x)=-3x^2+2ax+2$

> 접선의 기울기
> 곡선 $y=f(x)$ 위의 $x=a$인 점에서의 접선의 기울기는 $f'(a)$와 같다.

곡선 $y=f(x)$ 위의 점 $O(0, 0)$에서의 접선의 기울기는

$f'(0)=2$

이므로 접선의 방정식은

$y=2x$ → 기울기가 2이고 원점을 지나는 직선의 방정식은 $y-0=2(x-0)$, 즉 $y=2x$야.

곡선 $y=f(x)$와 직선 $y=2x$가 만나는 점의 x좌표는

$-x^3+ax^2+2x=2x$에서

$x^3-ax^2=0$, $x^2(x-a)=0$

$\therefore x=0$ 또는 $x=a$

점 A의 x좌표는 0이 아니므로 점 A의 x좌표는 a이다.

$\therefore A(a, 2a)$ → $f(a)=-a^3+a^3+2a=2a$이므로 점 A의 좌표는 $(a, 2a)$야.

점 A가 선분 OB를 지름으로 하는 원 위의 점이므로

$\angle OAB=\frac{\pi}{2}$

> 원주각의 성질
> 반원에 대한 원주각의 크기는 90°이다.

즉, 두 직선 OA와 AB는 서로 수직이므로

점 $A(a, 2a)$에서의 접선의 기울기는 $-\frac{1}{2}$이다.

→ 수직인 두 직선의 기울기의 곱은 -1임을 이용하면 직선 $y=2x$의 기울기가 2이므로 점 A에서의 접선의 기울기는 $-\frac{1}{2}$이야.

$f'(a)=-\frac{1}{2}$에서

$-3a^2+2a^2+2=-\frac{1}{2}$

$\therefore a^2=\frac{5}{2}$ …… ㉠

점 $A(a, 2a)$에서의 접선의 방정식은

$y-2a=-\frac{1}{2}(x-a)$

$\therefore y=-\frac{1}{2}x+\frac{5}{2}a$

이 접선이 x축과 만나는 점의 좌표는

$-\frac{1}{2}x+\frac{5}{2}a=0$에서

수학 II

II. 다항함수의 미분법

$x=5a$

이므로 $B(5a,\ 0)$

$\overline{OA}=\sqrt{a^2+(2a)^2}$

$=\sqrt{5a^2}=\sqrt{5}a,$

$\overline{AB}=\sqrt{(5a-a)^2+(0-2a)^2}$

$=\sqrt{20a^2}=2\sqrt{5}a\ (\because a>\sqrt{2})$

> **두 점 사이의 거리**
> 두 점 $A(x_1, y_1)$, $B(x_2, y_2)$ 사이의 거리는
> $\overline{AB}=\sqrt{(x_2-x_1)^2+(y_2-y_1)^2}$

$\therefore \overline{OA}\times\overline{AB}=\sqrt{5}a\times2\sqrt{5}a$

$=10a^2$

$=10\times\frac{5}{2}\ (\because ㉠)$

$=25$

다른 풀이 ㉠에서 a의 값을 구하여 $\overline{OA}\times\overline{AB}$의 값을 구할 수 있다.

$a^2=\frac{5}{2}$에서

$a=\sqrt{\frac{5}{2}}=\frac{\sqrt{10}}{2}\ (\because a>\sqrt{2})$

따라서 $A\left(\frac{\sqrt{10}}{2},\ \sqrt{10}\right)$, $B\left(\frac{5\sqrt{10}}{2},\ 0\right)$이므로

$\overline{OA}=\sqrt{\left(\frac{\sqrt{10}}{2}\right)^2+(\sqrt{10})^2}=\frac{5\sqrt{2}}{2},$

$\overline{AB}=\sqrt{\left(\frac{5\sqrt{10}}{2}-\frac{\sqrt{10}}{2}\right)^2+(0-\sqrt{10})^2}=5\sqrt{2}$

$\therefore \overline{OA}\times\overline{AB}=\frac{5\sqrt{2}}{2}\times5\sqrt{2}=25$

19 수능 유형 › 접선의 방정식

정답률 확률과 통계 56%, 미적분 78%, 기하 71%

정답 ③

최고차항의 계수가 1인 삼차함수 $f(x)$에 대하여 곡선 $y=f(x)$ 위의 점 $(-2,\ f(-2))$에서의 접선과 곡선 $y=f(x)$ 위의 점 $(2,\ 3)$에서의 접선이 점 $(1,\ 3)$에서 만날 때, $f(0)$의 값은?

→ 곡선 $y=f(x)$ 위의 점 $(-2, f(-2))$에서의 접선의 기울기는 $f'(-2)$야.

→ 접선은 두 점 $(2, 3)$, $(1, 3)$을 지나.

① 31 ② 33 ✓③ 35 ④ 37 ⑤ 39

해결 흐름

1 곡선 $y=f(x)$ 위의 점 $(2, 3)$에서의 접선이 점 $(1, 3)$을 지남을 이용하면 삼차함수 $f(x)$의 꼴을 알 수 있겠구나.

2 곡선 $y=f(x)$ 위의 점 $(-2, f(-2))$에서의 접선의 방정식을 세워야겠다.

연관 개념 | 곡선 $y=f(x)$ 위의 점 $(a,\ f(a))$에서의 접선의 방정식은 $y-f(a)=f'(a)(x-a)$

3 2에서 구한 접선이 점 $(1, 3)$을 지남을 이용해야지.

알찬 풀이

곡선 $y=f(x)$ 위의 점 $(2,\ 3)$에서의 접선이 점 $(1,\ 3)$을 지나므로 접선의 방정식은

$y=3$ → 두 점 $(2, 3)$, $(1, 3)$을 지나는 직선의 방정식은 점 $(2, 3)$을 지나고 x축에 평행한 직선이므로 그 직선의 방정식은 $y=3$이야.

즉, $f'(2)=0$, $f(2)=3$이고 $f(x)$는 최고차항의 계수가 1인 삼차함수이므로 → 점 $(2, 3)$에서의 접선이 x축에 평행하므로 접선의 기울기는 0이야.

$f(x)=(x-2)^2(x-k)+3$ (k는 상수)

으로 놓을 수 있다. 이때 → 실전적용 key를 확인해 봐.

$f'(x)=2(x-2)(x-k)+(x-2)^2$

> **곱의 미분법**
> 두 함수 $f(x)$, $g(x)$가 미분가능할 때, $y=f(x)g(x)$이면
> $y'=f'(x)g(x)+f(x)g'(x)$

이므로 곡선 $y=f(x)$ 위의 점 $(-2,\ f(-2))$에서의 접선의 방정식은

$y-f(-2)=f'(-2)\{x-(-2)\}$

$y-(-16k-29)=(8k+32)(x+2)$

→ $f'(-2)=-8(-2-k)+16=8k+32$

→ $f(-2)=(-2-2)^2(-2-k)+3=-16k-29$

이 직선이 점 $(1,\ 3)$을 지나므로

$3-(-16k-29)=3(8k+32)$

$-8k=64$

$\therefore k=-8$

따라서 $f(x)=(x-2)^2(x+8)+3$이므로

$f(0)=4\times8+3=35$

실전 적용 key

$f'(2)=0$, $f(2)=3$이므로 함수 $y=f(x)$의 그래프는 오른쪽 그림과 같이 직선 $y=3$에 접한다.

이때 함수 $y=f(x)$의 그래프가 직선 $y=3$과 만나는 점의 x좌표를 $k\ (k\neq2)$라 하면 방정식 $f(x)-3=0$은 $x=2$를 중근으로 갖고 $x=k$를 다른 한 근으로 가지므로

$f(x)-3=(x-2)^2(x-k)$

따라서 $f(x)=(x-2)^2(x-k)+3$ (k는 상수)으로 놓을 수 있다.

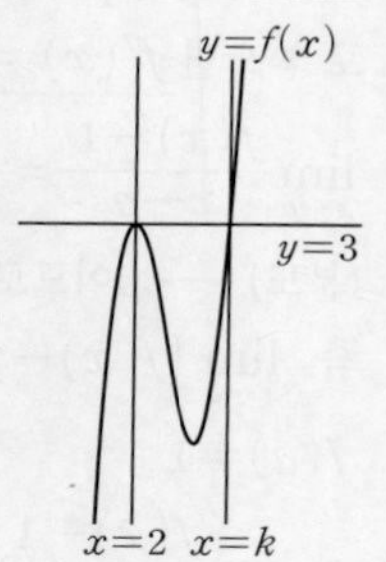

생생 수험 Talk

오답 노트를 "꼼꼼히" 작성하는 게 수학 점수 향상에 도움이 많이 되었어. 꼼꼼히 쓰라는 말은 예쁘게 꾸미라는 말이 아니라, 오답 노트를 봤을 때 한눈에 틀린 원인, 올바른 풀이, 개선해야 할 점 등이 눈에 들어오고, 다시 보며 복습이 될 수 있게 작성하는 것이 좋다는 뜻이야.

내가 틀린 이유를 두루뭉술하게 공식을 몰라서, 실수해서라고 적는 것이 아니라, 이 문제에서 어떤 공식을 어떻게 사용했어야 했는데 다른 공식과 헷갈려서 등 틀린 이유에 대한 고찰을 하는 거지. 계산 실수도 사칙연산에 대한 계산 실수인지, 도형 문제에서 넓이 계산의 실수인지 꼼꼼하게 나누는 것이 좋아. 수학 시험은 누가 실수를 적게 하느냐의 싸움이라고 할 만큼 실수를 줄이는 것이 중요하기 때문에 오답 노트를 활용하면 매우 효과적이지.

정답률 확률과 통계 53%, 미적분 78%, 기하 68%

20 수능 유형 › 접선의 방정식 + 함수의 극한의 활용 정답 ③

그림과 같이 실수 t $(0<t<1)$에 대하여 곡선 $y=x^2$ 위의 점 중에서 직선 $y=2tx-1$과의 거리가 최소인 점을 P라 하고, [1] 직선 OP가 직선 $y=2tx-1$과 만나는 점을 Q라 할 때, [2] (→ 점 P에서의 접선을 이용해.)

$\lim_{t \to 1-} \frac{\overline{PQ}}{1-t}$의 값은? (단, O는 원점이다.) [3]

① $\sqrt{6}$　② $\sqrt{7}$　✓③ $2\sqrt{2}$　④ 3　⑤ $\sqrt{10}$

해결 흐름

[1] 곡선 위의 점에서의 접선과 직선 사이의 관계를 파악하여 곡선 위의 점 P와 직선 $y=2tx-1$ 사이의 거리가 최소가 될 때의 점 P의 좌표를 구해야겠네.
연관 개념 | 곡선 $y=f(x)$ 위의 $x=a$인 점에서의 접선의 기울기는 $f'(a)$와 같다.

[2] 직선 OP의 방정식을 구하여 점 Q의 좌표를 구해야겠다.

[3] 선분 PQ의 길이를 t에 대한 식으로 나타내어 극한값을 구해야지.

알찬 풀이

곡선 $y=x^2$ 위의 점 P와 직선 $y=2tx-1$ 사이의 거리가 최소이려면 점 P에서의 접선과 직선 $y=2tx-1$이 서로 평행해야 한다.

즉, 점 P에서의 접선의 기울기는 $2t$가 되어야 한다. (→ 직선 $y=2tx-1$의 기울기가 $2t$이기 때문이야.)

$f(x)=x^2$이라 하면 $f'(x)=2x$이므로

점 P의 좌표를 (s, s^2)이라 하면 곡선 $y=f(x)$ 위의 점 P에서의 접선의 기울기는

$f'(s)=2s=2t$

$\therefore s=t$

즉, 점 P의 좌표는 (t, t^2)이므로

직선 OP의 방정식은 (→ 두 점 $(0, 0)$, (t, t^2)을 지나는 직선의 방정식은 $y=\frac{t^2-0}{t-0}x$에서 $y=tx$야.)

$y=tx$

직선 OP와 직선 $y=2tx-1$의 교점의 x좌표는 $tx=2tx-1$에서

$x=\frac{1}{t}$이므로 점 Q의 좌표는 $\left(\frac{1}{t}, 1\right)$이다.

$\overline{PQ}=\sqrt{\left(\frac{1}{t}-t\right)^2+(1-t^2)^2}$이므로

> **두 점 사이의 거리**
> 좌표평면 위의 두 점 $A(x_1, y_1)$, $B(x_2, y_2)$ 사이의 거리는
> $\overline{AB}=\sqrt{(x_2-x_1)^2+(y_2-y_1)^2}$

$$\lim_{t \to 1-}\frac{\overline{PQ}}{1-t}=\lim_{t \to 1-}\frac{\sqrt{\left(\frac{1}{t}-t\right)^2+(1-t^2)^2}}{1-t}$$

$$=\lim_{t \to 1-}\frac{\sqrt{\left(\frac{1-t^2}{t}\right)^2+(1-t^2)^2}}{1-t}$$

(→ $0<t<1$에서 $1-t^2>0$이므로 $\sqrt{(1-t^2)^2}=1-t^2$이야.)

$$=\lim_{t \to 1-}\frac{(1-t^2)\sqrt{\frac{1}{t^2}+1}}{1-t}$$

$$=\lim_{t \to 1-}\frac{(1+t)(1-t)\sqrt{\frac{1}{t^2}+1}}{1-t}$$

$$=\lim_{t \to 1-}(1+t)\sqrt{\frac{1}{t^2}+1}$$

$$=2\sqrt{2}$$

정답률 확률과 통계 48%, 미적분 79%, 기하 68%

21 수능 유형 › 접선의 방정식 정답 ⑤

삼차함수 $f(x)$[1]에 대하여 곡선 $y=f(x)$ 위의 점 $(0, 0)$에서의 접선과 곡선 $y=xf(x)$ 위의 점 $(1, 2)$에서의 접선이 일치할 때, [2] $f'(2)$의 값은?

① -18　② -17　③ -16　④ -15　✓⑤ -14

해결 흐름

[1] 접선이 두 점 $(0, 0)$, $(1, 2)$를 지남을 이용하여 접선의 방정식을 구할 수 있어.
연관 개념 | 곡선 $y=f(x)$ 위의 점 (a, b)에서의 접선의 기울기가 m이면 $f(a)=b$, $f'(a)=m$

[2] $f(x)=ax^3+bx^2+cx+d$ (a, b, c, d는 상수, $a\neq0$), $g(x)=xf(x)$로 놓으면 $f'(x)$, $g'(x)$를 구할 수 있겠네.

알찬 풀이

곡선 $y=f(x)$ 위의 점 $(0, 0)$에서의 접선과 곡선 $y=xf(x)$ 위의 점 $(1, 2)$에서의 접선이 일치하므로 이 접선은 두 점 $(0, 0)$, $(1, 2)$를 지난다.

즉, 접선의 방정식은 $y=2x$ (→ $y-0=\frac{2-0}{1-0}(x-0)$)

$f(x)=ax^3+bx^2+cx+d$ (a, b, c, d는 상수, $a\neq0$)라 하면

$f'(x)=3ax^2+2bx+c$

곡선 $y=f(x)$는 점 $(0, 0)$을 지나므로

$f(0)=0$에서 $d=0$

> **접선의 기울기**
> 곡선 $y=f(x)$ 위의 $x=a$인 점에서의 접선의 기울기는 $f'(a)$와 같다.

이때 곡선 $y=f(x)$ 위의 점 $(0, 0)$에서의 접선의 기울기가 2이므로

$f'(0)=c=2$

$g(x)=xf(x)$라 하면 $g(x)=ax^4+bx^3+2x^2$에서

$g'(x)=4ax^3+3bx^2+4x$

곡선 $y=g(x)$는 점 $(1, 2)$를 지나므로

$g(1)=2$에서 $a+b+2=2$

$\therefore a+b=0$ …… ㉠

이때 곡선 $y=g(x)$ 위의 점 $(1, 2)$에서의 접선의 기울기가 2이므로

$g'(1)=4a+3b+4=2$ (→ $x=1$에서의 미분계수 $g'(1)$과 같아.)

$\therefore 4a+3b=-2$ …… ㉡

㉠, ㉡을 연립하여 풀면

$a=-2$, $b=2$

따라서 $f'(x)=-6x^2+4x+2$이므로

$f'(2)=-24+8+2$

$=-14$

수학 Ⅱ　Ⅱ. 다항함수의 미분법

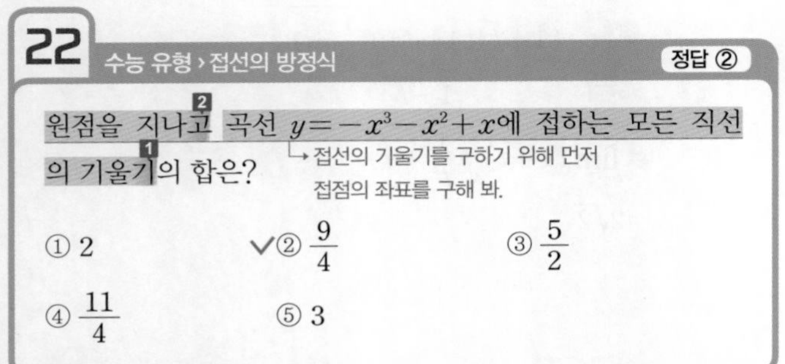

22 수능 유형 › 접선의 방정식 정답 ②

원점을 지나고[2] 곡선 $y=-x^3-x^2+x$에 접하는 모든 직선의 기울기[1]의 합은?

→ 접선의 기울기를 구하기 위해 먼저 접점의 좌표를 구해 봐.

① 2 ✓② $\frac{9}{4}$ ③ $\frac{5}{2}$

④ $\frac{11}{4}$ ⑤ 3

해결 흐름

1 접점의 x좌표를 t로 놓고 접선의 방정식을 구해야겠다.

연관 개념 | 곡선 $y=f(x)$ 위의 점 $(a,\ f(a))$에서의 접선의 방정식은 $y-f(a)=f'(a)(x-a)$

2 접선이 원점을 지남을 이용하면 t의 값을 구할 수 있겠네.

알찬 풀이

$f(x)=-x^3-x^2+x$라 하면

$f'(x)=-3x^2-2x+1$

접점의 좌표를 $(t,\ -t^3-t^2+t)$라 하면 접선의 기울기는

$f'(t)=-3t^2-2t+1$ …… ㉠

이므로 접선의 방정식은

$y-(-t^3-t^2+t)=(-3t^2-2t+1)(x-t)$

$\therefore y=(-3t^2-2t+1)x+2t^3+t^2$

이 접선이 원점을 지나므로 → 접선의 방정식에 $x=0,\ y=0$을 대입해.

$0=2t^3+t^2,\ t^2(2t+1)=0$

$\therefore t=-\frac{1}{2}$ 또는 $t=0$

(i) $t=-\frac{1}{2}$일 때, ㉠에서 접선의 기울기는

$f'\left(-\frac{1}{2}\right)=-\frac{3}{4}+1+1=\frac{5}{4}$

(ii) $t=0$일 때, ㉠에서 접선의 기울기는

$f'(0)=1$

(i), (ii)에서 모든 직선의 기울기의 합은

$\frac{5}{4}+1=\frac{9}{4}$

수능 핵심 개념 | 접점의 좌표가 주어질 때 접선의 방정식 구하기

곡선 $y=f(x)$ 위의 점 $(a,\ f(a))$에서의 접선의 방정식은 다음과 같은 순서로 구한다.

(i) 접선의 기울기 $f'(a)$를 구한다.

(ii) $y-f(a)=f'(a)(x-a)$를 이용하여 접선의 방정식을 구한다.

생생 수험 Talk

수학은 아무리 강조해도 지나치지 않을 만큼 중요한 과목이야. 다른 과목의 등급이 낮아도 수학이 1등급이면 성적표의 등급이 달라지지. 그래서 나는 수학 공부에 대부분의 시간을 할애했어.

수학 문제를 많이 풀어 보면 한 문제를 여러 해결 방향으로 접근할 수 있는 눈이 생겨. 자투리 시간에 몇 문제를 풀어보는 습관을 들이면 문제 풀이 시간을 단축할 수 있을 거야.

정답률 50%

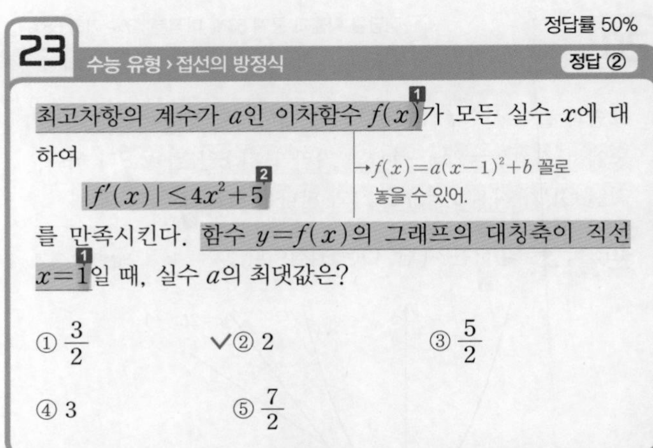

23 수능 유형 › 접선의 방정식 정답 ②

최고차항의 계수가 a인 이차함수 $f(x)$[1]가 모든 실수 x에 대하여

$$|f'(x)|\le 4x^2+5$$ [2]

를 만족시킨다. 함수 $y=f(x)$의 그래프의 대칭축이 직선 $x=1$[1]일 때, 실수 a의 최댓값은?

→ $f(x)=a(x-1)^2+b$ 꼴로 놓을 수 있어.

① $\frac{3}{2}$ ✓② 2 ③ $\frac{5}{2}$

④ 3 ⑤ $\frac{7}{2}$

해결 흐름

1 최고차항의 계수가 a이고 그래프의 대칭축이 직선 $x=1$인 이차함수 $f(x)$의 식을 세워야겠다.

2 함수 $y=|f'(x)|$의 그래프가 함수 $y=4x^2+5$의 그래프에 접하거나 아래쪽에 있는 경우를 생각해 봐야지.

연관 개념 | 곡선 $y=f(x)$ 밖의 한 점 $(x_1,\ y_1)$에서 곡선에 그은 접선의 방정식은 접점의 좌표를 $(a,\ f(a))$로 놓고, $y-f(a)=f'(a)(x-a)$에 점 $(x_1,\ y_1)$의 좌표를 대입하여 a의 값을 구한 후, 접선의 방정식을 구한다.

알찬 풀이

이차함수 $f(x)$의 최고차항의 계수가 a이고 그래프의 대칭축이 직선 $x=1$이므로

$f(x)=a(x-1)^2+b$ (b는 상수)

로 놓으면

$f'(x)=2a(x-1)$ → $f'(x)$는 일차함수이니까 그래프는 직선이지.

따라서 함수 $y=f'(x)$의 그래프는 a의 값에 관계없이 점 $(1,\ 0)$을 지나는 직선이다.

이때 모든 실수 x에 대하여

$|f'(x)|\le 4x^2+5$

가 성립하려면 오른쪽 그림과 같이 함수 $y=|f'(x)|$의 그래프가 함수 $y=4x^2+5$의 그래프와 접하거나 함수 $y=4x^2+5$의 그래프보다 아래쪽에 있어야 한다.

$y=4x^2+5$ / $y=|f'(x)|$ / y / 5 / O / 1 / x

→ 함수 $y=|f'(x)|$의 그래프도 a의 값에 관계없이 점 $(1,\ 0)$을 지나.

$a>0$일 때, → 실수 a의 최댓값을 구할 거니까 $a<0$인 경우는 생각하지 않아도 돼.

$x<1$에서

$f'(x)=2a(x-1)$이므로

$|f'(x)|=-2a(x-1)$

즉, 직선 $y=-2a(x-1)$이 함수 $y=4x^2+5$의 그래프에 접할 때 a의 값이 최대가 된다.

$g(x)=4x^2+5$라 하면 $g'(x)=8x$

접점의 좌표를 $(t,\ 4t^2+5)$ $(t<1)$라 하면 접선의 기울기는

$g'(t)=8t$

→ 직선 $y=-2a(x-1)$과 곡선 $y=g(x)$가 $x=t$인 점에서 접할 때, 접점의 좌표는 $(t,\ g(t))$, 즉 점 $(t,\ 4t^2+5)$야.

이므로 접선의 방정식은

$y-(4t^2+5)=8t(x-t)$

즉, $y=8tx-4t^2+5$ …… (＊)

→ (＊)와 직선 $y=-2a(x-1)$이 일치하니까 $-2a=8t,\ 2a=-4t^2+5$를 연립하여 t의 값을 구할 수도 있어.

이 접선이 점 $(1,\ 0)$을 지나므로

$0=-4t^2+8t+5$에서

$4t^2-8t-5=0,\ (2t+1)(2t-5)=0$

$\therefore t=-\frac{1}{2}$ ($\because t<1$)

따라서 접선 $y=-4x+4$와 직선 $y=-2a(x-1)$이 일치해야 하므로
→ (*)에 $t=-\frac{1}{2}$을 대입했어.

$-2a=-4 \quad \therefore a=2$

즉, 실수 a의 최댓값은 2이다.

다른풀이 두 함수 $y=|2a||x-1|$, $y=4x^2+5$의 그래프가 $x<1$에서 접하므로 이차방정식

$4x^2+5=-|2a|(x-1)$, 즉 $4x^2+2|a|x+5-2|a|=0$

의 판별식을 D라 하면

$\frac{D}{4}=|a|^2-4(5-2|a|)=0$

$|a|^2+8|a|-20=0$, $(|a|+10)(|a|-2)=0$

$\therefore |a|=2$ → $|a|>0$이기 때문이야.

따라서 $a=-2$ 또는 $a=2$이므로 실수 a의 최댓값은 2이다.

실전적용 key

함수 $y=|f'(x)|$의 그래프는 $|a|$의 값이 클수록 그래프의 폭이 좁아진다.
따라서 주어진 조건을 만족시키는 실수 a에 대하여 $|a|$의 값은 함수 $y=|f'(x)|$의 그래프가 함수 $y=4x^2+5$의 그래프에 접할 때 최대가 된다.
이때 두 함수 $y=|f'(x)|$, $y=4x^2+5$의 그래프의 접점의 좌표는 $\left(-\frac{1}{2}, 6\right)$이므로 이 점에서의 접선의 기울기는 $8\times\left(-\frac{1}{2}\right)=-4$이고, $x<1$에서 $|f'(x)|=-|2a|(x-1)$이므로 $-|2a|=-4$, 즉 $|a|=2$를 만족시키는 실수 a는 -2, 2이다.

24 수능 유형 › 접선의 방정식

정답률 6% 　 정답 42

최고차항의 계수가 1인 사차함수 $f(x)$에 대하여 네 개의 수 $f(-1)$, $f(0)$, $f(1)$, $f(2)$가 이 순서대로 등차수열을 이루고[1], 곡선 $y=f(x)$ 위의 점 $(-1, f(-1))$에서의 접선과 점 $(2, f(2))$에서의 접선이 점 $(k, 0)$에서 만난다.[2] $f(2k)=20$일 때, $f(4k)$의 값을 구하시오. (단, k는 상수이다.) 42
→ 두 접선이 모두 점 $(k, 0)$을 지나네.

해결 흐름

1. 네 개의 수 $f(-1)$, $f(0)$, $f(1)$, $f(2)$가 이 순서대로 등차수열을 이루므로 좌표평면에서 네 점 $(-1, f(-1))$, $(0, f(0))$, $(1, f(1))$, $(2, f(2))$는 한 직선 위에 있겠네.
2. 점 $(-1, f(-1))$과 점 $(2, f(2))$에서의 접선의 기울기를 각각 구해 봐야지.

알찬 풀이

네 개의 수 -1, 0, 1, 2가 이 순서대로 등차수열을 이루고 네 개의 수 $f(-1)$, $f(0)$, $f(1)$, $f(2)$도 이 순서대로 등차수열을 이루므로 좌표평면에서 네 점

$(-1, f(-1))$, $(0, f(0))$, $(1, f(1))$, $(2, f(2))$

는 한 직선 위에 있다. 이 직선의 방정식을

$y=mx+n$ (m, n은 상수)

이라 하자.

함수 $f(x)$가 최고차항의 계수가 1인 사차함수이므로

$f(x)-(mx+n)=x(x+1)(x-1)(x-2)$
→ 방정식 $f(x)-(mx+n)=0$의 실근이 -1, 0, 1, 2이기 때문이지.

즉, $f(x)=x(x+1)(x-1)(x-2)+mx+n$으로 놓을 수 있다.

$f'(x)=(x+1)(x-1)(x-2)+x(x-1)(x-2)$
$\qquad +x(x+1)(x-2)+x(x+1)(x-1)+m$

에서

$f'(-1)=-6+m$, $f'(2)=6+m$

한편, 곡선 $y=f(x)$ 위의 점 $(-1, f(-1))$에서의 접선이 점 $(k, 0)$을 지나므로

$f'(-1)=\frac{0-f(-1)}{k-(-1)}=\frac{-f(-1)}{k+1}$에서
→ $f(x)$에 $x=-1$을 대입했어. 즉, $f(-1)=-m+n$이야.
→ 두 점 $(-1, f(-1))$, $(k, 0)$을 지나는 직선의 기울기야.

$-6+m=\frac{m-n}{k+1}$

$\therefore mk+n=6(k+1)$ …… ㉠

마찬가지로 곡선 $y=f(x)$ 위의 점 $(2, f(2))$에서의 접선이 점 $(k, 0)$을 지나므로

$f'(2)=\frac{0-f(2)}{k-2}=\frac{-f(2)}{k-2}$에서
→ $f(x)$에 $x=2$를 대입했어. 즉, $f(2)=2m+n$이야.
→ 두 점 $(2, f(2))$, $(k, 0)$을 지나는 직선의 기울기야.

$6+m=\frac{-2m-n}{k-2}$

$\therefore mk+n=6(2-k)$ …… ㉡

㉠, ㉡에서 $6(k+1)=6(2-k)$

$12k=6 \quad \therefore k=\frac{1}{2}$

$k=\frac{1}{2}$을 ㉠에 대입하면

$\frac{1}{2}m+n=9$ …… ㉢

이때 $f(2k)=20$에서

$f(2k)=f(1)=m+n=20$ …… ㉣
→ $k=\frac{1}{2}$이니까.

㉢, ㉣을 연립하여 풀면

$m=22$, $n=-2$

따라서 $f(x)=x(x+1)(x-1)(x-2)+22x-2$이므로

$f(4k)=f(2)=22\times2-2=42$

실전적용 key

오른쪽 그림과 같이 함수 $y=f(x)$의 그래프가 직선 $y=mx+n$과 만나는 점의 x좌표가 -1, 0, 1, 2이므로 방정식 $f(x)-(mx+n)=0$의 근은 $x=-1$ 또는 $x=0$ 또는 $x=1$ 또는 $x=2$이다.
즉, $f(x)-(mx+n)$은 $x+1$, x, $x-1$, $x-2$를 인수로 가지고 $f(x)$는 최고차항의 계수가 1인 사차함수이므로
$f(x)-(mx+n)=x(x+1)(x-1)(x-2)$

문제 해결 TIP

이성민 | 연세대학교 불어불문학과 | 고양국제고등학교 졸업

접선의 방정식을 구하는 문제는
(i) 곡선 위의 한 점이 주어진 경우
(ii) 접선의 기울기가 주어진 경우
(iii) 곡선 밖의 한 점이 주어진 경우
와 같이, 문제에 주어진 조건에 따라 유형을 나눌 수 있어. 따라서 접선의 방정식을 구할 때에는 조건을 명확히 파악해야 하는데, 특히 점이 주어진 경우에는 이 점이 곡선 위의 점인지, 곡선 밖의 점인지를 유심히 보길 바라.

정답률 61%

25 수능 유형 › 접선의 방정식

정답 ③

함수

$$f(x)=\frac{1}{3}x^3-kx^2+1\ (k>0\text{인 상수})$$

→ 두 접선이 서로 평행해.

의 그래프 위의 서로 다른 두 점 A, B에서의 접선 l, m의 기울기가 모두 $3k^2$이다. [1] 곡선 $y=f(x)$에 접하고 x축에 평행한 두 직선 [2]과 접선 l, m으로 둘러싸인 도형의 넓이가 24 [3]일 때, k의 값은?

→ 두 쌍의 대변이 서로 평행하니까 평행사변형이야.

① $\frac{1}{2}$ ② 1 ✓③ $\frac{3}{2}$ ④ 2 ⑤ $\frac{5}{2}$

해결 흐름

1. 두 점 A, B에서의 접선의 기울기를 이용하여 두 점 A, B의 x좌표를 k에 대한 식으로 나타낼 수 있겠네.
   연관 개념 | 곡선 $y=f(x)$ 위의 점 $(a, f(a))$에서의 접선의 기울기는 $f'(a)$와 같다.
2. 곡선 $y=f(x)$에 접하고 x축에 평행한 직선의 방정식을 구해야겠군.
3. 네 접선으로 둘러싸인 도형의 넓이를 구하는 식을 세워야지.

알찬 풀이

$f(x)=\frac{1}{3}x^3-kx^2+1$에서

$f'(x)=x^2-2kx$

> 도함수
> ① $y=x^n$이면 $y'=nx^{n-1}$
> ② $y=c$ (c는 상수)이면 $y'=0$

함수 $y=f(x)$의 그래프 위의 서로 다른 두 점 A, B에서의 접선 l, m의 기울기가 모두 $3k^2$이므로

$f'(x)=3k^2$에서 $x^2-2kx=3k^2$

$x^2-2kx-3k^2=0$, $(x+k)(x-3k)=0$

$\therefore x=-k$ 또는 $x=3k$ → 접점의 x좌표야.

두 점 A, B의 x좌표를 각각 α, $\beta(\alpha<\beta)$라 하면

$\alpha=-k$, $\beta=3k$ ($\because k>0$)

이때 $f(-k)=-\frac{1}{3}k^3-k^3+1=-\frac{4}{3}k^3+1$,

$f(3k)=9k^3-9k^3+1=1$이므로

$\mathrm{A}\left(-k, -\frac{4}{3}k^3+1\right)$, $\mathrm{B}(3k, 1)$

점 A에서의 접선 l의 방정식은

$y-\left(-\frac{4}{3}k^3+1\right)=3k^2\{x-(-k)\}$

> 접선의 방정식
> 곡선 $y=f(x)$ 위의 점 $(a, f(a))$에서의 접선의 방정식은
> $y-f(a)=f'(a)(x-a)$

$\therefore y=3k^2x+\frac{5}{3}k^3+1$

점 B에서의 접선 m의 방정식은

$y-1=3k^2(x-3k)$

$\therefore y=3k^2x-9k^3+1$

또, 곡선 $y=f(x)$에 접하고 x축에 평행한 직선의 기울기는 0이므로

$f'(x)=0$에서 $x^2-2kx=0$

$x(x-2k)=0$

$\therefore x=0$ 또는 $x=2k$ → 접점의 x좌표야.

이때 $f(0)=1$, $f(2k)=\frac{8}{3}k^3-4k^3+1=-\frac{4}{3}k^3+1$이므로 곡선 $y=f(x)$에 접하고 x축에 평행한 두 직선의 방정식은 각각

$y=1$, $y=-\frac{4}{3}k^3+1$

따라서 다음 그림과 같이 직선 l과 직선 $y=1$의 교점을 C, 직선 m과 직선 $y=-\frac{4}{3}k^3+1$의 교점을 D라 하면 사각형 ADBC는 평행사변형이다.

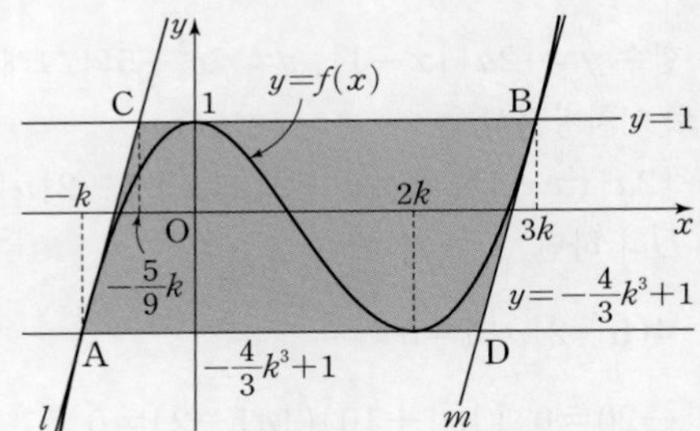

점 C의 x좌표는 직선 l과 직선 $y=1$의 교점의 x좌표이므로

$1=3k^2x+\frac{5}{3}k^3+1$에서 $x=-\frac{5}{9}k$

평행사변형 ADBC의 넓이가 24이므로

$\left\{3k-\left(-\frac{5}{9}k\right)\right\}\times\left\{1-\left(-\frac{4}{3}k^3+1\right)\right\}=\frac{32}{9}k\times\frac{4}{3}k^3=24$

→ 높이 / → (밑변의 길이)=(선분 BC의 길이)

$\frac{128}{27}k^4=24$, $k^4=\frac{81}{16}$ → $\frac{81}{16}=\left(\pm\frac{3}{2}\right)^4$

$\therefore k=\frac{3}{2}$ ($\because k>0$)

정답률 72%

26 수능 유형 › 접선의 방정식

정답 2

곡선 $y=x^3-ax+b$ 위의 점 $(1, 1)$에서의 접선과 수직인 직선의 기울기가 $-\frac{1}{2}$ [1][2]이다. 두 상수 a, b에 대하여 $a+b$의 값을 구하시오. 2

→ $y=x^3-ax+b$에 $x=1$, $y=1$을 대입하면 성립해.

해결 흐름

1. 주어진 곡선이 점 $(1, 1)$을 지남을 이용해야겠네.
2. 주어진 곡선 위의 점 $(1, 1)$에서의 접선의 기울기를 구하고, 수직인 두 직선의 기울기의 곱이 -1임을 이용하면 되겠군.

알찬 풀이

$f(x)=x^3-ax+b$라 하면 $f'(x)=3x^2-a$이므로

곡선 $y=f(x)$ 위의 점 $(1, 1)$에서의 접선의 기울기는

$f'(1)=3-a$

> 접선의 기울기
> 곡선 $y=f(x)$ 위의 $x=a$인 점에서의 접선의 기울기는 $f'(a)$와 같다.

이 접선과 수직인 직선의 기울기가 $-\frac{1}{2}$이므로

$(3-a)\times\left(-\frac{1}{2}\right)=-1$ → 수직인 두 직선의 기울기의 곱은 -1이야.

$3-a=2$ $\therefore a=1$

또, 점 $(1, 1)$이 곡선 $y=x^3-x+b$ 위의 점이므로

$1=1-1+b$ $\therefore b=1$

$\therefore a+b=1+1=2$

정답률 41%

27 수능 유형 › 접선의 방정식 정답 97

두 다항함수 $f(x)$, $g(x)$가 다음 조건을 만족시킨다.

(가) $g(x)=x^3f(x)-7$ [1]

(나) $\lim_{x\to2}\frac{f(x)-g(x)}{x-2}=2$ → $x\to2$일 때, 극한값이 존재하고 (분모) ⟶ 0이므로 (분자) ⟶ 0이야.

곡선 $y=g(x)$ 위의 점 $(2,\ g(2))$에서의 접선의 방정식이 [2] $y=ax+b$일 때, a^2+b^2의 값을 구하시오. 97
↳ $a=g'(2)$이겠네.

(단, a, b는 상수이다.)

해결 흐름

1 조건 (가), (나)에서 $g(2)$의 값을 구해야겠군.

연관 개념 | 두 함수 $f(x)$, $g(x)$에 대하여

$\lim_{x\to a}\frac{f(x)}{g(x)}=a$ (a는 실수)일 때, $\lim_{x\to a}g(x)=0$이면 $\lim_{x\to a}f(x)=0$이다.

2 곡선 $y=g(x)$ 위의 점 $(2,\ g(2))$에서의 접선의 방정식을 구하려면 접선의 기울기 $g'(2)$의 값을 알아야겠네.

연관 개념 | 곡선 $y=f(x)$ 위의 점 $(a,\ f(a))$에서의 접선의 방정식은
$y-f(a)=f'(a)(x-a)$

알찬 풀이

조건 (나)에서 $x\longrightarrow2$일 때, 극한값이 존재하고 (분모) ⟶ 0이므로 (분자) ⟶ 0이다.

즉, $\lim_{x\to2}\{f(x)-g(x)\}=0$이므로
$f(2)-g(2)=0$
→ $f(x)$, $g(x)$가 다항함수이니까 $\lim_{x\to a}f(x)=f(a)$, $\lim_{x\to a}g(x)=g(a)$야.

$\therefore f(2)=g(2)$ …… ㉠

한편, 조건 (가)에 $x=2$를 대입하면 $g(2)=8f(2)-7$

$g(2)=8g(2)-7$ ($\because$ ㉠), $-7g(2)=-7$

$\therefore g(2)=1$ → $y=g(x)$의 그래프는 점 $(2,\ 1)$을 지남을 알 수 있어.

조건 (나)에서

$$\lim_{x\to2}\frac{f(x)-g(x)}{x-2}$$
$$=\lim_{x\to2}\frac{f(x)-f(2)-g(x)+g(2)}{x-2}$$
→ $f(2)=g(2)$이기 때문이야.
$$=\lim_{x\to2}\frac{f(x)-f(2)}{x-2}-\lim_{x\to2}\frac{g(x)-g(2)}{x-2}$$
$$=f'(2)-g'(2)=2$$

미분계수의 정의
$f'(a)=\lim_{x\to a}\frac{f(x)-f(a)}{x-a}$

$\therefore f'(2)=g'(2)+2$

조건 (가)에서 양변을 x에 대하여 미분하면

$g'(x)=3x^2f(x)+x^3f'(x)$

곱의 미분법
두 함수 $f(x)$, $g(x)$가 미분가능할 때, $y=f(x)g(x)$이면 $y'=f'(x)g(x)+f(x)g'(x)$

위의 식에 $x=2$를 대입하면

$g'(2)=12f(2)+8f'(2)$
$=12+8\{g'(2)+2\}$
$=28+8g'(2)$

$-7g'(2)=28$ $\quad\therefore g'(2)=-4$

이때 곡선 $y=g(x)$ 위의 점 $(2,\ g(2))$에서의 접선의 방정식은

$y-g(2)=g'(2)(x-2)$에서

$y-1=-4(x-2)$, 즉 $y=-4x+9$

따라서 $a=-4$, $b=9$이므로

$a^2+b^2=16+81=97$

정답률 65%

28 수능 유형 › 접선의 방정식 정답 5

곡선 $y=\frac{1}{3}x^3+\frac{11}{3}$ $(x>0)$ 위를 움직이는 점 P와 직선 $x-y-10=0$ 사이의 거리를 최소가 되게 하는 [1] 곡선 위의 점 P의 좌표를 $(a,\ b)$라 할 때, $a+b$의 값을 구하시오. 5
↳ $y=x-10$이므로 기울기가 1인 직선이야.

해결 흐름

1 곡선 위의 점 P와 직선 사이의 거리가 최소가 되는 경우를 생각해 봐야겠다. 이때 곡선 위의 점 P에서의 접선과 직선 사이의 관계를 파악하면 점 P의 좌표를 구할 수 있겠네.

알찬 풀이

→ 이 곡선은 직선 $y=x-10$과 만나지 않아.

곡선 $y=\frac{1}{3}x^3+\frac{11}{3}$ $(x>0)$ 위의 점 P와 직선 $x-y-10=0$, 즉 $y=x-10$ 사이의 거리가 최소이려면 오른쪽 그림과 같이 점 P에서의 접선과 직선 $y=x-10$이 서로 평행해야 한다.
↳ 기울기가 1이야.

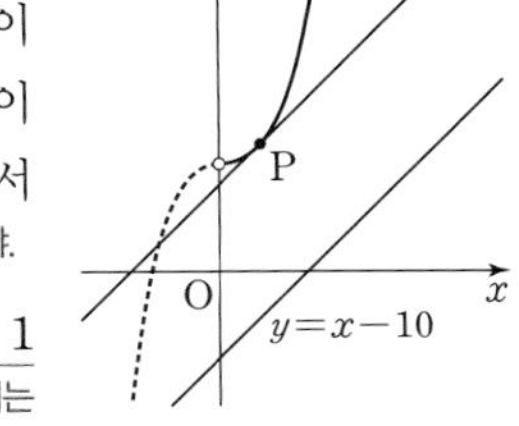

즉, 점 $P(a,\ b)$에서의 접선의 기울기가 1이어야 한다.
→ 평행한 두 직선의 기울기는 같기 때문이야.

$f(x)=\frac{1}{3}x^3+\frac{11}{3}$이라 하면 $f'(x)=x^2$이므로

곡선 $y=f(x)$ 위의 점 $P(a,\ b)$에서의 접선의 기울기는

$f'(a)=a^2=1$ $\quad\therefore a=1$ ($\because a>0$)

접선의 기울기
곡선 $y=f(x)$ 위의 $x=a$인 점에서의 접선의 기울기는 $f'(a)$와 같다.

이때 $b=f(1)=\frac{1}{3}+\frac{11}{3}=4$이므로

$a+b=1+4=5$

다른 풀이 곡선 $y=\frac{1}{3}x^3+\frac{11}{3}$ $(x>0)$ 위의 점 P의 좌표를 $\left(t,\ \frac{1}{3}t^3+\frac{11}{3}\right)$ $(t>0)$이라 하자.

점과 직선 사이의 거리
점 $(x_1,\ y_1)$과 직선 $ax+by+c=0$ 사이의 거리는 $\frac{|ax_1+by_1+c|}{\sqrt{a^2+b^2}}$

점 P와 직선 $x-y-10=0$ 사이의 거리를 $f(t)$라 하면

$$f(t)=\frac{\left|t-\left(\frac{1}{3}t^3+\frac{11}{3}\right)-10\right|}{\sqrt{1^2+(-1)^2}}=\frac{\left|-\frac{1}{3}t^3+t-\frac{41}{3}\right|}{\sqrt{2}}\quad\cdots\cdots ㉠$$

$g(t)=-\frac{1}{3}t^3+t-\frac{41}{3}$이라 하면

$g'(t)=-t^2+1=-(t+1)(t-1)$

$g'(t)=0$에서 $t=1$ ($\because t>0$)

함수 $g(t)$의 증가와 감소를 표로 나타내면 다음과 같다.

t	(0)	$\cdots$	1	$\cdots$
$g'(t)$		+	0	−
$g(t)$	$\left(-\frac{41}{3}\right)$	↗	−13 (극대)	↘

이때 함수 $g(t)$는 $t=1$에서 극대이면서 최대이고,

$g(1)=-13<0$이므로 $t>0$에서 $g(t)<0$이다.

따라서 ㉠에서 $f(t)=-\frac{g(t)}{\sqrt{2}}$이고, $g(t)$는 $t=1$에서 최대이므로 $f(t)$는 $t=1$에서 최소가 된다.
→ $g(t)<0$이니까 $f(t)=\frac{|g(t)|}{\sqrt{2}}=-\frac{g(t)}{\sqrt{2}}$야.

즉, 점 P의 좌표는 $(1,\ 4)$이므로 $a=1$, $b=4$
↳ $\frac{1}{3}t^3+\frac{11}{3}$에 $t=1$을 대입했어.

$\therefore a+b=1+4=5$

정답률 81%

29 수능 유형 › 접선의 방정식 정답 ①

함수 $f(x)=x(x+1)(x-4)$에 대하여 다음 물음에 답하시오.

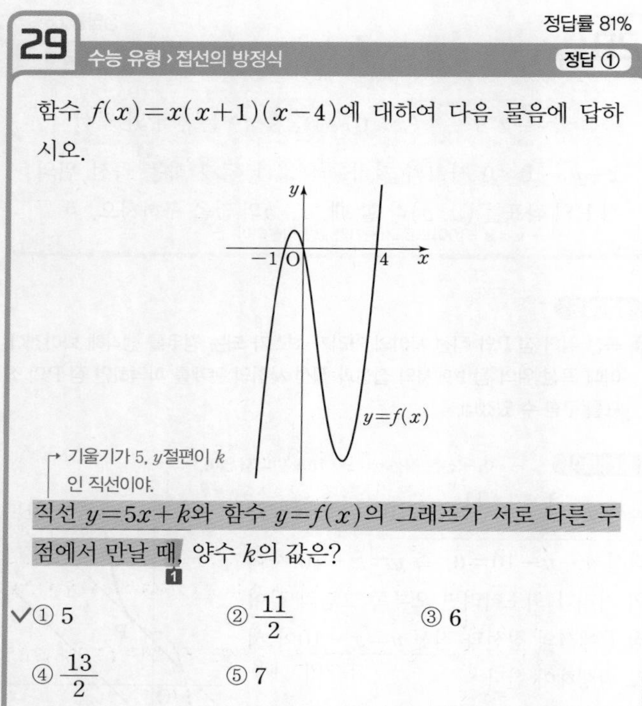

기울기가 5, y절편이 k인 직선이야.

직선 $y=5x+k$와 함수 $y=f(x)$의 그래프가 서로 다른 두 점에서 만날 때, 양수 k의 값은? [1]

✓① 5 ② $\frac{11}{2}$ ③ 6

④ $\frac{13}{2}$ ⑤ 7

해결 흐름

[1] $f(x)$가 삼차함수이므로 직선 $y=5x+k$와 함수 $y=f(x)$의 그래프가 서로 다른 두 점에서 만나려면 직선 $y=5x+k$가 함수 $y=f(x)$의 그래프의 접선이어야겠네.

연관 개념 | 곡선 $y=f(x)$ 위의 점 $(a, f(a))$에서의 접선의 방정식은 $y-f(a)=f'(a)(x-a)$

알찬 풀이

직선 $y=5x+k$와 함수 $y=f(x)$의 그래프가 서로 다른 두 점에서 만나므로 직선 $y=5x+k$는 함수 $y=f(x)$의 그래프와 접한다.

$f(x)=x(x+1)(x-4)$에서

$f'(x)=(x+1)(x-4)+x(x-4)+x(x+1)$

$=3x^2-6x-4$

> **곱의 미분법**
> 세 함수 $f(x)$, $g(x)$, $h(x)$가 미분가능할 때, $y=f(x)g(x)h(x)$이면
> $y'=f'(x)g(x)h(x)+f(x)g'(x)h(x)+f(x)g(x)h'(x)$

직선 $y=5x+k$와 함수 $y=f(x)$의 그래프의 접점의 좌표를 $(t, f(t))$라 하면 접선의 기울기가 5이므로

$f'(t)=5$에서

$3t^2-6t-4=5$

$3t^2-6t-9=0$

$3(t+1)(t-3)=0$

$\therefore t=-1$ 또는 $t=3$

(i) $t=-1$일 때,

접점의 좌표는 $(-1, 0)$이므로 접선의 방정식은

$y-0=5(x+1)$ → $f(-1)=(-1)\times0\times(-5)=0$이므로 접점의 좌표는 $(-1, 0)$이야.

즉, $y=5x+5$

$\therefore k=5$

(ii) $t=3$일 때,

접점의 좌표는 $(3, -12)$이므로 접선의 방정식은

$y-(-12)=5(x-3)$ → $f(3)=3\times4\times(-1)=-12$이므로 접점의 좌표는 $(3, -12)$야.

즉, $y=5x-27$

$\therefore k=-27$

(i), (ii)에서 $k=5$ ($\because k>0$)

다른 풀이 직선 $y=5x+k$와 함수 $y=f(x)$의 그래프가 서로 다른 두 점에서 만나므로 방정식 $f(x)=5x+k$는 서로 다른 두 실근을 갖는다.

즉, $x(x+1)(x-4)=5x+k$에서

$x^3-3x^2-4x=5x+k$ $\therefore x^3-3x^2-9x-k=0$

$g(x)=x^3-3x^2-9x-k$라 하면

$g'(x)=3x^2-6x-9=3(x+1)(x-3)$

$g'(x)=0$에서 $x=-1$ 또는 $x=3$

삼차방정식 $g(x)=0$이 서로 다른 두 실근을 가지려면

$g(-1)g(3)=0$이어야 하므로 → $x=-1$ 또는 $x=3$이 중근이어야 해.

$(-k+5)(-k-27)=0$

$\therefore k=5$ ($\because k>0$)

수능 핵심 개념 삼차방정식의 근의 판별

삼차함수 $f(x)$에 대하여 방정식 $f'(x)=0$이 서로 다른 두 실근 α, β를 가질 때, 삼차방정식 $f(x)=0$의 근은

(1) $f(\alpha)f(\beta)<0 \iff$ 서로 다른 세 실근

(2) $f(\alpha)f(\beta)=0 \iff$ 중근과 다른 한 실근

(3) $f(\alpha)f(\beta)>0 \iff$ 한 실근과 서로 다른 두 허근

정답률 82%

30 수능 유형 › 접선의 방정식 정답 12

곡선 $y=-x^3+2x$ 위의 점 $(1, 1)$에서의 접선이 [1] 점 $(-10, a)$를 지날 때, a의 값을 구하시오. 12

→ 접선의 방정식에 $x=-10$, $y=a$를 대입해야 해.

해결 흐름

[1] 주어진 곡선 위의 점 $(1, 1)$에서의 접선의 방정식을 구해 봐야지.

연관 개념 | 곡선 $y=f(x)$ 위의 점 $(a, f(a))$에서의 접선의 방정식은 $y-f(a)=f'(a)(x-a)$

알찬 풀이

$f(x)=-x^3+2x$라 하면 $f'(x)=-3x^2+2$이므로

곡선 $y=f(x)$ 위의 점 $(1, 1)$에서의 접선의 기울기는

$f'(1)=-3+2=-1$

따라서 접선의 방정식은

$y-1=-(x-1)$, 즉 $y=-x+2$

이 접선이 점 $(-10, a)$를 지나므로

$a=-(-10)+2=12$

다른 풀이 $f(x)=-x^3+2x$라 하면 $f'(x)=-3x^2+2$이므로

곡선 $y=f(x)$ 위의 점 $(1, 1)$에서의 접선의 기울기는

$f'(1)=-3+2=-1$

따라서 두 점 $(1, 1)$과 $(-10, a)$를 지나는 직선의 기울기가 -1이므로

> **두 점을 지나는 직선의 기울기**
> 두 점 (x_1, y_1), (x_2, y_2)를 지나는 직선의 기울기는 $\frac{y_2-y_1}{x_2-x_1}$ (단, $x_1\neq x_2$)

$\frac{a-1}{-10-1}=-1$

$a-1=11$

$\therefore a=12$

정답률 69%

31 수능 유형 › 접선의 방정식 정답 21

곡선 $y=x^3+2x+7$ 위의 점 $\mathrm{P}(-1, 4)$에서의 접선이[1] 점 P가 아닌 점 (a, b)에서 곡선과 만난다.[2] $a+b$의 값을 구하시오. 21

→ 접선은 곡선과 두 점 $\mathrm{P}(-1, 4)$, (a, b)에서 만나.

해결 흐름

1 먼저 점 P에서의 접선의 방정식을 구해야겠네.

연관 개념 | 곡선 $y=f(x)$ 위의 점 $(a, f(a))$에서의 접선의 방정식은 $y-f(a)=f'(a)(x-a)$

2 곡선과 접선의 교점을 구해서 점 P가 아닌 점의 좌표를 구해야겠다.

연관 개념 | 곡선 $y=f(x)$와 접선 $y=g(x)$의 교점의 x좌표는 방정식 $f(x)=g(x)$의 실근과 같다.

알찬 풀이

$f(x)=x^3+2x+7$이라 하면

$f'(x)=3x^2+2$이므로

곡선 $y=f(x)$ 위의 점 $\mathrm{P}(-1, 4)$에서의 접선의 기울기는

$f'(-1)=3+2=5$

따라서 접선의 방정식은

$y-4=5\{x-(-1)\}$

즉, $y=5x+9$

이때 곡선과 접선의 교점의 x좌표는

$x^3+2x+7=5x+9$에서

$x^3-3x-2=0$

→ 다음과 같이 조립제법을 이용하여 인수분해할 수 있어.

-1	1	0	-3	-2
		-1	1	2
-1	1	-1	-2	0
		-1	2	
	1	-2	0	

$(x+1)^2(x-2)=0$

$\therefore x=-1$ 또는 $x=2$

→ 중근이므로 접점의 x좌표야.

따라서 곡선 $y=x^3+2x+7$과

접선 $y=5x+9$의 교점 중

점 P가 아닌 점의 좌표는 $(2, 19)$이므로

→ $x=-1$인 점은 점 P이지.

$a=2$, $b=19$

$\therefore a+b=2+19=21$

다른 풀이 곡선 $y=x^3+2x+7$ 위의 점 $\mathrm{P}(-1, 4)$에서의 접선의 방정식을 $y=px+q$라 하면 방정식 $x^3+2x+7=px+q$는 중근 $x=-1$과 다른 한 실근 $x=a$를 갖는다.

즉, 방정식 $x^3+(2-p)x+7-q=0$에서

삼차방정식의 근과 계수의 관계에 의하여

$(-1)+(-1)+a=0$

$\therefore a=2$

→ 곡선과 직선의 교점의 x좌표야.

$y=x^3+2x+7$에 $x=2$를 대입하면

$b=8+4+7=19$

$\therefore a+b=2+19=21$

> 삼차방정식의 근과 계수의 관계
> 삼차방정식 $ax^3+bx^2+cx+d=0$의 세 근을 α, β, γ라 할 때,
> ① $\alpha+\beta+\gamma=-\frac{b}{a}$
> ② $\alpha\beta+\beta\gamma+\gamma\alpha=\frac{c}{a}$
> ③ $\alpha\beta\gamma=-\frac{d}{a}$

실전적용 key

삼차 이상의 다항식 $f(x)$를 인수분해할 때는

(i) $f(\alpha)=0$을 만족시키는 상수 α의 값을 구한다.

(ii) 조립제법을 이용하여 $f(x)$를 $x-\alpha$로 나누었을 때의 몫 $Q(x)$를 구한다.

➡ 조립제법을 이용할 때는 차수가 높은 항의 계수부터 차례로 적는다. 이때 해당되는 차수의 항이 없으면 그 항의 계수를 0으로 적는다.

(iii) $f(x)=(x-\alpha)Q(x)$ 꼴로 인수분해한다.

정답률 50%

32 수능 유형 › 접선의 방정식 ⊕ 미분가능성과 연속성 정답 ④

좌표평면에서 삼차함수 $f(x)=x^3+ax^2+bx$와 실수 t에 대하여 곡선 $y=f(x)$ 위의 점 $(t, f(t))$에서의 접선이 y축과 만나는 점을 P라[1] 할 때, 원점에서 점 P까지의 거리를 $g(t)$라[2] 하자. 함수 $f(x)$와 함수 $g(t)$는 다음 조건을 만족시킨다.

→ 점 P는 y축 위의 점이니까 $g(t)$는 점 P의 y좌표의 절댓값이야.

> (가) $f(1)=2$
> (나) 함수 $g(t)$는 실수 전체의 집합에서 미분가능하다.

$f(3)$의 값은? (단, a, b는 상수이다.)

① 21 ② 24 ③ 27 ✓④ 30 ⑤ 33

해결 흐름

1 먼저 곡선 $y=f(x)$ 위의 점 $(t, f(t))$에서의 접선이 y축과 만나는 점 P의 좌표를 구해 봐야겠다.

연관 개념 | 곡선 $y=f(x)$ 위의 점 $(a, f(a))$에서의 접선의 방정식은 $y-f(a)=f'(a)(x-a)$

2 원점에서 점 P까지의 거리 $g(t)$를 구하고, 함수 $y=g(t)$의 그래프의 개형을 그려 보면 되겠군.

알찬 풀이

$f(x)=x^3+ax^2+bx$에서

$f'(x)=3x^2+2ax+b$이므로

곡선 $y=f(x)$ 위의 점 $(t, f(t))$, 즉 점 (t, t^3+at^2+bt)에서의 접선의 기울기는

$f'(t)=3t^2+2at+b$

따라서 접선의 방정식은

$y-(t^3+at^2+bt)=(3t^2+2at+b)(x-t)$

즉, $y=(3t^2+2at+b)x-2t^3-at^2$

이 접선이 y축과 만나는 점 P의 좌표는

$(0, -2t^3-at^2)$

→ y축과 만나는 점의 x좌표는 0이야.

이므로 원점에서 점 $\mathrm{P}(0, -2t^3-at^2)$까지의 거리 $g(t)$는

→ 원점과 점 P 사이의 거리는 y좌표의 차로 구할 수 있어.

$g(t)=|-2t^3-at^2|$

$=|-t^2(2t+a)|$

$=t^2|2t+a|$

→ $t^2\geq 0$이니까 $|-t^2|=-(-t^2)=t^2$이지.

$g(t)=0$에서 $t=0$ 또는 $t=-\frac{a}{2}$

→ 중근이지.

따라서 함수 $y=g(t)$의 그래프는 t축과 원점에서 접하고 점 $\left(-\frac{a}{2}, 0\right)$을 지나므로 a의 값에 따라 다음과 같이 세 가지 개형으로 나타낼 수 있다.

(i) $a>0$일 때, (ii) $a<0$일 때,

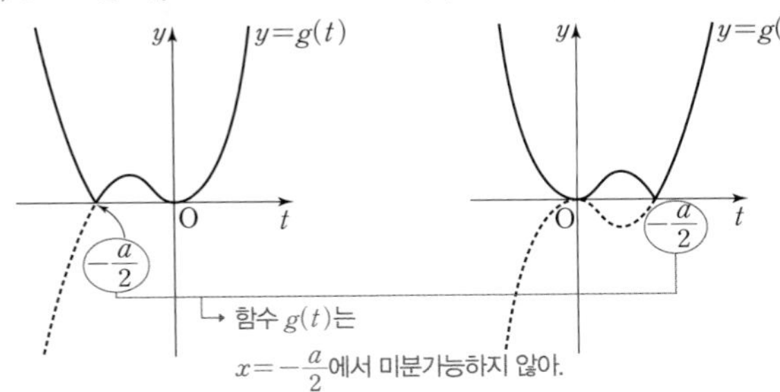

수학 Ⅱ

Ⅱ. 다항함수의 미분법

(iii) $a=0$일 때,

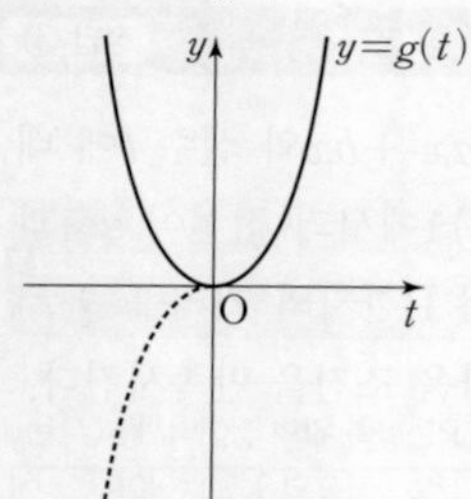

조건 ㈏에서 함수 $g(t)$는 실수 전체의 집합에서 미분가능하므로 함수 $y=g(t)$의 그래프의 개형으로 알맞은 것은 (iii)이다. → 그래프에서 꺾인 점이 없어야 해.

즉, $a=0$이므로

$f(x)=x^3+bx$

조건 ㈎에서 $f(1)=2$이므로

$1+b=2 \quad \therefore b=1$

따라서 $f(x)=x^3+x$이므로

$f(3)=27+3=30$

다른 풀이 함수 $g(t)$를 구한 후, 미분가능성을 이용하여 a의 값을 구할 수도 있다.

$$g(t)=|-2t^3-at^2|$$
$$=t^2|2t+a|$$
$$=\begin{cases}-2t^3-at^2 & \left(t<-\frac{a}{2}\right)\\ 2t^3+at^2 & \left(t\ge-\frac{a}{2}\right)\end{cases}$$

> 절댓값
> $|a|=\begin{cases}-a & (a<0)\\ a & (a\ge0)\end{cases}$

이때 함수 $g(t)$는 $t<-\frac{a}{2}$, $t>-\frac{a}{2}$일 때 각각 미분가능하고, 조건 ㈏에서 함수 $g(t)$가 실수 전체의 집합에서 미분가능하므로 $t=-\frac{a}{2}$에서도 미분가능하다. → $g'\left(-\frac{a}{2}\right)$가 존재해.

$$g'(t)=\begin{cases}-6t^2-2at & \left(t<-\frac{a}{2}\right)\\ 6t^2+2at & \left(t>-\frac{a}{2}\right)\end{cases}$$에서

$\lim_{t\to-\frac{a}{2}-}g'(t)=\lim_{t\to-\frac{a}{2}+}g'(t)$이므로

$\lim_{t\to-\frac{a}{2}-}(-6t^2-2at)=\lim_{t\to-\frac{a}{2}+}(6t^2+2at)$

$-\frac{3}{2}a^2+a^2=\frac{3}{2}a^2-a^2,\ a^2=0$

$\therefore a=0$

> 미분계수의 존재
> $f'(a)=L$ (L은 상수)
> $\Longleftrightarrow \lim_{x\to a-}f'(x)=\lim_{x\to a+}f'(x)=L$

33

정답률 75%

수능 유형 › 접선의 방정식 정답 ②

곡선 $y=x^3-3x^2+x+1$ 위의 서로 다른 두 점 A, B에서의 접선이 서로 평행하다.[1] 점 A의 x좌표가 3일 때, 점 B에서의 접선의 y절편의 값은? → A(3, 4)임을 알 수 있어.

① 5 ✔② 6 ③ 7
④ 8 ⑤ 9

해결 흐름

1 곡선 위의 두 점 A, B에서의 접선이 서로 평행하니까 두 점 A, B에서의 접선의 기울기가 같음을 이용하면 되겠다.

연관 개념 | 곡선 $y=f(x)$ 위의 점 $(a, f(a))$에서의 접선의 기울기는 $f'(a)$이다.

알찬 풀이

$f(x)=x^3-3x^2+x+1$이라 하면

$f'(x)=3x^2-6x+1$

> 도함수
> ① $y=x^n$이면 $y'=nx^{n-1}$
> ② $y=c$(c는 상수)이면 $y'=0$

점 A의 x좌표가 3이므로 곡선 $y=f(x)$ 위의 점 A에서의 접선의 기울기는 → $x=3$에서의 미분계수 $f'(3)$과 같아.

$f'(3)=27-18+1=10$

점 B의 x좌표를 b $(b\ne3)$라 하면 $f'(b)=10$이므로 → 평행한 두 직선의 기울기는 같으므로 두 점 A, B에서의 미분계수가 서로 같아.

$3b^2-6b+1=10$에서

$b^2-2b-3=0,\ (b+1)(b-3)=0$

$\therefore b=-1$ ($\because b\ne3$) → $b=3$이면 점 A가 되지.

이때 $f(-1)=-1-3-1+1=-4$이므로

B$(-1, -4)$

따라서 곡선 $y=f(x)$ 위의 점 B$(-1, -4)$에서의 접선의 방정식은

$y-(-4)=10\{x-(-1)\}$, 즉 $y=10x+6$

이므로 점 B에서의 접선의 y절편의 값은 6이다.

34

정답률 77%

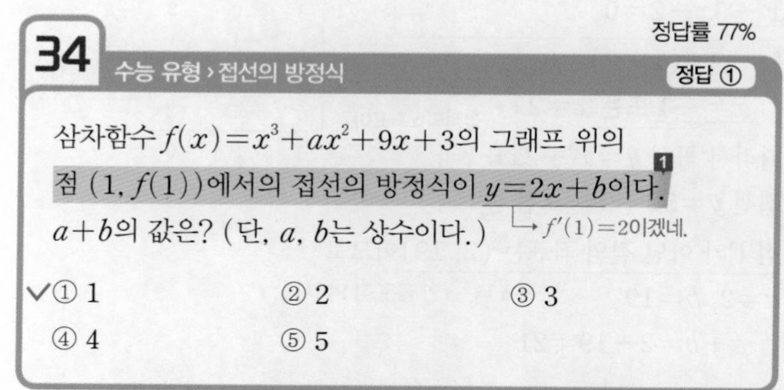

수능 유형 › 접선의 방정식 정답 ①

삼차함수 $f(x)=x^3+ax^2+9x+3$의 그래프 위의 점 $(1, f(1))$에서의 접선의 방정식이 $y=2x+b$이다.[1] → $f'(1)=2$이겠네.

$a+b$의 값은? (단, a, b는 상수이다.)

✔① 1 ② 2 ③ 3
④ 4 ⑤ 5

해결 흐름

1 함수 $y=f(x)$의 그래프 위의 점 $(1, f(1))$에서의 접선의 기울기는 $x=1$에서의 미분계수 $f'(1)$의 값과 같음을 이용하여 접선의 방정식을 세워야겠다.

연관 개념 | 곡선 $y=f(x)$ 위의 점 $(a, f(a))$에서의 접선의 방정식은 $y-f(a)=f'(a)(x-a)$

알찬 풀이

$f(x)=x^3+ax^2+9x+3$에서

$f'(x)=3x^2+2ax+9$

> 도함수
> ① $y=x^n$이면 $y'=nx^{n-1}$
> ② $y=c$(c는 상수)이면 $y'=0$

함수 $y=f(x)$의 그래프 위의 점 $(1, f(1))$에서의 접선의 방정식이 $y=2x+b$이므로 $f'(1)=2$

즉, $3+2a+9=2$에서

$2a=-10 \quad \therefore a=-5$

따라서 $f(x)=x^3-5x^2+9x+3$이므로 함수 $y=f(x)$의 그래프 위의 점 $(1, 8)$에서의 접선의 방정식은

$y-8=2(x-1)$, 즉 $y=2x+6$

$\therefore b=6$

$\therefore a+b=-5+6=1$

정답률 21%

35 수능 유형 › 접선의 방정식

정답 32

그림과 같이 정사각형 ABCD의 두 꼭짓점 A, C는 y축 위에 있고, 두 꼭짓점 B, D는 x축 위에 있다. 변 AB와 변 CD가 각각 삼차함수 $y=x^3-5x$의 그래프에 접할 때, 정사각형 ABCD의 둘레의 길이를 구하시오. 32

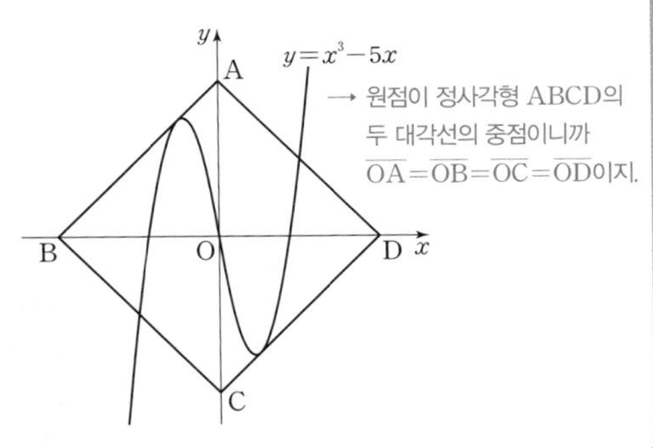

→ 원점이 정사각형 ABCD의 두 대각선의 중점이니까 $\overline{OA}=\overline{OB}=\overline{OC}=\overline{OD}$이지.

해결 흐름

1 정사각형의 성질을 이용하면 직선 AB의 기울기를 알 수 있겠다.

연관 개념 | 정사각형의 두 대각선은 길이가 같고, 서로 다른 것을 수직이등분한다.

2 변 AB와 삼차함수 $y=x^3-5x$의 그래프가 접하니까 접선의 기울기를 이용해서 접선의 방정식을 구하면 되겠네.

연관 개념 | 곡선 $y=f(x)$ 위의 점 $(a, f(a))$에서의 접선의 방정식은 $y-f(a)=f'(a)(x-a)$

알찬 풀이

→ 정사각형의 대각선은 서로 다른 것을 이등분해.

정사각형 ABCD에서 $\overline{OA}=\overline{OB}=\overline{OC}=\overline{OD}$이므로

직선 AB와 직선 CD의 기울기는 1이다.

→ 두 삼각형 AOB, COD가 모두 직각이등변삼각형이니까 직선의 기울기는 $\tan 45^\circ=1$이지.

$y=x^3-5x$에서

$y'=3x^2-5$이므로

$3x^2-5=1$에서

$3x^2=6$, $x^2=2$

$\therefore x=\pm\sqrt{2}$ → 직선 AB, 직선 CD와 삼차함수의 그래프의 접점의 x좌표야.

따라서 정사각형과 삼차함수의 그래프의 두 접점의 좌표는

$(-\sqrt{2}, 3\sqrt{2})$, $(\sqrt{2}, -3\sqrt{2})$이다.

이때 직선 AB는 기울기가 1이고 점 $(-\sqrt{2}, 3\sqrt{2})$를 지나므로 직선의 방정식은

$y-3\sqrt{2}=x-(-\sqrt{2})$, 즉 $y=x+4\sqrt{2}$

→ 직선의 방정식에 $y=0$을 대입하면 $x=-4\sqrt{2}$, $x=0$을 대입하면 $y=4\sqrt{2}$

이 직선의 x절편은 $-4\sqrt{2}$, y절편은 $4\sqrt{2}$이므로

$A(0, 4\sqrt{2})$, $B(-4\sqrt{2}, 0)$

$\therefore \overline{AB}=\sqrt{(4\sqrt{2})^2+(4\sqrt{2})^2}$

$=\sqrt{64}=8$

> 두 점 사이의 거리
> 두 점 $A(x_1, y_1)$, $B(x_2, y_2)$ 사이의 거리는
> $\overline{AB}=\sqrt{(x_2-x_1)^2+(y_2-y_1)^2}$

따라서 정사각형 ABCD의 둘레의 길이는

$4\overline{AB}=4\times8=32$ → 정사각형의 한 변의 길이의 4배와 같아.

실전 적용 key

삼각형 AOB가 직각이등변삼각형이므로 $\angle ABO=\angle BAO=45^\circ$이다.

즉, 직선 AB와 x축의 양의 방향이 이루는 각의 크기가 45°이므로 직선 AB의 기울기는 $\tan 45^\circ=1$임을 알 수 있다.

같은 방법으로 직선 CD의 기울기도 1이다.

또, 두 직선 AD, BC의 기울기는 -1임을 알 수 있다.

생생 수험 Talk

기출문제를 풀 때는 항상 단계를 설정해 놓고 풀었어. 첫 번째로 풀 때에는 실전처럼 문제를 풀고 모르는 문제들은 과감히 넘겼어. 채점 후에 두 번째로 문제에 접할 때는 틀린 문제는 새로운 사고로 접근하고 맞힌 문제도 다시 한번 풀이의 정확도나 시간 단축의 여지가 없는지 살펴봤어. 그리고 두 번 풀이 후에는 모르는 문제들이나 풀이 방향에 확신이 들지 않는 문제들은 해설지를 통해서 효율적인 풀이 방법을 찾았어. 이렇게 기출문제를 여러 번 푸는 이유는 기출문제에서 평가원의 출제 방향과 문제 스타일을 익힐 수 있고 문제의 질도 좋기 때문이야.

정답률 57%

36 수능 유형 › 접선의 방정식

정답 ②

닫힌구간 $[0, 2]$에서 정의된 함수

$$f(x)=ax(x-2)^2 \left(a>\frac{1}{2}\right)$$

에 대하여 곡선 $y=f(x)$와 직선 $y=x$의 교점 중 원점 O가 아닌 점을 A라 하자. 점 P가 원점으로부터 점 A까지 곡선 $y=f(x)$ 위를 움직일 때, 삼각형 OAP의 넓이가 최대가 되는 점 P의 x좌표가 $\frac{1}{2}$이다. 상수 a의 값은?

① $\frac{5}{4}$ ✓② $\frac{4}{3}$ ③ $\frac{17}{12}$ ④ $\frac{3}{2}$ ⑤ $\frac{19}{12}$

→ 삼각형 OAP의 밑변을 $\overline{OA}$라 할 때, 점 P와 직선 $y=x$ 사이의 거리가 최대가 되어야 해.

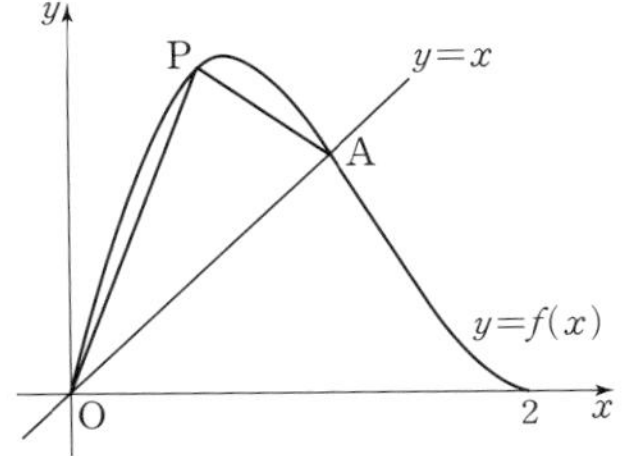

해결 흐름

1 $\overline{OA}$를 밑변으로 생각할 때 삼각형 OAP의 넓이가 최대가 되는 경우를 생각해 봐야겠다.

알찬 풀이

삼각형 OAP의 밑변을 $\overline{OA}$라 할 때, 삼각형 OAP의 넓이가 최대가 되려면 점 P와 직선 $y=x$ 사이의 거리가 최대가 되어야 하므로 점 P에서의 접선이 직선 $y=x$와 평행해야 한다.

→ 삼각형 OAP의 높이가 되지.

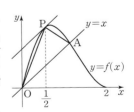

즉, 곡선 $y=f(x)$ 위의 점 P에서의 접선의 기울기가 1이어야 한다. → 점 P의 x좌표가 $\frac{1}{2}$이므로 $f'\left(\frac{1}{2}\right)=1$이어야 해.

$f(x)=ax(x-2)^2$에서

$f'(x)=a(x-2)^2+2ax(x-2)$

이므로

> 곱의 미분법
> 두 함수 $f(x)$, $g(x)$가 미분가능할 때, $y=f(x)g(x)$이면 $y'=f'(x)g(x)+f(x)g'(x)$

Ⅱ. 다항함수의 미분법

$f'\left(\frac{1}{2}\right)=\frac{9}{4}a-\frac{3}{2}a=\frac{3}{4}a=1$

$\therefore a=\frac{4}{3}$

문제 해결 TIP

최윤서 | 고려대학교 생명공학과 | 연수여자고등학교 졸업

삼각형 OAP에서 점 A가 고정된 점이니까 변 OA의 길이는 일정해. 따라서 삼각형 OAP의 넓이가 최대가 되려면 높이가 최대이어야 하지.
삼각형의 넓이의 최댓값 또는 최솟값을 구하려면 먼저 길이가 일정한 변이 있는지를 확인하면 변수를 줄일 수 있어서 문제에서 주어진 상황이 간결해지는 경우가 종종 있어. 이와 같이 상황을 간결하게 정리하고 나니까 곡선 위의 점에서의 접선을 이용해야 함을 발견하게 되지?
문제를 풀 때, 이와 같은 흐름을 기억하는 것이 많은 도움이 될 거야.

정답률 54%

37 수능 유형 › 접선의 방정식 정답 ④

좌표평면에서 두 함수

$f(x)=6x^3-x,\quad g(x)=|x-a|$

(→ 함수 $g(x)$의 그래프는 $y=|x|$의 그래프를 x축의 방향으로 a만큼 평행이동시킨 것이야.)

의 그래프가 서로 다른 두 점에서 만나도록 **1** 하는 모든 실수 a의 값의 합은?

① $-\frac{11}{18}$ ② $-\frac{5}{9}$ ③ $-\frac{1}{2}$

✓④ $-\frac{4}{9}$ ⑤ $-\frac{7}{18}$

해결 흐름

1 두 함수 $y=f(x)$, $y=g(x)$의 그래프가 서로 다른 두 점에서 만나는 경우를 생각해 봐야겠군.

알찬 풀이

두 함수 $y=f(x)$, $y=g(x)$의 그래프가 서로 다른 두 점에서 만나려면 오른쪽 그림에서 (i), (ii)와 같이 두 함수 $y=f(x)$, $y=g(x)$의 그래프가 접해야 한다.

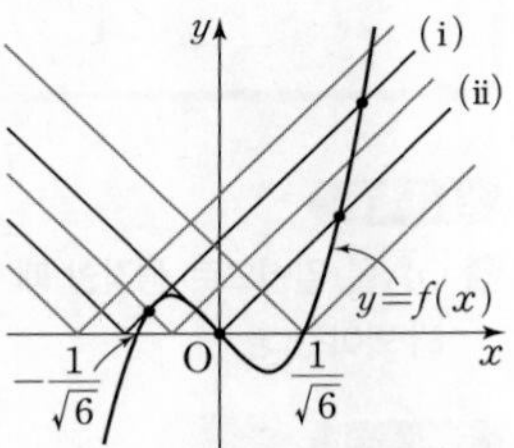

→ 접하는 경우를 제외하면 두 함수 $y=f(x)$, $y=g(x)$의 그래프는 한 점 또는 세 점에서 만나게 돼.

$f(x)=6x^3-x$에서

$f'(x)=18x^2-1$

(i) 직선 $y=x-a$가 함수 $y=f(x)$의 그래프와 접하는 경우, (→ $x\geq a$일 때, $g(x)=x-a$이지.)

접점에서의 접선의 기울기는 1이므로

$18x^2-1=1$에서

$x^2=\frac{1}{9}\quad \therefore x=-\frac{1}{3}\ (\because x<0)$ (→ 그래프에서 알 수 있어.)

즉, 접점의 좌표는 $\left(-\frac{1}{3}, \frac{1}{9}\right)$이므로

$g\left(-\frac{1}{3}\right)=\left|-\frac{1}{3}-a\right|=\frac{1}{9}$

$\therefore a=-\frac{4}{9}\ \left(\because a<-\frac{1}{3}\right)$

(ii) 직선 $y=-x+a$가 함수 $y=f(x)$의 그래프와 접하는 경우, (→ $x\leq a$일 때, $g(x)=-x+a$이지.)

접점에서의 접선의 기울기는 -1이므로

$18x^2-1=-1$에서

$x^2=0\quad \therefore x=0$

즉, 접점의 좌표는 $(0, 0)$이므로

$g(0)=|-a|=0$

$\therefore a=0$

(i), (ii)에서 모든 실수 a의 값의 합은

$-\frac{4}{9}+0=-\frac{4}{9}$

생생 수험 Talk

수학은 문제를 푸는 데만 주력하지 말고 풀기 전에 개념 부분에 정리되어 있는 공식들을 먼저 꼼꼼히 살펴보는 것이 중요해. 만약 그 부분을 볼 시간이 없다면 채점할 때마다 해설지에 있는 공식들을 살펴보는 것도 공식을 머릿속에 새길 수 있는 좋은 방법이야.

정답률 확률과 통계 27%, 미적분 37%, 기하 32%

38 수능 유형 › 함수의 증가와 감소 정답 ③

두 실수 a, b에 대하여 함수 **3**

$$f(x)=\begin{cases}-\frac{1}{3}x^3-ax^2-bx & (x<0)\\ \frac{1}{3}x^3+ax^2-bx & (x\geq 0)\end{cases}$$

이 구간 $(-\infty, -1]$에서 감소하고 구간 $[-1, \infty)$에서 증가 **1 2** 할 때, $a+b$의 최댓값을 M, 최솟값을 m **4** 이라 하자. $M-m$의 값은? (→ $a+b$의 값의 범위를 구해야겠네.)

① $\frac{3}{2}+3\sqrt{2}$ ② $3+3\sqrt{2}$ ✓③ $\frac{9}{2}+3\sqrt{2}$

④ $6+3\sqrt{2}$ ⑤ $\frac{15}{2}+3\sqrt{2}$

해결 흐름

1 함수의 증가와 감소에 관한 문제이니까 먼저 $f'(x)$를 구해야겠다.

2 함수 $f(x)$가 구간 $(-\infty, -1]$에서 감소하고, 구간 $[-1, \infty)$에서 증가하도록 하는 조건을 생각하여 a, b 사이의 관계식을 찾아봐야지.

연관 개념 | 함수 $f(x)$가 어떤 구간에서 미분가능하고 이 구간에서
① 증가하는 함수이면 $f'(x)\geq 0$
② 감소하는 함수이면 $f'(x)\leq 0$

3 $x<0$일 때와 $x>0$일 때로 나누어 a의 값의 범위를 구해야겠네.

4 **2**, **3**을 이용하면 $a+b$의 값의 범위를 구할 수 있겠다.

알찬 풀이

$$f(x)=\begin{cases}-\frac{1}{3}x^3-ax^2-bx & (x<0)\\ \frac{1}{3}x^3+ax^2-bx & (x\geq 0)\end{cases}$$ 에서

$$f'(x)=\begin{cases}-x^2-2ax-b & (x<0)\\ x^2+2ax-b & (x>0)\end{cases}$$

함수 $f(x)$는 $x=-1$의 좌우에서 감소하다가 증가하고, $x=-1$에서 미분가능하므로

$f'(-1)=0$

$-1+2a-b=0$ → $f'(x)=-x^2-2ax-b$에 $x=-1$을 대입한 거야.

$\therefore b=2a-1$ …… (*)

(i) $x<0$일 때,

$f'(x)=-x^2-2ax-b$

$=-x^2-2ax-2a+1$ → (*)을 대입했어.

$=-(x+1)(x+2a-1)$

$f'(x)=0$에서 $x=-1$ 또는 $x=-2a+1$

이때 함수 $f(x)$가 구간 $(-\infty, -1]$에서 감소하고 구간 $[-1, 0]$에서 증가하므로 구간 $(-\infty, -1)$에서 $f'(x)\le 0$이고 구간 $(-1, 0)$에서 $f'(x)\ge 0$이어야 한다.

즉, $-2a+1\ge 0$이어야 하므로

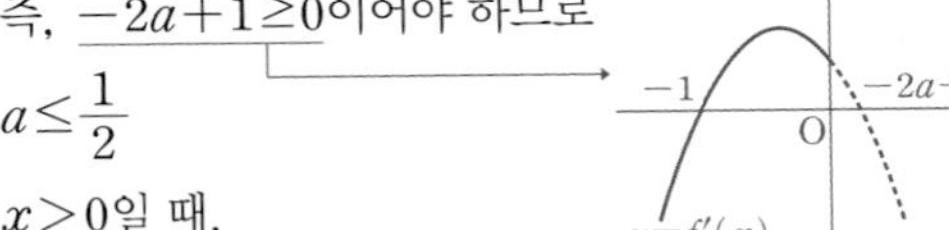

$a\le\frac{1}{2}$ …… ㉠

(ii) $x>0$일 때,

$f'(x)=x^2+2ax-b$

$=x^2+2ax-2a+1$ → (*)을 대입했어.

$=(x+a)^2-a^2-2a+1$ → 대칭축이 $x=-a$이니까 $x=-a$를 기준으로 범위를 나누어 생각해.

이때 함수 $f(x)$가 구간 $[0, \infty)$에서 증가하므로 구간 $(0, \infty)$에서 $f'(x)\ge 0$이어야 한다.

① $-a<0$, 즉 $a>0$일 때,

구간 $(0, \infty)$에서 $f'(x)\ge 0$이려면

$f'(0)=-2a+1\ge 0$이어야 하므로

$a\le\frac{1}{2}$

그런데 $a>0$이므로

$0<a\le\frac{1}{2}$ …… ㉡

② $-a\ge 0$, 즉 $a\le 0$일 때,

구간 $(0, \infty)$에서 $f'(x)\ge 0$이려면

$f'(-a)=-a^2-2a+1\ge 0$

이어야 하므로

$a^2+2a-1\le 0$

$\therefore -1-\sqrt{2}\le a\le -1+\sqrt{2}$

→ 이차방정식 $a^2+2a-1=0$에서 근의 공식을 이용하면 $a=-1\pm\sqrt{2}$이므로 $a^2+2a-1\le 0$에서 $-1-\sqrt{2}\le a\le -1+\sqrt{2}$야.

그런데 $a\le 0$이므로

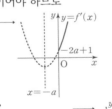

$-1-\sqrt{2}\le a\le 0$ …… ㉢

㉡, ㉢에서

$-1-\sqrt{2}\le a\le\frac{1}{2}$ …… ㉣

㉠, ㉣의 공통 범위를 구하면

$-1-\sqrt{2}\le a\le\frac{1}{2}$

한편,

$a+b=a+(2a-1)$ → (*)을 대입했어.

$=3a-1$

이므로

$-4-3\sqrt{2}\le a+b\le\frac{1}{2}$

→ $-1-\sqrt{2}\le a\le\frac{1}{2}$에서 $-3-3\sqrt{2}\le 3a\le\frac{3}{2}$, $-4-3\sqrt{2}\le 3a-1\le\frac{1}{2}$

따라서 $a+b$의 최댓값은 $\frac{1}{2}$, 최솟값은 $-4-3\sqrt{2}$이므로

$M=\frac{1}{2}$, $m=-4-3\sqrt{2}$

$\therefore M-m=\frac{1}{2}-(-4-3\sqrt{2})$

$=\frac{9}{2}+3\sqrt{2}$

정답률 77%

39 수능 유형 › 함수의 증가와 감소 정답 3

1 2

함수 $f(x)=\frac{1}{3}x^3-9x+3$이 열린구간 $(-a, a)$에서 감소할 때, 양수 a의 최댓값을 구하시오. 3

해결 흐름

1 함수 $f(x)$가 감소하는 구간을 찾아야겠네.

2 $f'(x)=0$이 되는 x의 값을 구해서 그 값의 좌우에서 $f'(x)$의 부호를 조사해 보면 함수 $f(x)$의 증가와 감소를 알 수 있겠군.

연관 개념 | 함수 $f(x)$가 어떤 구간에서 미분가능하고 이 구간에 속하는 임의의 x에 대하여

① $f'(x)>0$이면 $f(x)$는 그 구간에서 증가한다.

② $f'(x)<0$이면 $f(x)$는 그 구간에서 감소한다.

알찬 풀이

$f(x)=\frac{1}{3}x^3-9x+3$에서

$f'(x)=x^2-9$

$=(x+3)(x-3)$

> 도함수
> ① $y=x^n$이면 $y'=nx^{n-1}$
> ② $y=c$(c는 상수)이면 $y'=0$

$f'(x)=0$에서

$x=-3$ 또는 $x=3$

함수 $f(x)$의 증가와 감소를 표로 나타내면 다음과 같다.

x	…	-3	…	3	…
$f'(x)$	+	0	−	0	+
$f(x)$	↗	21	↘	−15	↗

따라서 함수 $f(x)$가 구간 $(-3, 3)$에서 감소하므로 양수 a의 최댓값은 3이다.

생생 수험 Talk

고3 학생이라면 하루라도 수학을 놓으면 안 돼. 어려운 문제를 얼마나 푸느냐에 따라 공부 시간은 조금씩 차이가 있기에 하루에 몇 시간씩 하라고 단정 지어 말할 수는 없지만 매일 쉬운 문제, 중간 수준의 문제, 어려운 문제를 골고루 푸는 게 좋아. 어렵지 않게 바로 풀 수 있는 문제들도 매일 풀면서 계산 실수도 줄이고, 시간도 단축시키는 거지. 그리고 어려운 문제는 하루에 한 문제라도 푸는 게 좋아. 문제랑 씨름하는 연습을 함으로써 실제 수능에 어려운 문제가 나와도 풀 수 있는 실력을 준비하는 거지. 그런 시간들이 쌓여서 진정한 나의 수학 실력이 되는 거라고 생각해!

정답률 43%

40 수능 유형 › 함수의 증가와 감소

정답 ③

사차함수 $f(x)$의 도함수 $f'(x)$가

$$f'(x)=(x+1)(x^2+ax+b)$$ → $f'(-1)=0$임을 알 수 있어.

이다. 함수 $y=f(x)$가 구간 $(-\infty,\ 0)$에서 감소하고 구간 $(2,\ \infty)$에서 증가[1]하도록 하는 실수 a, b의 순서쌍 $(a,\ b)$에 대하여 a^2+b^2의 최댓값을 M, 최솟값을 m이라 하자. $M+m$의 값은?

① $\frac{21}{4}$　② $\frac{43}{8}$　✓③ $\frac{11}{2}$　④ $\frac{45}{8}$　⑤ $\frac{23}{4}$

해결 흐름

[1] 함수 $y=f(x)$가 구간 $(-\infty,\ 0)$에서 감소하고, 구간 $(2,\ \infty)$에서 증가하도록 하는 조건을 생각해서 a, b 사이의 관계식을 찾아봐야겠다.

연관 개념 | 함수 $f(x)$가 어떤 구간에서 미분가능하고 이 구간에서
① 증가하는 함수이면 $f'(x)\ge 0$
② 감소하는 함수이면 $f'(x)\le 0$

알찬 풀이

$f'(x)=(x+1)(x^2+ax+b)$에서 $f'(-1)=0$

함수 $y=f(x)$가 구간 $(-\infty,\ 0)$에서 감소하려면 $x<0$에서 $f'(x)\le 0$이고, $x=-1$의 좌우에서 $f'(x)$의 부호가 바뀌지 않아야 한다. → $x=-1$에서 함수 $f(x)$의 그래프가 x축에 접해야 해.

또, 함수 $y=f(x)$가 구간 $(2,\ \infty)$에서 증가하려면 $x>2$에서 $f'(x)\ge 0$이어야 하므로 삼차함수 $y=f'(x)$의 그래프의 개형은 오른쪽 그림과 같아야 한다.

이때 $f'(x)$는 $(x+1)^2$을 인수로 가져야 하므로 $h(x)=x^2+ax+b$라 하면 → $f'(x)=(x+1)h(x)$가 되지.

$h(x)$는 $x+1$을 인수로 갖는다.

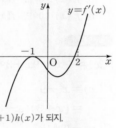

즉, $h(-1)=0$에서

$1-a+b=0$　$\therefore b=a-1$ …… ㉠

또, $f'(0)\le 0$, $f'(2)\ge 0$이어야 하므로

$f'(0)=b\le 0$

위의 식에 ㉠을 대입하면

$a-1\le 0$　$\therefore a\le 1$ …… ㉡

$f'(2)=3(4+2a+b)\ge 0$

위의 식에 ㉠을 대입하면

$3(3a+3)\ge 0$, $a+1\ge 0$　$\therefore a\ge -1$ …… ㉢

㉡, ㉢에서 $-1\le a\le 1$

한편,

$a^2+b^2=a^2+(a-1)^2$ ($\because$ ㉠)

$=2\left(a-\frac{1}{2}\right)^2+\frac{1}{2}$ → $a=\frac{1}{2}$일 때 최솟값을 가지므로 a의 값의 범위에 주의해.

이므로 $-1\le a\le 1$에서 a^2+b^2은

$a=-1$일 때 최댓값 5를 갖고, $a=\frac{1}{2}$일 때 최솟값 $\frac{1}{2}$을 갖는다.

따라서 $M=5$, $m=\frac{1}{2}$이므로

$M+m=5+\frac{1}{2}=\frac{11}{2}$

정답률 71%

41 수능 유형 › 함수의 증가와 감소

정답 ①

함수 $f(x)=\frac{1}{3}x^3-ax^2+3ax$의 역함수가 존재하도록[1] 하는 상수 a의 최댓값은? → 함수 $f(x)$가 일대일대응이어야 해.

✓① 3　② 4　③ 5　④ 6　⑤ 7

해결 흐름

[1] 함수 $f(x)$의 역함수가 존재하려면 함수 $f(x)$가 증가하거나 감소하는 함수이겠네.

연관 개념 | 함수 $f(x)$가 어떤 구간에서 미분가능하고 이 구간에서
① 증가하는 함수이면 $f'(x)\ge 0$
② 감소하는 함수이면 $f'(x)\le 0$

알찬 풀이

$f(x)=\frac{1}{3}x^3-ax^2+3ax$에서

$f'(x)=x^2-2ax+3a$

도함수
① $y=x^n$이면 $y'=nx^{n-1}$
② $y=c$ (c는 상수)이면 $y'=0$

함수 $f(x)$의 역함수가 존재하려면 일대일대응이어야 한다.

이때 $f(x)$의 최고차항의 계수가 양수이므로 $f(x)$가 일대일대응이 되려면 함수 $f(x)$는 실수 전체의 집합에서 증가해야 한다.

즉, 모든 실수 x에 대하여 $f'(x)\ge 0$이어야 하므로

이차방정식 $f'(x)=0$의 판별식을 D라 하면

$\frac{D}{4}=a^2-3a\le 0$ → 이차함수 $y=f'(x)$의 그래프가 x축에 접하거나 x축보다 위쪽에 있어야 하므로 $D\le 0$이어야 해.

$a(a-3)\le 0$

$\therefore 0\le a\le 3$

따라서 상수 a의 최댓값은 3이다.

정답률 64%

42 수능 유형 › 함수의 증가와 감소

정답 ④

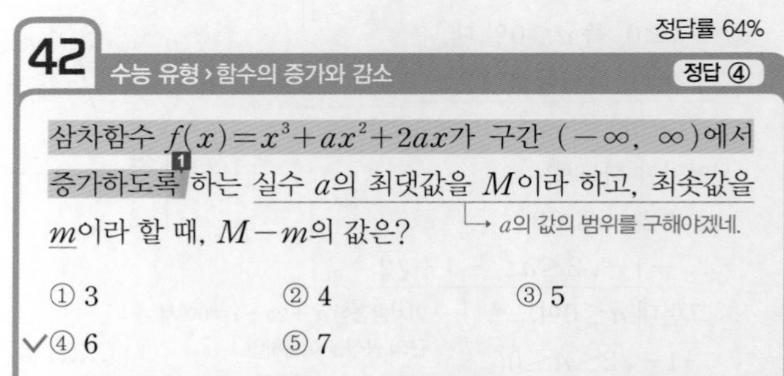

삼차함수 $f(x)=x^3+ax^2+2ax$가 구간 $(-\infty,\ \infty)$에서 증가하도록[1] 하는 실수 a의 최댓값을 M이라 하고, 최솟값을 m이라 할 때, $M-m$의 값은? → a의 값의 범위를 구해야겠네.

① 3　② 4　③ 5　✓④ 6　⑤ 7

해결 흐름

[1] 삼차함수 $f(x)$가 구간 $(-\infty,\ \infty)$에서 증가하려면 모든 실수 x에 대하여 $f'(x)\ge 0$이어야겠네.

연관 개념 | 함수 $f(x)$가 어떤 구간에서 미분가능하고 이 구간에서 증가하는 함수이면 $f'(x)\ge 0$

알찬 풀이

$f(x)=x^3+ax^2+2ax$에서

$f'(x)=3x^2+2ax+2a$

도함수
① $y=x^n$이면 $y'=nx^{n-1}$
② $y=c$ (c는 상수)이면 $y'=0$

함수 $f(x)$가 구간 $(-\infty,\ \infty)$, 즉 실수 전체의 집합에서 증가하려면 모든 실수 x에 대하여 $f'(x)\ge 0$이어야 하므로

이차방정식 $f'(x)=0$의 판별식을 D라 하면

$\frac{D}{4}=a^2-6a\le 0$ → 이차함수 $y=f'(x)$의 그래프가 x축에 접하거나 x축보다 위쪽에 있어야 하므로 $D\le 0$이어야 해.

$a(a-6)\le 0$

$\therefore 0\le a\le 6$

따라서 실수 a의 최댓값은 6, 최솟값은 0이므로

$M=6,\ m=0$

$\therefore M-m=6-0=6$

정답률 71%

43 수능 유형 › 함수의 극대와 극소

정답 ②

[1] 함수 $f(x)=x^3-3ax^2+3(a^2-1)x$의 극댓값이 4이고 $f(-2)>0$일 때, $f(-1)$의 값은? (단, a는 상수이다.)

① 1 ✓② 2 ③ 3

④ 4 ⑤ 5

해결 흐름

[1] 함수 $f(x)$의 극대, 극소를 알아봐야 하니까 $f'(x)=0$이 되는 x의 값을 구해서 함수 $f(x)$의 증가와 감소를 표로 나타내 봐야겠다.

연관 개념 | 미분가능한 함수 $f(x)$에 대하여 $f'(a)=0$일 때, $x=a$의 좌우에서 $f'(x)$의 부호가

① 양에서 음으로 바뀌면 $f(x)$는 $x=a$에서 극대이고, 극댓값은 $f(a)$이다.

② 음에서 양으로 바뀌면 $f(x)$는 $x=a$에서 극소이고, 극솟값은 $f(a)$이다.

알찬 풀이

$f(x)=x^3-3ax^2+3(a^2-1)x$에서

$f'(x)=3x^2-6ax+3(a^2-1)$

$=3\{x^2-2ax+(a+1)(a-1)\}$

$=3(x-a+1)(x-a-1)$

> 도함수
> ① $y=x^n$이면 $y'=nx^{n-1}$
> ② $y=c$ (c는 상수)이면 $y'=0$

$f'(x)=0$에서 $x=a-1$ 또는 $x=a+1$

함수 $f(x)$의 증가와 감소를 표로 나타내면 다음과 같다.

x	$\cdots$	$a-1$	$\cdots$	$a+1$	$\cdots$
$f'(x)$	+	0	−	0	+
$f(x)$	↗	극대	↘	극소	↗

따라서 함수 $f(x)$는 $x=a-1$에서 극대이고, 이때의 극댓값이 4이므로
→ $f(a-1)=4$라는 뜻이야.

$(a-1)^3-3a(a-1)^2+3(a^2-1)(a-1)=4$

$a^3-3a-2=0,\ (a+1)^2(a-2)=0$

$\therefore a=-1$ 또는 $a=2$

(i) $a=-1$일 때,

$f(x)=x^3+3x^2$ → $f(x)=x^3-3ax^2+3(a^2-1)x$에 $a=-1$을 대입했어.

이때 $f(-2)=4>0$이므로 조건을 만족시킨다.

(ii) $a=2$일 때,

$f(x)=x^3-6x^2+9x$ → $f(x)=x^3-3ax^2+3(a^2-1)x$에 $a=2$를 대입했어.

이때 $f(-2)=-50<0$이므로 조건을 만족시키지 않는다.

(i), (ii)에서 $f(x)=x^3+3x^2$

$\therefore f(-1)=-1+3=2$

정답률 38%

44 수능 유형 › 함수의 극대와 극소

정답 10

두 삼차함수 $f(x)$와 $g(x)$가 모든 실수 x에 대하여

$f(x)g(x)=(x-1)^2(x-2)^2(x-3)^2$ [1] → $g(x)$의 x^3의 계수가 3이야.

을 만족시킨다. $g(x)$의 최고차항의 계수가 3이고, $g(x)$가 $x=2$에서 극댓값을 가질 때, [2] → $g'(2)=0$ $f'(0)=\frac{q}{p}$이다. $p+q$의 값을 구하시오. (단, p와 q는 서로소인 자연수이다.) 10

해결 흐름

[1] $f(x)$와 $g(x)$는 각각 $x-1$ 또는 $x-2$ 또는 $x-3$을 인수로 갖겠네.

[2] 주어진 조건을 이용해서 삼차함수 $g(x)$의 식을 구해 봐야겠다.

연관 개념 | 함수 $f(x)$가 $x=a$에서 미분가능하고 $x=a$에서 극값을 가지면 $f'(a)=0$이다.

알찬 풀이

$f(x)$와 $g(x)$가 모두 삼차함수이고

$f(x)g(x)=(x-1)^2(x-2)^2(x-3)^2$

이므로 $g(x)$의 인수를 다음과 같이 나누어 생각할 수 있다.

(i) $g(x)$가 $(x-1)(x-2)(x-3)$을 인수로 가질 때,

$g(x)=3(x-1)(x-2)(x-3)$이므로 함수 $g(x)$의 그래프의 개형은 오른쪽 그림과 같다. → $g(x)$의 최고차항의 계수가 3이니까.

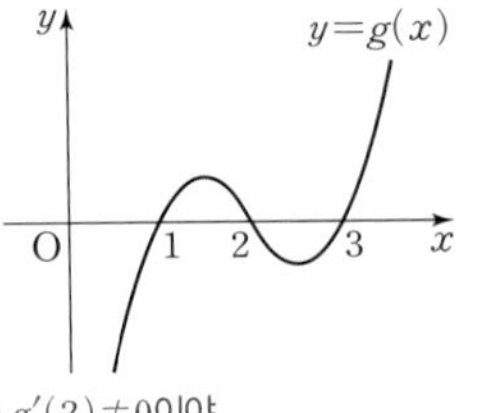

이때 함수 $g(x)$는 $x=2$에서 극값을 갖지 않으므로 주어진 조건을 만족시키지 않는다. → 오른쪽 그래프에서 $g'(2)<0$, 즉 $g'(2)\ne 0$이야.

(ii) $g(x)$가 $(x-1)^2$을 인수로 가질 때,

① $g(x)=3(x-1)^2(x-2)$이면 함수 $g(x)$의 그래프의 개형은 오른쪽 그림과 같다. 이때 함수 $g(x)$는 $x=2$에서 극값을 갖지 않으므로 주어진 조건을 만족시키지 않는다. → 오른쪽 그래프에서 $g'(2)>0$, 즉 $g'(2)\ne 0$이야.

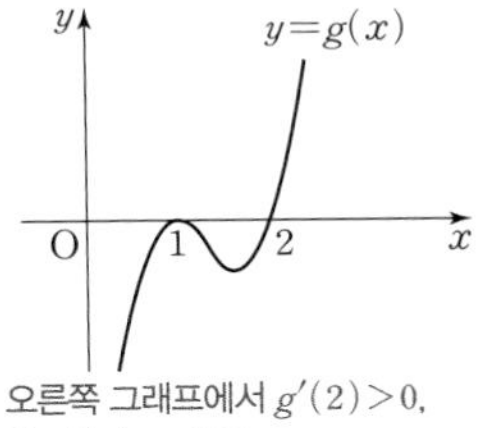

② $g(x)=3(x-1)^2(x-3)$이면

$g'(x)=6(x-1)(x-3)+3(x-1)^2$

$=3(x-1)(3x-7)$

> 곱의 미분법
> 두 함수 $f(x)$, $g(x)$가 미분가능할 때, $y=f(x)g(x)$이면 $y'=f'(x)g(x)+f(x)g'(x)$

이때 $g'(2)\ne 0$이므로 함수 $g(x)$는 $x=2$에서 극값을 갖지 않는다.

(iii) $g(x)$가 $(x-2)^2$을 인수로 가질 때,

① $g(x)=3(x-1)(x-2)^2$이면 함수 $g(x)$의 그래프의 개형은 오른쪽 그림과 같다. → $x=2$의 좌우에서 $g'(x)$의 부호가 음에서 양으로 바뀌어.

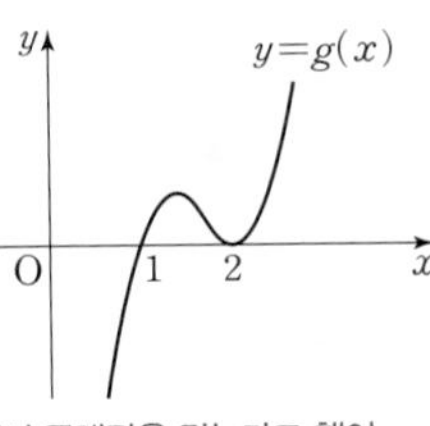

이때 함수 $g(x)$는 $x=2$에서 극솟값을 가지므로 주어진 조건을 만족시키지 않는다. → 문제에서 $g(x)$는 $x=2$에서 극댓값을 갖는다고 했어.

② $g(x)=3(x-2)^2(x-3)$이면 함수 $g(x)$의 그래프의 개형은 오른쪽 그림과 같다. → $x=2$의 좌우에서 $g'(x)$의 부호가 양에서 음으로 바뀌어.

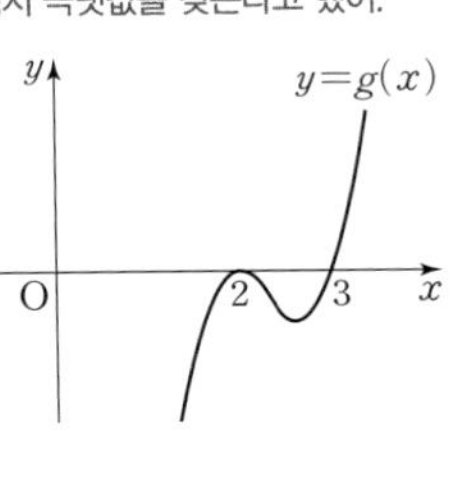

이때 함수 $g(x)$는 $x=2$에서 극댓값을 가지므로 주어진 조건을 만족시킨다.

(iv) $g(x)$가 $(x-3)^2$을 인수로 가질 때,

① $g(x)=3(x-1)(x-3)^2$이면

$g'(x)=3(x-3)^2+6(x-1)(x-3)$
$=3(x-3)(3x-5)$

이때 $g'(2)\neq 0$이므로 함수 $g(x)$는 $x=2$에서 극값을 갖지 않는다.

② $g(x)=3(x-2)(x-3)^2$이면 함수 $g(x)$의 그래프의 개형은 오른쪽 그림과 같다.

이때 함수 $g(x)$는 $x=2$에서 극값을 갖지 않으므로 주어진 조건을 만족시키지 않는다. → 오른쪽 그래프에서 $g'(2)>0$, 즉 $g'(2)\neq 0$이야.

이상에서 $g(x)=3(x-2)^2(x-3)$이므로

$f(x)=\frac{1}{3}(x-1)^2(x-3)$ → $f(x)g(x)=(x-1)^2(x-2)^2(x-3)^2$임을 이용했어.

$f'(x)=\frac{1}{3}\{2(x-1)(x-3)+(x-1)^2\}$

$=\frac{1}{3}(x-1)(3x-7)$

따라서 $f'(0)=\frac{1}{3}\times(-1)\times(-7)=\frac{7}{3}$이므로

$p=3,\ q=7$

$\therefore\ p+q=3+7=10$

실전적용 key

함수 $g(x)$가 $x=2$에서 극댓값을 가지므로 $g'(2)=0$
이때 $g(x)$가 삼차함수이므로 $g(x)$는 $(x-2)^2$을 인수로 가져야 한다.
만약 $g(x)$가 $(x-2)^2$이 아닌 $x-2$만을 인수로 갖는다면 $g(2)=0$이고 $g'(2)\neq 0$이므로 $g(x)$는 $x=2$에서 극값을 가질 수 없다.
따라서 위의 풀이에서 (iii)의 경우에 대해서만 생각하고 바로 문제를 해결할 수도 있다.

수능 핵심 개념 함수의 극대와 극소의 판정

미분가능한 함수 $f(x)$에 대하여 $f'(a)=0$이고 $x=a$의 좌우에서
(1) $f'(x)$의 부호가 양 (+)에서 음(−)으로 바뀌면 $f(x)$는 $x=a$에서 극대이고, 극댓값 $f(a)$를 갖는다.
(2) $f'(x)$의 부호가 음(−)에서 양 (+)으로 바뀌면 $f(x)$는 $x=a$에서 극소이고, 극솟값 $f(a)$를 갖는다.

생생 수험 Talk

나는 국영수 중에 수학을 가장 어려워해서 수학에 가장 많은 시간을 투자했던 것 같아. 실제로 수학이야말로 시간을 투자한 만큼 점수가 오르는 과목이라고 생각해. 시간을 들여서 개념을 익히고, 익힌 개념을 바탕으로 문제를 풀고, 오답이었던 문제들을 정리하며 다시 풀어 가는 과정을 반복하는 방식으로 수학 점수를 많이 올릴 수 있었거든. 국어와 영어에 각각 한 시간을 투자했다면 수학에는 그것들의 두 배가 되는 시간을 투자해서 공부했었어. 그래도 열심히 공부해서 성적이 올라가는 걸 보니까 내가 투자한 시간들이 하나도 아깝지 않았어.

45 수능 유형 › 함수의 극대와 극소

정답률 49% 정답 ②

삼차함수 $y=f(x)$와 일차함수 $y=g(x)$의 그래프가 그림과 같고, $f'(b)=f'(d)=0$이다.
→ $f(x)$는 $x=b$에서 극대, $x=d$에서 극소야.

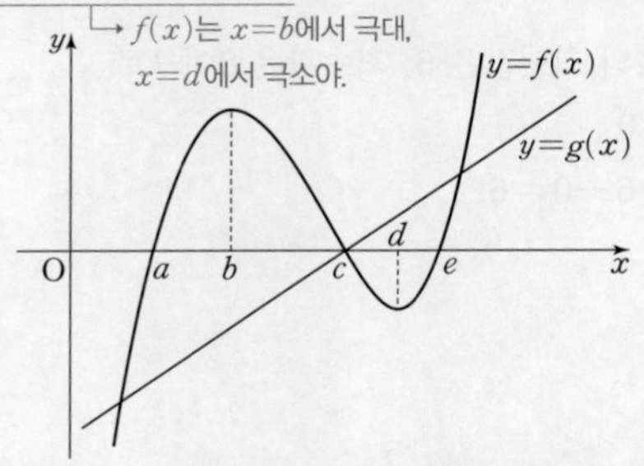

함수 $y=f(x)g(x)$는 $x=p$와 $x=q$에서 극소[1]이다. 다음 중 옳은 것은? (단, $p<q$)

① $a<p<b$이고 $c<q<d$
✓② $a<p<b$이고 $d<q<e$
③ $b<p<c$이고 $c<q<d$
④ $b<p<c$이고 $d<q<e$
⑤ $c<p<d$이고 $d<q<e$

해결 흐름

[1] $h(x)=f(x)g(x)$라 하면 함수 $h(x)$의 극대, 극소를 알아봐야 하니까 곱의 미분법을 이용해서 $h'(x)$를 구해야겠다.

연관 개념 | 두 함수 $f(x)$, $g(x)$가 미분가능할 때,
$\{f(x)g(x)\}'=f'(x)g(x)+f(x)g'(x)$

알찬 풀이

$h(x)=f(x)g(x)$라 하면

$h'(x)=f'(x)g(x)+f(x)g'(x)$ → 함수 $h'(x)$는 실수 전체의 집합에서 연속이야.

이므로 주어진 그래프를 이용하여 x의 값의 범위에 따른 $h'(x)$의 값의 부호를 확인하면 다음 표와 같다.

x	$f'(x)g(x)$	$f(x)g'(x)$	$h'(x)$
$x<a$	− ($f'(x)>0$, $g(x)<0$)	− ($f(x)<0$, $g'(x)>0$)	−
$x=a$	− ($f'(a)>0$, $g(a)<0$)	0 ($f(a)=0$, $g'(a)>0$)	−
$a<x<b$	−	+	알 수 없다.
$x=b$	0	+	+
$b<x<c$	+	+	+
$x=c$	0	0	0
$c<x<d$	−	−	−
$x=d$	0	−	−
$d<x<e$	+	−	알 수 없다.
$x=e$	+	0	+
$x>e$	+	+	+

(i) 함수 $h'(x)$가 닫힌구간 $[a,\ b]$에서 연속이고

$h'(a)h'(b)<0$

이므로 $h'(t_1)=0$인 t_1이 a와 b 사이에 적어도 하나 존재한다. → 사잇값의 정리에 의해서 t_1이 존재해.

이때 $x=t_1$의 좌우에서 함수 $h'(x)$의 부호가 음에서 양으로 바뀌므로 $h(x)$는 $x=t_1$에서 극소이다.

(ii) $h'(c)=0$이고, $x=c$의 좌우에서 함수 $h'(x)$의 부호가 양에서 음으로 바뀌므로 $h(x)$는 $x=c$에서 극대이다.

(iii) 함수 $h'(x)$가 닫힌구간 $[d, e]$에서 연속이고

$h'(d)h'(e)<0$

이므로 $h'(t_2)=0$인 t_2가 d와 e 사이에 적어도 하나 존재한다. → 사잇값의 정리에 의해서 t_2가 존재해.

이때 $x=t_2$의 좌우에서 함수 $h'(x)$의 부호가 음에서 양으로 바뀌므로 $h(x)$는 $x=t_2$에서 극소이다.

(i), (ii), (iii)에서 함수 $y=h(x)$는 $x=c$에서 극댓값을 갖고, $a<x<b$와 $d<x<e$에서 극솟값을 갖는다.

이때 $p<q$이므로 $a<p<b$이고 $d<q<e$이다.

다른 풀이 함수 $y=f(x)g(x)$의 그래프의 개형을 유추하여 p, q의 값의 범위를 구할 수도 있다. → $f(x)$가 삼차함수이고, $g(x)$가 일차함수이니까 $f(x)g(x)$는 사차함수야.

주어진 그래프에서

삼차함수 $y=f(x)$의 최고차항의 계수는 양수,

일차함수 $y=g(x)$의 최고차항의 계수도 양수 → 그래프가 오른쪽 위로 향하니까 그 함수의 최고차항의 계수는 양수지.

이므로 사차함수 $y=f(x)g(x)$의 최고차항의 계수는 양수이다.

또, $x=p$와 $x=q$에서 극소이고 $p<q$이므로 사차함수 $y=f(x)g(x)$의 그래프의 개형은 다음 그림과 같다.

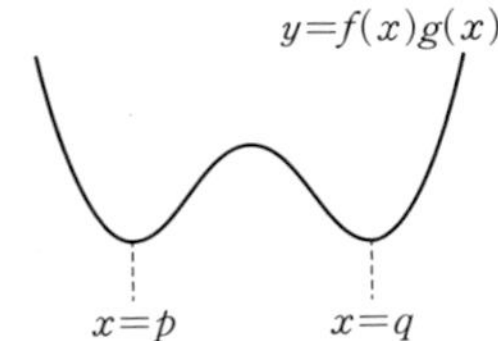

이때 $x=p$와 $x=q$의 좌우에서 함수 $y=f(x)g(x)$가 감소하다가 증가하므로 알찬 풀이 의 표에서 함수 $h'(x)$의 부호가 음에서 양으로 바뀌는 구간을 찾으면

$a<x<b$, $d<x<e$

따라서 $a<p<b$이고 $d<q<e$이다.

수능 핵심 개념 | 사잇값의 정리의 활용

함수 $f(x)$가 닫힌구간 $[a, b]$에서 연속이고 $f(a)$와 $f(b)$의 부호가 서로 다르면 사잇값의 정리에 의하여 $f(c)=0$인 c가 열린구간 (a, b)에 적어도 하나 존재한다.

정답률 41%

46 수능 유형 › 함수의 극대와 극소 정답 ③

자연수 n에 대하여 최고차항의 계수가 1이고 다음 조건을 만족시키는 삼차함수 $f(x)$의 극댓값을 a_n이라 하자. **1**

(가) $f(n)=0$ → $f(x)$는 $x-n$을 인수로 갖는다는 뜻이야.

(나) 모든 실수 x에 대하여 $(x+n)f(x)\geq 0$이다.

a_n이 자연수가 되도록 하는 n의 최솟값은?

① 1 ② 2 ✓③ 3

④ 4 ⑤ 5

해결 흐름

1 주어진 조건을 이용해서 함수 $f(x)$의 식을 세우고, $f'(x)$를 이용해서 함수 $f(x)$의 극댓값 a_n을 구해야겠다.

연관 개념 | x에 대한 다항식 $f(x)$와 일차식 $x-a$에 대하여 $f(a)=0$이면 $f(x)$가 일차식 $x-a$로 나누어떨어진다. 즉, $x-a$가 $f(x)$의 인수이다.

알찬 풀이

조건 (가)에서 $f(n)=0$이고 함수 $f(x)$는 최고차항의 계수가 1인 삼차함수이므로

$f(x)=(x-n)(x^2+ax+b)$ (a, b는 상수)

로 놓을 수 있다.

또, 조건 (나)에서 모든 실수 x에 대하여 $(x+n)f(x)\geq 0$이므로

$f(x)=(x+n)(x-n)^2$ → $(x+n)f(x)$는 x에 대한 사차식이므로 $(x+n)f(x)\geq 0$이기 위해서는 $(x+n)f(x)=(\text{이차식})^2$ 꼴이어야 해.

이때

$f'(x)=(x-n)^2+2(x+n)(x-n)$

$=(3x+n)(x-n)$

이므로 $f'(x)=0$에서

$x=-\dfrac{n}{3}$ 또는 $x=n$

> 곱의 미분법
> 두 함수 $f(x)$, $g(x)$가 미분가능할 때, $y=f(x)g(x)$이면 $y'=f'(x)g(x)+f(x)g'(x)$

함수 $f(x)$의 증가와 감소를 표로 나타내면 다음과 같다.

x	$\cdots$	$-\dfrac{n}{3}$	$\cdots$	n	$\cdots$
$f'(x)$	+	0	−	0	+
$f(x)$	↗	$\dfrac{32}{27}n^3$ (극대)	↘	0 (극소)	↗

함수 $f(x)$는 $x=-\dfrac{n}{3}$에서 극댓값 $\dfrac{32}{27}n^3$을 가지므로

$a_n=\dfrac{32}{27}n^3$

따라서 a_n이 자연수가 되도록 하는 자연수 n의 최솟값은 3이다. → n^3이 27의 배수이어야 해.

실전 적용 key

$g(x)=(x+n)f(x)=(x+n)(x-n)(x^2+ax+b)$ …… ㉠

로 놓으면

$g(n)=g(-n)=0$

조건 (나)에서 모든 실수 x에 대하여 $(x+n)f(x)=g(x)\geq 0$이므로

사차함수 $y=g(x)$의 그래프는 오른쪽 그림과 같이 $x=-n$, $x=n$에서 x축에 접해야 한다.

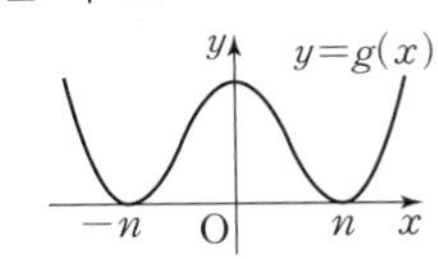

$\therefore g(x)=(x+n)^2(x-n)^2$

따라서 ㉠에서 $f(x)=(x+n)(x-n)^2$

정답률 76%

47 수능 유형 › 함수의 극대와 극소 정답 16

두 다항함수 $f(x)$와 $g(x)$가 모든 실수 x에 대하여

$g(x)=(x^3+2)f(x)$

를 만족시킨다. $g(x)$가 $x=1$에서 극솟값 24를 가질 때, **1** $f(1)-f'(1)$의 값을 구하시오. **2** 16 → $g'(1)=0$, $g(1)=24$

해결 흐름

1 함수 $g(x)$가 $x=1$에서 극솟값 24를 가지니까 $g(1)=24$, $g'(1)=0$임을 이용해야지.

연관 개념 | 미분가능한 함수 $f(x)$가 $x=\alpha$에서 극값 β를 가지면
$f'(\alpha)=0$, $f(\alpha)=\beta$

2 $f(1)$, $f'(1)$의 값을 구해야 하니까 $g(x)$와 $g'(x)$를 이용해야겠다.

알찬 풀이

$g(x)=(x^3+2)f(x)$에서

$g'(x)=3x^2f(x)+(x^3+2)f'(x)$

> 곱의 미분법
> 두 함수 $f(x)$, $g(x)$가 미분가능할 때,
> $y=f(x)g(x)$이면
> $y'=f'(x)g(x)+f(x)g'(x)$

이때 $g(x)$가 $x=1$에서 극솟값 24를 가지므로

$g(1)=24$, $g'(1)=0$

$g(1)=24$에서 $3f(1)=24$ ← $g(x)=(x^3+2)f(x)$에 $x=1$을 대입했어.

$\therefore f(1)=8$

$g'(1)=0$에서 $3f(1)+3f'(1)=0$

$24+3f'(1)=0$, $3f'(1)=-24$

$\therefore f'(1)=-8$

$\therefore f(1)-f'(1)=8-(-8)=16$

정답률 88%

48 수능 유형 › 함수의 극대와 극소 정답 ①

함수 $f(x)=x^3-3x^2+a$의 모든 극값의 곱이 -4일 때, 상수 a의 값은? ← 먼저 $f'(x)$를 구해.

✓① 2 ② 4 ③ 6
④ 8 ⑤ 10

해결 흐름

1 함수 $f(x)$의 극값을 구해야겠네.

연관 개념 | 미분가능한 함수 $f(x)$의 극값을 구하려면 $f'(x)=0$이 되는 x의 값을 구하고, 그 값의 좌우에서 $f'(x)$의 부호를 조사하여 $f(x)$의 극대와 극소를 판정하면 된다.

알찬 풀이

$f(x)=x^3-3x^2+a$에서

$f'(x)=3x^2-6x=3x(x-2)$

> 도함수
> ① $y=x^n$이면 $y'=nx^{n-1}$
> ② $y=c$ (c는 상수)이면 $y'=0$

$f'(x)=0$에서 $x=0$ 또는 $x=2$

함수 $f(x)$의 증가와 감소를 표로 나타내면 다음과 같다.

x	$\cdots$	0	$\cdots$	2	$\cdots$
$f'(x)$	+	0	−	0	+
$f(x)$	↗	a (극대)	↘	$a-4$ (극소)	↗

따라서 함수 $f(x)$는 $x=0$에서 극댓값 a를 갖고, ← $f(0)=a$

$x=2$에서 극솟값 $a-4$를 가지므로 ← $f(2)=a-4$

$a(a-4)=-4$

$a^2-4a+4=0$, $(a-2)^2=0$

$\therefore a=2$

정답률 88%

49 수능 유형 › 함수의 극대와 극소 정답 ②

함수 $f(x)=x^3-9x^2+24x+a$의 극댓값이 10일 때, 상수 a의 값은? ← $f(x)$를 x에 대하여 미분하면 상수 a가 없어지겠네.

① −12 ✓② −10 ③ −8
④ −6 ⑤ −4

해결 흐름

1 함수 $f(x)$의 극댓값을 구해 봐야겠네.

연관 개념 | 미분가능한 함수 $f(x)$에 대하여 $f'(a)=0$일 때, $x=a$의 좌우에서 $f'(x)$의 부호가 양에서 음으로 바뀌면 $f(x)$는 $x=a$에서 극대이고, 극댓값 $f(a)$를 갖는다.

알찬 풀이

$f(x)=x^3-9x^2+24x+a$에서

$f'(x)=3x^2-18x+24$
$=3(x-2)(x-4)$

> 도함수
> ① $y=x^n$이면 $y'=nx^{n-1}$
> ② $y=c$(c는 상수)이면 $y'=0$

$f'(x)=0$에서

$x=2$ 또는 $x=4$

함수 $f(x)$의 증가와 감소를 표로 나타내면 다음과 같다.

x	$\cdots$	2	$\cdots$	4	$\cdots$
$f'(x)$	+	0	−	0	+
$f(x)$	↗	$a+20$ (극대)	↘	$a+16$ (극소)	↗

따라서 함수 $f(x)$는 $x=2$에서 극댓값 $a+20$을 가지므로 ← $f(2)=a+20$

$a+20=10$

$\therefore a=-10$

문제 해결 TIP

이시현 | 서울대학교 미학과 | 명덕외국어고등학교 졸업

'극댓값'이라는 표현이 나오자마자 주어진 식을 미분해야 해. $f(x)$에 미지수가 있다고 해서 겁먹을 필요는 없어. 미분하고 나면 상수 a는 없어지고 x에 대한 식으로만 나타낼 수 있으므로 $f'(x)=0$을 만족시키는 x의 값을 구할 수 있고, 극댓값과 극솟값을 갖는 경우도 구분할 수 있지. 아주 간단하게 풀리지?
극대, 극소와 관련된 문제는 소위 말하는 킬러 문항이 거의 출제되지 않는 편이야. 부담 갖지 말고 도함수의 값이 0이 되도록 하는 x의 값을 구하는 것부터 시작하면 이미 절반은 해결된 거니까 자신있게 도전해 봐.

정답률 62%

50 수능 유형 › 함수의 극대와 극소 정답 ⑤

함수

$$f(x)=\begin{cases} a(3x-x^3) & (x<0) \\ x^3-ax & (x\geq 0) \end{cases}$$

← $a>0$, $a=0$, $a<0$일 때로 나누어 $f(x)$의 그래프를 그려 봐.

의 극댓값이 5일 때, $f(2)$의 값은? (단, a는 상수이다.)

① 5 ② 7 ③ 9
④ 11 ✓⑤ 13

해결 흐름

1 함수 $f(x)$의 극댓값이 5임을 이용해서 a의 값을 구해야겠네.

2 a의 값의 범위에 따라 함수 $y=f(x)$의 그래프의 개형이 달라지니까 a의 값의 범위를 나누어서 각 경우에 따라 함수 $f(x)$의 극댓값을 확인해 봐야겠다.

연관 개념 | 함수 $f(x)$가 $x=a$에서 연속이고 $x=a$의 좌우에서 $f(x)$가 증가하다가 감소하면 $f(x)$는 $x=a$에서 극대이다.

알찬 풀이

a의 값의 범위에 따라 다음과 같이 경우를 나누어 생각할 수 있다.

(i) $a>0$일 때,

$$f(x)=\begin{cases}-ax(x+\sqrt{3})(x-\sqrt{3}) & (x<0)\\ x(x+\sqrt{a})(x-\sqrt{a}) & (x\geq 0)\end{cases}$$

함수 $y=f(x)$의 그래프는 오른쪽 그림과 같다.

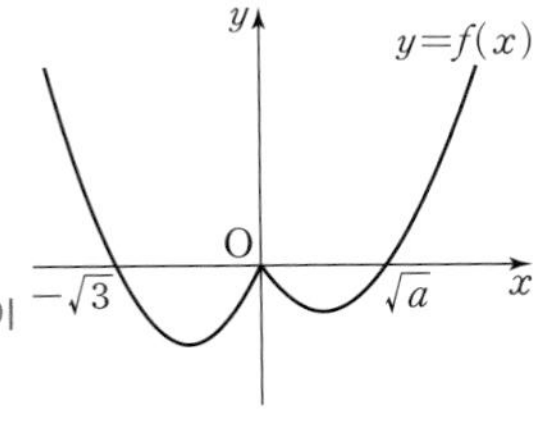

이때 함수 $f(x)$는 $x=0$일 때, 극대이고 극댓값은 $f(0)=0\neq 5$ 이므로 조건을 만족시키지 않는다.

→ $f(x)$가 미분가능할 때만 극값이 존재한다고 생각하면 안 돼.

(ii) $a=0$일 때,

$$f(x)=\begin{cases}0 & (x<0)\\ x^3 & (x\geq 0)\end{cases}$$

함수 $y=f(x)$의 그래프는 오른쪽 그림과 같다.

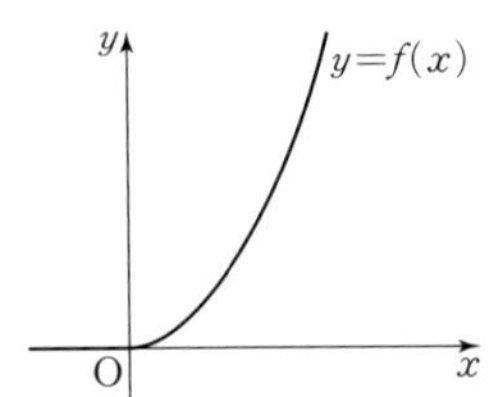

이때 함수 $f(x)$의 극댓값은 존재하지 않는다.

(iii) $a<0$일 때,

$$f(x)=\begin{cases}-ax(x+\sqrt{3})(x-\sqrt{3}) & (x<0)\\ x(x^2-a) & (x\geq 0)\end{cases}$$

함수 $y=f(x)$의 그래프는 오른쪽 그림과 같다.

이때 함수 $f(x)$는 $-\sqrt{3}<x<0$에서 극댓값을 갖는다.

여기서 극대가 되지.

$x<0$일 때,

$$f'(x)=-3ax^2+3a$$
$$=-3a(x^2-1)$$
$$=-3a(x+1)(x-1)$$

이므로

$f'(x)=0$에서

$x=-1$ ($\because x<0$)

→ $f'(-1)=0$이고, $x=-1$의 좌우에서 $f'(x)$의 부호가 양에서 음으로 바뀌므로 $f(x)$는 $x=-1$에서 극대이지.

따라서 함수 $f(x)$는 $x=-1$에서 극대이고, 이때의 극댓값이 5이므로

$f(-1)=-2a=5$

$\therefore a=-\dfrac{5}{2}$ → $a<0$을 만족시켜.

(i), (ii), (iii)에서

$$f(x)=\begin{cases}-\dfrac{5}{2}(3x-x^3) & (x<0)\\ x^3+\dfrac{5}{2}x & (x\geq 0)\end{cases}$$

$\therefore f(2)=8+\dfrac{5}{2}\times 2=13$

정답률 59%

51 수능 유형 › 함수의 극대와 극소 + 함수의 연속 정답 ③

실수 t에 대하여 곡선 $y=x^3$ 위의 점 (t, t^3)과 직선 $y=x+6$ 사이의 거리를 $g(t)$라 하자. **보기**에서 옳은 것만을 있는 대로 고른 것은?

보기

ㄱ. 함수 $g(t)$는 실수 전체의 집합에서 연속이다.

ㄴ. 함수 $g(t)$는 0이 아닌 극솟값을 갖는다.

ㄷ. 함수 $g(t)$는 $t=2$에서 미분가능하다.

① ㄱ ② ㄷ ✓③ ㄱ, ㄴ

④ ㄴ, ㄷ ⑤ ㄱ, ㄴ, ㄷ

해결 흐름

1 곡선 $y=x^3$ 위의 점 (t, t^3)과 직선 $y=x+6$ 사이의 거리 $g(t)$를 먼저 구해야겠군.

2 $t=a$에서 함수 $g(t)$가 불연속이 되는 a가 존재하는지 찾아봐야겠다.

연관 개념 | 연속인 두 함수 $g(x)$, $h(x)$에 대하여

$$f(x)=\begin{cases}g(x) & (x<a)\\ h(x) & (x\geq a)\end{cases}$$

가 실수 전체의 집합에서 연속이면

➡ $\lim\limits_{x\to a-}g(x)=\lim\limits_{x\to a+}h(x)=f(a)$

3 함수 $g(t)$의 극솟값을 구하려면 먼저 $g'(t)=0$이 되는 t의 값부터 구해야겠네.

연관 개념 | 미분가능한 함수 $f(x)$에 대하여 $f'(a)=0$일 때, $x=a$의 좌우에서 $f'(x)$의 부호가 음에서 양으로 바뀌면 $f(x)$는 $x=a$에서 극소이고 극솟값 $f(a)$를 갖는다.

4 미분계수 $g'(2)$가 존재하는지 확인해야겠다.

알찬 풀이

점 (t, t^3)과 직선 $y=x+6$, 즉 $x-y+6=0$ 사이의 거리가 $g(t)$이므로

$$g(t)=\frac{|t-t^3+6|}{\sqrt{1^2+(-1)^2}}$$
$$=\frac{|t^3-t-6|}{\sqrt{2}}$$

점과 직선 사이의 거리
점 (x_1, y_1)과 직선 $ax+by+c=0$ 사이의 거리는 $\dfrac{|ax_1+by_1+c|}{\sqrt{a^2+b^2}}$

이때 $h(t)=t^3-t-6=(t-2)(t^2+2t+3)$이라 하면

→ 다음과 같이 조립제법을 이용하여 인수분해할 수 있어.

2	1	0	−1	−6
		2	4	6
	1	2	3	0

모든 실수 t에 대하여

$t^2+2t+3=(t+1)^2+2>0$

이므로

$t<2$일 때 $h(t)<0$,

$t\geq 2$일 때 $h(t)\geq 0$

이다.

$$\therefore g(t)=\begin{cases}\dfrac{-t^3+t+6}{\sqrt{2}} & (t<2)\\ \dfrac{t^3-t-6}{\sqrt{2}} & (t\geq 2)\end{cases}$$

→ 각각의 함수가 다항함수이므로 $t<2$, $t\geq 2$에서 각각 연속이야.

ㄱ. $\lim\limits_{t\to 2-}g(t)=\lim\limits_{t\to 2+}g(t)=g(2)=0$이므로 함수 $g(t)$는 $t=2$에서 연속이다.

→ 좌극한값, 우극한값, 함숫값이 모두 같아.

따라서 함수 $g(t)$는 실수 전체의 집합에서 연속이다. (참)

→ 함수 $g(t)$는 $t\neq 2$에서 연속이야. 따라서 $t=2$에서만 연속이면 실수 전체의 집합에서 연속이라고 할 수 있어.

수학 Ⅱ

Ⅱ. 다항함수의 미분법

ㄴ. $g'(t)=\begin{cases} \dfrac{-3t^2+1}{\sqrt{2}} & (t<2) \\ \dfrac{3t^2-1}{\sqrt{2}} & (t>2) \end{cases}$

$g'(t)=0$에서 $t=-\frac{1}{\sqrt{3}}$ 또는 $t=\frac{1}{\sqrt{3}}$

함수 $g(t)$의 증가와 감소를 표로 나타내면 다음과 같다.

t	$\cdots$	$-\frac{1}{\sqrt{3}}$	$\cdots$	$\frac{1}{\sqrt{3}}$	$\cdots$	2
$g'(t)$	$-$	0	$+$	0	$-$	
$g(t)$	↘	극소	↗	극대	↘	0

따라서 함수 $g(t)$는 $t=-\frac{1}{\sqrt{3}}$에서 극소이고 극솟값은

$g\left(-\frac{1}{\sqrt{3}}\right)=-\frac{2\sqrt{6}}{9}+3\sqrt{2}>0$

즉, 함수 $g(t)$는 0이 아닌 극솟값을 갖는다. (참)

ㄷ. $\lim_{t\to 2-} g'(t)=-\frac{11}{\sqrt{2}}<0$ → ㄴ에서 표를 보면 $\frac{1}{\sqrt{3}}<t<2$일 때, $g'(t)<0$임을 알 수도 있어.

$\lim_{t\to 2+} g'(t)=\frac{11}{\sqrt{2}}>0$

따라서 $\lim_{t\to 2-} g'(t)\neq\lim_{t\to 2+} g'(t)$이므로 함수 $g(t)$는 $t=2$에서 미분가능하지 않다. (거짓) → 미분계수 $g'(2)$가 존재하지 않으므로 $t=2$에서 미분가능하지 않아.

이상에서 옳은 것은 ㄱ, ㄴ이다. → 오답 Clear를 확인해 봐.

오답 Clear

함수 $g(t)$가 $t=2$에서 연속이라고 해서 반드시 $t=2$에서 미분가능한 것은 아님에 주의한다. 따라서 ㄷ에서 함수 $g(t)$의 $t=2$에서의 미분가능성을 판단하려면 $t=2$에서의 미분계수 $g'(2)$가 존재하는지 확인해야 한다.

정답률 확률과 통계 14%, 미적분 38%, 기하 25%

52 수능 유형 › 함수의 그래프 + 함수의 극한 정답 ①

두 자연수 a, b에 대하여 함수 $f(x)$는

$$f(x)=\begin{cases} 2x^3-6x+1 & (x\leq 2) \\ a(x-2)(x-b)+9 & (x>2) \end{cases}$$ [1]

→ 함수 $y=f(x)$의 그래프를 구간을 나누어 그려 봐.

이다. 실수 t에 대하여 함수 $y=f(x)$의 그래프와 직선 $y=t$가 만나는 점의 개수를 $g(t)$라 하자.

$$g(k)+\lim_{t\to k-} g(t)+\lim_{t\to k+} g(t)=9$$

를 만족시키는 실수 k의 개수가 1이 되도록 하는 두 자연수 a, b의 순서쌍 (a, b)에 대하여 $a+b$의 최댓값은? [2]

✓① 51 ② 52 ③ 53
④ 54 ⑤ 55

해결 흐름

1 b의 값에 따라 나누어 함수 $y=f(x)$의 그래프를 그려 봐야겠군.

2 $g(k)+\lim_{t\to k-} g(t)+\lim_{t\to k+} g(t)=9$를 만족시키는 실수 k의 개수가 1이 되도록 하는 함수 $y=f(x)$의 그래프의 개형을 찾으면 순서쌍 (a, b)를 구할 수 있겠다.

알찬 풀이

$x\leq 2$일 때, $f(x)=2x^3-6x+1$에서

$f'(x)=6x^2-6=6(x+1)(x-1)$

$f'(x)=0$에서 $x=-1$ 또는 $x=1$

$x\leq 2$에서 함수 $f(x)$의 증가와 감소를 표로 나타내면 다음과 같다.

x	$\cdots$	-1	$\cdots$	1	$\cdots$	2
$f'(x)$	$+$	0	$-$	0	$+$	
$f(x)$	↗	5 (극대)	↘	-3 (극소)	↗	5

또, 함수 $y=a(x-2)(x-b)+9$의 그래프는 점 $(2, 9)$를 지나고 a가 자연수이므로 아래로 볼록한 포물선이다.

(i) $b\leq 2$일 때,

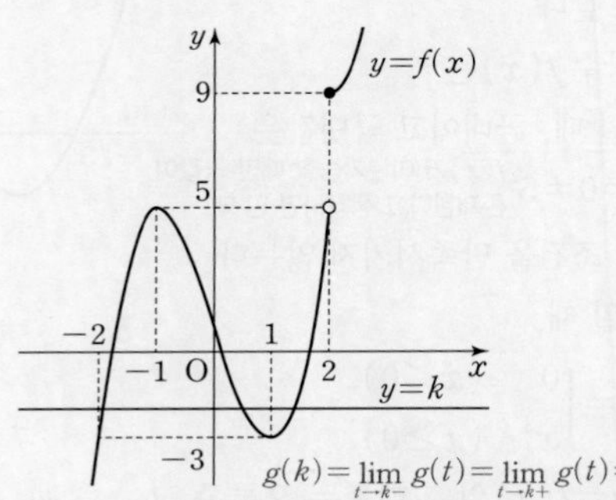

$g(k)=\lim_{t\to k-} g(t)=\lim_{t\to k+} g(t)=3$이야.

$x>2$에서 함수 $f(x)$가 증가하므로 함수 $y=f(x)$의 그래프와 직선 $y=k$가 서로 다른 세 점에서 만날 때,

$g(k)+\lim_{t\to k-} g(t)+\lim_{t\to k+} g(t)=9$를 만족시킨다.

함수 $y=f(x)$의 그래프와 직선 $y=k$가 서로 다른 세 점에서 만나는 실수 k의 값의 범위는 $-3<k<5$이므로 주어진 조건을 만족시키지 않는다. → k의 값이 무수히 많기 때문이야.

(ii) $b>2$일 때,

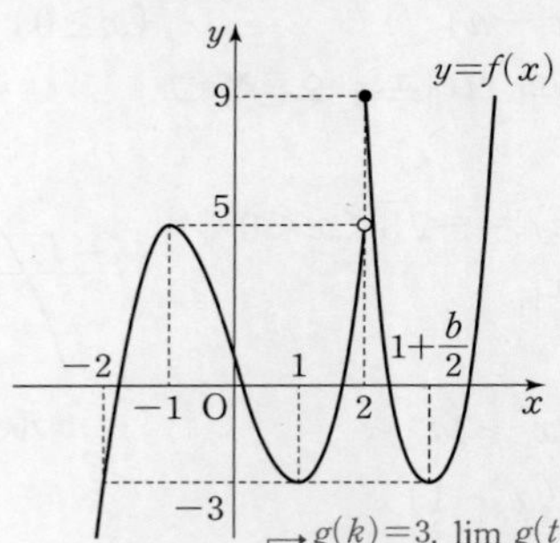

→ $g(k)=3$, $\lim_{t\to k-} g(t)=1$, $\lim_{t\to k+} g(t)=5$야.

함수 $y=a(x-2)(x-b)+9$의 그래프의 꼭짓점의 y좌표가 -3이면 $g(k)+\lim_{t\to k-} g(t)+\lim_{t\to k+} g(t)=9$를 만족시키는 실수 k가 -3의 1개이다.

따라서 $f\left(1+\frac{b}{2}\right)=-3$이므로

$a\left(1+\frac{b}{2}-2\right)\left(1+\frac{b}{2}-b\right)+9=-3$ → $a\left(\frac{b}{2}-1\right)\left(-\frac{b}{2}+1\right)=-12$, $a\left(\frac{b}{2}-1\right)^2=12$

$a\left(\frac{b}{2}-1\right)^2=12$

$\therefore a(b-2)^2=48$

(i), (ii)에서 $a(b-2)^2=48$

따라서 이를 만족시키는 자연수 a, b의 순서쌍은

$(48, 3)$, $(12, 4)$, $(3, 6)$

이므로 $a+b$의 최댓값은 $48+3=51$

정답률 확률과 통계 4%, 미적분 20%, 기하 9%

53 수능 유형 › 함수의 그래프 + 함수의 극한 정답 9

최고차항의 계수가 $\frac{1}{2}$인 삼차함수 $f(x)$와 실수 t에 대하여 방정식 $f'(x)=0$이 닫힌구간 $[t, t+2]$에서 갖는 실근의 개수를 $g(t)$라 할 때, 함수 $g(t)$는 다음 조건을 만족시킨다.

→ $f'(x)$는 이차함수이겠네.

(가) 모든 실수 a에 대하여 $\lim_{t \to a+} g(t) + \lim_{t \to a-} g(t) \le 2$이다.

(나) $g(f(1))=g(f(4))=2$, $g(f(0))=1$

$f(5)$의 값을 구하시오. 9

→ $g(t)=2$, $g(t)=1$, 즉 실근의 개수가 2와 1인 경우가 있다는 거네.

해결 흐름

1. 구간 $[t, t+2]$에 따라 함수 $g(t)$가 달라질 수 있으니까 구간에 주의하면서 조건을 확인해 봐야겠네.
2. $f'(x)$는 이차함수이니까 조건 (가), (나)를 모두 만족시키려면 이차함수가 어떤 형태가 되어야 하는지를 생각해 봐야겠다.
3. 2에서 찾은 이차함수 $f'(x)$를 이용해서 삼차함수 $f(x)$의 그래프의 개형을 유추해 봐야겠군.
4. 조건 (가), (나)를 모두 만족시키는 삼차함수 $f(x)$의 그래프의 개형을 찾으면 함수식을 구할 수 있겠어.

알찬 풀이

$f(x)$는 최고차항의 계수가 $\frac{1}{2}$인 삼차함수이므로

$f'(x)$는 최고차항의 계수가 $\frac{3}{2}$인 이차함수이다.

이때 조건 (가), (나)를 모두 만족시키려면 방정식 $f'(x)=0$은 서로 다른 두 실근을 가져야 한다.

방정식 $f'(x)=0$의 서로 다른 두 실근을 α, β $(\alpha<\beta)$라 하자.

(i) $\beta-\alpha<2$일 때,

구간 $[t, t+2]$에서 $\lim_{t \to a+} g(t) = \lim_{t \to a-} g(t) = 2$를 만족시키는 실수 a가 존재하므로

$\lim_{t \to a+} g(t) + \lim_{t \to a-} g(t) = 2+2=4$

가 되어 조건 (가)를 만족시키지 않는다.

→ 구간 $[t, t+2]$에 α, β가 모두 포함될 때는 $g(t)=2$이니까 좌극한값과 우극한값이 모두 2인 실수 a가 존재할 수 있지.

(ii) $\beta-\alpha>2$일 때,

구간 $[t, t+2]$에서 갖는 실근의 개수가 2, 즉 $g(t)=2$인 경우가 존재하지 않으므로

조건 (나)를 만족시키지 않는다.

→ 구간 $[t, t+2]$에 α, β가 모두 포함될 수는 없기 때문이야.

(i), (ii)에 의하여

$\beta-\alpha=2$ → $\beta-\alpha=2$이니까 β 대신 $\alpha+2$를 사용할 거야.

즉, 방정식 $f'(x)=0$의 서로 다른 두 실근을 α, $\alpha+2$로 놓을 수 있으므로 두 함수 $y=f'(x)$, $y=f(x)$의 그래프의 개형을 그려 보면 오른쪽 그림과 같다.

→ 이차함수 $y=f'(x)$의 그래프의 개형을 이용해서 삼차함수 $y=f(x)$의 그래프의 개형을 유추할 수 있어야 해.

이때 조건 (나)에서

$g(f(1))=g(f(4))=2$

이고 $g(t)=2$인 경우는 구간 $[t, t+2]=[\alpha, \alpha+2]$일 때뿐이므로

$f(1)=\alpha$, $f(4)=\alpha$ …… ㉠

또, $g(f(0))=1$이고

$g(t)=1$인 경우는 $\alpha \le t+2 < \alpha+2$ 또는 $\alpha < t \le \alpha+2$

일 때이므로

→ 구간 $[t, t+2]$를 움직여 보면서 실근의 개수가 1이 되는 범위를 찾는 거야.

$\alpha-2 \le t < \alpha$ 또는 $\alpha < t \le \alpha+2$에서

$\alpha-2 \le f(0) < \alpha$ 또는 $\alpha < f(0) \le \alpha+2$ …… ㉡

㉠에서

$f(1)=f(4)=\alpha$

이고, 이때 x의 값의 차가 $4-1=3$이므로 함수 $y=f(x)$의 그래프의 개형으로 가능한 것은 다음 두 가지가 있다.

→ 문제 해결 TIP을 확인해 봐.

(iii) $\alpha=1$일 때,

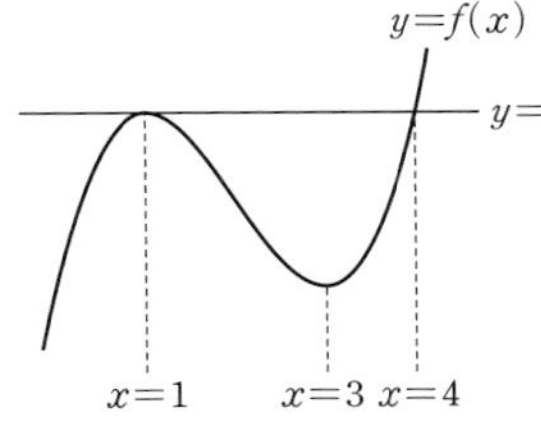

(iv) $\alpha+2=4$, 즉 $\alpha=2$일 때,

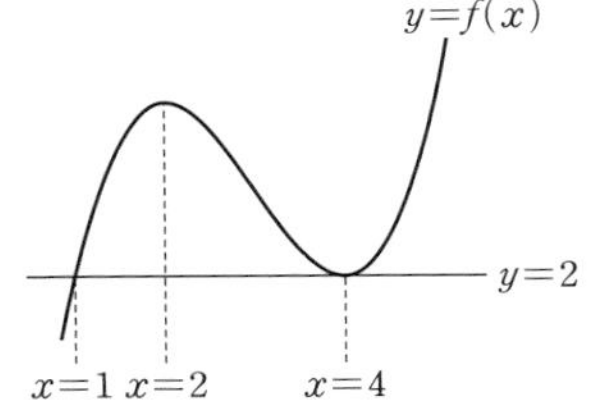

(iii)에서 $f(x)=\frac{1}{2}(x-1)^2(x-4)+1$이므로

→ 함수의 그래프와 직선의 교점을 이용해서 함수식을 만들면 돼.

$f(0)=\frac{1}{2}\times1\times(-4)+1=-1$

이는 ㉡에서 $-1 \le f(0) < 1$을 만족시킨다.

(iv)에서 $f(x)=\frac{1}{2}(x-1)(x-4)^2+2$이므로

$f(0)=\frac{1}{2}\times(-1)\times16+2=-6$

이는 ㉡을 만족시키지 않는다.

→ $0 \le f(0) < 2$ 또는 $2 < f(0) \le 4$이니까 만족시키지 않지.

(iii), (iv)에서

$f(x)=\frac{1}{2}(x-1)^2(x-4)+1$

$\therefore f(5)=\frac{1}{2}\times16\times1+1=9$

다른풀이 방정식 $f'(x)=0$의 서로 다른 두 실근을 α, $\alpha+2$로 놓을 수 있으므로 α의 값은 다음과 같이 구할 수도 있다.

$$\begin{aligned} f'(x) &= \frac{3}{2}(x-\alpha)\{x-(\alpha+2)\} \\ &= \frac{3}{2}\{x^2-(2\alpha+2)x+\alpha(\alpha+2)\} \\ &= \frac{3}{2}x^2-3(\alpha+1)x+\frac{3}{2}\alpha(\alpha+2) \end{aligned}$$

$$\therefore f(x)=\frac{1}{2}x^3-\frac{3}{2}(\alpha+1)x^2+\frac{3}{2}\alpha(\alpha+2)x+C$$

(단, C는 적분상수)

이때 조건 (나)에서 $g(f(1))=g(f(4))=2$

이고 $g(t)=2$인 경우는 구간 $[t, t+2]=[\alpha, \alpha+2]$일 때뿐이므로

$f(1)=f(4)$

즉,

$$\begin{aligned} f(1) &= \frac{1}{2}-\frac{3}{2}(\alpha+1)+\frac{3}{2}\alpha(\alpha+2)+C \\ &= \frac{1}{2}-\frac{3}{2}\alpha-\frac{3}{2}+\frac{3}{2}\alpha^2+3\alpha+C \\ &= \frac{3}{2}\alpha^2+\frac{3}{2}\alpha-1+C \end{aligned}$$

이고,

$$f(4)=\frac{1}{2}\times 4^3-\frac{3}{2}(\alpha+1)\times 4^2+\frac{3}{2}\alpha(\alpha+2)\times 4+C$$
$$=32-24\alpha-24+6\alpha^2+12\alpha+C$$
$$=6\alpha^2-12\alpha+8+C$$

이므로

$$\frac{3}{2}\alpha^2+\frac{3}{2}\alpha-1+C=6\alpha^2-12\alpha+8+C$$
$$3\alpha^2+3\alpha-2=12\alpha^2-24\alpha+16$$
$$9\alpha^2-27\alpha+18=0,\ \alpha^2-3\alpha+2=0$$
$$(\alpha-1)(\alpha-2)=0$$
$$\therefore\ \alpha=1 \text{ 또는 } \alpha=2$$

문제 해결 TIP

김건희 | 서울대학교 화학생명공학부 | 세화고등학교 졸업

삼차함수 $f(x)$가 극댓값과 극솟값을 모두 가질 때, 삼차함수 $y=f(x)$의 그래프는 다음과 같은 특징이 있어.

오른쪽 그림과 같이 최고차항의 계수가 양수인 삼차함수 $y=f(x)$의 그래프에서 함수 $f(x)$가 극댓값을 갖는 점 A에서의 접선이 $y=f(x)$의 그래프와 점 B에서 만날 때, 선분 AB를 $2:1$로 내분하는 점의 x좌표는 함수 $f(x)$가 극솟값을 갖는 점 C의 x좌표와 같지.

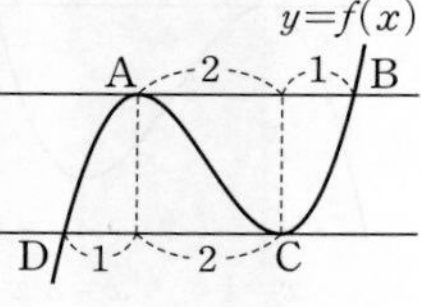

마찬가지로 함수 $f(x)$가 극솟값을 갖는 점 C에서의 접선이 $y=f(x)$의 그래프와 점 D에서 만날 때, 선분 CD를 $2:1$로 내분하는 점의 x좌표는 함수 $f(x)$가 극댓값을 갖는 점 A의 x좌표와 같아.

따라서 극댓값과 극솟값을 모두 갖는 삼차함수 $f(x)$에서 x의 값의 차가 3이면서 두 함숫값이 같은 경우에는 위와 같은 삼차함수의 그래프의 특징을 이용할 수 있어.

즉, 이 문제에서도 삼차함수의 그래프의 특징을 이용할 수 있으므로 (iii), (iv)와 같은 그래프의 개형을 찾을 수 있어.

이와 같은 삼차함수의 그래프의 특징은 교육과정상의 내용은 아니지만 알아두면 그래프의 개형을 빠르게 파악할 수 있으므로 편리해.

정답률 확률과 통계 39%, 미적분 56%, 기하 47%

54

수능 유형 › 함수의 그래프 + 미분가능성 　정답 ③

두 양수 p, q와 함수 $f(x)=x^3-3x^2-9x-12$[2]에 대하여 실수 전체의 집합에서 연속인 함수 $g(x)$가 다음 조건을 만족시킬 때, $p+q$의 값은?

→ 함수 $f(x)$의 극댓값과 극솟값을 구하면 그 그래프를 그릴 수 있어.

> (가) 모든 실수 x에 대하여 $xg(x)=|xf(x-p)+qx|$이다.[1]
> → x의 값의 범위에 따라 $g(x)$를 구할 수 있어.
>
> (나) 함수 $g(x)$가 $x=a$에서 미분가능하지 않은 실수 a의 개수는 1이다.[3]

① 6　　② 7　　✓③ 8
④ 9　　⑤ 10

해결 흐름

1 $xg(x)=|xf(x-p)+qx|$에서 $x>0$, $x<0$인 경우로 나누어 함수 $g(x)$를 구하면 두 함수 $g(x)$와 $f(x)$의 관계를 알 수 있겠구나.

2 함수 $y=f(x)$의 그래프를 그려 봐야겠네.

3 함수 $y=f(x)$의 그래프를 이용하여 함수 $g(x)$가 미분가능하지 않은 점이 1개일 조건을 찾아봐야겠다.

알찬 풀이

조건 (가)에서

$$xg(x)=|xf(x-p)+qx|$$
$$=|x|\times|f(x-p)+q|$$

$h(x)=f(x-p)+q$라 하면 → $xg(x)=|x|\times|h(x)|=\begin{cases}-x|h(x)| & (x<0)\\ x|h(x)| & (x\geq 0)\end{cases}$

$$g(x)=\begin{cases}-|h(x)| & (x<0)\\ |h(x)| & (x>0)\end{cases}$$

함수 $g(x)$가 실수 전체의 집합에서 연속이면 $x=0$에서 연속이므로

$\lim_{x\to 0-} g(x)=\lim_{x\to 0+} g(x)=g(0)$에서

$$-|h(0)|=|h(0)|$$
$$2|h(0)|=0 \qquad \therefore |h(0)|=0$$

즉, $h(0)=0$, $g(0)=0$ 　　…… ㉠

한편, $f(x)=x^3-3x^2-9x-12$에서

$$f'(x)=3x^2-6x-9$$
$$=3(x+1)(x-3)$$

$f'(x)=0$에서

$x=-1$ 또는 $x=3$

함수 $f(x)$의 증가와 감소를 표로 나타내면 다음과 같다.

x	$\cdots$	-1	$\cdots$	3	$\cdots$
$f'(x)$	$+$	0	$-$	0	$+$
$f(x)$	↗	-7 (극대)	↘	-39 (극소)	↗

따라서 함수 $y=f(x)$의 그래프는 오른쪽 그림과 같다.

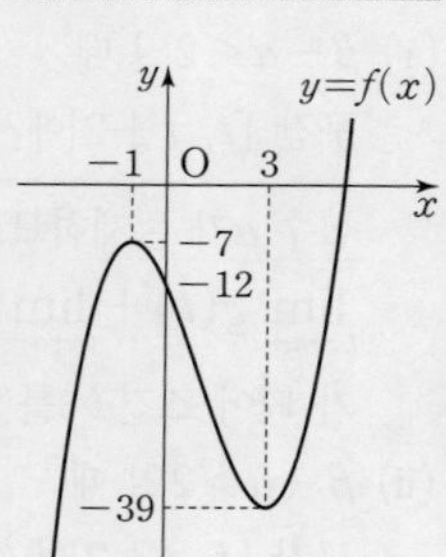

이때 함수 $y=f(x)$의 그래프를 x축의 방향으로 $p\ (p>0)$만큼, y축의 방향으로 $q\ (q>0)$만큼 평행이동한 그래프인 함수 $y=h(x)$의 그래프는 ㉠에 의하여 원점을 지난다.

또, 조건 (나)에서 함수 $g(x)$가 미분가능하지 않은 점이 1개이어야 하므로 두 함수 $y=h(x)$와 $y=g(x)$의 그래프는 각각 다음 그림과 같다.

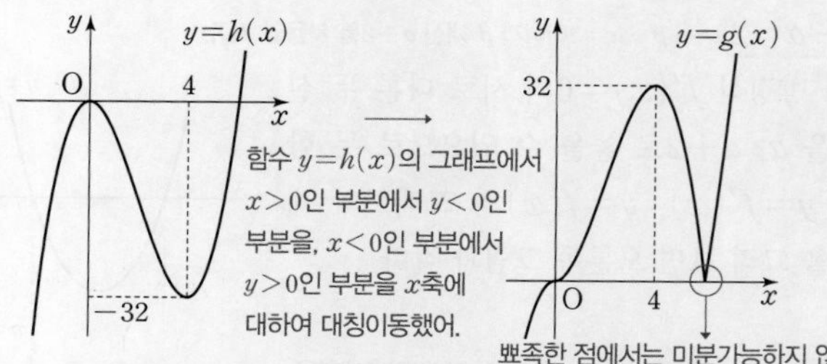

즉, 함수 $y=h(x)$의 그래프는 함수 $y=f(x)$의 그래프를 x축의 방향으로 1만큼, y축의 방향으로 7만큼 평행이동한 것이므로

→ $-7+q=0$이어야 하니까 $q=7$

$p=1$, $q=7$

→ $-1+p=0$이어야 하니까 $p=1$

$\therefore\ p+q=8$

수능 핵심 개념 절댓값 기호를 포함한 식의 그래프

절댓값 기호를 포함한 식의 그래프는 다음과 같이 그리면 편리하다.

(1) $y=|f(x)|$의 그래프는 $y=f(x)$의 그래프를 그린 후 $y\ge0$인 부분은 남기고, $y<0$인 부분은 x축에 대하여 대칭이동한다.

(2) $y=f(|x|)$의 그래프는 $y=f(x)$의 그래프를 그린 후 $x\ge0$인 부분만 남기고, 이 부분을 y축에 대하여 대칭이동한다.

(3) $|y|=f(x)$의 그래프는 $y=f(x)$의 그래프를 그린 후 $y\ge0$인 부분만 남기고, 이 부분을 x축에 대하여 대칭이동한다.

(4) $|y|=f(|x|)$의 그래프는 $y=f(x)$의 그래프를 그린 후 $x\ge0$, $y\ge0$인 부분만 남기고, 이 부분을 x축, y축, 원점에 대하여 각각 대칭이동한다.

정답률 41%

55 수능 유형 › 함수의 그래프 + 미분계수의 정의 정답 ④

실수 t에 대하여 직선 $x=t$가 두 함수

$y=x^4-4x^3+10x-30$, $y=2x+2$

의 그래프와 만나는 점을 각각 A, B라 할 때, 점 A와 점 B 사이의 거리를 $f(t)$라 하자. [1] (→ 두 점 A, B의 x좌표는 같아.)

$$\lim_{h\to0+}\frac{f(t+h)-f(t)}{h}\times\lim_{h\to0-}\frac{f(t+h)-f(t)}{h}\le0$$ [2]

을 만족시키는 모든 실수 t의 값의 합은?

① -7 ② -3 ③ 1 ✓④ 5 ⑤ 9

해결 흐름

1. 두 점 A, B의 좌표를 이용해서 $f(t)$를 구해야지.
2. $\lim_{h\to0+}\frac{f(t+h)-f(t)}{h}\times\lim_{h\to0-}\frac{f(t+h)-f(t)}{h}\le0$을 만족시키려면 t의 값의 좌우에서 함수 $f(t)$의 증가와 감소가 바뀌어야겠네. 그럼 $f(t)$가 극값을 갖는 t의 값을 구하면 되겠구나.

알찬 풀이

A$(t,\ t^4-4t^3+10t-30)$, B$(t,\ 2t+2)$이므로

두 점 A, B 사이의 거리 $f(t)$는

$f(t)=|t^4-4t^3+10t-30-(2t+2)|$

$=|t^4-4t^3+8t-32|$

(→ 두 점 A, B의 x좌표가 같으므로 두 점 사이의 거리는 y좌표의 차와 같고, 어느 값이 더 큰지 모르니까 절댓값 기호를 씌워야 해.)

이때 $g(t)=t^4-4t^3+8t-32$라 하면

$g'(t)=4t^3-12t^2+8$

$=4(t-1)(t^2-2t-2)$

> 도함수
> ① $y=x^n$이면 $y'=nx^{n-1}$
> ② $y=c$ (c는 상수)이면 $y'=0$

$g'(t)=0$에서 $t=1$ 또는 $t=1\pm\sqrt3$

함수 $g(t)$의 증가와 감소를 표로 나타내면 다음과 같다.

t	$\cdots$	$1-\sqrt3$	$\cdots$	1	$\cdots$	$1+\sqrt3$	$\cdots$
$g'(t)$	$-$	0	$+$	0	$-$	0	$+$
$g(t)$	↘	극소	↗	극대	↘	극소	↗

따라서 함수 $g(t)$는 $t=1$에서 극댓값

$g(1)=1-4+8-32=-27$

을 갖고, $t=1-\sqrt3$, $t=1+\sqrt3$에서 극솟값을 갖는다. 또,

$g(t)=t^4-4t^3+8t-32$

$=(t+2)(t-4)(t^2-2t+4)$

이므로 함수 $y=g(t)$의 그래프는 [그림 1]과 같다.

이때 $f(t)=|g(t)|$이므로 함수 $y=f(t)$의 그래프는 [그림 2]와 같다.

(→ 함수 $y=g(t)$의 그래프에서 $y\ge0$인 부분은 그대로 두고 $y<0$인 부분만 t축에 대하여 대칭이동하면 돼.)

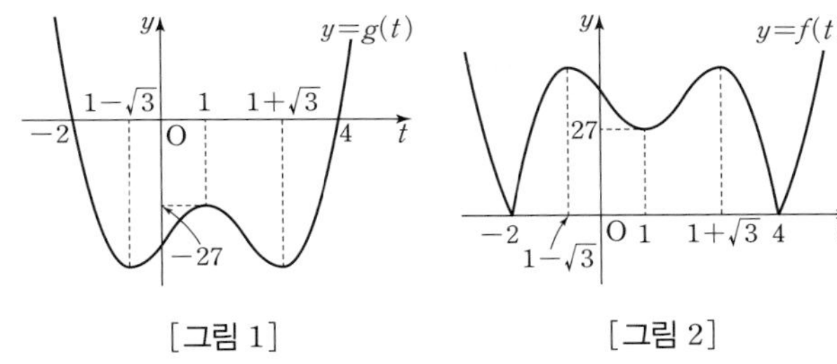

[그림 1] [그림 2]

한편, $\lim_{h\to0+}\frac{f(t+h)-f(t)}{h}\times\lim_{h\to0-}\frac{f(t+h)-f(t)}{h}\le0$을 만족시키려면 $x=t$인 점의 좌우에서 접선의 기울기의 부호가 바뀌거나 $x=t$에서의 접선의 기울기가 0이어야 한다.

즉, 부등식을 만족시키는 t의 값에서 함수 $f(t)$가 극값을 가지므로 모든 실수 t의 값의 합은

$-2+(1-\sqrt3)+1+(1+\sqrt3)+4=5$

수능 핵심 개념 함수의 그래프 그리기

미분가능한 함수 $f(x)$의 그래프의 개형은 다음과 같은 순서로 그린다.

(i) 도함수 $f'(x)$를 구한다.

(ii) $f'(x)=0$인 x의 값을 구한다.

(iii) $f'(x)$의 부호의 변화를 조사하여 함수 $f(x)$의 증가와 감소를 표로 나타낸다.

(iv) 함수의 증가와 감소, 극대와 극소, 좌표축과의 교점 등을 이용하여 그래프의 개형을 그린다.

정답률 15%

56 수능 유형 › 함수의 최대와 최소 정답 38

이차함수 $f(x)$는 $x=-1$에서 극대이고, [1] 삼차함수 $g(x)$는 이차항의 계수가 0이다. 함수

(→ 함수 $y=f(x)$의 그래프의 대칭축이 직선 $x=-1$임을 의미해.)

$$h(x)=\begin{cases}f(x) & (x\le0)\\ g(x) & (x>0)\end{cases}$$

이 실수 전체의 집합에서 미분가능하고 다음 조건을 만족시킬 때, $h'(-3)+h'(4)$의 값을 구하시오. 38

(→ $f(0)$과 같아.)

> (가) 방정식 $h(x)=h(0)$의 모든 실근의 합은 1이다. [2]
> (나) 닫힌구간 $[-2,\ 3]$에서 [3] 함수 $h(x)$의 최댓값과 최솟값의 차는 $3+4\sqrt3$이다.

해결 흐름

1. 이차함수 $f(x)$가 $x=-1$에서 극대임을 이용하면 함수 $f(x)$의 식을 세울 수 있겠네.
2. 실수 전체의 집합에서 미분가능한 함수 $h(x)$에 대하여 조건 (가)를 만족시키는 함수 $g(x)$를 생각해 봐야겠다.
3. 닫힌구간 $[-2,\ 3]$에서 함수 $h(x)$가 최대 또는 최소가 되는 경우를 알아봐야겠네.

알찬 풀이

이차함수 $f(x)$가 $x=-1$에서 극대이므로 $y=f(x)$의 그래프는 위로 볼록하고 직선 $x=-1$에 대하여 대칭이다. 따라서

$f(x)=a(x+1)^2+b$ (a, b는 상수, $a<0$)

로 놓을 수 있다.

한편, $x\le 0$에서 $h(x)=f(x)$이므로

$h(0)=f(0)=k$ (k는 상수)라 하면

$f(-2)=f(0)=k$ → 함수 $y=f(x)$의 그래프는 직선 $x=-1$에 대하여 대칭이므로 $f(-2)=f(0)$이야.

함수 $h(x)=\begin{cases} f(x) & (x\le 0) \\ g(x) & (x>0)\end{cases}$가 실수 전체의 집합에서 미분가능하면 $x=0$에서도 미분가능하므로 조건 (가)를 만족시키는 함수 $h(x)$의 그래프는 다음과 같이 두 가지 경우로 나누어 생각할 수 있다.

(i) 방정식 $h(x)=h(0)$의 나머지 실근이 $x=3$뿐인 경우 → 모든 실근의 합이 1이니까.

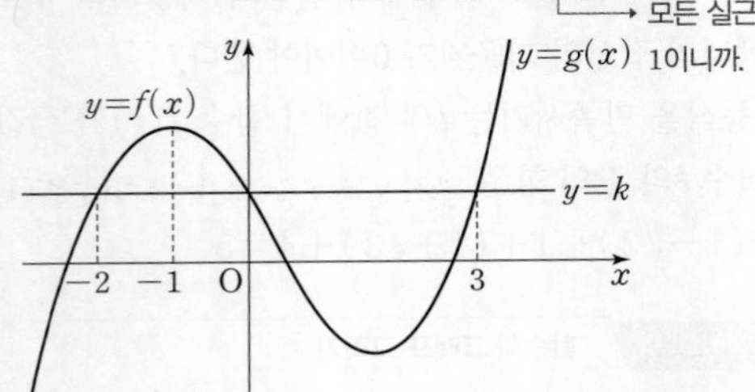

$x<0$에서 방정식 $g(x)=k$의 실근을 $x=\alpha$라 하면 위의 그림에서

$g(x)=px(x-\alpha)(x-3)+k$ ($p>0$) → 삼차함수의 그래프가 오른쪽 위를 향하니까 최고차항의 계수가 양수야.

로 놓을 수 있다.

이때 삼차함수 $g(x)$의 이차항의 계수가 0이므로

$g(x)=px^3-p(3+\alpha)x^2+3p\alpha x+k$에서

$3+\alpha=0$

$\therefore \alpha=-3$

즉, $g(x)=px^3-9px+k$ → 함수 $h(x)$는 $x=0$에서 연속이야.

함수 $h(x)$가 $x=0$에서 미분가능하므로

$f(0)=g(0)$, $f'(0)=g'(0)$이다.

$f(0)=g(0)$에서

$a+b=k$ …… ㉠

$f'(x)=2a(x+1)$, $g'(x)=3px^2-9p$이므로

$f'(0)=g'(0)$에서

$2a=-9p$

$\therefore p=-\frac{2}{9}a$ …… ㉡

한편, 닫힌구간 $[-2, 3]$에서 함수 $h(x)$는 $x=-1$에서 극대이면서 최대이므로 최댓값은

$h(-1)=f(-1)=b$

또, $g'(x)=0$에서 $3px^2-9p=0$

$3p(x+\sqrt{3})(x-\sqrt{3})=0$ → 함수 $g(x)$의 극값을 알아보기 위한 과정이야.

$\therefore x=-\sqrt{3}$ 또는 $x=\sqrt{3}$

즉, 닫힌구간 $[-2, 3]$에서 함수 $h(x)$는 $x=\sqrt{3}$에서 극소이면서 최소이므로 최솟값은 → $x>0$에서 $h(x)=g(x)$이니까 $g(x)$가 극소일 때 $h(x)$도 극소야.

$h(\sqrt{3})=g(\sqrt{3})$

$=-6\sqrt{3}p+k$

조건 (나)에서 함수 $h(x)$의 최댓값과 최솟값의 차가 $3+4\sqrt{3}$이므로

$b-(-6\sqrt{3}p+k)=6\sqrt{3}p-a$ ($\because$ ㉠)

$=6\sqrt{3}\times\left(-\frac{2}{9}a\right)-a$ ($\because$ ㉡)

$=-\frac{3+4\sqrt{3}}{3}a=3+4\sqrt{3}$

$\therefore a=-3$

$a=-3$을 ㉡에 대입하면 $p=\frac{2}{3}$

따라서 $f(x)=-3(x+1)^2+b$, $g(x)=\frac{2}{3}x^3-6x+k$이므로

$f'(x)=-6(x+1)$, $g'(x)=2x^2-6$

$\therefore h'(-3)+h'(4)=f'(-3)+g'(4)=12+26=38$

(ii) 방정식 $h(x)=h(0)$의 나머지 실근의 합이 3인 경우 → 조건 (가)에서 $h(x)=h(0)$의 실근의 합이 1이라고 했어.

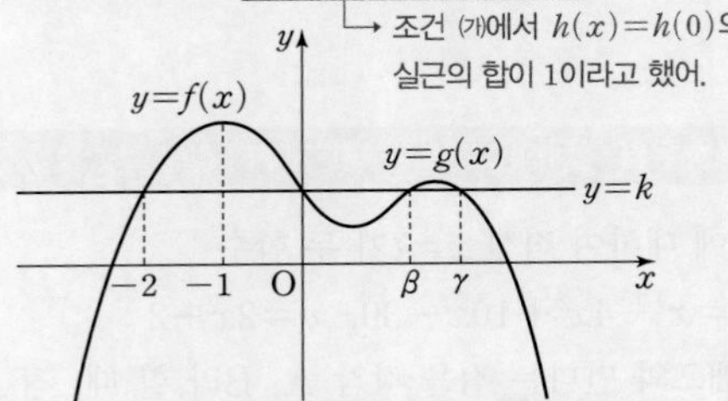

위의 그림과 같이 $x>0$에서 방정식 $g(x)=k$의 두 실근을 β, γ라 하면 $\beta+\gamma=3$이고 → $-2+\beta+\gamma=1$

$g(x)=qx(x-\beta)(x-\gamma)+k$ ($q<0$)

로 놓을 수 있다.

이때 함수 $g(x)$의 이차항의 계수는

$g(x)=q\{x^3-(\beta+\gamma)x^2+\beta\gamma x\}+k$

$=q(x^3-3x^2+\beta\gamma x)+k$

에서 $-3q>0$ → 이차항의 계수가 0이라고 했어.

이므로 주어진 조건을 만족시키지 않는다.

(i), (ii)에서 $h'(-3)+h'(4)=38$

정답률 58%

57 수능 유형 › 함수의 최대와 최소 ⊕ 미분가능성과 연속성 정답 ⑤

[1] 최고차항의 계수가 1인 삼차함수 $f(x)$에 대하여 함수 $g(x)$는 → $f(x)=x^3+ax^2+bx+c$

$$g(x)=\begin{cases} \frac{1}{2} & (x<0) \\ f(x) & (x\ge 0)\end{cases}$$ → $x=0$에서도 미분가능해.

이다. [2] $g(x)$가 실수 전체의 집합에서 미분가능하고 [3] $g(x)$의 최솟값이 $\frac{1}{2}$보다 작을 때, **보기**에서 옳은 것만을 있는 대로 고른 것은?

보기

ㄱ. $g(0)+g'(0)=\frac{1}{2}$

ㄴ. $g(1)<\frac{3}{2}$

ㄷ. 함수 $g(x)$의 최솟값이 0일 때, $g(2)=\frac{5}{2}$이다.

① ㄱ ② ㄱ, ㄴ ③ ㄱ, ㄷ
④ ㄴ, ㄷ ✓⑤ ㄱ, ㄴ, ㄷ

해결 흐름

1 최고차항의 계수가 1인 삼차함수 $f(x)$의 식을 세워야겠군.

2 함수 $g(x)$가 실수 전체의 집합에서 미분가능하므로 $x=0$에서 연속이니까 이를 이용해서 함수 $f(x)$를 구할 수 있겠다.

3 함수 $g(x)$의 최솟값이 $\frac{1}{2}$보다 작으니까 함수 $f(x)$의 최솟값이 $\frac{1}{2}$보다 작아야겠네.

알찬 풀이

$f(x)=x^3+ax^2+bx+c$ (a, b, c는 상수)로 놓으면

→ 함수 $f(x)$는 최고차항의 계수가 1인 삼차함수야.

$f'(x)=3x^2+2ax+b$

이때 함수 $g(x)=\begin{cases} \frac{1}{2} & (x<0) \\ f(x) & (x\geq 0)\end{cases}$가 실수 전체의 집합에서 미분가능하므로

→ 실수 전체의 집합에서 미분가능하니까 $x=0$에서도 미분가능하지.

$\lim_{x\to 0-} g(x)=\lim_{x\to 0+} g(x)=f(0)=\frac{1}{2}$

→ $x=0$에서 미분가능하니까 $x=0$에서 연속이야.

$\therefore c=\frac{1}{2}$

또, $g'(x)=\begin{cases} 0 & (x<0) \\ f'(x) & (x>0)\end{cases}$에서 $g'(0)$이 존재하므로

$g'(0)=\lim_{x\to 0-} g'(x)=\lim_{x\to 0+} g'(x)=f'(0)=0$

→ $x=0$에서 미분가능하니까 $x=0$에서의 미분계수가 존재하지.

$\therefore b=0$

$\therefore f(x)=x^3+ax^2+\frac{1}{2}$, $f'(x)=3x^2+2ax$

ㄱ. $g(0)+g'(0)=f(0)+f'(0)$

$=\frac{1}{2}+0=\frac{1}{2}$ (참)

ㄴ. $g(1)=f(1)=\frac{3}{2}+a$

한편, $f'(x)=3x^2+2ax=x(3x+2a)$이므로

$f'(x)=0$에서 $x=0$ 또는 $x=-\frac{2a}{3}$

그런데 $-\frac{2a}{3}<0$이면 함수 $f(x)$는 $x=0$에서 극소이므로 함수 $g(x)$의 최솟값이 $f(0)=\frac{1}{2}$이 된다. 또, $-\frac{2a}{3}=0$이면 함수 $g(x)$의 최솟값이 $f(0)=\frac{1}{2}$이 된다. 즉, $-\frac{2a}{3}\leq 0$이면 조건을 만족시키지 않는다.

→ $x\geq 0$에서 $f(x)\geq f(0)=\frac{1}{2}$이기 때문이지.

따라서 $-\frac{2a}{3}>0$이므로 $a<0$이다.

→ $f(0)=\frac{1}{2}$이 극댓값이면 $f\left(-\frac{2a}{3}\right)<\frac{1}{2}$이니까 $g(x)$의 최솟값이 $\frac{1}{2}$보다 작아져.

$\therefore g(1)=f(1)=\frac{3}{2}+a<\frac{3}{2}$ (참)

ㄷ. ㄴ에서 함수 $g(x)$는 $x=-\frac{2a}{3}$에서 최솟값을 가지므로 함수 $g(x)$의 최솟값은

$g\left(-\frac{2a}{3}\right)=f\left(-\frac{2a}{3}\right)$

$=-\frac{8}{27}a^3+\frac{4}{9}a^3+\frac{1}{2}$

→ $f(x)=x^3+ax^2+\frac{1}{2}$에 $x=-\frac{2a}{3}$를 대입했어.

$=\frac{4}{27}a^3+\frac{1}{2}=0$

$a^3=-\frac{27}{8}$

$\therefore a=-\frac{3}{2}$

따라서 $f(x)=x^3-\frac{3}{2}x^2+\frac{1}{2}$이므로

$g(2)=f(2)=8-6+\frac{1}{2}=\frac{5}{2}$ (참)

이상에서 ㄱ, ㄴ, ㄷ 모두 옳다.

정답률 68%

58 수능 유형 › 함수의 최대와 최소 정답 ③

최고차항의 계수가 1인 사차함수 $f(x)$가 다음 조건을 만족시킨다.

> (가) $f'(0)=0$, $f'(2)=16$ 1
> (나) 어떤 양수 k에 대하여 두 열린구간 $(-\infty, 0)$, $(0, k)$에서 $f'(x)<0$이다.

보기에서 옳은 것만을 있는 대로 고른 것은?

> **보기**
> ㄱ. 방정식 $f'(x)=0$은 열린구간 $(0, 2)$에서 한 개의 실근을 갖는다. 2
> ㄴ. 함수 $f(x)$는 극댓값을 갖는다. 3
> ㄷ. $f(0)=0$이면, 모든 실수 x에 대하여 $f(x)\geq -\frac{1}{3}$이다.

→ $f(x)$의 최솟값을 확인해야겠다.

① ㄱ ② ㄴ ✓③ ㄱ, ㄷ
④ ㄴ, ㄷ ⑤ ㄱ, ㄴ, ㄷ

해결 흐름

1 주어진 조건을 이용하여 $f'(x)$를 구할 수 있겠군.

2 함수 $y=f'(x)$의 그래프를 이용하면 ㄱ의 참, 거짓을 알 수 있겠네.

연관 개념 | 방정식 $f(x)=0$의 실근의 개수는 함수 $y=f(x)$의 그래프와 x축의 교점의 개수와 같다.

3 함수 $y=f(x)$의 그래프를 유추하여 ㄴ, ㄷ의 참, 거짓을 판별해야겠다.

알찬 풀이

$f(x)$는 최고차항의 계수가 1인 사차함수이므로 $f'(x)$는 최고차항의 계수가 4인 삼차함수이다.

이때 조건 (가), (나)를 만족시키는 삼차함수 $y=f'(x)$의 그래프의 개형은 오른쪽 그림과 같이 $x=0$인 점에서 x축에 접하므로 $f'(x)$는 x^2을 인수로 갖는다. 즉, $f'(x)=4x^2(x-p)$ (p는 실수)로 놓을 수 있다.

→ 오답 Clear를 확인해 봐.

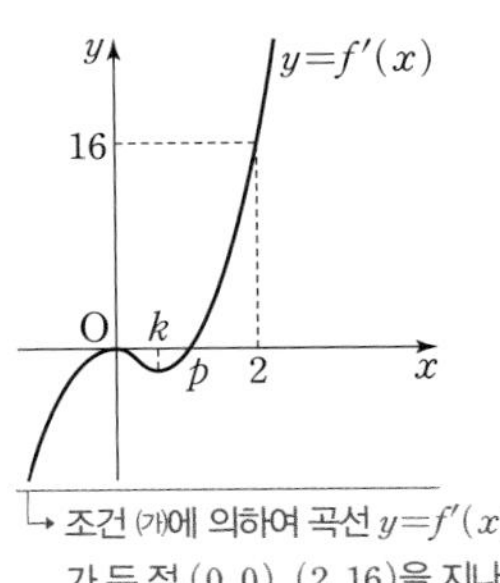

→ 조건 (가)에 의하여 곡선 $y=f'(x)$가 두 점 $(0, 0)$, $(2, 16)$을 지나.

이때 조건 (가)에서 $f'(2)=16$이므로

$f'(2)=4\times4\times(2-p)=16$

$2-p=1 \quad \therefore p=1$

$\therefore f'(x)=4x^2(x-1)$

ㄱ. $f'(x)=0$에서 $4x^2(x-1)=0$

$\therefore x=0$ 또는 $x=1$

따라서 방정식 $f'(x)=0$은 열린구간 $(0, 2)$에서 한 개의 실근을 갖는다. (참)

→ $x=1$

ㄴ. 함수 $f(x)$의 증가와 감소를 표로 나타내면 다음과 같다.

x	$\cdots$	0	$\cdots$	1	$\cdots$
$f'(x)$	$-$	0	$-$	0	$+$
$f(x)$	↘		↘	극소	↗

따라서 함수 $y=f(x)$는 극댓값을 갖지 않는다. (거짓)

ㄷ. $f(0)=0$이므로

$f(x)=x^4+ax^3+bx^2+cx$ (a, b, c는 상수)

로 놓으면

$f'(x)=4x^3+3ax^2+2bx+c$

이때 $f'(x)=4x^2(x-1)=4x^3-4x^2$이므로

$4x^3+3ax^2+2bx+c=4x^3-4x^2$

$3a=-4$에서 $a=-\frac{4}{3}$이고 $b=0$, $c=0$

→ 위의 식이 x에 대한 항등식이니까 동류항의 계수를 비교했어.

$\therefore f(x)=x^4-\frac{4}{3}x^3$

함수 $f(x)$는 $x=1$에서 극소이면서 최소이므로 최솟값은

$f(1)=1-\frac{4}{3}$

$=-\frac{1}{3}$

함수 $f(x)$가 닫힌구간 $[a, b]$에서 연속이고 극값이 오직 하나 존재할 때,
① 하나뿐인 극값이 극댓값이면 (극댓값)=(최댓값)
② 하나뿐인 극값이 극솟값이면 (극솟값)=(최솟값)

따라서 모든 실수 x에 대하여

$f(x)\ge-\frac{1}{3}$ (참)

이상에서 옳은 것은 ㄱ, ㄷ이다.

다른풀이 ㄷ. 부정적분을 이용하여 $f(x)$를 다음과 같이 구할 수도 있다.

$f(x)=\int f'(x)dx$

$=\int(4x^3-4x^2)dx$

$=x^4-\frac{4}{3}x^3+C$ (단, C는 적분상수)

이때 $f(0)=0$이므로 $C=0$

$\therefore f(x)=x^4-\frac{4}{3}x^3$

오답 Clear

조건 (가)를 만족시키는 삼차함수 $f'(x)$가 x^2을 인수로 갖지 않고, x를 인수로 가지면 오른쪽 그림과 같이 어떤 양수 k에 대하여 열린구간 $(0, k)$에서 $f'(x)>0$이므로 조건 (나)를 만족시키지 않는다. 따라서 삼차함수 $f'(x)$는 x^2을 인수로 가져야 한다.

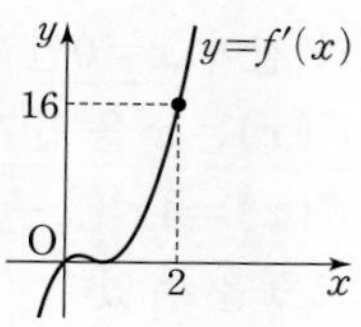

59 수능 유형 › 함수의 최대와 최소

정답률 53%

정답 12

양수 a에 대하여 함수 $f(x)=x^3+ax^2-a^2x+2$가 닫힌구간 $[-a, a]$에서 최댓값 M, 최솟값 $\frac{14}{27}$를 갖는다. $a+M$의 값을 구하시오. 12

→ 함수 $f(x)$는 실수 전체의 집합에서 연속이야.

해결 흐름

1 닫힌구간 $[-a, a]$가 주어졌으니까 $f(-a)$, $f(a)$, 극값 중 가장 작은 값이 최솟값 $\frac{14}{27}$이겠네. 극값을 찾아야 하니까 $f'(x)=0$이 되는 x의 값을 구해서 함수 $f(x)$의 증가와 감소를 표로 나타내 봐야겠다.

알찬 풀이

$f(x)=x^3+ax^2-a^2x+2$에서

$f'(x)=3x^2+2ax-a^2$

$=(x+a)(3x-a)$

최대 · 최소 정리
함수 $f(x)$가 닫힌구간 $[a, b]$에서 연속이면 $f(x)$는 이 구간에서 반드시 최댓값과 최솟값을 갖는다.

$f'(x)=0$에서

$x=-a$ 또는 $x=\frac{a}{3}$

$a>0$이므로 닫힌구간 $[-a, a]$에서 함수 $f(x)$의 증가와 감소를 표로 나타내면 다음과 같다.

x	$-a$	$\cdots$	$\frac{a}{3}$	$\cdots$	a
$f'(x)$	0	$-$	0	$+$	
$f(x)$	a^3+2	↘	$-\frac{5}{27}a^3+2$ (극소)	↗	a^3+2

즉, 닫힌구간 $[-a, a]$에서 함수 $f(x)$는

$x=-a$ 또는 $x=a$에서 최댓값 a^3+2를 갖고,

$x=\frac{a}{3}$에서 최솟값 $-\frac{5}{27}a^3+2$를 갖는다.

→ 주어진 구간에서 극값이 하나뿐일 때, 극값이 극솟값이면 (극솟값)=(최솟값)이야.

이때 최솟값이 $\frac{14}{27}$이므로

$-\frac{5}{27}a^3+2=\frac{14}{27}$

$a^3=8$

$\therefore a=2$ ($\because a>0$)

따라서 함수 $f(x)$의 최댓값 M은

$M=a^3+2$

$=8+2=10$

$\therefore a+M=2+10$

$=12$

문제 해결 TIP

김형락 | 고려대학교 생명공학과 | 대진고등학교 졸업

함수의 극댓값과 극솟값이 각각 최댓값과 최솟값이 되는 경우도 있지만 항상 그렇지는 않아. 따라서 함수의 최댓값, 최솟값은 닫힌구간의 양 끝 값에서의 함숫값과 극값의 크기를 비교해서 구해야 해. 즉, 이 문제에서는 닫힌구간 $[-a, a]$가 주어졌기 때문에 $f(-a)$, $f(a)$의 값과 극값의 크기를 비교해야 하는 거지. 함수 $f(x)$의 증가와 감소를 나타낸 표나 그래프의 개형을 이용하면 이 값 중에서 최솟값을 알 수 있을 거야.

정답률 확률과 통계 78%, 미적분 93%, 기하 89%

60 수능 유형 › 부등식이 항상 성립할 조건 정답 ⑤

두 함수

$f(x)=x^3-x+6,\quad g(x)=x^2+a$

가 있다. $x\ge0$인 모든 실수 x에 대하여 부등식

$f(x)\ge g(x)$ → $f(x)-g(x)\ge0$

가 성립할 때, 실수 a의 최댓값은? [1]

① 1 ② 2 ③ 3
④ 4 ✓⑤ 5

해결 흐름

[1] 부등식 $f(x)\ge g(x)$를 $h(x)\ge0$ 꼴로 나타내고, $x\ge0$에서 함수 $h(x)$의 최솟값이 0 이상이 되도록 하는 실수 a의 값의 범위를 구해야겠다.

알찬 풀이

부등식 $f(x)\ge g(x)$에서

$x^3-x+6\ge x^2+a$

$\therefore x^3-x^2-x+6-a\ge0$ ← $f(x)-g(x)\ge0$ 꼴로 나타냈어.

$h(x)=x^3-x^2-x+6-a$라 하면

$h'(x)=3x^2-2x-1$

$=(3x+1)(x-1)$

$h'(x)=0$에서 $x=1$ ($\because x\ge0$)

$x\ge0$에서 함수 $h(x)$의 증가와 감소를 표로 나타내면 다음과 같다.

x	0	$\cdots$	1	$\cdots$
$h'(x)$		$-$	0	$+$
$h(x)$	$6-a$	↘	$5-a$ (극소)	↗

즉, $x\ge0$에서 함수 $h(x)$는 $x=1$에서 극소이면서 최소이므로 최솟값 $5-a$를 갖는다.
→ 주어진 구간에서 극값이 하나뿐일 때, 그것이 극소이면 최솟값, 극대이면 최댓값이야.

이때 $x\ge0$인 모든 실수 x에 대하여 부등식 $h(x)\ge0$이 성립하려면 $5-a\ge0$이어야 하므로
→ $(h(x)$의 최솟값$)\ge0$임을 보이면 돼.

$a\le5$

따라서 실수 a의 최댓값은 5이다.

정답률 확률과 통계 22%, 미적분 48%, 기하 35%

61 수능 유형 › 방정식의 실근의 개수 정답 21

함수 $f(x)=\frac{1}{2}x^3-\frac{9}{2}x^2+10x$에 대하여 x에 대한 방정식

$f(x)+|f(x)+x|=6x+k$ → $f(x)+|f(x)+x|-6x=k$

의 서로 다른 실근의 개수가 4가 되도록 [1] 하는 모든 정수 k의 값의 합을 구하시오. 21

해결 흐름

[1] 주어진 방정식이 서로 다른 네 실근을 가지므로 주어진 방정식을 $g(x)=k$ 꼴로 놓고, $y=g(x)$의 그래프의 개형을 알아봐야겠네.

연관 개념 | 방정식 $f(x)=k$의 서로 다른 실근의 개수는 함수 $y=f(x)$의 그래프와 직선 $y=k$의 교점의 개수와 같다.

알찬 풀이

$f(x)+|f(x)+x|=6x+k$에서

$f(x)+|f(x)+x|-6x=k$

이때 $g(x)=f(x)+|f(x)+x|-6x$라 하면
→ 주어진 방정식은 $g(x)=k$와 같아.

$f(x)+x=\frac{1}{2}x^3-\frac{9}{2}x^2+11x$

$=\frac{1}{2}x(x^2-9x+22)$
→ $x<0$이면 $f(x)+x<0$이고, $x\ge0$이면 $f(x)+x\ge0$이야.

에서 $x^2-9x+22=\left(x-\frac{9}{2}\right)^2+\frac{7}{4}>0$이므로

$g(x)=f(x)+|f(x)+x|-6x$

$=\begin{cases}-7x & (x<0)\\ 2f(x)-5x & (x\ge0)\end{cases}$

$=\begin{cases}-7x & (x<0)\\ x^3-9x^2+15x & (x\ge0)\end{cases}$

절댓값: $|a|=\begin{cases}-a & (a<0)\\ a & (a\ge0)\end{cases}$

$h(x)=x^3-9x^2+15x$라 하면

$h'(x)=3x^2-18x+15=3(x-1)(x-5)$

$h'(x)=0$에서 $x=1$ 또는 $x=5$

$x\ge0$에서 함수 $h(x)$의 증가와 감소를 표로 나타내면 다음과 같다.

x	0	$\cdots$	1	$\cdots$	5	$\cdots$
$h'(x)$		$+$	0	$-$	0	$+$
$h(x)$	0	↗	7	↘	-25	↗

함수 $y=g(x)$의 그래프는 오른쪽 그림과 같고, 방정식 $g(x)=k$가 서로 다른 네 실근을 가지려면 $y=g(x)$의 그래프와 직선 $y=k$가 서로 다른 네 점에서 만나야 한다.

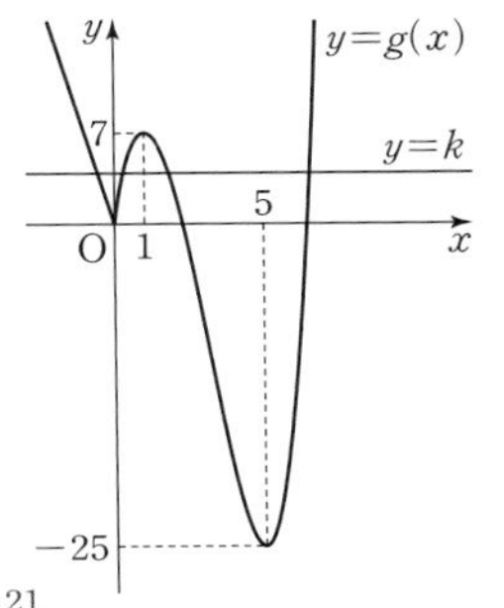

$\therefore 0<k<7$

따라서 구하는 모든 정수 k의 값의 합은

$1+2+3+4+5+6=21$ → $\sum_{k=1}^{6}k=\frac{6\times7}{2}=21$

정답률 74%

62 수능 유형 › 방정식의 실근의 개수 정답 12

방정식 $x^3-x^2-8x+k=0$의 서로 다른 실근의 개수가 2일 [1] 때, 양수 k의 값을 구하시오. 12
→ $x^3-x^2-8x=-k$

해결 흐름

[1] 함수 $y=x^3-x^2-8x$의 그래프와 직선 $y=-k$가 서로 다른 두 점에서 만나겠네. 먼저 함수 $y=x^3-x^2-8x$의 그래프를 그려 봐야겠다.

연관 개념 | 방정식 $f(x)=g(x)$의 실근은 두 함수 $y=f(x)$, $y=g(x)$의 그래프의 교점의 x좌표와 같다.

알찬 풀이

방정식 $x^3-x^2-8x+k=0$에서

$x^3-x^2-8x=-k$
→ 함수 $y=x^3-x^2-8x$의 그래프와 직선 $y=-k$의 교점을 생각하기 위해 식을 변형했어.

이때 주어진 방정식의 서로 다른 실근의 개수가 2이려면 함수 $y=x^3-x^2-8x$의 그래프와 직선 $y=-k$가 서로 다른 두 점에서 만나야 한다.

$f(x)=x^3-x^2-8x$라 하면

$f'(x)=3x^2-2x-8=(3x+4)(x-2)$

$f'(x)=0$에서 $x=-\frac{4}{3}$ 또는 $x=2$

함수 $f(x)$의 증가와 감소를 표로 나타내면 다음과 같다.

x	$\cdots$	$-\frac{4}{3}$	$\cdots$	2	$\cdots$
$f'(x)$	$+$	0	$-$	0	$+$
$f(x)$	↗	$\frac{176}{27}$ (극대)	↘	-12 (극소)	↗

함수 $y=f(x)$의 그래프는 오른쪽 그림과 같으므로 $y=f(x)$의 그래프와 직선 $y=-k$가 서로 다른 두 점에서 만나야 한다.

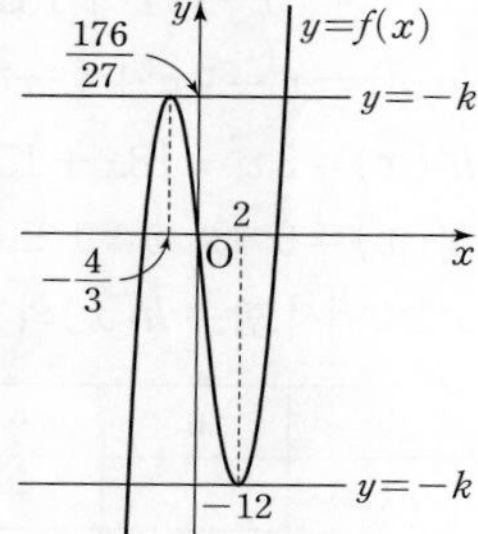

즉, $-k=\frac{176}{27}$ 또는 $-k=-12$

$\therefore k=-\frac{176}{27}$ 또는 $k=12$

그런데 k는 양수이므로 $k=12$

다른 풀이 $f(x)=x^3-x^2-8x+k$라 하면

$f'(x)=3x^2-2x-8=(3x+4)(x-2)$

$f'(x)=0$에서 $x=-\frac{4}{3}$ 또는 $x=2$

함수 $f(x)$의 증가와 감소를 표로 나타내면 다음과 같다.

x	$\cdots$	$-\frac{4}{3}$	$\cdots$	2	$\cdots$
$f'(x)$	$+$	0	$-$	0	$+$
$f(x)$	↗	$k+\frac{176}{27}$ (극대)	↘	$k-12$ (극소)	↗

방정식 $f(x)=0$이 서로 다른 두 실근을 가지려면

(극댓값)×(극솟값)=0이어야 하므로 → 한 실근과 중근을 가져.

$\left(k+\frac{176}{27}\right)(k-12)=0 \qquad \therefore k=12\ (\because k>0)$

63

정답률 72%

수능 유형 › 방정식의 실근의 개수 **정답 ③**

방정식 $2x^3+6x^2+a=0$이 $-2\le x\le 2$에서 서로 다른 두 실근을 갖도록[1] 하는 정수 a의 개수는?

→ $-2\le x\le 2$에서 $y=2x^3+6x^2+a$의 그래프가 x축과 서로 다른 두 점에서 만나야 해.

① 4 ② 6 ✔③ 8 ④ 10 ⑤ 12

해결 흐름

[1] $f(x)=2x^3+6x^2+a$로 놓고 주어진 조건을 만족시키도록 함수 $y=f(x)$의 그래프를 그려 봐야겠다.

연관 개념 | 방정식 $f(x)=0$의 서로 다른 실근의 개수는 함수 $y=f(x)$의 그래프와 x축의 교점의 개수와 같다.

알찬 풀이

$f(x)=2x^3+6x^2+a$라 하면

$f'(x)=6x^2+12x=6x(x+2)$

$f'(x)=0$에서 $x=-2$ 또는 $x=0$

함수 $f(x)$의 증가와 감소를 표로 나타내면 다음과 같다.

x	$\cdots$	-2	$\cdots$	0	$\cdots$
$f'(x)$	$+$	0	$-$	0	$+$
$f(x)$	↗	$a+8$ (극대)	↘	a (극소)	↗

따라서 함수 $f(x)$는 $x=-2$에서 극대이고 $x=0$에서 극소이므로 방정식 $f(x)=0$이 $-2\le x\le 2$에서 서로 다른 두 실근을 가지려면 함수 $y=f(x)$의 그래프의 개형은 오른쪽 그림과 같아야 한다.

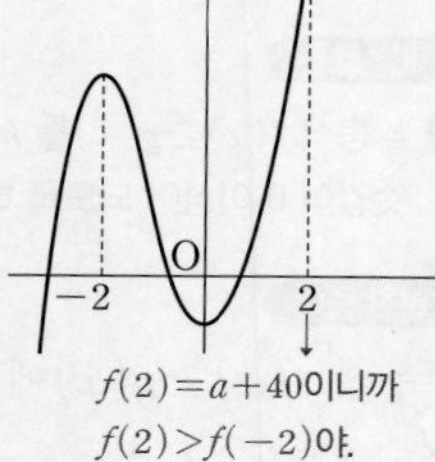

$f(2)=a+40$이니까 $f(2)>f(-2)$야.

→ 오답 Clear를 확인해 봐.

즉, $f(-2)\ge 0$이고 $f(0)<0$이어야 한다.

$f(-2)\ge 0$에서

$a+8\ge 0 \qquad \therefore a\ge -8$ …… ㉠

또, $f(0)<0$에서 $a<0$ …… ㉡

㉠, ㉡에서 $-8\le a<0$

따라서 정수 a는 $-8, -7, \cdots, -1$의 8개이다.

오답 Clear

조건을 만족시키는 함수 $y=f(x)$의 그래프의 개형을 보고 자칫 $f(-2)>0$이어야 한다고 생각할 수 있다. 그러나 $f(-2)=0$일 때 함수 $y=f(x)$의 그래프가 x축과 $x=-2$에서 접하고, $0<x<2$에서 만나므로 이 경우에도 교점이 2개가 된다. 따라서 문제의 조건을 만족시키려면 $f(-2)\ge 0$이어야 함에 주의한다.

64

정답률 60%

수능 유형 › 방정식의 실근의 개수 **정답 21**

곡선 $y=x^3-3x^2+2x-3$과 직선 $y=2x+k$가 서로 다른 두 점에서만 만나도록[1] 하는 모든 실수 k의 값의 곱을 구하시오. 21

해결 흐름

[1] 방정식 $x^3-3x^2+2x-3=2x+k$가 서로 다른 두 실근을 가져야겠네.

연관 개념 | 방정식 $f(x)=k$의 서로 다른 실근의 개수는 함수 $y=f(x)$의 그래프와 직선 $y=k$의 교점의 개수와 같다.

알찬 풀이

주어진 곡선과 직선이 서로 다른 두 점에서만 만나려면 방정식

$x^3-3x^2+2x-3=2x+k$, 즉 $x^3-3x^2-3=k$

가 서로 다른 두 실근만을 가져야 한다.

$f(x)=x^3-3x^2-3$이라 하면 → $f(x)=k$가 서로 다른 두 실근을 가져야 해.

$f'(x)=3x^2-6x$

$=3x(x-2)$

$f'(x)=0$에서 $x=0$ 또는 $x=2$

함수 $f(x)$의 증가와 감소를 표로 나타내면 다음과 같다.

x	$\cdots$	0	$\cdots$	2	$\cdots$
$f'(x)$	$+$	0	$-$	0	$+$
$f(x)$	↗	-3 (극대)	↘	-7 (극소)	↗

함수 $y=f(x)$의 그래프는 오른쪽 그림과 같고, 방정식 $f(x)=k$가 서로 다른 두 실근만을 가지려면 $y=f(x)$의 그래프와 직선 $y=k$가 서로 다른 두 점에서 만나야 하므로

↳ $f(x)$가 극값을 갖는 점에서 곡선 $y=f(x)$와 직선 $y=k$가 접해.

$k=-7$ 또는 $k=-3$

따라서 모든 실수 k의 값의 곱은 $(-7)\times(-3)=21$

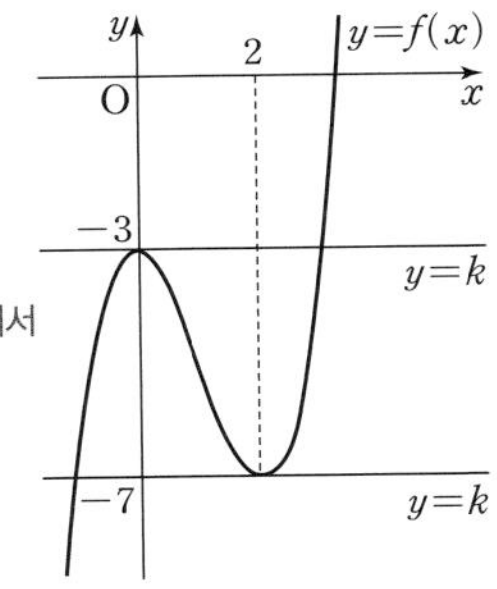

다른풀이 주어진 곡선과 직선이 서로 다른 두 점에서만 만나려면 방정식 $x^3-3x^2+2x-3=2x+k$, 즉 $x^3-3x^2-3-k=0$이 서로 다른 두 실근만을 가져야 한다.

$f(x)=x^3-3x^2-3-k$라 하면

$f'(x)=3x^2-6x=3x(x-2)$

$f'(x)=0$에서 $x=0$ 또는 $x=2$

함수 $f(x)$의 증가와 감소를 표로 나타내면 다음과 같다.

x	$\cdots$	0	$\cdots$	2	$\cdots$
$f'(x)$	$+$	0	$-$	0	$+$
$f(x)$	↗	$-3-k$ (극대)	↘	$-7-k$ (극소)	↗

이때 방정식 $f(x)=0$이 서로 다른 두 실근만을 가지려면 (극댓값)×(극솟값)$=0$이어야 하므로

↳ $f(x)$가 삼차함수이고 극값을 가지므로 삼차방정식의 근의 판별을 이용할 수 있어.

$(-3-k)(-7-k)=0$

$(k+7)(k+3)=0$

$\therefore k=-7$ 또는 $k=-3$

따라서 모든 실수 k의 값의 곱은 $(-7)\times(-3)=21$

수능 핵심 개념 삼차방정식의 근의 판별

삼차함수 $f(x)$가 극값을 가질 때, 삼차방정식 $f(x)=0$의 근은 다음과 같다.

(1) (극댓값)×(극솟값)$<0 \Longleftrightarrow$ 서로 다른 세 실근

(2) (극댓값)×(극솟값)$=0 \Longleftrightarrow$ 한 실근과 중근 (서로 다른 두 실근)

(3) (극댓값)×(극솟값)$>0 \Longleftrightarrow$ 한 실근과 두 허근 → 오직 한 실근

정답률 45%

65 수능 유형 › 부등식이 항상 성립할 조건 정답 3

두 함수

$f(x)=x^3+3x^2-k$, $g(x)=2x^2+3x-10$

에 대하여 부등식

1 $f(x)\ge 3g(x)$ → $f(x)-3g(x)\ge 0$

가 닫힌구간 $[-1, 4]$에서 항상 성립하도록 하는 실수 k의 최댓값을 구하시오. 3

해결 흐름

1 부등식 $f(x)\ge 3g(x)$를 $h(x)\ge 0$ 꼴로 나타내고, 닫힌구간 $[-1, 4]$에서 함수 $h(x)$의 최솟값이 0 이상이 되도록 하는 실수 k의 값의 범위를 구해야겠다.

알찬 풀이

부등식 $f(x)\ge 3g(x)$에서

$x^3+3x^2-k\ge 3(2x^2+3x-10)$

$x^3+3x^2-k\ge 6x^2+9x-30$

$\therefore x^3-3x^2-9x+30-k\ge 0$ ← $f(x)-3g(x)\ge 0$ 꼴로 나타내 봐.

$h(x)=x^3-3x^2-9x+30-k$라 하면

$h'(x)=3x^2-6x-9=3(x+1)(x-3)$

$h'(x)=0$에서 $x=-1$ 또는 $x=3$

닫힌구간 $[-1, 4]$에서 함수 $h(x)$의 증가와 감소를 표로 나타내면 다음과 같다.

x	-1	$\cdots$	3	$\cdots$	4
$h'(x)$	0	$-$	0	$+$	$+$
$h(x)$	$35-k$	↘	$3-k$ (극소)	↗	$10-k$

즉, 닫힌구간 $[-1, 4]$에서 함수 $h(x)$는 $x=3$에서 극소이면서 최소이고, 최솟값 $3-k$를 갖는다.

↳ 주어진 구간에서 극값이 하나뿐일 때 그것이 극소이면 최솟값, 극대이면 최댓값이야.

이때 부등식 $h(x)\ge 0$이 항상 성립하려면

↳ ($h(x)$의 최솟값)≥ 0임을 보이면 돼.

$3-k\ge 0$

이어야 하므로

$k\le 3$

따라서 실수 k의 최댓값은 3이다.

정답률 35%

66 수능 유형 › 방정식의 실근의 개수 정답 ③

상수 a, b에 대하여 삼차함수 $f(x)=x^3+ax^2+bx$가 다음 조건을 만족시킨다.

↳ $f(0)=0$이므로 함수 $y=f(x)$의 그래프는 원점을 지나.

1

(가) $f(-1)>-1$

(나) $f(1)-f(-1)>8$

보기에서 옳은 것만을 있는 대로 고른 것은?

보기

ㄱ. 방정식 $f'(x)=0$은 서로 다른 두 실근을 갖는다. 2

ㄴ. $-1<x<1$일 때, $f'(x)\ge 0$이다.

ㄷ. 방정식 $f(x)-f'(k)x=0$의 서로 다른 실근의 개수가 2가 되도록 3 하는 모든 실수 k의 개수는 4이다.

곡선 $y=f(x)$와 직선 $y=f'(k)x$의 교점의 개수와 같아.

① ㄱ ② ㄱ, ㄴ ✓③ ㄱ, ㄷ

④ ㄴ, ㄷ ⑤ ㄱ, ㄴ, ㄷ

해결 흐름

1 두 조건 (가)와 (나)를 이용하여 먼저 a, b의 값의 범위를 구해야겠다.

2 이차방정식 $f'(x)=0$의 판별식을 이용하면 실근의 개수를 알 수 있겠네.

연관 개념 | 계수가 실수인 이차방정식 $ax^2+bx+c=0$의 판별식을 $D=b^2-4ac$라 할 때,
① $D>0$이면 서로 다른 두 실근을 갖는다.
② $D=0$이면 중근(실근)을 갖는다.
③ $D<0$이면 서로 다른 두 허근을 갖는다.

3 방정식 $f(x)=f'(k)x$의 서로 다른 실근의 개수가 2가 되려면 곡선 $y=f(x)$와 직선 $y=f'(k)x$가 두 점에서 만나야겠네. 직선 $y=f'(k)x$를 움직여 봐야겠다.

연관 개념 | 방정식 $f(x)=g(x)$의 서로 다른 실근의 개수
$\iff$ 두 함수 $y=f(x)$, $y=g(x)$의 그래프의 교점의 개수
$\iff$ $h(x)=f(x)-g(x)$라 할 때, 함수 $y=h(x)$의 그래프와 x축의 교점의 개수

알찬 풀이

조건 (가)에서

$f(-1)=-1+a-b>-1$

$\therefore a>b$ …… ㉠

조건 (나)에서

$f(1)-f(-1)=(1+a+b)-(-1+a-b)>8$

$2+2b>8$

$\therefore b>3$ …… ㉡

㉠, ㉡에서 $a>b>3$

ㄱ. $f'(x)=3x^2+2ax+b$이므로

이차방정식 $f'(x)=0$, 즉 $3x^2+2ax+b=0$의 판별식을 D라 하면

$\frac{D}{4}=a^2-3b$

이때 $a>b>3$이므로

$a^2-3b>b^2-3b=b(b-3)>0$ ($b>3$이므로 $b-3>0$이야.) ($a^2>b^2$이므로 $a^2-3b>b^2-3b$야.)

즉, $\frac{D}{4}>0$이므로 방정식 $f'(x)=0$은 서로 다른 두 실근을 갖는다. (참)

ㄴ. $f'(-1)=3-2a+b$
$=(3-a)+(b-a)<0$ ($a>b>3$에서 $a>3$이므로 $3-a<0$, $b-a<0$이야.)

$f'(1)=3+2a+b>0$

사잇값의 정리에 의하여 구간 $(-1, 1)$에서 $f'(c)=0$인 c가 존재하므로 구간 $(-1, c)$에서 $f'(x)<0$이다. (거짓)

ㄷ. 방정식 $f(x)-f'(k)x=0$, 즉 $f(x)=f'(k)x$의 서로 다른 실근의 개수가 2가 되려면 곡선 $y=f(x)$와 직선 $y=f'(k)x$가 서로 다른 두 점에서 만나야 한다.
($f'(0)=b>3$이고, ㄴ에서 $f'(-1)<0$이므로 함수 $f(x)$의 극소가 되는 점은 $-1<x<0$에 존재해.)

즉, 곡선 $y=f(x)$와 직선 $y=f'(k)x$가 접해야 하므로 다음 그림과 같이 나타낼 수 있다.

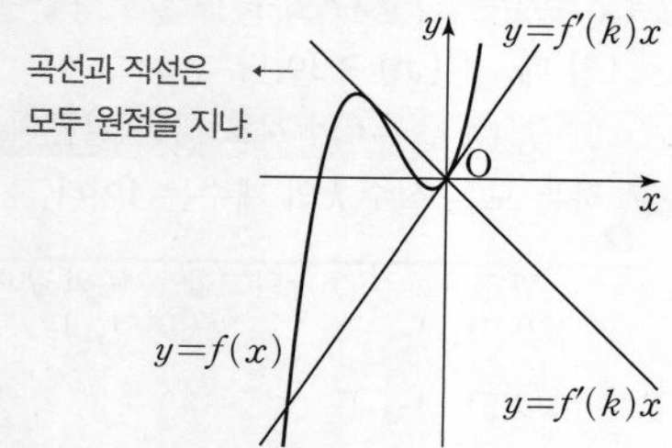

이때 접선의 기울기를 각각 m_1, m_2 $(m_1<m_2)$라 하면 다음 그림에서

$f'(k)=m_1$ 또는 $f'(k)=m_2$ ($x=k$에서의 접선의 기울기야.)

를 만족시키는 실수 k의 개수는 각각 2이다.

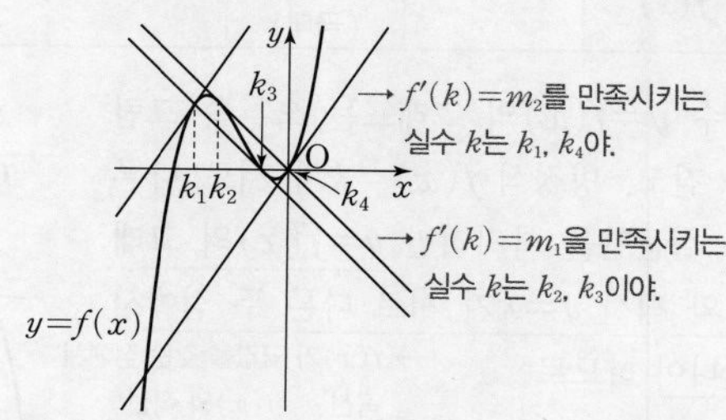

따라서 모든 실수 k의 개수는 4이다. (참)

이상에서 옳은 것은 ㄱ, ㄷ이다.

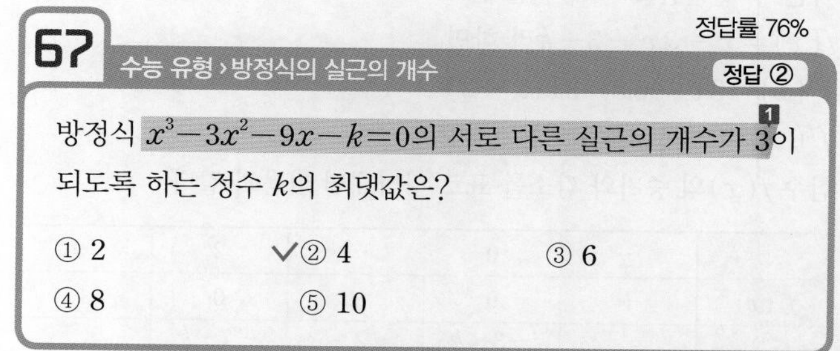

67

정답률 76%

수능 유형 › 방정식의 실근의 개수 　 정답 ②

방정식 $x^3-3x^2-9x-k=0$의 서로 다른 실근의 개수가 3이 되도록 하는 정수 k의 최댓값은?

① 2　 ✔② 4　 ③ 6

④ 8　 ⑤ 10

해결 흐름

1 주어진 방정식을 $f(x)=k$ 꼴로 변형하여 함수 $y=f(x)$의 그래프와 직선 $y=k$의 교점의 개수가 3인 k의 값의 범위를 구하면 되겠네.

연관 개념 | 방정식 $f(x)=k$의 서로 다른 실근의 개수는 함수 $y=f(x)$의 그래프와 직선 $y=k$의 교점의 개수와 같다.

알찬 풀이

방정식 $x^3-3x^2-9x-k=0$에서 $x^3-3x^2-9x=k$

이때 주어진 방정식의 서로 다른 실근의 개수가 3이 되려면 함수 $y=x^3-3x^2-9x$의 그래프와 직선 $y=k$가 서로 다른 세 점에서 만나야 한다.

$f(x)=x^3-3x^2-9x$라 하면

$f'(x)=3x^2-6x-9=3(x+1)(x-3)$

$f'(x)=0$에서 $x=-1$ 또는 $x=3$

함수 $f(x)$의 증가와 감소를 표로 나타내면 다음과 같다.

x	$\cdots$	-1	$\cdots$	3	$\cdots$
$f'(x)$	$+$	0	$-$	0	$+$
$f(x)$	↗	5 (극대)	↘	-27 (극소)	↗

함수 $y=f(x)$의 그래프는 오른쪽 그림과 같으므로 ($f(0)=0$이니까 원점을 지나.)

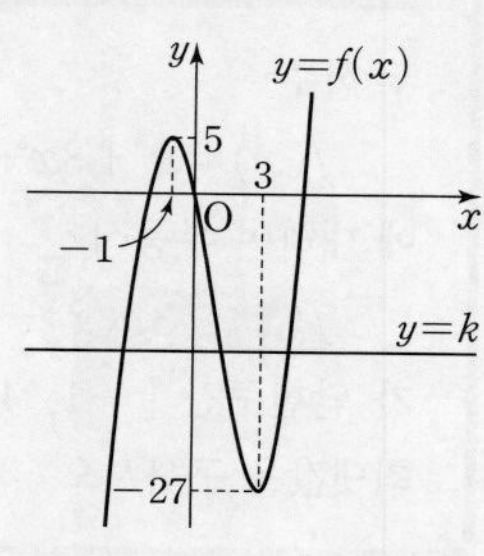

$y=f(x)$의 그래프와 직선 $y=k$가 서로 다른 세 점에서 만나려면

$-27<k<5$

이어야 한다.

따라서 정수 k의 최댓값은 4이다.

정답률 34%

68 수능 유형 › 두 그래프의 교점의 개수 + 함수의 극대와 극소 정답 ③

삼차함수 $f(x)$와 실수 t에 대하여 곡선 $y=f(x)$와 직선 $y=-x+t$의 교점의 개수를 $g(t)$라 하자. **보기**에서 옳은 것만을 있는 대로 고른 것은?

보기

ㄱ. $f(x)=x^3$이면 함수 $g(t)$는 상수함수이다. **1**

ㄴ. 삼차함수 $f(x)$에 대하여 $g(1)=2$ **2** 이면 $g(t)=3$인 t가 존재한다.
(→ 곡선 $y=f(x)$와 직선 $y=-x+1$의 교점의 개수가 2라는 의미야.)

ㄷ. 함수 $g(t)$가 상수함수 **3** 이면, 삼차함수 $f(x)$의 극값은 존재하지 않는다.
(→ $f'(x)\geq 0$ 또는 $f'(x)\leq 0$이어야 해.)

① ㄱ ② ㄷ ✓③ ㄱ, ㄴ
④ ㄴ, ㄷ ⑤ ㄱ, ㄴ, ㄷ

해결 흐름

1 $f(x)=x^3$일 때, 곡선 $y=f(x)$와 직선 $y=-x+t$의 교점의 개수를 구해 봐야겠다.

2 $g(1)=2$를 만족시키는 곡선 $y=f(x)$와 직선 $y=-x+1$을 그려 봐야지.

3 함수 $g(t)$가 상수함수이려면 곡선 $y=f(x)$와 직선의 교점의 개수가 1이겠네.

알찬 풀이

(→ $f(x)=x^3$은 증가함수이므로 교점의 개수는 항상 1이야.)

ㄱ. 오른쪽 그림과 같이 곡선 $f(x)=x^3$과 직선 $y=-x+t$는 t의 값에 관계없이 한 점에서 만나므로

$g(t)=1$

따라서 함수 $g(t)$는 상수함수이다. (참)

ㄴ. $g(1)=2$, 즉 곡선 $y=f(x)$와 직선 $y=-x+1$의 교점의 개수가 2인 경우는 다음 그림과 같다.
(→ 곡선 $y=f(x)$와 직선 $y=-x+1$이 접해야 해.)

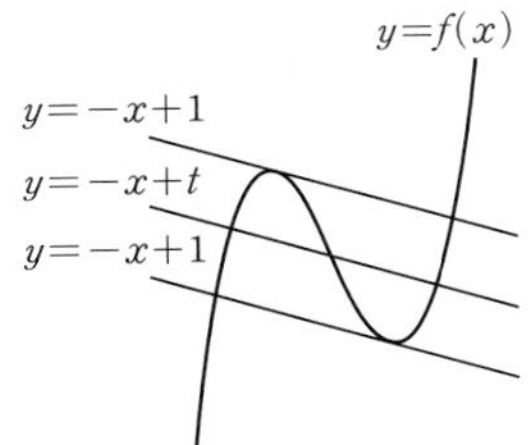

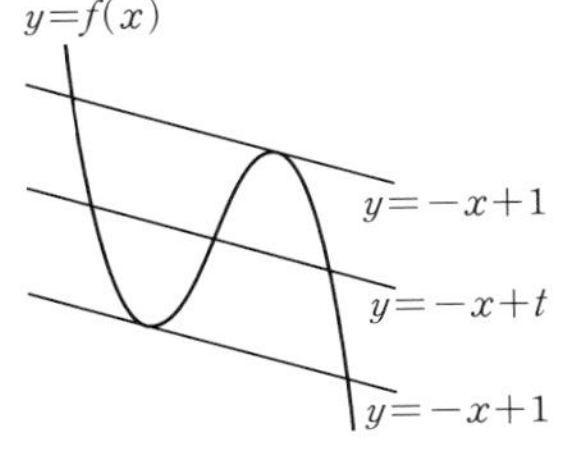

따라서 $g(t)=3$, 즉 곡선 $y=f(x)$와 직선 $y=-x+t$의 교점의 개수가 3인 실수 t가 존재한다. (참)

ㄷ. [반례] $f(x)=x^3-x$이면

$x^3-x=-x+t$에서

$x^3=t$

이므로 임의의 실수 t에 대하여 곡선 $y=f(x)$와 직선 $y=-x+t$의 교점의 개수는 1이다.

즉, $g(t)$는 $g(t)=1$인 상수함수이다.

그런데 $f'(x)=3x^2-1$이므로

$f'(x)=0$에서 $x^2=\frac{1}{3}$

$\therefore x=\pm\frac{\sqrt{3}}{3}$

함수 $f(x)$의 증가와 감소를 표로 나타내면 다음과 같다.

x	$\cdots$	$-\frac{\sqrt{3}}{3}$	$\cdots$	$\frac{\sqrt{3}}{3}$	$\cdots$
$f'(x)$	$+$	0	$-$	0	$+$
$f(x)$	↗	극대	↘	극소	↗

따라서 함수 $f(x)$는 극값을 갖는다. (거짓)

이상에서 옳은 것은 ㄱ, ㄴ이다.

정답률 56%

69 수능 유형 › 방정식의 실근의 개수 + 접선의 방정식 정답 ⑤

삼차함수 $f(x)$가 다음 조건을 만족시킨다.

(가) $x=-2$에서 극댓값을 갖는다. (→ $f'(-2)=0$이야.) **1**
(나) $f'(-3)=f'(3)$
(→ 이차함수 $f'(x)$의 그래프가 직선 $x=0$에 대하여 대칭임을 알 수 있어.)

보기에서 옳은 것만을 있는 대로 고른 것은?

보기

ㄱ. 도함수 $f'(x)$는 $x=0$에서 최솟값을 갖는다. **2**

ㄴ. 방정식 $f(x)=f(2)$는 서로 다른 두 실근을 갖는다. **3**

ㄷ. 곡선 $y=f(x)$ 위의 점 $(-1, f(-1))$에서의 접선은 점 $(2, f(2))$를 지난다. **4**

① ㄱ ② ㄷ ③ ㄱ, ㄴ
④ ㄴ, ㄷ ✓⑤ ㄱ, ㄴ, ㄷ

해결 흐름

1 주어진 조건을 이용하면 $f'(x)$의 식을 구할 수 있겠다.
연관 개념 | 미분가능한 함수 $f(x)$가 $x=a$에서 극값을 가지면 $f'(a)=0$이다.

2 도함수 $f'(x)$는 이차함수이므로 이차함수의 최대 · 최소를 이용하면 되겠네.

3 도함수 $f'(x)$를 이용하여 삼차함수 $y=f(x)$의 그래프의 개형을 그리고, 함수 $y=f(x)$와 직선 $y=f(2)$의 교점의 개수를 구해 보면 되겠군.

4 점 $(-1, f(-1))$에서의 접선의 방정식을 세우고, 점 $(2, f(2))$의 좌표를 대입해 봐야지.
연관 개념 | 곡선 $y=f(x)$ 위의 점 $(a, f(a))$에서의 접선의 방정식은
$y-f(a)=f'(a)(x-a)$

알찬 풀이

$f(x)=ax^3+bx^2+cx+d$ (a, b, c, d는 상수, $a\neq 0$)

로 놓으면 (→ $f(x)$가 삼차함수이기 때문이야.)

$f'(x)=3ax^2+2bx+c$

조건 (나)에서 $f'(-3)=f'(3)$이므로

$27a-6b+c=27a+6b+c$

$-12b=0 \quad \therefore b=0$

(→ 이차함수 $y=f'(x)$의 그래프가 직선 $x=\frac{-3+3}{2}$, 즉 $x=0$에 대하여 대칭임을 이용하여 바로 $b=0$을 구할 수도 있어.)

조건 (가)에서 $x=-2$에서 극댓값을 가지므로

$f'(-2)=12a+c=0 \quad \therefore c=-12a$

(→ $f'(x)=3ax^2+c$에 $x=-2$를 대입했어.)

따라서 $f(x)=ax^3-12ax+d$이므로

$f'(x)=3ax^2-12a=3a(x+2)(x-2)$

ㄱ. 조건 (가)를 만족시키려면 $a>0$이어야 한다. (→ 오답 Clear를 확인해 봐.)

이때 도함수 $y=f'(x)$의 그래프는 아래로 볼록하고 꼭짓점의 좌표가 $(0, -12a)$이므로 $x=0$에서 최솟값을 갖는다. (참)

ㄴ. $f'(x)=0$에서 $x=-2$ 또는 $x=2$

이때 조건 ㈎에서 삼차함수 $f(x)$가 $x=-2$에서 극댓값을 가지므로 함수 $y=f(x)$의 그래프의 개형은 다음 그림과 같다.

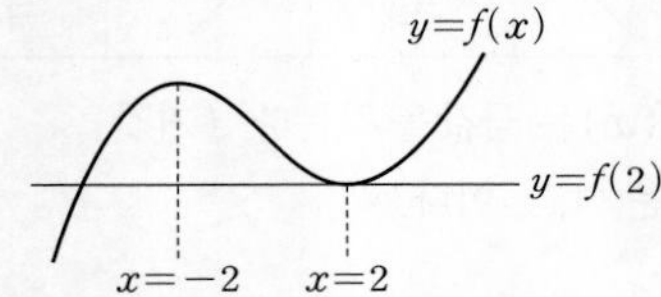

따라서 방정식 $f(x)=f(2)$는 서로 다른 두 실근을 갖는다. (참)

→ 곡선 $y=f(x)$와 직선 $y=f(2)$는 서로 다른 두 점에서 만나기 때문이야.

ㄷ. 곡선 $y=f(x)$ 위의 점 $(-1, f(-1))$, 즉 점 $(-1, 11a+d)$에서의 접선의 기울기는

$f'(-1)=-9a$

따라서 접선의 방정식은

$y-(11a+d)=-9a\{x-(-1)\}$

$\therefore y=-9ax+2a+d$ …… ㉠

㉠에 점 $(2, f(2))$, 즉 점 $(2, -16a+d)$의 좌표를 대입하면

$-16a+d=-9a\times2+2a+d$ → 정리하면 $-16+d$야.

즉, 등식이 성립하므로 점 $(-1, f(-1))$에서의 접선은 점 $(2, f(2))$를 지난다. (참)

이상에서 ㄱ, ㄴ, ㄷ 모두 옳다.

오답 Clear

함수 $f'(x)$는 이차함수이므로 $a<0$이면 조건 ㈏에 의하여 이차함수 $y=f'(x)$의 그래프의 개형은 오른쪽 그림과 같다. 이때 $x=-2$의 좌우에서 $f'(x)$의 부호가 음에서 양으로 바뀌므로 극솟값을 갖는다. 즉, 조건 ㈎를 만족시키지 않는다.

따라서 $a>0$이다.

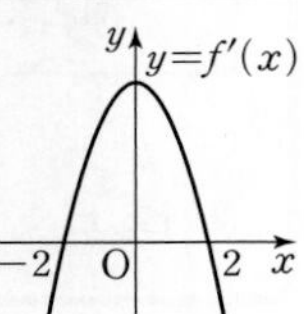

정답률 37%

70 수능 유형 › 함수의 극대와 극소 ⊕ 방정식의 실근의 개수 정답 ⑤

삼차함수 $f(x)$의 도함수 $y=f'(x)$의 그래프[1]가 그림과 같을 때, **보기**에서 옳은 것만을 있는 대로 고른 것은?

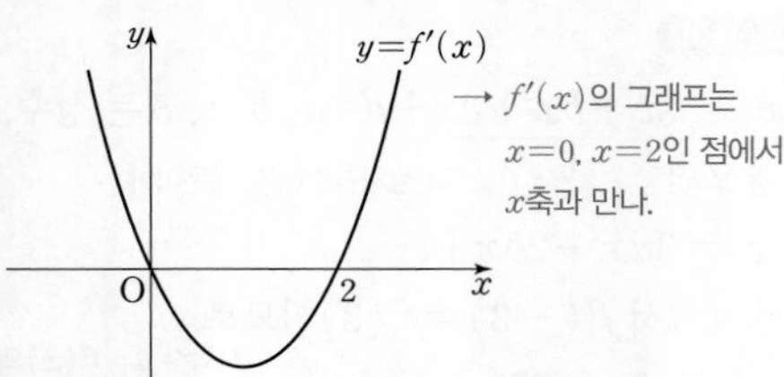

→ $f'(x)$의 그래프는 $x=0$, $x=2$인 점에서 x축과 만나.

보기

ㄱ. $f(0)<0$이면 $|f(0)|<|f(2)|$이다.

ㄴ. $f(0)f(2)\ge0$이면 함수 $|f(x)|$[2]가 $x=a$에서 극소인 a의 값의 개수는 2이다.

ㄷ. $f(0)+f(2)=0$이면 방정식 $|f(x)|=f(0)$의 서로 다른 실근의 개수[3]는 4이다.

① ㄱ ② ㄱ, ㄴ ③ ㄱ, ㄷ

④ ㄴ, ㄷ ✓⑤ ㄱ, ㄴ, ㄷ

해결 흐름

1 도함수 $y=f'(x)$의 그래프를 통해 삼차함수 $y=f(x)$의 그래프의 개형을 알 수 있겠어.

연관 개념 | 미분가능한 함수 $f(x)$에 대하여 $f'(a)=0$일 때, $x=a$의 좌우에서 $f'(x)$의 부호가

① 양에서 음으로 바뀌면 $f(x)$는 $x=a$에서 극대이고, 극댓값은 $f(a)$이다.

② 음에서 양으로 바뀌면 $f(x)$는 $x=a$에서 극소이고, 극솟값은 $f(a)$이다.

2 경우를 나누어 함수 $y=f(x)$의 그래프의 개형을 그린 후, $y<0$인 부분만 x축에 대하여 대칭이동하면 함수 $y=|f(x)|$의 그래프를 그릴 수 있겠다.

3 함수 $y=|f(x)|$의 그래프와 직선 $y=f(0)$의 교점의 개수를 확인해야겠네.

연관 개념 | 방정식 $f(x)=g(x)$의 서로 다른 실근의 개수는 두 함수 $y=f(x)$, $y=g(x)$의 그래프의 교점의 개수와 같다.

알찬 풀이

$f'(x)=0$에서 $x=0$ 또는 $x=2$

함수 $f(x)$의 증가와 감소를 표로 나타내면 다음과 같다.

x	…	0	…	2	…
$f'(x)$	+	0	−	0	+
$f(x)$	↗	극대	↘	극소	↗

ㄱ. $f(0)<0$이면 함수 $y=f(x)$의 그래프의 개형은 그림과 같다.

→ $f(0)$이 극댓값이고 $f(0)<0$이므로 그래프의 개형을 그릴 수 있어.

음수끼리는 그 값이 작을수록 절댓값은 커져.

이때 $f(2)<f(0)<0$이므로

$|f(0)|<|f(2)|$ (참)

ㄴ. $f(0)>f(2)$이므로 $f(0)f(2)\ge0$일 때, 두 함수 $y=f(x)$, $y=|f(x)|$의 그래프의 개형은 다음과 같이 경우를 나누어 생각할 수 있다.

→ $f(0)$, $f(2)$ 모두 양수 또는 모두 음수이거나 둘 중 하나가 0이야.

→ 함수 $y=f(x)$의 그래프에서 $y<0$인 부분을 x축에 대하여 대칭이동하면 돼.

(i) $f(0)>0$, $f(2)>0$일 때,

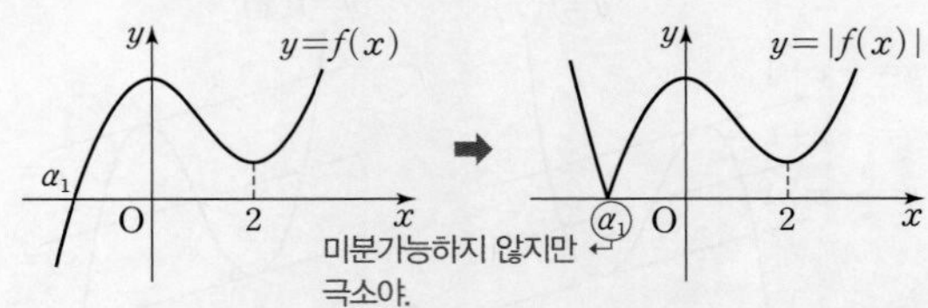

위의 그림에서 함수 $|f(x)|$가 $x=a$에서 극소인 a의 값은 α_1, 2의 2개이다.

(ii) $f(2)=0$일 때,

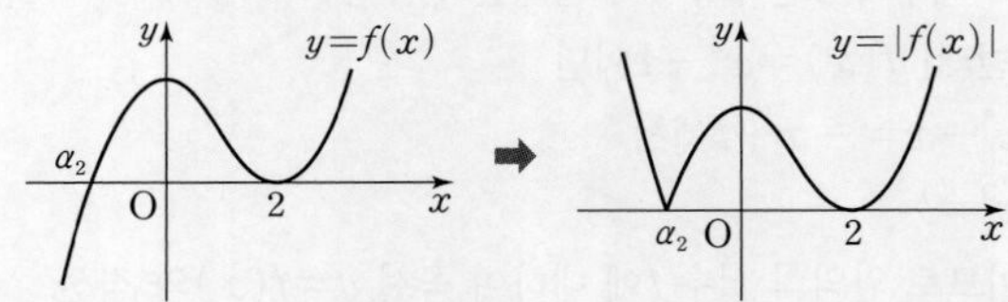

위의 그림에서 함수 $|f(x)|$가 $x=a$에서 극소인 a의 값은 α_2, 2의 2개이다.

(iii) $f(0)=0$일 때,

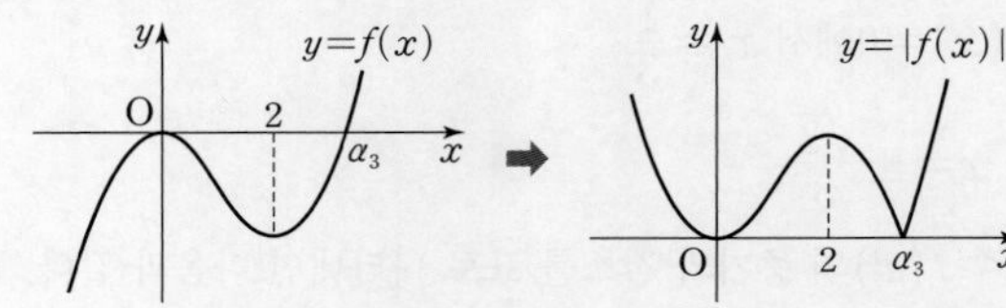

위의 그림에서 함수 $|f(x)|$가 $x=a$에서 극소인 a의 값은 0, α_3의 2개이다.

(iv) $f(0)<0$, $f(2)<0$일 때,

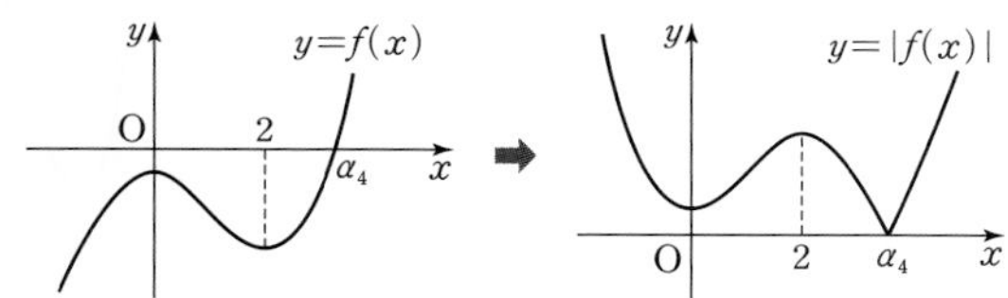

위의 그림에서 함수 $|f(x)|$가 $x=a$에서 극소인 a의 값은 0, α_4의 2개이다.

이상에서 함수 $|f(x)|$가 $x=a$에서 극소인 a의 값의 개수는 2이다. (참)
└→ 오답 Clear를 확인해 봐.

ㄷ. $f(0)+f(2)=0$에서 $f(2)=-f(0)$

따라서 두 함수 $y=f(x)$, $y=|f(x)|$의 그래프의 개형은 다음 그림과 같다.

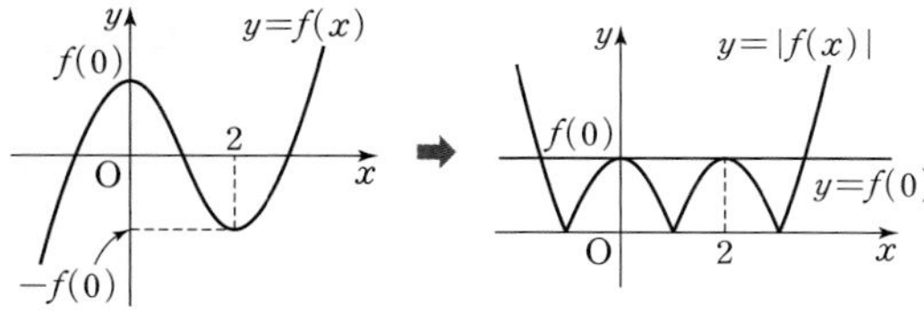

위의 그림에서 함수 $y=|f(x)|$의 그래프와 직선 $y=f(0)$의 교점의 개수는 4이므로 방정식 $|f(x)|=f(0)$의 서로 다른 실근의 개수는 4이다. (참)

이상에서 ㄱ, ㄴ, ㄷ 모두 옳다.

오답 Clear

ㄴ에서 함수 $|f(x)|$가 $x=a$에서 극소인 a의 값을 구할 때, 가능한 함수 $f(x)$의 그래프를 네 가지 경우로 나누어 풀었다. 이는 (i)~(iv) 중에서 어느 경우에 해당하더라도 극소인 a의 값은 2개라는 것을 보여 준 것이므로 각각의 경우에서 a의 값이 2개라고 해서 구하는 a의 값의 개수가 $2+2+2+2=8$이라고 답하지 않도록 주의한다.

정답률 50%

71 수능 유형 › 방정식의 실근의 개수 + 미분가능성 정답 ⑤

다음 조건을 만족시키는 모든 삼차함수 $f(x)$에 대하여 $\dfrac{f'(0)}{f(0)}$의 최댓값을 M, 최솟값을 m이라 하자. Mm의 값은?

→ 함수 $y=|f(x)|$의 그래프가 $x=-1$인 점에서 꺾이겠네.

(가) 함수 $|f(x)|$는 $x=-1$에서만 미분가능하지 않다. **1**
(나) 방정식 $f(x)=0$은 닫힌구간 $[3, 5]$에서 적어도 하나의 실근을 갖는다. **2**

① $\dfrac{1}{15}$ ② $\dfrac{1}{10}$ ③ $\dfrac{2}{15}$ ④ $\dfrac{1}{6}$ ✓⑤ $\dfrac{1}{5}$

해결 흐름

1 함수 $f(x)$는 $x=-1$의 좌우에서만 부호가 바뀌어야겠네. 그럼 $f(-1)=0$이겠다.

2 조건 (가)에서 $x=-1$의 좌우에서만 부호가 바뀌니까 닫힌구간 $[3, 5]$에서 방정식 $f(x)=0$의 실근은 중근이겠네. 그럼 $y=f(x)$의 그래프가 x축과 접하겠구나.

알찬 풀이

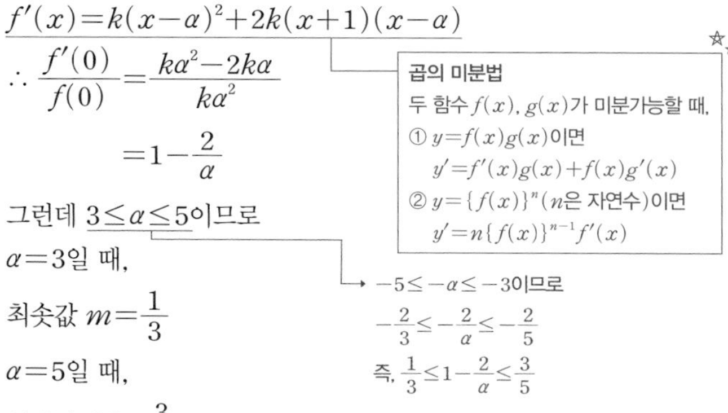

조건 (가)에서 $f(-1)=0$
→ 함수 $|f(x)|$가 $x=-1$에서만 미분가능하지 않으므로 $x=-1$은 방정식 $f(x)=0$의 중근이 아닌 한 실근이야.

또, 조건 (가), (나)에서 함수 $y=f(x)$의 그래프는 닫힌구간 $[3, 5]$에서 x축에 접한다. 즉, 이 구간에서 방정식 $f(x)=0$은 중근을 갖는다.
→ 함수 $|f(x)|$가 구간 $[3, 5]$에서 미분가능하기 때문이야.

따라서

$f(x)=k(x+1)(x-\alpha)^2$ $(k\neq 0,\ 3\leq\alpha\leq 5)$

으로 놓으면

$f'(x)=k(x-\alpha)^2+2k(x+1)(x-\alpha)$

$\therefore \dfrac{f'(0)}{f(0)}=\dfrac{k\alpha^2-2k\alpha}{k\alpha^2}$

$=1-\dfrac{2}{\alpha}$

곱의 미분법
두 함수 $f(x)$, $g(x)$가 미분가능할 때,
① $y=f(x)g(x)$이면 $y'=f'(x)g(x)+f(x)g'(x)$
② $y=\{f(x)\}^n$ (n은 자연수)이면 $y'=n\{f(x)\}^{n-1}f'(x)$

그런데 $3\leq\alpha\leq 5$이므로
→ $-5\leq-\alpha\leq-3$이므로 $-\dfrac{2}{3}\leq-\dfrac{2}{\alpha}\leq-\dfrac{2}{5}$
즉, $\dfrac{1}{3}\leq 1-\dfrac{2}{\alpha}\leq\dfrac{3}{5}$

$\alpha=3$일 때,

최솟값 $m=\dfrac{1}{3}$

$\alpha=5$일 때,

최댓값 $M=\dfrac{3}{5}$

$\therefore Mm=\dfrac{3}{5}\times\dfrac{1}{3}$

$=\dfrac{1}{5}$

실전적용 key

$\dfrac{f'(0)}{f(0)}=1-\dfrac{2}{\alpha}$에서 $3\leq\alpha\leq 5$이므로

(i) α가 클수록 ➡ $\dfrac{2}{\alpha}$가 작아진다. ➡ $-\dfrac{2}{\alpha}$가 커진다. ➡ $\dfrac{f'(0)}{f(0)}$의 값이 최대

(ii) α가 작을수록 ➡ $\dfrac{2}{\alpha}$가 커진다. ➡ $-\dfrac{2}{\alpha}$가 작아진다. ➡ $\dfrac{f'(0)}{f(0)}$의 값이 최소

문제 해결 TIP

배지민 | 서울대학교 건축학과 | 화성고등학교 졸업

이 문제의 핵심은 조건을 만족시키는 삼차함수의 식을 구하는 거야. 우선 조건 (가)에서 $y=|f(x)|$의 그래프는 $y=f(x)$의 그래프를 x축을 기준으로 아래에서 위로 접어 올린다고 생각해 주면 돼. $y=f(x)$의 그래프를 x축을 기준으로 아래에서 위로 접어 올렸을 때, 미분가능하지 않은 점이 $x=-1$뿐이라는 것은 함수 $f(x)$가 $x=-1$에서 x축과 만난다는 의미니까 $f(-1)=0$이라는 것을 알 수 있겠지.

또 다른 미분 불가능한 점이 발생하지 않는다는 것은 $y=f(x)$의 그래프가 다른 $x=-1$ 이외의 점에서는 x축과 만나지 않거나 x축에 접하고 있다는 것을 알 수 있겠지.

그리고 조건 (나)를 보면 방정식 $f(x)=0$이 구간 $[3, 5]$에서 실근을 가져야 하므로 조건 (가)도 만족시키려면 $y=f(x)$의 그래프가 구간 $[3, 5]$에서 x축에 접하고 있어야겠지.

따라서 조건을 통해 삼차함수의 식을 구하고 나면 간단한 계산을 통해 답을 구할 수 있어!

72

정답률 69%

수능 유형 › 방정식의 실근의 개수 **정답 ①**

두 함수

$$f(x)=3x^3-x^2-3x,\ g(x)=x^3-4x^2+9x+a$$

에 대하여 방정식 $f(x)=g(x)$가 서로 다른 두 개의 양의 실근과 한 개의 음의 실근을 갖도록[1] 하는 모든 정수 a의 개수는?
↳ 서로 다른 세 실근을 갖겠네.

✓① 6　② 7　③ 8
④ 9　⑤ 10

해결 흐름

1 방정식 $f(x)=g(x)$를 $h(x)=a$ 꼴로 나타내어 함수 $y=h(x)$의 그래프의 개형을 그린 후, 함수 $y=h(x)$의 그래프와 직선 $y=a$의 교점의 x좌표가 서로 다른 양수 2개, 음수 1개가 되도록 하는 a의 값의 범위를 구해야겠다.

연관 개념 | 방정식 $f(x)=g(x)$의 실근은 두 함수 $y=f(x)$, $y=g(x)$의 그래프의 교점의 x좌표와 같다.

알찬 풀이

방정식 $f(x)=g(x)$에서

$3x^3-x^2-3x=x^3-4x^2+9x+a$

$\therefore 2x^3+3x^2-12x=a$

이때 방정식 $f(x)=g(x)$가 서로 다른 두 개의 양의 실근과 한 개의 음의 실근을 가지려면 함수 $y=2x^3+3x^2-12x$의 그래프와 직선 $y=a$의 교점의 x좌표가 서로 다른 양수 2개, 음수 1개이어야 한다.

$h(x)=2x^3+3x^2-12x$라 하면

$h'(x)=6x^2+6x-12=6(x+2)(x-1)$

$h'(x)=0$에서 $x=-2$ 또는 $x=1$

함수 $h(x)$의 증가와 감소를 표로 나타내면 다음과 같다.

x	$\cdots$	-2	$\cdots$	1	$\cdots$
$h'(x)$	$+$	0	$-$	0	$+$
$h(x)$	↗	20 (극대)	↘	-7 (극소)	↗

함수 $y=h(x)$의 그래프가 오른쪽 그림과 같으므로 $y=h(x)$의 그래프와 직선 $y=a$의 교점의 x좌표가 서로 다른 양수 2개, 음수 1개이려면

$-7<a<0$ → $a\neq-7$, $a\neq0$임에 주의해야 해.

이어야 한다.

따라서 모든 정수 a는

$-6, -5, \cdots, -1$의 6개이다.

다른 풀이 $h(x)=f(x)-g(x)=2x^3+3x^2-12x-a$라 하면 방정식 $h(x)=0$의 실근이 서로 다른 양수 2개, 음수 1개이어야 한다.
↳ 함수 $y=h(x)$의 그래프와 x축의 교점이 양의 부분에서 서로 다른 두 점, 음의 부분에서 한 점임을 뜻해.

$h'(x)=6x^2+6x-12$
$=6(x+2)(x-1)$

$h'(x)=0$에서 $x=-2$ 또는 $x=1$

함수 $h(x)$의 증가와 감소를 표로 나타내면 다음과 같다.

x	$\cdots$	-2	$\cdots$	1	$\cdots$
$h'(x)$	$+$	0	$-$	0	$+$
$h(x)$	↗	$20-a$ (극대)	↘	$-7-a$ (극소)	↗

따라서 조건을 만족시키는 함수 $y=h(x)$의 그래프의 개형은 오른쪽 그림과 같아야 한다. 즉,

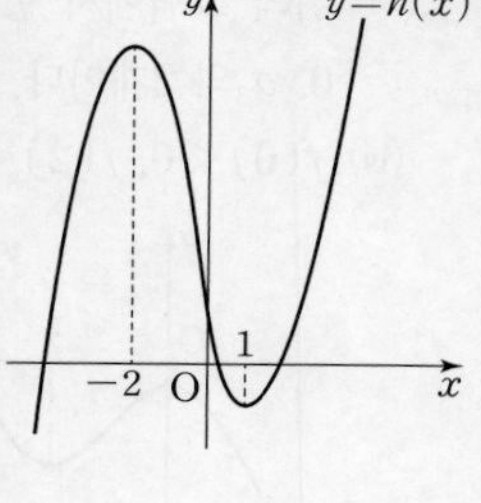

$h(0)>0$이고, $h(1)<0$

이어야 한다. ↳ $h(0)\neq0$, $h(1)\neq0$임에 주의해야 해.

$h(0)>0$에서

$-a>0$　$\therefore a<0$　…… ㉠

또, $h(1)<0$에서

$-7-a<0$　$\therefore a>-7$　…… ㉡

㉠, ㉡에서 $-7<a<0$

따라서 모든 정수 a는 $-6, -5, \cdots, -1$의 6개이다.

문제 해결 TIP

강연수 | 서강대학교 영미어문학과 | 선일여자고등학교 졸업

방정식의 근과 관련된 문제는 고정적으로 출제되는 유형 중에서도 원리를 파악하면 맞힐 확률이 높은 유형 중 하나이고, 변형이 되더라도 기본적인 틀에서 크게 벗어나지 않기 때문에 꼭 해법을 알고 시험장에 들어갔으면 좋겠어.

문제 자체만을 놓고 보면 교점을 가지고 풀어도 되지만 수능은 빠르고 정확하게 문제를 푸는 것이 중요한 시험이야. 따라서 시간을 좀 더 효율적으로 사용할 수 있는 방법으로 풀도록 하자.

$f(x)-g(x)=0$ 꼴로 변형시켜서 $h(x)=f(x)-g(x)$라는 새로운 함수의 값을 0으로 만드는 근을 찾는 것이 두 가지 개별적인 함수를 이용해서 푸는 것보다 훨씬 간단하게 풀 수 있어.

73

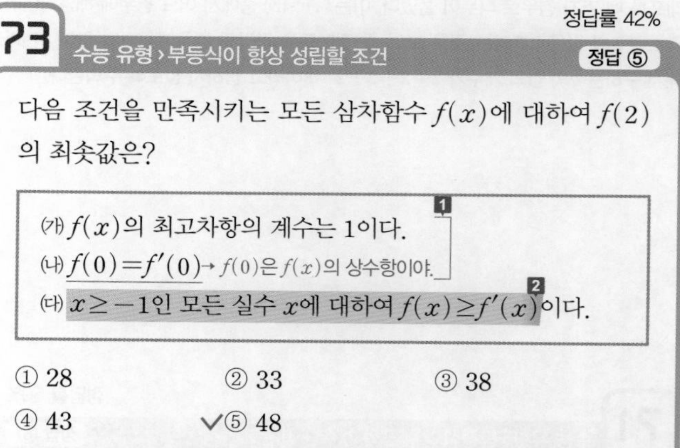

정답률 42%

수능 유형 › 부등식이 항상 성립할 조건 **정답 ⑤**

다음 조건을 만족시키는 모든 삼차함수 $f(x)$에 대하여 $f(2)$의 최솟값은?

(가) $f(x)$의 최고차항의 계수는 1이다.[1]
(나) $f(0)=f'(0)$ → $f(0)$은 $f(x)$의 상수항이야.
(다) $x\geq-1$인 모든 실수 x에 대하여 $f(x)\geq f'(x)$[2]이다.

① 28　② 33　③ 38
④ 43　✓⑤ 48

해결 흐름

1 조건 (가), (나)를 이용해서 함수 $f(x)$의 식을 세워 봐야겠다.

2 조건 (다)에서 $g(x)=f(x)-f'(x)$라 하면 $x\geq-1$인 모든 실수 x에 대하여 $g(x)\geq0$임을 이용해서 함수 $y=g(x)$의 그래프의 개형을 그려 봐야겠군.

알찬 풀이

조건 (가)에서

$f(x)=x^3+ax^2+bx+c$ (a, b, c는 상수)

로 놓으면 ↳ 최고차항의 계수가 1이니까 삼차항의 계수가 1이지.

$f'(x)=3x^2+2ax+b$

조건 (나)에서 $c=b$이므로 → $f(0)=c$, $f'(0)=b$이고 $f(0)=f'(0)$이기 때문이야.

$f(x)=x^3+ax^2+bx+b$

한편, $g(x)=f(x)-f'(x)$라 하면

$g(x)=x^3+ax^2+bx+b-(3x^2+2ax+b)$

$\quad =x^3+(a-3)x^2+(b-2a)x$ …… ㉠

조건 (나)에서 $f(0)-f'(0)=0$이므로

$g(0)=0$ ($g(0)=0$이야.)

따라서 삼차함수 $y=g(x)$의 그래프는 점 $(0, 0)$을 지나고 조건 (다)에서 $x\geq-1$인 모든 실수 x에 대하여 $g(x)\geq0$이므로 함수 $g(x)$는 $x=0$에서 극소이다. (실전적용 key를 확인해 봐.)

즉, 함수 $y=g(x)$의 그래프의 개형은 오른쪽 그림과 같다. ($x=0$에서 $g(x)$는 극소야.)

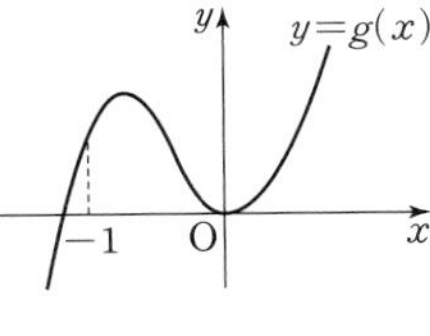

이때 $g'(0)=0$이고 ㉠에서

$g'(x)=3x^2+2(a-3)x+(b-2a)$

이므로

$b-2a=0 \quad \therefore b=2a$

$\therefore f(x)=x^3+ax^2+2ax+2a,\ g(x)=x^3+(a-3)x^2$

조건 (다)에서 $g(-1)\geq0$이므로

$-1+(a-3)\geq0$

$\therefore a\geq4$

이때 $f(2)=8+4a+4a+2a=10a+8$이므로

$a\geq4$에서 $10a+8\geq10\times4+8=48$

따라서 $f(2)$의 최솟값은 48이다.

실전적용 key

$g(0)=0$이고, 조건 (다)에 의하여 $x\geq-1$에서 $g(x)\geq0$이므로 $x=0$의 좌우에서 함수 $g(x)$는 음의 값을 가질 수 없다.

즉, $x\longrightarrow0-$, $x\longrightarrow0+$일 때 $g(x)\longrightarrow0+$이므로 위의 그림과 같이 함수 $g(x)$는 $x=0$에서 극소이다.

정답률 확률과 통계 77%, 미적분 93%, 기하 89%

74 수능 유형 › 속도와 가속도 정답 ②

시각 $t=0$일 때 출발하여 수직선 위를 움직이는 점 P의 시각 $t(t\geq0)$에서의 위치 x가

$$x=t^3-\frac{3}{2}t^2-6t$$ [1]

이다. 출발한 후 점 P의 운동 방향이 바뀌는 시각[2]에서의 점 P의 가속도[3]는? (이때의 속도는 0이야.) (위치를 두 번 미분하면 가속도야.)

① 6 ✓② 9 ③ 12 ④ 15 ⑤ 18

해결 흐름

[1] 점 P의 위치가 주어졌으니까 위치를 미분해서 속도, 속도를 미분해서 가속도를 구하면 되겠다.

[2] 운동 방향을 바꿀 때의 속도는 0이니까 속도를 $v(t)$라 하고, 점 P가 운동 방향을 바꿀 때의 시각을 구해야겠군.

[3] 가속도를 $a(t)$라 하고 [2]에서 구한 t의 값을 대입해야겠네.

연관 개념 | 수직선 위를 움직이는 점 P의 시각 t에서의 위치 x가 $x=f(t)$일 때, 시각 t에서의 점 P의 속도 v와 가속도 a는

① 속도: $v=\dfrac{dx}{dt}=f'(t)$ ② 가속도: $a=\dfrac{dv}{dt}=v'(t)$

알찬 풀이

점 P의 시각 t에서의 속도를 $v(t)$라 하면

$v(t)=\dfrac{dx}{dt}=3t^2-3t-6$ (위치 x를 시각 t에 대하여 미분했어.)

또, 점 P의 시각 t에서의 가속도를 $a(t)$라 하면

$a(t)=\dfrac{dv}{dt}=6t-3$ (속도 v를 시각 t에 대하여 미분했어.)

이때 점 P가 운동 방향을 바꾸려면 $v(t)=0$에서 ((속도)=0)

$3t^2-3t-6=0$

$3(t^2-t-2)=0$

$3(t+1)(t-2)=0$

$\therefore t=2\ (\because t\geq0)$

따라서 $t=2$에서의 점 P의 가속도는

$a(2)=6\times2-3$

$\quad =9$

정답률 확률과 통계 69%, 미적분 91%, 기하 85%

75 수능 유형 › 속도와 가속도 정답 ①

수직선 위를 움직이는 두 점 P, Q의 시각 $t(t\geq0)$에서의 위치가 각각

$$x_1=t^2+t-6,\ x_2=-t^3+7t^2$$ [1]

이다. 두 점 P, Q의 위치가 같아지는 순간 ($x_1=x_2$) 두 점 P, Q의 가속도[2]를 각각 p, q라 할 때, $p-q$의 값은?

✓① 24 ② 27 ③ 30 ④ 33 ⑤ 36

해결 흐름

[1] 시각 t에서의 위치 x_1, x_2를 t에 대하여 미분하면 시각 t에서의 속도이고, 속도를 t에 대하여 미분하면 시각 t에서의 가속도임을 이용하면 되겠군.

연관 개념 | 수직선 위를 움직이는 점 P의 시각 t에서의 위치 x가 $x=f(t)$일 때, 시각 t에서의 점 P의 속도 v와 가속도 a는

① 속도: $v=\dfrac{dx}{dt}=f'(t)$ ② 가속도: $a=\dfrac{dv}{dt}=v'(t)$

수능 핵심 개념 위치와 속도, 가속도

위치 $x=f(t)$ → 미분 → 속도 $v=\dfrac{dx}{dt}=f'(t)$ → 미분 → 가속도 $a=\dfrac{dv}{dt}=v'(t)$

[2] [1]에 구한 두 점 P, Q의 위치가 같을 때의 t의 값을 구하면 그때의 두 점 P, Q의 가속도를 구할 수 있겠다.

알찬 풀이

두 점 P, Q의 위치가 같아질 때는 $x_1=x_2$이므로

$t^2+t-6=-t^3+7t^2$

$t^3-6t^2+t-6=0$

$t^2(t-6)+t-6=0$

$(t-6)(t^2+1)=0$ → 조립제법을 이용하여 인수분해할 수도 있어.

$\therefore t=6\ (\because t\ge0)$

즉, $t=6$일 때 두 점 P, Q의 위치가 같아진다.

한편, 시각 t에서의 두 점 P, Q의 속도를 각각 $v_1(t)$, $v_2(t)$라 하면

$v_1(t)=\dfrac{dx_1}{dt}=2t+1$ → 위치 x_1을 t에 대하여 미분하면 시각 t에서의 속도 $v_1(t)$가 되지.

$v_2(t)=\dfrac{dx_2}{dt}=-3t^2+14t$ → 위치 x_2를 t에 대하여 미분하면 시각 t에서의 속도 $v_2(t)$가 되지.

두 점 P, Q의 시각 t에서의 가속도를 각각 $a_1(t)$, $a_2(t)$라 하면

$a_1(t)=\dfrac{dv_1}{dt}=2$ → 속도 $v_1(t)$를 t에 대하여 미분하면 시각 t에서의 가속도 $a_1(t)$가 되지.

$a_2(t)=\dfrac{dv_2}{dt}=-6t+14$ → 속도 $v_2(t)$를 t에 대하여 미분하면 시각 t에서의 가속도 $a_2(t)$가 되지.

따라서 $t=6$에서의 두 점 P, Q의 가속도는 각각

$a_1(6)=2$이므로 $p=2$

$a_2(6)=-6\times6+14=-22$이므로

$q=-22$

$\therefore p-q=2-(-22)=24$

정답률 75%

76 수능 유형 › 속도와 가속도

정답 22

수직선 위를 움직이는 점 P의 시각 $t\ (t\ge0)$에서의 위치 x가

$$x=-\frac{1}{3}t^3+3t^2+k\ (k\text{는 상수})$$

이다. 점 P의 가속도가 0일 때[1] 점 P의 위치는 40이다. k의 값을 구하시오. 22

→ 위치를 두 번 미분하면 가속도야.

해결 흐름

[1] 위치를 미분하면 속도, 속도를 미분하면 가속도임을 이용하여 점 P의 가속도가 0일 때의 시각 t를 구해야겠다.

연관 개념 | 수직선 위를 움직이는 점 P의 시각 t에서의 위치 x가 $x=f(t)$일 때, 시각 t에서의 점 P의 속도 v와 가속도 a는

① $v=\dfrac{dx}{dt}=f'(t)$ ② $a=\dfrac{dv}{dt}=v'(t)$

알찬 풀이

점 P의 시각 t에서의 속도와 가속도를 각각 $v(t)$, $a(t)$라 하면

$v(t)=\dfrac{dx}{dt}=-t^2+6t$ → 위치 x를 t에 대하여 미분했어.

$a(t)=\dfrac{dv}{dt}=-2t+6$ → 속도 v를 t에 대하여 미분했어.

점 P의 가속도가 0일 때의 시각 t를 구하면

$-2t+6=0$

$\therefore t=3$

따라서 $t=3$일 때 점 P의 위치가 40이므로

$-\dfrac{1}{3}\times27+3\times9+k=40$ → 주어진 식 x에 $t=3$을 대입했어.

$18+k=40$

$\therefore k=22$

정답률 78%

77 수능 유형 › 속도와 가속도

정답 ①

수직선 위를 움직이는 점 P의 시각 $t\ (t\ge0)$에서의 위치 x가

$$x=t^3-5t^2+at+5$$ [1]

이다. 점 P가 움직이는 방향이 바뀌지 않도록[2] 하는 자연수 a의 최솟값은?

✓① 9 ② 10 ③ 11

④ 12 ⑤ 13

해결 흐름

[1] 위치 x를 t에 대하여 미분하면 시각 t에서의 속도임을 이용하면 되겠군.

연관 개념 | 수직선 위를 움직이는 점 P의 시각 t에서의 위치 x가 $x=f(t)$일 때, 시각 t에서의 점 P의 속도 v는

$v=\dfrac{dx}{dt}=f'(t)$

[2] 점 P가 움직이는 방향이 바뀌지 않으려면 속도의 부호가 바뀌지 않아야겠네.

알찬 풀이

점 P의 시각 t에서의 속도를 $v(t)$라 하면

$v(t)=\dfrac{dx}{dt}=3t^2-10t+a$ → 위치 x를 t에 대하여 미분했어.

이때 $v(t)$가 최고차항의 계수가 양수인 이차함수이므로 점 P가 움직이는 방향이 바뀌지 않으려면 음이 아닌 실수 t에 대하여 $v(t)\ge0$이어야 한다. → $t\ge0$에서 $v(t)$의 값의 부호가 바뀌지 않아야 해.

즉, $t\ge0$일 때,

$v(t)=3t^2-10t+a=3\left(t-\dfrac{5}{3}\right)^2+a-\dfrac{25}{3}\ge0$ → $v(t)$는 $t=\dfrac{5}{3}$에서 최솟값 $a-\dfrac{25}{3}$를 가져.

이어야 하므로 $a-\dfrac{25}{3}\ge0$

$\therefore a\ge\dfrac{25}{3}$ → 8.×××

따라서 자연수 a의 최솟값은 9이다.

정답률 확률과 통계 31%, 미적분 59%, 기하 48%

78 수능 유형 › 방정식의 실근의 개수 + 미분가능성 정답 ②

상수 $a(a\neq3\sqrt{5})$와 최고차항의 계수가 음수인 이차함수 $f(x)$에 대하여 함수 (→ $f(x)=bx^2+cx+d\ (b<0)$로 놓을 수 있어.) **1**

$$g(x)=\begin{cases} x^3+ax^2+15x+7 & (x\leq0) \\ f(x) & (x>0) \end{cases}$$

이 다음 조건을 만족시킨다. (→ $x=0$에서도 미분가능해.)

(가) 함수 $g(x)$는 실수 전체의 집합에서 미분가능하다. **2**
(나) x에 대한 방정식 $g'(x)\times g'(x-4)=0$의 서로 다른 실근의 개수는 4이다. **3**

$g(-2)+g(2)$의 값은?

① 30 ✓② 32 ③ 34
④ 36 ⑤ 38

해결 흐름

1 최고차항의 계수가 음수인 이차함수 $f(x)$의 식을 세워야겠군.
2 함수 $g(x)$가 실수 전체의 집합에서 미분가능하면 실수 전체의 집합에서 연속이겠네.
3 주어진 방정식이 서로 다른 네 실근을 가짐을 이용해서 두 함수 $y=g'(x)$, $y=g'(x-4)$의 그래프의 개형을 그려 봐야겠네.

알찬 풀이

$f(x)=bx^2+cx+d$(b, c, d는 상수, $b<0$)로 놓으면
$f'(x)=2bx+c$
조건 (가)에서 함수 $g(x)$가 실수 전체의 집합에서 미분가능하므로 실수 전체의 집합에서 연속이다.
즉, 함수 $g(x)$는 $x=0$에서 연속이므로

$\lim_{x\to0-}g(x)=\lim_{x\to0+}g(x)=g(0)$

$7=d$

> **함수의 연속**
> 함수 $f(x)$가 $x=a$에서 연속이려면
> (i) 함숫값 $f(a)$가 존재
> (ii) 극한값 $\lim_{x\to a}f(x)$가 존재
> (iii) 함숫값과 극한값이 일치

또, $g'(x)=\begin{cases} 3x^2+2ax+15 & (x<0) \\ 2bx+c & (x>0) \end{cases}$이고 함수 $g(x)$는 실수 전체의 집합에서 미분가능하므로 $x=0$에서도 미분가능하다.
즉, $x=0$에서 미분계수가 존재하므로

$\lim_{x\to0-}g'(x)=\lim_{x\to0+}g'(x)$

$15=c$

> **미분계수의 존재**
> $f'(a)=L$ (L은 상수)
> $\Longleftrightarrow \lim_{x\to a-}f'(x)=\lim_{x\to a+}f'(x)=L$

$\therefore f(x)=bx^2+15x+7$, $f'(x)=2bx+15$
또, 조건 (나)에서 방정식 $g'(x)\times g'(x-4)=0$의 서로 다른 실근의 개수가 4이고 $a\neq3\sqrt{5}$이므로 두 함수 $y=g'(x)$, $y=g'(x-4)$의 그래프의 개형은 다음 그림과 같다.

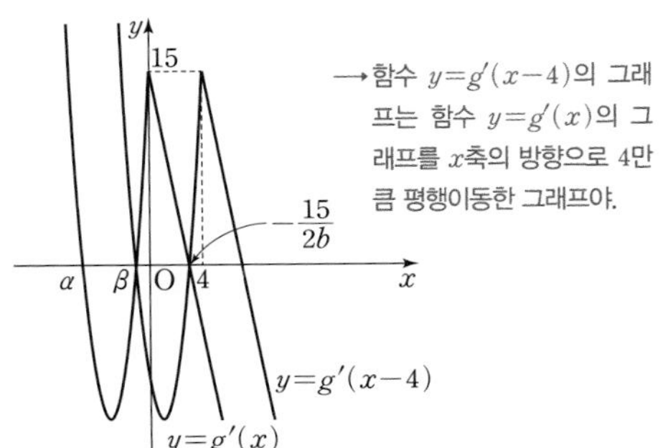

이차방정식 $3x^2+2ax+15=0$의 서로 다른 두 실근을 α, β $(\alpha<\beta)$라 하면 근과 계수의 관계에 의하여

$\alpha+\beta=-\frac{2}{3}a$, $\alpha\beta=5$

또, 앞의 그래프에서

$\alpha+4=\beta$, $\beta+4=-\frac{15}{2b}$ ······ ㉠

$(\alpha+\beta)^2=(\alpha-\beta)^2+4\alpha\beta$이므로

$\left(-\frac{2}{3}a\right)^2=(-4)^2+4\times5$

$\frac{4}{9}a^2=36$

$a^2=81$ $\therefore a=9$

(→ $x\leq0$에서 함수 $y=g'(x)$의 그래프의 축의 방정식은 $x=-\frac{a}{3}$이고 $-\frac{a}{3}<0$이므로 $a>0$이야.)

즉, $3x^2+18x+15=0$에서
$3(x+5)(x+1)=0$ $\therefore x=-5$ 또는 $x=-1$
$\therefore \alpha=-5$, $\beta=-1$ ($\because \alpha<\beta$)
$\beta=-1$을 ㉠에 대입하면

$3=-\frac{15}{2b}$ $\therefore b=-\frac{5}{2}$

따라서 $g(x)=\begin{cases} x^3+9x^2+15x+7 & (x\leq0) \\ -\frac{5}{2}x^2+15x+7 & (x>0) \end{cases}$이므로

$g(-2)=-8+36-30+7=5$,
$g(2)=-10+30+7=27$
$\therefore g(-2)+g(2)=5+27=32$

실전 적용 key

이차함수 $y=3x^2+2ax+15$에서 $y=3\left(x+\frac{a}{3}\right)^2+15-\frac{a^2}{3}$이므로 이차함수 $y=3x^2+2ax+15$의 그래프는 꼭짓점의 좌표가 $\left(-\frac{a}{3}, 15-\frac{a^2}{3}\right)$이고 아래로 볼록한 그래프이다. 이때 $-\frac{a}{3}>0$ 또는 $15-\frac{a^2}{3}>0$이면 방정식 $g'(x)=0$의 실근의 개수는 1이므로 주어진 조건을 만족시키지 않는다.
따라서 이차함수 $y=3x^2+2ax+15$의 그래프의 꼭짓점의 좌표는 제3사분면 위의 점이어야 한다.

수능 핵심 개념 구간에 따라 다르게 정의된 함수의 미분가능성

두 다항함수 $f(x)$, $g(x)$에 대하여 함수 $F(x)=\begin{cases} f(x) & (x\geq a) \\ g(x) & (x<a) \end{cases}$가 $x=a$에서 미분가능하면
(1) $x=a$에서 함수 $F(x)$가 미분가능하다.
➡ $\lim_{x\to a+}\frac{f(x)-f(a)}{x-a}=\lim_{x\to a-}\frac{g(x)-g(a)}{x-a}$
(2) 함수 $F(x)$가 $x=a$에서 연속이다.
➡ $\lim_{x\to a-}g(x)=f(a)$

문제 해결 TIP

이시현 | 서울대학교 미학과 | 명덕외국어고등학교 졸업

x에 대한 방정식 $g'(x)\times g'(x-4)=0$의 실근의 개수에 대한 조건이 주어져 있으므로 함수 $y=g'(x)$의 그래프와 함수 $y=g'(x-4)$의 그래프의 개형을 생각해 봐야 해.
이때 함수 $y=g'(x-4)$의 식을 직접 구하지 않고 평행이동을 이용하여 그래프의 개형을 생각하는 것이 중요해!

정답률 확률과 통계 1%, 미적분 5%, 기하 3%

79 수능 유형 › 함수의 그래프 **정답 483**

최고차항의 계수가 1인 삼차함수 $f(x)$가 다음 조건을 만족시킨다.

> 함수 $f(x)$에 대하여
> $f(k-1)f(k+1)<0$
> 을 만족시키는 정수 k는 존재하지 않는다. **1**

$f'\left(-\frac{1}{4}\right)=-\frac{1}{4}$, $f'\left(\frac{1}{4}\right)<0$ **2** 일 때, $f(8)$의 값을 구하시오. 483

└ $f'(x)<0$인 x의 값이 존재하는 삼차함수의 그래프의 개형을 생각해 봐.

해결 흐름

1 주어진 조건을 만족시키는 삼차함수 $f(x)$에 대하여 방정식 $f(x)=0$의 실근의 개수에 따라 함수 $y=f(x)$의 그래프의 개형을 나누어 생각해야겠어.

2 함수 $y=f(x)$의 그래프의 개형 중에서 $f'\left(-\frac{1}{4}\right)=-\frac{1}{4}$, $f'\left(\frac{1}{4}\right)<0$을 만족시키는 $f(x)$의 식을 구하면 되겠다.

알찬 풀이

문제의 조건으로부터 함수 $f(x)$가 모든 정수 k에 대하여

$f(k-1)f(k+1)\geq 0$ …… ㉠

을 만족시킨다.

또, 함수 $f(x)$는 최고차항의 계수가 1이고 $f'(x)<0$인 x의 값이 존재하는 삼차함수이므로 방정식 $f(x)=0$은 반드시 실근을 갖는다.

→ $y=f(x)$의 그래프의 개형은 2개의 극값을 갖는 모양이야.

(i) 방정식 $f(x)=0$의 실근의 개수가 1인 경우

방정식 $f(x)=0$의 실근을 a라 할 때, a보다 작은 정수 중 최댓값을 m이라 하면

$f(m)<0<f(m+2)$

이므로 $f(m)f(m+2)<0$이 되어 ㉠을 만족시키지 않는다.

(ii) 방정식 $f(x)=0$의 서로 다른 실근의 개수가 2인 경우

방정식 $f(x)=0$의 서로 다른 두 실근을 a, b $(a<b)$라 하면

$f(x)=(x-a)(x-b)^2$ 또는 $f(x)=(x-a)^2(x-b)$

→ 함수 $f(x)$가 삼차함수이니까 방정식 $f(x)=0$의 서로 다른 두 실근 중 하나는 중근이지.

① $f(x)=(x-a)(x-b)^2$일 때,

a보다 작은 정수 중 최댓값을 m이라 하면

$f(m-1)<0$, $f(m)<0$, $f(m+1)\geq 0$, $f(m+2)\geq 0$

이어야 한다. 이때 ㉠을 만족시키려면

$f(m-1)f(m+1)\geq 0$, $f(m)f(m+2)\geq 0$

이어야 하므로 $f(m+1)=f(m+2)=0$

$\therefore a=m+1,\ b=m+2$

이때 $f'\left(\frac{1}{4}\right)<0$이므로 $m+1<\frac{1}{4}<m+2$

$\therefore m=-1$

→ $-\frac{7}{4}<m<-\frac{3}{4}$인 정수 m의 값은 -1이야.

$\therefore f(x)=x(x-1)^2$

그런데 함수 $f(x)=x(x-1)^2$의 그래프에서

$f'\left(-\frac{1}{4}\right)>0$이므로 $f'\left(-\frac{1}{4}\right)=-\frac{1}{4}$을 만족시키지 않는다.

→ $x<0$일 때, 함수 $f(x)$는 증가하고 있어.

② $f(x)=(x-a)^2(x-b)$일 때,

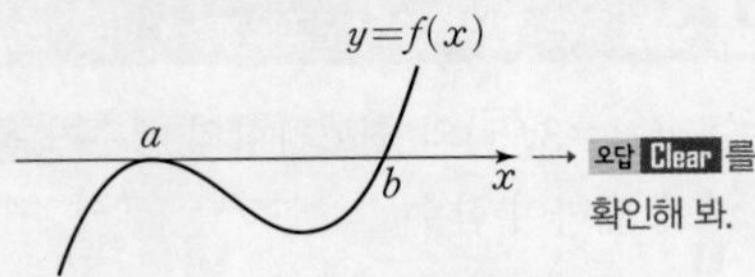

a보다 작은 정수 중 최댓값을 m이라 하면 ㉠에 의하여

$a=m+1,\ b=m+2$

이때 $f'\left(\frac{1}{4}\right)<0$이므로

$m+1<\frac{1}{4}<m+2$

$\therefore m=-1$

$\therefore f(x)=x^2(x-1)$

그런데 함수 $f(x)=x^2(x-1)$의 그래프에서

$f'\left(-\frac{1}{4}\right)>0$이므로

→ $x<0$일 때, 함수 $f(x)$는 증가하고 있어.

$f'\left(-\frac{1}{4}\right)=-\frac{1}{4}$을 만족시키지 않는다.

(iii) 방정식 $f(x)=0$의 서로 다른 실근의 개수가 3인 경우

방정식 $f(x)=0$의 서로 다른 세 실근을 a, b, c $(a<b<c)$라 하면 $f(x)=(x-a)(x-b)(x-c)$

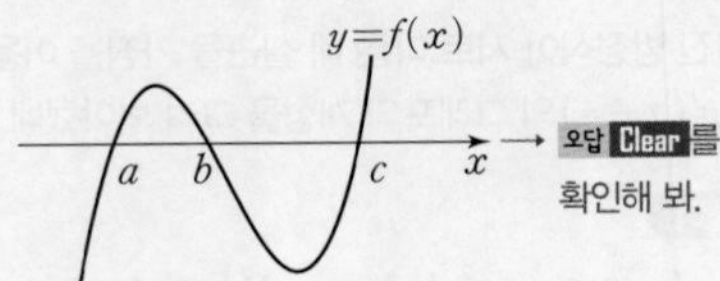

a보다 작은 정수 중 최댓값을 m이라 하면 ㉠에 의하여

$b=m+1,\ c=m+2$

이때 $f'\left(\frac{1}{4}\right)<0$이므로

$m+1<\frac{1}{4}<m+2$

$\therefore m=-1$

$f(x)=(x-a)x(x-1)=(x-a)(x^2-x)$이므로

$f'(x)=(x^2-x)+(x-a)(2x-1)$

$f'\left(-\frac{1}{4}\right)$

$=\frac{5}{16}+\left(-\frac{1}{4}-a\right)\times\left(-\frac{3}{2}\right)$

$=\frac{11}{16}+\frac{3}{2}a=-\frac{1}{4}$

에서 $a=-\frac{5}{8}$

→ $f'(x)=(x^2-x)+\left(x+\frac{5}{8}\right)(2x-1)$이므로 $f'\left(\frac{1}{4}\right)=-\frac{3}{16}+\left(\frac{1}{4}+\frac{5}{8}\right)\times\left(-\frac{1}{2}\right)=-\frac{5}{8}<0$

> **곱의 미분법**
> 두 함수 $f(x)$, $g(x)$가 미분가능할 때, $y=f(x)g(x)$이면
> $y'=f'(x)g(x)+f(x)g'(x)$

(i), (ii), (iii)에서 $f(x)=\left(x+\frac{5}{8}\right)(x^2-x)$이므로

$f(8)=\left(8+\frac{5}{8}\right)\times(64-8)=\frac{69}{8}\times 56$

$=483$

오답 Clear

(ii)의 ②에서 $a<n<b$인 정수 n 중 가장 큰 값을 n_1이라 하자.

그러면 $f(n_1)<0<f(n_1+2)$이므로 $f(n_1)f(n_1+2)<0$이 되어 ㉠을 만족시키지 않는다. 즉, $a<n<b$인 정수 n은 존재하지 않는다.

마찬가지로 (iii)에서도 $b<n<c$인 정수 n은 존재하지 않는다.

정답률 확률과 통계 2%, 미적분 9%, 기하 6%

80 수능 유형 › 함수의 극대와 극소

정답 380

정수 $a(a\neq 0)$에 대하여 함수 $f(x)$를

$f(x)=x^3-2ax^2$ **2**

이라 하자. 다음 조건을 만족시키는 모든 정수 k의 값의 곱이 -12 **3** 가 되도록 하는 a에 대하여 $f'(10)$의 값을 구하시오. 380

> 함수 $f(x)$에 대하여
>
> $$\left\{\frac{f(x_1)-f(x_2)}{x_1-x_2}\right\}\times\left\{\frac{f(x_2)-f(x_3)}{x_2-x_3}\right\}<0$$
>
> **1** **3** 을 만족시키는 세 실수 x_1, x_2, x_3이 열린구간 $\left(k,\ k+\frac{3}{2}\right)$에 존재한다.
>
> └→ 함수 $y=f(x)$의 그래프 위의 두 점을 지나는 직선의 기울기의 부호가 다른 경우가 있다는 뜻이야.

해결 흐름

1 주어진 조건을 만족시키려면 함수 $f(x)$는 열린구간 $\left(k,\ k+\frac{3}{2}\right)$에서 극값을 가져야 해.

2 $f'(x)=0$을 만족시키는 x의 값과 a의 부호에 따라 함수 $y=f(x)$의 그래프의 개형을 그려 봐야겠다.

3 **2**에서 구한 극값을 갖는 x의 값이 열린구간 $\left(k,\ k+\frac{3}{2}\right)$에 존재하도록 하는 k의 값을 생각해 봐야겠군.

알찬 풀이

주어진 조건을 만족시키려면 두 점 $(x_1,\ f(x_1))$, $(x_2,\ f(x_2))$를 지나는 직선의 기울기와 두 점 $(x_2,\ f(x_2))$, $(x_3,\ f(x_3))$을 지나는 직선의 기울기의 부호가 다른 세 실수 x_1, x_2, x_3이 열린구간 $\left(k,\ k+\frac{3}{2}\right)$에 존재해야 한다.

즉, 함수 $f(x)$가 극값을 갖는 x의 값이 열린구간 $\left(k,\ k+\frac{3}{2}\right)$에 적어도 하나 존재해야 한다.

$f(x)=x^3-2ax^2=x^2(x-2a)$에서

$f'(x)=3x^2-4ax=3x\left(x-\frac{4}{3}a\right)$ └→ 함수 $f(x)$는 $x=0$, $x=\frac{4}{3}a$에서 극값을 가져.

이므로 a의 값의 범위에 따라 함수 $y=f(x)$의 그래프의 개형을 다음과 같이 나누어 생각할 수 있다.

(i) $a>0$일 때,

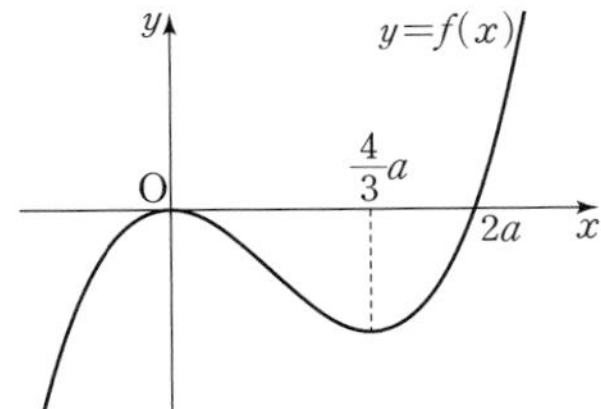

$k<0<k+\frac{3}{2}$ 또는 $k<\frac{4}{3}a<k+\frac{3}{2}$이어야 하므로

$-\frac{3}{2}<k<0$ 또는 $\frac{4}{3}a-\frac{3}{2}<k<\frac{4}{3}a$

$-\frac{3}{2}<k<0$에서 $k=-1$이므로

$\frac{4}{3}a-\frac{3}{2}<k<\frac{4}{3}a$에 속하는 정수 k의 값의 곱이 12가 되어야 한다.

└→ 모든 정수 k의 값의 곱이 -12가 되어야 하는데 조건을 만족시키는 정수 k 중 하나가 -1이기 때문이야.

① 이 구간에 $k=3$, $k=4$가 존재하는 경우

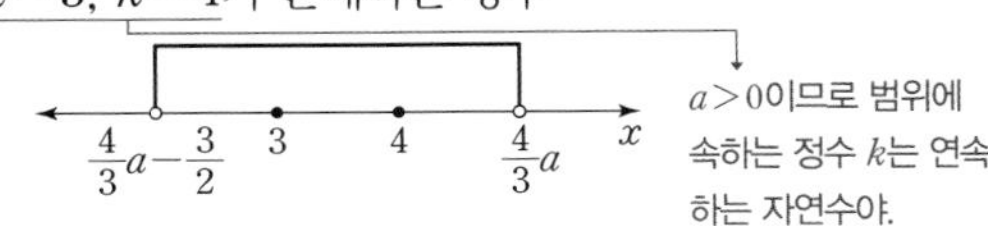

└→ $a>0$이므로 범위에 속하는 정수 k는 연속하는 자연수야.

$\frac{4}{3}a-\frac{3}{2}<3$, $\frac{4}{3}a>4$

$\therefore 3<a<\frac{27}{8}$

그런데 이 부등식을 만족시키는 정수 a는 존재하지 않는다.

② 이 구간에 $k=12$만 존재하는 경우

$11\le\frac{4}{3}a-\frac{3}{2}<12$, $12<\frac{4}{3}a\le 13$

$\therefore \frac{75}{8}\le a\le\frac{39}{4}$ └→ 실전 적용 key를 확인해 봐.

그런데 이 부등식을 만족시키는 정수 a는 존재하지 않는다.

(ii) $a<0$일 때,

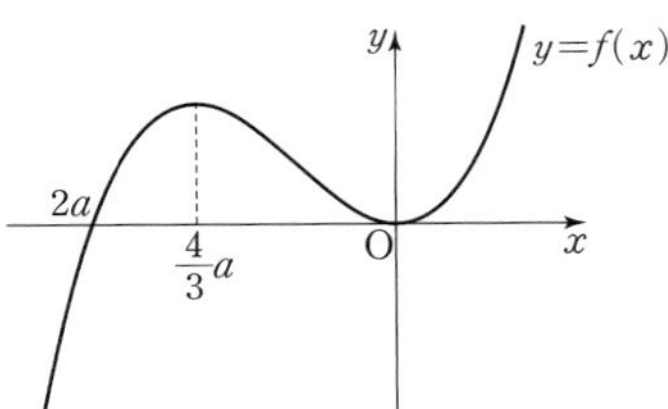

$k<0<k+\frac{3}{2}$ 또는 $k<\frac{4}{3}a<k+\frac{3}{2}$이어야 하므로

$-\frac{3}{2}<k<0$ 또는 $\frac{4}{3}a-\frac{3}{2}<k<\frac{4}{3}a$

$-\frac{3}{2}<k<0$에서 $k=-1$이므로 $\frac{4}{3}a-\frac{3}{2}<k<\frac{4}{3}a$에 속하는 정수 k의 값의 곱이 12가 되어야 한다.

즉, 이 구간에 $k=-4$, $k=-3$이 존재해야 하므로

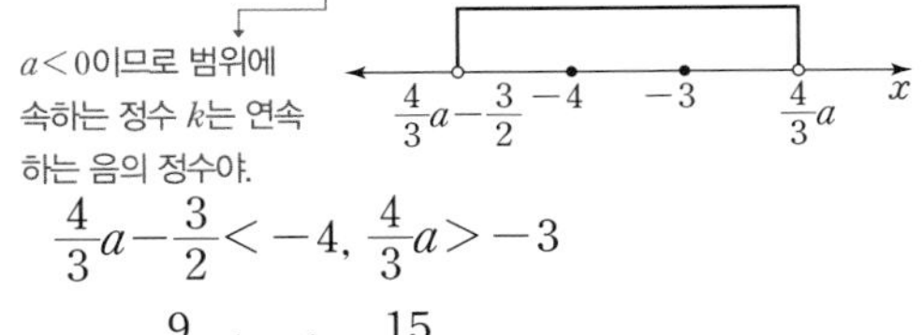

└→ $a<0$이므로 범위에 속하는 정수 k는 연속하는 음의 정수야.

$\frac{4}{3}a-\frac{3}{2}<-4$, $\frac{4}{3}a>-3$

$\therefore -\frac{9}{4}<a<-\frac{15}{8}$

따라서 정수 a의 값은 -2이다.

(i), (ii)에서 $a=-2$이므로

$f(x)=x^3+4x^2$, $f'(x)=3x^2+8x$

$\therefore f'(10)=300+80$

$=380$

실전 적용 key

$\frac{4}{3}a-\frac{3}{2}<k<\frac{4}{3}a$를 만족시키는 정수 k의 값의 곱이 12일 때, 열린구간 $\left(\frac{4}{3}a-\frac{3}{2},\ \frac{4}{3}a\right)$의 길이는 $\frac{3}{2}$이므로 이 구간에 속하는 정수 k는 1개 또는 2개이다.

즉, 조건을 만족시키는 정수 k는 다음의 세 가지 경우가 있다.

(i) ① 3, 4 ② 12 (ii) -4, -3

(i) ②의 경우, 열린구간 $\left(\frac{4}{3}a-\frac{3}{2},\ \frac{4}{3}a\right)$에 정수 k가 12만 존재하도록 하려면 $11\le\frac{4}{3}a-\frac{3}{2}<12$, $12<\frac{4}{3}a\le 13$이어야 함에 주의한다.

정답률 확률과 통계 10%, 미적분 29%, 기하 22%

81 수능 유형 › 함수의 증가와 감소 ⊕ 함수의 극한과 연속 정답 ①

다항함수 $f(x)$에 대하여 함수 $g(x)$를 다음과 같이 정의한다.

$$g(x)=\begin{cases} x & (x<-1 \text{ 또는 } x>1) \\ f(x) & (-1\le x\le 1) \end{cases}$$

함수 $h(x)=\lim_{t\to 0+} g(x+t)\times\lim_{t\to 2+} g(x+t)$ [1]에 대하여 **보기**에서 옳은 것만을 있는 대로 고른 것은?

보기

ㄱ. $h(1)=3$ [1]

ㄴ. 함수 $h(x)$는 실수 전체의 집합에서 연속이다. [2]

ㄷ. 함수 $g(x)$가 닫힌구간 $[-1, 1]$에서 감소하고 $g(-1)=-2$이면 함수 $h(x)$는 실수 전체의 집합에서 최솟값을 갖는다. [3]

✓① ㄱ ② ㄴ ③ ㄱ, ㄴ
④ ㄱ, ㄷ ⑤ ㄴ, ㄷ

해결 흐름

1 함수 $h(x)$의 식에 $x=1$을 대입해서 $h(1)$의 값을 구하면 되겠네.

2 함수 $h(x)$가 실수 전체의 집합에서 연속이 될 조건을 생각해 봐야겠어.

연관 개념 | 함수 $f(x)$가 실수 a에 대하여
(i) $f(x)$가 $x=a$에서 정의되어 있고
(ii) 극한값 $\lim_{x\to a} f(x)$가 존재하며
(iii) $\lim_{x\to a} f(x)=f(a)$
이면 함수 $f(x)$는 $x=a$에서 연속이라 한다.

3 함수 $y=g(x)$의 그래프의 개형을 이용해서 함수 $h(x)$가 실수 전체의 집합에서 최솟값을 갖는지 확인해 봐야지.

알찬 풀이

ㄱ. $x>1$에서 $g(x)=x$이므로

$h(1)=\lim_{t\to 0+} g(1+t)\times\lim_{t\to 2+} g(1+t)$
$=\lim_{t\to 0+}(1+t)\times\lim_{t\to 2+}(1+t)$
$=1\times 3=3$ (참)

ㄴ. $g(x)=\begin{cases} x & (x<-1 \text{ 또는 } x>1) \\ f(x) & (-1\le x\le 1) \end{cases}$에서

$x<-1$ 또는 $x\ge 1$일 때, $\lim_{t\to 0+} g(x+t)=x$

$-1\le x<1$일 때, $\lim_{t\to 0+} g(x+t)=f(x)$

$x<-3$ 또는 $x\ge -1$일 때, $\lim_{t\to 2+} g(x+t)=x+2$

$-3\le x<-1$일 때, $\lim_{t\to 2+} g(x+t)=f(x+2)$

$$\therefore h(x)=\begin{cases} x(x+2) & (x<-3) \\ xf(x+2) & (-3\le x<-1) \\ (x+2)f(x) & (-1\le x<1) \\ x(x+2) & (x\ge 1) \end{cases} \quad \cdots\cdots (*)$$

따라서 $\lim_{x\to 1-} h(x)=3f(1)$, $\lim_{x\to 1+} h(x)=3$이다.

이때 $f(1)\ne 1$이면 $\lim_{x\to 1-} h(x)\ne\lim_{x\to 1+} h(x)$이므로 함수 $h(x)$는 $x=1$에서 불연속이다.
→ $f(1)$의 값은 알 수 없기 때문이야.
→ 극한값 $\lim_{x\to 1} h(x)$가 존재하지 않아.

따라서 함수 $h(x)$는 실수 전체의 집합에서 연속이라 할 수 없다. (거짓)

ㄷ. 함수 $g(x)$가 닫힌구간 $[-1, 1]$에서 감소하고 $g(-1)=-2$일 때, 함수 $y=g(x)$의 그래프의 개형을 오른쪽 그림과 같이 그리면

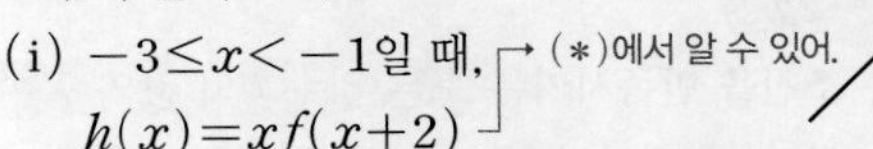

(i) $-3\le x<-1$일 때, → $(*)$에서 알 수 있어.
$h(x)=xf(x+2)$
이때 $x<0$, $f(x+2)<0$이므로 $h(x)>0$
→ $-1\le x+2<1$이고, $-1\le x<1$에서 $f(x)<0$이기 때문이지.

(ii) $-1\le x<1$일 때,
$h(x)=(x+2)f(x)$ → $(*)$에서 알 수 있어.
이때 $f(x)<0$, $x+2>0$이므로 $h(x)<0$

(i), (ii)에서 $-3\le x<-1$일 때, 함수 $h(x)$는 최솟값을 가질 수 없다.
→ $-3\le x<-1$일 때의 $h(x)$의 값이 $-1\le x<1$일 때의 $h(x)$의 값보다 항상 크기 때문이야.

$-1\le x<1$일 때, $h'(x)=f(x)+(x+2)f'(x)$에서
$f(x)<0$, $f'(x)<0$, $x+2>0$이므로 $h'(x)<0$이다.
→ 함수 $g(x)$가 닫힌구간 $[-1, 1]$에서 감소하니까.

즉, $-1\le x<1$에서 함수 $h(x)$는 감소하지만
$\lim_{x\to 1-} h(x)=3f(1)<0$이고, $h(1)=3$이므로 함수 $h(x)$는 최솟값을 갖지 않는다. (거짓)
→ $\lim_{x\to 1-} h(x)\ne h(1)$이야.

이상에서 옳은 것은 ㄱ뿐이다.

다른 풀이

ㄴ. [반례] $f(x)=5$라 하자.

$$h(x)=\begin{cases} x(x+2) & (x<-3) \\ 5x & (-3\le x<-1) \\ 5(x+2) & (-1\le x<1) \\ x(x+2) & (x\ge 1) \end{cases}$$에서

$\lim_{x\to 1-} h(x)=\lim_{x\to 1-} 5(x+2)=15$

$\lim_{x\to 1+} h(x)=\lim_{x\to 1+} x(x+2)=3$

$\therefore \lim_{x\to 1-} h(x)\ne\lim_{x\to 1+} h(x)$

즉, 함수 $h(x)$는 $x=1$에서 불연속이다. (거짓)

ㄷ. [반례] $f(x)=-x-3$이라 하자.
→ 닫힌구간 $[-1, 1]$에서 감소하고, $f(-1)=g(-1)=-2$를 만족시키는 함수야.

$$h(x)=\begin{cases} x(x+2) & (x<-3) \\ -x(x+5) & (-3\le x<-1) \\ -(x+2)(x+3) & (-1\le x<1) \\ x(x+2) & (x\ge 1) \end{cases}$$에서

$\lim_{x\to 1-} h(x)=\lim_{x\to 1-}\{-(x+2)(x+3)\}=-12$이고,

$h(1)=3$이므로 함수 $h(x)$의 최솟값은 없다. (거짓)

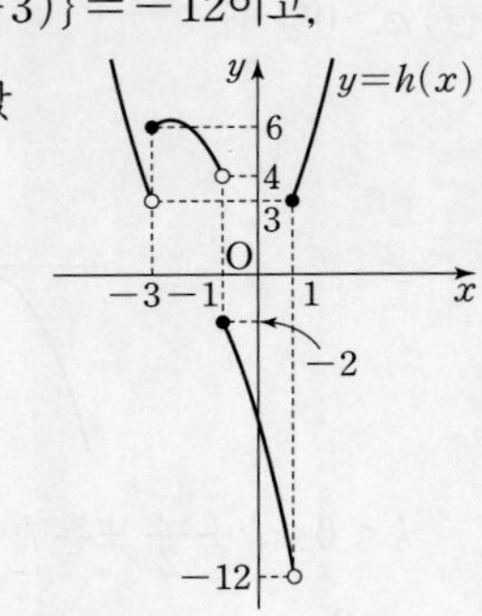

실전적용 key

ㄴ에서 $x<-3$ 또는 $x\ge 1$일 때, $h(x)=x(x+2)$이므로 $x<-3$ 또는 $x\ge 1$일 때, 함수 $y=h(x)$의 그래프는 오른쪽 그림과 같다.

따라서 ㄷ에서 함수 $h(x)$가 실수 전체의 집합에서 최솟값을 갖는지 판단하려면 $-3\le x<-1$일 때와 $-1\le x<1$일 때를 확인하면 된다.

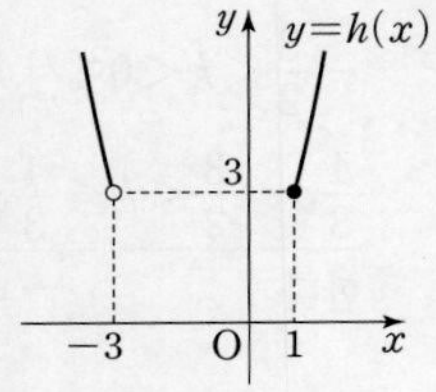

정답률 확률과 통계 4%, 미적분 9%, 기하 7%

82 수능 유형 › 함수의 그래프 정답 13

최고차항의 계수가 1인 삼차함수 $f(x)$와 실수 전체의 집합에서 연속인 함수 $g(x)$가 다음 조건을 만족시킬 때, $f(4)$의 값을 구하시오. 13

→ 삼차함수의 그래프의 개형을 생각해 봐.

(가) 모든 실수 x에 대하여
$f(x)=f(1)+(x-1)f'(g(x))$이다.

(나) 함수 $g(x)$의 최솟값은 $\frac{5}{2}$이다.

(다) $f(0)=-3$, $f(g(1))=6$

해결 흐름

1 주어진 식을 변형하면 함수 $y=f(x)$의 그래프 위의 두 점을 지나는 직선과 기울기가 같은 접선을 생각해 볼 수 있겠네. 이를 이용해서 함수 $f(x)$의 식을 세워야겠다.

2 실수 전체의 집합에서 연속인 함수 $g(x)$가 최솟값을 갖는 경우를 알아봐야지.

3 $g(1)=k$라 하고 $f(k)=6$을 만족시키는 k의 값을 이용하면 1에서 세운 함수 $f(x)$의 식을 구할 수 있겠어.

알찬 풀이

조건 (가)에서 $f(x)=f(1)+(x-1)f'(g(x))$이므로

$x\neq1$일 때, $\frac{f(x)-f(1)}{x-1}=f'(g(x))$ …… ㉠

즉, 함수 $y=f(x)$의 그래프 위의 두 점 $(1, f(1))$, $(x, f(x))$를 지나는 직선의 기울기와 함수 $y=f(x)$의 그래프 위의 점 $(g(x), f(g(x)))$에서의 접선의 기울기가 같으므로 점 $(g(x), f(g(x)))$에서의 접선은 다음 그림과 같이 두 가지 경우가 있다.

→ ㉠의 좌변이야. → ㉠의 우변이야.

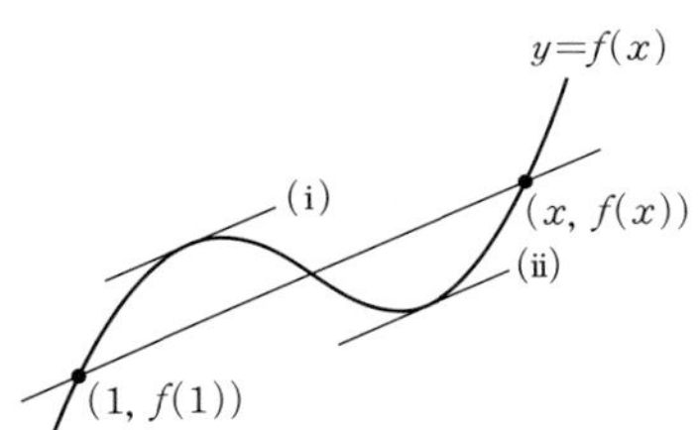

→ 오답 Clear를 확인해 봐.

그런데 (i)의 경우는 함수 $g(x)$가 불연속인 실수 x가 존재하므로 (ii)의 경우만 생각해야 한다.

두 점 $(1, f(1))$, $(x, f(x))$를 지나는 직선이 접선일 때, 그 기울기가 최소이고 접점의 x좌표인 $g(x)$는 최소가 된다. 이때 조건 (나)에서 함수 $g(x)$의 최솟값이 $\frac{5}{2}$이므로 접점의 x좌표는 $\frac{5}{2}$이다.

접선의 기울기는 $f'(g(x))$이지.

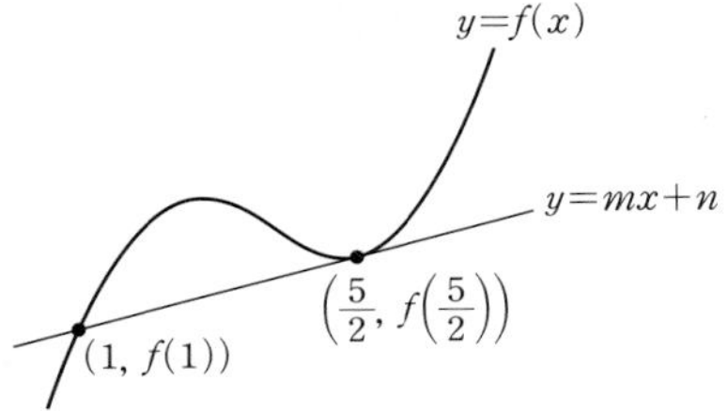

위의 그림에서 두 점 $(1, f(1))$, $\left(\frac{5}{2}, f\left(\frac{5}{2}\right)\right)$를 지나는 접선의 방정식을 $y=mx+n$ (m, n은 상수)이라 하면

$f(x)-(mx+n)=(x-1)\left(x-\frac{5}{2}\right)^2$ → $f(x)$가 최고차항의 계수가 1인 삼차함수이니까.

$\therefore f(x)=(x-1)\left(x-\frac{5}{2}\right)^2+mx+n$

조건 (다)에서 $f(0)=-3$이므로

$f(0)=-\frac{25}{4}+n=-3$ $\quad\therefore n=\frac{13}{4}$

$\therefore f(x)=(x-1)\left(x-\frac{5}{2}\right)^2+mx+\frac{13}{4}$ …… ㉡

한편, 함수 $g(x)$가 실수 전체의 집합에서 연속이므로 $x=1$에서도 연속이다.

즉, $g(1)=\lim_{x\to1}g(x)$이므로 ㉠에서

$\lim_{x\to1}\frac{f(x)-f(1)}{x-1}=\lim_{x\to1}f'(g(x))$

미분계수의 정의: $f'(a)=\lim_{x\to a}\frac{f(x)-f(a)}{x-a}$

$\therefore f'(1)=f'(g(1))$

그런데 $g(1)\neq1$이므로 → $g(x)$의 최솟값이 $\frac{5}{2}$이니까.

$g(1)=k\left(k\geq\frac{5}{2}\right)$라 하면 곡선 $y=f(x)$ 위의 점 $(1, f(1))$에서의 접선과 기울기가 같은 또 다른 접선의 접점의 x좌표가 k이다.

즉, $f'(1)=f'(k)$이다.

㉡의 양변을 x에 대하여 미분하면

함수 $f(x)$가 미분가능할 때, $y=\{f(x)\}^n$ (n은 자연수)이면 $y'=n\{f(x)\}^{n-1}f'(x)$

$f'(x)=\left(x-\frac{5}{2}\right)^2+2(x-1)\left(x-\frac{5}{2}\right)+m$

이므로 $f'(1)=\frac{9}{4}+m$

이때 $f'(k)=\frac{9}{4}+m$이 되는 k의 값을 구하면

$\left(k-\frac{5}{2}\right)^2+2(k-1)\left(k-\frac{5}{2}\right)+m=\frac{9}{4}+m$

$k^2-4k+3=0$, $(k-1)(k-3)=0$

$\therefore k=3\left(\because k\geq\frac{5}{2}\right)$

즉, $g(1)=3$이므로 조건 (다)에서

$f(g(1))=f(3)=6$

$f(3)=6$을 ㉡에 대입하면

$f(3)=2\times\frac{1}{4}+3m+\frac{13}{4}=6$, $3m=\frac{9}{4}$ $\quad\therefore m=\frac{3}{4}$

따라서 $f(x)=(x-1)\left(x-\frac{5}{2}\right)^2+\frac{3}{4}x+\frac{13}{4}$이므로

→ ㉡에 $m=\frac{3}{4}$을 대입했어.

$f(4)=3\times\frac{9}{4}+\frac{3}{4}\times4+\frac{13}{4}=13$

참고 이차함수의 그래프의 대칭성을 이용하여

$f'(g(1))=f'(1)$을 만족시키는 $g(1)$의 값을 구할 수도 있다.

$f'(x)=\left(x-\frac{5}{2}\right)^2+2(x-1)\left(x-\frac{5}{2}\right)+m=3\left(x-\frac{3}{2}\right)\left(x-\frac{5}{2}\right)+m$

에서 이차함수 $y=f'(x)$의 그래프는 직선 $x=2$에 대하여 대칭이므로

$f'(1)=f'(3)$이다.

즉, $f'(g(1))=f'(3)$이므로 $g(1)=3$임을 알 수 있다.

오답 Clear

점 $(x, f(x))$가 함수 $y=f(x)$의 그래프를 따라 오른쪽으로 움직이면 (i)의 경우에서 $g(x)$의 값은 $x=1$의 오른쪽에서 접점 1에 가까워지다가, 두 점 $(1, f(1))$, $(x, f(x))$를 지나는 직선이 $x=1$에서의 접선이 되면 $g(x)$의 값은 x_1 $(x_1\neq1)$이 된다. 즉, 함수 $g(x)$가 불연속인 값이 존재함을 알 수 있다.

따라서 (ii)의 경우만 생각해야 한다.

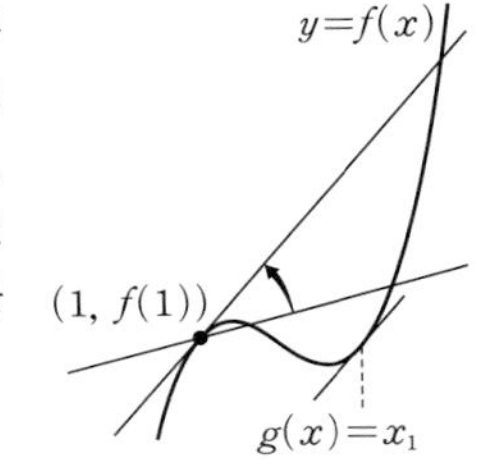

수학 Ⅱ · Ⅱ. 다항함수의 미분법

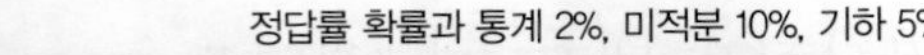
정답률 확률과 통계 2%, 미적분 10%, 기하 5%

83 수능 유형 › 함수의 그래프 + 미분가능성과 연속성 정답 108

최고차항의 계수가 1인 삼차함수 $f(x)$에 대하여 함수 (→ $f(x)$의 부호에 따라 그 값이 달라져.)

$$g(x)=f(x-3)\times\lim_{h\to0+}\frac{|f(x+h)|-|f(x-h)|}{h}$$ [1]

가 다음 조건을 만족시킬 때, $f(5)$의 값을 구하시오. 108

> (가) 함수 $g(x)$는 실수 전체의 집합에서 연속이다. [2]
> (나) 방정식 $g(x)=0$은 서로 다른 네 실근 α_1, α_2, α_3, α_4를 갖고 [3] $\alpha_1+\alpha_2+\alpha_3+\alpha_4=7$이다.

해결 흐름

1. 미분계수의 정의를 이용하여 함수 $g(x)$를 간단히 나타내어 봐야지.
2. 함수 $g(x)$는 $f(x)=0$인 x의 값을 경계로 달라지므로 그 경계에서의 연속을 생각해야겠군.
3. 방정식 $g(x)=0$이 서로 다른 네 실근을 갖도록 하는 함수 $f(x)$를 구해야겠다.

알찬 풀이

$$g(x)=f(x-3)\times\lim_{h\to0+}\frac{|f(x+h)|-|f(x-h)|}{h}$$

에서

$$\lim_{h\to0+}\frac{|f(x+h)|-|f(x-h)|}{h}$$

(→ 분자에 $|f(x)|$를 더하고 빼도 식은 변하지 않아.)

$$=\lim_{h\to0+}\frac{|f(x+h)|-|f(x)|}{h}+\lim_{h\to0+}\frac{|f(x-h)|-|f(x)|}{-h}$$

(→ 함수 $f(x)$는 다항함수이므로 모든 x의 값에 대하여 $\lim_{h\to0+}\frac{|f(x+h)|-|f(x)|}{h}$, $\lim_{h\to0-}\frac{|f(x+h)|-|f(x)|}{h}$의 값이 항상 존재해.)

이므로

$f(x)<0$일 때,

$$\lim_{h\to0+}\frac{|f(x+h)|-|f(x-h)|}{h}=-2f'(x)$$

(→ $f'(a)=\lim_{h\to0}\frac{f(a+h)-f(a)}{h}$야.)

$f(x)=0$일 때,

$$\lim_{h\to0+}\frac{|f(x+h)|-|f(x-h)|}{h}=0$$

(→ $f(x)=0$일 때, $|f'(x)|=p$라 하면 $\lim_{h\to0+}\frac{|f(x+h)|-|f(x-h)|}{h}=p+(-p)=0$)

$f(x)>0$일 때,

$$\lim_{h\to0+}\frac{|f(x+h)|-|f(x-h)|}{h}=2f'(x)$$

$$\therefore g(x)=\begin{cases}-2f(x-3)f'(x) & (f(x)<0)\\ 0 & (f(x)=0)\\ 2f(x-3)f'(x) & (f(x)>0)\end{cases}$$

이때 조건 (가)에서 함수 $g(x)$는 실수 전체의 집합에서 연속이므로 $f(x)=0$을 만족시키는 x의 값을 α라 할 때, 함수 $g(x)$는 $x=\alpha$에서 연속이어야 한다.

즉, $\lim_{x\to\alpha-}g(x)=\lim_{x\to\alpha+}g(x)=g(\alpha)$이어야 한다.

$f(\alpha)=0$일 때 다음과 같은 경우로 나누어 생각할 수 있다.

(i) $f'(\alpha)\neq0$인 경우

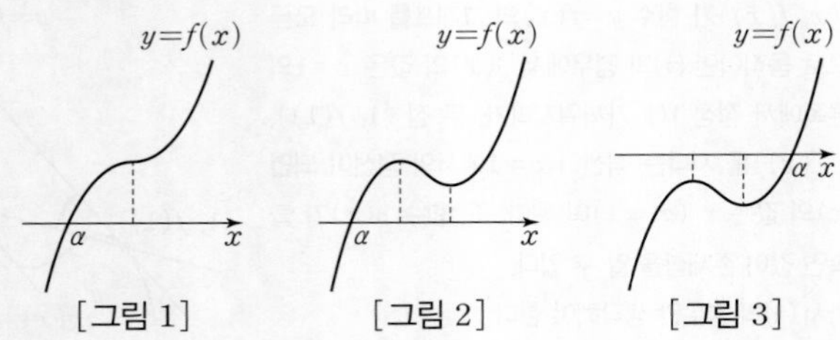

[그림 1] [그림 2] [그림 3]

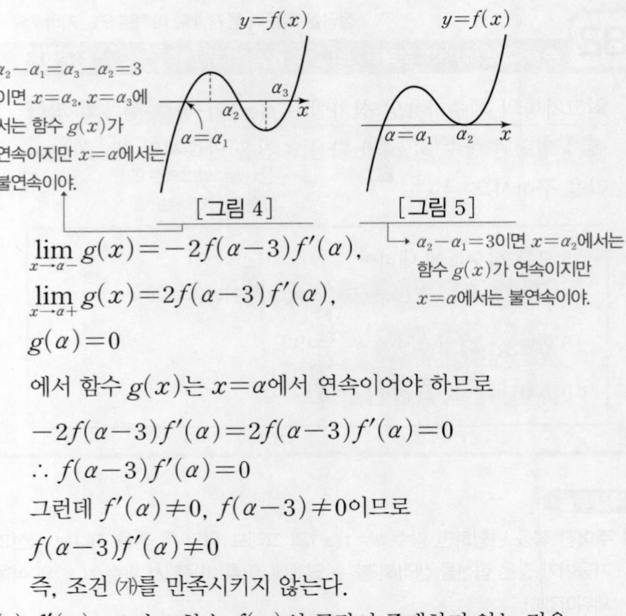

[그림 4] [그림 5]

$\lim_{x\to\alpha-}g(x)=-2f(\alpha-3)f'(\alpha)$,

$\lim_{x\to\alpha+}g(x)=2f(\alpha-3)f'(\alpha)$,

$g(\alpha)=0$

에서 함수 $g(x)$는 $x=\alpha$에서 연속이어야 하므로

$-2f(\alpha-3)f'(\alpha)=2f(\alpha-3)f'(\alpha)=0$

$\therefore f(\alpha-3)f'(\alpha)=0$

그런데 $f'(\alpha)\neq0$, $f(\alpha-3)\neq0$이므로

$f(\alpha-3)f'(\alpha)\neq0$

즉, 조건 (가)를 만족시키지 않는다.

(ii) $f'(\alpha)=0$이고 함수 $f(x)$의 극값이 존재하지 않는 경우

$\lim_{x\to\alpha-}g(x)=\lim_{x\to\alpha+}g(x)=g(\alpha)=0$

(→ $f'(\alpha)=0$이므로 함수 $g(x)$의 $x=\alpha$에서의 극한값은 0이야.)

이므로

조건 (가)를 만족시킨다.

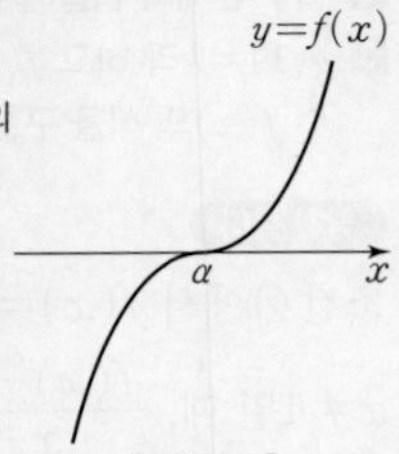

또, 방정식 $g(x)=0$의 서로 다른 실근은 세 방정식

$f(x-3)=0$, $f(x)=0$, $f'(x)=0$

의 서로 다른 실근과 같으므로

$f(x-3)=0$에서 $x=\alpha+3$

(→ $f(\alpha)=0$이므로 $f(x-3)=0$에서 $x-3=\alpha$ $\therefore x=\alpha+3$)

$f(x)=0$에서 $x=\alpha$

$f'(x)=0$에서 $x=\alpha$

따라서 방정식 $g(x)=0$의 실근은 $x=\alpha$ 또는 $x=\alpha+3$

즉, 방정식 $g(x)=0$의 서로 다른 실근의 개수가 2이므로 조건 (나)를 만족시키지 않는다.

y=f(x)
α x

[그림 6]

(iii) $f'(\alpha)=0$이고 함수 $f(x)$의 극값이 존재하는 경우

오른쪽 [그림 7]과 같이

$f(\beta)=0$, $f'(\beta)\neq0$, $f'(p)=0$

이라 하자.

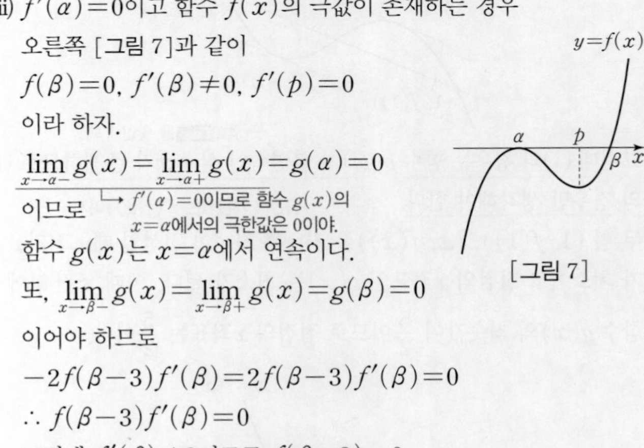

[그림 7]

$\lim_{x\to\alpha-}g(x)=\lim_{x\to\alpha+}g(x)=g(\alpha)=0$

(→ $f'(\alpha)=0$이므로 함수 $g(x)$의 $x=\alpha$에서의 극한값은 0이야.)

이므로

함수 $g(x)$는 $x=\alpha$에서 연속이다.

또, $\lim_{x\to\beta-}g(x)=\lim_{x\to\beta+}g(x)=g(\beta)=0$

이어야 하므로

$-2f(\beta-3)f'(\beta)=2f(\beta-3)f'(\beta)=0$

$\therefore f(\beta-3)f'(\beta)=0$

그런데 $f'(\beta)\neq0$이므로 $f(\beta-3)=0$

즉, 조건 (가)를 만족시키려면 $\beta-3=\alpha$이어야 하므로

$\beta=\alpha+3$

한편, 방정식 $g(x)=0$의 서로 다른 실근은 세 방정식

$f(x-3)=0$, $f(x)=0$, $f'(x)=0$

의 서로 다른 실근과 같으므로

$f(x-3)=0$에서

$x=\alpha+3$ 또는 $x=\beta+3=\alpha+6$

(→ $\beta=\alpha+3$을 대입했어.)

$f(x)=0$에서 $x=\alpha$ 또는 $x=\beta=\alpha+3$

$f'(x)=0$에서 $x=\alpha$ 또는 $x=p$

따라서 방정식 $g(x)=0$의 서로 다른 네 실근은

$\alpha,\ p,\ \alpha+3,\ \alpha+6$

이고 조건 ㈏에서 그 합은

$\alpha+p+(\alpha+3)+(\alpha+6)=3\alpha+p+9=7$ …… ㉠

이때 $f(x)=(x-\alpha)^2(x-\beta)=(x-\alpha)^2(x-\alpha-3)$이므로

$f'(x)=2(x-\alpha)(x-\alpha-3)+(x-\alpha)^2$

$=(x-\alpha)(3x-3\alpha-6)$

> 곱의 미분법
> 두 함수 $f(x)$, $g(x)$가 미분가능할 때, $y=f(x)g(x)$이면 $y'=f'(x)g(x)+f(x)g'(x)$

$f'(x)=0$에서

$x=\alpha$ 또는 $x=\dfrac{3\alpha+6}{3}=\alpha+2$

$\therefore\ p=\alpha+2$

이것을 ㉠에 대입하면

$3\alpha+(\alpha+2)+9=7,\ 4\alpha=-4 \qquad \therefore\ \alpha=-1$

(i), (ii), (iii)에서 $f(x)=(x+1)^2(x-2)$이므로

$f(5)=36\times3=108$

정답률 확률과 통계 4%, 미적분 11%, 기하 7%

84 수능 유형 › 방정식의 실근의 개수 정답 61

삼차함수 $f(x)$가 다음 조건을 만족시킨다.

→ $f(x)$는 삼차함수이니까 방정식 $f(x)=0$의 두 실근 중 하나는 중근이겠네.

> ㈎ 방정식 $f(x)=0$의 서로 다른 실근의 개수는 2이다. **1**
> ㈏ 방정식 $f(x-f(x))=0$의 서로 다른 실근의 개수는 3이다. **2**

$f(1)=4,\ f'(1)=1,\ f'(0)>1$ **3** 일 때, $f(0)=\dfrac{q}{p}$ **4** 이다.

$p+q$의 값을 구하시오. (단, p와 q는 서로소인 자연수이다.) 61

해결 흐름

1 방정식 $f(x)=0$의 실근의 개수가 2이므로 각각의 실근을 α, β라 하고 함수 $f(x)$의 식을 세워야겠다.

2 **1**에 의하여 $f(x-f(x))=0$에서 $x-f(x)=\alpha$ 또는 $x-f(x)=\beta$임을 알 수 있어.

3 주어진 조건을 이용하여 곡선 $y=f(x)$와 곡선 $y=f(x)$ 위의 점 $(1, 4)$에서의 접선을 그릴 수 있겠네.

4 **3**에서 그린 그래프를 이용하여 함수 $f(x)$를 구해서 $f(0)$의 값을 구해야겠다.

알찬 풀이

조건 ㈎에서 방정식 $f(x)=0$의 서로 다른 두 실근을 α, β라 하면

$f(x)=k(x-\alpha)^2(x-\beta)\ (k\neq0)$

로 놓을 수 있다.

→ 함수 $f(x)$가 삼차함수이니까 방정식 $f(x)=0$의 두 실근 중 하나는 중근임을 알 수 있어.

조건 ㈏에서 $x-f(x)=t$라 하면 방정식 $f(x-f(x))=0$에서 $f(t)=0$이므로 $t=\alpha$ 또는 $t=\beta$

따라서 $x-f(x)=\alpha$ 또는 $x-f(x)=\beta$를 만족시키는 서로 다른 x의 값의 개수가 3이어야 하므로 $f(x)=x-\alpha$ 또는 $f(x)=x-\beta$에서 곡선 $y=f(x)$와 두 직선 $y=x-\alpha$, $y=x-\beta$가 만나는 서로 다른 점의 개수가 3이어야 한다.

(i) $k>0$일 때,

곡선 $y=f(x)$와 두 직선 $y=x-\alpha$, $y=x-\beta$가 만나는 서로 다른 점의 개수는 다음 그림과 같이 3 이상이다.

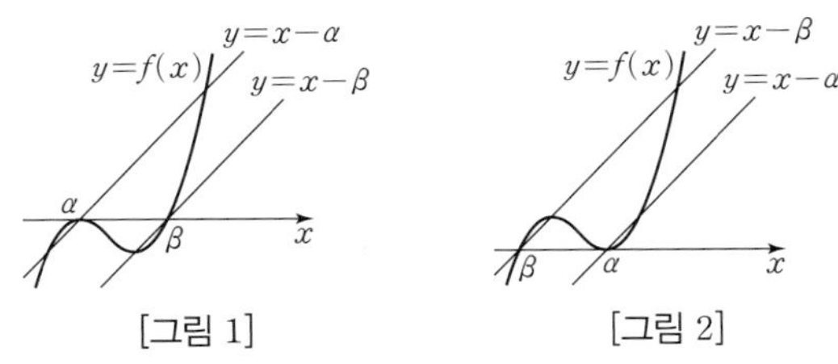

[그림 1] [그림 2]

따라서 조건 ㈏를 만족시키지 않는다.

(ii) $k<0$일 때,

곡선 $y=f(x)$와 두 직선 $y=x-\alpha$, $y=x-\beta$가 만나는 서로 다른 점의 개수가 3이려면 다음 그림과 같아야 한다.

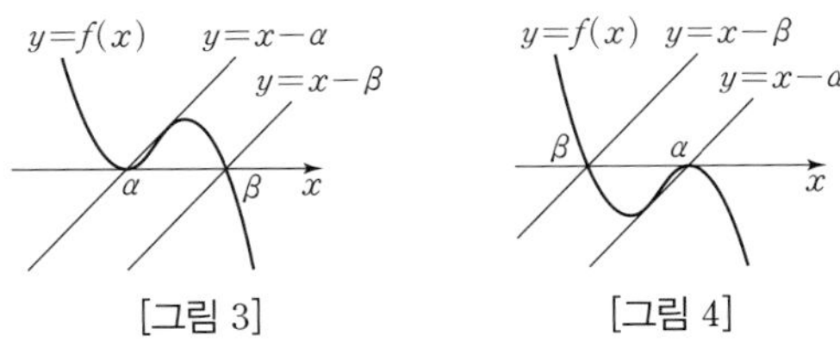

[그림 3] [그림 4]

[그림 4]에서 주어진 조건에 의하여 $f(1)=4$이므로 $1<\beta$이어야 한다. 이때 $f'(1)<0$이므로 $f'(1)=1$을 만족시키지 않는다.

→ $x<\beta$일 때, 함수 $y=f(x)$의 그래프 위의 임의의 점에서의 접선의 기울기는 음수이니까.

즉, $f(1)=4$, $f'(1)=1$을 만족시키는 그래프의 개형은 [그림 3]이다.

또, 곡선 $y=f(x)$ 위의 점 $(1, 4)$에서의 접선의 방정식은

$y-4=x-1$, 즉 $y=x+3$ → $f'(1)=1$이니까 접선의 기울기는 1이야.

한편, $f(0)>0$, $f'(0)>1$이므로 조건 ㈏를 만족시키는 곡선 $y=f(x)$와 직선 $y=x+3$은 다음 그림과 같다.

$f(0)=\dfrac{q}{p}$에서 p, q는 자연수이니까.

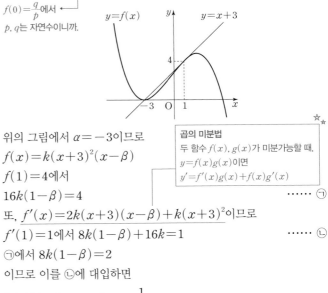

위의 그림에서 $\alpha=-3$이므로

$f(x)=k(x+3)^2(x-\beta)$

$f(1)=4$에서

$16k(1-\beta)=4$ …… ㉠

> 곱의 미분법
> 두 함수 $f(x)$, $g(x)$가 미분가능할 때, $y=f(x)g(x)$이면 $y'=f'(x)g(x)+f(x)g'(x)$

또, $f'(x)=2k(x+3)(x-\beta)+k(x+3)^2$이므로

$f'(1)=1$에서 $8k(1-\beta)+16k=1$ …… ㉡

㉠에서 $8k(1-\beta)=2$

이므로 이를 ㉡에 대입하면

$2+16k=1 \qquad \therefore\ k=-\dfrac{1}{16}$

$k=-\dfrac{1}{16}$을 ㉠에 대입하면

$-(1-\beta)=4 \qquad \therefore\ \beta=5$

따라서 $f(x)=-\dfrac{1}{16}(x+3)^2(x-5)$이므로

$f(0)=-\dfrac{1}{16}\times9\times(-5)=\dfrac{45}{16}$

즉, $p=16$, $q=45$이므로 $p+q=16+45=61$

85 수능 유형 › 미분가능성

정답률 8% 정답 39

함수 $f(x)$는 최고차항의 계수가 1인 삼차함수이고, 함수 $g(x)$는 일차함수이다. 함수 $h(x)$를

$$h(x)=\begin{cases}|f(x)-g(x)| & (x<1)\\ f(x)+g(x) & (x\geq 1)\end{cases}$$

이라 하자. 함수 $h(x)$가 실수 전체의 집합에서 미분가능하고, $h(0)=0$, $h(2)=5$일 때, $h(4)$의 값을 구하시오. 39

해결 흐름

1 함수 $h(x)$가 실수 전체의 집합에서 미분가능하면 $x=1$에서 미분가능하겠네.

연관 개념 | 다항함수 $f_1(x)$, $f_2(x)$에 대하여 함수

$f(x)=\begin{cases}f_1(x) & (x\geq a)\\ f_2(x) & (x<a)\end{cases}$가 실수 전체의 집합에서 미분가능하면 $x=a$에서도 미분가능하다.

2 $x<1$에서 $h(x)=|f(x)-g(x)|$가 미분가능하므로 $x=0$에서 미분가능하려면 함수 $y=h(x)$의 그래프는 꺾이는 부분이 있으면 안되겠구나.

알찬 풀이

$h(0)=|f(0)-g(0)|=0$에서

$f(0)=g(0)$

$x<1$일 때, 함수 $h(x)=|f(x)-g(x)|$가 미분가능하고 $f(0)=g(0)$이므로 두 함수 $y=f(x)$, $y=g(x)$의 그래프는 $x=0$에서 접해야 한다.

$\therefore f'(0)=g'(0)$

이때 함수 $h(x)$는 $x=1$에서 미분가능하므로 $x=1$에서 연속이다.

> **함수의 연속**
> 함수 $f(x)$가 $x=a$에서 연속이려면
> (i) 함숫값 $f(a)$가 존재
> (ii) 극한값 $\lim_{x\to a}f(x)$가 존재
> (iii) 함숫값과 극한값이 일치

즉, $\lim_{x\to 1-}h(x)=\lim_{x\to 1+}h(x)=h(1)$이므로

$$\lim_{x\to 1-}|f(x)-g(x)|=\lim_{x\to 1+}\{f(x)+g(x)\}=f(1)+g(1) \quad \cdots\cdots ㉠$$

(i) $x<1$에서 $f(x)>g(x)$일 때,

함수 $h(x)$가 $x=1$에서 미분가능하므로 (→ $x=1$에서의 미분계수가 존재해.)

$$\lim_{x\to 1-}\frac{h(x)-h(1)}{x-1}=\lim_{x\to 1+}\frac{h(x)-h(1)}{x-1}$$

즉, $f'(1)-g'(1)=f'(1)+g'(1)$이므로 $2g'(1)=0$

$\therefore g'(1)=0$ (→ $g(x)$는 상수함수임을 알 수 있어.)

> **미분계수의 존재**
> $f'(a)=L$ (L은 상수)
> $\Longleftrightarrow \lim_{x\to a-}f'(x)=\lim_{x\to a+}f'(x)=L$

그런데 $g(x)$는 일차함수이므로 조건을 만족시키지 않는다.

(ii) $x<1$에서 $f(x)<g(x)$일 때,

함수 $h(x)$가 $x=1$에서 미분가능하므로

$$\lim_{x\to 1-}\frac{h(x)-h(1)}{x-1}=\lim_{x\to 1+}\frac{h(x)-h(1)}{x-1}$$

즉, $-f'(1)+g'(1)=f'(1)+g'(1)$이므로

$2f'(1)=0 \quad \therefore f'(1)=0$

(i), (ii)에서

$$h(x)=\begin{cases}-f(x)+g(x) & (x<1)\\ f(x)+g(x) & (x\geq 1)\end{cases} \quad \cdots\cdots ㉡$$

한편, ㉠, ㉡에서 $-f(1)+g(1)=f(1)+g(1)$이므로 $2f(1)=0$

$\therefore f(1)=0$

즉, $f(x)=(x-1)^2(x+a)$, $g(x)=bx+c$ (→ (ii)에서 $f'(1)=0$이므로 $f(x)$는 $(x-1)^2$을 인수로 가져.)

(a, c는 상수, $b\neq 0$인 상수)로 놓으면

$f'(x)=2(x-1)(x+a)+(x-1)^2$,

$g'(x)=b$

> **곱의 미분법**
> 두 함수 $f(x)$, $g(x)$가 미분가능할 때, $y=f(x)g(x)$이면
> $y'=f'(x)g(x)+f(x)g'(x)$

이때 $f(0)=g(0)$, $f'(0)=g'(0)$ (→ 두 함수 $y=f(x)$, $y=g(x)$의 그래프는 $x=0$에서 접하기 때문이야.)

에서 $a=c$, $-2a+1=b$

$\therefore 2a+b=1 \quad \cdots\cdots ㉢$

한편,

$h(2)=f(2)+g(2)$ (→ $x\geq 1$에서 $h(x)=f(x)+g(x)$야.)

$=(2+a)+(2b+c)$

$=(2+a)+(2b+a)$ ($\because a=c$)

$=2a+2b+2=5$

$\therefore 2a+2b=3 \quad \cdots\cdots ㉣$

㉢, ㉣을 연립하여 풀면 $a=-\frac{1}{2}$, $b=2$

따라서

$f(x)=(x-1)^2\left(x-\frac{1}{2}\right)$, $g(x)=2x-\frac{1}{2}$ (→ $a=c$이니까.)

이므로

$$h(4)=f(4)+g(4)=\frac{63}{2}+\frac{15}{2}=39$$

다른 풀이 $x<1$에서 $h(x)=|f(x)-g(x)|$는 미분가능하므로 $x=0$에서 $h(x)=|f(x)-g(x)|$도 미분가능하다.

이때 $f(x)$는 삼차함수이므로 함수 $y=f(x)-g(x)$의 그래프는 다음 그림과 같다.

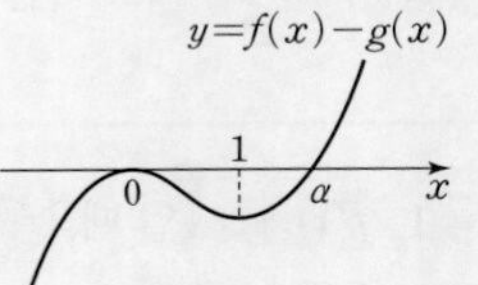

즉, (→ 실전적용 key를 확인해 봐.)

$f(x)-g(x)=x^2(x-a)$ (단, $a>1$ 또는 $a=0$) $\quad \cdots\cdots ㉠$

로 놓을 수 있다. (→ 위의 그림의 $x<1$에서 $f(x)-g(x)<0$이므로 $|f(x)-g(x)|=-f(x)+g(x)$)

$$\therefore h(x)=\begin{cases}-f(x)+g(x) & (x<1)\\ f(x)+g(x) & (x\geq 1)\end{cases}$$

함수 $h(x)$가 실수 전체의 집합에서 미분가능하므로 $h(x)$는 실수 전체의 집합에서 연속이다.

(i) 함수 $h(x)$가 $x=1$에서 연속이므로 (→ $x=1$에서의 (극한값)=(함숫값)이야.)

$\lim_{x\to 1-}h(x)=\lim_{x\to 1+}h(x)=h(1)$

즉, $-f(1)+g(1)=f(1)+g(1)$이므로

$2f(1)=0 \quad \therefore f(1)=0$

(ii) 함수 $h(x)$가 $x=1$에서 미분가능하므로 (→ $x=1$에서의 미분계수가 존재해.)

$$\lim_{x\to 1-}\frac{h(x)-h(1)}{x-1}=\lim_{x\to 1+}\frac{h(x)-h(1)}{x-1}$$

즉, $-f'(1)+g'(1)=f'(1)+g'(1)$이므로

$2f'(1)=0 \quad \therefore f'(1)=0 \quad \cdots\cdots ㉡$

(i), (ii)에서

$f(x)=(x-1)^2(x-\beta)$ (β는 상수) $\quad \cdots\cdots ㉢$

로 놓을 수 있다.

한편, ㉠에서 두 함수 $f(x)$, $g(x)$는 $x=0$에서 접하고 $x=\alpha$에서 교점을 가지므로 직선 $y=g(x)$는 곡선 $y=f(x)$ 위의 점 $(0, f(0))$에서의 접선임을 알 수 있다.

이때 함수 $f(x)$가 $x=0$을 지나므로 $x=0$을 ㉢에 대입하면

$f(0)=-\beta$

또, $f'(x)=2(x-1)(x-\beta)+(x-1)^2$에서 → 곱의 미분법을 이용했어.

함수 $f(x)$의 $x=0$에서의 접선의 기울기는

$f'(0)=2\beta+1$

이므로 접선의 방정식은

$g(x)=(2\beta+1)x-\beta$ ······ ㉣

> 접선의 방정식
> 곡선 $y=f(x)$ 위의 점 $(a, f(a))$에서의 접선의 방정식은 $y-f(a)=f'(a)(x-a)$

이때 $h(2)=5$이므로

$h(2)=f(2)+g(2)=(2-\beta)+(3\beta+2)=2\beta+4=5$

$2\beta=1 \quad \therefore \beta=\frac{1}{2}$

$\beta=\frac{1}{2}$을 ㉢, ㉣에 각각 대입하면

$f(x)=(x-1)^2\left(x-\frac{1}{2}\right)$,

$g(x)=2x-\frac{1}{2}$

$\therefore h(4)=f(4)+g(4)=\frac{63}{2}+\frac{15}{2}=39$

실전적용 key

조건에서 $h(0)=0$이므로 삼차함수 $y=f(x)-g(x)$는 점 $(0, 0)$을 지난다.
이때 $x<1$에서 $h(x)=|f(x)-g(x)|$가 미분가능하므로 $x=0$에서 미분가능하려면 $y=f(x)-g(x)$의 그래프는 $x=0$인 점에서 접하고 $x>1$에서 x축과 만나거나 $x=0$에서 접하는 두 가지 경우로 생각할 수 있다.

정답률 8%

86 수능 유형 › 미분가능성 + 함수의 그래프 정답 105

삼차함수 $f(x)$가 다음 조건을 만족시킨다.

> **1**
> (가) $f(1)=f(3)=0$ → $f(x)$가 $(x-1)(x-3)$을 인수로 가져.
> (나) 집합 $\{x \mid x\geq1$이고 $f'(x)=0\}$의 원소의 개수는 1이다.

상수 a에 대하여 함수 $g(x)=|f(x)f(a-x)|$가 실수 전체의 집합에서 미분가능할 때, **2** $\frac{g(4a)}{f(0)\times f(4a)}$의 값을 구하시오. 105

→ $g(x)=0$이 되는 x의 값을 생각해 봐야겠다.

해결 흐름

1 삼차함수 $f(x)$에 대하여 $f(x)=0$의 세 실근의 크기를 비교해 봐야겠다.

연관 개념 | 다항함수 $f(x)$에 대하여 $f(a)=f(b)$이면 $f'(c)=0$인 c가 열린구간 (a, b)에 적어도 하나 존재한다.

2 절댓값을 포함한 함수 $g(x)$가 실수 전체의 집합에서 미분가능하려면 $g(x)=0$의 실근이 모두 중근임을 이용하여 $f(x)$의 식을 구할 수 있겠네.

알찬 풀이

조건 (가)에서 $f(1)=f(3)=0$이므로 롤의 정리에 의하여 $f'(c)=0$인 c가 열린구간 $(1, 3)$에 존재한다. ······(＊)

→ (＊)에서 조건 (나)의 집합의 원소 c를 구했기 때문이야.

조건 (나)에서 $f'(1)\neq0$, $f'(3)\neq0$이고 방정식 $f(x)=0$은 $x\geq1$에서 $x=1$, $x=3$을 제외한 근을 가질 수 없으므로 삼차함수 $f(x)$를

→ $x\geq1$에서 $x=1$, $x=3$ 이외의 근을 갖는다면 조건 (나)의 집합의 원소의 개수가 1이 될 수 없어.

$f(x)=p(x-1)(x-3)(x-k)$ (p, k는 상수, $p\neq0$)

로 놓으면 $k<1$이다.

이때

$$f(a-x)=p(a-x-1)(a-x-3)(a-x-k)$$
$$=-p\{x-(a-1)\}\{x-(a-3)\}\{x-(a-k)\}$$

이므로

$$f(x)f(a-x)=-p^2(x-1)(x-3)(x-k)\times\{x-(a-1)\}\{x-(a-3)\}\{x-(a-k)\}$$

$$\therefore g(x)=|f(x)f(a-x)|$$
$$=p^2|(x-1)(x-3)(x-k)\times\{x-(a-1)\}\{x-(a-3)\}\{x-(a-k)\}|$$

함수 $g(x)=|f(x)f(a-x)|$가 실수 전체의 집합에서 미분가능하므로 $y=g(x)$의 그래프는 x축과 접해야 한다.

즉, 방정식 $f(x)f(a-x)=0$의 실근이 모두 중근이어야 하므로

$g(x)=p^2|(x-\alpha)^2(x-\beta)^2(x-\gamma)^2|$ (α, β, γ는 실수)

꼴이어야 한다.

그런데 $k<1<3$이고 $a-3<a-1<a-k$이므로

→ $-3<-1<-k$이므로 $a-3<a-1<a-k$

$a-3=k$, $a-1=1$, $a-k=3$

$\therefore a=2$, $k=-1$

따라서 $f(x)=p(x+1)(x-1)(x-3)$

$f(a-x)=-p(x+1)(x-1)(x-3)=-f(x)$

이므로

$$g(x)=|f(x)f(a-x)|$$
$$=|\{-f(x)\}^2|$$
$$=\{f(x)\}^2$$

→ $|\{-f(x)\}^2|=|\{f(x)\}^2|$이고, $\{f(x)\}^2\geq0$이니까.

$$\therefore \frac{g(4a)}{f(0)\times f(4a)}=\frac{\{f(8)\}^2}{f(0)\times f(8)}=\frac{p\times9\times7\times5}{p\times1\times(-1)\times(-3)}$$
$$=105$$

다른 풀이 조건을 만족시키는 삼차함수 $y=f(x)$의 그래프의 개형은 다음 두 가지 중 하나이다.

(i) 최고차항의 계수가 양수 (ii) 최고차항의 계수가 음수

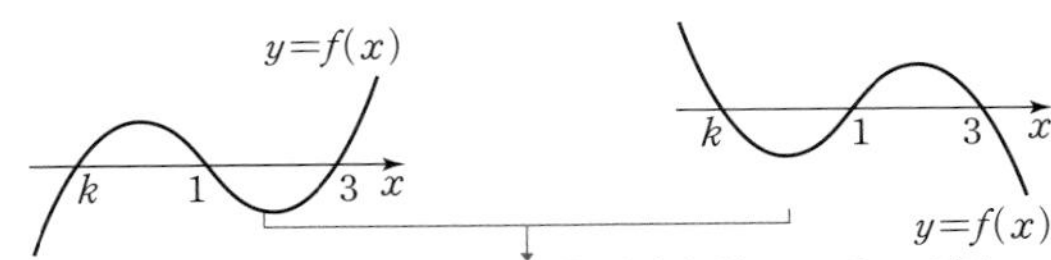

이때 함수 $y=f(a-x)$의 그래프는 함수 $y=f(x)$의 그래프를 직선 $x=\frac{a}{2}$에 대하여 대칭이동한 것이고, 방정식 $f(x)f(a-x)=0$의 실근의 개수는 1이 아니므로 두 방정식 $f(x)=0$과 $f(a-x)=0$의 실근은 일치해야 한다.

즉, $\frac{a}{2}=1$에서 $a=2$

또, 방정식 $f(x)=0$의 나머지 한 근은

$x=k=-1$

Ⅱ. 다항함수의 미분법

Ⅲ. 다항함수의 적분법

01

정답률 87%

수능 유형 › 부정적분 정답 12

다항함수 $f(x)$의 도함수 $f'(x)$가 $f'(x)=6x^2+4$이다. 함수 $y=f(x)$의 그래프가 점 $(0, 6)$을 지날 때, $f(1)$의 값을 구하시오. 12

→ $f'(x)$가 이차함수이니까 $f(x)$는 삼차함수이겠네.

해결 흐름

1 함수 $f(x)$의 도함수 $f'(x)$가 주어져 있으니 $f(x)=\int f'(x)dx$를 이용하면 함수 $f(x)$를 구할 수 있겠네.

2 $f(0)=6$임을 이용해서 적분상수의 값을 구해야지.

알찬 풀이

$f(x)=\int f'(x)dx$

$=\int(6x^2+4)dx$

$=2x^3+4x+C$ (단, C는 적분상수)

> 부정적분
> n이 음이 아닌 정수일 때,
> $\int x^n dx=\frac{1}{n+1}x^{n+1}+C$
> (단, C는 적분상수)

이때 함수 $y=f(x)$의 그래프가 점 $(0, 6)$을 지나므로

$f(0)=C=6$ → $f(0)=6$이야.

따라서 $f(x)=2x^3+4x+6$이므로

$f(1)=2+4+6=12$

02

정답률 65%

수능 유형 › 부정적분 정답 ②

이차함수 $f(x)$에 대하여 함수 $g(x)$가

→ $f(x)$가 이차함수이므로 $g(x)$가 이차함수임을 알 수 있어.

$$g(x)=\int\{x^2+f(x)\}dx,\quad f(x)g(x)=-2x^4+8x^3$$

을 만족시킬 때, $g(1)$의 값은?

→ $g(x)$를 구해서 $x=1$을 대입해야 해.

① 1　✓② 2　③ 3　④ 4　⑤ 5

해결 흐름

1 함수 $f(x)$가 이차함수이니까 주어진 식을 이용하여 $f(x)$, $g(x)$의 꼴을 먼저 세워 봐야겠다.

알찬 풀이

→ 양변의 차수를 비교하면 $g(x)$가 이차함수임을 알 수 있어.

함수 $g(x)$는 다항함수 $x^2+f(x)$의 부정적분이므로 역시 다항함수이고 $f(x)g(x)=-2x^4+8x^3$에서 $f(x)$가 이차함수이므로 다항함수 $g(x)$도 이차함수이다.

따라서 $g(x)$의 도함수인 $g'(x)$는 일차함수이므로

→ $g'(x)=ax+b$로 놓을 수 있어.

$g'(x)=x^2+f(x)$에서

→ $g(x)=\int\{x^2+f(x)\}dx$의 양변을 x에 대하여 미분했어.

$f(x)=-x^2+ax+b$ (a, b는 상수)

로 놓을 수 있다.

이때 $g(x)=\int\{x^2+f(x)\}dx$에서

$g(x)=\int(ax+b)dx$

$=\frac{a}{2}x^2+bx+C$ (단, C는 적분상수)

$\therefore f(x)g(x)=(-x^2+ax+b)\left(\frac{a}{2}x^2+bx+C\right)$

$=-\frac{a}{2}x^4+\left(-b+\frac{a^2}{2}\right)x^3+\left(-C+\frac{3ab}{2}\right)x^2+(aC+b^2)x+bC$

이때 $f(x)g(x)=-2x^4+8x^3$이므로

$-\frac{a}{2}=-2$에서

$a=4$

$-b+\frac{a^2}{2}=8$에서

$-b+8=8$

$\therefore b=0$

$-C+\frac{3ab}{2}=0$에서

$-C+0=0$

$\therefore C=0$

따라서 $g(x)=2x^2$이므로

$g(1)=2$

다른 풀이 함수 $g(x)$는 다항함수 $x^2+f(x)$의 부정적분이므로 역시 다항함수이고 $f(x)g(x)=-2x^4+8x^3$에서 $f(x)$가 이차함수이므로 다항함수 $g(x)$도 이차함수이다.

따라서 $g(x)$의 도함수인 $g'(x)$는 일차함수이고

$g'(x)=x^2+f(x)$

에서 $f(x)$의 이차항의 계수는 -1이다.

$f(x)g(x)=-2x^4+8x^3=-2x^3(x-4)$에서

(i) $f(x)=-x^2$, $g(x)=2x(x-4)$인 경우

$g(x)=\int\{x^2+f(x)\}dx$ → $x^2+f(x)=0$이므로 $\int 0\,dx=C$ (C는 상수)

$=C_1$ (C_1은 적분상수)

이 되어 조건을 만족시키지 않는다.

(ii) $f(x)=-x(x-4)$, $g(x)=2x^2$인 경우

$g(x)=\int\{x^2+f(x)\}dx$

$=\int 4x\,dx$

$=2x^2+C_2$ (C_2는 적분상수)

에서 $C_2=0$이면 조건을 만족시킨다.

(i), (ii)에서 $g(x)=2x^2$이므로

$g(1)=2$

문제 해결 TIP

배지민 | 서울대학교 건축학과 | 화성고등학교 졸업

정적분이 아닌 부정적분이 주어지는 경우는 조금 낯설지? 처음에는 미분과 적분 사이의 관계를 이용해 볼까도 생각해 봤는데, 그럼 점점 더 복잡해지는 꼴이 되더라고. 그래서 정의에 좀 더 충실한 방법으로 생각해 봤어.
$f(x)$가 이차함수이니까 $x^2+f(x)$는 이차 또는 일차함수가 되겠지?
$g(x)$는 $x^2+f(x)$의 부정적분이니까 삼차 또는 이차함수가 되겠네.
그런데 $f(x)g(x)$가 사차함수이니까 $g(x)$는 이차함수일 수밖에 없어.
$g(x)$가 이차함수이면 $g'(x)$는 일차함수이니까 일차함수의 기본 형태를 잡고 시작하면 문제가 술술 풀릴 거야.
개념이 아무리 중요하다고 강조를 해도, 막상 이렇게 문제로 접하지 않으면 잘 체감을 못 하지. 문제가 안 풀릴수록 정의나 개념을 잘 활용하도록 해 봐.

정답률 확률과 통계 81%, 미적분 95%, 기하 91%

03 수능 유형 › 정적분의 계산 정답 ④

함수 $f(x)=3x^2-16x-20$ **2** 에 대하여

$$\int_{-2}^{a} f(x)dx=\int_{-2}^{0} f(x)dx$$ **1**

일 때, 양수 a의 값은?

① 16 ② 14 ③ 12
✓④ 10 ⑤ 8

해결 흐름

1 정적분의 성질을 이용하여 주어진 식을 간단히 해야겠네.
2 **1**에서 간단히 한 식에 함수 $f(x)$를 대입하면 양수 a의 값을 구할 수 있겠다.

알찬 풀이

$\int_{-2}^{a} f(x)dx=\int_{-2}^{0} f(x)dx$에서

$\int_{-2}^{a} f(x)dx-\int_{-2}^{0} f(x)dx=0$

$\int_{-2}^{a} f(x)dx+\int_{0}^{-2} f(x)dx=0$ → 정적분의 성질은 아래끝, 위끝의 대소 관계에 상관없이 성립해.

$\int_{0}^{a} f(x)dx=0$

> 정적분의 성질
> 함수 $f(x)$가 임의의 세 실수 a, b, c를 포함하는 닫힌구간에서 연속일 때,
> $\int_{a}^{c} f(x)dx+\int_{c}^{b} f(x)dx=\int_{a}^{b} f(x)dx$

$\int_{0}^{a} (3x^2-16x-20)dx$

$=\left[x^3-8x^2-20x\right]_0^a$

$=a^3-8a^2-20a$

즉, $a^3-8a^2-20a=0$이므로 $a(a^2-8a-20)=0$,

$a(a+2)(a-10)=0$

$\therefore a=0$ 또는 $a=-2$ 또는 $a=10$

이때 a는 양수이므로 $a=10$

실전 적용 key

$\int_{-2}^{a} f(x)dx=\int_{-2}^{0} f(x)dx$에 함수 $f(x)=3x^2-16x-20$을 대입하여 a의 값을 구할 수도 있다. 그런데 주어진 식의 아래끝이 -2로 동일하므로 정적분의 성질을 활용하여 식을 간단히 한 후 문제를 해결하는 것이 계산 과정을 줄일 수 있다.

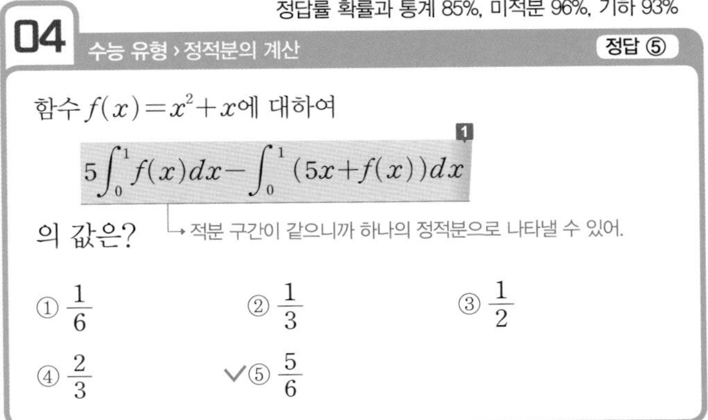

정답률 확률과 통계 85%, 미적분 96%, 기하 93%

04 수능 유형 › 정적분의 계산 정답 ⑤

함수 $f(x)=x^2+x$에 대하여

$$5\int_{0}^{1} f(x)dx-\int_{0}^{1} (5x+f(x))dx$$ **1**

의 값은? → 적분 구간이 같으니까 하나의 정적분으로 나타낼 수 있어.

① $\frac{1}{6}$ ② $\frac{1}{3}$ ③ $\frac{1}{2}$
④ $\frac{2}{3}$ ✓⑤ $\frac{5}{6}$

해결 흐름

1 정적분의 정의와 성질을 이용해서 계산해야겠다.

연관 개념 | (1) 닫힌구간 $[a, b]$에서 연속인 함수 $f(x)$의 한 부정적분을 $F(x)$라 할 때,

$\int_{a}^{b} f(x)dx=\left[F(x)\right]_a^b=F(b)-F(a)$

(2) 두 함수 $f(x)$, $g(x)$가 임의의 세 실수 a, b, c를 포함하는 닫힌구간에서 연속일 때,

$\int_{a}^{b} f(x)dx+\int_{a}^{b} g(x)dx=\int_{a}^{b} \{f(x)+g(x)\}dx$

알찬 풀이

$5\int_{0}^{1} f(x)dx-\int_{0}^{1} (5x+f(x))dx$

$=\int_{0}^{1} 5f(x)dx-\int_{0}^{1} (5x+f(x))dx$

$=\int_{0}^{1} (5f(x)-5x-f(x))dx$ → 정적분의 성질을 이용했어.

$=\int_{0}^{1} (4f(x)-5x)dx$

$=\int_{0}^{1} \{4(x^2+x)-5x\}dx$ → 문제에서 주어진 $f(x)=x^2+x$를 식에 대입했어.

$=\int_{0}^{1} (4x^2-x)dx$

$=\left[\frac{4}{3}x^3-\frac{1}{2}x^2\right]_0^1$

> n이 음이 아닌 정수일 때,
> $\int x^n dx=\frac{1}{n+1}x^{n+1}+C$
> (단, C는 적분상수)

$=\frac{4}{3}-\frac{1}{2}$

$=\frac{5}{6}$

다른 풀이 $f(x)=x^2+x$이므로

$5\int_{0}^{1} f(x)dx-\int_{0}^{1} (5x+f(x))dx$

$=5\int_{0}^{1} (x^2+x)dx-\int_{0}^{1} (x^2+6x)dx$

$=5\left[\frac{1}{3}x^3+\frac{1}{2}x^2\right]_0^1-\left[\frac{1}{3}x^3+3x^2\right]_0^1$

$=5\left(\frac{1}{3}+\frac{1}{2}\right)-\left(\frac{1}{3}+3\right)$

$=5\times\frac{5}{6}-\frac{10}{3}$

$=\frac{5}{6}$

정답률 확률과 통계 38%, 미적분 74%, 기하 54%

05 수능 유형 › 정적분의 계산 정답 ①

두 다항함수 $f(x)$, $g(x)$는 모든 실수 x에 대하여 다음 조건을 만족시킨다.

> (가) $\int_1^x tf(t)dt+\int_{-1}^x tg(t)dt=3x^4+8x^3-3x^2$ [1]
> (나) $f(x)=xg'(x)$ [2]

$\int_0^3 g(x)dx$의 값은? [2]

✓① 72 ② 76 ③ 80
④ 84 ⑤ 88

해결 흐름

[1] 주어진 식의 양변을 x에 대하여 미분하여 $f(x)+g(x)$를 구해야겠네.
연관 개념 | $f(x)$가 연속함수일 때,
$\frac{d}{dx}\int_a^x f(t)dt=f(x)$ (단, a는 상수)

[2] 조건 (나)와 [1]에서 구한 식을 이용하여 $xg(x)$와 $g(x)$를 구하면 되겠어.
연관 개념 | 두 함수 $f(x)$, $g(x)$가 미분가능할 때,
$\{f(x)g(x)\}'=f'(x)g(x)+f(x)g'(x)$

알찬 풀이

조건 (가)의 양변을 x에 대하여 미분하면
$xf(x)+xg(x)=12x^3+24x^2-6x$
$\therefore f(x)+g(x)=12x^2+24x-6$ …… ㉠
이때 조건 (나)에서
$f(x)=xg'(x)$이므로 ㉠에서
$xg'(x)+g(x)=12x^2+24x-6$
$\{xg(x)\}'=12x^2+24x-6$
($y=f(x)g(x)$이면 $y'=f'(x)g(x)+f(x)g'(x)$)
$\therefore xg(x)=\int(12x^2+24x-6)dx$
$=4x^3+12x^2-6x+C$ (단, C는 적분상수)
이때
$g(x)$는 다항함수이므로 $C=0$ → $xg(x)$는 일차 이상의 다항함수이므로 상수항은 존재할 수 없어.
즉, $xg(x)=4x^3+12x^2-6x$이므로
$g(x)=4x^2+12x-6$
$\therefore \int_0^3 g(x)dx$
$=\int_0^3(4x^2+12x-6)dx$
$=\left[\frac{4}{3}x^3+6x^2-6x\right]_0^3$
(n이 음이 아닌 정수일 때, $\int x^n dx=\frac{1}{n+1}x^{n+1}+C$ (단, C는 적분상수))
$=36+54-18$
$=72$

정답률 확률과 통계 10%, 미적분 39%, 기하 25%

06 수능 유형 › 정적분의 계산 정답 110

실수 전체의 집합에서 미분가능한 함수 $f(x)$[3]가 다음 조건을 만족시킨다.

> (가) 닫힌구간 $[0, 1]$에서 $f(x)=x$[1]이다.
> (나) 어떤 상수 a, b에 대하여 구간 $[0, \infty)$에서 $f(x+1)-xf(x)=ax+b$[2][3]이다.

$60\times\int_1^2 f(x)dx$의 값을 구하시오. 110

해결 흐름

[1] 조건 (가)에서 $f(0)=0$, $f(1)=1$임을 알 수 있지.
[2] 조건 (나)의 식에 $x=0$을 대입하면 [1]에서 구한 함숫값을 이용하여 b의 값을 쉽게 구할 수 있겠네.
[3] 함수 $f(x)$의 식을 구하고, $f(x)$는 실수 전체의 집합에서 미분가능함을 이용하여 a의 값도 구할 수 있겠군.

알찬 풀이

조건 (가)에서 $f(x)=x$이므로
$f(0)=0$, $f(1)=1$ → $f(x)=x$에 $x=0$, $x=1$을 대입했어.
조건 (나)에서 $f(x+1)-xf(x)=ax+b$이므로
$x=0$을 대입하면
$f(1)=b \quad \therefore b=1$
$\therefore f(x+1)-xf(x)=ax+1$
$0\le x\le 1$에서 $f(x)=x$이므로
$f(x+1)=x^2+ax+1$ → $f(x)=x$를 대입하여 정리했어.
이때 x 대신 $x-1$을 대입하면 $1\le x\le 2$에서
$f(x)=(x-1)^2+a(x-1)+1$
$=x^2+(a-2)x-a+2$
즉, $0<x<1$에서 $f'(x)=1$, $1<x<2$에서 $f'(x)=2x+a-2$
이고, 함수 $f(x)$는 실수 전체의 집합에서 미분가능하므로
$\lim_{x\to 1-}f'(x)=\lim_{x\to 1+}f'(x)$
$1=2+a-2$
(미분계수의 존재: $f'(a)=L$ (L은 상수) $\Longleftrightarrow \lim_{x\to a-}f'(x)=\lim_{x\to a+}f'(x)=L$)
$\therefore a=1$
따라서 $1\le x\le 2$에서 $f(x)=x^2-x+1$이므로
$60\times\int_1^2 f(x)dx=60\times\int_1^2(x^2-x+1)dx$
$=60\times\left[\frac{1}{3}x^3-\frac{1}{2}x^2+x\right]_1^2$
$=60\left\{\left(\frac{8}{3}-2+2\right)-\left(\frac{1}{3}-\frac{1}{2}+1\right)\right\}$
$=60\times\frac{11}{6}=110$

문제 해결 TIP

최윤서 | 고려대학교 생명공학과 | 연수여자고등학교 졸업

이런 문제 형태는 일단 어렵다는 인식이 강하기 때문에 겁을 먹고 시작하는 경우가 많아. 그렇지만 조건에서 범위에 따른 $f(x)$의 함수식을 구하는 것이 어렵지 않기 때문에 범위에 유의하기만 하면 크게 함정이 있는 문제는 아니었어. 기출 문제를 많이 풀어서 이런 형태에 익숙해지도록 하자.

정답률 확률과 통계 54%, 미적분 72%, 기하 65%

07 수능 유형 › 미분가능성 + 정적분의 계산 정답 ⑤

최고차항의 계수가 1이고 $f'(0)=f'(2)=0$인 삼차함수 $f(x)$와 양수 p에 대하여 함수 $g(x)$를

$$g(x)=\begin{cases} f(x)-f(0) & (x\le 0) \\ f(x+p)-f(p) & (x>0) \end{cases}$$

이라 하자. **보기**에서 옳은 것만을 있는 대로 고른 것은?

→ $f'(x)$는 최고차항의 계수가 3이고 x, $x-2$를 인수로 갖는 이차함수야.

보기

ㄱ. $p=1$일 때, $g'(1)=0$이다.

ㄴ. $g(x)$가 실수 전체의 집합에서 미분가능하도록 하는 양수 p의 개수는 1이다.
→ $f(x)$는 다항함수이므로 $x=0$에서 미분가능하면 돼.

ㄷ. $p\ge 2$일 때, $\int_{-1}^{1} g(x)dx\ge 0$이다.

① ㄱ ② ㄱ, ㄴ ③ ㄱ, ㄷ ④ ㄴ, ㄷ ✓⑤ ㄱ, ㄴ, ㄷ

해결 흐름

1 주어진 조건을 이용하여 $f'(x)$를 구하면 삼차함수 $f(x)$의 꼴을 알 수 있겠군.

2 1에서 구한 식으로 함수 $g(x)$를 구해서 ㄱ, ㄴ, ㄷ의 참, 거짓을 판별하면 되겠네.

연관 개념 | 다항함수 $f_1(x)$, $f_2(x)$에 대하여 함수 $f(x)=\begin{cases} f_1(x) & (x\ge a) \\ f_2(x) & (x<a) \end{cases}$가 실수 전체의 집합에서 미분가능하면 $x=a$에서도 미분가능하다.

알찬 풀이

최고차항의 계수가 1이고 $f'(0)=f'(2)=0$인 삼차함수 $f(x)$에 대하여

→ 최고차항의 계수가 1인 삼차함수의 도함수는 최고차항의 계수가 3인 이차함수야.

$f'(x)=3x(x-2)=3x^2-6x$

이므로

$$f(x)=\int f'(x)dx=\int (3x^2-6x)dx$$
$$=x^3-3x^2+C \text{ (단, } C\text{는 적분상수)}$$

따라서 $f(x)-f(0)=x^3-3x^2$이고

→ $f(x)-f(0)=(x^3-3x^2+C)-C=x^3-3x^2$

$f(x+p)-f(p)$
$=(x+p)^3-3(x+p)^2+C-(p^3-3p^2+C)$
$=x^3+(3p-3)x^2+(3p^2-6p)x$

이므로

$$g(x)=\begin{cases} x^3-3x^2 & (x\le 0) \\ x^3+(3p-3)x^2+(3p^2-6p)x & (x>0) \end{cases}$$

ㄱ. $p=1$이면 $g(x)=\begin{cases} x^3-3x^2 & (x\le 0) \\ x^3-3x & (x>0) \end{cases}$이므로

$$g'(x)=\begin{cases} 3x^2-6x & (x<0) \\ 3x^2-3 & (x>0) \end{cases}$$

$\therefore g'(1)=3-3=0$ (참)

→ $1>0$이니까 $g'(x)=3x^2-3$에 $x=1$을 대입했어.

ㄴ. $\lim_{x\to 0-} g(x)=\lim_{x\to 0+} g(x)=g(0)=0$이므로 함수 $g(x)$는 $x=0$에서 연속이다.

또, 함수 $g(x)$가 실수 전체의 집합에서 미분가능하려면 $x=0$에서도 미분가능해야 한다. 즉, $x=0$에서의 미분계수가 존재해야 하므로 $\lim_{x\to 0-} g'(x)=\lim_{x\to 0+} g'(x)$이어야 한다.

이때

$\lim_{x\to 0-} g'(x)=\lim_{x\to 0-} (3x^2-6x)=0$,

$\lim_{x\to 0+} g'(x)=\lim_{x\to 0+} \{3x^2+2(3p-3)x+(3p^2-6p)\}$
$=3p^2-6p$

이므로

$3p^2-6p=0$, $3p(p-2)=0$

$\therefore p=2$ ($\because p>0$)

따라서 양수 p의 개수는 1이다. (참)

ㄷ. $\int_{-1}^{0} g(x)dx=\int_{-1}^{0} (x^3-3x^2)dx$
$=\left[\frac{1}{4}x^4-x^3\right]_{-1}^{0}$
$=-\left(\frac{1}{4}+1\right)=-\frac{5}{4}$

이고

$\int_{0}^{1} g(x)dx=\int_{0}^{1} \{x^3+(3p-3)x^2+(3p^2-6p)x\}dx$
$=\left[\frac{1}{4}x^4+(p-1)x^3+\frac{3p^2-6p}{2}x^2\right]_{0}^{1}$
$=\frac{1}{4}+(p-1)+\frac{3p^2-6p}{2}$
$=\frac{3}{2}p^2-2p-\frac{3}{4}$

이므로

$\int_{-1}^{1} g(x)dx=\int_{-1}^{0} g(x)dx+\int_{0}^{1} g(x)dx$
$=-\frac{5}{4}+\frac{3}{2}p^2-2p-\frac{3}{4}$
$=\frac{3}{2}p^2-2p-2$
$=\frac{1}{2}(3p+2)(p-2)$

따라서 $p\ge 2$일 때, $\int_{-1}^{1} g(x)dx\ge 0$이다. (참)

이상에서 ㄱ, ㄴ, ㄷ 모두 옳다.

정답률 확률과 통계 54%, 미적분 77%, 기하 69%

08 수능 유형 › 정적분의 계산 정답 ②

닫힌구간 $[0, 1]$에서 연속인 함수 $f(x)$가

$$f(0)=0,\quad f(1)=1,\quad \int_0^1 f(x)dx=\frac{1}{6}$$

을 만족시킨다. 실수 전체의 집합에서 정의된 함수 $g(x)$가 다음 조건을 만족시킬 때, $\int_{-3}^{2} g(x)dx$의 값은?

(가) $g(x)=\begin{cases} -f(x+1)+1 & (-1<x<0) \\ f(x) & (0\le x\le 1) \end{cases}$

(나) 모든 실수 x에 대하여 $g(x+2)=g(x)$이다.

→ 함수 $g(x)$는 주기가 2인 주기함수야.

① $\frac{5}{2}$ ✓② $\frac{17}{6}$ ③ $\frac{19}{6}$ ④ $\frac{7}{2}$ ⑤ $\frac{23}{6}$

수학 Ⅱ Ⅲ. 다항함수의 적분법

해결 흐름

1 함수 $g(x)$가 구간에 따라 다르게 정의되어 있으니까 구간을 나누어 적분해야겠네.

2 함수 $g(x)$가 주기함수임을 이용하여 $\int_{-3}^{2} g(x)dx$의 값을 구해야겠다.

알찬 풀이

조건 (가)에서

$$\int_0^1 g(x)dx=\int_0^1 f(x)dx=\frac{1}{6}$$

→ $0\le x\le 1$에서 $g(x)=f(x)$이니까.

이고,

$$\begin{aligned}\int_{-1}^0 g(x)dx&=\int_{-1}^0 \{-f(x+1)+1\}dx\\&=-\int_{-1}^0 f(x+1)dx+\int_{-1}^0 1\,dx\\&=-\int_0^1 f(x)dx+\int_{-1}^0 1\,dx\\&=-\frac{1}{6}+\Big[x\Big]_{-1}^0\\&=-\frac{1}{6}+1=\frac{5}{6}\end{aligned}$$

이므로

$$\int_{-1}^1 g(x)dx=\int_{-1}^0 g(x)dx+\int_0^1 g(x)dx=\frac{5}{6}+\frac{1}{6}=1$$

> **정적분의 성질**
> 함수 $f(x)$가 임의의 세 실수 a, b, c를 포함하는 닫힌구간에서 연속일 때,
> $\int_a^c f(x)dx+\int_c^b f(x)dx=\int_a^b f(x)dx$

$$\begin{aligned}\therefore \int_{-3}^2 g(x)dx&=\int_{-3}^{-1} g(x)dx+\int_{-1}^1 g(x)dx+\int_1^2 g(x)dx\\&=2\int_{-1}^1 g(x)dx+\int_{-1}^0 g(x)dx\ (\because \text{ 조건 (나)})\\&=2\times 1+\frac{5}{6}=\frac{17}{6}\end{aligned}$$

→ $g(x)$는 주기가 2인 주기함수이므로 $\int_{-3}^{-1} g(x)dx=\int_{-1}^1 g(x)dx$, $\int_1^2 g(x)dx=\int_{-1}^0 g(x)dx$이지.

수능 핵심 개념 $f(x+p)=f(x)$인 함수의 정적분

함수 $f(x)$가 모든 실수 x에 대하여 $f(x+p)=f(x)$이면 닫힌구간 $[a, b]$에서의 정적분의 값은 닫힌구간 $[a+p, b+p]$에서의 정적분의 값과 같다. 즉,

$$\int_a^b f(x)dx=\int_{a+p}^{b+p} f(x)dx$$

09

정답률 26%

수능 유형 › 정적분의 계산 **정답 ③**

실수 전체의 집합에서 연속인 두 함수 $f(x)$와 $g(x)$가 모든 실수 x에 대하여 다음 조건을 만족시킨다.

(가) $f(x)\ge g(x)$ → 함수 $y=f(x)$의 그래프가 함수 $y=g(x)$의 그래프보다 위쪽에 있어.

(나) $f(x)+g(x)=x^2+3x$ **1**

(다) $f(x)g(x)=(x^2+1)(3x-1)$

$\int_0^2 f(x)dx$의 값은? **2**

① $\frac{23}{6}$ ② $\frac{13}{3}$ ✓③ $\frac{29}{6}$ ④ $\frac{16}{3}$ ⑤ $\frac{35}{6}$

해결 흐름

1 두 함수 $f(x)$, $g(x)$의 합과 곱이 주어졌으니까 $f(x)$, $g(x)$가 될 수 있는 식을 찾을 수 있겠네.

2 **1**에서 구한 식과 조건 (가)를 이용하여 함수 $f(x)$를 구해야겠어.

알찬 풀이

조건 (다)에서

$$f(x)g(x)=(x^2+1)(3x-1)$$

이므로 조건 (나)에서

$$f(x)+g(x)=x^2+3x=(x^2+1)+(3x-1)$$

→ 조건 (다)의 두 다항식 x^2+1, $3x-1$의 합으로 나타낼 수 있어.

이때 조건 (가)에 의하여 함수 $y=f(x)$의 그래프는 함수 $y=g(x)$의 그래프보다 항상 위쪽에 있거나 일치해야 한다.

두 함수 $y=x^2+1$과 $y=3x-1$의 그래프의 교점의 x좌표는

→ 두 함수 $y=x^2+1$, $y=3x-1$ 중에서 그래프가 더 위쪽에 있는 부분을 알아보기 위한 과정이야.

$x^2+1=3x-1$에서

$x^2-3x+2=0$

$(x-1)(x-2)=0$

$\therefore x=1$ 또는 $x=2$

따라서 두 함수 $y=x^2+1$, $y=3x-1$의 그래프는 오른쪽 그림과 같으므로

$$f(x)=\begin{cases}x^2+1 & (x\le 1 \text{ 또는 } x\ge 2)\\ 3x-1 & (1\le x\le 2)\end{cases}$$

$$g(x)=\begin{cases}3x-1 & (x\le 1 \text{ 또는 } x\ge 2)\\ x^2+1 & (1\le x\le 2)\end{cases}$$

$$\begin{aligned}\therefore \int_0^2 f(x)dx&=\int_0^1 (x^2+1)dx+\int_1^2 (3x-1)dx\\&=\left[\frac{1}{3}x^3+x\right]_0^1+\left[\frac{3}{2}x^2-x\right]_1^2\\&=\frac{4}{3}+\frac{7}{2}=\frac{29}{6}\end{aligned}$$

> **정적분의 성질**
> 함수 $f(x)$가 임의의 세 실수 a, b, c를 포함하는 닫힌구간에서 연속일 때,
> $\int_a^c f(x)dx+\int_c^b f(x)dx=\int_a^b f(x)dx$

10

정답률 50%

수능 유형 › 정적분의 계산 + 도함수의 활용 **정답 ⑤**

함수 $f(x)=x^3+x^2+ax+b$에 대하여 함수 $g(x)$를

$$g(x)=f(x)+(x-1)f'(x)$$

라 하자. **보기**에서 옳은 것만을 있는 대로 고른 것은? (단, a, b는 상수이다.)

보기

ㄱ. 함수 $h(x)$가 $h(x)=(x-1)f(x)$이면 $h'(x)=g(x)$이다. **1**

ㄴ. 함수 $f(x)$가 $x=-1$에서 극값 0을 가지면 **2** $\int_0^1 g(x)dx=-1$이다.

ㄷ. $f(0)=0$이면 방정식 $g(x)=0$은 열린구간 $(0, 1)$에서 적어도 하나의 실근을 갖는다. **3**

① ㄱ ② ㄴ ③ ㄱ, ㄴ ④ ㄱ, ㄷ ✓⑤ ㄱ, ㄴ, ㄷ

해결 흐름

1 곱의 미분법을 이용해서 함수 $h(x)$를 미분해야지.

연관 개념 | 두 함수 $f(x)$, $g(x)$가 미분가능할 때,
$\{f(x)g(x)\}'=f'(x)g(x)+f(x)g'(x)$

2 함수 $f(x)$가 $x=-1$에서 극값 0을 가지므로 $f'(-1)=0$, $f(-1)=0$임을 이용하면 되겠구나.

3 ㄱ의 함수 $h(x)$를 이용하여 평균값 정리를 생각해야겠네.

연관 개념 | 함수 $f(x)$가 닫힌구간 $[a, b]$에서 연속이고 열린구간 (a, b)에서 미분가능할 때, $\dfrac{f(b)-f(a)}{b-a}=f'(c)$인 c가 열린구간 (a, b)에 적어도 하나 존재한다.

알찬 풀이

ㄱ. $h(x)=(x-1)f(x)$에서

$h'(x)=f(x)+(x-1)f'(x)$ → $h'(x)=(x-1)'f(x)+(x-1)f'(x)=f(x)-(x-1)f'(x)$

$\therefore h'(x)=g(x)$ (참)

ㄴ. 함수 $f(x)$가 $x=-1$에서 극값 0을 가지므로

$f'(-1)=0$, $f(-1)=0$

극값과 미분계수
미분가능한 함수 $f(x)$가 $x=a$에서 극값 β를 가지면 $f'(a)=0$, $f(a)=\beta$

$f'(x)=3x^2+2x+a$이므로

$f'(-1)=3-2+a=0$ $\quad\therefore a=-1$

$f(-1)=-1+1-a+b=0$에서

$a=b$ $\quad\therefore b=-1$

따라서 $f(x)=x^3+x^2-x-1$이므로

$\displaystyle\int_0^1 g(x)dx=\int_0^1 h'(x)dx$ → ㄱ에서 $g(x)=h'(x)$가 참이니까.

$=\Big[h(x)\Big]_0^1=h(1)-h(0)$

$=0-\{-f(0)\}$

$=f(0)=-1$ (참)

ㄷ. ㄱ의 함수 $h(x)$가 닫힌구간 $[0, 1]$에서 연속이고, 열린구간 $(0, 1)$에서 미분가능하므로 평균값 정리에 의하여

$\dfrac{h(1)-h(0)}{1-0}=h'(c)$

인 c가 열린구간 $(0, 1)$에 적어도 하나 존재한다.

이때 $h'(c)=h(1)-h(0)=0-\{-f(0)\}=0$이므로

$g(c)=h'(c)=0$ → ㄷ의 조건에서 $f(0)=0$이야.

따라서 방정식 $g(x)=0$은 열린구간 $(0, 1)$에서 적어도 하나의 실근을 갖는다. (참)

이상에서 ㄱ, ㄴ, ㄷ 모두 옳다.

문제 해결 TIP

이시현 | 서울대학교 미학과 | 명덕외국어고등학교 졸업

다항함수의 성질을 사용해서 ㄱ, ㄴ, ㄷ을 검증해야 하는 문제야. 이런 문제에 접근할 때는 먼저 ㄱ부터 꼭 해결해야 해. 보통의 경우, 문제의 보기들이 연결되어 있는 경우가 많거든. 대체로 ㄱ은 가장 간단한 보기이자, 문제 해결의 출발점이기도 해. 실제로 이 문제에서도 ㄱ은 매우 간단하게 해결돼. 중요한 것은 ㄱ을 활용해서 ㄴ을 확인해야 한다는 거지. 두 보기가 연결된다는 점을 활용하면, 자연스레 미지수를 정할 수 있게 되고, 주어진 조건을 바탕으로 $f(x)$를 결정할 수 있어. 개인적인 생각으로, 이 문제에서 진정한 관건은 ㄴ을 바탕으로 ㄷ에서 평균값 정리를 사용할 수 있다는 발상을 떠올리는 거였어. ㄱ과 ㄴ을 통해 구간에서의 연속성과 미분가능성을 확인했으니, 자연스레 평균값 정리를 사용할 수 있겠지? 말은 쉽게 했지만 사실 발상 자체가 쉽지는 않을 거야. 그럼에도 '하나의 실근을 갖는다.'와 같은 표현을 보고 사잇값의 정리나 평균값 정리 등을 연상할 수 있어야 해.

11

정답률 58%

수능 유형 › 정적분의 계산 + 적분과 미분의 관계 　정답 ⑤

최고차항의 계수가 양수인 삼차함수 $f(x)$가 다음 조건을 만족시킨다. → $f'(x)$는 이차함수가 되겠네.

(가) 함수 $f(x)$는 $x=0$에서 극댓값, $x=k$에서 극솟값을 가진다. **1** (단, k는 상수이다.)
(나) 1보다 큰 모든 실수 t에 대하여 **2**
$\displaystyle\int_0^t |f'(x)|dx=f(t)+f(0)$
이다.

보기에서 옳은 것만을 있는 대로 고른 것은?

보기
ㄱ. $\displaystyle\int_0^k f'(x)dx<0$
ㄴ. $0<k\le1$
ㄷ. 함수 $f(x)$의 극솟값은 0이다.

① ㄱ ② ㄷ ③ ㄱ, ㄴ
④ ㄴ, ㄷ ✓⑤ ㄱ, ㄴ, ㄷ

해결 흐름

1 조건 (가)에서 함수 $f(x)$에 대하여 $f'(0)=0$, $f'(k)=0$이구나.

2 조건 (나)에서 주어진 식의 양변을 t에 대하여 미분하여 $f'(t)$에 대한 조건을 구하면 되겠네.

연관 개념 | 미분가능한 함수 $f(x)$에 대하여 $f'(a)=0$일 때, $x=a$의 좌우에서 $f'(x)$의 부호가
① 양에서 음으로 바뀌면 $f(x)$는 $x=a$에서 극대이고, 극댓값은 $f(a)$이다.
② 음에서 양으로 바뀌면 $f(x)$는 $x=a$에서 극소이고, 극솟값은 $f(a)$이다.

알찬 풀이

ㄱ. 조건 (가)에서

$f'(x)=ax(x-k)$ $(a>0)$라 하면 → $f(x)$의 삼차항의 계수가 양수이므로 $f'(x)$의 이차항의 계수도 양수야.

함수 $f(x)$는 $x=0$에서 극댓값, $x=k$에서 극솟값을 가지므로

$k>0$ → $k<0$이면 $f(x)$의 삼차항의 계수가 양수라는 사실에 모순이야.

$\displaystyle\int_0^k f'(x)dx=\int_0^k ax(x-k)dx=\int_0^k (ax^2-akx)dx$

$=\left[\dfrac{1}{3}ax^3-\dfrac{1}{2}akx^2\right]_0^k$

$=\dfrac{1}{3}ak^3-\dfrac{1}{2}ak^3$

$=-\dfrac{1}{6}ak^3<0$ (참) → $a>0$, $k^3>0$이니까 $-\dfrac{1}{6}ak^3<0$이지.

ㄴ. 조건 (나)에서

$\displaystyle\int_0^t |f'(x)|dx=f(t)+f(0)$

의 양변을 t에 대하여 미분하면

$|f'(t)|=f'(t)$ …… ㉠

적분과 미분의 관계
함수 $f(x)$가 닫힌구간 $[a, b]$에서 연속일 때, $\dfrac{d}{dx}\displaystyle\int_a^x f(t)dt=f(x)$ (단, $a<x<b$)

이때 ㉠은 $t>1$인 모든 실수 t에 대하여 성립하므로

$t>1$일 때, $f'(t)\ge0$

한편, 조건 (가)에서 함수 $f(x)$가 $x=k$에서 극솟값을 가지므로

$k\le1$ → $k>1$이면 $1<t<k$에서 $f'(t)<0$이므로 $t>1$인 모든 실수 t에 대하여 $f'(t)\ge0$이 성립하지 않아.

$\therefore 0<k\le1$ (참)

ㄷ. $f'(x)=ax(x-k)=ax^2-akx$에서

$$\int_0^t |f'(x)|dx$$
$$=-\int_0^k (ax^2-akx)dx+\int_k^t (ax^2-akx)dx$$
$$=-\left[\frac{a}{3}x^3-\frac{ak}{2}x^2\right]_0^k+\left[\frac{a}{3}x^3-\frac{ak}{2}x^2\right]_k^t$$
$$=-\left(\frac{ak^3}{3}-\frac{ak^3}{2}\right)+\left(\frac{at^3}{3}-\frac{akt^2}{2}-\frac{ak^3}{3}+\frac{ak^3}{2}\right)$$
$$=\frac{at^3}{3}-\frac{akt^2}{2}+\frac{ak^3}{3} \quad \cdots\cdots ㉡$$

→ 조건 (나)의 좌변을 계산한 거야.

$$f(x)=\int (ax^2-akx)dx$$
$$=\frac{a}{3}x^3-\frac{ak}{2}x^2+C \text{ (단, } C\text{는 적분상수)}$$

부정적분
n이 음이 아닌 정수일 때,
$\int x^n dx=\frac{1}{n+1}x^{n+1}+C$
(단, C는 적분상수)

이므로

$$f(t)+f(0)$$
$$=\left(\frac{a}{3}t^3-\frac{ak}{2}t^2+C\right)+C$$
$$=\frac{a}{3}t^3-\frac{ak}{2}t^2+2C \quad \cdots\cdots ㉢$$

→ 조건 (나)의 우변을 계산한 거야.

㉡, ㉢이 서로 같아야 하므로 $C=\frac{ak^3}{6}$

즉, $f(x)=\frac{a}{3}x^3-\frac{ak}{2}x^2+\frac{ak^3}{6}$이므로 극솟값은

$$f(k)=\frac{ak^3}{3}-\frac{ak^3}{2}+\frac{ak^3}{6}=0 \text{ (참)}$$

이상에서 ㄱ, ㄴ, ㄷ 모두 옳다.

정답률 42%

12 수능 유형 › 정적분의 계산 정답 43

구간 $[0, 8]$에서 정의된 함수 $f(x)$는 [2]

$$f(x)=\begin{cases}-x(x-4) & (0\le x<4)\\ x-4 & (4\le x\le 8)\end{cases}$$

이다. 실수 a $(0\le a\le 4)$에 대하여 $\int_a^{a+4} f(x)dx$의 최솟값 [1]

은 $\frac{q}{p}$이다. $p+q$의 값을 구하시오. 43

→ $a=0$, $0<a<4$, $a=4$로 나누어서 적분해 봐야겠네.

(단, p와 q는 서로소인 자연수이다.)

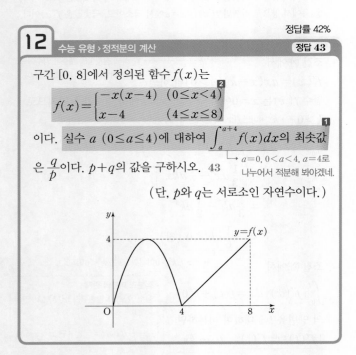

y, 4, y=f(x), O, 4, 8, x

해결 흐름

[1] $g(a)=\int_a^{a+4} f(x)dx$로 놓고, $0<a<4$에서 함수 $g(a)$의 증가와 감소를 표로 나타내어 보면 $g(a)$의 최솟값을 구할 수 있겠군.

[2] 함수 $f(x)$가 구간에 따라 다르게 정의되어 있으니까 $a=0$, $0<a<4$, $a=4$인 경우로 나누어서 $g(a)$를 구해 봐야겠네.

알찬 풀이

$0\le a\le 4$에서 $g(a)=\int_a^{a+4} f(x)dx$라 하면

(i) $a=0$일 때, → 적분 구간은 $[0, 4]$이므로 $f(x)=-x(x-4)$를 적분해야 해.

$$g(0)=\int_0^4 f(x)dx$$
$$=\int_0^4 \{-x(x-4)\}dx$$
$$=\int_0^4 (-x^2+4x)dx$$
$$=\left[-\frac{1}{3}x^3+2x^2\right]_0^4$$
$$=-\frac{64}{3}+32=\frac{32}{3}$$

(ii) $0<a<4$일 때, → 구간 $[a, 4]$에서는 $f(x)=-x(x-4)$를 적분하고, 구간 $[4, a+4]$에서는 $f(x)=x-4$를 적분해야 해.

$$g(a)=\int_a^4 f(x)dx+\int_4^{a+4} f(x)dx$$
$$=\int_a^4 \{-x(x-4)\}dx+\int_4^{a+4}(x-4)dx$$
$$=\int_a^4 (-x^2+4x)dx+\int_4^{a+4}(x-4)dx$$
$$=\left[-\frac{1}{3}x^3+2x^2\right]_a^4+\left[\frac{1}{2}x^2-4x\right]_4^{a+4}$$
$$=\left\{\left(-\frac{64}{3}+32\right)-\left(-\frac{1}{3}a^3+2a^2\right)\right\}$$
$$+\left[\left\{\frac{1}{2}(a+4)^2-4(a+4)\right\}-(8-16)\right]$$
$$=\frac{1}{3}a^3-\frac{3}{2}a^2+\frac{32}{3}$$

이므로 $g'(a)=a^2-3a=a(a-3)$

$g'(a)=0$에서 $a=3$ ($\because 0<a<4$)

$0<a<4$에서 함수 $g(a)$의 증가와 감소를 표로 나타내면 다음과 같다.

a	(0)	$\cdots$	3	$\cdots$	(4)
$g'(a)$		$-$	0	$+$	
$g(a)$		↘	극소	↗	

따라서 $0<a<4$일 때, 함수 $g(a)$는 $a=3$에서 극소이면서 최소이므로 $g(a)$의 최솟값은

→ 주어진 구간에서 극값이 하나뿐일 때, 극값이 극솟값이면 최솟값은 극솟값과 같아.

$$g(3)=\frac{1}{3}\times 27-\frac{3}{2}\times 9+\frac{32}{3}=\frac{37}{6}$$

(iii) $a=4$일 때, → 적분 구간은 $[4, 8]$이므로 $f(x)=x-4$를 적분해야 해.

$$g(4)=\int_4^8 f(x)dx$$
$$=\int_4^8 (x-4)dx$$
$$=\left[\frac{1}{2}x^2-4x\right]_4^8$$
$$=(32-32)-(8-16)=8$$

(i), (ii), (iii)에서 $g(a)=\int_a^{a+4} f(x)dx$의 최솟값은 $a=3$일 때 $\frac{37}{6}$이므로

$p=6$, $q=37$

$\therefore p+q=6+37=43$

생생 수험 Talk

수능 2주 전쯤, 슬럼프 아닌 슬럼프가 있었던 것 같아. 갑자기 모든 게 자신이 없어지고 모든 문제가 새로워 보이고 공부에 의욕도 없고……. 그럴 때 하루쯤은 계획했던 공부를 미뤄 놓고 산책하면서 다시 마음을 다잡았어. 시험이 끝난 후의 나의 모습을 상상하면서 조금만 더 버티자 이런 생각으로 공부했던 것 같아. 하지만 스트레스가 너무 많이 쌓이면 모든 공부를 제쳐 두고 친구들이랑 맛있는 것을 먹으러 가기도 하고 노래방에 가기도 했어. 그러면서 조금씩 스트레스를 해소했던 것 같아.

정답률 58%

13 수능 유형 › 우함수와 기함수의 정적분

정답 ①

두 다항함수 $f(x)$, $g(x)$가 모든 실수 x에 대하여

$f(-x)=-f(x)$, $g(-x)=g(x)$

를 만족시킨다. 함수 $h(x)=f(x)g(x)$에 대하여 [1]

$$\int_{-3}^{3}(x+5)h'(x)dx=10$$

일 때, $h(3)$의 값은?

→ $y=f(x)$의 그래프는 원점에 대하여 대칭이고, $y=g(x)$의 그래프는 y축에 대하여 대칭이야.

✓① 1 ② 2 ③ 3 ④ 4 ⑤ 5

해결 흐름

[1] 먼저 함수 $h(x)$의 그래프가 y축에 대하여 대칭인지, 원점에 대하여 대칭인지 파악해야겠군.

알찬 풀이

$f(-x)=-f(x)$에서 $f(0)=0$

→ 양변에 $x=0$을 대입하면 $f(0)=-f(0)$에서 $2f(0)=0$이므로 $f(0)=0$이지.

$\therefore h(0)=f(0)g(0)=0$

한편, $h(x)=f(x)g(x)$에서

$$\begin{aligned}h(-x)&=f(-x)g(-x)\\&=-f(x)g(x)\\&=-h(x)\end{aligned}$$

이므로 함수 $y=h(x)$의 그래프는 원점에 대하여 대칭이다.

이때 함수 $y=h'(x)$의 그래프는 y축에 대하여 대칭이므로 함수 $y=xh'(x)$의 그래프는 원점에 대하여 대칭이다.

→ $h'(x)=h'(-x)$가 성립해.

→ $xh'(x)=k(x)$로 놓으면 $k(-x)=-xh'(-x)=-xh'(x)=-k(x)$이므로 $y=xh'(x)$의 그래프는 원점에 대하여 대칭이야.

$$\begin{aligned}\therefore \int_{-3}^{3}(x+5)h'(x)dx&=\int_{-3}^{3}\{xh'(x)+5h'(x)\}dx\\&=\int_{-3}^{3}xh'(x)dx+\int_{-3}^{3}5h'(x)dx\\&=2\int_{0}^{3}5h'(x)dx\ \left(\because \int_{-3}^{3}xh'(x)dx=0\right)\\&=10\int_{0}^{3}h'(x)dx\\&=10\Big[h(x)\Big]_0^3\\&=10\{h(3)-h(0)\}\\&=10h(3)=10\end{aligned}$$

→ $xh'(x)$가 원점에 대하여 대칭인 함수이니까 $\int_{-a}^{a}xh'(x)dx=0$이야.

$\therefore h(3)=1$

정답률 57%

14 수능 유형 › 정적분의 계산

정답 45

이차함수 $f(x)$가 $f(0)=0$ [1]이고 다음 조건을 만족시킨다.

→ $f(x)$의 상수항은 0이야.

> (가) $\int_{0}^{2}|f(x)|dx=-\int_{0}^{2}f(x)dx=4$ [2]
>
> (나) $\int_{2}^{3}|f(x)|dx=\int_{2}^{3}f(x)dx$

$f(5)$의 값을 구하시오. 45

해결 흐름

[1] $f(x)$가 이차함수이고 $f(0)=0$이니까 $f(x)=ax^2+bx$ (a, b는 상수, $a\neq0$)로 놓고 주어진 조건들을 이용해서 함수 $f(x)$를 구해야겠다.

[2] 구간 $[0, 2]$에서 $f(x)\le0$, 구간 $[2, 3]$에서 $f(x)\ge0$이므로 이를 이용하면 $x=2$일 때의 함숫값을 알 수 있겠네.

연관 개념 | 닫힌구간 $[a, b]$에서 연속인 함수 $f(x)$의 한 부정적분을 $F(x)$라 할 때,

$$\int_{a}^{b}f(x)dx=\Big[F(x)\Big]_a^b=F(b)-F(a)$$

알찬 풀이

$f(0)=0$이고, $f(x)$가 이차함수이므로

$f(x)=ax^2+bx$ (a, b는 상수, $a\neq0$) …… ㉠

로 놓을 수 있다.

조건 (가)에서

$\int_{0}^{2}|f(x)|dx=-\int_{0}^{2}f(x)dx=4$이므로

$\int_{0}^{2}|f(x)|dx=4$, $\int_{0}^{2}f(x)dx=-4$ …… ㉡

→ $\int_{0}^{2}f(x)dx<0$이므로 구간 $[0, 2]$에서 $f(x)\le0$임을 알 수 있어.

즉, 구간 $[0, 2]$에서 $f(x)\le0$이다.

또, 조건 (나)에서 $\int_{2}^{3}|f(x)|dx=\int_{2}^{3}f(x)dx$이므로

구간 $[2, 3]$에서 $f(x)\ge0$이다.

→ 구간 $[0, 2]$에서 $f(x)\le0$, 구간 $[2, 3]$에서 $f(x)\ge0$이므로 $f(2)=0$이야.

따라서 $f(2)=0$이므로 ㉠에서

$4a+2b=0$ $\therefore b=-2a$

즉, $f(x)=ax^2-2ax$이므로 ㉡에서

$$\begin{aligned}\int_{0}^{2}(ax^2-2ax)dx&=\left[\frac{1}{3}ax^3-ax^2\right]_0^2\\&=\frac{8}{3}a-4a\\&=-\frac{4}{3}a=-4\end{aligned}$$

$\therefore a=3$

따라서 $f(x)=3x^2-6x$이므로

$f(5)=75-30=45$

생생 수험 Talk

수능 시험 당일에는 모든 교시마다 온 힘을 다해서 문제를 풀기 때문에 쉬는 시간에 공부를 하면 오히려 더 역효과가 날 수 있어. 그 다음 교시에서 써야 할 힘을 비축할 시간에 못 쉬는 거잖아.

나는 쉬는 시간에는 명상을 했고 초콜릿을 먹으면서 당을 보충했어. 점심시간에는 밥을 든든히 먹고, 밥을 먹은 후 낮잠을 자는 것도 추천해. 남은 시험을 치를 수 있는 힘을 주거든.

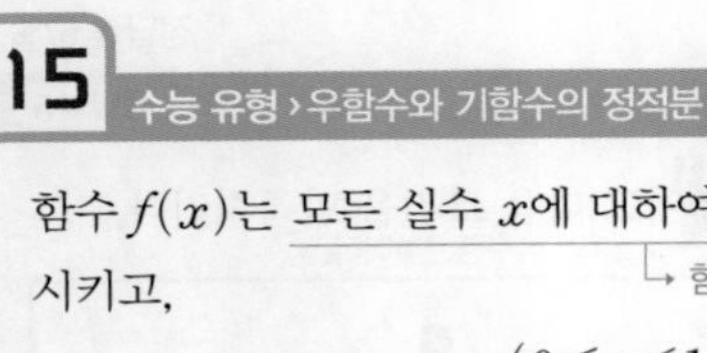

정답률 82%

15 수능 유형 › 우함수와 기함수의 정적분

정답 ①

함수 $f(x)$는 모든 실수 x에 대하여 $f(x+3)=f(x)$를 만족시키고,

→ 함수 $f(x)$는 주기가 3인 주기함수야.

$$f(x)=\begin{cases} x & (0\le x<1) \\ 1 & (1\le x<2) \\ -x+3 & (2\le x<3) \end{cases}$$

이다. $\int_{-a}^{a} f(x)dx=13$일 때, 상수 a의 값은? [1]

✓① 10 ② 12 ③ 14
④ 16 ⑤ 18

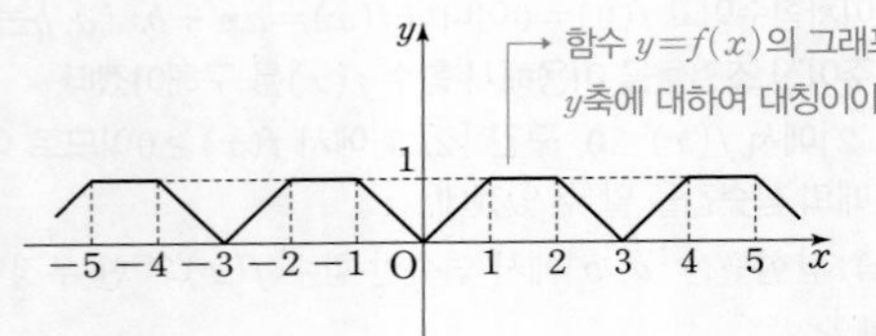

→ 함수 $y=f(x)$의 그래프가 y축에 대하여 대칭이야.

해결 흐름

[1] 함수 $y=f(x)$의 그래프가 y축에 대하여 대칭이므로 $\int_{-a}^{a} f(x)dx=2\int_0^a f(x)dx$임을 이용해야겠구나.

알찬 풀이

주어진 그림에서 함수 $y=f(x)$의 그래프가 y축에 대하여 대칭이므로

→ $f(x)=f(-x)$이면 $\int_{-a}^{a} f(x)dx=2\int_0^a f(x)dx$야.

$$\int_{-a}^{a} f(x)dx=2\int_0^a f(x)dx=13$$

$$\therefore \int_0^a f(x)dx=\frac{13}{2} \quad \cdots\cdots \text{㉠}$$

한편, 함수 $f(x)$가 구간에 따라 다르게 정의되어 있으므로

$$\begin{aligned}\int_0^3 f(x)dx&=\int_0^1 f(x)dx+\int_1^2 f(x)dx+\int_2^3 f(x)dx\\&=\int_0^1 x\,dx+\int_1^2 1\,dx+\int_2^3(-x+3)dx\\&=\left[\frac{1}{2}x^2\right]_0^1+\left[x\right]_1^2+\left[-\frac{1}{2}x^2+3x\right]_2^3\\&=\frac{1}{2}+1+\frac{1}{2}=2\end{aligned}$$

또, 함수 $f(x)$는 모든 실수 x에 대하여 $f(x+3)=f(x)$를 만족시키므로

→ 함수 $f(x)$가 0이 아닌 상수 p에 대하여 $f(x)=f(x+p)$를 만족시킬 때, $f(x)$는 p를 주기로 하는 주기함수야.

$$\int_0^3 f(x)dx=\int_3^6 f(x)dx=\int_6^9 f(x)dx=\cdots=2$$

$$\begin{aligned}\therefore \int_0^9 f(x)dx&=\int_0^3 f(x)dx+\int_3^6 f(x)dx+\int_6^9 f(x)dx\\&=3\times 2=6 \quad \cdots\cdots \text{㉡}\end{aligned}$$

$$\int_0^a f(x)dx=\int_0^9 f(x)dx+\int_9^a f(x)dx$$

이므로 ㉠, ㉡에서

> 정적분의 성질
> 함수 $f(x)$가 임의의 세 실수 a, b, c를 포함하는 닫힌구간에서 연속일 때,
> $\int_a^c f(x)dx+\int_c^b f(x)dx=\int_a^b f(x)dx$

$$6+\int_9^a f(x)dx=\frac{13}{2}$$

$$\therefore \int_9^a f(x)dx=\frac{1}{2}$$

이때

$$\int_9^{10} f(x)dx=\int_0^1 f(x)dx=\frac{1}{2}$$

→ $f(x)$는 주기가 3인 주기함수이므로 $\int_0^1 f(x)dx=\int_3^4 f(x)dx=\int_6^7 f(x)dx=\int_9^{10} f(x)dx$이지.

이므로

$a=10$

다른 풀이 주어진 함수 $y=f(x)$의 그래프에 대하여 구간 $[0, 3]$에서의 정적분의 값은 윗변과 아랫변의 길이가 각각 1, 3이고 높이가 1인 사다리꼴의 넓이와 같다.

$$\therefore \int_0^3 f(x)dx=\frac{1}{2}\times(1+3)\times 1=2$$

한편, 함수 $y=f(x)$의 그래프는 $0\le x<3$에서의 그래프가 반복되고 y축에 대하여 대칭이므로

$$\int_{-3}^{3} f(x)dx=2\int_0^3 f(x)dx=4$$

이를 이용하면

$$\int_{-6}^{6} f(x)dx=8,\ \int_{-9}^{9} f(x)dx=12\text{임을 알 수 있다.}$$

또, $\int_{-1}^{0} f(x)dx=\int_0^1 f(x)dx=\frac{1}{2}$이므로

→ 구간 $[-1, 0]$, 구간 $[0, 1]$에서의 정적분의 값은 밑변의 길이와 높이가 모두 1인 삼각형의 넓이와 같아.

$$\begin{aligned}\int_{-10}^{10} f(x)dx&=\int_{-10}^{-9} f(x)dx+\int_{-9}^{9} f(x)dx+\int_9^{10} f(x)dx\\&=\int_{-1}^{0} f(x)dx+\int_{-9}^{9} f(x)dx+\int_0^1 f(x)dx\\&=\frac{1}{2}+12+\frac{1}{2}=13\end{aligned}$$

$\therefore a=10$

수능 핵심 개념 $f(x+p)=f(x)$인 함수의 정적분

함수 $f(x)$가 모든 실수 x에 대하여 $f(x+p)=f(x)$이면 닫힌구간 $[a, b]$에서의 정적분의 값은 닫힌구간 $[a+p, b+p]$에서의 정적분의 값과 같다. 즉,

$$\int_a^b f(x)dx=\int_{a+p}^{b+p} f(x)dx$$

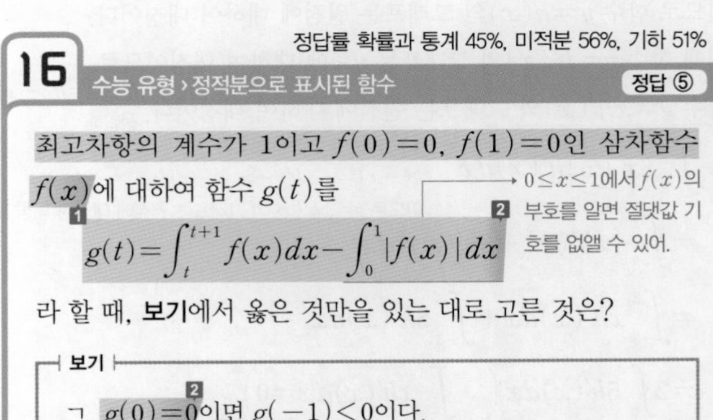

정답률 확률과 통계 45%, 미적분 56%, 기하 51%

16 수능 유형 › 정적분으로 표시된 함수

정답 ⑤

최고차항의 계수가 1이고 $f(0)=0$, $f(1)=0$인 삼차함수 $f(x)$에 대하여 함수 $g(t)$를 [1]

$$g(t)=\int_t^{t+1} f(x)dx-\int_0^1 |f(x)|dx$$

→ [2] $0\le x\le 1$에서 $f(x)$의 부호를 알면 절댓값 기호를 없앨 수 있어.

라 할 때, **보기**에서 옳은 것만을 있는 대로 고른 것은?

보기

ㄱ. $g(0)=0$이면 $g(-1)<0$이다. [2]

ㄴ. $g(-1)>0$이면 $f(k)=0$을 만족시키는 $k<-1$인 실수 k가 존재한다. [2]

→ $y=f(x)$의 그래프가 x축과 만나는 점 중에 (x좌표)<-1인 점이 존재한다는 뜻이야.

ㄷ. $g(-1)>1$이면 $g(0)<-1$이다. [2]

① ㄱ ② ㄱ, ㄴ ③ ㄱ, ㄷ
④ ㄴ, ㄷ ✓⑤ ㄱ, ㄴ, ㄷ

해결 흐름

1 주어진 조건을 이용해서 함수 $f(x)$의 식을 세우고, $y=f(x)$의 그래프의 개형을 유추해 봐야겠네.

2 $g(0)$, $g(-1)$의 값에 대한 조건과 **1**에서 유추한 그래프의 개형을 이용해서 보기의 참, 거짓을 판별하면 되겠다.

알찬 풀이

$f(x)$는 최고차항의 계수가 1인 삼차함수이고 $f(0)=0$, $f(1)=0$ 이므로

$f(x)=x(x-1)(x-a)$ (a는 상수)

로 놓을 수 있다.

ㄱ. $g(0)=\int_0^1 f(x)\,dx-\int_0^1 |f(x)|\,dx=0$이면

$\int_0^1 f(x)\,dx=\int_0^1 |f(x)|\,dx$

따라서 $0\le x\le 1$에서 $f(x)\ge 0$이므로 이를 만족시키는 함수 $y=f(x)$의 그래프의 개형은 다음 그림과 같다.

(i) $a>1$일 때, → 실전적용 key를 확인해 봐.　　(ii) $a=1$일 때,

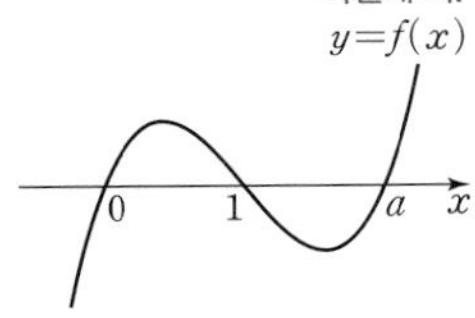

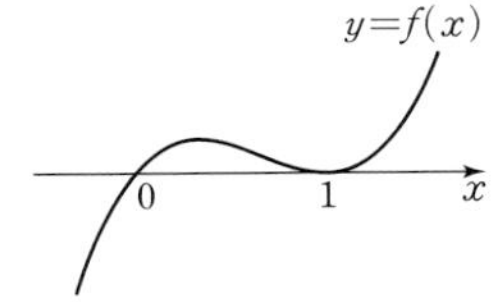

(i), (ii)의 경우 $x\le 0$에서 $f(x)\le 0$이므로

$\int_{-1}^0 f(x)\,dx<0$ 　→ $|f(x)|\ge 0$이니까 $\int_0^1 |f(x)|\,dx>0$이야. 즉, (음수)−(양수)=(음수)이지.

$\therefore g(-1)=\int_{-1}^0 f(x)\,dx-\int_0^1 |f(x)|\,dx<0$ (참)

ㄴ. $g(-1)=\int_{-1}^0 f(x)\,dx-\int_0^1 |f(x)|\,dx>0$이면

$\int_{-1}^0 f(x)\,dx>\int_0^1 |f(x)|\,dx$

이때 $\int_0^1 |f(x)|\,dx>0$이므로 $\int_{-1}^0 f(x)\,dx>0$

따라서 $-1\le x\le 0$에서 $f(x)>0$인 실수 x가 존재하므로 이를 만족시키는 함수 $y=f(x)$의 그래프의 개형은 오른쪽 그림과 같다. → 실전적용 key를 확인해 봐.

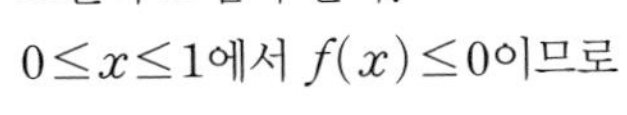

$0\le x\le 1$에서 $f(x)\le 0$이므로

$$\begin{aligned}g(-1)&=\int_{-1}^0 f(x)\,dx-\int_0^1 |f(x)|\,dx\\&=\int_{-1}^0 f(x)\,dx+\int_0^1 f(x)\,dx\\&=\int_{-1}^1 f(x)\,dx\\&=\int_{-1}^1 x(x-1)(x-a)\,dx\\&=\int_{-1}^1 \{x^3-(a+1)x^2+ax\}\,dx\\&=2\int_0^1 \{-(a+1)x^2\}\,dx\\&=2\Big[-\frac{a+1}{3}x^3\Big]_0^1=-\frac{2(a+1)}{3}\end{aligned}$$

→ $0\le x\le 1$에서 $f(x)\le 0$이니까 $|f(x)|=-f(x)$야.

→ $y=x^3+ax$는 기함수, $y=-(a+1)x^2$은 우함수이니까 우함수와 기함수의 정적분을 이용했어.

즉, $-\frac{2(a+1)}{3}>0$이므로 $a+1<0$ 　$\therefore a<-1$

따라서 $f(a)=0$이고 $a<-1$이므로 $f(k)=0$을 만족시키는 $k<-1$인 실수 k가 존재한다. (참)　→ $k=a$가 있지.

ㄷ. $g(-1)>1$이면 ㄴ에서 　→ $g(-1)>0$이면 $g(-1)=-\frac{2(a+1)}{3}$이야.

$g(-1)=-\frac{2(a+1)}{3}>1$

$a+1<-\frac{3}{2}$ 　$\therefore a<-\frac{5}{2}$ 　…… ㉠

또, $0\le x\le 1$에서 $f(x)\le 0$이므로 → ㄴ에서 알 수 있어.

$$\begin{aligned}g(0)&=\int_0^1 f(x)\,dx-\int_0^1 |f(x)|\,dx\\&=\int_0^1 f(x)\,dx+\int_0^1 f(x)\,dx\\&=2\int_0^1 f(x)\,dx=2\int_0^1 x(x-1)(x-a)\,dx\\&=2\int_0^1 \{x^3-(a+1)x^2+ax\}\,dx\\&=2\Big[\frac{1}{4}x^4-\frac{a+1}{3}x^3+\frac{a}{2}x^2\Big]_0^1\\&=2\Big(\frac{1}{4}-\frac{a+1}{3}+\frac{a}{2}\Big)=\frac{1}{3}a-\frac{1}{6}\end{aligned}$$

→ $0\le x\le 1$에서 $f(x)\le 0$이니까 $|f(x)|=-f(x)$야.

$\therefore g(0)=\frac{1}{3}a-\frac{1}{6}<\frac{1}{3}\times\Big(-\frac{5}{2}\Big)-\frac{1}{6}=-1$ ($\because$ ㉠) (참)

이상에서 ㄱ, ㄴ, ㄷ 모두 옳다.

실전적용 key

$f(x)$는 최고차항의 계수가 1인 삼차함수이고 $f(0)=0$, $f(1)=0$이므로 $f(x)=x(x-1)(x-a)$ (a는 상수)로 놓으면 함수 $y=f(x)$의 그래프의 개형은 a의 값의 범위에 따라 다음과 같이 5가지가 있다.

(i) $a>1$일 때,　　(ii) $a=1$일 때, → $f(x)=x(x-1)^2$이야.

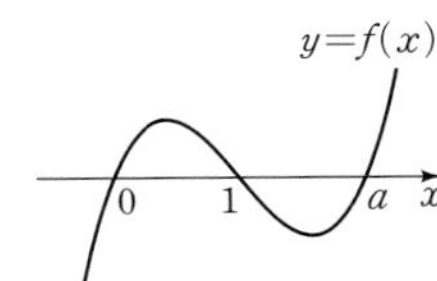

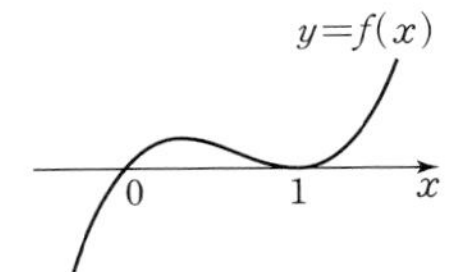

(iii) $0<a<1$일 때,　　(iv) $a=0$일 때, → $f(x)=x^2(x-1)$이야.

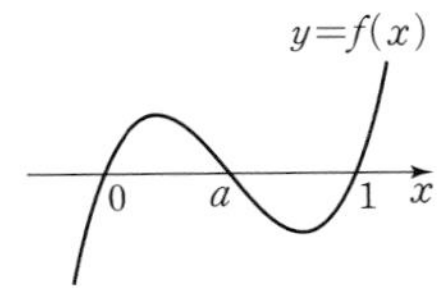

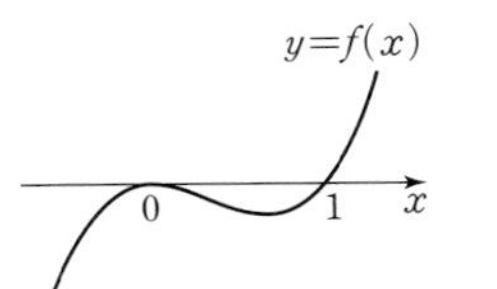

(v) $a<0$일 때,

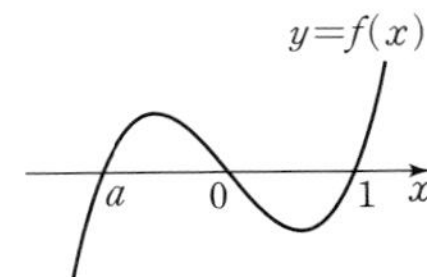

이상에서 $0\le x\le 1$에서 $f(x)\ge 0$을 만족시키는 것은 (i), (ii)이고, $-1\le x\le 0$에서 $f(x)>0$인 실수 x가 존재하는 것은 (v)이다.

수능 핵심 개념 우함수와 기함수의 정적분

닫힌구간 $[-a, a]$에서 연속인 함수 $f(x)$에 대하여

(1) $f(x)$가 우함수, 즉 $f(-x)=f(x)$이면 $\int_{-a}^a f(x)\,dx=2\int_0^a f(x)\,dx$

(2) $f(x)$가 기함수, 즉 $f(-x)=-f(x)$이면 $\int_{-a}^a f(x)\,dx=0$

정답률 확률과 통계 40%, 미적분 49%, 기하 44%

17 수능 유형 › 정적분으로 표시된 함수의 미분 정답 ④

실수 전체의 집합에서 연속인 함수 $f(x)$와 최고차항의 계수가 1인 삼차함수 $g(x)$가 → $g(x)$는 다항함수이니까 실수 전체의 집합에서 미분가능하지. 1

$$g(x)=\begin{cases}-\int_0^x f(t)dt & (x<0)\\ \int_0^x f(t)dt & (x\geq 0)\end{cases}$$

을 만족시킬 때, **보기**에서 옳은 것만을 있는 대로 고른 것은?

보기

ㄱ. $f(0)=0$

ㄴ. 함수 $f(x)$는 극댓값을 갖는다. 2

ㄷ. $2<f(1)<4$일 때, 방정식 $f(x)=x$의 서로 다른 실근의 개수는 3이다. 3

① ㄱ ② ㄷ ③ ㄱ, ㄴ

✓④ ㄱ, ㄷ ⑤ ㄱ, ㄴ, ㄷ

해결 흐름

1 주어진 식의 양변을 x에 대하여 미분하여 $g'(x)$의 식을 구해야지.

연관 개념 | $f(x)$가 연속함수일 때,

$\frac{d}{dx}\int_a^x f(t)dt=f(x)$ (단, a는 상수)

2 $g(x)$, $g'(x)$를 이용해서 $f(x)$의 식을 세우고, $y=f(x)$의 그래프의 개형을 유추해서 함수 $f(x)$가 극댓값을 갖는지 확인해 봐야겠어.

3 2에서 유추한 그래프의 개형을 이용해서 $y=f(x)$의 그래프와 직선 $y=x$의 교점의 개수를 확인해 보면 되겠다.

연관 개념 | 방정식 $f(x)=g(x)$의 서로 다른 실근의 개수는 두 함수 $y=f(x)$, $y=g(x)$의 그래프의 교점의 개수와 같다.

알찬 풀이

$$g(x)=\begin{cases}-\int_0^x f(t)dt & (x<0)\\ \int_0^x f(t)dt & (x\geq 0)\end{cases}$$ 의 양변을 x에 대하여 미분하면

$$g'(x)=\begin{cases}-f(x) & (x<0)\\ f(x) & (x>0)\end{cases}$$

ㄱ. $g(x)$는 삼차함수이므로 실수 전체의 집합에서 미분가능하다.

따라서 함수 $g(x)$는 $x=0$에서 미분가능하므로 $x=0$에서의 미분계수가 존재한다. 즉,

$\lim_{x\to 0-}g'(x)=\lim_{x\to 0+}g'(x)$에서

$\lim_{x\to 0-}\{-f(x)\}=\lim_{x\to 0+}f(x)$

> 미분계수의 존재
> $f'(a)=L$ (L은 상수)
> $\iff \lim_{x\to a-}f'(x)=\lim_{x\to a+}f'(x)=L$

이때 함수 $f(x)$는 실수 전체의 집합에서 연속이므로

$-f(0)=f(0)$ → $f(x)$가 연속함수이면 $\lim_{x\to a}f(x)=f(a)$가 성립하지.

$2f(0)=0$ ∴ $f(0)=0$ (참)

ㄴ. $g(x)$는 최고차항의 계수가 1인 삼차함수이고,

$g(x)=\int_0^x f(t)dt$의 양변에 $x=0$을 대입하면

$g(0)=\int_0^0 f(t)dt=0$ → 위끝과 아래끝이 같으면 정적분의 값은 0이야.

ㄱ에서 $g'(0)=f(0)=0$이므로

$g(x)=x^2(x+a)$ (a는 상수) → 실전적용 key를 확인해 봐.

로 놓을 수 있다.

$g'(x)=2x(x+a)+x^2$
$=x(3x+2a)$

> 곱의 미분법
> 두 함수 $f(x)$, $g(x)$가 미분가능할 때, $y=f(x)g(x)$이면
> $y'=f'(x)g(x)+f(x)g'(x)$

이므로

$$f(x)=\begin{cases}-g'(x) & (x<0)\\ g'(x) & (x\geq 0)\end{cases}$$ → $x<0$에서 $g'(x)=-f(x)$이니까 $f(x)=-g'(x)$야.

$$=\begin{cases}-x(3x+2a) & (x<0)\\ x(3x+2a) & (x\geq 0)\end{cases}$$

(i) $a>0$일 때,

함수 $y=f(x)$의 그래프의 개형은 오른쪽 그림과 같다.

즉, 함수 $f(x)$는 $-\frac{2a}{3}<x<0$에서 극댓값을 갖는다.

(그림: $a>0$이니까 $-\frac{2a}{3}<0$이야. / $y=f(x)$ / $-\frac{2a}{3}$ / $-\frac{a}{3}$ / 0 / x / 여기서 극대가 되지.)

(ii) $a<0$일 때,

함수 $y=f(x)$의 그래프의 개형은 오른쪽 그림과 같다.

즉, 함수 $f(x)$는 $x=0$에서 극댓값을 갖는다.

(그림: $y=f(x)$ / 여기서 극대가 되지. / 0 / $-\frac{2a}{3}$ / x / $a<0$이니까 $-\frac{2a}{3}>0$이야.)

(iii) $a=0$일 때,

$$f(x)=\begin{cases}-3x^2 & (x<0)\\ 3x^2 & (x\geq 0)\end{cases}$$ 이므로

함수 $y=f(x)$의 그래프의 개형은 오른쪽 그림과 같다.

즉, 함수 $f(x)$는 극댓값을 갖지 않는다.

(그림: $y=f(x)$ / 0 / x)

(i), (ii), (iii)에서 함수 $f(x)$는 항상 극댓값을 갖지는 않는다. (거짓)

ㄷ. ㄴ에서 $$f(x)=\begin{cases}-x(3x+2a) & (x<0)\\ x(3x+2a) & (x\geq 0)\end{cases}$$ 이므로

$f(1)=3+2a$

(iv) $a>0$일 때,

$2<3+2a<4$에서 ($3+2a=f(1)$)

$-\frac{1}{2}<a<\frac{1}{2}$이므로

$0<a<\frac{1}{2}$ ($\because a>0$)

한편, $x>0$일 때,

$f'(x)=(3x+2a)+x\times 3=6x+2a$이므로

$\lim_{x\to 0+}f'(x)=\lim_{x\to 0+}(6x+2a)=2a$

이때 $0<2a<1$이므로 → $0<a<\frac{1}{2}$의 각 변에 2를 곱했어.

함수 $y=f(x)$의 그래프와 직선 $y=x$는 다음 그림과 같이 서로 다른 세 점에서 만난다. → (i)에서의 그래프의 개형을 이용해.

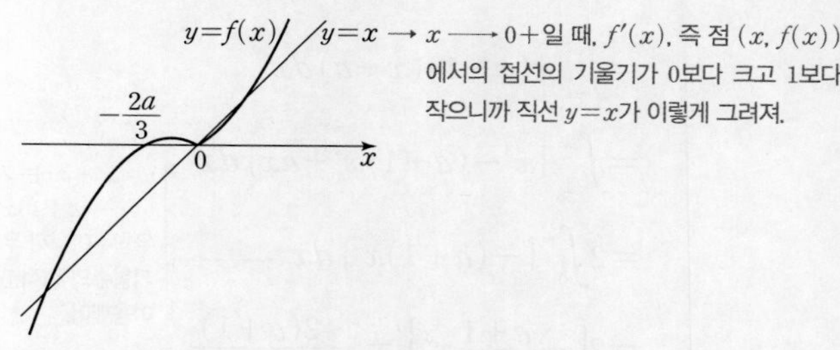

$y=f(x)$
$y=x$
$x \longrightarrow 0+$일 때, $f'(x)$, 즉 점 $(x, f(x))$에서의 접선의 기울기가 0보다 크고 1보다 작으니까 직선 $y=x$가 이렇게 그려져.
$-\frac{2a}{3}$
0
x

따라서 $2<f(1)<4$일 때, 방정식 $f(x)=x$의 서로 다른 실근의 개수는 3이다.

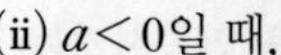

(v) $a<0$일 때,

$2<\underline{3+2a}<4$에서 $-\frac{1}{2}<a<\frac{1}{2}$이므로 ($3+2a$ → $=f(1)$)

$-\frac{1}{2}<a<0$ ($\because a<0$)

한편, $x<0$일 때,

$f'(x)=-(3x+2a)-x\times 3$

$=-6x-2a$

이므로

$\lim_{x\to 0-} f'(x)=\lim_{x\to 0-}(-6x-2a)=-2a$

이때 $0<-2a<1$이므로 → $-\frac{1}{2}<a<0$의 각 변에 -2를 곱했어.

함수 $y=f(x)$의 그래프와 직선 $y=x$는 다음 그림과 같이 서로 다른 세 점에서 만난다. → (ii)에서의 그래프의 개형을 이용해.

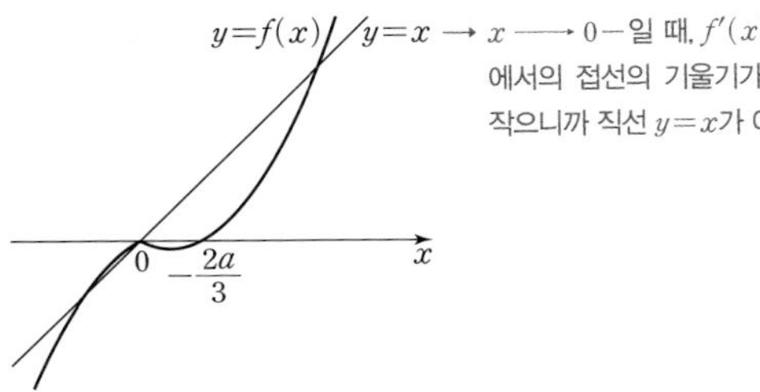

→ $x\longrightarrow 0-$일 때, $f'(x)$, 즉 점 $(x, f(x))$에서의 접선의 기울기가 0보다 크고 1보다 작으니까 직선 $y=x$가 이렇게 그려져.

따라서 $2<f(1)<4$일 때, 방정식 $f(x)=x$의 서로 다른 실근의 개수는 3이다.

(vi) $a=0$일 때,

$f(1)=3+2a=3$ → $2<f(1)<4$를 만족시키지.

이때 함수 $y=f(x)$의 그래프와 직선 $y=x$는 다음 그림과 같이 서로 다른 세 점에서 만난다. → (iii)에서의 그래프의 개형을 이용해.

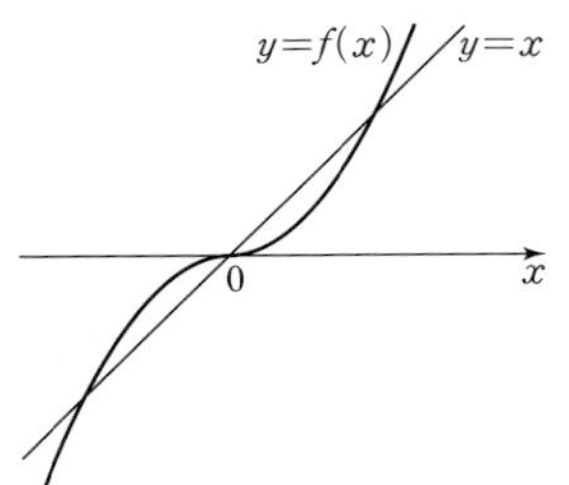

따라서 $2<f(1)<4$일 때, 방정식 $f(x)=x$의 서로 다른 실근의 개수는 3이다.

(iv), (v), (vi)에서 $2<f(1)<4$일 때, 방정식 $f(x)=x$의 서로 다른 실근의 개수는 3이다. (참)

이상에서 옳은 것은 ㄱ, ㄷ이다.

다른풀이 ㄴ. [반례] $f(x)=\begin{cases}-x(3x+2a) & (x<0)\\ x(3x+2a) & (x\ge 0)\end{cases}$에서

$a=0$이면 $f(x)=\begin{cases}-3x^2 & (x<0)\\ 3x^2 & (x\ge 0)\end{cases}$이므로 함수 $f(x)$는 실수 전체의 집합에서 증가한다.

따라서 극값을 갖지 않는다. (거짓)

ㄷ. ㄴ에서 $f(x)=\begin{cases}-x(3x+2a) & (x<0)\\ x(3x+2a) & (x\ge 0)\end{cases}$

이므로

$f(1)=3+2a$

이때 $2<\underline{3+2a}<4$에서 ($3+2a$ → $=f(1)$)

$-\frac{1}{2}<a<\frac{1}{2}$ ...... ㉠

(i) $x<0$일 때,

$-x(3x+2a)=x$에서 ($-x(3x+2a)$ → $f(x)=x$)

$3x+2a=-1$

$\therefore x=-\frac{1+2a}{3}$ → ㉠에서 $0<1+2a<2$이므로 $-\frac{2}{3}<-\frac{1+2a}{3}<0$이야.

㉠에 의하여 $-\frac{1+2a}{3}<0$이므로 조건을 만족시킨다.

(ii) $x\ge 0$일 때,

$x(3x+2a)=x$에서 ($x(3x+2a)$ → $f(x)=x$)

$x(3x+2a-1)=0$

$\therefore x=0$ 또는 $x=\frac{1-2a}{3}$ → ㉠에서 $0<1-2a<2$이므로 $0<\frac{1-2a}{3}<\frac{2}{3}$야.

㉠에 의하여 $\frac{1-2a}{3}>0$이므로 조건을 만족시킨다.

(i), (ii)에서 방정식 $f(x)=x$는 서로 다른 세 실근

$x=-\frac{1+2a}{3}$ 또는 $x=0$ 또는 $x=\frac{1-2a}{3}$

를 갖는다.

따라서 $2<f(1)<4$일 때, 방정식 $f(x)=x$의 서로 다른 실근의 개수는 3이다. (참)

실전적용 key

$g(x)$는 최고차항의 계수가 1인 삼차함수이므로

$g(x)=x^3+ax^2+bx+c$ (a, b, c는 상수)로 놓으면

$g(0)=0$에서 $c=0$

또, $g'(x)=3x^2+2ax+b$이므로

$g'(0)=0$에서 $b=0$

따라서 $g(x)=x^3+ax^2=x^2(x+a)$로 놓을 수 있다.

문제 해결 TIP

육승준 | **서강대학교 영미어문학과** | 인천외국어고등학교 졸업

이 문제에서 $g'(x)$를 구할 때, $g(x)$에서는 $x\ge 0$이었던 부분이 $x>0$으로 바뀐 것을 볼 수 있어.

이처럼 함수가 구간에 따라 다르게 정의되었을 때, 그 함수의 도함수를 구할 때는 함수가 바뀌는 지점에서의 미분가능성이 보장되지 않으니까 구간에 등호를 모두 없애는 게 일반적이야.

그런데 이 문제에서는 함수가 바뀌는 지점인 $x=0$에서 미분가능하니까 ㄴ에서 $f(x)$를 구할 때 $g'(x)=\begin{cases}-f(x) & (x<0)\\ f(x) & (x\ge 0)\end{cases}$로 생각하고

$f(x)=\begin{cases}-g'(x) & (x<0)\\ g'(x) & (x\ge 0)\end{cases}$와 같이 구한 거야.

정답률 확률과 통계 15%, 미적분 40%, 기하 27%

18 수능 유형 › 정적분으로 표시된 함수의 미분 **정답 13**

→ 그래프가 아래로 볼록한 포물선이야.

[1] 최고차항의 계수가 2인 이차함수 $f(x)$에 대하여 함수

$g(x)=\int_x^{x+1}|f(t)|dt$[2]는 $x=1$과 $x=4$에서 극소[3]이다.

$f(0)$의 값을 구하시오. 13

해결 흐름

1 함수 $f(x)$는 최고차항의 계수가 2인 이차함수이니까 $y=f(x)$의 그래프의 개형을 그려 볼 수 있겠다.

2 $g(x)=\int_x^{x+1}|f(t)|dt$의 양변을 x에 대하여 미분하여 $g'(x)$의 식을 구해야지.

연관 개념 | $f(x)$가 연속함수일 때,

$$\frac{d}{dx}\int_x^{x+a}f(t)dt=f(x+a)-f(x) \text{ (단, } a\text{는 상수)}$$

3 $x=1$과 $x=4$에서 극소인 함수 $g(x)$를 구해 봐야겠네.

알찬 풀이

$g(x)=\int_x^{x+1}|f(t)|dt$의 양변을 x에 대하여 미분하면

$g'(x)=|f(x+1)|-|f(x)|$

이때 함수 $g(x)$는 $x=1$과 $x=4$에서 극소이므로 방정식 $g'(x)=0$을 만족시키는 x의 값은 2개 이상이다.

(i) 모든 실수 x에 대하여 $f(x)\geq 0$일 때,

$g'(x)=f(x+1)-f(x)$ → 모든 실수 x에 대하여 $f(x)\geq 0$이면 $f(x+1)\geq 0$이야.

이때 두 함수 $y=f(x+1)$, $y=f(x)$의 그래프의 개형은 다음 그림과 같다.

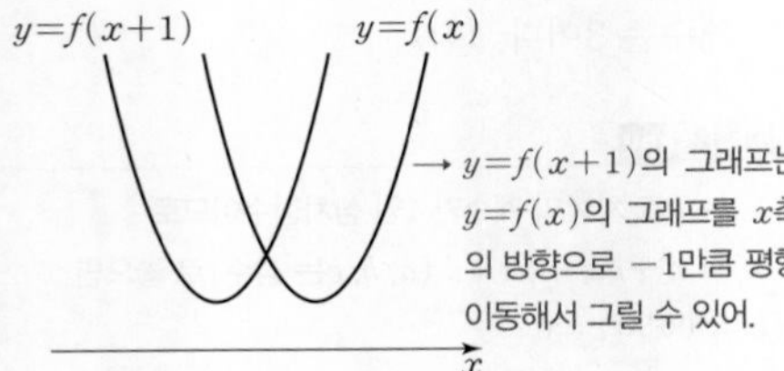

→ $y=f(x+1)$의 그래프는 $y=f(x)$의 그래프를 x축의 방향으로 -1만큼 평행이동해서 그릴 수 있어.

따라서 방정식 $g'(x)=f(x+1)-f(x)=0$, 즉

$f(x+1)=f(x)$ → 두 그래프의 교점이 1개이니까.

는 오직 하나의 근을 가지므로 조건을 만족시키지 않는다.

(ii) 방정식 $f(x)=0$이 서로 다른 두 실근을 가질 때, 즉 $y=f(x)$의 그래프가 x축과 두 점에서 만날 때, → $y=f(x)$의 그래프의 개형은 아래 그림과 같아.

$y=f(x)$

두 함수 $y=|f(x+1)|$, $y=|f(x)|$의 그래프의 개형은 다음 그림과 같다.

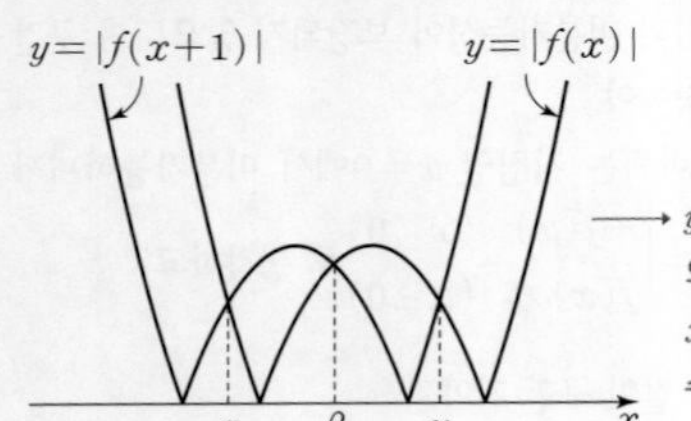

→ $y=|f(x)|$의 그래프는 $y=f(x)$의 그래프에서 x축의 아랫부분을 x축에 대하여 대칭이동해서 그릴 수 있어.

이때 두 그래프가 만나는 점의 x좌표를 각각 α, β, γ $(\alpha<\beta<\gamma)$라 하면

방정식 $g'(x)=|f(x+1)|-|f(x)|=0$, 즉

$|f(x+1)|=|f(x)|$에서

$x=\alpha$ 또는 $x=\beta$ 또는 $x=\gamma$ → 두 그래프의 교점의 x좌표야.

함수 $g(x)$의 증가와 감소를 표로 나타내면 다음과 같다.

x	$\cdots$	α	$\cdots$	β	$\cdots$	γ	$\cdots$
$g'(x)$	$-$	0	$+$	0	$-$	0	$+$
$g(x)$	↘	극소	↗	극대	↘	극소	↗

→ 위의 그림에서 $x<\alpha$일 때, $|f(x+1)|<|f(x)|$이니까 $g'(x)<0$이야. 같은 방법으로 $\alpha<x<\beta$, $\beta<x<\gamma$, $x>\gamma$일 때 $g'(x)$의 부호를 알 수 있어.

즉, 함수 $g(x)$는 $x=\alpha$, $x=\gamma$에서 극소이므로 → 주어진 조건을 만족시켜.

$\alpha=1$, $\gamma=4$

또, $g'(1)=0$, $g'(4)=0$이므로 → 함수 $g(x)$가 $x=1$, $x=4$에서 극소이니까 극값과 미분계수 사이의 관계를 이용할 수 있지.

$g'(1)=|f(2)|-|f(1)|=0$

$g'(4)=|f(5)|-|f(4)|=0$

$\therefore |f(2)|=|f(1)|$, $|f(5)|=|f(4)|$

이를 만족시키는 두 함수 $y=|f(x)|$, $y=f(x)$의 그래프의 개형은 다음 그림과 같다.

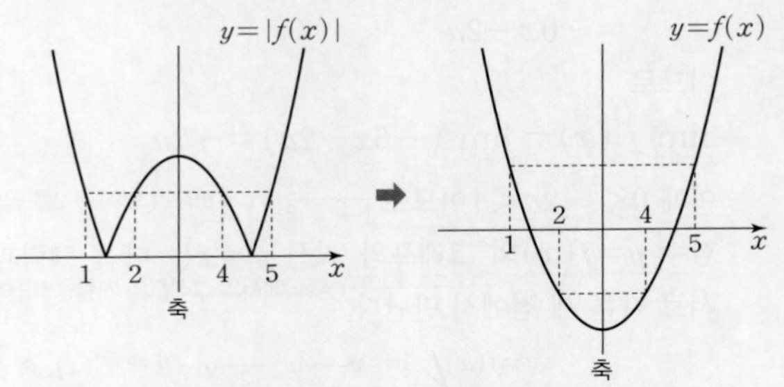

이때 이차함수 $y=f(x)$의 그래프의 축의 방정식은

$x=\frac{2+4}{2}=3$

이고, $f(x)$의 최고차항의 계수가 2이므로

$f(x)=2(x-3)^2+k$ (k는 상수)

로 놓을 수 있다.

$|f(2)|=|f(1)|$에서 $f(1)=-f(2)$이므로 → 위의 $y=f(x)$의 그래프에서 알 수 있어.

$2\times 4+k=-(2\times 1+k)$

$8+k=-2-k$ $\quad\therefore k=-5$

$\therefore f(x)=2(x-3)^2-5$

(i), (ii)에서 $f(0)=2\times 9-5=13$

다른 풀이 위의 **알찬 풀이**에서 (ii)의 경우는 다음과 같이 풀 수도 있다.

$f(x)$는 최고차항의 계수가 2인 이차함수이므로

$f(x)=2(x-\alpha)(x-\beta)$ $(\alpha<\beta)$

로 놓을 수 있다.

따라서 함수 $y=|f(x)|$의 그래프의 개형은 다음 그림과 같다.

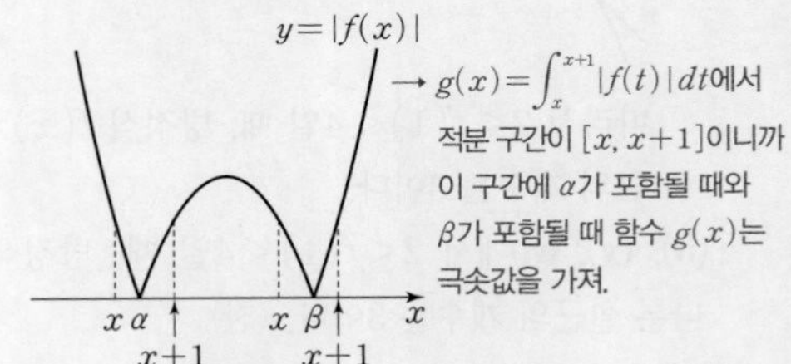

→ $g(x)=\int_x^{x+1}|f(t)|dt$에서 적분 구간이 $[x, x+1]$이니까 이 구간에 α가 포함될 때와 β가 포함될 때 함수 $g(x)$는 극솟값을 가져.

(i) $x<\alpha<x+1$일 때,

$$\begin{aligned}g(x)&=\int_x^{x+1}|f(t)|dt\\&=\int_x^{\alpha}|f(t)|dt+\int_{\alpha}^{x+1}|f(t)|dt\\&=\int_x^{\alpha}f(t)dt+\int_{\alpha}^{x+1}\{-f(t)\}dt\\&=-\int_{\alpha}^{x}f(t)dt-\int_{\alpha}^{x+1}f(t)dt\\&=-\int_{\alpha}^{x}f(t)dt-\int_{\alpha-1}^{x}f(t+1)dt\end{aligned}$$

→ $x\leq t\leq\alpha$에서 $f(t)\geq 0$이니까 $|f(t)|=f(t)$이고, $\alpha\leq t\leq x+1$에서 $f(t)\leq 0$이니까 $|f(t)|=-f(t)$야.

실전적용 key를 확인해 봐.

이므로 양변을 x에 대하여 미분하면

$g'(x)=-f(x)-f(x+1)$

$\quad=-2(x-\alpha)(x-\beta)-2(x+1-\alpha)(x+1-\beta)$

이때 함수 $g(x)$는 $x=1$에서 극소이므로 $g'(1)=0$에서

$-2(1-\alpha)(1-\beta)-2(2-\alpha)(2-\beta)=0$

$6\alpha+6\beta-4\alpha\beta-10=0$

$\therefore 3\alpha+3\beta-2\alpha\beta-5=0$ …… ㉠

(ii) $x<\beta<x+1$일 때,

$$g(x)=\int_x^{x+1}|f(t)|dt$$
$$=\int_x^{\beta}|f(t)|dt+\int_{\beta}^{x+1}|f(t)|dt$$
$$=\int_x^{\beta}\{-f(t)\}dt+\int_{\beta}^{x+1}f(t)dt$$
$$=\int_{\beta}^{x}f(t)dt+\int_{\beta}^{x+1}f(t)dt$$
$$=\int_{\beta}^{x}f(t)dt+\int_{\beta-1}^{x}f(t+1)dt$$

$x\le t\le\beta$에서 $f(t)\le 0$이니까 $|f(t)|=-f(t)$이고, $\beta\le t\le x+1$에서 $f(t)\ge 0$이니까 $|f(t)|=f(t)$야.

실전적용 key를 확인해 봐.

이므로 양변을 x에 대하여 미분하면

$g'(x)=f(x)+f(x+1)$

$=2(x-\alpha)(x-\beta)+2(x+1-\alpha)(x+1-\beta)$

이때 함수 $g(x)$는 $x=4$에서 극소이므로 $g'(4)=0$에서

$2(4-\alpha)(4-\beta)+2(5-\alpha)(5-\beta)=0$

$-18\alpha-18\beta+4\alpha\beta+82=0$

$\therefore 9\alpha+9\beta-2\alpha\beta-41=0$ …… ㉡

㉠$\times 3-$㉡을 하면

$-4\alpha\beta+26=0$ $\quad\therefore \alpha\beta=\frac{13}{2}$

따라서 $f(x)=2(x-\alpha)(x-\beta)$에서

$f(0)=2(0-\alpha)(0-\beta)=2\alpha\beta=2\times\frac{13}{2}=13$

실전적용 key

$\int_a^b f(x)dx=-\int_b^a f(x)dx$임을 이용하면 다른풀이의

(i)에서 $\int_x^{\alpha}f(t)dt=-\int_{\alpha}^{x}f(t)dt$,

(ii)에서 $\int_x^{\beta}\{-f(t)\}dt=-\int_{\beta}^{x}\{-f(t)\}dt=\int_{\beta}^{x}f(t)dt$

가 성립한다.

또, 함수 $y=f(x)$의 그래프를 x축의 방향으로 -1만큼 평행이동해도 그 그래프의 모양은 변하지 않으므로 정적분의 값도 변하지 않는다. 이를 이용하면

(i)에서 $\int_{\alpha}^{x+1}f(t)dt=\int_{\alpha-1}^{x}f(t+1)dt$, (ii)에서 $\int_{\beta}^{x+1}f(t)dt=\int_{\beta-1}^{x}f(t+1)dt$

가 성립함을 알 수 있다.

정답률 확률과 통계 67%, 미적분 87%, 기하 78%

19 수능 유형 › 정적분으로 표시된 함수 정답 ④

다항함수 $f(x)$가 모든 실수 x에 대하여

$$xf(x)=2x^3+ax^2+3a+\int_1^x f(t)dt$$

를 만족시킨다. $f(1)=\int_0^1 f(t)dt$일 때, $a+f(3)$의 값은? (단, a는 상수이다.)

① 5 ② 6 ③ 7 ✓④ 8 ⑤ 9

→ 모든 실수 x에 대하여 성립하니까 $x=1$, $x=0$일 때도 성립하겠네.

해결 흐름

1 양변에 $x=1$, $x=0$을 대입하면 $f(1)$, $\int_0^1 f(t)dt$의 값을 a에 대하여 나타낼 수 있어.

2 1에서 구한 식을 $f(1)=\int_0^1 f(t)dt$에 대입하여 a의 값을 구하면 되겠군.

3 $xf(x)=2x^3+ax^2+3a+\int_1^x f(t)dt$의 양변을 x에 대하여 미분하여 구한 $f'(x)$를 적분하면 $f(x)$를 구할 수 있겠네.

연관 개념 | $f(x)$가 연속함수일 때, $\frac{d}{dx}\int_a^x f(t)dt=f(x)$ (단, a는 상수)

알찬 풀이

$xf(x)=2x^3+ax^2+3a+\int_1^x f(t)dt$ …… ㉠

㉠의 양변에 $x=1$을 대입하면

$f(1)=2+a+3a+0=4a+2$ …… ㉡ ($\int_1^1 f(t)dt=0$이야.)

㉠의 양변에 $x=0$을 대입하면

$0=3a+\int_1^0 f(t)dt$ ($\int_1^0 f(t)dt=-\int_0^1 f(t)dt$야.)

$\therefore \int_0^1 f(t)dt=3a$ …… ㉢

이때 $f(1)=\int_0^1 f(t)dt$이므로 ㉡, ㉢에서 (문제에 주어졌어.)

$4a+2=3a$ $\quad\therefore a=-2$

㉠의 양변을 x에 대하여 미분하면

$f(x)+xf'(x)=6x^2+2ax+f(x)$

이므로

> 곱의 미분법
> 두 함수 $f(x)$, $g(x)$가 미분가능할 때, $y=f(x)g(x)$이면 $y'=f'(x)g(x)+f(x)g'(x)$

$f'(x)=6x+2a$

$=6x-4$

$\therefore f(x)=\int f'(x)dx$

$=\int(6x-4)dx$

$=3x^2-4x+C$ (단, C는 적분상수)

㉡에서 $f(1)=-6$이므로 ($f(1)=4a+2$에 $a=-2$를 대입했어.)

$3-4+C=-6$ $\quad\therefore C=-5$

따라서 $f(x)=3x^2-4x-5$이므로 $f(3)=27-12-5=10$

$\therefore a+f(3)=-2+10=8$

정답률 확률과 통계 22%, 미적분 51%, 기하 37%

20 수능 유형 › 정적분으로 표시된 함수의 미분 + 함수의 극대와 극소 정답 8

실수 a와 함수 $f(x)=x^3-12x^2+45x+3$에 대하여 함수

$$g(x)=\int_a^x\{f(x)-f(t)\}\times\{f(t)\}^4dt$$

가 오직 하나의 극값을 갖도록 하는 모든 a의 값의 합을 구하시오. 8

→ $g'(x)$의 부호가 한 번만 바뀌게 하는 a의 값을 구해야 해.

해결 흐름

1 $g(x)=\int_a^x \{f(x)-f(t)\}\times\{f(t)\}^4dt$의 양변을 x에 대하여 미분하여 $g'(x)$의 식을 구해야지.

연관 개념 | $f(x)$가 연속함수일 때,

$\frac{d}{dx}\int_a^x f(t)dt=f(x)$ (단, a는 상수)

2 함수 $g(x)$가 오직 하나의 극값을 가질 조건을 생각해 봐야겠네.

알찬 풀이

$$g(x)=\int_a^x \{f(x)-f(t)\}\times\{f(t)\}^4dt$$
$$=f(x)\int_a^x\{f(t)\}^4dt-\int_a^x\{f(t)\}^5dt$$

이므로 $g(x)=f(x)\int_a^x\{f(t)\}^4dt-\int_a^x\{f(t)\}^5dt$의 양변을 x에 대하여 미분하면

$$g'(x)=f'(x)\int_a^x\{f(t)\}^4dt+\{f(x)\}^5-\{f(x)\}^5$$
$$=f'(x)\int_a^x\{f(t)\}^4dt$$

→ $\{f(x)\}^5$은 $f(x)\times\frac{d}{dx}\int_a^x\{f(t)\}^4dt=f(x)\times\{f(x)\}^4$이야.

이때 $f(x)=x^3-12x^2+45x+3$에서

$f'(x)=3x^2-24x+45$

$=3(x-3)(x-5)$

이므로

$$g'(x)=3(x-3)(x-5)\int_a^x\{f(t)\}^4dt$$

$h(x)=\int_a^x\{f(t)\}^4dt$라 하면 → $\int_a^a\{f(t)\}^4dt=0$이야.

$h(a)=0$, $h'(x)=\{f(x)\}^4\geq0$ → 함수 $y=h(x)$가 증가함수이므로 그 그래프는 x축과 한 점에서만 만나.

이므로 $h(x)$는 증가함수이고 $x=a$는 방정식 $h(x)=0$의 유일한 실근이다.

> 함수의 증가와 감소
> 미분가능한 함수 $f(x)$가 어떤 구간에서
> ① $f'(x)>0$이면 그 구간에서 $f(x)$는 증가
> ② $f'(x)<0$이면 그 구간에서 $f(x)$는 감소

따라서 $g'(x)=0$에서

$x=3$ 또는 $x=5$ 또는 $x=a$

이때 $g(x)$가 오직 하나의 극값을 가지려면 $g'(x)=0$을 만족시키는 x의 값의 좌우에서 함수 $g'(x)$의 부호가 한 번만 바뀌어야 하므로 방정식 $g'(x)=0$은 중근이 아닌 근이 하나만 존재해야 한다.

→ 중근인 x의 값에서 함수 $g(x)$가 극값을 갖지 않음을 실전적용 key에서 확인해 봐.

따라서 $a=3$ 또는 $a=5$이므로

모든 a의 값의 합은

$3+5=8$

실전적용 key

$a=3$일 때, 방정식 $g'(x)=0$의 중근은 $x=3$이고,

$g'(x)=3(x-3)(x-5)\int_3^x\{f(t)\}^4dt$에서

$x<3$일 때, $x-3<0$, $x-5<0$, $\int_3^x\{f(t)\}^4dt<0$이므로 $g'(x)<0$

$3<x<5$일 때, $x-3>0$, $x-5<0$, $\int_3^x\{f(t)\}^4dt>0$이므로 $g'(x)<0$

즉, $x=3$의 좌우에서 $g'(x)$의 부호가 바뀌지 않으므로 함수 $g(x)$는 $x=3$에서 극값을 갖지 않는다.

같은 방법으로 $a=5$일 때 방정식 $g'(x)=0$의 중근은 $x=5$이고, $3<x<5$일 때 $g'(x)>0$, $x>5$일 때 $g'(x)>0$이므로 $x=5$의 좌우에서 $g'(x)$의 부호가 바뀌지 않으므로 함수 $g(x)$는 $x=5$에서 극값을 갖지 않는다.

따라서 함수 $g(x)$는 $a=3$일 때, $x=5$에서만 극값을 갖고, $a=5$일 때 $x=3$에서만 극값을 갖는다.

정답률 23%

21 수능 유형 › 정적분으로 표시된 함수의 미분 정답 ④

실수 a $(a>1)$에 대하여 함수 $f(x)$를

$$f(x)=(x+1)(x-1)(x-a) \quad \text{1}$$

라 하자. 함수

$$g(x)=x^2\int_0^x f(t)dt-\int_0^x t^2f(t)dt \quad \text{2}$$

가 오직 하나의 극값을 갖도록 3 하는 a의 최댓값은?

→ $g'(x)$의 부호가 한 번만 바뀌어야 해.

① $\frac{9\sqrt{2}}{8}$ ② $\frac{3\sqrt{6}}{4}$ ③ $\frac{3\sqrt{2}}{2}$

✓④ $\sqrt{6}$ ⑤ $2\sqrt{2}$

해결 흐름

1 함수 $f(x)$가 최고차항의 계수가 1인 삼차함수이니까 그래프의 개형을 그려 볼 수 있겠다.

2 $g(x)=x^2\int_0^x f(t)dt-\int_0^x t^2f(t)dt$의 양변을 x에 대하여 미분하여 $g'(x)$의 식을 구해야지.

연관 개념 | $f(x)$가 연속함수일 때,

$\frac{d}{dx}\int_a^x f(t)dt=f(x)$ (단, a는 상수)

3 함수 $g(x)$가 오직 하나의 극값을 가질 조건을 생각해 봐야겠네.

알찬 풀이

함수 $f(x)=(x+1)(x-1)(x-a)$의 그래프의 개형은 오른쪽 그림과 같다.

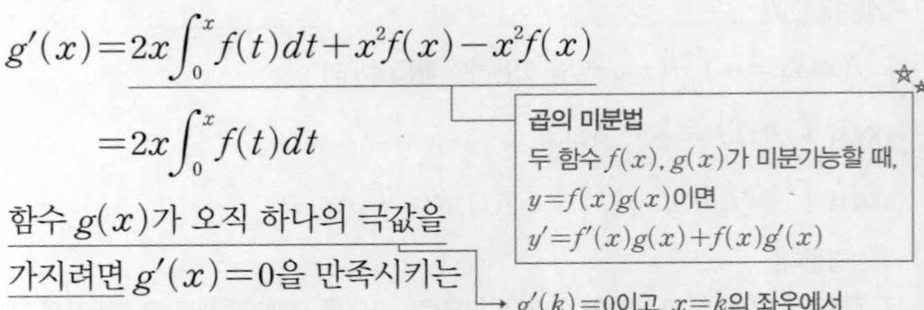

$g(x)=x^2\int_0^x f(t)dt-\int_0^x t^2f(t)dt$의 양변을 x에 대하여 미분하면

$$g'(x)=2x\int_0^x f(t)dt+x^2f(x)-x^2f(x)$$
$$=2x\int_0^x f(t)dt$$

> 곱의 미분법
> 두 함수 $f(x)$, $g(x)$가 미분가능할 때, $y=f(x)g(x)$이면
> $y'=f'(x)g(x)+f(x)g'(x)$

함수 $g(x)$가 오직 하나의 극값을 가지려면 $g'(x)=0$을 만족시키는 x의 값의 좌우에서 함수 $g'(x)$의 부호가 한 번만 바뀌어야 한다.

→ $g'(k)=0$이고, $x=k$의 좌우에서 $g'(x)$의 부호가 바뀌는 k의 값이 하나만 존재해야 해.

이때 $g'(x)=0$에서

$x=0$ 또는 $\int_0^x f(t)dt=0$ → $x=0$, $\int_0^x f(t)dt=0$일 때 $g'(x)$의 부호의 변화를 알아봐야 해.

(i) $x=0$일 때,

$\int_0^0 f(t)dt=0$이고,

$-1<x<0$인 임의의 실수 x에 대하여 $g'(x)>0$ → $2x<0$, $\int_0^x f(t)dt<0$

$0<x<1$인 임의의 실수 x에 대하여 $g'(x)>0$ → $2x>0$, $\int_0^x f(t)dt>0$

즉, $x=0$의 좌우에서 항상 $g'(x)>0$이므로 함수 $g(x)$는 $x=0$에서 극값을 갖지 않는다. → $g'(x)$의 부호가 바뀌지 않아.

(ii) $x<-1$일 때, → 실전적용 key를 확인해 봐.

$\int_0^\alpha f(t)dt=0$을 만족시키는 실수 α $(\alpha<-1)$가 반드시 존재하고, $x=\alpha$의 좌우에서 $g'(x)$의 부호는 음에서 양으로 바뀌므로 함수 $g(x)$는 $x=\alpha$ $(\alpha<-1)$에서 극값(극솟값)을 갖는다.

(i), (ii)에서 함수 $g(x)$가 오직 하나의 극값을 가지려면

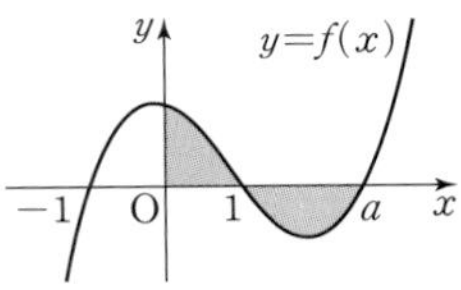

$\int_0^a f(x)dx \ge 0\ (a>1)$이어야 하므로

$$\int_0^a f(x)dx = \int_0^a (x+1)(x-1)(x-a)dx$$
$$= \int_0^a (x^3-ax^2-x+a)dx$$
$$= \left[\frac{1}{4}x^4 - \frac{a}{3}x^3 - \frac{1}{2}x^2 + ax\right]_0^a$$
$$= \frac{1}{4}a^4 - \frac{1}{3}a^4 - \frac{1}{2}a^2 + a^2$$
$$= -\frac{1}{12}a^4 + \frac{1}{2}a^2$$
$$= -\frac{1}{12}a^2(a^2-6) \ge 0$$ → $a^2>0$이야.

$a^2-6 \le 0,\ a^2 \le 6 \qquad \therefore 1<a\le\sqrt{6}\ (\because a>1)$

따라서 a의 최댓값은 $\sqrt{6}$이다.

실전 적용 key

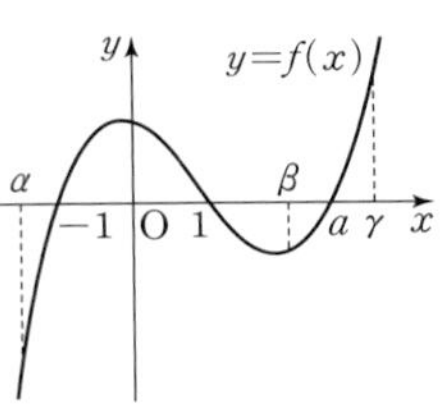

오른쪽 그림과 같이 $\int_0^x f(t)dt=0$을 만족시키는 x의 값은 $x=a$ 이외에도 $x=\beta$, $x=\gamma$가 있다.

(i) $x=\beta\ (1<\beta<a)$일 때,
$\int_0^\beta f(t)dt=0$을 만족시키는 실수 $\beta\ (1<\beta<a)$가 반드시 존재하고, $x=\beta$의 좌우에서 $g'(x)$의 부호는 양에서 음으로 바뀌므로 함수 $g(x)$는 $x=\beta\ (1<\beta<a)$에서 극값(극댓값)을 갖는다.

(ii) $x=\gamma\ (\gamma>a)$일 때,
$\int_0^\gamma f(t)dt=0$을 만족시키는 실수 $\gamma\ (\gamma>a)$가 반드시 존재하고, $x=\gamma$의 좌우에서 $g'(x)$의 부호는 음에서 양으로 바뀌므로 함수 $g(x)$는 $x=\gamma\ (\gamma>a)$에서 극값(극솟값)을 갖는다.

그런데 문제의 조건에서 함수 $g(x)$가 오직 하나의 극값을 가지므로 $\int_0^x f(t)dt=0$을 만족시키는 x의 값은 $x=a$뿐이다.

정답률 52%

22 수능 유형 › 정적분으로 표시된 함수의 미분 정답 5

함수 $f(x)=-x^2-4x+a$에 대하여 함수

$g(x)=\int_0^x f(t)dt$ [2] → $g'(x)=f(x)$야.

가 닫힌구간 [0, 1]에서 증가[1]하도록 하는 실수 a의 최솟값을 구하시오. 5

해결 흐름

1 함수 $g(x)$가 닫힌구간 [0, 1]에서 증가하려면 이 구간에서 $g'(x)\ge 0$임을 이용해야겠구나.

연관 개념 | 함수 $f(x)$가 열린구간에서 미분가능하고, 이 구간에서
① $f(x)$가 증가하면 $f'(x)\ge 0$
② $f(x)$가 감소하면 $f'(x)\le 0$

2 적분과 미분의 관계를 이용하여 $g'(x)$를 구하면 되겠네.

연관 개념 | $f(x)$가 연속함수일 때,
$\frac{d}{dx}\int_a^x f(t)dt=f(x)$ (단, a는 상수)

알찬 풀이

$g(x)=\int_0^x f(t)dt$의 양변을 x에 대하여 미분하면

$$g'(x)=f(x)$$
$$=-x^2-4x+a$$
$$=-(x+2)^2+a+4$$

이때 함수 $g(x)$가 닫힌구간 [0, 1]에서 증가하려면 이 구간에서 $g'(x)\ge 0$이어야 하므로 오른쪽 그림에서

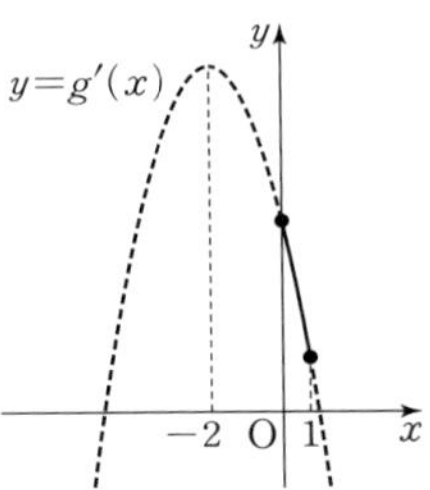

$g(1)=a-5\ge 0$ → 구간 [0, 1]에서 $x=1$일 때 함수 $g(x)$는 최솟값을 가져.

$\therefore a\ge 5$

따라서 실수 a의 최솟값은 5이다.

정답률 66%

23 수능 유형 › 정적분으로 표시된 함수 정답 ①

함수 $f(x)$가 모든 실수 x에 대하여

$f(x)=4x^3+x\int_0^1 f(t)dt$ [1] → $\int_0^1 f(t)dt$는 상수야.

를 만족시킬 때, $f(1)$의 값은?

✓① 6 ② 7 ③ 8
④ 9 ⑤ 10

해결 흐름

1 $\int_0^1 f(t)dt=k$ (k는 상수)로 놓으면 $f(x)=g(x)+k$ 꼴이므로 이를 $\int_0^1 f(t)dt=k$에 대입하여 k의 값을 구하면 되겠네.

알찬 풀이

$\int_0^1 f(t)dt=k$ (k는 상수) ······ ㉠

로 놓으면 $f(x)=4x^3+kx$ → 주어진 등식에서 $\int_0^1 f(t)dt$ 대신 k를 대입했어.

이를 ㉠에 대입하면

$$\int_0^1 (4t^3+kt)dt=k$$
$$\left[t^4+\frac{k}{2}t^2\right]_0^1=k$$
$$1+\frac{k}{2}=k,\ \frac{k}{2}=1 \qquad \therefore k=2$$

따라서 $f(x)=4x^3+2x$이므로

$f(1)=4+2=6$

수능 핵심 개념 적분 구간이 상수인 정적분을 포함한 등식

$f(x)=g(x)+\int_a^b f(t)dt$ (a, b는 상수) 꼴의 등식이 주어지면 $f(x)$는 다음과 같은 순서로 구한다.

(i) $\int_a^b f(t)dt=k$ (k는 상수)로 놓는다.
(ii) $f(t)=g(t)+k$를 (i)의 등식에 대입하여 k의 값을 구한다.
(iii) k의 값을 $f(x)=g(x)+k$에 대입한다.

정답률 77%

24 수능 유형 › 정적분으로 표시된 함수의 미분

정답 ⑤

다항함수 $f(x)$가 모든 실수 x에 대하여 **1** **2**

$$\int_1^x \left\{\frac{d}{dt}f(t)\right\}dt = x^3+ax^2-2$$

→ 모든 실수 x에 대하여 성립하니까 $x=1$일 때도 성립하겠네.

를 만족시킬 때, $f'(a)$**2**의 값은? (단, a는 상수이다.)

① 1 ② 2 ③ 3
④ 4 ✓⑤ 5

해결 흐름

1 $\int_1^1 \left\{\frac{d}{dt}f(t)\right\}dt=0$임을 이용하면 a의 값을 구할 수 있겠군.

연관 개념 | 상수 k에 대하여 $\int_k^k f(x)dx=0$

2 $\int_1^x \left\{\frac{d}{dt}f(t)\right\}dt=x^3+ax^2-2$의 양변을 x에 대하여 미분하여 $f'(x)$를 구하면 $f'(a)$의 값을 알 수 있겠네.

알찬 풀이

$\int_1^x \left\{\frac{d}{dt}f(t)\right\}dt=x^3+ax^2-2$의 양변에 $x=1$을 대입하면

$$\int_1^1 \left\{\frac{d}{dt}f(t)\right\}dt=1+a-2$$

$a-1=0$ $\quad\therefore a=1$

→ $\int_a^a f(x)dx=0$, 즉 위끝과 아래끝이 같으면 정적분의 값은 0이야.

또, $\frac{d}{dt}f(t)=f'(t)$이므로

$\int_1^x f'(t)dt=x^3+x^2-2$의 양변을 x에 대하여 미분하면

$f'(x)=3x^2+2x$

$\therefore f'(a)=f'(1)$
$=3+2$
$=5$

> **정적분으로 표시된 함수의 미분**
> $f(x)$가 연속함수일 때,
> $\frac{d}{dx}\int_a^x f(t)dt=f(x)$ (단, a는 상수)

정답률 42%

25 수능 유형 › 정적분으로 표시된 함수

정답 ④

사차함수 $f(x)=x^4+ax^2+b$에 대하여

→ 각 항의 차수가 짝수 또는 0이므로 함수 $y=f(x)$의 그래프는 y축에 대하여 대칭이야.

$x\geq0$에서 정의된 함수

$$g(x)=\int_{-x}^{2x}\{f(t)-|f(t)|\}dt$$ **1**

가 다음 조건을 만족시킨다.

> (가) $0<x<1$에서 $g(x)=c_1$ (c_1은 상수)
> (나) $1<x<5$에서 $g(x)$는 감소한다.
> (다) $x>5$에서 $g(x)=c_2$ (c_2는 상수)

$f(\sqrt{2})$**2**의 값은? (단, a, b는 상수이다.)

① 40 ② 42 ③ 44
✓④ 46 ⑤ 48

해결 흐름

1 함수 $y=f(x)$의 그래프의 개형을 이용해서 주어진 함수 $g(x)$에 대한 조건을 만족시키는 x의 값을 찾아봐야겠다.

2 구하는 값이 $f(\sqrt{2})$이므로 먼저 주어진 조건을 이용하여 함수 $f(x)$를 구해야겠네.

알찬 풀이

사차함수 $y=f(x)$에서

$f(t)\geq0$이면 $f(t)-|f(t)|=0$ → $g(x)=$(상수) 꼴이야.

$f(t)<0$이면 $f(t)-|f(t)|=2f(t)<0$ → $g(x)$는 감소해.

조건 (가)에 의하여 $-1\leq t\leq 2$일 때, $f(t)\geq0$이어야 한다.

→ $g(1)=\int_{-1}^{2}\{f(t)-|f(t)|\}dt=0$ 구간 $[-1, 2]$에서 $f(t)\geq0$이야.

또, 조건 (나)에 의하여 함수 $f(x)$는 $f(x)<0$인 구간이 존재해야 한다.

따라서 $f(0)>0$이고 함수 $y=f(x)$의 그래프는 y축에 대하여 대칭이므로 $y=f(x)$의 그래프의 개형은 다음 그림과 같다.

→ 모든 실수 x에 대하여 $f(-x)=f(x)$이기 때문이야.

이때 함수 $y=f(x)$의 그래프가 x축과 만나는 네 점의 x좌표를 각각 $-q$, $-p$, p, q라 하자.

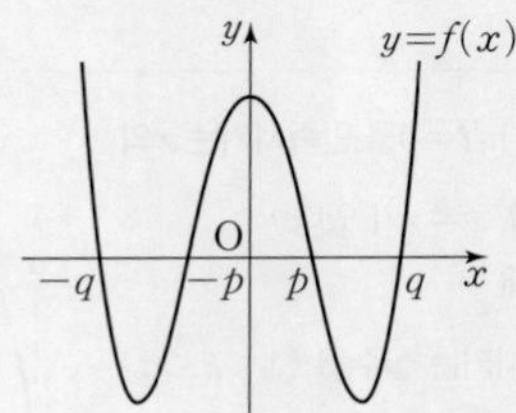

(i) $0<x<\frac{p}{2}$일 때,

구간 $[-x, 2x]$에서 $f(x)>0$이므로

$$g(x)=\int_{-x}^{2x}0\,dt=0$$

조건 (가)에 의하여 $0<x<1$에서

$g(x)=c_1$ (c_1은 상수)이므로

$\frac{p}{2}\geq1$ $\quad\therefore p\geq2$

(ii) $\frac{p}{2}<x<q$일 때,

구간 $[-x, 2x]$에서 $f(x)<0$인 구간이 점점 커지므로 $g(x)$는 감소한다.

조건 (나)에 의하여 $1<x<5$에서 $g(x)$는 감소하므로

$\frac{p}{2}\leq1$, $q\geq5$

$\therefore p\leq2$, $q\geq5$

(iii) $x>q$일 때,

구간 $[-x, -q]$와 구간 $[q, 2x]$에서 $f(x)\geq0$이다.

조건 (다)에 의하여 $x>5$에서

$g(x)=c_2$ (c_2는 상수)이므로

$q\leq5$

(i), (ii), (iii)에서 $p=2$, $q=5$

따라서 함수 $f(x)$는 최고차항의 계수가 1인 사차함수이므로

$f(x)=(x+2)(x-2)(x+5)(x-5)$
$=(x^2-4)(x^2-25)$

> **곱셈 공식**
> $(a+b)(a-b)=a^2-b^2$

$\therefore f(\sqrt{2})=(2-4)\times(2-25)$
$=(-2)\times(-23)=46$

실전 적용 key

함수 $y=f(x)-|f(x)|$는

$$f(x)-|f(x)|=\begin{cases}0 & (f(x)\geq 0)\\ 2f(x) & (f(x)<0)\end{cases}$$

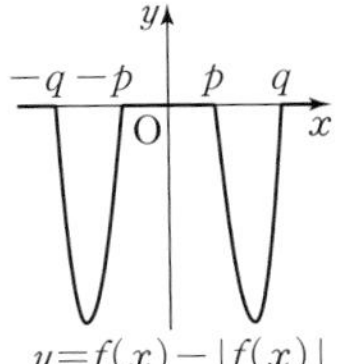

이므로 함수 $y=f(x)$의 그래프를 이용해서 함수 $y=f(x)-|f(x)|$의 그래프의 개형을 그려 보면 오른쪽 그림과 같다.

따라서 주어진 범위에서 함수 $g(x)$를 유추하여 조건을 만족시키는 p, q의 값을 찾아

$f(x)=(x+p)(x-p)(x+q)(x-q)$

에 대입하여 함수식을 구한다.

26 수능 유형 › 정적분의 기하적 의미

정답 ②

$0<a<b$인 모든 실수 a, b에 대하여

$$\int_a^b (x^3-3x+k)dx>0$$ [1] → 구간 $[a, b]$에서 $x^3-3x+k\geq 0$ 이어야 해.

이 성립하도록 하는 실수 k의 최솟값은?

① 1 ✓② 2 ③ 3 ④ 4 ⑤ 5

해결 흐름

1 구간 $(0, \infty)$에서 정적분의 값이 양수가 되도록 피적분함수인 삼차함수의 그래프의 개형을 그려 봐야겠어.

알찬 풀이

$0<a<b$인 모든 실수 a, b에 대하여 $\int_a^b (x^3-3x+k)dx>0$이 성립하려면 $x>0$에서 $x^3-3x+k\geq 0$이어야 한다.

즉, $f(x)=x^3-3x+k$라 하면 → **오답 Clear**를 확인해 봐.

(함수 $f(x)$의 최솟값)≥ 0이어야 한다.

$f'(x)=3x^2-3=3(x+1)(x-1)$

> 도함수
> ① $y=x^n$이면 $y'=nx^{n-1}$
> ② $y=c$ (c는 상수)이면 $y'=0$

$f'(x)=0$에서 $x=-1$ 또는 $x=1$

함수 $f(x)$의 증가와 감소를 표로 나타내면 다음과 같다.

x	$\cdots$	-1	$\cdots$	1	$\cdots$
$f'(x)$	$+$	0	$-$	0	$+$
$f(x)$	↗	$k+2$	↘	$k-2$	↗

따라서 $x>0$에서 함수 $f(x)$는 $x=1$에서 극소이면서 최소이므로 최솟값은

$f(1)=k-2\geq 0$ $\quad\therefore k\geq 2$

따라서 실수 k의 최솟값은 2이다.

오답 Clear

$x>0$에서 함수 $f(x)$의 최솟값이 0보다 작으면 오른쪽 그림과 같이

$\int_a^b (x^3-3x+k)dx<0$

을 만족시키는 양수 a, b가 존재한다.

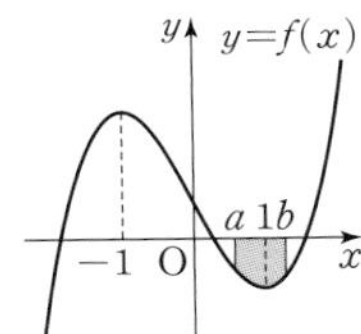

정답률 41%

27 수능 유형 › 정적분의 기하적 의미

정답 ④

다항함수 $f(x)$가 다음 조건을 만족시킨다.

> (가) $f(0)=0$ → $y=f(x)$의 그래프가 원점을 지나.
> (나) $0<x<y<1$인 모든 x, y에 대하여 $0<xf(y)<yf(x)$ [1]

세 수

$$A=f'(0),\ B=f(1),\ C=2\int_0^1 f(x)dx$$ [2]

의 대소 관계를 옳게 나타낸 것은?

① $A<B<C$ ② $A<C<B$ ③ $B<A<C$ ✓④ $B<C<A$ ⑤ $C<A<B$

해결 흐름

1 조건 (가), (나)를 만족시키는 함수 $y=f(x)$의 그래프를 그려 봐야겠어.

2 미분계수, 함숫값, 정적분의 값 사이의 대소를 비교하면 되겠네.

알찬 풀이

조건 (나)에서 $0<xf(y)<yf(x)$의 각 변을 xy로 나누면

$0<\dfrac{f(y)}{y}<\dfrac{f(x)}{x}$ $(\because xy>0)$ → 원점과 점 $(y, f(y))$를 지나는 직선의 기울기야.

조건 (가)에서 $f(0)=0$이므로

$0<\dfrac{f(y)-f(0)}{y-0}<\dfrac{f(x)-f(0)}{x-0}$ → 원점과 점 $(x, f(x))$를 지나는 직선의 기울기야.

따라서 $0<x<y<1$에서 함수 $y=f(x)$의 그래프의 개형은 오른쪽 그림과 같다.

이때 점 $A(1, 0)$, $B(1, f(1))$이라 하면 삼각형 OAB의 넓이는

$\dfrac{1}{2}\times 1\times f(1)=\dfrac{1}{2}f(1)$

이므로 $\dfrac{1}{2}f(1)<\int_0^1 f(x)dx$

$\therefore f(1)<2\int_0^1 f(x)dx$

즉, $B<C$ $\quad\cdots\cdots$ ㉠

한편, 곡선 $y=f(x)$ 위의 점 O에서의 접선의 방정식은

$y=f'(0)x$ → $y-0=f'(0)(x-0)$

직선 $y=f'(0)x$와 직선 $x=1$ 및 x축으로 둘러싸인 도형의 넓이는

$\dfrac{1}{2}\times 1\times f'(0)=\dfrac{1}{2}f'(0)$

이므로 $\dfrac{1}{2}f'(0)>\int_0^1 f(x)dx$

$\therefore 2\int_0^1 f(x)dx<f'(0)$

즉, $C<A$ $\quad\cdots\cdots$ ㉡

㉠, ㉡에 의하여 $B<C<A$

수능 핵심 개념 접선의 방정식

미분가능한 함수 $f(x)$에 대하여 곡선 $y=f(x)$ 위의 점 $(a, f(a))$에서의 접선의 방정식은

$y-f(a)=f'(a)(x-a)$

정답률 확률과 통계 50%, 미적분 83%, 기하 72%

28 수능 유형 › 두 곡선 사이의 넓이 정답 ⑤

최고차항의 계수가 1인 삼차함수 $f(x)$가

$$f(1)=f(2)=0,\ f'(0)=-7$$

을 만족시킨다. 원점 O와 점 P$(3, f(3))$에 대하여 선분 OP가 곡선 $y=f(x)$와 만나는 점 중 P가 아닌 점을 Q라 하자. 곡선 $y=f(x)$와 y축 및 선분 OQ로 둘러싸인 부분의 넓이를 A, 곡선 $y=f(x)$와 선분 PQ로 둘러싸인 부분의 넓이를 B라 할 때, $B-A$의 값은?

↳ 정적분을 이용하여 $B-A$의 넓이를 구하는 식을 세워 봐.

① $\frac{37}{4}$ ② $\frac{39}{4}$ ③ $\frac{41}{4}$ ④ $\frac{43}{4}$ ✓⑤ $\frac{45}{4}$

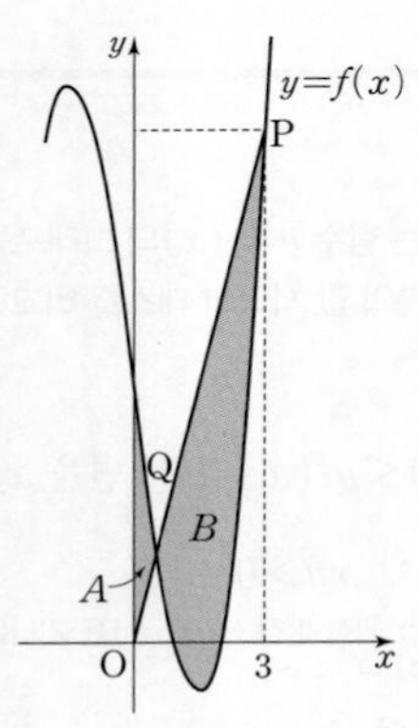

해결 흐름

1. 삼차함수 $f(x)$는 최고차항의 계수가 1이고 $f(1)=f(2)=0$이므로 $f(x)=(x-1)(x-2)(x-k)(k\neq0)$로 놓을 수 있겠군.
2. $f'(0)=-7$을 이용해서 k의 값을 구하면 함수 $f(x)$의 식을 알 수 있겠어.
3. 곡선 $y=f(x)$와 선분 PQ로 둘러싸인 부분의 넓이는 정적분을 이용하면 구할 수 있겠다.

연관 개념 | 두 함수 $f(x)$, $g(x)$가 닫힌구간 $[a, b]$에서 연속일 때, 두 곡선 $y=f(x)$, $y=g(x)$와 두 직선 $x=a$, $x=b$로 둘러싸인 도형의 넓이 S는

$$S=\int_a^b |f(x)-g(x)|dx$$

알찬 풀이

삼차함수 $f(x)$는 최고차항의 계수가 1이고 $f(1)=0$, $f(2)=0$이므로 $f(x)=(x-1)(x-2)(x-k)(k\neq0)$으로 놓을 수 있다.

$f'(x)=(x-2)(x-k)+(x-1)(x-k)+(x-1)(x-2)$

이때 $f'(0)=-7$이므로

$f'(0)=2k+k+2=-7$, $3k=-9$ $\therefore k=-3$

즉, $f(x)=(x-1)(x-2)(x+3)=x^3-7x+6$

이고 $f(3)=12$이므로 점 P$(3, 12)$이다.

두 점 O, P를 지나는 직선의 기울기는 $\frac{12-0}{3-0}=\frac{12}{3}=4$이므로

두 점 O, P를 지나는 직선의 방정식은

$y-12=\frac{12}{3}(x-3)$에서 $y=4x$

$\therefore B-A=\int_0^3(-x^3+11x-6)dx$ → 실전 적용 key를 확인해 봐.

$=\left[-\frac{1}{4}x^4+\frac{11}{2}x^2-6x\right]_0^3=-\frac{81}{4}+\frac{99}{2}-18=\frac{45}{4}$

실전 적용 key

직선 $y=4x$와 곡선 $y=x^3-7x+6$의 교점 Q의 x좌표를 α라 하면

$$B-A=\int_\alpha^3\{4x-(x^3-7x+6)\}dx-\int_0^\alpha\{(x^3-7x+6)-4x\}dx$$
$$=\int_\alpha^3\{4x-(x^3+7x-6)\}dx+\int_0^\alpha\{4x-(x^3-7x+6)\}dx$$
$$=\int_0^3\{4x-(x^3-7x+6)\}dx=\int_0^3(-x^3+11x-6)dx$$

정답률 확률과 통계 59%, 미적분 83%, 기하 75%

29 수능 유형 › 곡선과 x축 사이의 넓이 정답 ④

함수

$$f(x)=\begin{cases}-x^2-2x+6 & (x<0)\\ -x^2+2x+6 & (x\geq0)\end{cases}$$

→ 함수 $y=f(x)$의 그래프는 y축에 대하여 대칭이야.

의 그래프가 x축과 만나는 서로 다른 두 점을 P, Q라 하고, 상수 $k(k>4)$에 대하여 직선 $x=k$가 x축과 만나는 점을 R라 하자. 곡선 $y=f(x)$와 선분 PQ로 둘러싸인 부분의 넓이를 A, 곡선 $y=f(x)$와 직선 $x=k$ 및 선분 QR로 둘러싸인 부분의 넓이를 B라 하자. $A=2B$일 때, k의 값은? (단, 점 P의 x좌표는 음수이다.)

↳ A와 $2B$가 같음을 이용하여 정적분에 대한 식을 세워 봐.

① $\frac{9}{2}$ ② 5 ③ $\frac{11}{2}$ ✓④ 6 ⑤ $\frac{13}{2}$

해결 흐름

1. $A=2B$이므로 $\int_0^k(-x^2+2x+6)dx=0$이어야겠네.
2. 1에서 세운 정적분의 식을 계산하면 k의 값을 구할 수 있겠다.

알찬 풀이

$y=-x^2-2x+6$이라 하고 x 대신 $-x$를 대입하면 $y=-x^2+2x+6$이기 때문이야.

함수 $y=f(x)$의 그래프는 y축에 대하여 대칭이므로 곡선 $y=f(x)$와 선분 PQ로 둘러싸인 부분의 넓이는 y축에 의하여 이등분된다.

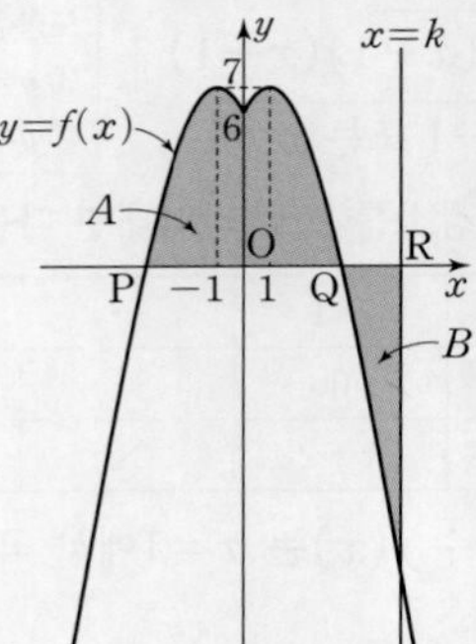

이때 $A=2B$이므로 $\int_0^k(-x^2+2x+6)dx=0$이어야 한다. 즉,

$$\int_0^k(-x^2+2x+6)dx=\left[-\frac{1}{3}x^3+x^2+6x\right]_0^k$$
$$=-\frac{1}{3}k^3+k^2+6k=0$$

에서 $-\frac{1}{3}k(k+3)(k-6)=0$ → $-\frac{1}{3}(k^3-3k^2-18k)=0$이므로 $-\frac{1}{3}k(k+3)(k-6)=0$

$\therefore k=6$ ($\because k>4$) → 문제에서 주어졌어.

정답률 확률과 통계 43%, 미적분 64%, 기하 57%

39 수능 유형 › 속도와 거리 정답 ③

실수 $a(a\geq 0)$에 대하여 수직선 위를 움직이는 점 P의 시각 $t(t\geq 0)$에서의 속도 $v(t)$를

$v(t)=-t(t-1)(t-a)(t-2a)$ → 운동 방향이 바뀔 때, $v(t)=0$이야.

라 하자. 점 P가 시각 $t=0$일 때 출발한 후 운동 방향을 한 번만 바꾸도록 하는 a[1]에 대하여, 시각 $t=0$에서 $t=2$까지 점 P의 위치의 변화량[2]의 최댓값은?

① $\frac{1}{5}$ ② $\frac{7}{30}$ ✓③ $\frac{4}{15}$ ④ $\frac{3}{10}$ ⑤ $\frac{1}{3}$

해결 흐름

1 점의 운동 방향이 바뀔 때의 속도는 0임을 이용하여 속도 $v(t)$의 부호가 바뀌는 t의 개수가 1인 a의 값을 구하면 되겠구나.

2 시각 $t=0$에서 $t=2$까지 점 P의 위치의 변화량을 구해 봐야지.

연관 개념 | 수직선 위를 움직이는 점 P의 시각 t에서의 속도가 $v(t)$일 때, 시각 $t=a$에서 $t=b$까지 점 P의 위치의 변화량은

$\int_a^b v(t)dt$

알찬 풀이

$v(t)=-t(t-1)(t-a)(t-2a)=0$ → 1, a, $2a$의 세 값이 모두 다르면 $v(t)$의 부호는 $t=1$, a, $2a$에서 모두 바뀌므로 점 P가 출발한 후 운동 방향을 세 번 바꾸게 돼.

에서

$t=1$ 또는 $t=a$ 또는 $t=2a$ ($\because t>0$) → '출발한 후'라고 했으니까 $t>0$일 때만 생각해.

그런데 점 P는 출발한 후 운동 방향을 한 번만 바꾸므로

$1=a$ 또는 $a=2a$ 또는 $1=2a$에서 → 점 P가 출발한 후 운동 방향을 한 번만 바꾸려면 1, a, $2a$의 세 값 중 적어도 두 개는 같아야 해.

$a=0$ 또는 $a=\frac{1}{2}$ 또는 $a=1$

(i) $a=0$일 때,

$v(t)=-t^3(t-1)$

이므로 $y=v(t)$의 그래프는 오른쪽 그림과 같다.

이때 $v(1)=0$이고 $t=1$의 좌우에서 $v(t)$의 부호가 양에서 음으로 바뀌므로 점 P는 $t=1$에서 운동 방향을 한 번만 바꾼다.

따라서 시각 $t=0$에서 $t=2$까지 점 P의 위치의 변화량은

$$\int_0^2 -t^3(t-1)dt=\int_0^2(-t^4+t^3)dt$$
$$=\left[-\frac{1}{5}t^5+\frac{1}{4}t^4\right]_0^2$$
$$=-\frac{32}{5}+4=-\frac{12}{5}$$

(ii) $a=\frac{1}{2}$일 때,

$v(t)=-t\left(t-\frac{1}{2}\right)(t-1)^2$

이므로 $y=v(t)$의 그래프는 오른쪽 그림과 같다.

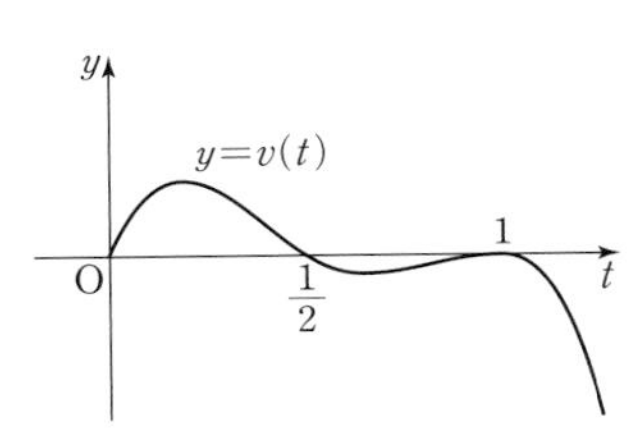

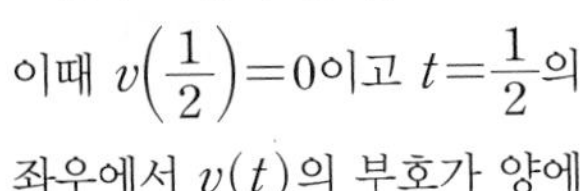

이때 $v\left(\frac{1}{2}\right)=0$이고 $t=\frac{1}{2}$의 좌우에서 $v(t)$의 부호가 양에서 음으로 바뀌므로 점 P는 $t=\frac{1}{2}$에서 운동 방향을 한 번만 바꾼다.

따라서 시각 $t=0$에서 $t=2$까지 점 P의 위치의 변화량은

$$\int_0^2 -t\left(t-\frac{1}{2}\right)(t-1)^2dt$$
$$=\int_0^2\left(-t^4+\frac{5}{2}t^3-2t^2+\frac{1}{2}t\right)dt$$
$$=\left[-\frac{1}{5}t^5+\frac{5}{8}t^4-\frac{2}{3}t^3+\frac{1}{4}t^2\right]_0^2$$
$$=-\frac{32}{5}+10-\frac{16}{3}+1=-\frac{11}{15}$$

(iii) $a=1$일 때,

$v(t)=-t(t-1)^2(t-2)$

이므로 $y=v(t)$의 그래프는 오른쪽 그림과 같다.

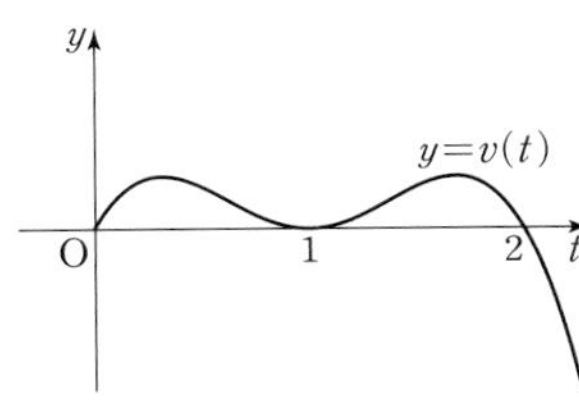

이때 $v(2)=0$이고 $t=2$의 좌우에서 $v(t)$의 부호가 양에서 음으로 바뀌므로 점 P는 $t=2$에서 운동 방향을 한 번만 바꾼다.

따라서 시각 $t=0$에서 $t=2$까지 점 P의 위치의 변화량은

$$\int_0^2\{-t(t-1)^2(t-2)\}dt$$
$$=\int_0^2(-t^4+4t^3-5t^2+2t)dt$$
$$=\left[-\frac{1}{5}t^5+t^4-\frac{5}{3}t^3+t^2\right]_0^2$$
$$=-\frac{32}{5}+16-\frac{40}{3}+4=\frac{4}{15}$$

(i), (ii), (iii)에서 구하는 점 P의 위치의 변화량의 최댓값은 $\frac{4}{15}$이다.

오답 Clear

(ii), (iii)에서 $v(1)=0$이지만 $t=1$의 좌우에서 $v(t)$의 부호가 바뀌지 않으므로 점 P는 $t=1$에서 운동 방향을 바꾸지 않는다.

정답률 확률과 통계 33%, 미적분 59%, 기하 49%

40 수능 유형 › 속도와 거리 정답 17

수직선 위를 움직이는 점 P의 시각 $t(t\geq 0)$에서의 속도 $v(t)$와 가속도 $a(t)$가 다음 조건을 만족시킨다.

> (가) $0\leq t\leq 2$일 때, $v(t)=2t^3-8t$[2]이다.
> (나) $t\geq 2$일 때, $a(t)=6t+4$[1][2]이다. → 가속도 $a(t)$를 적분하면 속도 $v(t)$야.

시각 $t=0$에서 $t=3$까지 점 P가 움직인 거리[3]를 구하시오. 17

해결 흐름

1 시각 $t(t\geq 2)$에서의 속도 함수의 식을 세우려면 가속도 함수 $a(t)$를 적분해야겠네.

2 조건 (가), (나)에서 시각 $t=2$에서의 속도는 같음을 이용하여 1에서 세운 속도 함수의 식을 완성할 수 있겠군.

3 $0\le t\le 2$일 때와 $t\ge 2$일 때의 속도 함수를 이용하여 시각 $t=0$에서 $t=3$까지 점 P가 움직인 거리를 구해 봐야지.

연관 개념 | 수직선 위를 움직이는 점 P의 시각 t에서의 속도가 $v(t)$일 때, 시각 $t=a$에서 $t=b$까지 점 P가 움직인 거리는

$\int_a^b |v(t)|dt$

알찬 풀이

조건 (나)에서 $t\ge 2$일 때,

$v(t)=\int a(t)\,dt=\int(6t+4)\,dt$

$=3t^2+4t+C$ (단, C는 적분상수)

이때 조건 (가)에서 점 P의 시각 $t=2$에서의 속도는

$v(2)=0$ → $v(t)=2t^3-8t$에 $t=2$를 대입했어.

이므로

$v(2)=3\times 2^2+4\times 2+C=0$

$20+C=0$ → 조건 (나)에서 $t\ge 2$일 때에도 $v(2)=0$이 성립해야 하니까.

$\therefore C=-20$

$\therefore v(t)=\begin{cases}2t^3-8t & (0\le t\le 2)\\ 3t^2+4t-20 & (t\ge 2)\end{cases}$

따라서 시각 $t=0$에서 $t=3$까지 점 P가 움직인 거리는

$\int_0^3 |v(t)|\,dt$

$=\int_0^2 |2t^3-8t|\,dt+\int_2^3 |3t^2+4t-20|\,dt$ → $0\le t\le 2$에서 $v(t)\le 0$이고, $t\ge 2$에서 $v(t)\ge 0$이야.

$=\int_0^2(-2t^3+8t)\,dt+\int_2^3(3t^2+4t-20)\,dt$

$=\left[-\frac{1}{2}t^4+4t^2\right]_0^2+\left[t^3+2t^2-20t\right]_2^3$

$=8+9=17$

정답률 확률과 통계 68%, 미적분 84%, 기하 80%

41 수능 유형 › 속도와 거리 정답 ④

수직선 위의 점 A(6)과 시각 $t=0$일 때 원점을 출발하여 이 수직선 위를 움직이는 점 P가 있다. 시각 $t(t\ge 0)$에서의 점 P의 속도 $v(t)$를

$v(t)=3t^2+at\ (a>0)$

이라 하자. 시각 $t=2$에서 점 P와 점 A 사이의 거리가 10일 때, 상수 a의 값은?

(→ 점 A의 위치는 주어졌네. / → 속도 $v(t)$를 적분하면 위치 $x(t)$야. / → 점 P의 위치는 $x(2)$의 값을 구하면 돼.)

① 1　② 2　③ 3　✓④ 4　⑤ 5

해결 흐름

1 점 A의 위치는 주어졌으니까 점 P의 위치를 알면 두 점 P, A 사이의 거리가 10임을 이용하여 식을 세울 수 있겠다.

2 시각 $t=2$에서의 점 P의 위치를 구하려면 위치 함수의 식을 알아야 하므로 속도 함수 $v(t)$를 적분해야겠네.

연관 개념 | 수직선 위를 움직이는 점 P의 시각 t에서의 속도가 $v(t)$이고 시각 $t=t_0$에서의 위치가 x_0일 때, 시각 t에서의 점 P의 위치 $x(t)$는

$x(t)=x_0+\int_{t_0}^t v(t)dt$

알찬 풀이

점 P의 시각 t에서의 위치를 $x(t)$라 하면

$x(t)=0+\int_0^t(3t^2+at)\,dt$ → $t=0$일 때 점 P가 원점을 출발했으니까 $x(t)=x_0+\int_{t_0}^t v(t)dt$에 $x_0=0$, $t_0=0$을 대입한 거야.

$=\left[t^3+\frac{a}{2}t^2\right]_0^t$

$=t^3+\frac{a}{2}t^2$

따라서 시각 $t=2$에서의 점 P의 위치는

$x(2)=2^3+\frac{a}{2}\times 2^2$

$=8+2a$

이때 점 P$(8+2a)$와 점 A(6) 사이의 거리가 10이므로

$|(8+2a)-6|=10$

$|2+2a|=10$

$2+2a=-10$ 또는 $2+2a=10$

$\therefore a=-6$ 또는 $a=4$

그런데 $a>0$이므로 $a=4$

실전적용 key

시각 $t=2$에서의 점 P의 위치, 즉 $x(2)$의 값은 위치 함수 $x(t)$를 구하지 않고 바로 구할 수도 있다. → $x_0+\int_{t_0}^t v(t)dt$에 $x_0=0$, $t_0=0$, $t=2$를 대입한 거야.

$0+\int_0^2(3t^2+at)dt=\left[t^3+\frac{a}{2}t^2\right]_0^2=8+2a$

또, 위치 함수 $x(t)$를 구할 때 공식이 기억나지 않는다면 다음과 같이 부정적분을 이용하여 구할 수도 있다.

속도 $v(t)$를 적분하면 위치 $x(t)$가 되므로

$x(t)=\int v(t)dt=\int(3t^2+at)dt$

$=t^3+\frac{a}{2}t^2+C$ (단, C는 적분상수)

이때 시각 $t=0$일 때 원점을 출발하였으므로

$x(0)=0$에서 $C=0$

$\therefore x(t)=t^3+\frac{a}{2}t^2$

정답률 확률과 통계 68%, 미적분 88%, 기하 83%

42 수능 유형 › 속도와 거리 정답 ⑤

시각 $t=0$일 때 동시에 원점을 출발하여 수직선 위를 움직이는 두 점 P, Q의 시각 $t(t\ge 0)$에서의 속도가 각각

$v_1(t)=2-t,\quad v_2(t)=3t$

이다. 출발한 시각부터 점 P가 원점으로 돌아올 때까지 점 Q가 움직인 거리는?

(→ $t=0$이지. / → 점 P의 위치가 0일 때야.)

① 16　② 18　③ 20　④ 22　✓⑤ 24

해결 흐름

1 점 Q가 움직인 거리는 점 P가 원점으로 돌아올 때의 시각을 알면 구할 수 있지.

연관 개념 | 수직선 위를 움직이는 점 P의 시각 t에서의 속도가 $v(t)$일 때, 시각 $t=a$에서 $t=b$까지 점 P가 움직인 거리는

$\int_a^b |v(t)|dt$

2 점 P가 원점으로 돌아올 때의 시각을 구하려면 그때의 점 P의 위치가 0임을 이용해야 하니까 속도 함수 $v_1(t)$를 적분해서 위치 함수를 구해 봐야겠어.

연관 개념 | 수직선 위를 움직이는 점 P의 시각 t에서의 속도가 $v(t)$이고 시각 $t=t_0$에서의 위치가 x_0일 때, 시각 t에서의 점 P의 위치 $x(t)$는

$$x(t)=x_0+\int_{t_0}^{t}v(t)dt$$

알찬 풀이

점 P의 시각 t에서의 위치를 $x_1(t)$라 하면

$$x_1(t)=0+\int_0^t(2-t)dt=\left[2t-\frac{1}{2}t^2\right]_0^t=2t-\frac{1}{2}t^2$$

→ $t=0$일 때 점 P가 원점을 출발했으니까 $x_1(t)=x_0+\int_{t_0}^{t}v_1(t)dt$에 $x_0=0$, $t_0=0$을 대입한 거야.

$t=a$ $(a>0)$일 때 점 P가 원점으로 돌아온다고 하면 (→ 출발한 후에 다시 원점으로 돌아오는 거니까 $a>0$이지.)

이때의 점 P의 위치는 0이므로 (→ $x_1(a)=0$)

$2a-\frac{1}{2}a^2=0$, $a^2-4a=0$

$a(a-4)=0$ $\quad\therefore a=4$ $(\because a>0)$

따라서 출발한 시각부터 점 P가 원점으로 돌아올 때까지, 즉 시각 $t=0$에서 $t=4$까지 점 Q가 움직인 거리는 (→ $t=4$일 때야.)

$$\int_0^4|v_2(t)|dt=\int_0^4|3t|dt=\int_0^4 3t\,dt=\left[\frac{3}{2}t^2\right]_0^4=\frac{3}{2}\times4^2=24$$

→ 구간 $[0, 4]$에서 $3t\geq0$이야.

실전적용 key

위치 함수 $x_1(t)$를 구할 때 공식이 기억나지 않는다면 다음과 같이 부정적분을 이용하여 구할 수도 있다. 속도 $v_1(t)$를 적분하면 위치 $x_1(t)$가 되므로

$x_1(t)=\int v_1(t)dt=\int(2-t)dt=2t-\frac{1}{2}t^2+C$ (단, C는 적분상수)

이때 시각 $t=0$일 때 원점을 출발하였으므로 $x_1(0)=0$에서 $C=0$

$\therefore x_1(t)=2t-\frac{1}{2}t^2$

정답률 확률과 통계 24%, 미적분 40%, 기하 32%

43 수능 유형 › 속도와 거리 정답 ③

수직선 위를 움직이는 점 P의 시각 t에서의 위치 $x(t)$가 두 상수 a, b에 대하여

$$x(t)=t(t-1)(at+b)\ (a\neq0)$$

(**1** → 속도 $v(t)$를 적분하면 위치 $x(t)$야.)

이다. 점 P의 시각 t에서의 속도 $v(t)$가 $\int_0^1|v(t)|dt=2$를 만족시킬 때, **보기**에서 옳은 것만을 있는 대로 고른 것은?

보기

ㄱ. $\int_0^1 v(t)dt=0$

ㄴ. $|x(t_1)|>1$인 t_1이 열린구간 $(0, 1)$에 존재한다. (**2**)

ㄷ. $0\leq t\leq1$인 모든 t에 대하여 $|x(t)|<1$이면 $x(t_2)=0$인 t_2가 열린구간 $(0, 1)$에 존재한다. (**2**)

① ㄱ ② ㄱ, ㄴ ✓③ ㄱ, ㄷ
④ ㄴ, ㄷ ⑤ ㄱ, ㄴ, ㄷ

해결 흐름

1 시각 t에서의 위치 $x(t)$를 이용하면 물체의 움직인 거리를 추론할 수 있겠네.

연관 개념 | 수직선 위를 움직이는 점 P의 시각 t에서의 속도가 $v(t)$일 때, 시각 $t=a$에서 $t=b$까지 점 P가 움직인 거리는

$$\int_a^b|v(t)|dt$$

2 $|x(t)|$는 원점과 점 P 사이의 거리임을 이용하면 되겠다.

알찬 풀이

ㄱ. $x(t)=t(t-1)(at+b)$에서

$x(0)=0$, $x(1)=0$이므로 (→ $t=0$, $t=1$일 때 점 P의 위치는 원점이야.)

$\int_0^1 v(t)dt=x(1)-x(0)=0$ (참) (→ 점 P의 $t=0$에서 $t=1$까지의 위치의 변화량이 0이야.)

ㄴ. $\int_0^1|v(t)|dt=2$이므로 점 P가 시각 $t=0$에서 $t=1$까지 움직인 거리는 2이다.

또, ㄱ에서 $x(0)=0$, $x(1)=1$이므로 $0\leq t_1\leq1$인 모든 t_1에 대하여 $|x(t_1)|\leq1$이다.

따라서 $|x(t_1)|>1$인 t_1은 열린구간 $(0, 1)$에 존재하지 않는다. (거짓)

ㄷ. $0\leq t\leq1$인 모든 t에 대하여 $|x(t)|<1$이면 원점과 점 P 사이의 거리가 1보다 작다. 이때 점 P가 시각 $t=0$에서 $t=1$까지 움직인 거리가 2이므로 점 P는 $0<t<1$에서 적어도 한 번 원점을 지나간다.

따라서 $x(t_2)=0$인 t_2가 열린구간 $(0, 1)$에 존재한다. (참)

이상에서 옳은 것은 ㄱ, ㄷ이다.

정답률 확률과 통계 85%, 미적분 95%, 기하 92%

44 수능 유형 › 속도와 거리 정답 ③

수직선 위를 움직이는 점 P의 시각 $t(t>0)$에서의 속도 $v(t)$가

$$v(t)=-4t^3+12t^2$$

(→ 속도 $v(t)$를 미분하면 가속도야.)

이다. 시각 $t=k$에서 점 P의 가속도가 12일 때, (**1**) 시각 $t=3k$에서 $t=4k$까지 점 P가 움직인 거리는? (**2**) (단, k는 상수이다.)

① 23 ② 25 ✓③ 27
④ 29 ⑤ 31

해결 흐름

1 속도 함수 $v(t)$를 미분하여 가속도 함수를 구한 후 k의 값을 구해야겠네.

2 속도 함수 $v(t)$를 이용하여 시각 $t=3k$에서 $t=4k$까지 점 P가 움직인 거리를 구해 봐야지.

연관 개념 | 수직선 위를 움직이는 점 P의 시각 t에서의 속도가 $v(t)$일 때, 시각 $t=a$에서 $t=b$까지 점 P가 움직인 거리는

$$\int_a^b|v(t)|dt$$

알찬 풀이

점 P의 시각 t에서의 가속도를 $a(t)$라 하면

$$a(t)=\frac{dv}{dt}=-12t^2+24t$$

수학 Ⅱ III. 다항함수의 적분법

시각 $t=k$에서의 점 P의 가속도가 12이므로

$a(k)=12$에서 $-12k^2+24k=12$

$k^2-2k+1=0$, $(k-1)^2=0$ $\quad\therefore k=1$

따라서 시각 $t=3$에서 $t=4$까지 점 P가 움직인 거리는

$$\int_3^4 |v(t)|dt=\int_3^4 |-4t^3+12t^2|dt$$

$-4t^3+12t^2=-4t^2(t-3)$이므로 $3\le t\le 4$에서 $v(t)\le 0$이야.

$$=\int_3^4 (4t^3-12t^2)dt$$

$$=\Big[t^4-4t^3\Big]_3^4=0-(-27)=27$$

45 수능 유형 › 속도와 거리 정답 ④

수직선 위를 움직이는 점 P의 시각 t에서의 가속도가

$a(t)=3t^2-12t+9\ (t\ge 0)$ → 가속도 $a(t)$를 적분하면 속도 $v(t)$야.

이고, 시각 $t=0$에서의 속도가 k일 때, **보기**에서 옳은 것만을 있는 대로 고른 것은?

보기

ㄱ. 구간 $(3, \infty)$에서 점 P의 속도는 증가한다. [1]

ㄴ. $k=-4$이면 구간 $(0, \infty)$에서 점 P의 운동 방향이 두 번 바뀐다. [2]

ㄷ. 시각 $t=0$에서 시각 $t=5$까지 점 P의 위치의 변화량과 점 P가 움직인 거리가 같도록 하는 k의 최솟값은 0이다. [3]

① ㄱ ② ㄴ ③ ㄱ, ㄴ
✓④ ㄱ, ㄷ ⑤ ㄱ, ㄴ, ㄷ

해결 흐름

1 $v(t)=\int a(t)dt$이므로 함수 $a(t)$를 이용하면 $v(t)$의 증가, 감소를 알 수 있겠다.

2 점의 운동 방향이 바뀔 때의 속도는 0임을 이용하여 속도 $v(t)$의 부호가 바뀌는 t의 개수를 구하면 되겠구나.

3 점 P의 위치의 변화량과 움직인 거리가 같으려면 $v(t)\ge 0$임을 이용해야지.

연관 개념 | 수직선 위를 움직이는 점 P의 시각 t에서의 속도가 $v(t)$일 때, 시각 $t=a$에서 $t=b$까지

(1) 점 P의 위치의 변화량은 $\int_a^b v(t)dt$

(2) 점 P가 움직인 거리는 $\int_a^b |v(t)|dt$

알찬 풀이

점 P의 시각 t에서의 속도를 $v(t)$라 하면 $t=0$에서의 속도가 k이므로 ($v(0)=k$야.)

$$v(t)=\int a(t)dt$$

$$=\int(3t^2-12t+9)dt$$

$$=t^3-6t^2+9t+k$$

→ $v(0)=k$이므로 적분상수는 k야.

$v'(t)=a(t)=0$에서 $3t^2-12t+9=0$

$3(t-1)(t-3)=0$

$\therefore t=1$ 또는 $t=3$

함수 $v(t)$의 증가와 감소를 표로 나타내면 다음과 같다.

t	0	$\cdots$	1	$\cdots$	3	$\cdots$
$v'(t)$		+	0	−	0	+
$v(t)$	k	↗	$k+4$ (극대)	↘	k (극소)	↗

ㄱ. 구간 $(3, \infty)$에서 $v'(t)>0$이므로 점 P의 속도 $v(t)$는 증가한다. (참)

ㄴ. $k=-4$이면

$v(t)=t^3-6t^2+9t-4$

$=(t-1)^2(t-4)$

이고 극댓값은 $v(1)=k+4=0$,

극솟값은 $v(3)=k=-4$이다.

따라서 $y=v(t)$의 그래프는 오른쪽 그림과 같다.

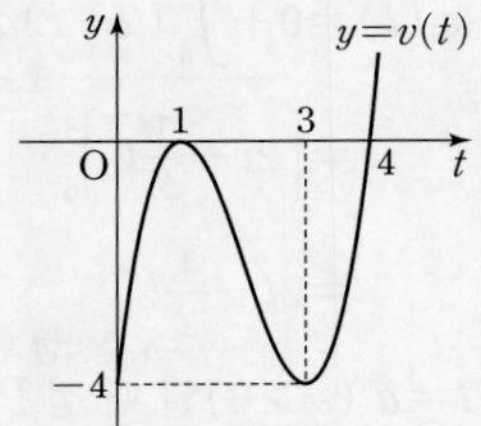

이때 $v(4)=0$이고 $t=4$의 좌우에서 $v(t)$의 부호가 음에서 양으로 바뀌므로 점 P는 $t=4$에서 운동 방향이 바뀐다.

따라서 구간 $(0, \infty)$에서 점 P의 운동 방향이 한 번 바뀐다. (거짓)

ㄷ. $0\le t\le 5$에서 점 P의 위치의 변화량과 점 P가 움직인 거리가 같으려면 $v(t)\ge 0$이어야 한다. ($\int_0^5 v(t)dt=\int_0^5 |v(t)|dt$)

이때 이 구간에서 함수 $v(t)$의 최솟값은

$v(0)=v(3)=k$

이므로 $k\ge 0$

따라서 k의 최솟값은 0이다. (참)

이상에서 옳은 것은 ㄱ, ㄷ이다.

오답 Clear

ㄴ. $t=1$일 때 $v(t)=0$이지만 $t=1$의 좌우에서 $v(t)$의 부호의 변화가 없으므로 점 P는 $t=1$에서 운동 방향을 바꾸지 않는다.

정답률 확률과 통계 10%, 미적분 36%, 기하 26%

46 수능 유형 › 부정적분 정답 15

최고차항의 계수가 1인 사차함수 $f(x)$가 다음 조건을 만족시킨다. [1]

(가) $f'(a)\le 0$인 실수 a의 최댓값은 2이다.
(나) 집합 $\{x|f(x)=k\}$의 원소의 개수가 3 이상이 되도록 하는 실수 k의 최솟값은 $\frac{8}{3}$이다. [2]
→ 방정식 $f(x)=k$의 서로 다른 실근의 개수를 의미해.

$f(0)=0$, $f'(1)=0$일 때, $f(3)$의 값을 구하시오. 15

해결 흐름

1 $f(x)$가 사차함수이므로 $f'(x)$는 삼차함수이겠네.

2 방정식 $f(x)=k$의 서로 다른 실근의 개수가 3 이상인 실수 k의 값이 존재하므로 삼차방정식 $f'(x)=0$은 서로 다른 세 실근을 갖겠네.

알찬 풀이

조건 (나)에서 방정식 $f(x)=k$의 서로 다른 실근의 개수가 3 이상인 실수 k의 값이 존재하므로 삼차방정식 $f'(x)=0$은 서로 다른 세 실근을 갖는다.

삼차방정식 $f'(x)=0$의 서로 다른 세 실근을 각각 α, β, $\gamma(\alpha<\beta<\gamma)$라 하면 부등식 $f'(x)\le 0$의 해는

$x\le\alpha$ 또는 $\beta\le x\le\gamma$

이므로 조건 (가)에 의하여 $\gamma=2$ → 문제에서 주어졌어.

$f'(1)=0$, $f'(2)=0$에서 $b\ne1$, $b<2$인 상수 b에 대하여

$f'(x)=4(x-1)(x-2)(x-b)$ → 사차함수 $f(x)$의 최고차항이 1이니까 삼차함수 $f'(x)$의 최고차항은 4야.

$\quad=4x^3-4(b+3)x^2+4(3b+2)x-8b$

라 하면

> **부정적분**
> n이 음이 아닌 정수일 때,
> $\int x^n dx=\frac{1}{n+1}x^{n+1}+C$ (단, C는 적분상수)

$f(x)=\int f'(x)dx$

$\quad=\int\{4x^3-4(b+3)x^2+4(3b+2)x-8b\}dx$

$\quad=x^4-\frac{4}{3}(b+3)x^3+2(3b+2)x^2-8bx+C$

(단, C는 적분상수)

$f(0)=0$에서 $C=0$이므로 → 문제에서 주어졌어.

$f(x)=x^4-\frac{4}{3}(b+3)x^3+2(3b+2)x^2-8bx$ …… ㉠

이때 조건 (나)를 만족시키는 경우는 다음과 같다.

(i) $b<1$이고 $f(b)<f(2)$인 경우

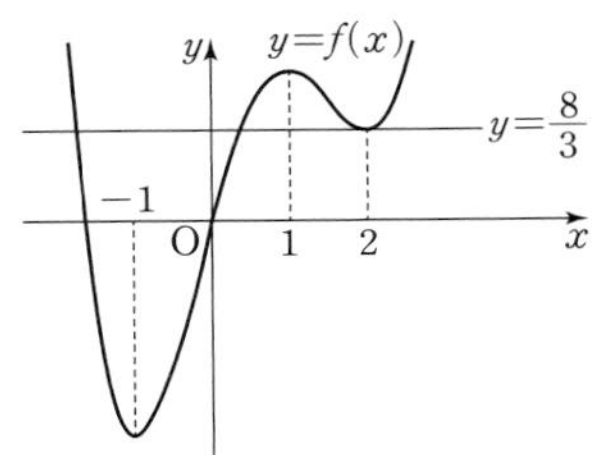

조건 (나)에 의하여 $f(2)=\frac{8}{3}$이어야 하므로 ㉠에서

$f(2)=16-\frac{32}{3}(b+3)+8(3b+2)-16b$

$\quad=-\frac{8}{3}b=\frac{8}{3}$

$\therefore b=-1$

$f(x)=x^4-\frac{8}{3}x^3-2x^2+8x$에서

$f(-1)=1+\frac{8}{3}-2-8=-\frac{19}{3}<\frac{8}{3}$

이므로 주어진 조건을 만족시킨다.

$\therefore f(3)=81-72-18+24=15$

(ii) $b<1$이고 $f(2)<f(b)$인 경우

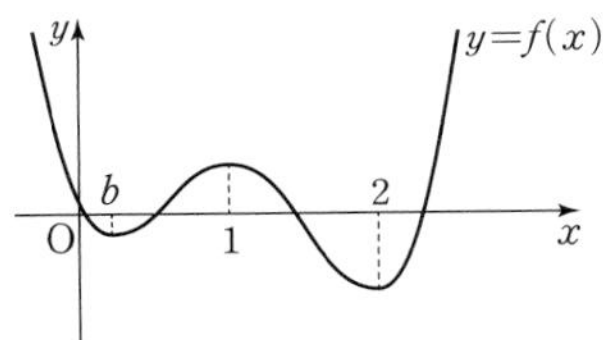

함수 $f(x)$는 $x=b$에서 극소이고 $f(0)=0$이므로 $f(b)\le0$이다. 따라서 방정식 $f(x)=k$의 서로 다른 실근의 개수가 3 이상이 되도록 하는 실수 k의 최솟값은 0 또는 음수이므로 조건 (나)를 만족시키지 않는다.

(iii) $1<b<2$인 경우

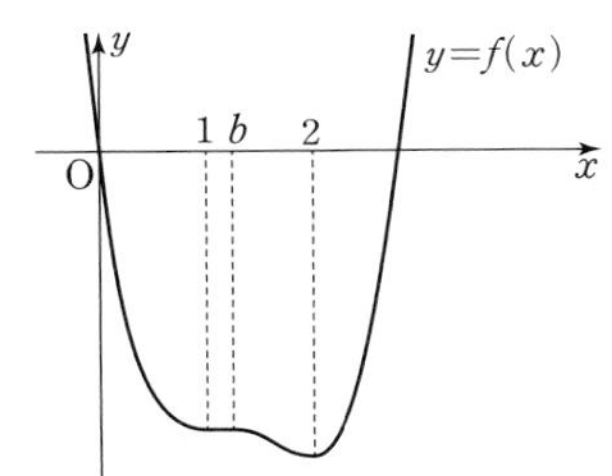

함수 $f(x)$는 $x=1$에서 극소이고 $f(0)=0$이므로 $f(1)<0$이다. 따라서 방정식 $f(x)=k$의 서로 다른 실근의 개수가 3 이상이 되도록 하는 실수 k의 최솟값은 음수이므로 조건 (나)를 만족시키지 않는다.

(i), (ii), (iii)에서 $f(3)=15$

정답률 확률과 통계 44%, 미적분 56%, 기하 53%

47 수능 유형 › 정적분의 계산 + 미분가능성 정답 ②

최고차항의 계수가 1인 삼차함수 $f(x)$[1]와 상수 $k(k\ge0)$에 대하여 함수

$$g(x)=\begin{cases}2x-k & (x\le k)\\ f(x) & (x>k)\end{cases}$$[2]

→ $g(x)$는 $x=k$에서도 미분가능해.

가 다음 조건을 만족시킨다.

> (가) 함수 $g(x)$는 실수 전체의 집합에서 증가하고 미분가능하다.[3]
> (나) 모든 실수 x에 대하여
> $\int_0^x g(t)\{|t(t-1)|+t(t-1)\}dt\ge0$[2]이고
> $\int_3^x g(t)\{|(t-1)(t+2)|-(t-1)(t+2)\}dt\ge0$[2]이다.

$g(k+1)$의 최솟값은?

① $4-\sqrt{6}$ ✓② $5-\sqrt{6}$ ③ $6-\sqrt{6}$
④ $7-\sqrt{6}$ ⑤ $8-\sqrt{6}$

해결 흐름

1 최고차항의 계수가 1인 삼차함수 $f(x)$의 식을 세워야겠다.

2 함수 $g(x)$가 구간에 따라 다르게 정의되어 있으니까 구간을 나누어 적분해야겠네.

3 함수 $g(x)$가 실수 전체의 집합에서 미분가능하고 증가하려면 모든 실수 x에 대하여 $g'(x)\ge0$이어야겠네.

연관 개념 | 함수 $f(x)$가 어떤 구간에서 미분가능하고 이 구간에서
① 증가하는 함수이면 $f'(x)\ge0$
② 감소하는 함수이면 $f'(x)\le0$

알찬 풀이

$g(x)=\begin{cases}2x-k & (x\le k)\\ f(x) & (x>k)\end{cases}$이므로

$g'(x)=\begin{cases}2 & (x<k)\\ f'(x) & (x>k)\end{cases}$

삼차함수 $f(x)$의 최고차항의 계수가 1이므로

$f(x)=x^3+ax^2+bx+c$ (a, b, c는 상수)

로 놓으면

$f'(x)=3x^2+2ax+b$

> **도함수**
> ① $y=x^n$이면 $y'=nx^{n-1}$
> ② $y=c$ (c는 상수)이면 $y'=0$

또,

$h_1(t)=|t(t-1)|+t(t-1)$,

$h_2(t)=|(t-1)(t+2)|-(t-1)(t+2)$

라 하면

$$h_1(t)=\begin{cases} 2t(t-1) & (t\le 0 \text{ 또는 } t\ge 1) \\ 0 & (0<t<1) \end{cases}$$

→ $0<t<1$이면 $|t(t-1)|=-t(t-1)$

$$h_2(t)=\begin{cases} 0 & (t\le -2 \text{ 또는 } t\ge 1) \\ -2(t-1)(t+2) & (-2<t<1) \end{cases}$$

→ $-2<t<1$이면 $|(t-1)(t+2)|=-(t-1)(t+2)$

이므로 두 함수 $y=h_1(t)$,

$y=h_2(t)$의 그래프는 각각 다음 그림과 같다.

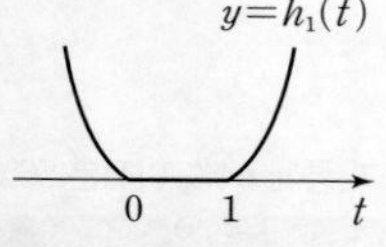

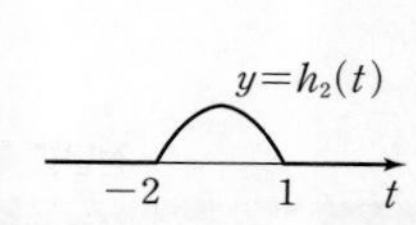

조건 (나)에서 모든 실수 x에 대하여

$\int_0^x g(t)h_1(t)dt\ge 0$이므로 오른쪽 그림과 같이 $0\le\frac{k}{2}\le 1$, 즉 $0\le k\le 2$이어야 한다.

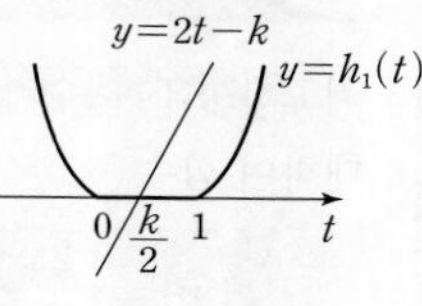

또, 모든 실수 x에 대하여

$\int_3^x g(t)h_2(t)dt\ge 0$이므로 오른쪽 그림과 같이 $\frac{k}{2}\ge 1$, 즉 $k\ge 2$이어야 한다.

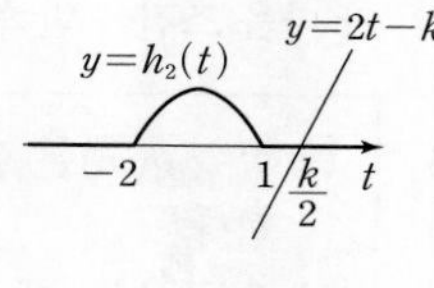

$\therefore k=2$ ...... ㉠

조건 (가)에서 함수 $g(x)$는 실수 전체의 집합에서 미분가능하므로 $x=2$에서도 미분가능하고 연속이다.

함수 $g(x)$가 $x=2$에서 연속이므로

$\lim_{x\to 2-}g(x)=\lim_{x\to 2+}g(x)$

$=g(2)$ → $\lim_{x\to 2}g(x)$가 존재함을 뜻해.

> **함수의 연속**
> 함수 $f(x)$가 $x=a$에서 연속이려면
> (i) 함숫값 $f(a)$가 존재
> (ii) 극한값 $\lim_{x\to a}f(x)$가 존재
> (iii) 함숫값과 극한값이 일치

$\therefore 8+4a+2b+c=2$ ...... ㉡

또, 함수 $g(x)$가 $x=2$에서

미분가능하므로 $x=2$에서의 미분계수가 존재한다.

즉, $\lim_{x\to 2-}g'(x)=\lim_{x\to 2+}g'(x)$이므로

$12+4a+b=2$

$\therefore b=-4a-10$ ...... ㉢

> **미분계수의 존재**
> $f'(a)=L$ (L은 상수)
> $\iff \lim_{x\to a-}f'(x)=\lim_{x\to a+}f'(x)=L$

㉢을 ㉡에 대입하면

$8+4a+2(-4a-10)+c=2$

$\therefore c=4a+14$

$\therefore f(x)=x^3+ax^2-(4a+10)x+4a+14$ ...... ㉣

한편, 함수 $g(x)$는 실수 전체의 집합에서 미분가능하고 증가하므로

$g'(x)\ge 0$이다. → ($f'(x)$의 최솟값)≥ 0임을 보이면 돼.

따라서 $x>2$일 때 $f'(x)\ge 0$이어야 한다.

$f'(x)=3x^2+2ax-4a-10$

$=3\left(x+\frac{a}{3}\right)^2-\frac{a^2}{3}-4a-10$

(i) $-\frac{a}{3}<2$, 즉 $a>-6$일 때,

$f'(2)=12+4a-4a-10=2>0$

이므로 주어진 조건을 만족시킨다.

$\therefore a>-6$

(ii) $-\frac{a}{3}\ge 2$, 즉 $a\le -6$일 때,

$\frac{a^2}{3}-4a-10\ge 0$이어야 하므로

$a^2+12a+30\le 0$, $-6-\sqrt{6}\le a\le -6+\sqrt{6}$

그런데 $a\le -6$이므로

$-6-\sqrt{6}\le a\le -6$

(i), (ii)에서

$a\ge -6-\sqrt{6}$

$\therefore g(k+1)=g(3)=f(3)$ → $k=2$를 대입했어.

$=27+9a-12a-30+4a+14$ → $x=3$을 ㉣의 $f(x)$의 식에 대입했어.

$=a+11\ge 5-\sqrt{6}$ → $a+11\ge(-6-\sqrt{6})+11=5-\sqrt{6}$

따라서 $g(3)$의 최솟값은 $5-\sqrt{6}$이다.

참고 p가 상수일 때, 모든 실수 x에 대하여 $\int_p^x f(t)dt\ge 0$이기 위해서는 구간 $[p, x]$에서는 $f(t)\ge 0$이고 구간 $[x, p]$에서는 $f(t)\le 0$이어야 한다.

48

정답률 확률과 통계 12%, 미적분 34%, 기하 28%

수능 유형 › 정적분으로 표시된 함수의 미분 **정답 39**

최고차항의 계수가 1인 이차함수 $f(x)$에 대하여 함수

$$g(x)=\int_0^x f(t)dt$$ [1]

→ $g'(x)=f(x)$이므로 $g(x)$는 삼차함수야.

가 다음 조건을 만족시킬 때, $f(9)$의 값을 구하시오. 39

> $x\ge 1$인 모든 실수 x에 대하여
> $g(x)\ge g(4)$이고 $|g(x)|\ge|g(3)|$이다. [2]

→ 극소의 정의에 의하여 $g(x)$는 $x=4$에서 극소야.

해결 흐름

[1] 함수 $f(x)$는 최고차항의 계수가 1인 이차함수이니까 함수 $g(x)$는 최고차항의 계수가 $\frac{1}{3}$인 삼차함수이겠구나.

연관 개념 | $f(x)$가 연속함수일 때,

$\frac{d}{dx}\int_a^x f(t)dt=f(x)$ (단, a는 상수)

[2] 주어진 조건을 이용해서 함수 $y=g(x)$의 그래프의 개형을 생각해 봐야겠네.

알찬 풀이

$g(x)=\int_0^x f(t)dt$의 양변을 x에 대하여 미분하면

$g'(x)=f(x)$

이때 이차함수 $f(x)$의 최고차항의 계수가 1이므로 함수 $g(x)$는 최고차항의 계수가 $\frac{1}{3}$인 삼차함수이다.

주어진 조건에서 $x\ge 1$인 모든 실수 x에 대하여 $g(x)\ge g(4)$이므로 삼차함수 $g(x)$는 구간 $[1, \infty)$에서 $x=4$일 때 극소이면서 최소이다. ...... ㉠

즉, $g'(4)=f(4)=0$이므로

$f(x)=(x-4)(x-a)$ ($a\neq 4$인 상수)
로 놓을 수 있다.

→ $a=4$이면 $g'(x)=(x-4)^2$이므로 $g(x)$는 $x=4$에서 극소가 될 수 없어.

(i) $g(4)\geq 0$일 때,

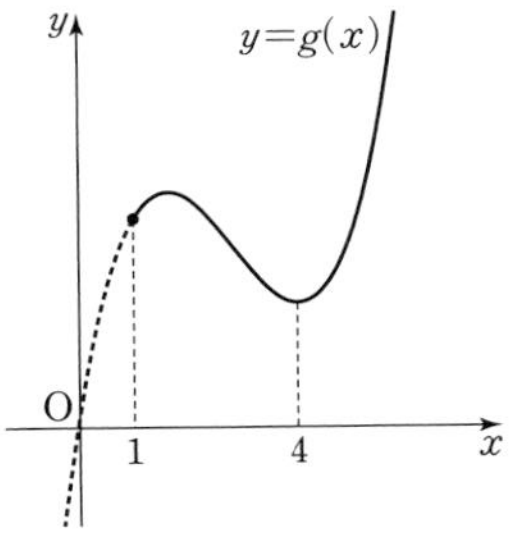

$x\geq 1$일 때 $g(x)\geq g(4)\geq 0$이므로 $x\geq 1$에서
$|g(x)|=g(x)$
이때 $x\geq 1$인 모든 실수 x에 대하여 $|g(x)|\geq|g(3)|$이므로
$g(x)\geq g(3)$ → $x\geq 1$에서 $g(3)$이 최솟값이 되어야 한다는 뜻이야.
이어야 한다.
그런데 ㉠에서 $g(3)>g(4)$이므로 $g(x)\geq g(3)$을 만족시키지 않는다.

→ $g(x)$는 삼차함수이고 $x\geq 1$에서 $g(4)$가 극솟값이므로 $g(3)>g(4)$야.

(ii) $g(4)<0$일 때,

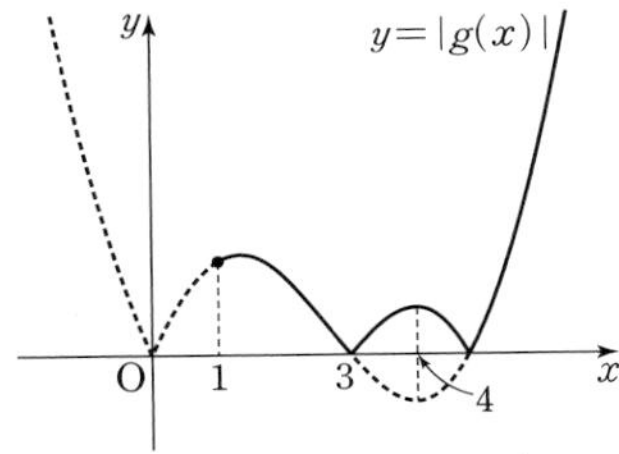

$x\geq 1$인 모든 실수 x에 대하여 $|g(x)|\geq|g(3)|$이므로
$g(3)=0$이어야 한다.

→ $y=|g(x)|$의 그래프에서 함수 $|g(x)|$의 최솟값은 0이므로 $|g(3)|=0$, 즉 $g(3)=0$이야.

$$g(x)=\int_0^x f(t)dt$$
$$=\int_0^x \{(t-4)(t-a)\}dt$$
$$=\int_0^x \{t^2-(a+4)t+4a\}dt$$
$$=\left[\frac{1}{3}t^3-\frac{a+4}{2}t^2+4at\right]_0^x$$
$$=\frac{1}{3}x^3-\frac{a+4}{2}x^2+4ax$$

이므로 $g(3)=0$에서
$$9-\frac{9}{2}(a+4)+12a=0$$
$$\frac{15}{2}a=9$$
$$\therefore a=\frac{6}{5}$$

따라서 $f(x)=(x-4)\left(x-\frac{6}{5}\right)$이므로
$$f(9)=5\times\frac{39}{5}$$
$$=39$$

(i), (ii)에서 $f(9)=39$

다른 풀이 $g(x)=\int_0^x f(t)dt$에서 $g(0)=0$이고, $g'(4)=0$, $g(3)=0$임을 이용하여 최고차항의 계수가 $\frac{1}{3}$인 삼차함수 $g(x)$의 식을 구할 수도 있다.

$g(0)=0$, $g(3)=0$이므로
$$g(x)=\frac{1}{3}x(x-3)(x+a)$$
$$=\frac{1}{3}x^3+\frac{a-3}{3}x^2-ax \text{ (}a\text{는 상수)}$$

로 놓으면
$$g'(x)=x^2+\frac{2(a-3)}{3}x-a$$

이때 $g'(4)=0$이므로
$$16+\frac{8}{3}(a-3)-a=0$$
$$8+\frac{5}{3}a=0 \qquad \therefore a=-\frac{24}{5}$$

따라서 $f(x)=g'(x)=x^2-\frac{26}{5}x+\frac{24}{5}$이므로
$$f(9)=81-\frac{234}{5}+\frac{24}{5}=39$$

정답률 확률과 통계 11%, 미적분 32%, 기하 24%

49 수능 유형 › 정적분으로 표시된 함수 + 곱의 미분법 정답 10

두 다항함수 $f(x)$, $g(x)$에 대하여 $f(x)$의 한 부정적분을 $F(x)$라 하고 $g(x)$의 한 부정적분을 $G(x)$라 할 때, 이 함수들은 모든 실수 x에 대하여 다음 조건을 만족시킨다.

→ $F'(x)=f(x)$, $G'(x)=g(x)$야.

> (가) $\int_1^x f(t)dt=xf(x)-2x^2-1$ [1][2]
>
> (나) $f(x)G(x)+F(x)g(x)=8x^3+3x^2+1$ [3]

→ $F'(x)G(x)+F(x)G'(x)=\{F(x)G(x)\}'$

$\int_1^3 g(x)dx$의 값을 구하시오. 10 [4]

해결 흐름

[1] 조건 (가)의 등식의 양변에 $x=1$을 대입하면 $f(1)$의 값을 구할 수 있겠다.
연관 개념 | 상수 k에 대하여 $\int_k^k f(x)dx=0$

[2] 조건 (가)의 등식의 양변을 x에 대하여 미분하면 $f'(x)$를 구할 수 있고, $f'(x)$를 적분하면 $f(x)$를 구할 수 있겠네.
연관 개념 | $f(x)$가 연속함수일 때,
$\frac{d}{dx}\int_a^x f(t)dt=f(x)$ (단, a는 상수)

[3] $f(x)G(x)+F(x)g(x)=\{F(x)G(x)\}'$이니까 조건 (나)의 등식의 양변을 적분하면 $F(x)G(x)$를 구할 수 있겠다.

[4] $\int_1^3 g(x)dx=G(3)-G(1)$이니까 $G(x)$를 알면 $\int_1^3 g(x)dx$의 값을 구할 수 있겠구나.
연관 개념 | 닫힌구간 $[a, b]$에서 연속인 함수 $f(x)$의 한 부정적분을 $F(x)$라 할 때,
$\int_a^b f(x)dx=\Big[F(x)\Big]_a^b=F(b)-F(a)$

알찬 풀이

조건 (가)에서
$$\int_1^x f(t)dt=xf(x)-2x^2-1 \quad \cdots\cdots ㉠$$
㉠의 양변에 $x=1$을 대입하면

수학 Ⅱ
Ⅲ. 다항함수의 적분법

$0=f(1)-2-1$ → $\int_1^1 f(t)dt=0$이야.
$\therefore f(1)=3$

㉠의 양변을 x에 대하여 미분하면
$f(x)=f(x)+xf'(x)-4x$
이므로
$f'(x)=4$

> **곱의 미분법**
> 두 함수 $f(x)$, $g(x)$가 미분가능할 때, $y=f(x)g(x)$이면
> $y'=f'(x)g(x)+f(x)g'(x)$

$\therefore f(x)=\int f'(x)dx$
$=\int 4dx$
$=4x+C$ (단, C는 적분상수)

$f(1)=3$이므로
$4+C=3$ → $f(x)=4x+C$의 양변에 $x=1$을 대입한 거야.
$\therefore C=-1$

따라서 $f(x)=4x-1$이므로
$F(x)=\int f(x)dx$ → $f(x)$의 한 부정적분이 $F(x)$야.
$=\int(4x-1)dx$
$=2x^2-x+C_1$ (단, C_1은 적분상수)

한편,
$f(x)G(x)+F(x)g(x)=F'(x)G(x)+F(x)G'(x)$
$=\{F(x)G(x)\}'$
이므로 조건 (나)에서
$\{F(x)G(x)\}'=8x^3+3x^2+1$
$\therefore F(x)G(x)=\int\{F(x)G(x)\}'dx$
$=\int(8x^3+3x^2+1)dx$
$=2x^4+x^3+x+C_2$ (단, C_2는 적분상수)

$F(x)=2x^2-x+C_1$이므로
$(2x^2-x+C_1)G(x)=2x^4+x^3+x+C_2$ ······ ㉡

㉡을 만족시키는 다항함수 $G(x)$는 이차함수이므로
$G(x)=ax^2+bx+c$ (a, b, c는 상수, $a\neq 0$)
로 놓으면 ㉡에서
$(2x^2-x+C_1)(ax^2+bx+c)=2x^4+x^3+x+C_2$
항등식의 성질에 의하여
$2a=2$, $2b-a=1$
$\therefore a=1$, $b=1$

> **항등식의 성질**
> ① $ax^2+bx+c=0$이 x에 대한 항등식이면 $a=b=c=0$이다.
> ② $ax^2+bx+c=a'x^2+b'x+c'$이 x에 대한 항등식이면 $a=a'$, $b=b'$, $c=c'$이다.

따라서 $G(x)=x^2+x+c$이므로
$\int_1^3 g(x)dx=\Big[G(x)\Big]_1^3$
$=G(3)-G(1)$
$=(9+3+c)-(1+1+c)=10$

생생 수험 Talk

나는 2학년 겨울 방학 때, 기출 모의고사나 평가원 문제 등을 시간을 재고 수능 실전처럼 풀어 보는 훈련을 일주일에 한두 번씩 주기적으로 했어. 이를 통해서 어려운 문제를 맞닥뜨렸을 때의 대처 방법, 시간 분배 연습 등을 할 수 있어서 도움이 많이 되었던 것 같아. 수능을 준비하는 기간을 어떻게 보낼지 미리 계획하도록 해.

정답률 14%

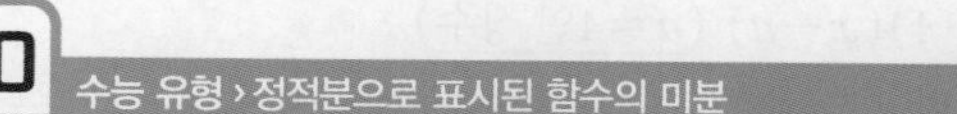

다항함수 $f(x)$가 다음 조건을 만족시킨다.

> (가) 모든 실수 x에 대하여
> $\int_1^x f(t)dt=\frac{x-1}{2}\{f(x)+f(1)\}$ **1** 이다.
> (나) $\int_0^2 f(x)dx=5\int_{-1}^1 xf(x)dx$ **2**

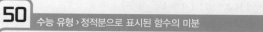

$f(0)=1$일 때, $f(4)$의 값을 구하시오. 7

해결 흐름

1 조건 (가)에서 주어진 등식의 양변을 x에 대하여 미분해야겠다.
연관 개념 | $f(x)$가 연속함수일 때,
$\frac{d}{dx}\int_a^x f(t)dt=f(x)$ (단, a는 상수)

2 **1**에서 구한 식과 조건 (나)를 이용하여 함수 $f(x)$를 구할 수 있겠군.

알찬 풀이

조건 (가)에서 주어진 등식의 양변을 x에 대하여 미분하면
$f(x)$
$=\frac{1}{2}\{f(x)+f(1)\}+\frac{x-1}{2}f'(x)$
$=\frac{1}{2}f(x)+\frac{1}{2}f(1)+\frac{x-1}{2}f'(x)$

> **곱의 미분법**
> 두 함수 $f(x)$, $g(x)$가 미분가능할 때, $y=f(x)g(x)$이면
> $y'=f'(x)g(x)+f(x)g'(x)$

$\frac{1}{2}f(x)=\frac{1}{2}f(1)+\frac{x-1}{2}f'(x)$
$\therefore f(x)=f(1)+(x-1)f'(x)$ ······ ㉠

㉠의 좌변인 $f(x)$의 최고차항을
ax^n (a는 0이 아닌 상수, n은 자연수)
이라 하면 ㉠의 우변의 최고차항은
$x\times anx^{n-1}=anx^n$ → $f'(x)$의 최고차항이야.
즉, $ax^n=anx^n$에서 → (좌변의 최고차항)=(우변의 최고차항)이야.
$a=an$ $\quad\therefore n=1$

따라서 $f(x)=ax+b$ (a, b는 상수, $a\neq 0$)로 놓으면
$f(0)=1$이므로 $f(x)=ax+1$
조건 (나)에서 주어진 식에 $f(x)=ax+1$을 대입하면
$\int_0^2(ax+1)dx=5\int_{-1}^1 x(ax+1)dx$
$=5\int_{-1}^1 ax^2dx+5\int_{-1}^1 xdx$ ← 정적분의 성질을 이용해서 식을 변형했어.
$=10\int_0^1 ax^2dx$ $\left(\because \int_{-1}^1 xdx=0\right)$

$\Big[\frac{a}{2}x^2+x\Big]_0^2=10\Big[\frac{a}{3}x^3\Big]_0^1$
$2a+2=\frac{10}{3}a$
$\therefore a=\frac{3}{2}$

따라서 $f(x)=\frac{3}{2}x+1$이므로
$f(4)=\frac{3}{2}\times 4+1=7$

Part 2

해설편

제1회

5지선다형

09 ① 10 ② 11 ③ 12 ⑤ 13 ① 14 ③ 15 ②

단답형

20 39 21 110 22 380

09

정답률 확률과 통계 44%, 미적분 76%, 기하 63%

수능 유형 › 여러 가지 수열의 합 + 수열의 합과 일반항 사이의 관계 정답 ①

$b_n=\frac{1}{(2n-1)a_n}$이라 하고, 수열 $\{b_n\}$의 첫째항부터 제n항까지의 합을 S_n이라 하면

$S_n=\sum_{k=1}^{n} b_k=n^2+2n$

(i) $n=1$일 때,

$b_1=S_1=3$

(ii) $n\ge 2$일 때,

$$\begin{aligned} b_n&=S_n-S_{n-1}\\ &=n^2+2n-\{(n-1)^2+2(n-1)\}\\ &=2n+1 \qquad \cdots\cdots ㉠ \end{aligned}$$

이때 $b_1=S_1=3$은 ㉠에 $n=1$을 대입한 것과 같으므로

$b_n=2n+1$

즉, $\frac{1}{(2n-1)a_n}=2n+1$이므로

$a_n=\frac{1}{(2n-1)(2n+1)}$

$$\begin{aligned} \therefore \sum_{n=1}^{10} a_n&=\sum_{n=1}^{10}\frac{1}{(2n-1)(2n+1)}\\ &=\frac{1}{2}\sum_{n=1}^{10}\left(\frac{1}{2n-1}-\frac{1}{2n+1}\right)\\ &=\frac{1}{2}\left\{\left(1-\frac{1}{3}\right)+\left(\frac{1}{3}-\frac{1}{5}\right)+\left(\frac{1}{5}-\frac{1}{7}\right)+\cdots+\left(\frac{1}{19}-\frac{1}{21}\right)\right\}\\ &=\frac{1}{2}\left(1-\frac{1}{21}\right)\\ &=\frac{10}{21} \end{aligned}$$

10

정답률 확률과 통계 62%, 미적분 86%, 기하 78%

수능 유형 › 곡선과 x축 사이의 넓이 정답 ②

$f(x)=kx(x-2)(x-3)=0$에서

$x=0$ 또는 $x=2$ 또는 $x=3$

즉, $\mathrm{P}(2,\ 0)$, $\mathrm{Q}(3,\ 0)$이다.

따라서

$(A$의 넓이$)=\int_0^2 |f(x)|dx=\int_0^2 f(x)dx$,

$(B$의 넓이$)=\int_2^3 |f(x)|dx=\int_2^3 \{-f(x)\}dx$

이므로

$$\begin{aligned} &(A\text{의 넓이})-(B\text{의 넓이})\\ &=\int_0^2 f(x)dx-\int_2^3\{-f(x)\}dx\\ &=\int_0^2 f(x)dx+\int_2^3 f(x)dx\\ &=\int_0^3 f(x)dx\\ &=3 \end{aligned}$$

이어야 한다.

$$\begin{aligned} \int_0^3 f(x)dx&=\int_0^3 kx(x-2)(x-3)dx\\ &=k\int_0^3 (x^3-5x^2+6x)dx\\ &=k\left[\frac{1}{4}x^4-\frac{5}{3}x^3+3x^2\right]_0^3\\ &=k\left(\frac{81}{4}-45+27\right)\\ &=\frac{9}{4}k \end{aligned}$$

에서 $\frac{9}{4}k=3$이므로 $k=\frac{4}{3}$

11

정답률 확률과 통계 53%, 미적분 78%, 기하 68%

수능 유형 › 접선의 방정식 + 함수의 극한의 활용 정답 ③

곡선 $y=x^2$ 위의 점 P와 직선 $y=2tx-1$ 사이의 거리가 최소이려면 점 P에서의 접선과 직선 $y=2tx-1$이 서로 평행해야 한다.

즉, 점 P에서의 접선의 기울기는 $2t$가 되어야 한다.

$f(x)=x^2$이라 하면 $f'(x)=2x$이므로 점 P의 좌표를 $(s,\ s^2)$이라 하면 곡선 $y=f(x)$ 위의 점 P에서의 접선의 기울기는

$f'(s)=2s=2t$

$\therefore s=t$

즉, 점 P의 좌표는 $(t,\ t^2)$이므로 직선 OP의 방정식은

$y=tx$

직선 OP와 직선 $y=2tx-1$의 교점의 x좌표는 $tx=2tx-1$에서

$x=\frac{1}{t}$이므로 점 Q의 좌표는 $\left(\frac{1}{t},\ 1\right)$이다.

$\overline{\mathrm{PQ}}=\sqrt{\left(\frac{1}{t}-t\right)^2+(1-t^2)^2}$이므로

$$\begin{aligned} \lim_{t\to 1-}\frac{\overline{\mathrm{PQ}}}{1-t}&=\lim_{t\to 1-}\frac{\sqrt{\left(\frac{1}{t}-t\right)^2+(1-t^2)^2}}{1-t}\\ &=\lim_{t\to 1-}\frac{\sqrt{\left(\frac{1-t^2}{t}\right)^2+(1-t^2)^2}}{1-t}\\ &=\lim_{t\to 1-}\frac{(1-t^2)\sqrt{\frac{1}{t^2}+1}}{1-t}\\ &=\lim_{t\to 1-}\frac{(1+t)(1-t)\sqrt{\frac{1}{t^2}+1}}{1-t}\\ &=\lim_{t\to 1-}(1+t)\sqrt{\frac{1}{t^2}+1}\\ &=2\sqrt{2} \end{aligned}$$

정답률 확률과 통계 42%, 미적분 67%, 기하 58%

12 수능 유형 › 등차수열 정답 ⑤

등차수열 $\{a_n\}$의 공차를 d $(d\neq0)$라 하면 $b_n=a_n+a_{n+1}$에서

$b_{n+1}-b_n=(a_{n+1}+a_{n+2})-(a_n+a_{n+1})$

$=a_{n+2}-a_n$

$=2d$

즉, 수열 $\{b_n\}$은 공차가 $2d$인 등차수열이다.

이때 $n(A\cap B)=3$이려면

$A\cap B=\{a_1, a_3, a_5\}=\{b_i, b_{i+1}, b_{i+2}\}$ $(i=1, 2, 3)$

이어야 한다.

(i) $\{a_1, a_3, a_5\}=\{b_1, b_2, b_3\}$일 때,

$a_1=b_1$

이어야 한다.

이때 $b_1=a_1+a_2=a_1-4$이므로

$a_1=b_1$에서

$a_1=a_1-4$

그런데 이를 만족시키는 a_1의 값은 존재하지 않는다.

(ii) $\{a_1, a_3, a_5\}=\{b_2, b_3, b_4\}$일 때,

$a_1=b_2$

이어야 한다.

$a_2=a_1+d$에서 $a_1=a_2-d=-4-d$

이때 $b_2=b_1+2d=-8+d$이므로

$a_1=b_2$에서

$-4-d=-8+d$

$2d=4$ $\quad\therefore d=2$

$\therefore a_{20}=a_2+18d$

$=-4+18\times2=32$

(iii) $\{a_1, a_3, a_5\}=\{b_3, b_4, b_5\}$일 때,

$a_1=b_3$

이어야 한다.

이때 $b_3=b_1+2\times2d=-8+3d$이므로

$a_1=b_3$에서

$-4-d=-8+3d$

$4d=4$ $\quad\therefore d=1$

$\therefore a_{20}=a_2+18d$

$=-4+18\times1=14$

(i), (ii), (iii)에서 $a_{20}=32$ 또는 $a_{20}=14$

따라서 a_{20}의 값의 합은

$32+14=46$

정답률 확률과 통계 19%, 미적분 37%, 기하 36%

13 수능 유형 › 삼각함수의 활용 정답 ①

$\angle BCD=\alpha$, $\angle DAB=\beta$라 하자.

$\cos\alpha=-\frac{1}{3}$이므로

$\sin\alpha=\sqrt{1-\cos^2\alpha}\left(\because \frac{\pi}{2}<\alpha<\pi\right)$

$=\sqrt{1-\left(-\frac{1}{3}\right)^2}=\frac{2\sqrt{2}}{3}$

삼각형 AP_1P_2에서 사인법칙에 의하여

$\frac{\overline{P_1P_2}}{\sin\beta}=\overline{AE}$ …… ㉠

또, 삼각형 CQ_2Q_1에서 사인법칙에 의하여

$\frac{\overline{Q_1Q_2}}{\sin\alpha}=\overline{EC}$ …… ㉡

㉠÷㉡을 하면

$$\frac{\frac{\overline{P_1P_2}}{\sin\beta}}{\frac{\overline{Q_1Q_2}}{\sin\alpha}}=\frac{\overline{AE}}{\overline{EC}}$$

$$\frac{\overline{P_1P_2}}{\overline{Q_1Q_2}}\times\frac{\sin\alpha}{\sin\beta}=\frac{\overline{AE}}{\overline{EC}}$$

$$\frac{3}{5\sqrt{2}}\times\frac{\frac{2\sqrt{2}}{3}}{\sin\beta}=\frac{1}{2}$$

$\therefore \sin\beta=\frac{4}{5}$

$\therefore \cos\beta=-\sqrt{1-\sin^2\beta}\left(\because \frac{\pi}{2}<\beta<\pi\right)$

$=-\sqrt{1-\left(\frac{4}{5}\right)^2}=-\frac{3}{5}$

$\overline{AB}=x$, $\overline{AD}=y$라 하면 삼각형 ABD의 넓이가 2이므로

$\frac{1}{2}xy\sin\beta=2$, $\frac{1}{2}xy\times\frac{4}{5}=2$

$\therefore xy=5$ …… ㉢

한편, 삼각형 BCD에서 코사인법칙에 의하여

$\overline{BD}^2=3^2+2^2-2\times3\times2\times\cos\alpha$

$=9+4-12\times\left(-\frac{1}{3}\right)=17$

이고, 삼각형 ABD에서 코사인법칙에 의하여

$\overline{BD}^2=x^2+y^2-2xy\cos\beta$

$=x^2+y^2-2xy\times\left(-\frac{3}{5}\right)$

$=x^2+y^2+\frac{6}{5}xy$

이므로

$x^2+y^2+\frac{6}{5}xy=17$

위의 식에 ㉢을 대입하면

$x^2+y^2+\frac{6}{5}\times5=17$ $\quad\therefore x^2+y^2=11$

이때 $(x+y)^2=x^2+y^2+2xy$이므로

$(x+y)^2=11+2\times5=21$

$\therefore x+y=\sqrt{21}$ $(\because x+y>0)$

$\therefore \overline{AB}+\overline{AD}=x+y=\sqrt{21}$

정답률 확률과 통계 43%, 미적분 64%, 기하 57%

14 수능 유형 › 속도와 거리 정답 ③

$v(t)=-t(t-1)(t-a)(t-2a)=0$에서

$t=1$ 또는 $t=a$ 또는 $t=2a$ $(\because t>0)$

그런데 점 P는 출발한 후 운동 방향을 한 번만 바꾸므로

$1=a$ 또는 $a=2a$ 또는 $1=2a$에서

$a=0$ 또는 $a=\frac{1}{2}$ 또는 $a=1$

(i) $a=0$일 때,

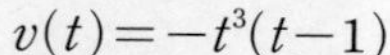

$v(t)=-t^3(t-1)$

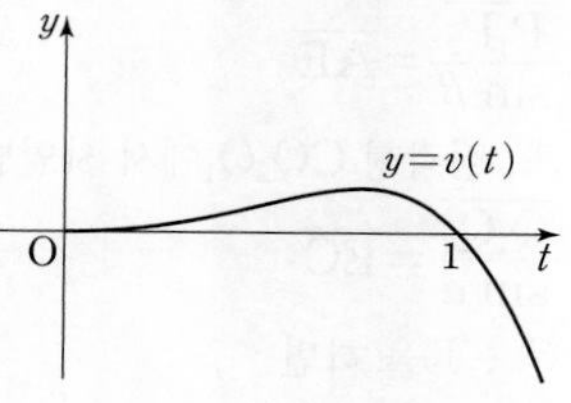

이므로 $y=v(t)$의 그래프는 오른쪽 그림과 같다.

이때 $v(1)=0$이고 $t=1$의 좌우에서 $v(t)$의 부호가 양에서 음으로 바뀌므로 점 P는 $t=1$에서 운동 방향을 한 번만 바꾼다.

따라서 시각 $t=0$에서 $t=2$까지 점 P의 위치의 변화량은

$$\int_0^2 -t^3(t-1)dt=\int_0^2(-t^4+t^3)dt$$
$$=\left[-\frac{1}{5}t^5+\frac{1}{4}t^4\right]_0^2$$
$$=-\frac{32}{5}+4=-\frac{12}{5}$$

(ii) $a=\frac{1}{2}$일 때,

$v(t)=-t\left(t-\frac{1}{2}\right)(t-1)^2$

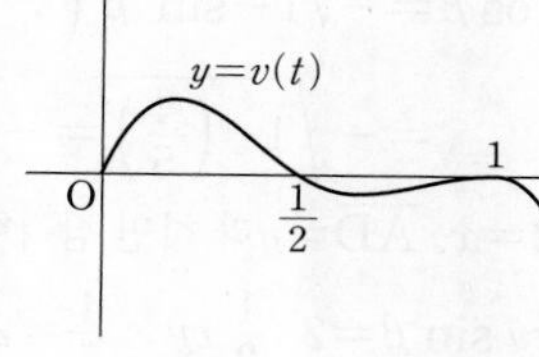

이므로 $y=v(t)$의 그래프는 오른쪽 그림과 같다.

이때 $v\left(\frac{1}{2}\right)=0$이고 $t=\frac{1}{2}$의 좌우에서 $v(t)$의 부호가 양에서 음으로 바뀌므로 점 P는 $t=\frac{1}{2}$에서 운동 방향을 한 번만 바꾼다.

따라서 시각 $t=0$에서 $t=2$까지 점 P의 위치의 변화량은

$$\int_0^2 -t\left(t-\frac{1}{2}\right)(t-1)^2dt=\int_0^2\left(-t^4+\frac{5}{2}t^3-2t^2+\frac{1}{2}t\right)dt$$
$$=\left[-\frac{1}{5}t^5+\frac{5}{8}t^4-\frac{2}{3}t^3+\frac{1}{4}t^2\right]_0^2$$
$$=-\frac{32}{5}+10-\frac{16}{3}+1=-\frac{11}{15}$$

(iii) $a=1$일 때,

$v(t)=-t(t-1)^2(t-2)$

이므로 $y=v(t)$의 그래프는 오른쪽 그림과 같다.

이때 $v(2)=0$이고 $t=2$의 좌우에서 $v(t)$의 부호가 양에서 음으로 바뀌므로 점 P는 $t=2$에서 운동 방향을 한 번만 바꾼다.

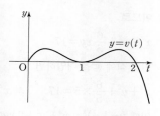

따라서 시각 $t=0$에서 $t=2$까지 점 P의 위치의 변화량은

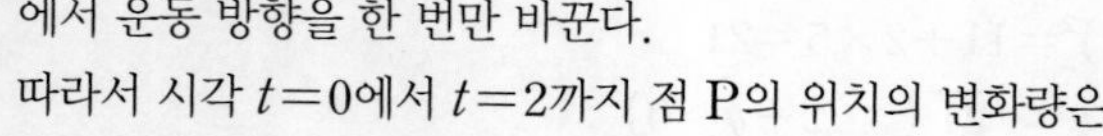

$$\int_0^2 -t(t-1)^2(t-2)dt=\int_0^2(-t^4+4t^3-5t^2+2t)dt$$
$$=\left[-\frac{1}{5}t^5+t^4-\frac{5}{3}t^3+t^2\right]_0^2$$
$$=-\frac{32}{5}+16-\frac{40}{3}+4=\frac{4}{15}$$

(i), (ii), (iii)에서 구하는 점 P의 위치의 변화량의 최댓값은 $\frac{4}{15}$이다.

오답 Clear

(ii), (iii)에서 $v(1)=0$이지만 $t=1$의 좌우에서 $v(t)$의 부호가 바뀌지 않으므로 점 P는 $t=1$에서 운동 방향을 바꾸지 않는다.

15 수능 유형 › 수열의 귀납적 정의

정답률 확률과 통계 20%, 미적분 35%, 기하 28%

정답 ②

$a_1=k>0$이므로

$a_2=a_1-2\times1-k=k-2-k=-2<0$

$\therefore a_3=a_2+2\times2-k=-2+4-k=2-k$

이때 $a_3\times a_4\times a_5\times a_6<0$이려면 $a_3\neq0$, $a_4\neq0$, $a_5\neq0$, $a_6\neq0$이어야 한다.

(i) $a_3>0$일 때,

$2-k>0$ $\quad\therefore k<2$

k는 자연수이므로 $k=1$

$\therefore a_3=1$, $a_4=-6$, $a_5=1$, $a_6=-10$

이때 $a_3\times a_4\times a_5\times a_6>0$이므로 조건을 만족시키지 않는다.

(ii) $a_3<0$일 때,

$2-k<0$에서 $k>2$ …… ㉠

$\therefore a_4=(2-k)+6-k=8-2k$

(iii) $a_4>0$일 때,

$8-2k>0$에서 $k<4$ …… ㉡

㉠, ㉡에서 $2<k<4$이므로 $k=3$

$\therefore a_3=-1$, $a_4=2$, $a_5=-9$, $a_6=-2$

이때 $a_3\times a_4\times a_5\times a_6<0$이므로 조건을 만족시킨다.

(iv) $a_4<0$일 때,

$8-2k<0$에서 $k>4$ …… ㉢

$\therefore a_5=(8-2k)+8-k=16-3k$

(v) $a_5>0$일 때,

$16-3k>0$에서 $k<\frac{16}{3}$ …… ㉣

㉢, ㉣에서 $4<k<\frac{16}{3}$이므로 $k=5$

$\therefore a_3=-3$, $a_4=-2$, $a_5=1$, $a_6=-14$

이때 $a_3\times a_4\times a_5\times a_6<0$이므로 조건을 만족시킨다.

(vi) $a_5<0$일 때,

$16-3k<0$에서 $k>\frac{16}{3}$ …… ㉤

이때 $a_3<0$, $a_4<0$, $a_5<0$이므로 $a_3\times a_4\times a_5\times a_6<0$을 만족시키려면 $a_6>0$이어야 한다.

$a_6=(16-3k)+10-k=26-4k>0$에서

$k<\frac{13}{2}$ …… ㉥

㉤, ㉥에서 $\frac{16}{3}<k<\frac{13}{2}$

$\therefore k=6$

이상에서 k의 값은 3, 5, 6이므로 모든 k의 값의 합은

$3+5+6=14$

20 수능 유형 › 정적분으로 표시된 함수의 미분

정답률 확률과 통계 12%, 미적분 34%, 기하 28%

정답 39

$g(x)=\int_0^x f(t)dt$의 양변을 x에 대하여 미분하면

$g'(x)=f(x)$

이때 이차함수 $f(x)$의 최고차항의 계수가 1이므로 함수 $g(x)$는 최고차항의 계수가 $\frac{1}{3}$인 삼차함수이다.

주어진 조건에서 $x\geq1$인 모든 실수 x에 대하여 $g(x)\geq g(4)$이므로 삼차함수 $g(x)$는 구간 $[1, \infty)$에서 $x=4$일 때 극소이면서 최소이다. …… ㉠

즉, $g'(4)=f(4)=0$이므로

$f(x)=(x-4)(x-a)$ ($a\neq4$인 상수)

로 놓을 수 있다.

(i) $g(4)\geq0$일 때,

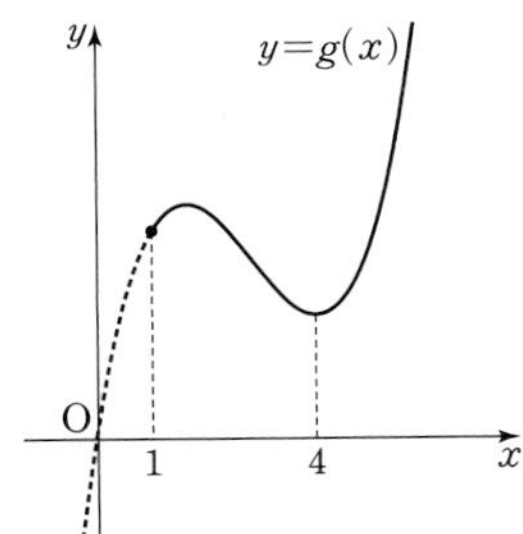

$x\geq1$일 때 $g(x)\geq g(4)\geq0$이므로 $x\geq1$에서

$|g(x)|=g(x)$

이때 $x\geq1$인 모든 실수 x에 대하여 $|g(x)|\geq|g(3)|$이므로 $g(x)\geq g(3)$이어야 한다.

그런데 ㉠에서 $g(3)>g(4)$이므로 $g(x)\geq g(3)$을 만족시키지 않는다.

(ii) $g(4)<0$일 때,

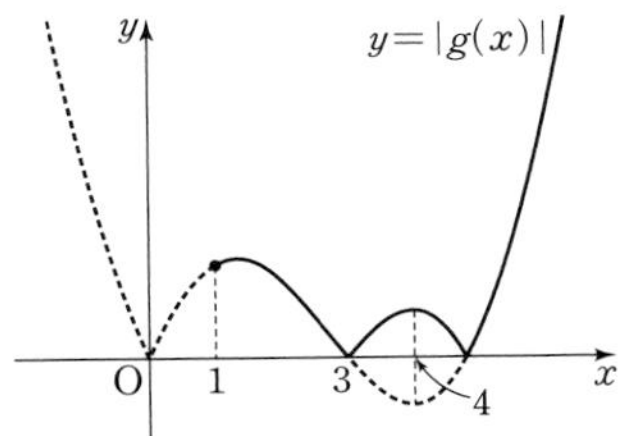

$x\geq1$인 모든 실수 x에 대하여 $|g(x)|\geq|g(3)|$이므로 $g(3)=0$이어야 한다.

$$g(x)=\int_0^x f(t)dt$$
$$=\int_0^x \{(t-4)(t-a)\}dt$$
$$=\int_0^x \{t^2-(a+4)t+4a\}dt$$
$$=\left[\frac{1}{3}t^3-\frac{a+4}{2}t^2+4at\right]_0^x$$
$$=\frac{1}{3}x^3-\frac{a+4}{2}x^2+4ax$$

이므로 $g(3)=0$에서

$9-\frac{9}{2}(a+4)+12a=0$, $\frac{15}{2}a=9$

$\therefore a=\frac{6}{5}$

따라서 $f(x)=(x-4)\left(x-\frac{6}{5}\right)$이므로

$f(9)=5\times\frac{39}{5}=39$

(i), (ii)에서 $f(9)=39$

21 정답률 확률과 통계 10%, 미적분 23%, 기하 18%

수능 유형 › 지수함수와 로그함수의 활용 정답 110

ㄱ. (i) $t=1$이면

곡선 $y=1-\log_2 x$는 $x=1$일 때 $y=1$이므로 점 $(1, 1)$을 지난다.

곡선 $y=2^{x-1}$은 $x=1$일 때 $y=1$이므로 점 $(1, 1)$을 지난다.

따라서 두 곡선 $y=1-\log_2 x$, $y=2^{x-1}$이 만나는 점의 x좌표가 1이므로

$f(1)=1$

(ii) $t=2$이면

곡선 $y=2-\log_2 x$는 $x=2$일 때 $y=1$이므로 점 $(2, 1)$을 지난다.

곡선 $y=2^{x-2}$은 $x=2$일 때 $y=1$이므로 점 $(2, 1)$을 지난다.

따라서 두 곡선 $y=2-\log_2 x$, $y=2^{x-2}$이 만나는 점의 x좌표가 2이므로

$f(2)=2$

(i), (ii)에서 $f(1)=1$이고 $f(2)=2$이다. (참)

ㄴ. 곡선 $y=t-\log_2 x$는 곡선 $y=\log_2 x$를 x축에 대하여 대칭이동한 후, y축의 방향으로 t만큼 평행이동한 것이다. 이때 t의 값이 증가하면 두 곡선 $y=t-\log_2 x$, $y=2^x$의 교점의 x좌표도 증가한다.

또, 곡선 $y=2^{x-t}$은 곡선 $y=2^x$을 x축의 방향으로 t만큼 평행이동한 것이다. 이때 t의 값이 증가하면 두 곡선 $y=t-\log_2 x$, $y=2^{x-t}$의 교점의 x좌표는 두 곡선 $y=t-\log_2 x$, $y=2^x$의 교점의 x좌표보다 커진다.

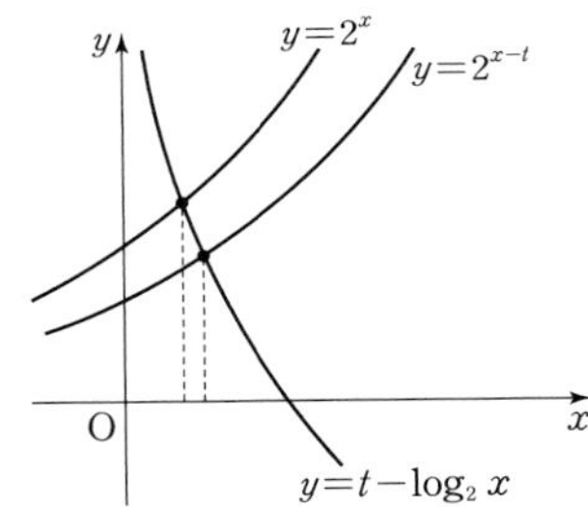

따라서 실수 t의 값이 증가하면 $f(t)$의 값도 증가한다. (참)

ㄷ. $g(x)=t-\log_2 x$, $h(x)=2^{x-t}$이라 하자.

모든 양의 실수 t에 대하여 $f(t)\geq t$이려면 다음 그림과 같이 모든 양의 실수 t에 대하여 $g(t)\geq h(t)$이어야 한다.

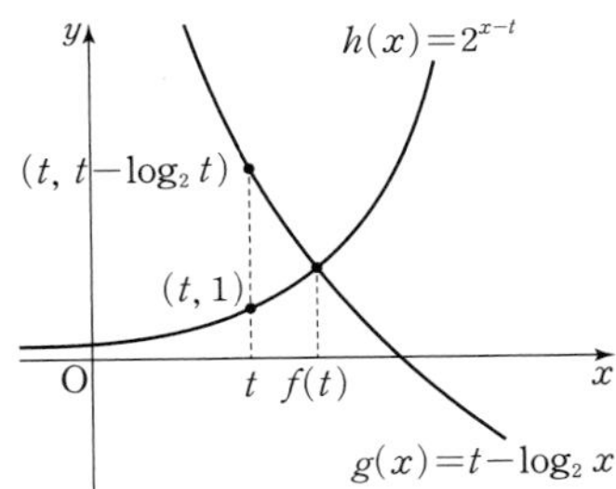

즉, $t-\log_2 t\geq1$이어야 하므로

$t-1\geq\log_2 t$ …… ㉠

이때 두 함수 $y=\log_2 t$, $y=t-1$의 그래프는 다음 그림과 같이 두 점 $(1, 0)$, $(2, 1)$에서 만난다.

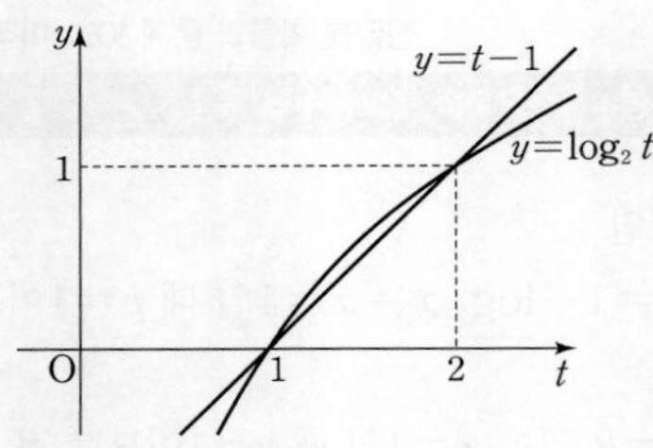

그런데 $1<t<2$일 때는 함수 $y=\log_2 t$의 그래프가 직선 $y=t-1$보다 위쪽에 있으므로 ㉠이 성립하지 않는다.

따라서 $1<t<2$일 때는 $f(t)\ge t$가 성립하지 않는다. (거짓)

이상에서 명제 ㄱ, ㄴ은 참이고, 명제 ㄷ은 거짓이므로

$A=100,\ B=10,\ C=0$

$\therefore\ A+B+C=100+10+0=110$

정답률 확률과 통계 2%, 미적분 9%, 기하 6%

22 수능 유형 › 함수의 극대와 극소 정답 380

주어진 조건을 만족시키려면 두 점 $(x_1,\ f(x_1))$, $(x_2,\ f(x_2))$를 지나는 직선의 기울기와 두 점 $(x_2,\ f(x_2))$, $(x_3,\ f(x_3))$을 지나는 직선의 기울기의 부호가 다른 세 실수 x_1, x_2, x_3이 열린구간 $\left(k,\ k+\frac{3}{2}\right)$에 존재해야 한다.

즉, 함수 $f(x)$가 극값을 갖는 x의 값이 열린구간 $\left(k,\ k+\frac{3}{2}\right)$에 적어도 하나 존재해야 한다.

$f(x)=x^3-2ax^2=x^2(x-2a)$에서

$f'(x)=3x^2-4ax$

$\quad=3x\left(x-\frac{4}{3}a\right)$

이므로 a의 값의 범위에 따라 함수 $y=f(x)$의 그래프의 개형을 다음과 같이 나누어 생각할 수 있다.

(i) $a>0$일 때,

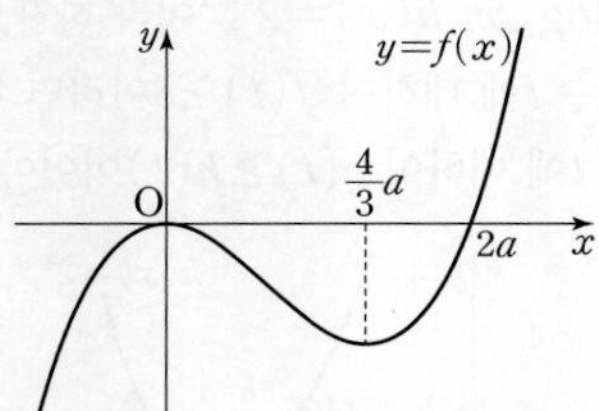

$k<0<k+\frac{3}{2}$ 또는 $k<\frac{4}{3}a<k+\frac{3}{2}$이어야 하므로

$-\frac{3}{2}<k<0$ 또는 $\frac{4}{3}a-\frac{3}{2}<k<\frac{4}{3}a$

$-\frac{3}{2}<k<0$에서 $k=-1$이므로 $\frac{4}{3}a-\frac{3}{2}<k<\frac{4}{3}a$에 속하는 정수 k의 값의 곱이 12가 되어야 한다.

① 이 구간에 $k=3$, $k=4$가 존재하는 경우

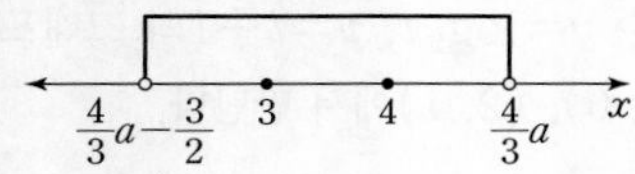

$\frac{4}{3}a-\frac{3}{2}<3,\ \frac{4}{3}a>4$

$\therefore\ 3<a<\frac{27}{8}$

그런데 이 부등식을 만족시키는 정수 a는 존재하지 않는다.

② 이 구간에 $k=12$만 존재하는 경우

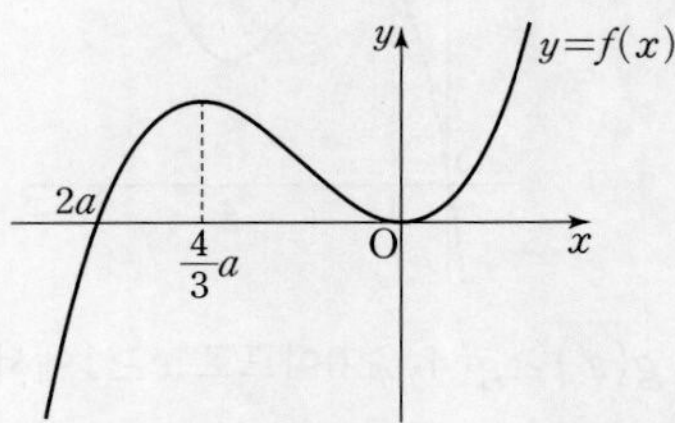

$11\le\frac{4}{3}a-\frac{3}{2}<12,\ 12<\frac{4}{3}a\le13$

$\therefore\ \frac{75}{8}\le a\le\frac{39}{4}$

그런데 이 부등식을 만족시키는 정수 a는 존재하지 않는다.

(ii) $a<0$일 때,

$k<0<k+\frac{3}{2}$ 또는 $k<\frac{4}{3}a<k+\frac{3}{2}$이어야 하므로

$-\frac{3}{2}<k<0$ 또는 $\frac{4}{3}a-\frac{3}{2}<k<\frac{4}{3}a$

$-\frac{3}{2}<k<0$에서 $k=-1$이므로 $\frac{4}{3}a-\frac{3}{2}<k<\frac{4}{3}a$에 속하는 정수 k의 값의 곱이 12가 되어야 한다.

즉, 이 구간에 $k=-4$, $k=-3$이 존재해야 하므로

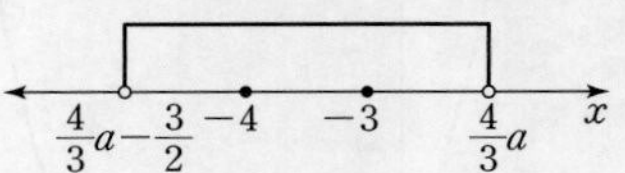

$\frac{4}{3}a-\frac{3}{2}<-4,\ \frac{4}{3}a>-3$

$\therefore\ -\frac{9}{4}<a<-\frac{15}{8}$

따라서 정수 a의 값은 -2이다.

(i), (ii)에서 $a=-2$이므로

$f(x)=x^3+4x^2,\ f'(x)=3x^2+8x$

$\therefore\ f'(10)=300+80=380$

실전적용 key

$\frac{4}{3}a-\frac{3}{2}<k<\frac{4}{3}a$를 만족시키는 정수 k의 값의 곱이 12일 때, 열린구간 $\left(\frac{4}{3}a-\frac{3}{2},\ \frac{4}{3}a\right)$의 길이는 $\frac{3}{2}$이므로 이 구간에 속하는 정수 k는 1개 또는 2개이다.

즉, 조건을 만족시키는 정수 k는 다음의 세 가지 경우가 있다.

(i) ① 3, 4 ② 12 (ii) −4, −3

(i) ②의 경우, 열린구간 $\left(\frac{4}{3}a-\frac{3}{2},\ \frac{4}{3}a\right)$에 정수 k가 12만 존재하도록 하려면 $11\le\frac{4}{3}a-\frac{3}{2}<12,\ 12<\frac{4}{3}a\le13$이어야 함에 주의한다.

제2회

5지선다형

09 ③ 10 ③ 11 ⑤ 12 ① 13 ③ 14 ②
15 ④

단답형

20 98 21 19 22 10

정답률 확률과 통계 52%, 미적분 74%, 기하 69%

09 수능 유형 › 삼각함수를 포함한 부등식 정답 ③

$$\sin\frac{\pi}{7}=\cos\left(\frac{\pi}{2}-\frac{\pi}{7}\right)=\cos\frac{5}{14}\pi$$

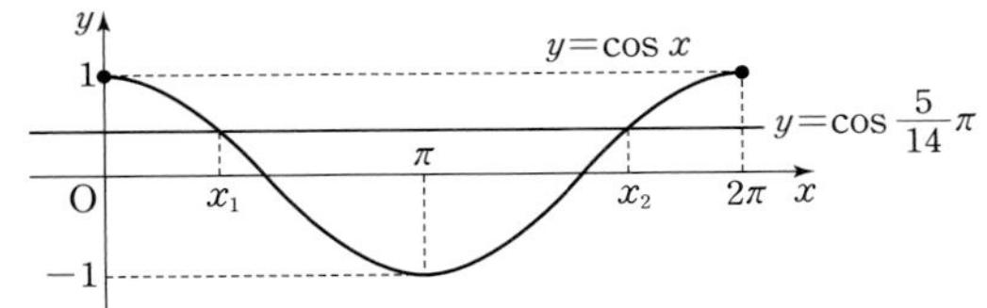

위의 그림과 같이 $0\le x\le 2\pi$일 때, 곡선 $y=\cos x$와 직선 $y=\cos\frac{5}{14}\pi$가 만나는 두 점의 x좌표를 각각 x_1, x_2 $(x_1<x_2)$라 하면 $\alpha=\frac{5}{14}\pi$이고 $\frac{x_1+x_2}{2}=\pi$이므로

$x_2=2\pi-x_1=2\pi-\frac{5}{14}\pi=\frac{23}{14}\pi$

따라서 $0\le x\le 2\pi$일 때, 부등식 $\cos x\le\cos\frac{5}{14}\pi$, 즉 $\cos x\le\sin\frac{\pi}{7}$를 만족시키는 모든 x의 값의 범위는

$\frac{5}{14}\pi\le x\le\frac{23}{14}\pi$이므로

$\beta-\alpha=\frac{23}{14}\pi-\frac{5}{14}\pi=\frac{9}{7}\pi$

실전 적용 key

주어진 부등식에서 $\frac{\pi}{7}$는 특수각이 아니므로 $\sin\frac{\pi}{7}$의 값을 구하는 문제가 아님을 알 수 있다. 삼각함수의 성질에 의하여 $\sin\frac{\pi}{7}=\cos\left(\frac{\pi}{2}-\frac{\pi}{7}\right)$이고, 곡선 $y=\cos x$는 직선 $x=\pi$에 대하여 대칭임을 이용하면 된다.

정답률 확률과 통계 56%, 미적분 78%, 기하 71%

10 수능 유형 › 접선의 방정식 정답 ③

곡선 $y=f(x)$ 위의 점 $(2,\ 3)$에서의 접선이 점 $(1,\ 3)$을 지나므로 접선의 방정식은

$y=3$

즉, $f'(2)=0$, $f(2)=3$이고 $f(x)$는 최고차항의 계수가 1인 삼차함수이므로

$f(x)=(x-2)^2(x-k)+3$ (k는 상수)

으로 놓을 수 있다. 이때

$f'(x)=2(x-2)(x-k)+(x-2)^2$

이므로 곡선 $y=f(x)$ 위의 점 $(-2,\ f(-2))$에서의 접선의 방정식은

$y-f(-2)=f'(-2)\{x-(-2)\}$

$y-(-16k-29)=(8k+32)(x+2)$

이 직선이 점 $(1,\ 3)$을 지나므로

$3-(-16k-29)=3(8k+32)$

$-8k=64 \qquad \therefore k=-8$

따라서 $f(x)=(x-2)^2(x+8)+3$이므로

$f(0)=4\times 8+3=35$

실전 적용 key

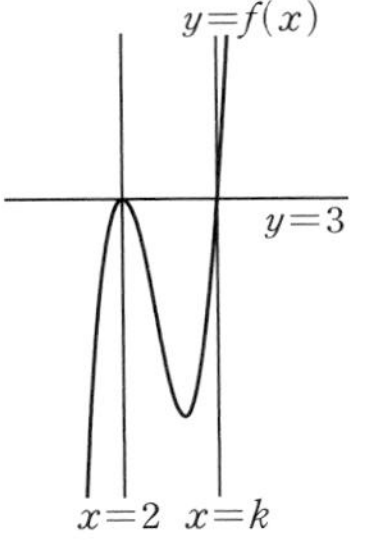

$f'(2)=0$, $f(2)=3$이므로 함수 $y=f(x)$의 그래프는 오른쪽 그림과 같이 직선 $y=3$에 접한다.
이때 함수 $y=f(x)$의 그래프가 직선 $y=3$과 만나는 점의 x좌표를 k $(k\ne 2)$라 하면 방정식 $f(x)-3=0$은 $x=2$를 중근으로 갖고 $x=k$를 다른 한 근으로 가지므로
$f(x)-3=(x-2)^2(x-k)$
따라서 $f(x)=(x-2)^2(x-k)+3$ (k는 상수)으로 놓을 수 있다.

정답률 확률과 통계 34%, 미적분 56%, 기하 50%

11 수능 유형 › 속도와 거리 정답 ⑤

점 P의 시각 t에서의 위치를 $x_1(t)$라 하면

$x_1(t)=1+\int_0^t(3t^2+4t-7)dt=t^3+2t^2-7t+1$

또, 점 Q의 시각 t에서의 위치를 $x_2(t)$라 하면

$x_2(t)=8+\int_0^t(2t+4)dt=t^2+4t+8$

두 점 P, Q 사이의 거리가 4가 되는 시각은

$|x_1(t)-x_2(t)|=4$에서

$|(t^3+2t^2-7t+1)-(t^2+4t+8)|=4$

$|t^3+t^2-11t-7|=4$

$t^3+t^2-11t-7=\pm 4$

$\therefore t^3+t^2-11t-11=0$ 또는 $t^3+t^2-11t-3=0$

(i) $t^3+t^2-11t-11=0$일 때,

$t^2(t+1)-11(t+1)=0$

$(t+1)(t^2-11)=0$

$\therefore t=\sqrt{11}$ $(\because t\ge 0)$

(ii) $t^3+t^2-11t-3=0$일 때,

$(t-3)(t^2+4t+1)=0$

$\therefore t=3$ $(\because t\ge 0)$

(i), (ii)에서 두 점 P, Q 사이의 거리가 처음으로 4가 되는 시각은 $t=3$

따라서 출발한 시각부터 두 점 P, Q 사이의 거리가 처음으로 4가 될 때까지, 즉 시각 $t=0$에서 $t=3$까지 점 P가 움직인 거리는

$$\begin{aligned}\int_0^3|v_1(t)|dt&=\int_0^3|3t^2+4t-7|dt\\&=\int_0^1(-3t^2-4t+7)dt+\int_1^3(3t^2+4t-7)dt\\&=\Big[-t^3-2t^2+7t\Big]_0^1+\Big[t^3+2t^2-7t\Big]_1^3\\&=4+28=32\end{aligned}$$

12 수능 유형 › 수열의 귀납적 정의

정답률 확률과 통계 47%, 미적분 76%, 기하 68%

정답 ①

먼저 a_2, a_4의 값을 구해 보자.

(i) $a_1=4k$ (k는 자연수)일 때,

a_1은 짝수이므로 $a_2=\frac{1}{2}a_1=\frac{1}{2}\times 4k=2k$

a_2도 짝수이므로 $a_3=\frac{1}{2}a_2=\frac{1}{2}\times 2k=k$

① k가 홀수일 때,

$a_4=a_3+1=k+1$

이때 $a_2+a_4=2k+(k+1)=3k+1$이므로

$3k+1=40$에서

$3k=39 \qquad \therefore k=13$

$\therefore a_1=4k=4\times 13=52$

② k가 짝수일 때,

$a_4=\frac{1}{2}a_3=\frac{k}{2}$

이때 $a_2+a_4=2k+\frac{k}{2}=\frac{5}{2}k$이므로

$\frac{5}{2}k=40$에서 $k=16$

$\therefore a_1=4k=4\times 16=64$

(ii) $a_1=4k-1$ (k는 자연수)일 때,

a_1은 홀수이므로 $a_2=a_1+1=4k$

a_2는 짝수이므로 $a_3=\frac{1}{2}a_2=\frac{1}{2}\times 4k=2k$

a_3도 짝수이므로 $a_4=\frac{1}{2}a_3=\frac{1}{2}\times 2k=k$

이때 $a_2+a_4=4k+k=5k$이므로

$5k=40$에서 $k=8$

$\therefore a_1=4k-1=4\times 8-1=31$

(iii) $a_1=4k-2$ (k는 자연수)일 때,

a_1은 짝수이므로 $a_2=\frac{1}{2}a_1=\frac{1}{2}\times(4k-2)=2k-1$

a_2는 홀수이므로 $a_3=a_2+1=(2k-1)+1=2k$

a_3은 짝수이므로 $a_4=\frac{1}{2}a_3=\frac{1}{2}\times 2k=k$

이때 $a_2+a_4=(2k-1)+k=3k-1$이므로

$3k-1=40$에서

$3k=41 \qquad \therefore k=\frac{41}{3}$

이것은 조건을 만족시키지 않는다.

(iv) $a_1=4k-3$ (k는 자연수)일 때,

a_1은 홀수이므로 $a_2=a_1+1=(4k-3)+1=4k-2$

a_2는 짝수이므로 $a_3=\frac{1}{2}a_2=\frac{1}{2}\times(4k-2)=2k-1$

a_3은 홀수이므로 $a_4=a_3+1=(2k-1)+1=2k$

이때 $a_2+a_4=(4k-2)+2k=6k-2$이므로

$6k-2=40$에서

$6k=42 \qquad \therefore k=7$

$\therefore a_1=4k-3=4\times 7-3=25$

이상에서 조건을 만족시키는 모든 a_1의 값의 합은

$52+64+31+25=172$

13 수능 유형 › 함수의 증가와 감소

정답률 확률과 통계 27%, 미적분 37%, 기하 32%

정답 ③

$$f(x)=\begin{cases} -\frac{1}{3}x^3-ax^2-bx & (x<0) \\ \frac{1}{3}x^3+ax^2-bx & (x\ge 0) \end{cases} \text{에서}$$

$$f'(x)=\begin{cases} -x^2-2ax-b & (x<0) \\ x^2+2ax-b & (x>0) \end{cases}$$

함수 $f(x)$는 $x=-1$의 좌우에서 감소하다가 증가하고, $x=-1$에서 미분가능하므로

$f'(-1)=0$

$-1+2a-b=0 \qquad \therefore b=2a-1$

(i) $x<0$일 때,

$f'(x)=-x^2-2ax-b$

$=-x^2-2ax-2a+1$

$=-(x+1)(x+2a-1)$

$f'(x)=0$에서

$x=-1$ 또는 $x=-2a+1$

이때 함수 $f(x)$가 구간 $(-\infty, -1]$에서 감소하고 구간 $[-1, 0]$에서 증가하므로 구간 $(-\infty, -1)$에서 $f'(x)\le 0$이고 구간 $(-1, 0)$에서 $f'(x)\ge 0$이어야 한다.

즉, $-2a+1\ge 0$이어야 하므로

$a\le\frac{1}{2}$ …… ㉠

(ii) $x>0$일 때,

$f'(x)=x^2+2ax-b$

$=x^2+2ax-2a+1$

$=(x+a)^2-a^2-2a+1$

이때 함수 $f(x)$가 구간 $[0, \infty)$에서 증가하므로 구간 $(0, \infty)$에서 $f'(x)\ge 0$이어야 한다.

① $-a<0$, 즉 $a>0$일 때,

구간 $(0, \infty)$에서 $f'(x)\ge 0$이려면

$f'(0)=-2a+1\ge 0$

이어야 하므로

$a\le\frac{1}{2}$

그런데 $a>0$이므로

$0<a\le\frac{1}{2}$ …… ㉡

② $-a\ge 0$, 즉 $a\le 0$일 때,

구간 $(0, \infty)$에서 $f'(x)\ge 0$이려면

$f'(-a)=-a^2-2a+1\ge 0$

이어야 하므로

$a^2+2a-1\le 0$

$\therefore -1-\sqrt{2}\le a\le -1+\sqrt{2}$

그런데 $a\le 0$이므로

$-1-\sqrt{2}\le a\le 0$ …… ㉢

㉡, ㉢에서

$-1-\sqrt{2}\le a\le\frac{1}{2}$ …… ㉣

㉠, ㉣의 공통 범위를 구하면 $-1-\sqrt{2}\le a\le\frac{1}{2}$

한편, $a+b=a+(2a-1)=3a-1$이므로

$-4-3\sqrt{2}\le a+b\le\frac{1}{2}$

따라서 $a+b$의 최댓값은 $\frac{1}{2}$, 최솟값은 $-4-3\sqrt{2}$이므로

$M=\frac{1}{2}$, $m=-4-3\sqrt{2}$

$\therefore M-m=\frac{1}{2}-(-4-3\sqrt{2})=\frac{9}{2}+3\sqrt{2}$

정답률 확률과 통계 38%, 미적분 54%, 기하 54%

14 수능 유형 › 지수함수의 활용 – 부등식 정답 ②

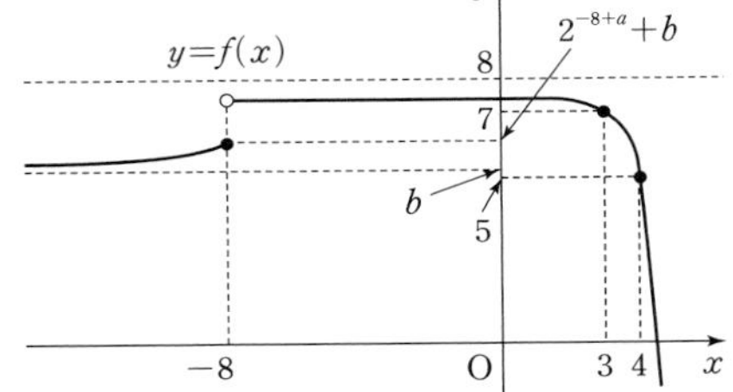

함수 $y=f(x)$의 그래프는 위의 그림과 같고, 주어진 조건에서 $x\le k$일 때, $f(x)$의 값이 정수인 것의 개수가 2가 되도록 하는 실수 k의 값의 범위가 $3\le k<4$이므로 $f(3)$, $f(4)$의 값을 구해 보면

$f(3)=-3^{3-3}+8=7$, $f(4)=-3^{4-3}+8=5$

이때 $-3^{-8-3}+8=-3^{-11}+8<8$이므로 정수인 함숫값은 6, 7이어야 하고, $f(3)=7$이므로 $x\le-8$인 경우에 정수인 함숫값은 6뿐이어야 한다.

즉, $5\le b<6\le 2^{-8+a}+b<7$이므로

$b=5$ ($\because$ b는 자연수)

이때 $6\le 2^{-8+a}+b<7$, 즉 $6\le 2^{-8+a}+5<7$에서

$1\le 2^{-8+a}<2$, $0\le -8+a<1$

$\therefore 8\le a<9$

이때 a는 자연수이므로 $a=8$

$\therefore a+b=8+5=13$

정답률 확률과 통계 32%, 미적분 53%, 기하 43%

15 수능 유형 › 함수의 연속을 이용한 다항함수의 결정 정답 ④

함수 $f(x)$는 다항함수이므로 $\frac{f(x+3)\{f(x)+1\}}{f(x)}$은 $f(x)\ne0$인 모든 실수 x에서 연속이다.

$\lim_{x\to3}g(x)=g(3)-1\ne g(3)$이므로 함수 $g(x)$는 $x=3$에서 불연속이다.

$\therefore f(3)=0$, $g(3)=3$

또, $\lim_{x\to3}g(x)=g(3)-1=3-1=2$에서

$$\lim_{x\to3}\frac{f(x+3)\{f(x)+1\}}{f(x)}=2 \quad \cdots\cdots ㉠$$

㉠에서 $x\longrightarrow3$일 때 극한값이 존재하고 (분모) $\longrightarrow0$이므로 (분자) $\longrightarrow0$이어야 한다.

즉, $\lim_{x\to3}f(x+3)\{f(x)+1\}=0$에서

$f(6)\{f(3)+1\}=0$

$\therefore f(6)=0$ ($\because f(3)+1\ne0$)

$f(x)=(x-3)(x-6)(x+a)$ (a는 상수)로 놓으면

$$\lim_{x\to3}g(x)$$
$$=\lim_{x\to3}\frac{f(x+3)\{f(x)+1\}}{f(x)}$$
$$=\lim_{x\to3}\frac{x(x-3)(x+3+a)\{(x-3)(x-6)(x+a)+1\}}{(x-3)(x-6)(x+a)}$$
$$=\lim_{x\to3}\frac{x(x+3+a)\{(x-3)(x-6)(x+a)+1\}}{(x-6)(x+a)}$$
$$=\frac{3(6+a)}{-3(3+a)}=\frac{6+a}{-3-a}=2$$

$3a=-12$ $\quad\therefore a=-4$

따라서 $f(x)=(x-3)(x-6)(x-4)$이므로

$$g(5)=\frac{f(8)\times\{f(5)+1\}}{f(5)}=\frac{40\times(-1)}{-2}=20$$

정답률 확률과 통계 33%, 미적분 63%, 기하 58%

20 수능 유형 › 삼각함수의 활용 정답 98

삼각형 BCD에서 사인법칙에 의하여

$\frac{\overline{BD}}{\sin\frac{3}{4}\pi}=2R_1$, 즉 $\frac{\overline{BD}}{\frac{\sqrt{2}}{2}}=2R_1$이므로

$R_1=\frac{\sqrt{2}}{2}\times\overline{BD}$

이고, 삼각형 ABD에서 사인법칙에 의하여

$\frac{\overline{BD}}{\sin\frac{2}{3}\pi}=2R_2$, 즉 $\frac{\overline{BD}}{\frac{\sqrt{3}}{2}}=2R_2$이므로

$R_2=\boxed{\frac{\sqrt{3}}{3}}\times\overline{BD}$

이다. 삼각형 ABD에서 코사인법칙에 의하여

$$\overline{BD}^2=2^2+1^2-2\times2\times1\times\cos\frac{2}{3}\pi$$
$$=2^2+1^2-2\times2\times1\times\left(-\frac{1}{2}\right)$$
$$=2^2+1^2-(\boxed{-2})=7$$

이므로

$$R_1\times R_2=\left(\frac{\sqrt{2}}{2}\times\overline{BD}\right)\times\left(\frac{\sqrt{3}}{3}\times\overline{BD}\right)$$
$$=\frac{\sqrt{6}}{6}\times\overline{BD}^2$$
$$=\frac{\sqrt{6}}{6}\times7=\boxed{\frac{7\sqrt{6}}{6}}$$

이다.

따라서 $p=\frac{\sqrt{3}}{3}$, $q=-2$, $r=\frac{7\sqrt{6}}{6}$이므로

$$9\times(p\times q\times r)^2=9\times\left\{\frac{\sqrt{3}}{3}\times(-2)\times\frac{7\sqrt{6}}{6}\right\}^2$$

$$=9\times\frac{98}{9}=98$$

21

정답률 확률과 통계 14%, 미적분 31%, 기하 29%

수능 유형 › 등차수열의 합 + Σ의 뜻과 성질 정답 19

등차수열 $\{a_n\}$의 첫째항을 a, 공차를 d라 하면 수열 $\{a_n\}$의 모든 항이 자연수이므로 a는 자연수이고 d는 0 이상의 정수이다.

이때 등차수열 $\{a_n\}$의 첫째항부터 제n항까지의 합 S_n은

$$S_n=\frac{n\{2a+(n-1)d\}}{2}$$

$$=\frac{d}{2}n^2+\left(a-\frac{d}{2}\right)n$$

이므로

$$\sum_{k=1}^{7}S_k=\sum_{k=1}^{7}\left\{\frac{d}{2}k^2+\left(a-\frac{d}{2}\right)k\right\}$$

$$=\frac{d}{2}\times\sum_{k=1}^{7}k^2+\left(a-\frac{d}{2}\right)\times\sum_{k=1}^{7}k$$

$$=\frac{d}{2}\times\frac{7\times8\times15}{6}+\left(a-\frac{d}{2}\right)\times\frac{7\times8}{2}$$

$$=70d+28\left(a-\frac{d}{2}\right)$$

$$=28a+56d$$

$$=644$$

$\therefore a+2d=23$ …… ㉠

a_7이 13의 배수이므로 자연수 m에 대하여

$a+6d=13m$ …… ㉡

㉡－㉠을 하면

$4d=13m-23$

$4d+23+13=13m+13$

$4(d+9)=13(m+1)$

$\therefore d+9=\frac{13(m+1)}{4}$

이 값이 자연수가 되어야 하므로 $m+1$은 4의 배수이어야 한다.

즉, m이 될 수 있는 값은

3, 7, 11, …

이고, 이때 d의 값은

4, 17, 30, …

a는 자연수이므로 ㉡에서

$a=13m-6d>0$

을 만족시켜야 한다.

따라서 $m=3$, $d=4$이고, ㉠에서

$a=23-2d=23-2\times4=15$이므로

$a_2=a+d=15+4=19$

22

정답률 확률과 통계 11%, 미적분 32%, 기하 24%

수능 유형 › 정적분으로 표시된 함수 + 곱의 미분법 정답 10

조건 (가)에서

$\int_1^x f(t)dt=xf(x)-2x^2-1$ …… ㉠

㉠의 양변에 $x=1$을 대입하면

$0=f(1)-2-1$

$\therefore f(1)=3$

㉠의 양변을 x에 대하여 미분하면

$f(x)=f(x)+xf'(x)-4x$

이므로

$f'(x)=4$

$$\therefore f(x)=\int f'(x)dx$$

$$=\int 4dx$$

$$=4x+C \text{ (단, } C\text{는 적분상수)}$$

$f(1)=3$이므로

$4+C=3 \quad \therefore C=-1$

따라서 $f(x)=4x-1$이므로

$$F(x)=\int f(x)dx$$

$$=\int(4x-1)dx$$

$$=2x^2-x+C_1 \text{ (단, } C_1\text{은 적분상수)}$$

한편,

$$f(x)G(x)+F(x)g(x)=F'(x)G(x)+F(x)G'(x)$$

$$=\{F(x)G(x)\}'$$

이므로 조건 (나)에서

$\{F(x)G(x)\}'=8x^3+3x^2+1$

$$\therefore F(x)G(x)=\int\{F(x)G(x)\}'dx$$

$$=\int(8x^3+3x^2+1)dx$$

$$=2x^4+x^3+x+C_2 \text{ (단, } C_2\text{는 적분상수)}$$

$F(x)=2x^2-x+C_1$이므로

$(2x^2-x+C_1)G(x)=2x^4+x^3+x+C_2$ …… ㉡

㉡을 만족시키는 다항함수 $G(x)$는 이차함수이므로

$G(x)=ax^2+bx+c$ (a, b, c는 상수, $a\neq0$)

로 놓으면 ㉡에서

$(2x^2-x+C_1)(ax^2+bx+c)=2x^4+x^3+x+C_2$

항등식의 성질에 의하여

$2a=2$, $2b-a=1$

$\therefore a=1$, $b=1$

따라서 $G(x)=x^2+x+c$이므로

$$\int_1^3 g(x)dx=\Big[G(x)\Big]_1^3$$

$$=G(3)-G(1)$$

$$=(9+3+c)-(1+1+c)=10$$

제3회

5지선다형

09 ④ 10 ② 11 ① 12 ③ 13 ① 14 ①
15 ③

단답형

20 25 21 10 22 483

정답률 확률과 통계 57%, 미적분 84%, 기하 80%

09 수능 유형 › 로그의 성질 정답 ④

선분 PQ를 $m:(1-m)$으로 내분하는 점의 좌표가 1이므로

$$\frac{m\log_5 12+(1-m)\log_5 3}{m+(1-m)}=1$$

$m\log_5 12+(1-m)\log_5 3=1$

$m(\log_5 12-\log_5 3)+\log_5 3=1$

$m(\log_5 12-\log_5 3)=1-\log_5 3$

$m\log_5 \frac{12}{3}=\log_5 \frac{5}{3}$, $m\log_5 4=\log_5 \frac{5}{3}$

$\therefore m=\dfrac{\log_5 \frac{5}{3}}{\log_5 4}=\log_4 \frac{5}{3}$

$\therefore 4^m=4^{\log_4 \frac{5}{3}}=\frac{5}{3}$

정답률 확률과 통계 51%, 미적분 75%, 기하 67%

10 수능 유형 › 속도와 거리 정답 ②

두 점 P, Q의 시각 t에서의 위치를 각각 $x_1(t)$, $x_2(t)$라 하면

$x_1(t)=0+\int_0^t (t^2-6t+5)dt=\left[\frac{1}{3}t^3-3t^2+5t\right]_0^t$

$=\frac{1}{3}t^3-3t^2+5t$

$x_2(t)=0+\int_0^t (2t-7)dt=\left[t^2-7t\right]_0^t$

$=t^2-7t$

이므로 두 점 P, Q 사이의 거리는

$f(t)=|x_1(t)-x_2(t)|$

$=\left|\left(\frac{1}{3}t^3-3t^2+5t\right)-(t^2-7t)\right|$

$=\left|\frac{1}{3}t^3-4t^2+12t\right|$

$g(t)=\frac{1}{3}t^3-4t^2+12t$라 하면

$g'(t)=t^2-8t+12=(t-2)(t-6)$

$g'(t)=0$에서 $t=2$ 또는 $t=6$

함수 $g(t)$의 증가와 감소를 표로 나타내면 다음과 같다.

t	$\cdots$	2	$\cdots$	6	$\cdots$
$g'(t)$	+	0	−	0	+
$g(t)$	↗	$\frac{32}{3}$ (극대)	↘	0 (극소)	↗

이때 $f(t)=|g(t)|$이므로 함수 $y=f(t)$의 그래프는 오른쪽 그림과 같다.

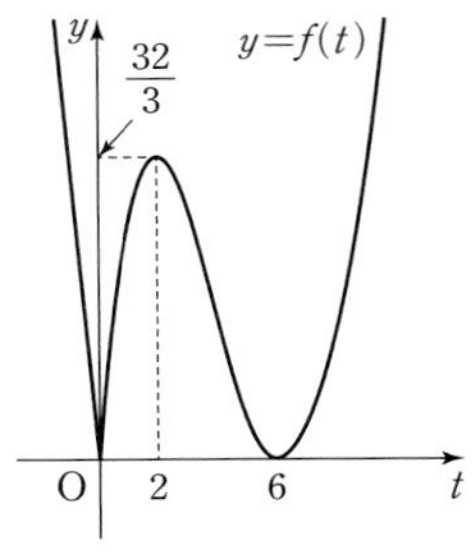

함수 $f(t)$는 구간 $[0, 2]$에서 증가하고, 구간 $[2, 6]$에서 감소하고, 구간 $[6, \infty)$에서 증가하므로

$a=2$, $b=6$

따라서 시각 $t=2$에서 $t=6$까지 점 Q가 움직인 거리는

$$\int_2^6 |2t-7|dt=\int_2^{\frac{7}{2}}(-2t+7)dt+\int_{\frac{7}{2}}^6 (2t-7)dt$$

$$=\left[-t^2+7t\right]_2^{\frac{7}{2}}+\left[t^2-7t\right]_{\frac{7}{2}}^6$$

$$=\frac{9}{4}+\frac{25}{4}=\frac{17}{2}$$

정답률 확률과 통계 52%, 미적분 82%, 기하 71%

11 수능 유형 › 등차수열의 합 + Σ의 뜻과 성질 정답 ①

$|a_6|=a_8$이므로

$a_6=a_8$ 또는 $-a_6=a_8$ …… ㉠

등차수열 $\{a_n\}$의 공차가 0이 아니므로

$a_6\neq a_8$ …… ㉡

㉠, ㉡에서 $-a_6=a_8$이고, $|a_6|=a_8$에서 $a_8\geq 0$이므로

$a_6<0<a_8$

즉, 등차수열 $\{a_n\}$의 공차는 양수이다.

등차수열 $\{a_n\}$의 공차를 d $(d>0)$라 하면 $-a_6=a_8$에서

$-(a_1+5d)=a_1+7d$, $2a_1=-12d$

$\therefore a_1=-6d$ …… ㉢

$\sum_{k=1}^{5}\frac{1}{a_k a_{k+1}}$

$=\sum_{k=1}^{5}\frac{1}{a_{k+1}-a_k}\left(\frac{1}{a_k}-\frac{1}{a_{k+1}}\right)$

$=\sum_{k=1}^{5}\frac{1}{d}\left(\frac{1}{a_k}-\frac{1}{a_{k+1}}\right)$

$=\frac{1}{d}\left\{\left(\frac{1}{a_1}-\frac{1}{a_2}\right)+\left(\frac{1}{a_2}-\frac{1}{a_3}\right)+\left(\frac{1}{a_3}-\frac{1}{a_4}\right)+\left(\frac{1}{a_4}-\frac{1}{a_5}\right)+\left(\frac{1}{a_5}-\frac{1}{a_6}\right)\right\}$

$=\frac{1}{d}\left(\frac{1}{a_1}-\frac{1}{a_6}\right)=\frac{1}{d}\left(\frac{1}{a_1}-\frac{1}{a_1+5d}\right)$

$=\frac{5}{a_1(a_1+5d)}$

이므로 $\frac{5}{a_1(a_1+5d)}=\frac{5}{96}$

$\therefore a_1(a_1+5d)=96$ …… ㉣

㉢을 ㉣에 대입하면 $-6d(-6d+5d)=96$

$6d^2=96$, $d^2=16$ $\therefore d=4$ ($\because d>0$)

따라서 $a_1=-6d=-6\times 4=-24$이므로

$$\sum_{k=1}^{15}a_k=\frac{15\times\{2\times(-24)+14\times 4\}}{2}=60$$

12

정답률 확률과 통계 60%, 미적분 73%, 기하 70%

수능 유형 › 곡선과 x축 사이의 넓이 　　정답 ③

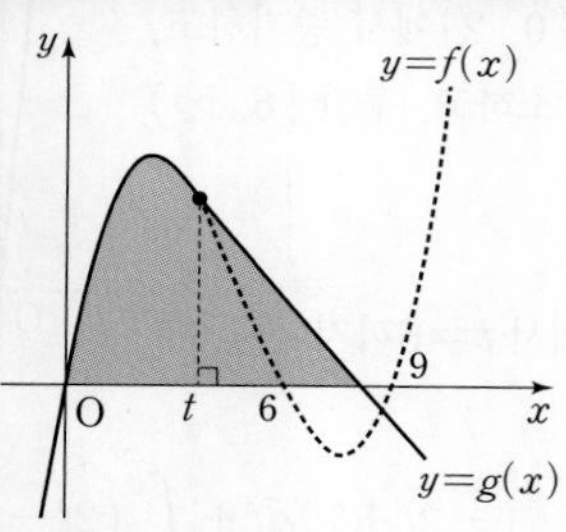

함수 $y=g(x)$의 그래프와 x축으로 둘러싸인 영역의 넓이를 $S(t)$라 하면

$S(t)=\int_0^t f(x)dx+\frac{1}{2}\times\{f(t)\}^2$이므로

$$\begin{aligned}S'(t)&=f(t)+f(t)\times f'(t)\\&=f(t)\{1+f'(t)\}\\&=\frac{1}{9}t(t-6)(t-9)\left\{1+\frac{1}{9}(3t^2-30t+54)\right\}\\&=\frac{1}{9}t(t-6)(t-9)\left\{1+\frac{1}{3}(t^2-10t+18)\right\}\\&=\frac{1}{9}t(t-6)(t-9)\times\frac{1}{3}(t^2-10t+21)\\&=\frac{1}{27}t(t-6)(t-9)(t-3)(t-7)\end{aligned}$$

$S'(t)=0$에서 $t=3$ ($\because 0<t<6$)

$0<t<6$에서 함수 $S(t)$의 증가와 감소를 표로 나타내면 다음과 같다.

t	(0)	$\cdots$	3	$\cdots$	(6)
$S'(t)$		+	0	−	
$S(t)$		↗	극대	↘	

함수 $S(t)$는 $t=3$에서 극대이면서 최대이므로 구하는 최댓값은

$$\begin{aligned}&S(3)\\&=\int_0^3 f(x)dx+\frac{1}{2}\{f(3)\}^2\\&=\frac{1}{9}\int_0^3 x(x-6)(x-9)dx+\frac{1}{2}\times\left\{\frac{1}{9}\times3\times(-3)\times(-6)\right\}^2\\&=\frac{1}{9}\int_0^3(x^3-15x^2+54x)dx+18\\&=\frac{1}{9}\left[\frac{1}{4}x^4-5x^3+27x^2\right]_0^3+18\\&=\frac{1}{9}\times\frac{513}{4}+18=\frac{129}{4}\end{aligned}$$

13

정답률 확률과 통계 44%, 미적분 75%, 기하 69%

수능 유형 › 삼각함수의 활용 　　정답 ①

$\overline{AC}=a$라 하면 삼각형 ABC에서 코사인법칙에 의하여

$(\sqrt{13})^2=3^2+a^2-2\times3\times a\times\cos\frac{\pi}{3}$

$a^2-3a-4=0$, $(a+1)(a-4)=0$

$\therefore a=4$ ($\because a>0$) 　　$\therefore \overline{AC}=4$

$$\begin{aligned}S_1&=\frac{1}{2}\times\overline{AB}\times\overline{AC}\times\sin(\angle BAC)\\&=\frac{1}{2}\times3\times4\times\sin\frac{\pi}{3}=\frac{1}{2}\times3\times4\times\frac{\sqrt{3}}{2}=3\sqrt{3}\end{aligned}$$

$\overline{AD}\times\overline{CD}=9$이므로

$$\begin{aligned}S_2&=\frac{1}{2}\times\overline{AD}\times\overline{CD}\times\sin(\angle ADC)\\&=\frac{1}{2}\times9\times\sin(\angle ADC)=\frac{9}{2}\sin(\angle ADC)\end{aligned}$$

이때 $S_2=\frac{5}{6}S_1$이므로

$\frac{9}{2}\sin(\angle ADC)=\frac{5}{6}\times3\sqrt{3}$

$\therefore \sin(\angle ADC)=\frac{5\sqrt{3}}{9}$

삼각형 ACD에서 사인법칙에 의하여

$\frac{\overline{AC}}{\sin(\angle ADC)}=2R$이므로

$\frac{4}{\frac{5\sqrt{3}}{9}}=2R$ 　　$\therefore R=\frac{6\sqrt{3}}{5}$

$\therefore \frac{R}{\sin(\angle ADC)}=\frac{\frac{6\sqrt{3}}{5}}{\frac{5\sqrt{3}}{9}}=\frac{54}{25}$

14

정답률 확률과 통계 14%, 미적분 38%, 기하 25%

수능 유형 › 함수의 그래프 + 함수의 극한 　　정답 ①

$x\le2$일 때, $f(x)=2x^3-6x+1$에서

$f'(x)=6x^2-6=6(x+1)(x-1)$

$f'(x)=0$에서 $x=-1$ 또는 $x=1$

$x\le2$에서 함수 $f(x)$의 증가와 감소를 표로 나타내면 다음과 같다.

x	$\cdots$	-1	$\cdots$	1	$\cdots$	2
$f'(x)$	+	0	−	0	+	
$f(x)$	↗	5 (극대)	↘	-3 (극소)	↗	5

또, 함수 $y=a(x-2)(x-b)+9$의 그래프는 점 $(2, 9)$를 지나고 a가 자연수이므로 아래로 볼록한 포물선이다.

(i) $b\le2$일 때,

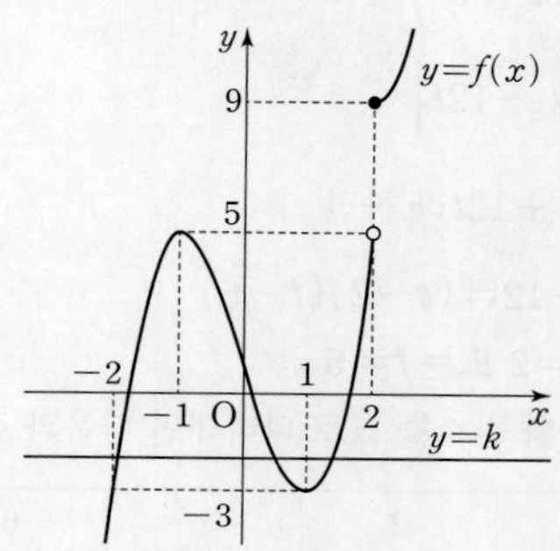

$x>2$에서 함수 $f(x)$가 증가하므로 함수 $y=f(x)$의 그래프와 직선 $y=k$가 서로 다른 세 점에서 만날 때,

$g(k)+\lim_{t\to k-}g(t)+\lim_{t\to k+}g(t)=9$를 만족시킨다.

함수 $y=f(x)$의 그래프와 직선 $y=k$가 서로 다른 세 점에서 만나는 실수 k의 값의 범위는 $-3<k<5$이므로 주어진 조건을 만족시키지 않는다.

(ii) $b>2$일 때,

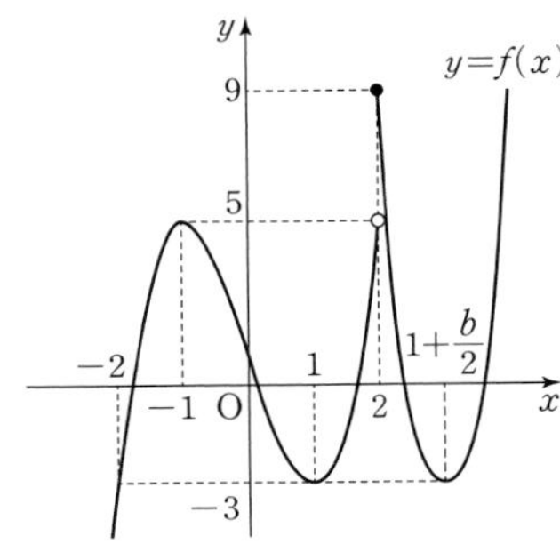

함수 $y=a(x-2)(x-b)+9$의 그래프의 꼭짓점의 y좌표가 -3이면

$g(k)+\lim_{t\to k-} g(t)+\lim_{t\to k+} g(t)=9$

를 만족시키는 실수 k가 -3의 1개이다.

따라서 $f\left(1+\frac{b}{2}\right)=-3$이므로

$$a\left(1+\frac{b}{2}-2\right)\left(1+\frac{b}{2}-b\right)+9=-3$$

$$a\left(\frac{b}{2}-1\right)^2=12 \qquad \therefore a(b-2)^2=48$$

(i), (ii)에서 $a(b-2)^2=48$

따라서 이를 만족시키는 자연수 a, b의 순서쌍은

$(48, 3)$, $(12, 4)$, $(3, 6)$

이므로 $a+b$의 최댓값은 $48+3=51$

정답률 확률과 통계 59%, 미적분 72%, 기하 67%

15 수능 유형 › 수열의 귀납적 정의 정답 ③

a_n이 홀수일 때 $a_{n+1}=2^{a_n}$은 자연수이고, a_n이 짝수일 때 $a_{n+1}=\frac{1}{2}a_n$은 자연수이다.

이때 a_1이 자연수이므로 수열 $\{a_n\}$의 모든 항은 자연수이다.

$a_6+a_7=3$이므로

$a_6=1$, $a_7=2$ 또는 $a_6=2$, $a_7=1$

(i) $a_6=1$이고 a_5가 홀수일 때,

$a_6=2^{a_5}$, 즉 $1=2^{a_5}$

이를 만족시키는 홀수 a_5는 존재하지 않는다.

(ii) $a_6=1$이고 a_5가 짝수일 때,

$a_6=\frac{1}{2}a_5$, 즉 $1=\frac{1}{2}a_5 \qquad \therefore a_5=2$

(iii) $a_6=2$이고 a_5가 홀수일 때,

$a_6=2^{a_5}$, 즉 $2=2^{a_5} \qquad \therefore a_5=1$

(iv) $a_6=2$이고 a_5가 짝수일 때,

$a_6=\frac{1}{2}a_5$, 즉 $2=\frac{1}{2}a_5 \qquad \therefore a_5=4$

이상에서 $a_5=1$ 또는 $a_5=2$ 또는 $a_5=4$

a_5의 값을 이용하여 같은 방법으로 a_4, a_3, a_2, a_1의 값을 구하여 표로 나타내면 다음과 같다.

a_5	a_4	a_3	a_2	a_1
1	2	1	2	1
				4
		4	8	3
				16
2	1	2	1	2
			4	8
	4	8	3	6
			16	32
4	8	3	6	12
		16	32	5
				64

따라서 조건을 만족시키는 모든 a_1의 값의 합은

$1+4+3+16+2+8+6+32+12+5+64=153$

정답률 확률과 통계 14%, 미적분 44%, 기하 38%

20 수능 유형 › 접선의 방정식 정답 25

$f(x)=-x^3+ax^2+2x$에서

$f'(x)=-3x^2+2ax+2$

곡선 $y=f(x)$ 위의 점 $O(0, 0)$에서의 접선의 기울기는

$f'(0)=2$

이므로 접선의 방정식은 $y=2x$

곡선 $y=f(x)$와 직선 $y=2x$가 만나는 점의 x좌표는

$-x^3+ax^2+2x=2x$에서 $x^3-ax^2=0$, $x^2(x-a)=0$

$\therefore x=0$ 또는 $x=a$

점 A의 x좌표는 0이 아니므로 점 A의 x좌표는 a이다.

$\therefore A(a, 2a)$

점 A가 선분 OB를 지름으로 하는 원 위의 점이므로 $\angle OAB=\frac{\pi}{2}$

즉, 두 직선 OA와 AB는 서로 수직이므로

점 $A(a, 2a)$에서의 접선의 기울기는 $-\frac{1}{2}$이다.

$f'(a)=-\frac{1}{2}$에서 $-3a^2+2a^2+2=-\frac{1}{2}$

$\therefore a^2=\frac{5}{2}$ …… ㉠

점 $A(a, 2a)$에서의 접선의 방정식은 $y-2a=-\frac{1}{2}(x-a)$

$\therefore y=-\frac{1}{2}x+\frac{5}{2}a$

이 접선이 x축과 만나는 점의 좌표는

$-\frac{1}{2}x+\frac{5}{2}a=0$에서 $x=5a$이므로 $B(5a, 0)$

$\overline{OA}=\sqrt{a^2+(2a)^2}=\sqrt{5a^2}=\sqrt{5}a$,

$\overline{AB}=\sqrt{(5a-a)^2+(0-2a)^2}=\sqrt{20a^2}=2\sqrt{5}a$ ($\because a>\sqrt{2}$)

$\therefore \overline{OA}\times\overline{AB}=\sqrt{5}a\times2\sqrt{5}a=10a^2$

$=10\times\frac{5}{2}$ ($\because$ ㉠) $=25$

정답률 확률과 통계 23%, 미적분 56%, 기하 42%

21 수능 유형 › 로그함수의 그래프 정답 10

$t=0$일 때, 닫힌구간 $[t-1,\ t+1]$, 즉 $[-1,\ 1]$에서의 $f(x)$의 최댓값은

$f(1)=-1^2+6\times1=5$이므로 $g(0)=5$

또, $f(5)=5$이므로 $0<t<6$일 때, $g(t)\ge5$

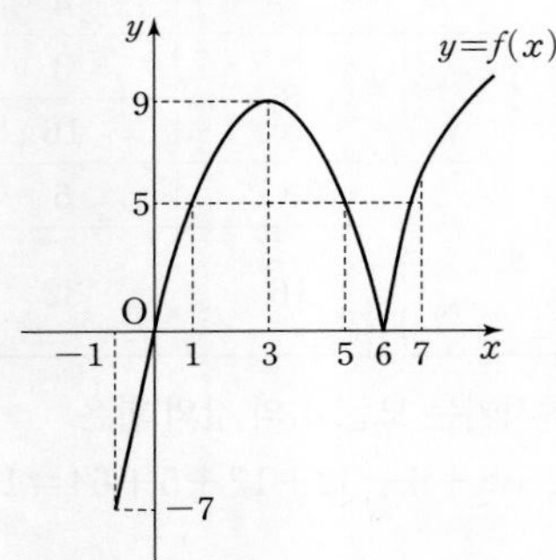

구간 $[0,\ \infty)$에서 함수 $g(t)$의 최솟값이 5가 되려면 $t=6$일 때, 닫힌구간 $[t-1,\ t+1]$, 즉 $[5,\ 7]$에서 (함수 $f(x)$의 최댓값)≥5이어야 하므로 앞의 그림과 같이 $f(7)\ge5$이어야 한다.

즉, $a\log_4(7-5)\ge5$에서 $a\log_4 2\ge5$, $\frac{1}{2}a\ge5$

$\therefore a\ge10$

따라서 양수 a의 최솟값은 10이다.

정답률 확률과 통계 1%, 미적분 5%, 기하 3%

22 수능 유형 › 함수의 그래프 정답 483

문제의 조건으로부터 함수 $f(x)$가 모든 정수 k에 대하여

$f(k-1)f(k+1)\ge0$ …… ㉠

을 만족시킨다.

또, 함수 $f(x)$는 최고차항의 계수가 1이고 $f'(x)<0$인 x의 값이 존재하는 삼차함수이므로 방정식 $f(x)=0$은 반드시 실근을 갖는다.

(i) 방정식 $f(x)=0$의 실근의 개수가 1인 경우

방정식 $f(x)=0$의 실근을 a라 할 때, a보다 작은 정수 중 최댓값을 m이라 하면 $f(m)<0<f(m+2)$이므로

$f(m)f(m+2)<0$이 되어 ㉠을 만족시키지 않는다.

(ii) 방정식 $f(x)=0$의 서로 다른 실근의 개수가 2인 경우

방정식 $f(x)=0$의 서로 다른 두 실근을 $a,\ b\ (a<b)$라 하면

$f(x)=(x-a)(x-b)^2$ 또는 $f(x)=(x-a)^2(x-b)$

① $f(x)=(x-a)(x-b)^2$일 때,

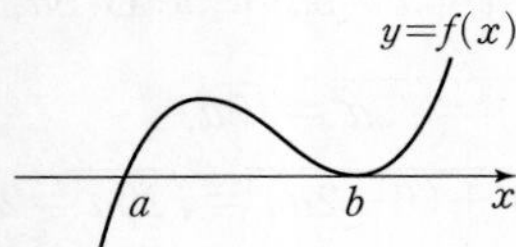

a보다 작은 정수 중 최댓값을 m이라 하면

$f(m-1)<0,\ f(m)<0,\ f(m+1)\ge0,\ f(m+2)\ge0$

이어야 한다. 이때 ㉠을 만족시키려면

$f(m-1)f(m+1)\ge0,\ f(m)f(m+2)\ge0$

이어야 하므로 $f(m+1)=f(m+2)=0$

$\therefore a=m+1,\ b=m+2$

이때 $f'\left(\frac{1}{4}\right)<0$이므로 $m+1<\frac{1}{4}<m+2$

$\therefore m=-1$

$\therefore f(x)=x(x-1)^2$

그런데 함수 $f(x)=x(x-1)^2$의 그래프에서

$f'\left(-\frac{1}{4}\right)>0$이므로 $f'\left(-\frac{1}{4}\right)=-\frac{1}{4}$을 만족시키지 않는다.

② $f(x)=(x-a)^2(x-b)$일 때,

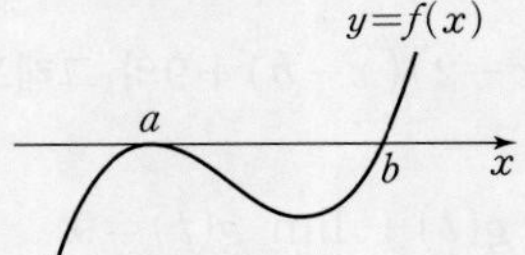

a보다 작은 정수 중 최댓값을 m이라 하면 ㉠에 의하여

$a=m+1,\ b=m+2$

이때 $f'\left(\frac{1}{4}\right)<0$이므로 $m+1<\frac{1}{4}<m+2$

$\therefore m=-1$

$\therefore f(x)=x^2(x-1)$

그런데 함수 $f(x)=x^2(x-1)$의 그래프에서

$f'\left(-\frac{1}{4}\right)>0$이므로 $f'\left(-\frac{1}{4}\right)=-\frac{1}{4}$을 만족시키지 않는다.

(iii) 방정식 $f(x)=0$의 서로 다른 실근의 개수가 3인 경우

방정식 $f(x)=0$의 서로 다른 세 실근을 $a,\ b,\ c\ (a<b<c)$라 하면

$f(x)=(x-a)(x-b)(x-c)$

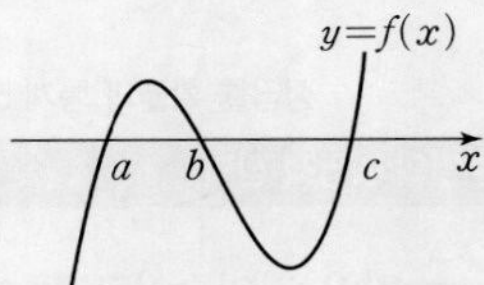

a보다 작은 정수 중 최댓값을 m이라 하면 ㉠에 의하여

$b=m+1,\ c=m+2$

이때 $f'\left(\frac{1}{4}\right)<0$이므로 $m+1<\frac{1}{4}<m+2$

$\therefore m=-1$

$f(x)=(x-a)x(x-1)=(x-a)(x^2-x)$이므로

$f'(x)=(x^2-x)+(x-a)(2x-1)$

$$f'\left(-\frac{1}{4}\right)=\frac{5}{16}+\left(-\frac{1}{4}-a\right)\times\left(-\frac{3}{2}\right)$$

$$=\frac{11}{16}+\frac{3}{2}a=-\frac{1}{4}$$

에서 $a=-\frac{5}{8}$

(i), (ii), (iii)에서 $f(x)=\left(x+\frac{5}{8}\right)(x^2-x)$이므로

$$f(8)=\left(8+\frac{5}{8}\right)\times(64-8)=\frac{69}{8}\times56=483$$

제4회

5지선다형

09 ③ 10 ⑤ 11 ⑤ 12 ③ 13 ③ 14 ④ 15 ②

단답형

20 24 21 15 22 231

정답률 확률과 통계 73%, 미적분 91%, 기하 85%

09 수능 유형 › 함수의 연속 정답 ③

함수 $f(x)$는 $x=0$에서 불연속이므로 함수 $(f(x)+a)^2$이 실수 전체의 집합에서 연속이려면 $x=0$에서 연속이어야 한다.

즉, $\lim_{x\to 0-}(f(x)+a)^2=\lim_{x\to 0+}(f(x)+a)^2=(f(0)+a)^2$이므로

$$\lim_{x\to 0-}\left(x-\frac{1}{2}+a\right)^2=\lim_{x\to 0+}(-x^2+3+a)^2=(3+a)^2$$

$$\left(-\frac{1}{2}+a\right)^2=(3+a)^2$$

$$\frac{1}{4}-a+a^2=9+6a+a^2$$

$$-7a=\frac{35}{4} \qquad \therefore a=-\frac{5}{4}$$

정답률 확률과 통계 35%, 미적분 65%, 기하 61%

10 수능 유형 › 삼각함수의 활용 정답 ⑤

삼각형 ABC의 외접원의 반지름의 길이를 R라 하면

$R^2\pi=9\pi$, $R^2=9$

$\therefore R=3$ ($\because R>0$)

삼각형 ABC에서 $\overline{\text{BC}}=a$, $\overline{\text{CA}}=b$, $\overline{\text{AB}}=c$라 하면 사인법칙에 의하여

$$\frac{a}{\sin A}=\frac{b}{\sin B}=\frac{c}{\sin C}=2\times3=6$$

$$\therefore \sin A=\frac{a}{6},\ \sin B=\frac{b}{6}$$

조건 (가)에서 $3\sin A=2\sin B$이므로

$$3\times\frac{a}{6}=2\times\frac{b}{6}$$

$\therefore b=\dfrac{3}{2}a$ …… ㉠

조건 (나)에서 $\cos B=\cos C$이므로 $B=C$

$\therefore b=c$ …… ㉡

㉠, ㉡에서 $a=2k$ $(k>0)$로 놓으면 $b=c=3k$

삼각형 ABC에서 코사인법칙에 의하여

$$\cos A=\frac{(3k)^2+(3k)^2-(2k)^2}{2\times3k\times3k}=\frac{14k^2}{18k^2}=\frac{7}{9}$$

한편,

$$\sin A=\sqrt{1-\cos^2 A}=\sqrt{1-\left(\frac{7}{9}\right)^2}=\frac{4\sqrt{2}}{9}$$

이므로 $\dfrac{a}{\sin A}=6$에서

$$a=6\sin A=6\times\frac{4\sqrt{2}}{9}=\frac{8\sqrt{2}}{3}$$

$b=c=\dfrac{3}{2}a=\dfrac{3}{2}\times\dfrac{8\sqrt{2}}{3}=4\sqrt{2}$ ($\because$ ㉠, ㉡)

따라서 삼각형 ABC의 넓이는

$$\frac{1}{2}bc\sin A=\frac{1}{2}\times4\sqrt{2}\times4\sqrt{2}\times\frac{4\sqrt{2}}{9}=\frac{64\sqrt{2}}{9}$$

정답률 확률과 통계 55%, 미적분 84%, 기하 74%

11 수능 유형 › 접선의 방정식 정답 ⑤

삼차함수 $f(x)$의 최고차항의 계수가 1이고 $f(0)=0$이므로

$f(x)=x^3+px^2+qx$ (p, q는 상수)

로 놓으면 $f'(x)=3x^2+2px+q$

$\lim_{x\to a}\dfrac{f(x)-1}{x-a}=3$에서 $x\longrightarrow a$일 때, 극한값이 존재하고

(분모) $\longrightarrow$ 0이므로 (분자) $\longrightarrow$ 0이다. 즉, $\lim_{x\to a}\{f(x)-1\}=0$

이므로 $f(a)=1$

$$\therefore \lim_{x\to a}\frac{f(x)-1}{x-a}=\lim_{x\to a}\frac{f(x)-f(a)}{x-a}=f'(a)=3$$

한편, 곡선 $y=f(x)$ 위의 점 $(a, f(a))$에서의 접선의 방정식은

$y-f(a)=f'(a)(x-a)$이므로

$y-1=3(x-a)$

$\therefore y=3x-3a+1$

이때 이 접선의 y절편이 4이므로 $-3a+1=4$

$\therefore a=-1$

즉, $f(-1)=1$, $f'(-1)=3$이므로

$f(-1)=-1+p-q=1$에서 $p-q=2$ …… ㉠

$f'(-1)=3-2p+q=3$에서 $2p-q=0$ …… ㉡

㉠, ㉡을 연립하여 풀면 $p=-2$, $q=-4$

따라서 $f(x)=x^3-2x^2-4x$이므로

$f(1)=1-2-4=-5$

정답률 확률과 통계 26%, 미적분 46%, 기하 35%

12 수능 유형 › 지수함수의 그래프 정답 ③

두 점 A, B의 x좌표를 $a(a>0)$라 하면

$\text{A}(a, 1-2^{-a})$, $\text{B}(a, 2^a)$

이므로

$\overline{\text{AB}}=2^a-(1-2^{-a})=2^a+2^{-a}-1$ …… ㉠

두 점 C, D의 x좌표를 c라 하면

$\text{C}(c, 2^c)$, $\text{D}(c, 1-2^{-c})$

이므로

$\overline{\text{CD}}=2^c-(1-2^{-c})=2^c+2^{-c}-1$

두 점 A, C의 y좌표가 같으므로

$2^c=1-2^{-a}$ …… ㉡

$\therefore \overline{\mathrm{CD}}=(1-2^{-a})+\frac{1}{1-2^{-a}}-1$

$=-2^{-a}+\frac{2^a}{2^a-1}$

주어진 조건에 의하여 $\overline{\mathrm{AB}}=2\overline{\mathrm{CD}}$이므로

$2^a+2^{-a}-1=2\left(-2^{-a}+\frac{2^a}{2^a-1}\right)$

이때 $2^a=t\,(t>1)$로 치환하면

$t+\frac{1}{t}-1=2\left(-\frac{1}{t}+\frac{t}{t-1}\right)$

양변에 $t(t-1)$을 곱하여 정리하면

$t^3-4t^2+4t-3=0$

$(t-3)(t^2-t+1)=0$

t는 실수이므로 $t=3$

즉, $2^a=3$이므로 $a=\log_2 3$

이고 ㉡에서 $2^c=1-\frac{1}{3}=\frac{2}{3}$이므로

$c=\log_2\frac{2}{3}=1-\log_2 3$

㉠에서 $\overline{\mathrm{AB}}=3+\frac{1}{3}-1=\frac{7}{3}$

따라서 사각형 ABCD의 넓이는

$\frac{1}{2}\times(\overline{\mathrm{AB}}+\overline{\mathrm{CD}})\times\overline{\mathrm{AC}}=\frac{1}{2}\times\left(\overline{\mathrm{AB}}+\frac{1}{2}\overline{\mathrm{AB}}\right)\times\overline{\mathrm{AC}}$

$=\frac{1}{2}\times\frac{3}{2}\overline{\mathrm{AB}}\times\overline{\mathrm{AC}}$

$=\frac{3}{4}\times\frac{7}{3}\times(a-c)$

$=\frac{7}{4}(2\log_2 3-1)=\frac{7}{2}\log_2 3-\frac{7}{4}$

정답률 확률과 통계 41%, 미적분 70%, 기하 61%

13 수능 유형 › 두 곡선 사이의 넓이

정답 ③

곡선 $y=\frac{1}{4}x^3+\frac{1}{2}x$와 직선 $y=mx+2$의 교점의 x좌표를 α라 하면

$B-A$

$=\int_\alpha^2\left\{\left(\frac{1}{4}x^3+\frac{1}{2}x\right)-(mx+2)\right\}dx$

$-\int_0^\alpha\left\{(mx+2)-\left(\frac{1}{4}x^3+\frac{1}{2}x\right)\right\}dx$

$=\int_\alpha^2\left\{\left(\frac{1}{4}x^3+\frac{1}{2}x\right)-(mx+2)\right\}dx$

$+\int_0^\alpha\left\{\left(\frac{1}{4}x^3+\frac{1}{2}x\right)-(mx+2)\right\}dx$

$=\int_0^2\left\{\left(\frac{1}{4}x^3+\frac{1}{2}x\right)-(mx+2)\right\}dx$

$=\int_0^2\left\{\frac{1}{4}x^3+\left(\frac{1}{2}-m\right)x-2\right\}dx$

$=\left[\frac{1}{16}x^4+\left(\frac{1}{4}-\frac{1}{2}m\right)x^2-2x\right]_0^2$

$=1+1-2m-4$

$=-2m-2$

이때 $B-A=\frac{2}{3}$이므로

$-2m-2=\frac{2}{3},\ -2m=\frac{8}{3}\qquad\therefore m=-\frac{4}{3}$

정답률 확률과 통계 29%, 미적분 47%, 기하 38%

14 수능 유형 › 지로그함수의 활용 – 부등식

정답 ④

$\log_2\sqrt{-n^2+10n+75}$에서 진수의 조건에 의하여

$\sqrt{-n^2+10n+75}>0$

즉, $-n^2+10n+75>0$에서

$n^2-10n+75<0,\ (n+5)(n-15)<0$

$\therefore -5<n<15$

이때 n이 자연수이므로

$1\le n<15$ …… ㉠

$\log_4(75-kn)$에서 진수의 조건에 의하여

$75-kn>0\qquad\therefore n<\frac{75}{k}$ …… ㉡

한편, $\log_2\sqrt{-n^2+10n+75}-\log_4(75-kn)$의 값이 양수이므로

$\log_2\sqrt{-n^2+10n+75}-\log_4(75-kn)>0$

$\log_4(-n^2+10n+75)-\log_4(75-kn)>0$

$\log_4(-n^2+10n+75)>\log_4(75-kn)$

(밑)$=4>1$이므로

$-n^2+10n+75>75-kn$

$n^2-(10+k)n<0,\ n(n-10-k)<0$

이때 k가 자연수이므로

$0<n<10+k$ …… ㉢

주어진 조건을 만족시키는 자연수 n의 개수가 12이므로 ㉢에서 $10+k>12$이어야 한다.

$\therefore k>2$

(i) $k=3$일 때,
㉠, ㉡, ㉢에서 $1\le n<13$
따라서 자연수 n의 개수가 12이므로 주어진 조건을 만족시킨다.

(ii) $k=4$일 때,
㉠, ㉡, ㉢에서 $1\le n<14$
따라서 자연수 n의 개수가 13이므로 주어진 조건을 만족시키지 않는다.

(iii) $k=5$일 때,
㉠, ㉡, ㉢에서 $1\le n<15$
따라서 자연수 n의 개수가 14이므로 주어진 조건을 만족시키지 않는다.

(iv) $k=6$일 때,
㉠, ㉡, ㉢에서 $1\le n<\frac{25}{2}$
따라서 자연수 n의 개수가 12이므로 주어진 조건을 만족시킨다.

(v) $k\ge 7$일 때,
㉡에서 $n<\frac{75}{k}\le\frac{75}{7}$이므로 ㉠, ㉡, ㉢에서 $1\le n<\frac{75}{k}\le\frac{75}{7}$

따라서 자연수 n의 개수가 10 이하가 되므로 주어진 조건을 만족시키지 않는다.

(i)~(v)에서 $k=3$ 또는 $k=6$

따라서 조건을 만족시키는 모든 자연수 k의 값의 합은

$3+6=9$

정답률 확률과 통계 44%, 미적분 56%, 기하 53%

15 수능 유형 › 정적분의 계산 + 미분가능성 정답 ②

$g(x)=\begin{cases} 2x-k & (x\le k) \\ f(x) & (x>k) \end{cases}$이므로

$g'(x)=\begin{cases} 2 & (x<k) \\ f'(x) & (x>k) \end{cases}$

삼차함수 $f(x)$의 최고차항의 계수가 1이므로

$f(x)=x^3+ax^2+bx+c$ (a, b, c는 상수)

로 놓으면

$f'(x)=3x^2+2ax+b$

또,

$h_1(t)=|t(t-1)|+t(t-1)$,

$h_2(t)=|(t-1)(t+2)|-(t-1)(t+2)$

라 하면

$h_1(t)=\begin{cases} 2t(t-1) & (t\le 0 \text{ 또는 } t\ge 1) \\ 0 & (0<t<1) \end{cases}$

$h_2(t)=\begin{cases} 0 & (t\le -2 \text{ 또는 } t\ge 1) \\ -2(t-1)(t+2) & (-2<t<1) \end{cases}$

이므로 두 함수 $y=h_1(t)$, $y=h_2(t)$의 그래프는 각각 다음 그림과 같다.

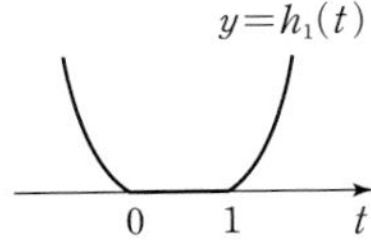

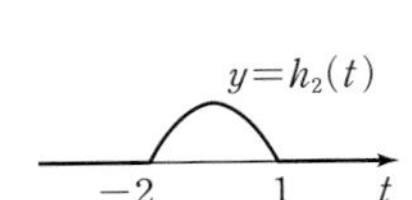

조건 (나)에서 모든 실수 x에 대하여 $\int_0^x g(t)h_1(t)dt\ge 0$이므로 오른쪽 그림과 같이 $0\le \frac{k}{2}\le 1$, 즉 $0\le k\le 2$이어야 한다.

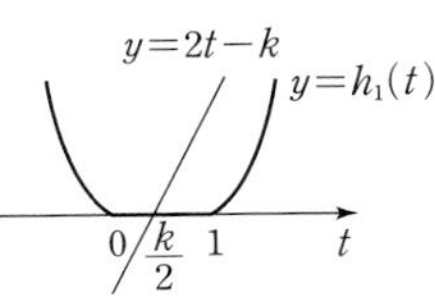

또, 모든 실수 x에 대하여 $\int_3^x g(t)h_2(t)dt\ge 0$이므로 오른쪽 그림과 같이 $\frac{k}{2}\ge 1$, 즉 $k\ge 2$이어야 한다.

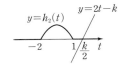

$\therefore k=2$ ······ ㉠

조건 (가)에서 함수 $g(x)$는 실수 전체의 집합에서 미분가능하므로 $x=2$에서도 미분가능하고 연속이다.

함수 $g(x)$가 $x=2$에서 연속이므로

$\lim_{x\to 2-} g(x)=\lim_{x\to 2+} g(x)=g(2)$

$\therefore 8+4a+2b+c=2$ ······ ㉡

또, 함수 $g(x)$가 $x=2$에서 미분가능하므로 $x=2$에서의 미분계수가 존재한다.

즉, $\lim_{x\to 2-} g'(x)=\lim_{x\to 2+} g'(x)$이므로

$12+4a+b=2$

$\therefore b=-4a-10$ ······ ㉢

㉢을 ㉡에 대입하면

$8+4a+2(-4a-10)+c=2$

$\therefore c=4a+14$

$\therefore f(x)=x^3+ax^2-(4a+10)x+4a+14$ ······ ㉣

한편, 함수 $g(x)$는 실수 전체의 집합에서 미분가능하고 증가하므로 $g'(x)\ge 0$이다.

따라서 $x>2$일 때 $f'(x)\ge 0$이어야 한다.

$f'(x)=3x^2+2ax-4a-10$

$=3\left(x+\frac{a}{3}\right)^2-\frac{a^2}{3}-4a-10$

(i) $-\frac{a}{3}<2$, 즉 $a>-6$일 때,

$f'(2)=12+4a-4a-10=2>0$

이므로 주어진 조건을 만족시킨다.

$\therefore a>-6$

(ii) $-\frac{a}{3}\ge 2$, 즉 $a\le -6$일 때,

$\frac{a^2}{3}-4a-10\ge 0$이어야 하므로

$a^2+12a+30\le 0$, $-6-\sqrt{6}\le a\le -6+\sqrt{6}$

그런데 $a\le -6$이므로

$-6-\sqrt{6}\le a\le -6$

(i), (ii)에서 $a\ge -6-\sqrt{6}$

$\therefore g(k+1)=g(3)=f(3)$

$=27+9a-12a-30+4a+14$

$=a+11\ge 5-\sqrt{6}$

따라서 $g(3)$의 최솟값은 $5-\sqrt{6}$이다.

정답률 확률과 통계 14%, 미적분 36%, 기하 30%

20 수능 유형 › 삼각함수의 그래프 정답 24

함수 $y=a\sin x+b$의 최댓값은 $a+b$이고 최솟값은 $-a+b$이다.

(i) $b=1$일 때,

함수 $y=a\sin x+1$의 그래프는 오른쪽 그림과 같다.

$n(A\cup B\cup C)=3$을 만족시키려면 $a+1>3$, 즉 $a>2$이어야 한다.

따라서 5 이하의 자연수 a, b의 순서쌍 (a, b)는 $(3, 1)$, $(4, 1)$, $(5, 1)$이다.

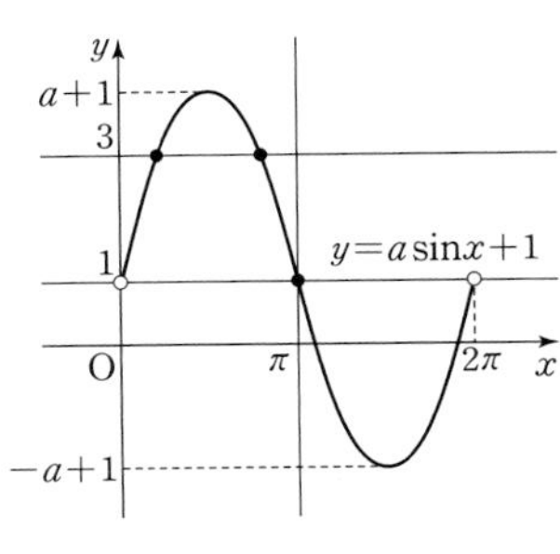

(ii) $b=2$일 때,

함수 $y=a\sin x+2$의 그래프는 오른쪽 그림과 같다.

$n(A\cup B\cup C)=3$을 만족시키려면

$a+2=3$, 즉 $a=1$이어야 한다.

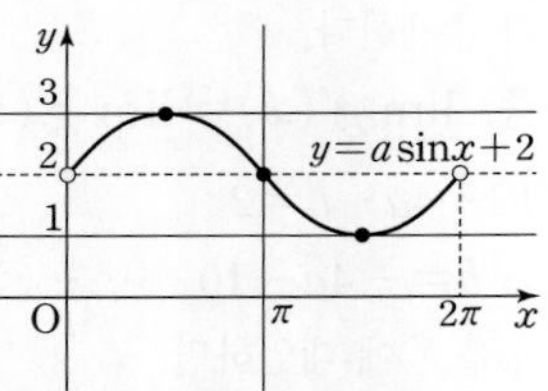

따라서 5 이하의 자연수 a, b의 순서쌍 (a, b)는 $(1, 2)$이다.

(iii) $b=3$일 때,

함수 $y=a\sin x+3$의 그래프는 오른쪽 그림과 같다.

$n(A\cup B\cup C)=3$을 만족시키려면

$-a+3<1$, 즉 $a>2$이어야 한다.

따라서 5 이하의 자연수 a, b의 순서쌍 (a, b)는 $(3, 3)$, $(4, 3)$, $(5, 3)$이다.

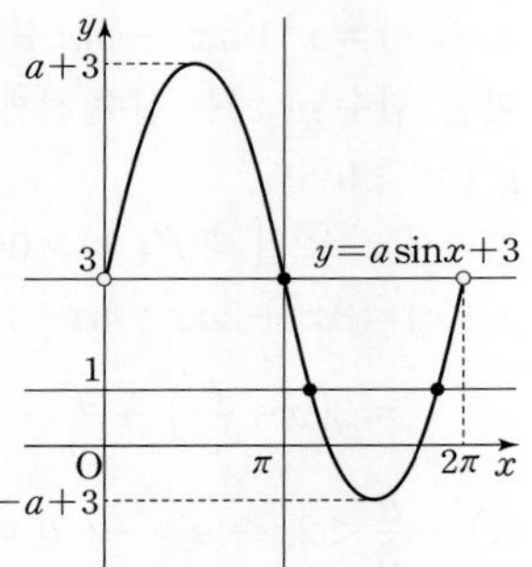

(iv) $b=4$일 때,

함수 $y=a\sin x+4$의 그래프는 오른쪽 그림과 같다.

$n(A\cup B\cup C)=3$을 만족시키려면

$1<-a+4<3$, 즉

$1<a<3$이어야 한다.

따라서 5 이하의 자연수 a, b의 순서쌍 (a, b)는 $(2, 4)$이다.

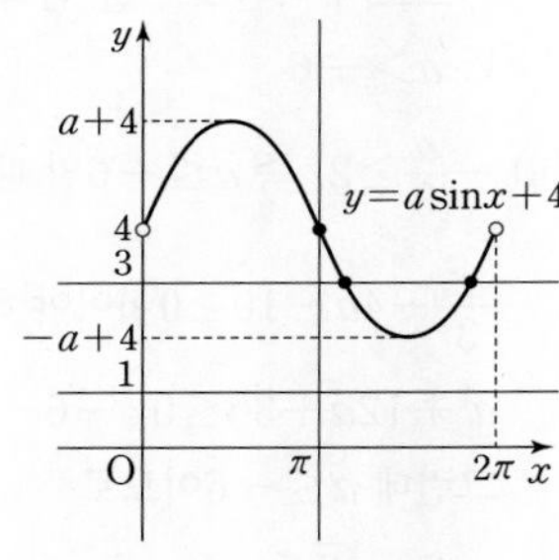

(v) $b=5$일 때,

함수 $y=a\sin x+5$의 그래프는 오른쪽 그림과 같다.

$n(A\cup B\cup C)=3$을 만족시키려면

$1<-a+5<3$, 즉

$2<a<4$이어야 한다.

따라서 5 이하의 자연수 a, b의 순서쌍 (a, b)는 $(3, 5)$이다.

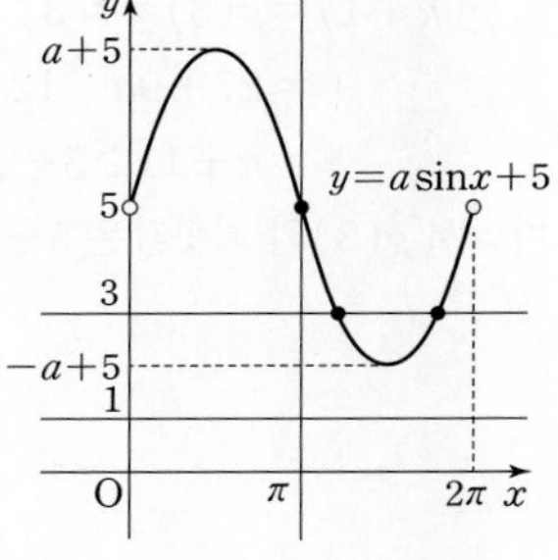

이상에서 $a+b$의 최댓값은 8, 최솟값은 3이므로

$M=8$, $m=3$

$\therefore M\times m=8\times 3=24$

21

정답률 확률과 통계 10%, 미적분 36%, 기하 26%

수능 유형 › 부정적분 **정답 15**

조건 (나)에서 방정식 $f(x)=k$의 서로 다른 실근의 개수가 3 이상인 실수 k의 값이 존재하므로 삼차방정식 $f'(x)=0$은 서로 다른 세 실근을 갖는다.

삼차방정식 $f'(x)=0$의 서로 다른 세 실근을 각각 α, β, $\gamma(\alpha<\beta<\gamma)$라 하면 부등식 $f'(x)\le 0$의 해는

$x\le\alpha$ 또는 $\beta\le x\le\gamma$

이므로 조건 (가)에 의하여 $\gamma=2$

$f'(1)=0$, $f'(2)=0$에서 $b\ne 1$, $b<2$인 상수 b에 대하여

$$f'(x)=4(x-1)(x-2)(x-b)$$
$$=4x^3-4(b+3)x^2+4(3b+2)x-8b$$

라 하면

$$f(x)=\int f'(x)dx$$
$$=\int\{4x^3-4(b+3)x^2+4(3b+2)x-8b\}dx$$
$$=x^4-\frac{4}{3}(b+3)x^3+2(3b+2)x^2-8bx+C$$

(단, C는 적분상수)

$f(0)=0$에서 $C=0$이므로

$$f(x)=x^4-\frac{4}{3}(b+3)x^3+2(3b+2)x^2-8bx \quad \cdots\cdots ㉠$$

이때 조건 (나)를 만족시키는 경우는 다음과 같다.

(i) $b<1$이고 $f(b)<f(2)$인 경우

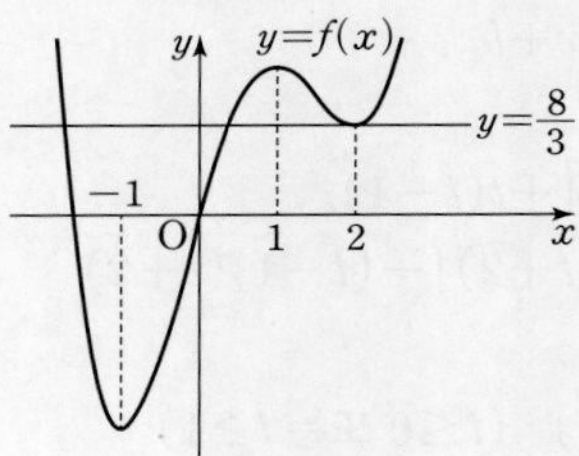

조건 (나)에 의하여 $f(2)=\frac{8}{3}$이어야 하므로

㉠에서

$$f(2)=16-\frac{32}{3}(b+3)+8(3b+2)-16b$$
$$=-\frac{8}{3}b=\frac{8}{3}$$

$\therefore b=-1$

$f(x)=x^4-\frac{8}{3}x^3-2x^2+8x$에서

$$f(-1)=1+\frac{8}{3}-2-8$$
$$=-\frac{19}{3}<\frac{8}{3}$$

이므로 주어진 조건을 만족시킨다.

$$\therefore f(3)=81-72-18+24$$
$$=15$$

(ii) $b<1$이고 $f(2)<f(b)$인 경우

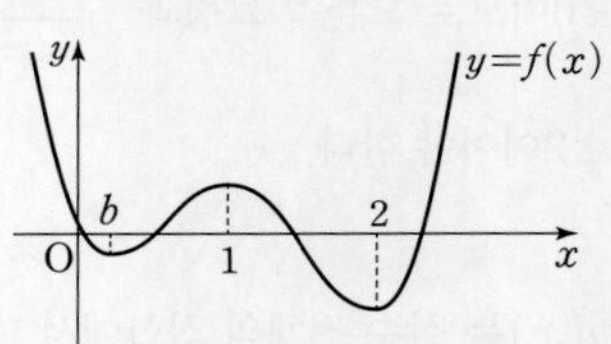

함수 $f(x)$는 $x=b$에서 극소이고 $f(0)=0$이므로 $f(b)\le 0$이다. 따라서 방정식 $f(x)=k$의 서로 다른 실근의 개수가 3 이상이 되도록 하는 실수 k의 최솟값은 0 또는 음수이므로 조건 (나)를 만족시키지 않는다.

(iii) $1<b<2$인 경우

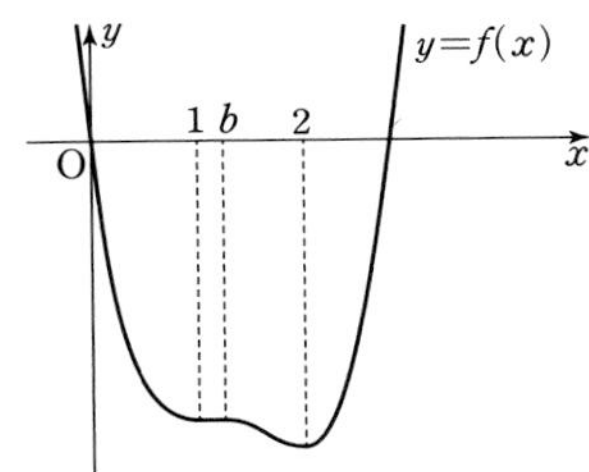

함수 $f(x)$는 $x=1$에서 극소이고 $f(0)=0$이므로 $f(1)<0$이다. 따라서 방정식 $f(x)=k$의 서로 다른 실근의 개수가 3 이상이 되도록 하는 실수 k의 최솟값은 음수이므로 조건 (나)를 만족시키지 않는다.

(i), (ii), (iii)에서 $f(3)=15$

22

정답률 확률과 통계 3%, 미적분 15%, 기하 10%

수능 유형 › 수열의 귀납적 정의 **정답 231**

2 이상 15 이하의 자연수 n에 대하여 $n\neq4$, $n\neq9$이면

$a_{n+1}=a_n+1$, 즉 $a_n=a_{n+1}-1$

임을 알 수 있다.

이때 $a_{15}=1$이므로

$a_{14}=a_{15}-1=0$

$a_{13}=a_{14}-1=-1$

$a_{12}=a_{13}-1=-2$

$a_{11}=a_{12}-1=-3$

$a_{10}=a_{11}-1=-4$

(i) $a_9>0$일 때,

$\sqrt{n}=\sqrt{9}=3$으로 자연수이고 $a_9>0$이므로

$a_{10}=a_9-\sqrt{9}\times a_{\sqrt{9}}=-4$에서 $a_9=3a_3-4$

$a_8=a_9-1=3a_3-5$

$a_7=a_8-1=3a_3-6$

$a_6=a_7-1=3a_3-7$

$a_5=a_6-1=3a_3-8$

① $a_4>0$일 때,

$a_5=a_4-\sqrt{4}\times a_{\sqrt{4}}$

즉, $3a_3-8=a_4-2a_2$이므로

$a_4=3a_3+2a_2-8$

이때 $a_4=a_3+1$이므로

$a_3+1=3a_3+2a_2-8$

$\therefore a_3+a_2=\frac{9}{2}$ …… ㉠

한편, $a_3=a_2+1$ …… ㉡

이므로 ㉠, ㉡을 연립하여 풀면

$a_2=\frac{7}{4}$, $a_3=\frac{11}{4}$

이때 $a_9=3a_3-4=3\times\frac{11}{4}-4>0$,

$a_4=a_3+1=\frac{11}{4}+1>0$이므로 $a_9>0$, $a_4>0$을 만족시킨다.

$\therefore a_1=-a_2=-\frac{7}{4}$

② $a_4\leq0$일 때,

$a_5=a_4+1$

즉, $3a_3-8=a_4+1$이므로

$a_4=3a_3-9$

이때 $a_4=a_3+1$이므로

$a_3+1=3a_3-9$

$2a_3=10$ $\therefore a_3=5$

그런데 $a_3=5$이면 $a_4=6>0$이므로 $a_4\leq0$에 모순이다.

(ii) $a_9\leq0$일 때,

$a_9=a_{10}-1=-5$이므로

$a_5=-9$

① $a_4>0$일 때,

$a_5=a_4-\sqrt{4}\times a_{\sqrt{4}}$

즉, $a_5=a_4-2a_2$이므로

$-9=a_4-2a_2$ $\therefore a_4=2a_2-9$

이때 $a_4=a_3+1$이므로

$a_3+1=2a_2-9$ $\therefore a_3=2a_2-10$

그런데 $a_3=a_2+1$이므로

$a_2+1=2a_2-10$ $\therefore a_2=11$

이때 $a_4=2\times11-9>0$이므로 $a_4>0$을 만족시킨다.

$\therefore a_1=-a_2=-11$

② $a_4\leq0$일 때,

$a_5=a_4+1=-9$이므로

$a_4=-9-1=-10$

$a_3=-10-1=-11$

$a_2=-11-1=-12$

$\therefore a_1=-a_2=12$

(i), (ii)에서 구하는 모든 a_1의 값의 곱은

$-\frac{7}{4}\times(-11)\times12=231$

실전적용 key

주어진 수열의 귀납적 정의에서는 규칙이 없어서 일반항을 구하기 어려우므로 $a_{15}=1$부터 시작하여 거꾸로 접근하면 쉽다. 이때 $\sqrt{n}$이 자연수인 경우에 정의가 달라지므로 2 이상 15 이하의 자연수 n에서 a_4, a_9의 부호를 기준으로 경우를 나누어 접근해 본다.

제4회 2025학년도 6월 모의평가

제5회

5지선다형

09 ⑤ 10 ① 11 ① 12 ② 13 ④ 14 ⑤
15 ①

단답형

20 15 21 31 22 8

09

정답률 확률과 통계 85%, 미적분 96%, 기하 93%

수능 유형 › 정적분의 계산 정답 ⑤

$5\int_0^1 f(x)dx-\int_0^1 (5x+f(x))dx$

$=\int_0^1 5f(x)dx-\int_0^1 (5x+f(x))dx$

$=\int_0^1 (5f(x)-5x-f(x))dx$

$=\int_0^1 (4f(x)-5x)dx$

$=\int_0^1 \{4(x^2+x)-5x\}dx$

$=\int_0^1 (4x^2-x)dx$

$=\left[\frac{4}{3}x^3-\frac{1}{2}x^2\right]_0^1$

$=\frac{4}{3}-\frac{1}{2}=\frac{5}{6}$

10

정답률 확률과 통계 42%, 미적분 74%, 기하 72%

수능 유형 › 삼각함수의 활용 정답 ①

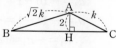

$\overline{AB}:\overline{AC}=\sqrt{2}:1$이므로

$\overline{AB}=\sqrt{2}k$, $\overline{AC}=k$ $(k>0)$로 놓자.

직각삼각형 AHC에서 $\sin C=\frac{2}{k}$

삼각형 ABC의 외접원의 반지름의 길이를 R라 하면

$\pi R^2=50\pi$, $R^2=50$

$\therefore R=5\sqrt{2}$ $(\because R>0)$

삼각형 ABC에서 사인법칙에 의하여

$\frac{\overline{AB}}{\sin C}=2R$, $\overline{AB}=2R\sin C$

$\sqrt{2}k=2\times 5\sqrt{2}\times\frac{2}{k}$, $k^2=20$

$\therefore k=2\sqrt{5}$ $(\because k>0)$

따라서 $\overline{AB}=\sqrt{2}k=2\sqrt{10}$이므로 직각삼각형 ABH에서

$\overline{BH}=\sqrt{\overline{AB}^2-\overline{AH}^2}=\sqrt{(2\sqrt{10})^2-2^2}=6$

11

정답률 확률과 통계 69%, 미적분 91%, 기하 85%

수능 유형 › 속도와 가속도 정답 ①

두 점 P, Q의 위치가 같아질 때는 $x_1=x_2$이므로

$t^2+t-6=-t^3+7t^2$, $t^3-6t^2+t-6=0$

$t^2(t-6)+t-6=0$, $(t-6)(t^2+1)=0$

$\therefore t=6$ $(\because t\geq 0)$

즉, $t=6$일 때 두 점 P, Q의 위치가 같아진다.

한편, 시각 t에서의 두 점 P, Q의 속도를 각각 $v_1(t)$, $v_2(t)$라 하면

$v_1(t)=\frac{dx_1}{dt}=2t+1$, $v_2(t)=\frac{dx_2}{dt}=-3t^2+14t$

두 점 P, Q의 시각 t에서의 가속도를 각각 $a_1(t)$, $a_2(t)$라 하면

$a_1(t)=\frac{dv_1}{dt}=2$, $a_2(t)=\frac{dv_2}{dt}=-6t+14$

따라서 $t=6$에서의 두 점 P, Q의 가속도는 각각

$a_1(6)=2$이므로 $p=2$

$a_2(6)=-6\times 6+14=-22$이므로 $q=-22$

$\therefore p-q=2-(-22)=24$

12

정답률 확률과 통계 58%, 미적분 83%, 기하 75%

수능 유형 › 여러 가지 수열의 합 정답 ②

$b_1=\sum_{k=1}^{1}(-1)^{k+1}a_k=a_1$, $b_2=\sum_{k=1}^{2}(-1)^{k+1}a_k=a_1-a_2$

등차수열 $\{a_n\}$의 공차를 d라 하면 $b_2=-2$이므로

$a_1-a_2=-d=-2$ $\therefore d=2$

또한

$b_3=\sum_{k=1}^{3}(-1)^{k+1}a_k=a_1-a_2+a_3=-d+a_3=a_3-2$

$b_7=\sum_{k=1}^{7}(-1)^{k+1}a_k=a_1-a_2+a_3-a_4+a_5-a_6+a_7$

$=-3d+a_7=a_7-6$

이므로

$b_3+b_7=(a_3-2)+(a_7-6)$

$=a_3+a_7-8$

$=(a_1+2d)+(a_1+6d)-8$

$=2a_1+8d-8$

$=2a_1+8\times 2-8$

$=2a_1+8$

$b_3+b_7=0$이므로 $2a_1+8=0$ $\therefore a_1=-4$

이때

$b_1=a_1$

$b_2=a_1-a_2=-d$

$b_3=a_1-a_2+a_3=a_1+d$

$b_4=a_1-a_2+a_3-a_4=-2d$

$b_5=a_1-a_2+a_3-a_4+a_5=a_1+2d$

$b_6=a_1-a_2+a_3-a_4+a_5-a_6=-3d$

$b_7=a_1-a_2+a_3-a_4+a_5-a_6+a_7=a_1+3d$

$b_8=a_1-a_2+a_3-a_4+a_5-a_6+a_7-a_8=-4d$

$b_9=a_1-a_2+a_3-a_4+a_5-a_6+a_7-a_8+a_9=a_1+4d$

$\therefore b_1+b_2+b_3+\cdots+b_9$

$=b_1+(b_2+b_3)+(b_4+b_5)+(b_6+b_7)+(b_8+b_9)$

$=a_1+a_1+a_1+a_1+a_1=5a_1$

$=5\times(-4)=-20$

따라서 구하는 합은 -20이다.

정답률 확률과 통계 59%, 미적분 83%, 기하 75%

13 수능 유형 › 곡선과 x축 사이의 넓이 정답 ④

함수 $y=f(x)$의 그래프는 y축에 대하여 대칭이므로 곡선 $y=f(x)$와 선분 PQ로 둘러싸인 부분의 넓이는 y축에 의하여 이등분된다.

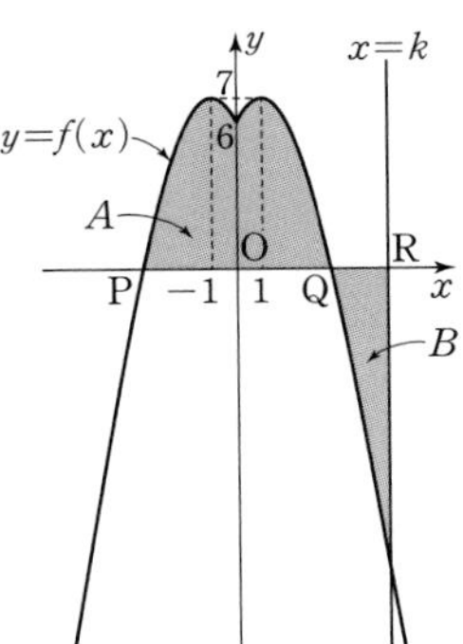

이때 $A=2B$이므로 $\int_0^k(-x^2+2x+6)dx=0$이어야 한다. 즉,

$$\int_0^k(-x^2+2x+6)dx=\left[-\frac{1}{3}x^3+x^2+6x\right]_0^k$$
$$=-\frac{1}{3}k^3+k^2+6k=0$$

에서 $-\frac{1}{3}k(k+3)(k-6)=0$ $\therefore k=6$ ($\because k>4$)

정답률 확률과 통계 26%, 미적분 61%, 기하 49%

14 수능 유형 › 지수함수와 로그함수의 그래프 정답 ⑤

곡선 $y=2^x$과 곡선 $y=\log_2 x$는 직선 $y=x$에 대하여 대칭이므로 x_n은 점 B_n의 y좌표와 같다.

두 점 A_n, B_n의 좌표를 각각 $\mathrm{A}_n(a_n, 2^{a_n})$, $\mathrm{B}_n(b_n, 2^{b_n})$ $(a_n<b_n)$이라 하면

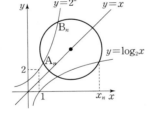

조건 (가)에서 $\frac{2^{b_n}-2^{a_n}}{b_n-a_n}=3$

$2^{b_n}-2^{a_n}=3(b_n-a_n)$ …… ㉠

조건 (나)에서 $\overline{\mathrm{A}_n\mathrm{B}_n}=n\times\sqrt{10}$의 양변을 제곱하면

$\overline{\mathrm{A}_n\mathrm{B}_n}^2=10n^2$이므로

$(b_n-a_n)^2+(2^{b_n}-2^{a_n})^2=10n^2$ …… ㉡

㉠을 ㉡에 대입하여 정리하면

$(b_n-a_n)^2+9(b_n-a_n)^2=10n^2$

$(b_n-a_n)^2=n^2$

$a_n<b_n$이므로 $b_n-a_n=n$ $\therefore a_n=b_n-n$

위의 식을 ㉠에 대입하여 정리하면

$2^{b_n}-2^{b_n-n}=3n$, $2^{b_n}\left(1-\frac{1}{2^n}\right)=3n$

$2^{b_n}=3n\times\frac{2^n}{2^n-1}$

따라서 $x_n=2^{b_n}=3n\times\frac{2^n}{2^n-1}$이므로

$x_1=3\times\frac{2}{2-1}=6$, $x_2=6\times\frac{2}{4-1}=8$,

$x_3=9\times\frac{8}{8-1}=\frac{72}{7}$

$\therefore x_1+x_2+x_3=6+8+\frac{72}{7}=\frac{170}{7}$

정답률 확률과 통계 38%, 미적분 74%, 기하 54%

15 수능 유형 › 정적분의 계산 정답 ①

조건 (가)의 양변을 x에 대하여 미분하면

$xf(x)+xg(x)=12x^3+24x^2-6x$

$\therefore f(x)+g(x)=12x^2+24x-6$ …… ㉠

이때 조건 (나)에서 $f(x)=xg'(x)$이므로 ㉠에서

$xg'(x)+g(x)=12x^2+24x-6$

$\{xg(x)\}'=12x^2+24x-6$

$\therefore xg(x)=\int(12x^2+24x-6)dx$

$=4x^3+12x^2-6x+C$ (단, C는 적분상수)

이때 $g(x)$는 다항함수이므로 $C=0$

즉, $xg(x)=4x^3+12x^2-6x$이므로

$g(x)=4x^2+12x-6$

$$\therefore \int_0^3 g(x)dx=\int_0^3(4x^2+12x-6)dx$$
$$=\left[\frac{4}{3}x^3+6x^2-6x\right]_0^3$$
$$=36+54-18=72$$

정답률 확률과 통계 33%, 미적분 67%, 기하 53%

20 수능 유형 › 삼각함수를 포함한 방정식 정답 15

함수 $y=\sin x-1$의 그래프는 함수 $y=\sin x$의 그래프를 y축의 방향으로 -1만큼 평행이동한 것이므로 $0\le x<\pi$에서 함수 $y=\sin x-1$의 최댓값은 0이고, 최솟값은 -1이다.

함수 $y=-\sqrt{2}\sin x-1$의 그래프는 함수 $y=-\sqrt{2}\sin x$의 그래프를 y축의 방향으로 -1만큼 평행이동한 것이므로 $\pi\le x\le 2\pi$에서 함수 $y=-\sqrt{2}\sin x-1$의 최댓값은 $\sqrt{2}-1$, 최솟값은 -1이다.

즉, 닫힌구간 $[0, 2\pi]$에서 함수

$$f(x)=\begin{cases}\sin x-1 & (0\le x<\pi)\\ -\sqrt{2}\sin x-1 & (\pi\le x\le 2\pi)\end{cases}$$

의 그래프는 오른쪽 그림과 같다.

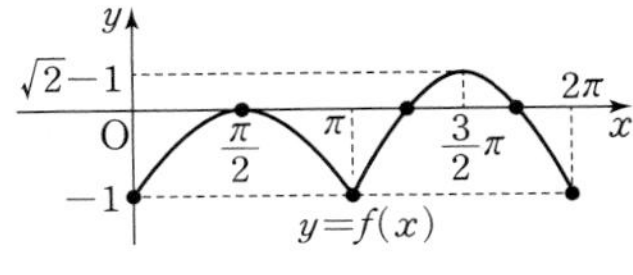

$0\le t\le 2\pi$인 실수 t에 대하여 방정식 $f(x)=f(t)$의 서로 다른 실근의 개수가 3이므로 함수 $y=f(x)$의 그래프와 직선 $y=f(t)$가 서로 다른 세 점에서 만나야 한다.

$\therefore f(t)=-1$ 또는 $f(t)=0$

(i) $f(t)=-1$일 때,

$t=0$ 또는 $t=\pi$ 또는 $t=2\pi$

(ii) $f(t)=0$일 때,

$t=\dfrac{\pi}{2}$ 또는 $-\sqrt{2}\sin t-1=0\ (\pi\le t\le 2\pi)$

$-\sqrt{2}\sin t-1=0$에서 $\sin t=-\dfrac{\sqrt{2}}{2}$

$\pi\le t\le 2\pi$이므로 $t=\dfrac{5}{4}\pi$ 또는 $t=\dfrac{7}{4}\pi$

(i), (ii)에서 모든 t의 값의 합은

$0+\pi+2\pi+\dfrac{\pi}{2}+\dfrac{5}{4}\pi+\dfrac{7}{4}\pi=\dfrac{13}{2}\pi$

따라서 $p=2,\ q=13$이므로 $p+q=2+13=15$

21

정답률 확률과 통계 7%, 미적분 25%, 기하 18%

수능 유형 › 미분계수와 도함수 **정답 31**

$2k-8\le\dfrac{f(k+2)-f(k)}{2}\le 4k^2+14k$ ······ ㉠

에서

$2k-8=4k^2+14k$

$k^2+3k+2=0,\ (k+1)(k+2)=0$

$\therefore k=-1$ 또는 $k=-2$

㉠에 $k=-1$을 대입하면 $-10\le\dfrac{f(1)-f(-1)}{2}\le-10$

이므로 $\dfrac{f(1)-f(-1)}{2}=-10$

$\therefore f(1)-f(-1)=-20$ ······ ㉡

또, ㉠에 $k=-2$를 대입하면 $-12\le\dfrac{f(0)-f(-2)}{2}\le-12$

이므로 $\dfrac{f(0)-f(-2)}{2}=-12$

$\therefore f(0)-f(-2)=-24$ ······ ㉢

삼차함수 $f(x)$의 최고차항의 계수가 1이므로

$f(x)=x^3+ax^2+bx+c$ ($a,\ b,\ c$는 상수)

로 놓으면 ㉡에서

$f(1)-f(-1)=(1+a+b+c)-(-1+a-b+c)$
$=2+2b=-20$

$\therefore b=-11$

㉢에서

$f(0)-f(-2)=c-(-8+4a-2b+c)$
$=8-4a+2\times(-11)$
$=-4a-14=-24$

$\therefore a=\dfrac{5}{2}$

즉, $f(x)=x^3+\dfrac{5}{2}x^2-11x+c$에서

$f'(x)=3x^2+5x-11$

이므로

$f'(3)=3\times3^2+5\times3-11=31$

22

정답률 확률과 통계 12%, 미적분 40%, 기하 26%

수능 유형 › 수열의 귀납적 정의 **정답 8**

조건 (나)에서 $\left(a_{n+1}-a_n+\dfrac{2}{3}k\right)(a_{n+1}+ka_n)=0$이므로

$a_{n+1}-a_n+\dfrac{2}{3}k=0$ 또는 $a_{n+1}+ka_n=0$

$\therefore a_{n+1}=a_n-\dfrac{2}{3}k$ 또는 $a_{n+1}=-ka_n$

$a_1=k$이므로

$a_2=a_1-\dfrac{2}{3}k=k-\dfrac{2}{3}k=\dfrac{1}{3}k$

또는 $a_2=-ka_1=-k\times k=-k^2$

(i) $a_2=\dfrac{1}{3}k$일 때,

$a_3=a_2-\dfrac{2}{3}k=\dfrac{1}{3}k-\dfrac{2}{3}k=-\dfrac{1}{3}k$

또는 $a_3=-ka_2=-k\times\dfrac{1}{3}k=-\dfrac{1}{3}k^2$

① $a_3=-\dfrac{1}{3}k$일 때,

$a_2\times a_3=\dfrac{1}{3}k\times\left(-\dfrac{1}{3}k\right)=-\dfrac{1}{9}k^2<0$

이므로 조건 (가)를 만족시킨다.

이때 $a_4,\ a_5$의 값을 구하면 다음과 같다.

a_3	a_4	a_5
$-\frac{1}{3}k$	$-k$	$-\frac{5}{3}k$ … ㉠
		k^2 … ㉡
	$\frac{1}{3}k^2$	$\frac{1}{3}k^2-\frac{2}{3}k$ … ㉢
		$-\frac{1}{3}k^3$ … ㉣

$k>0$이므로 ㉠, ㉡, ㉣에서

$a_5\ne0$

㉢에서 $a_5=\dfrac{1}{3}k^2-\dfrac{2}{3}k=0$이려면

$k^2-2k=0,\ k(k-2)=0$

$\therefore k=2\ (\because k>0)$

② $a_3=-\dfrac{1}{3}k^2$일 때,

$a_2\times a_3=\dfrac{1}{3}k\times\left(-\dfrac{1}{3}k^2\right)=-\dfrac{1}{9}k^2<0$

이므로 조건 (가)를 만족시킨다.

이때 $a_4,\ a_5$의 값을 구하면 다음과 같다.

a_3	a_4	a_5
$-\frac{1}{3}k^2$	$-\frac{1}{3}k^2-\frac{2}{3}k$	$-\frac{1}{3}k^3-\frac{4}{3}k$ … ㉤
		$\frac{1}{3}k^3+\frac{2}{3}k^2$ … ㉥
	$\frac{1}{3}k^3$	$\frac{1}{3}k^3-\frac{2}{3}k$ … ㉦
		$-\frac{1}{3}k^4$ … ㉧

$k>0$이므로 ㉤, ㉥, ㉧에서

$a_5\ne0$

ⓢ에서 $a_5=\frac{1}{3}k^3-\frac{2}{3}k=0$이려면

$k^3-2k=0$, $k(k^2-2)=0$

$\therefore k=\sqrt{2}$ ($\because k>0$)

(ii) $a_2=-k^2$일 때,

$a_3=a_2-\frac{2}{3}k=-k^2-\frac{2}{3}k$

또는 $a_3=-ka_2=-k\times(-k^2)=k^3$

① $a_3=-k^2-\frac{2}{3}k$일 때,

$a_2\times a_3=(-k^2)\times\left(-k^2-\frac{2}{3}k\right)=k^2\left(k^2+\frac{2}{3}k\right)>0$

이므로 조건 (가)를 만족시키지 않는다.

② $a_3=k^3$일 때,

$a_2\times a_3=(-k^2)\times k^3=-k^5<0$

이므로 조건 (가)를 만족시킨다.

이때 a_4, a_5의 값을 구하면 다음과 같다.

a_3	a_4	a_5
k^3	$k^3-\frac{2}{3}k$	$k^3-\frac{4}{3}k$ ⋯ ⓩ
		$-k^4+\frac{2}{3}k^2$ ⋯ ⓒ
	$-k^4$	$-k^4-\frac{2}{3}k$ ⋯ ⓚ
		k^5 ⋯ ⓣ

$k>0$이므로 ⓚ, ⓣ에서

$a_5\neq0$

ⓩ에서 $a_5=k^3-\frac{4}{3}k=0$이려면

$3k^3-4k=0$, $k(3k^2-4)=0$

$\therefore k=\frac{2\sqrt{3}}{3}$ ($\because k>0$)

ⓒ에서 $a_5=-k^4+\frac{2}{3}k^2=0$이려면

$3k^4-2k^2=0$, $k^2(3k^2-2)=0$

$\therefore k=\frac{\sqrt{6}}{3}$ ($\because k>0$)

(i), (ii)에서 구하는 k^2의 값의 합은

$2^2+(\sqrt{2})^2+\left(\frac{2\sqrt{3}}{3}\right)^2+\left(\frac{\sqrt{6}}{3}\right)^2$

$=4+2+\frac{4}{3}+\frac{2}{3}$

$=8$

제6회

5지선다형

09 ④ 10 ③ 11 ② 12 ① 13 ⑤ 14 ④ 15 ②

단답형

20 36 21 16 22 64

정답률 확률과 통계 81%, 미적분 95%, 기하 91%

09 수능 유형 › 정적분의 계산 정답 ④

$\int_{-2}^{a}f(x)dx=\int_{-2}^{0}f(x)dx$에서

$\int_{-2}^{a}f(x)dx-\int_{-2}^{0}f(x)dx=0$

$\int_{-2}^{a}f(x)dx+\int_{0}^{-2}f(x)dx=0$

$\int_{0}^{a}f(x)dx=0$

$\int_{0}^{a}(3x^2-16x-20)dx$

$=\left[x^3-8x^2-20x\right]_0^a$

$=a^3-8a^2-20a$

즉, $a^3-8a^2-20a=0$이므로

$a(a^2-8a-20)=0$

$a(a+2)(a-10)=0$

$\therefore a=0$ 또는 $a=-2$ 또는 $a=10$

이때 a는 양수이므로 $a=10$

정답률 확률과 통계 70%, 미적분 91%, 기하 85%

10 수능 유형 › 삼각함수의 그래프 정답 ③

a가 자연수이므로 함수 $f(x)=a\cos bx+3$의 최댓값은 $a+3$이다.

즉, $a+3=13$에서 $a=10$

함수 $f(x)=10\cos bx+3$이 $x=\frac{\pi}{3}$에서 최댓값 13을 가지므로

$f\left(\frac{\pi}{3}\right)=13$에서

$10\cos\frac{b\pi}{3}+3=13$

$10\cos\frac{b\pi}{3}=10$

$\therefore \cos\frac{b\pi}{3}=1$

이때 $0\le x\le 2\pi$이므로

$\frac{b\pi}{3}=0$ 또는 $\frac{b\pi}{3}=2\pi$

$\therefore b=0$ 또는 $b=6$

그런데 b는 자연수이므로 $b=6$

$\therefore a+b=10+6=16$

정답률 확률과 통계 77%, 미적분 93%, 기하 89%

11 수능 유형 › 속도와 가속도 정답 ②

점 P의 시각 t에서의 속도를 $v(t)$라 하면

$v(t)=\frac{dx}{dt}=3t^2-3t-6$

또, 점 P의 시각 t에서의 가속도를 $a(t)$라 하면

$a(t)=\frac{dv}{dt}=6t-3$

이때 점 P가 운동 방향을 바꾸려면

$v(t)=0$에서 $3t^2-3t-6=0$

$3(t^2-t-2)=0$, $3(t+1)(t-2)=0$

$\therefore t=2\ (\because t\geq 0)$

따라서 $t=2$에서의 점 P의 가속도는

$a(2)=6\times 2-3=9$

정답률 확률과 통계 61%, 미적분 86%, 기하 79%

12 수능 유형 › 여러 가지 수열의 합 + 수열의 합과 일반항 사이의 관계 정답 ①

$\sum_{k=1}^{n}\frac{a_k}{b_{k+1}}=\frac{1}{2}n^2$의 양변에 $n=1$을 대입하면

$\frac{a_1}{b_2}=\frac{1}{2}$에서 $\frac{2}{b_2}=\frac{1}{2}$

$\therefore b_2=4$

등차수열 $\{b_n\}$의 공차를 d라 하면

$b_2=2+d=4 \qquad \therefore d=2$

즉, 수열 $\{b_n\}$은 첫째항이 2, 공차가 2인 등차수열이므로

$b_n=2+(n-1)\times 2=2n$

한편, $c_n=\frac{a_n}{b_{n+1}}$이라 하고, 수열 $\{c_n\}$의 첫째항부터 제n항까지의 합을 S_n이라 하면

$S_n=\sum_{k=1}^{n}\frac{a_k}{b_{k+1}}=\frac{1}{2}n^2$

(i) $n=1$일 때, $c_1=S_1=\frac{1}{2}$

(ii) $n\geq 2$일 때,

$$c_n=S_n-S_{n-1}=\frac{1}{2}n^2-\frac{1}{2}(n-1)^2=n-\frac{1}{2} \quad \cdots\cdots ㉠$$

이때 $c_1=S_1=\frac{1}{2}$은 ㉠에 $n=1$을 대입한 것과 같으므로

$c_n=n-\frac{1}{2}$

$b_{n+1}=2(n+1)$이고, $c_n=\frac{a_n}{b_{n+1}}$이므로

$n-\frac{1}{2}=\frac{a_n}{2(n+1)} \qquad \therefore a_n=(2n-1)(n+1)$

$$\begin{aligned}\therefore \sum_{k=1}^{5}a_k&=\sum_{k=1}^{5}(2k-1)(k+1)\\&=\sum_{k=1}^{5}(2k^2+k-1)\\&=2\times\frac{5\times 6\times 11}{6}+\frac{5\times 6}{2}-5\\&=110+15-5=120\end{aligned}$$

정답률 확률과 통계 50%, 미적분 83%, 기하 72%

13 수능 유형 › 두 곡선 사이의 넓이 정답 ⑤

삼차함수 $f(x)$는 최고차항의 계수가 1이고 $f(1)=0$, $f(2)=0$이므로

$f(x)=(x-1)(x-2)(x-k)\ (k\neq 0)$

으로 놓을 수 있다.

$f'(x)=(x-2)(x-k)+(x-1)(x-k)+(x-1)(x-2)$

이때 $f'(0)=-7$이므로

$f'(0)=2k+k+2=-7$, $3k=-9 \qquad \therefore k=-3$

즉, $f(x)=(x-1)(x-2)(x+3)=x^3-7x+6$

이고 $f(3)=12$이므로 점 P$(3, 12)$이다.

두 점 O, P를 지나는 직선의 기울기는 $\frac{12-0}{3-0}=4$이므로

두 점 O, P를 지나는 직선의 방정식은

$y-12=\frac{12}{3}(x-3)$에서 $y=4x$

$$\begin{aligned}\therefore B-A&=\int_0^3\{4x-(x^3-7x+6)\}dx\\&=\int_0^3(-x^3+11x-6)dx\\&=\left[-\frac{1}{4}x^4+\frac{11}{2}x^2-6x\right]_0^3\\&=-\frac{81}{4}+\frac{99}{2}-18=\frac{45}{4}\end{aligned}$$

정답률 확률과 통계 32%, 미적분 59%, 기하 52%

14 수능 유형 › 삼각함수의 활용 정답 ④

$\overline{AD}:\overline{DB}=3:2$이므로 $\overline{AD}=3k$, $\overline{DB}=2k\ (k>0)$로 놓자.

삼각형 ABC에서 사인법칙에 의하여

$\sin A:\sin C=\overline{BC}:\overline{AB}=8:5$

이때 $\overline{AB}=\overline{AD}+\overline{DB}=5k$

이므로 $\overline{BC}=8k$

두 삼각형 ADE, ABC의 넓이를 각각 S_1, S_2라 하면

$$\begin{aligned}S_1&=\frac{1}{2}\times\overline{AD}\times\overline{AE}\times\sin A\\&=\frac{1}{2}\times(3k)^2\times\sin A\\&=\frac{9}{2}k^2\sin A\end{aligned}$$

$$\begin{aligned}S_2&=\frac{1}{2}\times\overline{AB}\times\overline{AC}\times\sin A\\&=\frac{1}{2}\times 5k\times\overline{AC}\times\sin A\\&=\frac{5}{2}k\sin A\times\overline{AC}\end{aligned}$$

이때 $S_1:S_2=9:35$이므로 $9S_2=35S_1$

$9\times\frac{5}{2}k\sin A\times\overline{AC}=35\times\frac{9}{2}k^2\sin A$

$\therefore \overline{AC}=7k$

삼각형 ABC에서 코사인법칙에 의하여

$\cos B=\frac{(5k)^2+(8k)^2-(7k)^2}{2\times 5k\times 8k}=\frac{40k^2}{80k^2}=\frac{1}{2}$

$\sin B=\sqrt{1-\cos^2 B}=\sqrt{1-\frac{1}{4}}=\sqrt{\frac{3}{4}}$

이므로

$\sin B=\frac{\sqrt{3}}{2}$

또, 삼각형 ABC의 외접원의 반지름의 길이가 7이므로 사인법칙에 의하여

$\frac{\overline{\mathrm{AC}}}{\sin B}=14$, $\frac{7k}{\sin B}=14$

$7k=14\times\frac{\sqrt{3}}{2}$ $\quad\therefore k=\sqrt{3}$

삼각형 PBC의 넓이가 최대가 되도록 하는 점 P는 점 A를 지나고 선분 BC에 수직인 직선과 원 O와의 두 교점 중 선분 BC로부터 멀리 떨어져 있는 점이다.

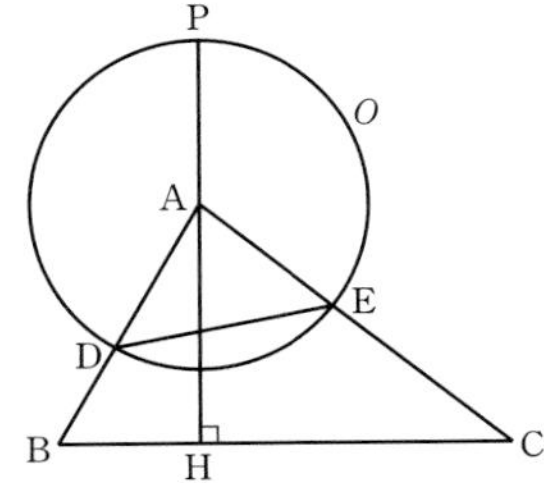

이때 점 A에서 선분 BC에 내린 수선의 발을 H라 하면

직각삼각형 ABH에서

$\overline{\mathrm{AH}}=\overline{\mathrm{AB}}\times\sin B$

$=5\sqrt{3}\times\frac{\sqrt{3}}{2}=\frac{15}{2}$

따라서 삼각형 PBC의 최댓값은

$\frac{1}{2}\times\overline{\mathrm{BC}}\times\overline{\mathrm{PH}}=\frac{1}{2}\times\overline{\mathrm{BC}}\times(\overline{\mathrm{PA}}+\overline{\mathrm{AH}})$

$=\frac{1}{2}\times 8\sqrt{3}\times\left(3\sqrt{3}+\frac{15}{2}\right)$

$=36+30\sqrt{3}$

정답률 확률과 통계 31%, 미적분 59%, 기하 48%

15 수능 유형 › 방정식의 실근의 개수 + 미분가능성 정답 ②

$f(x)=bx^2+cx+d$ (b, c, d는 상수, $b<0$)로 놓으면

$f'(x)=2bx+c$

조건 (가)에서 함수 $g(x)$가 실수 전체의 집합에서 미분가능하므로 실수 전체의 집합에서 연속이다.

즉, 함수 $g(x)$는 $x=0$에서 연속이므로

$\lim_{x\to 0-}g(x)=\lim_{x\to 0+}g(x)=g(0)$

$7=d$

또, $g'(x)=\begin{cases}3x^2+2ax+15 & (x<0)\\ 2bx+c & (x>0)\end{cases}$ 이고 함수 $g(x)$는 실수 전체의 집합에서 미분가능하므로 $x=0$에서도 미분가능하다.

즉, $x=0$에서 미분계수가 존재하므로

$\lim_{x\to 0-}g'(x)=\lim_{x\to 0+}g'(x)$

$15=c$

$\therefore f(x)=bx^2+15x+7$, $f'(x)=2bx+15$

또, 조건 (나)에서 방정식 $g'(x)\times g'(x-4)=0$의 서로 다른 실근의 개수가 4이고 $a\neq 3\sqrt{5}$이므로 두 함수 $y=g'(x)$, $y=g'(x-4)$의 그래프의 개형은 다음 그림과 같다.

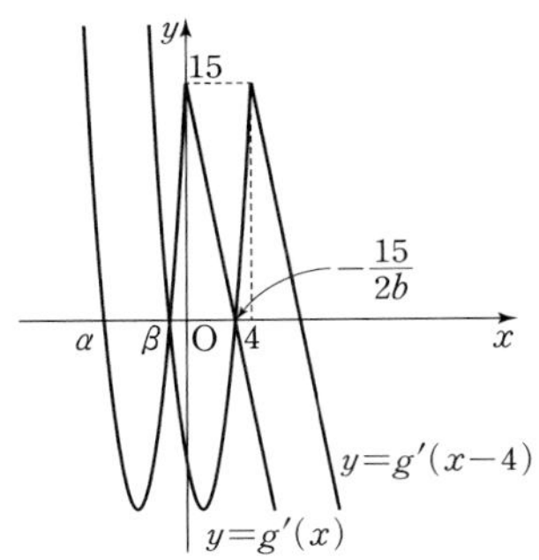

이차방정식 $3x^2+2ax+15=0$의 서로 다른 두 실근을 α, β $(\alpha<\beta)$라 하면 근과 계수의 관계에 의하여

$\alpha+\beta=-\frac{2}{3}a$, $\alpha\beta=5$

또, 위의 그래프에서

$\alpha+4=\beta$, $\beta+4=-\frac{15}{2b}$ $\quad$ …… ㉠

$(\alpha+\beta)^2=(\alpha-\beta)^2+4\alpha\beta$이므로

$\left(-\frac{2}{3}a\right)^2=(-4)^2+4\times 5$

$\frac{4}{9}a^2=36$

$a^2=81$ $\quad\therefore a=9$

즉, $3x^2+18x+15=0$에서

$3(x+5)(x+1)=0$ $\quad\therefore x=-5$ 또는 $x=-1$

$\therefore \alpha=-5$, $\beta=-1$ ($\because \alpha<\beta$)

$\beta=-1$을 ㉠에 대입하면

$3=-\frac{15}{2b}$ $\quad\therefore b=-\frac{5}{2}$

따라서 $g(x)=\begin{cases}x^3+9x^2+15x+7 & (x\le 0)\\ -\frac{5}{2}x^2+15x+7 & (x>0)\end{cases}$ 이므로

$g(-2)=-8+36-30+7=5$, $g(2)=-10+30+7=27$

$\therefore g(-2)+g(2)=5+27=32$

정답률 확률과 통계 6%, 미적분 33%, 기하 17%

20 수능 유형 › 지수함수의 활용 - 방정식 정답 36

곡선 $y=\left(\frac{1}{5}\right)^{x-3}$과 직선 $y=x$가 만나는 점의 x좌표가 k이므로

$\left(\frac{1}{5}\right)^{k-3}=k$

즉, $\left(\frac{1}{5}\right)^k\times\left(\frac{1}{5}\right)^{-3}=k$

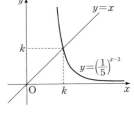

에서 $k\times 5^k=5^3$

이므로

$f\left(\frac{1}{k^3\times 5^{3k}}\right)=f\left(\left(\frac{1}{k\times 5^k}\right)^3\right)$

$=f\left(\left(\frac{1}{5^3}\right)^3\right)$

$=f\left(\frac{1}{5^9}\right)$ $\quad$ …… ㉠

한편, $x>k$인 모든 실수 x에 대하여 $f(x)=\left(\frac{1}{5}\right)^{x-3}$이므로 k보다 작은 임의의 두 양수 y_1, y_2 $(y_1<y_2)$에 대하여

$f(x_1)=\left(\frac{1}{5}\right)^{x_1-3}=y_1$, $f(x_2)=\left(\frac{1}{5}\right)^{x_2-3}=y_2$

인 x_1, x_2 $(k<x_2<x_1)$가 존재한다.

$f(f(x))=3x$에서

$f(f(x_1))=3x_1$, $f(f(x_2))=3x_2$이므로

$f(f(x_1))>f(f(x_2))$

즉, $f(y_1)>f(y_2)$이므로 함수 $f(x)$는 $x<k$일 때 감소한다.

이때 $x>k$에서 $f(x)=\left(\frac{1}{5}\right)^{x-3}$, 즉 감소하는 함수이므로 함수 $f(x)$는 실수 전체의 집합에서 감소한다.

㉠에서 $f(\alpha)=\frac{1}{5^9}$인 실수 α $(\alpha>k)$가 존재한다고 하면

$f(\alpha)=\left(\frac{1}{5}\right)^{\alpha-3}=\frac{1}{5^9}$에서 $\alpha-3=9$ $\quad\therefore \alpha=12$

$\therefore f\left(\frac{1}{k^3\times5^{3k}}\right)=f\left(\frac{1}{5^9}\right)=f(f(\alpha))$

$=3\alpha=3\times12=36$

21

정답률 확률과 통계 8%, 미적분 29%, 기하 17%

수능 유형 › 함수의 극한을 이용한 다항함수의 결정 **정답 16**

삼차방정식 $x^3+ax^2+bx+4=0$은 적어도 하나의 실근을 가지므로 $f(\beta)=0$인 실수 β가 존재한다.

모든 실수 α에 대하여 $\lim_{x\to\alpha}\frac{f(2x+1)}{f(x)}$의 값이 존재하려면

$f(\beta)=0$인 실수 β에 대하여

$\lim_{x\to\beta}f(x)=0$이므로 $\lim_{x\to\beta}f(2x+1)=0$이어야 한다.

$f(2\beta+1)=0$이므로 $2\beta+1$도 방정식 $f(x)$의 실근이다.

이때 삼차방정식 $f(x)=0$이 중근 또는 서로 다른 세 실근을 가지면 조건을 만족시키지 못하므로 $f(x)=0$의 실근의 개수는 1이어야 한다.

즉, $\beta=2\beta+1$이므로 $\beta=-1$

$f(-1)=0$에서 $f(-1)=-1+a-b+4=0$

$\therefore b=a+3$

$\therefore f(x)=x^3+ax^2+(a+3)x+4$

$=(x+1)\{x^2+(a-1)x+4\}$

이차방정식 $x^2+(a-1)x+4=0$의 판별식을 D라 하면 $D<0$이므로

$D=(a-1)^2-4\times4<0$

$a^2-2a-15<0$, $(a+3)(a-5)<0$

$\therefore -3<a<5$

따라서 $f(1)$은 $a=4$일 때 최댓값을 가지므로

$f(1)=a+b+5=a+(a+3)+5=2a+8$에서 최댓값은

$2\times4+8=16$

22

정답률 확률과 통계 3%, 미적분 13%, 기하 8%

수능 유형 › 수열의 귀납적 정의 **정답 64**

조건 (나)에서 $|a_m|=|a_{m+2}|$인 자연수 m의 최솟값이 3이므로

$|a_1|\neq|a_3|$, $|a_2|\neq|a_4|$이고, $|a_3|=|a_5|$에서

$a_5=a_3$ 또는 $a_5=-a_3$ …… ㉠

(i) $|a_3|$이 홀수일 때,

$a_4=a_3-3$이므로

$a_5=\frac{1}{2}a_4=\frac{1}{2}(a_3-3)$

㉠에서 $a_3=\frac{1}{2}(a_3-3)$ 또는 $-a_3=\frac{1}{2}(a_3-3)$

이므로 $a_3=-3$ 또는 $a_3=1$

각 a_3의 값에 대하여 a_4, a_2의 값을 구하여 표로 나타내면 다음과 같다.

a_4	a_3	a_2	a_1
-6	-3	-6	
-2	1	2	

따라서 주어진 조건을 만족시키는 a_1의 값은 없다.

(ii) $a_3=0$ 또는 $|a_3|$이 짝수일 때,

$a_4=\frac{1}{2}a_3$

a_4가 짝수이면 $a_5=\frac{1}{2}a_4=\frac{1}{2}\times\left(\frac{1}{2}a_3\right)=\frac{1}{4}a_3$이므로

㉠에서 $a_3=\frac{1}{4}a_3$ 또는 $-a_3=\frac{1}{4}a_3$

$\therefore a_3=0$

a_4가 홀수이면 $a_5=a_4-3=\frac{1}{2}a_3-3$이므로

㉠에서 $a_3=\frac{1}{2}a_3-3$ 또는 $-a_3=\frac{1}{2}a_3-3$

$\therefore a_3=-6$ 또는 $a_3=2$

각 a_3의 값에 대하여 a_4, a_2, a_1의 값을 구하여 표로 나타내면 다음과 같다.

a_4	a_3	a_2	a_1
0	0	3	6
0	0	3	6
0	0	0	
-3	-6	-3	
-3	-6	-12	-9
-3	-6	-12	-24
1	2	5	8
1	2	5	10
1	2	4	7
1	2	4	8

따라서 주어진 조건을 만족시키는 a_1의 값은

-24, -9, 6, 7, 8, 10

(i), (ii)에서 조건을 만족시키는 모든 $|a_1|$의 값의 합은

$24+9+6+7+8+10=64$

고등 도서 안내

문학 입문서

손쉬운

작품 이해에서 문제 해결까지
손쉬운 비법을 담은 문학 입문서

현대 문학, 고전 문학

비주얼 개념서

룩 LOOK

이미지 연상으로 필수 개념을 쉽게 익히는
비주얼 개념서

국어 문법
영어 분석독해

수학 개념 기본서

수학중심

개념과 유형을 한 번에 잡는 강력한
개념 기본서

수학 I, 수학 II, 확률과 통계, 미적분, 기하

수학 문제 기본서

유형중심

체계적인 유형별 학습으로 실전에서 강력한
문제 기본서

수학 I, 수학 II, 확률과 통계, 미적분

사회·과학 필수 기본서

개념 학습과 유형 학습으로 내신과 수능을 잡는
필수 기본서

[2022 개정]
사회 통합사회1, 통합사회2*, 한국사1, 한국사2*
과학 통합과학1, 통합과학2, 물리학*, 화학*, 생명과학*, 지구과학*

*2025년 상반기 출간 예정

[2015 개정]
사회 한국지리, 사회·문화, 생활과 윤리, 윤리와 사상
과학 물리학 I, 화학 I, 생명과학 I, 지구과학 I

기출 분석 문제집

완벽한 기출 문제 분석으로 시험에 대비하는 1등급 문제집

[2022 개정]
수학 공통수학1, 공통수학2, 대수, 확률과 통계*, 미적분 I *
사회 통합사회1, 통합사회2*, 한국사1, 한국사2*, 세계시민과 지리, 사회와 문화, 세계사, 현대사회와 윤리
과학 통합과학1, 통합과학2

*2025년 상반기 출간 예정

[2015 개정]
국어 문학, 독서
수학 수학 I, 수학 II, 확률과 통계, 미적분, 기하
사회 한국지리, 세계지리, 생활과 윤리, 윤리와 사상, 사회·문화, 정치와 법, 경제, 세계사, 동아시아사
과학 물리학 I, 화학 I, 생명과학 I, 지구과학 I, 물리학 II, 화학 II, 생명과학 II, 지구과학 II

실력 상승 문제집

파사쥬

대표 유형과 실전 문제로 내신과 수능을
동시에 대비하는 실력 상승 실전서

국어 국어, 문학, 독서
영어 기본영어, 유형구문, 유형독해, 20회 듣기모의고사, 25회 듣기 기본 모의고사
수학 수학 I, 수학 II, 확률과 통계, 미적분

수능 완성 문제집

수능 주도권

핵심 전략으로 수능의 기선을 제압하는
수능 완성 실전서

국어영역 문학, 독서, 언어와 매체, 화법과 작문
영어영역 독해편, 듣기편
수학영역 수학 I, 수학 II, 확률과 통계, 미적분

수능 기출 문제집

N기출

수능N 기출이 답이다!

국어영역 공통과목_문학,
공통과목_독서,
선택과목_화법과 작문,
선택과목_언어와 매체
영어영역 고난도 독해 LEVEL 1,
고난도 독해 LEVEL 2,
고난도 독해 LEVEL 3
수학영역 공통과목_수학 I +수학 II 3점 집중,
공통과목_수학 I +수학 II 4점 집중,
선택과목_확률과 통계 3점/4점 집중,
선택과목_미적분 3점/4점 집중,
선택과목_기하 3점/4점 집중

N기출 모의고사

수능의 답을 찾는 우수 문항 기출 모의고사

수학영역 공통과목_수학 I +수학 II
선택과목_확률과 통계,
선택과목_미적분

미래엔 교과서 연계 도서

미래엔 교과서 자습서

교과서 예습 복습과 학교 시험 대비까지
한 권으로 완성하는 자율학습서

[2022 개정]
국어 공통국어1, 공통국어2*
영어 공통영어1, 공통영어2
수학 공통수학1, 공통수학2, 기본수학1, 기본수학2
사회 통합사회1, 통합사회2*, 한국사1, 한국사2*
과학 통합과학1, 통합과학2
제2외국어 중국어, 일본어
한문 한문

*2025년 상반기 출간 예정

[2015 개정]
국어 문학, 독서, 언어와 매체, 화법과 작문, 실용 국어
수학 수학 I, 수학 II, 확률과 통계, 미적분, 기하
한문 한문 I

미래엔 교과서 평가 문제집

학교 시험에서 자신 있게
1등급의 문을 여는 실전 유형서

[2022 개정]
국어 공통국어1, 공통국어2*
사회 통합사회1, 통합사회2*, 한국사1, 한국사2*
과학 통합과학1, 통합과학2

*2025년 상반기 출간 예정

[2015 개정]
국어 문학, 독서, 언어와 매체